全国节能中心系统
业务能力培训教材

基础知识卷

主编◎贾复生

中国市场出版社
·北京·

图书在版编目（CIP）数据

全国节能中心系统业务能力培训教材/贾复生主编 .
—北京：中国市场出版社，2016.1

ISBN 978 – 7 – 5092 – 1397 – 1

Ⅰ . ①全… Ⅱ . ①贾… Ⅲ.①节能 – 业务培训 – 教材

Ⅳ . ①TK01

中国版本图书馆 CIP 数据核字（2015）第 212221 号

全国节能中心系统业务能力培训教材

主　　编	贾复生	
出版发行	中国市场出版社	
地　　址	北京月坛北小街 2 号院 3 号楼　　　邮政编码　100837	
电　　话	编辑部（010）68034190　　读者服务部（010）68022950	
	发行部（010）68021338　68020340　68053489	
	68024335　68033577　68033539	
	总编室（盗版举报）（010）68020336	
邮　　箱	1252625925@ qq. com	
经　　销	新华书店	
印　　刷	河北鑫宏源印刷包装有限责任公司	
规　　格	170mm×240mm　16 开本　版　本　2016 年 1 月第 1 版	
印　　张	71　　　　　　　　　印　次　2016 年 1 月第 1 次印刷	
字　　数	1050 千字　　　　　　定　价　198. 00 元（共 2 册）	

全国节能中心系统业务能力培训教材
指导委员会

序

20世纪80年代初期，随着我国改革开放和现代化建设快速推进，能源供应瓶颈制约开始显现。为落实中央能源战略方针，部分地方开始组建节能中心，面向社会提供节能技术服务。到90年代中后期，部分地方率先组建节能监察中心，开始了节能执法监察探索。进入21世纪，我国能源资源和环境制约日趋加剧，国家把节能减排作为约束性指标，节能被提到更加突出的位置。为全面推进节能工作，国家要求建立健全节能管理、节能监察、节能服务"三位一体"工作体系。"十二五"以来，国家大力支持省市县三级节能中心能力建设，推动了节能中心系统快速发展。目前，全国设立省市县三级节能中心超过2000家，从业人员16000余人，形成了一支初具规模的队伍，成为我国节能工作体系的重要组成部分。

对于任何一个组织体系，提高队伍专业素质都是推进事业发展的重要基础。对于发展时间还不长的全国节能中心系统来讲，加强队伍业务能力培训就显得更为必要和迫切。特别是近年来新成立的部分市县级节能中心，不少从业人员亟须掌握能源与节能专业基础知识，熟悉节能法律法规和政策标准。基于这种现状，必须把开展业务能力培训、提高队伍综合素质，作为加强全国节能中心系统建设的一项紧迫任务来抓。为此，在国家发展改革委支持下，国家节能中心制定了《全国节能中心系统业务能力培训规划》，提出了"一个目标、两层组织、三项原则、四个统一"的总体部署。即：以"用3年时间，将全国节能中心系统干部轮训一遍"为目标；由国家节能中心和省级节能中心分层次分别组织培训；坚持"统筹规划、分层实施，整合资源、突出创新，质量第一、注重实效"的原则；做到培训教材、授课师资、考试题库、成绩备案相统一。

为了实施好全国节能中心系统业务能力培训规划，近年来，系统上下强烈呼吁，希望尽快编写出一套适用于全国节能中心系统业务能力培训的专门教材。为适应这一需要，2015年，国家节能中心把组织编写教材作为重点工作，组织各地节能中心和有关专家，按照"编写进度和质量并重、质量第一"的原则，深入调研设计，精心组织实施，前后历时9个月，编写完成了这套面向全国节能中心系统的业务能力培训教材。这套培训教材，以提升全国节能中心系统干部业务能力为目标，紧密结合系统业务工作实际，涵盖了节能中心系统涉及的主要工作领域，包括节能法律与政策、节能标准、能源管理基础、热能工程节能技术、电气工程节能技术、节能评估与审查、节能监察、节能监测、节能量计算与审核、节能形势分析等10门课程，是一套带有岗位培训性质，针对性、实用性很强的接地气的教材。

　　编写教材的目的在于指导应用。各地各级节能中心要按照《全国节能中心系统业务能力培训规划》的部署，充分利用这套教材，分期分批组织开展干部业务能力培训工作。全国节能中心系统广大干部要以提升专业素质、增强履职能力为目标，提高学习节能专业知识的自觉性和主动性，发扬理论联系实际的学风，认真系统地学教材、钻教材，同时要善于把学到的理论知识应用到实践中去，指导和服务业务工作，坚持干中学、学中干，学以致用、用以促学、学用相长。希望通过扎实努力，实现在较短的时间内普遍提升全国节能中心系统干部业务能力水平，为加强经济发展新常态下的节能监察和节能服务工作、促进生态文明建设做出积极的贡献。

2015 年 12 月 23 日

前　　言

一、编制背景

2014年年初，国家发展改革委党组赋予国家节能中心负责组织、指导、协调、推动地方节能监察工作的职能，要求加强全国节能中心系统建设。为贯彻委党组决策部署，国家节能中心对全国节能中心系统现状和发展思路开展了深入调研。总体来看，各地各级节能中心，不论成立时间早晚、历史长短，在地方党委和政府领导下，围绕贯彻节能法律法规、落实节能政策措施、推广节能技术、加强节能管理，积极履行节能服务和节能监察职能，做了大量扎实的工作，为推动全社会节能发挥了重要支撑作用。

同时，也应看到，节能中心系统现状与中国经济社会转型发展的需要还不完全适应。表现在：部分节能监察机构工作领域较窄、深度不够，现场监察难以发现实质性问题；有的即使发现了一些问题，也不能依法查处；甚至有的至今未能正常开展监察工作。节能服务机构也存在服务能力和水平不能有效满足社会需求的问题。这些问题的存在，有一定的客观因素，如大多数机构成立比较晚，需要一个逐步提高的过程等。然而，主要原因是，相当一部分近年来新成立的机构，部分从业人员缺乏能源和节能专业知识，缺乏节能工作经验，不熟悉节能相关法律法规和政策标准，不会操作使用节能监测监察仪器设备。如果这种局面不能尽快改变，长此以往，将无法发挥成立节能中心的应有作用，严重影响这个系统的生命力。

正是基于这种状况，国家节能中心决定把开展系统业务能力培训，作为加强系统建设的一项紧迫而重大的任务来抓，研究制定了《全国节能中心系统业务能力培训规划》。2014 年 9 月，在昆明举办了首期业务能力培训班，以训代会，对培训工作做出了总体部署，概括起来是"一个目标、两层组织、三项原则、四个统一"。即：以"用 3 年左右的时间，将全国节能中心系统业务干部轮训一遍"为目标；由国家中心和省级中心两个层次分别组织培训；坚持"统筹规划、分层实施，整合资源、突出创新，质量第一、注重实效"原则；做到培训教材、授课师资、考试题库、成绩备案统一。实施上述培训规划，在多项基础性工作中，当务之急是编写一套面向全国节能中心系统，针对性强、务实管用的培训教材。

二、编写过程

2015 年年初，国家节能中心对教材编写工作做出了安排部署，列入了年度重点工作计划，提出了"进度和质量并重，质量第一"的教材编写工作方针。3 月份，召开教材编写工作启动会，组织部分地方节能中心和专家，分工安排编写任务；4 月份，召开第一次教材初稿审查会，对提交的各门课程初稿，提出结构调整、内容增删等建议；5 月份，组织召开第二次教材审查会，对部分课程再次会审，并采取统稿修改的方式，解决内容交叉、篇幅平衡、查漏补缺等问题；6 月份，在国家节能中心内部组织修订和校对，形成教材送审稿；7 月份，组织部分专家对教材做最终审定，确保编写内容合法依规；8 月份，着手联系教材出版工作；9－10 月，交付出版社编辑排版，对部分内容进行了补充调整，并与国家节能中心正在编制的节能监察手册有关内容进行衔接。在教材编写过程中，坚持从实践中来、到实践中去的开门编写方法，群策群力，注重比较充分地挖掘和发挥各地优势，先后邀请全国数十家地方节能中心、近百位来自节能理论研究和实际工作领域的学者和专家，参加教材编审工作。

三、教材定位

本套教材编写定位于基础性、入门级培训，是"领进门""指引路"的性质，着眼于今后3年内全国节能中心系统第一轮业务能力培训，达到普及从事节能监察和服务工作必备基础知识和技能的目的。与上述定位和目的相联系，在教材内容选择上，突出强调务实，突出符合需求，突出管用顶事；在内容深度上，正文摒弃大篇幅的纯理论介绍，对确有必要掌握的，列出相关参考书籍；在文字表述上，在不影响科学性、准确性的前提下，尽可能言简意赅、通俗易懂；在表现形式上，不局限于单纯文字表述，较多地采用了表格、图表、图片等方式，进行列举、比对和说明等。

四、教材框架

本套全国节能中心系统业务能力培训教材，分为上、下两册，包括10门课程，基本涵盖了节能中心系统涉及的专业基础知识和主要业务工作领域。上册为"基础知识"卷，包括节能法律与政策、节能标准、能源管理基础、热能工程节能技术、电气工程节能技术等5门课程；下册为"业务工作"卷，包括节能评估和审查、节能监察、节能监测、节能量计算与审核、节能形势分析等5门课程。

五、教材特色

长期以来，全国节能中心系统面临的一个客观现实是，节能监察、节能服务领域的规制建设滞后，各地开展业务工作缺乏统一依据。各地节能中心归属的政府主管部门也不尽统一，不同地方、不同部门对节能监察和节能服务工作重点、深度、方法、程序等的认识也存在差异。在教材编写中，我们希望引导各地将业务工作趋向统一规范。一是充分运用国家节能中心的资源优势，尽最大努力体现时效性。在本书出版前，国家发展改革委正式发布《节能监察办法》，我们第一时间将有关内容整合纳入到教材中，保障教材的准确性、指导性。此外，我们还多次组织对最新发布的标准进行查新，确保教材标准收编的完整性。二是注意总结各地可以通用的工作程序，形成规范性的做法或流程。如，对固定资产投资项目节能评估与审查，明确要求实行限时办结制度，提出了覆盖评审机构、评审专家、评估机构等各方面、全流程的时限分配。三是对教材中涉及地方出台的严于国家要求的，或对国家要求深化细化的法规、规章和典型案例等，专门设置"地方先行先试"专栏，引导各地借鉴有益做法。

作为全国节能中心系统第一套业务能力培训教材，尽管我们在编写过程中尽了很大努力，但由于缺乏经验，难免存在一些不足。希望各地在使用过程中，注意及时发现和反映问题，提出修订完善的具体意见和建议。我们将适应全国节能中心系统干部培训需要，适时对教材予以修订，使其能够伴随着节能工作的不断发展、伴随着节能监察和节能服务工作的逐步深入，与时俱进，日臻完善，成为指导和促进全国节能中心系统广大干部不断提升专业素质和业务能力的"基础宝典"。

本书编审委员会
2016 年 1 月

目　　录

第一章　节能法律与政策

第一节　基础知识

一、法律

（一）法律的概念

广义上的法律，泛指法律、行政法规、地方性法规、自治条例、单行条例、国务院部门规章和地方政府规章等规范性文件。

狭义上的法律，专指全国人民代表大会及其常务委员会制定的规范性文件。全国人民代表大会通过的法律由国家主席签署主席令予以公布。

1. 法律[1]

法律是指全国人民代表大会及其常委会制定颁发的、自成体系且适用于全国范围的规范性文件。具体又分宪法、基本法律和其他法律。

（1）宪法是国家的根本大法，规定一个国家的社会制度和国家制度的基本原则、国家机关的组织和活动的基本原则，公民的基本权利和义务等重要内容，全国人民代表大会作为最高国家权力机关，是唯一有权修改宪法的机关。

（2）全国人民代表大会制定"基本法律"。"基本法律"在国家的政治、经济和社会生活中，在社会主义法律体系中都占有特别重要的位置，对基本法律的制定和修改实质上就是最高国家权力的体现之一。其范围包括刑事的

---

[1] 本部分内容指的是狭义上的法律，其他部分内容所列举的法律均指广义上的法律。

基本法律、民事的基本法律、国家机构的基本法律和其他的基本法律。

所谓"其他的基本法律",是指除刑事的、民事的和国家机构的以外其他方面必须由全国人民代表大会制定和修改的重要法律。到目前为止,由全国人民代表大会制定和修改的基本法律中,为数不少属于"其他的基本法律",主要包括兵役法、教育法、工会法、全民所有制工业企业法、外商投资企业和外国企业所得税法等。

(3)全国人民代表大会、全国人民代表大会常委会有权制定和修改非基本法律。除基本法律以及涉及全国人民代表大会权限和工作程序的非基本法律外,凡应当由法律规定的事项,全国人民代表大会常委会都有权立法。也就是说,绝大部分的非基本法律都属于全国人民代表大会常委会的立法权限范围。

2. 法规

法规是指法律效力次于法律的自成体系的规范性文件,分为行政法规和地方性法规。

(1)行政法规。

行政法规是我国最高行政机关,即国务院根据宪法和法律或者全国人民代表大会常委会的授权决定,依照法定权限和程序,制定颁布的有关行政管理的规范性文件,行政法规由总理签署国务院令公布。制定行政法规是宪法赋予国务院的一项重要职权,也是国务院实行改革开放,推进经济建设,实现国家管理职能的重要手段。

行政法规的具体名称有条例、规定和办法,其中对某一方面的行政工作作比较全面、系统的规定,称"条例";对某一方面的行政工作作部分的规定,称"规定";对某一项行政工作作比较具体的规定,称"办法"。

(2)地方性法规。

地方性法规,是指法定的地方国家权力机关依照法定的权限,在不同宪法、法律和行政法规相抵触的前提下,制定和颁布的在本行政区域范围内实施的规范性文件。制定地方性法规应当遵循"根据本行政区域的具体情况和实际需要"和"不同宪法、法律、行政法规相抵触"的原则。

省、自治区、直辖市的人民代表大会及其常务委员会根据本行政区域的具体情况和实际需要，在不同宪法、法律、行政法规相抵触的前提下，可以制定地方性法规。

设区的市的人民代表大会及其常务委员会根据本市的具体情况和实际需要，在不同宪法、法律、行政法规和本省、自治区的地方性法规相抵触的前提下，可以对城乡建设与管理、环境保护、历史文化保护等方面的事项制定地方性法规，法律对设区的市制定地方性法规的事项另有规定的，从其规定。设区的市的地方性法规须报省、自治区的人民代表大会常务委员会批准后施行。

地方性法规可以就下列事项作出规定：为执行法律、行政法规的规定，需要根据本行政区域的实际情况作具体规定的事项；属于地方性事务需要制定地方性法规的事项。另外，除《立法法》第八条规定的只能制定法律的事项外，其他事项国家尚未制定法律或者行政法规的，省、自治区、直辖市和设区的市、自治州根据本地方的具体情况和实际需要，可以先制定地方性法规。在国家制定的法律或者行政法规生效后，地方性法规同法律或者行政法规相抵触的规定无效，制定机关应当及时予以修改或者废止。

（3）自治条例和单行条例。

民族自治地方的人民代表大会有权依照当地民族的政治、经济和文化的特点，制定自治条例和单行条例，报全国人民代表大会常务委员会批准后生效。自治州、自治县的自治条例和单行条例，报省、自治区、直辖市的人民代表大会常务委员会批准后生效。自治条例和单行条例可以依照当地民族的特点作变通规定。

经济特区所在地的省、市的人大及其常委会根据全国人民代表大会的授权决定，制定法规，在经济特区范围内实施。经济特区法规不能与宪法、法律、行政法规相抵触，经济特区法规可根据授权对法律、行政法规、地方性法规作变通规定。

3. 规章

规章是国家行政机关依照行政职权所制定、发布的针对某一类事件或某一类人的一般性规定，是抽象行政行为的一种，分为部门规章（也称部委规章）和地方人民政府规章。

（1）部门规章。

部门规章是国务院各部委、中国人民银行、审计署和具有行政管理职能的直属机构根据法律和国务院的行政法规、决定、命令，在本部门的权限范围内按照规定的程序所制定的规定、办法、细则、规则等规范性文件的总称。部门规章应当经部务会议或者委员会会议决定，由部门首长签署命令予以公布。

涉及两个以上国务院部门职权范围的事项，应当提请国务院制定行政法规或者由国务院有关部门联合制定规章。部门规章规定的事项应当属于执行法律或者国务院的行政法规、决定、命令的事项。

（2）地方人民政府规章。

地方人民政府规章是省、自治区、直辖市和设区的市、自治州的人民政府根据法律、行政法规和本省、自治区、直辖市的地方性法规，所制定的规范性文件的总称。地方人民政府规章应当经政府常务会议或者全体会议决定，由省长、自治区主席、市长或者自治州州长签署命令予以公布。

应当制定地方性法规但条件尚不成熟的，因行政管理迫切需要，可以先制定地方政府规章。规章实施满两年需要继续实施规章所规定的行政措施的，应当提请本级人民代表大会或者其常务委员会制定地方性法规。

4. 其他规范性文件

《中华人民共和国立法法》（以下简称《立法法》）对于与"法律"、"行政法规"、"地方性法规"、"规章"这些法律文件具有相同制定主体的"规范性文件"及其效力等级没有作任何明确规定。在宪法、《立法法》等法律中出现的规范性文件包括"决定"、"命令"、"指示"、"决议"等。

根据《立法法》体现的"效力等级取决于制定主体等级"的观念，一般认为，国务院常务会议通过的决议、决定和它发布的行政命令，与行政法规具有同等法律效力。

（二）法律的特点

1. 国家意志性

法律是由国家制定或认可的行为规范系统。制定，是指由国家机关在某职权范围内按照法定的程序创制规范性法律文件的活动，一般是指成文法创制的过程。认可，是指国家承认某些社会上已有的行为规则具有法律效力。不论制定还是认可的法律，都与国家权力有不可分割的联系，体现了法律的国家意志的属性。这是其他社会规范所不具有的特征。

2. 国家强制性

法律的实施由国家强制力保障。法律所规定的权利和义务是由专门的国家机关以强制力保证实施的，国家的强力部门包括军队、警察、法庭、监狱等有组织的国家暴力。

所谓国家强制性，是指国家通过动用国家机器，如军队、警察等作为后盾来保证法律规范得以实施。它不同于其他社会规范：一是法律的国家强制性只有在人们违法时才会降临到行为人身上，当人们自觉遵守法律时，法律的国家强制性并不显露出来；二是法律的国家强制性不等于纯粹的暴力，是以法定的强制措施和制裁措施为依据并由专门机关依照法定程序执行的；三是国家强制力并不是保证法律实施的唯一力量。法律意识、道德观念、纪律观念也在保证法律实施中发挥重要作用。

3. 规范性

法律作为一种行为规范，为人们的行为提供模式、标准、样式和方向，对社会关系进行调整。

每一个法律规范由行为模式和法律后果两个部分构成。行为模式是指法律为人们的行为所提供的标准和方向。其中行为模式一般有三种情况：可以这样行为，为授权性规范；必须这样行为，为命令性规范；不许这样行为，为禁止性规范。

4. 普遍性

法律作为一般的行为规范在国家权力管辖范围内具有普遍适用的效力和特性。它包含两个方面内容：其一，法律的效力对象的广泛性，在法律所涉范围之内，任何人的合法行为都无一例外地受法律保护；任何人的违法行为，也都无一例外地受法律制裁。法律不是为特别保护个别人利益而制定，也不是为特别约束个别人行为而设立。其二，法律效力的重复性。法律对人们的行为有反复适用的效力。

（三）　法律的效力

法律的效力通常有广义与狭义之分。广义的法律效力，是指法律的约束力和强制力。狭义的法律效力，是指由国家制定和公布的规范性文件的效力，其层级是指规范性法律文件之间的效力等级关系，根据宪法、《立法法》的有关规定，我国法律的效力层级可以概括为：

第一，宪法具有最高法律效力。宪法是国家组织和活动的总章程，是国家法制的自身基础和核心，是制定其他法律的依据。一切法律、行政法规、地方性法规、自治条例和单行条例、规章都不得同宪法相抵触。

第二，上位法效力高于下位法。规范性法律文件的效力层次决定于其制定主体的法律地位，法律的效力高于行政法规，行政法规的效力高于地方性法规、规章，地方性法规的效力高于本级和下级地方政府规章，省、自治区的人民政府制定的规章的效力高于本行政区域内的设区的市、自治州的人民政府制定的规章。

第三，部门规章之间、部门规章与地方政府规章之间具有同等效力。

我国法律的效力层级可以用图 1 - 1 表示：

图 1 - 1　我国法律的效力层级

（四） 法律的适用

第一，同一机关制定的法律、行政法规、地方性法规、自治条例和单行条例、规章，特别规定与一般规定不一致的，适用特别规定；新的规定与旧的规定不一致的，适用新的规定。

第二，自治条例和单行条例、经济特区法规对法律、行政法规、地方性法规作变通规定的，在本自治地方或本经济特区适用变通规定。

第三，法律之间对同一事项的新的一般规定与旧的特别规定不一致，不能确定如何适用时，由全国人民代表大会常务委员会裁决。行政法规之间对同一事项的新的一般规定与旧的特别规定不一致，不能确定如何适用时，由国务院裁决。

第四，地方性法规与部门规章之间对同一事项的规定不一致，不能确定如何适用时，由国务院提出意见，国务院认为应当适用地方性法规的，应当决定在该地方适用地方性法规的规定；认为应当适用部门规章的，应当提请全国人民代表大会常务委员会裁决。

第五，部门规章之间、部门规章与地方政府规章之间对同一事项的规定不一致时，由国务院裁决。根据授权制定的法规与法律规定不一致，不能确定如何适用时，由全国人民代表大会常务委员会裁决。

二、政策

（一） 政策的概念

从广义上讲，政策是国家、政党为实现其目标而制定的总体方针、行动准则和具体行动的总称。

从狭义上讲，政策是指党政机关在实施行政管理过程中形成的具有规范作用的文件的总称，是党政机关进行行政管理的重要工具。政策往往以红头文件的形式公布，具体包括规划、计划、决定、意见、办法、通知、细则、方案、公告、目录、名单等多种形式。

（二）政策的特点

1. 针对性与明确性

政策必须有鲜明的针对性，一方面要针对特定的对象、特定的问题，另一方面要有针对性地提出解决的原则和办法。同时，政策用于规定行为依据和准则，因此必须十分明确，对要达到的目标、约束的对象、适用的范围、可为与不可为的界限、完成的时限等，都要做出明确规定。

2. 原则性与灵活性

政策具有原则性，一经颁布，有关方面就要严格按照政策的要求去做，不能违背。政策虽不似法律有国家暴力作后盾，但有纪律上的约束和行政上的管制，违反政策也要根据情节轻重进行惩处。同时，政策还有一定的灵活性和弹性，在某些方面要留有一定的幅度给执行者去调整，允许因地制宜，在不违背上级政策的基本精神的前提下，作一些适当的变通。

3. 系统性与连续性

政策具有系统性，任何政策都处在各个层次的政策系统之中，彼此之间有着千丝万缕的联系。如，党的十八大将生态文明建设与经济建设、政治建设、文化建设、社会建设一同确立为"五位一体"的中国特色社会主义总体布局。那么，生态文明建设有关政策就是建设中国特色社会主义这个总的政策系统中一个重要的分系统，它本身又包括为国土政策、节能政策、环保政策等若干子系统，这些子系统还可再作细分。同时，在制定政策时必须注意政策的连续性。现有的政策和过去的政策是有关联的，前者常常是后者的补充、修订或延展。

4. 稳定性与时效性

不仅总政策、基本政策具有稳定性，就具体政策来说，只要它的政策目标还未达到且仍是合理的，政策的外部环境没有发生实质性的变化，就应保持它的相对稳定性，不能朝令夕改。但是，政策经过一段时间的实施以后，或者由于政策目标的实现，或者由于客观情况的变化，会失去其原本存在的意义而终止。因此，政策是具有时效性的，它只能在一定的时间内起作用，如《关于印发"十二五"节能减排综合性工作方案的通知》，就是为实现

"十二五"节能减排目标而专对"十二五"时期,即 2011 年至 2015 年的节能工作提出总体要求。

（三）政策的分类

政策具有多重属性,可划归为不同类型。

1. 从层次上,可分为总政策、基本政策和具体政策

总政策是为实现某一历史时期的总任务而规定的总的行为准则,是制定基本政策、具体政策的依据。在党的历史上,总政策在不同的历史时期曾分别表述为总路线、政治路线、基本路线等。党在社会主义初级阶段的总政策就是坚定不移走中国特色社会主义道路,在中国共产党领导下,立足基本国情,以经济建设为中心,坚持四项基本原则,坚持改革开放。总政策具有长期性、稳定性的特点。

基本政策是各个领域、各个方面在一定时期内的行为准则。如,坚持节约资源和保护环境是推进生态文明建设的基本政策等。基本政策是总政策的内容在某一方面的体现,它所要解决的是一些重大的、原则性的问题,因此,也具有长期性、稳定性的特点。

具体政策是各项具体工作的行为准则。如《节能减排补助资金管理暂行办法》、《关于加强节能标准化工作的意见》等。具体政策是高层次政策的具体化,是为高层次政策服务的。

2. 从时效上,可分为长期政策、中期政策、短期政策

长期政策是在较长时间内规范和制约人们行为的政策,是围绕着长远目标而制定的,代表了党和国家长远的和根本的利益。如《中共中央关于全面推进依法治国重大问题的决定》等。

中期政策是为实现阶段性的目标而制定的政策,如《关于印发能源发展战略行动计划（2014—2020 年）的通知》等。

短期政策是根据当时的实际情况,针对某一段时间内所要调动或约束的对象而制定的政策,如《关于印发 2014—2015 年节能减排科技专项行动方案的通知》等。

3. 从内容上，可分为经济政策、政治政策、社会政策等若干类别

其中每一大类又可分为若干子类，如社会政策可再分为人口政策、就业政策、民族政策、财政政策、节能政策、环保政策等。

三、法律与政策的关系

（一） 法律与政策的联系

（1）政策是制度化的行动体系，而法律是政策的定型化表述和规范形式。一般说来，一套成熟的政策需要由相应的法律来确认和体现，并在相关法律的范围内运行。

（2）法律规范着政策运行的全过程。首先，政策的行动需要通过相应的法律体系来明确有关各方的责任；其次，政策的决策、实施和修订都需要按照相关法律开展；再次，政策行动中的基本体制和制度需要通过相关的法律来确定；最后，政策行动的具体运行方式也需要通过相应法律来规定。

（3）政策行动实际上是贯彻实施相关法律的过程。

（二） 法律与政策的区别

法律与政策二者制定的主体不同、功能不同、规范不同、稳定性不同、适用性不同。他们的区别主要是：

（1）政策由党、政府来制定；而法律只能由国家的立法机关和政府来制定。

（2）政策的表现形式是多样的；而法律一般只能以法律条文的形式来表达。

（3）政策可以是临时的，也可以是针对具体问题和特定人群的；法律是普遍的规则，只有那些成熟的、具有全局性和普遍性意义的政策才需要上升为法律。

（4）政策可以很具体，也可以比较原则，执行中具有较大灵活性，导向性强，规范性弱；而法律则具有明确的规范性。

（5）现实生活中法律和政策经常配套使用，但二者的实施方式不同。在实施遇到障碍的情况下，法律具有相应的制裁手段，即以国家强制力来保证

实施；而政策的执行则主要靠行政措施和纪律手段。

（6）政策可以是探索性的，可以在一定时间、针对特定问题有效；法律则调整稳定的、明确的社会关系，更具稳定性。从我们改革开放以来的实践经验看，某些重大的改革总是先通过政策来实施，有了必要的实践经验后再以法规的形式确定为制度。

四、权力清单制度

随着党中央、国务院深入推进政府职能转变和机构改革工作，关于"权力清单"、"责任清单"、"负面清单"制度的建立和推行逐步提上议事日程。作为我国行政体制改革进程中的一项创新举措，李克强总理曾在讲话中对"三张清单"专门作出解释，即政府要拿出权力清单，明确政府该做什么，做到"法无授权不可为"；给出负面清单，明确企业不该干什么，做到"法无禁止皆可为"；理出责任清单，明确政府怎么管市场，做到"法定责任必须为"。

目前，各级政府正在大力推行权力清单制度，国务院于 2015 年 3 月公布了各部门行政审批事项汇总清单，省级、市级政府也在陆续公开权力清单；已建立权力清单的，加快建立责任清单；部分地方政府试点制定了外商或内资投资准入负面清单，国务院于 2015 年 4 月，发布了《自由贸易试验区外商投资准入特别管理措施（负面清单）》，对上海、广东、天津、福建四个自由贸易试验区不符合国民待遇等原则的外商投资准入特别管理措施给出负面清单。

（一）权力清单制度发展过程

权力清单制度提出的是以行政审批制度改革的不断深化为背景。自 2001年国务院成立行政审批制度改革工作领导小组并下发《国务院批转关于行政审批制度改革工作实施意见的通知》以来，已进行几次较大规模的制度改革，大力推进简政放权和政府职能转变。在改革探索的进程中，相继带动部分省市探索建立权力清单制度。

2005 年，河北省最先尝试依法清理行政权力项目，以省商务厅、省国土资源厅、邯郸市政府为试点，产生了良好的改革效果。邯郸市作为全国第一个公布市政府和市长权力的城市，其"权力清单"经验很快推广开来。

2013 年，中央部署新一轮地方政府职能转变和机构改革工作时，首次明确提出推行权力清单制度，要求"梳理各级政府部门的行政职权，公布权责清单，规范行政裁量权，明确责任主体和权力运行流程，严格按照法定权限和程序履行职责"。十八届三中全会进一步提出，"推行地方各级政府及其工作部门权力清单制度，依法公开权力运行流程"。5 月，国务院发布《关于取消和下放一批行政审批项目等事项的决定》，开启了又一轮的简政放权。在国务院各部委取消和下放行政审批项目的同时，北京市西城区政府、广州市政府先后率先公布了权力清单。

2014 年 1—2 月，国务院常务会议要求公开国务院各部门全部行政审批事项清单，发布《国务院关于取消和下放一批行政审批项目的决定》，并要求各部门在门户网站公开本部门清单。标志着继部分地方试行权力清单公开后，中央政府首次向社会公布权力清单。此后，各地也密集推出地方政府权力清单。如，武汉市公布 55 个市直部门 4530 项行政权力和政务服务事项，可在市政府门户网站查询；安徽省实施省级政府机关行政职权清理试点改革，并要求试点单位晒出权力运行图等。3 月，李克强总理在政府工作报告中强调要建立权力清单制度，一律向社会公开。这是权力清单首次出现在我国政府工作报告之中。随后，党的十八届四中全会再次强调，"推行政府权力清单制度，坚决消除权力设租寻租空间"。中央编制办、国务院法制办、中央组织部、国办成立了专门工作小组，就推行权力清单制度相关问题进行深入研究，着手起草指导意见。

2015 年 3 月，中共中央办公厅、国务院办公厅印发《关于推行地方各级政府工作部门权力清单制度的指导意见》，通过基本要求、主要任务、组织实施等 3 部分 15 条，对全面推进权力清单制度提出指导意见。并明确省级政府 2015 年年底前、市县两级政府 2016 年年底前要基本完成政府工作部门、依法承担行政职能的事业单位权力清单的公布工作。

（二）权力清单制度简介

1. 概念

权力清单是指依据国家法律，对政府职责和权力行使进行"确权勘界"，将各级政府工作部门行使的各项行政职权及其依据、行使主体、运行流程等，以清单形式明确列示出来，向社会公布，接受社会监督。

2. 作用

通过建立权力清单和相应责任清单制度，进一步明确地方各级政府工作部门职责权限，大力推动简政放权，加快形成边界清晰、分工合理、权责一致、运转高效、依法保障的政府职能体系和科学有效的权力监督、制约、协调机制，全面推进依法行政。

3. 适用

各级政府工作部门作为行政职权的主要实施机关，是推行权力清单制度的重点。依法承担行政职能的事业单位、垂直管理部门设在地方的具有行政职权的机构等，也应推行权力清单制度。

4. 实施

（1）全面梳理现有行政职权，逐项列明设定依据，汇总形成部门行政职权目录。

（2）大力清理调整行政职权，按照职权法定原则，对现有行政职权进行清理、调整。

（3）依法律法规审核确认，按照严密的工作程序和统一的审核标准，依法逐条逐项进行合法性、合理性和必要性审查。

（4）优化权力运行流程，对确认保留的行政职权，按照透明、高效、便民原则，制定行政职权运行流程图。

（5）公布权力清单，除保密事项外，以清单形式将每项职权的名称、编码、类型、依据、行使主体、流程图和监督方式等，及时在政府网站等载体公布。

（6）建立健全权力清单动态管理机制，清单公布后，根据法律法规立改废释情况、机构和职能调整情况等，及时调整权力清单，并向社会公布。

（7）积极推进责任清单工作，建立权力清单的同时，按照权责一致的原则，逐一理清与行政职权相对应的责任事项，建立责任清单，明确责任主体，健全问责机制。

（8）强化权力监督和问责，严格按照权力清单行使职权，切实维护权力清单的严肃性、规范性和权威性，加大公开透明力度，对不按权力清单履行职权的单位和人员，依纪依法追究责任。

---

* 地方先行先试

2014 年 6 月，浙江省政府推出"浙江政务服务网"，并在该网公布省级部门权力清单、责任清单、负面清单，成为中国首个在网上完整公布省级部门"三张清单"的省份。

由于"三张清单"概念较新、较抽象，本书摘选了浙江政务服务网公示的"三张清单"中部分节能相关内容作为图示，便于更好地理解。

一、浙江省省级行政权力清单

浙江省省级行政权力清单共包含四千余项行政权力，采取"按类别"、"按部门"两种方式进行分类，可分别查询检阅。"按类别"包括行政许可、处罚、强制、征收、给付、裁决、确认、奖励、其他等9种行政事项。"按部门"包括省发改委、经信委、教育厅、科技厅等42个行政部门。

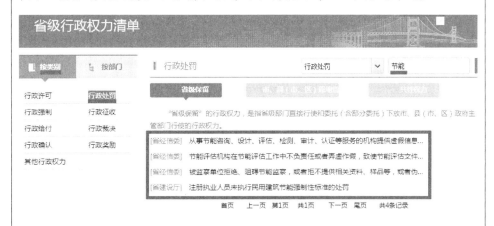

示例1：在浙江省省级行政权力清单中"按类别"选择"行政处罚"，以"节能"为关键词进行搜索，可以看到4项省级保留的权力目录。

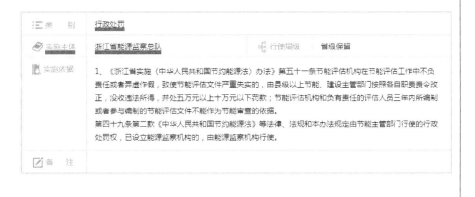

　　选择目录中的任意一项权力，可以查阅该项权力清单的详细内容。以第一项权力为例，进入该权力清单页面后，可以看到类别、实施主体、行使层级、实施依据和流程图。

（流程图略）

　　示例2：在浙江省省级行政权力清单中"按部门"选择"省经信委"，可以看到69项省级保留的权力目录。

　　二、浙江省省政府部门责任清单

　　浙江省省政府部门责任清单包括部门职责、与相关部门的职责边界、事中事后监管制度、公共服务事项等四方面内容。

示例1：在浙江省省政府部门责任清单中选择"省经信委"，再选择"部门职责"可以看到19项部门职责目录，其中选择"负责全省节能降耗和资源综合利用的综合协调工作"，可以看到这项职责中包含的23项具体工作事项。

主要职责	具体工作事项	备注
	做好全省节能降耗和控制能源消费总量综合协调工作，制定节能规划、政策措施，拟订控制能源消费总量政策措施，组织推进节能技术改造	
	做好全省节能中介机构管理工作，协调推动合同能源管理，组织制定全省合同能源管理政策措施	
	组织实施对各市能源"双控"目标完成情况和措施落实情况的督查与考核	
	发布节能技术产品导向目录，组织实施全省节能产品惠民工程，拟订重点用能单位节能政策措施，组织实施全省万吨千家节能行动	
	做好全省资源综合利用综合协调和监督管理工作，承担全省资源综合利用认定	
	指导工业循环经济，拟订相关政策规划，组织协调示范	
	承担全省清洁生产综合协调管理与推进工作，做好清洁生产审核机构选聘、绿色企业创建工作，组织实施示范项目	
	参与有关工业节水政策措施制定，做好全省节能环保产业培育和发展工作，拟订相关政策措施，制定节能环保产业规划	
负责全省节能降耗和资源综合利用的综合协调工作，指导工业循环经济、清洁生产、新能源推广应用工作，拟订相关的专项规划和政策措施，组织协调项目示范；负责全省资源综合利	做好新型墙体材料、绿色墙体材料及相关技术、设备和工艺等的研究、开发、生产和推广应用，做好部分新型墙体材料产品认定，加强对受委托实施新型墙体材料产品认定的墙改工作机构的监督，会同有关部门提出扩大要求使用新型墙体材料范围的具体方案	由省发展新型墙体材料办公室负责
	监督管理墙体材料生产、使用情况，受理举报投诉，查处违法违规行为	
	参与制定有关使用新型墙体材料的标准和技术规范	
	做好征收、管理使用省级新型墙体材料专项基金工作，指导、监督各级墙材工作机构做好本项工作	

示例2：在浙江省省政府部门责任清单中选择"省经信委"，再选择"与相关部门的职责边界"可以看到15项部门职责交叉的责任目录，其中选择第一项"节能管理"，又可以看到凡涉及节能管理事项的政府部门包括省经信委、省建设厅、省机关事务管理局及其职责分工，并附上相关依据和案例。

省政府部门责任清单

按部门

省发改委	**省经信委**
省教育厅	省科技厅
省民宗委	省公安厅
省民政厅	省司法厅
省卫生计生委	省财政厅
省人力社保厅	省国土资源厅
省环保厅	省建设厅
省交通运输厅	省水利厅
省农业厅	省林业厅
省商务厅	省文化厅
省审计厅	省外事侨务办

省经信委

| 部门职责 | 与相关部门的职责边界 | 事中事后监管制度 | 公共服务事项 |

- 节能管理
- 民用爆炸物品安全管理
- 公共机构、公共建筑节能监察
- 天然气电厂年度运行管理
- 电力工业"上大压小"

省经信委 | 与相关部门的职责边界

管理事项 节能管理

职责分工

相关部门	职责分工
省经信委	牵头全省节能降耗综合协调的有关工作，负责全省节能工作的监督管理，负责全省工业领域节能工作，负责民用建筑以外的固定资产投资项目节能审查
省建设厅	制定全省建筑节能的政策和发展规划并监督实施，组织实施重大建筑节能项目，负责民用建筑固定资产投资项目节能评估审查
省机关事务管理局	负责省级公共机构节能工作的管理指导，推进、指导、协调、监督省级、下级公共机构节能工作，负责对教育、科技、文化、卫生、体育等系统内的公共机构节能工作的指导

相关依据

1、《浙江省实施<中华人民共和国节约能源法>办法》；2、《浙江省实施<公共机构节能条例>办法》；3、《浙江省建筑节能管理办法》（省政府令第234号）

案例

省经信委委牵头负责我省节能目标完成及措施落实情况材料汇总，省建设厅负责提供我省建筑节能有关目标和政策落实情况、绿色建筑发展情况，省机关事务管理局提供我省公共机构节能目标完成和措施落实情况、节约型示范公共机构创建情况，省发改委和交通厅等部门按照职责提供所管领域的节能工作进展情况

三、浙江省企业投资负面清单

浙江省企业投资负面清单包括农业水利、能源、交通运输、信息产业、原材料、机械制造、轻工、高新技术、城建、社会事业、金融、外商投资、境外投资等 13 个投资领域。

示例:在浙江省企业投资负面清单中选择"能源",可以看到包括水电站、抽水蓄能电站项目、火电站等15类能源类别,其中选择"水电",可以看到国家、省级、市县的核准权限。

第二节 节能法律

一、《节能法》

《节能法》是我国节约能源方面的专门法,是一部推动全社会节约能源,提高能源利用效率,保护和改善环境,促进经济社会全面协调可持续发展的重要法律。《节能法》于1997年颁布,2007年10月进行修订后于2008年4

月 1 日起施行。该法分 7 章,共 87 条,分别对节能管理、合理使用与节约能源、节能技术进步、激励措施、法律责任等方面作出了规定。

(一) 节能的战略地位

《节能法》明确规定:"节约资源是我国的基本国策。国家实施节约与开发并举、把节约放在首位的能源发展战略。"该条款从法律的角度进一步明确了节能在我国经济和社会发展中的战略地位,充分说明节约能源绝不是为了解决一时的能源供应紧张而采取的权宜之计,符合我国的长远利益和根本利益,是推进生态文明建设、造福子孙后代的重大举措,必须长期不懈地坚持。

(二) 我国的节能管理体制

1. 国家节能管理部门

(1)主管部门。

《节能法》第十条规定,国务院管理节能工作的部门主管全国的节能监督管理工作。

国家发展和改革委是现行国务院职责分工中主管节能工作的部门,负责全国的节能监督管理工作。

(2)有关部门。

第十条同时规定,国务院有关部门在各自的职责范围内负责节能监督管理工作。

国务院有关部门,包括工信、住房和城乡建设、交通运输、机关事务、质检等主管部门,应当按照职责分工,在各自的范围内负责节能监督管理工作。国务院有关部门在履行相关的节能监督管理工作时,应当接受国务院管理节能工作的部门的指导。

2. 县级以上地方节能管理部门

《节能法》第十条规定,县级以上地方各级人民政府管理节能工作的部门负责本行政区域内的节能监督管理工作。县级以上地方各级人民政府有关部门在各自的职责范围内负责节能监督管理工作,并接受同级管理节能工作的部门的指导。

目前来看,县级以上地方各级人民政府管理节能工作的部门一般由地方政府根据本地实际情况决定。

（三） 节能工作的基本制度

1. 节能规划计划编制制度

《节能法》第五条规定："国务院和县级以上地方人民政府应当将节能工作纳入国民经济和社会发展规划和年度计划，组织编制并实施节能中长期专项规划和年度节能计划；国务院和县级以上地方人民政府每年向同级人民代表大会或者其常务委员会报告节能工作。"该条规定了编制、实施节能规划、计划和政府向人大或其常委会报告节能工作的制度。这就为推进节能工作展开，实践节能理念提供了制度支持。

（1） 节能规划。

国民经济和社会发展计划可分为中长期计划和年度计划，中长期的计划一般称作规划。从"十一五"开始，将国民经济和社会发展五年计划改成为五年规划。将节能工作纳入规划和计划，主要包括两个方面：一是制定具体的节能指标，如全国或者地方的单位国内（或地区）生产总值能耗指标、单位工业增加值能耗指标、主要工业产品单位能耗指标；二是对节能工作做出具体安排，如节能重点工程、节能技术和产品的示范推广方面的具体安排等。

2004 年，为推动全社会开展节能降耗，缓解能源瓶颈制约，建设节能型社会，促进经济社会可持续发展，实现全面建设小康社会的宏伟目标，国家发展改革委组织编写并经国务院同意发布了《节能中长期专项规划》，规划期分为"十一五"和 2020 年，重点规划了到 2010 年节能的目标和发展重点，并提出 2020 年的目标。该规划分为 5 个部分：我国能源利用现状，节能工作面临的形势和任务，节能的指导思想、原则和目标，节能的重点领域和重点工程和保障措施。

2012 年，为确保实现"十二五"节能减排约束性目标，缓解资源环境约束，应对全球气候变化，促进经济发展方式转变，建设资源节约型、环境友好型社会，增强可持续发展能力，国务院印发了《节能减排"十二五"规划》。该规划分为 6 个部分：现状与形势，指导思想、基本原则和主要目标，主要任务，节能减排重点工程，保障措施和规划实施。

（2）节能计划。

年度节能计划是各级政府依据中长期专项规划，对年度节能工作任务和节能具体措施的部署和安排。国务院和县级以上地方各级人民政府应当组织编制和实施年度节能计划。

（3）人大监督。

节能工作是事关国民经济和社会全面协调可持续发展的全局性、战略性工作，也是各级人民政府当前十分紧迫的任务，应当接受人大监督。人大监督节能工作的主要形式是由国务院和县级以上地方各级人民政府每年向同级人民代表大会或其常委会报告节能工作。报告节能工作可以采取在政府工作报告或作专项报告的形式，主要报告全国或本行政区域的能源消耗状况、能源利用效率改进情况、采取的节能措施和节能目标完成情况等。

2. 节能目标责任制和节能考核评价制度

《节能法》第六条规定："国家实行节能目标责任制和节能考核评价制度，将节能目标完成情况作为对地方人民政府及其负责人考核评价的内容；省、自治区、直辖市人民政府每年向国务院报告节能目标责任的履行情况。"该条规定了节能目标责任和节能考核评价制度。

（1）节能约束性指标。

十届人大四次会议通过的"十一五"规划纲要首次将经济社会发展指标分为预期性指标和约束性指标。所谓预期性指标，就是国家期望的发展目标，主要依靠市场主体的自主行为来实现。约束性指标，就是在预期性指标基础上，强化了政府必须履行的职责，是政府必须实现、必须完成的指标，具有法律效力。

为推进节能减排，我国"十一五"规划确定了万元 GDP 能耗降低 20% 左右的约束性指标，"十二五"规划确定了万元 GDP 能耗降低 16%、二氧化碳排放降低 17% 的约束性目标。

（2）节能目标责任制和节能考核评价。

为了实现节能目标，各级人民政府应当积极采取加强节能管理、调整产业结构、增加资金投入、推进节能技术进步、加强节能宣传教育等措施。同时，为了保证节能措施落到实处和国家节能目标的完成，应当建立节能目标责任制和节能考核评价制度，切实落实节能责任，加强对节能目标完成情况的监督和考核。

节能目标责任制和节能考核评价制度的主要内容是：将国家确定的单位国内生产总值能耗降低目标分解落实到各省、自治区、直辖市，省级人民政府将目标逐级分解落实到各市、县，一级抓一级，层层抓落实，实行严格的目标责任制；将能耗指标作为各地经济社会发展综合考核评价和年度考核的重要指标，将节能目标完成情况作为对各级人民政府负责人进行考核的重要内容。

各省、自治区、直辖市人民政府每年应当向国务院报告节能目标责任的履行情况，以利于国务院全面掌握各省、自治区、直辖市能源利用状况，加强对各省、自治区、直辖市人民政府节能工作的监督和指导，保证节能目标的实现。

3. 实行有利于节能和环保的产业政策

《节能法》第七条规定："国家实行有利于节能和环境保护的产业政策，限制发展高耗能、高污染行业，发展节能环保型产业。"实行有利于节能和环境保护的产业政策，促进能源消耗低、环境污染少的产业的发展，实现经济增长方式的根本转变，是从宏观上、整体上减少能耗的根本举措。

（1）限制高耗能、高污染行业。

限制发展高耗能、高污染行业，就是要依法对落后的能耗过高的用能产品、设备和生产工艺实行淘汰制度，禁止新建不符合节能、环保标准的项目；对允许类高耗能项目应当从严审批，加强监督检查；除鼓励类项目外，不得给予税收等优惠政策。

（2）发展节能环保产业。

节能环保产业是"十二五"七大国家战略性新兴产业之一。加快发展节能环保产业，是调整经济结构、转变经济发展方式的内在要求，是推动节能减排，发展绿色经济和循环经济，建设资源节约型环境友好型社会，积极应对气候变化，抢占未来竞争制高点的战略选择。

（3）鼓励、支持开发和利用新能源、可再生能源。

《节能法》第七条第三款规定："国家鼓励、支持开发和利用新能源、可再生能源。"

目前，我国的能源消费结构不利于生态文明建设，主要是化石能源特别是煤炭比重过高，同时与发达国家相比，可再生能源比重不高。因此，增加新能源和可再生能源在能源生产和消费结构中的比重是节约常规能源特别是化石能源，减少温室气体排放的重要途径。根据国家最新确定的规划目标，到 2020 年可再生能源占能源消费比重提高到 15%。

（4）鼓励、支持节能技术进步。

《节能法》第八条第一款规定："国家鼓励、支持节能科学技术的研究、开发、示范和推广，促进节能技术创新与进步。"

节能科技进步是提高能源利用效率的重要支撑。为此，政府必须给予支持。一是要投入资金，通过财政、税收政策给予支持；二是要建立必要的技术平台，对节能关键技术和共性技术开展攻关；三是要完善节能技术服务体系，组织节能咨询机构开展节能技术、产品的推广示范活动。

（5）开展节能宣传和教育。

《节能法》第八条第二款规定："国家开展节能宣传和教育，将节能知识纳入国民教育和培训体系，普及节能科学知识，增强公民的节能意识，提倡节约型的消费方式。"

这是落实节约资源基本国策的重要体现。一是开展资源现状、节能法律政策、节能科学知识的宣传，要利用新闻媒体等渠道，采取多种生动活泼的形式，开展节能宣传，旨在普及节能科学知识，增强公民的节能意识，提倡节约型的消费方式。二是要加强节能教育。提高对我国资源环境等基本国情的认识，加深对能源消耗与生态环境保护、全球气候变化之间的关系的了解，重视日常节能知识普及将节能教育纳入国民教育和培训体系等。

（四）节能管理制度

《节能法》建立了一系列重要的节能管理制度，为方便查阅和参考，本书对这些制度进行了分类梳理（详见表 1－1），使之更加条理化、简明化，并对实施情况、管理部门等进行了说明。

表 1 - 1　　　　　　　　　节能管理制度相关说明

节能管理制度	《节能法》相关条款	相关说明
节能监督管理制度	第十一、十二条（规定）第八十六条（罚则）	目前，国家发展改革委正在会同有关部门开展《节能监察办法》的制定工作
节能标准制定（修订）制度	第十三条（规定）	国家标准化管理委员会是国务院授权的统一管理全国标准化工作的主管机构
固定资产投资项目节能评估和审查制度	第十五条（规定）第六十八条（罚则）	2010 年 9 月，已由国家发展改革委制定并发布了《固定资产投资项目节能评估和审查暂行办法》
高耗能产品、设备和生产工艺淘汰制度	第十六、十七条（规定）第七十一条（罚则）	2005 年，国家发展改革委出台了《产业结构调整指导目录（2005 年本）》。该目录于 2011 年进行修订，出台《目录（2011 年本）》，并于 2013 年进行修正。另外，工业和信息化部从 2009 年至 2014 年先后制定发布三批《高耗能落后机电设备（产品）淘汰目录》，2014 年发布《高耗能老旧电信设备淘汰目录（第一批）》
高耗能特种设备的节能审查和监管制度	第十六条（规定）	国家质检总局负责特种设备的节能审查和监管工作。具体可参考《高耗能特种设备节能监督管理办法》
能耗限额标准制度	第十三、十六条（规定）第七十二条（罚则）	目前，我国已制定并发布 82 项能耗限额标准
能效标识管理制度	第十八、十九条（规定）第七十三条（罚则）	2004 年，国家发展改革委、国家质检总局联合制定出台了《能源效率标识管理办法》。目前，我国已制定（修订）并发布 60 项用能产品能源效率国家标准，其中 2 项已废止

续表

节能管理制度	《节能法》相关条款	相关说明
节能产品认证制度	第二十条（规定） 第六十九条（罚则）	目前，我国的节能产品认证工作接受国家质量技术监督局的监督和指导，认证的具体工作由中国质量认证中心负责组织实施
能源消费统计信息发布制度	第二十一条（规定） 第七十五条（罚则）	国家统计局负责组织领导和协调全国统计工作。发布的节能相关信息主要包括：各地区及主要耗能行业的能源消费情况、节能情况，还包括能源利用状况、主要耗能产品的单位产品耗能等
节能服务机构的激励和约束制度	第二十二条（规定） 第七十六条（罚则）	"十二五"期间，财政部、国家发展改革委发布了一批第三方节能量审核机构目录；国家发展改革委、财政部公布了五批节能服务公司备案名单，工业和信息化部公布了三批节能服务公司推荐名单
节能政策激励制度	第六十至六十七条（规定）	根据2015年5月发布的《国务院关于取消非行政许可审批事项的决定》，中央预算内投资年度计划审批（包括节能项目投资计划）、国际金融组织贷款捐赠事项审批（包括节能项目信贷等）已列入"政府内部审批的事项目录"；另，财政部于2015年5月制定发布了《节能减排补助资金管理暂行办法》

（五）合理用能有关规定

《节能法》对合理使用与节约能源进行了规定，包括对用能单位、工业、建筑、交通运输、公共机构等重点领域和重点用能单位。本书对每类规定中与节能中心系统业务有关的条款进行了梳理和归类（见表1-2）。

表1-2 合理用能有关规定

合理用能规定		《节能法》相关规定	相关条款和内容摘要	《节能法》相关罚则、有关内容和执法部门
用能单位	一般规定	第二十四至第二十八条	第二十四条：用能单位应加强节能管理，制定并实施节能计划、技术措施，降低能源消耗 第二十五条：用能单位应当建立节能目标责任制，对节能工作取得成绩的集体、个人给予奖励 第二十六条：用能单位应当定期开展节能教育和岗位节能培训 第二十七条：用能单位应加强计量管理，建立能源消费统计和能源利用状况分析制度 第二十八条：不得实行能源消费包费制	第七十四条：配备计量器具/质监 第七十五条：能源统计/按《统计法》规定 第七十七条：能源消费包费制/节能
重点领域	工业节能	第二十九至第三十三条	第二十九条：鼓励采用高效节能的电动机、锅炉、窑炉、风机、泵类等设备，采用热电联产、余热余压发电、洁净煤及先进用能监测和控制技术 第三十二条：电网企业按节能发电调度管理规定安排发电机组与电网并网运行，上网电价执行有关规定 第三十三条：禁止新建不合规定的燃煤、燃油发电机组，和燃煤热电机组	第七十八条：电网调度、上网电价/电监
重点领域	建筑节能	第三十四至第四十条	第三十五条：建筑工程相关单位应遵守节能标准 第三十七条：公共建筑实行室内温度控制 第三十八条：新建建筑或既有建筑进行节能改造，应安装用热计量、室内温控、供热系统调控等装置 第三十九条：严控公共设施和大型建筑物装饰性景观照明能耗 第四十条：鼓励使用新型墙体材料等节能建筑材料和节能设备，安装和使用太阳能等可再生能源利用系统	第七十九条：节能标准/建设

续表

合理用能规定		《节能法》相关规定	相关条款和内容摘要	《节能法》相关罚则、有关内容和执法部门
	交通运输节能	第四十一至第四十六条	第四十五条：鼓励开发、生产、使用用节能环保型交通运输工具；鼓励开发和推广应用交通运输的清洁燃料，石油替代燃料 第四十六条：不符合交通运输营运车船的燃料消耗量限制标准，不得用于营运	/
	公共机构节能	第四十七至第五十一条	第四十九条：公共机构应制定年度节能目标和实施方案 第五十条：公共机构应加强本单位用能系统管理，应进行能源审计，根据审计结果采取提高能源利用效率的措施 第五十一条：优先采购节能产品、设备；禁止采购命令淘汰的产品、设备	第八十一条：用能产品、设备采购或采监管
重点用能单位	重点用能单位节能	第五十二至第五十五条	第五十二条：年综合能源消费量一万吨标准煤以上，有关部门指定的五千吨以上不满一万吨标准煤的用能单位为重点用能单位 第五十三条：每年报送上年度能源利用状况报告 第五十四条：管理节能工作部门对节能利用状况报告进行审查，对节能管理制度不健全、节能措施不落实、能源利用效率低的，开展现场调查，提出书面整改要求，限期整改 第五十五条：设立能源管理岗位，组织用能设备能效检测，责令实施能源审计，聘任能源管理负责人，并报有关部门备案；能源管理负责人应接受节能培训	第八十二条：能源利用状况报告 第八十三条：不落实第五十四条整改要求改/节能 第八十四条：能源管理岗位、负责人/节能

"十二五"以来，我国经济发展已经进入新常态，现行的《节能法》在很多方面已难以适应新形势下对节能法律制度的实际需要。另外，随着政府依法行政、简政放权、转变职能的进一步深化，现行《节能法》中部分节能管理制度也需进行相应调整完善。目前，《节能法》修订工作已纳入全国人大常委会2015年立法工作计划，有关方面正在抓紧调研和起草。

二、相关法律

（一）行政类

1. 重点相关法律

全国节能中心系统单位多为依据节能行政主管部门和有关行政管理部门的委托，组织实施监察或评审等行政类的工作，还有部分直接由法律、法规授权，本身就可以开展行政类的有关工作。大部分节能中心系统单位，无论是以单位本身名义，还是受行政机关委托以其名义开展具有行政职能的工作，都受到行政类相关法律的约束和规范，因此，基本的行政法律法规必须掌握。本书对五部相关的行政法律就其立法宗旨和适用范围做了摘要（见表1-3）。

表1-3　　　　　　　　　　相关行政法律法规

相关法律	立法宗旨	适用范围
《中华人民共和国行政许可法》	规范行政许可的设定和实施，保护公民、法人和其他组织的合法权益，维护公共利益和社会秩序，保障和监督行政机关有效实施行政管理	行政许可的设定和实施
《中华人民共和国行政处罚法》	规范行政处罚的设定和实施，保障和监督行政机关有效实施行政管理，维护公共利益和社会秩序，保护公民、法人或者其他组织的合法权益	行政处罚的设定和实施

相关法律	立法宗旨	适用范围
《中华人民共和国行政复议法》	防止和纠正违法的或者不当的具体行政行为，保护公民、法人和其他组织的合法权益，保障和监督行政机关依法行使职权	公民、法人或者其他组织认为具体行政行为侵犯其合法权益，向行政机关提出行政复议申请，行政机关受理行政复议申请、作出行政复议决定
《中华人民共和国行政诉讼法》	保证人民法院公正、及时审理行政案件，解决行政争议，保护公民、法人和其他组织的合法权益，监督行政机关依法行使职权	公民、法人或者其他组织认为行政机关和行政机关工作人员的行政行为侵犯其合法权益，向人民法院提起诉讼
《中华人民共和国国家赔偿法》	保障公民、法人和其他组织享有依法取得国家赔偿的权利，促进国家机关依法行使职权	国家机关和国家机关工作人员行使职权，有本法规定的侵犯公民、法人和其他组织合法权益的情形，造成损害的，受害人取得国家赔偿

2. 《行政处罚法》重点条款

在上文提到的行政法律中，《行政处罚法》对全国节能中心系统队伍来说，具有更为重要的实际指导意义。目前，全国 31 个省（区、市）均成立了节能监察机构，在开展节能监察执法工作时，必须遵循《行政处罚法》的规范性要求。因此，本书特别对该法中与节能监察执法工作紧密相关的重点条款及其主要内容进行了摘要（见表 1-4）。

表 1-4 　　　　　　　　　《行政处罚法》重点条款

重点条款	有关内容摘要
第三、四条	法律、法规或者规章中对违法行为给予行政处罚的规定，且行政处罚的规定须为公布的，可以作为行政处罚的依据

重点条款	有关内容摘要
第六条	公民、法人或者其他组织，对行政处罚享有陈述权、申辩权；不服的，有权申请行政复议或提起行政诉讼
第八条	行政处罚分为7种：警告；罚款；没收违法所得、非法财物；责令停产停业；暂扣或者吊销许可证、执照；行政拘留；法律、行政法规规定的其他行政处罚
第十七至十九条	具有法律、法规授权的管理公共事务职能的组织可以在法定授权范围内实施行政处罚 行政机关只能委托符合以下3种条件的组织，以委托行政机关名义进行行政处罚（受委托组织不得再委托其他组织或个人实施行政处罚）：① 依法成立的公共事业组织；② 有熟悉法律法规规章和业务的工作人员；③ 有条件组织技术检查或鉴定
第二十条	行政处罚管辖判断依据：违法行为发生地
第二十三条	实施处罚时，应责令当事人改正或限期改正违法行为
第二十四条	对当事人的同一个违法行为，不得处以两次以上罚款
第二十五、二十六、二十七、二十九、三十、三十八条	不满十四岁的人、精神病人；轻微和无危害后果；违法行为2年内未被发现；违法事实不清或不成立，不予行政处罚
第二十七条	主动消减危害后果、受胁迫、有立功的从轻或减轻处罚
第三十一条	处罚前，告知处罚决定的事实、理由、依据，和当事人依法享有的权利
第三十二条	不得因当事人申辩而加重处罚
第三十三、三十四、三十五条	对公民处以50元以下、对法人或组织处1000元以下罚款或警告，可当场处罚，需出示执法身份证件、填写并当场交付行政处罚决定书，并将处罚决定报所属行政机关备案

重点条款	有关内容摘要
第三十六、三十七、四十条	应予行政处罚的，须调查、取证，必要时可检查；调查、检查时，执法人员不得少于 2 人，应出示证件，制作笔录，抽样取证（证据经批准可先行登记保存）；7 日内作出处理决定，填写并送达行政处罚决定书
第五十一条	到期不缴罚款：每日可按罚款数额的百分之三加处罚款；可拍卖查封扣押财物或将冻结存款划拨抵缴罚款；可申请法院强制执行
第五十五至六十二条	列举了违法或错误实施行政处罚，对行政机关直接负责的主管人和其他直接责任人员给予行政处分的情况
第五十八、六十至六十二条	列举了情节严重，对行政机关直接负责的主管人和其他直接责任人员依法追究刑事责任的情况

（二）专业类

除《节能法》专门针对节约能源作出系统、具体规定外，《中华人民共和国清洁生产促进法》、《中华人民共和国循环经济促进法》、《中华人民共和国电力法》等法律的部分条款也对节能作出相关规定，在本书中也进行了摘录。另外，对于相关法律所涉工作领域的主管部门进行了简要说明（见表1-5）。

表1-5　　　　　　　　相关专业法律的条款及主管部门

相关法律	节能相关条款	主管部门
《中华人民共和国清洁生产促进法》	第十二、十三、十六、十七、十九、二十三、二十四条（节能相关规定） 第三十六、三十九条（罚则）	清洁生产工作的主管部门为国家发展改革委。国家发展改革委会同环境保护部负责管理全国的清洁生产审核工作并对违法行为进行处罚
《中华人民共和国循环经济促进法》	第九、十、十六、十七、十八、二十一、二十三、二十五、二十六、二十九、四十四、四十五、四十六条（节能相关规定） 第五十、五十二、五十五条（罚则）	循环经济工作的主管部门为国家发展改革委。对违反该法规定进行查处涉及多个部门，包括发改、质监、工商、地矿、电监等

相关法律	节能相关条款	主管部门
《中华人民共和国电力法》	第五、九、十、十四、二十四、三十一、三十四条（节能相关规定） 第六十二条（罚则）	国家能源局负责能源监督管理，包括电力。原国家电力监督委员会负责全国电力监管工作，2013年国务院机构改革后并入国家能源局

第三节　节能法规

一、公共机构节能条例

为了推动公共机构节能，提高公共机构能源利用效率，发挥公共机构在全社会节能中的表率作用，根据《中华人民共和国节约能源法》，国务院制定通过了《公共机构节能条例》，2008年10月1日起施行。

（一）适用范围和主管部门

适用范围：全部或者部分使用财政性资金的国家机关、事业单位和团体组织。

主管部门：国务院管理节能工作的部门主管全国的公共机构节能监督管理工作。国务院管理机关事务工作的机构在国务院管理节能工作的部门指导下，负责推进、指导、协调、监督全国的公共机构节能工作。国务院和县级以上地方各级人民政府管理机关事务工作的机构在同级管理节能工作的部门指导下，负责本级公共机构节能监督管理工作。教育、科技、文化、卫生、体育等系统各级主管部门在同级管理机关事务工作的机构指导下，开展本级系统内公共机构节能工作。

（二）主要内容

《公共机构节能条例》共6章43条。包括总则、节能规划、节能管理、节能措施、监督和保障、附则。

1. 节能的总体要求

《公共机构节能条例》要求，公共机构应当加强用能管理，采取技术上可行、经济上合理的措施，降低能源消耗，减少、制止能源浪费，有效、合理地利用能源。

2. 公共机构节能规划的制定和组织实施

《公共机构节能条例》明确规定了公共机构节能规划的主体，制定的依据以及应当包括的主要内容，即：公共机构节能规划由国务院和县级以上地方各级人民政府管理机关事务工作的机构会同同级有关部门，根据本级人民政府节能中长期专项规划制定。公共机构节能规划应当包括指导思想和原则，用能现状和问题，节能目标和指标，节能重点环节，实施主体，保障措施等方面的内容。

国务院和县级以上地方各级人民政府管理机关事务工作的机构应当将公共机构节能规划确定的节能目标和指标，按年度分解落实到本级公共机构。公共机构应当结合本单位用能特点和上一年度用能状况，制定年度节能目标和实施方案，有针对性的采取节能管理或者节能改造措施，保证节能目标的完成，年度节能目标和实施方案应当报本级人民政府管理机关事务工作的机构备案。

3. 公共机构节能的基本管理制度

《公共机构节能条例》规定了公共机构必须建立的 6 项制度，即：能源消费计量和监测制度、能源消费统计和报告制度、能源消耗定额制度、节能产品设备采购制度、建筑节能管理制度、能源审计制度。

能源消费计量和监测制度：区分用能种类、用能系统，实行能源消费分户、分类、分项计量，并加强对本单位能源消耗的实时监测，及时发现，纠正用能浪费现象。

能源消费统计和报告制度：建立、健全本单位节能管理制度，指定专人负责能源消费统计，如实记录能源消费计量原始数据，建立统计台账，并定期向本级人民政府管理机关事务工作的机构报送能源消费状况报表。

能源消耗定额制度：在有关部门规定的能源消费定额范围内使用能源，加强能源消耗支出管理；超过能源消耗定额使用能源的，应当向本级人民政府管理机关事务工作的机构做出说明。

节能产品设备采购制度：优先采购列入节能产品、设备政府采购名录的产品、设备。

建筑节能管理制度：新建建筑和既有建筑改造应当严格执行国家有关建筑节能设计施工、调试、竣工验收等方面的规定和标准。公共机构的建设项目应当通过节能评估和审查。

能源审计制度：对本单位用能系统，设备的运行及能源使用情况进行技术和经济性评估，实行能源审计制度，并根据审计结果采取提高能源利用率的措施。

4. 公共机构节能的具体措施

为保证公共机构节能工作取得实效，《公共机构节能条例》针对公共机构的实际情况和特点，规定了6项具体节能措施：节能运行管理措施；合同能源管理措施；物业节能管理措施；节能改造管理措施；主要耗能系统和重点用能部位节能管理措施；公务用车节能管理措施。

节能运行管理措施：加强用能系统和设备运行调节、维护保养和巡视检查。

合同能源管理措施：设置能源管理岗位，实行能源管理岗位责任制，并在重点用能系统、设备的操作岗位上配置专业技术人员。

鼓励公共机构采用合同能源管理方式，委托节能服务机构进行节能诊断、设计、融资、改造和运行管理。

物业节能管理措施：选择物业服务企业应当考虑其节能管理能力，并在物业服务合同中载明节能管理的目标和要求。

节能改造管理措施：实施节能改造应当进行能源审计和投资收益分析，并在节能改造后采用计量方式对节能指标进行考核和综合评价。

主要耗能系统和重点用能部位节能管理措施：加强对办公设备、空调、电梯、照明等用能系统和设备以及网络机房、食堂、锅炉房等重点用能部位的节能运行管理。

公务用车节能管理措施：推行单车能耗核算制度。

二、民用建筑节能条例

为了加强民用建筑节能管理，降低民用建筑使用过程中的能源消耗，提高能源利用效率，国务院制定通过《民用建筑节能条例》，2008 年 10 月 1 日起正式施行。

（一）适用范围和主管部门

适用范围：民用建筑，即居住建筑、国家机关办公建筑和商业、服务业、教育、卫生等其他公共建筑。

主管部门：国务院建设主管部门负责全国民用建筑节能的监督管理工作。县级以上地方人民政府建设主管部门负责本行政区域民用建筑节能的监督管理工作。县级以上人民政府有关部门应当依照条例的规定以及本级人民政府规定的职责分工，负责民用建筑节能的有关工作。

县级以上地方人民政府节能工作主管部门应当会同同级建设主管部门确定本行政区域内公共建筑重点用电单位及其年度用电限额。

（二）主要内容

《民用建筑节能条例》分为 6 章，共 45 条，包括总则、新建建筑节能、既有建筑节能、建筑用能系统运行节能、法律责任、附则。

1. 新建建筑节能要求

在保证民用建筑使用功能和室内热环境质量的前提下，降低其使用过程中能源消耗的活动。即在规划、设计、建造和使用过程中，通过采用新型墙体材料等建筑材料，执行建筑节能标准，加强建筑物用能设备的运行管理，合理设计建筑围护结构的热工性能，提高采暖、制冷、照明、通风、给排水和通道系统的运行效率，以及充分利用可再生能源等，来降低民用建筑的能源消耗。应该特别指出的是，民用建筑节能是在使用过程中的节能，是建筑本身的节能，而不是指生产建设环节的节能，不是使用个人的行为节能。

2. 既有建筑节能要求

对不符合民用建筑节能强制性标准的既有建筑的围护结构、供热系统、采暖制冷系统、照明设备和热水供应设施等实施节能改造。实施既有建筑节能改造，应当符合民用建筑节能强制性标准，优先采用遮阳、改善通风等低成本改造措施。对实行集中供热的建筑进行节能改造，要安装供热系统调控装置和用热计量装置，满足分户计量的要求；对公共建筑进行节能改造，还应当安装室内温度调控装置和用电分项计量装置。

3. 建筑用能系统运行节能要求

国家机关办公建筑和大型公共建筑的所有权人或者使用权人应当建立健全民用建筑节能管理制度和操作规程，对建筑用能系统进行监测、维护，并定期将分项用电量报县级以上地方人民政府建设主管部门。县级以上地方人民政府节能工作主管部门应当会同同级建设主管部门确定本行政区域内公共建筑重点用电单位及其年度用电限额。

供热单位应当建立健全相关制度，加强对专业技术人员的教育和培训，供热单位应当改进技术装备，实施计量管理，并对供热系统进行监测、维护，提高供热系统的效率，保证供热系统的运行符合民用建筑节能强制性标准。

县级以上地方人民政府建设主管部门应当对本行政区域内供热单位的能源消耗情况进行调查统计和分析，并制定供热单位能源消耗指标。对超过能源消耗指标的，应当要求供热单位制定相应的改进措施，并监督实施。

《民用建筑节能条例》还对民用建筑节能的奖励和处罚等作出了规定。

第四节　节能规章

一、固定资产投资项目节能评估和审查暂行办法

为加强固定资产投资项目节能管理，促进科学合理利用能源，从源头上杜绝能源浪费，提高能源利用效率，根据《中华人民共和国节能法》和《国

务院关于加强节能工作的决定》，国家发展和改革委制定了《固定资产投资项目节能评估和审查暂行办法》（以下简称《办法》），2010 年 11 月 1 日起正式施行。

（一）适用范围和主管部门

适用范围：各级人民政府发展改革部门管理的在我国境内建设的固定资产投资项目。

主管部门：固定资产投资项目节能审查按照项目管理权限实行分级管理。由国家发展改革委核报国务院审批或核准的项目以及由国家发展改革委审批或核准的项目，其节能审查由国家发展改革委负责；由地方人民政府发展改革部门审批、核准、备案或核报本级人民政府审批、核准的项目，其节能审查由地方人民政府发展改革部门负责。

（二）主要内容

《办法》共分 5 章 25 条，包括总则、节能评估、节能审查、监管和处罚、附则。

1. 前置性要求

未按《办法》规定进行节能审查，或节能审查未获通过的固定资产投资项目，项目审批、核准机关不得审批、核准，建设单位不得开工建设，已经建成的不得投入生产、使用。

2. 分类管理要求

按照项目建成投产后年能源消费量，对节能评估实行分类管理，相应编制节能评估报告书、节能评估报告表和节能登记备案表。其中，节能评估报告书和报告表应由项目建设单位委托有能力的机构编制，节能登记备案表可由项目建设单位自行填写。

3. 委托评审要求

节能审查机关收到项目节能评估文件后，要委托有关机构进行评审，形成评审意见，作为节能审查的重要依据。接受委托的评审机构应在节能审查机关规定的时间内提出评审意见。评审时可以要求项目建设单位就有关问题进行说明或补充材料。

另外，《办法》还对固定资产投资项目节能评估和审查的实施、监管和处罚等作了规定。

二、中央企业节能减排监督管理暂行办法

为督促中央企业落实节能减排社会责任，建设资源节约型和环境友好型企业，根据《中华人民共和国节约能源法》、《中华人民共和国环境保护法》、《中华人民共和国循环经济促进法》、《中央企业负责人经营业绩考核暂行办法》等有关法律法规和规章，国务院国有资产监督管理委员会（以下简称国资委）制定了《中央企业节能减排监督管理暂行办法》（以下简称《办法》），2010 年 3 月 26 日起施行。

（一）适用范围和主管部门

适用范围：中央企业，即国资委根据国务院授权履行出资人职责的国家出资企业。

主管部门：中央企业应当严格遵守国家节能减排法律法规和有关政策，依法接受国家节能减排主管部门的监督管理。中央企业各级子企业依法接受所在地县级以上地方人民政府节能减排主管部门的监督管理。国资委联系中央企业节能减排工作。

（二）主要内容

《办法》共分 6 章 32 条，包括：总则、节能减排工作基本要求、节能减排统计监测与报告制度、节能减排考核、节能减排奖惩和附则。主要要求如下：

1. 分类监督管理要求

按照企业能源消耗及主要污染物排放情况，将中央企业划分为重点类、关注类和一般类等三类中央企业，并实行动态监管。中央企业应根据分类管理的要求建立与生产经营相适应的节能减排协调、监督管理机构。

2. 统计监测和报告要求

中央企业应当建立健全节能减排统计监测体系和节能减排工作报告制度两项要求，加强对生产过程中能源消耗和污染物排放的统计监测，提升节能

减排信息化水平，定期向国资委报送节能减排汇总报表和总结分析报告。

3. 考核和奖惩要求

将节能减排目标完成情况纳入中央企业负责人经营业绩考核体系，作为对中央企业负责人经营业绩考核的重要内容。对于节能减排数据严重不实，弄虚作假的，发生重大（含重大）以上环境责任事故，造成重大社会影响的或发生节能减排重大违法违规事件，造成恶劣影响的企业，国资委将对中央企业负责人经营业绩考核结果予以降级处理。

三、高耗能特种设备节能监督管理办法

为加强高耗能特种设备节能审查和监管，提高能源利用效率，促进节能降耗，根据《中华人民共和国节能法》、《特种设备安全监察条例》等法律、行政法规的规定，国家质量监督检验检疫总局（以下简称国家质检总局）制定了《高耗能特种设备节能监督管理办法》（以下简称《办法》），2009 年 9 月 1 日起正式施行。

（一）适用范围和主管部门

适用范围：高耗能特种设备生产（含设计、制造、安装、改造、维修，下同）、使用、检验检测的节能监督管理。

主管部门：国家质检总局负责全国高耗能特种设备的节能监督管理工作，地方各级质量技术监督部门负责本行政区域内高耗能特种设备的节能监督管理工作。

（二）主要内容

《办法》共分 5 章 36 条，包括总则、高耗能特种设备的生产、高耗能特种设备的使用、监督管理和附则。

1. 生产要求

高耗能特种设备生产单位应当按照国家有关法律、法规、特种设备安全技术规范等有关规范和标准的要求进行生产，确保生产的高耗能特种设备符合能效指标要求。特种设备生产单位不得生产不符合能效指标要求或者国家产业政策明令淘汰的高耗能特种设备。高耗能特种设备制造企业的新产品应

当进行能效测试。未经能效测试或者测试结果未达到能效指标要求的，不得进行批量制造。

2. 使用要求

高耗能特种设备使用单位应当建立健全经济运行、能效计量监控与统计、能效考核等节能管理制度和岗位责任制度。对在用国家明令淘汰的高耗能特种设备，使用单位应当在规定的期限内予以改造或者更换，到期未改造或者更换的，不得继续使用。

3. 监管要求

高耗能特种设备节能产品推广目录、淘汰产品目录，依照《中华人民共和国节约能源法》制定并公布。从事高耗能特种设备能效测试的检验检测机构应当严格按照有关规范和标准，依法进行高耗能特种设备能效测试工作，保证能效测试结果的准确性、公正性和可溯源性，对测试结果负责。国家质检总局和省、自治区、直辖市质量技术监督部门定期向社会公布高耗能特种设备能效状况。

四、能源效率标识管理办法

为加强节能管理，推动节能技术进步，提高能源效率，依据《中华人民共和国节约能源法》、《中华人民共和国产品质量法》、《中华人民共和国认证认可条例》，国家发展改革委、国家质检总局制定了《能源效率标识管理办法》（以下简称《办法》），2005 年 3 月 1 日起正式施行。

（一）适用范围和主管部门

适用范围：国家对节能潜力大、使用面广的用能产品实行统一的能源效率标识制度。

主管部门：国家发展改革委、国家质检总局和国家认证认可监督管理委员会负责能源效率标识制度的建立并组织实施。地方各级人民政府节能管理部门、地方质量技术监督部门和各级出入境检验检疫机构，在各自的职责范围内对所辖区域内能源效率标识的使用实施监督检查。

（二） 主要内容

《办法》分5章，共27条，主要对能源效率标识的内容、标注、使用、备案、能源效率等级的检测以及监督管理等方面作出了规定。

1. 标识内容要求

能源效率标识应当包括生产者名称或者简称、产品规格型号、能源效率等级、能源消耗量、执行的能源效率国家标准编号等基本内容。其中，能源效率等级是表示同类产品能源效率高低差别的一种分级方法，能源效率等级应依据产品能源效率检测报告和能源效率国家标准标注确定。

2. 标注和使用要求

凡列入《中华人民共和国实行能源效率标识的产品目录》的产品，应当在产品或者产品最小包装的明显部位标注统一的能源效率标识，并在产品说明书中说明。生产者和进口商应当对其使用的能源效率标识信息准确性负责，不得伪造或冒用能源效率标识。销售者不得销售应当标注但未标注能源效率标识的产品，不得伪造或冒用能源效率标识。

另外，《办法》还对能源效率标识的备案、检测、监督管理和处罚等进行了规定。

五、公路、水路交通实施《节能法》办法

为促进公路、水路交通节约能源，提高能源利用效率，根据《中华人民共和国节约能源法》，结合交通运输行业发展实际，交通运输部制定了《公路、水路交通实施〈节能法〉办法》（以下简称《办法》），2008年9月1日起正式施行。

（一） 适用范围和主管部门

适用范围：中华人民共和国境内公路、水路交通能源利用及节约能源监督管理活动。

主管部门：交通运输部负责全国公路、水路交通节能监督管理工作，并接受国务院管理节能工作的部门的指导。县级以上地方人民政府交通运输主管部门负责本行政区域内交通运输行业的节能监督管理工作，并接受上级交

通运输主管部门和同级管理节能工作的部门的指导。

（二）主要内容

《办法》分5章，共31条，主要对节能管理、交通用能单位合理使用与节约能源、法律责任等方面作出了规定。

1. 节能管理规定

为了加强交通运输行业节能管理工作，《办法》对交通运输行业的节能管理作出了相应规定，如实行节能目标责任制和节能考核评价制度，实施公共交通优先发展战略，组织开展节能宣传和教育，将公路、水路节能纳入交通发展规划并组织实施节能规划，实行能源利用状况统计和发布制度，制定和执行节能标准制度，执行节能评估和审查制度等。

2. 合理使用与节约能源的要求

《办法》对交通用能单位及重点用能单位加强节能管理做出明确规定：一是制定并实施节能计划和节能技术措施，建立和完善节能管理制度；二是加强对本单位职工的节能教育，促进本单位职工树立节能意识，并建立节能目标责任制，将节能目标完成情况作为绩效考核的内容之一；三是按照国家有关计量管理的法律、法规和有关规定，加强能源计量管理，配备和使用经依法检定合格和校准的能源计量器具，对各类能源的消耗实行分类计量；四是建立能源统计制度，全面、准确、及时地反映交通行业能耗情况，为制定交通节能政策和采取节能措施提供数据支持；五是制定交通用能单位能耗定额标准；六是履行禁止性义务。对于交通重点用能单位的管理，需按要求报送能源利用状况报告，设定能源管理岗位和聘任具有节能专业知识、实际经验以及中级以上技术职称的人员作为能源管理负责人。

六、道路运输车辆燃料消耗量检测和监督管理办法

为加强道路运输车辆节能降耗管理，根据《中华人民共和国节约能源法》和《中华人民共和国道路运输条例》，交通运输部制定了《道路运输车辆燃料消耗量检测和监督管理办法》（以下简称《办法》），2009年11月1日起正式施行。

（一）适用范围和主管部门

适用范围：道路运输车辆燃料消耗量检测和监督管理。道路运输车辆，是指拟进入道路运输市场从事道路旅客运输、货物运输经营活动，以汽油或者柴油为单一燃料的国产和进口车辆。

主管部门：交通运输部主管全国道路运输车辆燃料消耗量检测和监督管理工作。交通运输部汽车运输节能技术服务中心作为交通运输部开展道路运输车辆燃料消耗量检测和监督管理工作的技术支持单位。

县级以上地方人民政府交通运输主管部门负责组织领导本行政区域内道路运输车辆燃料消耗量达标车型的监督管理工作。

县级以上道路运输管理机构按照本办法规定的职责负责具体实施本行政区域内道路运输车辆燃料消耗量达标车型的监督管理工作。

（二）主要内容

《办法》分5章，共33条，主要对检测管理、车型管理、监督管理、附则等方面作出了规定。

1. 对燃料消耗量的技术要求

总质量超过3500千克的道路旅客运输车辆和货物运输车辆的燃料消耗量应当分别满足交通行业标准《营运客车燃料消耗量限值及测量方法》（JT 711）和《营运货车燃料消耗量限值及测量方法》（JT 719）的要求。不符合道路运输车辆燃料消耗量限值标准的车辆，不得配发《道路运输证》，不能用于营运。

2. 检测机构检测资质管理要求

《办法》严格规定了从事道路运输燃料消耗量检测机构所应具备的条件，由检测机构自愿申请，经专家评审后，选择符合条件的检测机构从事燃料消耗量检测业务。检测机构名单向社会公布。对于未按规定和技术标准开展检测工作或者出具虚假检测报告等情形的，将责令限期整改，逾期达不到整改要求的，将其从检测机构的名单中撤除。

3. 车型管理规定

《办法》对已列入《车型表》车型的外廓尺寸、整备质量、总质量、发

44

动机、变速器速比、轮胎形式等发生变更或者扩展的情形做出严格规定，要求车辆生产企业必须按照规定程序进行重新申请和检测；而对于车型发生变更或者扩展但对油耗量影响不大或者有利于节能降耗的情形，车辆生产企业只需提供相关信息，以及符合有关标准的承诺书，由交通运输部对《车型表》做出相应调整。

第五节　节能政策

制定和实施节能政策，对科学规划、监督、指导节能工作发展，提高能源利用效率，完成节能目标任务，具有重要意义。近年来，国家重点围绕加强组织领导、强化目标责任考核、推动技术进步、加大淘汰落后产能、扶持新能源和可再生能源发展、发展节能服务产业、实施重点工程、发展循环经济、促进清洁生产、加强节能执法监察等方面，出台了大量旨在缓解能源压力、保护生态环境、实现可持续发展的节能政策，在推进资源节约型和环境友好型社会建设方面，发挥了积极的作用。这里选择部分重要节能政策进行介绍。

一、国家节能政策

（一）《关于加强节能工作的决定》

2006年8月6日，国务院印发了《关于加强节能工作的决定》，明确了节能工作的指导思想、基本原则和主要目标，并提出在构建节能型产业体系、抓好重点领域节能、推进节能技术进步、加大节能监管力度、建立健全节能保障机制、加强节能管理队伍建设和基础工作以及加强组织领导等方面全力推进节能工作。文件首次将节能从战略和全局高度纳入到政府重要议事日程，明确了相关部门的责任和分工，确定了"十一五"节能目标。

决定提出要加强节能管理队伍建设，在整合现有相关机构的基础上，组建国家节能中心，完善节能监督体系，强化对本行政区域内节能工作的监督管理和日常监察（监测）工作，依法开展节能执法和监察（监测）。

决定同时提出，要建立固定资产投资项目节能评估和审查制度。有关部门和地方人民政府要对固定资产投资项目（含新建、改建、扩建项目）进行节能评估和审查。对未进行节能审查或未能通过节能审查的项目一律不得审批、核准，从源头杜绝能源的浪费。对擅自批准项目建设的，要依法依规追究直接责任人的责任。发展改革委要会同有关部门制定固定资产投资项目节能评估和审查的具体办法。

（二）《节能减排统计监测及考核实施方案和办法》

2007 年 11 月 17 日，国务院批转了发展改革委、统计局和环保总局分别会同有关部门制定的《节能减排统计监测及考核实施方案和办法》，提出建立科学、完整、统一的节能减排统计、监测和考核体系，并将能耗降低和污染减排完成情况纳入各地经济社会发展综合评价体系，作为政府领导干部综合考核评价和企业负责人业绩考核的重要内容，实行严格的问责制。《单位 GDP 能耗统计指标体系实施方案》、《单位 GDP 能耗监测体系实施方案》、《单位 GDP 能耗考核体系实施方案》等三个方案以及《主要污染物总量减排统计办法》、《主要污染物总量减排监测办法》、《主要污染物总量减排考核办法》等三个办法，是"十一五"时期我国全面开展节能工作的系统性、纲领性文件。

（三）《关于进一步加强淘汰落后产能工作的通知》

2010 年 2 月 6 日，国务院印发了《关于进一步加强淘汰落后产能工作的通知》，要求成立由工业和信息化部牵头，发展改革委等部门参加的淘汰落后产能工作部际协调小组，统筹协调淘汰落后产能工作，研究解决淘汰落后产能工作中的重大问题，根据"十二五"规划，以电力、煤炭、钢铁、水泥、有色金属、焦炭、造纸、制革、印染等行业为重点，研究提出淘汰落后产能目标并做好任务分解和组织落实工作。要求强化政策约束机制，即严格市场准入，强化经济和法律手段，加大执法处罚力度；完善政策激励机制，即加强财政资金引导，做好职工安置工作，支持企业升级改造。健全监督检查机制，即加强舆论和社会监督，加强监督检查，实行问责制。

（四）《"十二五"节能减排综合性工作方案》

2011 年 8 月 31 日，国务院印发了《关于印发"十二五"节能减排综合性工作方案的通知》，这是"十二五"时期我国开展节能工作的系统性、纲领性文件，进一步明确了"十二五"时期节能减排工作的总体要求和主要目标，并在强化节能减排目标责任、调整优化产业结构、实施节能减排重点工程、加强节能减排管理、大力发展循环经济、加快节能减排技术开发和推广应用、完善节能减排经济政策、强化节能减排监督检查、推广节能减排市场化机制、加强节能减排基础工作和能力建设、动员全社会参与节能减排等 11 个方面，提出了 48 项具体政策措施。

方案提出要建立健全节能管理、监察、服务"三位一体"的节能管理体系，要加强节能监察机构能力建设，加强人员培训，提高执法能力，完善覆盖省、市、县三级的节能监察体系。

方案还提出，严格控制高耗能、高排放和产能过剩行业新上项目，进一步提高行业准入门槛，强化节能等指标约束，依法严格节能评估审查。将固定资产投资项目节能评估审查作为控制地区能源消费增量和总量的重要措施。将"领跑者"能效标准与新上项目能评审查相结合，加快标准的更新换代，促进能效水平快速提升。

（五）《"十二五"节能环保产业发展规划》

2012 年 6 月 16 日，国务院印发了《关于印发"十二五"节能环保产业发展规划的通知》，认真分析了"十一五"以来我国节能环保产业发展现状及面临的形势，明确了"十二五"时期节能环保产业发展的指导思想、基本原则和总体目标，提出了节能产业、资源循环利用产业、环保产业等三大重点领域，提出了八大工程，包括：重大节能技术与装备产业化工程、半导体照明产业化及应用工程、"城市矿产"示范工程、再制造产业化工程、产业废物资源化利用工程、重大环保技术装备及产品产业化示范工程、海水淡化产业基地建设工程、节能环保服务业培育工程。同时明确了完善价格、收费和土地政策、加大财税政策支持力度、拓宽投融资渠道、完善进出口政策、强化技术支撑、完善法规标准、强化监督管理等七项保障措施。

（六）《节能减排 "十二五" 规划》

2012 年 8 月 6 日，为确保实现 "十二五" 节能减排约束性目标，缓解资源环境约束，应对全球气候变化，促进经济发展方式转变，建设资源节约型、环境友好型社会，增强可持续发展能力，国务院印发了《节能减排"十二五"规划》，明确了"十二五"时期节能减排工作的指导思想、基本原则和主要目标，提出了调整优化产业结构、推动能效水平提高和强化主要污染物减排等三项重点任务，提出了节能改造工程、节能产品惠民工程、合同能源管理推广工程、节能技术产业化示范工程、城镇生活污水处理设施建设工程、重点流域水污染防治工程、脱硫脱硝工程、规模化畜禽养殖污染防治工程、循环经济示范推广工程、节能减排能力建设工程等十大节能减排重点工程。

规划提出了坚持绿色低碳发展、强化目标责任评价考核、加强用能节能管理、健全节能环保法律、法规和标准、完善节能减排投入机制、完善促进节能减排的经济政策、推广节能减排市场化机制、推动节能减排技术创新和推广应用、强化节能减排监督检查和能力建设、开展节能减排全民行动等十个方面的保障措施。

规划还提出，要健全节能管理、监察、服务 "三位一体" 的节能管理体系，形成覆盖全国的省、市、县三级节能监察体系。

规划同时提出，严格固定资产投资项目节能评估审查、把能源消费总量作为能评审批的重要依据。进一步完善和落实相关产业政策，提高产业准入门槛，严格能评审查，抑制高耗能、高排放行业过快增长，合理控制能源消费总量。

（七）《关于加快发展节能环保产业的意见》

2013 年 8 月 1 日，国务院印发《关于加快发展节能环保产业的意见》，提出了近 3 年促进节能环保产业加快发展的目标：到 2015 年，节能环保产业总产值要达到 4.5 万亿元，产值年均增速保持 15% 以上，产业技术水平显著提升，为实现节能减排目标奠定坚实的物质基础和技术保障。明确了当前促进节能环保产业加快发展的四项重点任务。即围绕重点领域，促进节能环保产业发展水平全面提升；发挥政府带动作用，引领社会资金投入节能环保工程建设；推广节能环保产品，扩大市场消费需求；加强技术创新，提高节能环保产业市场竞争力。

意见提出，推动加快制定固定资产投资项目节能评估和审查法，完善节能评估和审查制度，发挥能评对控制能耗总量和增量的重要作用。

（八）《大气污染防治行动计划》

为切实改善空气质量，2013 年 9 月 10 日，国务院印发了《大气污染防治行动计划》，明确了大气污染防治行动的总体要求和主要目标，提出十条行动计划，一是加大综合治理力度，减少多污染物排放；二是调整优化产业结构，推动产业转型升级；三是加快企业技术改造，提高科技创新能力；四是加快调整能源结构，增加清洁能源供应；五是严格节能环保准入，优化产业空间布局；六是发挥市场机制作用，完善环境经济政策；七是健全法律法规体系，严格依法监督管理；八是建立区域协作机制，统筹区域环境治理；九是建立监测预警应急体系，妥善应对重污染天气；十是明确政府企业和社会的责任，动员全民参与环境保护。

大气十条对加强固定资产投资项目能评和总量控制提出了具体要求：提高能源使用效率，严格落实节能评估审查制度。新建高耗能项目单位产品（产值）能耗要达到国内先进水平，用能设备达到一级能效标准。京津冀、长三角、珠三角等区域，新建高耗能项目单位产品（产值）能耗要达到国际先进水平；对未通过能评审查的项目，有关部门不得审批、核准、备案，不得提供土地，不得批准开工建设，不得发放生产许可证、安全生产许可证，金融机构不得提供任何形式的新增授信支持，有关单位不得供电、供水。

（九）《关于化解产能严重过剩矛盾的指导意见》

为积极有效地化解钢铁、水泥、电解铝、平板玻璃、船舶等行业产能严重过剩矛盾，同时指导其他产能过剩行业化解工作，2013 年 10 月 6 日，国务院发布《关于化解产能严重过剩矛盾的指导意见》，提出了总体要求、基本原则和主要目标、主要任务、政策措施和组织保障。要求通过 5 年努力，化解产能严重过剩矛盾工作取得重要进展，达到产能规模基本合理，发展质量明显改善，长效机制初步建立的目标。

方案提出，对产能严重过剩行业，要根据行业特点，开展有选择、有侧重、有针对性的化解工作。《方案》根据行业特点，分别提出了钢铁、水泥、电解铝、平板玻璃、船舶等行业分业施策意见，并确定了当前化解产能严重过剩矛盾的八项主要任务：一是严禁建设新增产能项目，分类妥善处理在建违规项目。二是全面清理整顿已建成的违规产能，加强规范和准入管理。三是坚决淘汰落后产能，引导产能有序退出。四是推进企业兼并重组，优化产业空间布局。五是努力开拓国内有效需求，着力改善需求结构。六是巩固扩大国际市场，拓展对外投资合作。七是突破核心关键技术，加强企业管理创新，增强企业创新驱动发展动力。八是创新政府管理，营造公平环境，完善市场机制，建立长效机制。

意见提出，严格执行国家投资管理规定和产业政策，加强产能严重过剩行业项目管理，各地方、各部门不得以任何名义、任何方式核准、备案产能严重过剩行业新增产能项目，各相关部门和机构不得办理能评审批等相关业务。

（十）《国家应对气候变化规划（2014—2020年）》

2014年9月19日，国务院发布《国家应对气候变化规划（2014—2020年）》，提出了我国应对气候变化工作的指导思想、目标要求、政策导向、重点任务及保障措施，将减缓和适应气候变化要求融入经济社会发展各方面和全过程，加快构建中国特色的绿色低碳发展模式。在2005年的基础上，我国国内生产总值二氧化碳排放到2020年将降低40%~45%，非化石能源占一次能源比重要达到15%，森林面积和蓄积量分别比2005年增加4000万公顷和13亿立方米。到2020年，单位工业增加值二氧化碳排放将比2005年下降50%左右。

我国将会逐步调整化石能源结构，包括合理控制煤炭消费总量，加强煤炭清洁利用，优化煤炭利用方式，制定煤炭消费区域差别化政策，大气污染防治重点地区将实现煤炭消费负增长。加快石油天然气资源勘探开发力度，推进页岩气等非常规油气资源调查评价与勘探开发利用。

（十一） 《能源发展战略行动计划 （2014—2020 年）》

2014 年 11 月 19 日，国务院办公厅公布《关于印发能源发展战略行动计划（2014—2020 年）的通知》，从能源安全、能源清洁利用、能源体制改革等多方面提出未来相当长一段时间能源发展的路径，并提出一系列约束性指标。明确了今后一段时期我国能源发展的总体方略和行动纲领，推动了能源创新发展、安全发展、科学发展，中国将基本形成统一开放竞争有序的现代能源市场体系。

坚持"节约、清洁、安全"的战略方针，加快构建清洁、高效、安全、可持续的现代能源体系。重点实施四大战略，即节约优先战略，立足国内战略，绿色低碳战略，创新驱动战略。到 2020 年，基本形成统一开放竞争有序的现代能源市场体系。主要任务是增强能源自主保障能力，推进能源消费革命，优化能源结构，拓展能源国际合作，推进能源科技创新等五个方面。

推行"一挂双控"措施。将能源消费与经济增长挂钩，对高耗能产业和产能过剩行业实行能源消费总量控制强约束，其他产业按先进能效标准实行强约束，现有产能能效要限期达标，新增产能必须符合国内先进能效标准。

计划提出，要加强能源发展战略、规划、政策、标准等制定和实施，加快简政放权，继续取消和下放行政审批事项。强化能源监管，健全监管组织体系和法规体系，创新监管方式，提高监管效能，维护公平公正的市场秩序，为能源产业健康发展创造良好环境。

计划同时提出，要认真开展新建项目节能评估审查，健全固定资产投资项目节能评估审查制度，落实能效"领跑者"制度。

（十二） 《关于加强节能标准化工作的意见》

2015 年 3 月 24 日，国务院办公厅印发了《关于加强节能标准化工作的意见》，对进一步加强节能标准化工作作出全面部署，明确了节能标准化工作的指导思想、基本原则、和工作目标。要求创新节能标准化管理机制，健全节能标准体系，强化节能标准实施与监督，有效支撑国家节能减排和产业结构升级，更好发挥标准化在生态文明建设中的基础性作用。

当前及今后一个时期的重点工作。一是创新工作机制。建立节能标准更新机制，探索能效标杆转化机制，创新节能标准化服务。二是完善标准体系。实施百项能效标准推进工程，形成覆盖工业、能源、建筑、交通、公共机构等重点领域的节能标准体系；实施节能标准化示范工程；推动节能标准国际化。三是强化标准实施。以节能标准实施为重点，加强节能监察力度，督促用能单位实施强制性能耗限额标准和终端用能产品能效标准。

意见提出，要以强制性能耗限额标准为依据，实施固定资产投资项目节能评估和审查制度

（十三）《关于加快推进生态文明建设的意见》

2015年4月25日，中共中央、国务院印发了《关于加快推进生态文明建设的意见》，明确了生态文明建设的总体要求、目标愿景、重点任务和制度体系，突出体现了战略性、综合性、系统性和可操作性。主要内容概括起来就是"五位一体、五个坚持、四项任务、四项保障机制"。

"五位一体"，就是围绕十八大关于"将生态文明建设融入经济、政治、文化、社会建设各方面和全过程"的要求，提出了具体的实现路径和融合方式。

"五个坚持"，就是坚持把节约优先、保护优先、自然恢复为主作为基本方针，坚持把绿色发展、循环发展、低碳发展作为基本途径，坚持把深化改革和创新驱动作为基本动力，坚持把培育生态文化作为重要支撑，坚持把重点突破和整体推进作为工作方式，将中央关于生态文明建设的总体要求明晰细化。

"四项任务"，就是明确了优化国土空间开发格局、加快技术创新和结构调整、促进资源节约循环高效利用、加大自然生态系统和环境保护力度等四个方面的重点任务。

"四项保障机制"，就是提出了健全生态文明制度体系、加强统计监测和执法监督、加快形成良好社会风尚、切实加强组织领导等四个方面的保障机制。

意见提出，严格节能评估审查制度，研究制定节能评估审查等方面的法律法规，修订节约能源法等。

二、部委节能政策

（一） 加强节能监察工作方面的政策

2014 年 3 月 11 日，为进一步加强工业节能监察工作，全面提高工业能效水平，推动国家节能约束性目标顺利完成，工业和信息化部发布《关于加强工业节能监察工作的意见》，提出通过五年的努力，工业节能监察能力得到显著增强，工业企业节能法定义务和管理制度得到有效执行，重大节能政策措施得到有效落实，强制性节能标准得到有效贯彻，基本形成法律法规约束、政策标准支撑、企业主动节能、节能监察保障的工业节能监察实施机制，为实现工业节能目标提供强有力的保障监督能力的目标。

主要任务包括四方面，一是按照依法监察、科学规范、突出重点的原则，加强法律法规明确的工业企业节能义务及管理制度执行情况监察，主要包括对落实节能目标责任制度情况监察、执行能源计量管理制度监察、加强重点用能单位监察、从严落实工业固定资产投资项目节能评估和审查制度。二是加强重大节能政策措施落实情况监察，主要包括加强淘汰落后产能、机电设备节能监察，重点用能设备专项节能监察，差别化价格政策落实情况监察。三是加强强制性节能标准贯彻实施情况监察。四是加强节能服务机构工作情况监察。

（二） 加快淘汰落后方面的政策

1.《产业结构调整指导目录（2011 年本）》（2013 年修正）

为加快淘汰落后生产工艺装备和产品，转变经济发展方式，推动产业结构调整和优化升级，完善和发展现代产业体系，国家发展改革委会同国务院有关部门对《产业结构调整指导目录（2005 年本）》进行了修订，形成了《目录（2011 年本）》，并于 2013 年进行修正。

其中淘汰类规定落后生产工艺装备 17 类包括：农林业 7 项，煤炭 11 项，电力 4 项，石化化工 10 项，钢铁 44 项，有色金属 26 项，黄金 4 项，建材 26 项，医药 8 项，机械 26 项，船舶 2 项，轻工 32 项，纺织 23 项，印刷 36 项，民爆产品 23 项，消防 1 项，其他 5 项；落后产品 12 类包括：石化化工 7 项，铁路8项，钢铁3项，有色金属1项，建材9项，医药5项，机械65项，船舶4项，轻工13项，消防16项，民爆产品4项，其他1项。

2.《高耗能落后机电设备（产品）淘汰目录》

为加快淘汰高耗能落后机电设备（产品），深化工业节能减排工作，推动工业转型升级，工业和信息化部分期分批发布《高耗能落后机电设备（产品）淘汰目录》（以下简称《目录》），要求各生产和使用单位应抓紧落实本目录中所列设备（产品）的淘汰工作，生产单位应停止生产，使用单位应在规定期限内停止使用并更换高效节能设备（产品）。各级节能监察机构应加强对本目录中所列设备（产品）停止生产和淘汰情况的监督检查工作。

2009年12月4日，公布第一批《目录》，共9大类272项设备（产品），包括：电动机27项，电焊机和电阻炉13项，变压器和调压器4项，锅炉50项，风机15项，泵123项，压缩机33项，柴油机5项，其他设备2项。

2012年10月1日发布2012年第14号公告，公布第二批《目录》，共12大类135项设备（产品），包括：电动机1项，工业锅炉8项，电器61项，变压器1项，电焊机1项，机床34项，锻压设备20项，热处理设备2项，制冷设备1项，阀1项，泵2项，其他设备3项。

2014年3月6日发布2014年第16号公告，公布第三批《目录》，共2大类337项设备（产品），包括：电动机300项、风机37项。

3.《高耗能老旧电信设备淘汰目录（第一批）》

为推动电信网络高耗能、老旧设备退网，构建绿色电信网络，结合通信业节能减排工作实际，工业和信息化部编制了《高耗能老旧电信设备淘汰目录（第一批）》（以下简称《目录》）。

目录对2大类共34项设备（产品）作出规定，包括：移动通信基站15项，交换网络设备19项。

4.《关于做好部分产能严重过剩行业产能置换工作的通知》

为遏制产能严重过剩行业盲目扩张，严禁新增产能，化解产能过剩矛盾，引导产业有序转移和布局优化，推进行业结构调整和转型升级。工业和信息化部于2014年7月10日印发《关于做好部分产能严重过剩行业产能置换工作的通知》，要求对钢铁（炼钢、炼铁）、电解铝、水泥（熟料）、平板玻璃行业新（改、扩）建项目，实施产能等量或减量置换，坚持控制总量和优化存量相结合、市场调节与政府引导相结合、统筹考虑和区别对待相结合的原则，按照疏堵结合、严禁新增产能的思路，结合产业布局优化和结构升级的要求，加快淘汰落后和过剩产能。鼓励各地探索实施政府引导、企业自愿、市场化运作的产能指标交易，发挥市场作用，支持跨地区产能置换，提高资源配置效率。统筹考虑地区资源优势、环境容量等因素，制定产能置换方案，实行区别对待。

（三） 加强重点用能单位管理方面的政策

1. 《万家企业节能低碳行动实施方案》

为贯彻落实"十二五"规划《纲要》，推动重点用能单位加强节能工作，强化节能管理，提高能源利用效率，2011 年 12 月 7 日，国家发展改革委等 12 部门联合印发了《万家企业节能低碳行动实施方案》，明确了万家企业的范围、开展万家企业节能低碳行动的指导思想、基本原则和主要目标，对万家企业节能工作提出了加强节能工作组织领导、强化节能目标责任制、建立能源管理体系、加强能源计量统计工作、开展能效对标达标活动、开展能源审计和编制节能规划、加大节能技术改造力度、加快淘汰落后用能设备和生产工艺、淘汰落后、建立健全节能激励约束机制、开展节能培训与宣传等十项要求。

方案提出，各级节能监察机构要加大节能监察力度，依法对万家企业节能管理制度落实情况、固定资产投资项目节能评估与审查情况、能耗限额标准执行情况、淘汰落后设备情况、节能规划落实情况等开展专项监察，依法查处违法用能行为。

方案同时提出，节能中心等服务机构要配合节能主管部门，落实实施方案。传播推广先进节能技术，组织开展节能培训，指导万家企业定期填报能源利用状况报告、完善节能管理制度、开展能源审计、编制节能规划。

2. 《万家企业节能目标责任考核实施方案》

为深入推进万家企业节能低碳行动，2012 年 7 月 11 日，国家发展改革委办公厅印发了《万家企业节能目标责任考核实施方案》，明确了考核工作的总体思路、考核对象、考核内容、考核方法和考核步骤等，要求各地区制定考核方案，落实工作经费、人员等保障条件，充分发挥节能监察机构和第三方节能量审核机构作用，确保考核工作顺利开展。

方案提出，每年1月份，万家企业对上年度节能目标完成情况和节能工作进展情况进行自查，写出自查报告，按照属地管理原则，于2月1日前上报当地节能主管部门。地方节能主管部门要在认真审核企业自查报告基础上，组织对万家企业进行现场评价考核。省级节能主管部门要于3月31日前完成本地区万家企业考核工作，并于4月30日前将考核结果报国家发展改革委。

方案同时提出，对节能工作成绩突出的企业（单位），各地区和有关部门要进行表彰奖励。对考核等级为未完成等级的企业，要予以通报批评，并通过新闻媒体曝光，强制进行能源审计，责令限期整改。对未完成等级的企业一律不得参加年度评奖、授予荣誉称号，不得给予国家免检等扶优措施，对其新建高耗能项目能评暂缓审批；在企业信用评级、信贷准入和退出管理以及贷款投放等方面，由银行业监管机构督促银行业金融机构按照有关规定落实相应限制措施；对国有独资、国有控股企业的考核结果，由各级国有资产监管机构根据有关规定落实奖惩措施。

3.《关于进一步加强万家企业能源利用状况报告工作的通知》

重点用能单位每年向节能主管部门报告能源利用状况是《节能法》规定的法定义务。2012年8月14日，国家发展改革委办公厅印发了《关于进一步加强万家企业能源利用状况报告工作的通知》。明确了能源利用状况报告的填报单位、填报内容、填报方式、报送时间等内容。要求万家企业认真做好能源利用状况报告填报工作，企业能源管理负责人对能源利用状况报告的完整性、真实性和准确性负责。

通知同时提出，加强对能源利用状况报告报送情况的监督检查，对不报送、报送不及时、提供虚假数据等行为依法进行查处。

（四）　调整能源结构方面的政策

1.《煤电节能减排升级与改造行动计划（2014—2020年)》

2014年9月12日，国家发展改革委、环境保护部、国家能源局联合印发了《煤电节能减排升级与改造行动计划（2014—2020年)》，旨在全面落实"节约、清洁、安全"的能源战略方针，推行更严格能效环保标准，加快燃煤发电升级与改造，努力实现供电煤耗、污染排放、煤炭占能源消费比重"三降低"和安全运行质量、技术装备水平、电煤占煤炭消费比重"三提高"，打造高效清洁可持续发展的煤电产业"升级版"，为国家能源发展和战略安全夯实基础。

今后能源局将严格按照能效、环保准入标准布局新建燃煤发电项目，京津冀、长三角、珠三角等区域新建项目禁止配套建设自备燃煤电站。能源局在对全国各地区新建燃煤发电机组进行部署时，将各地区严格区分对待，规定了"全国新建燃煤发电机组平均供电煤耗低于300克标准煤/千瓦时（以下简称'克/千瓦时'）；东部地区新建燃煤发电机组大气污染物排放浓度基本达到燃气轮机组排放限值，中部地区新建机组原则上接近或达到燃气轮机组排放限值，鼓励西部地区新建机组接近或达到燃气轮机组排放限值"的行动目标，并且提出到2020年，力争使煤炭占一次能源消费比重下降到62%以内，电煤占煤炭消费比重提高到60%以上。

2.《重点地区煤炭消费减量替代管理暂行办法》

2014年12月29日，为进一步优化能源结构，落实煤炭消费总量控制目标，促进煤炭清洁高效利用，切实减少大气污染，改善空气质量，国家发展改革委发布《关于印发重点地区煤炭消费减量替代管理暂行办法的通知》，对北京市、天津市、河北省、山东省、上海市、江苏省、浙江省和广东省的珠三角地区等重点地区，利用可再生能源、天然气、电力等优质能源替代煤炭消费。通过淘汰落后产能、压减过剩产能、提高煤炭能源利用效率直接减少煤炭消费。2017年京津冀鲁煤炭消费量将比2012年减少8300万吨。其中，北京市减少1300万吨，天津市减少1000万吨，河北省减少4000万吨。山东省减少2000万吨。能源替代供应主要采取"因地制宜，优先利用核电、水电、风电、太阳能、生物质能、地热能等新能源和可再生能源替代煤炭消费；先规划、再发展"积极协调落实气源，有序实施"煤改气""煤改电"工程；加快推进集中供热，优先利用背压热电联产机组替代分散燃煤锅炉；加强散煤治理，逐步削减分散用煤或用优质燃煤替代劣质燃煤等替代措施，确保合理用能。

（五） 能效方面的政策

1.《能效"领跑者"制度实施方案》

2014 年 12 月 31 日，国家发展改革委、财政部、工业和信息化部、国管局、国家能源局、国家质检总局、国家标准委 7 部委联合印发《关于印发能效"领跑者"制度实施方案的通知》。拟通过建立能效"领跑者"制度，通过树立标杆、政策激励、提高标准，形成推动终端用能产品、高耗能行业、公共机构能效水平不断提升的长效机制，促进节能减排。实施能效"领跑者"制度对增强全社会节能减排动力、推动节能环保产业发展、节约能源资源、保护环境具有重要意义。

能效"领跑者"制度实施范围包括三类：终端用能产品、高耗能行业和公共机构。并列出三类制度的主要内容，规定：定期发布能源利用效率最高的终端用能产品目录，单位产品能耗最低的高耗能产品生产企业名单，能源利用效率最高的公共机构名单，以及能效指标，树立能效标杆。对能效领跑者给予政策扶持，引导企业、公共机构追逐能效"领跑者"。适时将能效领跑者指标纳入强制性能效、能耗限额国家标准，完善标准动态更新机制，不断提高能效准入门槛。

2.《全国工业能效指南（2014 年版）》

2014 年 12 月 5 日，工业和信息化部办公厅印发《关于发布全国工业能效指南（2014 年版）的通知》，旨在充分发挥能效标准、标识和行业能效标杆在促进工业企业持续提升能效方面的引领作用。"十二五"以来，我国已制修订了 73 项单位产品能耗限额标准和 54 项终端用能产品能效标准，基本覆盖了主要高耗能行业。这些标准体系的制定和贯彻落实，有力地支撑了能效对标达标、淘汰落后用能设备、发布能效标杆、淘汰落后化解过剩产能等工作的开展，保障了工业节能目标的顺利完成。

指南收集了主要工业领域的节能数据、标准、标识，涉及了工业能效概括、行业和地区工业能效概况、重点行业产品和工序能效、高行能设备（终端用能产品）能效四方面内容。

（六）实施节能技术方面的政策

1.《工业领域应对气候变化行动方案（2012—2020 年）》

2012 年 12 月 31 日，工业和信息化部、国家发展改革委、科学技术部、财政部联合印发《工业领域应对气候变化行动方案（2012—2020 年）》，设定了到 2015 年，全面落实国家温室气体排放控制目标，单位工业增加值二氧化碳排放量比 2010 年下降 21% 以上的目标。到 2015 年，钢铁、有色金属、石化、化工、建材、机械、轻工、纺织、电子信息等重点行业单位工业增加值二氧化碳排放量分别比 2010 年下降 18% 、18% 、18% 、17% 、18% 、22% 、20% 、20% 、18% 以上，主要工业品单位二氧化碳排放量稳步下降，工业碳生产力大幅提高。到 2020 年，单位工业增加值二氧化碳排放量比 2005 年下降 50% 左右，基本形成以低碳排放为特征的工业体系。工业领域应以实施工业重大低碳技术示范工程，工业过程温室气体排放控制示范工程，高排放工业产品替代示范工程，工业碳捕集、利用与封存示范工程，低碳产业园区建设试点示范工程，低碳企业试点示范工程等六大重点工程为抓手，提高工业单位碳排放生产效率，提升碳管理水平，有效控制工业温室气体排放。

2.《节能低碳技术推广管理暂行办法》

2014 年 1 月 6 日，国家发展改革委出台了《节能低碳技术推广管理暂行办法》，为加快节能低碳技术进步和推广普及，引导用能单位采用先进适用的节能低碳新技术、新装备、新工艺，促进能源资源节约集约利用，缓解资源环境压力，减少二氧化碳等温室气体排放，提供节能低碳技术申报、推广等制定了管理办法。国家发展改革委负责重点节能低碳技术申报、遴选和推广的组织工作。要求申报技术应符合节能降碳效果显著、技术先进、经济适用、有成功实施案例等条件。

重点节能低碳技术遴选采用定量与定性相结合、通用指标和特征指标相结合的方式，重点节能低碳技术主要评价指标包括：节能减碳能力；经济效益；技术先进性；技术可靠性；行业特征指标等内容。国家发展改革委优先支持技术提供单位新建、参与新建或改扩建重点节能低碳技术装备生产线；优先支持用能单位使用重点节能低碳技术实施改造。

3.《重大节能技术与装备产业化工程实施方案》

为加快提升我国节能技术装备水平，培育节能产业，为提高全社会能源利用效率提供强有力的技术支撑，2014年10月27日，国家发展改革委、工业和信息化部印发《重大节能技术与装备产业化工程实施方案》，在分析产业现状和面临形势的基础上，确定了工程目标，计划到2017年，高效节能技术与装备市场占有率由目前不足10%提高到45%左右，产值超过7500亿元，实现年节能能力1500万吨标准煤。

该方案提出五方面工作任务，即培育节能科技创新能力、突破重大关键节能技术、推动形成节能装备制造产业集聚、加快节能装备推广应用、强化节能技术装备市场需求。并确定了2014—2017年每年度的工作任务。五方面保障措施，即严格落实目标责任、强化政策扶持、加快推行市场化机制、加强法规标准引导、营造良好氛围。

4.《国家重点节能低碳技术推广目录（2014年本，节能部分）》

为加快节能技术进步和推广普及，引导用能单位采用先进适用的节能新技术、新装备、新工艺，促进能源资源节约集约利用，缓解资源环境压力，2014年12月31日，国家发展改革委发布2014年第24号公告《国家重点节能低碳技术推广目录（2014年本，节能部分）》，对前六批《国家重点节能技术推广目录》技术进行了更新，征集了一批新的技术。

目录涉及煤炭、电力、钢铁、有色、石油石化、化工、建材、机械、轻工、纺织、建筑、交通、通信等13个行业，共218项重点节能技术。

5.《国家重点推广的电机节能先进技术目录（第一批）》

为推广应用先进实施电机节能技术，能效提升计划提供技术途径、为提升电机系统终端用能设备能效水平，落实工业绿色发展专项行动，为地方组织实施电机能效提升计划提供技术途径，经地方各地区工业和信息化主管部门推荐、专家评审及网上公示，工业和信息化部编制完成了《国家重点推广的电机节能先进技术目录（第一批）》，现予以公告。请各地区、有关企业加强组织推广。

目录对 25 项技术进行了推广。

6.《节能机电设备（产品）推荐目录》

为促进高效节能机电设备（产品）的推广应用，引导节能机电设备（产品）的生产和推广应用，结合工业、通信业节能减排工作实际，2009—2014年工业和信息化部共组织发布了五批《节能机电设备（产品）推荐目录》。

2009 年 5 月 27 日《节能机电设备（产品）推荐目录（第一批）》，共 4 大类 35 个型号产品。其中，内燃机 7 个型号产品，工业锅炉 7 个型号产品，电动机 4 个型号产品，通用设备 17 个型号产品。

2010 年 8 月 16 日《节能机电设备（产品）推荐目录（第二批）》涵盖了7 大类 59 个型号产品，其中工业锅炉 9 个型号产品、压缩机 3 个型号产品、泵 15 个型号产品、风机 8 个型号产品、变压器 10 个型号产品、内燃机 2 个型号产品、热处理 12 个型号产品。

2011 年 12 月 8 日《节能机电设备（产品）推荐目录（第三批）》涵盖了11 大类 60 项，其中变压器 16 项，电机 2 项，低压电器 5 项，工业锅炉 7 项，塑料机械设备 3 项，热处理 9 项，内燃机 1 项，压缩机 3 项，制冷 3 项；泵、阀 9 项，风机 2 项。

2013 年 2 月 21 日，《节能机电设备（产品）推荐目录（第四批）》涵盖了 9 大类 73 项，其中变压器 14 项，电机 2 项，工业锅炉 14 项，塑料机械 4 项，压缩机 2 项，制冷设备 10 项；泵 11 项，风机 10 项，热处理 6 项。

2014 年 11 月 17 日，《节能机电设备（产品）推荐目录（第五批）》涵盖了 9 大类 344 个型号产品，其中变压器 96 个型号产品，电动机 59 个型号产品，工业锅炉 21 个型号产品，电焊机 77 个型号产品，制冷 43 个型号产品，压缩机 27 个型号的产品；塑机 5 个型号产品，风机 13 个型号产品，热处理 3 个型号产品。

7.《"能效之星"产品目录（2014 年）》

为促进高效节能产品的推广应用，工业和信息化部组织发布了《"能效之星"产品目录（2014 年）》。列入目录的产品，可在产品明显位置或包装上使用"能效之星"标志。目录中消费类产品"能效之星"称号有效期为 2 年，工业装备"能效之星"称号有效期为 3 年。

目录共涉及 10 大类 25 种类型 128 个型号产品。其中电动洗衣机 2 种类型 9 个型号产品，热水器 5 种类型 18 个型号产品，液晶电视 1 种类型 16 个型号产品，房间空气调节器 6 种类型 40 个型号产品，家用电冰箱 3 种类型 14 个型号产品；容积式空气压缩机 1 种类型 3 个型号产品，中小型三相异步电动机 1 种类型 4 个型号产品，三相配电变压器 4 种类型 13 个型号产品，工业锅炉 1 种类型 6 个型号产品，通风机 1 种类型 5 个型号产品。

（七） 实施奖励及资金支持方面的政策

1.《能效信贷指引》

2015 年 1 月 13 日，为进一步落实国家节能低碳发展战略，促进能效信贷持续健康发展，中国银监会与国家发展改革委联合印发了《能效信贷指引》，鼓励银行开展能效信贷业务。能效信贷重点服务领域为工业节能、建筑节能、交通运输节能以及其他与节能项目、服务、技术和设备有关的重要领域，重点项目包括效益突出、信用良好、能源管理体系健全的"万家企业"中的节能技改工程，列入低碳交通运输"千家企业"的节能项目，符合国家半导体照明节能产业规划的半导体照明产业化及室内外半导体照明应用项目等。

2.《可再生能源发展专项资金管理暂行办法》

2015 年 4 月 2 日，财政部印发《可再生能源发展专项资金管理暂行办法》。规定可再生能源发展专项资金根据项目任务、特点等情况采用奖励、补助、贴息等方式支持并下达地方或纳入中央部门预算，用于支持可再生能源和新能源开发利用。可再生能源发展专项资金重点支持范围包括：可再生能源和新能源重点关键技术示范推广和产业化示范；可再生能源和新能源规模化开发利用及能力建设；可再生能源和新能源公共平台建设；可再生能源、新能源等综合应用示范；其他经国务院批准的有关事项。

3.《节能减排补助资金管理暂行办法》

2015 年 5 月 12 日，为促进能源节约，提高能源利用效率，保护和改善环境，财政部制定了《节能减排补助资金管理暂行办法》。节能减排补助资金重点支持节能减排体制机制创新；节能减排基础能力及公共平台建设；节能减排财政政策综合示范；重点领域、重点行业、重点地区节能减排；重点关键节能减排技术示范推广和改造升级；其他经国务院批准的有关事项等方面。

第六节　节能行政执法

一、节能行政执法概念

节能行政执法是指管理节能工作的行政机关和法律法规授权或委托的组织，依照法定职权和程序行使行政执法权，贯彻实施节能法律、法规、规章、强制性节能标准以及其他规范性文件的活动。

节能行政执法是确保节能法律、法规、规章和标准有效实施的重要保证，是节能行政执法主体应当履行的重要职责，也是加强节能管理的重要手段。

二、节能行政执法主体

节能行政执法主体是节能相关法律法规的执行者，享有节能行政执法权，能够以自己的名义实施节能行政执法活动，并能独立承担由此产生的法律后果的机关或组织。具体包括管理节能工作的部门及有关部门，和节能法规授权的节能监察机构。

（一）管理节能行政工作的部门及有关部门

国家发展改革委主管全国的节能监督管理工作，工业和信息化部、住房城乡建设部、交通运输部、质检总局、国家机关事务管理局等有关部门在各自的职责范围内负责节能监督管理工作。

县级以上人民政府管理节能工作的部门负责本行政区域内的节能监督管

理工作。县级以上人民政府有关部门在各自职责范围内负责节能监督管理工作。

（二）节能法规授权的组织

节能法律、法规授权的组织，是指由节能相关法律、法规授予节能执法权，在授权范围内以自己的名义实施节能执法行为，并独立承担由此产生法律责任的组织。如，《上海市节约能源条例》规定："上海市节能监察中心负责本市节能日常监察工作，并依照本条例的授权和有关行政管理部门的委托，对违反节能管理法律、法规的行为实施行政处罚。"这里的节能监察中心即为节能执法主体。

需要说明的是，受委托的组织不是节能执法主体。《行政处罚法》规定："委托的行政机关对受委托的组织实施行政处罚的行为应当负责监督，并对该行为的后果承担法律责任。""受委托的组织在委托范围内，以委托行政机关的名义实施行政处罚。"由此可以看出，受委托的组织不能以自己的名义实施行政处罚，也不能以自己的名义承担法律责任。

三、节能行政执法特征

（一）执法主体的特定性

节能行政执法行为是行使节能监督管理权的一种具体行政行为，这种行为只能由节能行政执法主体及节能行政执法人员行使，其他组织及个人无权行使。

（二）执法内容的法定性

节能行政执法是节能行政执法主体依法行使职权的活动，无论采取任何形式，都必须以节能相关法律、法规、规章和其他规范性文件规定的内容为根据，这是保障节能行政执法合法性的基本前提。

（三）执法行为的具体性

节能行政执法是节能行政执法主体针对特定的节能行政相对人所采取的具体措施的行为，其行为的内容和结果将直接影响节能行政相对人的权益。它的最突出特点就是节能行政相对人的特定性和具体化。如，下达节能行政处罚决定书，必须以违法用能事实为根据向特定的节能行政相对人下达，即使多个节能行政相对人违法事实相同，也必须采用"一对一"的方式下达。

（四） 执法行为的先定力

执法行为的先定力，或称公定力，是指行政执法行为一经作出，不论合法还是违法，都推定为合法有效。因此，节能行政执法主体作出的节能行政执法行为一经作出，节能行政相对人必须执行，如对节能行政执法行为不服，可以依法申请行政复议或提起行政诉讼。

（五） 执法行为的确定力

执法行为的确定力，也称不可变更力，是指节能行政执法行为一经确定有效，非经法定程序不得变更或撤销。节能行政执法行为的确定力表现在两个方面：一是对已确定的节能行政执法行为，行政相对人无权自行变更；二是对已确定的节能行政执法行为，非经法定程序，节能行政执法主体也不得随意改变。

（六） 执法行为的强制性

节能行政执法是督促节能行政相对人严格遵守节能相关法律、法规和规章，提高能源利用效率的行为，具有约束力和强制力。在节能行政执法过程中，如果节能行政相对人违反节能相关法律、法规和规章等规定，应当受到处理。

（七） 执法程序的法定性

节能行政执法和其他行政执法一样，必须按照法定程序进行，如果节能行政执法主体违反了节能行政执法的法定程序，就会导致执法行为无效的法律后果。

四、节能行政执法原则

节能行政执法在"以事实为根据，以法律为准绳"准则下，遵循下列原则：

（一） 职权法定

职权法定是指节能行政执法主体的执法权限必须是法定的。"法无授权不可为"，没有节能法律、法规授权，节能行政执法主体不得对节能行政相对人实施具体行政行为。否则，作出的具体行政行为也是没有法律效力的。

（二）适用正确

适用正确是指节能行政执法主体对节能违法行为的法律适用依据准确。当法律、行政法规、地方性法规、自治条例和单行条例、规章等规范性文件当中规定不一致的，应当遵从法律适用有关要求，具体可参考本章第一节中"法律的适用"部分内容。同时，法律依据还应具体到"条、款、项、目"，确保适用法律、法条准确无误。

（三）事实清楚

事实清楚是指在节能执法中，对违法行为发生的时间、地点、动机、目的、手段、后果以及其他有关情况必须调查清楚。事实不清，难以对违法行为作出准确判定。

（四）证据充分

证据充分是指围绕违法事实所获取的各项证据必须具有合法性、真实性和关联性。同时，对违法行为所涉及的事实均应获取必要的证据，予以佐证，形成环环相扣的"证据链"，确保证据充分确凿，无懈可击。

（五）处理得当

处理得当是指节能行政执法主体对节能行政相对人所行使的自由裁量权应当必要、适当，"过罚相当"。要审查当事人是否有免于处罚或依法从轻、减轻或者从重、加重处罚的情节，力避畸轻畸重、显失公平。

（六）程序合法

程序合法是指节能行政执法主体实施节能行政执法必须严格按照法定程序执行，这不仅是对节能执法人员的基本要求，也是节能行政执法目的得以实现的重要保证。

五、节能行政执法作用

（一）有利于制止和纠正各种违法用能行为

《节能法》明确设定了违法用能行为的情形，并针对违法用能行为规定了相应的法律责任，如规定：使用国家明令淘汰的用能设备或者生产工艺的，由管理节能工作的部门责令停止使用，没收国家明令淘汰的用能设备；情节严重的，可以由管理节能工作的部门提出意见，报请本级人民政府按照国务院规定的权限责令停业整顿或者关闭。

（二） 有利于依法规范节能行政相对人的用能行为

加强节能行政执法，对于督促节能行政相对人贯彻落实节能相关法律、法规、规章和其他规范性文件，加强节能管理，建立节能目标责任制，采用先进节能工艺装备，合理利用能源，提高能源利用效率具有重要的规范作用。

（三） 有利于增强节能行政相对人的节能意识

加强节能行政执法，有利于宣传节能相关法律、法规、规章和强制性节能标准，增强节能行政相对人依法、合理、科学用能的意识，使之自觉履行节能相关法律、法规、规章规定的义务，并能积极配合节能行政执法活动。

附录1 《节能法》全文

中华人民共和国节约能源法

全国人民代表大会常务委员会
中华人民共和国主席令
第七十七号

《中华人民共和国节约能源法》已由中华人民共和国第十届全国人民代表大会常务委员会第三十次会议于 2007 年 10 月 28 日修订通过，现将修订后的《中华人民共和国节约能源法》分布，自 2008 年 4 月 1 日起施行。

中华人民共和国主席　胡锦涛
2007 年 10 月 28 日

中华人民共和国节约能源法

(1997 年 11 月 1 日第八届全国人民代表大会常务委员会第二十八次会议通过 2007 年 10 月 28 日第十届全国人民代表大会常务委员会第三十次会议修订)

目　　录

第一章　总　　则

第一条　为了推动全社会节约能源，提高能源利用效率，保护和改善环境，促进经济社会全面协调可持续发展，制定本法。

第二条　本法所称能源，是指煤炭、石油、天然气、生物质能和电力、热力以及其他直接或者通过加工、转换而取得有用能的各种资源。

第三条　本法所称节约能源（以下简称节能），是指加强用能管理，采取技术上可行、经济上合理以及环境和社会可以承受的措施，从能源生产到消费的各个环节，降低消耗、减少损失和污染物排放、制止浪费，有效、合理地利用能源。

第四条　节约资源是我国的基本国策。国家实施节约与开发并举、把节约放在首位的能源发展战略。

第五条　国务院和县级以上地方各级人民政府应当将节能工作纳入国民经济和社会发展规划、年度计划，并组织编制和实施节能中长期专项规划、年度节能计划。

国务院和县级以上地方各级人民政府每年向本级人民代表大会或者其常务委员会报告节能工作。

第六条　国家实行节能目标责任制和节能考核评价制度，将节能目标完成情况作为对地方人民政府及其负责人考核评价的内容。

省、自治区、直辖市人民政府每年向国务院报告节能目标责任的履行情况。

第七条　国家实行有利于节能和环境保护的产业政策，限制发展高耗能、高污染行业，发展节能环保型产业。

国务院和省、自治区、直辖市人民政府应当加强节能工作，合理调整产业结构、企业结构、产品结构和能源消费结构，推动企业降低单位产值能耗和单位产品能耗，淘汰落后的生产能力，改进能源的开发、加工、转换、输送、储存和供应，提高能源利用效率。

国家鼓励、支持开发和利用新能源、可再生能源。

第八条 国家鼓励、支持节能科学技术的研究、开发、示范和推广，促进节能技术创新与进步。

国家开展节能宣传和教育，将节能知识纳入国民教育和培训体系，普及节能科学知识，增强全民的节能意识，提倡节约型的消费方式。

第九条 任何单位和个人都应当依法履行节能义务，有权检举浪费能源的行为。

新闻媒体应当宣传节能法律、法规和政策，发挥舆论监督作用。

第十条 国务院管理节能工作的部门主管全国的节能监督管理工作。国务院有关部门在各自的职责范围内负责节能监督管理工作，并接受国务院管理节能工作的部门的指导。

县级以上地方各级人民政府管理节能工作的部门负责本行政区域内的节能监督管理工作。县级以上地方各级人民政府有关部门在各自的职责范围内负责节能监督管理工作，并接受同级管理节能工作的部门的指导。

第二章 节能管理

第十一条 国务院和县级以上地方各级人民政府应当加强对节能工作的领导，部署、协调、监督、检查、推动节能工作。

第十二条 县级以上人民政府管理节能工作的部门和有关部门应当在各自的职责范围内，加强对节能法律、法规和节能标准执行情况的监督检查，依法查处违法用能行为。

履行节能监督管理职责不得向监督管理对象收取费用。

第十三条 国务院标准化主管部门和国务院有关部门依法组织制定并适时修订有关节能的国家标准、行业标准，建立健全节能标准体系。

国务院标准化主管部门会同国务院管理节能工作的部门和国务院有关部门制定强制性的用能产品、设备能源效率标准和生产过程中耗能高的产品的单位产品能耗限额标准。

国家鼓励企业制定严于国家标准、行业标准的企业节能标准。

省、自治区、直辖市制定严于强制性国家标准、行业标准的地方节能标准，由省、自治区、直辖市人民政府报经国务院批准；本法另有规定的除外。

第十四条 建筑节能的国家标准、行业标准由国务院建设主管部门组织制定，并依照法定程序发布。

省、自治区、直辖市人民政府建设主管部门可以根据本地实际情况，制定严于国家标准或者行业标准的地方建筑节能标准，并报国务院标准化主管部门和国务院建设主管部门备案。

第十五条 国家实行固定资产投资项目节能评估和审查制度。不符合强制性节能标准的项目，依法负责项目审批或者核准的机关不得批准或者核准建设；建设单位不得开工建设；已经建成的，不得投入生产、使用。具体办法由国务院管理节能工作的部门会同国务院有关部门制定。

第十六条 国家对落后的耗能过高的用能产品、设备和生产工艺实行淘汰制度。淘汰的用能产品、设备、生产工艺的目录和实施办法，由国务院管理节能工作的部门会同国务院有关部门制定并公布。

生产过程中耗能高的产品的生产单位，应当执行单位产品能耗限额标准。对超过单位产品能耗限额标准用能的生产单位，由管理节能工作的部门按照国务院规定的权限责令限期治理。

对高耗能的特种设备，按照国务院的规定实行节能审查和监管。

第十七条 禁止生产、进口、销售国家明令淘汰或者不符合强制性能源效率标准的用能产品、设备；禁止使用国家明令淘汰的用能设备、生产工艺。

第十八条 国家对家用电器等使用面广、耗能量大的用能产品，实行能源效率标识管理。实行能源效率标识管理的产品目录和实施办法，由国务院管理节能工作的部门会同国务院产品质量监督部门制定并公布。

第十九条　生产者和进口商应当对列入国家能源效率标识管理产品目录的用能产品标注能源效率标识，在产品包装物上或者说明书中予以说明，并按照规定报国务院产品质量监督部门和国务院管理节能工作的部门共同授权的机构备案。

生产者和进口商应当对其标注的能源效率标识及相关信息的准确性负责。禁止销售应当标注而未标注能源效率标识的产品。

禁止伪造、冒用能源效率标识或者利用能源效率标识进行虚假宣传。

第二十条　用能产品的生产者、销售者，可以根据自愿原则，按照国家有关节能产品认证的规定，向经国务院认证认可监督管理部门认可的从事节能产品认证的机构提出节能产品认证申请；经认证合格后，取得节能产品认证证书，可以在用能产品或者其包装物上使用节能产品认证标志。

禁止使用伪造的节能产品认证标志或者冒用节能产品认证标志。

第二十一条　县级以上各级人民政府统计部门应当会同同级有关部门，建立健全能源统计制度，完善能源统计指标体系，改进和规范能源统计方法，确保能源统计数据真实、完整。

国务院统计部门会同国务院管理节能工作的部门，定期向社会公布各省、自治区、直辖市以及主要耗能行业的能源消费和节能情况等信息。

第二十二条　国家鼓励节能服务机构的发展，支持节能服务机构开展节能咨询、设计、评估、检测、审计、认证等服务。

国家支持节能服务机构开展节能知识宣传和节能技术培训，提供节能信息、节能示范和其他公益性节能服务。

第二十三条　国家鼓励行业协会在行业节能规划、节能标准的制定和实施、节能技术推广、能源消费统计、节能宣传培训和信息咨询等方面发挥作用。

第三章　合理使用与节约能源

第一节　一般规定

第二十四条　用能单位应当按照合理用能的原则，加强节能管理，制定并实施节能计划和节能技术措施，降低能源消耗。

第二十五条 用能单位应当建立节能目标责任制，对节能工作取得成绩的集体、个人给予奖励。

第二十六条 用能单位应当定期开展节能教育和岗位节能培训。

第二十七条 用能单位应当加强能源计量管理，按照规定配备和使用经依法检定合格的能源计量器具。

用能单位应当建立能源消费统计和能源利用状况分析制度，对各类能源的消费实行分类计量和统计，并确保能源消费统计数据真实、完整。

第二十八条 能源生产经营单位不得向本单位职工无偿提供能源。任何单位不得对能源消费实行包费制。

第二节 工业节能

第二十九条 国务院和省、自治区、直辖市人民政府推进能源资源优化开发利用和合理配置，推进有利于节能的行业结构调整，优化用能结构和企业布局。

第三十条 国务院管理节能工作的部门会同国务院有关部门制定电力、钢铁、有色金属、建材、石油加工、化工、煤炭等主要耗能行业的节能技术政策，推动企业节能技术改造。

第三十一条 国家鼓励工业企业采用高效、节能的电动机、锅炉、窑炉、风机、泵类等设备，采用热电联产、余热余压利用、洁净煤以及先进的用能监测和控制等技术。

第三十二条 电网企业应当按照国务院有关部门制定的节能发电调度管理的规定，安排清洁、高效和符合规定的热电联产、利用余热余压发电的机组以及其他符合资源综合利用规定的发电机组与电网并网运行，上网电价执行国家有关规定。

第三十三条 禁止新建不符合国家规定的燃煤发电机组、燃油发电机组和燃煤热电机组。

第三节 建筑节能

第三十四条 国务院建设主管部门负责全国建筑节能的监督管理工作。

县级以上地方各级人民政府建设主管部门负责本行政区域内建筑节能的监督

管理工作。

县级以上地方各级人民政府建设主管部门会同同级管理节能工作的部门编制本行政区域内的建筑节能规划。建筑节能规划应当包括既有建筑节能改造计划。

第三十五条　建筑工程的建设、设计、施工和监理单位应当遵守建筑节能标准。

不符合建筑节能标准的建筑工程，建设主管部门不得批准开工建设；已经开工建设的，应当责令停止施工、限期改正；已经建成的，不得销售或者使用。

建设主管部门应当加强对在建建筑工程执行建筑节能标准情况的监督检查。

第三十六条　房地产开发企业在销售房屋时，应当向购买人明示所售房屋的节能措施、保温工程保修期等信息，在房屋买卖合同、质量保证书和使用说明书中载明，并对其真实性、准确性负责。

第三十七条　使用空调采暖、制冷的公共建筑应当实行室内温度控制制度。具体办法由国务院建设主管部门制定。

第三十八条　国家采取措施，对实行集中供热的建筑分步骤实行供热分户计量、按照用热量收费的制度。新建建筑或者对既有建筑进行节能改造，应当按照规定安装用热计量装置、室内温度调控装置和供热系统调控装置。具体办法由国务院建设主管部门会同国务院有关部门制定。

第三十九条　县级以上地方各级人民政府有关部门应当加强城市节约用电管理，严格控制公用设施和大型建筑物装饰性景观照明的能耗。

第四十条　国家鼓励在新建建筑和既有建筑节能改造中使用新型墙体材料等节能建筑材料和节能设备，安装和使用太阳能等可再生能源利用系统。

第四节　交通运输节能

第四十一条　国务院有关交通运输主管部门按照各自的职责负责全国交通运输相关领域的节能监督管理工作。

国务院有关交通运输主管部门会同国务院管理节能工作的部门分别制定相关领域的节能规划。

第四十二条　国务院及其有关部门指导、促进各种交通运输方式协调发展和有效衔接，优化交通运输结构，建设节能型综合交通运输体系。

第四十三条 县级以上地方各级人民政府应当优先发展公共交通，加大对公共交通的投入，完善公共交通服务体系，鼓励利用公共交通工具出行；鼓励使用非机动交通工具出行。

第四十四条 国务院有关交通运输主管部门应当加强交通运输组织管理，引导道路、水路、航空运输企业提高运输组织化程度和集约化水平，提高能源利用效率。

第四十五条 国家鼓励开发、生产、使用节能环保型汽车、摩托车、铁路机车车辆、船舶和其他交通运输工具，实行老旧交通运输工具的报废、更新制度。

国家鼓励开发和推广应用交通运输工具使用的清洁燃料、石油替代燃料。

第四十六条 国务院有关部门制定交通运输营运车船的燃料消耗量限值标准；不符合标准的，不得用于营运。

国务院有关交通运输主管部门应当加强对交通运输营运车船燃料消耗检测的监督管理。

第五节　公共机构节能

第四十七条 公共机构应当厉行节约，杜绝浪费，带头使用节能产品、设备，提高能源利用效率。

本法所称公共机构，是指全部或者部分使用财政性资金的国家机关、事业单位和团体组织。

第四十八条 国务院和县级以上地方各级人民政府管理机关事务工作的机构会同同级有关部门制定和组织实施本级公共机构节能规划。公共机构节能规划应当包括公共机构既有建筑节能改造计划。

第四十九条 公共机构应当制定年度节能目标和实施方案，加强能源消费计量和监测管理，向本级人民政府管理机关事务工作的机构报送上年度的能源消费状况报告。

国务院和县级以上地方各级人民政府管理机关事务工作的机构会同同级有关部门按照管理权限，制定本级公共机构的能源消耗定额，财政部门根据该定额制定能源消耗支出标准。

第五十条 公共机构应当加强本单位用能系统管理，保证用能系统的运行符合国家相关标准。

公共机构应当按照规定进行能源审计，并根据能源审计结果采取提高能源利用效率的措施。

第五十一条 公共机构采购用能产品、设备，应当优先采购列入节能产品、设备政府采购名录中的产品、设备。禁止采购国家明令淘汰的用能产品、设备。

节能产品、设备政府采购名录由省级以上人民政府的政府采购监督管理部门会同同级有关部门制定并公布。

第六节 重点用能单位节能

第五十二条 国家加强对重点用能单位的节能管理。

下列用能单位为重点用能单位：

（一）年综合能源消费总量一万吨标准煤以上的用能单位；

（二）国务院有关部门或者省、自治区、直辖市人民政府管理节能工作的部门指定的年综合能源消费总量五千吨以上不满一万吨标准煤的用能单位。

重点用能单位节能管理办法，由国务院管理节能工作的部门会同国务院有关部门制定。

第五十三条 重点用能单位应当每年向管理节能工作的部门报送上年度的能源利用状况报告。能源利用状况包括能源消费情况、能源利用效率、节能目标完成情况和节能效益分析、节能措施等内容。

第五十四条 管理节能工作的部门应当对重点用能单位报送的能源利用状况报告进行审查。对节能管理制度不健全、节能措施不落实、能源利用效率低的重点用能单位，管理节能工作的部门应当开展现场调查，组织实施用能设备能源效率检测，责令实施能源审计，并提出书面整改要求，限期整改。

第五十五条 重点用能单位应当设立能源管理岗位，在具有节能专业知识、实际经验以及中级以上技术职称的人员中聘任能源管理负责人，并报管理节能工作的部门和有关部门备案。

能源管理负责人负责组织对本单位用能状况进行分析、评价，组织编写本单位能源利用状况报告，提出本单位节能工作的改进措施并组织实施。

能源管理负责人应当接受节能培训。

第四章 节能技术进步

第五十六条 国务院管理节能工作的部门会同国务院科技主管部门发布节能技术政策大纲，指导节能技术研究、开发和推广应用。

第五十七条 县级以上各级人民政府应当把节能技术研究开发作为政府科技投入的重点领域，支持科研单位和企业开展节能技术应用研究，制定节能标准，开发节能共性和关键技术，促进节能技术创新与成果转化。

第五十八条 国务院管理节能工作的部门会同国务院有关部门制定并公布节能技术、节能产品的推广目录，引导用能单位和个人使用先进的节能技术、节能产品。

国务院管理节能工作的部门会同国务院有关部门组织实施重大节能科研项目、节能示范项目、重点节能工程。

第五十九条 县级以上各级人民政府应当按照因地制宜、多能互补、综合利用、讲求效益的原则，加强农业和农村节能工作，增加对农业和农村节能技术、节能产品推广应用的资金投入。

农业、科技等有关主管部门应当支持、推广在农业生产、农产品加工储运等方面应用节能技术和节能产品，鼓励更新和淘汰高耗能的农业机械和渔业船舶。

国家鼓励、支持在农村大力发展沼气，推广生物质能、太阳能和风能等可再生能源利用技术，按照科学规划、有序开发的原则发展小型水力发电，推广节能型的农村住宅和炉灶等，鼓励利用非耕地种植能源植物，大力发展薪炭林等能源林。

第五章 激励措施

第六十条 中央财政和省级地方财政安排节能专项资金，支持节能技术研究开发、节能技术和产品的示范与推广、重点节能工程的实施、节能宣传培训、信息服务和表彰奖励等。

第六十一条 国家对生产、使用列入本法第五十八条规定的推广目录的需要支持的节能技术、节能产品，实行税收优惠等扶持政策。

国家通过财政补贴支持节能照明器具等节能产品的推广和使用。

第六十二条 国家实行有利于节约能源资源的税收政策，健全能源矿产资源有偿使用制度，促进能源资源的节约及其开采利用水平的提高。

第六十三条 国家运用税收等政策，鼓励先进节能技术、设备的进口，控制在生产过程中耗能高、污染重的产品的出口。

第六十四条 政府采购监督管理部门会同有关部门制定节能产品、设备政府采购名录，应当优先列入取得节能产品认证证书的产品、设备。

第六十五条 国家引导金融机构增加对节能项目的信贷支持，为符合条件的节能技术研究开发、节能产品生产以及节能技术改造等项目提供优惠贷款。

国家推动和引导社会有关方面加大对节能的资金投入，加快节能技术改造。

第六十六条 国家实行有利于节能的价格政策，引导用能单位和个人节能。

国家运用财税、价格等政策，支持推广电力需求侧管理、合同能源管理、节能自愿协议等节能办法。

国家实行峰谷分时电价、季节性电价、可中断负荷电价制度，鼓励电力用户合理调整用电负荷；对钢铁、有色金属、建材、化工和其他主要耗能行业的企业，分淘汰、限制、允许和鼓励类实行差别电价政策。

第六十七条 各级人民政府对在节能管理、节能科学技术研究和推广应用中有显著成绩以及检举严重浪费能源行为的单位和个人，给予表彰和奖励。

第六章 法律责任

第六十八条 负责审批或者核准固定资产投资项目的机关违反本法规定，对不符合强制性节能标准的项目予以批准或者核准建设的，对直接负责的主管人员和其他直接责任人员依法给予处分。

固定资产投资项目建设单位开工建设不符合强制性节能标准的项目或者将该项目投入生产、使用的，由管理节能工作的部门责令停止建设或者停止生产、使用，限期改造；不能改造或者逾期不改造的生产性项目，由管理节能工作的部门报请本级人民政府按照国务院规定的权限责令关闭。

第六十九条　生产、进口、销售国家明令淘汰的用能产品、设备的，使用伪造的节能产品认证标志或者冒用节能产品认证标志的，依照《中华人民共和国产品质量法》的规定处罚。

第七十条　生产、进口、销售不符合强制性能源效率标准的用能产品、设备的，由产品质量监督部门责令停止生产、进口、销售，没收违法生产、进口、销售的用能产品、设备和违法所得，并处违法所得一倍以上五倍以下罚款；情节严重的，由工商行政管理部门吊销营业执照。

第七十一条　使用国家明令淘汰的用能设备或者生产工艺的，由管理节能工作的部门责令停止使用，没收国家明令淘汰的用能设备；情节严重的，可以由管理节能工作的部门提出意见，报请本级人民政府按照国务院规定的权限责令停业整顿或者关闭。

第七十二条　生产单位超过单位产品能耗限额标准用能，情节严重，经限期治理逾期不治理或者没有达到治理要求的，可以由管理节能工作的部门提出意见，报请本级人民政府按照国务院规定的权限责令停业整顿或者关闭。

第七十三条　违反本法规定，应当标注能源效率标识而未标注的，由产品质量监督部门责令改正，处三万元以上五万元以下罚款。

违反本法规定，未办理能源效率标识备案，或者使用的能源效率标识不符合规定的，由产品质量监督部门责令限期改正；逾期不改正的，处一万元以上三万元以下罚款。

伪造、冒用能源效率标识或者利用能源效率标识进行虚假宣传的，由产品质量监督部门责令改正，处五万元以上十万元以下罚款；情节严重的，由工商行政管理部门吊销营业执照。

第七十四条　用能单位未按照规定配备、使用能源计量器具的，由产品质量监督部门责令限期改正；逾期不改正的，处一万元以上五万元以下罚款。

第七十五条　瞒报、伪造、篡改能源统计资料或者编造虚假能源统计数据的，依照《中华人民共和国统计法》的规定处罚。

第七十六条　从事节能咨询、设计、评估、检测、审计、认证等服务的机构提供虚假信息的，由管理节能工作的部门责令改正，没收违法所得，并处五万元以上十万元以下罚款。

第七十七条　违反本法规定，无偿向本单位职工提供能源或者对能源消费实行包费制的，由管理节能工作的部门责令限期改正；逾期不改正的，处五万元以上二十万元以下罚款。

第七十八条　电网企业未按照本法规定安排符合规定的热电联产和利用余热余压发电的机组与电网并网运行，或者未执行国家有关上网电价规定的，由国家电力监管机构责令改正；造成发电企业经济损失的，依法承担赔偿责任。

第七十九条　建设单位违反建筑节能标准的，由建设主管部门责令改正，处二十万元以上五十万元以下罚款。

设计单位、施工单位、监理单位违反建筑节能标准的，由建设主管部门责令改正，处十万元以上五十万元以下罚款；情节严重的，由颁发资质证书的部门降低资质等级或者吊销资质证书；造成损失的，依法承担赔偿责任。

第八十条　房地产开发企业违反本法规定，在销售房屋时未向购买人明示所售房屋的节能措施、保温工程保修期等信息的，由建设主管部门责令限期改正，逾期不改正的，处三万元以上五万元以下罚款；对以上信息作虚假宣传的，由建设主管部门责令改正，处五万元以上二十万元以下罚款。

第八十一条　公共机构采购用能产品、设备，未优先采购列入节能产品、设备政府采购名录中的产品、设备，或者采购国家明令淘汰的用能产品、设备的，由政府采购监督管理部门给予警告，可以并处罚款；对直接负责的主管人员和其他直接责任人员依法给予处分，并予通报。

第八十二条　重点用能单位未按照本法规定报送能源利用状况报告或者报告内容不实的，由管理节能工作的部门责令限期改正；逾期不改正的，处一万元以上五万元以下罚款。

第八十三条 重点用能单位无正当理由拒不落实本法第五十四条规定的整改要求或者整改没有达到要求的，由管理节能工作的部门处十万元以上三十万元以下罚款。

第八十四条 重点用能单位未按照本法规定设立能源管理岗位，聘任能源管理负责人，并报管理节能工作的部门和有关部门备案的，由管理节能工作的部门责令改正；拒不改正的，处一万元以上三万元以下罚款。

第八十五条 违反本法规定，构成犯罪的，依法追究刑事责任。

第八十六条 国家工作人员在节能管理工作中滥用职权、玩忽职守、徇私舞弊，构成犯罪的，依法追究刑事责任；尚不构成犯罪的，依法给予处分。

第七章 附 则

第八十七条 本法自 2008 年 4 月 1 日起施行。

附录 2 节能相关法律 法规及规章目录

序号	名称	发布单位	文件号	生效时间	备注
节能法和相关法律					
1	《中华人民共和国节约能源法》	全国人民代表大会常务委员会	中华人民共和国主席令第77号	2008年4月1日	1997年制定，2007年修订
2	《中华人民共和国计量法》	全国人民代表大会常务委员会	/	1986年7月1日	1985年制定，2013年、2015年修正
3	《中华人民共和国标准化法》	全国人民代表大会常务委员会	中华人民共和国主席令第11号	1989年4月1日	1988年制定
4	《中华人民共和国产品质量法》	全国人民代表大会常务委员会	中华人民共和国主席令第33号	1993年9月1日	1993年制定，2000年修改
5	《中华人民共和国矿产资源法》	全国人民代表大会常务委员会	中华人民共和国主席令第74号	1996年8月29日	1986年制定，1996年修改
6	《中华人民共和国行政处罚法》	全国人民代表大会常务委员会	中华人民共和国主席令第63号	1996年10月1日	1996年制定，1997年修订，2009年修正

续表

序号	名称	发布单位	文件号	生效时间	备注
7	《中华人民共和国行政复议法》	全国人民代表大会常务委员会	中华人民共和国主席令第16号	1999年10月1日	1999年制定 2009年修正
8	《中华人民共和国立法法》	全国人民代表大会常务委员会	中华人民共和国主席令第31号	2000年7月1日	2000年制定 2015年修改
9	《中华人民共和国清洁生产促进法》	全国人民代表大会常务委员会	中华人民共和国主席令第54号	2003年1月1日	2002年制定 2012年修改
10	《中华人民共和国政府采购法》	全国人民代表大会常务委员会	中华人民共和国主席令第68号	2003年1月1日	2002年制定
11	《中华人民共和国行政许可法》	全国人民代表大会常务委员会	中华人民共和国主席令第7号	2004年7月1日	2003年制定
12	《中华人民共和国治安管理处罚法》	全国人民代表大会常务委员会	中华人民共和国主席令第38号	2006年3月1日	1986年公布 1994年修订
13	《中华人民共和国企业所得税法》	全国人民代表大会常务委员会	中华人民共和国主席令第63号	2008年1月1日	2007年制定
14	《中华人民共和国循环经济促进法》	全国人民代表大会常务委员会	中华人民共和国主席令第4号	2009年1月1日	2008年制定
15	《中华人民共和国统计法》	全国人民代表大会常务委员会	中华人民共和国主席令第15号	2010年1月1日	1983年制定 1996年修正 2009年修订

续表

序号	名称	发布单位	文件号	生效时间	备注
16	《中华人民共和国可再生能源法》	全国人民代表大会常务委员会	中华人民共和国主席令第33号	2010年4月1日	2005年制定 2009年修改
17	《中华人民共和国建筑法》	全国人民代表大会常务委员会	中华人民共和国主席令第46号	2011年7月1日	1997年制定 2011年修正
18	《中华人民共和国国家赔偿法》	全国人民代表大会常务委员会	中华人民共和国主席令第68号	2013年1月1日	1994年制定 2010年修正 2012年修正
19	《中华人民共和国煤炭法》	全国人民代表大会常务委员会	中华人民共和国主席令第75号	2013年6月29日	1996年制定 2011年、2013年修改
20	《中华人民共和国电力法》	全国人民代表大会常务委员会	中华人民共和国主席令第60号	2015年4月24日	1995年制定 2009年、2015年修正
21	《中华人民共和国环境保护法》	全国人民代表大会常务委员会	中华人民共和国主席令第9号	2015年1月1日	1989年制定 2014年修订
22	《中华人民共和国行政诉讼法》	全国人民代表大会常务委员会	中华人民共和国主席令第15号	2015年5月1日	1989年制定 2014年修订
节能相关法规					
23	《中华人民共和国标准化法实施条例》	国务院	中华人民共和国国务院令第53号	1990年4月6日	1990年制定

续表

序号	名称	发布单位	文件号	生效时间	备注
24	《中华人民共和国认证认可条例》	国务院	中华人民共和国国务院令第390号	2003年11月1日	2003年制定
25	《民用建筑节能条例》	国务院	中华人民共和国国务院令第530号	2008年10月1日	2008年制定
26	《公共机构节能条例》	国务院	中华人民共和国国务院令第531号	2008年10月1日	2008年制定
27	《特种设备安全监察条例》	国务院	中华人民共和国国务院令第549号	2009年5月1日	2003年制定 2009年修改
28	《中华人民共和国道路运输条例》	国务院	中华人民共和国国务院令第406号	2004年7月1日	2004年制定 2012年修正
节能相关规章					
29	《重点用能单位节能管理办法》	国家经济贸易委员会	国家经济贸易委员会令第7号	1999年3月10日	1999年制定
30	《认证证书和认证标志管理办法》	国家质检总局	国家质检总局令第63号	2004年8月1日	2004年制定
31	《清洁生产审核暂行办法》	国家发展改革委 国家环境保护总局	国家环境保护总局令第16号	2004年10月1日	2004年制定

续表

序号	名称	发布单位	文件号	生效时间	备注
32	《能源效率标识管理办法》	国家发展改革委主任办公会议 国家质检总局	国家发展改革委 国家质检总局令第17号	2005年3月1日	2004年制定
33	《民用建筑节能管理规定》	中华人民共和国建设部	建设部令第143号	2006年1月1日	2005年制定
34	《公路水路交通实施〈中华人民共和国节约能源法〉办法》	中华人民共和国交通运输部	交通运输部令2008年第5号	2008年9月1日	2008年制定
35	《高耗能特种设备节能监督管理办法》	国家质检总局	国家质检总局第116号	2009年9月1日	2009年制定
36	《道路运输车辆燃料消耗量检测和监督管理办法》	中华人民共和国交通运输部	交通运输部令2009年第11号	2009年11月1日	2009年制定
37	《中央企业节能减排监督管理暂行办法》	国务院国有资产监督管理委员会	国务院国有资产监督管理委员会令第23号	2010年3月26日	2010年制定
38	《固定资产投资项目节能评估和审查暂行办法》	国家发展改革委	国家发展改革委令第6号	2010年9月17日	2010年制定
39	《中央企业负责人经营业绩考核暂行办法》	国务院国有资产监督管理委员会	国务院国有资产监督管理委员会令第30号	2013年1月1日	2012年发布

续表

序号	名称	发布单位	文件号	生效时间	备注
		节能相关政策			
40	《节约能源监测管理暂行规定》	国家发展计划委员会	计节能〔1990〕60号	1990年6月1日	1990年发布
41	《中国节能产品认证管理办法》	国家经贸委	/	1999年2月11日	1999年发布
42	关于开展资源节约活动的通知	国务院	国办发〔2004〕30号	2004年4月1日	2004年发布
43	《节能中长期专项规划》	国家发展改革委	发改环资〔2004〕2505号	2004年11月25日	2004年发布
44	关于印发《节能产品政府采购实施意见》的通知	财政部 国家发展改革委	财库〔2004〕185号	2004年12月17日	2004年发布
45	《中华人民共和国实行能源效率标识的产品目录（第一批）》	国家发展改革委 国家质检总局 国家认证认可监督管理委员会	2004年第71号公告	2005年3月1日	2004年发布
46	关于发布实施《促进产业结构调整暂行规定》的决定	国务院	国发〔2005〕40号	2005年12月2日	2005年发布

序号	名称	发布单位	文件号	生效时间	备注
47	关于印发《"十一五"十大重点节能工程实施意见》的通知	国家发展改革委 科技部 财政部 建设部 国家质检总局 国家环保总局 国管局 中直管理局	发改环资〔2006〕1457号	2006年7月25日	2006年发布
48	《关于加强节能工作的决定》	国务院	国发〔2006〕28号	2006年8月6日	2006年发文
49	《中华人民共和国实行能源效率标识的产品目录（第二批）》	国家发展改革委 国家质检总局 国家认证认可监督管理委员会	2006年第65号公告	2007年3月1日	2006年发布
50	关于印发《节能减排综合性工作方案》的通知	国务院	国发〔2007〕15号	2007年5月23日	2007年发布
51	《关于成立国家应对气候变化及节能减排工作领导小组的通知》	国务院	国发〔2007〕18号	2007年6月12日	2006年发文
52	国务院批转《节能减排统计监测及考核实施方案和办法》的通知	国务院	国发〔2007〕36号	2007年11月17日	2007年发文

续表

序号	名称	发布单位	文件号	生效时间	备注
53	《氯碱（烧碱聚氯乙烯）行业准入条件》	工业和信息化部	2007年第74号公告	2007年12月1日	2007年制定
54	关于印发《淘汰落后产能中央财政奖励资金管理暂行办法》的通知	财政部	财建〔2007〕873号	2007年12月25日	2007年发布
55	关于《铁合金行业准入条件》和《电解金属锰行业准入条件》修订公告	国家发展改革委	2008年第13号公告	2008年3月1日	2004年制定 2008年修订
56	关于印发《节能项目节能量审核指南》的通知	国家发展改革委 财政部	发改环资〔2008〕704号	2008年3月14日	2008年发布
57	《乳制品加工行业准入条件》	国家发展改革委	2008年第26号公告	2008年4月1日	2008年制定
58	关于印发《中华人民共和国实行能源效率标识的产品目录（第三批）》	国家发展改革委 国家质检总局 国家认证认可监督管理委员会	2008年第8号公告	2008年6月1日	2008年发布
59	关于印发《重点用能单位能源利用状况报告制度实施方案》的通知	国家发展改革委	发改环资〔2008〕1390号	2008年6月6日	2008年发布

续表

序号	名称	发布单位	文件号	生效时间	备注
60	关于印发《公共建筑室内温度控制管理办法》的通知	住房和城乡建设部	建科〔2008〕115号	2008年7月1日	2008年发布
61	《2008—2010年资源节约与综合利用标准发展规划》	国家发展改革委 国家质检总局 国家环境保护部 国家安全生产监督管理总局 国家住房和城乡建设部等十六部委联合下发	国标委工一联〔2008〕149号	2008年11月6日	2008年发布
62	《黄磷行业准入条件》	工业和信息化部	产业〔2008〕第17号	2009年1月1日	2008年制定
63	《中华人民共和国实行能源效率标识的产品目录(第四批)》	国家发展改革委 国家质检总局 国家认证认可监督管理委员会	2008年第64号公告	2009年3月1日	2008年发布
64	《节能机电设备(产品)推荐目录(第一批)》	工业和信息化部	/	2009年5月6日	2009年发布
65	关于印发《2009年节能减排工作安排》的通知	国务院办公厅	国办发〔2009〕48号	2009年7月19日	2009年发布
66	《关于抑制部分行业产能过剩和重复建设引导产业健康发展若干意见》的通知	国务院	国发〔2009〕38号	2009年9月26日	2009年发布

续表

序号	名称	发布单位	文件号	生效时间	备注
67	《高耗能落后机电设备（产品）淘汰目录（第一批）》	工业和信息化部	工节〔2009〕第67号	2009年12月4日	2009年发布
68	《农用薄膜行业准入条件》	工业和信息化部	工消费〔2009〕第73号	2010年1月1日	2009年发布
69	《关于成立国家能源委员会的通知》	国务院办公厅	国办发〔2010〕12号	2010年1月22日	2010年发文
70	《关于进一步加强淘汰落后产能工作的通知》	国务院	国发〔2010〕7号	2010年2月6日	2010年发文
71	《中华人民共和国实行能源效率标识的产品目录（第五批）》	国家发展改革委 国家质检总局 国家认证认可监督管理委员会	2009年第17号公告	2010年3月1日	2009年发布
72	《关于加强工业固定资产投资项目节能评估和审查工作的通知》	工业和信息化部	工信部节〔2010〕135号	2010年3月23日	2010年发布
73	《转发发展改革委等部门关于加快推行合同能源管理促进节能服务产业发展意见》的通知	国务院办公厅	国办发〔2010〕25号	2010年4月2日	2010年发文

续表

序号	名称	发布单位	文件号	生效时间	备注
74	《关于进一步加大工作力度确保实现"十一五"节能减排目标的通知》	国务院	国发〔2010〕12号	2010年5月4日	2010年发布
75	《纯碱行业准入条件》	工业和信息化部	工产业〔2010〕第99号	2010年6月1日	2010年制定
76	《印染行业准入条件（2010年修订版）》	工业和信息化部	工消费〔2010〕第93号	2010年6月1日	2008年制定 2010年修订
77	《关于合同能源管理财政奖励资金需求及节能服务公司审核备案有关事项的通知》	国家发展改革委 财政部	财办建〔2010〕60号	2010年6月29日	2010年发布
78	《节能服务公司推荐名单（第一批）》	工业和信息化部	/	2010年8月16日	2010年发布
79	《节能机电设备（产品）推荐目录（第二批）》	工业和信息化部	工节〔2010〕第112号	2010年8月16日	2010年发布
80	《节能服务公司备案名单（第一批）》	国家发展改革委 财政部	2010年第22号公告	2010年8月31日	2010年发布
81	《钨锡锑冶炼企业准入公告管理暂行办法》	工业和信息化部	工信部原〔2010〕475号	2010年10月8日	2010年发布

续表

序号	名称	发布单位	文件号	生效时间	备注
82	《关于财政奖励合同能源管理项目有关事项的补充通知》	国家发展改革委 财政部	发改办环资〔2010〕2528号	2010年10月19日	2010年发布
83	《中华人民共和国实行国家实行能源效率标识的产品目录（第六批）》	国家发展改革委 国家质检总局 国家认证认可监督管理委员会	2010年第3号公告	2010年11月1日	2010年发布
84	关于印发《电力需求侧管理办法》的通知	国家发展改革委 工业和信息化部 财政部 国资委 国资委 国家电监会 能源局	发改运行〔2010〕2643号公告	2010年11月4日	2010年发布
85	《中华人民共和国实行国家实行能源效率标识的产品目录（第七批）》	国家发展改革委 国家质检总局 国家认证认可监督管理委员会	2010年第28号公告	2011年3月1日	2010年发布
86	《日用玻璃行业准入条件》	工业和信息化部	工产业政策〔2010〕第3号	2011年3月1日	2010年制定
87	《节能服务公司备案名单（第二批）》	国家发展改革委 财政部	2011年第3号公告	2011年3月3日	2011年发布
88	《镁行业准入条件》	工业和信息化部	2011年第7号公告	2011年3月7日	2011年制定
89	《有序用电管理办法》	国家发展改革委	发改运行〔2011〕832号	2011年5月1日	2011年发布

续表

序号	名称	发布单位	文件号	生效时间	备注
90	《关于进一步加强合同能源管理项目监督检查工作的通知》	国家发展改革委　财政部	发改办环资〔2011〕1755 号	2011 年7 月 20 日	2011 年发布
91	《联合收割（获）机和拖拉机行业准入条件》	工业和信息化部	2011 年第 23 号公告	2011 年7 月 27 日	2011 年制定
92	《节能服务公司备案名单（第三批）》	国家发展改革委　财政部	2011 年第 19 号公告	2011 年8 月 9 日	2011 年发布
93	《关于印发"十二五"节能减排综合性工作方案的通知》	国务院	国发〔2011〕26 号	2011 年8 月 31 日	2011 年发文
94	《磷铵行业准入条件》	工业和信息化部	2011 年第 31 号公告	2011 年9 月 14 日	2011 年制定
95	《第三方节能量审核机构目录（第一批）》	财政部	2011 年第 66 号公告	2011 年9 月 29 日	2011 年发布
96	《节能服务公司推荐名单（第二批）》	工业和信息化部	/	2011 年11 月 24 日	2011 年发布
97	关于印发《"十二五"控制温室气体排放工作方案》的通知	国务院	国发〔2011〕41 号	2011 年12 月 1 日	2011 年发文

续表

序号	名称	发布单位	文件号	生效时间	备注
98	关于印发《万家企业节能低碳行动实施方案》的通知	国家发展改革委 教育部 工业和信息化部 财政部 住房城乡建设部 交通运输部 商务部 国资委 国家质检总局 国家统计局 银监会 国家能源局	发改环资〔2011〕2873号	2011年12月7日	2011年发布
99	《节能机电设备（产品）推荐目录（第三批）》	工业和信息化部	2011年第42号公告	2011年12月8日	2011年发布
100	关于印发《标准化事业发展"十二五"规划》的通知	国家标准化管理委员会	国标委综合〔2011〕79号	2011年12月23日	2011年发布
101	《中华人民共和国实行能源效率标识的产品目录（第八批）》	国家发展改革委 国家质检总局 国家认证认可监督管理委员会	2011年第22号公告	2012年1月1日	2011年发布
102	《节能服务公司备案名单（第四批）》	国家发展改革委 财政部	2012年第1号公告	2012年1月1日	2012年发布
103	《岩棉行业准入条件》	工业和信息化部	2012年第10号公告	2012年3月10日	2012年制定

续表

序号	名称	发布单位	文件号	生效时间	备注
104	《"万家企业节能低碳行动"企业名单及节能量目标》	国家发改委	2012年第10号公告	2012年5月12日	2012年公告
105	关于印发《"十二五"节能环保产业发展规划》的通知	国务院	国发〔2012〕19号	2012年6月16日	2012年发文
106	关于提供《财政奖励合同能源管理项目评审和现场核查工作指南》电子版的通告	国家节能中心	/	2012年6月21日	2012年发布
107	关于印发《节能与新能源汽车产业发展规划（2012—2020年）》的通知	国务院	国发〔2012〕22号	2012年6月28日	2012年发文
108	《铅蓄电池行业准入条件》	工业和信息化部	2012年第18号公告	2012年7月1日	2012年制定
109	关于印发《万家企业节能目标责任考核实施方案》的通知	国家发展改革委	发改办环资〔2012〕1923号	2012年7月11日	2012年发文
110	《稀土行业准入条件》	工业和信息化部	2012年第33号公告	2012年7月26日	2012年制定
111	《废轮胎综合利用行业准入条件》	工业和信息化部	2012年第32号公告	2012年7月31日	2012年发布

续表

序号	名称	发布单位	文件号	生效时间	备注
112	关于印发《节能减排"十二五"规划》的通知	国务院	国发〔2012〕40号	2012年8月6日	2012年发文
113	《关于进一步加强万家企业能源利用状况报告工作的通知》	国家发展改革委办公厅	发改办环资〔2012〕2251号	2012年8月14日	2012年发文
114	《再生铅行业准入条件》	工业和信息化部 环境保护部	2012年第38号公告	2012年8月27日	2012年发布
115	《中华人民共和国实行能源效率标识的产品目录（第九批）》	国家发展改革委 国家质检总局 国家认证认可监督管理委员会	2012年第19号公告	2012年9月1日	2012年发布
116	《玻璃纤维行业准入条件（2012年修订）》	工业和信息化部	2012年第46号公告	2012年10月1日	2007年制定 2012年修订
117	《高耗能落后机电设备（产品）淘汰目录（第二批）》	工业和信息化部	2012年第14号公告	2012年10月1日	2012年公告
118	关于印发《工业领域应对气候变化行动方案（2012—2020年）》的通知	工业和信息化部 国家发展改革委 科学技术部 财政部	工信部联节〔2012〕621号	2012年12月31日	2012年发文
119	《石墨行业准入条件》	工业和信息化部	2012年第60号公告	2013年1月1日	2012年发布

续表

序号	名称	发布单位	文件号	生效时间	备注
120	《关于落实节能服务企业合同能源管理项目企业所得税收优惠政策有关征收管理问题的公告》	国家税务总局 国家发展改革委	2013 年第 77 号公告	2013 年 1 月 1 日	2013 年发布
121	关于印发《"十二五"主要污染物总量减排统计监测办法》的通知	环境保护部 国家统计局 国家发展改革委 监察部	环发〔2013〕14 号	2013 年 1 月 24 日	2013 年发布
122	《铝行业准入条件》	国家发展改革委	2007 年第 64 号公告	2007 年 10 月 29 日	2007 年发布
123	《中华人民共和国实行能源效率标识的产品目录（第十批）》	国家发展改革委 国家质检总局 国家认证认可监督管理委员会	2012 年第 39 号公告	2013 年 2 月 1 日	2012 年发布
124	《关于进一步加强通信业节能减排工作的指导意见》	工业和信息化部	工信部节〔2013〕48 号	2013 年 2 月 5 日	2013 年发布
125	《关于加强内燃机工业节能减排的意见》	国务院办公厅	国办发〔2013〕12 号	2013 年 2 月 6 日	2013 年发布
126	《关于有色金属工业节能减排的指导意见》	工业和信息化部	工信部节〔2013〕56 号	2013 年 2 月 17 日	2013 年发布

续表

序号	名称	发布单位	文件号	生效时间	备注
127	《节能机电设备（产品）推荐目录（第四批）》	工业和信息化部	2013 年第 12 号公告	2013 年 2 月 21 日	2013 年发布
128	关于印发《2013 年工业节能与绿色发展专项行动实施方案》的通知	工业和信息化部	工信部节〔2013〕95 号	2013 年 3 月 21 日	2013 年发布
129	《铸造行业准入条件》	工业和信息化部	2013 年第 26 号公告	2013 年 5 月 10 日	2013 年制定
130	《节能服务公司备案名单（第五批）》	国家发展改革委 财政部	2013 年第 29 号公告	2013 年 5 月 13 日	2013 年发布
131	《关于组织实施电机能效提升计划（2013—2015 年）的通知》	工业和信息化部 国家质检总局	工信部联节〔2013〕226 号	2013 年 6 月 10 日	2013 年发布
132	《铝行业规范条件》	工业和信息化部	2013 年第 36 号公告	2013 年 7 月 18 日	2013 年发布
133	《关于加快发展节能环保产业的意见》	国务院	国发〔2013〕30 号	2013 年 8 月 1 日	2013 年发布
134	关于印发《大气污染防治行动计划》的通知	国务院	国发〔2013〕37 号	2013 年 9 月 10 日	2013 年发布

续表

序号	名称	发布单位	文件号	生效时间	备注
135	《关于继续开展新能源汽车推广应用工作的通知》	财政部 科技部 工业和信息化部 发展改革委	财建〔2013〕551号	2013年9月13日	2013年发布
136	《关于进一步加快煤层气（煤矿瓦斯）抽采利用的意见》	国务院办公厅	国办发〔2013〕93号	2013年9月14日	2013年发布
137	《关于化解产能严重过剩矛盾的指导意见》	国务院	国发〔2013〕41号	2013年10月6日	2013年发布
138	关于印发《节能低碳技术推广管理暂行办法》的通知	国家发展改革委	发改环资〔2014〕19号	2014年1月6日	2014年发布
139	关于印发《2014年能源工作指导意见》的通知	国家能源局	国能规划〔2014〕38号	2014年1月20日	2014年发布
140	《电石行业准入条件》	工业和信息化部	2014年第8号公告	2014年2月11日	2007年制定 2014年修订
141	关于印发《2014—2015年节能减排科技专项行动方案》的通知	科技部 工业和信息化部	国科发计〔2014〕45号	2014年2月19日	2014年发布
142	《2013年国民经济和社会发展统计公报》	国家统计局	/	2014年2月24日	2014年发布
143	《关于发布钢铁、水泥行业清洁生产评价指标体系的公告》	国家发展改革委 环境保护部 工业和信息化部	2014年第3号公告	2014年2月26日	2014年发布

99

续表

序号	名称	发布单位	文件号	生效时间	备注
144	《焦化行业准入条件（2014年修订）》	工业和信息化部	2014年第14号公告	2014年3月3日	2004年制定 2008年修订 2014年修订
145	《高耗能落后机电设备（产品）淘汰目录（第三批）》	工业和信息化部	2014年第16号公告	2014年3月6日	2014年发布
146	《关于加强工业节能监察工作的意见》	工业和信息化部	工信部节〔2014〕30号	2014年3月11日	2014年发布
147	关于印发《能源行业加强大气污染防治工作方案》的通知	国家发展改革委 国家能源局 国家环境保护部	发改能源〔2014〕506号	2014年3月24日	2014年发布
148	《关于做好2014年煤炭行业淘汰落后产能工作的通知》	国家能源局 国家煤矿安全监察局	国能煤炭〔2014〕135号	2014年3月27日	2014年发布
149	《高耗能老旧电信设备淘汰目录（第一批）》	工业和信息化部	2014年第26号公告	2014年4月9日	2014年发布
150	关于印发《2014年工业节能监察重点工作计划》的通知	工业和信息化部	工信厅节〔2014〕54号	2014年4月11日	2014年发布
151	《铜冶炼行业规范条件（2014年修订）》	工业和信息化部	2014年第29号公告	2014年5月1日	2006年制定 2013年修订 2014年修订

续表

序号	名称	发布单位	文件号	生效时间	备注
152	关于印发《2014—2015 年节能减排低碳发展行动方案》的通知	国务院办公厅	国办发〔2014〕23 号	2014 年 5 月 15 日	2014 年发布
153	关于印发《能源发展战略行动计划（2014—2020 年）》的通知	国务院办公厅	国办发〔2014〕31 号	2014 年 6 月 7 日	2014 年发布
154	《国家重点推广的电机节能先进技术目录（第一批）》	工业和信息化部	2014 年第 44 号公告	2014 年 7 月 8 日	2014 年发布
155	《工业行业淘汰落后过剩产能企业名单（第一批）》	工业和信息化部	2014 年第 45 号公告	2014 年 7 月 8 日	2014 年发布
156	《关于做好部分产能严重过剩行业产能置换工作的通知》	工业和信息化部	工信部产业〔2014〕296 号	2014 年 7 月 10 日	2014 年发文
157	《关于加快新能源汽车推广应用的指导意见》	国务院办公厅	国办发〔2014〕35 号	2014 年 7 月 21 日	2014 年发布
158	《关于部分产能严重过剩行业在建项目产能置换有关事项的通知》	工业和信息化部	工信部产业〔2014〕327 号	2014 年 7 月 25 日	2014 年发文
159	《关于免征新能源汽车车辆购置税的公告》	财政部 国家税务总局 工业和信息化部	2014 年第 53 号公告	2014 年 8 月 1 日	2014 年发布

续表

序号	名称	发布单位	文件号	生效时间	备注
160	《工业行业淘汰落后和过剩产能企业名单（第二批）》	工业和信息化部	2014 年第 51 号公告	2014 年8 月 12 日	2014 年发布
161	《国家重点推广的低碳技术目录》	国家发展改革委	2014 年第 13 号公告	2014 年8 月 25 日	2014 年发布
162	《"节能产品惠民工程"高效电机推广目录（第六批）》	国家发展改革委 财政部	2014 年第 14 号公告	2014 年8 月 28 日	2014 年发布
163	《节能产品惠民工程节能环保汽车（1.6 升及以下乘用车）推广目录（第一批）》	国家发展改革委 工业和信息化部 财政部	2014 年第 15 号公告	2014 年9 月 3 日	2014 年发布
164	关于印发《煤电节能减排升级与改造行动计划（2014—2020 年）》的通知	国家发展改革委 环境保护部 国家能源局	发 改 能 源〔2014〕2093 号	2014 年9 月 12 日	2014 年发布
165	《清洁生产评价指标体系制（修）订计划（第一批）》	国家发展改革委 环境保护部 工业和信息化部	2014 年第 16 号公告	2014 年9 月 17 日	2014 年发布
166	关于印发《国家应对气候变化规划 (2014—2020 年)》的通知	国家发展改革委	发 改 气 候〔2014〕2347 号	2014 年9 月 19 日	2014 年发布
167	《轮胎行业准入条件》	工业和信息化部	2014 年第 58 号公告	2014 年10 月 1 日	2014 年制定

续表

序号	名称	发布单位	文件号	生效时间	备注
168	关于印发《重大节能技术与装备产业化工程实施方案》的通知	国家发展改革委 工业和信息化部	发改环资〔2014〕2423号	2014年10月27日	2014年发布
169	关于印发《燃煤锅炉节能环保综合提升工程实施方案》的通知	国家发展改革委 环境保护部 财政部 国家质检总局 工业和信息化部 国管局 国家能源局	发改环资〔2014〕2451号	2014年10月29日	2014年发布
170	《"能效之星"产品目录（2014年）》	工业和信息化部	/	2014年11月17日	2014年发布
171	《节能机电设备（产品）推荐目录（第五批）》	工业和信息化部	2014年第72号公告	2014年11月17日	2014年发布
172	《工业行业淘汰落后和过剩产能企业名单（第三批）》	工业和信息化部	2014年第70号公告	2014年11月17日	2014年发布
173	关于新能源汽车充电设施建设奖励的通知	财政部 科技部 工业和信息化部 国家发展改革委	财建〔2014〕692号	2014年11月18日	2014年发布
174	《关于印发能源发展战略行动计划（2014—2020年）的通知》	国务院办公厅	国办发〔2014〕31号	2014年11月19日	2014年发布
175	《关于发布全国工业能效指南（2014年版）的通知》	工业和信息化部	工信厅节〔2014〕222号	2014年12月5日	2014年发布

续表

序号	名称	发布单位	文件号	生效时间	备注
176	《关于促进煤炭安全绿色开发和清洁高效利用的意见》	国家能源局 环境保护部 工业和信息化部	国能煤炭〔2014〕571号	2014年12月26日	2014年发布
177	关于印发《重点地区煤炭消费减量替代管理暂行办法》的通知	国家发展改革委 工业和信息化部 财政部 环境保护部 统计局 国家能源局	发改环资〔2014〕2984号	2014年12月29日	2014年发布
178	《平板玻璃行业准入条件（2014年本）》	工业和信息化部	2014年第90号公告	2014年12月31日	2007年制定 2014年修订
179	《关于印发能效"领跑者"制度实施方案的通知》	国家发展改革委 财政部 工业和信息化部 国管局 国家能源局 国家质检总局 国家标准委	发改环资〔2014〕3001号	2014年12月31日	2014年发布
180	《国家重点节能低碳技术推广目录（2014年本，节能部分）》	国家发展改革委	2014年第24号公告	2014年12月31日	2014年发布
181	《煤炭生产技术与装备政策导向（2014年版）》	国家发展改革委 国家安全监督总局 国家能源局 国家煤矿安全监察局	2014年第17号公告	2015年1月1日	2014年发布
182	《中华人民共和国实行能源效率标识的产品目录（第十一批）》	国家发展改革委 国家质检总局 国家认证认可监督管理委员会	2014年第18号公告	2015年1月1日	2014年发布

续表

序号	名称	发布单位	文件号	生效时间	备注
183	《关于印发能效信贷指引的通知》	银监会 国家发展改革委	银监发〔2015〕2号	2015年1月13日	2015年发布
184	《工业领域煤炭清洁高效利用行动计划的通知》	工业和信息化部	工信部节〔2015〕45号	2015年2月2日	2015年发布
185	关于印发《2015年工业节能监察重点工作计划》的通知	工业和信息化部	工信部节函〔2015〕89号	2015年2月10日	2015年制定
186	《煤矸石综合利用管理办法》	国家发展改革委 科学技术部 工业和信息化部 财政部 国土资源部 环境保护部 住房和城乡建设部 国家税务总局 国家质检总局 国家安全监督总局	2014年第18号令	2015年3月1日	1998年制定 2015年修订
187	《水泥行业规范条件（2015年本）》	工业和信息化部	2015年第5号公告	2015年3月1日	2010年制定 2015年修订
188	《铁合金行业准入条件（2008年修订）》	工业和信息化部	/	2008年3月1日	2004年制定 2008年修订 2015年修订
189	《关于进一步深化电力体制改革的若干意见》	中共中央 国务院	中发〔2015〕9号	2015年3月15日	2015年发布

续表

序号	名称	发布单位	文件号	生效时间	备注
190	《铅锌行业规范条件（2015）》	工业和信息化部	2015 年第 20 号公告	2015 年 3 月 16 日	2007 年发布 2011 年修订 2012 年修订 2013 年修订 2014 年修订 2015 年修订
191	《中华人民共和国实行能源效率标识的产品目录（第十二批）》	国家发展改革委 国家质检总局 国家认证认可监督管理委员会	2015 年第 7 号公告	2015 年 3 月 19 日	2015 年发布
192	《关于改善电力运行调节促进清洁能源多发满发的指导意见》	国家发展改革委 国家能源局	发改运行〔2015〕518 号	2015 年 3 月 20 日	2015 年制定
193	《关于加强节能标准化工作的意见》	国务院	国办发〔2015〕16 号	2015 年 3 月 24 日	2015 年制定
194	《关于在北京开展可再生能源清洁供热示范有关要求的通知》	国家能源局	国能新能〔2015〕90 号	2015 年 3 月 25 日	2015 年发布
195	《关于做好 2015 年煤炭行业淘汰落后产能工作的通知》	国家能源局 国家煤矿安全监察局	国能煤炭〔2015〕95 号	2015 年 3 月 26 日	2015 年发布
196	印发《工业企业实施电力需求侧管理工作评价办法（试行）》	工业和信息化部	/	2015 年 3 月 30 日	2015 年制定

续表

序号	名称	发布单位	文件号	生效时间	备注
197	关于印发《可再生能源发展专项资金管理暂行办法》的通知	财政部	财建〔2015〕87号	2015年4月2日	2015年制定
198	《关于完善电力应急机制做好电力需求侧管理城市综合试点工作的通知》	国家发展改革委 财政部	发改运行〔2015〕703号	2015年4月7日	2015年制定
199	关于印发《2015年循环经济推进计划》的通知	国家发展改革委	发改环资〔2015〕769号	2015年4月14日	2015年制定
200	《关于发布电力（燃煤发电企业）等三项清洁生产评价指标体系的公告》	国家发展改革委 国家环境保护部 工业和信息化部	2015年第9号公告	2015年4月15日	2015年制定
201	《关于开展2014年度单位国内生产总值二氧化碳排放降低目标责任考核评估的通知》	国家发展改革委办公厅	发改办气候〔2015〕958号	2015年4月20日	2015年制定
202	《关于2016－2020年新能源汽车推广应用财政支持政策的通知》	财政部 科技部 工业和信息化部 发展改革委	财建〔2015〕134号	2015年4月22日	2015年制定
203	《关于加快推进生态文明建设的意见》	中共中央 国务院	/	2015年4月25日	2015年制定

107

续表

序号	名称	发布单位	文件号	生效时间	备注
204	关于印发《煤炭清洁高效利用行动计划（2015—2020年）》的通知	国家能源局	国能煤炭〔2015〕141号	2015年4月27日	2015年发布
205	关于印发《工业清洁生产审核规范》和《工业清洁生产实施效果评估规范》的通知	工业和信息化部	工信部节〔2015〕154号	2015年5月7日	2015年发布
206	《关于完善城市公交车成品油价格补助政策加快新能源汽车推广应用的通知》	财政部 工业和信息化部 交通运输部	财建〔2015〕159号	2015年5月11日	2015年发布
207	关于印发《节能减排补助资金管理暂行办法》的通知	财政部	财建〔2015〕161号	2015年5月12日	2015年制定
208	《关于推进国际产能和装备制造合作的指导意见》	国务院	国发〔2015〕30号	2015年5月13日	2015年发布
209	《关于节约能源 使用新能源车船税优惠政策的通知》	财政部 国家税务总局 工业和信息化部	财税〔2015〕51号	2015年5月17日	2012年制定 2015年修订
210	《钢铁行业生产经营规范条件（2015年修订）》	工业和信息化部	工原〔2010〕第105号	2015年7月1日	2010年发布 2012年修订 2015年修订

续表

序号	名称	发布单位	文件号	生效时间	备注
211	《节能服务公司推荐名单（第三批）》	工业和信息化部	2013 年第 28 号公告	2013 年 5 月 28 日	2013 年发布
212	国民经济和社会发展第十一个五年规划纲要	全国人民代表大会	/	/	2006 年发布
213	国民经济和社会发展第十二个五年规划纲要	全国人民代表大会	/	/	2011 年发布
214	《关于取消非行政许可审批事项的决定》	国务院	国发〔2015〕27 号	2015 年 5 月 10 号	2015 年发布

第二章　节能标准

第一节　基础知识

一、节能标准发展历程

节能标准化工作始于 20 世纪 80 年代初，经过三十多年的发展，基本形成了比较完整的节能标准体系，有力地支撑了节能工作的开展。

节能标准化的发展大致经历了三个阶段。

（一）探索起步阶段

20 世纪 80 年代，国家提出节能优先战略，并把节能工作纳入了国民经济计划。当时，政府实施以计划管理为主导的能源管理模式，能源供应全部来自国有企业，在能源供应体制上实行计划配额供应模式，在高耗能产品能耗管理方面实行定额管理的制度，在用能设备方面实行政府发布更新改造和淘汰目录的制度，用以提高企业能源效率，推广高效用能设备。此外，在全国范围开展了企业能量平衡、企业评优、企业节能评级等节能活动。

在一系列的节能实践中，国家能源管理机构与标准化工作者开始认识到节能标准工作的重要性。在相关政府机构支持下，原国家标准局于 1981 年 5 月，成立了"全国能源基础与管理标准化技术委员会"（以下简称全国能标委），负责承担节能领域的标准化技术工作。华北、华东、东北、西北、西南、中南等六大地区先后组建成立了本地区的能源标准协作网，各省（区、市）也大都建立了有关的能源标准化技术委员会。

这一时期，节能标准工作强调基础和计算方法，制定了单位与换算、术语、图形符号、企业能量平衡、企业能流图、综合能耗计算方法、节能量及热效率计算方法、用能产品能耗限定值等一批节能基础、管理和方法类国家标准，有效加强了节能管理基础。

（二）　曲折发展阶段

90 年代前期，节能计划在国民经济发展计划中占有重要的位置，政府行政管理是推进节能的主要方式。在节能的计划管理中，节能标准化管理手段得到最广泛应用。这期间，在国家标准化主管部门和节能主管部门的直接领导下，全国能标委组织制定了工业用能设备节能监测、工业设备系统经济运行、能源合理利用评价等系列国家标准，并广泛开展了宣贯工作，有力地推动了这一时期节能管理工作的深入开展。

90 年代后期，随着市场经济的迅速发展，政府职能进行了重新定位，同时，由于能源供需矛盾的相对缓和，节能外在压力减轻，节能标准化工作力度有所削弱，新制定的节能标准数量下降，原有的标准得不到及时修订，节能标准的宣贯基本停顿。

（三）　快速发展阶段

进入 21 世纪以来，我国经济市场化程度不断提高，持续的能源需求增长，节能技术的进步与节能产业的形成，对制定和实施节能标准提出了新的要求。国家制定实施了一批能效标准、能耗限额标准，在规范市场准入、提高能效水平等方面发挥了巨大作用。

"十二五"是我国节能减排攻坚克难的重要时期，为确保实现"十二五"节能减排目标，2012 年，国家发展改革委、国家标准委启动了"百项能效标准推进工程"（以下简称"百项工程"），目标是两年内研制并发布约 100 项重要的节能标准。经过各方共同努力，截至 2013 年底，"百项工程"圆满完成预定目标，共发布 101 项节能国家标准，包括 49 项强制性单位产品能耗限额标准、22 项强制性终端用能产品能效标准，以及能源管理体系、节能量测量和验证、能源计量器具配备与管理、能源平衡、LED 相关的测量与性能要求等 30 项推荐性的节能基础与管理标准。能效标准大幅提升了产品的能效技术指标，提高了市场能耗准入门槛，有力支撑了节能产品惠民工程、能效标识、节能产品认证、政府绿色采购、淘汰落后设备等节能政策措施的实施。

2014—2015 年，国家发展改革委和国家标准委继续滚动实施了"百项工程"（以下简称"新百项工程"）。截至 2015 年底，"新百项工程"共发布了 105 项节能标准，包括强制性能效标准 26 项，强制性能耗限额标准 49 项，以及推荐性节能基础标准 30 项，圆满完成预定目标。

2015 年 3 月，国务院办公厅印发了《关于加强节能标准化工作的意见》（国办发【2015】16 号），提出要创新节能标准化管理机制，健全节能标准体系，强化节能标准实施与监督，有效支撑国家节能减排和产业结构升级，更好地发挥标准化在生态文明建设中的基础性作用。节能标准化工作目标是，到 2020 年，建成指标先进、符合国情的节能标准体系，主要高耗能行业实现能耗限额标准全覆盖，80% 以上的能效指标达到国际先进水平，标准国际化水平明显提升。形成节能标准有效实施与监督的工作体系，产业政策与节能标准的结合更加紧密，节能标准对节能减排和产业结构升级的支撑作用更加显著。意见的出台实施，将进一步强化节能标准化工作的发展，为化解产能过剩、加强节能减排工作提供有效支撑。

二、节能标准制定依据

（一）相关法律

为了发挥节能标准对能源资源节约与合理利用的约束和引导作用，提高用能产品、设备的市场准入门槛，强化节能标准对用能行为的规制力度，《节能法》与《标准化法》对有关规定进行了衔接，对建立健全节能标准体系及节能标准制定（修订）主体和程序等进行了规定。

一是规定了节能标准制定和修订的主体。根据《标准化法》的规定，国务院标准化主管部门统一管理全国标准化工作，国务院有关行政主管部门分工管理本部门、本行业的标准化工作。对需要在全国范围内统一的技术要求，应当由国务院标准化主管部门制定国家标准。对没有国家标准而又需要在全国某个行业范围内统一的技术要求，可以由国务院有关行政主管部门制定行业标准，并报国务院标准化主管部门备案。为保持与《标准化法》的衔接，

《节能法》规定节能标准的制定（修订）主体是国务院标准化主管部门和国务院有关部门。

二是节能标准要适时进行修订。加强节能管理，不但要健全节能标准，还要随着经济发展、技术进步和生产管理水平的提高，对不适应形势要求的节能标准及时进行修改和完善。目前，我国很多节能标准长期未进行更新，20世纪80年代制定的一些节能标准目前有的还在执行，有些节能标准已远远落后于现有技术水平。因此，《节能法》规定要对节能标准适时进行修订，目的在于建立起节能标准的更新机制，有利于确保节能标准始终适应不断发展的技术变革。

三是建立健全节能标准体系。目前，我国节能标准体系仍不够完善，能源效率标准的覆盖面还有待拓宽，部分行业还未引进强制性的国家节能标准。因此，《节能法》明确规定要建立健全节能标准体系。主要由国家标准、行业标准、地方标准和企业标准构成，主要包括各类用能产品和设备的能效标准、高耗能行业单位产品能耗限额标准、建筑节能标准、交通运输营运车船的燃料消耗量限值标准、用能系统运行标准以及公共机构能源消耗限额标准等。这些标准是开展固定资产投资项目节能评估和审查，对落后的高耗能产品、设备、工艺等实行禁止生产销售、限期治理和淘汰的重要依据。

四是制定强制性的节能标准。强制性节能标准是必须执行的最低标准。强制性能效标准禁止能效值低于最低规定值的产品在市场上销售。高耗能行业单位产品能耗限额标准，是指按照生产每一计量单位的高能耗产品所不得超过的能源消耗量的最大限定值。超过此限额，将被视为严重浪费能源，要进行限期治理。

（二）相关政策

我国的许多节能政策中都对节能标准提出了具体的要求，早在2004年，《节能中长期专项规划》中就提出，要制定和实施强制性、超前性能效标准，包括主要工业耗能设备、家用电器、照明器具、机动车等能效标准。

自2011年，《"十二五"规划纲要》、《"十二五"节能减排综合性工作方案》、《"十二五"节能环保产业发展规划》、《节能减排"十二五"规划》、

《关于加快发展节能环保产业的意见》、《2014—2015 年节能减排低碳发展行动方案》等文件相继提出实施百项能效标准推进工程，领跑者能效标准，制（修）订一批高耗能产品能耗限额、终端用能产品能效强制性标准等重要节能标准。这些政策中都对节能标准工作提出了具体要求。

《标准化事业发展"十二五"规划》提出：加强能源生产与利用、资源开发与循环利用、生态环境保护、应对气候变化等领域的标准化工作；制（修）订高耗能产品能耗限额、终端用能产品能效强制性标准；研制高耗能行业及公共机构能源管理体系、能量系统优化、能源管理绩效评价等标准。制（修）订能源审计、节能量测量、合同能源管理、固定资产投资项目节能评估等节能服务标准；研制钢铁、有色、石油、石化、建材、电力、交通运输、造纸等重点用能行业高效节能技术标准，建立健全节能环保产业标准体系，推动节能环保产业规范化、规模化发展。

三、节能标准分类

按照《标准化法》，节能标准可以按照层级或属性进行分类。

（一）按层级分类

1. 国家标准

需要在全国范围内统一的节能技术要求，应当制定国家标准。

2. 行业标准

对于没有国家标准，又需要在全国某个行业范围内统一的节能技术要求，可以制定行业标准；行业标准在相应的国家标准实施后自行废止。

3. 地方标准

对于没有国家和行业标准，又需要在省、自治区、直辖市范围内统一的，可以制定地方标准。按照《节能法》规定，省、自治区、直辖市可以制定严于强制性国家标准、行业标准的地方节能标准，由省、自治区、直辖市人民政府报经国务院批准。

＊地方先行先试

在热电联产能耗限额标准制定方面，部分地方根据本地需求，先于国家推出地方标准，有效提高了热电行业能效水平，为本地区开展热电行业节能改造、节能审查、节能监察等工作提供了依据。2007 年，浙江省、山东省相继制定发布了地方标准《热电联产能效能耗限额及计算方法》（DB 33/642）、《热电联产供电标准煤耗限额》（DB 37/738）；2008 年，辽宁省制定发布地方标准《热电联产能效能耗限额及计算方法》（DB 21/1621）；2011年，河北省制定发布地方标准《热电联产机组能源消耗限额》（DB 13/1454）；2012 年，浙江省对《热电联产能效能耗限额及计算方法》（DB 33/642）地方标准进行了修订。

在充分调研上述地方标准制定和实施的基础上，国家于 2012 年启动热电联产能耗限额国家标准制定工作，该标准计划于 2016 年发布。

4. 企业标准

鼓励企业制定更加严格的企业节能标准。根据《标准化法》的规定，企业生产的产品没有国家标准和行业标准的，应当制定企业标准，作为组织生产的依据；企业的产品标准须报当地政府标准化行政主管部门和有关行政主管部门备案；已有国家标准或者行业标准的，国家鼓励企业制定严于国家标准或者行业标准的企业标准，在企业内部适用。

（二）按属性分类

1. 强制性标准

强制性标准代号为 GB，"GB"的含义是"国标"两个字汉语拼音的第一个字母"G"和"B"的组合。在节能国家标准中，终端用能产品能效系列标准和单位产品能耗限额系列标准是强制性标准；部分节能设计规范类的工程建设标准是强制性标准，包括《公共建筑节能设计标准》（GB 50189）、《钢铁企业节能设计规范》（GB 50632）等；《用能单位能源计量器具配备和管理导则》（GB 17167）于 2006 年由原来推荐性标准更改为强制性标准。目前，强制性标准数量大约占到节能国家标准50%以上。行业标准中也有部分强制性节能标准，以节能设计规范类标准居多，地方强制性节能标准则多为单位产品能耗限额标准。

根据《深化标准化工作改革方案》统一要求，行业和地方强制性节能标准将逐渐被整合精简到国家标准中，由国务院批准发布或授权批准发布，提高其权威性和严肃性，更加有效地推动强制性标准在全国范围内有效实施。

2. 推荐性标准

推荐性标准代号为GB/T，其中，"T"的含义是"推"字汉语拼音的第一个字母。推荐性标准不具有强制性，任何单位均有权决定是否采用，违反这类标准，不构成经济或法律责任。节能量计算和评估、能源计量和测试，以及重点用能设备和系统经济运行等类节能标准，一般均为推荐性节能标准，部分节能设计标准也是推荐性节能标准。

应当说明的是，《中华人民共和国标准化法条文解释》指出："推荐性标准一旦纳入指令性文件，将具有相应的行政约束力。"如《节能法》第三十五条规定"不符合建筑节能标准的建筑工程，建设部门不得批准开工建设，已经开工建设的，应当责令体制施工、限期改正；已经建成的，不得销售或使用"，还在第七十九条设置了对应的罚则，其中所指的标准就包括推荐性标准，而不是专指强制性标准。

四、节能标准宣贯实施

总体来看，通过节能标准的全面贯彻实施，对节能减排工作起到了积极的推进作用，节能标准已经成为有关政府文件或认证制度、考核措施的重要依据。

（一）基础性标准的应用

基础性节能标准的实施和应用，有效地支撑了能源管理体系、合同能源管理、能源审计等一些重要的节能政策措施。

——《万家企业节能低碳行动实施方案》中要求，万家企业要按照《能源管理体系要求》（GB/T 23331），建立健全能源管理体系；万家企业要按照《用能单位能源计量器具配备和管理通则》（GB 17167）的要求，配备合理的能源计量器具，努力实现能源计量数据在线采集、实时监测；万家企业要按照《企业能源审计技术通则》（GB/T 17166）的要求，开展能源审计，分析现状，查找问题，挖掘节能潜力，提出切实可行的节能措施。

——国家认监委依据《能源管理体系要求》（GB/T 23331）推行了能源管理体系认证。

——《综合能耗计算通则》（GB/T 2586）、《企业节能量计算方法》（GB/T 13234）等标准，在节能目标责任考核、万家企业节能低碳行动等得到了非常广泛的应用。

（二）终端用能产品能效标准的实施

终端用能产品能效标准的有效实施主要得益于国家强力推行的强制性能效标识制度、自愿性节能产品认证制度、节能产品政府采购和节能产品惠民工程等一系列政策措施。这些政策措施的实施一方面助推标准得到及时的修订更新，如：房间空调、电冰箱等能效标准、中小型三相异步电动机能效标准均进行了多次修订，使能效指标有了很大幅度的提高；另一方面也进一步扩大了能效标准的数量和范围。

（三）单位产品能耗限额标准的实施

单位产品能耗限额标准为节能目标责任制、节能评价考核制度、固定资产投资项目节能评估和审查制度、落后产能淘汰制度、企业能效对标活动等提供了有力的技术支撑。标准发布后，国家有关部门相继开展了宣贯培训，组织了专项监督检查。此外，部分地区依据能耗限额标准的实施情况，对企业实施了惩罚性电价等价格政策。作为"百项能效标准推进工程"重点任务，能耗限额标准覆盖面得以快速提高，标准数量有了大幅提升。

五、国际节能标准

随着世界范围内节能标准化工作的深入开展，节能标准受到国际社会的极大重视，许多国际组织在促进节能领域的国际间合作，推动能效标准等节能标准的全球一体化进程。

目前，国际标准化组织（ISO）有两个有关节能的标准化技术委员会，分别为 ISO/TC 242 能源管理体系技术委员会和 ISO/TC 257 节能量评估技术委员会。我国承担了 ISO/TC 257 主席、秘书和 ISO/TC 242 副主席等关键职务。

（一） ISO/TC 242 最新进展

能源管理体系以资源节约为目的，针对企业产品实现全过程中各个环节的能源使用或消耗，利用系统的思想和方法，在明确目标、职责、程序和资源要求的基础上，进行全面策划、实施、检查和处置，以高效节能产品、实用节能技术和方法以及最佳管理实践为基础，减少能源消耗，提高能源利用效率。

ISO/TC 242 能源管理体系技术委员会下设 4 个工作组开展工作，分别讨论管理体系、绩效评价、测量与验证，以及实施应用等方面的议题。截至目前，已发布 ISO 50001《能源管理体系要求》国际标准 6 项，正在组织制定建筑系统能源数据交换 1 项国际标准，分别为：

（1） ISO 50001 能源管理体系 要求和实施指南；

（2） ISO 50002 能源审计；

（3） ISO 50003 能源管理体系审计及审核员能力指南；

（4） ISO 50004 能源管理体系——能源管理体系的实施、运行和改进指南；

（5） ISO 50006 利用能源基线和能源绩效引自测量能源绩效——通用原则和指南；

（6） ISO 50015 组织能源绩效测量与验证——通用原则和指南；

（7） ISO 19816 建筑系统能源数据交换。

目前，我国已转化国际标准 1 项，即：GB 23331—2012 能源管理体系要求（等同采用 ISO 50001：2011）。

2012 年，GB/T 29456—2012《能源管理体系实施指南》发布，该标准在制定过程中积极吸收 ISO 50004《能源管理体系——能源管理体系的实施、运行和改进指南》的经验和精华，在保持与国际标准协调统一的基础上体现中国国情，并先于 ISO 50004 发布，为我国能源管理体系的发展提供了指导。

2013 年，GB/T 30258—2013《钢铁行业能源管理体系实施指南》、GB/T 30259—2013《水泥行业能源管理体系实施指南》GB/T 32019—2015《公共机构能源管理体系实施指南》、GB/T 32041—2015《焦化行业能源管理体系实施指南》、GB/T 32042—2015《煤炭行业能源管理体系实施指南》、GB/T 32043—2015《平板玻璃能源管理体系实施指南》等行业指南相继发布，为我国能源管理体系在各行业的实施提供了更加具体的指导。

（二）ISO/TC 257 最新进展

ISO/TC 257 节能量评估技术委员会负责制定区域、组织和项目层面节能量计算的通用技术要求和专门方法学，并制定节能量计算涉及的测量、验证和数据质量评估指南。节能量评估及核算由此带来的减排量是国际节能工作的核心技术活动，对于促进节能产品和服务的国际推广，量化技术、产品、项目和服务的节能减排效果具有重大影响。

ISO/TC 257 节能量评估技术委员会现下设 4 个工作组开展工作，分别开发通用框架、区域层面、组织层面、项目层面相关节能量评估标准。已经完成 1 项国际标准 ISO 17742《区域和城市节能量和能效的计算》，正在组织制定 3 项节能量评估国际标准，分别为：

（1）ISO DIS 17741 项目节能量测量、计算和验证通则；

（2）ISO DIS 17743 通用节能量计算方法学框架；

（3）ISO DIS 17747 组织节能量确定。

其中，ISO DIS 17741 是由我国 2012 年发布的 GB/T 28750—2012《节能量测量和验证技术通则》国家标准转化而来的。

第二节　节能标准体系

节能标准既是企业实施节能管理的基础，又是政府加强节能监管的依据。政府对节能工作的管理涉及很多方面，要把政府的节能监管建立在法制基础上，必须建立健全科学的节能标准体系。

一、节能标准体系构建原则

构建节能标准体系是一项十分复杂的系统工程，覆盖了能源开发、生产、流通、使用、消费等各个环节，涉及社会的方方面面。构建节能标准体系是为了全面、系统、有效规划节能标准全局工作，使其在科学、有序、高效的轨道上发展。构建节能标准体系遵循以下原则：

（一）科学性

科学性是构建标准体系的基本原则，它是保障技术系统安全、可靠、稳定运行的根本条件。因此，节能标准体系首先要遵循的就是这一原则，必须以节能工作的总体思想以及所涉及的社会经济活动性质为主要思路和科学依据。在行业或门类间存在交叉的情况下，应服从整体需要，进行科学组织和划分。

（二）系统性

系统性是体系中各标准内部联系和区别的体现，是判断主次、解决矛盾、避免重复，力求层次恰当、简化统一的一项原则。节能标准体系应按照节能标准化工作的总体要求区分标准的共性和个性特征，恰当地将标准安排在不同层次上，做到层次分明、合理，标准之间体现出衔接配套的关系。

（三）国际性

应积极跟踪国际节能标准最新动态，加强国际合作，通过积极参与国际标准化活动、能效标准和标识国际协调活动，促进能效标准和标识的国际协调，增强中国产品和企业国际市场竞争力，推动国际贸易的发展。

（四）动态性

一定时期内的节能标准体系，要与当时的科学技术水平和经济发展需要相适应。构建节能标准体系，要充分考虑节能形势的变化、国家的最新要求，以及节能技术的不断进步，对体系进行动态调整和完善，对标准进行适时修订，满足不断变化的工作要求，充分发挥节能标准的导向作用。

二、节能标准体系框架

节能标准体系框架按照设计、测试计量、计算评估、持续改进等节能工作的环节构建。目前的节能标准体系包括了 7 个子体系，分别是：基础共性标准子体系、强制性用能产品能效标准子体系、强制性单位产品能耗限额标准子体系、节能设计标准子体系、测试计量标准子体系、计算评估标准子体

系以及持续改进标准子体系。其中强制性用能产品能效标准子体系和强制性
能耗限额标准子体系为节能标准体系的核心子体系。每个子体系下面又包括
若干类别，例如：计算评估标准子体系包括：节能量确定、项目节能评估、
组织能源绩效评价、节约型组织评价、合理用能评价、能源审计、节能计算
等方面的标准。节能标准体系框架见图 2 - 1。

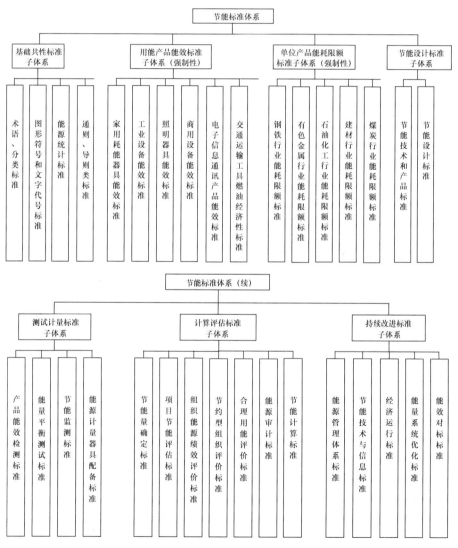

图 2 - 1 节能标准体系框架

第三节　常用节能标准

一、节能基础性标准

（一）总体介绍

基础性标准具有普遍的指导意义，也是其他标准的依据和基础，在节能工作中被广泛应用。我国已经组织制定了包括术语、单位符号、通则、导则等 40 项国家标准。

（二）《综合能耗计算通则》

本书以 GB/T 2586—2008《综合能耗计算通则》为例，对节能基础性标准进行介绍。《综合能耗计算通则》首次发布于 1981 年，是我国首批能源基础类国家标准，1988 年，全国能源基础与管理标准化技术委员会对该标准进行了第一次修订，于 1990 年颁布实施，2007 年启动第二次修订，于 2008 年发布实施。目前，正在启动第三次修订。

《综合能耗计算通则》为国家、地区、行业、企业等不同层面进行能源和节能工作的定量化管理，实施节能绩效考核制度，制定落实节能目标的规划和政策等均具有重要的指导意义，为一系列的能源消耗限额、能源审计、能量平衡、能源监测等国家、地区、行业、企业、产品等能效标准的制修订提供技术支撑，有利于加强能源和节能管理工作和制度化建设。

1. 相关术语

（1）耗能工质。

耗能工质是在生产过程中所消耗的不作为原料使用、也不进入产品，在生产或制取时需要直接消耗能源的工作物质。

耗能工质是指那些在生产中使用量大、消耗多的工质。常用的耗能工质包括：水（新水、软水、除氧水）、气（压缩空气、氧气、氮气、二氧化碳气、氢气、氯气、氩气等）、鼓风、乙炔、电石等。

在一些生产过程中耗能工质的使用对能源利用有直接影响，如富氧鼓风、顶吹炼钢、风动机械等，这些耗能工质的使用不仅可以改善工艺质量，还降低了总的能源消耗，因此在计算综合能耗时耗能工质是不能忽视的。耗能工质计算范围具有相对性，所带来的不确定性导致其计算略显复杂，不同的行业由于耗能工质的来源（外购、自产）及其在总能耗中所占比例不同，传统上有着不同的处理方式，不能一刀切。

（2）当量值和等价值。

能量的当量值是按照物理学的电热当量、热功当量、电功当量换算的各种能源所含的实际能量。当量值是指不同形式的能量在相互转化时，由于采用的单位不同，而表现出的相互之间的数量关系。

能源的等价值是生产单位数量的二次能源或耗能工质所消耗的各种能源折算成一次能源的能量。等价值则是用一次能源加工转换成二次能源或耗能工质时，能源原料与能源产品之间的数量关系。

能源等价值的计算，原则采用所产出的二次能源量（以相应的能量当量值表示其能量数值）除以生产加工该二次能源的实际转换效率，所得到的值即为该二次能源的能源等价值，即：

$$能源等价值 = \frac{单位二次能源量当量值}{加工转换效率}$$

显然，能量的当量值是个定值，而能源等价值应是一个变动值，由于等价值的应用直接影响到生产过程的能耗计算，按照国际惯例，等价值在一定时间内是保持相对稳定的。

（3）用能单位。

用能单位是具有确定边界的耗能单位。

《节能法》不仅对重点用能单位提出了节能要求，而且对建筑节能、交通运输节能和公共机构节能都提出了明确的节能管理要求。为了配合《节能法》的实施，《综合能耗计算通则》扩大了标准的适用范围，扩展至全部用能单位，并且在标准中给出了用能单位的定义。

"用能单位"，其含义是指具有明确热力学边界的、可以进行统计计算的能量体系。大多数情况下，对综合能耗进行核算和管理的单位就是 GB 17167—2006 中的"用能单位"，但是对于一些大型的、生产多种产品的企业，可能也需要对分厂、车间、工段等"次级用能单位"或者生产线、某种产品、某道工序进行综合能耗的计算。理论上只要有确定的边界，就可以计算综合能耗，是不是独立核算并不影响综合能耗的计算。对地区、行业及部门也可进行综合能耗的计算。

（4）综合能耗。

综合能耗是用能单位在统计报告期内实际消耗的各种能源实物量，按规定的计算方法和单位分别折算后的总和。对企业，综合能耗是指统计报告期内，主要生产系统、辅助生产系统和附属生产系统的综合能耗总和。企业中主要生产系统的能耗量应以实测为准。

综合能耗主要用来反映一个企业或者某条生产线、某种产品、某道工序，甚至地区、行业、部门等能源消费总水平。就企业而言，一般来说企业生产规模越大，耗能型产品越多，消费的能源总量也越多。综合能耗是计算单位能耗的基础，也是用能单位、行业、部门、地区、国家进行能源统计与能源管理的依据。

（5）单位产值综合能耗。

单位产值综合能耗是统计报告期内，综合能耗与期内用能单位总产值或工业增加值的比值。

（6）产品单位产量综合能耗。

产品单位产量综合能耗（以下简称单位产品综合能耗）是统计报告期内，用能单位生产某种产品或提供某种服务的综合能耗与同期该合格产品产量（工作量、服务量）的比值。

单位产品综合能耗具体反映了企业的技术装备水平和技术管理水平，是考核企业能源利用好坏的最重要的一项指标。

在进行单位产品综合能耗计算时，产品的统计是指合格的最终产品和中间产品。应该强调指出：这里所指的产品是符合质量要求的合格产品，凡是不合乎质量标准的次品、等外品、废品一律不得计入产量与净产值之内。

（7）产品单位产量可比综合能耗。

产品单位产量可比综合能耗是为在同行业中实现相同最终产品能耗可比，对影响产品能耗的各种因素加以修正所计算出来的产品单位产量综合能耗。

在用能单位生产条件相同，或用能单位生产条件没有变化的情况下，单位产品综合能耗在用能单位之间或内部才有相互比较的基础。单位产品综合能耗虽有可比性，但作为对比指标使用时，在用能单位之间会受到一定限制。为了同行业的能耗具有可比性，标准给出了单位产品可比综合能耗的原则定义，是指同类产品在生产条件基本相同时的单位产品综合能耗。

这里要明确：

1）单位产品可比综合能耗只适用于同行业内部相互比较，不能扩大到不同行业。不同行业的能耗没有可比性。

2）影响单位产品综合能耗的可比因素很多，如用能单位的产品构成、原材料与燃料的品种和质量、生产的工序等，在单位产品可比综合能耗的计算中应加以考虑。

3）各行业单位产品可比综合能耗的修正方法可在各行业综合能耗计算方法中予以具体规定。这是因为，各行各业的生产情况比较复杂，本标准只能给出原则性规定，具体的修正方法要在各行业的综合能耗计算方法中进一步予以明确。

2. 综合能耗计算的能源种类和范围

（1）综合能耗计算的能源种类包括一次能源、二次能源和耗能工质消耗的能源。

（2）《综合能耗计算通则》只界定用能单位生产系统范围内的能源消耗作为计算综合能耗的范围。

3. 综合能耗的分类和计算方法

（1）综合能耗分类。综合能耗划分为四种，即综合能耗、单位产值综合能耗、产品单位产量综合能耗、产品单位产量可比综合能耗。

（2）综合能耗计算方法和各种能源折算标准煤的原则见标准原文。

（三） 常用节能基础性标准清单

表 2 - 1 常用节能基础性标准清单

序号	标准号	标准名称
1	GB/T 1028—2000	工业余热术语、分类、等级及余热资源量计算方法
2	GB/T 2587—2009	用能设备能量平衡通则
3	GB/T 2588—2000	设备热效率计算通则
4	GB/T 2589—2008	综合能耗计算通则
5	GB/T 3484—2009	企业能量平衡通则
6	GB/T 3485—1998	评价企业合理用电技术导则
7	GB/T 3486—1993	评价企业合理用热技术导则
8	GB/T 4270—1999	技术文件用热工图形符号与文字代号
9	GB/T 4272—2008	设备及管道绝热技术通则
10	GB/T 5623—2008	产品电耗定额制定和管理导则
11	GB/T 6422—2009	用能设备能量测试导则
12	GB/T 6425—2008	热分析术语
13	GB/T 8175—2008	设备及管道绝热设计导则
14	GB/T 8222—2008	用电设备电能平衡通则
15	GB/T 10201—2008	热处理合理用电导则
16	GB/T 12723—2013	单位产品能源消耗限额编制通则
17	GB/T 13608—2009	合理润滑技术通则
18	GB/T 14909—2005	能量系统用分析技术导则
19	GB/T 15316—2009	节能监测技术通则
20	GB/T 15320—2001	节能产品评价导则
21	GB/T 15512—2009	评价企业节约钢铁材料技术导则
22	GB/T 15587—2008	工业企业能源管理导则
23	GB/T 16618—1996	工业炉窑保温技术通则
24	GB/T 17050—1997	热辐射术语

续表

序号	标准号	标准名称
25	GB/T 17166—1997	企业能源审计技术通则
26	GB/T 17719—2009	工业锅炉及火焰加热炉烟气余热资源量计算方法与利用导则
27	GB/Z 18718—2002	热处理节能技术导则
28	GB/T 22336—2008	企业节能标准体系编制通则
29	GB/T 24489—2009	用能产品能效指标编制通则
30	GB/T 24915—2010	合同能源管理技术通则
31	GB/T 25329—2010	企业节能规划编制通则
32	GB/T 26757—2011	节能自愿协议技术通则
33	GB/T 28749—2012	企业能量平衡网络图绘制方法
34	GB/T 28750—2012	节能量测量和验证技术通则
35	GB/T 28751—2012	企业能量平衡表编制方法
36	GB/T 29115—2012	工业企业节约原材料评价导则
37	GB/T 29116—2012	工业企业原材料消耗计算通则
38	GB/T 29148—2012	温室节能技术通则
39	GB/T 31341—2014	节能评估技术导则
40	GB/T 31342—2014	公共机构能源审计技术导则

二、强制性终端用能产品能效标准

（一）总体介绍

截至 2015 年底，我国已经颁布强制性能效标准 73 项，涉及家用电器、照明器具、工业设备、商用设备、电子产品以及交通工具共 6 大类产品，数量约占节能国家标准的 22%，是《节能法》中节能产品认证、能效标识、淘汰落后产品和设备等制度实施的技术依据。能效标准主要包括以下 3 个指标：一是强制性的能效限定值，是产品能效的市场准入门槛；二是推荐性的节能评价值，是实施自愿性节能产品认证制度的技术依据；三是能效分级指标，一般分为 5 级或 3 级，1 级能效最高。能效分级指标是实施强制性能效标识制度的技术依据。

（二）《中小型三相异步电动机能效限定值及能效等级》

本书以 GB 18613—2012《中小型三相异步电动机能效限定值及能效等级》为例，对强制性终端用能产品能效标准进行介绍。

1. 适用范围

GB 18613—2012 版适用于 1000V 以下的电压，50Hz 三相交流电源供电，额定功率在 0.75kW ~ 375kW 范围内，极数为 2 级、4 级和 6 级，单速封闭自扇冷式、N 设计、连续工作制的一般用途电动机或一般用途防爆中小型三相异步电动机（以下简称电动机）。

2. 相关术语

（1）电动机能效限定值。

电动机能效限定值是指在标准规定测试条件下，允许的电动机效率最低的标准值，它是一个强制性指标，如果电动机的效率低于该指标就被认为是高耗能电动机，根据《节能法》的规定，是不能生产或被销售的，凡生产和销售这种低效电动机被认为是违法行为，要受到法律的处罚。

（2）电动机目标能效限定值。

电动机目标能效限定值提供了一个将在标准实施若干年后生效的能效限定值。我国的标准一般在发布后半年实施，由于给企业准备的时间过短，使得强制性的能效限定值指标不能制定得过于严格。借鉴美国、欧盟、日本等发达国家做法，在标准中提供目标能效限定值，为企业提供了国家能源政策信息，给企业一定准备时间去采取措施，改进产品结构和生产工艺，从而使产品能效稳步提高。

（3）电动机节能评价值。

电动机节能评价值是实施节能产品认证的依据，它是推荐性指标，当电动机的效率达到或超过所规定的节能评价值时，就可以向节能产品认证机构申请，并获得节能产品认证证书。

3. 技术要求

电动机的一般性能、安全性能、防爆性能以及噪声和振动要求应分别符合相关标准要求,防止企业通过降低产品的一般性能和安全性能来提高产品的能效。

GB 18613—2012 参照 IEC 60034—30 修订了电动机能效等级,能效等级分为 3 级,1 级能效最高。该标准实施后将可把我国电动机 3 级能效水平提高到欧盟的水平,2 级能效水平提高到美国水平,1 级电动机提高到世界领先水平。GB 18613—2012 电动机能效等级见表 2-2。表中未列出额定功率值的电动机,其效率可用线性插值法确定。

表 2-2 　　　　　　　 **GB 18613—2012 电动机能效等级**

额定功率（kW）	效率（%）								
	1 级			2 级			3 级		
	2 极	4 极	6 极	2 极	4 极	6 极	2 极	4 极	6 极
0.75	84.9	85.6	83.1	80.7	82.5	78.9	77.4	79.6	75.9
1.1	86.7	87.4	84.1	82.7	84.1	81.0	79.6	81.4	78.1
1.5	87.5	88.1	86.2	84.2	85.3	82.5	81.3	82.8	79.8
2.2	89.1	89.7	87.1	85.9	86.7	84.3	83.2	84.3	81.8
3	89.7	90.3	88.7	87.1	87.7	85.6	84.6	85.5	83.3
4	90.3	90.9	89.7	88.1	88.6	86.8	85.8	86.6	84.6
5.5	91.5	92.1	89.5	89.2	89.6	88.0	87.0	87.7	86.0
7.5	92.1	92.6	90.2	90.1	90.4	89.1	88.1	88.7	87.2
11	93.0	93.6	91.5	91.2	91.4	90.3	89.4	89.8	88.7
15	93.4	94.0	92.5	91.9	92.1	91.2	90.3	90.6	89.7
18.5	93.8	94.3	93.1	92.4	92.6	91.7	90.9	91.2	90.4
22	94.4	94.7	93.9	92.7	93.0	92.2	91.3	91.6	90.9
30	94.5	95.0	94.3	93.3	93.6	92.9	92.0	92.3	91.7
37	94.8	95.3	94.6	93.7	93.9	93.3	92.5	92.7	92.2

额定功率（kW）	效率（%）								
	1 级			2 级			3 级		
	2 极	4 极	6 极	2 极	4 极	6 极	2 极	4 极	6 极
45	95.1	95.6	94.9	94.0	94.2	93.7	92.9	93.1	92.7
55	95.4	95.8	95.2	94.3	94.6	94.1	93.2	93.5	93.1
75	95.6	96.0	95.4	94.7	95.0	94.6	93.8	94.0	93.7
90	95.8	96.2	95.6	95.0	95.2	94.9	94.1	94.2	94.0
110	96.0	96.4	95.6	95.2	95.4	95.1	94.3	94.5	94.3
132	96.0	96.5	95.8	95.4	95.6	95.4	94.6	94.7	94.6
160	96.2	96.5	96.0	95.6	95.8	95.6	94.8	94.9	94.8
200	96.3	96.6	96.1	95.8	96.0	95.8	95.0	95.1	95.0
250	96.4	96.7	96.1	95.8	96.0	95.8	95.0	95.1	95.0
315	96.5	96.8	96.1	95.8	96.0	95.8	95.0	95.1	95.0
355～375	96.6	96.8	96.1	95.8	96.0	95.8	95.0	95.1	95.0

电动机能效限定值为能效等级的 3 级，节能评价值为能效等级的 2 级，目标能效限定值为能效等级的 2 级，7.5kW～375kW 的电动机目标限定值于2016 年开始实施，7.5kW 以下的电动机目标限定值于 2017 年开始实施。

（三）能效标准清单

表 2-3　　　　　　　　　　已经发布的强制性能效标准清单

序号	类别	标准号	标准名称	版本
1	家用器具	GB 12021.2—2015	家用电冰箱耗电量限定值及能源效率等级	5
2	家用器具	GB 12021.3—2010	房间空气调节器能源效率限定值及节能评价值	4
3	家用器具	GB 12021.4—2013	电动洗衣机能效水效限定值及等级	3
4	家用器具	GB 12021.6—2008	自动电饭锅能效限定值及能效等级	2
5	家用器具	GB 12021.7—2005	彩色电视广播接收机能效限定值及节能评价值	2

续表

序号	类别	标准号	标准名称	版本
6	家用器具	GB 12021.9—2008	交流电风扇能效限定值及能效等级	2
7	家用器具	GB 20665—2015	家用燃气快速热水器和燃气采暖热水炉能效限定值及能效等级	2
8	家用器具	GB 21455—2013	转速可控型房间空气调节器能效限定值及能效等级	2
9	家用器具	GB 21456—2014	家用电磁灶能效限定值及能源效率等级	2
10	家用器具	GB 21519—2008	储水式电热水器能效限定值及能源效率等级	1
11	家用器具	GB 25957—2010	数字电视接收器（机顶盒）能效限定值及能效等级	1
12	家用器具	GB 24849—2010	家用和类似用途微波炉能效限定值及能效等级	1
13	家用器具	GB 24850—2013	平板电视能效限定值及能效等级	2
14	家用器具	GB 26969—2011	家用太阳能热水系统能效限定值及能效等级	1
15	家用器具	GB 29539—2013	吸油烟机能效限定值及能效等级	1
16	家用器具	GB 29541—2013	热泵热水机（器）能效限定值及能效等级	1
17	家用器具	GB 30720—2014	家用燃气灶具能效限定值及能效等级	1
18	家用器具	GB 30978—2014	饮水机能效限定值及能效等级	1
19	家用器具	GB 32049—2015	家用和类似用途交流换气扇能效限制值及能效等级	
20	照明器具	GB 17896—2012	管形荧光灯镇流器能效限定值及能效等级	2
21	照明器具	GB 19043—2013	普通照明用双端荧光灯能效限定值及能效等级	2
22	照明器具	GB 19044—2013	普通照明用自镇流荧光灯能效限定值及能效等级	2
23	照明器具	GB 19415—2013	单端灯能效限定值及节能评价值	2
24	照明器具	GB 19573—2004	高压钠灯能效限定值及能效等级	1
25	照明器具	GB 19574—2004	高压钠灯镇流器能效限定值及节能评价值	1
26	照明器具	GB 20053—2015	金属卤化物灯镇流器能效限定值及能效等级	2
27	照明器具	GB 20054—2015	金属卤化物灯能效限定值及能效等级	2
28	照明器具	GB 29142—2012	单端无极荧光灯能效限定值及能效等级	1

序号	类别	标准号	标准名称	版本
29	照明器具	GB 29143—2012	单端无极荧光灯用交流电子镇流器能效限定值及能效等级	1
30	照明器具	GB 29144—2012	普通照明用自镇流无极荧光灯能效限定值及能效等级	1
31	照明器具	GB 30255—2013	普通照明用非定向自镇流 LED 灯能效限定值及能效等级	1
32	照明器具	GB 31276—2014	普通照明用卤钨灯能效限定值及节能评价值	1
33	工业设备	GB 18613—2012	中小型三相异步电动机能效限定值及能效等级	3
34	工业设备	GB 19153—2009	容积式空气压缩机能效限定值及节能评价值	2
35	工业设备	GB 19761—2009	通风机能效限定值及节能评价值	2
36	工业设备	GB 19762—2007	清水离心泵能效限定值及节能评价值	2
37	工业设备	GB 20052—2013	三相配电变压器能效限定值及能效等级	2
38	工业设备	GB 21518—2008	交流接触器能效限定值及能效等级	1
39	工业设备	GB 24500—2009	工业锅炉能效限定值及能效等级	1
40	工业设备	GB 24790—2009	电力变压器能效限定值及能效等级	1
41	工业设备	GB 24848—2010	石油工业用加热炉能效限定值及能效等级	1
42	工业设备	GB 25958—2010	小功率电动机能效限定值及能效等级	1
43	工业设备	GB 28381—2012	离心鼓风机能效限定值及节能评价值	1
44	工业设备	GB 28736—2012	电弧焊机能效限定值及能效等级	1
45	工业设备	GB 30253—2013	永磁同步电动机能效限定值及能效等级	1
46	工业设备	GB 30254—2013	高压三相笼型异步电动机能效限定值及能效等级	1
47	工业设备	GB 32029 —2015	小型潜水电泵能效限定值及能效等级	1
48	工业设备	GB 32030—2015	井用潜水电泵能效限定值及能效等级	1
49	工业设备	GB 32031—2015	污水污物潜水电泵能效限定值及能效等级	1
50	工业设备	GB 32284—2015	石油化工离心泵能效限定值及能效等级	1

续表

序号	类别	标准号	标准名称	版本
51	工业设备	GB 32311—2015	水电解制氢系统能效限定值及能效等级	1
52	商用设备	GB 19576—2004	单元式空气调节机能效限定值及能效等级	1
53	商用设备	GB 19577—2015	冷水机组能效限定值及能效等级	2
54	商用设备	GB 21454—2008	多联式空调（热泵）机组能效限定值及能效等级	1
55	商用设备	GB 26920.1—2011	商用制冷器具能效限定值及能效等级 第1部分：远置冷凝机组冷藏陈列柜	1
56	商用设备	GB 26920.2—2015	高用制冷器具能效限定值及能效等级 第2部分：自携冷凝机组商用冷柜	1
57	商用设备	GB 29540—2013	溴化锂吸收式冷水机组能效限定值及能效等级	1
58	商用设备	GB 30531—2014	商用燃气灶具能效限定值及能效等级	1
59	商用设备	GB 30721—2014	水（地）源热泵机组能效限定值及能效等级	1
60	电子产品	GB 20943—2013	单路输出式交流—直流和交流—交流外部电源能效限定值及节能评价值	2
61	电子产品	GB 21520—2015	计算机显示器能效限定值及能源效率等级	2
62	电子产品	GB 21521—2014	复印机、打印机和传真机能效限定值及能效等级	2
63	电子产品	GB 28380—2012	微型计算机能效限定值及能效等级	1
64	电子产品	GB 32028—2015	投影机能效限定值及能效等级	1
65	交通工具	GB 15744—2008	摩托车燃油消耗量限值及测量方法	3
66	交通工具	GB 16486—2008	轻便摩托车燃油消耗量限值及测量方法	3
67	交通工具	GB 19578—2014	乘用车燃料消耗量限值	2
68	交通工具	GB 20997—2007	轻型商用车辆燃料消耗量限值	1
69	交通工具	GB 21377—2015	三轮汽车 燃料消耗量限值及测量方法	2
70	交通工具	GB 21378—2015	低速货车 燃料消耗量限值及测量方法	2
71	交通工具	GB 22757—2008	轻型汽车燃料消耗量标识	1
72	交通工具	GB 27999—2014	乘用车燃料消耗量评价方法及指标	2
73	交通工具	GB 30510—2014	重型商用车辆燃料消耗量限值	1

三、强制性单位产品能耗限额标准

（一）总体介绍

截至 2015 年底，我国已经颁布能耗限额标准 104 项，涉及钢铁、石油化工、建材、电力、有色金属、煤炭等高耗能行业，数量大约占节能国家标准的 38%，是《节能法》中淘汰落后产能、固定资产投资项目节能评估和审查制度、节能目标责任制和节能考核评价制度实施的技术依据。GB/T 12723—2013《单位产品能源消耗限额编制通则》中进一步明确了单位产品能源消耗限额指标要求，应能促进行业节能技术进步和能效水平提升，支撑国家节能减排、调整和优化产业、产品结构、化解过剩产能等政策措施。

能耗标准中规定了 3 个指标：一是强制性单位产品能源消耗限定值，是评价现有生产企业（装置）单位产品能耗是否满足最低能耗要求的指标。以淘汰一定比例的现有高能耗落后产能为取值原则；二是强制性单位产品能源消耗准入值，是评价新建及改扩建企业（装置）是否能够达到准入能耗要求的指标。基于技术发展趋势和节能潜力分析制定，以本行业国内能效先进水平为取值原则，并具有一定的技术前瞻性；对高耗能、高污染以及产能过剩的重点行业，在技术发展趋势和节能潜力分析基础上，单位产品能源消耗准入值应达到行业"领跑者"的能效水平，即国内本行业单位产品能源消耗最低的 1 家或几家企业。可针对重点区域，即国家推进节能减排、大气污染防治等工作的重点区域，如京津冀、长三角、珠三角等区域，制定特别的单位产品能源消耗准入值，其取值应达到国际先进的能效水平。三是推荐性的单位产品能源消耗先进值，是评价现有生产企业单位产品能耗是否达到先进水平的指标，以行业国际先进水平为取值原则。

能耗限额标准技术指标通常会选择单位产品综合能耗，电力消耗较多的产品要一并考核单位产品电耗，对于热耗较多的产品也可以选择增加单位产品热耗指标，另外，除了单位产品能耗，还可以增加单位产品工序能耗、单位产品工艺能耗等指标。

（二）《水泥单位产品能源消耗限额》

本书以 GB 16780—2012《水泥单位产品能源消耗限额》为例，对强制性单位产品能耗限额标准进行介绍。

1. 适用范围

GB 16780 适用于通用硅酸盐水泥生产企业能耗的计算、考核以及对新建项目的能耗控制。

2. 相关术语

GB 16780 给出了"熟料综合煤耗"、"可比熟料综合煤耗"、"熟料综合电耗"、"可比熟料综合电耗"、"可比熟料综合能耗"、"水泥综合电耗"、"可比水泥综合电耗"、"可比水泥综合能耗"的术语定义。

3. 主要指标

单位产品的"可比熟料综合煤耗"、"可比熟料综合电耗"、"可比熟料综合能耗"、"可比水泥综合电耗"、"可比水泥综合能耗"5 个指标为所确定的能耗限额指标。

4. 能耗限定值

现有水泥企业单位产品能耗限定值见表 2-4。

表 2-4　　　　　　　　　现有水泥企业单位产品能耗限定值

项目		可比熟料综合煤耗限额限定值（kgce/t）	可比熟料综合电耗限额限定值（kWh/t）	可比水泥综合电耗限额限定值（kWh/t）	可比熟料综合能耗限额限定值（kgce/t）	可比水泥综合能耗限额限定值（kgce/t）
熟料		≤112	≤64	–	≤120	–
水泥	无外购熟料	–	–	≤90	–	≤98[a]
	外购熟料			≤40		≤8

[a] 如果水泥中熟料配比超过或低于 75%，每增减 1%，可比水泥综合能耗限额限定值应增减 1.20kgce/t。

从表 2-4 可以看出，对于只生产水泥熟料的水泥企业，由于其产品为熟料，能耗限额指标为可比熟料综合煤耗、可比熟料综合电耗和可比熟料综合能耗 3 个指标。对于生产水泥的企业，其产品为水泥，则能耗限额指标为可比水泥综合电耗和可比水泥综合能耗 2 个指标，其中无外购熟料的水泥生产企业和利用外购熟料生产水泥的企业的能耗限定值有较大差异，其中外购熟料，由于熟料的能耗不在本企业发生，因此其可比水泥综合电耗和熟料综合能耗的数值比较小。在确定可比水泥综合能耗限额指标时，考虑了水泥企业采用矿渣作为混合材时需要烘干的情况。对于无外购熟料的水泥企业，可比水泥综合能耗中熟料配比影响比较大，因此对熟料配比进行了修正，熟料配比每增减 1%，则由熟料影响的可比水泥综合能耗相应增减 1.20kgce/t 水泥。

5. 能耗准入值

新建及改扩建水泥企业单位产品能耗准入值见表 2-5。

表 2-5 　　　　　　　新建及改扩建水泥企业单位产品能耗准入值

项目		可比熟料综合煤耗限额准入值（kgce/t）	可比熟料综合电耗限额准入值（kWh/t）	可比水泥综合电耗限额准入值（kWh/t）	可比熟料综合能耗限额准入值（kgce/t）	可比水泥综合能耗限额准入值（kgce/t）
熟料		≤108	≤60	-	≤115	-
水泥	无外购熟料	-	-	≤88	-	≤93[a]
	外购熟料	-	-	≤36	-	≤7.5

[a] 如果水泥中熟料配比超过或低于 75%，每增减 1%，可比水泥综合能耗限额限定值应增减 1.15kgce/t。

从表 2-5 可以看出，新建水泥企业水泥单位产品能源消耗限额准入值指标要求更严。

6. 能耗先进值

表 2-6 指标为国际先进水平，目前有部分企业可以达到。

表 2-6			水泥企业单位产品能耗先进值		
项目	可比熟料综合煤耗限额准入值（kgce/t）	可比熟料综合电耗限额准入值（kWh/t）	可比水泥综合电耗限额准入值（kWh/t）	可比熟料综合能耗限额准入值（kgce/t）	可比水泥综合能耗限额准入值（kgce/t）
熟料	≤103	≤56	-	≤110	-
水泥　-	-	-	≤88	-	≤88[a]	≤93[a]
水泥　-	-	-	≤36	-	≤7	≤7.5

[a] 如果水泥中熟料配比超过或低于75%，每增减1%，可比水泥综合能耗限额限定值应增减1.10kgce/t。

7. 分步能耗

分步能耗指标包括现有和新建水泥企业分步能耗指标以及水泥企业分步能耗先进值指标。对于各分步指标，主要考虑水泥企业生产中的实际电耗和煤耗指标，包括生料制备工段、熟料烧成工段和水泥制备工段的电耗以及熟料烧成工段煤耗等4项，没有经过海拔修正和强度等级修正，供水泥企业生产控制时参考。在指标确定时主要考虑为海拔低于1000m的生产线的指标。

现有水泥生产企业的分步能耗主要考虑目前常规新型干法生产线的指标，其主机配置为生料制备采用辊式立磨或辊压机终粉磨系统，烧成系统采用新型干法生产工艺，煤粉制备采用风扫式煤磨或辊式立磨，水泥制备系统采用辊式立磨系统、辊压机半终粉磨或辊压机终粉磨系统，大型风机采用适当的调速方式。

表 2-7		现有水泥企业分步能耗		
项目	生料制备工段电耗[a]（kWh/t）	熟料烧成工段煤耗（kgce/t）	熟料烧成工段电耗（kWh/t）	水泥制备工段电耗（kWh/t）
熟料	≤22	≤115	≤33	-
水泥	≤22	≤115	≤33	≤38

[a] 生料制备工段的电耗为原料中等易磨性的电耗，应折算至每吨生料基准。

目前，新建水泥生产线基本都要求采用最先进的生产工艺及装备，其主机配置一般生料制备采用辊式立磨或辊压机终粉磨系统，烧成系统采用新型干法生产工艺，煤粉制备采用辊式立磨，水泥制备系统采用辊式立磨系统、辊压机半终粉磨或辊压机终粉磨系统，大型风机采用变频调速方式，同时配置纯低温余热发电系统，窑头和窑尾收尘设备均采用袋收尘器。

表2-8   新建水泥企业分步能耗

项目	生料制备工段 电耗[a]（kWh/t）	熟料烧成工段 煤耗（kgce/t）	熟料烧成工段 电耗（kWh/t）	水泥制备工段 电耗（kWh/t）
熟料	≤18.5	≤108	≤33	–
水泥	≤18.5	≤108	≤33	≤34

[a]生料制备工段的电耗为原料中等易磨性的电耗，应折算至每吨生料基准。

水泥生产企业分步能耗先进值见表2-9。

表2-9   水泥企业分步能耗先进值

项目	生料制备工段 电耗[a]（kWh/t）	熟料烧成工段 煤耗（kgce/t）	熟料烧成工段 电耗（kWh/t）	水泥制备工段 电耗（kWh/t）
熟料	≤16	≤105	≤32	–
水泥	≤16	≤105	≤32	≤32

[a]生料制备工段的电耗为原料中等易磨性的电耗，应折算至每吨生料基准。

8. 节能管理与技术措施

GB 16780—2012提出了一些通用的节能基础管理和技术管理措施，包括建立能源管理体系，建立用能责任制度，建立能耗统计体系，建立能源计量管理制度，定期对水泥回转窑进行热平衡和热效率测试和计算，并对水泥和熟料生产过程电能能效进行测试和计算；采购节能的耗能设备，并使主要耗能设备符合经济运行标准要求；保证生产系统正常、连续和稳定运行，加强设备日程维护工作。

（三）　能耗限额标准清单

表 2 - 10　　　　　　　　已经发布的强制性能耗限额标准清单

序号	行业	标准号	标准名称	版本
1	电力	GB 21258—2013	常规燃煤发电机组单位产品能源消耗限额	2
2	钢铁	GB 21256—2013	粗钢生产主要工序单位产品能源消耗限额	2
3	钢铁	GB 21341—2008	铁合金单位产品能源消耗限额	1
4	钢铁	GB 21342—2013	焦炭单位产品能源消耗限额	2
5	钢铁	GB 21370—2008	炭素单位产品能源消耗限额	1
6	钢铁	GB 31335—2014	铁矿露天开采单位产品能源消耗限额	1
7	钢铁	GB 31336—2014	铁矿地下开采单位产品能源消耗限额	1
8	钢铁	GB 31337—2014	铁矿选矿单位产品能源消耗限额	1
9	建材	GB 16780—2012	水泥单位产品能源消耗限额	2
10	建材	GB 21252—2013	建筑卫生陶瓷单位产品能源消耗限额	2
11	建材	GB 21340—2013	平板玻璃单位产品能源消耗限额	2
12	建材	GB 29450—2012	玻璃纤维单位产品能源消耗限额	1
13	建材	GB 29451—2012	铸石单位产品能源消耗限额	1
14	建材	GB 30181—2013	微晶氧化铝陶瓷研磨球单位产品能源消耗限额	1
15	建材	GB 30182—2013	摩擦材料单位产品能源消耗限额	1
16	建材	GB 30183—2013	岩棉、矿渣棉及其制品单位产品能源消耗限额	1
17	建材	GB 30184—2013	沥青基防水卷材单位产品能源消耗限额	1
18	建材	GB 30185—2013	铝塑板单位产品能源消耗限额	1
19	建材	GB 30252—2013	光伏压延玻璃单位产品能源消耗限额	1
20	建材	GB 30526—2014	烧结墙体材料单位产品能源消耗限额	1
21	有色	GB 21248—2014	铜冶炼企业单位产品能源消耗限额	2
22	有色	GB 21249—2014	锌冶炼企业单位产品能源消耗限额	2
23	有色	GB 21250—2014	铅冶炼企业单位产品能源消耗限额	2
24	有色	GB 21251—2014	镍冶炼企业单位产品能源消耗限额	2
25	有色	GB 21346—2008	电解铝企业单位产品能源消耗限额	1

序号	行业	标准号	标准名称	版本
26	有色	GB 21348—2014	锡冶炼企业单位产品能源消耗限额	2
27	有色	GB 21347—2012	镁冶炼企业单位产品能源消耗限额	2
28	有色	GB 21349—2014	锑冶炼企业单位产品能源消耗限额	2
29	有色	GB 21350—2013	铜及铜合金管材单位产品能源消耗限额	2
30	有色	GB 21351—2014	铝合金建筑型材单位产品能源消耗限额	2
31	有色	GB 25323—2010	再生铅单位产品能源消耗限额	1
32	有色	GB 25324—2014	铝电解用石墨质阴极炭块单位产品能源消耗限额	2
33	有色	GB 25325—2014	铝电解用预焙阳极单位产品能源消耗限额	2
34	有色	GB 25326—2010	铝及铝合金轧、拉制管、棒材单位产品能源消耗限额	1
35	有色	GB 25327—2010	氧化铝企业单位产品能源消耗限额	1
36	有色	GB 26756—2011	铝及铝合金热挤压棒材单位产品能源消耗限额	1
37	有色	GB 29136—2012	海绵钛单位产品能源消耗限额	1
38	有色	GB 29137—2012	铜及铜合金线材单位产品能源消耗限额	1
39	有色	GB 29145—2012	焙烧钼精矿单位产品能源消耗限额	1
40	有色	GB 29146—2012	钼精矿单位产品能源消耗限额	1
41	有色	GB 29435—2012	稀土冶炼加工企业单位产品能源消耗限额	1
42	有色	GB 29442—2012	铜及铜合金板、带、箔材单位产品能源消耗限额	1
43	有色	GB 29443—2012	铜及铜合金棒材单位产品能源消耗限额	1
44	有色	GB 29447—2012	多晶硅企业单位产品能源消耗限额	1
45	有色	GB 29448—2012	钛及钛合金铸锭单位产品能源消耗限额	1
46	有色	GB 30338—2014	工业硅单位产品能源消耗限额	1
47	有色	GB 31339—2014	铝及铝合金线坯机线材单位产品能源消耗限额	1
48	有色	GB 31340—2014	钨精矿单位产品能源消耗限额	1
49	化工	GB 21257—2014	烧碱单位产品能源消耗限额	2
50	化工	GB 21343—2015	电石单位产品能源消耗限额	2

续表

序号	行业	标准号	标准名称	版本
51	化工	GB 21344—2015	合成氨单位产品能源消耗限额	2
52	化工	GB 21345—2015	黄磷单位产品能源消耗限额	2
53	化工	GB 29138—2012	磷酸一铵单位产品能源消耗限额	1
54	化工	GB 29139—2012	磷酸二铵单位产品能源消耗限额	1
55	化工	GB 29140—2012	纯碱单位产品能源消耗限额	1
56	化工	GB 29141—2012	工业硫酸单位产品能源消耗限额	1
57	化工	GB 29413—2012	锗单位产品能源消耗限额	1
58	化工	GB 29436.1—2012	甲醇单位产品能源消耗限额 第1部分：煤制甲醇	1
59	化工	GB 29436.2—2015	甲醇单位产品能源消耗限额 第2部分：天然气制甲醇	1
60	化工	GB 29436.3—2015	甲醇单位产品能源消耗限额 第3部分：合成氨联产甲醇	1
61	化工	GB 29436.4—2015	甲醇单位产品能源消耗限额 第4部分：焦炉煤气制甲醇	1
62	化工	GB 29437—2012	工业冰醋酸单位产品能源消耗限额	1
63	化工	GB 29438—2012	聚甲醛单位产品能源消耗限额	1
64	化工	GB 29439—2012	硫酸钾单位产品能源消耗限额	1
65	化工	GB 29440—2012	炭黑单位产品能源消耗限额	1
66	化工	GB 29441—2012	稀硝酸单位产品能源消耗限额	1
67	化工	GB 29449—2012	轮胎单位产品能源消耗限额	1
68	化工	GB 30527—2014	聚氯乙烯树脂单位产品能源消耗限额	1
69	化工	GB 30528—2014	聚乙烯醇单位产品能源消耗限额	1
70	化工	GB 30529—2014	乙酸乙烯酯单位产品能源消耗限额	1
71	化工	GB 30530—2014	有机硅环体单位产品能源消耗限额	1
72	化工	GB 31533—2015	精对苯二甲酸单位产品能源消耗限额	1
73	化工	GB 31534—2015	对二甲苯单位产品能源消耗限额	1

序号	行业	标准号	标准名称	版本
74	化工	GB 31535—2015	二甲醚单位产品能源消耗限额	1
75	石油化工	GB 30250—2013	乙烯装置单位产品能源消耗限额	1
76	石油化工	GB 30251—2013	炼油单位产品能源消耗限额	1
77	煤炭	GB 29444—2012	煤炭井工开采单位产品能源消耗限额	1
78	煤炭	GB 29445—2012	煤炭露天开采单位产品能源消耗限额	1
79	煤炭	GB 29446—2012	选煤电力消耗限额	1
80	煤炭	GB 29994—2013	煤基活性炭单位产品能源消耗限额	1
81	煤炭	GB 29995—2013	兰炭单位产品能源消耗限额	1
82	煤炭	GB 29996—2013	水煤浆单位产品能源消耗限额	1
93	煤炭	GB 30178—2013	煤直接液化制油单位产品能源消耗限额	1
84	煤炭	GB 30179—2013	煤制天然气单位产品能源消耗限额	1
85	煤炭	GB 30180—2013	煤制烯烃单位产品能源消耗限额	1
86	交通	GB 31823—2015	集装箱码头单位产品能源消耗限额	1
87	化工	GB 31824—2015	1，4-丁二醇单位产品能源消耗限额	1
88	造纸	GB 31825—2015	制浆造纸单位产品能源消耗限额	1
89	化工	GB 31826—2015	聚丙烯单位产品能源消耗限额	1
90	交通	GB 31827—2015	干散货码头单位产品能源消耗限额	1
91	化工	GB 31828—2015	甲苯二异氰酸酯（TDI）单位产品能源消耗限额	1
92	化工	GB 31829—2015	碳酸氢铵单位产品能源消耗限额	1
93	化工	GB 31830—2015	二苯基甲烷二异氰酸酯（MDI）单位产品能源消耗限额	1
94	黄金	GB 32032—2015	金矿开采单位产品能源消耗限额	1
95	黄金	GB 32033—2015	金矿选冶单位产品能源消耗限额	1
96	黄金	GB 32034—2015	金精炼单位产品能源消耗限额	1
97	化工	GB 32035—2015	尿素单位产品能源消耗限额	1
98	轻工	GB 32044—2015	糖单位产品能耗限额	1

续表

序号	行业	标准号	标准名称	版本
99	有色	GB 32046—2015	电工用铜线坯单位产品能源消耗限额	1
100	轻工	GB 32047—2015	啤酒单位产品能源消耗限额	1
101	化工	GB 32048—2015	乙二醇单位产品能源消耗限额	1
102	钢铁	GB 32050—2015	电弧炉冶炼单位产品能源消耗限额	1
103	化工	GB 32051—2015	钛白粉单位产品能源消耗限额	1
104	化工	GB 32053—2015	苯乙烯单位产品能源消耗限额	1

四、节能设计标准

（一）总体介绍

节能设计标准目前常用的主要是建筑节能设计规范、工厂节能设计规范等工程建设标准，也是强制性标准，是建设节能建筑的基本技术依据，是实现建筑节能目标的基本要求，其中强制性条款规定了主要的节能措施、热工性能指标等，考虑了经济和社会效益等方面的要求，是必须严格执行的。

（二）常用节能设计标准清单

表 2 - 11　　　　　　　　　常用的节能设计方面的标准

序号	标准号	标准名称
1	GB/T 8175—2008	设备及管道绝热设计导则
2	GB/T 21056—2007	风机、泵类负载变频调速节电传动系统及其应用技术条件
3	GB/T 25959—2010	照明节电装置及应用技术条件
4	GB/T 26758—2011	铅、锌冶炼企业节能规范
5	GB/T 26759—2011	中央空调水系统节能控制装置技术规范
6	GB/T 26921—2011	电机系统（风机、泵、空气压缩机）优化设计指南
7	GB 50376—2006	橡胶工厂节能设计规范
8	GB 50443—2007	水泥工厂节能设计规范

续表

序号	标准号	标准名称
9	GB 50527—2009	平板玻璃工厂节能设计规范
10	GB 50595—2010	有色金属矿山节能设计规范
11	GB 50632—2010	钢铁企业节能设计规范

五、测试计量标准

目前，已经颁布的有关测试计量方面的标准主要包括能源计量器具配备和管理、重点用能设备和系统节能监测两个系列标准，以及少量的能量平衡和测试方面标准。

（一）能源计量器具配备和管理标准

1. 能源计量器具配备和管理标准介绍

能源计量是节能管理的一项非常重要的基础工作，是用能单位实现节能降耗、提高经济效益、加强能源科学管理必不可少的技术手段。GB/T 17167《企业能源计量器具配备和管理导则》首次颁布于 1997 年，对于提高企业的能源计量管理水平、促进企业的节能降耗发挥了重要作用。2006 年修订后，标准名称变更为《用能单位能源计量器具配备和管理通则》（GB 17167—2006），不但扩大了适用范围，而且标准性质从推荐性改为强制性，标准对用能单位、主要次级用能单位、主要用能设备的能源计量器具配备率以及精确度要求都做了强制性规定。

2.《用能单位能源计量器具配备和管理通则》

（1）相关术语。

能源计量器具配备率是指能源计量器具实际的安装配备数量占理论需要量的百分数。能源计量器具理论需要量是指为测量全部能源量值所需配备的计量器具数量。用能单位的能源计量器具配备率是强制性要求，对进出用能单位、进出主要次级用能单位、主要用能设备的能源计量器具配备率的要求是本标准的核心内容，具体的配备率及要求详见标准。

（2）基本原则。

标准还规定了能源计量器具配备的基本原则，主要包括：

1）加装能源计量器具是对用能单位的最基本要求也是强制性要求。

2）主要次级用能单位必须加装能源计量器具。

3）主要用能设备也必须加装能源计量器具。

4）电能、机械能、热能等要分门别类，单独计量，煤、油、气等亦要分类计量。

5）用能单位应实行购入储存、加工转换、输运分配、生产（主要生产、辅助生产）过程、运输、采暖（空调）、照明、生活、排放、自用与外销分别计量。所消耗的各种能源不得重计和漏计。

6）从事能源加工、转换、输运性质的用能单位，其能源加工、转换、输运效率反映了对能源的利用情况，所以应对其进行严格的管理，因此必须配备相应的能源计量器具来测量与能源加工、转换、输运效率相关联的参数。

7）用能单位在选配能源计量器具时，或在考核用能单位配置能源计量器具时，其计量性能准确度要求必须达到规定要求。

8）由于能源计量多数是生产工艺流程现场环境条件下的在线测量，无论是在线测量还是便携仪表的离线测量，测量仪表的计量性能必须与所处的测试环境相适应，特别是应与测量所处的环境温度（高温、低温）、湿度、振动、冲击噪声、电磁干扰等相适应。

9）能源计量器具在某些现场测量环境中应具有防过载、断相保护的能力和放水、防尘的保护能力以及防火、防爆的安全保护能力。

（3）管理要求。

1）为了保证用能单位能源计量管理的科学规范，避免随意性和人为性，应当建立文件化管理体系。

2）用能单位的能源计量器具在全部流转过程中都应受控，即除有专人负责外，还有相应的规章制度和控制程序并定期检查执行情况，确保用能单位能源计量检测数据准确可靠。

3）从事能源计量器具的管理人员和检定、校准及维修的技术人员，上岗前要进行相关知识培训，做到持证上岗。

4）建立能源计量器具档案，完善企业能源计量器具一览表。

5）定期检定。

（二）重点用能设备和系统节能监测标准

1. 重点用能设备和系统节能监测标准介绍

我国已经制定了 21 项节能监测系列标准，除《节能监测技术通则》外，其他 20 项均为单项节能监测标准。节能监测标准统一了节能监测的原则、测试方法和监测内容，明确了节能检测合格指标要求，可操作性强，为全国开展节能监测提供了技术依据。

2.《节能监测技术通则》

《节能监测技术通则》是制定各个专项节能监测标准的基本依据，是对用能单位的能源利用状况进行监测的通用技术原则。

（1）相关术语。

1）能源利用状况是指用能单位在能源转换、输配和利用系统的设备及网络配置上的合理性与实际运行状况，工艺及设备技术性能的先进性及实际运行操作技术水平，能源购销、分配、使用管理的科学性等方面所反映的实际耗能情况及用能水平。

2）供能质量是指供能单位和销售单位提供给用户的能源的品种、质量指标和技术参数。

3）节能监测是指依据国家有关节约能源的法规（或行业、地方规定）和能源标准，对用能单位的能源利用状况所进行的监督检查、测试和评价工作。

4）综合节能监测是指对用能单位整体的能源利用状况所进行的节能监测。

5）单项节能监测是指对用能单位能源利用状况中的部分项目所进行的监测。

（2）监测内容。

1）用能设备的技术性能和运行状况：采用高效节能产品，淘汰更新已明令禁止生产和使用的高耗能设备；用能设备和系统的运行参数应符合经济运行标准的要求。

2）能源转换、输配与利用系统的配置与运行效率：供热、发电等供能系统，设备管网和电网设置要合理，能源效率或能量损失应符合相应技术标准的规定；能源转换、输配系统的运行应符合合理用电、合理用热等能源合理使用标准的要求；余能资源应加以回收利用。

3）用能工艺和操作技术：应对用能工艺、工序和技术装备进行评价，应符合国家产业政策导向目录的要求，单位产品能耗指标应符合能耗限额标准的要求；对主要用能设备的运行和管理人员应进行操作技术培训考核、持证上岗，并进行评价。

4）企业能源管理技术状况：用能单位应有完善的能源管理机构；应建立和完善能源管理制度；应按照 GB 17167 进行能源计量器具配备和管理；能源记录台账、统计报表应真实、完整、规范；应建立完整的能源技术档案。

5）能源利用效果：用能单位的综合能耗或实物单耗，应符合强制性国家或地方能耗限额标准的规定；无国家、行业或地方能耗限额标准的，企业应制定企业能耗限额标准或者制定严于国家、行业或地方能耗限额标准的企业能耗限额标准，并贯彻执行。

6）供能质量和用能品种：供能或使用的能源品种应符合国家政策规定，并符合合理使用的原则。

（3）技术条件。

1）在正常生产、设备运行工况稳定的条件下进行；

2）监测项目应符合国家、行业或地方节能监测标准的要求；

3）定期监测周期为 1 年至 3 年，不定期监测间隔时间根据被监测对象的用能特点确定；

4）监测用的仪表、量具应符合相关标准要求。

（4）检查和测试项目。

节能监测分为检查和测试项目两类，国家节能法律、法规、政策有明确要求的项目应列为检查项目；测试项目一般能反映实际运行状况和能源利用状况，同时又便于现场直接测试。

（5）监测方式和评价。

节能监测一般由监测机构进行，用能单位也可以依据节能监测标准进行自检。《节能监测技术通则》还对监测机构的仪器、仪表、从事监测的人员，以及实验室工作环境等提出了技术要求。

节能监测工作完成后必须给出节能监测的评价结论，所有的检查项目和测试项目均合格方可视为节能监测结果合格；有一项或多项不合格则视为节能监测结果不合格，对于监测不合格者，则应该提出改进建议。

（三）能源计量器具配备和管理要求、重点用能设备和系统节能监测、常用检测国家标准清单

表 2－12　　已经发布的能源计量器具配备和管理要求国家标准

序号	标准号	标准名称
1	GB 17167—2006	用能单位能源计量器具配备和管理通则
2	GB/T 20901—2007	石油石化行业能源计量器具配备和管理要求
3	GB/T 20902—2007	有色金属冶炼企业能源计量器具配备和管理要求
4	GB/T 21367—2008	化工企业能源计量器具配备和管理要求
5	GB/T 21368—2008	钢铁企业能源计量器具配备和管理要求
6	GB/T 21369—2008	火力发电企业能源计量器具配备和管理要求
7	GB/T 24851—2010	建筑材料行业能源计量器具配备和管理要求
8	GB/T 29452—2012	纺织企业能源计量器具配备和管理要求
9	GB/T 29453—2012	煤炭企业能源计量器具配备和管理要求
10	GB/T 29454—2012	制浆造纸企业能源计量器具配备和管理要求
11	GB/T 31350—2014	烧结墙体屋面材料企业能源计量器具配备和管理要求
12	GB/T 29149—2012	公共机构能源及资源计量器具配备和管理要求

表 2-13　　已经发布的重点用能设备和系统节能监测国家标准

序号	标准号	标准名称
1	GB/T 15316—2009	节能监测技术通则
2	GB/T 15317—2009	燃煤工业锅炉节能监测
3	GB/T 15318—2010	热处理电炉节能监测
4	GB/T 15319—1994	火焰加热炉节能监测方法
5	GB/T 15910—2009	热力输送系统节能监测
6	GB/T 15911—1995	工业电热设备节能监测方法
7	GB/T 15912.1—2009	制冷机组及其制冷系统节能测试 第 1 部分：冷库
8	GB/T 15913—2009	风机机组与管网系统节能监测
9	GB/T 15914—1995	蒸汽加热设备节能监测方法
10	GB/T 16664—1996	企业供配电系统节能监测方法
11	GB/T 16665—1996	空气压缩机及供气系统节能监测方法
12	GB/T 16666—2012	泵类及液体输送系统节能监测方法
13	GB/T 16667—1996	电焊设备节能监测方法
14	GB/T 24560—2009	电解、电镀设备节能监测
15	GB/T 24561—2009	干燥窑与烘烤炉节能监测
16	GB/T 24562—2009	燃料热处理炉节能监测
17	GB/T 24563—2009	煤气发生炉节能监测
18	GB/T 24564—2009	高炉热风炉节能监测
19	GB/T 24565—2009	隧道窑节能监测
20	GB/T 24566—2009	整流设备节能监测
21	GB/T 31453—2015	油田生产系统节能监测规范
22	GB/T 32038—2015	照明工程节能监测方法

表 2-14　　　　　　　　　　常用检测国家标准

序号	标准号	标准名称
1	GB/T 6422—2009	用能设备能量测试导则
2	GB/T 8174—2008	设备及管道绝热效果的测试与评价
3	GB/T 10820—2011	生活锅炉热效率及热工试验方法
4	GB/T 13467—2013	通风机系统电能平衡测试与计算方法
5	GB/T 13468—2013	泵类液体输送系统电能平衡测试与计算方法
6	GB/T 17357—2008	设备及管道绝热层表面热损失现场测定 热流计法和表面温度法
7	GB/T 17358—2009	热处理生产电耗计算和测定方法
8	GB/T 18293—2001	电力整流设备运行效率的在线测量
9	GB/T 19944—2015	热处理生产燃料消耗计算和测定方法
10	GB/T 32052—2015	碱回收锅炉热工性能试验方法

六、计算评估类标准

（一）总体介绍

节能量计算和评估标准是衡量和评价节能措施实施效果和节能收益的重要尺度。节能计算评估标准包括了节能量确定、项目节能量评估、组织能源绩效评价、节约型组织评价、合理用能评价、能源审计以及节能计算等方面的标准。节能量计算和评估标准是当前我国节能标准重点领域之一，也是当前国际节能标准的热点领域。节能评估标准可以有效地支撑节能服务产业的发展和节能相关政策的实施。

（二） 节能量评估国家标准清单

表 2－15　　　　　　　　　已经发布的节能量评估国家标准

序号	标准号	标准名称
1	GB/T 13234—2009	企业节能量计算方法
2	GB/T 28750—2012	节能量测量和验证技术通则
3	GB/T 30256—2013	节能量测量和验证技术要求 泵类液体输送系统
4	GB/T 30257—2013	节能量测量和验证技术要求 通风机系统
5	GB/T 31344—2014	节能量测量和验证技术要求 板坯加热炉系统
6	GB/T 31345—2014	节能量测量和验证技术要求 居住建筑供暖项目
7	GB/T 31346—2014	节能量测量和验证技术要求 水泥余热发电项目
8	GB/T 31347—2014	节能量测量和验证技术要求 通信机房项目
9	GB/T 31348—2014	节能量测量和验证技术要求 照明系统
10	GB/T 31349—2014	节能量测量和验证技术要求 中央空调系统
11	GB/T 32040—2015	石化企业节能量计算方法
12	GB/T 32045—2015	节能量测量和验证实施指南

表 2－16　　　　　　　　　已经发布的其他节能计算评估国家标准

序号	标准号	标准名称
1	GB/T 3486—1993	评级企业合理用热技术导则
2	GB/T 3485—1998	评级企业合理用电技术导则
3	GB/T 12455—2010	宾馆、饭店合理用电
4	GB/T 13471—2008	节电技术经济效益计算与评价方法
5	GB/T 15320—2001	节能产品评价导则
6	GB/T 15512—2009	评价企业节约钢铁材料技术导则
7	GB/T 17166—1997	企业能源审计技术通则
8	GB/T 17358—2009	热处理生产电耗计算和测定方法
9	GB/T 19944—2005	热处理生产燃料消耗定额及其计算和测定方法

序号	标准号	标准名称
10	GB/T 29115—2012	工业企业节约原材料评价导则
11	GB/T 29117—2012	节约型学校评价导则
12	GB/T 29118—2012	节约型机关评价导则
13	GB/T 29147—2012	钢铁生产余热资源计算方法 涂镀
14	GB/T 29725—2013	节约型企业评价通则
15	GB/T 30260—2013	公共机构能源资源管理绩效评价导则
16	GB/T 30261—2013	制冷空调用板式热交换器火用效率评价方法
17	GB/T 30262—2013	空冷式热交换器火用效率评价方法
18	GB/T 31341—2014	节能评估技术导则
19	GB/T 31342—2014	公共机构能源审计技术导则
20	GB/T 32039—2015	石油化工企业节能项目经济评价方法
21	GB/T 32037—2015	工业窑炉燃烧节能评价方法

七、持续改进标准

节能是相对的，能源管理体系、能效对标、经济运行、能量系统优化、节能技术与信息等标准对用能单位、重点用能设备和系统等节能的持续改进都具有重要促进作用，是当前我国、也是国际节能标准热点领域。我国已经形成了重点用能设备和系统经济运行系列标准、能源管理体系标准共20项。

（一）重点用能设备和系统经济运行标准

经济运行标准规定了各类系统经济运行的测试方法、原则和技术要求，包括检测和维护要求、更新和改进要求、管理要求等。通过科学管理、运行工况调节或技术改进、达到合理匹配，实现系统低能耗和经济性好的工作状态，可以极大地提高系统运行效率，实现系统节能效益。目前已经针对三相异步电动机、电力变压器、离心泵、混流泵、轴流泵与旋涡泵系统、通风机系统、工业锅炉、空气调节系统、生活锅炉、电力整流设备、电加热锅炉系统、容积式空气压缩机系统、照明设施等 12 类设备或系统制定发布了经济运行标准。

（二） 能源管理体系标准

能源管理体系是运用系统管理的理念，综合考虑能源购入贮存、加工转换、输送分配、终端使用等全过程，实现能源利用效率提高和降低能源消耗的一种方法。标准适用于所有类型和规模的用能单位。标准具体包括：构建规范的管理体系；应用策划—实施—检查—改进（PDCA）模式使能源管理融入用能单位的日常生产活动中；强调过程控制，持续改进，全面、全员、全过程管理；对管理绩效进行评价，但是未对能源绩效水平提出绝对要求；与质量、环境管理等其他体系兼容协调等。

我国于 2009 年发布《能源管理体系要求》（GB/T 23331），2012 年完成了国际标准的等同转化（GB/T 23331—2012），同时发布了《能源管理体系实施指南》（GB/T 29456—2012），2013 年后发布了《钢铁行业能源管理体系实施指南》（GB/T 30258—2013）和《水泥行业能源管理体系实施指南》（GB/T 30259—2013）、《电力企业能源管理体系 实施指南》（DL/T 1320—2014）、《石油和化工企业能源管理体系要求》（HG/T 4287—2012）等分行业系列能源管理体系实施指南标准。

（三） 重点用能设备和系统经济运行、 能源管理体系国家标准清单

表 2-17　　　　已经发布的重点用能设备和系统经济运行国家标准

序号	标准号	标准名称
1	GB/T 12497—2006	三相异步电动机经济运行
2	GB/T 13462—2008	电力变压器经济运行
3	GB/T 13466—2006	交流电气传动风机（泵类、空气压缩机）系统经济运行
4	GB/T 13469—2008	离心泵、混流泵、轴流泵与旋涡泵系统经济运行
5	GB/T 13470—2008	通风机系统经济运行
6	GB/T 17954—2007	工业锅炉经济运行
7	GB/T 17981—2007	空气调节系统经济运行

序号	标准号	标准名称
8	GB/T 18292—2009	生活锅炉经济运行
9	GB/T 18293—2001	电力整流设备经济效率的在线测量
10	GB/T 19065—2003	电力加热锅炉系统经济运行
11	GB/T 27883—2011	容积式空气压缩机系统经济运行
12	GB/T 29455—2012	照明设施经济运行
13	GB/T 31510—2015	远置式压缩冷凝机冷藏陈列柜系统经济运行
14	GB/T 31512—2015	水源热泵机组系统经济运行

表 2-18　　　　　　　　　已经发布的能源管理体系国家标准

序号	标准号	标准名称
1	GB/T 23331—2012	能管理体系 要求
2	GB/T 29456—2012	能源管理体系 实施指南
3	GB/T 30258—2013	钢铁行业能源管理体系 实施指南
4	GB/T 30259—2013	水泥行业能源管理体系 实施指南
5	GB/T 32019—2015	公共机构能源管理体系 实施指南
6	GB/T 32041—2015	焦化行业能源管理体系 实施指南
7	GB/T 32042—2015	煤炭行业能源管理体系 实施指南
8	GB/T 32043—2015	平板玻璃行业能源管理体系 实施指南
9	DL/T 1320—2014	电力企业能源管理体系 实施指南
10	HG/T 4287—2012	石油和化工企业能源管理体系 要求

第三章　能源管理基础

第一节　能源基本知识

一、能源的基本概念

（一）能源与能量

1. 能源

能源是指从自然界能够直接取得或通过加工、转换获得热、动力、光、磁等有用能的各种资源。能源的总量是不断变化的，它随着人类的开发利用而逐渐减少。能源的储量只能估算，能源的消费量可以精确统计。

2. 能量

能量是指物理学中描写一个系统或一个过程的量。能量不会凭空产生，也不会减少，而是从一种物质上转移到另外一种物质上，或者转化成不同的能量形式。能量是可以计算的，如机械能可以用动能、势能表示，可以通过物理公式计算出来。能量的形式有很多种，如光能、声能、热能、电能、机械能、化学能、核能等。

（二）能源的分类

1. 一次能源和二次能源

一次能源指以天然形式存在，没有经过加工和转换的能源资源，如原煤、原油、天然气、水能、核能、风能、太阳能、地热电等；二次能源指以人类活动的特定需求为目的，经由加工转换装置所生产的能源产品，如电力[1]、

---

[1] 电力生产方式分为火力、水力、风力、核能、太阳能、地热发电等。电力属于二次能源，但为了简化统计计量和计算方法，统计时通常将水电、风电、核电、太阳光电、地热电等作为一次能源。

煤气、焦炭、蒸汽及各种石油制品等。

二次能源主要由一次能源加工转换生成，同时也包括由一种二次能源加工转换的另一种二次能源。

2. 化石类和非化石类能源

化石类能源指可以作为能源使用的化石燃料，是由上古时期遗留下来的动植物遗骸在地层下经过上万年的演变形成的能源，如煤炭、石油和天然气等；此外的其他不为化石燃料的能源即是非化石类能源。

3. 燃料型能源和非燃料型能源

燃料型能源指能够通过燃烧在短时间内剧烈氧化释放出大量热量的能源，比如煤炭、石油、天然气、泥炭、生物质等；此外的其他不可燃烧的能源即是非燃烧型能源，比如电力、热力、太阳能、水能、风能、地热能、海洋能等。

4. 固体能源、液体能源和气体能源

固体能源是指在自然状态或特殊储存条件（温度、压力）下，呈现固态的能源，如煤炭、焦炭、生物质等；呈现液态的即为液体能源，如原油、汽油、煤油、柴油、燃料油、液化天然气、炼厂干气等；呈现气态的即为气体能源，如天然气、沼气、煤气等。

5. 可再生能源和非可再生能源

可再生能源，指自然环境为人类持续不断提供的有用能量的物质，其产生和使用具有持续不断或循环往复的自然特征，比如水能、风能、太阳能、地热、海洋能、生物质能等。《可再生能源法》规定："本法所称可再生能源，是指风能、太阳能、水能、生物质能、地热能、海洋能等非化石能源。通过低效率炉灶直接燃烧方式利用秸秆、薪柴、粪便等，不适用本法。"

非再生能源主要是指不可再生的化石类能源（矿物燃料），比如煤炭、石油、天然气等。对于不可再生能源来说，合理利用、提高利用效率，可以使能源中蕴含的可用能量得到最大化地利用，延长能源地使用寿命。

6. 清洁能源和非清洁能源

清洁能源和非清洁能源是按照能源消费过程中对人类环境影响的程度区分的。清洁能源主要指天然气、水能、风能、太阳能、地热、海洋能、核能及由此产生的电力、动力、热力等。

在消费过程中排放大量温室气体、有害气体和有损环境的液体、固体废弃物的能源，称为非清洁能源，比如煤炭、石油等。

7. 常规能源和新能源

常规能源也称传统能源，指目前在技术上成熟、经济上合理、已经多年被人类大规模开采、采集和广泛使用的能源，如煤炭、原油、天然气、火电、水能、薪炭材、农作物秸秆和其他柴草等。

新能源又称非常规能源，指常规能源（传统能源）以外的，刚开始开发利用或正在积极研究、有待推广使用的其他各种能源形式，比如太阳能源、地热能、风能、海洋能和部分生物质能等。相对于传统能源而言，新能源普遍具有污染少、储量大的特点，对于解决当今世界严重的环境污染问题和资源枯竭问题具有重要意义。

常规能源和新能源是相对概念。一些新能源随着利用技术的成熟和生产、采集成本的降低而多年被广泛使用，即应视作常规能源。

8. 商品能源和非商品能源

商品能源和非商品能源是按照能源的商品市场交易程度区分的。在一般情况下，其全国产量的全部或大部分进入商品市场交易的能源为商品能源，比如煤炭、石油、天然气、电力等；其全国总量的全部或大部分为自产、自采、自用的能源非商品能源，比如农村居民自用的薪柴、农作物秸秆、沼气等。商品能源和非商品是按照能源品种在一个比较长的时期内实际存在的交易或非交易特征区分的，不是按照能源品种实际具有的交易和非交易特征区分的，也不是按照市场实际的交易量和自产、自采、自用量进行具体计算的。我国和世界多数国家核算的能源消费量，是商品能源消费量。

二、能源的计算基础

（一）燃料热值

燃料热值也称为燃料发热量，指固体或液体单位质量或气体单位体积的燃料完全燃烧，燃烧产物冷却到燃烧前的温度（一般为环境温度）所释放出来的热量。

燃料热值有高位与低位之分，其区别主要在于燃烧产物中的水是呈液态还是汽态，呈液态时为高位热值，呈汽态则为低位热值。低位热值等于高位热值扣除水蒸气的凝结热得到的值。除日本、美国等少数国家外，多数国家（包括我国）在能源利用中以低位热值为计算基础。

1. 当量和等价

（1）当量热值。

当量热值又称作实际发热值、理论热值，是指某种能源一个度量单位本身所含的热量。当量热值可以进行实测，将试样放入置有浸没氧弹的水的容器中进行完全燃烧，通过燃烧后水温的升高计算出燃烧释放的热量即为当量热值。

（2）等价热值。

等价热值是对二次能源及消耗工质而言的热值概念，是指加工转换产出的某种二次能源与相应投入的一次能源的当量，即获得一个度量单位的某种二次能源所消耗的，以热值表示的一次能源量，也就是消耗一个度量单位的某种二次能源，等价于消耗了以热值表示的一次能源量。也就是说，等价热值是不断变化的，随着能源加工转换工艺的提高和能源管理工作的加强，转换损失逐渐减少，等价热值也会随之降低。

等价热值 = 二次能源具有的热值/加工转换效率

= 加工转换投入的一次能源具有的热量/二次能源产量

2. 热值的计量

热值的计量单位有焦耳和卡。焦耳是功、能、热的国际制单位，出于历史原因，我国通常以卡作为热量计量单位。

1 焦耳是指 1 牛顿的力作用于质点，使其沿力的方向移动 1 米距离所做的功。

1 卡是指 1 克纯水在标准气压下把温度升高 1 摄氏度所需要的热量。根据测量热量时不同的环境温度标准，热量单位又分为 20℃卡（即标准气压下，1 克纯水温度从 19.5℃升高至 20.5℃所需的热量）、15℃卡（国际蒸汽表卡，即标准气压下，1 克纯水温度从 14.5℃升高至 15.5℃所需的热量）。

固体或液体燃料的热值单位为千卡/千克或千焦耳/千克。

气体燃料的热值单位为千卡/标准立方米或千焦耳/标准立方米。

3. 热值的换算

热值单位焦耳和卡经常需要相互换算，折算关系为：

$$1\ 20℃卡 = 4.1816\ 焦耳$$

$$1\ 15℃卡（国际蒸汽卡）= 4.1868\ 焦耳$$

根据《综合能耗计算通则》（GB 2589—81），我国统计上采用 20℃卡与焦耳进行换算。

（二）标准能源

由于能源品种丰富多样、品质千差万别，经常需要把不同品种、不同品质的能源按照规定的标准进行折算，方可使用同一热值标准单位进行计量。热量作为能源普遍具有的共同属性，被普遍用作能源的换算标准。

1. 标准煤和标准油

煤、油、燃气等各种能源质量不同，所含热值不同，为了能在各种能源间进行求和、对比、分析等，通常将其换算为具有统一规定的标准热值的标准煤、标准油等计量单位。

（1）标准煤。

标准煤也称为煤当量，我国规定每千克标准煤的热值为 7000 千卡。不同品种、不同品质的能源按各自不同的热值，以 7000 千卡为一个计量单位进行换算，所得的值即为标准煤。

（2）标准油。

标准油也称为油当量，我国规定每千克标准油的热值为 10000 千卡。不同品种、不同品质的能源按各自不同的热值，以 10000 千卡为一个计量单位进行换算，所得的值即为标准油。

2. 实际平均热值

实际平均热值是也称为平均发热量，是对相同品种、不同品质能源的实测发热量进行加权平均所得的值。

实际平均热值的计算：

$$Q = \Sigma Q_i \times E_i / \Sigma E_i$$

Q：某种能源实际平均热值（千卡/千克）；

Q_i：某种第 i 批次（或第 i 等级品质）能源实测低位热值（千卡/千克）；

E_i：某种第 i 批次（或第 i 等级品质）能源实物量（千克）；

$\Sigma Q_i \times E_i$：某种能源的总热量（千卡）；

ΣE_i：某种能源的实物总量（千克）。

3. 标准能源折算

标准能源折算是指将实物量能源折算为标准量能源，需要根据能源实物数量，采用或参考其折标准量的系数进行计算。在标准能源折算的过程中，要特别注意不同数量级单位的转换和变化，如：克、千克、吨；升、立方米；卡、千卡、焦耳、千焦、百万千焦等。

能源标准量的计算：

$$Ce = Ep \times Ec$$

Ce：某种能源标准量（标准煤、标准油等）；

Ep：某种能源实物数量；

Ec：某种能源折标准量系数（折标准煤系数、折标准油系数等）。

（1）折标准煤系数的计算。

$$Ec = Q/7000$$

Ec：某种能源折标准煤系数（千克标准煤/千克）；

Q：某种能源实际平均热值（千卡/千克）；

7000 为标准煤热值（千卡/千克标准煤）。

（2）折标准油系数的计算。

$$Ec = Q/10000$$

Ec：某种能源折标准油系数（千克标准油/千克）；

Q：某种能源实际平均热值（千卡/千克）；

10000 为标准油热值（千卡/千克标准油）。

第二节 企业能源管理基础工作

一、能源计量管理

能源计量，指在能源流程中，对各个环节的数量、质量、性能参数、相关的特征参数等进行检测、度量和计算。《用能单位能源计量器具配备和管理通则》（GB 17167—2006）（以下简称《计量通则》）规定了用能单位能源计量器具配备和管理的基本要求，有利于科学定量地管理能源生产、输运、消耗全过程，真正做到"能源数据来源于能源计量仪表，能源管理依靠计量数据"，从而达到节约能源的目的。《节能法》第二十七条规定："用能单位应当加强能源计量管理，按照规定配备和使用经依法检定合格的能源计量器具。"

能源计量的种类有：煤炭、原油、天然气、焦炭、煤气、热力、成品油、液化石油气、生物质能和其他直接或者通过加工、转换而取得有用能的各种资源。水的计量属于能源计量范畴。

能源计量范围包括：输入用能单位、次级用能单位和用能设备的能源及耗能工质；输出用能单位、次级用能单位和用能设备的能源及耗能工质；用能单位、次级用能单位和用能设备使用（消耗）的能源及耗能工质；用能单位、次级用能单位和用能设备自产的能源及耗能工质；用能单位、次级用能单位和用能设备可回收利用的余能资源。

（一）能源计量器具

能源计量器具，指测量对象为一次能源、二次能源和载能工质的计量器具。

1. 能源计量器具的分类。

（1）按结构特点分类。

1）量具，即用固定形式复现量值的计量器具，如量块、砝码、标准电池、标准电阻、竹木直尺、线纹米尺等。

2）计量仪器仪表，即将被测量的量转换成可直接观测的指标值等效信息的计量器具，如压力表、流量计、温度计、电流表等。

3）计量装置，即为了确定被测量值所必需的计量器具和辅助设备的总体组合，如里程计价表检定装置、高频微波功率计校准装置等。

（2）按计量学用途分类。

1）计量基准器具。

计量基准器具简称计量基准，是指用以复现和保存计量单位量值，经国家质量监督检验检疫总局批准，作为统一全国量值最高依据的计量器具。

计量基准的主要特征：符合或接近计量单位定义所依据的基本原理；具有良好的复现性，所定义、实现、保持或复现的计量单位（或其倍数或分数）具有当代（或本国）的最高精度；性能稳定，计量特性长期不变；能将所定义、实现、保持或复现的计量单位（或其倍数或分数）通过一定的方法或手段传递下去。

2）计量标准器具。

计量标准器具是指能用以直接或间接测出被测对象量值的装置、仪器仪表、量具和用于统一量值的标准物质。

计量标准是指为了定义、实现、保存或复现量的单位（或一个或多个量值），用作参考的实物量具、测量仪器、标准物质或测量系统。我国习惯认为"基准"高于"标准"，这是从计量特性来考虑的，各级计量标准必须直接或间接地接受国家基准的量值传递，而不能自行定度。

3）工作计量器具。

工作计量器具是指一般日常工作中所用的计量器具，它可获得某给定量的计量结果。

2. 能源计量器具的配备

（1）应满足能源分类计量的要求。

（2）应满足用能单位实现能源分级、分项考核的要求。

（3）重点用能单位应配备必要的便携式能源检测仪表，以满足自检、自查的要求。

（二）能源计量管理

1. 计量检定

检定是用来查明和确认测量仪器是否符合法定要求的一种行为。

（1）检定方式。

1）强制检定，由政府计量行政部门所属的法定计量检定机构或授权的计量检定机构，对社会公用计量标准，部门和企业、事业单位使用的最高计量标准，用于贸易结算，安全防护，医疗卫生，环境监测四个方面并列入国家强检目录的工作计量器具，实行定点周期的一种检定。

2）非强制检定，非强制检定计量器具一般多为用于生产和科研的工作计量器具。非强制检定计量器具的检定方式，由企业根据生产和科研的需要，可以自行决定在本单位检定或者送其他计量检定机构检定、测试，任何单位不得干涉。

（2）检定周期的确定。

确定检定周期的原则是按照《计量器具检定周期确定的原则和方法》（JJF 1139—2005）执行。

2. 管理内容

用能单位为进一步规范、提升能源计量管理工作水平，应建立完善能源计量管理体系，主要从以下几个方面采取措施：

（1）建立完善能源计量管理文件、制度。

用能单位计量管理部门为实施能源计量的统一管理，必须建立健全有关能源计量的具体管理文件、制度，对以下管理事项作出明确规定：能源计量部门分工、职责；能源计量管理人员岗位职责；能源计量人员培训管理；能耗定额管理；节能计量奖惩管理；能源计量数据采集、处理和分析；能源统计报表制度；能源计量数据记录表格；能源计量测试档案、技术资料使用保管制度；能源计量器具周期检定、校准制度；能源计量器具使用、维护、保养制度；能源计量器具采购、入库、流转、降级、作废核准制度；计量实验室工作制度；计量测试人员岗位责任制度。

（2）配备能源计量人员。

用能单位应设专人负责能源计量器具的管理，负责能源计量器具的配备、使用、检定（校准）、维修、报废等管理工作。用能单位的能源计量管理人员应通过相关部门的培训考核，持证上岗；用能单位应建立和保存能源计量管理人员的技术档案。能源计量器具的检定、校准和维修人员，应具有相应的资质。

（3）能源计量器具管理。

1）用能单位应备有完整的能源计量器具一览表。表中应列出计量器具的名称、型号规格、准确度等级、测量范围、生产厂家、出厂编号、用能单位管理编号、安装使用地点、状态（指合格、准用、停用等）。主要次级用能单位和主要用能设备应备有独立的能源计量器具一览表分表。

2）用能设备计量器具的设计、安装和使用应满足《用能设备能量测试导则》（GB/T 6422—2009）和《节能监测技术通则》（GB/T 15316—2009）中关于用能设备的节能监测要求。

3）用能单位应建立能源计量器具档案。

4）用能单位应备有能源计量器具量值传递或溯源图，其中作为用能单位内部标准计量器具使用的，要明确规定其准确度等级、测量范围、可溯源的上级传递标准。

5）用能单位的能源计量器具，凡属自行校准且自行确定校准间隔的，应有现行有效的受控文件（即自校计量器具的管理程序和自校规范）作为依据。

6）能源计量器具应实行定期检定（校准）。凡经检定（校准）不符合要求的或超过检定周期的计量器具一律不准使用。属强制检定的计量器具，其检定周期、检定方式应遵守有关计量法律、法规的规定。

7）在用的能源计量器具应在明显位置粘贴与能源计量器具一览表编号对应的标签，以备查验和管理。

对强制检定计量器具须实行三色标志管理，在其显著位置粘贴"绿、黄、红"彩色标志。经检定合格的计量器具须粘贴绿色标志（合格证）；某一功能或某一指标达不到仪器本身要求，但可以限制使用的经校准合格的计量器具须粘贴黄色标志（准用证），并标明其允许使用的范围；强制检定计量器具经检定不合格的，超过检定/校准周期的，经报停备案的，须粘贴红色标志（停用证）。

（4）能源计量数据管理。

1）用能单位应建立能源统计报表制度，能源统计报表数据应能追溯至计量测试记录。

2）能源计量数据记录应采用规范的表格式样，计量测试记录表格应便于数据的汇总与分析，应说明被测量与记录数据之间的转换方法或关系。

3）用能单位可根据需要建立能源计量数据中心，利用计算机技术实现能源计量数据的网络化管理。

4）用能单位可根据需要按生产周期（班、日、周）及时统计计算出其单位产品的各种主要能源消耗量。

二、能源统计管理

能源统计是运用综合能源系统经济指标体系和特有的计量形式，采用科学的统计分析方法，研究能源的勘探、开发、生产、加工、转换、输送、贮存、流转、使用等各个环节运动过程、内部规律性和能源系统流程的平衡状况等数量关系的一门专门统计科学。《节能法》第二十七条规定："用能单位应当建立能源消费统计和能源利用状况分析制度，对各类能源的消费实行分类计量和统计，并确保能源统计数据真实、完整。"

通过开展能源统计，能够准确、及时、全面系统地搜集、整理和分析整个能源系统流程的统计资料，如实反映能源各环节的管理水平、能源利用效率、能源综合平衡状况等情况，为宏观决策和管理、用能单位生产经营管理提供统计信息及依据。具体来看，一是为各级政府和部门制订方针、政策，编制能源计划提供可靠资料；二是对能源管理和能源方针、政策、计划执行情况进行统计检查和监督；三是为加强能源科学管理，挖掘能源潜力，提高能源利用率服务；四是为用能单位生产、加强经营管理、提高经济效益、降低能源消耗服务；五是对能源生产及需求进行统计预测。

（一）能源统计分级

能源统计工作可以分为三级：第一级为从一次能源到加工转换；第二级为加工转换到交付最终用户使用；第三级为能源在最终使用部门的使用情况。第三级能源统计工作最为复杂，是用能单位能源统计的重点。参见能源系统和各级能源统计图 3-1。

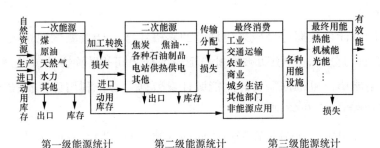

图 3-1 能源系统和各级能源统计

（二）能源统计程序

（1）确定统计范围；

（2）建立统计指标体系；

（3）采集数据，进行整理加工，编制统计报表，计算各类能源综合指标；

（4）绘制综合平衡分析图表，对能源系统进行综合分析与评价；

（5）将能源统计结果报送有关部门。

（三）能源统计表现形式

1. 能源统计原始记录

能源统计原始记录是用能单位通过一定的表格、卡片、单据等形式，对能源活动过程和成果所作的最初记载。

能源统计原始记录是实现用能单位统计核算、会计核算和业务核算的基础，是编制能源统计报表和加强能源管理的依据。

能源统计原始记录有以下要求：

（1）种类齐全，主要包括能源生产和销售、购进、领用消费、调拨、库存等方面。具体包括两大类：第一类是各种能源实物进货、领用、消耗、盘存等活动的原始记录，包括：能源实物的规格、质量等活动的原始记录；第二类是反映生产中使用能源的原始记录，包括按品种、规格、质量、计量验收和能源消耗记录。

（2）统一管理。各种原始记录的指标均应有明确具体的口径范围、计算方法、指标解释；各种原始记录都要有相互衔接的传递路线和报出时间，有相应的数据质量检验、查证、订正和考核制度；有对原始记录的保管、存档、销毁等制度。

（3）准确及时。

2. 能源统计台账

能源统计台账是编制统计报表的基础，用能单位能源统计应严格遵循"原始记录→统计台账（计算表）→统计报表"工作步骤。统计台账（计算表）以原始记录为基础进行整理汇总。能源统计台账有以下几种：

（1）统计报表台账，根据统计报表的要求，为便于数据的整理、汇总而建立的一种由能源原始记录到编制统计报表之间的过渡性台账，具有汇总报表的性质。

（2）专项指标台账，针对某一能源活动专设的台账，如能源消费使用方向台账、能源回收利用台账等。

（3）历史资料台账，将各种有关能源的统计资料按月、年整理登记，以便研究用能单位能源管理各环节变动的情况。

（4）分析研究台账，根据分析研究能源管理活动情况的需要，可将有关资料进行搜集、计算、整理，集中表现在台账上，便于分析、对比、发现问题。

（5）能源管理台账，根据能源统计、会计、业务需要，用能单位建立的台账。有能源购入贮存台账、能源加工转换台账、能源消费台账、单位产品能源消耗台账、节能台账等。

3. 能源统计报表

用能单位能源统计报表是以表格形式科学、准确、简明的描述用能单位用能过程中能源购入、消费和贮存的数量关系。

用能单位能源统计报表分为两类：一类是报给上级和统计部门的报表，其格式由有关部门规定；另一类是用能单位内部的统计报表，它是作为用能单位能源管理信息交流、传递的工具，也是向上级和统计部门提交能源统计报表的依据。

（四）用能单位能源统计

根据用能单位能源系统确定用能单位能源统计系统边界，按照国家要求和用能单位能源管理工作的需要，由用能单位投入能源开始，沿着能源流向进行能源统计与综合分析，每一个环节中可以分为许多用能单元。

1. 用能单位能源购入贮存量统计

在统计分析中，不能将能源的等价值与当量值混用。表 3 - 1 给出某用能单位能源投入量，列出用能单位投入能源的实物量，计算出等价值和当量值，并给出各类能源所占的比例。为了得出表中各项数据，必须对用能单位能源投入总量进行统计，其统计指标应包括下表所列基本数据。

表 3 - 1　　　　　　　　某用能单位能源投入统计表

	能源种类	实物量	等价值		当量值	
			tce	%	tce	%
外购能源	褐煤	171114t	71868	34.34	71868	38.64
	烟煤	97517t	69656	33.28	69656	37.45
	燃料油	23861t	34088	16.29	34088	18.33
	电力	82.6GWh	32384	15.95	10152	5.45
	汽油	152.9t	247.5	0.12	225	0.12
	柴油	25.74t	30.7	0.01	27.9	0.01
	小计		209274.2	100	186016.9	100

2. 用能单位能源加工转换量统计

投入用能单位的各类能源有的直接使用，有的还需要经过加工、转换，转变成二次能源和耗能工质，供用能系统使用。

用能单位内加工转换的二次能源总量（包括耗能工质）是本单位使用购入能源加工、转换出的二次能源量，不包括本单位购入的二次能源量。表3-2是部分能源加工转换统计指标（供参考）。

表 3-2   部分能源加工转换统计指标

序号	统计指标	计算单位
一	转换能耗总量	tce
二	用能单位内加工、生产的二次能源总量（包括耗能工质）	tce
三	自备电站	
1	电站用煤总量	t
2	发电总量	kW·h
3	发电用煤单耗	kg/kW·h
4	发电用水量	t
5	发电用水单耗	kg/kW·h
6	电站自用电比率	%
7	发电负荷	kW
8	功率因数	
9	冷凝回水量	t
10	冷凝回水率	%
11	发电效率	%
四	锅炉房	
1	蒸汽生产量	t
2	蒸汽焓值	kJ/kg
3	锅炉房耗煤总量	t
4	蒸汽用煤单耗	kg/t

续表

序号	统计指标	计算单位
5	用电总量	kW·h
6	蒸汽用电单耗	kW·h/t
7	用水总量	t
8	蒸汽用水单耗	kg/t
9	冷凝水回水量	t
10	冷凝水回水率	%
11	炉渣含碳量	%
12	排烟出口处空气过剩系数	
13	锅炉热效率	%
五	空压站	
1	压缩空气生产总量	m³
2	空压站用电总量	kW·h
3	压缩空气用电单耗	kW·h/m³
4	空压站用水总量	t
5	压缩空气用水单耗	t/m³
六	制氧站	
1	氧气生产总量	m³
2	制氧站用电总量	kW·h
3	制氧用电单耗	kW·h/m³
4	制氧站用水总量	t
5	制氧用水单耗	t/m³
七	煤气站	
1	煤气产量	m³
2	煤气低（位）发热值	kJ/m³
3	煤气站耗煤总量	t
4	煤气用煤单耗	kg/m³

序号	统计指标	计算单位
5	煤气站煤渣含炭量	%
6	煤气站耗电总量	kW·h
7	煤气用电单耗	kW·h/m³
8	煤气站耗水总量	t
9	煤气用水单耗	t/m³
10	煤气炉热效率	%

3. 用能单位能源输送分配量统计

用能单位能源输送分配分两大类：一类是管道输送的能源与耗能工质，另一类是输配电线路的电能。两大类的统计指标根据用能单位的需要而确定。

4. 用能单位最终用能统计

最终用能是用能单位能源系统中最为复杂的一个环节，参照《企业能量平衡通则》（GB/T 3484—2009）标准，可将用能单位的最终用能环节划分为如下几个主要部分：主要生产，辅助生产，采暖（制冷），照明，运输，生活及其他。

5. 用能单位非生产用能统计

（1）非生产用能总量。

（2）生活用能量，系指厂区外用于生活目的的能源量，包括输送、热传导损失等。

（3）基建用能量，用能单位内新建厂房、项目所需能源量，也包括输送损失。

（4）非生产设施用能，如医院、俱乐部等。

三、用能设备管理

用能设备的管理涉及质量控制、使用和维护保养、档案管理、点检和巡检、经济运行管理等较多方面，本书重点介绍部分主要通用用能设备的经济运行管理。

用能设备的经济运行是指在保证安全可靠、保护环境和满足生产需求的前提下，通过科学管理、技术改造等，提高用能设备的运行操作水平，使用能设备实现高效率、低能耗的工作状态。

（一）工业锅炉经济运行

1. 基本要求

（1）工业锅炉使用单位应当使用符合安全技术、环境保护、节约能源等相关规范要求的锅炉及配套辅机产品。

（2）工业锅炉房的设计、布置和建筑应符合 GB 50041 的要求。

（3）工业锅炉安装应符合 GB 50273 的规定，并符合设计要求。

（4）要做好锅炉水处理工作，水处理设施应符合 GB/T 16811 的规定，给水和锅水水质应符合 GB 1576 的要求。

（5）工业锅炉及其附属设备和热力管道的保温应符合 GB/T 4272 的要求。

（6）新安装工业锅炉的辅机应选用符合最新国家标准或行业标准要求的高效节能产品；原有工业锅炉所配套的辅机，如属国家公布的淘汰产品，应及时更换为节能产品。

（7）工业锅炉运行时，应燃用设计燃料或与设计燃料相近的燃料。

（8）工业锅炉运行中，应调整好燃烧工况，压力、温度、水位均应保持相对稳定。

（9）工业锅炉运行中，当负荷变化时，应注意监视锅炉运行情况，并及时进行调整。煤锅炉的运行负荷不宜经常或长时间低于额定负荷的 80%，燃油、气锅炉的运行负荷不宜经常或长时间低于额定负荷的 60%。工业锅炉不应超负荷运行。

（10）工业锅炉运行时大气污染物的排放除应符合 GB 13271 的规定外，还应符合锅炉使用单位属地相关环保标准的要求。

（11）工业锅炉运行时受热面烟气侧定时清灰，保持清洁。受热面汽水侧定期检查腐蚀及结垢情况，并防腐除垢。使用清灰剂、防腐剂、除垢剂等化学药剂时保证安全环保和有效性。

（12）工业锅炉运行中，应经常对锅炉燃料供应系统、烟风系统、汽水系统、仪表、阀门及保温结垢等进行检查，确保其严密、完好。

（13）锅炉配备燃料计量装置，汽或水流量计、压力表、温度计等能表明锅炉经济运行状态的仪器和仪表。在用仪器、仪表按规定定期校准或检定。

（14）工业锅炉使用单位应执行《特种设备作业人员管理办法》，运行操作人员应进行安全经济运行培训考核，持证上岗。对总容量达到 10t/h 或 7MW 以上的工业锅炉房，宜配备专职专业技术人员。

（15）工业锅炉使用单位应当建立健全在用锅炉安全技术档案，保证设备完好。安全技术档案的内容除应符合《特种设备安全监察条例》的有关规定外，还应包括安装投运验收记录，技术改造档案、节能环保监测档案等。

（16）在用工业锅炉运行应做好原始记录。锅炉运行记录表格式和运行工况原始记录的主要项目参照《工业锅炉经济运行》（GB/T 17954）。

2. 管理原则

（1）工业锅炉经济运行的综合评价分三个运行级别：一级运行、二级运行及三级运行，三级运行为达到经济运行的基本要求，但对于《工业锅炉经济运行》（GB/T 17954）实施之日后新安装投运的锅炉，从锅炉使用证办法之日起两年以内的以二级运行为达到经济运行的基本要求。

（2）对工业锅炉经济运行考核评定结果，考核单位应及时向锅炉使用单位所在地政府管理部门报告。

3. 技术指标

参照《工业锅炉经济运行》（GB/T 17954）。

（二）三相异步电动机经济运行

1. 基本要求

（1）建立健全三相异步电动机（简称电动机）的检查、维护和检修制度，完善电动机设备档案，大于 160kW 的电动机应有完善的原始资料和运行记录。

（2）选型时应选用符合能效标准的电动机，不应选用国家明令淘汰的产品。

（3）选型前应充分了解被拖动机械的负载特性，该负载对起动、制动、调速无特殊要求时，应选用笼型电动机。

（4）电动机的工作电压与供电电压相适应，额定容量大于 200kW 的电动机优先选用高压电动机。恒负载连续运行、功率在 250kW 及以上，宜采用同步电动机。

（5）需要调速的负载应根据调速范围、效率、对转矩的影响以及长期经济效益等因素，选择合理的调速方式和电动机。

（6）对于 55kW 及以上的电动机配备电流、电压、有功功率测量表，还应配备电能表和功率因数表。

（7）根据电动机容量大小与运行方式合理实施功率因数的就地补偿，补偿后功率因数不低于 0.9。

（8）对多台并联或串联运行的系统，应按照系统效率最高的原则分配电动机的负荷或安排机组的启停，一般原则是使综合效率较高的机组处于经常稳定和满负荷运行状态。

（9）电动机处于非经济运行状态，采用更换或改造措施，必须满足负载的要求，使电动机运行的负载率接近综合经济负载率。

2. 技术指标

参照《三相异步电动机经济运行》（GB/T 12497）。

（三）风机经济运行

1. 基本要求

（1）风机选型应满足系统的使用风压和风量，设计运行工况点应在通风机规定的经济工作区内，同时应符合能效标准的规定。在满足工艺条件下，选用适于负载特性的叶轮类型风机。

（2）风机选型应按正常操作流量的 1.1～1.15 倍及风压余量不超过 10% 的要求考虑选用风机。

（3）风机配套的交流电动机应符合电动机能效标准的规定。

（4）风机宜采用直连方式，若采用皮带轮变速时，宜采用节能型平带或带齿的毛边 V 型带，以降低传动损失。

（5）采用风机多台联合运行时，在满足工艺、安全及可靠运行的基础上，应使输送单位容积介质电耗最低。

（6）当流量变化幅度在 20% 以内，对离心风机应采用进口导叶调节方式；对轴流风机应采用改变动、静叶片安装角的调节方式。

（7）当流量变化幅度小于 20% 或年运行时间小于 4000h，宜采用旁路分流、节流等流量调节方法。负荷变化较大或运行时间较长的系统，应根据通风机特性、系统结构特点及工艺运行要求等因素采用相应的调速方式。

（8）系统管网应在优化生产工艺的条件下，确定合理配置方案和输送半径。

（9）应减少风管泄漏率，一般送、排风系统风管泄漏率应控制在 10% 以内，特殊场合应符合特殊规定的要求。

（10）计算系统额定工况点时，绘制出管网总阻力特性曲线与通风机性能曲线，使通风机运行在经济工作区内。系统正常运行工况的通风机运行效率应不小于额定效率的 70%。

（11）在技术及经济条件允许的情况下，宜采用仿真模拟计算对系统进行设计和提出节能优化方案。应在线监测系统进出口压力、温度、流量、电量和调节装置的状态等。

2. 技术指标

参照《交流电气传动风机（泵类、空气压缩机）系统经济运行通则》（GB/T 13466）和《通风机系统经济运行》（GB/T 13470）。

（四）水泵经济运行

1. 基本要求

（1）选用泵时，在满足所需最大压力的情况下，其额定流量为正常操作流量的 1.1～1.5 倍，扬程余量不超过 8%。

（2）应建立运行管理、维护、检修等规章制度，管理和操作人员要经过节能培训等。

（3）应选用适于负载特性的水泵。水泵的性能曲线应与负载特性合理匹配，使其在高效区内运行。

（4）在装配多台机组时，应采用高效泵类承担基本符合。采用泵类多台联合运行时，应使单位容积工质的耗电量最低。

（5）对于变工况运行机组应采用合理的调节控制设备，以实现机组的高效运行。

（6）管网系统设计与安装时，减少管网的沿程阻力和局部阻力损失。

（7）系统运行时，水泵特性应与管网总阻力特性相匹配，使水泵运行工况点在规定的经济运行范围内。

（8）对电动机容量大、压力和流量变化幅度大、年运行时间长的系统，应按要求对其运行工况进行测量，并采取相应节能措施。水泵配套电动机应符合能效标准要求。

（9）泵类正常工况的运行效率应不低于其额定效率的80%。

（10）定期监测主要部位的压力、流量和温度等参数。流量和压力监测仪器仪表应该安装在泵类系统的相关部位。

（11）当流量变化幅度大于20%和年运行时间≥4000h，不宜采用旁路分流、截流等方法。对压力、流量变化幅度较大或年运行总时间较长的系统，在技术经济允许条件下，采用调速装置和微机控制，使其满足经济运行条件要求。

2. 技术指标

参照《交流电气传动风机（泵类、空气压缩机）系统经济运行通则》（GB/T 13466）和《离心泵、混流泵、轴流泵与旋涡泵系统经济运行》（GB/T 13469）。

（五）空压机经济运行

1. 基本要求

（1）建立运行管理、维护、检修等规章制度，管理和操作人员要经过节能培训。

（2）减少系统泄漏，泄漏率不大于10%。

（3）对只有一台空压机的系统，应配备自动控制装置使机组适应负载变化。不应采取限制空压机入口流速、开启排气阀调节方式。对有多台空压机的系统，低负荷运行的空压机不应超过两台。

（4）系统配套的三相异步电动机应符合能效标准要求。

（5）负荷变化幅度较大或变化频繁的系统，应采用适当的管理和技术措施。在满足工艺要求的情况下，应首先合理安排负荷；无法安排负荷时，应采用机组联控等措施调节运行方式；当改变运行方式不能满足负荷要求时，宜采用变频、变容等技术措施。

（6）应按照标准要求进行监测，采用巡视与定期检测相结合的方式。在技术及经济条件允许的情况下，应在线监测系统进出口压力、压缩空气流量、电量和调节装置的状态等。

（7）减少气路系统压力损失和泄漏。

（8）如采用水冷型空压机，降低冷却水入口温度，提高冷却水流量，及时清除冷却器沉积物，采用软化水等提高冷却器的交换热性能。

（9）在满足生产要求的前提下，尽量降低排气压力。

2. 技术指标

压力和流量满负荷的条件下，实测比功率小于或等于《容积式空气压缩机能效限定值及能效等级》（GB 19153）规定的节能评价值，则机组运行经济；实测比功率小于或等于 GB 19153 规定的能效限定值，则机组运行合理；实测比功率大于 GB 19153 规定的能效限定值，则机组运行不经济。具体内容参照《交流电气传动风机（泵类、压缩机）系统经济运行通则》（GB/T 13466）。

（六）电力变压器经济运行

1. 经济运行方式

（1）一用一备/并列运行。

对于重要的负载，供电可靠性要求较高，不允许停电，因此往往采用两台变压器供电，即一台变压器运行而另一台变压器备用。

在多台变压器并列运行时，有多种运行方式。可按并列运行变压器短路阻抗相近和短路阻抗相差较大两种情况进行分析计算变压器的经济运行方式。

（2）变压器经济运行区。

《电力变压器经济运行》（GB/T 13462）提出了变压器经济运行区的概念，并给出了按综合功率确定变压器经济运行区的方法。该标准在变压器经济运行区内又提出变压器经济运行区的优选运行段（即最佳经济区），并给出了最佳经济运行区的确定方法，同时也为判定变压器"大马拉小车"提供了科学依据。

2. 基本要求

（1）制定严格的变压器经济运行规章制度和操作规程。建立健全变压器经济运行技术管理档案和记录。

（2）容量在 315kVA 以上的变压器，电源侧应装置有功电度表、无功电度表和功率因数表。容量在 50～315kVA 的变压器，负荷侧应装置有功电度表和无功电度表。

（3）根据变压器技术参数和负载变化情况，确定变压器经济运行方案，并经常进行变压器经济分析，当用电负载、用电量等发生较大变化，或变压器容量、台数等发生变化时，必须重新确定经济运行方案。

（4）变压器平均负载系数应大于 70%；平均负载系数经常小于 30% 时，应酌情调换小容量变压器。

（5）确定变压器经济运行方案时，不允许变压器过载，并充分考虑其他安全因素，确保运行安全、可靠；当非经济运行方式连续时间不超过 3 小时时，为减少因操作频繁而引起的不安全因素，可不予调整。

（6）淘汰国家明令公布淘汰的变压器。更新变压器时选用节能型变压器。

（7）更换（新）变压器或增设小容量变压器的投资回收年限控制在五年以内，调整变压器时的综合经济效益系数必须大于零。

（8）变压器电源侧选择与供电系统电压变动范围相适应的无励磁调压或有载调压装置，使负载侧的电压偏移符合允许偏移值。

（9）容量大、间断使用的电气设备，应避开变压器高峰负载时间运行。

（10）加强或改善变配电所（室）内部通风降温措施，降低变压器运行温度。

（11）安装有调试功能的无功补偿设备，合理提高负载功率因数。

3．技术指标

参照《三相配电变压器能效限定值及节能评价值》（GB 20052）、《电力变压器能效限定值及能效等级》（GB 24790）和《电力变压器经济运行》（GB/T 13462）。

四、企业能量平衡

企业能量平衡，是指以企业（或企业内部的独立用能单元）为对象，对输入的全部能量与输出的全部能量在数量上的平衡关系的研究，也包括对企业能源在购入、贮存、加工转换、输送分配、终端使用各个环节与回收利用和外部各能源流的数量关系进行的考察，定量分析企业用能情况。

通过开展企业能量平衡，能够全面掌握企业耗能状况，掌握各种能源购入、贮存、分配、输送、转换、使用等各个环节分布与流向的规律，并从中查清能源浪费根源，找到节能潜力。另外，通过对能量平衡主要指标的计算，可以掌握企业用能水平，为与同行业、国内、国际水平进行对比提供依据。

企业能量平衡现行标准有：《用电设备电能平衡通则》（GB/T 8222—2008）、《用能设备能量平衡通则》（GB/T 2587—2009）、《企业能量平衡通则》（GB/T 3484—2009）、《企业能量平衡表编制方法》（GB/T 28751—2012）等。

（一）企业能量平衡模型

1．企业能量平衡框图

企业用能系统按照能源流向依次划分为购入、贮存、加工转换、输送分配和最终使用四个环节，以有效利用能和各类损失能形式流出系统，每一个用能环节又由若干用能单元组成。企业用能系统可用企业能量平衡框图表示，如图3－2。

2．企业能量平衡方程

企业能量平衡方程用公式（3－1）或公式（3－2）表示：

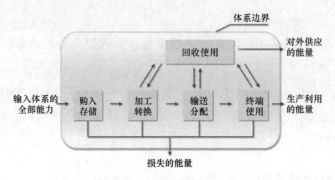

图 3 - 2   企业能量平衡框图

$$E_r = E_c \tag{3-1}$$

式中：

E_r——输入体系的全部能量；

E_c——输出体系的全部能量。

或：

$$E_r = E_{cy} + E_{cg} + E_{cs} \tag{3-2}$$

式中：

E_{cy}——生产利用的能量；

E_{cg}——对外供应的能量；

E_{cs}——损失的能量。

（二）企业能量平衡方法

企业能量平衡是利用统计计算与测试计算相结合，以统计计算为主的综合分析方法，应以综合期内的能源计量数据为基础进行综合统计计算；在统计资料不足，统计数据需要校准及特殊需要时，应进行测试，测试结果应折算为统计期运行状态下的平均水平。

根据企业能量平衡的结果，可以对企业用能情况进行全面、系统的分析，以便明确企业能量利用程度，能量损失的大小、分布与能量损失的原因。

（三）企业能量平衡指标

能量平衡的基本指标是能量平衡表所描述的能量过程的广义投入产出效率，即各种类型的单位产出能耗。对于以产出某种二次能源为目的的用能单元，也可用过程的热力学效率为综合指标。

1. 单位能耗指标

（1）产品单位产量某种实物能源消耗量。

产品单位产量某种实物能源消耗量（简称单位实物能耗）是指某种实物能源消耗量与期内产出的某种产品的合格品产量的比值。按公式（3－3）计算：

$$E_m = \frac{E_i}{M} \qquad\qquad (3-3)$$

式中：

E_m——产品单位产量某种实物能源消耗量，单位为吨（t），或千瓦时（kW·h），或吨标准煤（tce）等；

E_i——某种实物能源消耗量，单位为吨（t），或千瓦时（kW·h），或吨标准煤（tce）等；

M——期内产出的某种产品的合格品产量，单位为产品单位。

（2）单位产值（增加值）某种实物能源消耗量。

单位产值（增加值）某种实物能源消耗量（简称单位产值实物能耗）是指某种实物能源消耗量与期内产出的产值（增加值）的比值。按公式（3－4）计算：

$$E_g = \frac{E_i}{G} \qquad\qquad (3-4)$$

式中：

E_g——产品单值（增加值）某种实物能源消耗量，单位为吨每万元（t/万元），千瓦时每万元（kW·h/万元）；或吨标准煤每万元（tce/万元）等；

G——期内产出的产值（增加值），单位为万元。

（3）产品单位产量综合能耗。

某种产品单位产量综合能耗（简称单位产品综合能耗）是指统计报告期内某种产品的综合能耗与某种产品合格产品的产量的比值。按公式（3－5）计算：

$$e_j = \frac{E_j}{P_j} \qquad\qquad (3-5)$$

式中：

e_j——某种产品单位产量综合能耗，单位为吨标准煤（tce）；

E_j——某种产品的综合能耗，单位为吨标准煤（tce）；

P_j——某种产品合格产品的产量，单位为产品单位。

对同时生产多种产品的情况，应按每种产品实际耗能量计算；在无法分别对每种产品进行计算时，折算成标准产品统一计算，或按产量与能耗量的比例分摊计算。

（4）企业单位产值综合能耗。

企业单位产值综合能耗（简称单位产值综合能耗）是指统计报告期内，综合能耗与期内用能单位总产值或工业增加值的比值。按公式（3－6）计算：

$$e_g = \frac{E}{G} \qquad (3-6)$$

式中：

e_g——单位产值综合能耗，单位为吨标准煤每万元（tce/万元）；

E——综合能耗，单位为吨标准煤（tce）；

G——统计报告期内产出的产值（增加值），单位为万元。

2. 余能资源指标

（1）余能资源量。

余能资源量按 GB/T 1028 计算，余能包括余热、余压、排放的可燃气体等，具体按公式（3－7）计算。

$$Q_y = \sum_{i=1}^{m} m_i \left[Q_{di} + (h_{1i} - h_{2i}) \right] \tau_i \qquad (3-7)$$

式中：

Q_y——年余热资源量，单位为千焦每年（kJ/a）；

m_i——第 i 种余热载体流量，单位为千克每小时（kg/h），或立方米每小时（m³/h）；

Q_{di}——第 i 种单位余热载体中可燃成分完全燃烧释放的热量，单位为千焦每千克（kJ/kg），或千焦每立方米（kJ/m³）；

h_{1i}——第 i 种余热载体排出状态下的比焓，单位为千焦每千克（kJ/kg），或千焦每立方米（kJ/m³）；

h_{2i}——第 i 种余热载体在下限温度时的比焓，单位为千焦每千克（kJ/kg），或千焦每立方米（kJ/m³）；

τ_i——排出第 i 种余热载体的设备年运行小时数，单位为小时每年（h/a）；$i=1$，$2\cdots n$，其中 n 为余热载体种类数目。

（2）余能资源率。

余能资源率是余能资源量与企业消耗各种能源量总和的比值。按公式（3-8）计算：

$$\xi_{vu} = \frac{E_{yu}}{E_d} \times 100\% \qquad (3-8)$$

式中：

ξ_{yu}——余能资源率；

E_{yu}——余能资源量，单位为吨标准煤（tce）；

E_d——企业综合能源消耗量，单位为吨标准煤（tce）。

（3）余能资源利用率。

余能资源利用率是企业的余能资源量中已利用的程度。按公式（3-9）计算：

$$\gamma_{yu} = \frac{E_{yt}}{E_{yu}} \times 100\% \qquad (3-9)$$

式中：

γ_{yu}——余能资源利用率；

E_{yt}——已利用的余能资源量，单位为吨标准煤（tce）。

（四） 企业能量平衡表

1. 作用

能量平衡表是进行企业能源系统综合分析的主要工具，根据需要可编制出许多不同类型的企业能量平衡表。企业能量平衡表主要作用有：

（1）分析企业能源系统概况、了解企业内部各单元之间能量平衡关系，为企业能源管理、编制能源计划提供科学依据。

（2）分析企业节能潜力、节能方向、能源相互替代，为确定节能技术改造方案提供依据。

（3）计算企业能源利用率。

2. 能量平衡表

（1）企业能量平衡表采用矩阵形式表示，横行一般划分为购入、贮存、加工转换、输送分配、最终使用等四个环节；纵行一般是能源的供入能量、有效能量和损失能量、回收能量和能源利用率等项如表3-3。

（2）最终使用一般划分为主要生产系统、辅助生产系统、采暖（空调）、照明、运输及其他等六个用能单元。

（3）购入、贮存环节等价值栏右侧使用双线，平衡表双线右侧数字均为等量值。

（4）以购入、贮存、加工转换、输送分配与最终使用四个环节的企业能量平衡表可用表3-3表示。

3. 企业能量平衡表的数据

（1）企业能量平衡表的基础数据应来源于企业能源统计资料。

（2）企业能量平衡表的数据，除各种能源的实物量及等价值栏外，均应采用能量的当量值。

（3）企业能量平衡表的结果应符合能量守恒定律。各种能源的当量值收支总量应保持平衡；供入能量与有效能量及损失能量之和也应保持平衡。

（4）非平衡项数值应使用符号标示。

（5）购入、贮存栏内的数据，应扣除库存增量及外销量。

4. 企业能量平衡表的文字说明

（1）说明原始数据来源。

（2）计算结果出现不平衡时，应说明原因。

（3）标明能源折算为标准当量的折算系数。

（4）标明统计期。

（5）计算出企业能量利用率指标。

表 3 – 3　　　　　　　　　　　　企业能量平衡表

项目＼能源名称	购入贮存			加工转换				送分配	最终使用						
	实物量	等价值	当量值	发电站	制冷站	其他	小计		主要生产	辅助生产	采暖（空调）	照明	运输	其他	合计
	1	2	3	4	5	6	7	8	9	10	11	12	13	14	15
供入能量 蒸汽															
供入能量 电力															
供入能量 柴油															
供入能量 汽油															
供入能量 煤炭															
供入能量 冷媒水															
供入能量 热水															
供入能量 合计															
有效能量 蒸汽															
有效能量 电力															
有效能量 柴油															
有效能量 汽油															
有效能量 煤炭															
有效能量 冷媒水															
有效能量 热水															
有效能量 小计															
回收利用															
损失能量															
合计															
能量利用率															

企业能量利用率：

统计期：×××年　　　　　　　　单位：

185

（五）企业能量平衡报告

企业能量平衡报告的编制应包括下列内容：

（1）企业能源消费总量与构成；

（2）企业能量平衡表；

（3）按《用能设备能量平衡通则》（GB/T 2587）、《设备热效率计算通则》（GB/T 2588）和能耗指标及工艺过程，进行用能情况分析；

（4）企业内余能资源量、余能资源率和余能资源利用情况；

（5）根据用能分析和余能利用情况，并按《评价企业合理用电技术导则》（GB/T 3485）、《评价企业合理用热技术导则》（GB/T 3486）指出可能的节能潜力及部位，提出节能措施方案。

五、企业能效对标

能效对标是指企业为提高能效水平，与国际国内同行业先进企业能效指标进行对比分析，确定标杆，通过管理和技术措施，达到标杆或更高能效水平的节能实践活动。

通过开展能效对标工作，企业能够充分学习和借鉴国内外能效先进企业（特别是标杆企业）的能源管理理念和经验，规范自身的能源管理方法、指标体系、作业流程及相关制度等，逐渐摸索并最终建立起促进企业持续有效节能的良性动态机制。

（一）能效对标的分类

能效对标按照对标范围、标杆类型的不同，可以进行如下分类：

1. 按对标范围分类

（1）全面对标。

将企业整个能效对标指标体系作为对标内容的对标方式。这种对标方式在实际开展过程中，对标周期较长，工作过程较为复杂，但是效果却是最显著的，能够在根本上提高企业的能源利用水平。首次开展能效对标的企业建议采用这种方式。

（2）专项对标。

将企业对标指标体系的一部分作为对标内容的对标方式。这种对标方式将某个或某几个能耗指标作为对标内容，与全面对标相比，较为方便灵活，能够在短时间内产生能源管理效益，但无法在从根本上提升企业的能源管理水平。

2. 按标杆类型分类

（1）内部对标。

以企业的生产设计值、历史最好水平、其他部门的最佳实践等为对标标杆来开展能效对标工作的方式。这种对标方式由于内部标杆数据和资料较易获得，开展起来难度较小，可促进部门间的沟通。

（2）行业对标。

将同行业中能源管理水平先进、能源利用效率较高的企业作为对标标杆，通过获取相关信息，采取措施提高能源管理水平的对标方式。将其产生优秀能源管理效益的成功案例，作为学习借鉴并转化为促进能源管理水平提高的节能实践。

（3）一般性对标。

将与本单位不相关的企业的某个工序或设备的最佳实践作为对标标杆，通过搜集相关信息，来提高自身该工序或设备的能效水平的对标方式。

（二）能效对标的内容

1. 能效对标数据库

（1）指标数据库。

企业能效对标指标数据可分为两类：一类数据来自本企业，通过企业自身的计量统计，或者借助能源审计、能源平衡、节能检测等手段将本企业的能源绩效数据收集汇总起来，反映企业目前的能源管理绩效现状。另一类是标杆企业的能源绩效数据，是开展学习和追求的目标，这类数据可以来自单个标杆企业，也可依赖在行业、全国乃至全球的某些样本。

建立起内容全面、翔实、准确的数据库，可使企业的能源利用状况指标化、数据化，从而更加客观、细致地反映出企业用能实际水平。为前期进行的现状分析，查找问题，确定基准（指企业为确定标杆，制定目标，确定的某一历史时期能源管理、能源利用水平），制定对标内容，选定标杆提供数据支持。

（2）最佳节能实践数据库。

最佳节能实践数据库，包括本企业能源管理方面的典型案例和标杆企业提升能源管理绩效的措施、方法和管理技巧。企业有必要设立机构或者人员专职负责数据库的维护和更新，从而保证其准确性和及时性。

2. 能效对标体系

（1）指标体系。

能效对标指标体系包括指标的定义、统计口径、计算公式、主要影响因素和改进分析，以及适用不同企业的对标基准值确定方法等。建立适合企业自身对标需要的能效对标指标体系。

（2）组织管理体系。

能效对标工作组织管理体系是在能效对标过程中，为保证指标改进方案、各项规章制度等得到充分落实，对标工作得以长期有效地开展，由所设立的组织机构、人员及相关制度文件构成的体系。能效对标管理机构应包括建立自上而下的负责能效对标工作的领导机构、协调机构和执行机构等。企业能效对标管理制度应包括建立涵盖能效对标工作全过程的信息报送制度、信息公告制度、学习交流制度和对标保障制度等。

（3）综合评价体系。

能效对标管理综合评价体系是用于对开展能效对标工作情况及达到的实际效果进行综合分析评价的体系。评价指标应包括经济指标、技术指标和管理指标，并确定所选指标的权重系数、评价指标的基准值和评分标准。

（三）　能效对标的实施步骤

企业能效对标工作的开展主要由现状分析、选定标杆、标杆比较、最佳实践、持续改进五个步骤组成的动态闭环管理过程。

企业开展能效对标工作的一般流程如图 3 - 3。

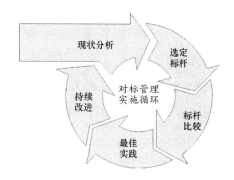

图 3 - 3 企业能效对标工作实施步骤

1. 现状分析

现状分析的目的是通过对企业能源利用状况的分析和梳理，寻找其在能源利用各个环节存在的问题，分析产生这些问题的原因。在此基础上，权衡存在问题对企业能效水平的影响程度并结合企业的发展规划，最终确定开展能效对标工作的内容和方向。

将主要能耗指标同国家、地方能耗限额标准的相关规定、国内外同行业先进的能耗指标进行比较分析，确定需要改进提高的指标。

2. 选定标杆

能效标杆的选定是一个循序渐进的过程。要不断收集国内外能效先进企业的能源管理标准、能效指标及最佳节能案例等内容。运用对比、排除等方法，把握先进性、可比性和可行性原则，选定最适合的企业作为能效对标工作的标杆。

3. 标杆比较

企业在收集、分析了相关资料和数据信息后，与标杆企业进行充分比对分析。在标杆比较基础上，寻找影响能效的关键原因，并根据本单位实际情况，综合考虑成本、资源等因素，设定能效指标改进目标值，拟定多种能效指标改进方案，组织进行方案论证分析，确定最佳改进方案和详细的实施进度计划。

4. 最佳实践

首先，对所有涉及的员工进行对标宣贯，必要时对相关人员开展培训，以满足能效对标工作的实际需要。其次，分阶段地推进能效对标指标改进方案，并对实施过程、实施中遇到的问题和解决方法进行详细记录。最后，加强交流沟通，逐步形成能效对标管理机构各部门之间、员工之间和标杆企业之间良好的沟通机制。

在实施进度计划完成后，应对能效对标工作的实施效果进行评价，并形成报告。报告中应当包括：能效对标实际工作情况和能效对标管理工作机制建设情况。并对本次能效对标工作的数据和资料进行整理，对能效对标数据库、体系进行及时调整和更新，为后续能效对标评价等工作提供参考。

5. 持续改进

能效对标管理是一个动态管理过程。通过总结上一轮对标工作的经验教训，适时调整对标标杆，制订新一轮能效对标工作计划，使得该项工作得以长期开展，保证企业能源管理水平的持续改进提高。

（四） 能效对标案例

1. 企业基本情况

某化肥有限公司（简称公司）创立于 1998 年 7 月 16 日，主要生产尿素和甲醇，年产尿素 30 万吨、甲醇 6 万吨。

（1）用能系统简述。

公司生产用能主要是原料煤、燃料煤、电力及水。原料煤、燃料煤和电力是公司购入的主要能源，其中原料煤（白煤）供 12 台造气炉生产原料气。燃料煤（烟煤、造气炉渣及部分筛出的白煤）供 4 台锅炉使用，生产 1.3 兆帕的蒸汽供各生产工艺设备使用。电力部分由社会电网购入，作为公司生产车间运转设备动力。用水全部由公司水井供给，无须购入城镇自来水。

（2）主要用能设备。

公司主要用能设备有造气炉、锅炉、压缩机、造气风机、罗茨风机及电力变压器等。

2. 能效对标组织管理

（1）组织机构。

成立以总经理为组长的能效对标活动领导小组，成员由公司各部门主要负责人和各车间主任组成，办公室设在公司节能办，节能办负责处理能效对标日常工作。

（2）职责。

领导小组职责：贯彻落实国家有关节能法律法规、方针政策、技术标准，确定能效对标的目标；负责能效对标顶层设计，对能效对标活动的重大事宜进行决策，制定相关制度；制定公司及各车间、主要能耗岗位能源消耗标准，并定期分析；制定能效对标活动的计划，明确各阶段工作内容和进度要求；建立能效对标工作奖惩激励约束机制。

办公室职责：具体负责公司能效对标工作的综合协调、监督和检查；开展能效对标宣传培训；负责建立两个数据库和构建三个体系；落实能效对标活动的各项制度，汇总和整理数据和情况，上报能效对标活动领导小组。

（3）工作内容及时间进度安排。

根据公司实际情况，制定工作内容及时间进度表。

3. 能源利用状况

（1）用煤系统。

原料煤、燃料煤和电力是公司购入的主要能源，其中原料煤（白煤）供13 台造气炉生产原料气，燃料煤（烟煤、造气炉渣及部分筛出的白煤面）供4 台锅炉使用，产出压力为 1.3 兆帕的蒸汽供各生产工序使用。锅炉正常运行负荷为 115 吨/小时，在各用汽部门中，尿素车间耗汽量最大，约占53.5%，其次是制气车间，约占 32.5%，精馏工序占 12%，冷冻工序占 1%。

（2）用电系统。

公司的生产用电由社会电网和公司发电机组（3000 千瓦）提供。公司内变电总容量为 45000 千伏安，用电负荷 43000 千瓦。在各用电部门中，压缩车间用电最大，约占公司总用电量的 61.97%，其次是合成车间，约占公司总用电量的 16.55%，尿素车间 12.02%，水汽车间 3.78%，制气车间 3.56%，线损、变损及计量误差 1.86%，其他 0.26%。

（3）用水系统。

公司现有深水井 5 口，备用 3 台，供水负荷 300 立方米/小时。所有工艺生产用水均自供。各工序中水汽车间占公司用水总量的 66.4%，其次是尿素车间占 14.7%，压缩车间占 9.2%，合成车间占 5.4%，生活用水及其他占 3.3%。

（4）产品单耗水平。

2009 年单位合成氨生产综合能耗 1453 千克标准煤/吨，其中耗原料煤（入炉白煤）1.194 吨，折标后 1075 千克标准煤/吨，电耗 1505 千瓦时/吨，尿素电耗 170 千瓦时/吨。

4. 确定能效对标单位及标杆值

2010 年 4 月底由领导小组一行五人到某化工公司等 5 个公司考察，为期 4 天，将考察情况与公司情况对比后，确定了标杆单位，开展对标活动。

标杆值：单位合成氨生产综合能耗 1350 千克标准煤/吨，白煤耗 1012 克标准煤/吨（入炉煤），电耗 1300 千瓦时/吨，尿素电耗 140 千瓦时/吨。

5. 对标分析

（1）标杆情况。

标杆单位 2007 年建成投产的两套 18.30 工程。3 台 75 吨锅炉，两台 12MW 机组，日产尿素 2500 吨。

（2）对比情况。

1）公司是由原年产 5000 吨氨的小型合成氨厂逐步改造成为目前年生产能力总氨 20 万吨。装置存在配套不合理，设备能力偏小，部分设备是改造扩容进入生产系统并且机型落后，系统阻力大，耗电量较高。

2）公司小型锅炉较多且设备陈旧，出现故障频繁，例如 10 吨/小时以及 20 吨/小时的沸腾炉，热效率低，燃烧不完全，造成煤耗较高。

3）公司尿素系统是由原年产 4 万吨尿素装置改造成为年产 30 万吨，同样存在设备装置配套性差，工艺较落后，氨耗及电耗较高。

4）山东各地化肥厂采用大中型锅炉设备集中供热，热效率高，实现自动化水平高，降低了煤耗及操作难度，节省人力物力。并且锅炉配套多台发电机组，实现余热利用，汽电成本低，能源利用率高。

6. 改进方案

（1）原设计一台 35 吨/小时锅炉更换为 75 吨/小时锅炉，停用小锅炉，达到集中供热效果，提高热效率。并且配套安装一台 3 兆瓦汽机，利用汽轮机发电。

（2）完成 42 吨/小时造气吹风气装置的投运，达到正常运行供热，可完全回收利用现 12 台造气炉的吹风气及驰放气，减少排放。

（3）设计完成 φ2400 氨合成系统的改造，停用原 3 套 φ1000 氨合成系统，减少设备使用量，提高合成效率降低系统压力，达到节电节能的效果。

（4）尿素系统新上一套尿素解析废液深度水解系统，提高氨及尿素回收效率。将氨合成及尿素装置更换为较先进节能型设备，并且对系统进行优化，达到系统装置配套性高，降低系统阻力，节电节能。

（5）按国家要求年底前淘汰 S7—1000/6.3 和 S7—1600/6.3 变压器各一台，更换先进的节能型变压器。

（6）加强计量器具管理，完善计量器具配备，严格按要求定期进行检定和校对，保证计量的全面和准确性。

（7）抓好节能降耗工作，随时监督节能措施的进展情况，杜绝能源浪费，严禁跑冒滴漏。

7. 工作措施和实施效果评估

（1）工作措施。

召开公司能效对标活动工作例会，通报工作进展情况，开展能效对标活动成效评估，总结能效对标活动有效措施、手段和制度，分析能效改进措施取得的成果，包括实施能效对标前后工序能耗、单位产品综合能耗的变化情况、节能管理改进及节能技术措施等，编写实际能效对标阶段性成果评估报告。

（2）对标实施效果。

对标实施效果见表 3 - 4。

表 3 - 4　　　　　　　　　　　　对标实施效果表

项目	单耗单位	对标前能耗	对标完成情况	标杆值
合成氨综合能耗	kgce/t	1453	1345	1350
合成氨耗电	kWh/t	1505	1297	1300
合成氨耗白煤	kgce/t	1075	1006	1012
尿素耗电	kWh/t	170	137	140

8. 今后努力方向

通过对标公司节能降耗虽然取得了一些成果，但与国内先进企业相比还有很大差距。还需加大技改投资力度，计划投资 3 亿元改造旧装置，利用先进技术，降低能源消耗，使吨氨综合能耗降到 1300 公斤标准煤/吨以下，使公司成为国内同行的先进企业。

六、能源管理体系

能源管理体系是建立并实现能源方针、目标的一系列相互关联要素的有机组合，包括组织结构、职责、惯例、程序、过程和资源等。为推进能源管理体系建设，我国颁布了《能源管理体系要求》（GB/T 23331—2012）和《能源管理体系实施指南》（GB/T 29456—2012）。

建立能源管理体系，要求编制和完善必要的文件，并按照文件要求组织具体工作的实施；体系建成后，要确保日常工作按照文件要求持续有效运行，并不断完善体系和相关文件。这是规范企业的能源管理，降低其能源消耗、提高能源利用效率的管理方法，结合了能源管理领域的特点和特殊要求，运用系统管理和全过程的理念，采用国际通行的 PDCA（P 策划—D 实施—C 检查—A 改进）模式，将管理和节能技术相融合，指导企业建立能源管理体系并有效运行，帮助其实现能源方针和目标，提高能源管理效率和水平。

（一）能源管理体系的建立

1. 明确管理职责

（1）最高管理者。

最高管理者应承诺支持能源管理体系，并持续改进能源管理体系的有效性，具体通过以下活动予以落实：确定能源方针，并实践和保持能源方针；任命管理者代表和批准组建能源管理团队；提供能源管理体系建立、实施、保持和改进所需要的资源，以达到提高能效目标；确定能源管理体系的范围和边界；在内部传达能源管理的重要性；确保建立能源目标、指标；确保能效参数适用于本企业；在企业长期规划中考虑能源和能效问题；确保按照规定的周期测量和报告能源管理结果；实施能源管理评审。

（2）管理者代表。

最高管理者应指定具有相应技术和能力的人担任管理者代表，其职责权限应包括：建立、实施、保持和持续改进能源管理体系；指定相关人员，并由相应的管理层授权，共同开展能源管理活动；向最高管理者报告能源使用和能效状况；向最高管理者报告体系成效；确保策划有效的能源管理活动，以落实能源方针；在企业内明确规定和传达能源管理相关的职责和权限，有效推动能源管理；制定能够确保体系有效控制和运行的准则和方法；提高全员对能源方针、能源目标的认识。

2. 制定能源方针

能源方针是企业为持续改进能源利用状况和提高能效的总体承诺，应由最高管理者制定。能源方针制定应满足以下要求：

与企业能源使用和消耗的特点、规模相适应；承诺提高能效；承诺提供实现能源目标和指标所需信息和必需资源，以确保实现能源目标和指标；承诺企业遵守节能相关的法律法规及其他要求；为制定和评价能源目标、指标提供框架；支持高效节能产品和节能服务的采购，及改进能效的设计；形成文件，在内部不同层面进行沟通、传达；根据需要定期评审和更新。

3. 开展管理策划

企业应进行能源管理策划，形成文件。策划应与能源方针保持一致，并保证持续提高能效。策划应包含对能源绩效有影响活动的评审。

（1）管理要求。

企业应建立起获取节能相关的法律法规及其他要求的渠道，并注意更新；

应确定准则和方法，确保将法律法规及其他要求应用于能源管理活动中，并确保在建立、实施和保持能源管理体系时充分考虑这些要求；应定期评价其能源管理是否满足法律法规和其他有关要求。

（2）能源评审。

企业应将实施能源评审的方案和原则形成文件，并组织实施能源评审，评审结果应进行记录。能源评审内容包括：通过测量和获取有关数据，分析目前的能源种类和来源、过去和目前的能源使用状况和消耗水平；分析能源使用的重点区域，如，列举对能源使用和消耗有重要影响的设施、设备、系统、过程和有关人员等相关变量，明确与主要能源使用相关的设施、设备、系统、过程的能效现状，评估未来的能源使用和消耗状况。企业应当定期进行能源评审，特别是当设施、设备、系统、过程等发生显著变化时，应进行必要的能源评审。

通过能源评审，应当找出存在节能潜力的环节，并对其排序。挖掘节能潜力，可以从改变能源品种、使用可再生能源、充分利用余能等方面着手。

（3）能源基准和能效参数。

企业应当充分运用初次能源评审的有关信息，同时考虑选取企业能源使用和消耗特点相适应的时段，设定能源基准。企业应当选择能够进行监测的能效参数，记录在案，并定期对能效参数的有效性进行评审。

当能效参数有效时，应与能源基准进行比较。企业通过比较结果，监测能源使用和能效的变化情况。

当出现以下情况时，应对能源基准进行调整：能效参数不再能够反映企业能源使用和消耗情况时；用能过程、运行方式或用能系统发生重大变化时；其他预先规定的情况。企业应对每次调整能源基准进行记录。

（4）能源目标、能源指标与能源管理实施方案。

企业应建立能源目标和指标，通过实施能源管理实现目标和指标，并制定时间进度要求，实现后目标要注意保持。能源目标和指标应当覆盖多个层面，包括相关职能、层次、过程或设施等，并形成文件。能源目标和指标应与能源方针保持一致，能源指标应与能源目标保持一致。建立和评审能源目标、指标时，企业应充分考虑能源评审中收集的法律法规和其他要求、主要能源使用情况，以及节能潜力所在。同时也应考虑财务、运行、经营条件、可选技术以及其他方面的情况。

为实现能源目标和指标，企业应建立能源管理实施方案，形成文件，定期更新，并加以实施和保持。能源管理实施方案应包括：明确职责；每项指标完成的措施和时间进度要求；验证能效提升的方法；验证结论的方法。

4. 运行管理体系

企业在实施和运行能源管理体系的过程中，应当落实管理策划阶段形成的能源管理实施方案。

（1）建立培训机制。

企业应明确与有效运行能源管理体系相关的培训需求，制定培训计划，并对各级员工开展分层次、分类别、多渠道、多形式的培训。应当对培训档案妥善管理。

（2）建立交流机制。

企业应根据自身规模，建立关于能源绩效、能源管理体系运行的内部沟通机制。企业应建立和实施一个机制，使得任何为其或代表其工作的人员能为能源管理体系的改进提出建议和意见。企业应决定是否与外界开展与能源方针、能源管理体系和能源绩效有关的信息交流，并将此决定形成文件。如果决定与外界进行交流，企业应制定外部交流的方法并实施。

（3）建立能源管理体系文件。

企业应建立能源管理体系文件，形式可以包括纸质、电子等，说明能源管理体系核心要素及其相互关系。能源管理体系文件应包括：能源管理体系的范围和边界；能源方针；能源目标、指标和能源管理实施方案；企业根据自身情况确定的其他文件。由于企业的规模、行业特点和生产过程等不同，文件的复杂程度有所差异。

企业应建立能源管理体系文件管理机制。能源管理体系文件发布前确认适用性；必要时定期评审和更新文件；对制修订的各版本文件进行标识；确保在需要使用时能够找到适用文件的相关版本；确保字迹清楚，易于识别；

确保对所需外部文件进行分类，并对其分发进行控制；防止对过期文件的不当使用，如需保留这些文件，应作出适当的标识。

（4）企业运行控制。

企业应要对主要能源使用相关的运行和维护活动进行策划，使之与能源方针、能源目标、指标和能源管理实施方案一致，以确保其在规定条件下按下列方式运行：对主要能源使用建立和设置有效运行和维护准则；根据准则对设施、设备、系统和过程进行运行和维护；将运行控制准则传达给有关工作人员。

（5）设计和采购。

企业新建或改进设施、设备、系统和过程，如对能效具有重大影响，在设计阶段应考虑改进能效和运行控制。能源效率的评估结果应纳入相关项目的规范、设计和采购活动中。

为实现高效的能源使用，企业应制定能源采购规范。在购买对主要能源使用具有或可能具有影响的能源服务、产品和设备时，企业应部分基于对能效评价进行采购。当采购对企业的能效有重大影响的能源服务、设备和产品时，企业应建立和实施相关准则，评估其在计划的或预期的使用寿命内对能源使用、能源消耗和能源效率的影响。

5. 建立监管机制

（1）监测与分析。

企业应确保对其运行中的决定能效的关键特性进行定期监测和分析，关键特性至少应包括：主要能源使用；与主要能源使用相关的变量；能效参数；能源管理实施方案在实现能源目标、指标方面的有效性；实际能源消耗与预期的对比评价。

企业应制定和实施检测计划，且检测计划应与规模、复杂程度及监测设备相适应。企业应保存监测关键特性的记录。

企业应确定并定期评审检测需求，确保用于监测关键特性的设备提供的数据是准确、可追溯的，并应进行记录。如能效出现重大偏差，企业应调查并采取应对措施，并保存上述结果。

（2）合规性评价。

企业应定期评价企业与能源使用和消耗合法依规情况，并对评价结果进行记录和保存。

（3）内部审核。

企业应定期进行内部审核，确保能源管理体系符合以下要求：符合预定能源管理体系的策划，包括符合有关标准的要求；符合建立的能源目标和指标；得到了有效的实施与保持，并提高了能效。企业应记录内部审核结果并向最高管理者汇报。

（4）采取整改和预防措施。

企业应通过整改和预防措施来处理以下情况，包括：评审发现的问题或潜在问题；确定导致问题的原因；制定和实施所需措施，并记录在案；评估采取措施取得的效果。必要时，企业应确保在对能源管理体系进行改进。

（5）记录控制。

企业应根据需要，对能源管理体系的实施保持记录，记录应清楚、标识明确，具有可追溯性。

6. 提出改进建议

企业最高管理者应定期对能源管理体系进行评审，并及时提出改进建议，确保改进效果持续有效。

（1）主要改进方向。

主要改进方向应包括：以往管理评审提出的改进措施；能源方针；能源绩效和相关能效参数；合规性评价的结果以及企业应遵循的法律法规和其他要求的变化；能源目标和指标的实现程度；能源管理体系的审核结果；纠正措施和预防措施的实施情况；对下一阶段提高能效的规划；改进建议。

（2）主要改进措施。

主要改进措施：企业能源方针的优化；能效参数的优化；根据情况，及时调整能源管理体系的目标、指标和其他要素；资源分配的优化。

（二）能源管理体系的评价认证

1. 能源管理体系评价

能源管理体系评价是指节能主管部门或受其委托的第三方技术机构，依据评价标准，对企业按照《能源管理体系要求》（GB/T 23331—2012）建立的能源管理体系及其运行过程、结果和企业取得的能源管理绩效进行量化打分，从而评价企业的能源管理体系是否符合标准的要求，并编制能源管理体系评价报告。

2. 能源管理体系认证

能源管理体系认证是指企业按照《能源管理体系要求》（GB/T 23331—2012）建立能源管理体系，有效运行至少六个月后，自愿向经国家认监委批准设立的第三方认证机构申请认证，第三方认证机构对其能源管理体系及其运行情况、能源管理绩效进行现场审核，经综合评价后，对符合条件的企业颁发能源管理体系认证证书。认证后第三方认证机构仍需对其监督。

3. 国家公布的能源管理体系认证机构

2014年11月17日，为了推动万家企业能源管理体系建设工作，国家认监委和国家发展改革委联合公布了《第一批能源管理体系认证机构名单》。

第三节　政府主要能源监管制度

一、节能考核与奖惩制度

节能考核与奖惩制度是《节能法》规定的一项基本节能管理制度，是强化政府和用能单位责任，确保实现节能目标的重要制度保障。

（一）制度简介

1. 目的意义

（1）推动节能工作，提高各级领导对节能工作的重视程度，增强责任心，调动其工作积极性。

（2）理顺相关政府部门的监管职责，一级抓一级，一级考核一级，更好地发挥政府的引导和监管作用。

（3）明确节能目标，落实责任，奖惩分明，形成倒逼机制，促进用能单位落实各项节能政策和措施，提高节能管理水平，确保节能目标的实现。

（4）建立节能长效机制，强化政府和用能单位责任，强化政策执行力，促进经济社会可持续发展。

2. 主要内容

国家实行节能目标责任制和节能考核评价制度，将节能目标完成情况作为对地方人民政府及其负责人考核评价的内容。省、自治区、直辖市人民政府每年向国务院报告节能目标责任的履行情况。

节能考核与奖惩制度是指上下级政府间、政府与有关部门和政府与用能单位对照签订的节能目标责任书，通过评估核查节能目标完成情况和节能措施落实情况，计算目标责任量化得分，综合评定考核等次，并根据考核结果实施奖惩的制度。

（二）考核评价的对象及内容

1. 考核评价对象

各级人民政府及政府部门，包括：发展改革、经信（政府节能办）或工信、科技、财政、住房城乡建设、交通运输、统计、质监、机关事务及其他相关部门。

国家发改委公告的万家节能低碳行动企业名单内的用能单位。按照属地原则，由各地区节能主管部门对其进行评价考核。

2. 考核评价内容

（1）节能目标完成情况。

对政府及政府部门：指各地区单位生产总值（GDP）能源消耗指标以及规划期内节能目标完成进度。

对万家企业：指规划期内节能量目标进度完成情况。

（2）节能措施落实情况。

对政府及政府部门：主要包括节能工作组织和领导情况，节能目标分解和落实情况，调整和优化产业结构情况，节能投入和重点工程实施情况，节能技术开发和推广情况，重点用能单位和行业节能工作管理情况，法律、法规执行情况，节能基础工作落实情况等内容。

对万家企业：主要包括组织领导情况、节能目标责任制、节能管理、技术进步、节能法律法规标准落实情况等。

（三）考核评价方法

（1）定论考核方法。节能目标完成情况为定量考核指标，以年度节能目标计算目标完成率进行评分，节能目标完成情况为否决性指标。未完成节能目标即为未完成等级。节能目标完成超过进度要求的适当加分。

（2）定性考核方法。节能措施落实情况为定性考核指标，是对各地区、各市、各县（市、区）、各重点用能单位落实各项节能政策措施情况进行评分，对开展创新性工作的，给予适当加分。

考核结果分为四个等级，即超额完成、完成、基本完成和未完成。

（四）考核评价程序

工作程序大致要经过报送自查报告、监督核查、形成综合评价考核报告、公告、奖惩等5个阶段。

（1）报送自查报告。每年年初，各级人民政府、政府相关部门和重点用能单位应编写上年度节能目标责任执行情况自查报告，及时报送相关管理部门。

（2）监督核查。上一级政府组成评价考核工作组，对下一级政府节能目标责任完成情况进行实地核查。实地核查采取听取汇报、召开座谈会、查阅资料、核查文件、个别访谈、重点抽查等形式进行。

（3）形成考核评价报告。各级评价考核工作组通过现场核查和重点抽查等方式，对被考核对象节能工作及节能目标完成情况进行评价考核和监督核查后，形成综合评价考核报告，报本级政府。

（4）公告。考核评价结果经审定后，向社会公告。

（5）奖惩。按照国家和各地区制定的考核评价方案，根据考核评价结果进行奖惩。

二、能源利用状况报告制度

能源利用状况报告制度是《节能法》对重点用能单位依法用能的法定要求，定期报送能源利用状况报告是重点用能单位的法定义务。

（一）制度简介

1. 目的意义

从政府层面，能源利用状况报告制度是政府对重点用能单位能源利用状况进行跟踪、监督、管理、考核的重要方式，也是安排重点节能项目和节能示范项目、落实各项优惠政策以及进行节能表彰的重要依据。

对企业来讲，能源利用状况报告制度是企业加强自身能源管理的客观需要。企业通过分析掌握本单位用能状况，从中发现薄弱环节，充分挖掘节能潜力，减少和杜绝能源浪费，不断提高节能管理水平和能源利用效率。

2. 主要内容

重点用能单位应当每年向管理节能工作的部门报送上年度的能源利用状况报告。能源利用状况包括能源消费情况、能源利用效率、节能目标完成情况和节能效益分析、节能措施等内容。

管理节能工作的部门应当对重点用能单位报送的能源利用状况报告进行审查。对节能管理制度不健全、节能措施不落实、能源利用效率低的重点用能单位，管理节能工作的部门应当开展现场调查，组织实施用能设备能源效率检测，责令实施能源审计，并提出书面整改要求，限期整改。

（二）报告编制

1. 编制要求

能源利用状况报告编制的基本要求是填报内容要全面、真实、客观，并在规定时间内上报。

（1）填报主体。

1）年综合能源消费量 1 万吨标准煤及以上的工业企业；

2）国务院有关部门或者省、自治区、直辖市人民政府节能主管部门指定的年综合能源消费量 5000 吨标准煤以上不满 1 万吨标准煤的工业企业；

3）年综合能源消费量 1 万吨标准煤及以上的客运、货运企业和沿海、内河港口企业；或拥有 600 辆及以上车辆的客运、货运企业，货物吞吐量 5 千吨及以上的沿海、内河港口企业；

4）年综合能源消费量 5 千吨标准煤及以上的宾馆、饭店、商贸企业、学校，或营业面积 8 万平方米及以上的宾馆、饭店、5 万平方米及以上的商贸企业、在校生人数 1 万人及以上的学校。

（2）填报内容。

用能单位应真实填报基本情况、能源消费情况、能源利用效率、节能目标完成情况和节能技改项目情况等内容。

（3）报送方式及时间。

能源利用状况报告按年度编报，采用网上直报方式进行填报，重点用能单位是基本报送单元，实行属地化管理原则。各重点用能单位应在每年 3 月底前，将上一年度的能源利用状况报告报送当地节能主管部门。

（4）人员要求。

各重点用能单位要高度重视能源利用状况报告填报工作，加强对填报工作的组织和领导，安排专人负责，强化专业知识培训，提高能源利用状况报告质量。

填报人员应具有一定的节能知识和电脑操作技能，了解本单位的能源消费种类、生产工艺流程和主要用能设备。

重点用能单位能源管理负责人负责组织对本单位用能状况进行分析、评价，编写能源利用状况报告，并对能源利用状况报告的完整性、真实性和准确性负责。

（5）计量统计要求。

为保证重点用能单位能源利用状况报告的质量，重点用能单位应加强计量统计体系建设，按规定配备并定期检定能源计量器具、仪表，完整构建内部统计体系，建立健全原始记录和统计台账。

2. 报告填报

（1）报表类型。

重点用能单位能源利用状况报告采用统一套表，是一套承载用能单位能源利用状况信息的报表。

工业企业：填报基本情况表、能源消费结构表、能源消费结构附表、单位产品综合能耗情况表、进度节能量完成情况表、节能改造项目情况表等6张报表。

交通运输企业：填报基本情况表、能源消费结构表、单位指标情况表、进度节能量完成情况表、节能改造项目情况表等5张报表。

住宿餐饮、批发零售、学校企业：填报基本情况表、能源消费结构表、进度节能量完成情况表、节能改造项目情况表等4张报表。

（2）主要报表。

基本情况表。填报用能单位基本信息、能源管理机构和人员等信息、经济及能源消费指标以及主要产品单位能耗情况等。基本情况表分5种类型，根据用能单位类型不同，所填报的内容各不相同。

能源消费结构表及附表。填报统计年度内重点用能单位各类能源消费量及其折标系数等数据，工业企业还包含能源加工转换环节的能源投入量、加工转换产出量、回收利用能源量、综合能源消费量等数据。能源消费结构表分2种类型，工业企业一种类型，填报能源消费结构表及附表，其他用能单位一种类型，仅有能源消费结构表。

单位能耗指标情况表。填报单位产品综合能耗、单位运输周转量（吞吐量）能耗指标以及与上年期比较的变化情况，并对单位能耗指标变化原因进行分析和简短说明。单位能耗指标情况表分2种类型，工业企业及交通运输企业具有不同的报表。

进度节能量目标完成情况。填写用能单位“十二五”期间节能目标逐年完成情况。即填写用能单位进度节能量目标、单位能耗节能量等指标。

节能技术改造项目情况表。填写项目名称、主要改造内容、投资金额、时间安排以及预期节能效果等。

（三）报告审查

1. 审查主体

节能主管部门组织对辖区内重点用能单位报送的能源利用状况报告进行

审查。

2. 审查内容

对重点用能单位报送的能源利用状况报告的合理性、对应性、完整性、真实性等方面进行审查。

3. 审查要求

（1）开展现场调查。节能主管部门组成调查组进入该用能单位，对报告中反映出来的不足部分，逐一现场调查。

（2）节能主管部门组织实施对用能设备能源效率进行检验和测定，获取各项检测数据。

（3）为准确合理地分析用能单位的能源利用状况和水平，挖掘其节能潜力，责令其实施全面能源审计。

（4）对审计出来的问题，提出具体的书面整改要求，并要求用能单位限期整改。

三、节能标准相关制度

（一）能耗限额标准制度

1. 目的意义

（1）依法进行节能监管。

对生产过程中耗能高的产品制定单位产品能耗限额，是国家为推进技术进步采取的强制性措施，根据我国现行节能法律、法规的规定，超过单位产品能耗限额用能的单位必须承担相应的法律责任。制定能耗限额标准是我国节能法律、法规制度的要求，同时为政府和有关部门运用法律手段监督用能单位进行节能技术改造、降低能源消耗提供了执法依据。

（2）运用市场机制调整产业结构。

能耗限额体现了生产产品必须达到的基本技术水平，是节能主管部门会同有关部门通过经济技术论证所确定的是否合理利用能源的判断标准。制定能耗限额标准既对行业提出了能源消耗的技术要求，引导用能单位达到限额标准，逐步淘汰行业落后生产能力。同时也为实行财政奖励、差别信贷政策等提供了依据。运用经济手段促进用能单位采用先进的节能技术，淘汰高耗能、低效益的生产工艺和设备，调整产品结构，减少能源消耗。

（3）限制高耗能行业发展。

能耗限额标准是建立高耗能行业市场准入的重要条件之一。能耗限额标准是强制性技术规范，是限制高耗能行业发展的重要依据。通过制定和实施能耗限额标准，建立高耗能行业的准入条件，对达不到限额标准的项目，在项目审批环节严格控制，抑制高耗能行业的过度发展。通过实施能耗限额标准，强制高耗能行业进行节能减排，促进用能单位提高节能技术水平和管理水平，提高用能单位经济效益和改善环境。

（4）鼓励用能单位创先争优。

为了鼓励用能单位降低能源消耗，表彰节能工作先进用能单位，在能耗限额标准中还制定了单位产品能耗限额先进值，该指标为推荐性指标，是评价现有用能单位的单位产品能耗达到先进水平的指标，是用能单位提高能源利用效率的方向和目标。这些标准的实施，加强了用能单位主动实施节能的积极性，同时增强了用能单位优胜劣汰的竞争性。

2. 主要内容

（1）指标要求。

主要包括：单位产品能耗限额限定值；新建及扩建企业单位产品能耗限额准入值；单位产品能耗限额先进值。

（2）统计范围、计算方法。

各种能耗指标中能源消耗量及产品产量的统计范围，能源折标系数及燃料热值的选取，影响产品能耗的修正系数，单位产品能耗的计算方法等。

（3）节能措施。

管理制度、能源计量、能源统计等节能管理措施。主要耗能设备、生产过程等方面采取的节能技术措施。

3. 监督管理

（1）节能管理。

节能主管部门组织对用能单位的单位产品能耗限额执行情况进行检查、

核实。

（2）节能监察。

节能监察机构通过日常监察、专项监察等形式对生产单位耗能产品执行能效限值标准的情况进行监督检查，督促、帮助被监察单位加强节能管理、提高能源利用效率，并对违法行为依法予以处理。

（二）能效标识制度

1. 能源效率标识

能源效率标识，即通常说的能效标识，是附在用能产品上的信息标签，主要用来表示产品的能源性能（通常以能耗量、能源效率等形式给出），向消费者（包括各级政府、企业和个人）提供必要的信息，使消费者十分容易得到并清楚获知产品的能源消耗和能效水平。

2. 能效标识标志

我国的"能源效率标识标志"如图3-4，图为蓝白背景的彩色标识，一般粘贴在产品的正面面板。

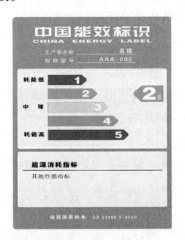

图3-4 能源效率标识标志

能源效率标识顶部标有"中国能效标识"字样的彩色标签，标签下方是产品的生产者名称和规格型号。能效等级可分为5级和3级。如为5级，等级1表示产品达到国际先进水平，耗能最低，等级2表示比较节能，等级3

表示产品的能源效率为我国市场的平均水平，等级 4 表示产品能源效率低于市场平均水平，等级 5 表示市场准入指标，低于该等级要求的产品不允许生产和销售；如为 3 级，等级 1 表示产品达到国际先进水平，等级 2 表示产品的能源效率为节能产品，等级 3 是市场准入指标。

3. 能效标识实施产品

表 3 - 5　　　　　　　　　已实施能效标识的产品种类

批次	序号	产品类别	依据文件	发布日期	实施日期
第一批	1	家用电冰箱	国家发展改革委、国家质检总局、国家认监委 2004 年第 71 号公告	2004. 11. 29	2005. 3. 1
	2	房间空气调节器			
第二批	3	家用电动洗衣机	国家发展改革委、国家质检总局、国家认监委 2006 年第 65 号公告	2006. 9. 18	2007. 3. 1
	4	单元式空气调节机			
第三批	5	自镇流荧光灯	国家发展改革委、国家质检总局、国家认监委 2008 年第 8 号公告	2008. 1. 18	2008. 6. 1
	6	高压钠灯			
	7	冷水机组			
	8	中小型三相异步电动机			
	9	家用燃气快速热水器和燃气采暖热水炉			
第四批	10	转速可控型房间空气调节器	国家发展改革委、国家质检总局、国家认监委 2008 年第 64 号公告	2008. 10. 17	2009. 3. 1
	11	多联式空调（热泵）机组			
	12	储水式电热水器			
	13	家用电磁灶			
	14	计算机显示器			
	15	复印机			

续表

批次	序号	产品类别	依据文件	发布日期	实施日期
第五批	16	自动电饭锅	国家发展改革委、国家质检总局、国家认监委 2009 年第 17 号公告	2009. 10. 26	2010. 3. 1
	17	交流电风扇			
	18	交流接触器			
	19	容积式空气压缩机			
	20	家用电冰箱（修订）			
第六批	21	电力变压器	国家发展改革委、国家质检总局、国家认监委 2010 年第 3 号公告	2010. 4. 12	2010. 11. 1
	22	通风机			
	23	房间空气调节器（修订）			
第七批	24	平板电视	国家发展改革委、国家质检总局、国家认监委 2010 年第 28 号公告	2010. 10. 15	2011. 3. 1
	25	家用和类似用途微波炉			
第八批	26	打印机、传真机	国家发展改革委、国家质检总局、国家认监委 2011 年第 22 号公告	2011. 8. 19	2010. 1. 1
	27	数字电视接收器			
第九批	28	远置冷凝机组冷藏陈列柜	国家发展改革委、国家质检总局、国家认监委 2012 年第 19 号公告	2012. 6. 21	2012. 9. 1
	29	家用太阳能热水系统			
第十批	30	微型计算机	国家发展改革委、国家质检总局、国家认监委 2012 年第 39 号公告	2012. 11. 14	2013. 2. 1
修订公告	31	电动洗衣机	国家发展改革委、国家质检总局、国家认监委 2013 年第 34 号公告	2013. 8. 12	2013. 10. 1
	32	自镇流荧光灯			
	33	转速可控型房间空调调节器			

批次	序号	产品类别	依据文件	发布日期	实施日期
第十一批	34	吸油烟机	国家发展改革委、国家质检总局、国家认监委2014年第18号公告	2014.9.29	2015.1.1
	35	热泵热水机（器）			
	36	家用电磁灶（修订）			
	37	复印机、打印机和传真机（修订）			
第十二批	38	家用燃气灶具	国家发展改革委、国家质检总局、国家认监委2015年第7号公告	2015.3.19	2015.12.1
	39	商用燃气灶具			
	40	水（地）热源泵机组			
	41	溴化锂吸收式冷水机组			

（三）能效 "领跑者" 制度

1. 目的意义

能效 "领跑者" 是指同类可比范围内能源利用效率最高的产品、企业或单位。实施能效 "领跑者" 制度能够对增强全社会节能减排动力、推动节能环保产业发展、节约能源资源、保护环境具有重要意义。

2. 基本思路

（1）通过树立标杆、政策激励、提高标准，形成推动终端用能产品、高耗能行业、公共机构能效水平不断提升的长效机制，促进节能减排。

（2）定期发布能源利用效率最高的终端用能产品目录，单位产品能耗最低的高耗能产品生产企业名单，能源利用效率最高的公共机构名单，以及能效指标，树立能效标杆。

（3）对能效 "领跑者" 给予政策扶持，引导企业、公共机构追逐能效 "领跑者"。

（4）将能效 "领跑者" 指标纳入强制性能效、能耗限额等强制性标准，完善标准动态更新机制，不断提高能效准入门槛。

下阶段，我国将加大能效"领跑者"指标的政策采信力度，把能效"领跑者"指标作为能评、化解过剩产能、实施差别电价等政策措施的重要参考。严格能评制度，固定资产投资项目要优先选用能效"领跑者"产品和设备。中央预算内投资、中央财政资金支持的节能改造项目要优先选用能效"领跑者"产品。

3. 主要内容

（1）用能产品能效"领跑者"。

1）实施范围。

首先以量大面广、节能潜力大、基础条件好的变频空调、电冰箱、滚筒洗衣机、平板电视等家电产品实施能效"领跑者"制度，以后逐步扩展到办公设备、商用设备、照明产品、工业设备以及交通运输工具等产品。

2）基本要求。

能效水平达到国家标准1级能效以上，且为同类型可比产品中能源效率领先的产品；能效"领跑者"指标应逐年提高；采用先进高效的节能技术和零配件，产品的全生命周期能耗较低；产品获得节能产品认证证书，具有国家认可实验室的第三方能源效率检测报告；产品质量性能优良，质量在国家监督抽查中无不合格；产品为量产的定型产品；生产企业为我国境内的独立法人，具有完备的质量管理体系、健全的供应体系和良好的售后服务能力，承诺"领跑者"产品在主流销售渠道正常供货。

（2）高耗能行业能效"领跑者"。

1）实施范围。

首先以火电机组、原油加工、钢铁、乙烯、合成氨、电解铝、平板玻璃、水泥等产品实施能效"领跑者"制度，以后逐步扩展到电力、石油石化、化工、钢铁、有色、建材等高耗能行业的其他产品。

2）基本要求。

单位产品能耗水平达到能耗限额标准的先进值，且为行业的领先水平。能效"领跑者"指标应逐年提高。企业"十一五"和"十二五"期间均完成了政府下达的节能量目标任务，未使用落后的用能设备和产品。

按照 GB/T 23331《能源管理体系要求》标准建立了能源管理体系；建立了完备的能源统计和计量管理体系，能源计量器具配备满足 GB 17167《用能单位能源计量器具配备和管理通则》标准要求，已通过能源计量审查；建立了节能奖惩制度；已经开展或正在开展能耗在线实时监测系统建设。年综合能源消费量超过 1 万吨标准煤的独立法人。近三年内未发生重大安全、环境事故。

（3）公共机构能效"领跑者"制度。

1）实施范围。

首先以学校、医院等公共机构为重点实施能效"领跑者"制度，逐步涵盖各类型公共机构。

2）基本要求。

按照同类可比原则，能源效率为同一类型中公共机构的领先水平。能效"领跑者"指标应逐年提高。未使用落后的用能设备和产品。建立了完善节能管理制度和能源管理体系，在本地区同类型公共机构中节能管理水平领先。建立了完备的能源统计和计量管理体系，能源计量器具配备满足 GB/T 29149《公共机构能源资源计量器具配备和管理要求》标准要求。年能源消费量一般不低于 50 吨标准煤。近三年内未发生重大安全事故。

4. 能效"领跑者"标志

列入能效"领跑者"目录的产品可以在产品明显位置或包装上使用能效"领跑者"标志图如图 3-5，也可在能效标识本体上直接印制能效"领跑者"标志图如图 3-6。

图 3-5　能效"领跑者"标志图

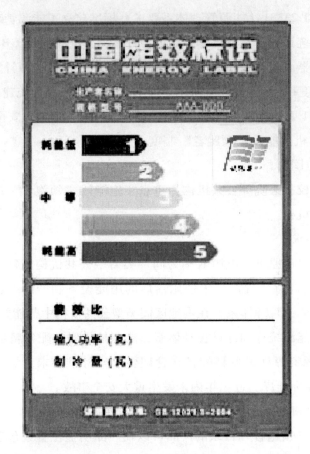

图 3−6　在能源效率标识上加能效"领跑者"标志图

四、淘汰落后制度

（一）制度简介

1. 目的意义

淘汰落后产能制度是指对不符合有关法律、法规的规定和有关节能标准及节能设计规范的要求，严重浪费能源资源、污染环境的落后生产工艺、用能产品和设备，由国务院有关部门按照一定的程序公布目录和期限，由县级以上人民政府有关部门监督各生产者、销售者、进口者和使用者在规定的期限内停止生产、销售、进口和使用的制度。实施该制度的目的，一方面，通过淘汰落后产能，推进产业结构调整；另一方面，在于促进企业采用节能产品、设备和先进的生产工艺，提高能源利用效率。

2. 主要内容

淘汰落后的生产工艺，主要是指不符合国家强制性标准或者不适应技术进步要求和技术发展水平的生产工艺。

淘汰落后的耗能过高的用能产品、设备，主要是指已经投入使用、在使用过程中对能源的消耗已超过国家的强制性能源效率标准，或者在经济和技术上均有替代品的情况下，继续使用该类产品和设备将导致严重浪费能源的用能产品、设备。

（二）　实施依据

国家发展改革委会同国务院有关部门出台的《产业结构调整指导目录（2011年本）》（2013年修正），以及工业和信息化部出台的三批《高耗能落后机电设备（产品）淘汰目录》、《高耗能老旧电信设备淘汰目录（第一批）》、《关于做好部分产能严重过剩行业产能置换工作的通知》等政策文件。

（三）　监督管理

（1）节能管理。管理部门可以通过实施区域限批、差别电价、财政支持等政策措施，推动淘汰落后生产能力。

（2）节能监察。节能监察机构通过实施日常监察、专项监察等方式，对用能单位仍在使用国家和地方明令淘汰的、落后的耗能过高的用能产品、设备和生产工艺的情况实施监察，并依法依规处理。

五、能耗在线监测制度

（一）　制度简介

能耗在线监测是"十一五"末、"十二五"初提出先进的能源管理理念，是自动化和信息化技术在用能单位及政府能源管理方面的综合应用。

1. 含义

现阶段能耗在线监测包含两层含义：一是用能单位的能源管理中心系统，

这是能耗在线监测的基础、依据。用能单位采用自动化、信息化技术和集中管理模式，对能源系统的生产、输配和消耗环节实施集中化、扁平化的动态监控和数字化管理，改进和优化能源平衡，实现系统性节能降耗的管控一体化系统；二是政府与用能单位能源管理中心的连接体系，是政府转变职能、加强事中事后监管的要求。政府与用能单位能源管理中心系统连接，实现能耗数据共享，建立覆盖全国的统一、高效、实用的能耗在线监测平台。

2. 背景

2008年，住建部印发了《国家机关办公建筑和大型公共建筑能耗监测系统建设相关技术导则》，对建筑能耗监测软件的技术规范做了有关说明。

2011年，国家发展改革委、工信部等12个部委联合发布的《万家企业节能低碳行动实施方案》（发改环资〔2011〕2873号）要求，推动建立万家企业能源利用状况在线监测系统。

2011年，《"十二五"节能减排综合性工作方案》（国发〔2011〕26号）要求，推行能源计量数据在线采集、实时监测。

2012年，《节能减排"十二五"规划》（国发〔2012〕40号）要求，推进节能监测平台建设，建立能源消耗数据库和数据交换系统，强化数据收集、数据分类汇总、预测预警和信息交流能力；开展重点用能单位能源消耗在线监测体系建设试点。

3. 作用

（1）通过近几年的试点发现，能耗在线监测可使用能单位能源利用效率普遍提高3%~5%，同时大幅度提升用能单位的能源管理水平。

（2）能源管理模式由传统的条块分割式、分散型向现代的集中监控式、扁平型模式转变，可实现能源管理的全方位、全流程、多介质、集中化、扁平化。

（3）完善用能单位能耗数据的可统计、可监测、可核查（"三可"）能力，保证能耗数据的真实性、可靠性和可比性，为碳交易和节能量交易等节能管理工作提供支撑。

（4）实现用能单位和政府能耗数据的"点对点"管理，有效校验能源统计数据，使能源统计数据更加真实可靠。

（二）　突出特点

1. 集约性

能耗在线监测是自动化、信息化、数字化技术的集成，从而实现生产系统的能源优化调度，具备能源的管控调度功能，实现能源的闭环管理。

2. 规范性

能耗在线监测是在统一的系统建设、数据采集、数据传输、平台连接等方面的标准和规范要求下进行的，有效推动用能单位、地方系统与国家能耗在线监测平台的联网对接。

3. 标准化

能耗在线监测必须具有完善的行业指标体系，使行业内用能单位的能效具备可比性，促进用能单位能效对标，提升能效水平。

4. 创新性

能耗在线监测是先进管理理念和现代化数字技术的紧密结合，从而提升了工艺装备的技术水平，提升重点用能设备能效。

（三）　主要内容

1. 政府部门层面

对政府部门来说，建立能耗在线监测系统，监测采集企业能源消费量、能效指标等数据，可以实现消费监测、能耗趋势分析、能效水平分析等功能，并辅助开展节能管理工作，发挥决策参考的作用。

（1）能源消费监测。实时监测用能单位能源消费数据，对企业能源消费品种、总量、工序能耗等数据进行监视管理，便于相关部门及时掌握企业能源消费动态。

（2）能耗趋势分析。以区域、行业维度，全面展示某个地区或行业能源消费情况，指导区域和行业节能工作的开展。

（3）能效水平分析。汇总分析各地区、各行业产品单耗、产值能耗等数据，开展横向纵向比较，对不同企业、不同地区、不同行业能效进行分析评估，挖掘节能潜力，支持节能量审核、交易等。

（4）碳排放分析。在分品种开展能源消费监测的基础上，根据碳排放系数，对用能单位碳排放情况进行计算分析，为碳排放核查、交易等提供支持。

（5）节能管理。利用监测数据支持节能工作。如开展企业和区域节能目标考核、辅助开展节能监察、报送和审核能源利用状况报告等。

（6）决策分析。利用监测数据，开展预测预警、政策评价等工作，协助政府决策部门及时跟踪掌握节能形势，开展预警调控，提高政策的及时性和主动性。

2. 用能单位层面

能耗在线监测在用能单位层面上可实现能源管理的三大功能：能源监测、能源分析、能源监控。能耗在线监测将分散的各类数据进行采集集中后，监控能源的供需平衡、分析预测和管理调度，实现能源利用的全过程管理，为实现节能降耗和环保目标创造条件。

（1）能源监测。对重点用能设备的能耗、能效情况及其运行参数、运行状态进行实时监测，自动生成能耗趋势曲线，并生成日、月、年度运行状况情况表。

（2）能源分析。针对用能单位各部门能耗情况进行统计分析，分析部门间能耗对比与历史能耗情况，帮助各部门制定相应的节能措施。针对用能单位能源消费状况与消费趋势自动统计，按照日、月、年度生成能源消耗、能源利用分析报告，为其进行节能技术改造提供依据。

（3）能源监控。能源平衡管理。实时监测、分析用能单位各种能源从购入、存储到使用的全过程，分析能源平衡状况，找出生产过程能源浪费点，通过平衡分析直观反映实时能源平衡状况。

（四）系统架构

能耗在线监测系统架构设计上要综合考虑国家、省市等层面对同时获得同质化监测数据的需求，综合考虑企业端能耗差异性和数据上传指标统一性的协调。系统可以采用企业端＋国家、省两级数据中心的架构：在用能单位内部设立数据采集设备，对接从企业各类能源计量仪表、能源管理系统采集的能源消费量和能效指标数据，对数据进行校验整合，按照标准编码要求，上传到系统平台。

系统平台包括国家级数据中心和省级数据中心。国家级数据中心接收全国范围内用能单位上传的数据，省级数据中心接收属地范围内的数据。国家级数据中心和省级数据中心互为备份。国家级数据中心为国家部委用户、各省用户提供数据服务；各省级数据中心为本省政府部门提供数据服务，为本省范围内用能单位提供服务。

（五） 管理模式

对政府部门来说，开展能耗在线监测系统建设，要政府节能主管部门牵头成立系统建设工作领导机构，负责领导和组织协调系统建设工作；要设立系统建设办公室，具体负责能耗在线监测系统建设组织实施工作，包括项目立项申报、项目设计、建设招标、进度和质量管理、财务档案管理、项目验收等。系统建成后，政府部门可以通过自主或委托运维方式，设立运维团队，做好软硬件运维、数据运维工作，确保系统正常稳定，监测数据质量稳定，并不断完善系统应用功能。

对用能单位来说，能耗在线监测与传统的能源管理模式有较大的差异，能源管理从原来的分散型转变为扁平型管理模式，用能单位的机构、人员、设备等原有的能源管理体制应与能耗在线监测有机结合，建立一套与能耗在线监测理念相匹配的管理模式。用能单位应建立完善的能源管理、设备运行、操作人员培训制度，做好能耗在线监测的系统培训、岗位培训、专业培训和管理培训，以提高用能单位能源系统调度运行管理的效率，发挥能耗在线监测发挥出最佳效果。

（六） 试点建设

按照国《节能减排"十二五"规划》要求，国家发展改革委对建立全国重点用能单位能耗在线监测系统进行了试点探索，2014 年在部分地区和行业开展了系统建设试点。试点目标是，通过试点建设，探索能耗在线监测系统的技术路线、技术规范、功能应用和建设管理模式，搭建能耗在线监测平台的基本架构，验证、完善在线监测企业能耗的新方法、新手段和新标准，为建立覆盖全国万家企业的重点用能单位能耗在线监测系统积累经验。

试点选择了北京、河南、陕西三个地区电力、钢铁、石油石化企业作为试点企业。主要考虑是，万家企业各行业中，电力、钢铁、石油石化行业能源消费量最大，能源管理信息化水平也最高；北京、河南、陕西之前开展了本地能耗在线监测工作，工作基础较好。

通过试点建设，探索、验证了能耗在线监测的技术路线，研究制定了系列技术标准、指标体系以及相关管理规范，建立了能耗在线监测国家平台、三个省级平台，开发了应用系统和基础数据库，建立了安全保障体系和配套环境。试点企业能源消费量按技术规范要求上传到系统平台，实现了对试点企业能源消费量的在线监测。

（七）案例

某钢铁集团投资近亿元建设了集团的能源管控系统，通过整合自动化、信息化技术，实现对公司能源生产、输配和消耗的管控一体化。如通过监控器、传感器、智能终端等，实现了对电、燃气、氧、氮、氩、蒸汽、各种水等能源设备系统实时监控、系统故障报警和分析、远程操作控制。在一些工艺环节，信息化技术调度控制的装备将能源消耗精细控制到"公斤级"。项目实施以来，该公司综合吨钢能耗水平降低了 38kgce。该技术若能在全国钢铁行业普及，即使每吨钢能耗降低 10kgce，则年可节省大约 700 万 tce，相当于一个大型煤矿一年的原煤产量。

第四节　主要市场化能源管理机制

一、能源审计

能源审计是指依据国家有关节能法规和标准，对用能单位能源利用的物理过程和财务过程进行检验、核查和分析评价。它是一套集规范用能单位能源管理、核查能源利用状况、评价用能水平和挖掘节能潜力等内容为一体的科学管理方法。

（一）　目的意义

能源审计是政府加强能源管理的重要手段。政府可以了解用能单位贯彻国家能源方针、政策、法令、标准情况与实施的效果，能够准确合理地分析评价本地区和用能单位的能源利用状况和水平，用以指导日常的节能管理，以实现对用能单位能源消耗情况的监督管理，保证国家能源资源的合理配置使用，提高能源利用率。

能源审计是用能单位提高能源利用率的重要途径。用能单位可以及时分析掌握本单位能源管理水平及能源消耗指标等用能状况，排查问题，全面查找用能单位能源利用的薄弱环节，提出节能技术改造的建议，避免节能技改的盲目性，挖掘节能潜力，寻找节能方向。

（二）　形式和类型

1. 能源审计形式

根据委托形式可分为：受节能主管部门委托、受用能单位委托和用能单位自身审计三种形式。

2. 能源审计类型

根据对能源审计的不同要求，可将能源审计分为三种类型：初步能源审计、全面能源审计、专项能源审计。无论开展哪种类型的能源审计，均要求能源审计小组应由熟悉节能法律、标准、节能监测相关知识、财会、经济管理、工程技术等方面的人员组成，否则能源审计的作用难以充分发挥。

（三）　主要内容

1. 用能单位的用能概况和能源流程

按照能源购入贮存、加工转换、输送分配、最终使用的四个环节，根据用能单位的生产机构设置，通过与用能单位人员交流和查看相关资料，考察整个系统、各个车间或单元的能源输入量和输出量，并计算其当量值，从而了解用能单位能源的消费状况和能源流向。

2. 用能单位能源管理状况

能源管理是用能单位管理的一项重要内容。建立和完善能源管理系统，制定并严格落实各项管理制度，对用能单位节能降耗、提高效益起着重要的作用。审计时通过座谈、查看管理文件、问询和现场查看的方式，考察有无各项能源管理文件及文件制定的合理性，根据各项能源管理文件跟踪每一项管理活动，了解有关人员理解和贯彻执行的情况。

（1）能源管理系统。为实施能源管理，用能单位应建立健全能源管理系统，包括完善组织机构，落实管理职责，配备计量器具，制定和执行有关文件，开展各项管理活动。该系统应能保证安全稳定地供应生产所需能源，及时发现能源消耗异常情况，予以纠正，并不断挖掘节能潜力。

（2）能源输入管理。用能单位应该对能源输入进行严格管理，保证输入能源满足生产需要，准确掌握控制输入能源的数量和质量，为合理使用能源和核算总的能源消耗量提供依据。

（3）能源转换管理。用能单位所用能源需要通过转换时，应重点审计转换设备的运行、维护监测、定期检修等管理措施。

（4）能源分配和传输管理。为保障能源安全连续供给，降低损耗，用能单位应该制定和执行能源分配和传输管理文件。

（5）能源使用管理。能源使用管理是用能单位能源管理的主要环节，要通过优化工艺、用能设备经济运行和定额管理，合理有效地利用能源。

（6）能耗状况分析。用能单位能源管理部门应定期对能源消耗状况及其费用进行分析。各用能车间或单元对所用主要用能设备、工序的能源消耗状况进行分析。考察用能单位能耗分析采用的方式可包括：查看能耗分析报告的内容，了解能源管理目标或能源消耗定额完成情况、能源消耗及其费用上升或下降的原因、用能水平评价、改进对策等内容。

（7）节能技术进步管理文件。用能单位应具有采用新节能技术的管理机制和管理制度。制定节能新技术的研发和应用文件，对节能新技术和节能技术改造工程项目要有可行性研究报告和节能评估审查文件，节能新技术措施实施后的效果评价。

（8）能源管理系统的检查与评价。用能单位应定期对自身能源管理系统进行检查和评价。可以查看用能单位检查评价报告，了解对检查中发现的问题是否进行原因分析，并根据情况调整管理制度和文件。

3. 能源计量和统计状况审计

（1）能源计量审计的范围和要求。

审计能源计量的范围包括用能单位、次级用能单位。通过询问能源计量器具管理人员和查看能源计量器具网络图，被审计的用能单位能源计量器具配备的配备率、计量器具的准确度、等级等是否满足《用能单位能源计量器具配备和管理通则》（GB 17167—2006）的要求。

（2）能源统计审计的范围和要求。

对用能单位能源统计审计，应从能量流动过程的购入贮存、加工转换、输送分配和最终使用四个环节进行。审计过程中可以将每一个环节分为若干用能单元。审核评价统计的内容、方法、采用的单位和符号及报表形式是否符合标准要求并满足用能单位自身能源管理的要求。

4. 主要用能设备效率计算分析

主要用能设备效率是衡量设备能量利用的技术水平和经济性的一项综合指标。审计时主要查看各项统计资料，通过询问统计、设备人员，审核设备供入能量、有效能量、损失能量的统计计算数据。设备效率按国家相关标准计算。

通过主要设备效率的计算，与国家标准、国内外先进水平、设备最佳运行工况进行比较，找出差距，分析原因，提出改进措施。

5. 核算综合能耗指标

综合能耗是规定的耗能体系在一段时间内实际消耗的各种能源实物量及热值按规定的计算方法和单位分别折算后的总和。对用能单位，综合能耗是指统计报告期内，主要生产系统、辅助生产系统和附属生产系统的各种能耗总和。能源及耗能工质在用能单位内部进行贮存、转换及分配供应（包括外销）中的损耗，应计入综合能耗。用能单位主要生产系统的能耗量应以实测为准。

综合能耗指标包括用能单位综合能耗、单位产值综合能耗、单位增加值综合能耗、产品单位产量综合能耗和产品单位产量可比综合能耗。各种综合能耗指标按《综合能耗计算通则》（GB/T 2589—2008）标准计算。用能单位计算综合能耗指标，是政府对用能单位的管理要求，也是与同行业进行比较，寻找差距，挖掘潜力的重要手段。审计时主要审计用能单位综合能耗、产品单位产量综合能耗指标。

6. 能量平衡分析

审计时应根据用能单位所提供的统计期内能量平衡表或能源消费实物量平衡表（如果用能单位不能提供能量平衡表，应提供能源实物量平衡表），按照能源流程的四个环节，核实能源进入和支出量的平衡关系。在统计资料不足，统计数据需要校核及特殊需要时，应进行实测。并将测试结果折算为统计期的平均水平。

通过对能量平衡表（或能源实物量平衡表）的分析，审查各项损失的数量及原因，对不合理或者损失大的环节进行原因分析，挖掘节能潜力。

7. 用能单位能源成本分析。

根据用能单位消耗能源的种类、数量、热值和价格，计算用能单位的能源成本。能源费用的计算，应根据用能单位能源消耗收支平衡表和能源消耗量表，考虑审计期内各购入能源品种的输入、输出、库存及消费关系，计算用能单位自身消费的部分。

（1）用能单位总能源费用。

用能单位总能源费用按式（3-10）计算：

$$R = \sum_{i=0}^{n} R_i \qquad\qquad (3-10)$$

式中：

R——用能单位总能源费用；

R_i——用能单位消费第 i 种能源的全部费用；

n——用能单位的能源品种数。

通常情况下以年为单位，若审计期不是 1 年，审计机构可根据情况自行确定计算单位。能源审计所使用的能源价格与用能单位财务往来账目的能源价格相一致，在一种能源多种价格的情况下产品能源成本用加权平均价格计算。

（2）单位产品能源成本。

直接生产过程单位产品能源成本按照单位产品所消耗的各种能源实物量及其单位价格进行计算。单位产品实物能源消耗量可根据用能单位在审计期内生产系统的实物能源消耗量和合格产品产量来计算。

8. 节能量和节能潜力的分析

（1）用能单位节能量计算。

《企业节能量计算方法》（GB/T 13234—2009）中规定了用能单位节能量的计算方法，包括产品节能量、产值总节能量、技术措施节能量、产品结构节能量、单项能源节约能源量。根据需要按该标准进行计算。

（2）节能潜力分析。

根据用能单位产品单位产量综合能耗计算结果，对比国内外同行业先进能耗水平、用能单位历史先进水平、能耗限额指标，全面分析用能单位节能潜力。节能潜力可用简单比较的方法进行计算分析，按下式（3-11）计算：

节能潜力 = （产品单位产量综合能耗 – 先进水平）×产品产量

$$(3-11)$$

9. 建议与评价

能源审计提出的节能改进建议，应包括改进管理和技术改造项目两类。技术改造项目应按照相关的经济和财务评价方法进行评价分析，保证节能技术改造项目经济和财务的可行性。

通过对以上各项内容的审计，对发现的问题应根据情况提出改进建议，改进建议应在充分与用能单位（节能主管部门委托的要征求其意见）交换意见的基础上提出。改进建议应从管理水平和员工素质的提高、废弃能的回收利用、能源和原辅材料的改进、技术工艺水平的提高、设备的先进性、改进过程控制、产品的性质等方面入手，通过广泛发动和与同行业进行对比以及咨询行业专家等各种渠道全面地提出。

（四） 审计方法

1. **基本方法**

能源审计的基本方法是依据能量平衡、物料平衡的原理，对用能单位的能源利用状况进行统计分析，包括用能单位基本情况调查、生产和管理现场调查，数据搜集与审核汇总，典型系统与设备的运行状况调查，能源与物料的盘存查账等内容，必要时辅以现场测试。在开展能源审计工作时，要查找用能单位各种数据的来源，并追踪数据统计计量的准确性和合理性，进行能源实物量平衡分析，采取盘存查账、现场调查、测试等手段，检查核实有关数据。只有在数据准确可靠时，才能进行能耗指标的计算分析，进而查找节能潜力，提出合理化整改建议和措施。

2. **分析方法**

能源审计的分析方法主要体现在四个环节、三个层次和八个方面。

（1） 四个环节。在能源审计中，可以将用能单位能源利用的全过程分为购入贮存、加工转换、输送分配、最终使用四个环节。

（2） 三个层次。分析用能单位能源利用状况，寻找节能潜力，提出节能降耗的整改措施，能源审计引用了分析问题的一般方法，即问题在哪里产生，为什么会产生，如何解决。

（3） 八个方面。一个生产过程中的能源利用可以分为八个方面，即能源、技术工艺、设备、过程控制、管理、员工、产品和废弃能的输出。从能源利用的角度看，每一个方面都有可能直接导致能源利用效率低和能源浪费的产生。

（五） 审计程序

能源审计的程序包括审计策划与准备、实施现场审计、召开能源审计总结会、编制和提交能源审计报告等四个主要步骤。

（1） 审计策划与准备。包括沟通信息、签订能源审计委托书、制定审计方案、成立能源审计小组四个方面。

（2） 实施现场审计。包括召开能源审计动员会、整理、核查资料、现场监测与调查等三个方面。

（3）召开能源审计总结会。能源审计现场审计结束后，要召开总结会，要求用能单位法人或者管理者代表和相关部门的负责人到会，由审计机构审计负责人总结能源审计的工作过程和初步成效。

（4）编制和提交能源审计报告。根据国家有关法律法规、标准，依据用能单位提供的真实资料，针对现场审计的实际情况和各种生产、能源消耗、监测的相关数据等资料，编写能源审计报告。能源审计报告完成后，经节能主管部门或用能单位组织专家审核修改，用能单位法人代表确认签字后，报节能主管部门备案。

（六）报告编写

用能单位能源审计报告是能源审计工作的直接成果，具有很强的时效性。因此，用能单位能源审计结束后，一般要求在十五个工作日编写出能源审计报告，能源审计报告分摘要和正文两部分。

1. 报告摘要

能源审计报告摘要放在正文前面，字数应在 2000 字以内。主要包含以下内容的简要说明：

（1）能源审计的主要任务和内容；

（2）用能单位能源消费结构（审计期内）；

（3）各种能耗指标；

（4）能源成本与能源利用效果评价；

（5）节能技术改造项目的财务分析与经济评价；

（6）存在的问题及节能潜力分析；

（7）审计结论及建议。

2. 报告正文

能源审计报告正文是能源审计的主体，主要包括：

（1）能源审计的依据及有关事项说明；

（2）用能单位概况及主要生产工艺概况；

（3）用能概况、主要用能系统及设备状况说明，工艺流程与能源流程说明及流向图，能源管理状况及评价分析、节能培训持证上岗情况；

（4）能源计量和统计状况及评价；

（5）主要设备运行效率及监测情况，技术装备的产业政策评价，通用用能设备的更新淘汰评价；

（6）能源消耗指标、重点工艺与单位产品能耗指标计算分析与评价；

（7）产值能耗指标与能源成本指标计算分析与评价；

（8）节能量计算与考核指标计算分析和评价；

（9）影响能耗指标变化的因素与节能潜力分析；

（10）拟实施节能技改项目的技术、节能效果与经济评价；

（11）存在的问题与合理用能的建议；

（12）审计结论。

二、合同能源管理

合同能源管理是指节能服务公司与用能单位以契约形式约定节能项目的节能目标，节能服务公司为实现节能目标向用能单位提供必要的服务，用能单位以节能效益支付节能服务公司的投入及其合理利润的节能服务机制。

合同能源管理项目是指以合同能源管理机制实施的节能项目。

（一）目的意义

合同能源管理是发达国家普遍推行的、运用市场手段促进节能的服务机制。节能服务公司在实施节能项目时具有专业节能技术服务、系统管理、资金筹措等多方面的综合优势。

1. 节能更专业

节能服务公司专注于用户能源效率提升服务，为用户提供包括能源审计、改善方案评估、项目设计、项目融资、设备采购、工程施工、监造管理、设备安装调试、人员培训、节能量确认和保证、资金与财务计划等全过程、全方位、专业化的节能服务。

2. 技术更先进

节能服务公司是专业的能源管理公司，掌握着国内外最新、最先进、最成熟的节能技术和高效用能设备方面的信息资讯，因此能根据项目的不同特点，采用最适合的技术方案。

3. 节能率高

由于节能服务公司推广的节能项目是最新的节能技术和节能产品，实施节能项目的节能率高，节能率一般在10%~40%，最高可达50%。

4. 用户风险性低

用户无须投入大笔资金即可引进先进的节能产品及技术，接受专业化节能技术服务，项目风险性低。

5. 改善现金流

用户借助节能服务公司实施节能技术改造，可以改善现金流量，把有限的资金投资在其他更优先的投资领域。

6. 管理更科学

节能服务公司通过计算机远程监控信息系统，实时监测分析用户的能源消耗状况，并派出专业的现场维护与巡视人员，加强现场管理。通过制定严格的规章制度，辅助积极的宣传教育手段，强化用户的节能意识。用户借助节能服务公司实施节能服务，可以获得专业节能资讯和能源管理经验，提升管理人员素质，促进内部管理科学化。

（二）业务类型

1. 节能效益分享型

在项目期内用户和节能服务公司双方分享节能效益的合同类型。节能改造工程的投入按照节能服务公司与用户的约定共同承担或由节能服务公司单独承担。

2. 节能量保证型

由节能服务公司和用能单位双方共同或任意一方单独出资实施节能项目，节能服务公司保证节能项目的节能量。项目实施完毕，经双方确认达到承诺的节能量，用能单位向节能服务公司支付相关的费用（如服务费、投资及合理利润、税费），如达不到承诺的节能量，由节能服务公司按合同约定给予用能单位补助或赔偿

3. 能源费用托管型

用户委托节能服务公司出资进行能源系统的节能技术改造和运行管理，并按照双方约定将该能源系统的能源费用交节能服务公司管理，系统节约的能源费用归节能服务公司的合同类型。项目合同结束后，节能服务公司改造的节能设备无偿移交给用户使用，以后所产生的节能收益全归用户。

4. 节能设备租赁型

融资公司投资购买节能服务公司的节能设备和服务，并租赁给用户使用，根据协议定期向用户收取租赁费用。节能服务公司负责对用户的能源系统进行节能技术改造，并在合同期内对节能量进行测量验证，担保节能效果。项目合同结束后，节能设备由融资公司无偿移交给用户使用，以后所产生的节能收益全归用户。

（三）案例

案例名称：某发电厂水泵电机变频调速合同能源管理项目

实施方式：节电率保证性，在节电率达到合同指标后的第 2 年和第 3 年，业主单位均按照 50% 的合同额，从年节能效益中向节能服务公司支付合同款。

1. 案例摘要

本案例是在 13 台共 2300 千瓦的水泵电机上，安装变频调速装置，用电机的变频调速替代调节阀门开度控制水量。项目投资 254.61 万元，资金来源由节能服务公司出资，资金自筹。项目完成后年节电 326.42 万千瓦时，年节电效益 127.3 万元，项目简单投资回收期 2 年，形成二氧化碳减排能力 740 吨碳/年。

2. 项目过程

（1）原系统及能耗情况。

业主单位用的 13 台共 2300 千瓦的水泵长期定速运转，通过阀门开度控制出水量，这种调节方式既浪费电能，又增加设备维修工作量。原系统耗能情况如表 3 − 6。

表3－6　　　　　　　　　　　　原系统年耗能情况表

台数	水泵电机总容量 （kW）	年工作时间 （h/a）	年耗电量 （kW·h/a）
13	2300	7096	1387.27

（2）案例改造内容。

本项目对13台水泵电机进行变频调速，改造内容是对13台水泵各购置1套变频调速装置，对系统进行调试、测量和试运行。项目于2002年5月开始实施，2002年8月竣工验收。项目选用的设备为国内专业厂家生产的成套变频调速装置，该装置技术成熟，运行稳定。

（3）新系统及能耗情况。

项目实施后，根据负荷的要求，由水泵电机变频调速，控制水泵出水量，新系统耗能情况如表3－7。

表3－7　　　　　　　　　　　　新系统耗能情况表

台数	水泵电机总容量 （kW）	年工作时间 （h/a）	年耗电量 （kW·h/a）
13	2300	7096	1060.85

（4）节能效果及其确认。

项目实施后，年节电量和年节能效益如表3－8。

表3－8　　　　　　　　　　　　年节电量和年节能效益表

原系统年耗电量 （kW·h/a）	新系统年耗电量 （kW·h/a）	年节电量 （kW·h/a）	年节能效益 （元/a）
1387.27	1060.85	326.42	127.30

注：电价为0.39元/kW·h，节电率为23.5%。

节电量由业主单位和节能服务公司双方确认，以改造前1年的年耗电量和年工作时间为基准值。双方组成检测小组，选择几个正常的运行时段，对变频运行状态下水泵的耗电量进行测量。由年耗电量、年工作时间的基准值与改造后实测的时段耗电量和节电率，折算出年节电量。低压变频装置的寿命按 10 年计算，寿命期的节电量为 3264.2 万千瓦时。

三、电力需求侧管理

（一）目的意义

电力需求侧管理改变了过去单纯以增加能源供给来满足日益增加用电需求的做法，将提高需求方的能源利用率而节约的资源，统一作为一种替代资源。其中一个重要思想就是主张将资金投入能耗终端的节能（需求侧），其所产生的效益要远高于将资金投资在生产更多能源上的效益。据统计，需求侧投资一般仅为供应侧投资的 20% ~ 50%。如蓄冷空调能够在用电低谷时将冷量蓄存下来，待到用电高峰时使用，从而具有平衡负荷、优化用能结构的优点。从传统节能的观点上看，在制造单位冷量上，蓄冷空调的效率不比普通空调的制冷效率高，蓄冷空调通常采用的冷蓄冷系统其制冷循环的蒸发温度比普通空调所采用的蒸发温度低，其循环的效率因而较低，所以它也是一种"耗能"技术。这却恰恰反映了电力需求侧管理的思想，因为用蓄冷空调的办法将 1 千瓦用电高峰的电耗转移到低谷去所需要的投资远远少于建一座 30 万千瓦的火力发电厂 1 千瓦所需要的投资。

（二）主要内容

1. 组织管理体制

政府。政府在实施电力需求侧管理中发挥主导作用，将实施电力需求侧管理纳入法制轨道并建立相应的政策体制保障。在节电领域实行以激励为主的政策，在财政、税收、价格等方面制定激励性条款。对各方在节电效益的分配上进行协调并在实施中进行监督指导。

电网企业。电网企业是电力需求侧管理的重要实施主体。电网企业应明确地把节电列入工作范围，允许电网企业以激励手段推动电力需求侧管理。

电力用户。电力用户是电力需求侧管理的最关键参与者。只有用户积极参与才能提高终端用电效率，移峰填谷减少发电装机容量，从而既减少了包括发电和输配电在内的电力建设投资，降低了供电成本，又减少了与其相关的燃料开采、运输投资以及环保费用。

中介机构。能源服务公司是实施中介机构，可向用户提供有关电力需求侧管理内容的各种形式的中介服务，协助政府和配合电力公司实施电力需求侧管理计划。中介服务包括能源审计、节能诊断、筹集节能基金、节能设计、安装和操作培训到获得节能节电收益的一条龙服务。

2. 主要措施

法律措施。法律措施是电力需求侧管理健康发展的保障。近年我国也出台了一系列政策推动电力需求侧管理，如《关于进一步深化电力体制改革的若干意见》、《电力需求侧管理办法》、《有序用电管理办法》等。

经济措施。经济措施是电力需求侧管理最主要的激励措施。主要是运用价格杠杆，最常用方法：实施峰谷分时电价、季节性电价、可中断电价等电价政策，引导用户尽可能在低谷时段用电，合理避开高峰时段用电，使用户在时序性、经济性、用电可靠性之间做出选择，以达到优化负荷特性、调整负荷曲线的目的。

技术措施。技术措施是实施电力需求侧管理的手段。针对具体对象、生产工艺或生活用电特点，采用技术成熟的先进节电设备来提高终端用电效率，从而节约电量、削减高峰负荷。

管理措施。政府是电力需求侧管理的主导者。采取必要的管理措施，可以保证技术、经济措施的有效实施。尤其是当电力供需形势出现大的波动时，管理措施对平衡电力供需的作用尤为突出。

引导措施。通过知识普及、信息传播、技术示范、宣传培训等措施，宣传树立科学发展观的思路、节能减排意识、电力需求侧管理的理念，倡导科学用电，提升电力需求侧管理在全社会的认知度，使之成为人人重视并参与的社会行动。

3. 效益分析

社会效益。提高用电效率，减少电能总量消耗，节约一次能源，减少污染物排放；降低高峰负荷增长，缓建或少建电厂，减少电力建设投资，平抑电价，对保障我国经济社会可持续发展意义重大。

电力用户效益。合理减少用户电力消费和电费支出，降低用户的生产经营成本，提高用户能效和产品的竞争力。

供电企业效益。削减高峰时段电网调峰的压力，改善电网负荷特性，从而提高电力系统的安全稳定与经济性，提高供电的可靠性及服务水平。

发电企业效益。提高发电设备利用率，缓解发电机组调峰压力，减少发电机组启停频率，降低发电煤耗及生产成本，提高发电企业竞争力。

4. 技术方法

负荷管理。负荷管理技术就是负荷整形技术，根据电力系统的负荷特性，以某种方式将用户的电力需求从电网负荷高峰期削减、转移或增加在电网负荷低谷期的用电，以达到改变电力需求在时序上的分布，减少日或季节性的电网峰荷，以期提高系统运行可靠性和经济性。

能效管理。能效管理主要从两个方面着手：一是选用先进技术和高效设备，二是实行科学管理，在满足同样能源服务的同时减少用户的电量消耗。与节约电力不同，节约电量是随机和随意的，可在任何时间进行，不受时序的约束。

有序用电。《有序用电管理办法》中规定：有序用电是指在电力供应不足、突发事件等情况下，通过行政措施、经济手段、技术方法，依法控制部分用电需求，维护供用电秩序平稳的管理工作。

（三）案例

1. 消谐动态无功补偿装置在橡胶行业的应用

（1）实施背景。

某橡胶有限公司（以下简称公司）拥有 2 台 1.2MW 热电机组，发电机的额定功率因数为 0.90，实测功率因数为 0.83；30 台（1250kW）密炼机；每个密炼系统功率因数为 0.72。密炼系统 690V 密炼机及 380V 低压系统组成，380V 低压系统配备补偿装置，由于 690V 密炼机直流电机、变压器为整流设备、负荷变化大，高次谐波大，无法进行补偿，系统无功分量大，造成损耗大，发电机功率因数低，设备故障率高。

（2）实施情况。

根据公司的现场生产、设备情况，为避免电容器与电网谐波谐振，造成电容器损坏甚至内部电网崩溃，提高功率因数，降低消耗，2006 年公司对终练线系统 M3 线试安装消谐动态无功补偿装置。公司密炼系统 M3 线的用电系统及消谐装置布置，如图 3－7。

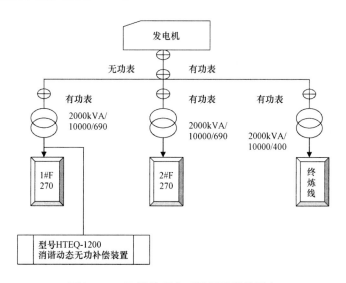

图 3－7　M3 线的用电系统及消谐装置布

通过对公司终练线系统 M3 线安装消谐动态无功补偿装置后的效果项目监测，确认项目完成后功率因数提高：热电厂 M3 密炼车间出线处的功率因数由 0.7140 提高到 0.9163。

（3）项目监测及效果分析。

1）节约无功电量 27.72 万 kvar·h/a；

2）电压畸变率从 9.7% 下降到 4.8%，低于标准规定的电压畸变率上限值 5%；电流畸变率从 48.6% 下降到 30.8%；

3）变压器温度由消谐装置投入前的 69℃ 降到投入后的 51℃，下降 18℃。

（4）节电率的计算。

产品平均单耗由消谐装置投入前的 0.1528kW·h/kg 降到投入后的

0.1478kW·h/kg，节电率为 3.27%。

（5）投资回收期。

以单台 F270 消谐动态无功补偿装置为例：加装消谐装置总投资费用 58 万元，年可节约无功费用 40 万元，节约有功电量 16 万 kW·h，费用 10 万元，节约总费用 50 万元，回收期为 1.16 年。

2. 负荷抬高项目

负荷抬高主要有电蓄冷中央空调替代燃气热制冷中央空调、热泵技术应用等能源替代项目。以下介绍热泵技术应用项目案例。

（1）项目名称。

某大厦水源热泵系统。

（2）项目概况。

本项目是利用一台制热能力 1700 kW、制冷能力 2100 kW 的水—水热泵，组成低温水源热泵系统，替代燃油溴化锂冷热水机组，改造公寓楼供热和供冷系统。投资 410.93 万元，年节标准煤 711tce，实现节能效益 170.9 万元。

（3）原系统及耗能情况。

项目实施前，某大厦使用燃油溴化锂冷热水机组为冬季采暖和夏季供冷，能耗高，热效率低。原系统耗能情况如表 3-9。

表 3-9 原系统耗能情况表

项目	年耗柴油量（t）	年耗电量（万 kW·h）	年耗能量（tce）
数据	900.40	24.36	1 384

（4）项目实施情况。

本项目是用低温水源热泵系统，取代燃油溴化锂冷热水机组，内容如下：

1）拆除原有溴化锂冷热水机组；

2）购装水水热泵机组（制热能力 1700 kW，制冷能力 2100 kW）一台；

3）改造和安装相关辅助设施及开抽、灌水井；

4）系统调试及试运行；

5）2003 年 11 月完成。

（5）新系统及耗能情况。

低温水源热泵系统利用浅层地下水取代柴油为热源和冷源，而且此类系统能效系数远高于溴化锂直燃机组，新系统耗能情况如表 3 – 10。

表 3 – 10　　　　　　　新系统耗能情况表

项目	年耗电量（万 kW·h）	年耗能量（tce）
数据	168.78	673

（6）节能效果。

1）节能量及年节能效益。

项目实施后，年节能量及年节能效益如表 3 – 11。

表 3 – 11　　　　　　　年节能量及年节能效益表

数据	原系统年耗能		新系统年耗电量（万 kW·h）	年节能量（tce）	年节能效益（万元）
	柴油（t）	电（万 kW·h）			
项目	900.4	24.36	168.78	711	170.9

注：柴油价格为 2780 元/t，电价为 0.55 元/（kW·h）

2）寿命期节能量。

项目使用设备寿命按 10 年计算，寿命期节能量可达 7110tce。

3）投资回收期。

投资回收期为 2.4 年。

虽然本案例的用电负荷增加，属于负荷抬高项目，但其综合节能效果显著。

四、节能产品认证

（一）基本概念

1. 节能产品

节能产品是指符合该种产品有关的质量、安全和环境标准要求，在社会使用中与同类产品或完成相同功能的产品相比，它的能源使用效率（能效）

指标达到相关能效标准的规定。按规定程序通过国家节能认证的产品可以使用节能标志。

2. 产品认证

《中华人民共和国认证认可条例》（以下简称《认证认可条例》）中明确规定：认证是指由认证机构证明产品、服务、管理体系符合相关技术规范的强制性要求或者标准的合格评定活动。认证机构应当按照认证基本规范、认证规则从事认证活动。

中国认证机构国家认可委员会《认证机构实施产品认证的认可基本要求》中明确规定：产品认证是为产品符合特定标准和其他规范性文件提供保证的一种手段。

产品认证包括强制性认证和自愿性认证，由具备资质的第三方（独立）认证机构实施，由其实施的节能产品认证是自愿性的，属于有形产品的常规认证。

3. 节能产品认证

节能产品认证是依据相关的标准和技术要求，经认证机构确认并通过颁发节能产品认证证书和节能标志，证明某一产品为节能产品的活动。"中国节能产品认证标志"如下图 3 - 8。

图 3 - 8　中国节能产品认证标志

（二）　主要特点

1. 节能产品认证有国家法律保障和政策的支持

我国《节能法》、《清洁生产促进法》等有关节能法律、法规对节能产品认证做出了明确规定，为节能产品认证提供了有力的法律保障。

2004 年 4 月，《关于开展资源节约活动的通知》（国办发〔2004〕30 号文）指出：扩大节能产品认证范围、建立强制性能效标识制度、把好市场准入关作为一项具体措施来推进全社会的节能工作。2004 年 12 月，《节能产品政府采购实施意见》（财库〔2004〕185 号文），将节能产品认证列入了《节能产品政府采购清单》，并每年定期更新采购清单。另外节能产品认证还纳入中国名牌产品、国家免检产品的评选条件。

2. 节能产品认证以国家能效标准作技术依据

我国早在 1989 年发布了第一批能效标准，即 GB/T 12021 系列标准。能效标准规定了产品的能效指标及节能限定值和测试方法，涉及家用电冰箱、电风扇、电视机等八类用能产品。1998 年《节能法》实施后，能效指标从产品标准当中分离出来，建立起与实施《节能法》相配套的独立的能效标准体系，能效标准将作为国家强制性标准予以发布和实施，能效标准规定了产品的能效指标、限定值、节能产品认证评价值及检测方法。

随着我国家用电器节电技术水平的提高，1989 年版的标准正在逐一进行修订。1999 年原国家质量技术监督局批准发布了《家用电冰箱能耗限定值及节能评价值》（GB 12021.2—1999）第一个强制性能效标准，节能产品认证拉开序幕，以后又陆续发布了房间空气调节器等一系列国家能效标准，这些标准是开展国家节能产品认证工作的主要技术依据。

3. 节能产品认证是以产品能效指标或效率为核心的特色认证

节能产品认证作为第三方产品质量认证的一种，目前采用"工厂质量保证能力 + 产品实物质量检验 + 获证后监督和抽样检验"的认证模式，是认证模式中最为严格的一种形式。实施节能产品认证制度的关键在于有效开展工厂质量保证能力的审查、充分体现节能产品认证特点。

（三） 认证流程

企业可以根据自愿的原则，按照国家有关产品质量认证的规定，向认证机构提出节能产品认证申请，经认证机构确认后，取得节能产品认证证书，并在产品或者其包装上使用节能认证标志。

节能产品认证实施流程主要包括：认证要求的制定、产品认证申请、产品型式试验、工厂质量保证能力检查、认证结果评定及批准认证证书、产品认证标志的购买及使用、获证后的监督和监督检验、复评和认证变更等 9 个过程。

第四章 热能工程节能技术

热能是一种基本的能量形式，所有其他的能量形式都可以转换为热能，约有85%～90%的能源是转换成热能加以利用的。加强热能利用过程和设备的节能对于提高我国能源利用率，保持经济持续发展具有重要意义。

热能节约既要重视提高用能设备的实效，也要加强整个用能系统的优化。要从能量的数量和质量两个方面分析，按能量的品质合理使用，尽可能避免高品质能量降级使用；要按系统工程的原理，实现整个企业或地区用能系统的热能、余热和余压的全面综合利用，使能源利用最优化；要大力开发、研究热能新技术，如高效清洁的燃烧技术、高效小温差换热设备、热泵技术、热管技术及低品质能源动力转换系统等。

本章系统的从主要用能设备，如锅炉、工业窑炉等以及热能传输、转换、储存等热能利用过程中的节能技术。

第一节 锅炉节能技术

一、概念及分类

（一）锅炉的概念

锅炉是利用燃料燃烧释放的热能或其他热能加热热水或其他工质，以生产规定参数（温度、压力）的蒸汽、热水或其他工质的设备。

（二）锅炉的分类

锅炉的分类方法有多种，一般依据用途、结构、出口压力、循环方式、燃烧方式、所用燃料或能源、载热工质等来划分。

（1）按用途分类有电站锅炉、工业锅炉、船用锅炉和机车锅炉等。

（2）按结构分类有火管锅炉、水管锅炉。

火管锅炉：烟气在火管内流过，一般为小容量、低参数锅炉，结构简单，水质要求低，运行维修方便。

水管锅炉：汽水在管内流过，可以制成小容量、低参数锅炉，也可制成大容量、高参数锅炉。

（3）按循环方式分为自然循环锅炉、强制循环锅炉和直流锅炉。

自然循环锅炉：有锅筒，利用下降管和上升管中工质密度差产生工质循环。

强制循环锅炉：也称辅助循环锅筒锅炉，有锅筒和循环泵，利用循环回路中的工质密度差和循环泵压头建立工质循环。

直流锅炉：无锅筒，给水靠水泵压头一次通过受热面产生蒸汽或热水。

（4）按锅炉出口工质压力分为常压锅炉、微压锅炉、低压锅炉、中压锅炉、高压锅炉、超高压锅炉、亚临界压力锅炉、超临界压力锅炉和超超临界压力锅炉。

（5）按燃烧方式分类有火床燃烧锅炉、火室燃烧锅炉和沸腾炉（流化床锅炉）。

火床燃烧锅炉：燃料主要在炉排上层状燃烧。

火室燃烧锅炉：燃料主要在炉膛中悬浮燃烧。

沸腾炉（流化床锅炉）：破碎到一定粒度的燃煤用风吹起，在沸腾炉料床上翻腾燃烧。

（6）按所用燃料主要分为固体燃料锅炉、气体燃料锅炉和液体燃料锅炉。

（7）根据排渣方式分为固态排渣锅炉和液态排渣锅炉。

固态排渣锅炉：燃料燃烧后生成的灰渣呈固态排出。

液态排渣锅炉：燃料燃烧后生成的灰渣呈液态从渣口流出，在裂化箱的冷却水中裂化成小颗粒后排入水沟中冲走。

（8）按炉膛烟气压力分为负压锅炉、微正压锅炉、增压锅炉。

负压锅炉中，炉膛压力保持负压，有送风机、引风机；微正压锅炉中，炉膛表压为 2 千帕（kPa）~5 千帕（kPa），不需要引风机；增压锅炉中，炉膛表压大于 0.3 兆帕（MPa）。

（9）按锅炉出厂型式分为快装锅炉、组装锅炉和散装锅炉。

（10）按容量分为小型锅炉、中型锅炉、大型锅炉。

（11）按载热工质分为蒸汽锅炉、热水锅炉、有机热载体锅炉。

二、基本构造和工作过程

（一）锅炉的基本构造

锅炉设备由锅炉本体及其辅助设备两大部分构成。

1. 锅炉本体

锅炉本体主要是由"锅"与"炉"两大部分组成。"锅"是指承受内部或外部作用压力、构成封闭系统的各种部件，包括锅筒（又称汽包）、对流管束、水冷壁、集箱（联箱）、蒸汽过热器、省煤器和管道组成的封闭汽水系统，其任务是吸收燃料燃烧释放出的热能，将水加热成为规定温度和压力的热水或蒸汽。

"炉"是指锅炉中燃料进行燃烧产生高温烟气的所在，是包括煤斗、炉排（床）、炉膛、除渣板、送风装置等组成的燃烧设备。其任务是使燃料不断良好地燃烧，放出热量。"锅"与"炉"一个吸热，一个放热，是密切联系着的一个整体设备。

此外，为了保证锅炉正常工作，安全运行，锅炉本体还包括必须设置的一些附件和仪表，如：安全阀、压力表、温度表、水位警报器、排污阀、吹灰器等，还包括构成锅炉围护结构的炉墙以及支撑结构的钢架。

2. 锅炉辅助设备

锅炉辅助设备是保证锅炉安全、经济和连续运行必不可少的组成部分，主要包括 6 部分：

（1）燃料供给系统：是连续供给锅炉燃烧所需燃料的设备，包括燃料储存设备、燃料运输设备、燃料加工设备。

（2）汽、水系统：是用来盛装水或蒸汽的受压设备，将产生的蒸汽或热水分别送到各个热用户。汽、水系统包括蒸汽、给水、排污等3大系统。

蒸汽系统是将合格的蒸汽送往热用户，包括蒸汽管道、附件、分汽缸等。给水系统是将经过处理后的符合锅炉要求的软水送入锅炉，保证锅炉正常运行，包括给水泵、水箱、给水管、水处理设备等。排污系统是将水中的沉渣和盐分杂质排除掉，包括排污管、定期排污膨胀器、排污降温池等。

（3）送引风系统：为送入适量的空气，保证燃料在炉膛内能够完全的燃烧，并将烟气顺利排出的设备，包括送风机、引风机、冷风管道、热风管道、烟道和烟囱。

（4）排灰渣系统：保证灰渣能够及时顺利的排出并运往灰渣场的设备，主要由各种排渣机、沉灰池、渣场、渣斗、推灰渣机等组成。

（5）烟气净化系统：在烟气排放前，除去锅炉烟气中夹带的飞灰、二氧化硫、氮氧化物等有害物质，改善锅炉烟气的设备，主要包括烟气的除尘设备、脱硫设备、脱硝设备。

（6）仪表及自动调节控制系统：对运行的锅炉进行自动监测、程序控制、自动保护和调节的设备，主要包括微型计算机、温度、压力、水位、流量、负压、烟气氧量等测量仪表、自动调节阀以及控制系统等。

（二）锅炉的工作过程

锅炉工作过程分为：炉内过程和锅内过程。

炉内过程：包括燃料的燃烧过程和受热面外部烟气侧的炉内传热过程。在燃料的燃烧过程中，燃料中的化学能被释放出来并转化成为被烟气所携带的热能，也就是化学能转化成热能；在受热面外部烟气侧的炉内的传热过程中，烟气携带的热能通过锅炉的各种受热面传递给锅内工质。此外，炉内过程还包括工质的流动过程和工质侧的热化学过程（如蒸汽品质、盐分沉淀、受热面结垢和腐蚀等过程）。

锅内过程：包括受热面与工质之间的传热过程和工质的升温、汽化、过热过程，在这个过程中，工质吸收热量而被加热到期望的温度。

三、主要性能参数和技术经济指标

（一）锅炉主要性能参数

蒸汽锅炉一般用以下 4 个参数来描述：蒸发量，单位为吨/小时（t/h）；出口蒸汽压力，单位为兆帕（MPa）；出口蒸汽温度，单位为摄氏度；给水温度，单位为摄氏度。

热水锅炉用以下 4 个参数来描述：热功率，单位为兆瓦（MW）；出口热水压力，单位为兆帕（MPa）；出口热水温度，单位为摄氏度；热水回水温度或给水温度，单位为摄氏度。

1. 蒸发量和热功率

（1）蒸发量。

锅炉的蒸发量是锅炉在确保安全的前提下长期连续运行、每小时所产生蒸汽的数量。蒸发量又称为"出力"或"容量"，单位为吨/小时（t/h）。

锅炉蒸发量分为额定蒸发量，经济蒸发量和最大蒸发量 3 种。

额定蒸发量是指锅炉在额定压力、蒸汽温度、额定给水温度下，使用设计燃料和保证设计效率的条件下连续运行所应达到的每小时蒸发量。新锅炉出厂时，铭牌上所标示的蒸发量就是这台锅炉的额定蒸发量，因而也称锅炉铭牌蒸发量。

经济蒸发量是指在保证安全的前提下锅炉连续运行，热效率最高时的蒸发量。据推算和实验证明，当锅炉的蒸发量低到额定蒸发量的 60% 时，锅炉的热效率比额定蒸发量时的热效率低 10%～20%，只有锅炉的蒸发量在额定蒸发量的 80%～100% 时，其热效率为最高。因此，锅炉的经济蒸发量应在额定蒸发量的 80%～100% 范围内。

锅炉最大蒸发量是指在规定的工作压力下或低于工作压力下连续运行，不考虑其经济效果，每小时能产生的最大蒸发量。最大蒸发量大于额定蒸发量，最大时可大于额定蒸发量的 20%。除非有特殊需要，一般不在最大蒸发量下连续运行。

（2）热功率。

对于热水锅炉用热功率来表明其容量的大小，单位是兆瓦（MW）。

2. 压力和温度

（1）额定工作压力。

蒸汽锅炉出汽口处的蒸汽额定压力或热水锅炉出水口处热水的额定压力称为锅炉的额定工作压力，又称为最高工作压力，单位是兆帕（MPa）。

（2）蒸汽温度。

锅炉蒸汽温度是指过热器主汽阀出口处的过热蒸汽温度。对于无过热器的饱和蒸汽锅炉，由于蒸汽温度和压力存在一一对应的关系，一般只给定额定压力。

（3）给水温度。

锅炉给水温度是指进省煤器的给水温度，对无省煤器的锅炉指进锅炉锅筒的给水温度，单位为摄氏度。

（二） 锅炉主要技术经济指标

1. 热效率

锅炉热效率是指单位时间内锅炉的有效利用热量 Q_l（水和蒸汽在锅内吸收的热量）占供给锅炉全部热量 Q_r 的百分数。

$$\eta_{gl} = \frac{Q_l}{Q_r} \qquad (4-1)$$

锅炉的有效利用热 Q_l 是指单位时间内工质在锅炉中所吸收的总热量，包括水和蒸汽吸收的热量以及排污水和自用蒸汽所消耗的热量，锅炉的输入热量 Q_r 是指单位时间供给燃料所具有的收到基低位发热量以及用外来热源加热燃料或空气时所带入的热量。

锅炉热效率是表明锅炉重要经济指标之一；有时为了概略衡量蒸汽锅炉的热经济性，还常用煤汽比或煤水比来表示，即锅炉在单位时间内的耗煤量和该段时间内产汽量之比。煤汽比（煤水比）的大小与锅炉型式、煤质及运行管理质量等因素有关。

2. 电耗率

锅炉的电耗率是指生产 1 吨蒸汽，锅炉房设备消耗的总电度数。

锅炉电耗率计算时，除锅炉本体电耗外，还要包括锅炉房内所有辅助设备，如破碎及制粉等设备的电耗。

3. 热效率的测试与计算方法

热效率是锅炉的重要技术经济指标，表征锅炉设备的完善程度和运行管理水平。锅炉热效率可以通过热平衡试验的方法测定，测定方法有正平衡测量法、反平衡测量法两种。

（1）正平衡法。

直接测量输入热量和输出热量来确定效率的方法，也称直接测量法或输入输出法。

（2）反平衡法。

通过测定各种燃烧产物热损失和各种散热损失来确定效率的方法，也称间接测量法或热损失法。

正平衡试验法简单易行，一般用于小型锅炉热效率的测定。对于锅炉额定蒸发量（额定热功率）≥20 吨/小时（t/h）（14 MW）的锅炉，用正平衡法测定锅炉热效率有困难时，采用反平衡法测定锅炉热效率。对于电站锅炉，采用反平衡法来测定锅炉热效率。锅炉热平衡试验应遵照《工业锅炉热工性能试验规程》（GB/T 10180）、《电站锅炉性能试验规程》（GB/T 10184）等标准进行。

四、主要节能技术

锅炉节能的主要途径有：减少各项热损失、加强燃料和水质管理、提高运行管理水平、进行锅炉节能技术改造、采用节能新技术等。下面介绍几种锅炉主要节能技术。

（一）链条炉分层燃烧技术

为提高转链条炉的运行热效率，技术改造途径很多，其中分层燃烧技术是链条炉迄今为止较为成熟的节能改造技术之一。分层燃烧技术因其结构简单，性能稳定，安装方便，不仅能克服煤闸门给煤装置的种种弊端，而且改善了锅炉的燃烧工况，提高了热效率，节约了燃煤，降低了污染，特别对末煤多的煤种或者难燃煤，具有明显节能效果。

1. 工作原理

分层燃烧技术装置结构如图 4 - 1 所示。

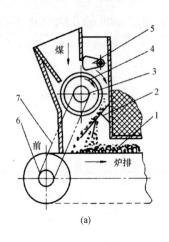

(a)

1—炉排；2—筛板；3—链轮；4—滚筒；
5—煤闸板；6—炉排轴；7—链条

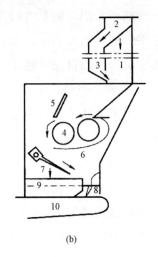

(b)

1—溜煤管；2—溜煤板；3—均衡仓；
4—拨煤辊；5—煤闸板；6—托煤板；
7—筛分器；8—挡煤板；9—闸密封；
10—炉排

图 4 - 1　分层燃烧技术装置结构示意图

分层燃烧技术主要机理是利用拨煤辊与筛分器相结合，采用机械筛分的方法，使进入锅炉的燃煤达到分层的目的。

入炉煤从煤仓经溜煤管下落时，位于溜煤管中间的煤直接通过溜煤管落下，两侧的煤块则进入设置在溜煤管内侧的均衡仓。进入均衡仓的煤量由均衡仓上入口的调节门根据煤块所占比例来调节。在均衡仓出口，煤块再与直接落下的面煤相混合后，经拨煤辊拨到倾斜布置的筛分器上，筛分器对煤按其粒度大小加以分离，能直接通过筛分器的煤粒垂直落到炉排上，不能透过筛分器的煤粒沿筛子滑移并也落到炉排上。由于筛子上的煤粒滑移方向与链条炉排的运动方向相反，促使大小煤粒在落到炉排时形成下落位置差和下落时间差，实现了大颗粒煤块在下、小颗粒煤粉在上的层次分明、分布均匀、疏松有序、透气性好的煤层结构。煤粒之间的间隙得以保留，减少了煤层的通风阻力，增加了炉排中间还原区单位面积的通风量，改善了煤层通风不均，以及煤渣区供风量大的状况，保证了燃烧所需要的空气量，使过量空气系数正常。位于最上层的小颗粒煤容易呈现半沸腾燃烧，且与空气的接触面积较大易于着火和燃烧，这对于防止着火线推迟、提高炉膛温度和燃料的完全燃烧十分有利。提高率炉排还原区的热强度和煤层的燃尽速度，提高了炉温，避免了拉火现象，提高了锅炉的负荷率和热效率。

煤层厚度可根据出力要求调整煤闸板高度，同时由于拨煤辊的速度与炉排主动轴同步，所以也可以同时通过调整炉排速度来调节给煤量，即负荷大时拨煤辊给煤多，负荷小时拨煤辊给煤少。

分层燃烧技术装置主要由滚筒和筛网组成，并安装有安全离合器、卡塞故障电子报警、自动刮煤器等。新改进的分层燃烧技术装置增加了振动部件，有效避免了卡塞现象的发生。为了便于运行观察，有的制造厂在装置前部设置了便于观察的耐热玻璃，工人可以在炉前直接观察运行状态。为便于装置的检修，有的制造厂在装置前面板，采用螺栓连接及固定方式，一旦装置出现故障，当两侧检测门及上部检修门维护困难时，前面板可整体拆卸，以利于检修；除此之外，筛分器出现故障时，可从两侧抽出进行修理更换。

为了解决炉煤在粒度上均衡问题分层燃烧技术装置增设了重力移位装置。重力移位器的工作原理是两个进煤口分别伸入到溜煤管的两侧，将块煤引到移位均衡仓中，将块煤沿煤斗宽度上再送到拨煤辊上，即将煤块送到粉煤中，经粒度调整后的煤送入到筛分器上，最后真正达到均匀分层效果。重力移位器的入煤口没有调节装置，根据块煤所占煤的比例来决定开大开小。

为保证入煤变化时的筛分效果，有的装置筛分器做成可调的。当煤较干、块少（25%以下）块小（20毫米以下）时，筛分器应向上提起，竖直夹角适当加大；反之筛分器应下降竖直夹角减小，这样可确保分层效果。

2. 技术特点

提高锅炉出力。在不改变层燃方式的情况下，使燃煤在炉排上自然地形成上大下小的均匀煤层，蓬松比增大（蓬松比一般为 1∶1.25），煤层透气性好，改善了燃烧条件，促进了强烈燃烧，提高了炉膛温度，火床强度高，煤层燃尽度好，火床温度均匀性好，使锅炉满负荷及超负荷运行能力强。

提高锅炉热效率。采用分层给煤后，炉内空气动力工况好，炉膛温度高，可燃性气体得到充分燃烧，化学不完全燃烧损失小。由于燃烧强烈，燃烧效果好，熄火线提前，灰渣温度低，灰渣物理热损失小。锅炉热效率提高 10% 左右，节煤率 10% ~ 15%。

提高锅炉运行稳定性和可靠性。经过分层给煤改造后，煤闸板（原链条炉排上方的煤闸板组合体）已经拆除，冷却系统也随着拆除，故障源减少。由于火床短，熄火线提前，杜绝了尾部挡渣器烧损。煤层沿炉排宽度方向均匀，消除了炉排偏火、跑火、黑带和出现火口等现象，改善了炉排受热情况，杜绝了煤斗、炉排、炉排侧密封烧损等事故，提高了锅炉运行稳定性和可靠性。

（二）新型高效煤粉工业锅炉系统技术

我国燃煤工业锅炉中 85% 以上为层燃炉。燃煤工业锅炉的平均热效率仅为 60% ~ 65%，比国际先进水平低 20% ~ 25%，且排放大量的 SO_2、NO_x、CO_2 等，需要投入大量污染处理费用。此外，层燃锅炉运行中容易产生结焦、腐蚀等问题，设备损耗大，维修费用高；运行中需要投入大量的人力资源，人工成本高。煤粉燃烧具有燃烧速度快、燃烬率高、烟气损失低的特点，但因煤粉制备、空间燃烧、高效除尘、自动化控制等因素，在工业锅炉上一直得不到良好应用。近年来，随着这些技术的快速发展，新型高效煤粉工业锅炉系统技术得以推广。

1. 技术原理

该技术是一种以煤粉燃烧为核心的悬浮燃烧技术，采用煤粉集中制备、精密供粉、空气分级燃烧、炉内脱硫、锅壳（或水管）式锅炉换热、高效布袋除尘、烟气脱硫脱硝和全过程自动控制等先进技术，实现了燃煤锅炉的高效运行和洁净排放。具体工艺流程见图4－2。

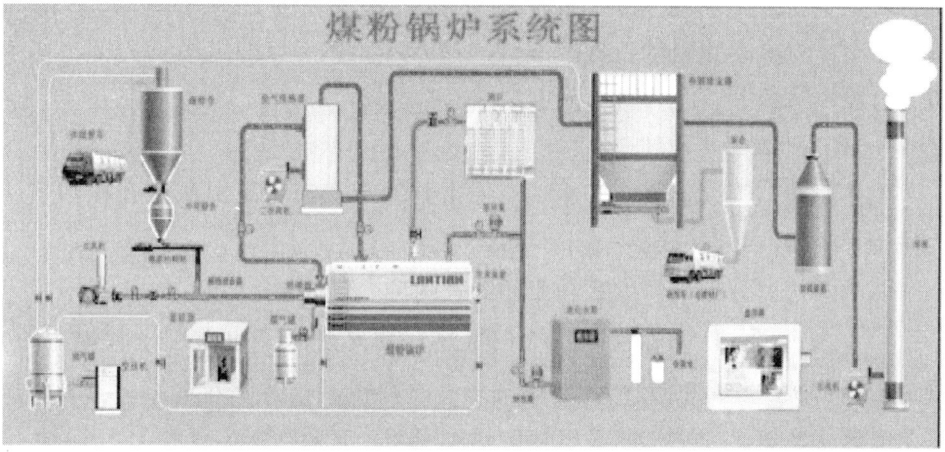

图4－2　新型高效煤粉工业锅炉系统技术流程图

2. 技术特点

（1）节能高效。煤粉燃烧效率达到98%以上，锅炉运行效率达88%以上。

（2）环保清洁。通过脱硫和袋式除尘，烟尘≤30毫克/立方米，SO_2≤100毫克/立方米，NO_X≤200毫克/立方米，均低于国家排放标准，满足日益严格的环保要求。

（3）操作简单。配备现代自动化控制技术，锅炉运行、输煤、燃烧、脱硫除尘、出渣等实现自动化控制，改善了司炉人员的工作环境。

（4）占地节省。系统流程简捷，设备布置紧凑，煤、渣不落地、不需堆放场地，节省占地。

（三）吹灰技术

锅炉在运行过程中，受热面积灰、结焦是最常见的现象，沉积在锅炉受热面上的积灰层导热系数为0.0581~0.116w/m²·℃，而锅炉受热面金属管壁的导热系数为46.5~58.1 w/m²·℃，积灰层的导热系数比金属管壁的导热系数低500~800倍。因此，在轻度积灰的情况下，积灰层带来的附加热阻也会严重影响锅炉受热面内外热量的传递，使排烟温度升高，锅炉热效率降低，同时积灰进一步导致受热面产生高低温腐蚀，锅炉管爆漏现象频繁，严重时，甚至被迫停炉清洗和爆管，致使运行周期大大缩短。目前电站锅炉吹灰设备主要有蒸汽吹灰器、声波吹灰器以及激波吹灰器。

1. 蒸汽吹灰器

工作原理：蒸汽膨胀、高速气流冲击并冷却灰渣。高温灰渣在冷却热应力作用下碎裂，并在气流冲击下脱落。

蒸汽吹灰器分为长伸缩式和段伸缩式两种。

（1）长伸缩式吹灰器：用于吹扫过热器和再热器（也有用于省煤器的）管束中的积灰。吹灰时吹灰管子和喷头一面旋转，一面伸入烟道。喷头用拉瓦尔喷管式，蒸汽或空气的喷射速度超过声速，有效吹灰半径约 1.5～2 米。

（2）短伸缩式吹灰器：用于吹扫炉膛水冷壁管子表面的结渣和积灰。

以上两种吹灰器多数用于高于 700℃ 的烟温范围，吹灰结束后吹灰管退出炉外，以免被高温烟气烧坏

2. 声波吹灰器

主要原理：蒸汽或压缩空气膨胀产生声波。声波在烟道或炉膛内传播，牵动烟气中的灰粒同步振动，在声波振动及疲劳反复累计作用下，使微小的灰粒难以靠近积灰面，也使沉积在受热面上的灰尘破坏剥离而脱落，从而达到清灰的目的。

声波吹灰器有双音双频声波吹灰器和单音单频声波吹灰器两种型式。

（1）双音双频声波吹灰器：将压缩空气流经一个高音高频发声哨产生的高音高频声波和一个低音低频声波发生罩反射形成的低音低频声波进行耦合叠加产生双音双频带状频率声波。

（2）单音单频声波吹灰器：将压缩空气或蒸汽流经金属膜片、旋笛、发声共振腔或其他声波发生组件产生很强的声音。

3. 燃气脉冲吹灰器

主要原理：利用空气和可燃气体（主要是乙炔气、液化气等）以适当的比例混合，在一特殊的容器中混合，经高频点火，产生爆燃，瞬间产生的巨

大声能和大量高温高速气体，以冲击波的形式振荡、撞击和冲刷受热面管束，使其表面积灰飞溅，随烟气带走。

根据气体混合点的设置位置分为串联式和并联式两种型式。

（1）串联式系统：指气体混合点设置在主干管路上，经点火器后产生的高温气体再经分配器至各吹灰点。

（2）并联式系统：指气体混合点设置在各吹灰点的分支管路上，经点火器后产生的高温气体直接至各吹灰点。

从系统设置而言，并联式系统比串联式系统更安全、控制更灵活。

表4-1　　　　　　　　　　三种吹灰器技术性能比较

吹灰器名称	蒸汽吹灰器	燃气脉冲激波吹灰器	声波吹灰器
吹灰介质	蒸汽	乙炔或液化气	压缩空气或蒸汽
应用部位	炉膛、过热器、省煤器、空气预热器	过热器、省煤器、空气预热器	过热器、省煤器、空气预热器
使用范围	结渣、松散性灰及粘性灰	松散性灰及粘性灰	松散性灰
运行方式	每隔8h吹灰一次	每隔7~15天运行一次，一般为0.5h	每隔2~4h发声一次，每次发声30~60s
优缺点	设备系统较为可靠。系统复杂，吹灰有死角，运行费用高。长吹灰器易受热变形卡死引起爆管，维护量大，装置占地面积大	设备系统简单，功率大。运行成本高，吹灰有死角，燃气有安全问题	设备系统简单，使用安全，维护量较小，成本低。能量低
有效吹灰半径	0~10m	0~3m	0~10m
费用比较	基数为1	30%~50%	20%~40%

根据三种吹灰器的技术性能，对锅炉炉膛、屏式受热面吹灰除焦来说，蒸汽吹灰器仍是最佳选择，也可配合声波吹灰器一起使用效果更佳。对尾部

受热面（低温过热器、省煤器、管式空气预热器），三种吹灰器均可采用，对粘性灰应优先采用燃气脉冲激波吹灰器。对回转式空气预热器，适合采用声波吹灰器和燃气脉冲激波吹灰器，也可采用蒸汽吹灰器，前者在锅炉启动过程时即可投入运行。

（四）锅炉房集中供热技术

锅炉是城市供热中的主要耗能设备。采用锅炉房集中供热技术可以有效降低城市供热的能耗。

1. 技术简介

集中供热就是由一个大型的热源通过热力网向城市的一个或几个较大区域或工业企业供热的方式。

锅炉房集中供热（或称区域锅炉房集中供热）就是利用高效率大容量锅炉代替分散小锅炉的一种集中供热方式。它由热源、热网和热用户组成，由这三部分组成的整个系统称为集中供热系统。区域锅炉房集中供热技术节能的关键是可采用高效、大型的锅炉代替分散、低效率的小型锅炉。

集中供热系统的热源主要是热电站和区域锅炉房（工业区域锅炉房一般采用蒸汽锅炉，民用区域锅炉房一般采用热水锅炉），以煤、天然气为燃料。此外，有的国家以城市生活垃圾焚烧产生的热量作为热源，工业余热和地热也可作热源。

集中供热系统的热网分为热水管网和蒸汽管网，由输热管线、配热管线和支线组成，其布局主要根据城市热负荷分布情况、街区状况、发展规划及地形地质等条件确定，一般布置成枝状，敷设在地下。主要用于工业和民用建筑的采暖、通风、空调和热水供应，以及生产过程中的加热、烘干、蒸煮、清洗、溶化、制冷、汽锤和气泵等操作。

2. 系统特点

集中供热系统按热媒工质的形式可分为蒸汽集中供热系统和热水集中供暖系统。由于蒸汽集中供暖系统的热能利用率较低，因此除了那些生产工艺所必须使用蒸汽的工业企业外，如果只是满足采暖和热水供应用热，则应采用热水集中供热系统。

热水集中供热采暖系统与蒸汽集中采暖系统相比，具有以下特点：

（1）热水采暖比蒸汽采暖可节煤 20% ~ 30%，节水 80%。

在蒸汽集中供热系统中，排放的凝结水、排污水、泄漏的汽水等损失热量的总和远大于热水供暖系统的损失。

蒸汽采暖系统中需要有疏水点，随时放去管中蒸汽携带的或因散热引起的凝结水，以免运行中引起水击，危及供热系统安全。而热水系统则不需疏水点；

蒸汽采暖系统凝水回水率一般小于 70%，也有不回收的，而热水采暖是个封闭循环，用户未曾用去的热量及回水全部返回锅炉，其补水率约为 5%。蒸汽锅炉具有 10% 的排污率，而热水锅炉排污很少。

蒸汽供热管道每 1 公里降温约 10 摄氏度，散热损失大。而热水供热每千米降温约 1 摄氏度。此外，蒸汽采暖热惰性小，骤冷骤热，剧烈膨胀易使管道连接处损坏，造成漏水、漏气。

（2）热水锅炉与蒸汽锅炉相比，钢材耗量少，一般可以节省金属 30%，因此投资省。

（3）热水采暖可以远距离输送。水的比容小，输送距离远。目前蒸汽供热半径一般在 3 ~ 5 公里，最大到 10 公里，而水的供热半径可到 15 ~ 20 公里，最大到 50 公里，这样可以少建锅炉房。

（4）热水采暖可以采取集中质调，即根据室外温度变化，随时调节供水温度，以保证采暖房间内温度均衡。而蒸汽采暖只能用量调节，容易出现爆冷暴热现象，温度不易控制。

3. 基本类型

（1）锅炉房集中供热系统：热水采暖系统如图 4 - 3 所示。这种系统比较简单，不论锅炉容量大小，台数多少，供水温度高低，系统原理基本相同。图中双点画线所画的方框代表补水定压装置。

（2）有热水采暖和生活用汽的系统：这种系统适用于宾馆和饭店的供热。蒸汽锅炉产生的蒸汽可供吸收式制冷机、厨房、洗衣机房和生活热水加热等民用，其蒸汽压力一般在 0.1 兆帕（MPa）至 0.4 兆帕（MPa），蒸汽锅

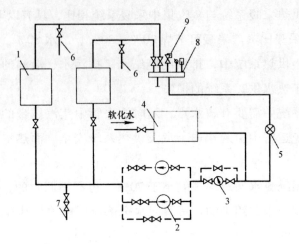

1—热水锅炉；2—循环水泵；3—除污器；4—补水定压装置；5—热水采暖用户；

6—紧急放水管；7—自来水管；8—分水器；9—安全阀

图4-3 热水采暖系统

炉以0.4兆帕（MPa）压力运行，低压蒸汽可通过减压阀减压获得。热水锅炉专用于冬季供暖，供回水温度可选110摄氏度/70摄氏度或95摄氏度/70摄氏度；如果是风机盘管系统，则供回水温度还可以降低。

（3）企业自备工业锅炉房集中供热系统：在工矿企业，生产工艺需要蒸汽，供暖需要热水，同时还想需要生活热水供应。当工艺用蒸汽的数量占锅炉房总负荷的30%以上时，锅炉房宜只设置蒸汽锅炉，所需的热水通过汽—水热交换器获得。该系统以工艺用汽为主锅炉压力满足工艺所需的蒸汽压力。加热采暖热水所需的蒸汽压力低于工艺用汽压力，可通过减压阀获得。

4. 优点

（1）提高能源利用率、节约能源。供热机组的热电联产综合热效率可达85%；区域锅炉房的大型供热锅炉的热效率可达80%～90%，而分散的小型锅炉的热效率只有50%～60%。

（2）有条件安装高烟囱和烟气净化装置，便于集中处理烟尘，减轻大气污染，改善环境卫生，还可以实现低质燃料和垃圾的利用。

（3）可以腾出大批分散的小锅炉房及燃料、灰渣堆放的占地，用于绿化，改善市容。

（4）减少司炉人员及燃料、灰渣的运输量和散落量，降低运行费用，改善环境卫生。

（5）易于实现科学管理，提高供热质量。实现集中供热是城市能源建设的一项基础设施。

（五） 热电联产技术

采用热电联产方式，将汽轮机的排汽或抽汽用于供热，可大大减少汽轮机的排汽损失，同时用高效率大容量的锅炉代替低效率小锅炉，可使能源利用效率大大提高，因此能取得较好的经济效益。

1. 基本概念

热电联产就是发电厂既生产电能，又利用汽轮发电机做过功的蒸汽对用户供热的生产方式，是指同时生产电、热的工艺过程，较之分别生产电、热方式节约燃料。以热电联产方式运行的火电厂称为热电厂。热电联产的蒸汽没有冷源损失，所以能将热效率提高到85%，比大型凝汽式机组还要高得多。

2. 建设要求

热电联产要求将热电站同有关工厂和城镇住宅集中布局在一定地段内，以取得最大的能源利用效率。造纸、钢铁和化学（包括石油化学）工业是热电联产的主要用户，它们不仅是消耗电、热的大用户，而且其生产过程中所排出的废料和废气（如高炉气）可作为热电联产装置的燃料。城市工业区及人口居住密集区也是发展热电联产的主要对象，但要注意对当地热负荷进行分析，工业热负荷年利用小时数在3500小时以上，居民冬季采暖不小于3个月。热电厂的蒸汽供热距离通常不超过5~8公里，热水供热距离通常不超过15~20公里。对热电联产的燃料质量（主要是含硫、磷量）有较高要求，同时厂址要选在城市主导风的下风向，避免对城市环境的污染。

锅炉产生的蒸汽在背压汽轮机或抽汽汽轮机发电，其排汽或抽汽，除满足各种热负荷外，还可作吸收式制冷机的工作蒸汽，生产6~8摄氏度冷水用于空调或工艺冷却。

3. 优点

（1）蒸汽不在降压或经减温减压后供热，而是先发电，然后用抽汽或排汽满足供热、制冷的需要，可提高能源利用效率；

（2）增大背压机负荷率，增加机组发电，减少冷凝损失，降低煤耗；

（3）保证生产工艺，改善生活质量，减少从业人员，提高劳动生产率；代替数量大、形式多的分散空调，改善环境景观，"热岛"现象。

（六）分布式能源的热冷电三联供技术

分布式能源系统是一种能量梯级利用模式。在我国，以天然气为主要燃料辅助以各种可再生能源的分布式能源供应系统正逐步得到积极的推广和应用。

1. 基本概念

分布式能源是指分散布置在用户端能够直接满足用户需求的能源资源综合利用设施和系统。

2. 主要形式

分布式能源并不是指单纯的分布式发电，也不是指单纯的分布式供暖供热，分布式能源是指分布在用户端的能源综合利用系统，以满足对资源利用效率的最大化。

分布式能源系统主要有以下两种形式：

（1）燃气（主要气源为天然气）冷、热、电三联供系统。这是分布式能源的最基本形式，即以小规模、小容量、小机组、分散式、模块化的方式布置在用户附近，独立地输出冷、热、电的系统。它通过燃烧天然气为燃料，利用小型燃气轮机等设备将天然气燃烧，以获得高温烟气来首先用于发电，然后利用烟气余热保证在夏季通过驱动吸收式制冷机供冷；而在冬季供暖供用户使用；同时还可提供大量生活所需供应的热水，充分利用了排气热量，实现温度的对口供应，达到能量的梯级利用目的，其实际能量利用率可达85%以上，大量降低了能量损失，节省了资源和能源，从而不断提高了能源和资源的综合利用效率。

（2）可再生分布式能源系统。可再生能源的利用为全球各国提供了新的能源供应形式和可选择途径。分布式能源系统适于与光伏太阳能、风能、潮汐、地热等系统规模相对较小、能量密度相对较低的可再生能源相结合，许多发达国家正在大力发展风电、光伏、小型水电等新能源，因此，不久的将来，可再生分布式能源系统必将成为值得分布式能源系统重点发展的一个主要方向。

3. 系统优点

分布式能源系统的优点在于显著提升能源利用效率。其优点为：

（1）分布式能源系统燃料利用效率可以有效提升到70%至90%。分布式能源系统能切实有效地实现能源的梯级利用，如冷热电联产供应方式，可使全系统燃料利用效率提升70%至90%左右，明显要高于传统的火力发电机组仅仅35%的燃煤发电利用率。

（2）分布式能源系统线路损失减小。由于分布式能源系统建在用户附近，可以减少供电线路方面的损失，同时也既减少了高压、超高压输配电以及大型管网的建设、运行和维护等费用。相对于用户而言，比单纯使用高价天然气供热和向电网购买高价电力有着更好的经济效益。

（3）分布式能源系统是传统供电供能的有益补充形式。分布式能源系统可显著弥补大电网在安全稳定可靠性方面的明显不足。分布式能源系统之所以能够大大地提高供电可靠性和维持重要用户的供电，是因为它直接安置在用户近旁的保证与大电网的配合。

4. 冷热电三联供技术

冷热电联供系统（CCHP，Combined Cooling Heating and Power）的概念是建立在能量梯级利用基础上，联合发电、供热和供冷过程为一体的多联供系统。目前CCHP系统主要有两种：一种是基于大型热电厂的冷热电联供系统；一种是以楼宇冷热电系统（BCHP，Building Cooling Heating and Power）为代表的分布式冷热电联供系统。

（1）冷热电联供系统的基本原理与组成。

冷热电联供系统是指利用各种能电转换装置发电过程中排出的废热，直接或间接用于满足供暖、生活用热水等各种热负荷外，另外还可以用来作为吸收式制冷机的热源，用于制冷系统。它是在热电联供的基础上发展起来的，典型的冷热电联供系统主要包括：发电（动力装置和发电机）、供热（余热回收装置）和制冷等系统。

冷热电联供系统的主要特点：① 缓解季节性电力供需矛盾；② 利用发电过程中的乏汽，满足供热、制冷的需要，实现能源的梯级利用，提高总能源利用效率；③ 提高发电效率，减少污染气体排放，保护环境；④ 提高用户用电可靠性，保证生产工艺。

（2）冷热电联供系统的主要设备。

1）动力装置。

主要的热电转换装置有蒸汽轮机、燃气轮机、燃气内燃机及燃料电池。分布式冷热电联供系统中应用较多的主要是燃气轮机和燃气内燃机。

燃气轮机：燃气轮机（Gas Turbine）是以连续流动的气体为工质，把热能转换为机械功的旋转式动力机械。在冷热电联供系统中，空气经压气机压缩后与喷入的燃料在燃烧室混合燃烧，产生高温高压烟气进入透平膨胀做功，最后经排气系统进入余热锅炉换热或直接用来供热与制冷。

燃气轮机优缺点：排烟温度高、热效率高、容量范围大、体积小而功率质量比大、环保及成本低等；但部分负荷运行效率低，燃料要求高，设备规模有一定限制，部件较复杂。

燃气内燃机：燃气内燃机（Gas Engine）是通过一定的转换设备将燃气中的化学能变为热能，将热能再转化为机械功的一种热力机械，整个燃烧过程是在热机的汽缸内部完成的。

燃气内燃机的热回收主要有以下 4 种形式：高温烟气、缸套冷却水、油冷器及中冷器冷却水和机组表面散热的热回收。在冷热电联供系统中主要是利用前两种形式，烟气温度一般在 400 摄氏度以上，可经余热锅炉换热后制取蒸汽或热水，也可以直接驱动双效吸收式制冷机组制冷或制热。缸套冷却水的温度一般较低，可用于驱动单效吸收式制冷机组制冷或制热，也可直接利用换热器换热后供暖或供热水。其他两种形式的热量都较小，利用很少。

燃气内燃机的优缺点：综合效率高，设备投资低，功率范围广，结构紧凑质量，启动迅速操作简便；但燃料要求高，运行维护成本高，噪音大，余热回收复杂，回收热量少。

2）余热锅炉。

余热锅炉是指利用各种生产过程中的废热进行换热或进一步燃烧产生热量的锅炉。在冷热电联供系统中，利用从燃气轮机排出的高温烟气或从燃气内燃机排出的缸套水的热量进行换热，产生供热或驱动吸收式制冷机组制冷的热源。对于不带补燃的余热锅炉而言，其中没有燃烧过程，它只是一个换热器，其与燃气轮机配合，燃气轮机排出的高温烟气进入余热锅炉，加热受热面中的水，产生高温高压的蒸汽，一部分可以进入汽轮机做功，一部分可以直接供热或驱动溴化锂吸收式制冷机组制冷。

3）制冷系统。

虽然吸收式制冷机组制冷效率远远低于压缩式制冷机组，但是对于冷热电三联供系统来说，充分利用发电机组排出的废热，实现了能源的梯级利用，提高了总的能源利用效率，因此冷热电联供的制冷子系统一般选用吸收式制冷机组。由于可利用发电机组排出的高温蒸汽、热水或烟气作为吸收式制冷机组的驱动热源，加之常用的吸收剂—制冷剂工质主要为溴化锂溶液—水或水—氨气等对大气无温室效应和、无臭氧损害的物质，因此具有耗电量少、充分利用工业余热、环保等主要优点。

目前较为常用的吸收式制冷机组为单效溴化锂吸收式机组和双效溴化锂吸收式机组。

（3）分布式冷热电联供系统的组合形式及特点。

目前以 BCHP 为代表的分布式冷热电联供系统主要有以下组合方式：

1）燃气轮机发电的 BCHP 系统：采用燃气轮机 + 烟气补燃型溴冷机组配置。利用燃气轮机排气直接驱动溴冷机组进行制冷（制热）。当燃气轮机排气流量较小时，启动补燃燃烧器联合驱动溴冷机组。目前在国内一般采用以热定电的运行模式。

2）联合电站的 BCHP 系统：采用燃机 + 余热锅炉 + 汽轮机 + 蒸汽型溴冷机组配置。在余热锅炉中利用燃机排气和补燃的燃料加热给水产生高温高压蒸汽驱动汽轮机，再从汽轮机抽出一定参数的蒸汽用于驱动溴冷机组进行制冷（制热）。

3）燃气内燃机发电的 BCHP 系统：采用燃气内燃机＋烟气热水补燃型（混合动力型）双效溴冷机组配置。利用燃气内燃机排出的高温烟气及其缸套冷却产生的热水，直接驱动混合动力型的溴冷机组进行制冷（制热）。当烟气和热水不足时，启动补燃燃烧器联合驱动溴冷机组。余热利用采取的原则是：优先利用缸套水，其次利用烟气，再次利用补燃。

4）微燃机发电的 BCHP 系统：采用微燃机＋烟气补燃型溴冷机组配置。利用微燃机排气直接驱动溴冷机组制冷（制热）；当微燃机排放的烟气不足时，启动补燃燃烧器联合驱动溴冷机组。

（七）锅炉其他节能技术

对于锅炉节能而言，还有许多各类节能技术。如：烟气余热回收技术、水质处理及管理节能技术、超声波吹灰节能技术、除氧器余热回收技术和锅炉等离子点火及稳燃技术等。烟气余热回收技术在余热利用中介绍，下面简单介绍锅炉其他节能技术。

1. 实现最佳空气系数燃烧以提高锅炉热效率

（1）理论空气量和空气系数。

燃料在锅炉内稳定连续完全燃烧，才能保证出力，取得节能效果。燃料的完全燃烧需要合理配风才能实现。在理论上达到完全燃烧所需要的空气量，称为理论空气量。但在实际条件下，根据燃料品种、燃烧方式及控制技术的优劣，往往需要多供给一些空气量，称为实际空气量。实际空气量与理论空气量之比称为空气系数。

（2）锅炉最佳空气系数。

空气系数对锅炉热效率具有重要影响。炉膛出口空气系数的大小，应注意到它不仅与排烟热损失有关，还与气体未完全燃烧热损失、固体未完全燃烧热损有关。降低出口过量空气系数，排烟热损失可以降低，但气体未完全燃烧热损失和固体未完全燃烧热损失会增加。所以合理的空气系数大小应使排烟热损失、气体未完全燃烧热损失、固体未完全燃烧热损失三项热损失的总和最小。

空气系数与锅炉热效率的关系见图4-4所示。从图中可以看出，只有合理配风，控制最佳空气系数，锅炉热效率才能达到最高，实现经济运行的目的。

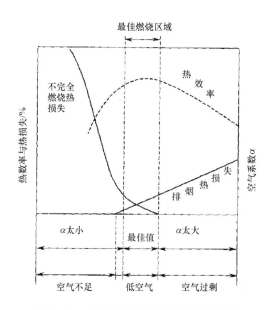

图4-4　空气系数与锅炉热效率的关系

锅炉合理配风的目标，就是要根据负荷要求，恰当地供给燃料量，不断寻求并力争控制最佳空气系数，达到完全燃烧。但是最佳空气系数无法从理论上进行准确计算，只能依靠试验研究和实践经验来优选。通常对于气体燃料由于它能与助燃空气达到良好的混合，较小的空气系数便可以实现完全燃烧；对于固体燃料，因为它与助燃空气在表面接触燃烧，不能直接进入内部混合，空气系数相对较大；对于液体燃料，一般采用雾化燃烧，雾化微粒与空气混合比固体燃料好，但比气体燃料差，空气系数介于固体和气体燃料之间。

2. 锅炉水质处理及管理技术

锅炉水质处理及管理不仅是开展锅炉节能的重要技术途径之一，而且对锅炉安全运行有着重要的影响。通过加强锅炉水质处理与管理，可有效减少锅炉结垢、强化换热、降低排污热损失，实现锅炉节能的目的。

（1）加强锅炉水质管理，减少锅炉结垢。

通过加强锅炉水质监督管理，采取有效的水处理技术和除垢技术，加强对锅炉的给水、锅水检验分析，实现锅炉节能和无垢安全运行。

锅炉结垢对锅炉造成的危害很大，表现在：

1）锅炉受热面结水垢后，热阻增大，传热性能变差，能耗增加。

一般锅炉给水中含有大量的溶解气体和盐类，如果给水未经处理或处理不当，会造成锅炉受热面腐蚀和结垢现象。锅炉结垢后，由于热阻增大，为了保持锅炉的额定参数，就必须提高传热温差，即需要更多地投加燃料，从而提高炉膛和烟气温度，造成能源的浪费。水垢的导热系数很小，约为钢板导热系数的 $1/30 \sim 1/50$。据文献统计，锅炉受热面结 1 毫米水垢燃料消耗要增加 $2\% \sim 3\%$。

2）损坏锅炉，影响安全。

水垢的存在使钢板温度升高，许用应力下降，易造成锅炉爆管等事故；另外水垢的存在减少了工质流动面积，增大了流动阻力，容易造成水循环系统和设备故障。

3）增加检修费用，缩短锅炉寿命。

水垢不容易清除，清垢既费力又费时，操作不当还容易造成锅炉管道破坏等事故。不仅增加了检修费用，还有可能缩短锅炉寿命。

（2）加强锅炉水质管理，降低排污热损失。

含有杂质的水进入锅炉后，随着锅水的不断蒸发浓缩，杂质的含量逐渐增加，当达到一定限度时，就会给锅炉带来很多不良影响。为了保持锅水所含杂质的浓度在允许的范围内，就需要不断地从锅炉中排除含盐量较大的锅水和沉积的泥垢，这就是锅炉的排污。锅炉排污排放的是锅炉运行压力下的饱和热水，自动排污是通过仪器定时取样控制锅水溶解固形物浓度，当锅水溶解固形物浓度超过国家标准中规定浓度时，自动排放锅水，实现锅水溶解固形物浓度的在线控制。降低锅炉排污热损失的途径有两条：一是减少锅炉排污量，通过加强锅炉给水处理，对给水脱碱去盐处理，从而减少排污量。二是对排污水进行回收和利用，如设置定期排污膨胀器或连续排污膨胀器，产生的二次蒸汽用来加热除氧器给水，利用高温排污水预热给水等。

3. 除氧器余热回收技术

我国现阶段电站锅炉给水除氧基本上是采用热力除氧。热力除氧器排汽中含有一定量的水蒸气，约占除氧器用汽总量的 0.5% ~ 1%，若不加以回收利用，则存在较大的工质损失和热量损失。其回收利用的方法主要分为汽水混合吸收法和表面冷却法 2 类。

（1）汽水混合吸收法。

汽水混合吸收法分为两种：喷淋喷雾吸收法和射水抽汽吸收法。其优点是简单易行；缺点是操作较烦琐，存在氧的再循环问题。喷淋喷雾吸收法的典型装置是除氧器收能器。除氧器收能器将雾化、淋水盘、液膜三种传热传质方式融为一体，不仅有很大的吸热功能，对不凝结气体还具有很强的解析能力。射水抽汽吸收法的典型装置是除氧器余热回收器。除氧器余热回收器主要由抽吸乏汽动力头、气液分离罐、两相流液位自动调节器以及排气装置组成。

（2）表面冷却法。

表面冷却法采用的装置有水冷表冷器和翅片管表冷器两种。水冷表冷器由水冷容器内置同轴双联螺旋管表冷器构成，汽进管程，水进壳程。翅片管表冷器为组合型全不锈钢翅片管空气表冷器，汽进壳程，水进管程。两种装置的区别在于前者较后者容水量稍大，应根据不同安装条件选用。表面冷却器可安装在除氧器一侧，除氧器汽（气）侧直接与装置汽（气）侧连接，能够实现热量回收和工质回收。

4. 分级燃烧技术

（1）分级燃烧技术的原理。

空气分级燃烧技术最早由美国在 20 世纪 50 年代发展起来，是目前使用最为普遍的低 NO_x 燃烧技术。空气分级燃烧的基本原理是将燃料燃烧过程分 2 个阶段（主燃区和燃烬区）进行。将燃烧用风分二次（或多次）喷入炉膛，减少燃料燃烧区域的空气量，使燃料进入炉膛时就形成了一个富燃料区，以降低燃料型 NO_x 的生成。缺氧燃烧后的燃料气流借助接下来喷入的燃烬风得以进一步燃烬。

（2）空气分级燃烧过程的主要影响因素。

空气分级燃烧在煤燃烧过程中应用广泛，是煤燃烧过程控制 NO_x 生成的重要技术措施。实行空气分级燃烧后，煤粉在缺氧富燃烧区的温度有很大提高，煤粉气流易于着火，如能适时补充燃烧所需空气，煤粉气流的燃烧就会迅猛发展，达到很高的燃烧强度。若分级风的位置太靠前，煤粉尚未着火或刚着火，由于分级风的冷却作用，反而不利于其着火燃烧，各个煤种最佳的分级风送入位置和分级风量不同。空气分级燃烧过程的主要影响因素有：

1）主燃烧区内过量空气系数。

一般说来，燃料中的氮含量越高，在相同过量空气系数条件下，NO_x 的生成量越大。当总的燃烧空气量保持不变时，NO_x 的生成量随主燃烧区内过量空气系数的降低而降低。但如果主燃烧区内的过量空气系数过低，烟气中的 HCN、NH 和焦炭 N 增加，高浓度的 HCN 利 NH。除了有利于 NO_x 的还原，还会进入过量空气系数大于 1 的燃烬区被氧化成 NO_x。同时，焦炭 N 在主燃烧区中随着过量空气系数的减少而显著增加，燃烬区 NO_x 的生成量随之增加。此外，主燃烧区内过低的过量空气系数还引起化学和机械不完全燃烧损失不合理的增加及燃烧稳定性等其他问题的出现。主燃烧区内过量空气系数一般不宜小于 0.7，最佳的过量空气系数可由试验和数值计算确定。

2）主燃区温度。

试验研究表明：主燃烧区内过量空气系数小于 1 时的还原性气氛下，主燃区温度越高，NO_x 排放量越小。过量空气系数大于 1 的氧化性气氛中，主燃区温度越高，NO_x 的排放值越高。因此，组织空气分级燃烧时，应根据煤质特性将主燃烧区的温度控制在最有利于降低 NO_x 范围。

3）主燃区内停留时间。

不同煤种，要达到一定的 NO_x 降低率，煤粉气流在主燃烧区内的停留时间和相应的过量空气系数不同。煤粉气流在主燃烧区内的停留时间取决于

"燃烬风"喷口的位置。如果在主燃烧区内的停留时间不够，煤粉气流进入燃烬区后还会有一定量的 NO_x 生成，但再延长停留时间，NO_x 的排放值反而略有上升。"燃烬风"喷口的位置决定了煤粉气流在主燃烧区内的停留时间，它和过量空气系数一起，共同决定了主燃烧区内 NO_x 降低的程度，也直接关系到其在燃烬区的燃烬效果和炉膛出口烟气温度水平。

（3）空气分级燃烧技术在燃煤电站锅炉的应用。

空气分级燃烧是目前使用最为普遍的低 NO_x 燃烧技术。我国自 20 世纪 80 年代引进美国 CE 公司技术的生产 300 兆瓦（MW）、600 兆瓦（MW）机组锅炉以来，均利用 CE 公司研制出的顶部带有燃尽风（OFA）喷嘴的低 NO_x 燃烧技术（包括紧凑和分离强化型布置），通过调整整组燃烧器顶部加装的燃尽风喷嘴，使主燃烧区二次风流量减小，使煤粉气流在炉内垂直方向形成空气分级燃烧，从而减少 NO_x 排放和降低飞灰损失。

此外，部分四角切圆燃烧锅炉采用一、二次风不同切角布置技术（包括一次风反吹系统、二次风采用较大切角布置等），使二次风偏离燃烧器喷口处的煤粉气流，延长了一次风、煤粉气流与辅助风的混合时间，有效地降低了 NO_x 排放。

低 NO_x 燃烧器在燃煤电站锅炉中的应用本质上也是分级燃烧技术的应用。大多数低 NO_x 燃烧器是根据分级燃烧技术降低 NO_x 排放的原理设计的。国内外的大量研究表明，煤粉气流的浓淡燃烧不仅可以提高其着火和燃烧稳定性，在保证较高燃烧效率的前提下，还可以降低 NO_x 排放量。浓煤粉气流是富燃料燃烧，由于着火稳定性得到改善，使挥发份析出速度加快，使已生成的 NO_x 与 HCN、NH 反应生成 N_2，降低 NO_x 排放。

由于一次风管中的煤粉浓度受到气力输送的影响而不可能有很大改变，浓淡燃烧器采用浓缩装置将一次风煤粉气流分成浓淡两股应用于锅炉设计和改造中，如 FW 公司的旋风分离式燃烧器、CE 公司的 WR 燃烧器以及三菱公司的 PM 燃烧器，及浙江大学、西安交通大学和哈尔滨工业大学先后开发的煤粉浓淡燃烧器（采用楔块、弯头、扭曲板和百叶窗分离等方法）。

继三菱公司 PM 型低 NO_x 燃烧器利用垂直转水平弯头将一次风分为上、

下浓淡两股来实现稳燃和低 NO_x 燃烧后，我国自主开发的浓淡低 NO_x 燃烧器不仅可以实现上下浓淡燃烧，还可以实现水平浓淡燃烧，在降低 NO_x 排放的同时，还有效地解决炉内水冷壁结渣、高温腐蚀等运行问题。其中，哈尔滨工业大学的"风包粉"系列浓淡煤粉燃烧技术已应用于全国若干台烟煤、贫煤和无烟煤的电站锅炉上，并被国内多家锅炉设计制造单位在新产品设计或技术改造中所采用。

另外，为了有效地降低燃煤电站锅炉 NO_x 的排放浓度，运行中应使每台磨煤机的一次量可测量与控制，各台磨煤机的一次风量偏差控制在 ±10% 或更小的范围内；各燃烧器之间的燃料量偏差控制在 ±5% 至 ±10% 的范围内；一次风煤粉气流满足一定的风煤比。其气流速度偏差控制在 ±5% 或更小的范围内；每组燃烧器的二次风量可测量与控制，并使二次风量与各燃烧器的燃料量相匹配，二次风量偏差控制在 ±10% 的范围内；上部燃尽风（OFA）和炉膛各点提供的风量可测量与控制；并尽量保证煤粉颗粒的细度要求。

第二节 工业窑炉节能技术

工业窑炉广泛应用于国民经济冶金、建材、化工、轻工、食品和陶瓷等各行各业，不仅品种多，而且耗能高。工业窑炉高效节能技术的采用，对于提高我国能源利用率、节能减排、提高产品质量、降低生产成本、改善劳动条件等都有很大的作用。

一、简介及分类

工业窑炉是在工业生产中，利用燃料燃烧产生的热量或电能转化为热能，实现对工件或物料进行熔炼、加热、烘干、烧结、裂解和蒸馏等各种生产工艺所用的热工设备。

（一）简介

1. 工业窑炉的基本要求

不同行业的工业窑炉因其不同的应用背景和生产工艺，所要满足的要求不同，甚至存在很大差异。各种工业窑炉一般应满足如下基本要求：

（1）炉温、气氛易于控制，保证热加工产品质量达到工艺要求；

（2）窑炉生产率高；

（3）热效率高，单位产品能耗低；

（4）使用寿命长，砌筑和维护方便，筑炉材料消耗少；

（5）机械化、自动化程度高；

（6）基建投资少，占车间面积小且便于布置；

（7）对环境污染少，劳动条件好。

2. 工业窑炉主要组成

工业窑炉主要由炉衬、钢结构、供热装置（如燃烧装置、电加热元件）、预热器、炉前管道、排烟系统、炉用机械等部分组成。

（1）炉衬。

炉衬或称砌体，是用耐火材料、隔热材料和某些建筑材料砌筑的炉膛、烟道等炉体部位。其作用是使工业窑炉在加热或熔炼过程中能承受高温热负荷、抵抗化学侵蚀、减少热量损失，并具有一定的结构强度，以保证窑炉内热交换过程的正常进行。

（2）炉体钢结构。

炉体钢结构由支柱、拉杆、炉墙钢板、拱脚架、炉顶框架及固定构件的各种型钢组成，其作用是固定炉衬并承受其部分重量。

（3）供热装置。

供热装置通常是指燃烧装置或电热元件，用以提供炉内所需热源。

（4）预热器。

预热器多用于回收工业窑炉所产生烟气的热量，并将此热量返回工业窑炉内部或为其他设备所用，从而达到节约燃料、提高炉温、加速升温的目的。

6. 按炉型特点分类

工业窑炉炉型种类繁多，按炉型特点可分为室式炉、双室式炉、贯通炉、推杆炉、台车式炉、转底炉、环形炉、步进炉、链式炉、振底式炉、马弗炉、坩埚炉、井式炉、辊筒式炉、平炉、电弧炉、冲天炉、热风炉和烘包器等。

常见工业窑炉及其用途见表 4 - 2。

表 4 - 2　　　　　　　　　　　常见工业窑炉及其用途

炉型		炉种	用途	热源
加热炉	金属加热炉	推钢式连续加热炉	金属轧制	煤气、油
		步进式炉	金属轧制	煤气、油
		环形加热炉	金属轧制	煤气、油
		罩式炉、辊底式炉	轧材热处理	煤气、油、电
		井式炉、室式炉	热处理	电、煤气、油
		车台式加热炉	热处理、大型锻件	煤气、油
		均热炉	金属轧制	煤气、油
	焙烧加热炉	倒焰炉、轮窑	烧砖、瓦、陶瓷	煤
		隧道窑	砖、瓦、陶瓷	油、煤、煤气
		立窑、回转窑	水泥	煤、油
		馒头窑、龙窑	陶瓷、砖、瓦	木柴、炭、煤
	干燥加热炉	室式、立式、链带式干燥炉	铸型、泥芯、油漆	煤、热风
		滚筒式、沸腾式干燥炉	沙子等散料	煤气、煤
		悬链式干燥炉	油漆	煤气、煤
熔炼炉	提取金属	高炉	炼铁	焦炭
		冲天炉	加热铁水	焦炭、煤粉
	精炼金属	平炉	炼钢	煤气、油
		转炉	炼钢	化学热反应
		电弧炉	钢、有色金属	电
		感应电炉	钢、有色金属	电
		反射炉	有色金属	煤气、油

续表

炉型		炉种	用途	热源
熔炼炉	精炼金属	炼铜炉	有色金属	电、油、煤气
		坩埚炉	有色金属	焦炭
		电阻炉	钢、有色金属	电
	下续工序需要	坩埚窑	玻璃	煤、油
		池窑	玻璃	油、煤
		链式炉	玻璃	煤气、油、煤

（三） 主要基本参数和技术经济指标

1. 基本参数

工业窑炉主要基本参数有：装载量、填充率、生产能力、生产率等。窑炉装载量或填充率代表窑炉负荷量，也是计算炉体结构及承载能力的因素之一。

（1）装载量：每一加热周期内，一次可装入炉内的工件或物料重量。

（2）填充率：对干燥炉，一次装入炉内的物料体积占炉内容积的百分数。

（3）生产能力：生产能力是指按单位时间计算的窑炉加热能力。一般而言，工程实际中窑炉升温速度越快，则生产能力越高。

（4）生产率：生产率是指单位时间内处理的物料重量或按单位时间、单位炉底面积计算的窑炉的加热能力。窑炉装载量越大，升温速度越快，生产率越高，则加热工件的单位热量消耗越低。

2. 技术经济指标

工业窑炉主要技术经济指标为：单位燃耗、单位热耗和热效率。

（1）单位燃耗：工业窑炉生产单位质量产品所消耗的燃料量。有以下几种表示方法。

1）单位实物燃耗：生产单位产品所消耗的实际燃料量，见式（4-2）：

$$b = \frac{B}{G} \tag{4-2}$$

式中：

b——单位实物燃耗，千克/吨（kg/t）；

B——实物燃料消耗量，千克/小时（kg/h）；

G——窑炉生产率，吨/小时（t/h）。

2）单位标准燃耗：为便于比较同类窑炉使用不同燃料时的单位燃料消耗，将实物燃料折算成标准煤进行计算，即生产单位重量产品所消耗的标准煤量，见式（4-3）：

$$b' = \frac{B \times Q_{net,ar}}{G \times 29308} \qquad (4-3)$$

式中：

b'——单位标准燃耗，千克标准煤/吨（kgce/t）；

$Q_{net,ar}$——燃料收到基低位发热量，千焦/千克（kJ/kg）。

3）可比单位燃耗：以不少于一个生产周期的合格加热工件折合质量计算的单位产品燃料消耗，计算方法参照行业能耗分等标准。

（2）单位热耗：一个加热周期内处理单位重量产品所消耗的热量。

$$b' = \frac{B \times Q_{net,ar}}{G} \qquad (4-4)$$

（3）热效率：是指工件或物料加热时吸收的有效热量与供入炉内的热量之比。

$$\eta = \frac{Q_y}{Q_g} \times 100\% = \left(1 - \frac{Q_s}{Q_g}\right) \times 100\% \qquad (4-5)$$

式中：

Q_y——工件或物料吸收的有效热，其计算与加热工艺有关，对间断式炉、连续炉、熔化炉及干燥炉等表达式不同，具体可参阅相关标准或文献；

Q_g——供入炉内热量；

Q_c——各项热损失量之和。

（四）问题及节能发展趋势

1. 工业窑炉能源利用中存在的主要问题

概括而言，我国工业窑炉能源利用中存在的主要问题表现在以下几个方面：

（1）燃料方面：我国工业窑炉的燃料多为煤或其加工物，燃烧效率低、加热质量差，污染严重。

（2）技术方面：先进炉型比例不大。虽然近年来我国不断采用新型炉用材料，优化炉衬结构，改进燃烧装置，开发与应用高效余热回收装置，成效明显，但需进一步扩大改造的覆盖面。

（3）设备热效率相对较低；我国工业窑炉由于受产品生产工艺、生产组织、窑炉构造、窑炉材料等因素影响，设备热效率相对较低，节能潜力巨大。

（4）节能环保方面：燃烧产生的大量烟尘、CO_2、SO_2、NO_x 污染物，对大气造成了严重污染。

（5）热工检测和控制方面：自动控制水平不高。

2. **工业窑炉节能的发展趋势**

根据我国的工业窑炉技术的水平及存在问题，节能势在必行。工业窑炉的节能减排技术发展必须走科技含量高、经济效益好、资源消耗低、环境污染少的可持续发展道路。其主要趋势可概括如下：

（1）在燃料方面，应合理调整工业窑炉燃料结构，尽可能选用天然气等清洁燃料。

（2）在技术方面，应开发和选择先进的炉型结构；提高工业窑炉的自动化和机械化程度；采用先进燃烧技术，不断改善燃料燃烧状况；降低 NO_x 等污染物的生成与排放；采用新型炉用材料，优化炉衬结构；应用高效余热回收技术及装置，降低热损失。

二、主要节能措施

工业窑炉节能基本措施包括提高窑炉热效率、采用先进燃烧技术、采用新型节能材料、加强自动控制和提高管理水平等方面。

（一）减少各项热损失、提高窑炉热效率

1. 减少排烟热损失

工业窑炉中，由烟气带走的热量占窑炉供热量的 40%～60% 以上，充分

利用好这部分热量,是提高窑炉热效率的关键。减少排烟热损失的方法主要有以下几种。

(1)降低烟气出炉温度:在保证加热产品质量和产量的情况下,采取各种措施改善炉膛辐射和对流换热状况,以降低烟气出炉温度,从而保证炉膛内更多有效热量用于加热金属。另外,还采用各种形式的烟气余热回收技术,减少排烟热损失。

(2)减少烟气量:在保证燃烧的条件下,降低空气系数。如可采用富氧或纯氧燃烧等技术,大幅减少烟气生成量。

(3)合理控制炉内压力:当炉内处于正压状态时,炉气将由炉门或开孔外逸,会造成热量损失并污染环境;当炉内处于负压状态时,冷空气会吸入炉膛,造成炉温下降和烟气量增加。因此,适当控制炉膛压力,使其处于微正压状态,并减少炉门开孔,减少炉门开启次数和幅度,严密炉体结构,可减少烟气带走的物理热。

2. 减少炉体热损失

炉体热损失包括散热损失、蓄热损失、孔洞辐射损失和逸气损失,其中最主要的是散热损失和蓄热损失。

(1)炉体散热损失:可通过采用新型耐火材料、绝热材料、保温材料,加强对炉体的保温,减少炉体散热损失。同时,采用各种新型不定形耐火材料筑炉,亦可缩短筑炉时间,提高窑炉使用寿命,减少修炉次数,增加窑炉作业时间。

(2)炉体蓄热损失:可采用轻质耐火材料代替传统致密耐火砖,以减轻炉衬的重量,减少炉衬蓄热损失。对间歇性作业的窑炉,应合理安排其工作周期,减少频繁开炉和停炉的工作模式,减少炉体反复蓄热放热过程。

(3)开孔辐射热损失和逸气热损失:尽可能少打开炉门或炉盖,平时则要关闭。

3. 减少其他热损失

窑炉热损失中还包括其他一些热损失,如不完全燃烧热损失、水冷构件热损失、工艺热损失、灰渣物理显热损失等。

（1）不完全燃烧热损失：采用先进的燃烧技术，在尽量降低空气系数的前提下，保证炉内燃料的充分燃烧，以减少不完全燃烧热损失。目前，高效先进燃烧技术主要涉及对低品质燃料的改性、采用各种高效先进燃烧器及对燃烧过程进行自动控制等。

（2）水冷构件热损失：应尽可能减少或减轻支撑加热工件用的金属铸件、构架，以减少其耗散的热量。

（3）工艺热损失：工件加热处理后自身要带走热量，造成工艺损失，采取措施利用这些热量就可提高窑炉的热效率。

（4）灰渣物理显热损失：是窑炉所排放的高温炉渣所带走的热量，若充分利用好这部分热量，其节能效益也相当可观。

4. 余热回收利用

余热是工业窑炉回收利用潜力最大的一部分热量，余热回收实际上也是减少各种热损失。工业窑炉余热包括烟气余热、冷却介质的余热、高温产品和炉渣余热等。根据余热温度水平不同，余热利用的途径主要有预热空气或煤气、预热物料、余热发电、利用余热供热和制冷等。具体内容将在余热余压利用技术中详细叙述。

（二）采用先进燃烧技术

1. 燃料加工转换

工业窑炉能源结构中，主要以煤为主。因此，采用先进煤燃烧技术，注重煤燃料的加工转换，提高煤炭利用率，降低污染，是提高窑炉效率的重要措施。目前，燃料加工转换技术主要有煤气化技术和煤液化技术等。

2. 高性能燃烧器

燃烧装置是实现燃料燃烧过程的装置，采用合理先进的燃烧装置，对燃料的完全燃烧，窑炉温度场分布和节能都有重要意义。现在工业窑炉使用的高性能燃烧装置有调焰烧嘴、高速烧嘴、平焰烧嘴，自身预热烧嘴、蓄热式烧嘴等。

燃烧装置应符合以下基本要求：在规定热负荷条件下，保证燃料的完全燃烧及安全，满足环保要求；具有一定的调节范围，燃烧过程稳定，能使用较高温度的助燃空气；火焰方向、外形、速度符合各种炉型和加热工艺的要求。

3. 燃烧自动控制

燃料燃烧效果对窑炉产量、使用寿命、原材料消耗、能源消耗、产品质量及安全生产运行都有直接的影响。一套完整的燃烧控制系统应包括启停控制、火焰的连续检测、热负荷自动控制、燃料及助燃风比例连续调节控制等方面。

实际工作表明，燃烧及其控制技术是改善燃烧、降低能耗、保证工艺要求、提高产品产量和质量的重要保证，是实现燃烧设备流量、温度、压力、气氛等参数的自动检测及过程控制，对工业窑炉节能有重要意义。

（三） 选用新型节能筑炉材料

1. 工业窑炉耐火材料的选用

工业窑炉用耐火材料种类繁多，按耐火度可分为普通耐火材料（1580～1770 摄氏度）、高级耐火材料（1770～2000 摄氏度）和特级耐火材料（2000摄氏度以上）；按化学特性可分为酸性耐火材料、中性耐火材料和碱性耐火材料。

工业窑炉用耐火材料应满足下列基本要求：

（1） 应具有抵抗高温而不被融化的性能。

（2） 能够承受窑炉载荷和热应力作用而不丧失结构强度、不软化变形、不断裂坍塌，其性能通常用制品的荷重软化开始温度来衡量。

（3） 高温下体积稳定，不至于因膨胀和收缩而使砌体出现变形或裂纹。

（4） 温度急变或受热不均匀时，不会开裂破坏，多采用制品的热振稳定性次数来表示。

（5） 对液态熔液、气态和固态物质具有一定耐侵蚀能力。

（6） 具有一定的高温强度和抗磨性能，以承受烟尘、炉渣的冲刷乃至金属的撞击和长期摩擦。

（7） 为保证窑炉的砌筑质量，制品外形尺寸应符合有关标准，并根据不同需要，具有一定的导热、导电性。

2. 工业窑炉用新型耐火材料

（1）"净化钢水"用耐火材料。

如抗水性的白云石质和石灰质耐火材料等，包括烧成制品、不定形耐火材料和涂料等，均可用作"净化钢水"的耐火材料。

（2）隔热耐火材料和节能涂料。

隔热耐火材料包括耐火纤维制品、轻质砖、轻质不定形耐火材料等。节能涂料包括隔热涂料和高辐射率涂料等。其中纤维制品、轻质材料、隔热涂料都是通过减少热损失而直接节能的；而高辐射率涂料是通过提高炉墙辐射率，提高窑炉热效率来节能的。

（3）高导热和高导电耐火材料。

如碳化硅材料具有良好的机械性能和很高的热导率，是目前使用广泛的陶瓷热交换器材料。

3. 工业窑炉用保温材料选用

工业窑炉用保温材料应满足热导率小，密度小，气孔率大，吸水性和吸湿性小，有一定的机械强度，透气性小，膨胀系数小，热稳定好，热扩散率大的要求，同时化学性能和高温性能满足工艺要求。保温材料具体内容详见第八章保温保冷技术。

4. 工业窑炉用蓄热材料选用

蓄热材料是蓄热加热炉的关键材料，是蓄热式炉的换热介质，可将炉内烟气热量吸收过来储存，用于加热空气或燃料。工业窑炉用蓄热材料可分为显热蓄热材料和潜热蓄热材料两种。工业窑炉中普遍采用高温陶瓷显热蓄热材料，包括蜂窝体、蓄热球和管状蓄热体三种。

对蓄热材料的要求和使用条件一般包括以下几点：

（1）耐火度：蓄热材料必须满足长期在高温下工作的要求。

（2）蓄热密度：蓄热密度大的材料可减小蓄热室体积，降低其高度和减少温度波动。

（3）热导率：热导率大的蓄热材料，在烟气与空气的热交换过程中，能够迅速将高温烟气的热量传递到蓄热体内部并及时释放给助燃空气，充分发挥其蓄热能力，有利于设备微型化，对设备布置安装有利。

（4）抗热振性：选择蓄热材料的配方时，应在保证材料热振稳定性的前提下，有尽可能高的致密性。

（5）结构强度：须具有足够的高温结构强度（主要是高温耐压强度），否则易发生变形和破碎。

（四）提高自动化控制程度

对工业窑炉进行控制，主要是实现温度和压力的控制，通过对供应燃料量和空气量及烟道阀门开度进行控制，对空气和燃料的比值（空燃比）进行调节，实现工业自动化。

对工业窑炉进行调节，应注意温度和压力相互影响与调节滞后。

温度和压力相互影响是指当工业窑炉温度较低时，需要加大燃料和空气量，降低烟道的阀门开度来使温度上升，但这样就会造成炉内压力上升，压力又反过来影响温度的上升，反之亦然。

调节滞后是指当燃料在炉内燃烧时，很难测量温度，只能在其出炉后测量，根据测量值进行调节，这样就存在调节滞后；另外，热量传递需要时间，有时虽然炉温改变了，这种变化要在燃料的消耗量上反映出来还需要一定的时间。

（五）管理节能与系统节能

1. 管理节能

从生产管理方面入手，提高操作水平，加强计划调度，改革加热工艺，高效组织生产，加强设备维护，可在不付出额外投资的情况下获得显著节能效果。

（1）改善窑炉作业调度。

1）核定传热介质的温度、压力和流量是否超过实际工艺需要，能否降低和减少。

2）检查加热炉的操作，以保证被加热物能按规定的温度加热。应研究改进温度制度和周期性工作的热设备加热制度，进一步提高热效率。

3）对连续生产中周期工作的设备，或对同一被加热物反复加热的设备，应尽可能缩短两个加热周期间的空烧、停歇时间，在重复加热的工序中，应缩短工序间的等待时间。间断运行的加热设备，应通过改进生产调度，实现集中时间运行。

4）调整被加热物或冷却物的数量，使每台设备接近额定产量，防止因产量过低或过高而增加热耗。

5）多台设备并列运行时，应根据单产耗热量低的原则，调整设备开动台数和各台之间的合理负荷分配，优先利用热效率高的设备。

（2）合理的炉温设置与控制。

1）严格控制窑炉的最高温度；

2）适当降低物料的出炉温度；

3）燃料量的调节要合适并及时；

4）减少窑炉减温或降温的消耗。

（3）良好的燃烧组织。

1）控制过量空气系数，降低排烟损失。

2）在有条件的窑炉烟道中装设氧化锆分析仪测定烟气中的含氧量，以达到空燃比的精确控制。

（4）炉内压力控制。

1）将炉压控制在微量的正压，减少烟气或空气渗漏。

2）炉墙必须有良好的气密性，尽可能使用钢板包围，减少渗漏热损失。

3）对炉体及其孔门进行检查和维修，保证其气密性。减少炉气逸出或冷空气吸入。

4）尽量减少孔门的开启次数、时间和幅度，以减少热辐射和漏气、漏风。

5）在可能的情况下，适当提高冷却水出水温度，减小流量，以降低冷却水造成的热损失。

6）热设备的连接、旋转部分均应可靠密封，防止泄露。

2. 系统节能与梯级用能

（1）系统节能。

系统节能的思想是从整个企业、整个生产工艺系统的角度来考虑，进行综合用能，而不是从某一台窑炉或某一道工序的角度出发。

系统节能既要考虑节约燃料和蒸汽等直接消耗的能源，还要注意节约非能源物资间接消耗的能源。充分考虑工艺流程的选择、工序之间的协调、燃料和动力资源的分配等诸多因素，实现能源的整体优化利用。

系统节能研究方法主要有分析方法和模型化方法两种。

1）分析方法：用来对节能进行比较、分析和评价的方法。分析方法通过能耗的表达式，确定影响综合能耗的因素，研究对象范围十分明确，分析方法简单明了。具有代表性的方法有比较分析法、因素分析法、层次分析法、e—p 分析法。

2）模型化方法：用数学模型的方法来描述所要研究的问题，主要有投入产出模型、优化模型、平衡模型和神经网络模型等。

（2）梯级用能。

能源有品质高低之分，为有效利用能源，应对能源进行梯级利用。根据用户需求按品质提供热能，做到热能供需不仅在数量上相等，且在质量上匹配。即按照"温度对口、梯级利用"的原则对能源特别是热能进行利用。如果将高品质的热能用于低品质热能就能满足要求的工序，就会造成可用能的损失。

三、主要节能技术

工业窑炉炉型繁多、应用领域广泛。因而其节能技术必须根据各种炉型的特点和具体工艺要求，采用合理的节能技术方案，才能取得预期的节能效果。

为了提高能效水平，我国将工业窑炉节能新技术开发列为节能工作的重点工程。如我国"十一五"期间曾针对不同特点的工业窑炉，将下列节能技术列为节能工作重点工程，提高了工业窑炉的热效率。

（1）轧钢加热炉高温空气燃烧技术（High Temperature Air Combustion，简称 HTAC）。

（2）熔炼炉等高温窑炉富氧燃烧节能技术。

（3）高固气比悬浮预热预分解水泥生产技术。

（4）大型高炉炉顶煤气压差发电综合节能技术。

（5）焦炉煤气和转炉煤气干法回收利用技术。

（6）化工与炼油工业可燃烟气回收利用技术等的余热（烟气）资源综合利用技术等。

下面针对部分工业窑炉节能技术作一简介。

（一）工业窑炉通用节能技术

1. 利用烟气余热预热助燃空气

利用烟气余热加热助燃空气是提高窑炉热效率最简单又最有效的途径。例如烟气温度为 900 摄氏度时，烟气带走的热损失约为 50%。用此烟气把空气预热到 200 摄氏度，可节约 15% 的燃料，使 22% 的烟气显热得到回收。图 4-5 给出的是工业窑炉中采用环缝式换热器和光管列管式对流换热器的组合

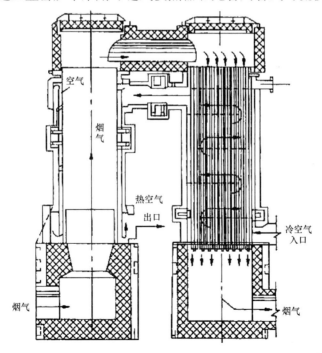

图 4-5 环缝式换热器和光管列管式对流换热器的组合余热利用技术

方式，从而充分利用两种不同类型换热器在不同温度段的各自特点和优势，实现了窑炉烟气余热的高效利用的节能技术。

2. 对炉体及水冷构件保温，减少散热损失

工业窑炉炉体的散热损失是排烟损失之外的另一项主要的热损失，例如，间歇运行的锻造炉的散热损失可高达45%。采用轻质隔热和耐火纤维等保温隔热性能良好的保温材料对工业窑炉的炉体进行保温隔热是一项非常有效的节能技术。另外，减少窑炉的表面积也是减少加热炉散热损失的有效途径之一。

工业窑炉一般具有一些水冷构件，为减少水冷件的热损失，除了通过少用或不用水冷构件外，对必须设置的炉内水冷构件亦要进行隔热保温，或者采用汽化冷却方式回收水冷件的热量，利用蒸汽，也可节约水资源。

3. 采用高辐射陶瓷涂料，强化炉内换热

高温工业窑炉内，辐射是其传热的主要方式。在高温工业窑炉的内壁刷涂高温辐射陶瓷涂料，可在不改变窑炉结构的条件下，使炉壁的辐射率由0.3~0.5提高到0.9~0.95，可有效强化窑炉内的辐射换热，提高了窑炉的热效率和生产率。在工业窑炉内及加热管外表面涂刷高辐射陶瓷涂料，可是一种投资少、见效快、施工简便的工业窑炉节能新技术。

（二）工业窑炉富氧燃烧技术

1. 技术原理

富氧燃烧节能技术的原理简单，就是提高空气中的氧量加热助燃。其原理为以氧含量高于21%的富氧空气（或纯氧）代替空气作为助燃气体的一种高效燃烧强化技术。富氧燃烧降低了烟气量，进而减少了排烟热损失；燃烧产物中水蒸气和二氧化碳的含量和分压增大，增加了火焰黑度，燃烧速度加快，提高了火焰温度，因而强化了窑炉内的辐射换热和对流传热，达到节能的目的。

2. 火焰温度与空气中含氧量的关系

一般而言，工业窑炉鼓风的空气中含氧量每增加4%~5%，火焰温度可升高200~300摄氏度，从而提高了燃料的燃烧效率。

采用富氧燃烧技术，其富氧空气的浓度一般不超过30%。过度提高富氧空气中氧的浓度，只不过使火焰温度处于饱和状态，而不会继续使火焰温度

提高。因为随着富氧空气中氧浓度的增加，使其火焰温度上升，其速度最快的一段，是发生在富氧空气中氧的浓度刚开始增加的一段时间内。而当富氧空气中的氧浓度继续增加时，火焰温度上升的速度反而下降。

表 4-3　　　　　　　　　空气中氧浓度与火焰温度的关系

富氧浓度（%）	所需能耗（kW·h/m³）	燃烧量（m³）	节能率（%）	节能量（MJ）
23	0.029	4.6	10~25	0.5~1.2
25	0.057	5.98	20~40	1.0~4.1
28	0.1	5.4	30~50	1.8~2.7

3. 节能效果

富氧燃烧对于工业窑炉节能效果明显。对于锻造加热炉，若采用23%~25%的富氧空气助燃，则可节省燃料25%左右；对于石灰窑，若采用23%的富氧空气鼓风，就能增加生产能力大约25%。

对于其他如玻璃熔窑、水泥回转窑以及其他各种工业窑炉，应用富氧助燃都能获得明显的节能效果。

富氧助燃与空气助燃相比，有着明显的节能效果，试验表明，在窑炉中，如果富氧助燃从效率角度考虑，则以用23%~25%富氧空气为最合理。而当氧浓度在为25%时，又是以采用普通喷嘴，使用效果最佳。一般来讲，炉温越高，用富氧空气的节能效果便越大，因此，富氧燃烧技术对玻璃融窑、高温锻造炉、陶瓷烧结窑等高温窑炉的节能效果更为显著。表4-4给出了不同窑炉不同富氧浓度的节能效果。

表 4-4　　　　　　各种窑炉采用富氧助燃后一次能的节能率

炉窑名称	富氧浓度（%）	节能率（%）
玻璃融窑	22.7	16.8
玻璃融窑	25.3	26.8
陶瓷炉窑	28.0	26.1
锻造加热炉	25.0	24.7

表 4 - 5　　　　　　　玻璃熔化窑炉采用富氧燃烧的节能效果

比较方案	m^3/kg	相对比较
普通空气燃烧：$O_2 = 21\%$	1. 38	100
富氧燃烧：$O_2 = 22.7\%$	1. 15	83. 3
富氧燃烧：$O_2 = 25.3\%$	1. 01	73. 2
富氧燃烧：$O_2 = 26\%$	1. 18	85. 5

（三）蓄热式轧钢加热炉高温空气燃烧技术

蓄热式加热炉技术的核心是高风温燃烧技术（High Temperature Air Combustion，HTAC），亦称无焰燃烧技术（flameless combustion），是 20 世纪 90 年代日本研究发明的一种全新型燃烧技术。它具有高效烟气余热回收（排烟温度低于 150 摄氏度），高预热空气温度（空气温度高于 800 摄氏度）和低 NOx 排放等多重优越性。国外大量的实验研究和应用表明，这种新的燃烧技术将对世界各国以燃烧为基础的能源转换技术带来变革性的发展，给各种与燃烧有关的环境保护技术提供一个有效的手段，对燃烧学本身也是一次较大的进展。该技术被国际公认为是 21 世纪热能工程核心工业技术之一，也被称为环境协调型燃烧技术。

1. 技术原理

高温空气燃烧技术与传统燃烧技术不同之处是充分利用加热炉的排烟余热将助燃空气加热到 1000 摄氏度甚至更高，使加热炉排烟温度降低到 200 摄氏度以下，从而提高了燃料的热利用率。此外，通过废气再循环等方法使燃气在含氧率较低的气体中进行低氧或稀薄燃烧，降低了 NO_x 排放量，减少对环境的污染。该技术的核心为助燃剂高温预热与低氧燃烧相结合。这项燃烧新技术在国际上已逐渐引起了广泛的关注。目前我国的许多工业炉已采用了此项技术。

由传统的燃烧理论可知，燃料燃烧存在一定的可燃范围，当超出可燃范围时，燃料是不能实现稳定燃烧的。若采用常温下的普通空气，将燃烧区的含氧体积浓度降低到 15% 以下，是不可能实现稳定燃烧的。因此，实现低氧或稀薄燃烧的前提是必须先将助燃空气预热到燃料自燃点温度以上。助燃空气的高温预热，扩大了燃料的稳燃范围。预热温度越高，稳燃范围越大。实验表明，当助燃空气预热到 1000 摄氏度以上时，燃烧区的含氧量（体积分数）降低到 2% 仍能稳定燃烧。

2. 技术特点

高温空气燃烧与传统燃烧相比，具有以下几个特点：

（1）高温空气燃烧通常用扩散燃烧或扩散燃烧为主的燃烧方式，大量的燃料分子扩散到炉膛内较大的空间，与助燃空气中的氧分子充分混合接触后发生燃烧，火焰体积显著扩大。

（2）炉内火焰温度场分布均匀，炉内平均温度升高，火焰中峰值温度降低，加热能力提高，对钢铁行业钢坯加热质量好，氧化烧损率低。

（3）燃烧过程燃烧充分，不再存在传统燃烧的局部高温、高氧区，燃料消耗量低。同时烟气中的 CO、CO_2、NO_x 等气体含量降低，污染物排放量减少。

（4）燃烧产生的噪音较低，通常只有 70~80dB（A）。

（5）能满足不同生产方式的工业窑炉和不同热值燃料的工艺要求。

3. 蓄热式加热炉高温空气燃烧系统

蓄热式加热炉高温空气燃烧系统有两种。

（1）以液体、高热值煤气为燃料的蓄热式高风温燃烧系统。

蓄热式高温空气燃烧系统在正常工作时，两只燃烧器不会处于同一工作状态。当一只烧嘴处于燃烧工作状态时，此燃料通路开通，冷空气通过炽热的蓄热体，被加热为热空气去助燃；另一只烧嘴一定处于蓄热状态作为烟道，此燃料通路关闭，燃烧产物在引风机的作用下经燃烧通道到蓄热体，将热量传递给蓄热体后，经烟道由烟囱排出。

在加热炉上应用的蓄热式高温空气燃烧系统的换向周期一般为 1~3 分，可以采用双重信号控制，即当从蓄热体排出的烟气温度达到设定值或周期超过设定时间时，由控制系统操作换向装置动作，两只烧嘴互换工作状态，工作原理如图 4-6 所示。

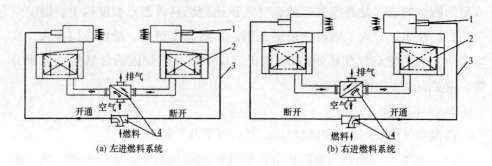

1—烧嘴壳；2—蓄热体；3—管道；4—换向阀

图 4-6　高热值蓄热式加热炉工作原理示意图

蓄热式燃烧器两个为一组，可根据炉子的工艺要求和操作方便等情况灵活安装，可相对安装也可同侧并列安装。

（2）以低热值煤气为燃料的蓄热式高风温燃烧系统（双高温调温式）。

此系统工作原理与上一种基本相同，只不过是以低热值煤气为燃料，空气、煤气同时预热。当一只烧嘴处于燃烧工作状态时，冷煤气、冷空气通过炽热的蓄热体被加热，另一只烧嘴一定处于蓄热状态，燃烧产物在引风机的作用下经燃烧通道到空气、煤气蓄热体，加热蓄热体后，经烟道由烟囱排出。

此种系统的换向周期也为 1 分至 3 分，采用双重信号控制，使两只烧嘴互换工作状态，工作原理如图 4-7 所示。

由于蓄热式加热炉的烧嘴一般成对布置，燃料和空气从一个烧嘴供入，烟气从另一个烧嘴流出，炉内的烟气的流向与传统加热炉明显不同，所以蓄热式加热炉在炉型结构式一般没有明显的分段，炉膛空间是方正的，区段的划分主要考虑热工控制的需要。

（3）蓄热式高温空气燃烧系统结构特征。

蓄热式高风温燃烧系统主要由烧嘴壳体、蓄热体和换向阀等组成。

蓄热体：蓄热体采用片状、球体、蜂窝体及方格微孔砖等材料为蓄热材料，单位体积换热面积大，流体流经蓄热体的阻力小，清洗维护方便。由于蓄热体是耐火材料制成，所以耐腐蚀、耐高温、使用寿命长。

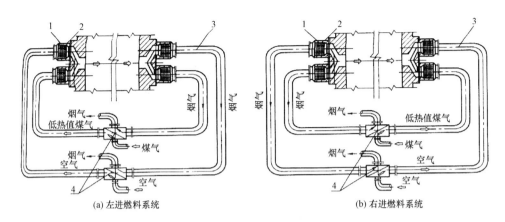

1—烧嘴壳；2—蓄热体；3—管道；4—换向阀

图 4 – 7 低热值蓄热式加热炉工作原理示意图

换向阀：该阀集空气、燃料换向为一体，结构独特。空气换向、燃料换向同步且平稳，空气、燃料、烟气决无混合的可能，彻底解决了以往换向过程中气路暂时相同的弊病。

其结构特征都是成对配置的，每一个燃烧器构成燃烧系统的一个完整单元。该单元由两个耐高温喷嘴，两个耐火的蓄热体，一个换向阀（一个换向阀可带若干组烧嘴）和一套操纵快速换向阀的自控系统。

（4）蓄热式高温空气燃烧系统节能效果。

经过多项工程的实践表明，采用蓄热式加热炉技术，具有如下优点：

1）可将加热炉排放的高温烟气降至 150 摄氏度以下，热回收率达 80% 以上，节能 30% 以上；

2）可将煤气和空气预热到 1000 摄氏度以上；

3）加热能力提高，生产效率可提高 10% ~ 15%；

4）减少氧化烧损，使氧化烧损小于 0.7%；

5）有害废气量（如 CO_2、NO_x、SO_x 等）的排放大大减少。

采用蓄热式加热炉技术进行加热炉改造，根据不同炉型，其改造费用约在 600 万 ~ 1000 万元，一般 1 至 2 年基本可收回投资。

据不完全统计，国内钢铁企业采用蓄热式加热炉进行加热炉改造的共有196座。

近几年，高风温燃烧技术除用于轧钢加热炉的改造外，还成功应用于其他工业窑炉（如热处理炉、均热炉、钢包烘烤器等），获得了同样的节能效果。

（四） 焦炉煤调湿节能技术

焦炉煤料含水量每降低1%，炼焦耗热量就降低62.0兆焦/吨（干煤）。因此，煤料水量控制对炼焦节能工序节能显著。

煤调湿（Coal Moisture Control，CMC）是"装炉煤水分控制工艺"的简称，是将炼焦煤料再装炉前除去一部分水分，保持装炉煤水分稳定在6%左右，然后装炉炼焦。

煤调试不同于煤预热和煤干燥，煤预热是将入炉煤在装炉前用气体热载体或固体热载体快速加热到热分解开始前温度（150摄氏度至250摄氏度），此时煤的水分为零，然后再装炉炼焦，而煤干燥没有严格的水分控制措施，干燥后的水分随来煤水分的变化而变化，煤调湿有严格的水分控制措施，能确保入炉煤水分恒定。

1. 技术工艺

依据干燥设备的不同，目前世界上主要有2种煤调湿工艺流程。

（1）流化床干燥机煤调湿。

水分为10%～11%的煤料由湿煤料仓送往流化床干燥机，煤料在气体分布板上与从分布板下进入的热风直接接触，煤料被加热干燥，使煤料水分降至6.6%。干燥后，煤料中70%～90%的粗粒煤（相对而言）从干燥机排入螺旋输送机，剩下的10%～30%煤粉随热风进入袋式除尘器，回收的煤粉排入螺旋输送机。煤粉和粗粒煤混合经管道式皮带机输送至焦炉煤塔。

采用流化床干燥机煤调湿工艺，其燃料与热废气直接换热效率高。尤其是以焦炉烟道气做热源时，充分利用了废热，既节能又减少了燃烧高炉煤气放出的二氧化碳。

（2）回转式多管干燥机煤调湿。

煤料经胶带输送机送入回转式多管干燥机中。利用干熄焦蒸汽发电后的背压汽或工厂内的其他低压蒸汽做热源。在回转式多管干燥机中，煤料在管内与管外的蒸汽（或煤料在管外与管内的蒸汽）逆流间接换热。煤料中的水分被加热蒸发排出。

2. 节能效果

焦炉采用煤调湿技术，一般可在以下方面取得节能效果。

（1）由于装炉煤水分的降低，使装炉煤堆密度提高，干馏时间短，因此，焦炉生产能力可以提高7%～11%。

（2）煤料含水量每降低1%，炼焦耗热量可降低62.0兆焦/吨（干煤）。当煤料水分从11%下降至6%时，炼焦耗热量相当于节省了310兆焦/吨（干煤）。

（3）改善焦炭质量，其M150 15可提高1%～1.5%，焦炭反应后强度可提高1%～3%，在保证焦炭质量不变的情况下，可多配弱粘结煤8%～10%。

（4）节能可以减少温室气体排放，当用焦炉烟道废气作为热源时，平均每吨入炉煤可减少约35.8千克CO_2的排放量。

（5）煤料水分的稳定可保持焦炉操作的稳定，有利于延长焦炉寿命。

3. 注意问题

在焦炉应用煤调湿节能技术时，需要注意以下问题：

（1）煤料水分的降低，使炭化室荒煤气中的夹带物增加，造成煤焦油中的渣量增加2～3倍，为此，必须设置三相超级离心机，以保证焦油质量。

（2）炭化室炉墙和上升管结石墨有所增加，为此必须设置除石墨设施，有效地清除石墨，以保证正常的生产。

（3）调湿后煤料用皮带输送机输送至煤塔过程中，散发的粉尘量较湿煤增加了1.5倍，为此应加强输煤系统的严密性和除尘设施。

（4）调湿后煤料再装炉时，因水分低，很容易扬尘，必须设置装煤地面站除尘设施。因此，对已投产的焦炉，若因场地紧张或其他原因不能设置装煤地面站除尘设施，则不宜补建煤调湿装置。

（五）焦炉干熄焦节能技术

干法熄焦技术是目前较广泛应用的一项节能技术，简称"干熄焦"，它是相对于用水熄灭炽热红焦的湿熄焦而言的。同时它也是回收红焦显热和改善操作环境的一项先进工艺技术，它有利于提高焦炭质量，降低焦化工序能耗和改善大气环境。

1. 工艺原理

干法熄焦技术的基本原理是：利用冷的惰性气体（如氮气、氩气等）或燃烧后的废气，在干熄炉中与赤热红焦换热从而冷却红焦，吸收了红焦热量的惰性气体将热量传给干熄焦锅炉产生蒸汽，被冷却的惰性气体再由循环风机鼓入干熄炉冷却红焦。干熄焦锅炉产生的中压（或高压）蒸汽或并入厂内蒸汽管网或送去发电。

干熄焦装置包括焦炭运行系统、惰性气体循环系统和锅炉系统。从炭化室中推出的950℃～1050℃红焦经过拦焦机的导焦栅落入运载车上的焦罐内。运载车由电机车牵引至提升机井架底部，由提升机将焦罐提升至井架顶部，再平移到干熄炉炉顶，通过炉顶装入装置将焦炭装入干熄炉。炉中焦炭与惰性气体直接进行热交换，冷却至250℃以下。冷却后的焦炭经排焦装置卸到皮带输送机上，再经炉前焦库送筛焦系统（如图4-8所示）。

180℃的冷惰性气体由循环风机通过干熄炉底的供气装置鼓入炉内，与红焦炭进行热交换，出干熄炉的热惰性气体温度约为850℃。热惰性气体夹带大量的焦粉，经一次除尘器进行沉降，气体含尘量降到6g/m³以下，进入废热锅炉换热，在这里惰性气体温度降至200℃以下。冷惰性气体由废热锅炉出来，经二次除尘器，含尘量降到1g/m³以下后由循环风机送入干熄炉循环使用。

废热锅炉产生的蒸汽或并入厂内蒸汽管网或送去发电。

2. 技术特点

（1）自身能耗虽高，但回收红焦显热。

干熄焦本身能耗约为29kWh/吨焦，而湿熄焦约为2kWh/吨焦。但出炉的红焦显热约占焦炉能耗的35%～40%，这部分能量相当于炼焦煤能量的5%，

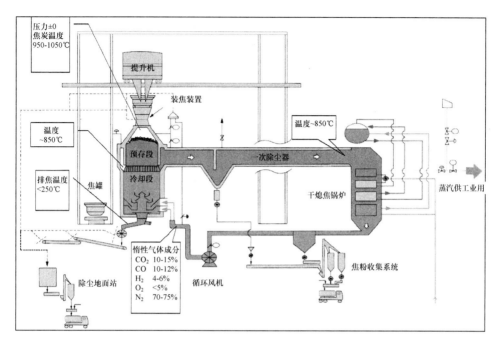

图 4-8　干熄焦（CDQ）工艺流程图

将其回收和利用，可起到节能降耗的作用，同时大大降低冶金产品成本。采用干熄焦可回收 80% 的红焦显热，平均每熄 1 吨焦炭可回收 3.9MPa、450℃的蒸汽 0.45 ~ 0.6 吨。蒸汽可直接送入蒸汽管网，也可发电。采用全凝机组发电，平均每熄 1 吨红焦净发电 95 ~ 110kWh。扣除干熄焦自身的能源消耗，包括低压蒸汽、氮气、电力、纯水等，采用干熄焦平均可降低能耗 40kgce/t 焦左右。国外某公司曾对钢铁企业炼铁系统所有节能措施进行分析，结果干熄焦节能占总节能的 50%。

（2）减少环境污染。

对规模为 100 万 t/a 焦化厂而言，采用干熄焦技术，每年可以减少 8 万 ~ 10 万 t 动力煤燃烧对大气的污染。相对于传统的湿熄焦（吨红焦耗水 0.45 吨水）来说，干法熄焦平均每吨焦炭可节水 0.443t。

（3）改善焦炭质量。

大型高炉采用干熄焦焦炭可使其焦比降低 2%，使高炉生产能力提高
1%。在保持原焦炭质量不变的条件下，采用干熄焦可以降低强粘结性的焦、
肥煤配入量 10% ~ 20%，可在配煤中多用 15% 弱粘结性煤。有利于充分利用
资源和降低焦炭成本。

（六）水泥窑余热发电技术

1. 余热的来源

废热主要来源于窑尾预热器和窑头冷却机的废气显热。对于新型干法生
产线，由于窑的规模不同、预热器级数不同，窑尾预热器系统产生的废气量
和温度也不同。对于 5000t/d 生产线来说，正常生产时 5 级预热器系统窑尾废
气量约为 1.40Nm³/kg 熟料，温度为 320℃ 左右。窑头冷却机采用第三代篦冷
机时，单位风量为 1.8 ~ 2.0Nm³/kg 熟料，回收的二、三次风单位风量为
0.8 ~ 0.9Nm³/kg 熟料，实际排风量为 1.0 ~ 1.2Nm³/kg 熟料，排气温度为
250℃ 左右，当冷却机热回收效果较差时废气温度可能会超过 300℃。

2. 余热利用方式

就目前国内最先进的生产线工艺，窑头和窑尾的废气除满足原燃材料的
烘干外，仍有大量的 350℃ 以下的余热不能完全被利用，其浪费的热量约占
系统总热量的 30% 左右。回收熟料生产过程中的余热非常必要。

目前国内水泥企业余热利用的主要方式是进行余热发电。表 4 - 6 反映了
国内外水泥窑余热发电技术的主要参数对比情况，采用国产技术的余热电站
主要技术经济指标见表 4 - 7。

表 4 - 6　　　　　　　国内外余热发电技术主要参数对比

指标	江西亚东 （由 NKK 提供）	海螺宁国 （由川崎提供）	国内某生产线 （三菱方案数据）	国内技术 （中材节能提供）
水泥窑产量（t/d）	4600 ~ 4800	5600 ~ 5900	6200 ~ 6700	5000
发电能力（kW）	5900 ~ 6100	9100 ~ 9700	7800 ~ 8100	8000 ~ 9200
吨熟料发电（kWh）	30.7 ~ 31.8	37.0 ~ 39.0	27.9 ~ 29.0	37.0 ~ 42.0

表4-7 采用国产技术的余热电站主要技术经济指标

五级预热器水泥生产线规模（t/d）		2000	2500	4000	5000
余热发电装机规模（MW）		3.0	4.5～6.0	6.0～7.5	7.5～10.0
余热发电能力（MW）		2.5～3.0	3.8～4.5	4.5～6.5	7.2～10.0
余热供电比例	熟料生产线	60%	60%	60%	60%
	水泥生产线	35%	35%	35%	35%
投资回收期（年）		≤3.5	≤3.5	≤3.5	≤3.5

（七）烧结机烟气余热利用技术

1. 烧结过程及烟气余热资源概况

烧结过程分为烧结和冷却两个环节，烧结过程是钢铁工业的主要耗能工序。图4-9所示为某厂的烧结过程热平衡分图。由图可见，在烧结过程余热资源中以烧结矿显热和废气显热为主，其中冷却机废气带走的显热约占烧结总热量的30%，烧结机烟气的排热约占20%。总的来说，烧结厂废气带走的热量约为总热量的50%。回收这部分废热使之转变为有效的能量，对降低烧结工序能耗有很大的意义。

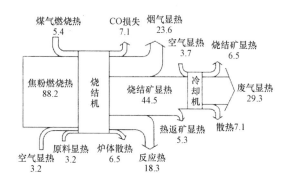

图4-9 烧结过程热平衡分图（单位:%）

烧结烟气平均温度一般不超过150摄氏度，图中烧结机尾部风箱排出的烟气温度为300摄氏度至400摄氏度，冷却机废气温度随冷却方式和冷却机部位的不同，余热温度在 100 摄氏度至 450 摄氏度之间变化。

冷却机废气和烧结烟气属中、低温余热资源。对烧结过程数量很大的这部分中、低温余热的回收利用，日本自 20 世纪 70 年代末开始进行冷却机排气和烧结废气余热利用技术的开发工作，随之冷却机排气余热回收装置、烧结废气余热回收装置和烧结废气循环设施在工业生产上得到应用并推广。

2. 烧结机烟气、冷却机废气余热回收技术

烧结过程烟气、冷却废气余热回收主要有以下几种方式：

（1）用作点火器、保温炉燃烧用空气，以节省焦炉煤气。

烧结过程点火、保温技术的研究和革新在降低烧结热能消耗方面起到了很好的作用，回收一定温度的废气余热可以提高烟气的含氧量，同时节省燃料消耗。一般情况下，用 300 摄氏度左右的废气作为点火器、保温炉的助燃空气比用常温空气可节省 25% ~ 30% 的煤气消耗量。

这项技术在日本属于十分普遍的烧结过程节能技术。

（2）预热混合料，降低烧结过程焦粉单位能耗。

在烧结点火前，将温度为 300 摄氏度 ~ 400 摄氏度的热空气以 0.7 立方米/秒至 1.0 立方米/秒的流量通过料层。预热 1 分至 2 分，使表层混合料在完全干燥的情况下进行点火，可缩短烧结时间，而且由于余热气体带入显热，焦炭燃烧温度提高，扩大了燃烧带，焦炭燃烧完全，提高了焦炭燃烧效率。

图 4 - 10 为日本某烧结厂利用余热预热物料的流程图。所用废气取自环冷机的第二个排气筒，回收风机前未设除尘器，300 摄氏度高温废气分别送给预热炉、点火炉、保温炉。回收风机风量为 3940 立方米/分，负压为 6860 帕。送入预热的余热空气为 1700 标立方米/分。生产结果表明：焦炭、焦炉煤气单位消耗分别降低 4.8 千克/吨（kg/t）烧结矿和 1.0 标立方米/吨烧结矿。

3. 余热锅炉生产蒸汽，以代替部分燃料锅炉蒸汽

图 4 - 11 为利用余热锅炉回收烧结过程余热，产生蒸汽的设备流程。带式冷却机高温部分的废气量为 4800 标立方米/分，温度为 303 摄氏度，进入废气锅炉用于生产蒸汽，蒸汽量为 18.5 吨/小时（t/h），蒸汽压力为 78.4 ×

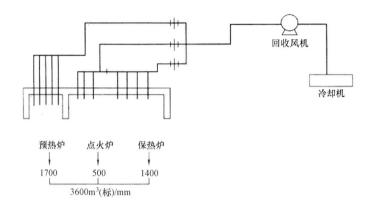

图 4 - 10 利用余热预热物料的流程图

104 帕，与发电站的蒸汽减压降温到 68.6 × 104 帕、230 摄氏度混合供用户。为了提高余热锅炉入口的废气温度，将废气从锅炉排出后进行闭路强制循环，锅炉排出废气温度 150 摄氏度，二次通过烧结矿层，从而提高了回收了效率。

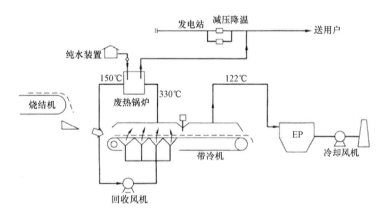

图 4 - 11 利用余热锅炉回收烧结过程余热的流程

图 4 - 12 为日本烧结机主排气显热回收流程。为了回收烧结机尾部风箱烟气的废热，在降尘管上风箱之间设置截断隔板，将降尘管分为高温段和低温段。余热锅炉、除尘器与高温段烟气管道链接，回收机尾最后几个风箱的烟气废热，回收废气经余热锅炉后用风机送至烧结机降尘管，然后经主电除

尘器和主抽风机，由烟气排入大气。当主电除尘器前烟气温度低于酸露点控制温度时，高温段的烟气经旁通管道进入大烟道的低温段，从而保证烟气温度在烟气酸露点温度以上。同时也作调节余热回收系统的废气流量之用。

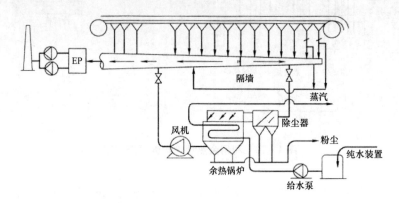

图 4 – 12 烧结机主排气显热回收流程

该厂废热回收系统回收烟气温度约为 340 摄氏度，废气回收量约为 334 × 103 标立方米/小时，蒸汽发生量达 27 吨/小时（t/h），取得了较好的节能效果。

4. 余热发电

烧结厂余热的另一种利用方式为利用余热锅炉产生蒸汽，然后发电。目前烧结厂实际应用的余热发电方式按循环介质的种类分为废热锅炉法、加压热水法和有机工质法 3 种。

（1）废热锅炉法：一般废气温度在 400 摄氏度以上时，采用废热锅炉法回收余热发电。废热锅炉法的介质循环较简单，单位电力输出功率的设备费用较其他方式低。由于废气中含有灰尘，需考虑防磨损的措施。

日本钢管扇岛厂冷却机、住友金属小仓厂冷却机、和歌山厂冷却机的烧结余热利用均采用这种方法。

（2）加压热水法：一般废气温度在 300 至 400 摄氏度，加压水在热水锅炉中经热交换后变成加压热水，然后浸入热水透平。在热水透平中热水蒸发为蒸汽，再进入蒸汽透平驱动发电机发电。加压热水法的特点是废热回收量高，适用于分散、量少、间断废热的回收。日本若松烧结厂的余热发电就是采用这种方式。

（3）有机工质法：从热循环来讲，有机工质法与废热锅炉法原理相同，区别在于使用低沸点的有机工质（制冷剂）代替水作为热交换和循环介质。该方法因使用低沸点的有机工质，可对废气温度在200摄氏度以下的余热发电利用，日本君津烧结机的余热发电系统采用该种方式。

（八）转炉炼钢负能炼钢及 LT 法煤气回收净化技术

1. 技术工艺

转炉实现负能炼钢是衡量一个现代化炼钢厂生产技术水平的重要标志，转炉负能炼钢味着转炉炼钢工序消耗的总能量小于回收的总能量，即转炉炼钢工序能耗小于零。转炉炼钢工序过程中支出的能量主要包括氧气、氮气、焦炉煤气、电、工业新水和使用外厂蒸汽，而转炉回收的能量主要包括转炉煤气和蒸汽回收。

国际上先进钢厂都把实现转炉负能作为炼钢的重要指标。在现代炼钢技术中，由于负能炼钢技术的采用，转炉工序不但不消耗能源，反而成为生产能源的工序。

转炉负能炼钢工艺技术在转炉生产流程中体现，能量变化指标从消耗部分和支出部分折算而成。转炉炼钢支出能源和回收能源结构组成如图4-13所示。转炉煤气湿法回收流程如图4-14所示。转炉二次能源（排气能源）的回收情况如图4-15所示。

2. 技术特点

转炉能源支出与收入诸多因素中，决定性因素为电力消耗和转炉煤气的回收。要实现转炉负能炼钢，其技术关键如下：

（1）实现能源的动态管理：① 采用现代计算机技术、网络通信技术和分部控制技术，实现能源系统的实时监视、控制、调整，具有故障分析诊断、能源平衡预测、系统运行优化、高速数据采集处理及归档等功能；② 计算机网络联结全部变电所（室）、排水泵站和给排水设施、煤气加压站、煤气混合站及能源分配设施等，实现能源系统的分散控制、集中管理、优化分配。

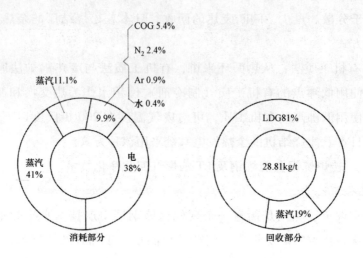

图 4-13　转炉支出能源与回收能源结构组成

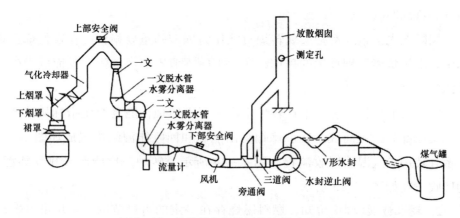

图 4-14　转炉煤气湿法回收流程（OG 法）

（2）降低电力消耗：① 科学使用设备，提高动力系统的转换效率；② 使用现金冶炼工艺，缩短冶炼周期，减少电力消耗。

（3）提高转炉煤气回收：① 改善转炉修缮后操作水平和加强设备检点维护；② 改进取压管和均压管的机械结构和管道结构；③ 改进供氧制度和造渣制度，减少炉口积渣。

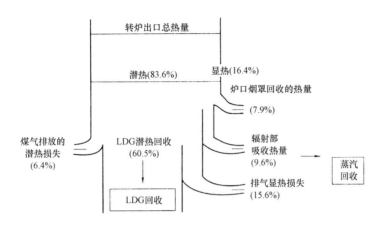

图4-15 转炉排气能源的回收概略图

（4）回收系统中热、冷端分析仪使用良好，确保回收系统正常运行。

（九）低氧燃烧技术

常规的燃烧技术是氧含量为21%的助燃空气与燃料混合燃烧。高温低氧燃烧技术与传统燃烧技术不同之处是充分利用加热炉的排烟余热将助燃空气加热到1000℃甚至更高，使加热炉排烟温度降低到200℃以下，从而提高了燃料的热利用率。此外，通过各种方法使燃气在含氧率较低的气体中进行低氧燃烧，降低了NO_x排放量，减少对环境的污染。这项燃烧新技术在国际上已逐渐引起了广泛的关注。目前我国的许多工业炉已采用了此项技术。

1. 原理

由传统的燃烧理论可知，燃料燃烧存在一定的可燃范围，当超出可燃范围时，燃料是不能实现稳定燃烧的。若采用常温下的普通空气，将燃烧区的含氧体积浓度降低到15%以下，是不可能实现稳定燃烧的。因此，实现低氧燃烧的前提是必须先将助燃空气预热到燃料自燃点温度以上。助燃空气的高温预热，扩大了燃料的稳燃范围。预热温度越高，稳燃范围越大。实验表明，当助燃空气预热到1000℃以上时，燃烧区的含氧量（体积分数）降低到2%仍能稳定燃烧。

2. 特点

低氧燃烧与含氧量（体积分数）为21%的传统燃烧相比，具有显著不同的基本特征，主要表现在以下几个方面：

（1）高温低氧燃烧通常用扩散燃烧或扩散燃烧为主的燃烧方式，大量的燃料分子扩散到炉膛内较大的空间，与助燃空气中的氧分子充分混合接触后发生燃烧，火焰体积显著扩大。

（2）炉内火焰温度场分布均匀，炉内平均温度升高，火焰峰值温度降低，加热能力提高，对钢铁行业钢坯加热质量好，氧化烧损率低。

（3）低氧燃烧过程燃烧充分，不再存在传统燃烧的局部高温、高氧区，燃料消耗量低。同时烟气中的 CO、CO_2、NO_X 等气体含量降低，污染物排放量减少。

（4）低燃烧噪声。燃烧噪声与燃烧速率的平方和燃烧强度成正比。由于燃料与氧气发生燃烧的区域扩大，形成与传统燃烧完全不同的热力学条件，化学反应速度得以延缓。因而，燃烧产生的噪音较低，通常只有 70～80dB（A）。

（5）能满足不同生产方式的工业窑炉和不同热值燃料的工艺要求。

3. 实现途径

实现低氧燃烧的关键是要降低燃烧区的含氧量，使之低于21%。良好混合的低氧燃烧气氛是基础，高温燃烧空间是必要条件，高温气氛是有利条件，空气的预热促成燃烧气氛的高温和节能低氧燃烧实现的途径如下：

（1）有效地组织炉膛内的气流，实现高速射流。选取合适的助燃空气与燃料气流的喷射速度，合理布局炉膛尺寸与内部结构及合理布置烧嘴位置、数目及燃料喷口与助燃空气喷口距离、喷射角度等。依靠助燃空气及燃料气高速射流的卷吸效应，使炉内大量燃烧产物回流，稀释燃烧区含氧量。这是实现低氧燃烧的根本途径。

（2）采用二次供风。二次供风式低氧燃烧器是目前使用比较普遍的低氧燃烧技术之一。空气分级燃烧的基本原理是将燃料燃烧所需的空气分阶段送入炉膛。在第一阶段，从主燃烧器送入炉膛的空气量少于总燃烧空气量，使燃料先在贫氧条件下燃烧，降低了初始燃烧区域的含氧量。在第二阶段，为了完成全部燃烧过程，二次空气是从还原区外围送入的，在火焰尾部完成完全燃烧。由于实行分段燃烧，避免了高温区集中，因而 NO_x 的排放浓度显著降低。

（3）炉外排烟再循环。利用炉外排烟来稀释空气中含氧量也是获得低氧燃烧的一条有效途径。利用炉外排烟作稀释剂，将引风机输出管与送风机吸入管连接，通过阀门调节吸入烟气量，实现排烟再循环。

（4）燃用低热值燃料。低热值气体燃料，如高炉煤气、发生炉煤气、转炉煤气等，发热量低于 8360 kJ/m^3。若采用高效蓄热式换热技术，将助燃空气与低热值气体燃料双预热到高温，仅利用燃料中 CO_2、N_2 等气体的稀释作用，就可以实现炉内高温低氧燃烧。

（5）尽可能采用较低的空气系数。在保证完全燃烧的前提下，尽可能采用较低的空气系数，就可适当地降低助燃空气的喷射流速，减少炉内燃烧产物的回流比率，减少一次燃料量或减少炉外排烟再循环率等。这是一种最简单的低氧燃烧技术，它使燃烧过程在尽可能接近理论空气量的条件下进行，由于燃烧中过量氧的减少，从而实现了低氧燃烧。

（十）脉冲燃烧技术

脉冲燃烧实际上是一种燃烧控制方式。脉冲燃烧控制采用的是一种间断燃烧的方式，使用脉宽调制技术，通过调节燃烧时间的占空比（通断比）实现窑炉、加热炉等工业炉的温度控制。

目前国内的工业炉一般都采用连续燃烧控制的形式，即通过控制燃料、助燃空气流量的大小来使炉内温度、燃烧气氛达到工艺要求。这种控制方式往往受到燃料流量的调节和测量等环节的制约，使工业炉的控制效果不佳。随着工业炉行业的技术发展，脉冲燃烧控制技术在国内外得到一定程度的应用，取得了良好的使用效果。

目前高档工业产品对炉内温度场的均匀性要求较高，对燃烧气氛的稳定可控性要求较高，使用传统的连续燃烧控制无法实现。随着宽断面、大容量的工业炉的出现，必须采用脉冲燃烧控制技术才能控制炉内温度场的均匀性。

1. 控制原理

脉冲燃烧控制采用的是一种间断燃烧的方式，使用脉宽调制技术，通过调节燃烧时间的占空比实现窑炉的温度控制。燃料流量可通过压力调整预先设定，烧嘴一旦工作，就处于满负荷状态，保证烧嘴燃烧时的燃气出口速度不变。当需要升温时，烧嘴燃烧时间加长，间断时间减小；需要降温时，烧嘴燃烧时间减小，间断时间加长。控制如图 4-16 所示。

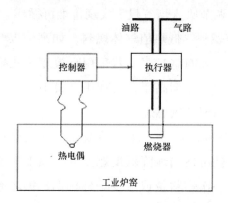

图 4-16　工业窑炉脉冲燃烧温度控制示意图

2. 工作原理

脉冲燃烧器按照进气阀构造分为有阀型和无阀型两类。有阀型结构是指燃气阀和空气阀带有可移动的膜片，通过膜片的开和关来实现气体的单向流动。无阀型结构则无移动部件，而是利用空气动力学原理来实现气体流通的单向性。由于后者设计困难，采用得比较少。

脉冲燃烧器的工作原理近似于内燃机的燃烧，亥姆霍兹式脉冲燃烧器的结构如图 4-17 所示。在燃烧室中使燃气（或液体、固体燃料）和空气的可燃混合物燃烧，这时产生的高温烟气的膨胀压力将烟气排出之后，由于负压吸入新的燃气和空气，然后再由一部分向燃烧室逆向排入的烟气或残存在燃烧室内的高温燃烧产物使其着火燃烧，这样脉冲燃烧是周期进行的。一个循环周期分三个过程：燃烧过程、排气过程和吸气过程。

（1）燃烧过程：供给燃烧室的燃气-空气混合物由前一个周期的高温残

存燃烧产物点燃，由于气体膨胀，燃烧室内压力急剧上升。

（2）排气过程：由于燃烧室内压力升高，使燃气和空气瓣阀关闭，燃烧产物从排气管（尾管）被排出，排气终了时靠排气的惯性作用，燃烧室的压力降至大气压力以下。

（3）吸气过程：由于燃烧室内形成负压，使燃气和空气瓣阀打开，燃气和空气被吸入燃烧室，同时部分燃烧产物从排气管逆向流入燃烧室，将燃气—空气混合物点燃，开始下一个循环，如此自动地进行下去。燃烧室内压力随时间变化与燃气和空气瓣阀动作的关系如图4－18所示。

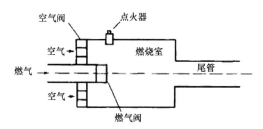

图4－17　亥姆霍兹燃烧器的结构

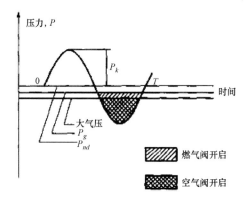

图4－18　燃烧室内压力随时间的变化

3. 特点

（1）优点。

1）燃烧室容积热强度大。燃烧室容积热强度可高达23260 kW/m³，排气管的形状简单，因此由脉冲燃烧器组成的加热装置结构紧凑、体积小。

2）加热效率高。由于脉冲燃烧是在声波作用下进行，燃气和空气混合均匀，燃烧加剧，空燃比接近化学计算比，而且排烟温度可降至露点以下，充分利用烟气中的潜热，热效率高，比目前最先进的燃烧装置提高 10% 左右。当用作热风采暖时，热效率可达 96%；当用作热水锅炉时，热效率接近 100%。

3）传热系数大。脉冲燃烧存在着较高的脉动频率，气流具有相当强的脉冲性，严重破坏气流的传热边界层，同时在脉冲燃烧周期中出现了高速气流，所以总的传热系数比普通加热设备大 1 倍以上。

4）NO_x 排放量低。由于燃烧气体残存或逆向流入燃烧室，避免了燃烧温度过高，有利于减少 NO_x 生成量（通常只有常规燃烧器的 50%）。

5）不需要空燃比控制装置。因为燃料和空气吸入量由气体瓣阀、燃烧室及排气管等燃烧器本体结构进行控制。

6）正常运行时，燃烧室平均压力高于大气压，为正压排气，因此可以不考虑烟囱设计位置，一根较细的管子就可将烟气排出室外。

7）除了在启动时需要点火和鼓风外，正常运行时，点火、进气、排烟不再需要外界能量，可以节约电能。

（2）缺点。

1）噪声大，需要设置消声器或隔声设备。

2）负荷调节比小。因为脉冲燃烧器只有在一定的热负荷范围内才能保持良好的运行和 CO_2 排放量。

3）燃烧器系统之间耦合性强，任何组件稍有变动，都有可能导致燃烧器运行不稳定，甚至不能运行。

4. 优缺点

脉冲燃烧控制的主要优点有：传热效率高，大大降低能耗；可提高炉内温度场的均匀性；无须在线调整，即可实现燃烧气氛的精确控制；可提高烧嘴的负荷调节比；系统简单可靠，造价低；减少 NO_x 的生成。

与连续燃烧控制相比，脉冲燃烧控制系统中参与控制的仪表大大减少，仅有温度传感器、控制器和执行器，省略了大量价格昂贵的流量、压力检测控制元件。并且只需要两位式开关控制，执行器由原来的气动阀门变为电磁阀门，增加了系统的可靠性，降低了系统造价。

缺点是：调节比小，容易产生噪声；启动必须使用风机；需要设置燃烧稳定后自动停止风机的装置。

第三节　蓄热蓄冷技术

一、技术简述

（一）概述

经济的发展使得城市以及地区电网昼夜电力负荷差值越来越大。在发达地区大中城市，空调用电负荷已达电网总负荷的 25% 以上，由于空调用电与电网峰谷基本同步，使得电力负荷峰谷差较大，影响电网安全、合理和经济运行。使用蓄冷蓄热技术对电网"削峰填谷"具有重要意义。

当前使用的蓄冷蓄热技术和装置主要有冰（水）蓄冷、电蓄热锅炉和蒸汽蓄热器。本节重点介绍冰（水）蓄冷技术、电蓄热锅炉和蒸汽蓄热器，尤其是冰（水）蓄冷空调技术的应用。

冰（水）蓄冷空调技术 20 世纪 30 年代起源于美国，并于 20 世纪七八十年代在世界能源危机时获得大力发展。欧洲、日本等经济发达国家继美国之后也对蓄冷空调进行研究，能源短缺的日本尤为重视。60 年代以后，水蓄冷的中央空调系统在日本得到了大量应用。80 年代中期以来，冰蓄冷在日本得到了迅速发展。

电热锅炉具有对环境无污染、自动化程度高而且操作简单、维修方便等特点，从而得以迅速发展。我国在 20 世纪 90 年代初期开始出现电热锅炉。但由于运行成本昂贵，只能用于特殊需要的场合或水电资源丰富、电价相对便宜的地区。随着改革开放的深入和经济的发展，供电峰谷差逐年加大，必须采取有效措施来"削峰填谷"。大力推广电热锅炉在低谷时段蓄热运行，即在夜间低谷时段自动开启电热锅炉，将产生的热量储存在绝热水箱中，在白天高峰用电时段供热，这样既达到了"削峰填谷"的目的，又充分发挥电热锅炉的诸多优点。当前由于国家"峰谷"电价差值加大，电蓄热锅炉的经济效益越发显著，从而广泛应用于供热取暖等领域。

蒸汽蓄热器是在锅炉和用汽系统之间安装的一种装置，以实现锅炉稳定燃烧而又保证下游用户的需求，达到供需双方连续而稳定的平衡，从而保持总负荷的均衡，提高锅炉的燃烧效率，节约能源。目前广泛使用的是变压式蒸汽蓄热器，它主要是利用水随温度、压力变化而蓄放热的原理。蒸汽蓄热器是一项技术上成熟，建设周期短、投资少、经济收效快、节能效果显著的节能设备。但是目前国内应用还不多，需要大力推广。

（二）蓄热蓄冷原理与模式

1. 原理

蓄冷蓄热的原理是指把冷量或者热量通过一定的方式储存起来，在需要的时候再释放出来加以利用。蓄冷（热）方式主要有显热蓄冷（热）、潜热蓄冷（热）。

显热蓄冷（热）指利用物质（储存介质）具有比热容，其内能随着温度降低（升高）从而储存冷（热）量。当前主要的储存介质有水、岩石、陶瓷等蓄冷（热）介质。

潜热蓄冷（热）主要是利用物质（储存介质）发生相变时内能的变化而储存冷（热）量。相变可以是汽-液相变、液-固相变、固-固相变，其中液-固相变在潜热蓄冷（热）中应用最多。利用液—固相变蓄冷（热）的主要介质为冰和共晶盐。与显热蓄冷（热）相比，由于相变潜热远远大于物质比热容，因而体积相对较小，且温度变化较小。

目前在能源利用方面，为了解决或缓解用电尖峰和低谷的电力不平衡，提高电力的利用率，采用蓄冷蓄热方式主要有水蓄冷、冰蓄冷、水蓄热、蒸汽蓄热等。

2. 模式

一般而言，普通商业或一般工业均非全日使用冷（热）量，通常每天只运行若干小时，而且负荷不均匀。如果不采用蓄冷（热）系统，机组的制冷（热）量应满足瞬时最大负荷，当采用蓄冷（热）系统时，有全量蓄冷（热）与分量蓄冷（热）两种模式。

（1）全量蓄冷（热）模式。

全量蓄冷（热）是指将在电网高峰期所需要的冷（热）负荷全部转移到电网低谷时段。如图4－19（a）所示，将低谷时段的冷（热）量（图中B、C部分）蓄存起来供电网高峰时段使用，图中A的面积与（B＋C）之和相等。

（2）分量蓄冷（热）模式。

分量蓄冷（热）是指在电力高峰时段，制冷（热）设备仍然运行，不足部分由低谷时段的蓄冷（热）量来补充，即只将部分负荷转移到低谷时段。图4－19（b）为部分负荷蓄冷示意图。图中，A1的面积等于B与C之和且A1＝A2。采用部分负荷蓄（热）冷模式，相当于一个工作日的负荷被均摊在全天来承担，所以其容量最小，可以节约初投资。实际工程中采用这种模式的较多。

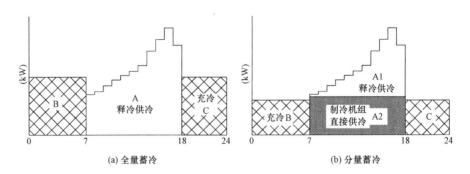

图4－19 全量蓄冷示意图和分量蓄冷示意图

分量蓄冷（热）系统的控制较全量蓄冷（热）复杂，除了保证蓄冷（热）工况与供冷（热）工况之间的转换操作以及空调供水或回水温度控制以外，主要应解决制冷（热）主机和蓄冷（热）装置之间的供冷（热）负荷分配问题，充分利用蓄冷（热）系统节省运行费用。

二、冰蓄冷技术应用

（一）特点

冰蓄冷属于潜热蓄冷，是利用冰发生相变时的溶解/凝固潜热来储存热量，每 1 千克冰的潜热为 334 千焦，其比热容约为水的 80 倍。冰蓄冷的主要优点有：

（1）蓄冷密度大，蓄冷设备占地小，对于在高层建筑中设置蓄冷空调是一个相对有利的条件。

（2）蓄冷温度低，蓄冷设备内外温差大，其外表面积远小于水蓄冷设备的外表面积，从而散热损失也很低，蓄冷效率高。

（3）可提供低温冷冻水，构建成低温送风系统，使得水泵和风机的容量减少，也相应地减少了管路直径，有利于降低蓄冷空调的造价。

（4）融冰能力强，停电时可作为应急冷源。

（二）技术类型

1. 冰蓄冷分类

冰蓄冷系统是依靠水—冰相变潜热来进行蓄冷的。

按蓄存冷量的方式，主要分为静态冰蓄冷和动态冰蓄冷两种方式。静态冰蓄冷主要包括密封件式和冰盘管；动态冰蓄冷则指冰浆蓄冷，冰浆是含有很多冰晶粒子的冰水混合物，可以用泵输送。静态冰蓄冷中，冰在结晶和融化过程中是不动的，而动态冰蓄冷中小的冰晶粒子随着水流动。静态冰蓄冷必须要靠中间介质来传递冷量，而动态冰蓄冷则不需要。当前市场上大多采用的是静态冰蓄冷，与静态冰蓄冷相比，动态冰蓄冷传热效率高，将成为未来发展趋势。

按蓄冷类型可分为全蓄冷和部分蓄冷。全蓄冷方式是将电高峰期的冷负荷全部转移到电力低谷期，蓄冷时间和空调时间完全错开，制冷机夜间制冷，白天停机，蓄冷设备要承担空调所需要的全部冷量。故蓄冷设备的容量较大，初投资费用高，该方式适用于白天供冷时间较短的场所或峰谷电差价很大的地区。部分蓄冷方式是全天所需冷量部分由蓄冷装置供给。制冷机夜间制冷蓄存一定冷量，补充电高峰时间空调所需部分冷量。部分蓄冷制冷机利用效率高，蓄冷设备容量小，制冷机比常规的空调制冷机容量小30%～40%，是一种更经济有效的运行模式。

按蓄冰装置与制冷主机的相对位置，冰蓄冷系统工作流程有并联、串联两种形式。并联系统两个设备均处在高温端，能均衡发挥各自的效率。融冰泵可采用变频控制，所有电动阀双位开闭；但其配管、流量分配、冷媒温度控制、运转操作等较复杂，适宜全蓄冷系统和供水温差小（5～6摄氏度）的部分蓄冷系统。串联系统是主机与蓄冰装置串联布置，控制点明确，运行稳定，可提供较大温差（≥7摄氏度）供冷。

简单的冰蓄冷制冷系统是由双工况制冷机组、蓄冰装置、乙二醇溶液蓄冷泵、乙二醇溶液融冰泵、板式换热器组成。有的冰蓄冷系统还配备基载制冷机组，供蓄冷空调系统中特殊时段或特殊用户使用。

2. 蓄冷方式

（1）冰盘管式。

冰盘管式蓄冷属于静态冰蓄冷。冰盘管式是发展最早的制冷剂直接蒸发式蓄冰系统。蓄冰时制冷剂在金属盘管内直接蒸发并吸收热量，将金属盘管外表面的水结成冰，结冰厚度一般控制在40～60毫米。在释冷时则使空调系统的回水送入蓄冰槽，与金属盘管外的冰接触融化，融化后水温下降至1～3摄氏度，然后通过冰水泵送到空调负荷端使用。由于冰盘管式蓄冰槽制冷剂用量大，盘管焊接质量要求高，易发生制冷剂泄露和金属盘管腐蚀的问题，现已多采用载冷剂替代盘管内制冷剂，用PVC塑料盘管或镀锌钢管替代金属盘管。近年来国内开发出导热塑料盘管，比普通PVC塑料盘管导热率提高很多。典型的冰盘管式蓄冰槽构造见图4-20。

冰盘管式由于其融冰释冷速度快，所以，它非常适用于工业制冷和低温送风空调系统使用。

外融冰系统的冰蓄冷盘管以美国BAC公司为代表，其盘管为钢制，连续卷焊而成，外表面为热镀锌；管外径为38.1毫米，盘管换热面积为0.137平方米/千瓦（m^2/kW）时，冰层最大厚度为35.56毫米. 制冰率IPF约为50%。

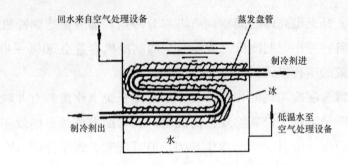

图 4 - 20 典型冰盘管式蓄冰槽构造图

JP 蓄冷槽可在现场用钢筋水泥制成，内加保温层；也可用钢板焊接而成，再加外保温。由于一般系统都为开启式，所以，也可用砖砌成，再加内保温。

（2）完全冻结式。

该系统是将冷水机组出来的低温乙二醇水溶液（二次制冷剂）送入蓄冰槽中的塑料管或金属管内，使管外的水结冰。蓄水槽可以将 90% 以上的水冻结成冰。融冰时，从空调负荷端流回的温度较高的乙二醇水溶液进入蓄冰槽，在塑料或金属管内流动，将管外的冰融化（见图 4 - 21 和图 4 - 22）；乙二醇水溶液温度下降，再被抽回到空调负荷端使用。从图中可以看出，首先融冰时，乙二醇水溶液通过盘管壁直接与盘管外的冰进行热交换，使管外的冰变成水，附着在盘管外壁周围；接着乙二醇水溶液把热量通过盘管和管外的水传给与水接触的冰。由于对冰块来讲，是从内部融冰，所以，这种系统也称为内融冰式。在融冰时，传热首先是以传导为主，接着则以传导和对流为主。

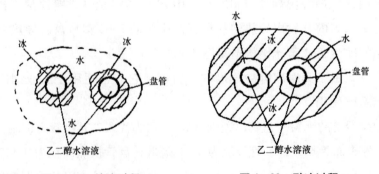

图 4 - 21 结冰过程   图 4 - 22 融冰过程

这种形式蓄冷设备的主要特点是蓄冰率 IPF 较大（在 90% 以上），而且释冷速度也比较稳定。融冰至后期，蓄冰槽内有水时，由于冰的密度比水小，冰向上浮，乙二醇水溶液通过管壁直接和下部的冰进行热交换，速度快，下部冰很薄以至很快断开，冰块漂浮在水中，形成冰水混合物，水的温度升高，冰融化的速度会很快。

（3）密封件式冰蓄冷。

密封件式冰蓄冷也属于静态冰蓄冷方式。该制冰方式水在密封件内冻结成冰。密封件通常为密封的高密度聚乙烯（硬质 PE）材质的塑料胶囊，内部装填水及冰成核剂作为蓄冷介质，密封件的大小及形状视不同的生产厂家而异，主要有圆球形、哑铃形、长方块形。为防止冰形成后体积增大对密封件壳体的破坏，通常采用在密封件壳体上（或密封件内）预留水冻结成冰时所需的膨胀空间。使用时将数量相当多的密封件填充到敞开或者密封的储槽内，储槽内充满乙二醇溶液，封装容器内为水。利用外部的冷量使封装容器内水结冰实现蓄冷，释冷时则相反。

典型的密封件有普通冰球、蕊芯冰球，分别见图 4-23 和图 4-24 所示。

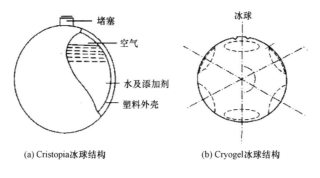

(a) Cristopia冰球结构   (b) Cryogel冰球结构

图 4-23 静态冰蓄冷——普通冰球结构图

双金属蕊心冰球外壳是由 PE 塑料吹制而成，其外形设计有伸缩段，允许在储冰、融冰过程中蓄冷剂相变而引起膨胀与收缩。在冰球中心由于加入导热系数高的金属蕊心，增强了传热效果，制冰融冰速度快，效率高。典型的密封件蓄冷空调流程图如图 4-25 所示。

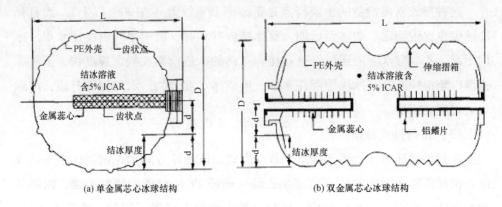

(a) 单金属芯心冰球结构   (b) 双金属芯心冰球结构

图 4-24 静态冰蓄冷——蕊芯冰球结构图

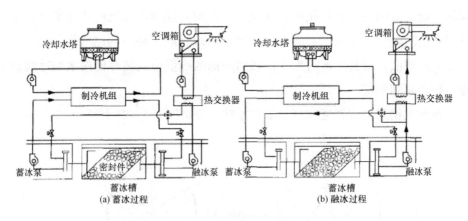

(a) 蓄冰过程   (b) 融冰过程

图 4-25 典型的密封件蓄冷空调系统流程示意图

双金属蕊心是铝合金翅片管：长 100 毫米，外管径 12 毫米，内径 9 毫米，其内部含有金属蕊芯，每 3516 千瓦（kW）时有 16 个冰球。其主要优点如下：

1）乙二醇水溶液导入冰球中心以减小结冰厚度，传热效率较无蕊心冰球增加 30%。

2）金属蕊心有利于物理晶核的形成，减少过冷度，成核温度提高到 -2.7 度。主机蒸发温度较高，提高了制冷系统储冰时的效率。

3）双金属蕊心增加了传热速度，结冰、融冰速度快，可实现按分量储冰模式设计，在较短时间内可全量融冰供冷空调使用。

4）含有金属蕊芯，冰球不会因结冰而上浮，因此，储冰槽可以是无压槽，可放置于建筑物的根基、地下混凝土槽中，不占有效建筑空间。

5）乙二醇水溶液在冰球外循环，系统设计简单，与传统空调系统冷冻水流程相类似，系统扩建容易，增加储冰容量较方便。

6）冰球已在国内合资生产，价格合理，在储冰空调系统的应用中，经济效益显著。已在浙江温州体育馆、上海锦都大厦等空调系统中应用，效果好。

（4）冰晶式或冰浆式冰蓄冷。

冰晶式或冰浆式冰蓄冷为动态冰蓄冷。

冰晶式空调系统的组成和流程详见图4－26中的（a）和（b）。其低浓度的乙二醇水溶液的循环在两个环路中进行。制冰（即制冰晶）流程为：蒸发器4—蓄冰晶槽5—蓄冰泵6—蒸发器4；融冰（即融冰晶）流程为：蓄冰晶槽5—融冰泵8—换热器7—蓄冰品槽。制冷机组是经过特殊设计的，乙二醇水溶液经过蒸发器被冷却到冻结点温度以下，乙二醇水溶液产生非常细小的而且比较均匀的冰晶；直径约为100微米的冰晶与乙二醇水溶液在一起，形成泥浆状的物质，故也称为冰泥。冰泥由蓄冰泵6送至蓄冰晶槽内储存起来，有空调冷负荷要求时，取相变潜热和少量的显热以达到和满足空调冷负荷的要求，详见因4－26中的（b）。

冰晶式空调蓄冷系统中，由于生成的冰晶直径小而较均匀，因此，总的换热面积大，融冰释冷速度快，负荷响应性能很好。由于冰晶是比较均匀地混合在乙二醇水溶液中，所以，它不像其他冰蓄冷系统容易在冰桶或冰槽内产生冰桥和死角，同样的管径可输送较大的冷量。同时，生成和溶化过程不需二次热交换，由此大大提高了空调的能效。

过冷却水生成技术是冰浆冷却及蓄冷技术的核心。过冷却水是冰浆生成的基础，只有稳定生成过冷却水，才可以通过促晶等技术生成冰浆。促晶技术是冷水快速生成冰浆的关键。目前，国际上采用的技术有超声波促晶、电动阀促晶以及其他一些促晶技术。

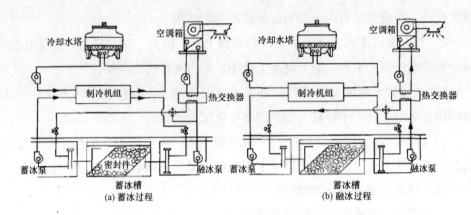

1—压缩机；2—冷凝器；3—节流阀；4—蒸发器；5—紫冰晶精；6—蓄冰泵；7—换热器；

8—融冰泵；9—冷冻水泵；10—空调箱；11—空调房间

图4-26　冰晶式蓄冷空调系统流程图

（三）系统应用

1. 发展与应用概况

冰蓄冷在20世纪70年代被引入到集中式空调系统中，之后在美国、日本和欧洲一些发达国家中发展迅速，而且规模越来越大，已形成区域性蓄冷和供冷系统。例如，美国芝加哥市的一个冰蓄冷系统，蓄冰槽尺寸为28米×35米×10米，分6层设置，容积达9800立方米，采用美国BAC公司的冰盘管式，管子总长700千米，蓄冷能力125 000冷吨小时，移峰能力29762千瓦（kW）（按每天6个小时高峰用电）；日本横滨市MINATO MIRAI 21区区域冰蓄冷装置，蓄冰槽由2个直径为7.3米，高28.15米的圆桶组成，容积2472立方米，里面装有直径为77毫米的冰球1188万个，蓄冷量达79000冷吨小时，移峰能力17556千瓦（kW）（按每天6个小时高峰用电）。

我国冰蓄冷空调工程不仅采用美国BAC、FAFCO、CALMAC、MUELLER、CRYOGEL和法国CIAT的先进蓄冰设备，也有我国北京西冷、清华同方、浙江华源和浙江国祥等开发的有自己特色的蓄冰设备。典型的冰蓄冷系统如广州大学城、湖北出版文化城、海南省三亚市亚龙湾冰蓄冷区域供冷系统工程等。

海南省三亚市亚龙湾冰蓄冷区域供冷系统工程：该工程占地面积约1.22公

顷，建设供冷面积为 40×10^4 平方米的冰蓄冷供冷站和双回 8 千米的供冷管网，是海南省第一个集中供冷项目，该项目利用夜间电网供电处于低谷时的电能进行制冰蓄冷，可实现亚龙湾娱乐场所的集中供冷，可转移电网峰值负荷 4 兆瓦（MW），约占三亚市峰谷差的 10%。该项目采用集约化供冷，提高制冷效率并实施热回收技术，可直接节电约 1.5×10^5 千瓦（kW）时/年。

2. 系统运行模式

冰蓄冷空调系统图与常规空调系统不同之处在于，在原来的基础上增加了不冻液（乙二醇水溶液）循环。由于不冻液循环的增加，由此而需要增加不冻液泵、蓄冰桶、板式热交换器，以及有关阀门和乙二醇水溶液。不冻液循环应满足下面四种运行模式：

（1）夜间用电低谷时，制冷机在制冰工况下运行，使蓄冰桶内的水结冰；

（2）白天用电高峰时，制冷机停，蓄冰桶内的冰融化供冷；

（3）制冷机在空调工况下运行，单独供冷（一般在用电平段）；

（4）制冷机和蓄冰桶同时供冷（制冷机优先）。

在有些冰蓄冷空调系统中，乙二醇水溶液不经过板式热交换器，而是直接送到空气处理设备中。如深圳电子大厦 16 层以下的风机盘管和空调箱，都是低温的乙二醇水溶液直接送到空气处理设备中，而不是通常用的冷冻水。但这种方式有其长处和短处。由于乙二醇水溶液温度低，在回水温度一样的条件下，供给同样的冷量，供水管小，泵的功率相应也可减小，包括空气处理设备、水管阀门都可变小，以节约材料和能耗；但这样一来，也带来一些困难，如水管保温层要加厚，空气温度若处理得太低，送风在房间内会产生结露现象等。

目前，我国正在积极而慎重地推广低温送风系统。同时，大多数冰蓄冷空调系统仍应加设板式热交换器，以防止价格昂贵的乙二醇水溶液在管路系统中渗漏损失而造成环境污染。

冰蓄冷空调技术对"削峰填谷"做出了贡献，但从制冷系统本身看，处于低温工况的运行则是以牺牲制冷机组的效率为代价的。为此需要在空调末端的空气处理过程中，尽可能地有效利用低温冷冻水来提高整个系统的效率，弥补制冷机组的低效率，从而使整个系统更趋合理高效，使冰蓄冷空调系统的优势得以发挥。因此，冰蓄冷系统一般都与低温送风技术相结合，达到减少初投资，降低运行费用，节省建筑空间的目的。另外，低温送风系统一次风的处理温度低，送风含湿量也低，可提高室内舒适度。

三、水蓄冷技术应用

（一）特点

水蓄冷仅利用水的显热来蓄冷的，属于显热蓄冷。

我国曾经在首都体育馆等建筑内采用水蓄冷空调系统。由于受常规空调进水温度7摄氏度和出水温度为12摄氏度的束缚，载冷体工作温升受到一定限制，因此使蓄水槽体积庞大，其占地面积、造价和蓄冷过程中冷损失都相应增大，给水蓄冷空调系统的普及带来了困难。近年来，随着蒸发器结构的优化及强化传热技术的应用，国内外一些厂商可提供3摄氏度甚至更低的出水温度的产品，为大温差蓄冷和水蓄冷空调系统的普及应用提供了条件。

1. 主要优点

（1）以水为蓄冷材料，不需要其他蓄冷介质，可节省蓄冷介质费用和能耗。

（2）可以使用常规的冷水机组，如泵、空调箱、配管等；也可以使用吸收式制冷机组。设备的选择性和可用性范围广，并能使其在经济状态下运行，经济效益好。

（3）适用于常规供冷系统的扩容和改造，可以通过不增加制冷机组容量而达到增加供冷容量的目的。蓄冷、释冷运行时，冷冻水温度相近，冷水机组在这两种工况下均能维持额定容量和效率。

（4）可以利用消防水池、原有的蓄水设施或建筑物地下室等作为蓄冷容器来降低初投资。

（5）可以实现蓄热和蓄冷的双重用途。

（6）技术要求低，维修方便，无须特殊的技术培训。

（7）水蓄冷系统是一种较为经济的储存大量冷量的方式。蓄冷罐体积越大，单位蓄冷量的投资越低。当蓄冷量大于7000千瓦（kW）时，或蓄冷容积大于 760 立方米时，水蓄冷是最为经济的蓄冷方式。

2. 存在缺点

（1）水蓄冷只利用水的显热，因而蓄冷密度低。在同样蓄冷量条件下，需较大的水量，使用时受到空间条件限制。由于蓄水槽体积庞大，表面散热损失也相应增加，需要增加保温材料。

（2）由于使用开启式蓄水槽，水与空气接触易生菌藻，管路也容易生锈，增加水处理费用。

（3）蓄冷槽内不同温度的水容易混合，影响了蓄冷效果，使蓄存的冷冻水可用冷量减少。

（二）形式

简单的水蓄冷制冷系统是由制冷机组、蓄冷水槽、蓄冷水泵、板式换热器和放冷水泵组成。有的水蓄冷系统可不配板式换热器。一个好的水蓄冷系统，其泵、冷水机组的效率和操作模式必定是最佳的，同时蓄存损失又必然最小。

蓄存损失主要是指蓄水槽表面的热损失和内部传热损失。

蓄水槽表面热损失主要是指蓄水槽四周的空气和土壤传给冷冻水的热量。为了减少这方面损失，应加强蓄水槽外表面的保温，在一定的容积下尽可能减少蓄水槽的外表面积和冷冻水蓄存的时间。对于埋入地下的蓄水槽，其主要的传热介质是周围的土壤，特别是当土壤中的水分含量提高时，散热愈加严重。所以，一般采取使蓄水槽不直接和土壤接触或使周围土壤干燥的方法，或尽量减少蓄存水的蓄存时间，以减少散热量。一般只蓄存次日所需冷量即可，即采用部分蓄冷形式。

蓄水槽内部的传热损失主要指热量由蓄冷槽中的温冷冻水传给较冷冷冻水，主要有两种可能：

（1）和蓄冷槽内表面的相互作用；

（2）不同温度冷冻水之间的界面热传导与混合。

这些现象虽然对系统而言没有热损失，但却使槽中部分冷冻水的温度上升达到空调不可用的温度，使系统的蓄冷量损失掉了。同时这部分回水在槽中被冷却，使主机在蓄冷过程中的制冷量也有所损失，且增加了泵的工作量。

当蓄冷槽在蓄冷和释冷时，槽体内表面由于受到冷、温冷冻水的交替接触，会产生表面效应，将温冷冻水冷却或将低温冷冻水升温。通过降低表面积与容量，加用圆柱形或方形平面槽等，可减轻这类症状。

总之，为了提高水蓄冷系统的蓄冷效果和蓄冷能力，满足空调供冷时的冷负荷要求，维持尽可能大的蓄冷温差，并防止蓄存冷水和回水的混合。

（三）技术类型

在水蓄冷系统中，水蓄冷罐是重要的蓄冷设备，它的结构形式应能防止蓄冷水与回流热水的混合。按照蓄冷罐的结构形式水蓄冷可以分为如下几种：自然分层水蓄冷、迷宫式水蓄冷、多槽/空槽式水蓄冷、隔膜式水蓄冷，其中自然分层蓄冷方法最简单、有效，是保证水蓄冷系统最为经济和高效的方法。若设计合理，蓄冷效率可以达到85%～95%。

1. 自然分层水蓄冷系统

自然分层水蓄冷系统原理详见图4－27。其原理是根据水的特殊物理性质，

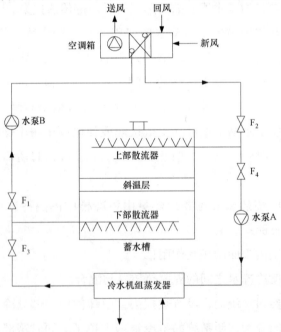

图4－27 自然分层水蓄冷系统

4 摄氏度时密度最大，之后随着温度升高密度减小，从而实现在蓄水槽内大温差蓄冷。一般储存冷水温度在 4 ~ 7 摄氏度，槽内上下部温差可达 7 ~ 11 摄氏度。在蓄冷槽中，上、下设置了两个均匀分配水流的散流器，为了达到自然分层的要求，必须在蓄冷和释冷过程中，温水始终是从上部散流器流入或流出，而冷水是从下部散流器流入或流出，以尽可能形成上、下分层水的各自平移动，避免温水和冷水的相互混合。

在一个较好自然分层的蓄水槽中，在上部温水和下部冷水之间会形成一个斜温层，稳定而厚度适当的斜温层能够防止热量从下部冷水传导给上部温水，提高蓄冷效率。自然分层型蓄水罐内温度分布如图 4 – 28 所示。

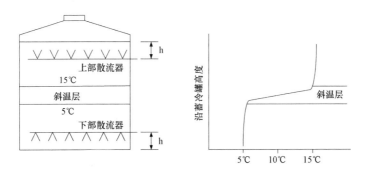

图 4 – 28　自然分层蓄冷罐温度分布

自然分层水蓄冷系统也可以将许多蓄冷槽组合起来形成蓄冷槽组。蓄冷槽组实际上是以垂直的间隔方式将一个大的蓄水槽分成多个小槽，如图 4 – 29 所示。这种水蓄冷空调系统在美国和日本都有很多实例。大多将建筑物地下室用作蓄水槽。将一个大的蓄水槽用隔板分隔成多个相互连通的小槽，形成多个蓄水槽串联形式。

2. 迷宫式水蓄冷

建筑物地下层中通常有许多格子状的筏式基础梁，可以构成许多筏式基础槽。施工时将管道埋入基础梁中，利用管道将基础格连成迷宫，基础槽用作蓄水槽，就形成了迷宫式水蓄冷系统。其系统图如图 4 – 30 所示。

迷宫式水蓄冷系统的优点：利用地下层结构中基础槽作为蓄水槽，不必再

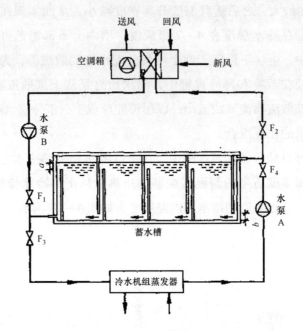

图 4 − 29　自然分层蓄冷槽组

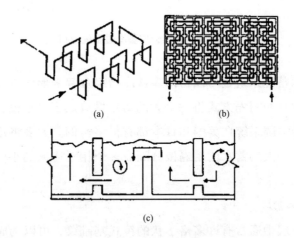

（a）水流示意图；（b）平面图；（c）断面图

图 4 − 30　迷宫式水蓄冷系统示意图

专门设置蓄水槽，节省初投资；由于蓄冷槽是由多个小档组成，属于多道墙体隔离．因而总的来说，对不同温度的冷冻水分离效果较好。

迷宫式水蓄冷系统主要缺点：在蓄冷和释冷过程中，水交替地从上部和下部的入口进入小蓄水槽，每两个相邻的小蓄水槽中，有一个是温水从下部入口进入或冷水从上部入口进入，这样很容易产生浮力，造成混合；水流速过高会导致扰动和湿、冷水的混合，流速太低会在小蓄水槽中形成死区，降低蓄冷系统的容量。

3. 多槽/空槽式水蓄冷系统

冷水和热水分别储存在不同的罐中，以保证送至负荷侧的冷水温度维持不变。多个蓄水罐有不同的连接方式，一种是空罐方式，见图4－31（a）所示，

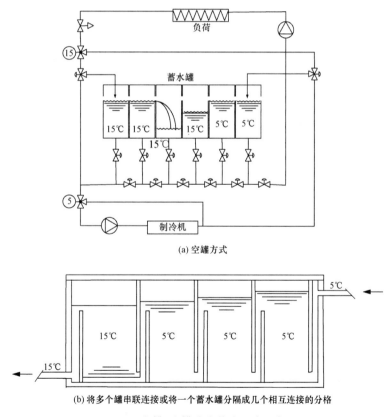

(a) 空罐方式

(b) 将多个罐串联连接或将一个蓄水罐分隔成几个相互连接的分格

图4－31　多槽/空槽式水蓄冷系统示意理图

它保持蓄水罐系统中总有一个罐在蓄冷或放冷循环开始时是空的，随着蓄冷或放冷的进行，各罐依次倒空。另一种连接方式是将多个罐串联连接或将一个蓄水罐分隔成几个相互连通的分格，见图4-31（b），图中仅示出蓄冷时的水流方向。蓄冷时，冷水从第一个蓄水罐的底部入口进入罐中，顶部溢流的热水送至第二个罐的底部入口。依此类推，最终所有的罐中均为冷水放冷时，水流动方向相反，冷水由第一个罐的底部流出，回流热水从最后一个罐的顶部送入。由于在所有的罐中均为热水在上、冷水在下，利用水温不同产生的密度差就可防止冷热水混合。

4. 隔膜式水蓄冷系统

隔膜式水蓄冷是在蓄水槽中加一层隔膜，将蓄水槽中的温回水与储存的冷冻水分开。隔膜可垂直放置也可水平放置，则相应构成了垂直隔膜式水蓄冷系统和水平隔膜式水蓄冷系统，见图4-32所示。

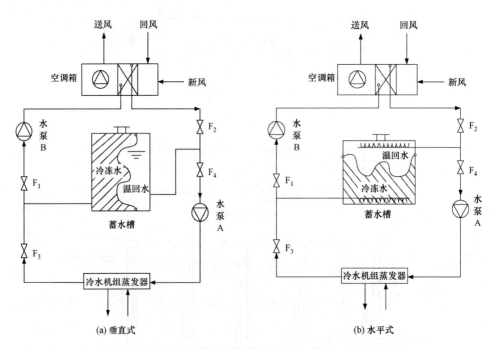

图4-32　隔膜式水蓄冷空调系统示意图

由于迷宫式蓄冷装置太复杂，隔膜式蓄冷装置可靠性不够高，一般情况下优先选用温度自然分层式与多槽式蓄冷装置：（1）对于温度自然分层式蓄冷装置，优先选用立式蓄冷罐；（2）如蓄冷量较大，布置立式蓄冷罐有困难时，优先选用多槽式蓄冷装置。

蓄冷罐体积较大，表面散热损失也相应增加，需要增加绝热层。当水蓄冷系统中的蓄冷罐利用原有的消防水池、蓄水设施或建筑物地下室等作为蓄冷水池时，蓄冷水池的绝热隔热要严格按照设计要求执行，良好的绝热防潮性能大大提高蓄冷的效率。通常水池的底部采用 50 毫米厚的聚氨酯泡沫塑料现场发泡，另加防潮隔气层和钢筋混凝土。水池四周绝热采用 50 毫米厚的聚苯乙烯泡沫绝热板加防潮隔气层，外用砖砌护墙，水泥砂浆护面。水池盖板也用 50 毫米厚聚苯乙烯泡沫绝热板，外加三油三毡防潮隔气层后，再以钢筋混凝土薄板护面，外加水泥砂浆。

（四）　系统应用

根据水蓄冷系统能源使用效率高、占地面积大的特点，其特别适用于机场、体育馆等地域宽广的场所利用。国内外有许多应用成功的实例，其中山东省济南奥体中心就采用了水蓄冷空调系统，利用峰谷电价，削峰填谷，降低了运行费用。

济南奥体能源中心冷冻站共设有离心式冷水机组 4 台，冷冻水一次泵 3 台（2 用 1 备）、冷冻水二次变频泵 4 台（3 用 1 备）以及冷却水泵 5 台（4 用 1 备），冷却塔 4 台、蓄冷水罐共 2 个，单个有效容积为 4500 立方米，蓄冷能力为 12750 冷吨小时。蓄冷罐位于室外半掩埋于地下。通过夜间利用谷电将冷量储存起来，白天将冷量释放供用户使用，能耗高峰期启动冷冻机，弥补蓄冷罐产冷量的不足。可以根据具体运营情况来调节控制策略。经过测算，可节约冷水机组及配套装机造价约为 320 万元，比常规制冷运行费用可节约 203.45 万元/年，减少设备磨损折旧约 86 万元/年。

四、电蓄热锅炉及其蓄热供热系统

（一）发展背景

电蓄热锅炉是将电能转换成热能，并将热能传递给介质的热工装置。

电能相比于热能而言是高品位的二次能源，将电能转换为热能进行利用，从能量梯级利用的角度看是不合理的。电蓄热锅炉目前作为一种节能技术得到应用与发展是基于供电峰谷差逐年加大，采取有效措施来"削峰填谷"的背景和条件。

随着我国经济发展，人民生活质量不断提高，特别是电力工业的持续发展。白天高峰用电量不断增加，夜间低谷时段用电量大幅降低，供电峰谷差逐年加大，给电网运行带来较大的困难和较高的经济损失，必须采取"削峰填谷"措施。大力推广电热锅炉在低谷时段蓄热运行，是"削峰填谷"的有效方法，即在夜间低谷时段自动开启电热锅炉，将产生的热量储存在保温水箱中，在白天高峰用电时段供热，达到了"削峰填谷"的目的。

随着市场经济的稳步发展，鼓励多用低谷电的政策以及低谷电价的大幅度降，预计蓄热运行的电锅炉将迅速增加，电锅炉蓄热运行系统将不仅在企业得到广泛应用，而且会走进居民用户，在未来电蓄热锅炉技术有着广阔的发展前景。

（二）蓄热方式

电蓄热锅炉的蓄热方式主要有以下几种：

（1）常压水蓄热。这是目前应用最多的电锅炉蓄热方式，结构简单，尤其适合蓄冷、蓄热一体化系统。缺点是单位容积蓄热量小，占地面积大，蓄热介质有效利用率不高，存在蓄热死区。

（2）高温水蓄热。特点是单位容积蓄热量较大，地域适用性广，成本低。缺点是系统较为复杂。

（3）液态高温体蓄热。如采用导热油等进行蓄热，特点是温度高，单位容积蓄热量较大。缺点是易燃，必须配备庞大的消防系统，一次性投资高。最好有一道中间换热系统，但系统复杂。

（4）固态高温体蓄热。如采用比热容相对较大的固体，将其加热到 800 摄氏度左右进行蓄热，优点是单位体积蓄热量较大，占地空间小，体积约为常压式蓄热锅炉的 1/7。缺点是需有中间热媒体，换热较困难，电加热设备寿命短，金属密封壳体易发生高温氧腐蚀等。

（5）相变介质蓄热。利用相变介质的固液相变潜热进行蓄热，优点是单位体积蓄热量大，缺点是相变介质性能不稳定，存在过冷现象，成本较高，而且已知的相变材料潜热都小于水的固液相变潜热。

（三） 供热系统

1. 直供式蓄热供热系统

直供式蓄热供热系统一般适用于功率较小的储水式电热水炉。该系统配备一只蓄热水箱，其容积需与电热水炉容量和用户白天热水需要量相匹配。冷水管直接接入热水炉进水口，待炉水达到一定温度后，将热水连续送入蓄热水箱，但需控制好进水流量，使出水温度控制在一定的范围内。蓄热水箱充满后，电热炉会自动停运。

该系统可采用低谷电蓄热方式运行，但需加定时装置和电磁阀。该系统的优点：系统管路简单，不需安装给水泵；用蓄热水箱供热水，其水温和水压稳定；瞬时供热水量不受电热水炉功率的限制，可满足多点供水。系统简图如图 4 - 33 所示。

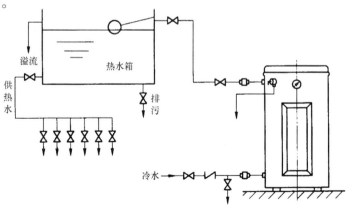

直供式蓄热供热系统

图 4 - 33 直供式蓄热供热系统

2. 循环式蓄热供热系统

系统简图如图4-34所示。适用于较大功率的快热式电热水炉。系统中同样配置一只与电热水炉功率相匹配的蓄热水箱，给水从蓄热水箱注入，并充满整个系统，蓄热水箱与电热水炉之间形成循环回路，通过热水泵循环将电热水炉发出的热量来加热蓄热水箱的水，直至设定温度。因为该系统适合于功率较大的热水炉，所以推荐采用低谷电蓄热运行方式。一般蓄热运行时间设计为4~8小时为宜，蓄热时间愈短，要求电热水炉功率愈大，初投资就愈高，以能充分利用夜间8小时低谷电为原则。

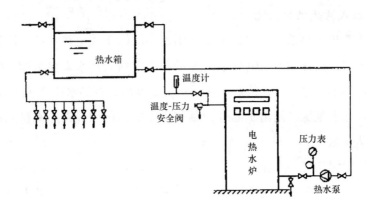

图4-34 循环式蓄热供热系统

3. 间接加热式蓄热供热系统

该系统为双循环加热系统。在蓄热水箱与电热水炉中间设置一台热交换器，将放热过程和吸热过程分隔成两个独立循环回路。电热炉产生的热量通过热交换器间接传递给蓄热水箱的水。该系统也推荐用于蓄热运行，而且更适合给水硬度较高的地方。因为在电热水炉放热侧形成闭式循环，其中热媒水除微量泄漏需补充外，基本上没有消耗；只要在初始启动前该循环回路中充满软化水，则电热水炉中电热元件表面就不会积垢；同时由于表面温度愈高的地方愈容易积垢，这样就避开了最易积垢的放热循环中的结垢问题；在吸热循环中设备表面温度低，不易积垢。系统简图如图4-35所示。

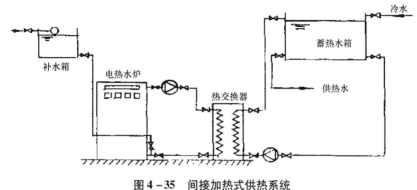

图 4 - 35 间接加热式供热系统

五、锅炉蒸汽蓄热器

蒸汽蓄热器是贮存蒸汽热能的一种设备，用于负荷波动较大的供汽系统，可平衡对波动负荷的供汽，使锅炉负荷稳定；用在余热利用系统，能有效回收热量，合理利用蒸汽蓄热器，节能效果显著，一般可节约燃料 3% ~ 20%。蒸汽蓄热器属于压力容器，其设计、制造、安装、使用和管理都必须执行《压力容器安全监察规程》及《钢制压力容器》GB150 国家标准。

（一）工作原理

蒸汽蓄热器的工作原理：蒸汽蓄热器是安装于锅炉与用汽设备之间的节能设备，用以平衡用汽设备的负荷波动。以变压式蒸汽蓄热器应用最多，借助工作压力进行蓄热和放热。蓄热器为一密闭压力容器，90% 的空间充有饱和热水，其余水面以上空间为蒸汽；水空间内设有充热装置。蒸汽蓄热器的蓄热和放热是通过内部饱和热水间接实现的。将蒸汽通入压力容器，使水的温度和压力升高，成为具有一定压力的饱和水；当容器内压力下降时，饱和水成为过热水自蒸发产生蒸汽，通过管路输送到供汽系统中。变压式蒸汽蓄热器的典型工艺流程见图 4 - 36 所示。

（二）适用范围

蒸汽蓄热器可广泛应用于石油、化工、金属冶炼、制浆造纸、酿酒、制药、食品加工等行业及公共建筑。特别适用于下列四种情况：

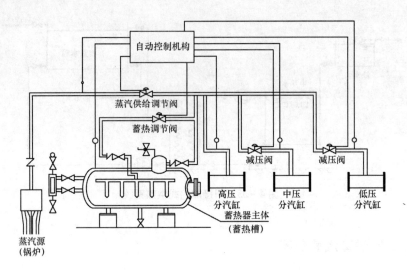

图 4-36 变压式蒸汽蓄热器工艺流程示意图

（1）用汽负荷波动较大的供热系统；

（2）瞬时耗汽量极大的供热系统；

（3）汽源间断供汽的或流量波动的供热系统；

（4）需要蓄存蒸汽供随时需要的场合。

（三）应用实例

某厂有 3 台 4 吨/小时（t/h）的快装锅炉，由于产能的扩展，高峰用汽量为 15 吨/小时（t/h），低峰用汽量为 8 吨/小时（t/h），3 台 4 吨/小时（t/h）锅炉已满足不了生产的需要。于是在供汽系统中配置了 1 台 100 立方米的蒸汽蓄热器而不增设锅炉，解决了生产用汽量的需要。现在只用 3 台锅炉就可满足生产用汽，锅炉运行工况稳定，热效率提高了 11.5%，供汽量充足，保证了生产的需要。锅炉压力与供汽压力平衡，波动范围为 ±0.1 兆帕（MPa），1 台 100 立方米的蒸汽蓄热器的制造成本比 1 台 4 吨/小时（t/h）锅炉少，且节省燃煤［假定 1 台 4 吨/小时（t/h）锅炉每小时耗煤以 1 吨计算，每天按两班运行，1 年运行按 330 d 计算，则 1 年耗煤 5280 吨］；另外，由于热效率提高了 11.5%，3 台 4 吨/小时（t/h）锅炉年节省燃煤 1821.6 吨，若每吨燃煤按 500 元计，则每年节约燃煤费用 91.08 万元。

由以上实例对蒸汽蓄热器应用效益分析可以发现：

（1）消除负荷波动，提高锅炉燃烧效率，节省燃料；

（2）提供应急蒸汽储备，增大锅炉供汽能力，节省建设投资；

（3）保持供汽压力稳定，提高产品质量和品质。

第四节　保温保冷技术

一、保温保冷技术简述

（一）绝热的概念

保温保冷技术的本质是绝热（隔热），即隔绝、阻止热量的传递、散失、对流，从而使某个密闭区域内温度（热量）不受外界影响，保持内部自身稳定或独立发生变化的过程。根据所要保持密闭区域温度相对于环境温度的高低，绝热的作用包括保温和保冷两方面。

（二）绝热材料的特点

绝热材料是保温材料和隔热材料的统称。保温材料一般是指用于控制设备（室内）热量外流的材料或者材料复合体；而隔热材料（保冷材料）是指防止设备（室外）热量进入设备（室内）的材料或者材料复合体。

绝热材料其特点为：质轻、疏松、多孔、绝热、保冷、隔热、吸声、消声。绝热材料主要用于建筑墙体、屋面或工业管道、冷藏设备等，它的使用即可满足建筑空间或热工设备的热环境，又能有效地节约了能源。

（三）临界热绝缘直径的概念

对于圆管包裹绝热材料实行保温保冷，如图4-37所示，如何针对管道的材质和直径，选择热绝缘材料的厚度，保证覆盖绝缘保温层后能够确保减少热损失，必须计算临界热绝缘直径。临界热绝缘直径见式（4-7）：

如，无限长双层圆筒壁的导热热阻为：

$$R_1 = \frac{1}{h_1 \pi d_1} + \frac{1}{2\pi\lambda_1}\ln\frac{d_2}{d_1} + \frac{1}{2\pi\lambda_{ins}}\ln\frac{d_x}{d_2} + \frac{1}{h_2\pi d_x} \qquad (4-6)$$

上式对 d_x 求导可得临界热绝缘直径：

$$d_x = d_c = 2\lambda_{ins}/h_2 \qquad (4-7)$$

式中：

d_1、d_2——管道的内径与外径；

λ_1——管道材料的热导率；

d_x——保温层的外径；

d_c——临界热绝缘直径；

λ_{ins}——保温层材料的热导率。

覆盖绝缘保温层后是否能够确保减少热损失，用以下关系判断：

（1）$d_2 < d_c$，$d_2 < d_x < d_c$，起不到绝缘层的作用；

（2）$d_x > d_3$，起到绝缘层减少热损失的作用；

（3）$d_2 > d_c$，覆盖绝缘层起到减少热损失的作用。

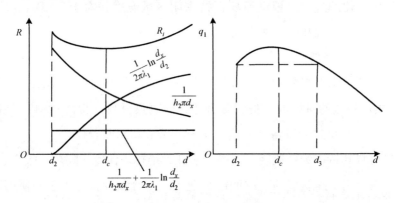

图 4 – 37   临界绝缘直径

二、绝热材料的现状和发展趋势

（一）绝热材料的现状

（1）在种类方面，目前我国使用的绝热材料主要有泡沫型、复合硅酸盐、硅酸钙绝热制品、纤维质等几大类型绝热材料。

（2）在应用方面，对于热工设备及管道的绝热保温，主要采用岩棉、矿棉、玻璃棉、复合硅酸盐涂料、硬质泡沫塑料制品、发泡橡胶等绝热材料，还有的将绝热材料与风管和水管制作成一体，如复合材料通风管和水管等。高温工业窑炉的绝热主要采用硅酸铝纤维、硅酸钙等材料。房屋建筑的墙体、屋面的绝热普遍采用聚苯板（EPS）、挤塑聚苯板（XPS）、以胶粉料和聚苯颗粒轻集料合成的绝热浆料、岩棉、玻璃棉板（毡）、珍珠岩等，其中房屋建筑的墙体绝热材料阻燃性能必须达到国标 GB 50016《建筑设计防火规范》的要求。

（3）在产量方面，我国岩棉制品的年产量约为 60 万吨，占绝热材料总产量的 40% 左右；玻璃棉制品的产量约为 25 万吨，硅酸铝纤维制品的产量约为 15 万吨。聚氨酯材料是目前国际上性能最好的绝热材料之一，在欧美等发达国家使用较多，如美国硬泡聚氨酯在建筑业的应用占 55%，制冷设备占 17.6%，工业绝热设备占 9.6%。我国聚氨酯在绝热材料的总产量中所占比例尚不足 10%。

（4）经过 20 多年的高速发展，我国绝热材料技术水平已有很大提高，生产能力不断扩大，绝热材料的品种不断增加，技术、装备水平也有了较大提高，但品种规格系列不够齐全，应用技术、整体绝热节能效果较发达国家还有相当大的差距。

（二）绝热材料的发展趋势

随着节能减排政策的大力推进，近几年我国绝热材料得到了快速发展，年均增长速度约为 30%，目前全国总需求量约 500 万吨左右。绝热材料和技术的发展趋势主要有以下几个方面：

1. 现有绝热材料产品体现在性能的提高和完善

高绝热材料的憎水性、降低吸水率是各类绝热材料主要发展方向之一。目前改性有机硅类憎水剂是绝热材料较通用的一种高效憎水剂，纤维类绝热材料如矿岩棉制品、玻璃棉制品等基本上均不憎水，但经憎水处理后，其憎水率可达 90% 甚至更高。

对聚氨酯泡沫塑料而言，采用绿色环保的发泡剂、提高阻燃性和降低成本是重要的发展方向。聚氨酯泡沫塑料的发泡剂替代问题是聚氨酯泡沫研究中的热点，目前较理想的发泡剂是在戊烷烃或氟利昂之间选择，但戊烷系列的易燃、易爆性限制了它们的使用。

对纤维类绝热制品，向解决阻燃剂硼酸盐的渗透强度方向发展。从节约原材料及其生产能源的角度，提高各种绝热材料使用寿命也是发展方向之一。有机类泡沫材料的发展速度迅速，纤维类材料产品的比例在逐步降低。

2. 研制多功能复合绝热材料

复合绝热材料可以弥补绝热材料在应用上存在的缺陷，提高产品的绝热效率，扩大产品的应用面，如有机绝热材料、金属材料和无机纤维类绝热材料的复合，形成轻型墙板、彩钢板、复合绝热管道等绝热组合结构。

3. 强调绝热材料工业的环保性，发展"绿色"绝热材料制品

绝热材料的生产向大型化、节约能源、减少污染、使用可再生资源的方向发展，生产原料由天然原料转向合成原料或提纯原料。如石棉代用品的开发和应用，石棉曾由于成本较低被广泛使用，但它在低密度下粉尘飞扬，严重危及环境，石棉制品本身在强度、使用寿命和尺寸稳定性方面也存在不少缺陷，因此石棉代用品的开发和应用势在必行。目前各国都在积极寻求石棉代用品。

4. 大力推广纳米二氧化硅绝热材料

纳米二氧化硅绝热材料就是纳米技术在绝热材料领域新的应用，其使用温度为 −190~1050 摄氏度。纳米气凝胶是由胶体粒子或高聚物分子相互聚结构成纳米多孔网络结构，并在孔隙中充满气态分散介质的一种高分散轻质固体材料。它具有密度低、孔隙率和比表面积高、孔分布均匀等特点。

三、绝热材料的分类

绝热材料品种繁多。根据不同的分类方法，绝热材料主要有：

（1）按照化学组成分为：无机绝热材料和有机绝热材料。常用无机绝热材料有多孔轻质类、纤维状和泡沫状；常用有机绝热材料有泡沫塑料和硬质泡沫橡胶。

无机绝热材料具有不易腐烂、不燃烧、耐高温等特点，热力设备及管道绝热材料多为无机绝热材料。有机绝热材料具有密度轻、导热系数低、原料来源

广、吸湿时不易腐烂等特点，但一般不耐高温，因此低温保冷工程多用有机绝热材料。

（2）按照绝热原理分为：多孔材料和反射材料。

1）多孔材料：以孔隙中充满导热系数低的气体方式绝热，一般以空气为热阻介质。主要是纤维状聚集组织和多孔结构材料。泡沫塑料、矿物纤维（如石棉）、膨胀珍珠岩、多孔混凝土和泡沫玻璃等都属于该类材料。

2）反射材料：以热反射方式减少辐射传热的绝热材料。该类材料常以松散材、卷材、板材和预制块等形式用于建筑物屋面、外墙和地面等的绝热及隔热，也可直接砌筑（如加砌混凝土）或放在屋顶及围护结构中作芯材，也可铺垫成地面绝热层。

（3）按绝热材料使用温度范围分为：高温用、中温用和低温用绝热材料。高温用绝热材料使用温度可在 700 摄氏度以上，主要用于各种工业炉耐火砖间的填充料以及其他高温场所。中温用绝热材料使用温度在 100~700 摄氏度之间，是热力设备及管道保温常用的绝热材料。低温用绝热材料使用温度在 100 摄氏度以下，多用于建筑节能和保冷工程。

此外，绝热材料还按照施工方法分为：湿抹式、填充式、绑扎式、包裹及缠绕式等施工用绝热材料。根据体积密度分为：轻质和超轻质材料。按材料的形态分为：粉粒状隔热材料、定型隔热材料、不定型隔热材料、纤维状隔热材料和复合隔热材料等。根据结构分为：气相连续固相分散隔热材料、气相分散固相连续隔热材料和气相固相都连续的隔热材料等。

四、绝热结构与施工方法

（一）绝热材料选用原则

绝热的目的是减少建筑、热工设备、热力管道等的热量损失。此外，还要保证生产工艺过程安全、稳定、长期、满负荷运行。因而，绝热材料的选用，一要满足安全要求的原则，二要考虑材料的导热系数、密度、吸水率、燃烧性能、强度等性能指标，三要考虑材料是否价格低廉、施工方便、便于维护等因素。绝热材料选用应满足下列性能要求：

（1）平均温度≤623 开尔文（K）（350 摄氏度），导热系数不得大于 0.12 瓦／［米·开尔文（K）］，并有明确的随温度和密度变化的导热系数方程式或图表。工程上将导热系数 $\lambda < 0.23$ 瓦／［米·开尔文（K）］的材料称为绝热材料。材料导热系数越小，绝热效果越好。

（2）绝热材料密度不大于 350 千克/立方米。纤维类绝热材料中的渣球含量影响材料密度，要求渣球含量：矿渣棉＜10%，岩棉＜6%，玻璃棉＜0.4%。选择纤维类绝热材料是应关注最佳密度。

（3）硬质无机成型制品的抗压强度不应小于 0.3 兆帕（MPa），有机成型制品的抗压强度不应小于 0.2 兆帕（MPa）。

（4）绝热材料的允许使用温度应高于正常操作时的生产介质最高温度，保证在安全使用温度范围。

（5）膨胀性、防潮性、防火性均要符合使用要求。具有化学稳定性，对金属无腐蚀作用。

（6）保冷材料在理化性能满足生产工艺过程的前提下，优先选用导热系数低、密度小、吸水和吸湿率低的材料制品。

（7）应选用防水、防潮能力强，吸水率不大于 1% 的绝热防潮层材料。要求使用温度范围大，耐火度、软化温度不低于 65 摄氏度，稳定性和密封性好，常温下使用方便。

（8）应选用防水、防潮、化学稳定性和不燃性好的绝热保护层材料，且具有不开裂、不易老化、强度高的特征。

（二）对绝热结构的基本要求

在设计绝热结构时，首先应根据技术性能指标来选用绝热材料，并以其中一项或几顶指标作为重点。如，高压蒸汽管道应着重考虑材料在高温下性能的稳定性；保冷工程应同时考虑材料的吸湿性或透气性系数；在密闭工况下的高温设备应避免采用酚醛树脂粘接的绝热材料；房屋建筑的墙体绝热材料要满足建筑的防火要求，一般采用无机绝热材料。

（三）绝热施工方法

绝热施工的任务在于按照设计规定将绝热主层材料，补强材料和面层材料三者组合成为绝热结构，在使用期限内保证其绝热和节能效果。常用绝热结构施工方法如下：

1. 涂抹法绝热

涂抹法绝热：采用不定型绝热材料（如膨胀珍珠岩）加入粘结剂，或再加入促凝剂，按一定配料比例，加水泥拌均匀，成为塑性泥团，涂抹到管道和设备上的施工方法。涂抹法绝热便于接岔施工和填灌孔洞，不适用于露天或潮湿地点。采用绝热泥料涂抹填充施工，如：蒸汽锅炉加热面组件吊装缝的涂抹保温，管道或设备需要检修的部分，外管束之间，联箱容器引出的排管空隙等。

2. 绑扎法绝热

绑扎法绝热是将多孔材料或矿纤材料等制成的绝热板、管壳、管筒或弧形块直接包覆在设备和管道上。绑扎法需按管径大小，分别用 φ1.2 ~ 2 毫米的镀锌铁丝随即固定。

3. 装配式绝热

绝热主层材料及外表保护层均由厂家供给定型制品，现场施工只需按规格就位，并加以固定。

4. 填充法绝热

直接将松散的矿纤材料或多孔颗粒材料填充到设备和管道的周围，达到一定的密实程度。如：蒸汽锅炉穿墙管的密封和隔热，阀门法兰和膨胀节部位的可卸式保温结构等。

5. 粘贴法绝热

采用粘接剂将绝热毡粘贴在金属或陶瓷材料表面，形成绝热结构。这种方法特别适合耐火纤维毡等施工。

6. 喷涂结构绝热

用专用设备将有机泡沫绝热材料或某些无机绝热材料喷射到绝热面，形成喷涂绝热结构。

7. 金属反射式绝热

金属反射式绝热结构，采用不锈耐热钢箔制成多层的热屏，各层热屏的空气间隙约为 1.5 毫米，主要用于降低辐射与对流传热的绝热结构。特别适合于振动和高温工况下。

五、绝热结构的保护层

绝热结构的外表必须采用保护层（护壳），保护层的主要作用是：防止外伤，便于设备和管道的运行维护；防止雨水的侵入；对保冷工程尚有防潮隔汽的作用；使绝热结构的外观整齐、美观。根据保护层使用的材料及施工方法，可分为涂抹式保护层、金属保护层和玻璃丝布类保护层。

（一） 涂抹式保护层

涂抹式保护层应用最为广泛，抹面材料采用沥青胶、石棉水泥砂浆等。可以将抹面材料直接抹在绝热层上，或在绝热层表面紧贴—层镀锌铁丝网，然后再涂抹保护层。保护层的厚度一般为 10~20 毫米。沥青胶泥保护层有良好的防水性能，是很有发展前途的保护层。

（二） 金属保护层

采用镀锌铁皮、铝合金皮或内涂防腐树脂外喷铝粉的薄铁皮等形成金属护壳作为绝热结构的保护层。由于金属保护层投资较大，目前金属保护层主要用于受水和蒸汽侵蚀的部位、需要经常检修的部位、可能漏油而引起火灾的部位和高温高压的蒸汽管道。

（三） 玻璃丝布类保护层

绝热结构的外表可采用玻璃丝布类作为保护层。在潮湿地沟和保冷工程上采用沥青粘结玻璃丝布作为绝热结构的防潮层，效果良好。

六、几种典型绝热材料介绍

（一） 硅酸铝质耐火纤维

硅酸铝质耐火纤维材料，俗称陶瓷纤维，是以甲级高岭土为原料制成的绝热材料。

陶瓷纤维广泛应用于各种工业窑炉、电加热炉、高温管道和设备上作为隔热、隔音和防酸材料。工业锅炉、热处理炉等广泛采用陶瓷纤维作绝热材料。

我国硅酸铝质纤维产品主要有：硅酸铝耐火纤维棉、硅酸铝耐火纤维毡、硅酸铝纤维毡（板、异形制品）和硅酸铝纤维湿毡等四种。

（二）岩棉

岩棉的原料主要是玄武岩、辉绿岩、安山岩等岩石。岩棉绝热材料的主要优点为：密度小，导热系数低，具有良好的绝热、防火和吸声性能，价格低廉，只为普通硅酸铝耐火纤维的 20%～25%。岩棉绝热材料的缺点是：防水性能差，对人的皮肤有刺激，不适用于冷冻、空调管道和设备的绝热。

在管道绝热中，绝热性能比传统绝热材料高 1.5～2.5 倍。做窑炉衬时，导热系数低于耐火纤维。用于建筑绝热可节能 40%。性能指标见表 4-8 所示。

（三）离心玻璃棉

离心玻璃棉是一种人造无机纤维，主要原料为石英砂、石灰石、白云石等天然矿石，配合一些纯碱、硼砂等化工原料。其纤维和纤维之间立体交叉，呈现出许多细小的间隙，可视为多孔材料。离心玻璃棉绝热性能良好，不燃烧，抗化学腐蚀性能较好，抗老化能力强，吸声性能好。但要避免与碱类、氧化剂、苯胺接触。可制成套管、平板、卷毡，施工方便，但不易粘结。适用于各种管道、设备绝热。主要性能指标见表 4-8 所示。

（四）膨胀珍珠岩

原料为珍珠岩。珍珠岩经粉碎筛分后，熔烧制成膨胀珍珠岩。膨胀珍珠岩是一种高效能绝热材料，导热系数低、耐高温、耐酸碱。用于管道绝热时，添加胶合剂制成膨胀珍珠岩瓦，外用铁丝捆扎在管道上，外表面涂以 10～15 毫米厚的石棉水泥保护层。膨胀珍珠岩绝热材料的性能指标见表 4-8 所示。

（五）硬质聚氨酯泡沫塑料

硬质聚氨酯泡沫塑料（PURF），也简称聚氨酯硬泡，是用聚醚或聚酯与多异氰酸酯为主要原料，加入阻燃剂、稳泡剂和发泡剂等，经混合搅拌、化学反应而形成的一种微孔发泡体。硬质聚氨酯泡沫塑料的优点为：绝热性能极好，工艺性极佳，强度高；缺点为成本较高。

聚氨酯硬泡适用于各种管道、储罐等设备的绝热，广泛用于冰箱、冰柜、冷库、冷藏车等低温设备的保冷材料。硬质聚氨酯泡沫塑料成型简单，可预制亦可现场发泡。其性能指标见表 4-8 所示。

表 4 -8   常用和新型绝热材料及性能

名称	导热系数 [W/ (m·K)]	密度 (kg/m³)	吸水率 (g/100cm³)	透湿系数 [g/ (m²·s·Pa)]	适用温度 (℃)	材料强度 (kPa)
硅酸铝质耐火纤维	0.043 ~ 0.069	60	—	—	≤1260	—
岩棉	0.038	0.1	83.3	1.3×10^{-5}	<400	—
膨胀珍珠岩	0.024 ~ 0.116	200 –	—	—	—	196 –
硬质聚氨酯泡沫塑料	0.018	300	0.8	2.2×10^{-7}	-20 ~ 100	1079
聚苯乙烯泡沫塑料	0.033 ~ 0.044	33	1	2.2×10^{-7}	-150 ~ 70	150
离心玻璃棉	0.031	35	25	40×10^{-7}	<300	160
复合硅酸盐绝热材料	<0.07	48	0.18	—	-40 ~ 800	—
轻质镁铝辐射绝热材料	0.032 ~ 0.064	—	—	—	≤1000	—
橡塑绝热材料	<0.0325	—	—	—	-60 ~ 89	—
酚醛树脂发泡材料	0.016 ~ 0.036	—	—	—	-196 ~ 200	—
泡沫玻璃	0.058	160 ~ 220	不吸水	近乎 0	-200 ~ 430	—
纳米级二氧化硅气凝胶绝热保温材料	0.011 ~ 0.016	0.003	—	—	≤1600	—

（六） 聚苯乙烯泡沫塑料

聚苯乙烯泡沫塑料是以聚苯乙烯树脂为主体，加入发泡剂等添加剂制成的，是目前使用最多的一种缓冲材料。聚苯乙烯泡沫塑料的主要性能指标见表 4 -8 所示。它具有闭孔结构，吸水性小，机械强度好，缓冲性能优异，加工性好，易于模塑成型，着色性好，温度适应性强，抗放射性强等优点。但燃烧时会放出污染环境的苯乙烯气体。

聚苯乙烯泡沫塑料广泛用于各种精密仪器、仪表、家用电器等的缓冲包装，也可用于制成包装杯、盘、盒等的包装材料。下面介绍两种绝热用聚苯乙烯泡沫板：

（1）模塑（膨胀或可发性）聚苯乙烯泡沫板（EPS），俗称苯板，是由含有挥发性液体发泡剂的可发性聚苯乙烯珠粒，经加热预发后在模具中加热成型的白色物体，其有微细闭孔的结构特点，导热系数为 0.041 瓦/［米·开尔文（K）］，这种材料具有导热系数低、吸水率低、隔音性好、机械强度和耐冲击性能高等特点，而且尺寸精度高，结构均匀。但这种材料不耐高温，故适用于 70 摄氏度以下的管道、设备和建筑绝热。建筑绝热用聚苯乙烯泡沫塑料分为普通型 PT（白色，无阻燃性要求）和阻燃型 ZR（混有颜色的颗粒，有阻燃性要求）二种，根据现场防火要求选用。

（2）挤塑聚苯乙烯泡沫板（XPS），简称挤塑板，是以聚苯乙烯树脂辅以聚合物在加热混合的同时，注入催化剂，而后挤塑轧出连续性闭孔发泡的硬质泡沫塑料板，其内部为独立的密闭式气泡结构，导热系数为 0.028 瓦/［米·开尔文（K）］，具有高热阻、低线性膨胀率的特性。导热系数远远低于其他绝热材料，是一种具有高抗压、吸水率低、防潮、不透气、质轻、耐腐蚀、超抗老化（长期使用几乎无老化）等优异性能的环保型绝热材料。挤塑板广泛应用于墙体绝热、平面混凝土屋顶及钢结构屋顶的绝热，低温储藏地面、地板辐射采暖的采暖管底衬、泊车平台、机场跑道、高速公路等领域的防潮绝热，控制地面冻胀，是目前建筑业物美价廉、品质俱佳的隔热、防潮材料。

（七）复合硅酸盐绝热材料

复合硅酸盐绝热材料是一种固体基质联系的封闭微孔网状结构材料，主要采用火山灰玻璃、白玉石、玄武石、海泡石、膨润土、珍珠岩等矿物材料和多种轻质非金属材料，运用静电原理和湿法工艺复合制成的憎水性绝热材料。复合硅酸盐绝热材料的主要性能指标见表 4-8 所示。这种绝热材料具有可塑性强、导热系数低、密度小、粘结性强、防水、耐酸碱、不燃、施工方便、不污染环境等特点，是新型优质绝热材料。使用时不需包扎捆绑，尤其便于异型设备内（如阀门、泵体）的绝热。另外，由于粘结性好，干燥后呈网状结构，不开裂、不粉化，广泛用于化工、石油、电力、冶金、交通、建筑、轻工和国防等工业部门设备和管道的保温、保冷、隔热、防冻、隔音和防火。尤其是该材料的浆料型应用于传统绝热材料难于解决的异型管道、阀体、塔体等设备的绝热。

（八） 轻质镁铝辐射绝热材料

轻质镁铝辐射绝热材料的特点：提高、改善对辐射热屏蔽能力，屏蔽热辐射的能力高达 50% ~ 60%，从而降低常温与高温导热系数，并使导热系数与温度的线性关系斜率较小。轻质镁铝辐射绝热材料的主要性能指标见表4 - 8 所示。这种绝热材料导热系数低，绝热后的表面温度低，耐高温。可制成涂料、软毡、管壳等，特别适合于高温介质管道的绝热。

（九） 橡塑绝热材料

橡塑绝热材料为 PEVA 高发泡材料，具有细致的独立气泡结构，每个气室处于封闭状态，无空气对流，导热系数低于 0.0325 瓦/［米·开尔文（K）］，隔热、隔音性强。该材料为高分子聚合物，能防止酸碱盐的侵蚀，防腐、防水性能好。橡塑绝热材料的绝热板材、管材柔软且富有弹性，防震效果好，易切割，易粘接，特别便于安装施工。适用温度范围在零下60 摄氏度至89 摄氏度，阻燃性能好，防火性能为难燃 B1 级。适用于建筑业、商业、工业用大罐体设备和管道的绝热保温，中央空调风管、水管的保温，墙板隔音、风道吸音及娱乐场所的吸引装饰，并可用于仪器、设备的抗冲、减压作用等。橡塑绝热材料的主要性能指标见表4 - 8 所示。

（十） 酚醛树脂发泡材料

酚醛树脂发泡材料属高分子有机硬质铝箔泡沫产品，是由热固性酚醛树脂发泡而成。具有苯环结构，分子结构中含有氢、氧、碳元素。由于酚醛泡沫闭孔率高，其导热系数低，隔热性能好，抗水性和水蒸气渗透性强，质轻、防火、不燃、无烟、无毒、无滴落等特点。适用温度范围在零下196 摄氏度至200 摄氏度，在低温环境下不收缩、不脆化，尺寸稳定，变化率 <1%，且化学成分稳定，防腐抗老化，特别能耐有机溶液、强酸、弱碱腐蚀。发泡中不使用氟利昂，高温分解时，溢出的气体无毒、无味，对人体、环境无害，符合绿色环保要求。酚醛泡沫是新一代绝热防火隔音材料，适用于宾馆、公寓、医院等高级和高层建筑中央空调系统的绝热、冷藏、冷库的保冷以及石油化工等工业管道和设备的绝热、建筑行业的绝热和装饰装修。

（十一） 泡沫玻璃

泡沫玻璃又称多孔玻璃。最早由美国匹兹堡康宁公司发明，是由碎玻璃、发泡剂、改性添加剂和发泡促进剂等，经过细粉碎和均匀混合后，再经过高温熔化、发泡、退火而制成的无机非金属玻璃材料，由大量直径为 1~2 毫米的均匀气泡结构组成。按用途分为：吸声泡沫玻璃、绝热泡沫玻璃，其中吸声泡沫玻璃含有 50% 以上开孔气泡，绝热泡沫玻璃含有 75% 以上的闭孔气泡。按所用原料分为普通泡沫玻璃、石英泡沫玻璃、熔岩泡沫玻璃。

泡沫玻璃是一种性能优越的绝热、吸声、防潮、防火的轻质高强度建筑材料和装饰材料，使用温度范围为 -196 至 450 摄氏度。防火等级为 A 级，与建筑物同寿命，导热系数为 0.058 瓦／［米·开尔文（K）］，透湿系数几乎为 0，泡沫玻璃的主要性能指标见表 4-8 所示。泡沫玻璃适用于化工绝热、船舶、制冷业、冷库、地铁及恒温恒湿工程和一般工业与民用建筑的屋面、外墙的绝热工程。

（十二） 二氧化硅气凝胶绝热保温材料

采用纳米级二氧化硅气凝胶绝热保温材料和玻璃纤维、泡沫保温材料组成的复合保温结构层，主要用于蒸汽输送管道。二氧化硅气凝胶绝热保温材料的优点：密度低，防水阻燃，绿色环保，防酸碱，耐腐蚀，不易老化，使用寿命长，具有高保温性、高防水性、高稳定性和高节能性的特点，实现输送环节能源损耗降低 20% 以上，降低工程造价约 5%，节约空间约 25%。

第五节 换热器节能技术

换热器是指使热量从一种（或几种）流体传递到另一种（或几种）流体的传热设备。

一、换热器简介

换热器的种类和型式很多，也有许多不同的分类方法。下面是换热器几种常用的分类方法：

（1）换热器的传热面型式，分为管式换热器和板式换热器。前者是以管材的内外表面为换热面；后者则是以各种形状的板材表面为换热面的。

（2）根据工艺过程或热量回收利用的用途不同，分为加热器、冷却器、蒸发器、冷凝器、再沸器等。

（3）根据换热介质是否发生相变，分为无相变换热器和有相变换热器。

（4）根据冷、热流体热量交换的原理和方式，分为间壁式换热器、混合式换热器和蓄热式换热器。

（5）根据换热器的紧凑程度不同，分为常规式换热器和紧凑式换热器。

在实际应用中，换热器还有其他的分类方法。按照冷、热流体热量交换的原理和方式对换热器的分类，在实际应用中使用得比较普遍。

（一）间壁式换热器

间壁式换热器是指两种不同温度的流体分别在由固定壁面（称为传热面）相隔的不同空间内流动，通过两侧流体与壁面的对流换热及壁面的导热而实现热量传递的换热器。间壁式换热器的传热面通常是由导热性能良好的金属材料构成，在一些特殊场合为了满足防腐和耐高温等需要，也可用石墨、陶瓷、玻璃、聚四氟乙烯等非金属材料制造。

间壁式换热器是工程应用中最为广泛的一类换热器。按照传热面的形状和结构不同又可将间壁式换热器分为夹套式换热器、沉浸式蛇管换热器、喷淋式换热器、套管式换热器、管壳式换热器等。图 4 - 38 给出了换热器各构件的名称。

（二）混合式换热器

混合式换热器是通过冷、热流体的直接接触、混合进行热量交换的换热器，又称接触式换热器。由于冷、热流体混合换热后必须及时分离，这类换热器尤其适合于气、液流体之间的换热。如，化工厂和发电厂所用的凉水塔中，热水由上往下喷淋，而冷空气自下而上吸入，在填充物的水膜表面或飞沫及水滴表面，热水和冷空气相互接触进行换热，热水被冷却，冷空气被加热，然后依靠两种流体本身的密度差得以及时分离。

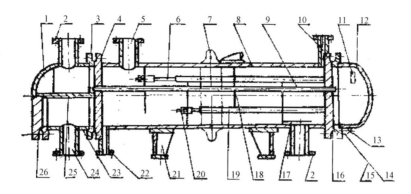

1—管箱（A、B、C、D型）；2—接管法兰；3—设备法兰；

4—管板；5—壳程接管；6—拉杆；7—膨胀结；8—壳体；9—换热器；

10—排气管；11—吊耳；12—封头；13—顶丝；14—双头螺柱；15—螺母；

16—垫片；17—防冲板；18—折流板或支撑板；19—定距管；20—拉杆螺母；21—支座；

22—排液管；23—管箱壳体；24—管程接管；25—分程隔板；26—管箱盖

图 4-38 换热器结构名称

混合式换热器又可分成：冷却塔（也称冷水塔）、气体洗涤塔（也称洗涤塔）、喷射式热交换器等。

（三）蓄热式换热器

蓄热式换热器是利用冷、热流体交替流经蓄热室中的蓄热体（填料）表面，从而进行热量交换的换热器。如炼焦炉下方预热空气的蓄热室、锅炉的旋转式空气预热器等。这类换热器主要用于回收和利用高温废气的热量。蓄热式换热器一般用于对介质混合要求比较低的场合。

二、换热器设计基础

（一）换热器设计计算内容

换热器的设计计算过程主要包括下述内容：

1. 热计算

根据设计给定的具体条件，如换热器的类型、冷热流体的进出口温度与压力（降）、冷热流体的物理化学性质、传热过程中有无相变等，计算出换热器的传热系数，从而求出其传热面积的大小。

2. 结构计算

根据传热面积的大小计算出换热器主要部件和结构的尺寸，例如管子的直径、长度、管子数、壳体直径、隔板的数目和布置、连接管尺寸等。

3. 流动阻力计算

通过计算流动阻力既可为拖动设备的选择提供依据，也可核算其压降是否在限定的范围之内。当压降超过允许的范围时，则需要通过改变换热器的某些参数或改变流速等使压降处在允许的范围之内。

4. 强度计算

计算换热器的零部件尤其是受压零部件（如壳体）的应力大小，核算其强度是否在允许范围之内。强度计算对于在高温、高压条件下使用的换热器更是至关重要的。在强度计算时，应严格按照国家压力容器安全技术规定和相关标准进行计算或核算。

（二）换热器热计算的基本原理

传热计算是换热器设计的基础，也是整个换热器设计计算过程中需要首先解决的问题，下面主要介绍换热器热计算方面内容。换热器设计计算的其他内容可参阅有关专著和标准规范等参考文献。

1. 热计算的分类

换热器的热计算可分为设计计算和校核计算两类：

（1）设计计算：设计一个新的换热器，以确定换热器所需的换热面积。由于同样的换热面积可以采用不同的结构尺寸，而不同结构尺寸也会影响换热器的热计算过程。因此，设计性热计算通常要与结构计算交叉进行。

（2）校核计算：对已有或已选定了换热面积的换热器，在非设计工况条件下核算其是否能达到规定的热负荷。当已有的换热器在移作他用时，需要核算其是否能完成新的换热任务。对于已有换热器，热计算的目的之一是要确定流体的出口温度。

在换热器的热计算中，最主要的是要确定传热量（热负荷）和流体的进出口温度、传热系数、传热面积等参数间的关系。无论是换热器的设计性热计算还是校核性热计算，其计算的基本关系式都是热平衡方程式和传热方程式。

2. 传热方程式

在工程计算中，换热器的传热量 Q 可用式（4-8）的传热方程式计算：

$$Q = KA\Delta t_m \qquad (4-8)$$

式中：

K——传热系数，单位：瓦/（平方米·摄氏度）；

A——换热面积，单位：平方米；

Δt_m——冷热流体之间的平均温差，单位：摄氏度。

由式（4-8）可知，为了计算传热面积，必须要知道换热器的传热量，平均温差和平均传热系数。这些参数的计算就是热计算的基本内容。

3. 热平衡方程式

根据能量守恒定律，在不考虑换热器向周围环境散热的条件下，热流体所放出的热量应该等于冷流体所吸收的热量。如式（4-9）：

$$Q = m_k c_h \ (t_h' - t_h'') \ = m_c c_c \ (t_c'' - t_c') \qquad (4-9)$$

式中：

m_h 和 m_c——分别为热流体和冷流体的质量流量，单位：千克/秒；

t_h' 和 t_h''——分别为热流体的进、出口温度，单位：摄氏度；

t_c' 和 t_c''——分别为冷流体的进、出口温度，单位：摄氏度；

c_h 和 c_c——分别为热流体和冷流体的平均定压热容，单位：焦/（千克·摄氏度）。

4. 平均温差

换热器冷热流体传热的平均温差通常用式（4-10）的对数平均温差（LTDM）表示：

$$\Delta t_m = \frac{\Delta t_{max} - \Delta t_{min}}{\ln \dfrac{\Delta t_{max}}{\Delta t_{min}}} \qquad (4-10)$$

式中：

Δt_{max}—换热器端部热流体与冷流体温差中较大的，单位：摄氏度；

Δt_{min}—换热器端部热流体与冷流体温差中较小的，单位：摄氏度。

当 $\dfrac{\Delta t_{max}}{\Delta t_{min}} \leqslant 2$ 时，由于对数平均温差和算术平均温差的差别小于 4%，因此，在实际中为了计算方便，可用算术平均的方法计算平均温差，如式（4 - 11）所示：

$$\Delta t_m = \frac{1}{2}\ (\Delta t_{max} - \Delta t_{min}) \qquad\qquad (4-11)$$

5. 传热有效度

在换热器的设计热计算中，冷热流体的进出口温度均为已知参数或可由热平衡方程求出。因此，利用平均温差来分析换热器是比较方便的。但对于校核热计算，由于冷热流体的出口温度是未知的，因而若利用平均温差来分析就必须进行多次试算，这是很不方便的。为了解决平均温差的上述缺点，可以采用传热有效度—传热单元数的方法（ε—NUT 法），即传热单元数法（NUT 法）。

传热有效度 ε 表示换热器的实际换热能力与最大可能的换热能力之比，而换热器的传热单元数是一个无量纲参数，可以看成是换热器 KA 值大小的一种度量。

当已知 ε 时，换热器的换热量 Q 即可根据冷热流体的进出口温度确定，见式（4 - 12）：

$$Q = (mc)_{min}\ (t' - t'')_{max} = \varepsilon\ (mc)_{min}\ (t'_h - t'_c) \qquad (4-12)$$

式中 mc 是热流体或冷流体的质量流量与比热容的乘积，习惯上称为水当量。

6. 流体流动方式的选择

为了满足不同工艺过程换热的需要，换热器中冷热流体流动的布置方式很多。换热器中流体的相对流向一般有顺流、逆流和交叉流。

在相同的进、出口温度条件下，不同流动型式平均温差的大小具有下述特点：

（1）逆流的平均温差最大。

（2）顺流的平均温差最小。

（3）交叉流适中。

因此，换热器应当尽量布置成逆流，而尽可能避免做顺流布置。在完成同样传热量的条件下，采用逆流可使平均温差增大，换热器的传热面积减小；若传热面积不变，采用逆流时可使加热或冷却流体的消耗量降低。前者可节省设备费，后者可节省操作费，故在设计或生产使用中应尽量采用逆流换热。但逆流换热的缺点是热流体和冷流体的最高温度集中在换热器的同一端，对高温换热器的材料提出了更高的要求。

（三）换热器结构的选型

换热器的种类繁多且结构多样，每种换热器都有其各自的结构特点和相应的工作特性。换热器的选型将直接影响到换热器的运行及生产工艺过程的实现。为了保证换热器能够在给定的工艺条件下正常运行，需要在熟悉和掌握换热器的结构和工作特点基础上，根据所给定的具体生产工艺条件和要求选择合适的换热器。

1. 基本要求

换热器选型应满足下述基本要求：

（1）所选换热器必须满足工艺过程要求。即流体经过换热器热交换后，必须能够满足工艺过程所需的参数。

（2）换热器能够在所要求的工艺环境条件下正常运行。即换热器需要能够满足其运行环境、抗介质腐蚀和具有合理的抗结垢性能。

（3）换热器应易于运行维护管理。即换热器应满足清理维护等要求，对于易腐蚀、强振动等破坏元件易于更换，满足检修要求。

（4）换热器应经济。

（5）换热器要符合工艺条件的要求。即从压力、温度、物理化学性质、腐蚀性等工艺条件综合考虑，确定换热器的材质和结构类型。

在实际应用中，为了提高换热器的传热效率，必须提高流体的换热系数，减小热阻。在确定换热器的结构类型时要充分考虑这个问题，如冷、热流体的换热系数相差不多，温差不大，可以选择列管式换热器；若温差较大，则应选择带膨胀节的列管换热器；若温差很大，就应选择浮头式换热器。如两流体换热系数相差很大，其中一种流体为气体，则应选择带翅片管式换热器；若两种流体都是气体，换热系数都很小，则应选择板翅式换热器。

由于换热器流动阻力损失的大小直接关系到动力消耗的多少，增大流速虽然可以提高传热系数，但输送流体的泵或风机的动力消耗也相应增大。因此，应根据有关设计标准和规范选择合理的流体流速。

2. 选型步骤

在换热器的选型中，首先应明确用户对换热器的基本要求。其主要内容和步骤可概括为：

（1）明确要选用换热器应具备的热工性能，包括各侧流体的流量、进出口温度、传热量等。

（2）明确流体的种类及流体的热物理性质、物理化学性质（如结污、腐蚀、危险性及杂质情况等）。

（3）明确换热器的运行条件、工作压力和环境条件等。

（4）明确技术经济要求，如换热器的材料、价格、重量、大小、流阻及风机与泵的功率、运行寿命、维修清洗要求、检修周期、对运输及安装的限制等。

在换热器选型中还应考虑如下几个主要问题：流体的流动形式；流体的种类；对换热器重量、尺寸的限制；对投资费用及运行费用的限制；污垢及清洗的难易程度等。

经过以上步骤就可以对换热器进行选型。

需要指出的是，随着换热器技术的不断发展，许多新型高效换热器不断涌现，如新型板式换热器、螺旋折流板式换热器、热管换热器和微通道式换热器等，并且正在得到越来越广泛的应用。特别是近几年来开发了一系列新型的板式换热器，如可拆式、全焊式、钎焊式、板壳式等，并从板式换热器发展至板式换热装置，如蒸发装置、热泵装置、制冷装置、热力机组、催化重整装置、燃气冷凝回收装置等。

各种新型高效换热器的综合性能优于常规的换热器。因此，在换热器的选型中，在满足工艺条件和参数的条件下，应特别注意选择和使用新型高效换热器，从而使换热器的投资效益达到最大化。

三、换热器强化传热技术

强化传热技术能够显著改善换热器的传热性能。强化传热的主要内容是通过采用强化传热元件和改变壳程的支撑结构等，以提高换热效率，实现换热过程的最优化。强化传热的主要目的是缩小设备尺寸、降低流体的输送功率消耗和高温部件的温度以及保证设备安全。在实际应用中，强化换热技术是实现换热节能的主要途径之一。

（一） 强化传热原理

根据传热学原理，换热器的传热量可用式（4-8）的传热方程式计算。由式（4-8）可以看出，增加单位时间传热量的途径为：提高传热系数，增大换热面积，加大对数平均温差。

1. 增大传热面积

增大传热面积是一种常用的增加传热量的有效方法。采用各种形状的肋片、螺纹管等是增大传热面积的最有效方法。需要注意的是，为了达到强化传热的效果，肋片要加在换热系数小的一侧，否则会达不到强化传热的效果。为了有效增大传热面积，在工程实际中可采用管径较小的管子，也可采用板式和板翅式换热器等紧凑式换热器。该类换热器单位体积内可以布置的换热面积比管壳式换热器要多得多，因此，在同样的体积下可以显著增加其传热量。该类换热器在制冷、石油化工、航空工业等部门中已得到较为广泛的应用。

2. 增大传热温差

在换热器中，通过冷热流体流动方式的不同布置，可以实现顺流、逆流、混合流和交叉流四种流动方式。因此，为了增加传热量，换热器应尽可能采用逆流或近似逆流的布置方式。但逆流也有缺点，即热流体和冷流体的最高温度都集中在换热器的同一端。

在换热器中，冷、热流体一般作逆向流动，其传热平均温度差最大。但对已作逆向流动的换热器，则不能再用改变流向的方法来增大平均温度差。另外，在化工生产中，冷、热流体的种类及温度往往由生产要求而定，不能随意变动，用增大平均温度差来强化传热是有限的，而且平均传热温差愈大，有效能损失就愈大，所以从节能观点考虑是不可取的。但传热温差小，单位面积的传热量就小，对一定的热负荷所需传热面积就大，同时也会增加摩擦损耗功。因此，传热平均温差的选择应恰当，要根据具体情况确定。

在实际应用中，通过增大传热温差的方式增加换热器的传热量，需要综合考虑具体的生产工艺和换热器材料性能的要求。因为流体的进出口温度受生产工艺条件的限制，一般不能随意改变。对于高温换热器而言，为了保证材料所承受的温度不超过其允许温度，只能采用传热温差较低的顺流或顺逆流组合的布置方式。

因此，通过增大换热面积和加大对数平均温差来增加传热量都不是理想的途径。因为，一味地增加换热面积势必会造成设备体积庞大和初投资费用的大幅度增加，而加大对数平均温差又要受到工艺过程条件和流体性质等的限制。只有提高传热系数，才是强化换热最有效的途径。

3. 提高传热系数

由于增大换热器的面积和提高传热温差会受到设备投资、体积和工艺过程条件等的限制，因此，提高换热器的传热系数成为强化传热的最重要途径，尤其在换热面积和传热温差给定时，提高换热器的传热系数是增加换热量的唯一途径。

由传热学知，当换热器的管壁较薄时，在不考虑污垢热阻的条件下，传热系数 K 与各项热阻之间的关系可用式（4-13）计算：

$$K = \frac{1}{\dfrac{1}{\alpha_c} + \dfrac{\delta}{\lambda} + \dfrac{1}{\alpha_h}} \tag{4-13}$$

式中：

α_c——冷流体与管壁之间的对流换热系数，单位：瓦/（平方米·摄氏度）；

α_h—热流体与管壁之间的对流换热系数，单位：瓦／（平方米·摄氏度）；

δ—管子的壁厚，单位：米；

λ—导热系数，单位：瓦／（平方米·摄氏度）。

由于常用金属管的管壁一般都比较薄，而其导热系数很大，导热热阻 δ/λ 与两个对流热阻相比可以忽略不计。因此，传热系数 K 主要取决于管子内外对流换热系数的大小。为了增大传热系数 K，就需要增加对流换热系数 α_c 和 α_h；特别当 α_c 和 α_h 相差较大时，应该增加二者中较小的一个最有效。

为了提高对流换热系数，应该根据对流换热的特点，采用不同的强化传热方法。提高对流换热系数的主要途径有：提高流体速度场和温度场的均匀性；改变速度矢量和热流矢量的夹角，使二者的方向尽量一致。

要提高 K 值，就必须减少各项热阻。但因各项热阻所占比例不同，故应设法减少对 K 值影响较大的热阻。一般来说，在金属材料换热器中，金属材料壁面较薄且导热系数高，不会成为主要热阻；污垢热阻是一个可变因素，在换热器刚投入使用时，污垢热阻很小，不会成为主要矛盾，但随着使用时间的加长，污垢逐渐增加，便可成为阻碍传热的主要因素。对流传热热阻通常是传热过程的主要矛盾，也是强化传热研究的主要内容。

强化传热措施应当选择换热器两侧流体中热阻较大、对换热器总传热系数起控制作用的一侧来实施。如果两侧热阻差不多，则需要在两侧同时采取强化传热措施。对于高温设备和电子器件冷却（如各类发动机、核反应堆、火箭发动机以及电力、电子设备的冷却），采用强化换热技术的直接目的是为了降低设备高温部件的温度，但这往往与提高设备功率和热效率或延长设备部件（如涡轮叶片）的应用寿命相联系。

（二）管壳式换热器强化传热技术

换热器强化传热技术根据是否消耗外加动力可分为主动（有源）技术和被动（无源）技术两类。主动技术需要利用外加动力，主要有：机械搅动、表面振动、流体振动、电磁场、喷射或吸出等；被动技术无须借助外部动力，主要有处理表面、粗糙表面、发展表面、扰流元件、涡流发生器、螺旋管、添加物、射流冲击等。目前，主动技术大多仍处于研究开发阶段，只有几种技术在小范围应用。而被动技术长期以来受到广泛关注和深入研究，许多方法已得到广泛的工业应用。下面对几种管壳式换热器的被动强化传热技术作简要的介绍。

1. 管程的强化传热技术

国内外对管壳式换热器传热元件的强化传热进行了大量研究，先后研制出多种强化传热管，如螺旋槽管、横纹槽管、波纹管、缩放管、菱形翅片管、花瓣形翅片管、T型翅片管、表面多孔管及扭曲管等强化传热技术。

（1）螺旋槽管。

螺旋槽管的结构见图4-39。螺旋槽管有单头和多头之分，工程中大多采用单头螺旋槽管。

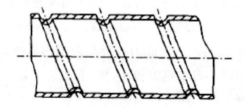

图4-39　螺旋槽管示意图

螺旋槽管的强化传热机理是通过产生的边界层分离来破坏传热边界层。螺旋槽管对液-液、液-气、气-气介质均有强化传热作用，总传热系数可提高20%~40%，可用于各种形式的换热器、废热锅炉等。

（2）波纹管。

如图4-40所示，波纹管是一种得到了比较广泛使用的强化传热器管。

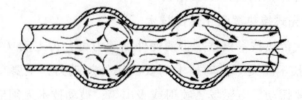

图4-40　波纹管结构示意图

其强化传热机理是通过改变断面的方式使弧形段内壁处发生两次反向扰动，从而破坏边界层热阻层，扩大低热阻区域，使传热系数得到明显提高。

（3）缩放管。

如图4-41所示，缩放管是由多节交替的收缩段与扩张段构成的波形管道。根据收缩段和扩张段是否对称，缩放管可分为对称缩放管和非对称缩放管两种。缩放管强化传热的机理是在扩张段流体速度降低，静压增大；在收缩段流体速度增加，静压减小；流体在方向反复改变的轴向压力梯度作用下流动。在扩张段，流体产生剧烈的漩涡，并在收缩段中得到有效的利用且冲刷了流体的边界层，使边界层减薄，从而强化了传热。缩放管可以强化管内、管外单向流体的传热，尤其适用于雷诺数较高的场合。在同等的流阻损失下，其传热量较光滑管提高70%。目前，缩放管已经在锅炉软水加热器、硫酸厂转化工序气体换热器、氮肥厂气—液换热器及石油化工中气体与油类换热器等得到了推广应用。

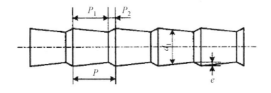

图4-41 缩放管结构示意图

（4）翅片管。

如图4-42所示，翅片管是目前工程中应用最广泛的一种强化传热管，它主要有套装式、绕片式、高频焊接式和滚轧式等多种形式。翅片管既可应用于单向流体的对流换热强化，也可应用蒸发和冷凝换热过程的传热强化。

（5）多孔表面管。

最早的多孔表面管（也称为高热流管），是用烧结法在金属材料的基体上覆盖一层具有多孔结构的同种或异种金属粉末涂层而制成的，后来又发展了机械加工、喷涂、电镀等多孔换热表面的方法。图4-43给出了日本日立公司的Thermoexcel-E管和机械加工法制作的GEWA管的结构示意图。多孔

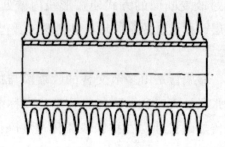

图 4 - 42　滚轧翅片管结构示意图

表面管主要是用于强化沸腾换热过程中。多孔表面具有大量尺寸较大的稳定汽化核心，可以使工质在过热度很小的工况下产生大量气泡，强化了泡状沸腾传热过程。

随着制造技术的不断进步，已经开发成功了多种不同结构型式的多孔强化传热管，并已推广应用到了蒸发器、热管换热器等换热器中，收到了显著的强化传热效果。

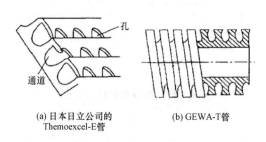

(a) 日本日立公司的
Themoexcel-E管

(b) GEWA-T管

图 4 - 43　机械加工表面多孔管

（6）扭曲管。

如图 4 - 44 所示，扭曲管是一种由机械加工制成的强化传热管，它具有强化换热管两侧传热、减少换热器体积、不用装设折流板、避免换热器振动和减少结垢等优点，已在工程实际中得到了成功应用。

2. 壳程的强化传热技术

壳程强化传热的途径主要有两种：一种是改变管子外形或在管外加翅片，

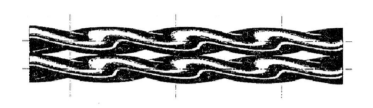

图 4 – 44 扭曲管的结构

即通过管子形状和表面特性的改变来强化传热，如同前述管程强化传热对传热管所采取的强化措施一样；另一种是改变壳程管间支撑物结构，以减少或消除壳程介质流动与传热的滞留死区，使传热面积得到充分的利用。管壳式换热器壳程管束支撑结构主要有：弓形折流板支撑、折流杆式支撑、螺旋折流板支撑、空心环网板支撑、旋流网板支撑和管子自支撑等类型。下面对管壳式换热器壳程传热强化技术作简要介绍，其他类型的壳程强化传热技术可参阅有关的参考文献。

（1）弓形折流板支撑。

弓形折流板有单弓形、双弓形和多弓形几种类型。弓形折流板的数目不是越多越好，一般折流板板间距不宜小于壳体内径的30%，折流板缺口尺寸在壳体内径的15%～45%变化为宜，尺寸过大过小都会使壳程的传热效率降低。

（2）折流杆式支撑。

由排布的支撑杆和其他元件形成折流栅代替折流板而使流体在壳程形成一系列折流，这样既可以防振，也可以增加流动介质的湍流度和提高管间传热系数。折流杆式管壳式换热器的压力降很低，约为弓形折流板管壳式换热器的1/4，而传热系数则为后者的1.3～2.4倍。折流杆式管壳式换热器已在工程中得到了推广应用，并收到了良好的强化传热效果。

（3）螺旋折流板支撑。

螺旋折流板使流体在壳程做螺旋运动，在流道内流动长度增加且流动平滑，因而在流道中流速和压差分布比较均匀。螺旋折流板管壳式换热器具有强化壳侧传热、降低壳侧压力降、降低设备造价、减少壳侧结垢、改善两相流分布、减少振动和维护费用等优点。应用结果表明，与相同工况下的直流挡板管壳式换热器相比，螺旋折流板管壳式换热器壳程努塞尔数可提高约50%。

（4）空心环网板支撑。

空心环由直径较小的钢管截成短节而成，均匀地分布于管间的同一截面上，与管子呈线性接触，使管束相对紧密固定。采用空心环网板取代折流板作管间支撑物，可以大幅度减少气体在壳程作反复折流而损失的流体输送功，依靠增加管间流速提高管外传热系数，达到流体输送功的最佳利用。在相同的壳程压力降下，空心环管壳式换热器的壳程传热系数可比传统的单弓形折流板管壳式换热器提高约1倍。

（5）旋流网板支撑。

旋流网板支撑采用呈一定旋转角的扭片支撑管束。旋流片为连续性的长扭带时，壳程液体压力降大，仅适用于低雷诺数流体的强化传热。旋流片为非连续性的短扭带时，壳程流体压力降小，可利用下游的自旋流强化传热，适用于高雷诺数流体的强化传热。当流体在壳程做平行于管束的纵向流时，可以形成旋流并促进湍流，旋流与边界流作用形成二次涡流，破坏和减薄管壁流体的边界层，提高传热效率。

（6）管子自支撑结构。

为简化管束支撑，使换热器更加紧凑，近年来开发出一些自支撑管，如刺孔膜片管、螺旋扁管和变截面管等。这类自支撑管依靠管子自身的一部分（如刺孔膜片、螺旋线或变径部分）的点接触来支撑管束，同时又组成壳程的扰流元件，增大了流体自身的湍流度，破坏了管壁上的流体边界层，从而使壳程传热进一步增强。

3. 强化技术及相关参数选用应注意的问题

在进行强化传热研究中，人们往往追求尽可能高的设备功率和系统热效率，但在实际选用强化技术及有关参数时应该全面考虑以下几个问题：

（1）采用强化措施所获得的设备功率的增加和系统热效率的提高，或者设备体积减小、传热介质输送功率降低等效果究竟有多大？

（2）采用所选择的强化传热措施后，需要增加多少费用？工艺复杂性如何？能否成批生产？

（3）所采用的强化方法与传热介质的相容性如何？能否保证强化传热性能持久有效？

在应用强化传热技术时，应尽可能对有关强化传热技术和方案进行全面的技术经济分析，从而保证所选择的强化传热技术与方案是最优的。

值得注意的是：对于换热器，人们总是希望强化其传热。但与强化传热相反，工程技术中有时还需设法削弱传热，达到节能的目的。对于低于环境温度的物料和设备，关键是防止外界热量的传入；在高于环境温度的场合，主要是减少热量向环境的损失，这就需要对高温或低温设备进行隔热保温来增加热阻，削弱传热。隔热保温技术相关内容见"第五章 保温保冷技术"。

（三）换热器的结垢阻止与控制

1. 污垢对换热器性能的影响

换热器污垢是指一段时间内发生在传热表面上的不受欢迎的隔热型污垢物的积累。这层固体增加了额外的传热热阻，同时也增加了流体流动的阻力。而且污垢沉淀物的导热性能一般要比换热表面所用金属的差。污垢是一种及其复杂的现象，涉及瞬态传热、传质及动量传递。在换热器中，液体被加热时生成液侧污垢，气体被冷却时生成气侧污垢，然而也存在一些相反的例子。

污垢对换热器性能影响显著，造成的损失也很大。污垢对换热器性能的影响表现在：

（1）增加了由换热器表面处理和清洁带来的成本费；

（2）增加了由清洗、化学添加剂以及故障检修而带来的维护费；

（3）造成了由停工及换热能力下降所引发的换热器的性能下降；

（4）造成了由传热能力降低，压降增加以及流体排污所带来的能量损失；

（5）在液体流动和高传热系数的系统中，污垢在显著降低传热系数的同时，也使得输送流体的泵的功率增加。

2. 液侧污垢的阻止与控制

抑制水侧污垢的最有效的措施仍然是传统的水处理；严格按照要求和标准进行水质管理和处理。除此之外，最常用的是直接添加化学抑制剂或添加剂，主要包括：

（1）使颗粒维持悬浮状态的分散剂。

（2）阻止聚合和化学反应的各种化合物。

（3）减小侵蚀的腐蚀抑制剂或钝化剂。

（4）阻止生物污垢的杀虫剂或其他杀菌剂。

（5）阻止晶体生长的软化剂，如多羧基酸以及多磷酸盐。

（6）过滤可以作为一种有效的机械去除颗粒的方法。

（7）过程调整：监控，设备的改进和替换，水流减小，再循环措施。

（8）强化传热的表面和设备，这对于缓解污垢具有重要的作用。管内插入物的使用（尤其是在精炼过程中），比如，金属丝网、震荡金属丝、旋转金属丝，是一种标准的方法。

（9）用于清洗的物理设备，棉球清洗和双向流动刷的使用。

传热表面的污垢缓解技术可以在线使用也可以离线使用。在线技术（经常在管侧使用）包括多种多样的机械技术（流动趋势或者泵功趋势下的旋转刷、刮平器、钻子、声波或机械振动，利用空气或蒸汽对于管外壁进行切割、化学进料、反向流动等）。在一些应用中，流体流经对应的旁路换热器，这样有污垢的换热器就可以进行离线清洗。通过打开换热器或者将换热器从工作场合转移出来的离线清洗技术包括利用高压蒸汽或水喷射到管壳式换热器中；在炉内烘焙紧凑式换热单元（为了将沉淀物点燃），然后用清水冲洗。如果污垢非常严重，就需要联合使用多种方法。其他的离线清洗技术（不需要打开换热器）包括化学清洗，以及循环微粒泥浆的机械清洗和熔化沉淀的热烘烤。

3. 气侧污垢的阻止与减弱

（1）控制和阻止气侧污垢技术。

1）去除气体中潜在残渣的技术；

2）气侧流体添加剂；

3）表面清洁技术；

4）预先调整设计以使污垢最小化。

（2）污垢控制的方法。

在采用清洗方法之前，要首先考虑气侧污垢的控制。一些缓解气侧污垢的方法如下：

1）结晶污垢。

如果表面温度控制在气流露点温度以上，就不会发生结晶污垢。维持较高的流速，在气流中添加一些杂质，同时降低污垢物的浓度均可以减少固化的发生。

2）颗粒污垢物。

可通过以下方法来减弱：

① 如果气流平行于表面流动，那么就增加它的速度，如果气流垂直于表面流动，那么就减少它的流速；

② 将换热器出口气体的温度提高到颗粒的熔点之上；

③ 减少天然气主要成分的含量或者减少柴油燃料中未燃烧的 CH 化合物含量；

④ 在某一给定燃烧效率的系统中，减小燃料与空气的比值；

⑤ 将流动的影响最小化（例如流经错排管束的场合），保证流通界面的最小尺寸，该尺寸应该是预想到的最大颗粒尺寸的 3～4 倍。

3）化学反应污垢。

可以通过以下方法使其达到最小影响：

① 维持换热器的排气温度在一个合适的温度范围内；

② 根据实际情况，提高或减小气体流速；

③ 减小气流中的氧气浓度；

④ 用燃料油或者天然气代替煤；

⑤ 降低燃料与空气的比值。

4）腐蚀污垢。

腐蚀污垢与换热器的排气温度有很大关系。换热器的排气温度应当维持在一个比较窄的范围内：在含硫酸或盐酸的露点温度之上（高于 150 摄氏度），或低于 200 摄氏度，以防止排气中的硫、氮、氢腐蚀。由于硫普遍存在于各种燃料和一些天然气中，因此必须防止换热器中出现硫的露点温度，这一温度取决于燃料中硫的含量。

第六节　余热余压利用技术

一、余热资源

余热是指以环境温度为基准，被考察体系排出的热载体可释放的热。余热资源是指经技术经济分析确定的可利用的余热量。余热资源属于二次能源，是一次能源或可燃物料转换后的产物。或是燃料燃烧过程中释放的热量在完成某一工艺过程后剩下的热量。

（一）余热资源种类

1. 按载热体形态划分

固态载热体余热：包括固态产品和固态中间产品的余热资源、排渣的余热资源及可燃性固态废料。

液态载热体余热：包括液态产品和液态中间产品的余热资源、冷凝水和冷却水的余热资源、可燃性废液。

气态载热体余热：包括烟气的余热资源、散放蒸汽的余热资源及可燃性废气。

2. 按照余热资源的温度划分：

高温余热：高于 500 摄氏度，如工业窑炉、冶炼炉的废气、炉渣的余热等。

中温余热：介于 500～200 摄氏度，如一般立式、卧式烟火管锅炉的烟气余热。

低温余热：温度低于 200 摄氏度的烟气和低于 100 摄氏度的液体，如一般机械化燃烧锅炉的烟气、工厂企业中的乏水、乏汽等的余热，这种余热虽然品位低，但余热数量很大。

各类高、中、低温余热的来源及温度情况分别见表4-9至表4-11所示。

表4-9　　　　　　　　各种工艺设备的高温余热

设备名称	温度（℃）	设备名称	温度（℃）
镍的精炼炉	1350~1650	平炉	650~700
铝的精炼炉	650~750	水泥窑	600~730
锌的精炼炉	750~1100	玻璃熔化炉	980~1500
铜的精炼炉	750~800	制氢设备	650~1000
钢的加热炉	900~1000	固体垃圾焚化炉	650~1000

表4-10　　　　　　　　各种工艺设备的中温余热

设备名称	温度（℃）	设备名称	温度（℃）
蒸汽锅炉的烟气	230~480	干燥炉和烘炉	230~600
燃气轮机的排气	370~540	石油催化裂化器	420~650
活塞式发动机的排气	310~600	退火炉冷却系统	420~650
热处理炉	420~550		

表4-11　　　　　　　　各种工艺设备的低温余热

设备名称	温度（℃）	设备名称	温度（℃）
工艺生产用蒸汽的凝结水	55~90	内燃机	65~120
炉门冷却水	30~55	空调冷凝器	30~45
轴承冷却水	30~90	干燥炉、烘炉	95~230
焊接机冷却水	30~90	液体蒸馏冷凝器	30~90
退火炉冷却水	65~230	加工后的热液体	30~230
定型冲模冷却水	25~90	加工后的热固体	95~230

3. 按生成过程及排放情况划分

（1）工艺性余热。

与生产工艺密切相关的余热，称为工艺性余热。例如高温产品的余热、化学反应的余热和可燃性废弃物等，这些余热的利用与工艺过程的改变密切相关。

（2）非工艺余热。

直接排放到大气和地层中的余热，包括高温烟气余热，冷却介质余热，废水、废气、废料余热，我们简称其为非工艺性余热，其大致占到余热总体的81%。非工艺余热资源不论产生于哪一种工艺过程，其共同特征是：温度范围较广、往往具有间歇性、工作介质复杂（常常有腐蚀性和尘粒）以及资源比较分散。

（二）余热利用的方式

工业余热回收利用有多种方式，根据余热资源在利用过程中能量的传递或转换特点，可以将工业余热利用方式分为三类：

（1）热交换技术，即实现供热（利用余热加热）和冷却（利用余热制冷）。

（2）热功转换技术，即利用余热作为热力循环的高温热源来加热热力循环工质变为具有一定温度和压力的汽体，进而工质进入膨胀动力装置对外作功，实现动力输出；或者余热工质直接进入膨胀机作功，实现动力输出。

（3）余热制冷制热技术，即通过热泵系统将余热提升至要求的温度后再进行供热和冷却，或与其他利用装置相结合实现综合利用。

余热的热功转换和热泵利用都是提升余热品位的方法。

二、余热利用技术

（一）高温余热利用

钢铁行业的烟气、工业窑炉产生的废气、机械工业锻件加热炉的烟气和热处理炉的排气等，温度都很高（500～1000℃），具有很高的热值；另外，高温固体（如炼焦炉）的炽热焦炭、锅炉煤渣、炼钢厂的钢坯以及生产或深加工的管件等也含有高温余热。

1. 高温烟气余热利用

高温烟气余热的利用途径主要有余热发电、进料预热、空气预热、预热锅炉给水等。对烟气的余热，应按"梯级利用、高质高用"的原则确定最佳余热回收利用的方案。

对于中高温余热，最好使其产生动力，直接作用于水泵、风机、压缩机，或带动发电机发电。例如，各种工业窑炉和动力机械的排烟温度大都在500℃以上，甚至达1000℃左右，可装设余热锅炉产生蒸汽，推动汽轮机产生动力或发电；

例如：化工厂的硫酸生产工艺中，从焚硫炉或沸腾焙烧炉出来的SO_2炉气，温度一般为 850～950 摄氏度，首先通过余热锅炉，可以生产 450 摄氏度、3.9 兆帕（MPa）的过热蒸汽，该高温、高压过热蒸汽通过汽轮机发电。SO_2炉气被冷却到 350～450 摄氏度（工艺本身要求的温度），净化后与氧气反应生成SO_3，吸收水生产硫酸。同样，其他的化学反应余热，钢铁、冶炼行业的高温炉尾烟气、水泥厂的窑尾烟气以及其他废气余热和可燃气体余热等，都可以通过相应规格的余热锅炉生产出各种压力温度的蒸汽，用于发电以及供生产生活用热，有的还可用于工艺流程本身，强化生产。有的工艺流程中余热锅炉已成为不可缺少的重要环节。

2. 高温固体余热利用

对高温固体余热的回收比较困难，如锅炉炉渣、炼钢厂的钢坯等。对于颗粒较小的高温固体，近来多采用流态化过程来回收余热，在流态化催化裂化工艺中已经有了较为成熟的经验。对大块的高温固体，现在多使用气体或液体载体进行余热回收，如干熄焦工艺，它是利用惰性气体来冷却赤热的焦炭，再使吸热后的高温气体流至余热锅炉，产生蒸汽发电。又如高温钢坯，温度高达 900 摄氏度，在钢坯从 900 摄氏度降至 500 摄氏度左右的这段冷床上方，通过装几排翅片管，吸收高温钢坯的辐射热，将水加热成蒸汽，形成的汽水混合物再送回汽包利用。

（二）中温余热利用

中温余热利用方式大致有两种：一为热利用，二为动力利用。

中温余热的热利用，大多都是作为预热空气和燃料的热源。常用的装置有蒸汽锅炉空气预热器、高炉同流换热器、炼焦炉同流换热器以及燃气轮机再热器等。

对于中温余热动力利用有两种方式，一种是采用低沸点有机工质发电技术，该技术采用低沸点的有机介质，按朗肯循环进行能量交换，驱动发电机发电，达到余热动力回收的目的。一种是螺杆膨胀动力驱动发电，通过螺杆膨胀机驱动发电机发电或直接驱动负载。

（三）低温余热利用

大多数的轻工、化工、纺织、印染、制药、食品、木材加工等行业，都有一些蒸发、干燥、蒸煮、漂洗等设备，这些设备的绝大部分热损失都是以低温余热的形式排放到大气中或水中。这些低温余热资源的特点是：温度较低（200℃以下），但排出量非常大。因此，对大量低温余热的回收利用是节能工作的关键问题之一。

1. 冷凝水的余热利用

蒸汽在用汽设备中放出汽化潜热后，变成冷凝水，经疏水器排出。不同用汽设备排放的冷凝水通过回收管网汇集到集水罐中，由冷凝水回收装置送到锅炉或其他用热处，如除氧器等，这就是冷凝水回收系统。

该系统的作用在于回收利用冷凝水的热量（包括闪蒸汽热量）和软化水，根据不同情况可采用不同工艺方式。一般习惯上有开式系统和闭式系统之分。

（1）开式系统。

该系统冷凝水收集箱是开口式，与大气相通，由于冷凝水进入收集箱时压力突然降低，水温高于该压力对应的沸点，产生大量二次闪蒸汽，剩余冷凝水温度大约是100℃。实际上，由于闪蒸散热或有时为了防止输送水泵汽蚀而兑入冷水，回收水温仅在70℃左右。加之开式回收方式会有空气进入冷凝水回收管道，容易引起管道腐蚀。但开式系统装置简单，投资较少。与冷凝水直接排放相比，仍有一定的节能效果。

（2）闭式系统。

该系统中冷凝水收集箱是封闭式，系统内冷凝水压力始终保持高于大气压力，使冷凝水水温低于该压力下的沸点，冷凝水的热能得到充分利用。而且闭式系统的冷凝水保持蒸汽原有品质，用于锅炉给水时，不会增加溶解氧量，也减少了锅炉补水量，减少了水处理的费用。冷凝水是否属于闭式回收，要看系统压力和大气压力之间的关系。详见案例四。

2. 烟气余热利用

一般说来，烟气中总是或多或少地含有水蒸气，它们来自空气湿分、燃料湿分，但更主要来源于燃料中氢的转化。传统的烟气余热回收装置中，水蒸气并不凝结下来，由于水蒸气会带走大量的汽化潜热，因而造成了较高的排烟热损失。研究表明，在常见的排烟温度范围内，由水蒸气带走汽化潜热引起的排烟热损失可占总排烟热损失的60%以上。近几十年来，由于对节能效果的重视，如何最大限度地利用排烟余热已成为热能工程技术人员的重要课题。采用冷凝式锅炉或冷凝式换热器不仅可回收烟气显热，也可同时回收烟气中水蒸气的汽化潜热，从而可大幅度地提高热回收设备的热效率。

所谓的冷凝式锅炉就是通过冷凝烟气中的水蒸气，使其中的汽化潜热得以利用，从而提高热效率的锅炉。在冷凝式锅炉及冷凝式换热器中，烟气温度将被降到水蒸气的露点温度以下，烟气中的显热进一步得到回收，烟气中水蒸气的部分汽化潜热（或称凝结热）也将得到回收。

冷凝式锅炉能够回收的水蒸气凝结热的多少与燃料的种类（化学成分）和冷媒介质的温度高低有关。对燃煤锅炉来说，烟气中水蒸气的份额并不大，即使将这部分水蒸气全部凝结下来，放出的热量也不能使热效率提高很多。但对天然气锅炉来说，情况就完全不同了。因为气体燃料的高位发热量与低位发热量相差最大，液体燃料次之，固体燃料最小，因此使用气体燃料的锅炉热效率提高得最多。

降低到露点之前的显热回收可使锅炉系统热效率提高2%～5%。若将烟气冷却到露点温度以下，由于挽回了潜热损失，可使热效率提高11%～15%

以上。图 4 - 45 给出了热回收的一般潜力。图 4 - 46 示出了热效率提高潜力
随热回收设备进口烟温的变化，图中假定了一固定的热回收设备出口烟温。
可以看出，天然气燃烧系统的热效率提高潜力较大。

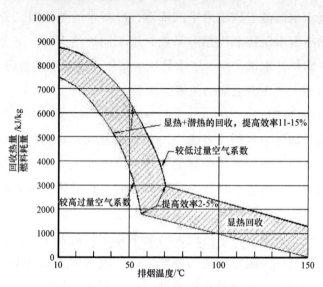

图 4 - 45　热回收的一般潜力

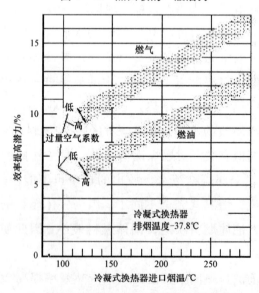

图 4 - 46　热效率提高潜力随热回收设备进口烟温的变化

一般说来，排烟中的水蒸气潜热在 60℃ 以下才能得以回收，能够回收的热量依赖于所要求的利用温度和利用率。如果利用温度接近排烟的露点温度，仅能回收较少的热量。利用温度愈低，回收的热量愈多。因此，低温下预热冷水可获得高的回收率。

烟气余热回收方法示意图排烟余热深度回收利用有多种方法，例如加热采暖系统回水、加热生活用水、地板式低温热水供暖、热泵利用来加热冷水、加热补给水、预热空气以及热风利用等。虽然余热回收利用方法不同，形式上有所不同，但都是使用冷媒介质通过换热器获得烟气热能。冷媒介质有可能是冷水、冷风或热泵中的蒸发剂。排烟余热深度回收利用的基本方案如图 4 - 47 所示。

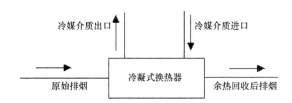

图 4 - 47　排烟余热深度回收利用的基本方案

3. 其他低温余热的回收利用

对于低温余热的利用，首先应该考虑通过合理地安排生产工艺流程，在流程内最大程度的利用余热。如：利用生产当中的热产物通过表面式换热装置给冷原料预热，这种"交叉换热"不仅可以使余热资源得到进一步利用，还可以降低热产物的温度。

三、余压利用技术

工业生产中不仅存在余热资源可以利用，还存在余压资源，余压资源一般具有较高的压力，可以直接用来发电。

（一）高炉煤气余压发电

现代高炉炉顶压力高达 0.15 ~ 0.25 兆帕（MPa），炉顶煤气存在大量势能。高炉煤气余压发电技术（Top Gas Pressure Recovery Turbine，简称 TRT），TRT 技术就是利用炉顶煤气剩余压力使气体在透平内膨胀做功，推动透平转动，带动发电机发电。根据炉顶压力不同，每吨铁约可发电 20～40 千瓦时（kW·h）。如果采用干法除尘，发电量可增加 30% 左右。采用 TRT 技术不改变高炉煤气品质，回收了由减压阀组白白泄放的能量，净化了煤气，由降低了噪声，并可有效控制炉顶压力的波动，改善了高炉操作的条件，稳定了高炉生产。

1. 技术原理

如图 4-48 所示，高炉煤气余压发电技术首先将高炉煤气净化之后经蝶阀、插板阀、紧急切断阀进入透平，再经透平膨胀做功。此技术是利用高炉炉顶煤气压力能和气体显热，把煤气导入膨胀透平做功，使气体原有的压力能经过不可逆绝热膨胀而变为动能。

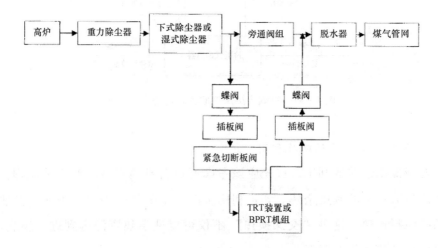

图 4-48　高炉煤气余压透平发电流程

若将透平与发电机联接，即构成高炉煤气顶压回收透平发电装置（TRT）。该装置带动发电机，使动能变成电能输送出去。

2. 工艺

目前 TRT 技术包含湿式和干式，但干式是发展趋势。干式系统排出的煤气温度高，所含热量多、水分低、煤气的理论燃烧温度高。

（1）湿式高炉煤气余压发电工艺。

湿式高炉煤气余压发电工艺是指在原有煤气湿式除尘系统的基础上，配以相应 TRT 机组。净化后高炉煤气的含尘量在标准状态下小于 10 mg/立方米，温度为 50～60 摄氏度。经膨胀做功，煤气温度降到 25～30 摄氏度，压力减少到 15～20 kPa。

（2）干式高炉煤气余压发电工艺。

干式高炉煤气余压发电工艺，由干式除尘器和煤气膨胀透平等设备组成。干式除尘后的煤气温度高，与湿式系统相比可提高出力 30%～50%。

图 4-49、图 4-50 分别表示未装 TRT 和装有 TRT 装置高炉炼铁流程示意图。

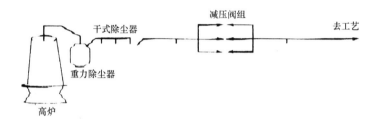

图 4-49　未安装 TRT 装置的高炉炼铁流程

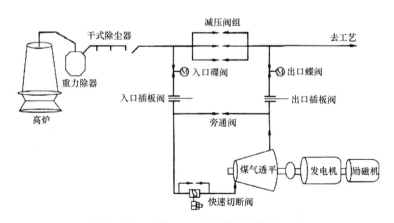

图 4-50　安装 TRT 装置的高炉炼铁流程

在未采用 TRT 技术的高炉生产工艺流程中，高炉煤气在通过除尘后再经过减压阀组将压力减到 0.01 兆帕（MPa）左右排入储气罐供工厂热风炉作为燃料或其他用途，原高炉煤气所具有的压力能白白浪费在减压阀组，造成大量浪费的能源浪费，产生强烈的噪声和振动等环境污染。

采用 TRT 技术，不改变原高炉煤气的品质，也不影响原煤气用户的正常使用，却回收了由减压阀组白白泄放的能量，既净化了煤气，又降低了噪声，并且使用透平的可调静叶能有效控制炉顶压力的波动，从而改善了高炉的操作条件，稳定了高炉的生产。该装置属于二次能量回收，除必要的运行成本外不需要消耗新的能源，在运行过程中不产生污染，发电成本极低。

（二）高压管网天然气压力能回收利用技术

当前世界上天然气的长输管道均采用高压输送，国外长输管道的输送压力多数都在 10 兆帕（MPa）以上。我国天然气的长输管道也采用高压输气，如"西气东输"和"陕—京二线"等的输气压力都达到了 10 兆帕（MPa）。

表 4－12 提供了国内部分输气管网的压力。上游天然气通过高压管网送至各城市或大型用户，通过各地天然气调压站降压至 0.4 兆帕（MPa）左右送至用户使用。调压站一般采用调压阀进行降压，导致管网压力能不能回收利用。因此，随着天然气压力的降低，损失了大量的压力能。例如高压天然气由 4.0 兆帕（MPa）降为 0.4 兆帕（MPa）时，可回收的最大压力能约为322 千焦/千克（kJ/kg），以 120×10^8 立方米/年 的输气量计算，每年这样的管网可回收的最大压力能约为 3.5×10^{12} 千焦。

表 4－12 国内部分输气管网的压力

输气管道名称	直径（mm）	输气压力（MPa）
北京—石家庄	508	6.3
涩宁兰	660	6.4
忠武	711	6.4
陕—京一线	660	6.4
陕—京二线	1016	10
冀宁联络线	1016	10
西气东输	1016	10

我国将在 2015 年建成"两横两纵"的天然气输送管道共计 12374 千米，干线管道将由 2000 年的 10638 千米增加为 23012 千米。天然气工业的发展，意味着如果不采取压力能回收行动，将会有更多的压力能被浪费，因此，回收利用这些压力能便成了当务之急。

1. 技术原理

天然气管网压力能的回收，即以透平膨胀机、气波制冷机或其组合代替调压阀进行天然气的降压。目前国内外回收利用天然气管网压力能的方式主要有发电和制冷两大类。利用压力能发电，产生的电能可进入城市电网，或用于发电站自身生活、生产使用，或用于分布式制氢；在制冷方面，目前主要是将膨胀后低温天然气的冷量，用于燃气调峰、冷库、冷水空调、橡胶深冷粉碎以及轻烃回收等。

利用高压天然气发电和制冷，在城市调压站用透平膨胀机替代减压设备回收压力能时，仅需改造调压站的越站旁通管道，增加膨胀机前后的截断阀门、透平膨胀机及发电、配电装置。原有调压系统可作为透平发电系统故障检修时的供气备用装置。节能改造简单然而却能带来巨大经济效益。如：60 $\times 10^9$ 立方米/年的天然气用量调压站，经调压站降压按 10 兆帕（MPa）降到 4 兆帕（MPa）计，全年可发电量 1.2×10^9 千瓦（kW）时，若上网电价按 0.3 元/千瓦时计，每年收益 3623 万元。又如冷库，25 摄氏度时 1 吨天然气从 4.0 兆帕（MPa）降为 0.4 兆帕（MPa）时，可为冷库提供冷量约 151.5 千瓦（kW）时。

2. 发电方式

将高压管网天然气压力能回收并用于发电主要是以膨胀机代替传统的调压阀来回收高压天然气降压过程中的压力能，并将其用于发电，大体有 2 种方式：

（1）利用天然气膨胀机输出功驱动同轴发电机发电。这类工艺一般在天然气膨胀前先将其预热，以保证天然气膨胀后的温度在 0 摄氏度以上，从而可防止天然气中的水汽凝结。如将内燃机的余热用于预热天然气至 40～200

摄氏度，膨胀后的天然气带动发电机发电。

（2）不利用天然气膨胀做功，将膨胀后的低温天然气冷量用于燃气轮机进气冷却。该方式可增加进入压气机和燃气透平的空气质量，从而在压比不变的情况下减少所需的压缩功，同时省去了发电厂传统的燃气轮机机组冷却设备。

3. 制冷方式

利用高压天然气压力能制冷，即利用透平膨胀机、气波制冷机等设备实现高压天然气的降压，以冷媒回收降压后低温天然气的冷量，并将冷量供给多种冷量用户，这类工艺大都没有对透平膨胀机的输出功进行回收。

高压管网天然气压力能制冷用于燃气调峰、轻烃回收以及天然气脱水。城市燃气用量随时段、昼夜、季节等波动非常大，因此，投资建设天然气调峰设施显得非常必要。如地下储气库、高压储罐、高压输配管网及液化天然气等，其中以高压储罐或高压管道储气的单位储气投资费用最高，以建设地下储气库的费用最低，但需要将天然气压缩至近 20 兆帕（MPa）储存，消耗大量能量，且需要良好的地质条件。利用膨胀后低温天然气的冷量用于液化天然气（LNG）或者生产天然气水合物（NGH），以此方式进行调峰。

4. 存在问题及解决措施

（1）高压管网天然气压力能发电。

现有的回收天然气压力能大多是通过特定设备（透平膨胀机、气波制冷机等）有效回收天然气管网压力能的技术方法，高压天然气压力能用于发电存在较大的困难，主要原因是：城市天然气调压站布局分散，不利于建设大型电力回收系统；发电时要求天然气压力和流量相对稳定，而天然气的使用存在着严重的季节、昼夜以及小时的不均匀性。

针对天然气管网压力能用于发电技术所存在的问题，可采取以下措施：在中小型调压站使用 30 千瓦（kW）以下的微型透平发电装置，可实现小区或某一楼宇供电；大型调压站建设调峰发电厂，使用两种燃料设计，夏季多用天然气发电，而冬季少用甚至不用；为使电厂稳定运行，需建设必要的调峰设备。

（2）高压管网天然气压力能回收用于制冷。

天然气调压站在实际调峰时，为了不使降压后的天然气温度过低，在天然气膨胀前都要先将其预热，将天然气压力能用于制冷，则节省了这部分热源，将膨胀后的低温天然气冷量进行回收用于不同冷量用户，在节省热源的同时为用户提供了冷量，具有一定的实用性。但高压天然气压力能用于制冷时多数只利用了膨胀制得的冷量；且采用气波制冷机时，制冷效率较低。为进一步提高压力能回收利用率，国内提出了在利用膨胀后的低温天然气冷量的同时，利用天然气膨胀机输出功驱动压缩机做功，节省了压缩机电耗的工艺。该工艺包含天然气压力能制冷单元和冷能利用两个单元。其中压力能制冷又分为两种方式，即利用冷媒回收高压管网天然气膨胀后的低温冷量，同时将天然气膨胀机输出功用于压缩制冷系统中，压缩后的气态冷媒经冷凝后进入冷媒储罐备用。该工艺是在利用高压管网天然气压力能制冷的普遍方式基础上加入了膨胀机输出功回收环节，并将其与传统的电压缩制冷系统联合，节省了压缩机功耗；同时，工艺中高低压天然气调峰罐的使用，起到了稳流天然气的作用，保证了膨胀机输出功的稳定性。

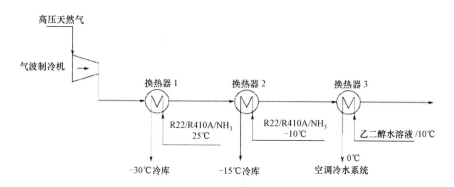

图 4-51　高压管网天然气压力能回收制冷系统

第七节　热泵技术

一、概述

（一）　热泵的发展

1. 热泵的概念

热泵是一种把低品质热源的热能转移到高品质热源的装置，实质上是一种热量提升装置。热泵能从自然界的空气、水或土壤中获取低品质热能，经过电力做功，提供可被人们所用的高品质热能。热泵系统的工作原理与制冷系统的工作原理是一致的。

2. 热泵技术的发展

热泵这个名词最早是 20 世纪初由欧洲人提出的，但热泵的基础理论蒸汽压缩动力循环原理可追溯到 19 世纪早期法国物理学家卡诺（S. Carnot），他在 1824 年发表了关于卡诺循环的论文。直到 20 世纪 70 年代中期，热泵才重新有了快速增长。这一方面是由于热泵技术的发展，机组可靠性的提高，另一方面是 1973 年能源危机的推动。在此期间，热泵技术进入的黄金时期，世界各国对热泵的研究工作都非常的重视，热泵新技术层出不穷，热泵的用途也在不断开拓，广泛应用于空调和工业领域，在节约能源和环境保护方面起着重大的作用。

我国热泵技术研究开发工作的起点和发展与国外相比有较大的差距。20 世纪 50 年代，天津大学热能研究所开始着手开展热泵方面的研究。从 60 年代开始，热泵在我国工业上开始得到应用，此后，我国热泵的研究开发工作取得了较快的进展。到 80 年代以后，热泵技术的研究日益受到人们的重视，但热泵产品主要以空气源热泵空调器和中小型商用空气源热泵机组为主。

（二）　热泵的分类

（1）按工作原理：蒸汽压缩式，气体压缩式，蒸汽喷射式，吸收式，热电式，化学热泵。

（2）按热源种类：空气，地表水（江河水、湖泊水、海水等），地下水，城市自来水，土壤，太阳能，废热（水、气）等。

（3）按主要用途：住宅用（1~70kW），商业及农业用（2~120kW），工业用（0.1~1MW）。

（4）按供热温度：低温热泵（供热温度<100℃），高温热泵（供热温度>100℃）。

（5）按热泵供能方式：单纯制热，交替制热与制冷，同时制冷与制热。

（6）按热源与供热介质的组合：

1）空气—空气热泵：以一侧的空气（或废气）为吸热对象，以另一侧的空气（或气体）为供热对象的热泵。

2）空气—水热泵：以空气为吸热对象，以水为供热对象的热泵。

3）水—空气热泵：以水（如河水、地下水、废热水等）为吸热对象，以空气（或气体）为供热对象的热泵。

4）水—水热泵：以水（如河水、地下水、热污水、工业冷却水等）为吸热对象，以水为供热对象的热泵。

5）土壤—水热泵：以土壤为吸热对象，以水为供热对象的热泵。

6）土壤—空气热泵：以土壤为吸热对象，以空气为供热对象的热泵。

二、常用热泵分类

（一）理想热泵循环

热泵循环和制冷循环一样，其理想循环也是逆卡诺循环。在逆卡诺循环中，制冷剂在热源（T_1）及冷源（T_2）之间以可逆的方式完成制冷循环。循环由下列过程组成（见图4-52）：

1-2 制冷剂定熵膨胀作功，由 T_1 至 T_2；

2-3 制冷剂在 T_2 下定温吸热；

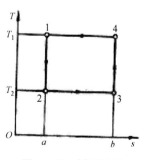

图 4-52 循环过程

3－4 制冷剂耗功定熵压缩，由 T_2 至 T_1；

4－1 制冷剂在 T_1 下定温放热。

由如上由两个定熵过程及两个定温过程组成的逆卡诺制冷循环，其结果是消耗外功将热从低温冷源（T_2）移向高温热源（T_1）。循环进行的顺序与卡诺热机循环相反，故称逆卡诺循环。

逆卡诺循环制冷系数 ε_c 为：

$$\varepsilon_c = \frac{q_2}{w} = \frac{T_2\,(s_3 - s_2)}{(T_1 - T_2)\,(s_3 - s_2)} = \frac{T_2}{T_1 - T_2} \qquad (4-14)$$

式中：

q_2—制冷剂从低温热源吸收的热量，单位：焦耳（J）；

w—制冷剂消耗的功，单位：焦耳（J）；

T_1、T_2—分别代表高低温热源温度，单位：开尔文（K）；

s_1、s_2—分别代表图 4－53 中 2、3 点的熵，单位：焦耳/开尔文（J/ K）。

逆卡诺循环是在相同温度范围内工作的最有效的循环，即逆卡诺循环的制冷系数最大。由上式可见，因为 $T_1 > T_2$，制冷系数 ε_c 恒为正值，且可以大于 1。$T_1 - T_2$ 愈小，ε_c 愈大。

（二）蒸汽压缩式热泵

蒸汽压缩式热泵的理论循环是有两个等压过程、一个绝热压缩过程和一个绝热节流过程组成，如图 4－53（a）所示。它与理想的热泵循环相比，用膨胀阀代替膨胀机，蒸汽压缩过程在过热区进行，而不是在湿蒸气区内进行，两个传热过程均为等压过程，并且具有传热温差。

制冷循环时的理论制冷系数：

$$\varepsilon_{cth} = \frac{\phi_0}{P_{th}} = \frac{q_0}{w_c} = \frac{h_1 - h_4}{h_2 - h_1} \qquad (4-15)$$

热泵循环时的理论制热系数：

$$\varepsilon_{hth} = \frac{\phi_k}{P_{th}} = \frac{q_k}{w_c} = \frac{h_2 - h_3}{h_2 - h_1} \qquad (4-16)$$

式中：

P_{th}—功率;

ϕ_0—低温热源吸收的热量;

ϕ_k—高温热源得到的热量;

q_0—制冷剂吸收的热量,单位:焦耳（J）;

q_k—制冷剂放出的热量,单位:焦耳（J）;

w_c—制冷剂消耗的功量,单位:焦耳（J）;

h_1、h_2、h_3、h_4—分别为图 4 – 53（b）中各点的焓值,焦耳/千克（J/kg）。

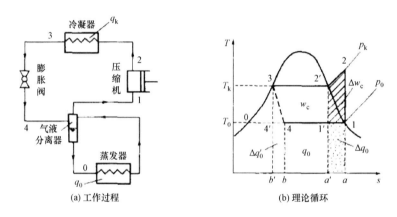

(a) 工作过程　　　　(b) 理论循环

图 4 – 53　蒸汽压缩式热泵循环

蒸汽压缩式热泵理论循环与实际循环相比忽略了三方面的问题:

（1）在压缩机中气体内部和气体与汽缸壁之间的摩擦以及气体与气体外部的热交换。

（2）制冷剂流经压缩机进、排气阀的损失。

（3）制冷剂流经管道、冷凝器、蒸发器等设备时制冷剂与管壁或器壁之间的摩擦以及与外部的热交换。

综上所述,实际热泵系统由于制冷剂在冷凝器、蒸发器和管路中存在压力损失,并且与外界有热交换,而且压缩机的实际压缩过程也并非等熵过程,所以蒸汽压缩式热泵的实际循环与理论循环相比,压缩机消耗的功率增加,实际供热系数 COP［又称性能系数，又可称为单位轴功率制热量，单位为千瓦（kW）／千瓦（kW）］小于理论循环供热系数。

（三）热力驱动热泵

蒸汽喷射式热泵是靠液体汽化来吸收低温热源的热量。蒸汽喷射式热泵系统如图 4－54 所示，喷射器的吸入室与蒸发器相连，扩压器与冷凝器相连。蒸汽喷射式热泵的工作过程：工作蒸汽进入喷嘴膨胀并以高速流动，在喷嘴出口处形成很低的压力，水在低温低压下汽化，吸收低温热源的热量；汽化的水蒸气与工作蒸气在喷嘴出口处混合，一起进入扩压器；在扩压器中流速降低，压力升高；到冷凝器，水蒸气液化放出热量；液态水再由冷凝器引出，分两路，一路经过节流阀降压后送回蒸发器，继续蒸发，另一路用泵提高压力送回锅炉，重新加热产生工作蒸汽。

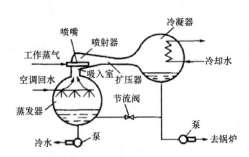

图 4－54　蒸汽喷射式热泵系统

蒸汽喷射式热泵具有下述特点：以热能为补偿能量形式；结构简单；加工方便；没有运动部件；使用寿命长，具有一定的使用价值。但这种热泵需要的工作蒸汽压力高，喷射器流动损失大，效率较低。因此，在空调中采用溴化锂吸收式热泵比蒸汽喷射式热泵有明显的优势。

（四）吸收式热泵

吸收式热泵主要由 4 个热交换设备组成：发生器、冷凝器、蒸发器和吸收器，它们组成制冷剂循环和吸收剂循环两个循环回路，如图 4－55 所示。制冷剂循环属于逆循环，高压气态制冷剂在冷凝器中向冷却介质放热，同时产生制热效应；被凝结成液态后，经节流装置减压降温进入蒸发器；在蒸发器内，该液体被汽化成低压气态，同时吸收被冷却介质的热量。而吸收剂循环属于正循环，在吸收器中，用液态吸收剂不断吸收蒸发器产生的低压气态制冷剂，以达到维持蒸发器内低压的目的。吸收剂吸收制冷剂蒸汽而形成的制冷剂—吸收剂溶液经溶液泵升压后进入发生器。在发生器中该溶液被加热沸腾，其中沸点低的制冷剂汽化形成高压气态制冷剂，与吸收剂分离，然后前去冷凝器液化，后者则返回吸收器再次吸收低压气态制冷剂。

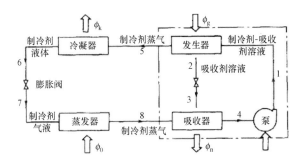

图 4 -55　吸收式热泵系统

（五）　吸附式热泵循环

吸附式热泵作为环境友好的制热方式和利用低品位能源的有效工具已受到广泛重视。从工作原理来看（图 4 - 56），吸附式热泵循环可分为间隙型和连续型。间隙型表示制热是间隙进行的，采用 1 台吸附器；连续型则采用 2 台或 2 台以上的吸附器交替运行，可保障连续吸附制冷。如果吸附式热泵单纯有加热解吸和冷却吸附构成，则对应的热泵循环为基本型吸附式热泵循环；如果对吸附床进行回热，则根据回热方式不同，有两床回热、多床回热、热波和对流热波等循环方式。根据吸附式系统的特点和温度源的选择，还可构筑多级和复叠循环热泵系统。

（六）　其他热泵循环

热电热泵，又名温差电热泵、半导体热泵或电子热泵，是以温差电现象为基础的制热方法，利用赛贝克效应的逆反应——帕尔贴效应的原理达到制热目的。

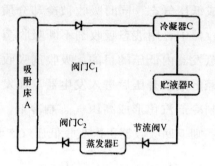

图 4 –56　吸附式热泵循环

化学热泵：将热能转换为化学能的装置，它依靠化学反应，利用物质的状态变化进行吸热和放热。

三、热泵技术及应用

（一）　小型热泵型空调系统

随着国民经济的发展与人民生活水平的日益提高，以空气为热源或排热源的热泵型房间空调与热泵型单元式机组已广泛应用于家庭商店、医院、宾馆、饭店等各个场所。

热泵型房间空调器按其结构形式不同可分为窗式和分体式。

热泵型窗式空调器的制热方式是通过使用换向阀将工质流动方向反向，使原来制冷时的蒸发器（室内侧换热器）变为制热时的冷凝器，而原来的冷凝器（室外侧换热器）则作为蒸发器，由此达到整个系统在冬季从室外吸热并向室内排热的目的。

家用分体式空调器由单独分开的室内机组和室外机组两部分组成，与窗体式空调器相比，虽然价格高，结构复杂，安装困难，但是其压缩机单独设在室外，室内噪声小，只有制冷剂配管和电线穿过外墙或外窗，外墙和外窗开口面积小，室外机组体积可相对大一些，热泵制热效果较好。基本工作原理与窗式空调器相比最大的特点是将压缩机、冷凝器、轴流风机、毛细管以及部分电器和蒸发器、离心风机、温控开关等分为两个组件。

（二）水源热泵

水源热泵是以水为热源的进行制冷制热循环的一种热泵型水—空气或水—水空调装置，它在制热时以水为热源，制冷时以水为排热源，见图4－57。以水作为热源的优点是：水的质量热容大，传热性能好，传递一定热量所需的水量较少，换热器的尺寸可较小。所以在易于获得温度较为稳定的大量水的地方是理想的热源，如地下水以及江河湖海的地表水在1年内的温度变化较小，都可作为热源的水源。

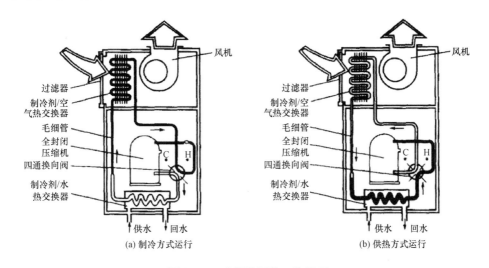

图4－57　水源热泵的工作原理

用水作为热泵热源时，水系统比较复杂，又需要消耗水泵的功率。若水质硬度较大，还会造成换热器表面结垢，使设备的传热性能下降。所以，根据水源的水质、水文、水量条件的不同，不同类型水源热泵空调系统的适用性也有所不同。

1. 水环热泵系统

水环热泵系统用一个循环水环路作为热源和排热源。当环路中水的温度由于水源热泵空调机的放热（制冷运行时）使其温度超过一定值时，环路中的水将通过冷却塔将热量放给大气。当环路中水的温度由于水源热泵空调机的吸热（制热运行时）使其温度低于一定值时，通常使用加热装置对循环水进行加热。在装有多台水源热泵空调机的建筑物中，有的以制冷工况运行，有的以制热工况运行，而控制系统的作用就是保持环路中水的温度在一定范围以内。水环热泵系统的使用范围如下：

（1）水环热泵空调系统最适用于适中气温下的空调，冬季不太冷而需要供暖的地区，在温暖的冬季白天，往往向阳房间需供冷，而背阳房间需供暖的地方。

（2）从建筑物规模来看，建筑规模要大，核心区空调面积要大于周边区或相当，这样核心区的总冷负荷大体与周边区的总热负荷相等，无需由加热装置加热，以达到最大限度的节能。

（3）最适用于冬季核心区内热负荷较大的商场和办公楼，可利用内部发热来抵消周边区的热损失。

（4）水环热泵系统即可节省大块的设备用房，又可对使用用户单独计费，既方便又合理。尤其对于旧建筑改造工程，采用水环热泵空调系统影响较小，而且周期短速度快。

（5）从建筑物功能上来看，对于综合楼，各层或各区域功能不同，因而对空调使用的时间和温度要求都不尽相同，在这种情况下采用水环热泵空调系统就比较合适。

水源热泵空调系统作为一种既可以集中又便于分散的空调系统，其优点很多，但是对某一幢具体建筑物采用中央空调系统还是水源热泵空调系统，也应从节能和经济两方面进行具体分析而定。

2. 地下水源热泵空调系统

地下水源热泵空调系统是将建筑物附近井内的地下水汲出，并通过水源热泵空调机中的换热器进行加热或冷却，然后回灌到地下。

水源情况是应用地下水源热泵空调系统的前提条件，而地下水系统的水量、水温、水质是影响地下水源热泵空调系统的关键因素。地下水的水量应当充足，能够满足用户要求。水源的水温要适度，水温过低或过高都会影响热泵机组的制热量和制冷量。另外地下水的水质应适宜于系统机组、管道和阀门的材质，不至于产生严重的腐蚀损坏。虽然有些工程所在场地下面有地下水，但是由于该工程地处繁华市区，场地面积狭小，无处布井汲水，所以场地条件有时也成为应用地下水源热泵空调系统的关键因素之一。

地下水源热泵空调系统比较适合于夏热冬冷地区，可广泛应用于住宅和商业建筑等。但是现在部分城市对利用地下水采取收费政策，地下水费用直接影响到地下水源热泵空调系统的经济性。故应用地下水源空调系统时必须与其他形式供暖空调冷热源进行经济性分析，才能得出最佳的冷热源方案。

3. 地表水热泵空调系统

地表水热泵空调系统使用建筑物附近的湖泊、水流或渠道中的地表水，将地表水汲出并使之通过水源热泵空调机中的换热器，然后再将升高或降低数摄氏度的地表水排入水源中。地表水热泵空调系统受地区的限制较大。冬季地表水的平均温度会显著下降，必将影响系统供冷或供热的性能。故应用地表水热泵空调系统取决于地表水如水池或湖泊的面积及深度、水质、水温。

以上三种水源热泵系统中，第二种和第三种热泵系统受到了地区的限制，只有第一种不受地区的限制。所以目前应用较广泛的水源热泵空调系统都是水环热泵系统。

4. 水源热泵空调机组的工作原理

水源热泵的工作原理与一般的空气—空气热泵相同。制冷工况时，利用制冷剂蒸发将空调房间中的热量取出，然后释放到循环水中。制热工况时，利用制冷剂蒸发吸收循环水的热量，然后通过冷凝器再将热量释放到空调房间。水源空调机的制冷和制热工作原理，如图所示。

（三）空气源热泵

空气是自然界存在的取之不尽用之不竭的热源。但是，根据热力学第二定律，要以空气为热源或冷源，必须消耗机械功或高温热能作为代价提供空调系统所需的热水或者冷水。

1. 机组特点

空气源热泵冷热水机组的优点：

（1）空气源热泵冷热水机组使空调系统冷热源合一，室外机可置于建筑物屋面，不需另设专门的冷冻机房、锅炉房，省去了烟囱和冷却水管道等占有的建筑空间。

（2）空气源热泵冷热水机组无须锅炉，无相应的燃料供应系统，无烟气，无冷却水系统等污染源，系统安全、卫生、简洁。

（3）系统设备少而集中，操作、维护管理简单方便。

（4）单机容量从 3RT 到 400RT，规格齐全，工程适应性强，有利于系统细化划分，可分层、分块、分用户单元独立设置系统。

然而空气源热泵以空气为低位热源，存在着以下缺点：

（1）空气的比热容小，为了获得足够的热量和满足蒸发器传热温差的要求，需要较大的空气量。

（2）室外空气的状态参数随地区和季节的不同而有很大变化，这对热泵的容量和制冷制热性能影响很大。热泵冬季制热时，随着室外温度的降低，热泵的蒸发温度下降，制热性能系数也随之降低。与之相反随着气温的下降，建筑物所需的供热量上升，这就存在着热泵的供热量与建筑物耗热量之间的供需矛盾。

（3）冬季室外温度很低时，室外换热器中工质的蒸发温度很低。湿空气流经蒸发器时，若蒸发器表面温度低于 0 摄氏度且低于空气的露点温度，换热器表面就会结霜，结霜不仅使空气流动阻力增大，还会导致热泵的制热性能和系统可靠性降低。

空气作为热泵的低温热源，虽然存在许多缺点，但从国内外空气源热泵的运行经验看，对于气候适中、度日数不超过 3000 的地区，采用空气源热泵仍是经济的。

2. 工作原理

以全封闭往复式压缩机的空气源热泵冷热水机组为例（见图 4 – 58）。在空气源热泵机组制冷运行时，压缩机吸入气液分离器中低压制冷剂气体，经压缩增压后排出高压气体，经过四通换向阀至空气侧换热器，在空气侧换热器中经风机使空气循环带走热量，冷却为高压液体，经大分液头汇集后，通过单向阀组中的一个单向阀流入贮液器，此时若有气体则充于贮液器的顶部。液体通过贮液器底部，经干燥过滤去除水分和杂质，再经视液镜至膨胀阀，高压液体经膨胀阀节流后减压膨胀变为低压的制冷剂液体，经单向阀组中的一个单向阀和小分液头后均匀进入水侧板式换热器中，制冷液体在换热器套管内吸热汽化，而套管外的水被冷却，达到使用要求。低压气体从换热器中出来，经四通换向阀后到气液分离器中，再至压缩机吸气口，保证回压缩机的流体全部为气体。至此，完成一个制冷循环。

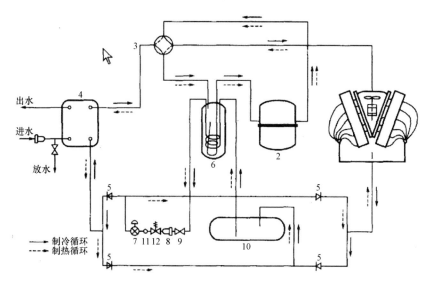

1—空气侧换热器；2—压缩机；3—四通换向阀；4—板式换热器；5—止回阀；

6—带换热器的气液分离器；7—单向膨胀阀；8—干燥过滤器；9—截止阀；10—贮液器；

11—视液镜；12—电磁阀

图 4-58　空气源热泵冷热水机组工作原理

在空气源热泵机组制热运行时，压缩机吸入气液分离器中低压制冷剂气体，经压缩增压后排出高压气体，经四通换向阀至水侧板式换热器，在水侧板式换热器中高压气体放热冷却为高压液体，而套管外的水被加热，达到使用要求。高压液体经小分液头汇集后，通过单向阀组中的一个单向阀流入贮液器，此时若有未冷凝的气体则充于贮液器的顶部。液体从贮液器底部经干燥过滤去除水分和杂质，再经视液镜至膨胀阀，高压液体经膨胀阀后减压膨胀变为低压的制冷剂液体，经单向阀组中的一个单向阀和大分液头后均匀进入空气侧换热器中，制冷剂液体在换热器铜管内吸热汽化，而铜管外由风机使空气循环，提供热源，低压气体在空气侧换热器中汽化后经四通换向阀后到气液分离器中，再至压缩机吸气口，保证回压缩机的流体全部为气体。至此，完成一个制热循环。

3. CO_2 空气源热泵

CO_2 空气源热泵是空气源热泵的一种，它采用 CO_2 作为制冷剂，对臭氧层不产生任何破坏，不会产生温室气体效应，具有良好的安全性和化学稳定性。同时，CO_2 空气源热泵是国家大力发展的新技术之一，在《国务院关于加快发展节能环保产业的意见》（国发〔2013〕30 号）中明确提到要加快掌握 CO_2 热泵等重大关键核心技术。

（1）CO_2 空气源热泵工作原理。

CO_2 空气源热泵系统的基本原理与普通空气源热泵系统相同，采用逆卡诺循环原理，利用制冷剂的蒸发冷凝将从空气中吸收的热量经压缩机的推动后传递给低温介质进行加热。不同之处在于 CO_2 的临界温度、临界压力较低，系统需要采用跨临界循环。CO_2 具有较高的临界压力和低的临界温度，故采用二氧化碳的制冷设备通常要在超临界区域运行。在超临界区域，没有相变，温度和压力是相互独立的参数，为我们改善系统的运行状况提供了条件。

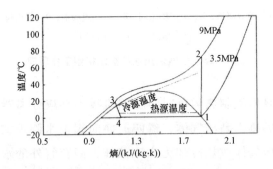

图 4-59 CO_2 跨临界制冷循环温熵图

从图 4-59 中可以看出，在这种 CO_2 循环的温熵图上，冷却器的放热过程 2—3 和冷源温度线之间的温差近似相等，蒸发器的吸热过程 4—1 和热源温度线是平行直线，它们之间的换热是在等温差下进行。因此，这一 CO_2 热泵循环是一个特殊的劳伦曾循环。它的热泵性能系数比常规的氟利昂热泵循环高，目前理论上可达到 4.0 以上。

（2） CO_2 空气源热泵基本特点。

CO_2 空气源热泵系统具有如下特点：CO_2 在气冷器中具有较大的换热温差，因此能够制备出高达 90℃ 的高温热水，这是普通空气源热泵所达不到的；CO_2 空气源热泵的高压能够达到 10MPa 以上，压缩机应采用专用的 CO_2 热泵压缩机，相应的管件、容器应能满足承受压力的要求。一般的 CO_2 空气源热泵机组包含压缩机、节流阀、蒸发器、气冷器四大部件，有些机组在节流阀前设有回热器以增加 CO_2 气体的过热度，提高机组效率，并在压缩机入口处安装有储液罐，以防未蒸发气体进入压缩机产生液击以保证系统稳定性。与 CFCS（氯氟烃）相比，CO_2 有其自身的优点：容易获取；不燃烧；无毒，使用安全；与润滑剂不反应，对装置无腐蚀作用；比容较小，单位容积制冷量大；此外，CO_2 还有高的导热率、低动力粘度、高定压比热以及低的表面张力，传热性能好。而且 CO_2 循环的压比及压力损失比较小，所以压缩机的效率较高。

（3） CO_2 空气源热泵应用范围。

由于 CO_2 空气源热泵在制备热水方面的优势，目前应用最多的是 CO_2 空气源热泵热水系统。目前主要有两种形式，即直热式和循环加热式。直热式系统包括保温水箱、软水装置及配电设备等，它是把软化冷水加热后供给水箱，可用于洗浴及生活热水制备；循环加热式系统包括中间换热器、配电设备等，它是利用机组加热循环水，通过换热器将热量传递给被加热介质，可用于煮洗池等要求反复加热的生产用热水制备。

CO_2 空气源热泵除可用于热水系统外，还可用于采暖及空调系统。系统可通过换热水箱或采用直供方式对管网循环水系统进行加热，末端可采用散热器或风机盘管形式，系统可通过四通换向阀实现冬季采暖及夏季制冷的转换。

（四） 土壤源热泵

土壤源热泵是一种充分利用地下浅层地热资源的既可以供热又可以制冷的高效节能环保型空调系统。地下浅层地热资源来源于太阳热辐射和地核热传导的综合作用，具有储存量大，再生补充性强，分布广泛，能量恒定，开采便利，安全可靠，费用低廉等特点。地热资源的温度一年四季相对稳定，冬季比环境空气温度高，夏季比环境空气温度低，是一种十分理想的中央空调可利用冷热源。

1. 系统特点

土壤源热泵是以大地作为冷热源对建筑物进行制冷制热的技术，这种系统把传统空调器的冷凝器或蒸发器直接埋入地下，使其与大地进行热交换，或者通过中间介质（通常是水）作为热载体，并使中间介质在封闭环路中通过大地循环流动，从而实现与大地进行热交换的目的。冬季通过热泵将大地中的低品位热能提高品位对建筑供暖，同时储存冷量，以备夏季使用；夏季通过热泵将建筑内的热量转移到地下，对建筑进行降温，同时储存热量，以备冬季使用。

土壤源热泵系统同其他热泵系统以及传统的供热制冷方式相比，具有明显的优势。

（1）在环保节能方面，土壤源热泵系统的运行不受环境条件制约，且不会对大气及地下水造成污染，并且还可以有效地利用地热资源。另外，土壤源热泵系统节省了空间占地费，改善了建筑物的外观形象。

（2）在技术性方面，土壤源热泵系统的 COP 值比普通空调有较大提高，且设备集中，性能良好，具有较好的可行性。

（3）在经济性方面，土壤源热泵系统与传统中央空调系统的初投资相差不大，但是冬夏季的运行费用却低很多，而且土壤源热泵系统寿命长，投资回报率高。因此，可以说土壤源热泵系统是一种环保节能、切实可行的技术，符合我国可持续发展的国策。

土壤源热泵系统其主要缺点如下：

（1）地埋换热器换热能力受土壤物性影响较大。

（2）连续运行时，热泵的冷凝温度和蒸发温度因土壤温度的变化而发生波动。

（3）土壤热导率小，换热量较小，当换热量一定时，换热盘管占地面积较大。

2. 系统分类

热泵空调系统消耗的能量有两个来源，除了消耗一定量的高品位能之外，还利用了低位热源的能量。根据利用的低位热源形式的不同，可以将土壤源热泵分为：土壤耦合热泵和水源热泵，其中土壤耦合热泵系统按照埋管的形式又可以分为：垂直埋管系统、水平埋管系统、盘形埋管系统。

（五）　燃气热泵

燃气发动机热泵简称燃气热泵，是由燃气发动机驱动的热泵，即用燃气发动机驱动压缩机完成热泵循环。由于可有效地利用燃气发动机的排热，燃气发动机热泵的燃料消耗量只有燃气锅炉的50%左右，因此是一种高效节能的热泵技术。燃气发动机热泵机组可在夏季作为制冷机运转，其排热还可作为吸收式制冷机的热源。

1. 特点

燃气发动机热泵可提供各种温度和品位的热水、蒸汽及各种热媒体，供空调、采暖、供应热水和流程使用；部分负荷时性能良好；受外界空气温度影响小；能快速提供采暖用热量；可保持恒定的设定温度；一次能源利用系数高；定期保养时间间隔长；可显著减少夏季的用电峰值；系统年消耗的能源只有电动热泵系统的95%，其排放的 CO_2 只有电动热泵系统的78%。因此使用燃气发动机热泵系统既节能，又有利于环境保护。

2. 类型（冷水机组）

（1）按被驱动的压缩机类型分类。

燃气发动机活塞式热泵：由燃气发动机和活塞式压缩机构成，燃气发动机功率常为1.5千瓦（kW）～75千瓦（kW）。

燃气发动机螺杆式热泵：由燃气发动机和螺杆式压缩机构成，燃气发动机功率通常为30千瓦（kW）～500千瓦（kW）。

燃气发动机离心式热泵：由燃气发动机和离心式压缩机构成，燃气发动机功率常为 200 千瓦（kW）～500 千瓦（kW）。

（2）按回收热量形式分类。

热水回收式：发动机的排热经排热回收器制造热水，进入热供给系统，再同锅炉和燃气直燃式吸收式冷热水机供应的热水汇合，供给采暖、供应热水和制冷用热量。

蒸汽回收式：发动机的排热经排热回收器制造蒸汽，进入热供给系统，再同锅炉和燃气直燃式吸收式冷热水机供应的热水汇合，供给采暖、供应热水和制冷用热量。

高低温回收式：发动机的排气进入热回收消声器产生蒸汽，气缸冷却水、锅炉和燃气直燃式吸收式冷热水机则产生热水，两者汇合后供给采暖、供应热水和制冷用热量。

排气回收式：排气回收热量、气缸冷却水热量和热泵输出热量，均作为干燥用，热泵的输出热量还作除湿用。

（3）按空调机组的形式分类。

整体机组：燃气发动机和压缩机及附属设备一起组成一个机组，通常为较大型的机组。

分体机组：燃气发动机同压缩机及室外换热器等组成室外机，室内换热器及风机等组成室内机。目前分体机组除一台室外机带动一台室内机以外，还有一台室外机带动多台室内机的机型。

3. 工作原理

燃气发动机热泵的工作原理如图 4-61 所示。压缩机由燃气发动机驱动，压缩机、冷凝器、膨胀阀和蒸发器组成压缩式热泵循环。蒸发器从热源吸取热量，冷凝器将热量排给热水系统。该循环中设有发动机冷却水换热器和排气换热器，以分别吸取发动机冷却水和排气的热量。压缩机主要采用活塞式、螺杆式及离心式压缩机。

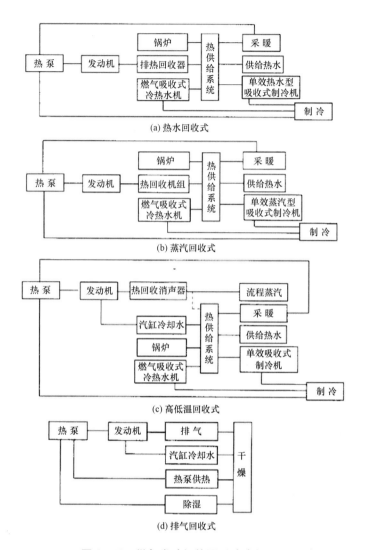

(a) 热水回收式

(b) 蒸汽回收式

(c) 高低温回收式

(d) 排气回收式

图 4 - 60　燃气发动机热泵（冷水机组）

（六）太阳能热泵

1. 种类

太阳能热泵一般是指利用太阳能作为蒸发器热源的热泵系统，区别于以太阳能光电或热能发电驱动的热泵机组。它把热泵技术和太阳能热利用技术

393

有机地结合起来，可同时提高太阳能集热器效率和热泵系统性能。

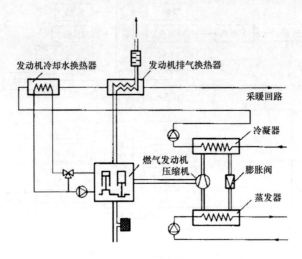

图 4 - 61　燃气发动机热泵的工作原理

　　根据太阳集热器与热泵蒸发器的组合形式，可分为直膨式和非直膨式。

　　在直膨式系统中，太阳集热器与热泵蒸发器合二为一，即制冷工质直接在太阳集热器中吸收太阳辐射能而得到蒸发。

　　在非直膨式系统中，太阳集热器与热泵蒸发器分立，通过集热介质（一般采用水、空气、防冻溶液）在集热器中吸收太阳能，并在蒸发器中将热量传递给制冷剂，或者直接通过换热器将热量传递给需要预热的空气或水。

　　根据太阳能集热环路与热泵循环的连接形式，非直膨式系统又可进一步分为串联式、并联式和双热源式。串联式是指集热环路与热泵循环通过蒸发器加以串联、蒸发器的热源全部来自于太阳能集热环路吸收的热量；并联式是指太阳能集热环路与热泵循环彼此独立，前者一般用于预热后者的加热对象，或者后者作为前者的辅助热源（双热源式与串联式基本相同，只是蒸发器可同时利用包括太阳能在内的两种低温热源）。

　　2. 技术优点

　　太阳能热泵将太阳能利用技术与热泵技术有机结合起来，具有以下几个方面的技术特点：

（1）同传统的太阳能直接供热系统相比，太阳能热泵的最大优点是可以采用结构简易的集热器，集热成本非常低。在直膨式系统中，太阳集热器的工作温度与热泵蒸发温度保持一致，且与室外温度接近，而非直膨式系统中，太阳能集热环路往往作为蒸发器的低温热源，集热介质温度通常20摄氏度至30摄氏度，因此集热器的散热损失非常小，集热器效率也相应提高。

（2）太阳能具有低密度、间歇性和不稳定性等缺点，常规的太阳能供热系统往往需要采用较大的集热和蓄热装置，并且配备相应的辅助热源，这不仅造成系统初投资较高，而且较大面积的集热器也难于布置。太阳能热泵基于热泵的节能性和集热器的高效性，在相同热负荷条件下，太阳能热泵所需的集热器面积和蓄热器容积等都要比常规系统小得多，使得系统结构更紧凑，布置更灵活。

（3）在太阳辐射条件良好的情况下，太阳能热泵往往可以获得比空气源热泵更高的蒸发温度，因而具有更高的供热性能系数，而且供热性能受室外气温下降的影响较小。

（4）由于太阳能无处不在、取之不尽，因此太阳能热泵的应用范围非常广泛，不受当地水源条件和地质条件的限制，而且对自然生存环境几乎不造成影响。

（5）太阳能热泵同其他类型的热泵一样也具有"一机多用"的优点，即冬季可供暖，夏季可制冷，全年可提供生活热水。由于太阳能热泵系统中设有蓄热装置，因此夏季可利用夜间谷时电力进行蓄冷运行，以供白天供冷之用，不仅运行费用便宜，而且有助于"移峰填谷"。

（6）考虑到制冷剂的充注量和泄漏问题，直膨式太阳能热泵一般适用于小型供热系统，如户用热水器和供热空调系统，其特点是集热面积小、系统紧凑、集热效率和热泵性能高、适应性好、自动控制程度高等尤其是应用于生产热水，具有高效节能、安装方便、全天候等优点，其造价与空气源热泵热水器相当，性能更优越。

（7）非直膨式系统具有形式多样、布置灵活、应用范围广等优点，适合于集中供热、空调和供热水系统，易于与建筑一体化。

3. 存在问题

太阳能热泵的发展和应用存在以下问题：

（1）投资经济性。能源结构和燃料价格直接影响太阳能热泵的经济性，如，我国西部地区以煤炭为主的能源结构以及较低的燃料价格必将影响太阳能热泵的市场竞争力。同时，太阳能热泵系统初投资偏高也是影响其经济性的重要因素之一。

（2）性能可靠性。各种类型的太阳能热泵性能有待提高，要使部件之间的匹配关系达到投资运行最佳效益，要将系统设计与建筑设计结合起来，既要考虑系统性能又要考虑建筑美观，要实行智能化控制，这需要各个专业、各个领域的人共同努力、相互配合。

（3）公众对这一技术缺乏足够的了解和认识。目前，在我国制约太阳能热泵应用的主要障碍是系统初投资较高以及政府、建筑设计人员和公众对这一技术缺乏足够的了解和认识。通过政府部门、科研机构和工程技术人员的共同努力，借鉴国外的成功经验，我国太阳能热泵将得到较快的推广和发展。

第八节　　应用实例

见表 4-13。

表4－13　应用实例列表

序号	技术名称	适用范围	主要技术内容	适用的技术条件	案例建设规模	投资额（万元）	节能量（tce/a）
1	新型高效煤粉锅炉系统技术	煤炭行业供暖或生产用蒸汽、民用供暖	采用煤粉集中制备、精密供粉、分级燃烧、炉内脱硫、锅壳（或水管）式换热、布袋除尘、烟气脱硫和全过程自控等技术，实现燃煤锅炉的高效运行和洁净排放。	区域锅炉房供暖改造，工业锅炉房改造。	供热面积160万平方米的煤粉锅炉房系统改造	4549	12350
3	锅炉燃烧温度测控及性能优化系统	机械	对炉内实现立体测控；以优化燃烧、以能效评估占决策与管理方法，构成一个完整应用体系。通过OPC/PI与DCS建立连接，建立一对一锅炉数学模型。由专家系统指导经济运行。	适用于各种发量的燃煤、燃料发电机组	2×300MW热电联产机组	492	4100
4	分布式能源冷热电联供技术	大型楼宇建筑、容积率较高的综合物业形态区域	用能建筑就近建设能源站，采用天然气作为主要能源发电，发电机产生的尾气用来制冷与采暖，能源利用率可高达85%。	1.有较为稳定的冷热负荷及电负荷。2.有稳定可靠的天然气供应。3.有相应的场地可供建设。	总面积17.6万平方米	5550	1302
5	加热炉黑体强化辐射节能技术	钢铁行业各种加热炉	将一定数量高辐射量的黑体元件，安装在轧钢加热炉内炉顶和侧墙、增加辐射面积和有效辐射，提高加热质量，降低燃料消耗。	炉膛温度800℃以上的加热炉窑	135万吨/年热带钢轧钢加热炉	380	6650
6	高辐射覆层技术	钢铁行业	在热风炉、焦炉、加热炉的蓄热体表面涂覆发射率高于基体的蓄热体的覆层，以提高蓄热体的效率，热体蓄放热时间，减少加热时间，降低排烟温度和燃料消耗。	已或正在建的高炉热风炉、加热炉上应用	5500m³高炉4座热风炉和2座预热炉的格子砖改造	807	18777

续表

序号	技术名称	适用范围	主要技术内容	适用的技术条件	案例建设规模	投资额（万元）	节能量（tce/a）
7	高辐射覆层技术	石化行业石油、化工、冶金等	利用高发射率节能材料，增加衬里反射辐射热和炉管吸收能力，提高加热炉热利用率，减少燃料消耗。	化工加热炉	100万 t/a 延迟焦化炉	500	2700
8	富氧燃烧技术	建材行业工业窑炉	用富氧代替空气助燃，可改善产品质量，降低能耗，减少污染。	500t/d 浮法窑	800t	100	2300
9	预混式二次燃烧节能技术	各种工业窑炉	改进燃烧器结构，提高火焰温度15%~20%，改善窑炉内温度场分布；延长火焰的停留时间，采用二次空气补偿和加装分焰器等措施，提高火焰梯度的燃烧强度。	1. 采用较清洁的燃气 2. 鼓风式燃烧	14条辊道窑进行二次燃烧节能技术改造	600	5561
10	动态冰蓄冷技术	建筑行业各种中央空调系统及工艺用冷系统	制冷剂直接与水进行热交换，水结成晶状冰晶；同时，生成和溶化二次需二次热交换，大大提高了空调的能效。冰浆体移峰填谷能力优于传统冰蓄冷技术。	集中空调系统，公共建筑	制冷机组额定功率600RT，蓄冷量3600RTh，蓄冰槽360m³供冷面积20000m²	255	转移峰时用电量860 000 kWh
11	纳米陶瓷多空微颗粒绝热节能材料涂层技术	石油石化、化工、建筑物等节能降耗、安全等领域	使用含有纳米材料及分散技术制成的高反射率涂料，涂覆对太阳光能的吸收，减少物体表面的高温，大大达到降低物体表面，从而达到节能、安全、环保的作用。	受太阳光照射的储罐，建筑物等需要降温物体表面均可涂覆	450m² 拱顶立式储罐	6	1594
12	蒸汽系统运行优化与节能技术	炼油、石化、钢铁等企业的工业车间，动力车间，工业开发区与城市的热电企业	1. 将动力系统和管网系统的运行以数字模型表示；2. 支持对动力系统和蒸汽管网系统的实际工况作出评估，提出可行化的优化措施；3. 将上述成果集成到企业调度指挥系统。	1. 技术资料齐全（过程及设备设计数据、目前运行数据）2. 生产运行的监测仪表工作正常 3. 计算机局域网工作正常	蒸汽量200t/h，蒸汽管网总长14公里	500	11600

续表

序号	技术名称	适用范围	主要技术内容	适用的技术条件	案例建设规模	投资额（万元）	节能量（tce/a）
13	水性高效隔热保温涂料节能技术	化工行业用于建筑业、石油工业、运输工业、兵器工业等高要求保温隔热的材质表面	该技术采用具有低体积密度和低导热系数的聚氨酯中空微珠、高反射性颜料、高发射性助剂等，使涂膜断面为连续的蜂窝网状结构，涂膜内部不形成沟状热流，显著降低涂膜导热系数，实现隔热保温。用于降低表面时，可降低建筑、厂房屋顶、管道使用能耗，空调等设备的使用能耗，实现节能。	温度5℃～40℃，湿度≤50%，水泥、钢板、针织品等材质表面	仓库涂刷面积450m²	0.5	1
14	钛纳硅超级绝热材料保温节能技术	建材行业用于陶瓷、玻璃、耐火材料窑炉保温、原油贮罐及管道保温等	使用钛纳硅超级绝热材料替代部分或代传统绝热材料使用，使用时表面能量损失较少，从而达到明显的节能效果，同时钛纳硅材料为不燃材料，安全环保。	浮法玻璃窑炉的保温：在原有的传统保温层外添加钛纳硅绝热层，具体位置包括：窑池的窑顶、胸墙、蓄热室的窑顶和侧墙；小炉；安装时不改变原有结构，不影响正常生产	施工面积871m²/条（550t/d浮法线），使用钛纳硅材料2613m²（厚度6mm）	310	1948
15	蒸汽节能输送技术	热力输送城镇集中供热、热电联产蒸汽热能输送、分布式能源配套热网等	采用纳米绝热层，复合保温结构，隔热支架，从而节能。减少蒸汽输送过程中的热损耗量。	城市集中供热（蒸汽）、热电联产供热、分布式能源配套供热等	单线管长21公里，最大供热量为171t/h	1000	6500
16	大型高参数板壳式换热技术	石化行业	在重整、芳烃、乙烯等装置中，高温反应出料与低温反应进料在进换热器中换热，从而节能。与管壳式换热器相比具有传热效率高，占地面积小，污垢系数低等优点。	设计压力≤32MPa；操作压差≤1.6MPa；操作温度550℃；单台面积50～10000m²	换热面积5000m²的板壳式换热器	1150	2900

基础知识卷

续表

序号	技术名称	适用范围	主要技术内容	适用的技术条件	案例建设规模	投资额（万元）	节能量（tce/a）
17	新型吸收式热变换器技术	石化行业	生产过程中产生的低品位废热源作为驱动热源，通过吸收式热变换器技术将一部分热量转化成高品位热源回收加以利用，另一部分热源以更低温位排至大气环境中。	石油化工生产过程中的废热80~200℃	5MW	610	1669
18	火电厂烟气综合优化系统余热深度回收技术	电力行业燃煤火电机组	空预器与电除尘器之间加装气冷却器，使凝结水升温到110℃，增加汽轮机做功，减少抽汽。余热回收装置大大提高静电除尘效率和脱硫率。	实际排烟温度高于120℃配套电除尘提效	300MW机组	965	3900
19	回转式空气预热器密封节能技术	电力行业火力发电	利用转子热端径向自补偿间隙密封片和基于空气压力监测的自动漏风回收技术降低了空气预热器系统的漏风率，提高了锅炉系统的效率，降低了供电煤耗。	已安装回转式空气预热器300MW~1000MW发电机组超超临界火力发电机组	2×640MW火力发电机组	500	5150
20	大型高炉长周期高效运行的干式TRT装置	钢铁行业高炉煤气余压余热发电	高炉炉顶煤气除尘后导入透平膨胀机，利用高炉煤气余压余热通过透平膨胀机驱动发电机发电。	采用干法除尘的高炉系统	5000m³以上大高炉	12000	64000
21	高温高压干熄焦装置	钢铁行业 适用于年产焦炭190万吨以上的焦化厂	用循环气体冷却红热焦炭，同时回收的显热产生高温高压蒸汽，供企业使用或发电。	适用于年产焦炭190万吨以上的焦化厂，焦化炉为2~4座	CDQ处理能力为220~280t/h	20100（不含发电）	101956

续表

序号	技术名称	适用范围	主要技术内容	适用的技术条件	案例建设规模	投资额（万元）	节能量（tce/a）
22	钢铁行业烧结余热发电技术	钢铁行业	利用钢铁行业的低温（200~400℃）废烟气产生蒸汽发电。	200~400℃的低温烟气	年发电量为1.4亿kWh/年	17000	12kWh/t烧结
23	螺杆膨胀动力驱动节能技术	工业低品位余热资源回收利用，适用于钢铁、冶金、电力、石油石化、建材、造纸、医药等高耗能行业或地热、太阳热、生物质能等其他行业	利用工业中的蒸汽、热水、热液或汽液两相流体等动力源，将热能转换为动能，驱动发电机发电或直接驱动机械设备。	蒸汽温度>100℃以上的全部蒸汽，蒸汽压力大气压力以上，热水温度>80℃，烟气温度>200℃	SEPC500-1000/2400-1.65-S 1套螺杆膨胀动力发电机组	900	2520
24	电炉余热利加热钢炉余热余热联合发电技术	钢铁行业炼钢电炉、轧钢加热余热回收利用	余热锅炉回收烟气余热生产蒸汽。加热炉采用汽化冷却技术产出蒸汽。两种蒸汽混合后利用加热炉排烟余热进行过热，然后进入汽轮机做功，发电。	50t以上的电炉	100t电炉和加热炉余热发电系统	5000	8770
25	矿热炉烟气余热利用技术	钢铁行业铁合金及化工行业电石	对矿热炉烟气进行封闭导出工艺改造，改善矿热炉无组织排放现状；根据矿热烟气的条件，在回收烟气余热的同时，余热锅炉受热面的灰尘清除问题，提高热利用效率。	硅铁类铁合金矿热炉余热利用	16台14000kVA矿热炉配套安装8台13t余热锅炉及24MW余热发电机组及配套设施	17100	67200

续表

序号	技术名称	适用范围	主要技术内容	适用的技术条件	案例建设规模	投资额（万元）	节能量（tce/a）
26	乏汽与凝结水闭式全热能回收技术	使用蒸汽进行间接加热的热交换系统	采用电动离心泵加压成高压蒸汽加压回收路共网、自动感应、数字控制等多项技术，将乏汽热成凝结水后回收利用。	压力不大于2.0 MPa；回收凝结水温度不高于170℃	6套凝结水回收装置	800	13000
27	矿井乏风和排水热能综合利用技术	煤炭行业煤矿中央并列式通风系统	以水源热泵代替燃煤锅炉。冬季利用约20℃的矿井排水和乏风作为热源，提供45～55℃热水为井口供暖。夏季利用同样水源通过机组制冷，解决矿井高温热害问题。	煤炭矿井排水和乏风的平均温度≥15℃	4000kW 矿井乏风热能系统	926	1855
28	热泵节能技术	建筑行业建筑物的采暖供冷	地源热泵技术是利用地下浅层地热，供热又可制冷的高效节能系统。	地埋管土壤源热泵，民用建筑供热与供冷负荷基本一致的情况下使用，如北方地区新建公共建筑和住宅等	山东省煤田地质局第四勘探队办公楼	1000	381
29	热泵节能技术	建筑行业建筑物的采暖供冷	水源热泵技术是利用地下浅层水源和地表水中的低温低位热能，实现低位热能向高位热能转移的一种技术。	允许使用地下浅层水能全部回灌，江河湖海水及污水源热泵系统，民用建筑供热/供冷，如北方/南方地区公共建筑和住宅等	奥运村 41.325万平方米建筑	11080.47	8000
30	热电协同集中供热技术	集中供热行业	以热泵机组代替常规水换热器，热泵机组使用合电保所需回水温度。在供热首站以热泵机组代替常规汽水换热器，回收电厂余热。实现远郊电厂的长距离大温差输送。	由电厂、石化、钢铁等工业企业供热的集中供热系统	华电第一大同热电厂2×135MW机组供热系统改造	9270	76000

第五章 电气工程节能技术

自 1870 年发电机的发明以来，有了廉价的电能，经过 150 多年的发展，电能已成为现代最主要的二次能源。

在我国电力与人民群众的生产、生活息息相关，已成为工业、农业、建筑等国民经济各个领域的重要能源。至 2014 年，我国全社会的发电总量达到 55233 亿千瓦时，其中工业领域的用电量为 40650 亿千瓦时占到了总量的 73.6%，成为电力消费的最大用户。

自我国改革开放以来，国民经济生产总值出现了两位数的快速增长，能源紧缺日益显现。为此，在 1998 年我国出台了第一部《节能法》，第一次将节能工作提升到法律的高度。节电作为节能工作的一个重要方面，在工业领域的节能降耗、环境保护方面发挥了巨大的作用，各种节电技术得到了广泛的应用，本篇从电力的输送系统、电力的转换如电机系统、电加热系统、电化学系统和照明系统等五个方面对相关的节电技术作了梳理和总结，以期对我国的节能工作、对"十二五"及今后的节能减排目标的实现做出贡献。

第一节 供配电系统节能

一、电力系统简介

电力系统是由发电机、变压器、电力线路、用户等组成的供电系统。

发电厂是将自然界蕴藏的各种一次能源转换为电能的工厂。电力网是电力系统中各级电压的电力线路及其联系的变电所。可按电压高低和供电范围大小分为区域电网和地方电网，也可按其作用分为输电网和配电网。变配电所中变电所的任务是接受电能、变换电压和分配电能，配电所的任务是接受电能和分配电能，但不改变电压。电能用户指所有消费电能的单位，用户中的用电设备称为电力负荷。

电力系统运行的特点：

（1）电能生产、输送和消费的连续性：电能不能大量、廉价的储存，发电、输电、变电、配电及用电是同时进行的。

（2）电能生产的重要性：电力工业与国民经济、人们生活的关系及其密切。

（3）暂态过程的快速性：电力系统的电磁、机电暂态过程是非常短暂的。

二、供配电系统基础知识

（一）供配电系统

供配电系统包括企业供配电系统和民用建筑供配电系统，它是电能的用户，也是电力系统的组成部分。

各类电能用户为了接受从电力系统输送来的电能，就需要有一个内部的供配电系统。内部供配电系统是指从电源线路进用户起到高、低压用电设备的整个电路系统，它由高压及低压配电线路、变电所和用电设备组成。供配电系统的构成与其负荷的重要性及大小等因素有关。

1. 电力负荷的分级

电力负荷根据供电可靠性及中断供电在政治、经济和安全上造成的损失或影响的程度，分为一级负荷、二级负荷及三级负荷。

2. 各级负荷对供电电源的要求

一级负荷要求由两个电源供电，当一个电源发生故障时，另一个电源应不至于同时受到损坏。二级负荷要求由两个回路供电，供电变压器也应有两台。三级负荷对供电电源无特殊要求。

3. 供配电系统的构成

根据供电容量的不同，供配电系统还可分为大型用户（10000 千伏安以上）、中型用户（1000 千伏安 ~ 10000 千伏安）和小型用户（1000 千伏安以下）。各类供配电系统的接线简图及其说明如表 5 - 1 所示。

表 5 - 1　　　　　　　各类供配电系统的接线简图及其说明

类型	供配电系统的接线简图	说　明
大型用户供配电系统	 220/380V 用电设备	电源进线电压一般为 35 ~ 110 千伏，经过两次降压。设置总降压变电所，先把 35 ~ 110 千伏电压降为 6 ~ 10 千伏电压，想高压用电设备和各车间变电所供电，车间变电所经配电变压器再把 6 ~ 10 千伏降为一般低压用电设备所需的电压（220/380V），对低压用电设备供电。
中型用户供配电系统	 220/380V 用电设备	电源进线电压一般为 6 ~ 10 千伏，先由高压配电所集中，再由高压配电线路将电能分送到各车间变电所，或直接供给高压用电设备。 图示供配电系统有两条 6 ~ 10 千伏的电源进线，分别接在高压配电所的两段母线上。这两段母线间装有一个分段隔离开关，形成所谓单母线分段制。当任何一条电源进线发生故障或进行正常检修而被切除后，可以利用分段隔离开关来恢复对整个配电所的供电。

类型	供配电系统的接线简图	说　明
小型用户供配电系统	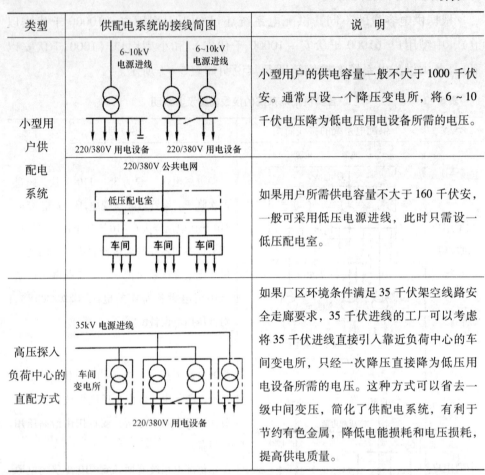	小型用户的供电容量一般不大于 1000 千伏安。通常只设一个降压变电所，将 6～10 千伏电压降为低电压用电设备所需的电压。 如果用户所需供电容量不大于 160 千伏安，一般可采用低压电源进线，此时只需设一低压配电室。
高压探入负荷中心的直配方式		如果厂区环境条件满足 35 千伏架空线路安全走廊要求，35 千伏进线的工厂可以考虑将 35 千伏进线直接引入靠近负荷中心的车间变电所，只经一次降压直接降为低压用电设备所需的电压。这种方式可以省去一级中间变压，简化了供配电系统，有利于节约有色金属，降低电能损耗和电压损耗，提高供电质量。

（二）供电质量

供电质量是指用电方与供电方之间相互作用和影响中供电方的责任，包括电能质量和供电可靠性两部分。供电质量恶化会引起用电设备的效率和功率因数降低，损耗增加，寿命缩短，产品品质下降，电子和自动化设备失灵等。决定供电质量的主要指标为电压、频率、波形和可靠性。

1. 频率

频率是指电力系统统一的一种运行参数。一个交流电力系统只能有一个频率，但当电能供需不平衡时，系统频率便会偏离其标称值。频率偏差不仅影响用电设备的工作状态、产品的产量和质量，而且影响电力系统的稳定运行。电网频率应满足《电能质量——电力系统频率允许偏差》（GB/T 15945）规定。

2. 电压偏差

电压偏差是指电网实际电压与额定电压之差。理想的供电电压应该是幅值恒为额定值的三相对称正弦电压。由于供电系统存在阻抗、用电负荷的变化和用电负荷性质等因素，实际供电电压无论在幅值上、波形上还是三相对称性上都可能与理想电压之间存在偏差。电压偏差应满足《电能质量——供电电压允许偏差》（GB/T 12325）规定。

3. 电压波动和闪变

电网电压幅值（或半周波方均根值）的连续快速变化称为电压波动，由电压波动引起的灯光照度不稳定造成的视感称为电压闪变。电压波动和闪变应满足《电能质量——电压波动和闪变》（GB/T 12326）规定。

4. 三相电压不平衡

指三相电力系统中三相不平衡的程度，用电压或电流负序分量与正序分量的方均根值百分比表示。三相不平衡度应满足《电能质量——三相电压允许不平衡度》（GB/T 15543）规定。

5. 谐波

在理想状况下，电压波形应是周期性标准正弦波，但由于电力系统中存在有大量非线性阻抗特性的供用电设备，这些设备向公用电网注入谐波电流或在公用电网中产生谐波电压，称为谐波源。谐波源使得实际的电压波形偏离正弦波，这种现象称为电压正弦波形畸变。通常以谐波来表征。电压波形畸变的程度用电压正弦波畸变率来衡量，也称电压谐波畸变率。电压谐波畸变率以各次谐波电压的均方根值与基波电压有效值之比的百分数来表示。电压谐波畸变率应满足《电能质量——公用电网谐波》（GB/T 14549）规定。

6. 供电可靠性

供电可靠性是指供电系统持续供电的能力，是考核供电系统电能质量的重要指标，反映了电力工业对国民经济电能需求的满足程度，已经成为衡量一个国家经济发达程度的标准之一。衡量供电可靠性的主要指标是供电可靠率、用户平均停电时间、用户平均停电次数、系统停电等效小时数。

（三）功率因数

1. 功率因数的定义

在正弦条件下，交流电路中电压与电流之间的相位差 φ 的余弦叫作功率因数，用符号 $\cos \varphi$ 表示，在数值上，功率因数是有功功率和视在功率的比值，也叫作基波功率因数。定义如下：

$$\cos \varphi = \frac{P}{S} \tag{5-1}$$

式中：P 为有功功率，S 为视在功率，φ 为电压和电流间的相位差。

在三相对称正弦电路中，各相的视在功率、功率因数均相同，三相对称正弦电路的总视在功率等于各相视在功率之和，三相对称电路的功率因数等于单相功率因数，因此三相对称电路的总视在功率、功率因数也都有明确的物理意义，三相总视在功率等于各相电压电流有效值的乘积之和，三相功率因数就是等于单相功率因数。

在非正弦条件下，把这个公式进行延伸后可得广义的功率因数的定义为：

$$\cos \varphi = \frac{P}{S} = \frac{U_1 I_1 \cos \varphi_1}{U_\Sigma I_\Sigma} \tag{5-2}$$

由式（5-2）可以看出，在非正弦条件下功率因数的定义是在正弦条件下功率因数定义的基础上发展起来的，其关键是如何求出视在功率 S，而求出视在功率 S 的关键是如何求出无功功率。而非正弦条件下的无功功率不仅涉及基波无功功率，还与各次谐波的无功功率有关。对于非正弦条件下无功功率的定义和测量历史上存在着两种分析方法，即频域法和时域法。目前，有关非正弦条件下功率因数还没有统一的定义。

在电力网的运行中，功率因数反映了电源输出的视在功率被有效利用的程度，我们希望的是功率因数越大越好。这样电路中的无功功率可以降到最小，视在功率将大部分用来供给有功功率，从而提高电能输送的功率。

2. 影响功率因数的主要因素

（1）大量的电感性设备，如异步电动机、感应电炉、交流电焊机等设备是无功功率的主要消耗者。据有关的统计，在工矿企业所消耗的全部无功功率中，异步电动机的无功消耗占 60%～70%；而在异步电动机空载时所消耗的无功又占到电动机总无功消耗的 60%～70%。

（2）变压器消耗的无功功率一般约为其额定容量的 10%～15%，它的满载无功功率约为空载时的 1/3。

（3）供电电压超出规定范围也会对功率因数造成很大的影响。当供电电压高于额定值的 10% 时，由于磁路饱和的影响，无功功率将增长得很快，据有关资料统计，当供电电压为额定值的 110% 时，一般无功将增加 35% 左右。当供电电压低于额定值时，无功功率也相应减少而使它们的功率因数有所提高。但供电电压降低会影响电气设备的正常工作。所以，应当采取措施使电力系统的供电电压尽可能保持稳定。

（四）变压器

1. 变压器主要参数

（1）额定容量。

额定容量是变压器的额定视在功率（SN），以伏安、千伏安或兆伏安表示。为了生产和使用的方便，我国自行设计的系列变压器的容量等级为（以千伏安为单位）10、20、30、40、50、63、80、100、125、160、200、250、315、400、500、630、800、1000、1250、1600、2000、2500、3150、4000、5000、6300 等。容量的增长是以 40 千伏安为基数，按 $\sqrt[10]{10}$ 系数递增的，称为 R10 系列。

工程上习惯将变压器划分为：配电变压器和电力变压器。配电变压器是将电压降低到电气设备工作电压的变压器，该类变压器作为日常照明和工厂动力用，通常是指运行在配电网中电压等级为 10～35 千伏、容量为 6300 千伏安及以下直接向终端用户供电的变压器。电力变压器是指电力网中以输送电能为主的变压器。本节内容主要介绍配电变压器。

（2）额定一次侧及二次侧电压。

额定电压以伏或千伏表示，按规定二次侧额定电压（U_{2N}）是当变压器一次侧施加额定电压（U_{1N}）时，二次侧的开路电压。对于三相变压器，额定电压是指线电压。由于变压器绕组接于电网上运行，一、二次侧的额定电压必须与电网的电压等级一致，我国主要的标准电压等级为（以千伏为单位）0.22、0.38、3、6、10、35、110、220、500。

上列数字是电网受电端的电压，电源端的电压将比这些数字高，因此变压器的额定值可能比上列数字高 5% 或 10%。

（3）额定一次侧及二次侧电流。

根据额定容量和额定电压算出的线电流，称为额定电流，以 A 为单位。

对单相变压器，额定一次侧（I_{1N}）及二次侧电流（I_{2N}）计算公式如下：

$$I_{1N} = \frac{S_N}{U_{1N}}$$

$$I_{2N} = \frac{S_N}{U_{2N}}$$

$$(5-3)$$

对三相变压器，额定一次侧（I_{1N}）及二次侧电流（I_{2N}）计算公式如下：

$$I_{1N} = \frac{S_N}{\sqrt{3}U_{1N}}$$

$$I_{2N} = \frac{S_N}{\sqrt{3}U_{2N}}$$

$$(5-4)$$

（4）空载电流。

当变压器一侧绕组开路，另一侧绕组施加额定频率的额定电压时，加压侧绕组所通过的电流称为空载电流。空载电流由磁化电流（产生磁通）和铁损电流（由铁芯损耗引起）组成。

（5）空载损耗。

变压器在空载运行时具有有功损耗，这个损耗称为空载损耗。空载损耗由两部分组成，即空载电流在流经一次绕组时，在绕组电阻上的有功损耗和磁通在铁芯中产生的损耗。一般把空载损耗称为铁损。铁损又由两部分组成，即磁滞损耗和涡流损耗。磁滞损耗的大小取决于电源的频率和铁芯的材料磁滞回线的面积。电源频率越高，磁滞回线面积越大，磁滞损耗就越大。

（6）短路损耗。

变压器二次绕组短路，一次绕组施加电压使其电流达到额定值时，变压器从电源吸收的功率称为短路损耗，短路损耗即额定电流时的铜损。

（7）阻抗电压。

阻抗电压也叫短路电压，当变压器一侧短路，另一侧施加一个电压，使变压器绕组流过额定电流，这个电压就叫短路电压或阻抗电压。通常用它与额定电压的比（百分数）表示。

2. 变压器的负载率

变压器所带实际负载与额定功率之比称为负载率，用 β 表示。

$$\beta = \frac{S}{S_N} \times 100\% \qquad (5-5)$$

式中：S—实际负载容量，千伏安；

S_N—变压器容量，千伏安。

负载率是反映供、用电设备是否得到充分利用的重要技术经济指标之一。从经济运行方面考虑，负载率应接近最佳经济运行负载率。

（五）供电线

1. 供电线路敷设

企业配电网的供电线路分为架空线和电缆线路，其结构和敷设各不相同。架空线路具有投资省、施工维护方便、易于发现和排除故障、受地形影响小等优点；电缆线路具有运行可靠、不易受外界影响、美观等优点。

架空线路由导线、电杆、绝缘子和线路金具等主要元件组成，有的架空线路上还在电杆顶端架设避雷线。为了加强电杆的稳定性，有的电杆还安装有拉线或板桩。

电缆线路是指由电力电缆敷设的线路。电缆线路的主要元件是电力电缆和电缆头。电力电缆按其缆芯材质分铜芯和铝芯两大类。电缆头包括电缆中间接头和电缆终端头。用户供电系统中的电缆敷设方式主要有直接埋地敷设、利用电缆沟和电缆桥架等几种。

2. 导线和电缆的选择

企业配电网供电线路导线和电缆的选择包括两个方面内容：选择型式，选择截面。

（1）导线和电缆型式的选择。

10 千伏及以下的架空线路，一般采用铝绞线。35 千伏及以上的架空线路及以下线路在档距较大、电杆较高时，则宜采用铜芯铝绞线。沿海地区及有腐蚀性介质的场所，宜采用铜绞线或绝缘导线。

电缆线路，在一般环境和场所，可采用铝芯电缆。在重要的场所及有剧烈震动、强烈腐蚀和有爆炸危险场所，宜采用铜芯电缆。在低压 TN 系统中应采用三相四芯或无芯电缆。埋地敷设的电缆，应采用外户层的铠装电缆。在可能发生位移的土壤中埋地敷设的电缆，应采用钢丝铠装电缆。

（2）导线和电缆截面的选择。

为了保证供配电线路安全、可靠、优质、经济地运行，其导线和电缆的截面选择必须满足下列条件：

1）发热条件。导线和电缆在通过正常最大负荷电流（即线路计算电流）时产生的发热温度，不应超过其正常运行时的最高允许温度。

2）电压损耗条件。导线和电缆在通过正常最大负荷电流时产生的电压损耗，不应超过正常运行时允许的电压损耗。

3）经济电流密度。35 千伏及以上线路、35 千伏以下但电流很大的线路，其导线和电缆截面宜按经济电流密度选择，以使线路的年费用支出最小。10 千伏及以下的线路，通常不按经济电流密度选择。

4）机械强度。导线的截面不得小于其最小允许截面。

三、供配电系统的节能技术

造成供配电系统电能损耗的原因主要有：供配电变压器不能处于经济运行状态，电网老化，功率因数低，三相负荷不平衡，谐波污染，电压闪变，浪涌和瞬流等。减少供配电系统电能损耗的主要措施如下。

（一）　减少供电线路的损耗

在供配电系统中，减少供电线路损耗是提高输电效率的重要途径。

（1）尽量采用高压输电。对于相同的功率，若电压提高一倍，则电流减少一半，电流在导线中产生的热量只有原来的四分之一，这样电压越高，线路损耗就越小。

（2）减少变压级数。输电电压每经一次电压变换，大约要消耗 1% ~ 2% 的有功功率，所以减少输电电压等级即可减少损耗。另外要减少变压器本身的损耗，选用节能型变压器。

（3）三相负载要平衡。如果三相负载不平衡，将增加线损。因为当三相负载不平衡时，每相的负载电流将不相等，这些不平衡电流除了在其相线上引起损耗外，还将在中线上引起损耗，这样就增加了线损。如果三相负载平衡，则中线上电流为零，可使总的线损降低。电网运行中需经常测量变压器出线端和一些主干线的三相负荷及中性线电流，并及时进行平衡三相负荷工作。

（4）处理好导线接头。减少导线接头的接触电阻，可以直接降低线路损耗。一般可在接头处加涂导电膏，另外将点与点的接触变成面与面的接触。

（二）　降低配电变压器损耗

1. 合理配置变压器

（1）选用高效变压器，如 S15、S13 系列变压器。中小型变压器应尽量选用 S15 系列非晶合金变压器，非晶合金铁芯变压器的空载损耗只有 S11 型配电变压器空载损耗的 35% 左右。禁止使用国家明令淘汰的系列变压器。

（2）合理选择变压器容量。对于长期处于轻载运行的变压器，要换成小容量的变压器；对于长期处于满载、过载运行的变压器要采用大容量的变压器替换，以便使变压器处于最佳的工作状态，减少损耗。一般变压器容量的选择保证负荷在 65% ~ 75% 时效益最高。

2. 变压器经济运行

所谓电力变压器的经济运行即在低损耗状态下工作。变压器的损耗包括有功损耗和无功损耗两部分，而无功损耗也对电力系统产生附加的有功损耗。

变压器的综合空载损耗见式（5-6）：

$$\Delta P_1 = \Delta P_0 + K_q \cdot \Delta Q_0 \qquad (5-6)$$

式中：

ΔP_0——变压器空载有功功率，单位为千瓦（kW）；

ΔQ_0——变压器空载无功功率，单位为千乏（kVAr）；

K_q——无功经济当量，表示电力系统多发送 1 千乏的无功功率时，将使电力系统增加的有功功率损耗千瓦数。K_q 根据变压器在电力系统中的位置取值为：发电机母线直配 0.02 ~ 0.04；二次变压 0.05 ~ 0.07；三次变压 0.08 ~ 0.10。

变压器的综合功率额定损耗见式（5-7）：

$$\Delta P_2 = \Delta P_k + K_q \cdot \Delta Q_N \qquad (5-7)$$

式中：

ΔP_k——变压器额定负载损耗，单位为千瓦（kW）；

ΔQ_N——变压器额定负载时的无功损耗，单位为千乏（kVAr）。

变压器单位容量的有功损耗最小时的负荷称为变压器的经济负荷。变压器的经济负荷与变压器额定容量之比，称为变压器的经济负荷率，一般电力变压器的经济负荷率为 50% 左右。不过若按此原则选择变压器，则使初始投资加大，所以对于变压器容量的选择要多方面综合考虑，负荷率大致在 70% 比较合适。

对于配电所安装两台相同规格及特性的并联运行的变压器，假设每台变压器的容量为 S_N，变电所的总负荷为 S。当一台变压器承担负荷 S 时单独运行时，其综合有功功率损耗见式（5-8）：

$$\Delta P_I \approx \Delta P_0 + K_q \cdot \Delta Q_0 + (\Delta P_k + K_q \cdot \Delta Q_N) \cdot \left(\frac{S}{S_N}\right)^2 \qquad (5-8)$$

当两台变压器并联运行时，每台承担负荷为 $S/2$，两台变压器的综合有功功率见式（5-9）：

$$\Delta P_I \approx 2\left(\Delta P_0 + K_q \cdot \Delta Q_0\right) + 2\left(\Delta P_k + K_q \cdot \Delta Q_N\right) \cdot \left(\frac{S}{2S_N}\right)^2 \qquad (5-9)$$

若将以上两式 ΔP_l 与 S 的函数关系绘制成两条损耗曲线，这两条曲线的交点所对应的负荷，称为变压器经济运行的临界负荷 S_{cr}。如果实际负荷 S 小于 S_{cr} 时，使用一台变压器投入运行比较经济；反之采用两台变压器并联运行较经济。

假如是 n 台变压器，判别第 n 台与 $n-1$ 台经济运行的临界负荷见式（5 – 10）：

$$S_{cr} = S_N \sqrt{n\,(n-1)\,\cdot\,\frac{\Delta P_0 + K_q \Delta Q_0}{\Delta P_k + K_q \Delta Q_N}} \qquad (5-10)$$

3. 合理调整电压

变压器的损耗主要是铜损和铁损。如果变压器在超过其额定电压 5% 运行时，变压器铁损将增加 15% 以上；若超过额定电压 10%，铁损将增加 50% 以上。当电网电压低于变压器的所用分接头电压时，对变压器本身没有损害，只是降低了变压器的出力大小。如果变压器的铜损大于铁损，提高运行电压，则有利于降低损耗。所以及时调整变压器的运行分接头（要保证电压正常偏差），是降低线路损耗的最经济的方法。

（三）供电系统中的无功补偿技术

1. **无功功率的概念**

在电网中，由电源供给负载的电功率有两种：一种是有功功率，另一种是无功功率。有功功率是保持用电设备正常运行所需的电功率，也就是将电能转换为其他形式能量（机械能、光能、热能）的电功率。无功功率比较抽象，它是用于电路内电场与磁场，并用来在电气设备中建立和维持电磁场的电功率。凡是有电磁线圈的电气设备，要建立磁场，就要消耗无功功率。由于它对外不做功，才被称之为"无功"。

无功功率对供、用电也产生一定的不良影响，主要表现在：

（1）降低发电机有功功率的输出。

（2）视在功率一定时，增加无功功率就要降低输、变电设备的供电能力。

（3）电网内无功功率的流动会造成线路电压损失增大和电能损耗的

增加。

（4）系统缺乏无功功率时就会造成低功率因数运行和电压下降，使电气设备容量得不到充分发挥。

2. 无功补偿的原理

提高配电网络的功率因数除了设法提高用电设备的自然功率因数，减少无功功率消耗外，还应在用户处对无功功率进行无功补偿。电容器就是一种常用的无功补偿装置，无功补偿原理如下。

电网中用电设备大都是感性负载，其等效电路可以用电感和电阻并联表示，如图 5-1 所示。总电流 $\dot{I}$ 与电阻中的电流 $\dot{I}_R$ 和电感中的电流 $\dot{I}_L$ 的关系为：$\dot{I}=\dot{I}_R+\dot{I}_L$，其相量图如图 5-1 所示，此时总电流滞后电压的角度为 φ，其功率因数为 $\cos\varphi$。当安装一电容器与负载并联时，则总电流变成 $\dot{I}'$，其关系式为：$\dot{I}'=\dot{I}_R+\dot{I}_L+\dot{I}_C$，由于流过电容的电流与电感的电流反相位，此时总电流滞后电压的角度变成 Φ'，且 $\Phi'<\Phi$，总电流由 I 减小到 I'，功率因数由 $\cos\Phi$ 提高到 $\cos\Phi'$。

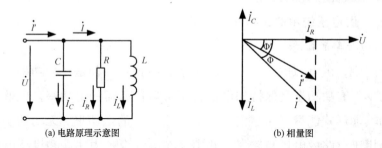

(a) 电路原理示意图　　　　　　(b) 相量图

图 5-1　并联电容器的补偿原理

3. 无功补偿的原则和常用方法

（1）无功补偿的原则。

无功补偿实质上就是借助于无功补偿设备提供必要的无功功率，以此来提高供电系统的功率因数，降低电耗，改善电压质量。从供电网无功功率消耗的基本状况看，各级供电网络和输配电设备都要消耗一定数量的无功功率，但低压配电网消耗所占的比例最大。为最大限度地减少无功功率的传输损耗，提高输配电设备的效率，无功补偿设备的配置应遵守"分级补偿，就地平衡"的基本原则。主要有以下几点：1）以总体平衡与局部平衡相结合，以局部为主；2）电力部门补偿与用户补偿相结合；3）以分散补偿与集中补偿相结合，以分散补偿为主；4）降损与调压相结合，以降损为主。

（2）无功补偿通常采用的方法。

1）集中补偿。有低压集中补偿和高压集中补偿两种方法：

低压集中补偿是指将低压电容器通过低压开关接在配电变压器低压母线侧，以无功补偿投切装置作为控制保护装置，根据低压母线上的无功负荷而直接控制电容器的投切。电容器的投切是整组进行，做不到平滑的调节。低压补偿的优点：接线简单、运行维护工作量小，使无功就地平衡，从而提高变压器负载率，降低网损，具有较高的经济性，是无功补偿中常用的手段之一。

高压集中补偿是指将并联电容器组直接装在变电所的 6～10 千伏高压母线上的补偿方式。适用于用户远离变电所或在供电线路的末端，用户本身又有一定的高压负荷时，可以减少对电力系统无功的消耗并可以起到一定的补偿作用；补偿装置根据负荷的大小自动投切，从而合理地提高了用户的功率因数，避免功率因数降低导致电费的增加。同时便于运行维护，补偿效益高。

2）就地补偿。一般指的是低压个别补偿，就是根据个别用电设备对无功的需要量将单台或多台低压电容器组分散地与用电设备并接，它与用电设备共用一套断路器（即开关）。通过控制、保护装置与电动机同时投切。就地补偿适用于补偿个别大容量且连续运行（如大中型异步电动机）的无功消耗，以补励磁无功为主。低压个别补偿的优点是：用电设备运行时，无功补偿投入，用电设备停运时，补偿设备也退出，因此不会造成无功倒送。具有投资少、占位小、安装容易、配置方便灵活、维护简单、事故率低等优点。

4. 无功补偿容量的选择

当电容器两端施加正弦交流电压 U 时，它所发出的无功功率称为无功容量或电容器的容量。若按提高功率因数来计算需要的补偿容量，其计算如下：

设配电网年中最大负荷月份平均有功负荷为 P_{pj}，补偿前的功率因数为 $\cos \Phi_1$，补偿后的功率因数为 $\cos \Phi_2$，则补偿容量见式（5-11）：

$$Q_C = P_{pj}(\tan \Phi_1 - \tan \Phi_2) = P_{pj}\left(\sqrt{\frac{1}{\cos^2 \Phi_1} - 1} - \sqrt{\frac{1}{\cos^2 \Phi_2} - 1}\right) \quad (5-11)$$

（四）供配电系统的谐波抑制技术

随着电力电子装置日益广泛的应用，使得电力系统中电压和电流的波形发生较严重的畸变，产生严重的谐波问题。谐波污染会严重影响用电设备和供电系统的安全、可靠与经济运行。有效抑制谐波，可保证供配电系统的安全稳定运行、提高电气设备运行可靠性延长设备使用寿命、减少无功电流与谐波电流造成的额外损耗；降低损耗，节省电能。

1. 谐波的危害

谐波污染会严重影响用电设备和供电系统的安全、可靠与经济运行。

（1）诱发电网谐振，导致谐波过电压和过电流，引起严重事故，损坏补偿用电容器等电气设备。

（2）导致异步电机和变压器产生附加损耗和过热，其次是产生机械振动、噪声和谐波过电压，降低效率和利用率，缩短使用寿命。

（3）对电力电缆和配电线路，谐波电流频率增高引起明显的集肤效应，导线阻抗增大，线损加大，发热增加，绝缘过早老化，容易发生接地短路故障，形成火灾隐患。

（4）对通信、电子或自动控制设备产生严重干扰。

（5）谐波电流使断路器遮断能力降低，导致断路器、接触器等不能安全稳定工作。

（6）导致保护装置误动或拒动，导致区域性停电事故。

（7）使电力系统中各种测量仪表误差增加，甚至无法工作。

（8）干扰或影响各类低压电器的正常使用。

2. 谐波抑制技术

谐波抑制应满足《电能质量——公用电网谐波》规定。为减少谐波的产生，减小谐波对电网的危害，可采取的技术措施主要有：

（1）治理谐波源。

按"谁干扰，谁污染，谁治理"的原则，进行谐波源当地治理。即对于产生大量谐波的用户，在用户变压器的低压侧加装滤波装置。根据滤波装置的原理不同，可分为无源电力滤波器（PPF）和有源电力滤波器（APF）。

无源电力滤波器利用电容、电感谐振的原理"吸收"阻止相应次谐波，从而保证电压畸变率处在较低水平。一般根据需要吸收的谐波次数，设置合适的 LC 参数，来分别设置滤波装置。

装设无源滤波补偿装置，采用可控硅自动投切，在滤除谐波的同时，对无功也进行了补偿。但此类无源装置不能满足对无功功率和谐波进行快速动态补偿的要求。同时还要注意避免在滤除某次谐波时，LC 参数恰好是另一个谐波的谐振参数，而使此谐波放大。

有源电力滤波器实质上是一个大功率的谐波发生器，它通过谐波采样装置将谐波源发出的谐波采集后，再完整地复制出大小相等、方向相反的谐波，并接入电网，将谐波抵消，其产生的谐波随谐波源的变化而变化，是一种很好的滤波装置，但费用较高。

（2）改变运行方式和接线方式。

通过改变运行方式、接线方式，来减小谐波的产生、叠加、放大以及产生危害的机会。增加电网的短路容量、提高电气设备的短路比，可降低谐波对同一电网上其他设备的影响。加强运行时的实时控制，避免轻负荷、高电压的运行状态，可减少谐波电压过高对系统电器设备的影响；有意识地将配电变压器中间相改接 A 或者 C 相，减少变压器群产生的谐波。在可能的情况下，接成 Δ/Yn 形，将谐波在高压侧消化。

（3）避开谐波产生谐振的可能。

在无功补偿设计中应注意避免并联电容器与系统感抗的谐振，除了验算基波外，还需要验算 3 次、5 次、7 次等主要谐波，避开这些参数，防止在该次谐波发生谐振。

（4）选用滤波装置。

1）无源 LC 装置的选用。

无源 LC 滤波装置由电容器、电抗器和电阻器适当组合而成，其基本原理是利用电路谐振的特点，形成某次或某些谐波的低阻抗通道，将大部分谐波电流分流，分为单调谐滤波器、双调谐滤波器和高通滤波器等几种。

单调谐滤波器仅针对某一特定设计频率，例如 3 次、5 次、7 次等，形成对特定次数谐波的低阻抗通道。实际中常用几组针对不同频率的单调谐滤波器和一组二阶高通滤波器组成滤波成套装置。LC 滤波器中含有一定量的电容，可提供固定容量的无功功率，起到一定的改善功率因数效果。

为适应谐波变化的情况，也常用可控硅对滤波器组进行动态投切，称为 TSF。除少数情况以外，TSF 难以同时满足谐波抑制与无功补偿两个目标。

2）有源滤波装置 APF 的选用。

APF（Active Power Filte）也是并联接入系统，通过实时检测负载电流波形，得到需要补偿的谐波电流成分，并将其反向，通过控制 IGBT 的触发，将反向电流注入供电系统，实现滤除（抵消）谐波功能。另外，还可提供超前或滞后的无功电流，用于改善电网功率因数、实现动态无功补偿。APF 相当于给谐波电流提供了接近于零的极低阻抗通道，以免谐波电流注入系统。

3）有源与无源滤波装置的比较。

在谐波或无功动态变化的场合，采用有源滤波装置 APF；在谐波滤除要求高，或电气安全性要求高的场合，采用有源滤波装置 APF；LC 无源滤波只用于谐波次数固定、幅值不动态变化、滤波要求低的场合。具体见表 5 - 2。

表 5 - 2   有源与无源滤波装置的比较

性能特点	有源滤波装置 APF	LC 无源滤波器	投切无源滤波 TSF
装置造价	高	低	较高
结构工艺	实现复杂，技术要求高	简单	较复杂
操作与维护	较复杂	非常简单方便	较复杂
是否可补偿任意次谐波	可灵活补偿任意次数谐波，最高到 50 次	只能补偿特定次数谐波	
谐波滤波效果	好，滤除率 95% 以上	一般，滤除率 60%~80%，与系统阻抗有关	

性能特点	有源滤波装置 APF	LC 无源滤波器	投切无源滤波 TSF
是否可实时动态滤除谐波	是，动态补偿能力很强	否，不具备动态补偿能力	是，但只能适应特定次数谐波的动态变化
是否可在滤波同时补偿动态无功	是，且输出无功动态连续平滑可调	是，输出固定容量无功	是，输出无功补偿容量随投切呈台阶变化
		滤波要求和无功补偿要求常常不一致	
无功补偿特性	感性或容性无功	一般只能输出容性无功	
是否具备分相不平衡补偿能力	是，且分相不平衡补偿能力强	否，不具备	是，但不平衡补偿能力较弱
滤波动态响应速度	很快（<1 ms）	无动态滤波	慢，约100 ms
是否会过载	否，具有自动限流保护功能，装置永不过载	会，当系统谐波电流超过滤波器额定容量时，存在滤波器过载损坏的可能	
选型设计前进行电网阻抗分析	不要	必须要，校验谐振条件以避免谐波放大	
滤波效果是否受系统阻抗变化影响	否，不受影响	是，当系统阻抗变化时，滤波特性变化。特定频率下，会将谐波电流谐振放大，产生谐波过电压或谐波过电流	
抑制系统谐振	是，能抑制系统谐振	否，无谐波抑制能力	
容量是否易于扩展	并联扩展容易	困难，并联会影响滤波特性及无功输出容量	

3. 谐波抑制的效益

（1）保证供配电系统的安全稳定运行。

（2）提高电气设备运行可靠性，延长设备使用寿命。

（3）功率因数提高，减少了无功电流与谐波电流造成的额外损耗。

（4）降低损耗，降低变压器运行容量。

（5）提高生产效率，提高产品质量，提升服务水平。

（6）节能降耗增效，减少二氧化碳排放。

第二节　电机系统节能

一、概述

电动机作为风机、水泵、空压机、机床、制冷等各种设备的动力，是一种将电能转换为机械能的转换装置。据业内有关专家估算，我国电动机的总装机容量已达 17 亿多千瓦，年耗电量达 3 万亿千瓦时以上，约占全国用电量的 60%，占全国工业用电量 70% 左右。在我国大、中、小各类在用的电动机中，0.55～200 千瓦的中小型异步电动机约占 80%。

电机系统包括电动机、被拖动装置、传动系统、控制系统以及管网负荷等，电机系统首先是通过电动机将电能转化为机械能，再通过被拖动装置做功，实现所需的各种功能。

2008 年国际电工技术委员会（IEC）制定了全球统一的电动机能效分级标准，并统一了测试方法。美国从 1997 年开始强制推行高效电动机，2011 年又强制推行超高效电动机。欧洲于 2011 年也开始强制推行高效电动机。我国 2006 年发布了电动机能效标准（GB 18613—2006），参照 IEC 标准组织修订的新标准（GB 18613—2012）于 2012 年 9 月 1 日正式实施。从电机系统看，因匹配不合理、调节方式落后等原因，电机系统运行效率比国外先进水平相比还存在一定差距。

提高电机系统能效的技术途径主要有以下几方面：一是加速更新淘汰落后设备；二是改善电机拖动系统调节方式，推广变频调速、永磁调速等先进电机调速技术，合理匹配电机系统，消除"大马拉小车"现象；三是优化电机系统的运行和控制，推广软启动装置和无功补偿装置，通过过程控制，合理配置能量，实现系统经济运行。

二、电机系统的基础知识

（一）电动机的分类

电动机可按馈电电源、工作原理、功率大小、结构形式、产品用途等各种方式来分类。

1. 按馈电电源和工作原理进行分类

（1）交流电动机。

由交流电源馈电，又分为同步电动机和异步电动机。

1）同步电动机：当气隙中产生电磁转矩的定、转子磁场一个由直流电流产生，另一个由交流电流产生则为同步电动机。其转速与所接电源频率之比有恒定的关系。同步电动机结构较异步电动机复杂，价格也相对较贵，但其功率因数高。

2）异步电动机：当气隙中产生电磁转矩的定、转予磁场分别由两个不同频率的交流电流产生，电动机转速与所接电源频率之比不是恒定关系，则为异步电动机。异步电动机特别是笼型异步电动机，具有结构简单、运行可靠、维护方便和价格低等特点。

（2）直流电动机。

由直流电源馈电，其气隙中产生电磁转矩的定、转子磁场均由直流电流产生。直流电动机具有优良的起动、调速等运行性能。

2. 按功率的大小进行分类

一般分为微型电动机、小型电动机、中型电动机和大型电动机等。

3. 按产品的结构进行分类

依据防护形式可分为封闭型电动机和开启式电动机；依据安装方式可分为卧式安装和立式安装，以及底脚安装和凸缘安装等。

4. 按产品的类别或用途进行分类

按照产品的类别或用途进行分类，有绕线转子式电动机、变极多速电动机、起重冶金专用电动机、电磁制动电动机、盘式制动感应电动机、齿轮减速电动机、摆线针轮减速电动机、电磁调速电动机、交流力矩电动机、振动电动机、井用潜水电动机、开关磁阻电动机、无刷永磁同步电动机、无齿轮永磁同步曳引电动机等。

（二） 电动机的工作特性

从行业应用的角度出发，可简单地将电动机分成两大类，即普通电动机和专用特种电动机。普通标准电动机是按照国家标准生产，型号齐全，通用性强，是国内市场上的主流产品。特种专用电动机是为了满足各类工业机械设备对电动机性能的特殊需要而进行专门设计制造的专用电动机。正确了解电动机的特性曲线，保证运行在最佳的工作状态，是减少损耗的重要措施。

1. 异步电动机的工作特性

三相异步电动机的工作特性是指电动机在额定电压和频率下的转速、电流、电磁转矩、功率因数、效率等与电动机的轴输出机械功率之间的关系，一般采用曲线描述。

（1） 转速特性 $n = f(P)$。

三相异步电动机的转速特性如图 5 - 2 所示。空载时，电动机的轴输出机械功率为零，这时电动机只需要较少的能量来克服风阻、摩擦等阻力的影响，其空载转速近似等于同步转速。随着机械负载的增加，电动机电流增加，电磁转矩上升，转速下降，异步电动机的转速特性曲线是一条略下斜的曲线。

（2） 电流特性 $I = f(P)$。

三相异步电动机的电流特性如图 5 - 2 所示。空载时，电动机的电流比较小，空载电流约占电动机额定电流的 1/5 ~ 1/3。随着机械负载的增大，电动机转速下降，使电动机电流增加。

（3） 转矩特性 $T = f(P)$。

三相异步电动机轴端的输出转矩 $T = \dfrac{P}{\Omega}$，其中 $\Omega = \dfrac{2\pi n}{60}$ 为转子的机械角速度。如果 n 为常数，则 T 正比于 P，即 $T = f(P)$ 的关系应该是通过原点的一条直线。但随着 P 的增加，n 略有下降，故 $T = f(P)$ 的关系是略微向上翘，如图 5 - 2 所示。

（4）功率因数特性 $cos\ \varphi = f\ (P)$。

三相异步电动机的功率因数特性如图 5 - 2 所示。电动机在空载时，定子电流主要用于产生旋转磁场，为感性无功分量，电动机的功率因数很低，一般为 0.2 左右。随着电动机轴功率的增加，转子电流及定子电流中的有功分量增加，使功率因数提高。一般接近额定负载时，功率因数最高。超过额定负载后，由于转速降低，电动机的转差率增大，转子漏抗增大，转子电流的无功分量增大，其定子中无功电流分量也增大，电动机的功率因数反而减小。对于小型异步电动机，其额定负载时的功率因数在 0.75 ~ 0.90 范围内；对于中型异步电动机在 0.80 ~ 0.92 范围内。

（5）效率特性 $\eta = f\ (P)$。

三相异步电动机的效率是电动机轴输出功率与电动机的总输入功率之比，其表达式见式（5 - 12）：

$$\eta = \frac{P}{P_{总}} = 1 - \frac{\Delta P}{P_{总}} \tag{5 - 12}$$

异步电动机工作特性曲线如图 5 - 2 所示。对于普通异步电动机，当轴输出功率 $P = 0.75 P_N$ 左右时，电动机的效率最高。

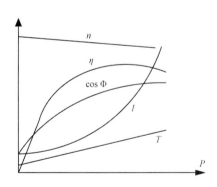

图 5 - 2　异步电动机的工作特性曲线

从以上异步电动机的特性曲线可以看出，选择电动机时应使电动机的容量与机械负载相匹配。如果电动机容量选的过小，电动机运行时要过载，以至温升过高而影响使用寿命；但选的过大，不仅电动机的价格较高，而且电动机长期处于低负荷下运行，此时效率和功率因数都很低，浪费能源，经济性差。

2. 直流电动机的工作特性

直流电动机轴上的机械负载发生变化时，电动机的工作状态也会发生短暂的过渡过程，使电动机从一种稳定的状态进入另一个稳定的状态，直流电动机的转速、电磁转矩、电枢电流、效率都将会随输出功率的变化而发生变化，可采用工作曲线描述。

（1）转速特性 $n = f(P)$。

并励直流电动机的转速特性是在电压等于额定电压，励磁电流等于额定电流下，转速随输出功率变化的关系。根据电势平衡方程式：

$$U = E_a + I_a \cdot R_a = C_e \cdot \Phi \cdot n + I_a \cdot R_a$$

所以电动机稳定运行时的转速表达式见式（5 – 13）：

$$n = \frac{U - I_a \cdot R_a}{K_e \cdot \Phi} \qquad (5 – 13)$$

式中，R_a、U、Φ、K_e 为常数。

轴输出功率增大，引起电枢电流增大，使电动机转速略有降低，转速特性为一条向下斜的曲线，如图 5 – 3 所示。

（2）转矩特性 $T = f(P)$。

直流电动机的输出转矩为：$T = 9550 \dfrac{P}{n}$，当输出功率变化时，转速 n 变化不大，故输出转矩与 P 近似成正比。若忽略电动机的空载转矩的影响，其转矩特性为一条通过原点的直线，如图 5 – 3 所示。

（3）电流特性 $I = f(P)$。

直流电动机的电磁转矩 $T = C_T \cdot \Phi \cdot I_a$，若忽略电枢反应的影响，磁通 Φ 为常数，电枢电流与电磁转矩成正比，所以电流特性曲线与转矩特性曲线平行，实际曲线如图 5 – 3 所示。当 $P = 0$ 时，$I = I_0$，I_0 为直流电动机空载运行时的输入电流。

（4）效率特性 $\eta = f(P)$。

直流电动机的效率为 $\eta = \dfrac{P}{P_1} \times 100\%$，由于轴输出功率 P 的测定较困难，其效率可表达为式（5-14）：

$$\eta = \left(1 - \frac{\Delta P}{P_1}\right) \times 100\% = \left(1 - \frac{P_0 + P_{Cuf} + I_a^2 \cdot R_a}{U \cdot I}\right) \times 100\% \qquad (5-14)$$

空载功率 P_0 基本不随输出功率的变化而变化，励磁回路铜耗 P_{Cuf} 为常数，效率 η 随电枢电流 I_a 的变化而变化，其特性曲线如图 5-3 所示。

电动机效率和电动机容量的大小有一定的关系，使用电动机时，要合理选择其容量。额定负载运行时，效率在 75%~95% 范围内。

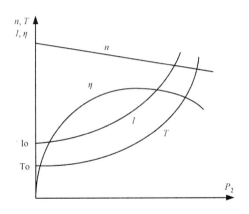

图 5-3 并励直流电动机的工作特性曲线

3. 同步电动机的工作特性

同步电动机是交流旋转电机的一种，由于其转速恒等于同步转速，所以称为同步电动机。同步电动机应用也非常广泛，它可以做电动机，也可以做发电机。例如电力生产用的发电机几乎采用同步发电机。同步电动机可以用来拖动功率较大，转速不要求调节的生产机械，或者要求恒定转速运行的负载。由于同步电动机具有功率因数可以调节的特点，所以同步电动机可作为调相机对电网的无功功率进行调节，以改善电网的功率因数，提高电网的运行经济性及电压的稳定性。

同步电动机的工作特性是指在电源电压和励磁恒定的条件下，其电磁转矩、定子电流、效率、功率因数和输出功率之间的关系，如图5-4所示。同步电动机正常运行时，从电网吸取的有功功率的大小基本上决定于转轴上负载转矩的大小。在励磁电流不变时，有功功率的变化会引起功率角的变化，同时也会引起无功功率的变化。输出功率变化引起功率因数变化的情况如图5-5所示，其中励磁电流 $I_1 < I_2 < I_3$，从图中可见电网电压和轴上输出功率不变时，改变其励磁电流可改变同步电动机的无功功率或功率因数，这也是同步电动机的重要特点。为了改善电网的功率因数，提高电机的过载能力和运行的稳定性，同步电动机的额定功率因数一般取 1~0.8（超前）。

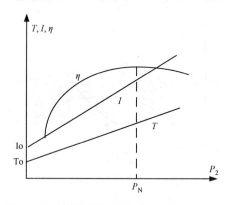

图5-4 同步电动机的工作特性曲线

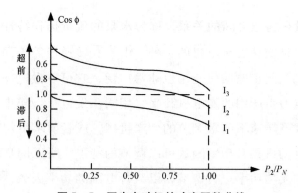

图5-5 同步电动机的功率因数曲线

（三）常用机械的负载特性

1. 风机类负载特性

风机的流量与全压之间的关系称为风机的流量全压特性曲线，称为 $Q-P$ 特性曲线。风机的流量和轴功率之间的关系称为风机的流量轴功率特性曲线，称为 $Q-N$ 特性曲线。图 5-6 所示的是风机厂家给出的某风机在额定转速下的特性曲线。

风机的运行效率 η 与 Q、P、N 之间的关系见式（5-15）：

$$\eta = \frac{K \cdot Q \cdot P}{N} \tag{5-15}$$

式中：K—常数。

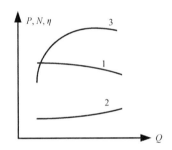

1—$Q-P$ 特性曲线；2—$Q-N$ 特性曲线；3—$Q-\eta$ 特性曲线

图 5-6　风机的特性曲线

2. 水泵类负载特性

水泵的流量和扬程之间的关系，称为水泵的流量扬程特性曲线，称为 $Q-H$ 特性曲线。水泵的流量和轴功率之间的关系，称为水泵的流量轴功率特性曲线，称为 $Q-N$ 特性曲线。一般水泵生产厂家在水泵出厂时，给出水泵在额定转速下测试的 $Q-H$ 曲线和 $Q-N$ 曲线。如图 5-7 所示。

水泵的运行效率 η 与 Q、H、N 之间的关系见式（5-16）：

$$\eta = \frac{K \cdot Q \cdot H}{N} \tag{5-16}$$

式中：K—常数。

离心泵最高效率点的工况称为最佳工况点，最佳工况点一般为设计工况点。一般离心泵的额定参数即设计工况点和最佳工况点相重合或很接近。这样即节能又能保证泵正常工作，因此了解泵的性能参数相当重要。

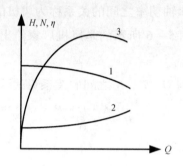

1—$Q-H$ 特性曲线；2—$Q-N$ 特性曲线；3—$Q-\eta$ 特性曲线

图 5-7　水泵的特性曲线

3. 恒功率负载特性

恒功率负载的特性是转矩与转速大体成反比，其乘积（即功率）近似保持不变。金属切削机床主轴、轧机、造纸机、塑料薄膜生产线中的卷取机和开卷机等，都是属于恒功率负载。当然一般来说这些机械负载仅在一定的速度变化范围内呈现恒功率特性。

4. 恒转矩负载特性

恒转矩负载的特性是指在任何转速下负载转矩总保持恒定或基本恒定，而与转速无关。这类负载多数呈反抗性的，即负载转矩的极性随转速方向的改变而改变。例如传送带、搅拌机、挤压机、摩擦机、吊车、起重机等都属于恒转矩负载。

电机系统包括电动机，被拖动工作机械，传动装置，配电设备与电力电子变换器、控制系统等，是一个涉及多学科、多专业、多领域的复杂系统。电机系统首先是通过电动机将电能转化为机械能，再通过被拖动工作机械（如风机、水泵、压缩机、机床、传送带等）做功，实现所需的各种功能。

三、电动机节能

（一） 高效电动机替换技术

1. 稀土永磁同步电动机技术

稀土永磁同步电动机是一种新型高效节能的电动机，与普通的三相异步电动机相比，永磁同步电动机具有效率高、功率因数高以及过载能力强等特点，适合于长时间运行在轻载的系统，节能效果更明显，同时可以提高电网利用率，减少电网投资成本。

稀土永磁是一种高性能的功能材料，它的高剩磁密度、高矫顽力、高磁能积等优异磁性能特别适合于制造电动机。充磁后，无须外加能量就能在电动机内部建立进行机电能量转换所必需的磁场，用它制成的永磁同步电动机与异步电动机相比，不需要用以产生磁场的无功励磁电流，可以显著提高功率因数，能够使永磁同步电动机的功率因数接近1，甚至达到容性。

稀土永磁同步电动机的功率流程图如图 5-8 所示。与异步电动机相比，永磁同步电动机转子无铜损 p_{cu2}。永磁同步电动机一般极弧系数较大，在相同的 E_0 或电压 E^θ 时，磁密小，铁损 p_{Fe} 较异步电动机小。由于永磁同步电动机气隙较大，其杂散损耗较小；损耗的较少和功率因数的增加，使永磁同步电动机定子电流减少，定子铜损 p_{cu1} 减少。

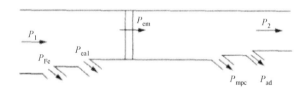

图 5-8　永磁同步电动机的功率流程图

同时，三相永磁同步电动机系同步运行，转子实现了稀土化，所以无滑差 s，无励磁、转子无基波铁、铜损。转子由永磁体励磁，无须无功励磁电流，功率因数提高，无功功率减少，又使定子电流大幅下降，定子铜损大为减少，效率明显提高。

　　负载率的大小对电动机的效率和功率因数有着很大的影响，对于异步电动机来说，负载率不同，电动机的效率和功率因数变化很大，负载率越低，电动机的效率和功率因数随之降低。对稀土永磁同步电动机而言，它的一个特性就是在轻载下能够保持较高的效率和功率因数，而且在相同负载率下，效率较异步电动机要高得多。

　　稀土永磁同步电动机由于其体积小、重量轻、高功率因数、高功率密度、高效节能、噪声低、可满足某些工业应用较大的起动转矩和最大转矩倍数的动态需求等，越来越引起人们重视。其适合应用于长时间运行的工况，长时间轻载工况的场合节能效果更明显。同时，随着其控制技术的日趋成熟，永磁同步电动机的应用范围将越来越广泛，可用于高精度数控机床、抽油机、泵、运输机械、搅拌机、卷扬机、升降机、起重机等多种场合。

　　2. 稀土永磁伺服电动机技术

　　伺服电动机又称执行电动机，在自动控制系统中，用作执行元件，把所收到的电信号转换成电机轴上的角位移或角速度输出。其主要特点是，当信号电压为零时无自转现象，转速随着转矩的增加而匀速下降。

　　伺服电动机是一个典型闭环反馈系统，减速齿轮组由电机驱动，其终端（输出端）带动一个线性的比例电位器作位置检测，该电位器把转角坐标转换为一比例电压反馈给控制线路板，控制线路板将其与输入的控制脉冲信号比较，产生纠正脉冲，并驱动电动机正向或反向转动，使齿轮组的输出位置与期望值相符，令纠正脉冲趋于0，从而达到使伺服电动机精确定位的目的。

　　采用伺服电动机对注塑机进行改造是一种很好的节能改造方式，伺服电动机具有高效响应的特点，可以随时满足注塑机的需求变化，从而实现最大程度的节能。

　　3. 高效电动机替换普通电动机

　　近年来在国家政策的支持下，我国电动机能效水平得到不断提高，但总体看来仍然较低。从电动机自身效率看，我国电动机能效平均水平比国外低3% ~5%。虽然国内能够生产高效电动机的厂家近百家，但主要以出口为主，在国内使用的高效电动机比例不足3%。

随着 GB 18613—2012《中小型三相异步电动机能效限定值和节能评价值》标准的实施，使得中小型三相异步电动机的能效限定值和节能评价值指标进一步提高，意味着我国开始启动电动机能效整体提升。

电动机在能量转化过程中，本身会产生一些能量损失，称之为损耗。电动机的损耗一般分为五个部分：定子铜损、定子铁损、转子铜损、机械损耗、附加损耗。为提高电动机效率，通常是通过各种措施降低电动机的损耗来达到目的。

常用降低损耗的方法有：由高损耗的热轧电工钢改为低损耗的冷轧电工钢；增加定子有效材料使用量、改进线圈结构；增加转子有效材料用量；改善通风结构、改进风扇结构、减小风扇尺寸；改变定子绕组形式、定转子槽配合等。

YE3 系列、YE2 系列和 YX3 系列（IP55）三相异步电动机（机座号 63～355）是我国采用冷轧硅钢片为导磁材料生产的高效节能电机。该系列电动机在设计和制造中，采用新的设计方法，新工艺及新材料，通过降低电磁损耗、机械损耗和热损耗，使电动机的输出效率大大提高。高效节能电动机设计效率比传统 Y 系列电动机大约提高了 3% 左右，与发达国家的高效电动机的水平相当。

（二）电动机调速技术

1. 变频调速技术

变频调速器是把工频电源变换成各种频率的交流电源，以实现电动机的变速运行的设备，能够有效解决负载经常变化或长期处于低负荷情况下运行的能源浪费现象。目前，变频调速技术已经非常成熟，在各行业中有着广泛的应用。

变频调速技术的基本原理是：异步电动机转速与工作电源输入频率成正比，与电动机的极数成反比，当极数变化时，电动机转速也发生变化。

$$n = \frac{60f}{p}（1 - s） \qquad (5 - 17)$$

式中：n—电动机转速；f—电源频率；s—转差率；p—电动机极对数。

变频调速节能技术是根据负载变化的需要，通过改变电动机的转速来实现电机系统的节能。采用变频调速时，变频器本身会增加整个电机系统的能耗3%左右，同时还会增加购置成本以及维护成本。因此，需在负荷变化范围较大，节能效果比较明显的情况下才可使用。

2. 变极调速技术

变极调速是在电动机电源频率保持不变时，利用改变电动机定子绕组的接法，在一套绕组中获得两种或两种以上的转速，这些转速既可以是倍极比，也可以是非倍极比。

变极电动机技术性能与常规单速电动机没有什么两样，外形尺寸也完全相同，却增加了一个变极调速挡，在运行中起节能调节作用，控制方式也特别简单。变极调速虽然是有级调速，但基本能适应风机的阶段性转速调节（如季节变化或工况改变）。

电动机通过变极来实现调速节能，功率根据风机调速的转矩特性来设计，以避免"大马拉小车"现象，变极挡与主运行挡都处于高效率工作状态，能充分体现调速节能的效果。

目前国内开发的变极电动机主要有恒转矩变极的YD系列和变转矩变极的YDT系列产品。YD系列变极电动机产品主要用于机床类设备，YDT类变极电动机主要用于风机类设备。

3. 永磁调速技术

永磁调速是通过调节磁力耦合有效面积的方式来调整负载速度而电动机转速不变，实现负载调速和电动机节能。永磁调速装置由三个部分组成：与电动机连接的导体转子、与负载连接的永磁转子和调速执行器。

（1）传动原理：电动机带动导体转子转动时，永磁转子的永磁场在导体转子上产生涡流，涡流上产生的感应磁场与永磁场相互作用，将导体转子的扭矩传递给永磁转子，从而带动负载工作。

（2）调速原理：调速执行器接收到一个控制信号（压力、流量、温度等），调速机构对此信号进行转换和对比后，发出一个机械操作指令，改变导体转子与永磁转子的作用面积，根据适时的负载输入扭矩的要求，从而改变扭矩的大小，实现调速的目的。

永磁调速节能技术具有无谐波，软连接降噪减震，免维护，安全可靠，对环境要求低，适应性强，可广泛应用于矿山、化工、钢铁和电力行业。

（三）　电动机的经济运行

提高电动机运行效率的最基本的方法是合理选择和使用电动机，确定最经济的运行方式和降低电动机的能量损耗。

1. 电动机的合理选择

选用电动机时，应首先选择电动机的类型、功率及各种技术参数，使它具备与被拖动的生产机械相适应的负载特性，以达到稳定的运行状态。

（1）电动机类型选择。

1）电动机选用前应充分了解被拖动的负载（以下简称负载）特性，负载对启动、制动、调速无特殊要求时应选用笼型异步电动机。应优先选用能效指标符合 GB 18613 中节能评价值的节能电动机。

2）负载对启动、制动、调速有特殊要求时，所选择的电动机应满足相应的堵转矩与最大转矩要求，所选电动机应能与调速方式合理匹配。

（2）电动机额定功率选择。

电动机额定功率应满足负载的功率要求，同时要考虑负载特性与运行方式。

1）应根据反映负载变化规律的负荷曲线，确定最佳负荷系数。

2）应根据负载的类型和重要性确定适当的备用系数。需要长期连续运行和稳定负载的电动机，应使电动机的负荷系数接近最佳负荷系数。

（3）电动机工作电压选择。

电动机的工作电压应与供电电压相适应。额定容量大于 200 千瓦，宜优先选用高压电动机。运行在可调速状态的电动机宜选用较低额定电压等级。

（4）电动机转速选择。

1）在满足传动要求的前提下，选择电动机转速时应减少机械传动级数。

2）需要调速的负载应根据调速范围、效率、对转矩的影响以及长期经济效益等因素，选择合理的调速方式和电动机。

（5）电动机转矩选择。

1）电动机应满足负载的堵转矩和最大转矩的要求。

2）对有频繁启动、冲击负载和高启动转矩等特殊要求的负载应选用相应的专用电动机并进行转矩校验。

2. 电动机的最佳负荷系数

由于异步电动机是目前应用最多的电气设备，下面以异步电动机为例，分析电动机的运行效率。一般异步电动机的额定效率和功率，按负荷系数在 75% ~ 100% 的范围内设计。电动机额定输出功率应为选择负荷功率的 1.10 ~ 1.15 倍较合适。

电动机总的损耗表达式见式（5-18）：

$$\Delta P = \Delta P_d + K_Q \cdot P_Q = \Delta P_{0d} + K_{fd}^2 \cdot \Delta P_{nd} + K_Q \left[\left(1 - K_{fd}^2\right) + K_{fd}^2 \cdot P_{Qnd} \right]$$

$$(5-18)$$

式中：

$$\Delta P_{0d} = P_{nd}\left(\frac{1-\eta}{\eta}\right)\left(\frac{\gamma}{1+\gamma}\right)$$

$$\Delta P_{nd} = P_{nd}\left(\frac{1-\eta}{\eta}\right)\left(\frac{1}{1+\gamma}\right)$$

$$\gamma = \frac{\Delta P_{0d}}{\Delta P_{nd}} = \frac{\Delta P_{0d*}}{\frac{1}{\eta_n} - 1 - \Delta P_{0d*}} \quad （\gamma \text{ 取值可参照电动机手册}）$$

$P_{Q0d} = \dfrac{P_{nd}}{\eta} \cdot m$，$P_{Qnd} = \dfrac{P_{nd}}{\eta_n} \cdot \tan \varphi_n$，其中 $m = \dfrac{I_{0d}}{I_n} \cdot \dfrac{1}{\cos \varphi_n}$，一般 m 与 $\cos \varphi_n$

的关系可由图 5-9 表示。

式中：

ΔP——电动机有功功率损耗折算值；

ΔP_d——电动机总的有功损耗；

ΔP_{0d}——电动机空载有功损耗；

K_{fd}——电动机的负荷系数，$K_{fd} = \dfrac{P}{P_n}$；

ΔP_{nd}——额定负载时，电动机有功损耗；

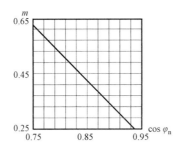

图 5 - 9 异步电动机的 $m - \cos \varphi_n$ 曲线

P_{nd}——电动机额定容量;

P——电动机实际负荷;

P_Q——电动机所需无功功率;

P_{Q0d}——电动机空载时所需无功功率;

P_{Qnd}——额定负荷时,电动机所需无功功率;

η_n——电动机在额定工作时的效率;

I_{0d}——电动机的空载电流;

I_n——电动机的额定电流;

$\cos\varphi_n$——电动机的额定功率因数;

K_Q——无功经济当量。

电动机的最经济运行负荷系数(最佳负荷系数),可以根据单位负荷功率下有功功率损耗最小的条件得到,其最佳负荷系数计算式见式(5-19):

$$K_{fdj} = \sqrt{\dfrac{\dfrac{1 - \eta_n}{1 + \gamma} \cdot \gamma + K_Q \cdot m}{\dfrac{1 - \eta_n}{1 + \gamma} + K_Q \cdot (\tan\varphi_n - m)}} \qquad (5-19)$$

如果电动机经常在低负荷下运行,即所谓"大马拉小车",不仅造成设备运行成本增加,而且电动机的效率和功率因数降低,增加电能损耗。电动机选择是否合适,可根据负荷系数 K_{fd} 的大小确定。如果 $K_{fd} > 70\%$ 时,可以不更换电动机;当 $K_{fd} < 40\%$ 时,不需要经济比较就可更换电动机;当 $40\% < K_{fd}$

<70%时，则需要经过技术比较后再决定是否更换电动机。

在现场计算负荷系数有困难的情况下也可以用电动机输入功率（电流）与额定输入功率（电流）之比来判断电动机的工作状态：输入电流下降在15%以内属于经济使用范围；输入电流下降在35%以内属于允许使用范围；输入电流下降超过35%属于非经济适用范围。

例 5 - 1：一台异步电动机，$P_{nd} = 14$ 千瓦，$\eta_n = 0.87$，$\cos \varphi_n = 0.85$（$\tan \varphi_n = 0.62$），$\Delta P_{0d} * = 5.8\%$，$K_Q = 0.1$ 千瓦/千乏，现轴负载为 5 千瓦。试问：电动机是否应更换？其最佳负荷系数为多少？

解：查图 5 - 9 可知：当 $\cos \varphi_n = 0.85$ 时，$m = 0.42$。

$$\gamma = \frac{\Delta P_{0d}}{\Delta P_{nd}} = \frac{\Delta P_{0d*}}{\frac{1}{\eta_n} - 1 - \Delta P_{0d*}} = \frac{0.058}{\frac{1}{0.87} - 1 - 0.058} = 0.634$$

最佳负荷系数：

$$K_{fdj} = \sqrt{\frac{\frac{1 - \eta_n}{1 + \gamma} \cdot \gamma + K_Q \cdot m}{\frac{1 - \eta_n}{1 + \gamma} + K_Q \cdot (\tan \varphi_n - m)}} = \sqrt{\frac{\frac{1 - 0.87}{1 + 0.634} \times 0.634 + 0.1 \times 0.42}{\frac{1 - 0.87}{1 + 0.634} + 0.1 \times (0.62 - 0.42)}} = 0.92$$

实际负荷系数：$K_{fd} = \dfrac{P}{P_n} = \dfrac{5}{14} = 0.36$

所以应当更换电动机，换成容量小的，可以提高负荷系数。

3. 电动机经济运行管理

（1）建立电动机运行档案；

（2）检查与维护；

（3）功率因数补偿；

（4）运行负荷调整；

（5）电动机调节设备的运用；

（6）记录数据整理分析；

（7）电动机设备的运行监视；

（8）空载试验。

（四）电动机软启动节能技术

1. 三相异步电动机的启动性能差

三相异步电动机的缺点之一是启动性能差。如果在额定电压下直接启动（也称硬启动），会带来许多问题：

（1）启动电流很大，直接对电网产生冲击。一般电动机空载启动电流可达额定负载电流的4~7倍，若带载启动时可达8~10倍或更大，可导致电网电压瞬间下降很多，对其他运行中的设备造成不良影响。

（2）直接启动会造成电动机损耗增加，使电动机绕组发热，加速绝缘老化，影响电动机使用寿命；同时机械冲击过大往往会造成电动机转子鼠条、端环断裂、转轴扭曲、传动齿轮损伤和皮带撕裂等问题。

（3）电动机直接启动会对拖动的机械系统造成冲击，如风机、水泵的压力突变，往往造成风机、泵系统管道、阀门的损伤，减少使用寿命；或影响机械传动精度，影响正常的工作过程。

2. 电子软启动设备的优点

随着电力电子技术和计算机控制技术的发展，目前国内外相继开发了以晶闸管为开关器件，以单片机为控制核心的电子软启动器，用于异步电动机的启动控制。电子软启动设备较传统自耦降压、Y/△降压启动设备具有明显的优点：

（1）无冲击电流。软启动器在启动电动机时，通过逐渐增大晶闸管导通角，使电动机起动电流从零线性上升至设定值。

（2）恒流启动。软启动器可以引入电流闭环控制，使电动机在起动过程中保持恒流，确保电动机的平稳起动。

（3）可根据负载特性调节起动过程的各种参数，保证电动机处于最佳的起动工作状态。

（4）降低了电动机在空载或轻载时的输入电压，减小了电动机的有功及无功损耗，提高了功率因数，减少了输电线上的损耗，节省了电能。

（5）具有齐全的保护功能。具有过载、过流、缺相、过热等保护功能，提高了设备的可靠性。

软启动器特别适用于各种泵类负载或风机类负载及需要软起动与软停车的场合；对于负载波动较大、电动机长期处于轻载工况运行的机械设备，使用电动机软启动器具有较好的节能效果。

3. 软启动器的起动方式

软启动器在起动过程中，电动机起动转矩逐渐增大，转速逐渐加快。一般有下面几种起动方式：

（1）斜坡升压软起动。这种启动方式最简单，不具备电流闭环控制，仅调整晶闸管导通角，使之与时间成一定函数关系增加。其缺点是有时会产生较大的冲击电流损坏晶闸管，实际中很少应用。

（2）斜坡恒流软起动。这种起动方式是在电动机起动的初始阶段起动电流逐渐增加，当电流达到预先所设定值后保持恒定，直至起动完毕。起动过程中，电流上升变化的速率是可以根据电动机负载调整设定。电流上升速率大，则起动转矩大，起动时间短。该起动方式是应用最多的起动方式，尤其适用于风机、泵类负载。

（3）阶跃起动。即开机时以最短时间使起动电流达到设定值。通过调节起动电流设定值，可以达到快速起动效果。

（4）脉冲冲击起动。在起动开始阶段，让晶闸管在短时间内，以较大电流导通一段时间后回落，再按原设定值线性上升，进入恒流起动。该起动方法，在一般负载中较少应用，适用于重载并需要克服较大静摩擦的起动场合。

（五）电动机高效再制造技术

电动机高效再制造就是将低效电动机通过重新设计、更换零部件等方法，再制造成高效率电动机或适用于特定负载和工况的电动机。电动机高效再制造不是对低效电动机简单的回收和利用，而是依托一定的技术手段，给原有低效电动机赋予更多的内容，使低效电动机的功能和价值得到提升。

再制造的低效电动机由于存在铁心和槽形的尺寸不能调整，设计受限制；铁心一般采用热轧硅钢片，铁耗较大；不同生产厂家的旧电动机，其性能设计裕度和铁心材料不尽相同等缺点，使得高效再制造电动机的设计必须针对每一台旧电动机进行。以上特点使得电动机的高效再制造成为一项要求较高的技术。

电动机减容增效技术主要应用于较大功率电动机，较大功率电动机主要应用于冶金、有色、煤炭、电力、油田、石化、牵引运输、城市供排水等行业。在电动机连续运行、不调速、负荷基本恒定、不频繁启动的情况下，综合节电率在15%左右。

四、电机系统节能技术

（一）风机和泵类负载节能技术

1. 风机和泵的选择

（1）风机的选择。

选用风机时，力求使风机的额定流量和额定压力，尽量接近生产工艺要求的流量和压力，按正常生产工艺需求流量的 1.1 ~ 1.15 倍，以及风压裕量不超过10%的要求考虑选用风机。从而使风机运行时的工况点，接近风机特性曲线的高效区，如果选型不当或风机运行点偏离高效区，都将造成能源的浪费。由于风机的系列和品种不全，有些用户根本找不到合适的机型，只得用其他机型代替，结果不是压力偏高就是流量偏大，造成"大马拉小车"，导致多耗电能。另外，国产电动机档次多与风机配套不相一致，选用时造成"大马拉小车"，这就降低了电动机的负载率，使电机效率大大降低。

（2）泵的选择。

在满足设计满负荷连续运行所需最大压力的情况下，其额定流量为正常工艺需求流量的 1.1 ~ 1.5 倍，扬程裕量不超过 8%。另外，还要考虑泵的正常运行工况点，应尽可能靠近设计工况点，使泵在高效运行区。再者，所选泵的性能曲线最好无"驼峰"形状。如有"驼峰"形状，则应使运行工况点在"驼峰"区的右侧，以保证良好的抗汽蚀性能。

（3）电动机的选择。

电机的选择的原则是在满足风机、泵的拖动要求情况下，尽可能使电动机处于高效区运行，以提高装置的整体运行效率，这可分为两种情况讨论。

1）负荷基本不变的情况。

如农用灌溉水泵、工业循环水泵以及不需要调节风量的鼓风机等。对这类负载，选择电动机的步骤如下：首先依据风机、泵的输出功率 P_{2Z} 和效率 η_Z 计算出所需的输入功率 $P_{1Z} = \dfrac{P_{2Z}}{\eta_Z}$，再考虑传动效率 η'，即可得出电机运行时的输出功率 $P_2 = \dfrac{P_{1Z}}{\eta'}$。选取电机的额定功率为：$P_e = （1 \sim 1.45）P_2$，电机在负载率等于 $0.7 \sim 1.0$ 之间时的效率和功率因数比较高。

例 5 - 2：一台矿山用作循环水的活塞式水泵，其流量 $Q = 90$ m³/h，扬程 $H_1 = 12$ m，吸程 $H_2 = 2$ m，转速 $n = 2900$ r/min，重力加速度 $g = 9.81$ m/s²，水的密度 $\rho = 1000$ kg/m³，效率 $\eta_Z = 0.9$，传动效率 $\eta' = 0.95$。试问，应选择多大容量的电动机？

解：
$$P_{1z} = \frac{Q \cdot \rho \cdot g \cdot （H_1 + H_2）}{\eta_Z} = \frac{\dfrac{90}{3600}}{0.9} \times 1000 \times 9.81 \times （12 + 2）$$
$$= 3815（瓦）$$

$$P_2 = \frac{P_{1Z}}{\eta'} = \frac{3815}{0.95} = 4015（瓦）$$

$$P_e = （1 \sim 1.45）P_2 = （1 \sim 1.45）\times 4015 = 4015 \sim 5822（瓦）$$

可选用 5.5 千瓦、2920 r/min 的 Y 系列电动机。

2）负荷变化的情况。

如果生产工艺需要改变风机、泵的流量。这类负荷往往具有周期性，一般要计算出风机、泵在一个周期内不同时间段 t_i 的输入功率 P_{iZ}，然后按均方根值求取其等效输入功率，见式（5 - 20）：

$$P'_{1Z} = \sqrt{\frac{P_{1z}^2 t_1 + P_{2z}^2 t_2 + \cdots + P_{nz}^2 t_n}{t_1 + t_2 + \cdots + t_n}} \qquad (5 - 20)$$

式中：

$P_{1Z} \sim P_{nZ}$——风机、泵不同时间段的输入功率；

$t_1 \sim t_n$——一个周期中各段输入功率所对应的时间。

再根据传动效率 η' 求出电机运行时的等效输出功率 $P_2 = \dfrac{P'_{1Z}}{\eta'}$，并按 $P_e =$ $(1 \sim 1.45)$ P_2 选择电动机。

在上述一般原则的基础上，更重要的是优先选用能效指标符合相关能效标准的节能型风机、水泵和电动机。

2. 风机、泵变频调速节能分析

（1）风机的变频调速。

风机对电动机来说是一种"负载转矩与转速成平方关系"性质的负载，即：$M = kn^2$。其中 k 是比例系数。

电机拖动风机时，轴功率与转速的 3 次方成正比，即：$P = cn^3$。其中 c 是比例系数。风机低效率运行的原因是：

1）风机的定速运行与风量需求的不适应。

任何一台风机的设置，总是在充分考虑最大风量需求，并在此基础上进行风量、功率选配。一般情况下，风机按设计风量投入运行，造成风量过大，这样风机的定速运行与实际风量需求的不断改变的情况不相适应。

2）风机的工况点一般不在高效区。

据有关资料抽样表明：风机负荷率在76%以上仅占15%左右，低于60%的占65%左右。

为了克服风机的低效率运行，必须根据生产工艺过程中对风量需求的不同，对风机的运行工况点进行随机的控制调节，使之始终处于经济状态下安全可靠地运行。

（2）风量的调节与控制。

在实际生产中，总是要对流量进行调节。通常调节方法有两种：一种是改变管网特性曲线，也就是所谓的节流调节。管网特性曲线是指管网的总阻力 R 与管网气体流量 Q 之间的关系，近似呈二次方的变化关系，即 $R = kQ^2$。采用节流阀或进口导流器调节的方法都属于改变管网特性的调节方法。该调节方法只是人为地增加或减少管网阻力，由于风机的特性曲线（$P-Q$）不变，工作点只能沿着风机特性曲线变化。当需要减小风量时，关小节流阀，管网的阻力增加，输入功率并没有减少。所以这种方法效率低，节能不明显。

第二种是改变风机的性能曲线（$P-Q$）。当风机的转速改变时，其性能曲线平行下移，当转速从 n_1 变为 n_2 时，其流量从 Q_1 变为 Q_2，达到了流量调节的目的，此时管网的压力也由 p_1 降低到 p_2，压力减小了，其输入功率自然也小了，达到了节能的目的。在调速过程中，流量 Q、管网压力 p、输入功率 P 与风机转速的关系见式（5-21）：

$$\begin{cases} Q_2/Q_1 = n_2/n_1 \\ p_2/p_1 = (n_2/n_1)^2 \\ P_2/P_1 = (n_2/n_1)^3 \end{cases} \quad (5-21)$$

（3）泵的变频调速。

水泵的种类一般分离心式、涡流式和轴流式三种。水泵所做的功可以用流量 Q 和扬程 H 的大小来反映。水泵实际输出功率的表达式见式（5-22）：

$$P_u = \frac{\rho g Q H}{\eta} \times 10^{-3} \quad (5-22)$$

式中：

P_u——水泵实际输出功率，单位为千瓦（kW）；

ρ——液体密度，单位为千克每立方米（kg/m^3）；

g——重力加速度，单位为 $9.81 m/s^2$；

Q——水泵实际流量，单位为立方米每秒（m^3/s）；

H——水泵扬程，单位为米（m）；

η——系统的效率（%）。

对于水泵的流量调节也可以用两种方法来实现。一是调节安装在水泵口管路上阀门开度的大小，其实质是改变出口管路上的流动阻力，从而改变泵的工作点。这种方法输入功率减少不多，节能效果差。第二种方法是变速调节，变速调节本质是使系统的性能曲线下移，从而改变系统的工作点，达到改变流量的目的。根据流体力学泵的相似定律可知，变速前后流量 Q、扬程 H、功率 P 与转速 n 的关系见式（5-23）：

$$\begin{cases} Q_2/Q_1 = n_2/n_1 \\ H_2/H_1 = (n_2/n_1)^2 \\ P_2/P_1 = (n_2/n_1)^3 \end{cases} \quad (5-23)$$

在实际情况下，平方转矩关系、线性流量转速关系、轴功率立方转速关系不一定完全成立。一般的规律是泵工作的实际扬程越小，轴功率与转速间的关系越接近立方关系，采用转速控制所产生的节电效果越好。对于那些高扬程的水泵，采用变频调速控制其节能效果将不显著。

（4）变频调速应用。

1）风机的变频调速应用。

现在锅炉一般采用变频器调节引风机转速来控制炉膛负压，达到节能的效果。由于变频器起动是软起动，减少了起动过程对电网和风机系统的冲击，减少了起动过程的电耗。另外，由于取消了风门及其复杂的操作机构，这样降低了压差损耗，减少了风量损失，降低了风机的电耗，增加了改造系统的整体节能效果。整个控制框图如图 5 - 10 所示。

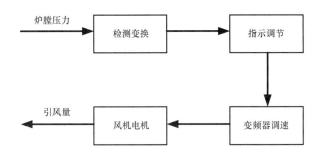

图 5 - 10　风机变频调速控制原理示意图

2）水泵的变频调速应用。

根据用水量的变化，控制变频器对水泵转速进行实时调节，使管道末端压力保持恒定不变，实现恒压供水。其控制框图如图 5 - 11 所示。

该系统主要由 PID 调节器、变频器、电机、水泵、压力变送器等组成。其工作过程为：根据生产的实际需要，设定一个压力期望值；经压力变送器

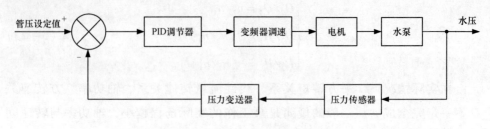

图 5 – 11　恒压控制原理示意图

将水泵的出口压力变换成电信号，该信号与设定值相比较，比较后得到的偏差经 PID 调整再送出一电流信号或电压信号至变频器的输入端口，变频器根据输入信号的大小改变其输出的频率和电压，从而改变电机的转速，控制水泵的输出流量，使其压力等于设定值。这样无论外界所需流量怎样变化，变频器总能输出一个频率控制水泵的转速，使其流量满足要求。整个系统自动检测，自动调节，无须人工操作，大大节省了水泵消耗的能量，延长了设备的使用寿命。

（二）　空气压缩机节能技术

空气压缩机（以下简称"空压机"）作为基础工业装备，在冶金、机械、矿山、电力、建材、食品加工、轻纺等行业有着广泛的应用。据不完全统计，空压机占大型工业设备耗电量的 15% 左右。为此，如何采取有效的措施，降低空压机运行所消耗的能源，将具有重大的经济意义。

1. 选用节能型电机

空压机电动机的功率一般较大，在选择电机时杜绝"大马拉小车"现象，使电动机负载率始终保持在 80% 以上。要选择 YX、YE 系列异步电动机，最好选用 YE 系列异步电动机，YE 系列电动机的平均效率比 Y 电动机高出 3% ~ 5%。另外，在满足负载要求的情况下，优先选用高速电机和高压电机。

2. 提高传动效率

在选用空压机的电机与压缩机之间的 V 带（三角胶带）时，为了提高 V 带的传动效率，应选择加工精度高、质量好的带轮和胶带，更换 V 带时要做到一次全部更换，避免出现 V 带的不均匀负载现象。要提高安装水平，调整好中心距，保证 V 带传动所必需的包角和张紧力。如果能采用转子与电动机同轴式结构，则传动效率更高，可彻底排除机械传动方式产生的能量损失。

3. 降低摩擦损耗

空压机内部的活塞与缸套之间为滑动间隙配合，只有在合适的间隙条件下，才能形成有效的油膜，保持良好的润滑，从而减少摩擦损耗。常见的措施有：严格控制活塞与缸套之间的间隙，及时更换磨损的活塞环；确保油液清洁、粘度适中；保证油液循环迅速、油池容积能够满足散热的需要；尽量采用低粘度润滑性能较好的润滑油，注意随季节变换更换不同牌号的润滑油。

4. 减少压力损失和泄漏

当空压机的气路系统存在漏气时，可直接减少了空压机的排气量，使其效率下降。管路系统的能耗损失主要是沿程管路损失和漏气压力损失。减少其损失的主要措施是：在设计和安装时，尽可能减少气路的流动阻力，以减少管路及附件的压强损失；采用大管径，低流速送气方式；优选安全高效的气动元件；选用新型空气过滤器以减少压力损失，如 ND 片等；定期检测管路漏风情况，确保输气管路安全可靠运行。

5. 提高冷却器的交换热性能

在空压机的冷却水系统中，一般设有中间冷却器和后冷却器，以保证各级压缩空气的吸入温度基本一致。提高中间冷却器的换热性能，降低各级气缸的温度，使每级压缩过程接近于等温压缩，是空压机节能运行的关键。提高冷却器的交换热性能的措施是：降低冷却水入口温度，提高冷却水流量；清除冷却器管束沉积物，保证气体与管束接触均匀；采用水处理药剂软化冷却原水，提高水质。

6. 合理设定工作压力

空压机的工作特性曲线如图 5 – 12 所示，它表示了空压机的排气压力 p、耗电量 W 随空气流量 Q 的变化关系。从图中可看出，当排气压力由 p_2 降为 p_1 后，空压机的排气量也由 Q_2 提高到 Q_1，排气量增加，而空压机的耗电量也 W_2 下降到 W_1，空压机的运行工况也由 B 点变化到 A 点，即达到了节能的目的。

由以上分析可知，空压机的耗电与排气压力的高低成正比，降低排气压力可以节约电能。所以在实际生产中，应根据工艺需要，合理设定空压机的工作压力，在保证实际用风量的同时尽可能降低设定的工作压力，以达到节能的目的。

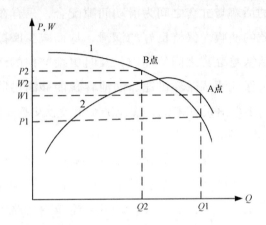

1—流量与排气压力的曲线；2—流量与耗电量的曲线

图 5 – 12　空压机的工作特性曲线

7. 变频调速控制

变频调速主要是改变电动机的转速来控制空压机单位时间的出风量，从而达到控制管路的压力，自动调节空压机的风量。它能在一定的范围内连续进行风量调节，满足空压机在轻载时运行的需要，使空压机排风量与实际用风量相匹配，具有明显的节能效果。采用变频调速控制的主要优点是：电动机可以实现软启动，降低了起动电流，减小了对电网的冲击，减轻了对机械冲击，提高了机械设备的使用寿命；输气压力稳定，对比检测一般可节能30%左右，节能效果显著。

（三）　制冷压缩机节能技术

空调制冷系统是能耗大户。对于空调系统而言，从设计、安装、调试、运行到管理每个环节都对系统的节能有着重要的影响，其中制冷机的选择及运行控制对于空调系统的耗能大小起着决定性的作用。

1. 制冷压缩机的选择

选择制冷机时应从温度范围、制冷量、一次性投资、运行管理费用、安全与环保等方面综合考虑。在选择压缩机时要根据工程实际的温度需要选取合适的压缩机，如果选择的压缩机和工程实际的工况条件不相符合，则势必造成制冷系统的使用效率下降、能耗增加、压缩机运行的可靠性降低、经济性下降。由于各种类型的压缩机性能特点不同，制冷机在实际的应用中有着不同的应用范围。制冷量小于 350 千瓦，可以选用螺杆式压缩机或往复式压缩机；当制冷量 350～580 千瓦，优先选用螺杆式压缩机；当制冷量大于 580 千瓦，优先选择离心式制冷机。从节能角度出发，在选择制冷机时应根据各种压缩机的性能特点和应用范围、工程实际的冷量负荷等要求合理选择制冷机。制冷机选型时还应注意振动、噪声、安全与环保等问题。

变频离心冷水机组及高效（双机头）螺杆机组在部分负荷下都拥有非常高的运行效率，均达到二级能效水平，部分型号的高效螺杆机组能达到一级能效水平，且均使用环保冷媒 HFC134a，具有运行效率高、节能效果明显、控制系统完善、系统运行稳定、绿色环保等特点。

（1）变频离心冷水机组。

变频离心冷水机组通过增大叶轮直径、增大流通面积或提高转速来增加流量；即在维持流量不变的情况下，降低压头或降低转速，减小功耗。

变频离心冷水机组在原有的高效离心机组基础上增加了变频功能，因此可以更好地匹配部分负荷下的运行需求，提高运行效率。部分负荷下变频离心机组的 IPLV 可以达到 10，与普通离心机组相比提高了 40% 左右。其节能原理主要是在部分负荷下，通过降低压缩机转速，从而节省主机的功耗。

（2）高效（双机头）螺杆机组。

高效（双机头）螺杆机组是新一代高效螺杆冷水机组，通过高效双螺杆（双机头）压缩机、电子式膨胀阀、满液式蒸发器的设计，具有运行效率高、冷量范围大、噪声低等优势。部分负荷时不但可通过压缩机自身卸载进行能量调节，还可通过关闭压缩机和回路来大幅提高机组效率。双回路互为备用，大大提升可靠性。在满负荷下，高效（双机头）螺杆机组的 COP 为 5.6，部分负荷下的 IPLV 可达 7.1。

2. 制冷压缩机节能技术

（1）就地补偿节能技术。

制冷压缩机一般按最大功率工况选配电机，为了安全运行，这是正确的
在制冷系统中，制冷压缩机一般按最大功率工况选配电机，为了安全运行，
这是正确。而在实际运行中，制冷工况是不断变化的，其电机往往处于轻载
状态下运行，导致电机的功率因数降低。为此，可采用就地补偿措施或选配
电机节电器提高功率因数。电机节电器采用微处理器数字控制技术，控制瞬
变电压和谐波电流，在不改变电机转速的情况下，动态调整电机运行过程中
的电压和电流，减少电机的损耗，合理匹配输出转矩，减少温升和噪声，同
时电机节能电器还具有软起动功能。

（2）变频控制节能技术。

对压缩机运行情况进行适时调整与控制，使其保证在的高效区运行，是节省
电能最有效的手段。变频压缩机具有控温精度高、运行高效、节能等优点，在制
冷系统中采用变频器来实现变速控制，已成为制冷压缩机技术的发展热点。

变频控制通过对压缩机转速的适时调节来改变制冷量的供给。变频空调
开始工作时，通常以最大功率、最大风量进行制冷，以便能迅速接近设定温
度。当达到设定温度后，压缩机便进入低速、低能耗状态运行。

通过采用变频调速控制技术，极大地提高了制冷压缩机的制冷系数
（COP）。变频控制压缩机使低速运行范围得到了扩展，大大降低了功耗。目
前将数字化技术与变频技术结合，可进一步提高压缩机的控制精度，根据环
境温度的变化精确控制其转速，实现了无级调速，可使压缩机始终处于最佳
的工作状态。

3. 运行与管理的节能措施

（1）合理控制蒸发温度与冷凝温度。

蒸发温度不变，冷凝温度越高，制冷机的单位耗功越大，单位制冷量越
小。在制冷机实际运行中，应尽量降低冷凝温度，常用的方法有：增加冷凝
器的冷却水量，降低冷却水的水温；冷凝器应定期清洁除垢，经常放空气、

放油；冷凝器应安装在通风效果良好的位置；冷风空调机的室外机周围应有足够的通风空间，尽量避免太阳直晒。在冷凝温度一定的情况下，蒸发温度越低，制冷机的单位制冷量越小，单位耗功越大。在制冷机运行中，应保持适当的蒸发温度，常用的方法有：合理匹配制冷机的制冷能力与制冷负荷，根据制冷负荷大小适当调整制冷压缩机的运行台数；经常检查节流阀开启度是否适当，是否有堵塞现象，必要时进行调整和清洗；根据蒸发器结霜情况，要适时进行除霜等。

（2）通过智能控制提高系统效率。

对于中央空调来说，系统的最大负荷基本是按照最不利的气温情况来设计的，而实际上系统很少在这些极限条件下工作，就系统本身来说，存在着很大的节能空间。根据有关资料统计，中央空调设备90%的时间内在50%负荷以下运行，特别是冷量需求量较少的情况下，主机负荷率更低。离心式压缩机由于具有"喘振"和"堵塞"工况点，其高效工作范围在30%～100%负载之间，在选择确定压缩机容量和台数时，应合理配置制冷机组，以优化运行模式。

当空调负荷发生变化时，通过全面数据采集系统，经计算机系统及进行的模糊运算法则，及时调节空调主机、各泵组和风机的运行工作参数，从而改变空调主机工作状态、冷冻（温）水和冷却水流量，改变冷却塔风机的风量，使供回水和进出水温度趋于设定值，确保空调主机始终工作在效率最佳状态，以达到节能降耗的目标。

第三节　电化学节能

一、概述

（一）电化学简介

电化学是研究化学能与电能相互转化以及与这个过程有关的规律的学科。

电化学所讨论的是在消耗电能情况下进行的反应，或通过反应产生电能，这种化学反应称为电化学反应。

电化学科学像任何一门科学一样，是在生产力不断发展的基础上发展起来的。第一个化学电源是 1799 年由物理学家伏打（Volta）发明的。他把锌片和铜片叠起来，中间用浸有 H_2SO_4 的毛呢隔开，构成了电堆。第二年（1800 年）尼克松（Nichoson）和卡利苏（Carlisle）利用伏打电堆水解溶液时，发现两个电极上有气体析出，这就是电解水的第一次尝试。此后，科学家曾利用化学电源进行了大量的电解工作。到了 19 世纪下半叶，由于生产力有了很大发展，特别是 1870 年发电机的发明，有了廉价的电能，为建立大规模的电化学生产创造了有利条件，促进了电化学的发展。

同时，在伏打电堆出现后，对电流通过导体时的现象进行了两方面的研究：从物理学方面的研究得出了欧姆（Ohm，1826 年）定律；从化学方面的研究（电流与化学反应的关系）得到了法拉第（Faraday，1833 年）定律。这样，由于大量的生产实践和科学实验知识的积累，有关学科的成就又推动了电化学理论的发展，电化学就逐渐成为一门独立的学科建立和发展起来了。

电化学反应的特点是：发生反应时氧化剂与还原剂并不直接接触，它们之间电子的转移是通过金属导体来实现的。电子通过导体的流动就是电流，因此电化学这一术语严格地应用于那些与电流相联系而发生的化学反应。

电化学反应可分成两类：产生电流的反应（发生在电池里的过程）和借助电流而发生的反应（电解）。第一类反应是自发的，通过电化学反应使化学能变为电能，进而产生电流的装置称为化学电池或原电池（体系做功）。第二类反应必须依靠外界能量（电能）强迫使之发生（对体系做功），由外加电能引起化学反应，将电能转化为化学能的这种装置称为电解池，它是一种消耗电能的装置，而且电能消耗非常大，研究其节能的规律与方法有重要的现实意义。

（二）主要应用

随着电化学科学的不断发展，电化学理论与电化学方法也广泛应用于工业生产的多个领域，形成了应用电化学的多个工业领域。

在化工领域中，可以利用电化学方法制备许多基本化工产品，如电解氯化钠水溶液得到烧碱、氯气和氢气，这是一种生产规模最大的电化学工业，称为氯碱工业。它的各种产品在纺织、造纸、冶金、石化等工业领域有着广泛的应用。其他的一些氯酸盐、过氧化氢以及生产尼龙的原料已二腈等也是通过电化学方法得到。工业中使用的氧气和氢气可以通过电解方法得到。还有许多有机物，如四乙基铅、苯二酚以及某些氟化物的合成也都是通过电化学的方法生产的。

用电解法电解食盐水来制取 Cl_2，H_2 和 NaOH 等三种基本化工原料的工业叫氯碱工业，这是最古老的电化学工业生产之一，至今仍被广泛地使用着。其基本原理如下：

$$阳极：2Cl \rightarrow Cl_2 + 2e$$

$$阴极：2H^+ + 2e \rightarrow H_2$$

溶液中阴极区碱性增加，发生的化学反应如下：

$$OH^- + Na^+ \rightarrow NaOH$$

类似的电解工业还很多，如电解水制取氢气和氧气等。

在冶金工业中，利用电解提取的方法可以从溶液或熔体中提取有价金属。几乎所有的金属都可以采用电解提取的方法得到，而且得到的往往是高纯度金属。采用电解精炼的方法也能得到高纯度铜、铅、锌、金、银、镍、锡等有色金属。

电解制取铝的电解质为 $Na_3AlF_6 - Al_2O_3$（3% ~ 10%），NaF 与 AlF_3 的分子比为 2.6 ~ 2.8（由于这两种氟化物都可能蒸发或参与其他副反应，故两者的比例并非与冰晶石的组成相当）加入添加剂，如 CaF_2，MgF_2，KF，LiF等，以降低电解质的熔点，减少铝的损失和提高熔盐的电导率。

熔盐电解法是得到金属铝、碱金属和碱土金属的主要工业方法，有些甚至是唯一的方法。近些年，我国的电解铝工业发展很快，产量已占世界总产量的 1/3 左右，全球新增产量主要来自我国。

电化学方法也广泛用于金属材料的加工过程中。可以利用电化学的方法对金属工件进行表面加工处理，也能够采用电沉积的方法，通过电铸得到所需的零件。下面是电化学加工的一些主要应用。

（1）电镀。电镀是一种重要的表面加工技术。随着科学技术的发展和工业生产的进步，许多工业部门对产品及工件的表面质量提出了越来越高的要求。电镀也从一般的装饰、防护向更高要求的功能发展。近些年来，我国电镀厂的数量及规模快速增大，电镀新设备、新工艺不断被开发出来，电镀行业的发展开创了前所未有的崭新局面。

然而，电镀行业又是高污染、高耗能的大户。电镀过程中产生的铬、镉、镍、铜、锌等许多重金属离子和一些有机有毒物质，会对水域、土壤及生物链造成严重而长期的污染。目前，电镀行业正在积极采取措施，改进生产工艺，将有毒治理为无毒，有害转换为无害，减少以至于消除重金属排放，努力使电镀行业降低污染、减少排放达到一个新的高度。

电镀行业较为普遍地存在着能耗高、效率低、设备控制精度低等问题。电能消耗是整个行业的主要生产成本之一。如何节能减排，降低电能消耗，始终是电镀行业需要面对的重要课题。

（2）电解加工。电解加工是一种利用阳极溶解的电化学反应对金属材料进行成型加工的方法。现已广泛应用于航空发动机的叶片、筒形零件、花键孔、内齿轮、模具、阀片等异形零件的加工。近年来出现的重复加工精度较高的一些电解液以及混气电解加工工艺，大大提高了电解加工的成型精度，简化了工具阴极的设计，促进了电解加工工艺的进一步发展。

在加工过程中，工件接阳极，工具接阴极。两极之间的间距一般为 0.1～1 毫米。当工具阴极不断向工件推进时，由于两表面之间间隙不等，间隙最小的地方，电流密度最大，工件阳极在此处溶解得最快。因此，金属材料按工具阴极型面的形状不断溶解，同时电解产物被电解液冲走，直至工件表面形成与阴极型面近似相反的形状为止，此时加工出所需的零件表面。

电解加工过程中，电解液的选择和被加工材料有密切的联系，常用的电解液是 14%～18% 的氯化钠溶液，它适用于大多数黑色金属或合金的电解加工。

电解加工的适用范围广，能加工高硬度的金属或合金，以及复杂形状的工件。加工质量好，节省工具。但这种方法只能加工可电解的金属材料，即能够作可溶性阳极的金属材料，其精度只能满足一般要求，模件阴极要根据工件需要设计加工成专用的形状。

（3）电解磨削。电解磨削是电解作用与机械磨削相结合的加工过程。加工过程中，工件接在直流电源的阳极上，导电的砂轮接在阴极上，两者保持一定的接触压力，并将电解液引入加工区。接通电源后，工件的金属表面发生阳极溶解并形成很薄的氧化膜，其硬度比工件低得多，很容易被高速旋转的砂轮磨粒刮除。刮除后随即又形成新的氧化膜，又被砂轮磨去。如此进行，直至达到加工要求为止。

电解磨削的电解液一般采用硝酸钠、亚硝酸钠和硝酸钾等成分混合的水溶液，不同的工件材料所用电解液的成分也不同。导电磨轮由导电性基体（结合剂）与磨料结合而成，主要为金属结合剂金刚石磨轮、电镀金刚石磨轮、铜基树脂结合剂磨轮、陶瓷渗银磨轮和碳素结合剂磨轮等，按不同用途选用。

电解磨削适合于磨削各种高强度、高硬度、热敏性、脆性等难磨削的金属材料，如硬质合金、高速钢、钛合金、不锈钢、镍基合金和磁钢等。用电解磨削可磨削各种硬质合金刀具、塞规、轧辊、耐磨衬套、模具平面和不锈钢注射针头等。电解磨削的效率一般高于机械磨削，磨轮损耗较低，加工表面不产生磨削烧伤、裂纹、残余应力、加工变质层和毛刺等，表面粗糙度一般为 R 0.63～0.16 μm，最高可达 R 0.04～0.02 μm。电解磨削方式已从平面磨削扩大到内圆磨削、外圆磨削和成形磨削。电解加工的原理也可与珩磨和超精加工结合起来。

（4）电化学抛光。又称电解抛光。直接应用阳极溶解的电化学反应对机械加工后的零件进行再加工，以提高工件表面的光洁度。电解抛光比机械抛光效率高，精度高，且不受材料的硬度和韧性的影响，有逐渐取代机械抛光的趋势。电解抛光的基本原理与电解加工相同，但电解抛光的阴极是固定的，极间距离大（1.5～200 毫米），去除金属量少。电解抛光时，要控制适当的电流密度。电流密度过小时金属表面会产生腐蚀现象，且生产效率低；当电流密度过大时，会发生氢氧根离子或含氧的阴离子的放电现象，且有气态氧析出，从而降低了电流效率。

（5）电铸。电铸是一种利用阴极金属沉积的原理加工零件的方法。加工过程中，表面导电的芯模与电源的阴极相连，阳极使用与电铸层相同的材料。通电后，电铸液中的金属离子在阴极上得到电子，还原为金属，沉积在芯模表面。阳极上的金属原子失去离子而称为金属离子，补充电铸液中消耗的金属离子。随着反应不断进行，芯模上沉积的金属层越来越厚。电镀一定厚度时，即可取下，得到所需的电铸工件。

电铸的主要用途是精确复制微细、复杂和某些难于用其他方法加工的特殊形状模具及工件。电铸的金属通常有铜、镍和铁 3 种，有时也用金、银、铂镍 - 钴、钴 - 钨等合金，但以镍的电铸应用最广。电铸层厚度一般为 0.02 ～6 毫米，也有厚达 25 毫米的。电铸件与原模的尺寸误差仅几 μm。

（6）电泳涂漆法。电泳涂漆法近年来得到快速发展，是电化学在表面处理方面的又一应用。它利用成膜高分子化合物带有负电荷的特点，把工件浸在电泳漆槽中作为阳极，当通以直流电时，荷电的成膜物质向工件迁移，在工件表面形成漆膜。当漆膜达到一定厚度时，由于它的绝缘作用而停止增厚，因此所得漆膜厚度均匀，电泳涂漆法的特点是无毒、安全、自动操作、可以一次加工完成（一般涂漆需要好几层），因此特别适宜于大规模、大件、异型工件的表面涂漆。这种新工艺目前有普遍推广的趋势，如汽车外壳、自行车骨架等用电泳漆自动涂敷，都取得较满意的效果。

二、电化学基础知识

（一）电解质溶液

电化学池中电解质溶液是电极间离子传递的媒介，它是由溶剂和高浓度的电解质盐（作为支持电解质）以及电活性物种等组成，也可能含有其他物质（如络合剂、缓冲剂）。电解质溶液大致可以分成三类，即水溶液体系、有机溶剂体系和熔融盐体系。

电解质是使溶液具有导电能力的物质，它可以是固体、液体，偶尔也用气体，一般分为四种：（1）电解质作为电极反应的起始物质，与溶剂相比，其离子能优先参加电化学氧化－还原反应，在电化学体系中起导电和反应物双重作用。（2）电解质只起导电作用，在所研究的电位范围内不参与电化学氧化－还原反应，这类电解质称为支持电解质。（3）固体电解质为具有离子导电性的晶态或非晶态物质，如聚环氧乙烷和全氟磺酸膜 Nafion 膜及 β－铝氧土（$Na_2O \cdot β-Al_2O_3$）。（4）熔盐电解质：兼顾（1）（2）的性质，多用于电化学方法制备碱金属和碱土金属及其合金体系中。需要指出的是，初熔盐电解质外，一般电解质只有溶解在一定溶剂中才具有导电能力，因此溶剂的选择也十分重要，介电常数很低的溶剂就不太适合作为电化学体系的介质。表 5－3 列出了电化学实验常用的溶剂和介质性质。

表 5－3　　　　　　　　　　电化学实验中常用溶剂的物理性质

溶剂	沸点（℃）	凝固点（℃）	蒸汽压（Pa）	相对密度（g·mL^{-1}）	界电常数	偶极距（D）	粘度（cP）	电导率（S·cm^{-1}）
水	100	0	23.76	0.997	78.3	1.76	0.89	$5.49 * 10^{-8}$
无水乙醇	140	−73.1	5.1	1.069	20.3	2.82	0.78	$5 * 10^{-9}$
甲醇	64.70	−97.6	125.03	0.787	32.7	2.87	0.54	$1.5 * 10^{-9}$
四氢呋喃	66	−108.5	197	0.889	7.58	1.75	0.64	−
碳酸丙烯酯	241.7	−49.2	−	1.20	64.9	4.9	2.53	$1 * 10^{-8}$
硝化甲烷	101.2	−28.55	36.66	1.131	35.9	3.56	0.61	$5 * 10^{-9}$
乙腈	81.6	−45.7	92	0.776	36	4.1	0.34	$6 * 10^{-10}$
二甲基甲酰胺	152.3	−61	3.7	0.944	37	3.9	0.79	$6 * 10^{-8}$
二甲亚砜	189.0	−18.55	0.60	1.096	16.7	4.1	2.00	$2 * 10^{-9}$

（二）电极

电极是与电解质溶液或电解质接触的电子导体或半导体，为多相体系。电化学体系借助于电极实现电能的输入或输出，电极是实施电极反应的场所。一般电化学体系为三电极体系，相应的三个电极分别为工作电极、参比电极和辅助电极。化学电源一般为正、负极；而对应电解池，电极则分为阴、阳极。

工作电极又称研究电极。是指所研究的反应在该电极上发生。一般来讲，对工作电极的要求是：所研究的电化学反应不会因电极自身所发生的反应而受到影响，并且能够在较大的电压区域中进行测定；电极必须不与溶剂或电解液组分发生反应；电极面积不宜太大，电极表面最好应是均一，平滑的，且能够通过简单的方法进行表面净化等。

辅助电极又称对电极，该电极和工作电极组成回路，使工作电极上电流畅通，以保证所研究的反应在工作电极上发生，但必须无任何方式限制电池观测的响应。由于工作电极发生氧化或还原反应时，辅助电极上可以安排为气体的析出反应或工作电极反应的逆反应，以使电解液组分不变，即辅助电极的性能一般不显著影响研究电极上的反应。但减少辅助电极上的反应对工作电极干扰的最好办法可能是用烧结玻璃、多孔陶瓷或离子交换膜等来隔离两电极区的溶液。为了避免辅助电极对测量到的数据残生任何特征性影响，对辅助电极的结构还是有一定的要求。如与工作电极相比，辅助电极应具有大的比表面积使得外部所加的极化主要作用于工作电极上，辅助电极本身电阻要小，并且不容易极化，同时对其形状和位置也有要求。

参比电极是指一个已知电势的接近于理想不极化的电极，参比电极上基本没有电流通过，用于测定研究电极（相对于参比电极）的电极电势。在控制电位实验中，因为参比半电池保持固定的电势，因而加到电化学池上的电势的任何变化值直接表现在工作电极/电解质溶液的界面上。实际上，参比电极起着既提供热力学参比，又将工作电极作为研究体系隔离的双重作用。既然参比电极是理想不极化电极，它应具备下列性能：应是可逆电极，其电极电势复合 nerst 方程；参比电极反应应有较大的交换电流密度，流过微小的电流时电极电势能迅速恢复原状；应具有良好的电势稳定性和重现性等。

（三）法拉第定律

在电解质导电的过程中，外加一定的电量，在两个电极上就会消耗或析出一定量的物质。消耗或析出物质的数量与外加电量成正比，这种数量关系符合法拉第定律。即当两个电极之间有 96485 库仑电量（相当于 1 摩尔电子的电量）通过不同的电解质溶液时，会有 1 摩尔的反应物发生反应，同时也要有 1 摩尔的电解产物生成。

一般来说，若通过电解质溶液的电量为 Q，则相应的电极上析出的电解产物的量为 m，见式（5 - 24）：

$$m = \frac{MQ}{ZF} \tag{5 - 24}$$

式中：

m——电极上析出的电解产物的量；

M——该物质的摩尔质量；

Q——通过电解质溶液的电量；

Z——电极反应进行了 1 摩尔反应进度时所得到或失去的电子的物质的量；

F——法拉第常数，相当于 1 摩尔质子的电量。其值约为 96485 库伦/摩尔。

我们在讨论法拉第定律时，并未限定是哪种物质。也就是说，不受物质种类的限制，而且也没有其他反应条件的限制。

为了使用方便，电化学中将 96485 库伦电量定义为一个电量单位，称为一个法拉第。即 1 法 = 96485 库伦 = 26.8 安·时。

1 法电量通过电极时得到的反应物虽然都是 1 摩尔，但反应物不同，其重量却不同。因此，将单位电量通过电极时所形成反应物的质量称为电化学当量。

金属镍 Ni 的电化学当量 = 29.35 克/法 = 1.059 安·时

金属银 Ag 的电化学当量 = 107.9 克/法 = 4.026 安·时

（四）　电流效率

法拉第定律是从大量的实践中总结出来的，是自然界最严格的定律之一（对原电池也同样适用）。该定律不受温度、压力、电解质溶液的组成和浓度、电极的材料和形状等任何因素的影响，在水溶液中、非水溶液中或熔融盐中均可使用。但是，在电化学生产中，却往往会出现看起来不符合法拉第定律的现象，例如镀锌时，通过的电量是1法，但得到的镀锌层的量却不到1摩尔。这是因为在锌反应的同时，还发生有其他反应，产生了氢，两种反应物加起来的和仍为1摩尔。但在这里我们需要的是镀锌，而不需要氢。得到的所需产物镀锌层的量比根据电量消耗按法拉第定律计算出来的镀锌层的量要少，为了便于说明这个问题，提出了电流效率的概念。

1. 电流效率的定义

电流效率的定义可以从以下两个方面来表述：

（1）对于一定的电量，实际获得所需产物质量与根据法拉第定律计算应得所需产物质量的比值，通常以%表示，见式（5-25）：

$$\eta = \frac{P_1}{P} \times 100\% \qquad (5-25)$$

式中：

P_1——反应产物的实际产量；

P——反应产物的理论产量。

（2）对于一定量的物质，根据法拉第定律计算所需要的电量与实际消耗的电量的比值，通常以%表示，见式（5-26）：

$$\eta = \frac{W_1}{W} \times 100\% \qquad (5-26)$$

式中：

W_1——理论耗电量，单位为千瓦时；

W——实际耗电量，单位为千瓦时。

2. 影响电流效率的因素

实际电解过程的电流效率一般都小于100%。如工业上电解精炼铜时，电流效率通常在95%~97%之间，电解制铝的电流效率约90%。引起电流效率小于100%的原因一般有以下两种：

（1）电极上有副反应发生，消耗了部分电量。例如镀锌时，阴极上除了有Zn^{2+}发生还原的主反应外，还有H^+发生还原的副反应。

（2）所需要的产物因一部分发生次级反应（如分解、氧化、与电极物质或溶液中的物质反应等）而被消耗。例如，电解食盐水溶液时，阳极上产生的 Cl_2 又部分溶解在电解液中，形成次氯酸盐和氯酸盐。

因此，要提高电流效率，就需要采取措施，促进主反应，抑制副反应的进行。

（五）　可逆电化学过程的热力学

电池的可逆电动势是可逆电池热力学的一个重要物理量，它指的是在电流趋近于零时，构成原电池各相界面的电势差的代数和。对于等温等压下发生的一个可逆电池反应，根据 Gibbs 自由能的定义，体系 Gibbs 自由能的减少等于体系对外所做的最大非体积功。如果非膨胀功只有电功（$W_{f,max}$，可逆电功等于电池电动势与流过的电量的乘积）一种，则可得到：

$$\Delta_r G_{T,p} = -W_{f,max} = -nEF \qquad (5-27)$$

式中，n 为电池输出单位电荷的物质的量，单位为（摩尔电子），F 为法拉第常量，其值为 96484 库伦·（摩尔电子）$^{-1}$。

如果电池反应的进度 $\xi=1$ 摩尔，上式表示为：

$$\Delta_r G_{m,T,p} = -nEF/\xi = -zEF \qquad (5-28)$$

式中，z 为电极反应中电子的计量系数，量纲为（摩尔电子）·（摩尔反应）$^{-1}$，$\Delta_r G_{m,T,p}$ 的量纲为 J·摩尔$^{-1}$（V·C = J）。

根据电池反应的 Gibbs 自由能的变化可以计算出电流的电动势和最大输出电功等。若电池反应中各参加反应的物质都处于标准状态，则（5 - 29）式可写为：

$$\Delta r G_{m,T,P}^{\theta} = -zE^{\theta}F \qquad (5-29)$$

已知 $\Delta r G_{m,T,p}^{\theta}$ 与反应的平衡常数 K_{∂}^{θ} 的关系为：

$$\Delta r G_{m,T,p}^{\theta} = -RT \ln K_{\partial}^{\theta} \qquad (5-30)$$

合并（5 - 29）和（5 - 30）式得到：

$$E^{\theta} = (RT/zF) \ln K_{\partial}^{\theta} \qquad (5-31)$$

标准电动势 E^{θ} 的值可以通过电极电势表获得，从而可以通过（5 - 31）式计算电池反应的平衡常数 K_{∂}^{θ}。

根据 Gibbs - Helmholtz 公式，将（5 - 28）式代入得到：

$$-zFT（\partial E/\partial T）p = zEF - \Delta rHm$$

即

$$\Delta rHm = zFE + zFE（\partial E/\partial T）p \qquad (5-32)$$

依据实验测得的电池电动势和温度系数（$\partial E/\partial T$）p，根据（5-32）式就可以求出电池放电反应的 ΔrHm，即电池短路时（直接发生化学反应，不作电功）的热效应 Qp。同时，从热力学第二定律的基本公式可知，在等温时，$\Delta rHm = \Delta rGm - T\Delta rSm$，与（5-32）式比较得到：

$$\Delta rSm = zF（\partial E/\partial T）p \qquad (5-33)$$

因此，从实验测得的电动势的温度系数，就可以计算出电池反应的熵变。在等温情况下，可逆电池反应的热效应为：

$$Q_R = T\Delta rSm = zFT（\partial E/\partial T）p \qquad (5-34)$$

从温度系数的数值为正或为负，即可确定可逆电池在工作时是吸热还是放热。依据热力学第一定律，如体积功为零，电池反应的内能的变化 ΔrUm 为：

$$\Delta rUm = Q_R - Wf \max = zFT（\partial E/\partial T）p - zEF \qquad (5-35)$$

以上讨论的是可逆电池放电时的反应，而对于等温、等压下发生的反应进度 $\xi = 1$ 摩尔的可逆电解反应，系环境对可逆体系作电功，类似于上述推导过程，同样可以得到有关热力学函数变化量和过程函数。

（六）不可逆电化学过程的热力学

在实际发生的电化学过程都有一定的电流通过，因而破坏了电极反应的平衡状态，导致实际发生的电化学过程基本上均为不可逆过程。设在等温、等压下发生的反应进度 $\xi = 1$ 摩尔的化学反应在不可逆电池中，则体系状态函数的变化量 $\Delta rGm,，\Delta rSm$ 和皆与反应在相同始末状态下在可逆电池中发生时相同，但过程函数 W 和 Q 却发生了变化。

对于电池实际放电过程，当放电时电池的端电压为 V 时，不可逆过程的电功 $W_{i,f}$ 可表示为：

$$W_{i,f} = zVF \qquad (5-36)$$

依据热力学第一定律，电池不可逆放电过程的热效应为：

$$Q_i = \Delta_r U_m + W_{i,f} = zFT\ (\partial E/\partial T)_p - zF\ (V - E) \tag{5-37}$$

公式（5-37）右式第一项表示的是电池可逆放电时产生的热效应，第二项表示的是由于电化学极化、浓差极化以及电极和溶液电阻等引起的电压降的存在，过程克服电池内各种阻力而放出的热量。显然，电池放电时放出的热量主要与放电条件有关，因此，对于电池的放电必须要注意放电条件的选择，以保证放出的热量不至于引起电池性能的显著变化。

对于等温、等压下发生的反应进度 $\xi = 1$ 摩尔的不可逆电解反应，环境对体系做电功，当施加在电解槽上的槽压为 V 时，不可逆电池的电功 $W_{i,f}$ 可示为：

$$W_{i,f} = - zVF \tag{5-38}$$

不可逆电解过程的热效应为：

$$Q_i = \Delta_r U_m + W_{i,f} = - zFT\ (\partial E/\partial T)_p + zF\ (E - V) \tag{5-39}$$

公式（5-39）右边第一项表示的是可逆电解时体系吸收的热量，第二项表示的是由于克服电解过程各种阻力而放出的热量。对于实际发生的电解过程，体系从可逆电解时的吸收热量变成不可逆电解时的放出热量。为了维持电化学反应在等温条件下进行，必须移走放出的热量，因此必须注意与电化学反应器相应的热交换器的选择。

（七）　电解质溶液的导电能力

不同的导体具有不同的导电能力。同样，不同的电解质溶液也有不同的导电能力。电解质溶液的导电能力与离子浓度、离子运动速度以及电解质溶液的温度有关。溶液中离子数量多、电场力强、溶液粘度小，则导电能力强；溶液温度升高，使得溶液粘稠度下降，离子运动阻力减小，也会提高溶液的导电能力。由于离子的质量远大于电子质量，使得离子的运动速度远小于电子运动速度，所以，电解质溶液的导电能力远小于金属的导电能力。

我们习惯上用电导和电导率来表示溶液的导电能力。这是因为电解质溶液中一般都有几种离子同时参与导电，可以看成是由几条导电支路并联而成，因此，使用电导和导电率更为方便。

1. 电导的定义

电解液的导电能力称为电导（L），是其电阻（R）的倒数，见式（5－40）

$$L = \gamma \frac{S}{\Lambda} \qquad (5-40)$$

式中：

S——电解液的导电截面积，单位为平方米；

Λ——电解液的长度，单位为米；

γ——电导率或电导，是单位长度（1 米）、单位截面积（1 平方米）的电解液具有的电导，单位为毫西门子/米。

2. 影响电解液的电导率的因素

（1）电解质的本性。即组成电解质的正负离子的电量（价态）及其运动速度（淌度）。

（2）电解液的浓度。它决定单位体积溶液中导电质点的数量。浓度增大时，导电离子数量增多，电导率提高。但当浓度增加到一定程度后，由于离子间距离减小，相互作用增强，使离子运动速度减小，电导率下降。

（3）电解液的温度。温度升高使离子运动速度加快，电解液的电导率将提高。

（4）电解液的充气率。在很多电化学反应器中会发生电解析气，使电解液中充满气泡，成为气—液二相混合体系，使电导率下降。

3. 电导的特性

了解电导的特性对于生产及科学研究中，合理地选用电化学装置中的电解质是有帮助的。

同温同浓度下强酸和强碱因能解离出 H^+ 和 OH^-，电导率最大，盐类次之，弱电解质因为在溶液中不完全解离，电导率最小。

强电解质的电导率随浓度的变化都是先增大，越过极值后又减小，这是因为浓度增大时参与导电的离子数目增多，使导电能力增强，随着浓度的增大，离子间的相互作用逐渐增强，反而又使导电能力减弱。

弱电解质的电导率随浓度的变化不明显，是因为浓度增大时，虽然电解质分子数增加了，但解离度却随之减小，溶液中离子数目变化并不大。

（八）　电极电位

金属都是由阳离子和电子组成的晶体、当金属与溶液接触时，经常发生电子的得失反应。这个过程是在金属与溶液之间的界面上一个很薄的表层中进行的。

某些性质活泼的金属接触溶液时，金属的阳离子与水分子发生作用。一部分金属离子进入水中，金属表面就会有多余的电子而呈现负电，靠近金属的溶液薄层带正电，形成了双电层。性质不活泼的金属接触溶液时，金属的阳离子大部分没有进入水中，仍然存在于金属表面，这时，金属表面带正电，靠近金属的溶液薄层带正电，也会形成双电层。

1. 定义

（1）电极电位：金属浸于电解质溶液中，显示出电的效应，即金属的表面与溶液间产生电位差，这种电位差称为金属在此溶液中的电位或电极电位。

（2）标准电极电位：标准电极电位是以标准氢原子作为参比电极，即氢的标准电极电位值定为 0，与氢标准电极比较，电位较高的为正，电位较低者为负。例如，氢的标准电极电位 $H_2 \longleftrightarrow H^+$ 为 0.000 伏，锌标准电极电位 $Zn \longleftrightarrow Zn^{2+}$ 为 -0.762 伏，铜的标准电极电位 $Cu \longleftrightarrow Cu^{2+}$ 为 +0.337 伏。

（3）平衡电极电位：金属浸在只含有该金属盐的电解溶液中，达到平衡时所具有的电极电位，叫作该金属的平衡电极电位。

2. 电极电位的测量

单个的电极电位是无法测量的，因为当用导线连接溶液时，又产生了新的溶液－电极界面，形成了新的电极，这时测得的电极电位实际上已不再是单个电极的电位，而是两个电极的电位差。同时，只有将欲研究的电极与另一个作为电位参比标准的电极电位组成原电池，通过测量该原电池的电动势，才能确定所研究的电极的电位。

3. 电极电位的应用

（1）判断氧化还原反应自发进行的方向。

电池反应都是自发进行的氧化还原反应。因此电池反应的方向即氧化还原反应自发进行的方向。判断氧化还原反应进行的方向时，可将反应拆为两个半反应，求出电极电位。然后根据电位高的为正极起还原反应，电位低的为负极起氧化反应的原则，就可以确定反应自发进行的方向。

考虑浓度和酸度的影响，用能斯特方程式计算出电对的值（E），根据 E 的取值作为判断确定反应进行的方向：若 $E > 0$，正向反应能自发进行；$E < 0$，正向反应不能自发进行，其逆向反应能自发进行。

（2）判断氧化还原反应进行的程度。

氧化还原反应属可逆反应，同其他可逆反应一样，在一定条件下也能达到平衡。随着反应不断进行，参与反应的各物质浓度不断改变，其相应的电极电位也在不断变化。电极电位高的电对的电极电位逐渐降低，电极电位低的电对的电极电位逐渐升高。最后必定达到两电极电位相等，则原电池的电动势为零，此时反应达到了平衡，即达到了反应进行的限度。

（九）电极极化

1. 电极极化的定义

当金属进入溶液时，两者之间产生了电极电位。一旦电流通过电极时，电极电位要发生变化。阳极电位向正方向增大；阴极电位向负方向减小。因此，电流流过电极时，电极电位偏离了没有电流时的值，这种现象称为电极极化。

2. 电极极化的分类

根据产生极化的机理不同，可将电极极化分为三种：浓差极化、电化学极化和钝化极化。

（1）浓差极化。在电化学反应中，当有电流通过电极时，因离子扩散的迟缓性而导致电极表面附近离子浓度与本体溶液中不同，从而使电极电势与可逆电极电势 φ_r 发生偏离的现象，称为"浓差极化"。浓差极化从本质上看，是由离子扩散速度缓慢引起的。一般常采用降低电解电流密度、提高电解液的温度和搅拌等方法来减小浓差极化。

（2）电化学极化。在电化学反应中，当有电流通过时，由于电化学反应进行的迟缓性造成电极带电程度与可逆情况时不同，从而导致电极电势偏离

可逆电极电势 φ_r 的现象，称为"电化学极化"或"活化极化"。这种极化现象与电极材料、电解质成分、电解液温度以及电流密度等因素有关。

（3）钝化极化。在电化学反应中，阳极表面会生成一层氧化物膜或其他吸附层，对电流通过起到阻碍作用，从而产生阳极电位正移，造成极化现象，这种现象称为钝化极化。

3. 超电势

电极电势是在可逆地发生电极反应时电极所具有的电势，称为可逆电极电势。可逆电极电势对于许多电化学和热力学问题的解决是十分有用的。电极在有电流通过时所表现的电极电势 φ_I 与可逆电极电势 φ_r 产生偏差的现象称为"电极的极化"。偏差的大小（绝对值）称为"超电势"，记作 η。

当电极发生浓差极化时，阴极电势总是变得比可逆电极电势 φ_r 低，而阳极电势总是变得比可逆电极电势 φ_r 高。因浓差极化而造成的电极电势 φ_I 与可逆电极电势 φ_r 之差的绝对值，称为"浓差超电势"。其值取决于电极表面离子浓度与本体溶液中离子浓度差值之大小。见式（5-41）：

$$\eta = |\varphi_r - \varphi_I| \tag{5-41}$$

式中：η、φ_r、φ_I——分别是超电势、电极电势、可逆电极电势，单位都是伏特（V）。

当电极发生电化学极化时，阴极电势总是变得比可逆电极电势 φ_r 低，而阳极电势总是变得比可逆电极电势 φ_r 高。因电化学而造成的电极电势 φ_I 与可逆电极电势 φ_r 之差的绝对值，称为"电化学超电势"。电化学极化是导致产生超电势的主要原因。一般所说的超电势，如不特别指明，就是指电化学极化所引起的超电势。

影响超电势的因素及削减超电势的措施：

（1）电极的种类和它的表面状态。例如 H_2 在铂电极上的超电势小，而在 Hg、Fe、Bi、Cu、Zn 等电极上的超电势就大得多。H_2 在铂黑（一种疏松细小晶状的铂）电极上的超电势比在光亮铂电极上的超电势小。

（2）析出物质的状态。析出物为金属单质时，超电势一般很小；析出物为气体物质时，超电势一般都较大。例如在电解 $CuSO_4$ 溶液时，阴极析出 Cu

的超电势为 -0.07 伏，而阳极（在 Pt 上）析出 O_2 的超电势为 +0.85 伏。

（3）电流密度。一般超电势都随着电流密度的增大而增大。降低电流密度可有效地降低超电势。

（4）温度。一般超电势随温度升高而减小。例如 H_2 的超电势，温度每上升 10 开尔文时，超电势降低 20~30 毫伏。

（5）机械搅拌。搅拌溶液可以减小超电势，因为这样可以减小浓差极化。

4. 槽电压

（1）定义。

电解槽工作时的电压称为槽电压，它大于电解反应的理论分解电压，也与电解电流有关。端电压及槽电压与电流的关系见式（5-42）：

$$V_槽 = \varphi_+ - \varphi_- + IR > E_分 \qquad (5-42)$$

式中：

φ_+——正极的电极电位，单位为伏特；

φ_-——负正极的电极电位，单位为伏特；

I——电流，单位为安培；

R——电化学反应器内的各种欧姆电阻，单位为欧姆；

$E_分$——电解反应的理论分解电压，单位为伏特。

（2）影响槽电压的主要因素。

影响槽电压的主要因素有：膜自身结构；电流密度；电解液的浓度；两极间的距离大小；阴极液循环量；温度；电解质中的杂质。

5. 电压效率

电压效率是电解反应的理论分解电压与槽电压之比，通常用% 表示，对于电解槽见式（5-43）：

$$\eta_V = \frac{E}{V} \qquad (5-43)$$

式中：

η_V——电压效率；

E——理论分解电压，单位为伏特；

V——电解时的槽电压，单位为伏特。

（十） 金属的阴极过程和阳极过程

1. 金属的阴极过程

在电化学反应中，阴极附近金属离子放电还原成金属的过程称为金属的阴极过程。在电镀工业、湿法冶金和化学电源中，都会遇到这类电极过程。一般来说，只要阴极电势足够负，任何金属离子都能在阴极上还原成金属，发生金属的电沉积。但是，如果溶液中某一成分的还原电势比金属离子的还原电势更正，那么，金属离子的还原过程实际上不可能发生。

在阴极沉淀物形成的过程中，有两个平行进行的过程：一是晶核的形成，二是晶体的长大。影响晶体沉淀物的主要因素有：电流密度、电解质溶液温度、搅拌速度、氢离子浓度、添加剂等。

2. 金属的阳极过程

金属的阳极过程是指金属作为反应物发生氧化反应的过程。这个过程比阴极过程复杂，既包括阳极的活性溶解，也包括金属的钝化现象。金属阳极的活性溶解，指的是金属阳极在电解质溶液的作用下溶解的过程。其中包括金属晶格的破坏、电子转移、金属离子的水化或络合等一系列过程。在这一过程中，通过对流、电迁移、扩散等形式使金属离子离开金属表面。金属的钝化现象是指，在反应过程中，金属表面出现了一层氧化物膜或其他吸附层，导致金属阳极的溶解速度大大减慢。

三、电力储能技术

（一） 电力储能

电力储能技术主要有抽水蓄能、飞轮储能、压缩空气储能、超级电容器储能、电池储能等等。抽水蓄能是一种成熟且廉价的电力储能技术，在国内外电力能源结构中发挥着重要作用，但是抽水蓄能电站有建设初期投资成本高，尤其受地理条件限制等缺点。压缩空气储能电站的装机容量可达几百兆瓦，但是其能量密度低，并受岩层等地形条件的限制。飞轮储能技术以美国最为先进，已经有了商业应用，而我国以中科院电工所、清华大学为首的飞轮储能技术研究还处于实验阶段。超级电容器可以和风力发电装置或太阳能电池组成混合电源，使无风或夜间也可以提供足够的电源，但能量密度不高是超级电容器储能应用的一个短板。电池储能是目前除抽水蓄能以外最成熟、最可靠的储能技术，是其他新型储能技术没有重大突破前的主要手段，而且不受地理条件限制。

电池储能技术按应用的时间尺度划分为四种：（1）瞬时应用（0~数秒），主要应用快速旋转备用、一次调频、低电压穿越、电能质量，这些应用需要高功率电池；（2）短时应用（数秒~数分钟），主要是二次和三次调频、风电输出功率平滑、需求侧应用、有功和无功控制、谐波补偿、黑启动，这些应用需要中等功率密度和能量密度的电池；（3）较长时应用（数分钟~数小时，<5 小时），主要是电网侧应用如负载均衡、2~4 小时的削峰填谷，提高系统可靠性如大规模可再生能源系统、孤岛系统、微网系统，支持车网互联（vehicle‐to‐grid，V2G）模式，延缓因高峰需求增加所引起的输发电设备的建设，这些应用需要高能量电池；（4）长时或兆瓦级应用，避免新的输发电设备的建设，这需要能量密度非常高的电池。

电池储能技术按电池种类来分主要有铅酸电池、铅炭电池、钠硫电池、锂离子电池、全钒液流电池、燃料电池等类型，这些电池在储能应用方面各有侧重。

（二）燃料电池

能源是经济发展的基础，随着现代文明的发展，人们逐渐认识到传统的能源利用方式有两大弊病。一是储存于燃料中的化学能必需首先转变成热能后才能被转变成机械能或电能，所获得的效率只有 33%~35%，二是传统的能源利用方式给今天人类的生活环境造成了巨量的废水、废气、废渣、废热和噪声的污染。

燃料电池是一种新兴的化学电源，将储存在燃料和氧化中的化学能直接转化为电能的电化学装置。电池工作时，氢气或含氢燃料输送到阳极，同时，作为氧化剂的氧气或空气输送到阴极，分别发生氢气氧化和氧气还原的电极反应。如果连续输送燃料和氧化剂，电池就可以持续稳定工作。由此可见，电池反应过程不涉及燃烧，能量转换效率高，而且具有常规电机组连续工作时间长的优势，是一种洁净、噪声低的储能体系。燃料电池具有能量转换效率高、环境污染少、比能量高、原料丰富、适用范围广等特点。

因此，燃料电池是继水力、火力和核能发电之后的新一代发电技术，被称为第四大能源。作为新一代的发电技术，以其特有的高效率和环保性引起了全世界的关注。美国"时代周刊"1995年曾将燃料电池电动车技术列为21世纪十大高新技术之一，中国国家科技部也将燃料电池技术列为国家"九五"攻关项目，发展前景极为广阔。

四、电化学节能技术

（一）合理选择和设计电解槽

电化学工业中，发生电解的电化学装置称为电解槽。不同电化学行业中使用不同的电解槽。合理选择和设计电解槽对电化学工业的节能意义重大。

1. 离子膜电解槽

目前，在氯碱工业中，主要采用三种电解方法：隔膜法电解、水银法电解和离子膜法电解，相应有三种电解槽。离子膜法电解是近三十年来发展起来的新工艺，虽然单槽产率较低，但碱的浓度和纯度都比较高，而且，耗电量最小。随着离子膜性能的不断改进，今后，离子膜法电解将会在提高生产率，降低能耗方面发挥更大的作用。

（1）离子膜电解基本概念。

1）离子膜。

离子膜是一种含离子基团的、对溶液里的离子具有选择透过能力的高分子膜。因为一般在应用时主要是利用它的离子选择透过性，所以也称为离子选择透过性膜。离子膜按功能及结构的不同，可分为阳离子膜、阴离子膜、两性交换膜、镶嵌离子膜、聚电解质复合物膜五种类型。离子膜按均相性来可分均相膜和非均相膜两类。

离子膜的膜选择透过性是膜的电化学性能的重要指标。阳离子在阳膜中透过性次序为：$Li^+ > Na^+ > NH^{4+} > K^+ > Rb^+ > Cs^+ > Ag^+ > Mg^{2+} > Zn^{2+} > Co^{2+} > Cd^{2+} > Ni^{2+} > Ca^{2+} > Sr^{2+} > Pb^{2+} > Ba^{2+}$。

阴离子在阴膜中透过性次序为：$F^- > CH_3COO^- > HCOO^- > Cl^- > SCN^- > Br^- > CrO > NO > I^- > COO^-$（草酸根）$> SO_4^{-2}$。

离子膜可装配成电渗析器而用于苦咸水的淡化和盐溶液的浓缩。也可应用于甘油、聚乙二醇的除盐，分离各种离子与放射性元素、同位素，分级分离氨基酸等。此外，在有机和无机化合物的纯化、原子能工业中放射性废液的处理与核燃料的制备，以及燃料电池隔膜与离子选择性电极中，也都采用离子膜。离子膜在膜技术领域中占有重要的地位，它对仿生膜研究将起重要作用。

2）离子膜电解法。

离子膜电解法又称膜电槽电解法，是利用阳离子膜将单元电解槽分隔为阳极室和阴极室，使电解产品分开的方法。离子膜电解法是在离子交换树脂的基础上发展起来的一项新技术。利用离子膜对阴阳离子具有选择透过的特性，容许带一种电荷的离子通过而限制相反电荷的离子通过，以达到浓缩、脱盐、净化、提纯以及电化合成的目的。

3）离子膜电解槽。

离子膜电解槽根据供电方式的不同，分为复极式和单极式两种（特点见表5-4）。复极式电解槽的各单元电解槽串联相接，电解槽的总电压为各个单元电解槽的电压之和；电路中各台电解槽并联。单极式电解槽的各单元电解槽并联相接，电解槽的总电流为各个单元电解槽的电流之和；电路中各台电解槽串联。有的离子膜电解槽为板式压滤机型结构，在长方形的金属框内有爆炸复合的钛-钢薄板隔开阳极室和阴极室，拉网状的带有活性涂层的金属阳极和阴极分别焊接在隔板两侧的肋片上，离子膜夹在阴阳两极之间构成一个单元电解槽。很多单元电解槽由液压装置组成一台电解器。另外，还有类似板式换热器的结构，由冲压的轻型钛板阳极、离子膜和冲压的镍板阴极夹在一起，构成单元电解槽。若干个单元电解槽夹在两块端板之间组成一台电解槽。

表 5 - 4 单极式和复极式电解槽特点比较

特点	单极式电解槽	复极式电解槽
电极两面的极性	相同	不同
电极过程	电极上只发生一类电极过程（阳极过程或阴极过程）	电极一面进行阳极过程，一面进行阴极过程
槽内电极	并联	串联
电流	大	小
槽压	低	高
对直流电源的要求	低压、大电流，较贵	高压、小电流，较经济
维修	容易，对生产影响小	较难，需停产
安全性	较安全	较危险
设计制造	较简单	较复杂
物料的投入及取出	较方便	较复杂
占地	大	小、设备紧凑
材料及安装费用	较多	较少
单元电解槽间欧姆压降	较大	极小
电极的电流分布	较不均匀	较均匀
适用的电解槽	箱式电解槽	压滤机电解槽

（2）离子膜电解法的特点。

1）离子膜电解综合能耗较低，比隔膜电解吨产品综合能耗低 40% 左右，具有明显的节能效果；

2）离子膜成品碱中氯化钠含量大大低于隔膜碱，烧碱纯度 50% 的氢氧化钠碱液，含氯化钠 50~60ppm；

3）无水银或石棉污染环境的问题；

4）操作、控制都比较容易；

5）适应负荷变化的能力较大；

6）要求用高质量的盐水；

7）离子膜的价格比较昂贵。

（3）离子膜电解节能效果。

离子膜法制碱技术具有生产工艺简单、产品质量高、污染少、节约能源等优点，已被世界公认为技术最先进和经济最合理的生产方法，是当今氯碱电解技术的发展方向。目前国内烧碱生产工艺大致分为隔膜法和离子膜法，离子膜法生产 1 吨烧碱的能耗比隔膜法生产 1 吨烧碱的能耗低 40% 左右，具有明显的节能效果。离子膜生产烧碱无论在工艺流程、生产成本、产品质量、能耗及清洁生产方面，均优于隔膜法电解。随着技术的进步，离子膜电解取代隔膜电解是必然趋势。

（4）离子膜电解技术的发展。

膜极距复极式离子膜电解槽在普通离子膜电解槽的基础上在电槽内部结构、降低槽电压等方面实现了五大创新。

1）自然循环结构的创新。使得电解液在电解槽内分布更加均匀，避免循环死区。去掉了维持循环的阴阳极液循环泵，从而减少了大量电能消耗。

2）边框结构创新。很好地解决了其他电解槽所出现的密封面腐蚀问题。

3）弹性阴极电极结构创新。使得阴、阳电极间的极间距达到最小，由现有电极极间距的 2～5 毫米缩小到几乎为 0。有效地降低了电极间的极间距阻抗，从而达到降低电解电耗的目的。

4）揉性阴极网活性化处理技术创新。有效地增强了抗反向电流能力，降低了阴极的析氢电位。

5）电解工艺创新。自然循环电解工艺增加了高位槽，使盐水由高位槽靠液位差进入电解槽，取消了循环泵。创新地将阴阳极压差控制在 2.4 米水柱范围内，对于电解槽的平稳运行起到至关重要的作用。

膜极距复极式离子膜电解槽的推广和使用，使得本已十分节能的离子膜法制烧碱技术再次显示出巨大的节能潜力。与现普通极距离子膜相比，采用该技术吨碱直流电耗可降低 100 千瓦时，万吨装置年节电 100 万千瓦时。

2. 预焙电解槽

（1）预焙阳极电解槽。

铝电解工业的电解槽分为两类，即自焙阳极电解槽和预焙阳极电解槽。自焙阳极电解槽一般电流强度较小，一般不超过10万安，电流效率为90%左右。预焙阳极电解槽易于大型化，电流强度大，已经超过30万安，机械化和自动化程度也较高，阳极电压损失比自焙阳极电解槽低，电流效率高，吨铝耗电也要少1000千瓦时左右。用大电流预焙电解槽代替老式的自焙阳极电解槽，节电效果明显。

（2）预焙铝电解槽电流强化与高效节能技术。

预焙铝电解槽电流强化与高效节能技术，主要通过工艺和控制技术的升级，开发出"五低三窄一高"工艺（即低槽电压、低温、低阳极效应系数、低过热度、低氧化铝浓度；窄物料平衡工作区、窄热平衡工作区、窄磁流体稳定性调节区；高阳极电流密度）及智能多环协同优化与控制技术，在不改变现有电解槽结构的情况下，实现铝电解槽的电流强化及低电压下的高效稳定运行。

该技术适用各类槽型或新老电解系列，控制系统可在线升级改造。预焙铝电解槽电流强化与高效节能技术能大幅度提高产能，增产12.5%左右，吨铝综合能耗节能量下降，节电率在8%以上。

（3）铝电解槽新型阴极结构及焙烧启动与控制技术。

1）新型阴极结构铝电解槽技术。

电解铝生产采用熔盐电解法，即将氧化铝、冰晶石、氟化铝等加入电解槽内，在直流电作用下，电解质在电解槽内发生化学反应，在阴极上析出铝液，阳极上析出二氧化碳和一氧化碳，铝液用真空抬包抽出铸成铝锭，阳极逐渐消耗定期更换。电解槽新型阴极技术，将现行电解槽的阴极结构改变为新型的电解槽阴极结构和内衬结构，达到减少铝液波动，提高阴极铝液面稳定性，提高电流效率，降低槽电压，从而达到节能降耗的目的。

2）新型湿法焙烧启动技术。

应用国际上通用的以电解槽阴极表面温度分布和垂直分布情况判定电解槽焙烧质量的方法，以电解槽阴极和电解质温度为控制中心，对电解槽进行合理的焙烧，焙烧期间控制阳极电流分布均匀，尽量降低焙烧过程对电解槽的热冲击；启动过程中，以电解槽稳定性为判定依据，控制电解槽的电压变化，使电解槽快速转入正常生产，延长电解槽槽寿命。

通过铝电解槽新型阴极结构及焙烧启动与控制技术在实际生产中的应用，新型阴极结构铝电解槽的槽电压与对比电解槽相比低 0.3 伏，电流效率平均提高 1.3%，电解槽焙烧时间由原来的 72～96 小时缩短到 48 小时，吨铝节电1100 千瓦时，节能效果十分显著。

3. 电镀槽

电镀槽的大小必须综合考虑电镀零件、体积电流密度及溶液成分和温度稳定性等的影响。确定电镀槽尺寸时，主要考虑零件吊挂情况和槽内处理零件之间和零件与槽壁、液面和阳极等的相关距离。其中电镀槽阴阳极间距离要尽量小，一般应有 100～250 毫米的间隔。距离过大会不必要地增加溶液的电阻和耗电量。同时需采用阴极移动或溶液流动工艺，以尽量减小溶液电阻。

设备安装时必须采用防短路、防漏电技术，金属镀槽应衬绝缘衬里，槽内的金属加热管或冷却管与车间管线之间均应绝缘。当金属槽体无绝缘衬里时，槽体应垫瓷砖与地面绝缘。电源的安装首先需选择合适的导电铜排，并尽量使电镀电源靠近镀槽，减少铜排间的机械连接，在机械连接处需涂导电膏，以减少电能损耗。

采用自动控制技术，如加温电镀槽采取自动控制温度、自动控制酸性镀槽 pH 值、自动控制添加剂的投放量，使添加剂含量稳定等，以减少析氢，提高电流效率，也可达到节能目的。传统滚镀设备的滚筒采用聚氯乙烯板钻孔结构，开孔率低，板厚孔长，溶液流动困难，电镀电压高。新型模压成型方孔结构的滚筒开孔率高，比钻孔结构的大一倍以上，可大大改善溶液流动，可使电压降减少 20%～45%，同时必须根据实际情况选用开孔大的滚筒，可明显节约电能。

电化学生产过程中的电流是非常大的，其耗电量与其槽电压成正比。根据电化学理论，电解槽的平均槽电压等于理论分解电压、阳极和阴极过电压、电解质电压降、电解槽结构部件电压降与接触电压降之和。虽然槽平均电压的值不大，但通过的电流很大。槽电压降低零点几伏，节电效果就很可观。因此，电化学工业的节能，降低槽电压是一个主要的着眼点。

影响槽电压的因素是多方面的，因此，降低槽电压也应从降低电极过电压、电解质电压降、电解槽结构部件电压降以及接触电压降等处入手，应综合考虑。

（二）改进生产工艺

在电化学生产过程中，许多因素影响反应过程的速度和质量。比如电解液中各种成分的比例，电解液的温度，添加剂的多少以及两个电极间的极距、阴极沉淀物的多少等。

1. 溶液的控制

在表面处理过程中，电镀液通常都是由多种成分组成的，既有主盐，又有导电盐、络合剂、阳极活化剂、光亮剂、整平剂、润湿剂、应力消除剂等。各种成分起着各自的作用。在生产过程中，往往有多个反应同时发生。这些不同的反应之间又会相互影响。既可能相互促进，有可能相互制约。因此，一定要对电镀液的成分充分研究，选择具有良好性能的配方，这是保证生产过程高质量运行的基础。在生产过程中，及时补充主盐，控制好溶液成分，以降低溶液电阻，往往会起到节能降耗的明显作用。

2. 温度控制

适当升高电解液的温度可以促进电化学反应的速度，加快反应过程的进行。比如，在氯碱工业中，适当提高电解槽的温度，对电解槽的正常运行有利。因为槽温升高，氢气和氯气带出的水分增多，使电解液的碱浓度提高，不但有利于蒸发工序降低蒸汽消耗，而且可以降低氢气和氯气在电极上的析出电位，从而降低平均槽电压，起到减少电耗的作用。但是，如果槽温过高，会使槽内充气度增加，致使槽电压相应升高。如果槽内溶液沸腾，大量的水蒸气将会带走氢气和氯气，引起 NaCl 结晶，堵塞隔膜，导致运行状况严重恶化。因此，在运行的不同阶段中，必须严格掌握好温度，保证生产过程的顺利进行。

3. 以低毒、无毒工艺代替毒性较强的工艺

我国对于电化学加工中造成的环境污染，有很严格的限制措施。生产厂家必须对产生的三废进行治理。这样既会造成人力、物力和财力的浪费，也会造成能源的大量消耗。因此，改进电化学加工工艺，以低毒、无毒工艺代替毒性较强的工艺，是一项刻不容缓的工作。近年来，国内外无氰电镀有了较快发展，无配位剂和各种非氰配位剂工艺代替了氰化物电镀工艺，氰化镀锌已经大部分被氯化物镀锌和碱性无氰镀锌代替。改进的结果不仅减小了三废治理的难度和压力，也节省了相应的大量能源消耗和资金。某些镀种中，有毒气体排放的减少，可以节省排风消耗的电能。长期计算，这也是一笔可观的节能效益。

4. 采用电流效率高的工艺

各种不同的电镀工艺电流效率有较大的差别，表 5 - 5 列出了几种不同镀种的电流效率对比。

表 5 - 5　　　　　　　　　　几种不同镀种的电流效率

镀种	普通镀铬	高速镀铬	氰化镀锌	锌酸盐镀锌	氯化钾镀锌
电流效率（%）	13 左右	22 ~ 27	60 ~ 85	70 ~ 85	95 ~ 100

从表中可以看出，不同镀种的电流效率明显不同。因此，应当在满足电镀要求的情况下，尽量选择电流效率高的镀种。如采用高速镀铬，电流效率比普通镀铬可提高一倍左右。而选用氯化物镀锌，可以达到相当高的电流效率。

（三）改进电极

电极是电解槽必不可少的组成部分。工作时，电极一方面将直流电压加到电解槽上，通过大电流。另一方面阳极和阴极往往也参与整个反应过程。因此，电极性能的好坏对电化学过程有举足轻重的影响。

1. 改进阳极

阳极分为可溶性阳极和不可溶性阳极两种。电解精炼时，常以粗金属和废合金为阳极；电解加工以及电镀金、银、锌、镍、铜时，一般以相应的纯

金属作阳极。电解水或电解合成时，使用石墨、碳等作为不溶性阳极。

（1）氯碱生产的阳极改进。

在氯碱工业中，采用隔膜法电解时，如果使用石墨阳极，会在工作过程中逐渐消耗，使得电极变薄，电极间距加大，增大耗电量。如果改用以钛为基体，外涂氧化钌－氧化钛活性层的阳极，本身内阻小，压降低，工作过程中不损耗，外形尺寸稳定，因而可以减小电极间距。在相同电流密度下，使用金属阳极可比石墨阳极节电 15% ~ 20%。

使用金属阳极后，老式的石棉纤维隔膜易溶胀，且寿命短，已不适用。可采用在石棉中加入热塑性聚合物并经烧结的改性隔膜，改性隔膜不溶胀、寿命长，本身电阻小，与金属阳极配套使用可进一步减小电极间距，降低槽电压，提高节电率。

（2）电解铝生产的阳极改进。

在电解铝工业中，碳素阳极的过电压较高，一般为 450 ~ 500 毫伏，占总槽电压的 10% ~ 12%，造成很大的电能浪费。在碳素阳极中加入少量 Li_2CO_3，可使阳极过电压降低。有实验表明，在阳极中加入一定比例的 Li_2CO_3，比在电解质中添加锂盐，可降低槽电压 110 毫伏，吨铝可节电 460 千瓦时。

如果在碳阳极中加入少量稀土化合物作催化剂，也可以使阳极过电压降低 0.2 ~ 0.3 伏，吨铝可节电 600 ~ 1000 千瓦时。这种措施已经在我国许多大中型铝厂广泛采用，取得了显著的经济效益。

硼化钛具有耐高温、抗腐蚀、高硬度、导电好等特点，并能被铝液良好地浸润。在电解槽阴极底部涂上一层硼化钛，能够缩小电解槽的极距，起到降低电耗，提高电流效率，延长使用寿命的作用。实验证明，涂层后，电流效率可提高 1.5% 左右，吨铝节电 230 千瓦时。

2. 阴极的改进

阴极工作在较负的电动势下，不易受电化学腐蚀。大多数阴极为固态阴极，也有液态的阴极。如，氯碱工业中，某些电解槽使用液态的汞作阴极。在阴极附近通入纯氧或空气，使氧化还原反应代替阴极的氢反应，可使理论分解电压降低 1.21 伏，大幅度降低了耗电量。活性阴极以铁为基态，外涂

Ni/Al、Ni/Zn、Ni/S 等。使用这种阴极，可降低氢超电压 0.1~0.2 伏，也起到明显的节电效果明显。

3. 惰性阳极的开发

传统电解铝成本高，污染严重，而采用惰性电极材料，具有高效率、低能耗、低成本和无污染等诸多好处。近几十年来，这方面一直是国内外研究的热点，电解槽在采用惰性阳极技术之后，各类技术经济指标都将有明显的提高。主要包括：

（1）能耗降低 20%~30%；

（2）无碳耗，阳极气体为 O_2，无温室气体 CO_2 和致癌物质 CFn；

（3）成本降低 20% 以上，生产稳定，不（或少）换电极，无阳极效应。

（四）使用添加剂

电化学工业中的电解液往往是由多种成分组成。除了主要的电解液成分外，还有各种添加剂。添加剂对于加速电化学反应过程，提高反应质量和效率，有着明显的作用。

在电解铝工业中，常规电解质的电流效率仅为 87.5% 左右。要想进一步提高电流效率，需要在电解质中添加某些锂、镁盐复合添加剂，可以起到降低电解质初晶温度，减小过电压，提高电流效率的效果。一般，每增加 1% 的 LiF，可以降低初晶温度 8 摄氏度，使电解质的导电能力提高 2%，相应地可使极间电阻产生的电压降低 32 毫伏。MgF_2 也有类似作用，但价格比 LiF 便宜得多，因此，经常将两者混合式应用，能够起到良好的效果。

电镀工业中，主要的电解液可以是单盐，也可以是络盐。另外还有多种添加剂，如络合剂、缓冲剂、光亮剂等。应在电镀过程中控制好各种溶液成分的比例和温度，以降低电镀液的电阻，减小耗电量。比如，络合物电镀时，需要控制好溶液中游离络合物的浓度。电镀添加剂应少加勤加，抑制电镀过程中的副反应，以提高电流效率。

（五）采用高效电力整流电源

电化学设备一般都采用直流供电方式。直流电压低，大约几伏至几十伏。电流大，可达几千安培至几万安培，有些甚至更大。因此，电力整流电源效率的高低，对于节电有很大意义。

整流电源有硅整流电源、晶闸管整流电源和开关电源三种。硅整流电源价格不高，可靠性较好，但效率不高。近年来采用性能较好的低阻抗整流元件和一些其他措施，可使硅整流电源比老式设备节电效率提高 10% 以上。

晶闸管整流电源体积小、调压方便，可满足多种调压方式的要求，容易实现自动控制。这种电源的转换效率有明显的提高，满载时可达 65% ~ 75%，但在半载以下时，其效率只有 30% 左右。因此，选用晶闸管整流电源时，具有明显的节电效果，但应注意不要使负载量太小。另外，晶闸管整流电源会造成电网电压谐波污染，影响供电质量。

对输出电压调节范围大的整流设备，应采用晶闸管整流设备或在交流侧设晶闸管调压器，也可采用有载调压变压器。

近十几年来，我国又开发了高频开关电源设备。这种整流电源设备采用了高频开关电源技术和 IGBT、肖特基二极管等新型电力电子器件，进一步提高了设备的整流效率和综合性能，减小了体积，并且改善了对电网电压的不良影响。其电源转换效率一般可达 80% 以上，而且不受负载变化的影响。但目前的输出功率和输出电流不算太大，使用场合有限。

高频脉冲电镀电源是一项在我国被列为重点推广的新技术。它与直流电镀比较，可使电镀层更加均匀，致密性好，光洁度高，增强了被镀件的耐磨性。还可提高生产效率，缩短受镀时间 30% ~ 50%，节电效果明显，同时可节约原材料 10% ~ 25%，对金、银、钯、铑、镍等贵金属电镀，具有重大的经济意义。

（六）　降低电解、电镀设备直流网络的压降损失

工业电解槽通过的电流一般很大，降低直流大电流回路的线路损耗具有很大意义。

在安装电力整流设备时，应使整流电源的位置尽量靠近电解槽，缩短供电路径。降低供电线路的电阻，减少供电损耗。

直流大回路包括铜或铝的母线排、导体的连接处以及电极等。在设计电解槽的时候，应充分考虑电解槽的排放位置及方向，尽量缩短母线排的长度。

适当加大母线排的截面积，以减小母线排电阻。还应尽量减少母线排的接头数量，连接处以焊接代替螺钉连接，还可以涂上导电膏，以减小接触电阻。母线发热会增大电阻，加大电耗。因此，应注意保持母线清洁，适当通风，使其易于散热。

由于电解槽的电流很大，轻微的漏电现象也会造成明显的电耗增加。因此，应尽量减少电解槽的泄漏电流，使泄漏电流小于槽组电流的 0.1% ~ 0.2%，或电解槽系列两端对地电压 ≤ ±10%。

应保证直流母线的接地点接触良好，每个接点的接触电阻应小于相同长度连接导线导体电阻的 1.5 倍。

（七）及时检测电解、电镀设备的运行状况

电解、电镀生产设备应配备检测和计量仪表。电镀槽应安装整流安培小时计，用于检测电镀过程中的电流效率。电解槽应根据具体情况，单槽或分组安装直流电压表，用于检测直流槽电压的变化情况。

要及时分析设备运行状况，电流效率和平均槽电压每天至少测算一次，槽电压每月实测一次，以便掌握设备运行状况，发现问题及时解决。

（八）加强电解槽的保温及余热回收

1. 加强电解槽的保温

在工作过程中，电解槽有大量的热量散发到周围空间，主要是槽的辐射热。可在槽底，槽壁上涂敷一定的保温层，使内衬黑度降低，热阻增加，减小电解槽的热损失。

常用的电解槽保温材料有：硅酸铝纤维材料、纳米超级隔热板、高温陶瓷隔热板、超级反射保温板以及其他新型保温材料，下面介绍一种新型轻质散状保温材料——铝电解槽用新型轻质散状保温材料。

铝电解槽用新型轻质散状保温材料是以赤泥为主要原料，轻质骨料和耐火细粉复合配料，优化选取了 q = 0.24 的 6 级粒度级配方案，生产的一种新型轻质保温材料，适用于做铝电解槽底部保温材料。铝电解槽用新型轻质散状保温材料的技术特点和技术经济优势。

（1）无缝隙，保温性与整体性好。粘土质隔热砖铺砌两层，上、下层错

缝铺砌，一般留有 1~2 毫米的砖缝，需以大量工业 Al_2O_3 粉做灌缝处理，这种新型轻质散状保温料属不定形耐火材料，施工后整体性好，无缝隙，有利于保证电解槽运行过程中底部的保温效果，同时可节约大量工业 Al_2O_3 粉。

新型散状保温材料导热系数为 0.172 瓦／（米·开尔文），同原保温材料结构相比，具有更好的保温效果。

（2）有利于电解槽的稳定高效运行。从改进后槽底部结构看，新型散状保温材料与干式防渗料配套使用相得益彰，既有利于槽底保温，又有利于防止电解质渗透，同时轻质散状保温料与干式防渗料一样具有一定的可塑性，能有效防止槽底部隆起，减少槽壳变形，延长电解槽的运行寿命。

（3）施工便捷。从材料性状看，新型轻质散状保温料与干式防渗料非常相似，因而可以采用相同的施工工艺和器具，无须再对工人进行复杂的操作培训。

新型轻质散状保温材料同原保温砖加硅酸钙板的保温层结构相比，在整体结构、施工性能和保温效果等方面具有良好的性能，并能大幅度降低保温材料成本，同时可有效利用赤泥废渣，具有明显的技术、经济和社会效益。

2. 余热回收

在电解铝生产中，会产生大量的余热，应采取措施，搞好余热利用，降低吨铝电耗。

铝电解槽的烟气分别通过槽体系的集气罩引入各自的烟管，各支路的烟气汇总到总管道中，再通过主管道送入除尘系统，经过除尘净化后的由引风机抽出，经烟囱排出。

电解铝生产过程中产生的低温烟气，温度一般为 100~200 摄氏度，烟气带走的热量大致占整个槽体系能量支出的 20%~35%。回收利用这部分废热资源，能够有效地降低电解铝的单耗指标，开创电解铝行业节能的新局面，而低温烟气余热发电技术是一种有效的节能途径。特别是随着低沸点工质发电技术发展，可以对铝电解产生的低温烟气余热进行有效的回收利用。采用这种发电技术，可以使吨铝能耗下降约 200~250 千瓦时，我国整个电解铝企业每年节电 90 亿~150 亿千瓦时，相当于 110 万~185 万吨标煤。

（九） 采用计算机控制技术

在电化学生产过程中，许多因素影响反应过程的速度和质量。比如电解液中各种成分的比例，电解液的温度，添加剂的多少以及两个电极间的极距、阴极沉淀物的多少等。这些因素在电化学反应的全过程中是动态变化的。采用人工方式调节，很难及时准确地进行调节。如果采用计算机自动控制，就可以做到增加反应过程中的加料次数，减小加料时间间隔和每次加料量，较好地保持各种成分的比例。还可以采用计算机自动控制电解液的温度，保证反应过程在较为合适的状态下进行。采用计算机自动控制电极极距，能够准确及时地进行调整，避免人工调整忽大忽小的现象，起到了减小槽平均电压的良好效果。添加剂也能够自动添加，以保持添加剂含量的稳定，提高电流效率。

在铝电解的生产过程中，电解质温度、电解质初晶温度和过热度（简称"三度"）的控制是重要核心。现有电解槽对"三度"的控制主要由人工掌握，要取得较好的电解生产指标比较困难。"三度寻优"控制技术是以计算机为控制核心，通过对"三度"的有效控制而形成一套信息化、标准化生产管理模式。这项新技术能够有效地确保电解槽工作在高效率的"临界态"，从而提高铝电解槽的电流效率，降低效应系数，提高大型预焙槽炼铝的能量利用率，不仅可以大幅度降低能耗，而且能使电解槽产生的炭氟化合物气体的排放量降低，对生态环境保护具有重大意义。

第四节　电加热节能

一、电加热设备

（一）概述

电加热设备是利用电热效应产生的热量加热物料的设备，主要是各种工业用电加热炉。电加热设备目前已广泛应用于工农业生成的各个领域。在冶金工业中，电加热炉被用于黑色金属和各种有色金属及其合金的冶炼；在机械加工行业中，电加热炉被用于工业的锻造、冲压和热处理；在轻工行业中，电加热炉被用于食品、木材、造纸、棉毛织品、印染等产品的干燥；在石油化工、农业生成以及其他很多领域中，电加热设备都得到了广泛的应用。

（二）电加热设备的特点与种类

1. 电加热设备的特点

电加热设备与燃料加热设备相比，具有以下特点：

（1）热效率高。

一般为40%～70%，高的可达80%～90%。

（2）电热功率密度大。

电加热炉可以在较短时间内，例如几分钟，甚至几秒钟内，快速将物料加热到所需的温度。电加热炉还可以将物料加热到燃料炉达不到的温度。例如，钨的熔点在3390摄氏度，要熔炼钨只能用电炉。

（3）温度控制准确。

电加热炉普遍采用自动控制技术，能够准确控制电炉温度。温度偏差可以稳定保持在±（3～5）摄氏度，有的精度还可以更高。还可以按照工艺要求设置较精确的升温、保温和降温曲线。

（4）炉内气氛易控。

电加热炉工作时，有的需要抽成真空，有的需要添加某种气体，有的甚至可以在不同的炉段内分布充入不同的气体。例如，硅钢带卷的连续退火炉就需要在不同的炉段充入不同的气体。

（5）易于实现生产过程的机械化和自动化。

电加热炉往往具有功能较强的自动控制系统，易于实现生产过程的机械化和自动化，改善劳动条件，提高生产率。对环境造成的污染较小。

但是，电加热设备耗电量大，单位热能价格较高，而且，电炉成套设备的一次性投资较高。

2. 电加热设备的种类

根据电能转换为热能的形式不同，电加热设备通常可分为以下几种：

（1）电阻加热设备。

电阻加热设备是利用电流通过导体时，因导体电阻作用而产生的热量来加热工件或材料的一种加热方式。利用电阻发热原理制成的电加热设备称为电阻加热设备（电阻加热炉）。

（2）电弧加热设备。

气体在正常情况下不导电。但当气体电离后，就会产生自由电子和离子。如果加上直流电压，电子和离子就会分别向正极和负极移动，形成电流，这就是气体放电现象。

气体放电时会产生温度很高的电弧，电弧加热炉就是利用电能在空气介质中产生电弧燃烧时的热量来熔炼加热工件或材料的一种加热方式。利用电弧燃烧作热源而制成的电加热设备叫电弧加热设备（电弧炉）。

（3）感应加热设备。

感应加热是应用电磁感应原理，使处于交变磁场或电场中的导体（被加热物）内产生感应电流，感应电流通过导体内电阻产生热量来对自身加热的一种加热方式。利用这种加热方式进行加热的设备叫感应加热设备（感应炉）。

（4）远红外加热设备。

利用 $2.5 \sim 15 \mu m$ 的电磁波对物料加热，习惯上称为远红外加热。将能够辐射远红外线的材料涂敷在远红外辐射元件上，通电后，产生远红外线，被加热物体吸收，转换为热能，实现加热。

远红外加热，有一定的透入深度，加热时间快，加热均匀。大多数有机化合物对远红外线有强烈的吸收特性，采用远红外加热有着较高的效率。

（5）电子束加热设备。

电子束加热是利用电流通过钨等高熔点金属产生的电子束来轰击被加热物而产生热量的一种加热方式。利用电子束加热原理制成的电加热设备叫电子束炉。电子束炉转换效率可高达90%以上，并且制造出功率达120千瓦以上的加热装置。电子束加热主要用于金属的熔炼、焊接、表面处理以及金属和非金属的刻蚀、钻孔、切割、电子束蒸发被膜、电子束排烟排气处理等。

（6）特殊加热设备。

包括介电加热设备、等离子熔炼炉、工业微波加热炉和激光加热设备等多种加热设备。

（三）　电加热设备的介绍

1. 电阻加热设备

（1）电阻加热的基本原理。

利用电流的焦耳效应将电能转变成热能来加热物体就称之为电阻加热。通常分为直接电阻加热和间接电阻加热。

1）直接电阻加热。

直接电阻加热就是将电源电压直接加到被加热物体上，当有电流流过时，被加热物体本身有电阻，便开始发热。可直接电阻加热的物体首先必须是导体，而且要有较高的电阻率。由于热量产生于被加热物体本身，属于内部加热，热效率很高。

2）间接电阻加热。

间接电阻加热则需由专门的合金材料或非金属材料制成发热元件，由发热元件产生热能，通过辐射、对流和传导等方式传递到被加热物体上。由于被加热物体和发热元件分成两部分，因此被加热物体的种类一般不受限制，操作简便。

（2）常用电阻加热设备介绍。

电阻加热设备包括箱式炉、井式炉、盐浴炉、扩散炉和烧结炉等。与其他电炉相比，电阻炉发热方式简单，对炉料限制少，炉温控制精确度高，易于实现真空或控制气氛下加热。电阻炉广泛应用于工件的淬火、回火、退火、渗碳及氮化等热处理工艺中，也可用于材料的加热、干燥、热结、钎焊等工艺中。电阻炉是目前需要量最大，品种规格最多的一类电炉。

1）电阻加热设备的分类。

① 电阻加热炉按照加热工件的方式不同分为：间接加热电阻炉和直接加热电阻炉两种。

② 电阻炉按照炉膛气氛和使用的介质分，又可分为普通电阻炉、控制气

氖电阻炉、真空电阻炉、浴盐炉和流动粒子炉。

③ 电阻炉按照温度可分为低温电阻炉、中温电阻炉和高温电阻炉三种。低温电阻炉的工作温度一般在 700 摄氏度以下，包括各种干燥炉、钢件回火炉、轻合金零件的热处理炉和加热炉等。中温电阻炉的工作温度一般在 700 ~1200 摄氏度左右，其传热方式主要是辐射，大多用于一般钢制品的回火、退火和淬火。高温电阻炉的工作温度一般在 1200 摄氏度以上，用于高级合金钢件热处理和金属的烧结与熔化。

④ 按照作业方式，可分为间歇式和连续式两种。间歇式用于工件品种多，批量小的场合；连续式用于工件品种和工艺要求都比较单一的大批量生产中。

2）间接加热电阻炉的介绍。

① 以辐射传热为主的电阻炉。以辐射传热为主的电阻炉电热元件产生的热主要通过辐射的方式传递给被加热的金属。电热元件辐射的热流，一部分直接投射到金属上，一部分投射到炉衬内表面上及邻近的电热元件和托挂电热元件的搁砖或挂钩上，其各部分的比例取决于相互之间的角度系数。

为了强化电热元件对金属的辐射传热，在炉子电阻加热炉的结构设计上注意以下原则：

a. 为增大电热元件对金属辐射的角度系数，应在不影响进出料操作的前提下，尽可能缩短电热元件与金属之间的距离，一般为 50 ~ 100 毫米。

b. 减小电热元件相互之间对热辐射的遮蔽系数，让电热元件辐射出来的热能更多地直接投射到金属上。为此，在设计电热元件的结构尺寸时，丝状元件的螺距以及带状元件的间距，都不宜过小。

c. 减小电热元件托挂部件对电热元件热辐射的遮蔽系数。如丝状元件的螺旋形结构若改为波纹形结构，改搁砖放置为用挂钩吊挂在炉墙上，则可使电热元件对金属的热辐射增强。

② 以对流传热为主的电阻炉。以对流传热为主的电阻炉是以循环的气体作为加热介质，当气流通过电热元件表面时，以对流方式将热量带走，再以对流方式把热量传给金属。要达到金属加热温度的均匀性，要求加热室和工

作室内的气流分布要均匀，这与加热室的布置、导流板的安装以及金属的摆布等有关。炉内循环气流的流量也影响金属温度的均匀性。因为气流在流动中将热量传给金属时，温度逐渐下降，造成在进口端与出口端的温差，温差的大小与气体的循环量有关。为了减小气流温差，要保证循环风机的风量达到一定的数值。此外，电热元件合理均匀的布置，也影响金属温度的均匀性。就这点而言，圆形截面的炉子较为有利，因为电阻炉横向的四周都可以安装电热元件。

③ 以传导传热为主的电阻炉。如盐浴炉，加热金属物料主要靠高温的盐浴熔液将热直接以传导方式传递来进行的。与一般电阻炉相比，盐浴炉具有加热速度快，加热均匀，物料有熔盐的保护可减少氧化，以及炉子结构简单等优点。其缺点是热损失大，盐消耗量大及劳动条件差。近来有一部分盐浴炉已被新型的流动粒子炉所取代。

3）直接加热电阻炉的介绍。

如图 5－13 所示，被加热的物料夹紧于两个接触夹头之间，当电流通过物料时，根据焦耳－楞茨定律（见式 5－44），在物料本身内部电阻使电能转换为热能。因为没有加热元件，加热速度很快，热损失小，热效率高，金属的氧化脱碳也很少。由于热量的产生取决于物料的电阻和通过的电流，一般金属物料的电阻较小，故必须采用变压器供给低电压大电流的电源。

$$Q = I^2 Rt \qquad (5-44)$$

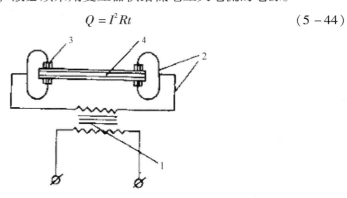

1—变压器；2—电缆；3—接触夹头；4—物料

图 5－13　电阻直接加热示意图

式中：

Q——热量，单位为焦耳；

I——通过物料的电流，单位为安培；

R——物料本身电阻，单位为欧姆；

T——通电加热时间，单位为秒。

交流电通过被加热的金属时，由于交流电的集肤效应（趋肤效应），造成金属横截面上的电流密度不均的现象，越靠近表层，电流密度越大，越靠近中心，电流密度越小。电流分布不均匀，引起金属断面上的温度也不均匀。开始加热阶段表层温度高，以后依靠传导传热，表面与中心的温差逐渐缩小。因此，加热时间不能太短。同时在被加热物整个长度上，电阻必须均匀，故直接加热只适用于沿整个长度截面均匀的材料，如管材、棒材、带材等。

普通的电接触热处理炉简单实用、投资小、上马快，适宜中小型钢丝加工厂。其结构主要有预热铅锅、铅淬锅、收线机三个主要部分。如图 5－14 所示。

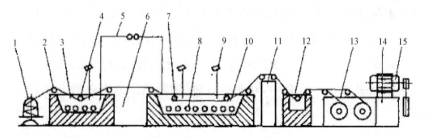

1—放线架；2—导轮；3—预热铅钢；4、7—压辊；5—低压电源线；6—加热段；8—电热元件；

9—热电偶；10—铅淬锅；11—桥架；12—水冷池；13—收线机；14—减速箱；15—变速电机

图 5－14　普通点接触热处理炉结构

电接触热处理炉的生产流程为：钢丝——铅锅预热——加热段加热——铅浴等温转变——收线。电接触炉热处理工艺有很多优点，特别是处理线径 5 毫米以下的钢丝，比较适宜。

电接触炉主要优点：

① 电接触热处理炉的线速快，产量高．它的生产线速比燃料炉快 50% ～

100%。两者实际速度的对比如表5－6所示。

表5－6 电接触炉与燃料炉热处理工艺生产线速的比较

钢丝直径（mm）	燃料热处理线速（m/min）	电接触热处理炉线速	
		根数	m/min
6.5	2.7	6	4.9
6.0	3.0	6	6.0
5.2	3.5	8	5.8
4.7	4.4	8	7.0
4.0	6.0	10	7.8
3.5	7.1	10	10.0

② 经过电接触炉热处理的钢丝，组织中只有极少的游离铁素体，并且晶粒度细，与相同条件的铅浴燃料炉相比，强度偏高，拉拔性能较好，成品的扭转值明显比燃料炉要高，如表5－7所示。同时钢丝表面的氧化层很薄，可大大减少酸洗的时间，因此有条件建立连续酸洗流水作业线。此外脱碳的程度也比燃料炉轻。

表5－7 电接触炉与燃料炉铅浴钢丝性能比较

项目	电接触热处理炉	燃料热处理炉
线温（℃）	960	940
铅温（℃）	530	520
线速（m/min）	20.13	10.09
强度（kg/min^2）	114.3	114.0
扭转（次）	89	45
完曲（次）	13	12
伸长率（%）	9.6	9.9
组织	索氏体＋微量分散铁素体	索氏体＋微量分散铁素体＋少量珠光体

注：表中的钢丝直径为2毫米，含碳量0.65%。

③ 电接触炉由于是电阻加热，电能利用率高。比使用电热元件辐射的加热炉节约 30% 左右的电能。

④ 加热部分全长仅 5 米，占地少，而燃料炉的加热部分长达 15 米左右。同时由于不用燃料，操作环境清洁。此外，电接触炉基本上不用检修，而燃料炉因马弗砖的炉眼经常堵塞或损坏，每年至少要修理 1~2 次。

电接触炉主要缺点：

① 穿头比较麻烦。因为预热铅锅中多了一只压棍，钢丝就多弯曲一次，尤其是处理粗钢丝时劳动强度高。同时钢丝在铅锅内运行时容易互相缠绕，引起线温波动，严重时甚至断头。

② 交流低压电源加热时，电压不能超过 55 伏，如果过高，则不安全。

2. 电弧加热设备

（1）电弧加热的基本原理。

电弧加热的基本原理就是利用电弧所产生的高温来加热物体。

电弧是两电极间的气体放电现象。电弧的电压不高但电流很大，其强大的电流靠电极上蒸发的大量离子所维持，因而电弧易受周围磁场的影响。当电极间形成电弧时，电弧柱的温度可达 3000~6000 开尔文，很适于金属的焊接和高温熔炼。

电弧加热也有直接电弧加热和间接电弧加热两种。

1）直接电弧加热。

直接电弧加热的电弧电流直接通过被加热物体，被加热物体必须是电弧的一个电极或是媒质。

2）间接电弧加热。

间接电弧加热的电弧电流不通过被加热物体，主要靠电弧辐射的热量加热。电弧加热的特点是：电弧温度高，能量集中，炼钢电弧炉溶池的表面功率可达 560~1200 千瓦/平方米。但电弧的噪声大，其伏安特性为负阻特性（下降特性）。为了在电弧加热时保持电弧的稳定、在电弧电流瞬时过零时电路电压的瞬时值大于起弧电压值，同时为了限制短路电流，在电源回路中，必须串接一定数值的电阻器。

（2）常用电弧加热设备介绍。

电弧加热设备热量集中、温度高、加热电耗低、设备占地小、工艺灵活性大，通常只用作金属或非金属材料的熔炼，而不作加热使用。

1）电弧加热设备的负荷特点。

由于电弧加热设备用于熔炼，设备运行时，用电负荷波动大而频繁。比如在电弧炉炼钢的熔化期，由于炉料熔化、崩塌，常常造成短路，致使电流波动很大，电弧也不稳定。为了限制短路电流对供电系统带来的冲击，要加热系统中增设电抗器，即可以限制短路电流，也可以稳定电弧，当电弧稳定后，电抗器就可以切除。所以，合理使用电抗器，既可保证冶炼顺利进行又可降低电能消耗。

2）按电弧炉的加热方式可分为间接加热、直接加热和电阻三种类型。

① 间接加热电弧炉是电弧在两电极之间产生，不接触物料，靠热辐射加热物料。如铜及铜合金熔炼炉。

② 直接加热电弧炉是电弧在电极与物料之间产生，直接加热物料。如炼钢电炉。

③ 电阻电炉也称还原电炉、矿热电炉或电渣炉。其电极一端埋入料层，在料层内形成电弧并利用料层自身的电阻发热加热物料。如电石炉、铁合金炉、黄磷炉、刚玉炉。

3）根据供电电源的不同，可以分为：

三相交流电弧炉和直流电弧炉。三相交流电弧炉电流波动较大，而直流电弧炉要比交流电弧炉稳定得多。

4）电弧炉的组成：

① 电源部分：电炉变压器（整流器）、高压供电、低压电气控制柜等；

② 电极部分：电极升降装置、导电横臂、电极类等；

③ 炉体部分：炉壳、炉盖、炉体倾转机构等；

④ 短网部分：导电铜排、水冷电缆等；

⑤ 冷却水系统。

3. 电磁感应加热设备

（1）电磁感应加热的基本原理。

感应加热是应用电磁感应原理，使处于交变磁场或电场中的导体（被加热物）内产生感应电流，感应电流通过导体内电阻产生热量来对自身加热的一种加热方式。其主要参数如下：

1）感应电流的透入深度。

在电磁感应加热炉内，被加热的工件 4（见图 5－15）置于感应器内，后者通常是由紫铜管绕制而成的感应线圈 2。在线圈与工件间一般有耐火绝缘层隔开。当交流电源输入感应器时，在感应器中激发起交变磁通。它们穿过被加热的金属时，因电磁感应产生感应电流。这种涡状电流将出于工件自身的电阻而做功，把电能转化为热能从而加热工件。

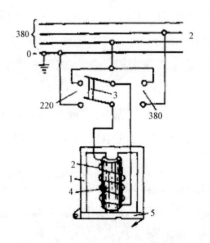

1—导磁体；2—感应线圈；3—开关；4—被加热工件；5—轭铁

图 5－15　感应加热原理图

由于交流电的集肤效应，感应电流在金属物料截面上的分布是不均匀的，表面电流密度最大，热量也主要产生于表面层内，通过传导传热逐渐向中心传递。所以从电工的角度看，无芯感应电热炉原理相当于次级只有一匝的空芯变压器。当电流密度由表面向中心逐渐减少，约减少到表面电流 37% 的点，此点到表面的距离 δ 称为感应电流的透入深度。δ 值可由式（5－45）

求出：

$$\delta = 5030 \sqrt{\frac{\rho}{\mu_2 f}} \qquad (5-45)$$

式中：

ρ——被加热金属的电阻率，单位为欧姆厘米；

μ_2——被加热金属的相对导磁率，单位为亨/米；

f——供电频率，单位为赫兹。

2）电磁感应加热炉的电热效率。

① 电效率。这里所指的电效率是电磁感应加热炉本身即感应器与物料系统的电效率，不包括供电系统。按电效率的定义，应等于物料吸收的有功功率与输入感应器的功率比值，见式（5-46）：

$$\eta_{电} = \frac{1}{1 + \dfrac{d_1}{d_2}\sqrt{\dfrac{\rho_1}{\mu_2 \rho_2}}} \qquad (5-46)$$

式中：

d_1、d_2——分别为感应器的直径与物料的直径，单位为厘米；

ρ_1、ρ_2——分别为感应线圈的电阻率与物料的电阻率，单位为欧姆厘米；

μ_2——物料的相对导磁率，单位为亨每米。

② 热效率。电磁感应加热炉的热效率指加热物料的有用功率与物料吸收的有功功率之比，见式（5-47）：

$$\eta_{热} = \frac{P_{2用}}{P_{2有}} = 1 - \frac{P_{2损}}{P_{2有}} \qquad (5-47)$$

式中，$P_{2有}$、$P_{2用}$、$P_{2损}$——分别代表物料的有功功率、加热的有用功率（又称有效功率）、由于散热造成的功率损失，单位为千瓦。

欲提高电磁感应炉的热效率必须减少热损失。为此，应尽量减小线圈与物料之间的空气间隙和线圈的匝间缝隙；在感应器内径与物料外径的直径比不大时，散热主要是绝热层的导热损失；热效率还与物料直径 d_2 和其透入深度 δ 之比有关，因为电热转换基本上是在透入深度内完成的，热散失较小，大部分热量传给物料内部，如 d_2/δ 的值愈大，热效率则愈低，故在直径一定时，提高电流频率会使集肤效应加强，物料表面温度高，热损失大，热效率将会降低。

③电热总效率。炉子的电热总效率是电效率与热效率的乘积，见式（5-48）：

$$\eta = \eta_{电} \cdot \eta_{热} \qquad (5-48)$$

式中：$\eta_{电}$、$\eta_{热}$——分别是电磁感应加热设备的电效率和热效率。

无芯电磁感应加热炉的热效率较高，一般在 0.9 左右，电效率不高，只有 0.7 左右。工业要求电磁感应加热炉的电热总效率不低于 0.5。电效率与热效率并不总是统一的，二者之间存在矛盾。如增加绝热层的厚度，有利于提高热效率，但降低了电效率，因为 d_1/d_2 增加了；提高供电频率，有利于提高电效率，但却降低了热效率。所以应分别具体情况，抓住矛盾的主要方面。例如当加热导热系数大、加热温度较低、热损失相对较小，并且吸收功率能力低（由于电阻率及导磁率小）的物料时，热效率较高，欲增大电热总效率，主要应提高电效率。

（2）常用电磁感应加热设备介绍。

1）电磁感应加热设备的分类。

①电磁感应加热炉按其电源频率不同，有高频（10kHz 以上）、中频（150~10000Hz）、工频（50~60Hz）三种。

②按照感应线圈里是否有铁芯分为：有芯感应炉和无芯感应炉，其中无芯感应炉有工频无芯感应炉、中频无芯感应炉和高频无芯感应炉。

2）电磁感应加热设备的特点。

感应加热效率高、加热迅速、被加热物表面氧化烧损少、温度易于控制、可进行局部加热，感应加热工作环境清洁噪声小、灰尘少，但设备功率因数低多在 0.15~0.5 之间。

3）电磁感应加热设备的结构。

电磁感应加热炉的炉体通常由感应器、炉衬、滑轨、导磁体、炉架等构成，图 5-16 为卧式工频炉横截面结构示意图。感应器通常是用紫铜管绕成的线圈，一般为矩形截面的铜管，管内通水冷却。由于感应器与炉料间存在邻近效应，使电流集中于感应器内侧（靠炉料侧），故为减少有功功率损耗，内侧铜管的壁厚为透入深度 h 的 $1 \sim 1.5$ 倍。对工频感应炉（50Hz），透入深度 $h = 9.5$ 毫米，故电源为工频的情况下，线圈多采用异型铜管或内侧加厚的铜管。

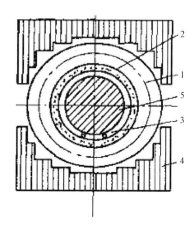

1—感应器中心线；2—耐火绝缘套；3—滑轨；4—导磁体；5—被加热工件

图 5-16 工频感应加热炉炉体的横截面结构

感应器的线圈匝数由几匝到几十匝，各匝采用浸有绝缘材料的玻璃丝或玻璃布缠绕，其厚度约 $1.5 \sim 2.5$ 毫米。感应器与炉料之间有炉衬隔热，保护感应器不受炉料辐射的影响，提高感应器的使用寿命。

4. 远红外线加热设备

（1）远红外线加热的基本原理。

远红外线加热的原理是，利用涂覆在远红外辐射元件上的辐射材料内部分子和原子运动，并将电能以电磁波的形式辐射给被加热物。实际应用的远红外线辐射源是由远红外波段单色辐射率较高的辐射材料和产热基材做成的。现在使用的远红外线材料，大部分是金属氧化物。

（2）远红外线加热设备介绍。

1）远红外线辐射元件的分类。

远红外线辐射元件，按形状不同，一般分为管状、板状、灯状等。

① 管状远红外线辐射元件是以管内充满绝缘、导热性能良好的氧化镁粉的金属管或陶瓷管作为基体，管外涂有远红外线辐射材料。目前国内常用的有乳白石英管加热器、碳化硅管红外加热器、钡钛黑磁红外加热器等。管状远红外辐射元件，配反射罩与不配反射罩，辐射强度可提高50%左右。

② 板状远红外辐射元件是将远红外线辐射材料涂覆在碳化硅或锆英砂和金属板基体上，以电阻丝作热源，采用复合烧结而制成的红外辐射元件。适用于温度高辐射强度大的远红外加热设备。

③ 灯状远红外线辐射元件。灯状远红外线辐射元件也是碳化硅、锆英砂或其他陶瓷类材料做成灯状形式，用复合烧结法将远红外线辐射材料涂覆在其表面，热源为电阻丝。适用于加热形状复杂、大小不同的立体零件，如汽车、电冰箱内壳涂层的干燥加热等。

2）远红外线加热技术应用中的注意事项。

① 选择合适的炉型结构。在应用远红外线辐射加热时，其炉体的基本尺寸应根据加热对象和目的、加热时间、装料的密度等确定。

② 远红外线辐射元件的配置。为了提高辐射加热的效率和获得均匀加热的温度，元件的配置极为重要，包括元件的布置方式、照射距离和消除"阴影"等方面。

③ 炉体的保温。为了使炉体的散热损失减小，远红外线加热设备应同其他加热炉一样进行保温。

④ 注意远红外线元件的使用电压。无论单件使用或组件使用，必须注意与电源电压相符。

⑤ 可靠接地。远红外线元件框架应良好接地，以免漏电造成事故。

⑥ 注意远红外线元件的性能衰减。加热元件采用涂覆材料制成时，由于辐射涂层反复冷、热循环，且与基体的热膨胀系数不同，长期使用温度超过500摄氏度时，产生的氧化物材料同时剥落，出现性能衰减。

5. 电子束加热设备

（1）电子束加热的基本原理。

电子束加热就是利用在电场作用下高速运动的电子束轰击物体表面，使之被加热。进行电子束加热的主要部件是电子束发生器，又称电子枪。电子枪主要由阴极、聚束极、阳极、电磁透镜和偏转线圈等部分组成。阳极接地，阴极接负高位，聚焦束通常和阴极同电位，阴极和阳极之间形成加速电场。由阴极发射的电子，在加速电场作用下加速到很高速度，通过电磁透镜聚焦，再经偏转线圈控制，使电子束按一定的方向射向被加热物体。

电子束加热的优点是：

1）控制电子束的电流值 I_e，可以方便而迅速地改变加热功率；

2）利用电磁透镜可以自由地变更被加热部分或可以自由地调整电子束轰击部分的面积；

3）可增加功率密度，以使被轰击点的物质在瞬间蒸发掉。

（2）电子束加热设备介绍。

1）电子束加热表面处理。

电子束是一种高能密度的热源，它可以毫秒级时间内把金属由室温加至奥氏体化温度或熔化温度，并借助冷基体的自身热传导迅速冷却，其冷速也可达到 103～106 摄氏度/秒。如此快的加热和冷却速度就给材料表面改性提供了很好的条件。电子束流的产生原理是由电子枪阴极灯丝加热发射的电子形成的高能电子流，经聚集线圈和偏转线圈照射到金属表面，并深入金属表面一定深度，与基体金属的原子核及电子发生相互作用。与激光加热相比较，能量利用率高，加热深度深，电子束对焦和束流偏转容易，操作控制方便，电子束设备功率稳定，输出功率大，最高功率可达 150 千瓦，设备运行成本比激光处理便宜一半以上。

电子束加热的工件表面不需黑化处理。电子束照射方式，可以是连续的，也可以是脉冲的。电子束加热速度快，淬火组织很细，可以得到细针马氏体、隐晶氏体，甚至超细化组织，这是电子束热处理重要特点之一。电子束淬火一般不需要回火。

2）电子束真空熔炼炉。

它是一种真空冶金设备，其温度可达到 3500 摄氏度以上的高温其主要用途是可以制成高纯度的致密的凝固态金属锭。

电子束熔炼是一种特殊的真空冶金设备。利用炉中的电子枪可将几十至数百千瓦的高能电子束聚焦在1平方厘米左右的焦点上，产生3500摄氏度以上的高温。当高能电子束聚焦在欲熔炼的钨、钼、钽、铌、锆等难熔金属原料上时，就能够将这些金属熔化，达到熔炼或提纯的目的。由于高温区域有限，熔化的金属需要一点一点地滴入下面的熔池，经结晶器冷却，凝固成锭。在高真空和高温的作用下，液态金属中的气体和杂质大量蒸发。从而得到高纯度的致密的凝固态金属锭。

3）电子束焊接。

电子束焊接因具有不用焊条、不易氧化、工艺重复性好及热变形量小的优点而广泛应用于航空航天、原子能、国防及军工、汽车和电气电工仪表等众多行业。电子束焊接的基本原理是电子枪中的阴极由于直接或间接加热而发射电子，该电子在高压静电场的加速下再通过电磁场的聚焦就可以形成能量密度极高的电子束，用此电子束去轰击工件，巨大的动能转化为热能，使焊接处工件熔化，形成焊缝，从而实现对工件的焊接。

6. 高频介质加热和微波介质加热设备

（1）高频介质加热和微波介质加热的原理。

利用高频电场对绝缘材料进行加热。主要加热对象是电介质。电介质置于交变电场中，会被反复极化（电介质在电场作用下，其表面或内部出现等量而极性相反的电荷的现象），从而将电场中的电能转变成热能。

1）高频介质加热。

频率为几百千赫到300兆赫（其频率高于电磁感应加热中的超高频频率）称为高频介质加热。通常高频介质加热是在两极板间的电场中进行的。

2）微波介质加热。

若高于300兆赫，达到微波波段，则称为微波介质加热。微波介质加热则是在波导、谐振腔或者在微波天线的辐射场照射下进行的。

（2）高频介质加热和微波介质加热的应用。

介质加热由于热量产生在电介质（被加热物体）内部，因此与其他外部加热相比，加热速度快，热效率高，而且加热均匀。介质加热在工业上可以加热热凝胶，烘干谷物、纸张、木材，以及其他纤维质材料；还可以对模制前塑料进行预热，以及橡胶硫化和木材、塑料等的粘合。选择适当的电场频率和装置，可以在加热胶合板时只加热粘合胶，而不影响胶合板本身。对于均质材料，可以进行整体加热。

与常规加热（如火焰、热风、电热、蒸汽等）方法相比它们都是利用热传导、对流、热辐射将热量首先传递给被加热物的表面，再通过热传导逐步使中心温度升高（即常称的外部加热）。它要使中心部位达到所需的温度，需要一定的热传导时间，而对热传导率差的物体所需的时间就更长。介质加热则属于内部加热方式，它的电磁能直接作用于介质分子，并转换成热，且它所具有的透射性能使物料内外介质同时受热，不需要热传导，而且因为内部缺乏散热条件，造成内部温度高于外部的温度梯度分布，形成驱动内部水分向表面渗透的蒸汽压差，加速了水分的迁移蒸发速度。特别是对含水量在30%以下的食品，速度可数百倍的提高，缩短加热时间，在短时间内达到均匀干燥。因此它用在木材干燥领域内能量利用效率很高，又避免了木材的变形。

（四）　电加热方式的选择原则

从我国目前的电力供应形势看，在电力远远不能满足工农业生产增长需要的情况下，在选择加热方式和采用电加热设备时，首先要考虑到合理用电、节约用电、计划用电的需要，一般在选择加热方式和设备时，应遵守如下原则：

（1）在工艺技术条件允许的情况下，应优先选择用燃料直接燃烧作为热源进行加热。因为电是一种二次能源，在生产、转换和输送过程中，不可避免地要产生一定损失。从一次能源利用角度看，火力发电厂发出的电能输送到用电单位时的一次能源利用率只有28% ～38%，经加热设备转换为热能使用后，折算的一次能源利用率只有11% ～28%。因此只有在工艺条件，如温度要求、杂质含量、温度控制精确度等用其他热源不能满足要求时，方选用电加热方式。

（2）在满足工艺要求条件下，应尽量选用直接加热方式，而不要选用间接加热方式。一般说来，直接加热方式加热速度快、能源交换次数少，比间接加热方式要节省能源。如油漆干燥，用远红外直接加热烘干比用热风烘干一般可缩短烘干时间80%左右，降低电耗50%~80%。

（3）在满足工艺要求并进行技术经济比较后，依照下述原则，正确合理地选择电加热炉炉型。

1）对大批量、单一品种零件的加热，应首先考虑用感应加热。

2）对小批量、多品种零件的加热，可选用箱式炉、井式炉等电阻加热方式。

3）对低温加热、薄层材料的加热，应优选考虑选用远红外线加热方式。

二、电加热设备节能

（一）电加热设备节电管理

电加热设备的节能管理应从维护使用、生产调度、工艺控制、定额考核、对标管理等多方面着手，制定出完善的规章制度，并认真组织实施，保证电加热设备高效率运行，以达到优质高产低耗的目的。

1. 合理选择电加热设备，提高加热效率

严格按照工艺的要求，合理选择电加热炉的炉型，尽量选用高效的电热设备。采用热容小、热导率低的轻体耐火保温材料，采用先进的加热元件。如注塑机、电缆挤铅机和熔锌炉采用电磁感应加热代替电阻丝加热；远红外加热在塑胶机械的应用和远红外隧道烘箱的应用等。

2. 加强维护保养，减少设备热损失

加热设备炉内温度高，长期使用后，炉门、炉盖、观察孔、测温元件孔的易烧损变形，使电加热设备密封不严，炉内高温气体溢出，炉外冷空气吸入，形成对流热损失。同时，因高温气体的外溢伴随辐射热损失增大。因此电加热设备的检查、维护、检修和保养工作是十分重要的。

3. 尽量实行集中生产，减少空载损失

电加热设备及其附属构件都有一定的损耗，包括电气装置自身的电阻损耗、炉体和工装夹具的蓄热、散热损耗等。在加热产品产量一定的情况下，开炉次数越多，时间越长，一次装入工件量越少，则这一部分损耗就越大。因此，在工作品种多、数量少情况下，应进行合理调度生产，尽量将应加热工件集中，让电加热设备能连续满负荷运行，减少开炉次数和空载升温次数，减少空载损耗。

4. 制定科学的工艺操作规程，严格按工艺要求进行操作

被加热工件或材料都有一定的工艺要求，应该按照工艺要求，制定出相应的工艺操作规程，并通过岗位培训和相关的制度约束，保证在生产过程中，操作人员能严格按操作规程进行操作。操作时，要尽量减少开启炉门、炉盖次数，尽量缩短开启时间和装出料时间，以减少电加热设备的辐射热损失，降低被加热工件或材料的单耗。

5. 加强定额考核，促进电加热设备高效经济运行

单位产品耗电量是考核耗电设备、生产工艺和操作水平的综合指标，科学合理地制定出各种产品的电耗定额，制定完善的考核制度，严格考核、奖惩兑现，是实现节能降耗促进电加热设备高效经济运行重要手段。为此，应该结合国家、地方、行业关于电加热设备的相关标准，科学合理地制定各种产品的单耗定额指标，充分调动操作人员的积极性，达到节能降耗的目的。

6. 回收利用余热

各种电加热设备的余热普遍没有得到利用，这是节电技术中值得重视和研究的一个问题，电加热设备产生的余热，大致有以下三种：

（1）高温烟气余热。如铁合金炉、炼钢电弧炉等，其烟气量很大，可回收直接用于预热炉料、入炉冷空气或间接利用加热热水或入炉冷空气等。

（2）高温产品的余热。如加热或熔炼后的钢锭、钢渣、电石、铸件等在冷却过程中放出大量的热量，可回收利用来预热物料、干燥、取暖等。

（3）可燃废气回收。如电石黄磷炉的废气，一般除带有物理显热外，其中还含有大量可燃化学成分，用其直接燃烧来加热热水以产生蒸汽进行利用等，均可收到节能降耗的显著效果。

（二） 电阻炉节电措施

工业生产中的典型电阻加热炉，多为间接加热炉。电加热设备在企业中

应用量多、面广、耗电最大、效率低，具有很好的节电潜力。电阻炉常采用以下节能措施。

1. 改进工艺、简化流程

改进升温曲线，缩短加热时间。在热处理工艺中，对加热时间、温度，长期以来都有严格规定，加热时间一般包括从开始加热到工件表面温度达到规定温度的升温时间和以此为开始相当于升温时间的 1/5 ~ 1/4 的保温时间。但研究实验表明，工件表面达到工艺温度时其心部也能很快达到规定温度。因此，取消保温阶段，缩短加热时间，是一项可行的节电技术措施，节电率可达到 20% 。

2. 尽量减少电阻炉的蓄热和散热损失

电阻炉的蓄热和散热损失是其最大的一项热损失，一般占总输入能量的 20% ~ 35% 。老式电阻炉多采用重质粘土砖和硅藻土砖作耐火隔热保温层，保温性能差。与多孔轻质耐火砖相比，电耗要高 25% 左右，与硅酸铝纤维炉衬相比电耗要高 50% 以上。因此，应该采用耐火纤维、轻质砖等轻质、高效隔热材料作炉衬，减少炉壁的散热和蓄热损失。另外，还可在耐温、耐火及隔热层外加一层由矿渣棉、高温超轻质珍珠岩等构成的保温材料。

用硅酸铝纤维毡改造各种电热炉炉衬，可以收到明显的节能效果。改造后，升温时间可以缩短 30% ~ 70% ，节电 30% ~ 60% 。

3. 改善电热元件性能，增强热辐射能力

电热元件发热性能的好坏直接影响到加热速度。应按照工艺要求，合理选用电热元件的种类。科学设计炉内电热元件的安装位置和传热条件。

（1）在炉内壁涂刷远红外涂料，或采用远红外加热器，或在中温电阻炉的螺旋形电阻丝内放置碳化硅管等措施，可取得 20% 以上的节电效果。

（2）在炉内壁喷涂高温节能涂料以增加炉衬内壁的黑度，强化炉内的热交换过程，使工件被迅速加热，从而提高电阻炉的热效率，是电加热设备的一项有效的节电措施，在电加热设备节能改造中得到了广泛的应用。常用的高温节能涂料多是以碳化硅为主要材料，加入一定数量的增塑剂、烧结剂和高温粘结剂制备而成，将涂料喷涂到加热炉内表面上，喷涂厚度一般控制在

0.1～0.2毫米，最多不得超过0.5毫米。采用节能涂料后，电加热设备的节电率能达到5%。

（3）为了减少电加热设备外壁的散热损失，将设备外壳用银粉漆喷涂，根据实验，喷涂银粉漆外壳的电加热设备散热损失比普通灰漆低20%左右。

4. 改进夹具及料框，减少夹具、料框的吸热损失

在加热工件、物料的同时，往往要使用部分夹具、料框。据测算，夹具、料框的吸热大约占总输入热量的18%～20%。因此，工件、物料加热时应尽量使用结构合理、重量轻、数量少的夹具、料框，并选用密度小的材料制作夹具及料框，以减少吸热损失。

5. 减少线路损耗

电阻炉的电热元件自身电阻一般较小，供电电流很大。因此，电源变压器或变流装置等与炉子的距离应尽可能短，以减小供电线路的功率损耗。

6. 加强电阻加热设备的密封，防止热"短路"

提高炉门、炉盖和热电偶插孔处的密封程度，尽量避免从炉外壁直通炉内壁使用金属件，防止热"短路"。减少进出炉的输送装置的体积和重量，以免带出过多的热量。

7. 采用大容量的电炉，减少单位产品的耗热量

尽可能采用大容量的电炉，减少单位产品的耗热量。尽量采用连续式电炉，合理安排生产，加强计划调度，减少电炉的热损失。改善炉内功率和温度分布，强化传热过程，提高生产率。改进操作以及装料量。

8. 盐浴炉节电措施

盐浴炉是以熔盐为加热介质的电炉，在电加热中使用普遍，其总使用容量约在50万千瓦以上，在电加热设备的节能中起到重要的作用。

盐浴炉工作时，工件在要熔融介质中通过对流换热，换热系数大，加热速度快、温度均匀、工件变形小、不易氧化和脱碳。盐浴炉的工作温度范围宽，可完成淬火、回火、局部加热以及化学热处理等工艺。但工作环境差，会造成一定的污染。盐浴炉常用以下节电措施：

（1）插入式盐浴炉改为埋入式盐浴炉。

盐浴炉的电极有插入式和埋入式两种。插入式盐浴炉的电极自顶部插入盐槽，电极更换方便。但电流是自上而下通过熔盐导电，电流密度分布上大下小，炉温上高下低，熔盐难于自然对流。因此，炉温分布不均匀，电耗较高，电极本身的热损耗也较大。同时，插入式盐浴炉的电极占到盐槽的 1/3 左右，减小了盐槽的有效容积。

埋入式盐浴炉电极装在炉膛下部的侧壁，温度下高上低，可以促进熔盐自然对流，使温度分布较均匀。而且电极不占炉膛容积，可提高物料的装炉量。因此，埋入式盐浴炉比插入式盐浴炉可节电 20% ~ 30%。但其电极形状复杂、不能调节，更换电极时需同时更换盐槽。

（2）盐浴炉的快速起动节电技术。

盐浴炉使用的加热介质一般是氯化钠、氯化钾及氯化钡等氯化盐。它们在固态时，电阻很大，接近绝缘状态。而在熔融状态下，本身的离子活动能增加。在外电场作用下，会做定向流动，从而使熔盐具有导电性。加热介质在熔融状态下电阻非常小，仅有 0.003 ~ 0.01 欧姆，导电能力强。而当温度降低时，电阻会加大，冷却至室温时，电阻达到十几千欧以上，几乎不导电。因此，盐浴炉从室温开始起动加温时，升温时间长，要消耗大量电能。

盐浴炉快速起动的节电技术可以有效地解决启动慢、耗能多的问题。其指导思想是，在起动升温时，采用它热方式使固态盐迅速熔化并升温，以减少起动时间，节省大量电能。可采用的方法有：碳棒起动法、电阻起动法、辅助电极自动法等，能够缩短启动时间 50% 以上，减少启动电耗 30% 以上。

另外，盐浴炉工作时应加保温盖，并在熔盐表面撒一层石墨粉，减少辐射热辐射损失。

在升温、保温时采用硅酸铝纤维保温，可比敞开式节电 2/3。

（三）电弧炉的节电措施

炼钢电弧炉的用电单耗，在一定程度上反映了企业电炉炼钢的工艺和管理水平，与炉料质量、布料情况、熔炼钢种和熔炼工艺等都有着十分密切的关系。近年来，随着国家节能政策的出台和电弧炉节电技术的发展，电炉炼钢单耗指标逐年下降。炼钢电弧炉常采用以下节电措施：

1. 超高功率供电

电弧炉炼钢采用超高功率熔炼，可以提高熔池能量输入密度，加速炉料熔化，大幅度减少冶炼时间，从而提高电弧炉的热效率，使单位电耗下降。超高功率供电时，在熔化期采用高电压、长电弧快速化料。熔化末期采用埋弧泡沫渣操作，起到了提高生产率，降低电耗的作用。表 5 - 8 给出了某 72 吨电弧炉不同功率的主要指标。

表 5 - 8　　　　　　　　　某 72 吨电弧炉不同功率的主要指标

	变压器容量 （MVA）	熔化时间 （min）	单位容量 （kVA/t）	生产率 （t/h）	电耗 （kWh/t）	总效率 （%）
普通功率	20	124	240	27	538	61
高功率	30	75	360	41	465	70
超高功率	50	40	600	62	417	78

应该指出，随着电弧炉变压器容量的增大，必须解决一系列其他问题。如电极的质量、电极夹持器的结构、炉子耐火内衬的侵蚀和炉外精炼等。这些问题的存在限制了超高功率供电方式的使用效果。

2. 强化用氧技术

在电弧炉冶炼过程中采用强化用氧技术，除了可以加快钢的脱碳速度外，还可以充分利用氧与原料中的碳、锰、硅、磷等氧化而释放出的热量。据测，吹氧氧化所产生的反应化学热的能量约占总能量的 10% ~ 20%，可缩短熔炼周期 40 分钟以上。

3. 采用泡沫渣技术

在电弧炉熔炼过程中，在吹氧的同时，向熔池内喷碳粉或碳化硅粉，加剧碳的氧化反应，在渣层内形成大量的 CO 气体泡沫，使渣层厚度达到电弧程度的 2.5 ~ 3.0 倍，电弧完全被屏蔽，从而减少了电弧的热辐射损失，提高了电弧炉的热效率，缩短了冶炼时间，延长了电弧炉的寿命。采用泡沫渣技术后，可节电 10 ~ 30 千瓦时/吨，缩短冶炼时间 14% 左右。

4. 采用偏心底出钢技术

电弧炉采用偏心底出钢技术可进行留钢、留渣操作，做到无渣出钢。因而可以有效地利用余热预热废钢，缩短冶炼时间，降低电耗。这种出钢方式减小了电弧炉倾斜角度，降低了短网电缆的线损。而且，出钢时间缩短了几分钟，也减少了出钢过程中的温度下降。

5. 废钢预热

在电弧炉的总热量中，废气带走的热量大约占 21% 左右。如果利用这部分余热来加热入炉炉料，使其温度升高，就会缩短电弧炉加热时间，起到明显的节电效果。据测算，炉料预热温度为 500 摄氏度时，可节电 25% 左右。如果炉料预热温度达到 600~700 摄氏度，将节电 30% 以上。

6. 使用氧燃烧嘴

电弧炉炼钢的过程中，废钢熔化时间占全炉冶炼时间的一半以上。熔化期电耗占总耗电量的 70% 左右。采用氧燃烧嘴强化废钢的熔化过程，可以有效地消除电弧炉内的冷区，促进废钢的同步熔化，对缩短冶炼周期，降低电耗有显著的效果。资料表明，氧燃烧嘴能提供电弧炉炼钢所需能量的 25%，节电 50~100 千瓦时/吨，缩短冶炼时间 15~30 分钟。

7. 减少短网的电能损耗

电弧炉从变压器的低压侧出线端至电炉电极下端这一段导线，称为电炉的短网。其长度虽然只有 10~20 米，但通过的电流非常大，可达到几万安培，线损较大，约占总耗电量的 9%~13%。因此，降低短网的线损是电弧炉节电的一个主要方面。

短网的电阻与其长度成正比，应选择合适的位置安装变压器。在保证电极升降和炉体转动需要的前提下，尽量减少短网电缆的长度。为了避免集肤效应的影响，母线的厚度要小，矩形母线的宽厚比要大。短网的导电母线一般应由铜材或水冷铜管组成，还有一段挠性的铜芯电缆。应尽量减少短网的连接，不拆卸的连接处应采用焊接或增大接触面积的连接方法。

在运行过程中，如果短网母线温度升高，将会使电阻增大，线损增加。据测，10 千安运行的短网，温度升高 1 摄氏度，每米母线约增加损耗 3~6

瓦。因此，应采用水冷方法尽量降低短网温度。

在短网通过强大的交流电电流时，电极架、水冷密封圈和紧固螺栓等都会被磁化，并产生涡流和磁滞损耗，增加短网的附加损耗。因此，短网上应尽量不使用铁磁材料，水冷密封圈也不要做成整体的圆环，应在中间留一道缝隙，避免产生涡流。

一般短网采用单线布线方式，容易产生较大的感抗。如果采用双线布线方式，可以利用流向相反的电流抵消磁场，有效地减小其感抗，从而提高了功率因数。据报道，有的钢厂改用双线布线后，功率因数从原来的 0.76 提高到 0.82 ~ 0.87，节电效果显著。

8. 消除谐波，减少损耗

电弧炉是以三相交流电作电源，利用电流通过石墨电极与金属料之间产生电弧的高温，来加热、熔化炉料。传统电弧炉依靠加大电极电流来提高电弧功率，经常产生短路，短路电流对供电电网冲击非常严重，造成电网电压波动和闪变，并产生大量高次谐波，冶炼周期长，能量消耗极大。

采用高电抗平波和高电弧电压低电弧电流供电方式，使电弧电流更稳定，无功、有功冲击小，降低了能耗，缩短了冶炼时间，节电效果明显。

9. 采用直流电弧炉

直流电弧炉具有电弧稳定、短网压降小、短路冲击电流小、磁路涡流损失小、电弧热交换效率高、对电网无频繁的工作短路电流冲击等优点。与传统的三相交流电弧炉相比，可使冶炼熔化期缩短 60%，电耗减少 22%，且使脱磷脱硫速度加快。电弧炉运行的功率因数由 0.85 上升到 0.90，且三相电流平衡、电弧稳定，噪声显著降低。

（四） 感应加热设备的节能技术

感应加热设备通常由电源、炉体、补偿电容器组、三相平衡系统、控制系统和水冷装置组成。根据需要，还可配置传动装置、加料小车、称重装置以及液位控制系统等部分。

如果感应器中心放置硅钢片叠成的铁心，感应线圈外有一个熔沟，熔沟内放被加热物料，这种感应炉就称为有心感应炉。有心感应炉采用工频供电，电热效率高，功率因数高。但在工作时，熔沟内需保持一定量的金属液体作为起熔体。因此，需要连续供电。有心感应炉适用于单一品种的金属熔炼或加温。

如果感应加热设备感应器的中心没有放置硅钢片铁心，而是放置坩埚，被加热物料放在坩埚内，这种感应炉称为无心感应炉。无心感应炉不需要连续供电，工艺灵活性好，电源频率的确定与炉子的容量有关。无心感应炉更多的是作为加热设备，应用在锻压前的工件加热、热处理等方面。

感应加热炉可采用的节能措施有：

1. 合理选择感应炉的类型

感应炉的额定功率很大，特别是冶金行业中使用的感应熔炼炉，功率可达几百千瓦至几千千瓦。应根据生产条件及工艺要求，合理确定电炉的容量、坩埚的尺寸以及电源的工作频率，正确设计感应器线圈的有关参数。在满足生产要求的情况下，尽量选择经济的节能型电炉。

无心感应炉有工频炉、中频炉和高频炉之分。与工频感应炉相比，中频感应炉的物料加热快、熔化率高。另外，中频电源供电透入深度小，搅拌力小，可防止吸气和氧化，优点明显。因此，在其他要求大致相同的情况下，应尽量选用频率较高的感应熔炼炉。

感应加热炉的被加热材料主要有碳钢、铸铁、磁性合金材料以及铜、铝等有色金属及其合金材料。感应加热时，由于交流电的集肤效应，会在炉料的表面形成一环状加热层。热量由表及里传导。这会使被加热工件的不同部分产生温差，影响加热效果。因此，必须合理地选择感应炉的功率、频率及炉膛的大小。另外，还要考虑有足够的传热时间，以使温度均匀。

2. 提高有心感应炉感应体的性能

在有心感应炉中，感应体是其核心的发热元件。它由感应器、铁心和磁轭、熔沟及外壳等组成。感应体性能好坏，寿命长短，直接关系到电炉的运行状况。

在工作时，感应体的熔沟内金属处于熔融状态，对电流来说，好像一个短路环，流过它的大电流使金属加热熔化，并在磁场力的作用下使液态金属流动，将热量传给熔池中的金属。如果感应体熔沟中金属液过热，炉膛与熔沟中金属液的温差过大，将会影响感应器的使用寿命，并造成电能和热能的浪费。为了避免熔沟中金属液过热，减小炉膛与熔沟中金属液的温差，提高感应器使用寿命，进而能够节电，应该下大力气，开发先进高效的感应体。

近些年来，国外开发了一种称为喷射流动型的金属单项流动感应体，可以降低熔沟的热负荷，减小熔沟与熔池的温差，防止熔沟过热，提高温度的均匀性。这样可以加大感应体的功率，缩短熔炼周期，提高电炉的生产率、降低其综合能耗。我国目前已经可以开发生产这种大功率可拆卸式喷流器感应器，使有心感应熔炼炉的性能有了较大改善。

3. 缩短变压器或变流装置与炉子间的距离

感应加热炉的变压器或变流装置等与炉子的距离应尽可能短，以减小供电线路的功率损耗。在大电流母线附近，尽量避免有铁磁性物质，以免形成感应电流发热。

4. 提高感应炉的负荷率

保证感应炉有较高的负荷率，以使电炉工作在额定状态，保持较高的加热效率。

5. 采用合理的装料方法

装炉前，应对物料进行清洁，去除杂物。装料时，炉料要装得密实，适当放置较大的物料块，间隙中填入小块和碎料，熔化后加屑料，这样可以加快熔化过程，还可以对物料进行预热，以缩短熔化时间。掌握好适宜的装炉量及装炉时间，减少炉盖开启次数，在熔炼过程中不要打开炉盖。注意不要使物料搭棚，以免引起炉衬的局部侵蚀，延长熔化时间。

6. 对运行工艺及参数进行优化和改进

应科学的设计好电炉运行的升温、保温和降温曲线。研究表明，当工件的直径小于 100 毫米时，其表面与内部存在温差的时间很短，可以减小甚至取消保温时间。这样可以节电 20% 左右。

在满足产品性能的前提下，改进工艺，省掉不必要的加热工序，用新的节能热处理工艺代替常规工艺，可以有效降低电耗。某些产品还可以采用低温化学热处理工艺，节约大量加热时间，减少电能消耗。新旧热处理工艺节能效果对比见表5-9。

表5-9　　　　　　　新旧热处理工艺节能效果对比表

常规热处理工艺	新的热处理工艺	降低能量消耗（％）
渗碳后加热淬火	渗碳后直接淬火	25～30
常规渗氮	可控渗氮	10～15
渗碳	C-N共渗	20～30
930℃典型渗碳	1000℃以上高温渗碳	20～45
在富甲烷气氛下渗碳	真空渗碳	20～40
在富甲烷气氛下热处理和化学热处理	在氮气氛下热处理和化学热处理	5～20
常规渗氮	离子渗氮	5～40
高速钢盐浴加热淬火	高速钢感应加热淬火	90
氰盐硬化	离子渗氮	50
工具的常规热处理和化学热处理	工具表面沉积氮化钛硬化层	30～80

电炉运行时，应采用计算机控制技术，对电炉的整个运行过程精确控制，这样可以更加有效地使用电能，合理地使用电炉。

7. 合理选用感应炉的水冷电缆及馈电母线截面积

由于感应炉功率大，感应器及其连接的电路回路电流很大，导线的截面积及长度对耗电量影响很大。因此，供电室应尽可能靠近炉子，导线的截面积尽量大一些。

8. 合理控制炉温及冷却水温

被加热物料的温度应根据工艺要求合理控制，温度过高将会造成电耗的增加，而且会降低炉衬的寿命。

对毛坯锻造成型后的余热要充分利用。一般，毛坯锻造成型后，表面温度下降，内部温度还很高，可利用感应加热速度快的特点，对毛坯再次加热，使其迅速达到再加工需要的温度。

运行中使用的冷却水温度要适当，进水温度一般应保持在25～35摄氏度，出水温度应保持在 50～55 摄氏度左右。这样既可以合理控制温度，又能节电节水。另外，冷却水中的热量都是通过电加热得到的，也应采取措施，尽量利用。

9. 提高功率因数

感应加热炉的感应线圈是一个大的感性负载，工作时功率因数很低，会造成电炉实际功率容量的减小，并降低热效率。因此，应对其进行无功补偿，使功率因数应达到 0.9 以上。

（五） 远红外加热设备节能技术

远红外加热的基本原理是：将能够辐射远红外线的材料涂敷在远红外辐射元件上，通电后，产生远红外线，被加热物体吸收，转换为热量，实现加热。远红外加热，有一定的透入深度，加热时间快，加热均匀。

远红外加热主要用于印染、纺织、食品、造纸等行业流水线的加热、脱水、干燥及固化等工艺。

远红外加热设备可以采用的节能措施主要有：

1. 合理选择辐射源的表面温度

要想得到较大的辐射能量，辐射源的表面温度应该高一些。然而，按照维恩位移定律，辐射通量密度的峰值波长与热力学温度成反比。温度越高，峰值波长越向短波方向偏移，偏离了远红外线的使用效果。因此，应根据被辐射物吸收远红外线的特性来确定辐射源的表面温度，两者匹配，达到最好的加热吸收效果。表 5－10 给出了辐射源表面温度与峰值波长的关系。在被辐射物加热质量允许的情况下，一般应选择辐射源表面温度高一些，以得到尽可能多的辐射能量。

表 5－10　　　　　　　　　　辐射源表面温度与峰值波长的关系

辐射源表面温度（℃）	200	300	400	500	600	700	800
峰值波长（μm）	6.1	5	4.3	3.75	3.3	2.99	2.7

2. 远红外线辐射元件的配置

为了提高辐射加热的效率，得到预期的产品质量效果，应仔细考虑加热设备中远红外线辐射元件的配置方式。

照射距离的大小对辐射强度影响很大。距离越近，被加热物收到的辐射强度越大，加热速度越快，辐射能利用越充分。但距离过小，会减小有效辐射面积，也会使加热效果变差。综合考虑，一般照射距离应控制在 150～400 毫米左右。如果炉内有传送带移动物料，还可以将距离缩小到 50 毫米左右。

对可能照射不到的地方，可以加反射罩或使用灯状辐射元件，以消除死角。

管状和板状辐射元件垂直安装时，应注意炉内上下的温度差。温度差过大，可以再加辅助加热元件进行温度调整。

3. 炉体的保温和热对流

为了减少炉体散热损耗，应使用保温材料，进行炉体保温。为防止对流传导的热能损失，应将远红外加热炉密封保温，这样可以提高炉内温度，达到节能的效果。

对于脱水干燥的远红外加热炉，如果密封，炉内会产生大量的饱和水蒸气。饱和水蒸气一方面阻止被加热物内的水分蒸发，另一方面，还会吸收大量辐射能，造成热效率降低。因此，脱水干燥炉应采用排风措施，以促进水分的蒸发干燥，提高热效率。

4. 远红外线辐射元件的维护

远红外线辐射元件有一定的使用寿命，长期使用时，性能会逐渐衰减。因此，要注意及时检查更换。

第五节　照明节能技术

一、电光源的特性

光源特性包括光源的光通量、照度、发光效率和色温及显色指数等。

（一） 光通量

光源在单位时间内所发出的光量称为光源的光通量，符号为 F，单位为流明（lm）。

（二） 照度

光照射到表面一点处的面元上的光通量除以该面元的面积，符号为 E，单位为勒克斯（lx）。

（三） 发光效率

电光源从电网上接收电能后，有些能量消耗在电极、端子等处，有些转变为热或其他形式的辐射能量，只有较少的一部分能量转换为照明需要的可见光。不同种类的电光源消耗电能相同时，转换为可见光的多少不同。发光效率就是表征这种转换能力的参数，简称光效。光效等于电光源发出的全部光通量与输入功率之比，单位为流明/瓦（lm/W）。光效越高的电光源，将电能转换为光能的能力越强，单位功率发出的光通量就越大。

（四） 色温和显色指数

作为电光源，除了要求光效高之外，还要求它发出的光具有良好的颜色。光源的颜色有两方面的含义：色表和显色性。

人眼观察光源时所看到的颜色，称为光源的色表，通常色表用光源的色温来表示。当光的颜色与黑体在某一温度下辐射的颜色相同时，黑体的温度就称为该光源的颜色温度 Tc，简称色温（CT），单位用绝对温标开（K）表示。

表 5-11　　　　　　　　　　　光源色温（光色）分类

暖色	≤3300K 白炽灯 2700K
中间色	3300～5000K
日光色	>5000K 常用 6400K

显色性是指光源的光照射到物体上所产生的客观效果。如果各色物体受照的效果和标准光源（黑体或重组日光）照射时一样，则认为该光源的显色性好（显色指数高）；反之，在受照后颜色失真，则该光源的显色性就差

（显色指数低）。在光源照到物体后，与标准光源相比对颜色相符程度的度量参数，就称为光源显色指数。显色指数用 Ra 表示。参照光源的 Ra 为 100，被测光源的 Ra 越接近 100，表明它还原真实色彩的能力越好，也就是显色性越好。

（五）光源寿命

光源寿命也称为光源寿期，通常由有效寿命和平均寿命两个指标来表示。

有效寿命：灯开始点亮，至灯的光通量衰减到额定光通量的某一百分比时的时间，单位为小时（h）。这一百分比通常规定为 70% ~80% 之间。

平均寿命：一组实验样灯，从点亮到 50% 的灯失效的时间，单位为小时（h）。

（六）启动性能

光源启动和再启动需要一定的时间。一般来说，热辐射电光源的启动性能好，能瞬间启动。气体发光电光源启动性能不如热辐射电光源，大多不能瞬时启动。

二、电光源的分类和特点

（一）照明光源的分类

电光源可以按照发光物质分类，分类见图 5-17。

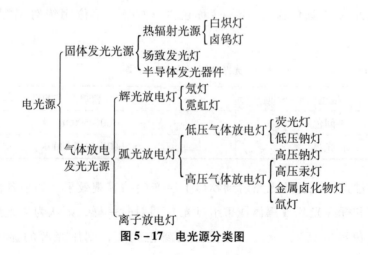

图 5-17　电光源分类图

（二）　主要照明光源的特点

1. 白炽灯

白炽灯是根据热辐射原理制成的。电流通过灯丝时产生热量，当温度达2000摄氏度以上，灯丝处于白炽状态而发出光来。这种发光方式使得它只有极少一部分电能可以转化为看见光，其色温约为2400~1900开，显色指数Ra约为95~99，光效约为7~18流明/瓦，寿命约为1000小时。其优点是结构简单、成本低、显色性好、使用方便。其突出的缺点是光效过低，仅有10~15流明/瓦左右。

2. 卤钨灯

卤钨灯灯也靠电流对灯丝加热发光，但在灯管内充入惰性气体和溴、碘等卤素元素，从灯丝蒸发出来的钨与卤钨反应成卤钨化合物，当卤钨化合物扩散到较热的灯丝周围时又分解成卤素和钨，钨部分回到灯丝上，通过循环原理，使灯的寿命提高到1500~2000小时，光源效率也提高到21流明/瓦。冷光束卤钨灯是新颖的照明光源，具有体积小、造型美观、工艺精致、光效高、使用寿命长、光线柔和舒适等特点。但对电压波动比较敏感。

3. 荧光灯

荧光灯是一种气体放电灯，使用非常广泛。荧光灯管是个密闭的气体放电管。管内有灯丝，管内壁涂荧光粉，里面注入氩气（argon）（另包含氖neon 或氪 krypton），气压约大气的 0.3%。另外包含一些水银——形成微量的水银蒸汽。当电流经灯丝放出的电子撞击汞原子，使气体放电释放出紫外光（主要波长为 2537 埃 $= 2537 \times 10^{-10}$ 米），荧光粉在紫外线照射下发出可见光。

荧光灯可分为直管型和紧凑型两类，直管型荧光灯又称日光灯，紧凑型荧光灯又称节能灯。

直管型荧光灯的光线柔和，结构简单，光源性能好。光效高，使用寿命为白炽灯的3~5倍，价格便宜也是荧光灯的一大长处。其缺点是含红外线和紫外线、重金属汞及频闪。

紧凑型荧光灯（国外简称 CFL 灯），是指将荧光灯与镇流器（安定器）

组合成一个整体的照明设备，具有光效高，是白炽灯的 5 倍，寿命长，是白炽灯的 8 倍，体积小，使用方便等优点，节能效果明显，其缺点与直管荧光灯相同。

4. 高压钠灯

高压钠灯是一种利用高压钠蒸气放电发光的电光源，采用抗钠蒸气侵蚀的半透明的氧化铝陶瓷管作放电管，管内充入钠汞气和作为启动气体的氙和氩氖混合气体。高压钠灯发出金黄色的光，具有高效、节能、光通量大、透雾性强、光色柔和、寿命长等优点，缺点是显色性较差。

5. 高压汞灯

高压汞灯是一种高压气体放电灯。采用透明石英玻璃管作放电管，管内充入汞蒸气和氩气。普通 400 瓦的荧光高压汞灯色温约为 5000 开，一般显色指数 40 左右，光效 60 流明/瓦，寿命 6000 小时。具有功率大、光效较高、寿命长等优点。其缺点是显色指数不高，发出蓝绿色的光，缺少红色光，汞灯的汞蒸汽泄漏以及灯管使用报废被打碎后玻璃屑中含有一定量的汞。因此除专业特殊需要，一般照明场合不宜使用。

6. 金属卤化物灯

金属卤化物灯（简称金卤灯）是在高压汞灯基础上发展起来的一种派生灯种。灯管内添加某些金属卤化物，通电后，金属卤化物分解物的混合体辐射而发光，从而提高了光效，改善了显色性，使用寿命也加长了。加入的卤化物不同，可制成不同光色的金属卤化物灯。

金卤灯有两种，一种是石英金卤灯，其电弧管泡壳是用石英做的，另一种是陶瓷金卤灯，其电弧管泡壳是用半透明氧化铝陶瓷做的，金卤灯具有高光效（65～140 流明/瓦），长寿命（5000～20000 小时），显色性好（Ra65～95），结构紧凑，性能稳定等特点。它兼有荧光灯、高压汞灯、高压钠灯的优点，是光效高、寿命长、光色好三大优点。因此金卤灯发展很快，用途越来越广。

7. 氙灯

氙灯是一种氙气体激发放电的弧光灯。由于灯内放电物质是惰性气体氙气，其激发电位和电离电位相差较小，因此其具有光谱连续、光色好、启动性能好等特点，与日光非常接近，有"小太阳"之称。氙灯功率大，适用于广场、机场、港口、体育场等大型场所的照明。

8. 高频无极荧光灯

高频无极荧光灯也称为高频等离子体无极放电灯，是近年来国内外开发的一种新型光源。它的工作原理是：将频率为几兆赫兹的高频电磁能量以感应方式耦合进灯泡内，使灯泡内的气体放电而产生等离子体，汞原子受激发而发射紫外线，灯泡内壁荧光粉受紫外线激发产生可见光。

这种灯的工作原理比较复杂，综合运用了电子、等离子体、磁性材料等高新技术，其光效可达 60 流明/瓦。由于没有灯丝或电极，使用寿命很长，可达数万小时。能在一定范围内连续调光，且显色性好，无闪烁现象，瞬时启动性能比白炽灯更好，特别适合于需要长期照明而灯具更换困难的场所。其缺点是价格较高，有电磁干扰。

9. 半导体照明光源（LED）

半导体照明光源是以发光二极管（LED）为光源的新型照明，LED 的发光原理与白炽灯（热发光）、荧光灯（气体发光）不同，它是一种含 PN 结构的固态半导体器件，在器件的 P 结和 N 结加上电压，在两结的接触处会发出可见光，因此它把电能直接就转换成了光能，而且发光的单色性好，光谱窄，无须过滤，可直接发出有色可见光。

LED 的优点是光源发光效率高，可达到 50～200 流明/瓦；光源耗电量少，用在同样照明效果的情况下，耗电量是白炽灯的十分之一，荧光灯的二分之一；光源使用寿命长，传统光源是采用电子光场辐射发光，灯丝易烧损，有热沉积、光衰减等特点，而 LED 灯固体发光，可承受机械冲击和震动，不易破碎，使用寿命可达 3～5 年，可以大大降低灯具的维护费用；可靠性和适用性强，便于安装维护施工，可以做成各种形状，各种用途，适应各种气候，环境的灯具。

LED 一个缺点是对散热需求高，在散热不良的情况下，LED 的寿命会大幅减少。用户在使用中必须严格按照说明书要求满足其散热条件；产品一致性差，同一批生产的 LED，每颗 LED 之间的特性也有相当大的差异，必须花费相当成本来进行分类。另一个是光衰问题，解决光衰最重要的就是要控制 LED 晶片老化的速度，LED 晶片的品质是解决晶片散热问题的关键，晶片的品质和封装的技术封装材料的选择等也都很关键。LED 光衰的速度和 LED 的寿命是成反比的，只有控制了光衰才真正达到了超长的寿命。

10. 光纤照明

光纤照明系统由光源、反光镜、滤色片及光纤组成，光源既可以是普通电源，也可以通过太阳能光伏发电产生，而最好是直接利用太阳光作为光源。将室外的自然光透过采光罩导入，经过光导管（光纤）传输和强化后由系统底部的末端附件（室内末端投射装置）把自然光均匀高效地照射到室内，带来自然光照明的特殊效果。

1 平方米的聚光面积，其照度高于 500 瓦的白炽灯，全年可节电 4500 千瓦时左右，并可以起到日光浴的作用，经济效益和环境效益显著，发展前景广阔。其缺点主要是利用太阳光，因此受太阳光的局限性，只能在白天使用，受天气影响大，光源不稳定；光纤造价高，不能抗紫外线和高温，构造相对比较复杂，占据空间比大。

三、照明节能技术

（一）选择合理的照度

国际照明委员会（CIE）提出了对不同区域或活动场所推荐的照度范围，我国《建筑照明设计标准》（GB 50034）也提出了满足不同场所的一系列的照度标准要求。CIE 和国家标准提出的照度标准并不是一个具体值，而是一个范围。我们进行照明设计时，应遵照这些标准要求的范围，根据不同工作、生产及生活场所的具体要求，取其上限值，中限值或下限值。按照满足照明需要，保护视力健康的原则合理确定照度值。在保证合理有效的照度和亮度的前提条件下，尽量减少照明负荷，并不是照度和亮度越高越好。

当然，也应留有适当余地，以补偿电光源老化及积累灰尘后光通量的减弱。

（二） 选择高效电光源

电光源的特性包括光效、光色、显色性和寿命等多项指标，其中光效是最重要的特性。

选择电光源时，应根据具体的使用要求，综合比较、权衡。从节约电能的角度出发，选择高效电光源是优先的考虑。

白炽灯的优点是结构简单、成本低、显色性好、使用较广泛。其突出的缺点是光源效率过低，寿命短。因此，在照明设计时，应尽量不选用白炽灯，而选择性能与其相近，光效高得多的荧光灯。

老式 T12 的荧光灯管径为 Φ38 毫米，耗材多，光效低，目前已逐步被细管径荧光灯替代。T8 荧光灯管径 Φ26 毫米，在光通量相同情况下，比 T12 荧光灯节电 10% ~20%，光效提高 15%，节材 30%，表面亮度提高 20%。近年推出的 T5 荧光灯一方面采用更细的管径（Φ16 毫米），另一方面又采用稀土离子激活的三基色荧光粉，而且使用电子镇流器，使其比 T8 荧光灯又能节电 20% ~30%，光效为 106 流明/瓦，寿命可达 16000 小时。

紧凑型荧光灯是一种灯管和镇流器一体化的灯种。可以用电感镇流器，也可用电子镇流器。使用电子镇流器的称为电子节能灯。紧凑型荧光灯采用了稀土三基色荧光粉，具有光效高（是普通白炽灯的 4 ~5 倍）、寿命长（是普通白炽灯的 5 ~8 倍）、节电显著、体积小、启动快、无频闪噪声等一系列优点。其价格逐渐降低，功率范围越来越大，目前已经开发出 200 瓦的大功率灯种。紧凑型荧光灯是替代白炽灯最理想的灯种。自镇流荧光灯应配用电子镇流器。

为了比较各种电光源光效的高低，我们将荧光灯、高压钠灯、高效金属卤化物灯、紧凑型荧光灯与白炽灯作一比较，列于表 5 - 12 中。比值是取 200 瓦白炽灯为 1.0，与其他光源进行比较。

从表中可以看出，在几种灯种中，白炽灯光效最低，其他的灯种比白炽灯

从表 5 - 11 可以看出，在几种灯种中，白炽灯光效最低，其他的灯种比白炽灯都要高得多，高压钠灯最高；紧凑型荧光灯比一般荧光灯高；在同一灯种中，功率大的，一般光效也高。

表 5 – 12　　　　　　　　常用光源的光效比较

名称		光效率（lm/W）	比值	名　称	光效率（lm/W）	比值
白炽灯	40W	8.75	0.6	高效金属卤化物灯	66.7（175W）	4.6
	60W	10.5	0.72		70.7（250W）	5.8
	100W	12.5	0.86		78.3（400W）	5.4
	200W	14.6	1.0		102.8（1000 W）	7.0
荧光灯	30W	35	4.0	紧凑型荧光灯	40（7 W）	4.57
	40W	50	5.7		41.7（9 W）	4.77
高压钠灯	50W	66.7	4.6		59.2（11 W）	6.8
	100W	77.6	5.3		62.7（13 W）	7.2
	150W	91.4	6.3		48.0（18 W）	5.5
	250W	97.2	6.7		54.8（24 W）	6.3
	400W	104.8	7.2		55.8（36 W）	6.4
	1000W	117.1	8.0	LED 灯	100（/）	/

各种灯种与白炽灯比较，高压钠灯能够节电 75% ~ 87%；金属卤素灯节电 80% ~ 88%；荧光灯节电 75% ~ 83%；紧凑型荧光灯节电 77% ~ 86%，LED 灯节电 90% 以上。

因此，在选择电光源时，应充分考虑各种灯的特点，只要条件允许应优先选用 LED 灯。高大的建筑物中应该采用光效高、寿命长的照明光源，如 LED 高压钠灯、金属卤化物灯或混光光源。比较低矮的建筑物中，应尽量选用光效高的灯种，如 LED 灯、荧光灯，并尽量以 LED 灯、紧凑型荧光灯代替白炽灯或一般荧光灯。

（三）　选择高效灯具

电光源只是灯具的一个重要部分，其他部分还有灯罩、灯的安装或悬挂部件以及装饰部件等。灯具整体性能的好坏，对照明效果和节能影响很大，如果灯具配光不合理、效率低，能量损失可达 30% ~ 40%。

选用灯具时，在保证照明质量的前提下，优先选用开启式灯具，少采用带格栅、保护罩等附件的灯具。

荧光灯灯具的效率应不低于表 5 – 13 的规定。

表 5 – 13　　　　　　　　　　荧光灯灯具效率

灯具出光口形式	开敞式	保护罩（玻璃或塑料）		格栅
		透明	磨砂、棱镜	
灯具效率	75%	65%	55%	60%

高强度气体放电灯灯具效率应不低于表 5 – 14 的规定。

表 5 – 14　　　　　　　　　　高强度气体放电灯灯具效率

灯具出光口形式	开敞式	格栅或透光罩
灯具效率	75%	60%

要根据使用场所选择合理的配光，房间高而窄时，应选用窄配光灯具；宽而矮的房间，应选用宽配光灯具。

应优先选用块板式灯具。块板式灯具通过块板的反射作用，使反射光改变路径，离开灯泡，从而减少了灯泡对光的吸收。这样可以增加光的输出量，提高灯具效率，也能延长灯的寿命。一般来说，块板式灯具能提高效率 5% ~20%，节能效率明显。

要选用光通量衰减少、终止光通量保持率高的灯具。这就要求灯具反射面的反射比高，衰减慢、配光稳定，易于维护和保洁。

有些灯种，比如 LED 灯，单个灯功率较小，需要多个灯组合使用。设计灯时就应考虑各个灯的组合位置，光线的反射、聚集等。

（四）　使用电子镇流器

镇流器是气体放电灯用于光源启动和工作时限流的部件。镇流器主要有两种：一种是电感镇流器，使用 50 赫兹交流电给电光源供电；另一种是电子镇流器，它将工频电转换为几十千赫兹交流电供给电光源。荧光灯既可以使用电感镇流器，也可以使用电子镇流器。而高气压放电灯主要使用电感镇流器。

电感镇流器又分为普通型电感镇流器和节能型电感镇流器，普通型电感镇流器自身功耗占到整个灯功耗的近20%。例如，一支40瓦的荧光灯，其镇流器功耗约为8瓦左右。节能型镇流器是近年来提出的改进型电感镇流器，它的自身功耗约为普通型电感镇流器的一半，而寿命与其相当。

电子镇流器自身功耗很小，仅相当于普通型电感镇流器的1/3~1/5。使用电子镇流器节电效果明显。

选用镇流器产品时，首先要看采用的镇流器是否符合该产品的国家能效标准。

（五） 合理安装布置照明灯具

在进行照明设计时，要根据照明场所的形状、面积、空间高低以及户内、户外等因素，综合考虑需要多少个灯，什么种类的灯，每个灯多大功率，安装的位置和高低，各个灯之间照度、亮度、均匀度以及光源颜色的相互搭配。

不同工作场所的照度水平应有所区分。如分为工作区、通道区、非重要区等，选择照度时应区别对待。要求照度高的场所不宜采用一般照明方式，可增设局部照明或采用混合照明方式。

（六） 采用照明节电控制措施

设计照明线路时应尽量细化，一个开关控制的灯数不宜太多。开关位置安排要适当，便于随手开关灯。近窗户的一排灯应单独设开关，可根据自然光的强弱控制灯。充分利用自动化技术，对照明灯具的开关和照度进行控制，可以有效地减少电能消耗。有些建筑物的楼梯和走廊，夜晚人员走动较少，可以利用光控和声控技术，对照明进行控制，有人来时灯亮，没有人时，灯熄灭。

对于一些路灯照明，设定好时间，实行自动开关。要根据季节修正开关时间，避免早晨天已很亮了，路灯仍没有熄灭的现象。有些路灯下半夜几乎无人通过，可以采用某些节电措施，如可以通过降低电压的方式，减小灯的照度和功率。

（七） 采用智能照明控制系统

对于大功率的公共照明系统，可以加装节能效果明显的智能照明控制调控设备。

技术性能较好的是智能照明节电器。这种装置采用了电力电子和计算机控制技术，实时采集系统的输入和输出电压，并与最佳照明的要求进行比较。通过计算机控制，使照明系统工作在最佳状态。这种装置可以全面满足照明系统的多种调控要求，提高照明系统的照明效果和最大节电率。它还能精确地稳定输出电压，将其稳定在 ±2% 以内，进而起到节电 10% ~20% 的作用。同时，它还具有软启动、慢斜坡的功能，可以有效地减小电光源启动时的冲击电流，提高灯的寿命。

随着智能建筑的迅速普及，也带动了智能照明控制技术的快速发展。近些年开发出了基于网络和总线技术的智能照明控制系统。这种系统控制技术更加复杂，控制规模更大，控制水平更高，体现了照明技术与计算机、自动化技术的有机结合，代表了今后的发展方向。

目前较为成熟的智能照明控制系统有两种。一种是依托于楼宇设备管理系统的照明系统控制；另一种是相对独立的智能照明控制系统。前者一般是在楼宇自动化现场总线的基础上开发而成，功能完善，控制能力强大。可以完成智能照明控制，光线感应控制，定时控制，电动百叶窗控制，通风和温度控制，供热控制及风机盘管通风设备控制等。

后者主要针对楼宇照明控制，强调控制方便、调节灵活、便于系统扩展。最有代表性的是基于 DALI（Digital Address Lighting Interface）的智能照明系统。这种系统一般采用主从控制方式，包括电源模块、控制模块以及电子控制单元等多种模块。灯具的开关和调控都是通过电子控制单元模块实现，各个电子控制单元与控制模块之间按照 DALI 通信协议协调控制。

智能照明控制系统可以对不同时段、不同环境的光照度进行精确设置和合理管理。运行时能够充分利用自然光。只有当必须时，才把灯点亮或点亮到需要的程度。可以利用最少的电能达到所需的照度水平。节电效果非常明显，一般可达30%左右。

智能照明控制系统采用了有源滤波及功率因数校正技术，降低了电网的谐波成分，提高了功率因数，保证了供电质量。这种系统还具有稳定供电电压的能力，可以避免过高的电压对电光源造成的损害，抑制冲击电压和浪涌电压，延长电光源的寿命。另外，还具有软启动和软关断功能，使得灯具寿命得以延长。

四、采用高效电光源节电量的计算

在光通量条件相同的情况下，采用高效电光源是照明节电的主要措施。其节电量的计算内容主要有两个，一个是寿命节电量，另一个是年节电量。

（一）寿命节电量的计算

寿命节电量按式（5-49）计算：

$$W_{zs} = \left[\left(P_d + \Delta P_d \right) - \left(P_g + \Delta P_g \right) \right] h_{gs} \qquad (5-49)$$

考虑电光源的节电量见式（5-50）：

$$W_{zs} = \lambda_z h_{gs} \left(P_d + \Delta P_d \right) \qquad (5-50)$$

式中：

W_{zs}——寿命节电量，单位为千瓦时；

P_d——原用灯功率，单位为千瓦；

ΔP_d——原用灯镇流器功率，单位为千瓦；

P_g——高效灯功率，单位为千瓦；

ΔP_g——高效灯镇流器功率，单位为千瓦；

h_{gs}——高效灯寿期，单位为小时；

λ_z——电光源节电率。

（二）年节电量的计算

年节电量按式（5-51）计算：

$$W_{zn} = \left[\left(P_d + \Delta P_d \right) - \left(P_g + \Delta P_g \right) \right] h_{gn} \qquad (5-51)$$

考虑电光源的节电量，有：

$$W_{zn} = \lambda_z h_{gn} \left(P_d + \Delta P_d \right) \qquad (5-52)$$

式中：

W_{zn}——年节电量，单位为千瓦时；

h_{gn}——年照明时数，单位为小时。

例5-3：用一支11瓦紧凑型荧光灯代替一支60瓦白炽灯，可以认为其光通量大致相同。紧凑型荧光灯的有效寿期为2500小时，电子镇流器的功耗为 3 瓦，年照明时数为 2000 小时，节电率 0.75。替代使用后，寿命节电量和年节电量各是多少？

解：按式（5－51）计算寿命节电量：

$$W_{zs} = \left[(P_d + \Delta P_d) - (P_g + \Delta P_g) \right] h_{gs}$$
$$= \left[(0.06 + 0) - (0.011 + 0.003) \right] \times 2500$$
$$= 115 (\text{千瓦时})$$

还可以利用（5－52）式计算寿命节电量：

$$W_{zs} = \lambda_z h_{gs} (P_d + \Delta P_d)$$
$$= 0.75 \times 2500 \times (0.06 + 0)$$
$$= 112.5 (\text{千瓦时})$$

按式（5－51）计算年节电量：

$$W_{zn} = \left[(P_d + \Delta P_d) - (P_g + \Delta P_g) \right] h_{gn}$$
$$= \left[(0.06 + 0) - (0.011 + 0.003) \right] \times 2000$$
$$= 92 (\text{千瓦时})$$

还可以利用（5－52）式计算年节电量：

$$W_{zn} = \lambda_z h_{gn} (P_d + \Delta P_d)$$
$$= 0.75 \times 2000 \times (0.06 + 0)$$
$$= 90 (\text{千瓦时})$$

可见，使用两种公式计算的寿命节电量和年节电量大体相同。

第六节　应用实例

见表 5－15。

表 5 - 15　应用实例列表

项目	技术名称	适用范围	主要技术内容	适用的技术条件	案例建设规模	投资额（万元）	节能量（tce/a）
1	配电网全网无功优化及协调控制技术	县级供电企业（110kV 及以下电网无功协调控制）	全网电压无功监测：可以对变电站、配变、配电、线路、客户端电压无功远程实时监测。全网电压无功协调控制：实现变电站、线路、配变电压无功相邻协调、隔邻协调控制。	已建设调度自动化系统以便提高变电站层运行数据；建设线路、配变电压无功调控设备监测；建设客户端电压监测；电压无功调控设备具备遥测、遥控功能	1.35 千伏梓里站 10 千伏母线。 2.10 千伏梓里 196 线路、3.10 千伏梓里 198 线路	50	84
2	可控自动调容调压配电变压器技术	电力行业 10kV 配电网	利用组合式调压调容开关改变变压器线圈匝数的接法和负荷开关状态，实现自动调容调压、远程负载、三相负荷平衡调节等功能，实现变压器的节能运行。	GB 1094.1—1996、GB 1094.2—1996、GB 1094.3—2003、GB 1094.5—2008、GB/T 6451—2008、JB/T 10778—2007	10kV 配网线路 35 条、新建及改造智能化配电台区 215 台	1397	1800
3	动态谐波抑制及无功补偿综合节能技术	煤炭、电力、钢铁、有色金属、石油石化工、建材、机械、纺织等行业	针对负载需要，动态抑制各次谐波，补偿无功功率，使得电源侧电流谐波含量降低，调节三相不平衡，提高用户的电能质量，降低线路损耗。	谐波治理和无功补偿装置（1600kVar）	3000kVA 变压器安装 4 台动态谐波抑制及无功补偿设备	160	255
4	变频器调速节能技术	起重机械、纺织、化纤、油气、煤采、冶金、石化、煤炭、建材、电力、轻工等领域	对电动机的控制方式有：V/f、VC、DTC 等；有滑模变结构、模型参网络、专家系统和各种各样的自优化、神经网模控制；有模适应技术、自诊断技术等。	具有可变分载的大功率电机	5 台大功率变频器（110～315kW）	18.8	100

续表

项目	技术名称	适用范围	主要技术内容	适用的技术条件	案例建设规模	投资额 （万元）	节能量 （tce/a）
5	高压变频调速技术	电力、轧钢、造纸、化工、水泥、煤炭、纺织、铁路、食品、船舶、机床等工业1kV以上的高压交流电机	实现变频调速系统的高输出功率（功率因数 > 0.95），同时消除谐波污染，对中高压大功率风机、水泵的节电降耗作用明显，平均节电率在30%以上。	电力、钢铁、化工等行业的高压电机、风机的变频调速改造	1000kW/6kV 风机	280	1160
6	工业冷却循环水系统节能优化技术	钢铁冶金、石油化工、热电、生化制药等领域	建立换热网络和管网水力数学模型，建立专家分析诊断系统。开发出多种高效节能产品，如节能泵、水力平衡提升调节装置、量子水垢处理器、循环水及能源管理系统等。	循环水系统	唐山国丰铁有限公司（一期）1780高炉鼓风机透平拖动装置冷却系统技改，配6台900kW冷却泵	780	3048
7	变频优化控制系统节能技术	煤炭、电力、冶金、有色金属、石油石化、化工、建材、机械等行业	自动适时监测电机、变频器和负载的运行情况，并根据专家库系统进行运行寻优，使三者达到最佳匹配的效果。	已安装变频装置的风机、水泵系统	煤化工锅炉系统5台风机，总功率1900kW	189	712
8	铝电解槽新型阴极结构及焙烧启动与控制技术	有色金属行业电解铝企业	新型阴极结构铝电解技术，以及配套的火焰一铝液一铝焙烧结构设计技术。	适用于临近大修、槽龄较长等情况的不同容量的铝电解槽	170kA 或 350kA 电解槽	20000	30000

续表

项目	技术名称	适用范围	主要技术内容	适用的技术条件	案例建设规模	投资额 （万元）	节能量 （tce/a）
9	低温低电压铝电解新技术	有色金属行业电解铝生产企业	根据低极距槽型槽结构设计与优化、低温电解质体系及工艺、过程临界稳定控制、节能型电极材料制备等技术实现低温低电压下的铝电解新工艺。	槽容量≥200kA 电解铝生产系列	80 台 240kA 铝电解槽	15730	56700
10	新型高效膜极距离子膜电解技术	食盐水电解、氯化钾电解	阴极膜极距技术、新的电极降低电位、提高使用寿命。	利用食盐水精制电解生产氯气、氢气和烧碱	16 万 t/a 隔膜法烧碱生产装置	9865	1966
11	工业微波及电混合高温加热窑炉技术	通用机械行业非金属材料高温加工	利用微波及电在不同加热温度范围内对材料进行高温烧结，具有加热速度快、加热均匀、安全高效、节能效果好等优点。	氮化钒等非金属材料高温加工及合成	3000t/a 氧化钒的 6 条微波高温合成窑	4200	5760
12	防眩光高效 LED 路灯节能技术	快车道、主干道、公园、小区等照明应用	LED 路灯照明是一种基于大功率高亮度半导体发光二极管的新型照明技术。相比传统的高压钠灯等照明光源，具有耗电量少、发光效率高、显色性好等优点。同时，该技术通过新型灯具光学设计，有效降低眩光，减少光污染，提高人体舒适度。	需要采用节能高效照明灯具的场所	1445 盏防眩光 LED 路灯	300	894

全国节能中心系统
业务能力培训教材

业务工作卷

主编◎贾复生

中国市场出版社

·北京·

目　　录

第一章　节能评估和审查

　　2010 年，国家发展改革委发布实施《固定资产投资项目节能评估和审查暂行办法》，标志能评制度在我国全面施行。五年来，能评在合理控制能源消费，提高新上项目能源利用效率，夯实能源管理基础等方面发挥了不可替代的作用。据不完全统计，能评核减不合理能源消费超过 5000 万吨标准煤。

　　随着我国经济社会发展，近年来，资源环境问题已成为制约发展的短板。新一届中央政府对此愈加重视，陆续出台一系列措施，控制能源消费总量，推进生态文明建设，着力打造美丽中国。在此形势下，能评作为完善和加强宏观调控的一项抓手和能源"双控"的重要手段，被赋予更高的使命。目前，作为依法设立的行政许可，能评已明确成为固定资产投资项目前期工作的必经环节，开工建设前必须完成的行政审批事项。

　　节能中心系统是各级节能审查工作强有力的技术支撑力量，对于构建能评工作体系，推动能评深入开展发挥了积极的引领示范作用。自 2011 年以来，国家节能中心通过探索创新能评工作机制，编制《能评指南》，组织全国能评培训，开展年度监督检查，制修订能评相关技术标准等，有效规范引领全国能评工作走向深入。多数地方中心也承担了本地区能评项目的节能评审、监督检查、评估机构管理和标准制修订等工作，为贯彻国家能评要求，深化推动能评工作作出了显著贡献。

　　本章主要结合当前能评面临的新形势、新要求，参照国家节能中心能评工作的经验积累，吸收部分地方中心的实践探索，在分析介绍节能评估工作的基础上，对中心系统主要开展的节能评审、监督检查、统计分析等能评领域主要工作进行了介绍和讲解，以期规范中心系统能评相关工作。

第一节　节能评估和审查制度

一、相关概念

（一）节能评估

指根据节能法规、标准，对固定资产投资项目的能源利用是否科学合理进行分析评估，并编制节能评估报告书、节能评估报告表（以下统称节能评估文件）或填写节能登记表的行为。

（二）节能评审

节能评审是节能审查的内部环节。节能审查机关委托有关机构对节能评估文件进行评审。评审机构出具的评审意见是节能审查的重要依据，评审时可以要求项目单位就有关问题进行说明或补充。

（三）节能审查

指根据节能法规、标准，对项目节能评估文件进行审查并形成审查意见，或对节能登记表进行登记备案的行为。

二、制度依据

能评是依法设立的行政许可事项，节能审查意见是固定资产投资项目审批核准、开工建设的前置条件。现行能评制度体系主要包括以下部分：

（一）法律依据

《节能法》是能评的"上位法"，为开展能评工作提供了明确的法律依据。《节能法》第十五条明确规定：国家实行固定资产投资项目节能评估和审查制度。不符合强制性节能标准的项目，依法负责项目审批或者核准的机关不得批准或核准建设；建设单位不得开工建设；已经建成的，不得投入生产、使用。具体办法由国务院管理节能工作的部门会同国务院有关部门制定。

2

（二） 部门规章

作为国务院管理节能工作的部门，国家发展改革委于 2010 年 9 月以主任令的形式出台了《固定资产投资项目节能评估和审查暂行办法》（以下简称《暂行办法》），明确对发展改革系统的能评工作提出了要求。具体包括能评的分类管理标准、节能评估和审查操作要求以及评估报告内容深度要求等，为落实节能法的要求，切实做好能评工作奠定了基础。

（三） 地方规范性文件

大多数省区市按照《节能法》要求，参照《暂行办法》，出台了能评地方性行政法规或地方政府规章等，为本级能评工作提供了明确的操作依据。如《浙江省固定资产投资项目节能评估和审查管理办法》（浙政办发〔2010〕35 号）、《河南省固定资产投资项目节能评估和审查实施办法》（豫发改环资〔2011〕1484 号）等。

三、制度解析

国家和地方层面能评具体要求、分级分类管理办法等可能有所不同。本书以《暂行办法》为例，对能评制度进行解析。

（一） 前置要求

节能评估文件及其审查意见、节能登记表及其登记备案意见，作为项目审批、核准或开工建设的前置性条件以及项目设计、施工和竣工验收的重要依据。未进行节能审查，或节能审查未获通过的项目，不得审批、核准，不得开工建设，已经建成的不得投入生产、使用。

（二） 分类管理要求

建设单位应根据拟建项目建成达产后的年能源消费情况，选择编写相应的节能评估文件。国家层面分类标准见表 1-1。

地方节能审查的项目，依照当地有关规定进行分类。

表 1 –1   节能评估文件分类表

文件类型	年能源消费量 E（当量值）			
	实物能源消费量			综合能源消费量（吨标准煤）
	电力（万千瓦时）	石油（吨）	天然气（万立方米）	
节能评估报告书	E≥500	E≥1000	E≥100	E≥3000
节能评估报告表	200≤E＜500	500≤E＜1000	50≤E＜100	1000≤E＜3000
节能登记表	E＜200	E＜500	E＜50	E＜1000

（三）评估机构能力要求

节能评估报告书或节能评估报告表应由项目建设单位委托有能力的机构编制；节能登记表可由建设单位自行填写。

> **＊地方先行先试**
>
> 部分地区对节能评估机构的能力水平提出了明确要求。《浙江省工业固定资产投资项目节能评估机构备案管理办法（试行)》明确节能评估机构应当具备的条件、主要备案事项等，并对备案的节能评估机构进行动态管理，实行定期验审制度。《山东省固定资产投资项目节能评估和审查暂行办法实施细则》提出，节能评估报告书、节能评估报告表由项目建设单位委托具有乙级（含乙级）工程咨询资质的机构编制。《宁波市工业固定资产投资项目节能评估机构备案管理和考评办法》要求，节能评估机构根据核定的专业范围和资质等级开展节能评估业务。《武汉市固定资产投资项目节能评估文件编制机构星级评定办法（试行)》提出，对节能评估文件编制单位开展星级评定，项目建设单位在选择编制机构时优先选择星级较高的编制机构，市行政服务中心在设立中介服务窗口时，将优先选择星级较高的编制机构进入行政服务大厅。

（四）分级管理要求

能评按照项目管理权限实行分级管理。由国家发展改革委核报国务院审批或核准的项目以及由国家发展改革委审批或核准的项目，其节能审查由国家发展改革委负责；由地方人民政府发展改革部门审批、核准、备案或核报本级人民政府审批、核准的项目，其节能审查由地方人民政府发展改革部门负责。

部分地区尝试按照项目能源消费量进行分级管理。

＊地方先行先试

《浙江省固定资产投资项目节能评估和审查管理办法》规定，年综合能源消费量5000吨标准煤及以上或年用电量600万千瓦时及以上的固定资产投资项目的节能审查，由省政府管理节能工作的部门和有关部门按照各自职责范围负责。年综合能源消费量在3000吨至5000吨标准煤或年用电量300万千瓦时至600万千瓦时的固定资产投资项目的节能审查，由各设区市、县（市、区）政府管理节能工作的部门和有关部门按照各自职责范围负责，具体权限划分由各设区市政府确定。年综合能源消费量3000吨标准煤及以上或年用电量300万千瓦时及以上的固定资产投资项目节能审查意见，应当由负责节能审查的部门报省政府管理节能工作的部门备案。

（五）节能评审要求

节能审查机关收到项目节能评估文件后，要委托有关机构进行评审，形成评审意见，作为节能审查的重要依据。接受委托的评审机构应在节能审查机关规定的时间内提出评审意见。评审费用应由节能审查机关的同级财政安排。

（六）监管处罚要求

《暂行办法》对能评项目提出了监督检查要求，并对建设单位、评估机构、评审审查工作人员、审批核准工作人员，以及违规项目等提出了明确的处罚要求。具体如下：

（1）固定资产投资项目设计、施工及投入使用过程中，节能审查机关负责对节能评估文件及其节能审查意见、节能登记表及其登记备案意见的落实情况进行监督检查。

（2）建设单位以拆分项目、提供虚假材料等不正当手段通过节能审查的，由节能审查机关撤销对项目的节能审查意见或节能登记备案意见，由项目审批、核准机关撤销对项目的审批或核准。

（3）节能评估文件编制机构弄虚作假，导致节能评估文件内容失实的，由节能审查机关责令改正，并依法予以处罚。

（4）负责节能评审、审查、验收的工作人员徇私舞弊、滥用职权、玩忽职守，导致评审结论严重失实或违规通过节能审查的，依法给予行政处分；构成犯罪的，依法追究刑事责任。

（5）负责项目审批或核准的工作人员，对未进行节能审查或节能审查未获通过的固定资产投资项目，违反本办法规定擅自审批或核准的，依法给予行政处分；构成犯罪的，依法追究刑事责任。

（6）对未进行节能评估和审查，或节能审查未获通过，擅自开工建设或擅自投入生产、使用的固定资产投资项目，由节能审查机关责令停止建设或停止生产、使用，限期改造；不能改造或逾期不改造的生产性项目，由节能审查机关报请本级人民政府按照国务院规定的权限责令关闭；并依法追究有关责任人的责任。

＊地方先行先试

部分地区对能评全过程管理、事中事后监管等提出了更高的要求。《浙江省固定资产投资项目节能评估和审查管理办法》要求，固定资产投资项目竣工后，应当向负责该项目节能审查的政府管理节能工作的部门或有关部门申请节能验收。政府管理节能工作的部门或有关部门应当在 5 个工作日内进行节能验收，出具节能验收意见；《内蒙古自治区固定资产投资项目节能评估和审查实施办法（暂行）》提出，在建项目用能工艺、设备及能源品种等建设内容发生重大变更或能源消耗总量超过已审批能源消耗总量10%及以上的，应重新进行节能评估和审查。

四、相关政策要求

近年来，国家对能评工作的重视程度显著提高，在一系列政策文件中针对能评工作提出了具体要求。

（一）审查要求

（1）《国务院机构改革和职能转变方案》：加强对投资活动的土地使用、能源消耗、污染排放等管理。

（2）《"十二五"节能减排综合性工作方案》：严格控制高耗能、高排放和产能过剩行业新上项目，进一步提高行业准入门槛，强化节能等指标约束，依法严格节能评估审查；将固定资产投资项目节能评估审查作为控制地区能源消费增量和总量的重要措施。将"领跑者"能效标准与新上项目能评审查相结合，加快标准的更新换代，促进能效水平快速提升。

（3）《节能减排"十二五"规划》：严格固定资产投资项目节能评估审查，把能源消费总量作为能评审批的重要依据；进一步完善和落实相关产业政策，提高产业准入门槛，严格能评审查，抑制高耗能、高排放行业过快增长，合理控制能源消费总量。

（4）《能源发展战略行动计划（2014—2020年）》：推行"一挂双控"措施。将能源消费与经济增长挂钩，对高耗能产业和产能过剩行业实行能源消费总量控制强约束，其他产业按先进能效标准实行强约束，现有产能能效要限期达标，新增产能必须符合国内先进能效标准。

（5）《国务院关于印发大气污染防治行动计划的通知》：提高能源使用效率，严格落实节能评估审查制度。新建高耗能项目单位产品（产值）能耗要达到国内先进水平，用能设备达到一级能效标准。京津冀、长三角、珠三角等区域，新建高耗能项目单位产品（产值）能耗要达到国际先进水平。对未通过能评审查的项目，有关部门不得审批、核准、备案，不得提供土地，不得批准开工建设，不得发放生产许可证、安全生产许可证，金融机构不得提供任何形式的新增授信支持，有关单位不得供电、供水。

（6）《国务院关于化解产能严重过剩矛盾的指导意见》：严格执行国家投

7

资管理规定和产业政策，加强产能严重过剩行业项目管理，各地方、各部门不得以任何名义、任何方式核准、备案产能严重过剩行业新增产能项目，各相关部门和机构不得办理能评审批等相关业务。

（7）《关于加强节能标准化工作的意见》：要以强制性能耗限额标准为依据，实施固定资产投资项目节能评估和审查制度。

（8）《2014—2015 年节能减排低碳发展行动方案》：强化能评环评约束作用。严格实施项目能评和环评制度，新建高耗能、高排放项目能效水平和排污强度必须达到国内先进水平，对钢铁、有色、建材、石油化工、化工等高耗能行业新增产能试行能耗等量或减量置换。对未完成节能减排目标的地区，暂停该地区新建高耗能项目的能评审查和新增主要污染物排放项目的环评审批。完善能评制度，规范评估机构，优化审查流程。

（9）《国家发展和改革委、环保部关于严格控制重点区域燃煤发电项目规划建设有关要求的通知》：京津冀、长三角、珠三角等重点区域的燃煤发电项目能效要达到国际先进水平，煤炭消费须做到等量置换，为节能评估提供了明确的标杆。

（二）管理要求

（1）《中央编办关于国家发展和改革委员会有关职责和机构编制调整的通知》：明确将能评作为"完善和加强宏观调控"的重要内容，要求完善能评制度，制订统一的制度、规范和程序，并与能源消费总量、节能目标完成情况等进行衔接平衡。

（2）《中央编办关于工业和信息化部有关职责和机构调整的通知》：与国家发展和改革委员会在固定资产投资项目节能评估和审查方面的职责分工。① 国家发展和改革委员会会同行业管理部门拟订固定资产投资项目节能评估和审查的法律法规草案及政策，制定统一的制度、规范和程序，建立健全第三方评估机制，推动发展和规范第三方评估机构。② 对国家发展和改革委员会审批、核准、审核的固定资产投资项目，由国家发展和改革委员会征求行业管理部门意见后，出具节能审查意见。对行业管理部门审批、核准的固定资产投资项目，由行业管理部门进行节能评审，提出评审意见；国家发展和改革委员会根据评审意见，在与能源消费总量、节能目标完成情况等进行衔接平衡后，出具节能审查意见。③ 地方政府审批、核准的固定资产投资项目，由地方政府在本地区能源消费总量以内按照有关规定进行节能审查。

（3）《国务院办公厅关于印发精简审批事项规范中介服务实行企业投资项目网上并联核准制度工作方案的通知》：行政机关委托开展的评估评审等中介服务，……，一律由行政机关支付服务费用并纳入部门预算，严格限定完成时限。

（三） 法制化要求

（1）《关于加快发展节能环保产业的意见》：推动加快制定固定资产投资项目节能评估和审查法，完善节能评估和审查制度，发挥能评对控制能耗总量和增量的重要作用。

（2）《能源发展战略行动计划（2014—2020 年）》：要认真开展新建项目节能评估审查，健全固定资产投资项目节能评估审查制度。

（3）《关于加快推进生态文明建设的意见》：严格节能评估审查制度，研究制定节能评估审查等方面的法律法规，修订节约能源法等。

（4）《国务院批转发展改革委关于 2015 年深化经济体制改革重点工作意见的通知》：修订《固定资产投资项目节能评估和审查暂行办法》。

五、发展方向

下阶段，随着国务院不断简政放权，推进行政审批制度改革，能评制度的前置要求也将随之调整和变化。另外，随着我国布局"五位一体"协调发展，不断加强生态文明建设，着力打造美丽中国，能评亦应进一步发挥在能源消费"双控"等方面的应有作用，切实为宏观调控做好服务。

（一） 程序调整要求

按照《国务院办公厅关于印发精简审批事项规范中介服务实行企业投资项目网上并联核准制度工作方案的通知》要求，前置审批只保留规划选址、用地预审（用海预审）两项，重特大项目将环评（海洋环评）审批作为前置条件，其他审批事项实行并联办理。其他确需保留在项目开工前完成的审批事项，与项目核准实行并联办理。

（二） 强化宏观管理要求

为应对日益严峻的资源环境制约，下阶段，我国将进一步强化能源消费总量控制，不断优化存量、控制增量。据有关统计数据，新上固定资产投资项目带来的能源消费是我国能源消费增量的主要组成部分。作为项目开工前唯一关注能源消费环节的管理手段，能评应着力强化能源消费总量控制有关内容，如：建立预警调控机制，建设全国能评项目信息数据库，系统掌握新增固定资产投资带来的能源消费情况，明确各地区能源消费总量控制空间，为国家和地方层面节能审查提供审查依据；细化能耗（煤炭）等量或减量置换工作要求，建立用能预算化管理、用能权交易机制等。

（三） 细化内容深度要求

能评的技术性要求很高，必须深入到生产工艺、生产过程中，寻找能效提升的潜力空间，才能提出节能措施，降低能源消耗。实现这项要求，需要一套较为完整的、具有特色的技术支撑体系，提供明确的技术依据。但是，目前能评可依据的标准、规范、技术文件等存在体系性差、适用性弱、覆盖面窄等一系列问题，亟须完善。下阶段，应组织制定各行业能评能效指标要求、工艺设计规范、节能评估工作导则、审查评审标准、事中事后监管细则等，建立一套全过程的能评工作依据和明确的工作要求。

（四） 加强事中事后监管

大力推进简政放权，加强事中事后监管，是新形势下政府职能转变的重点。在不断取消行政审批事项后，政府要完善和创新宏观调控，做到放管结合，就必须加强事中事后监管。目前我国能评监管制度设计存在欠缺、各地方对能评监督检查的落实尚不到位，在能评审批放和管的配套衔接方面亟待加强。要想使能评事业健康、蓬勃发展，维护制度权威性、科学性和有效性，下阶段，必须在能评各个阶段加强监管，规范能评行为，强化责任追究，切实发挥能评的源头控制作用。

第二节 节能评估

一、评估原则

节能评估工作应遵循专业性、真实性、完整性和实操性原则。

(一) 专业性

节能评估机构应组建专业齐备、能力合格、工程经验丰富的评估团队。评估团队应覆盖项目所属行业的各工艺专业，以及热能、电气和技术经济等节能评估工作所需专业。评估人员原则上应具有相应的专业技术资格，熟悉节能评估工作的内容深度要求、技术规范、评价标准和程序方法等，具备分析和评估项目能源利用状况，提出有针对性的节能措施，合理选择、核算基本参数和基础数据，计算项目综合能源消费量、能效指标和经济指标，判断项目能效水平等专业能力。

节能评估机构应尽早介入项目前期工作，从节能角度对建设方案等提出建议，发挥专业作用。

(二) 真实性

项目建设单位和节能评估机构应当从实际出发，对项目相关资料、文件和数据的真实性做出分析和判断，本着认真负责的态度对项目用能情况等进行研究、计算和分析，明确节能评估所需基本参数、基础数据等，并对评估结果的客观和真实负责。

当项目申请报告等技术文件中记载的资料、数据等能够满足节能评估的需要和精度要求时，应通过复核校对后引用；不能满足要求时，应通过现场调研、核算等其他方式获得数据，并重新计算相关指标。类比数据、资料应分析其相同性或者相似性。

对于综合能源消费量、能效指标、节能效果等，应通过分析、计算给出定量结果。计算过程应清晰完整，符合现行统计方法制度及相关标准规定。

11

（三）完整性

节能评估内容应包括计算项目年综合能源消费量，评价项目能效水平，全面分析项目生产工艺、工序和用能装置（设备）等的能源利用状况、匹配性等，提出建设方案、用能工艺和设备，以及节能措施等方面的调整意见，分析节能效果等。改、扩建工程应对改扩建前、后的能效水平进行对比分析和评估，并研究利用旧有设施和设备等的可行性等。

项目建设单位应根据节能审查和评审意见，及时组织节能评估机构修改、完善节能评估文件。

（四）实操性

节能评估机构应根据项目特点，提出科学、合理、可操作的节能措施、建设方案、用能工艺调整意见和能源计量器具配备方案，为下阶段设计、招标及施工、验收考核等提供具体依据，不能仅做原则性、方向性的描述。

节能评估文件应观点鲜明，对于评估文件提出的能效指标、节能措施等，应明确要求项目建设单位在项目建设过程中落实，并作为相关部门竣工验收及考核的依据。

二、评估方法

（一）评价方法

通用的主要评价方法包括标准对照法、类比分析法、专家判断法等。在实际节能评估工作开展过程中，要根据项目特点和评估需要，选择适用的评价方法。

标准对照法：是指通过对照相关节能法律法规、政策、行业及产业技术标准和规范等，对项目的能源利用是否科学合理进行比对分析。要点包括：项目建设方案与相关行业规划、准入条件以及节能设计标准等对比；设备能效与能效标准一级能效水平（节能评价值）对比；项目能效指标与相关能耗限额标准对比等。

类比分析法：是指在缺乏相关标准规范的情况下，通过与处于同行业领先或先进能效水平的既有工程进行对比，分析判断所评估项目的能源利用是否科学合理。类比分析法应判断所参考的类比工程能效水平是否达到国内领先或先进水平，并具有时效性。要点可参照标准对照法。

专家判断法：是指在没有相关标准规范和类比工程的情况下，利用专家经验、知识和技能，对项目能源利用是否科学合理进行分析判断的方法。采用专家判断法，应从生产工艺、用能情况、用能设备等方面，对项目的能源使用做出全面分析和计算。

（二） 计算方法

节能评估中常用的计算方法主要包括综合分析法、能量平衡法等。

综合分析法：是指参照有关标准、规范等，根据项目所在地气候区属情况、建设规模、工艺路线及设备工艺水平等，适当选取、计算基础数据和基本参数，确定主要能效指标，用能工艺、设备能效要求等。

能量平衡法：是指使用能量平衡表或项目所属行业通用的平衡分析方法，分析项目各种能源介质输入与产出间的平衡，能源消耗、有效利用能源和各项损失之间的数量平衡情况等，计算项目能源利用率、能量利用率，分析各工艺环节的用能情况，查找节能潜力。

三、评估程序

节能评估工作一般分为四个阶段，即组建评估团队、资料收集、文件编制、完善文件。具体如下：

组建评估团队。接受项目建设单位委托后，评估机构应根据项目特点，组建符合专业性要求的评估团队。项目节能评估期间，评估团队应保持人员稳定。

资料收集。主要工作包括收集项目有关材料，确定评估文件类型，赴项目现场进行调研，制定工作方案等。本阶段应重点了解项目所在地有关情况、项目建设方案及工作进展，收集和掌握项目节能评估必要的基础数据和基本参数等。

文件编制。主要工作包括评估项目情况、计算有关指标，形成评估结论、编制评估文件等。年综合能源消费量在 5000 吨标准煤（等价值）以上的项目，应分专业评估并相互会签。评估期间，节能评估机构应与项目建设单位、可研编制单位等充分沟通。编制完成后的节能评估文件应分别加盖节能评估机构和项目建设单位公章。

完善文件。节能评估文件报送节能审查后，节能评估机构仍应跟踪项目进展情况，并及时对文件进行调整，确保能够反映项目实际。节能评估机构应组织各专业人员参加节能评审会，并根据节能评审和审查阶段所提意见，及时对评估文件进行修改和完善。

四、评估要点

（一） 建设方案

1. 工艺方案

工艺方案指项目主要工艺流程和技术方案，包括选择的生产规模、工艺路线、主要工艺参数等。评估应分析项目推荐选择的工艺方案是否符合行业规划、准入条件、节能设计规范、环保等相关要求，从节能角度分析该工艺方案与可行性研究报告推荐的其他建设方案的优劣，并与当前行业内先进的工艺方案进行对比分析，提出完善工艺方案的建议。

2. 总平面布置

评估应结合节能设计标准等有关标准、规范，从节能角度对项目总平面布置方案进行分析、评估，并提出节能措施建议。

3. 主要用能工艺、设备

评估应具体分析项目各主要用能工艺（生产工序）的流程及主要用能设备的选型等是否科学合理，提出节能措施建议。如：分析项目使用热、电等能源是否做到整体统筹、充分利用；计算分析项目工序能耗指标，以及主要用能设备、通用设备等的能效水平；改、扩建项目，研究分析是否能充分利用旧有设施和设备等。

4. 辅助生产和附属生产设施

评估应分别对为项目配套的控制系统、建筑、给排水、照明及其他辅助生产和附属生产设施进行分析和评估，并提出节能措施。

5. 能源计量器具配备方案

评估应按照《用能单位能源计量器具配备和管理通则》（GB 17167）等，结合行业特点和要求，编制能源计量器具配备方案，列出能源计量器具一览表等。

（二） 节能措施

1. 能评前节能技术措施

评估应对能评前已采用的节能技术措施进行全面梳理，评价能评前节能技术措施的合理性、可行性及节能效果等。

2. 能评阶段节能措施

评估应依据项目节能评估、评审、审查等环节提出的意见和建议，针对项目在节能方面存在的问题、可以继续完善的环节等，汇总能评阶段所提出的节能措施、建设方案调整意见、设备选型建议等。

3. 节能措施效果

评估应分析计算能评阶段节能措施的节能效果等。

4. 节能管理方案

评估应按照《能源管理体系要求》（GB/T 23331）、《工业企业能源管理导则》（GB/T 15587）等有关要求，提出项目能源管理体系建设方案，能源管理中心建设以及能源统计、监测等节能管理方面的措施和要求。

（三） 能源利用状况测算及能效水平评估

1. 能源利用状况

评估应核算项目基础数据、基本参数等，在此基础上计算项目年综合能源消费量、主要能效指标、增加值能耗、能量利用率等，说明能源消费结构，并使用能量平衡分析法分析项目各环节能量使用情况。

2. 能效水平

评估应对项目主要能效指标的能效水平进行分析评估，并进行评价（如国内领先、国内先进、国内一般、国内落后，国际领先、国际先进）。

（四） 能源消费影响

评估应将能评阶段计算得出的项目年能源消费增量与项目所在地能源消费

增量控制数进行对比，分析判断项目新增能源消费对所在地能源消费的影响。

五、要点解析

（一） 节能评估指标体系

评价指标体系是各种相互联系为实现特定的评价目标而建立的指标总体。根据能源及能量流动的各个环节的特点，结合项目所处的阶段性特征，确定节能评估过程中应进行评价的指标，建立项目的节能评估的评价指标体系，是开展节能评估的基础工作。

目前，对于固定资产投资项目节能评估，尚无规定的文件对评价指标体系进行规范。通过多年的总结、实践与研究，初步归纳节能评估的评价指标体系，供节能评估从业人员参考。该评价指标体系应通过实践中不断检验，及时进行调整和完善。

1. 评估指标设计原则

根据国家、行业等对节能评估的要求，评价指标设计按照以下原则考虑。

（1） 过程控制与综合分析相结合的原则。

在指标的设计中，考虑了结果性的指标，如单位产品能耗、单位产值能耗等，同时考虑主要用能工艺能耗、用能工序能耗等过程性指标。

（2） 通用性与差异化相结合的原则。

随着节能减排的不断深入和节能评估的发展，在控制项目的综合评价指标同时，会根据行业分类以及区域分类进行指标的差异化设计。

（3） 定量考核与定性分析相结合的原则。

如果能定量核算和考核的指标，应进行定量的对比和分析；但无法定量分析的指标，可采用定性分析的方法。

2. 一般评估指标构成

根据节能评估的原则要求和指标的可度量性，指标体系由定量指标与定性指标组成。由于项目特点各异，评价指标有所不同，此处归纳总结出了一些通用指标，包括一级指标和二级指标，供开展节能评估过程中参考。项目进行节能评估时可以根据项目特点拓展评价指标，并应在二级指标的基础上细化三级指标。

　　一级指标包括宏观影响指标，能耗指标，系统效率指标，节能效果指标，与相关法规政策、标准规范的符合性，建设方案节能，用能方案合理性，节能措施及能源管理有效性等（见表1-2）。在指标设定考虑时，尽量避免指标间的直接关联性，但各项指标不能完全独立。

表1-2　　　　　　　　　　评估指标构成

指标类型	一级指标	二级指标
定量指标	宏观影响指标	对所在省、市能源消费总量的影响
		对所在省、市完成节能目标的影响
	能耗指标	单位产品（产出或服务）能耗（综合能耗、单项能耗）、单位产品可比综合能耗
		工艺、工序能耗（综合能耗、单项能耗）
		单位产值及增加值能耗（综合能耗、单项能耗）
	系统效率指标	主要设备能效
		用能系统效率
		项目能源利用率
	节能效果指标	节能措施效果
		余能利用率
		新能源及可再生能源利用率
定性指标	与相关法规政策、标准规范的符合性	项目建设内容是否符合国家、行业及地方相关政策
		项目建设方案是否符合国家、行业及地方关于能源利用的要求
		各项指标是否符合标准、规范要求
		是否选择国家和地方鼓励的节能技术和措施
	建设方案节能	总平面布置是否有利于能源的供应和使用
		生产工艺方案是否在能源利用上具有先进性
		主要用能工艺、系统和设备选型是否先进合理
		辅助生产及附属生产设施方案设计是否先进合理

指标类型	一级指标	二级指标
定性指标	用能方案合理性	用能方案是否与项目所在地总体方案协调
		能源加工、转换和使用方案是否合理
	节能措施及能源管理的有效性	节能措施是否可行有效
		能源计量方案是否符合规范要求
		能源管理体系是否可行有效

3. 评估指标分析与计算

（1）宏观影响指标。

宏观影响指标包括项目能源消费对当地能源消费总量、对当地完成节能目标的影响。根据项目的建设地点，分为省、市两级进行计算分析；如建设地为直辖市，应按市、区两级计算分析。计算方法一致，只是作为计算基数的数据和选择的比较标准应按照范围一致的原则进行选择。

（2）能耗指标。

1）单位产品（产出或服务）能耗。

单位产品能耗，指生产一个计量单位的产品（或完成一个计量单位的工作量）所消耗的能源量。单位产品能耗一般是针对工业产品能源消耗而言的，比如吨钢综合能耗、吨水泥能耗等；单位工作量能耗一般是针对工业产品以外的其他经营活动的能源消耗而言的，比如交通运输行业的吨公里能耗、吨公里油耗、吨公里货物或周转量能耗等。工作量、业务量从某种程度上讲，也是从事该项工作或业务的劳动成果，与产品具有相同的社会意义和相似的概念，所以单位工作量能耗亦可称作单位产品能耗。

单位产品能耗分为单项能耗和综合能耗。前者指生产一个计量单位的产品消耗的某一种能源量（比如电，或煤，或油，或燃气等），后者指生产一个计量单位的产品消耗的全部能源（各种能源的合计）量。

$$单位产品综合能耗 = \frac{生产产品的能源消费总量}{产品产量}$$

$$单位产品单项能耗 = \frac{生产产品的单项能源消费量}{产品产量}$$

在计算过程中，公式右边的能源消耗量、产品产量的计量单位与公式左边的指标值计量单位不一致时，直接计算的值有时需要用计量单位换算系数调整：

$$单位产品综合能耗 = \frac{生产产品的能源消费总量}{产品产量} \times 换算系数$$

2）单位产品可比综合能耗。

单位产品可比综合能耗是在同行业中相同最终产品能耗的比较，在计算过程中需要对影响产品能耗的各种因素加以修正所计算出来的产品单位产量综合能耗。此项指标只适用于同行业内部相互比较，计算时按照行业内的统计规则进行核算和修正。

例如钢铁企业的吨钢可比综合能耗，是在生产结构不同的各企业之间以及我国钢铁工业和国外钢铁工业之间进行对比的一个能耗指标。吨钢可比能耗的计算方法分两部分，首先计算出企业吨钢单位能耗，然后再计算吨钢可比能耗。计算可比能耗时，以生产 1 吨合格钢作为基准。按规定只考虑以下工序：焦化、烧结、球团、炼铁（铁前系统）、炼钢、铁锭、初轧、轧钢、企业燃料加工、厂区运输及能源亏损分摊在每吨钢上的能耗量之和。不包括钢铁工业企业的采矿、选矿、铁合金、耐火材料制品、碳素制品、煤化工产品及其他产品生产、辅助生产及非生产的能耗。

3）工序及工艺能耗。

能耗定额有工艺能耗定额和生产能耗定额两种基本形式。工艺能耗定额，包括有效消耗和工艺性损耗两部分，前者如金属加热时吸收的热量，后者如烟气带走的热量。生产能耗定额，包括工艺能耗定额和非工艺能耗定额（如采暖、通风所需消耗，能源在运输、贮存中损耗）。

工序及工艺能耗的计算方法与计算单位产品能耗的计算方法类似。通过计算，评价主要用能工艺和工序及其能耗指标是否符合能耗限额标准或准入政策要求，能效水平是否达到先进水平。具体指标计算方法可参考各行业标准或规定。

4）单位产值、增加值能耗。

项目单位产值综合能耗反映项目的能源消费强度和能源利用效率的综合指标。产值一般指项目总产值。

$$项目单位产值能耗 = \frac{项目综合能源消费量（吨标准煤）}{项目总产值（万元）}$$

$$项目单位增加值能耗 = \frac{项目综合能源消费量（吨标准煤）}{项目增加值（万元）}$$

（3）系统效率指标。

1）主要设备能效。

$$设备效率 = \frac{有效能}{供入能} \times 100\%$$

对于设备效率，有多种表现形式，如锅炉热效率，汽轮机热耗，空调设备制冷制热性能系数 COP，电力变压器的空载损耗、负载损耗等。

项目用能系统由各个用能单元组成，主要设备的能效决定用能单元的能效，从而决定用能系统的总效率。选择能效较高的设备，减少能量损失，是节能评估的重要内容。

2）用能系统效率。

任何项目的用能系统都可以简化成标准形式，能源由项目边界供入，按照流向划分为购入贮存、加工转化、输送分配和最终使用四个环节，以有效利用能（包括外供能）和能量损失流出系统。

项目用能系统的能量流，是一个以各用能环节串联、各用能单元并联的混合联结系统，用能系统的总效率等于个用能环节效率的乘积。也就是说，每个环节的效率都会影响系统效率。

项目用能系统效率：

$$\eta = \eta_1 \times \eta_2 \times \eta_3 \times \eta_4$$

η_1——购入贮存环节效率；

η_2——加工转换环节效率；

η_3——输送分配环节效率；

η_4——最终使用环节效率。

3）项目能源利用率。

$$项目能源利用率 = \frac{\sum（某系统效率 \times 该系统能耗量）}{各系统耗能量之和}$$

项目能源利用率是一项综合性指标，反映了包括方案合理性、工艺先进性、管理适用性等多方面、多因素互相作用的结果。从项目能源利用率的计算公式可以看出，如果项目中使用某个品种的能源占比较大，该能源的运输贮存、加工转换、输送分配等各环节的效率对系统效率的影响就更大。

（4）节能效果指标。

1）节能措施效果。

在满足项目准入条件及各项强制性标准的基础上，定量分析各项节能措施的节能效益等。

2）余能利用率。

余能包括余热、余压、排放的可燃气体等，余能资源量可按照 GB/T 1028 计算，按照 GB/T 3484 计算余能资源率和余能资源利用率。

余能利用率表示项目余能回收利用占项目综合能源消耗量的比例。余能资源率是余能资源量与项目消耗各种能源量的比值。

$$余能资源率 = \frac{余能资源量（吨标准煤）}{项目综合能源消耗量（吨标准煤）} \times 100\%$$

$$余能资源利用率 = \frac{已利用的余能资源量（吨标准煤）}{余能资源量（吨标准煤）} \times 100\%$$

$$余能利用率 = 余能资源率 \times 余能资源利用率 \times 100\%$$

3）新能源及可再生能源利用率。

在国家及各地方的规划和各项政策中，鼓励新能源和可再生能源利用已成为共识。在我国能源刚性需求的压力下，发展新能源和可再生能源是节约常规能源的有效措施。

$$可再生能源利用率 = \frac{可再生能源量（吨标准煤）}{项目常规能源消耗量 + 可再生能源消耗量（吨标准煤）} \times 100\%$$

（5）与相关法规政策、标准规范的符合性。

1）项目建设内容是否符合国家、行业及地方相关政策。

2）项目建设方案是否符合国家、行业及地方关于能源利用的要求。

3）各项指标是否符合标准、规范等要求。

（6）建设方案节能。

1）总体布局是否有利于能源的供应和使用。

评价项目总体布局、总平面布置、交通组织等的节能设计是否合理，是否有利于能源供应、运输、加工转换的高效利用和节约使用。

2）生产工艺方案是否在能源利用上具有先进性。

项目采用的主要生产工艺路线是否合理，生产规模是否符合有关要求。

3）主要用能系统和设备选型是否先进合理。

项目主要用能系统有无被其他更为合理的用能系统取代的可能性等。对于多种用能系统和设备选择，是否进行了方案比选。主要用能装置能效水平是否符合相关能效标准的规定，是否达到先进水平，是否有国家明令禁止和淘汰的落后设备。

4）辅助生产和附属生产设施方案是否先进合理。

相关设施的能效水平是否符合强制性节能标准、规范的要求，是否达到先进水平。

（7）用能方案合理性。

1）项目用能方案是否与项目所在地总体方案协调。

项目用能方案是否与区域总体规划协调；是否充分利用区域的余热、余压资源；是否与周边的供用能项目统筹设计；是否充分利用当地的可再生能源等。

2）能源加工、转换和使用方案是否合理。

项目能源加工、转换和使用方案是否科学合理；是否进行能源的梯级利用；是否能合理利用热能，避免反复加热或将高品质热能降质使用等。

（8）节能措施及能源管理的有效性。

1）节能措施是否可行并有效。

项目是否针对生产工艺、动力、建筑、给排水、暖通空调、电气系统等方面提出了有效、可行的技术措施；分析节能技术措施是否符合相关政策、法规、标准、规范的要求。

节能措施效果：节能措施效果的测算依据是否准确，测算方法是否适用，测算结果是否正确，比较基准是否合理。

节能措施经济性：是否对节能技术措施和管理措施进行经济性评估；节能措施成本及经济效益的测算依据是否准确，测算方法是否适用；节能措施的经济性是否符合项目的经济可行性要求。

2）能源计量方案是否符合要求。

项目能源计量器具配备是否符合《用能单位能源计量器具配备和管理通则》（GB 17167）及相关标准规范的要求。

主要应评价能源计量器具配备率、准确度等级及能源计量器具的管理是否符合规范要求。

3）能源管理是否可行有效。

是否按照《能源管理体系要求》（GB/T 23331）、《工业企业能源管理导则》（GB/T 15587）等有关要求，建立项目能源管理体系建设方案，能源管理中心建设以及能源统计、监测等节能管理是否具有必要的管理制度和方面的措施和要求。

（二）　节能评估重点内容

1. 用能系统分析

（1）系统效率。

系统效率主要指设备效率、用能系统效率和能源利用率。指标计算方法参见文中"系统效率指标"小节。

（2）系统能量平衡。

能量平衡是以能量守恒定律为基础，以企业或设备为对象，进行的各种能源收入与支出、消耗与有效利用和损失之间的数量平衡。目的是通过对企业能源利用系统及其各个环节用能状况的定量分析，掌握项目或系统的用能情况、查找项目的节能潜力、明确节能方向，为改进能源管理、制定节能技术措施、降低产品能耗、提高能源利用的效果提供科学依据。

能量平衡有两种：一种是以企业为对象的能量平衡，称为企业能量平衡，平衡期通常为一年；另一种是以设备为对象的能量平衡，称为设备能量平衡，平衡期都较短。在进行项目节能评估时，可以将项目的能源供应和使用系统作为相对独立的体系进行能量平衡。

能量平衡的方法基本方法有三种：一是采用测试计算与统计计算相结合。它是企业能量平衡的原则性方法。企业能量平衡属于宏观管理范畴，平衡期通常是一年，它不是瞬时平衡，客观上要求以平衡期的统计数据来反映实际的用能情况，是企业能量平衡方法的基础；另一方面，任何企业的能源计量和统计条件都不可能为企业能量平衡提供全部数据来源，对若干用能环节和设备予以必要的测试来取得数据是能量平衡的客观需要。二是采用从总体到局部方向进行能量平衡。为保障数据流程与能量流程客观上的一致性，它以企业能源利用流程为参照系，从能源供应到能源消费，从能源购入、转换、运输到终端利用，从企业、车间到设备的方向进行各个环节和各个部位的能量平衡，才能避免平衡系统各环节之间和各部位之间数据接口的混乱和系统失衡，达到企业总体平衡与局部平衡的统一和完整。三是采用正、反平衡相结合。正平衡是直接求算供给能量和有效能量后计算设备效率的方法；反平衡是通过求算供给能量和损失能量后计算设备效率的方法。在设备能量平衡中要特别强调测试计算和反平衡方法，以便于分析能量损失的主要部位和设备的技术特性，是实行节能技术改造的重要技术手段。为提高企业能量平衡的时效性和实用性，能量平衡正在向以统计计算为主，以测试计算为辅的原则性方法过渡。

进行能量平衡的目的主要体现在三个方面：一是搞清企业或项目能源利用流程，做好能源收支的实物量平衡，全面掌握能源的来龙去脉；二是计算出企业或项目能源利用率和能量利用率、主要用能设备的运行效率、主要产品能耗，确切掌握企业的用能水平；三是通过能量平衡，查清从能源供应、转换、输送到终端利用各环节节能潜力的主要部位。在企业层面，能量平衡方法具体形式是六表二图，即企业能源收支平衡表、企业能源直接消耗量总表、企业主要用能设备效率表、企业能量平衡表、企业能源利用率表、企业主要产品能耗表，以及企业能流网络图和企业能流图。

能量平衡的工作程序是一个比较科学、实用、具有可操作性的工作流程和步骤。工作程序大体上可分为系统分析、数据分析、能量分析、能耗分析和总结分析五个阶段。在项目进行节能评估时，项目能量平衡的内容和方法如下：

1）系统分析。

系统分析的任务是确定能量平衡的工作范围，清晰地划分项目边界；理清各种能源的输入、转换和使用路线，各环节的主要设备；准备并取得平衡界限内相关基础数据和资料。

在进行节能评估时，系统分析的体系边界确定非常重要。由于节能评估是对项目能源利用方案、节能措施等内容进行评价分析，所以只要是进入项目界限的能源，不管是否被项目全部使用，节能评估时都有责任搞清楚能源的使用情况和输出方向，以及终端使用是否必要、合理和高效。

系统分析要解决以下问题：

① 输入项目的能源有哪些种类？各种能源的数量是多少？

② 能源在项目内部通过什么设备进行了加工转换？能量形式有哪些变化？

③ 通过加工转换后各种形式能量的去向？

④ 最终的能量使用点分布在哪里？是否向外界输出了能量？

⑤ 各环节是否进行了能量的回收利用？

2）数据分析。

在系统分析的基础上，对用能环节、用能单元的数据进行计算，实现能源消耗的实物量平衡，并为后续工作提供必要的数据。

对于用能项目来说，在项目功能和规模确定的情况下，节能评估的能量平衡从项目的终端使用需求进行分析计算，即从使用端向投入端推算。（增加折算系数）各种能源折算为标准煤时，应使用项目设计或投产后实际使用（产出）的能源热值进行折标；如火电厂燃煤折标系数应使用收到基的折标系数。若没有此类数据，可使用《综合能耗计算通则》（GB/T 2589）推荐的折标系数。

例如，某栋建筑冬季采暖需要热量8000吉焦（GJ），按照换热及输送效率90%计算，需要热源端提供8889吉焦（GJ）热量；锅炉的热效率以82%

计算，需要能源投入能量 10840 吉焦（GJ）。由此也可以看出，节能评估的能量平衡及能源消耗计算一般从使用端开始，同时以理论计算和经验预测相结合的方式。在上面的耗热量计算中，冬季采暖需要热量是根据建筑功能、采暖要求等预测计算得出的数据，管网、换热、锅炉的效率数据应采用接近实际运行情况的数据，此时需要设备额定效率与实际设计、管理经验相结合进行统筹考虑。

3）能量分析。

根据能量平衡的要求，对能源转换、能源传输和终端利用各环节的供给能量、有效利用能量和损失能量进行分析，计算主要项目能源利用率和能量利用率，编制能量平衡表（见表 1－3）、绘制能量平衡网络图、计算能源（能量）利用率。

表 1－3　　　　　　　　　　　　　　能量平衡表

能源名称			购入存储			加工转换	输送分配	终端使用					
			实物量	等价值	当量值			主要生产系统	辅助生产系统及生活系统	采暖空调	照明	其他	小计
			A	B	C	D	E	F	G	H	I	J	K
供入能量	电力	1	A1	B1	C1	D1	E1	F1	G1	H1	I1	J1	K1
	天然气	2	A2	B2	C2	D2	E2	F2	G2	H2	I2	J2	K2
	合计1	3	－	B3	C3	D3	E3	F3	G3	H3	I3	J3	K3
有效能量	电力	4	A4	B4	C4	D4	E4	F4	G4	H4	I4	J4	K4
	天然气	5	A5	B5	C5	D5	E5	F5	G5	H5	I5	J5	K5
	合计2	6	－	B6	C6	D6	E6	F6	G6	H6	I6	J6	K6
损失能量		7		B7	C7	D7	E7	F7	G7	H7	I7	J7	K7
合计3		8		B8	C8	D8	E8	F8	G8	H8	I8	J8	K8
能量利用率（%）		9	－	B9	C9	D9	E9	F9	G9	H9	I9	J9	K9
项目能量利用率（%）			K6/C3			项目能源利用率（%）					K6/B3			

在上表中，供入能量合计为供入的各种能源按照规定折算成标准煤的累计；供入能量为有效能量与损失能量之和；各环节能量利用率等于有效能量与供入能量的比值；项目能量利用率为最终使用的有效能量 K6 占供入能量合计（当量值）C3 的百分比。逻辑关系 $C3 = C1 + C2$，$C6 = C4 + C5$，$C7 = C3 - C6$，$C8 = C6 + C7$，$C9 = C6/C3$，其他列类似；$K1 = F1 + G1 + H1 + I1 + J1$，其他列类似；项目能量利用率 $= K6/C3 \times 100\%$；项目能源利用率 $= K6/B3 \times 100\%$。

4）能耗分析。

按照国家及行业要求计算产品单位产量综合能耗、分品种能耗及单位产品可比综合能耗等指标。

5）总结分析。

对系统的主要用能点、主要能量损失点等进行重点分析，对系统总体情况进行综合分析，为提高项目能效提供依据和建议。

（3）能量平衡表。

参照《企业能量平衡表》（GB/T 28751）编制项目能量平衡表（见表 1-4），能量平衡表是节能评估时对项目能源系统进行综合分析的工具之一。

1）基本要求。

① 能量平衡表采用矩阵形式，一般纵向排列表示能源项，横向排列表示能源的流向。

② 项目输入能源包括一次能源、二次能源和耗能工质，同时要区分外购能源和自产能源、外购耗能工质与自产耗能工质等。

③ 表中各项数据之间的关系要体现平衡的原则和要求，计算应符合热力学第一定律。

④ 表中数据应涵盖项目的用能品种、数量和使用流向，不能漏算和重复计算。

⑤ 能源平衡表中的数据应来源可靠，计算依据充分，计算方法正确。

2）编制程序。

① 按照项目的使用功能或生产需求核算终端用能环节各用能单元的能源消费量；

单位：tce

表1-4　某项目能量平衡表

项目 / 能源名称	购入储存			加工转换				输送分配	最终使用						
	实物量	等价值	当量值	发电站	制冷站	其他	小计	输送分配	主要生产	辅助生产	采暖空调	照明	运输	其他	合计
	1	2	3	4	5	6	7	8	9	10	11	12	13	14	15
供入能量 蒸汽	80993t	10448.1	7636.5		251.4	7385.1	7636.5	7385.1	5968.7		1217.6			156.6	7342.9
电力	6.69GWh	2701.5	821.5		38.2	769.4	807.6	785.8	497.4	49.8	136.0	68.9		17.3	769.6
柴油	89.9t	155.5	131.1	82.6		48.4	131.0	48.4	48.4						48.4
汽油	82.3t	133.3	121.1			121.1	121.1	121.1	13.1				108.0		121.1
煤炭	160.9t	114.9	114.9			114.9	114.9	114.9			114.6			114.9	114.6
冷煤水							0.0	128.7							
合计		13555.3	8825.1	82.6	289.5	8438.9	8811.0	8584.0	6527.6	49.8	1468.2	68.9	108.0	288.8	8511.5
有效能量 蒸汽			7636.5			7385.1	7385.1	7342.9	901.6		1217.6			156.6	2275.8
电力			807.6	16.4		769.4	785.8	769.6	156.5	17.7	56.7	58.4			289.4
柴油			131.1			48.4	48.4	48.4	3.2						3.2
汽油			121.1			121.1	121.1	121.1					14.6		14.6
煤炭			114.9			114.9	114.9	114.6						45.9	45.9
冷煤水					128.7		128.7	114.6			114.6				114.6
小计			8811.2	16.4	128.7	8438.9	8584.0	8511.5	1061.3	17.7	1388.9	58.4	14.6	202.5	2743.5
回收利用															
损失能量			13.9	66.2	160.7		226.9	72.3	5466.4	32.1	79.2	10.5	93.3	86.3	5768.0
合计			8825.1	82.6	289.4	8438.9	8810.9	8583.8	6527.7	49.8	1468.1	68.9	107.9	288.8	8511.5
能量利用率(%)				19.9	44.5	100.0	97.4	99.2	16.3	35.5	94.6	84.8	13.5	70.1	32.2

企业能量利用率（%）　31.09

企业能源利用率（%）　20.24

② 根据终端使用的能源消费量、输送分配环节的效率计算输送分配环节的输入量；

③ 根据输送分配环节的输入量需求、加工转换效率计算加工转换环节的输入量；

④ 根据加工转换的输入量需求、购入贮存的效率计算能源消费总量。

（4）能源网络图。

参照《企业能量平衡网络图》（GB/T 28749）绘制项目的能量平衡网络图。能量平衡网络图由左向右描述能源流动过程，包括物质流和信息流。它形象直观地描述了购入贮存、加工转换、输送分配及最终使用四个环节中每个用能单元的能源流动情况，同时反映出每个环节各个用能单元的能源构成，能源投入、产出关系等。最终使用环节不同形式能的相互转化的关系比较复杂，通常归纳用能单元情况，可以分为主要生产、辅助生产、采暖空调、照明、运输、生活及其他等六个单元。

能量平衡网络图应满足热力学第一定律。在能量平衡网络图中，用能单元用长方框表示，并标注用能单元名称，同时标注投入能源量及该用能单元的能源利用效率。每一个用能单元的能源的能源从左侧流入，箭线上方标注的数字表示投入的能源量，下方括号内的数字表示占投入总能源量的百分比；从用能单元右侧流出的水平箭线上方的数字表示该单元的有效能量，下方括号内的数字表示占投入总能源量的百分比；右侧流出向下的箭头表示能源损失量，括号内的数字表示占投入总能源量的百分比。

某项目能量平衡网络图如图 1-1 所示。

2. 用能系统优化

在项目中，能源使用是一个典型的过程系统，过程系统优化是系统工程与最优化方法相结合，解决系统的优化用能问题，是把能量系统整体作为优化对象，以降低能源消耗，提高经济效益、宏观效益为目标，实现系统总体的用能最优化。

用能系统优化可以参照过程系统最优化的方法进行。在项目前期阶段，在输出性能、特点确定的情况下，可以通过方案比选、指标控制等方式进行

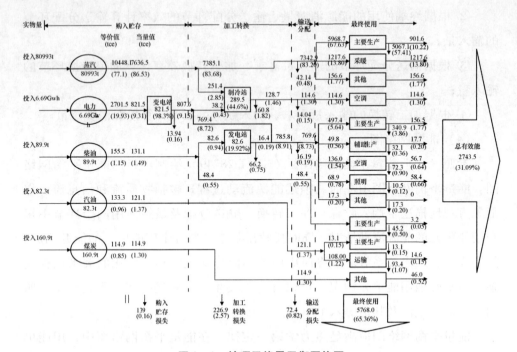

图1-1 某项目能量平衡网络图

用能系统优化，目的是系统结构、设计参数、操作与控制的统筹与协调。

（1）最优系统结构。

用能系统结构是指系统中各单元、各环节的组成和联结关系。在项目的用能系统中，需要几个用能单元，每个单元需要几个环节，每个环节之间如何联结，就是该项目的用能系统结构。结构优化的任务就是调整系统的组成和联结关系，使之在满足使用条件的前提下，在能源利用方面更高效。

例如，区域集中供热项目由热源设备及辅机、热力管网和输送设备组成，在热用户需求一定的条件下，热源及辅机设备配置、热网及输送设备形式的不同将影响项目的能源利用效率和能源消费量。以热网及输送设备为例分析系统结构，传统供热系统如图1-2所示：

为改变系统循环的质量，同时降低输送能耗，在热网末端换热站设置二级泵的分布式系统示意图如图1-3所示：

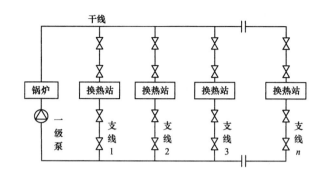

图 1-2　传统供热循环系统示意图

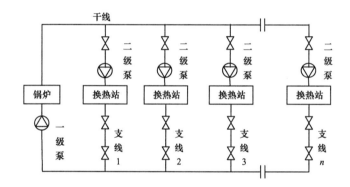

图 1-3　分布式二级泵循环系统示意图

　　在上述的用能系统中，改变了设备的配置和系统的形式，从而改变了用能单元之间的联结关系，优化了系统结构。

　　（2）最优参数设计。

　　确定了用能系统的过程结构，在给定过程的条件下，确定各用能单元的主要参数，进行优化设计。最优设计一般以过程系统的模拟为基础，通过系统的优化模型进行的。但在项目前期阶段进行节能评估时，有可能不具备系统模拟的条件和资料，可以通过多方案比选和实际项目的案例分析进行主要参数的优化。

　　例如，在集中供热项目中，选择了在末端换热站设置二级泵的分布式二级泵循环系统，对热源设备的主要参数进行优化设计。比如锅炉的进出水温度，是选择高温热水锅炉还是低温热水锅炉，系统压力、管网外径、一次及二次供回水温度等参数。如管道外径越大，管道内水向管外传递的热量增多。管道散失的热量随管道外径的增大而增加；在输水温度较低时，管道外径对管道散热损失的影响较大；在输水温度较高时，输水温度对管道散热损失的影响较大，等等。

最优设计应由专业人员按照科学的方法进行比选和计算。

（3）最优操作与控制。

在系统结构和主要参数确定的条件下，为使生产过程能在外界条件变化以及各种干扰因素出现的情况下，保证用能系统的可靠、高效运转，需要对操作及控制措施和方式进行优化，构建可调、可控、安全、高效的系统。

例如，对于供热系统绝大多数采用的定流量调节运行方式，装设自力式流量控制器，对于采用变流量调节的系统应装压差控制器。在用户楼栋入口装设流量控制设备，对各楼之间流量分配进行调节；在立管上装设平衡阀平衡各立管之间的流量，这些措施可以有效地解决小区内建筑物之间和建筑物内部房屋冷热不均的问题；对于负荷变化频繁的水泵、风机的电机采用变频控制等。

六、评估工作规范

（一）节能评估报告编制总纲

节能评估报告编制要求（总纲）

ⅰ 项目摘要表

摘要表中项目有关指标应为能评后数据，对比指标、参考指标等数据应在报告中提供明确来源及依据。

ⅱ 评估概要

简单说明节能评估工作过程，能评前后项目用能工艺、设备等的主要变化情况等。一般应包括以下内容：

（1）评估工作简况

简要说明评估委托情况，以及工作过程、现场调研情况等。

（2）指标优化情况

主要包括能评前后项目主要能效指标、主要经济技术指标，以及年综合能源消费量，所需能源的种类、数量等的对比及变化情况。格式内容见附件1。

（3）建设方案调整情况

主要包括能评前后项目主要用能工艺的对比及变化情况，主要用能设备的能效水平变化情况等。格式内容见附件2。

（4）主要节能措施及节能效果

列表表述项目主要节能措施及效果，包括能评前和能评阶段节能措施。格式内容见附件3。

1　评估依据

基本要求：评估范围应覆盖项目建设全部内容。评估依据应全面、真实、准确。对项目可行性研究、技术协议或初步设计等技术文件中提供的资料、数据、图表等，应注意其适用性和时效性，进行分析后引用。

1.1　评估内容

说明项目的建设内容。根据《国民经济行业分类》（GB/T 4754）判断项目所属行业，结合行业特征，确定项目节能评估的范围，明确节能评估对象、内容等。

1.2　评估依据

结合项目实际情况，列出评估依据。主要应包括以下内容：

（1）相关法律、法规、规划、行业准入条件、产业政策等。

（2）相关标准及规范（国家标准、地方标准或相关行业标准均适用时，执行其中较严格的标准）。

（3）节能工艺、技术、装备、产品等推荐目录，国家明令淘汰的用能产品、设备、生产工艺等目录。

（4）立项资料，如项目申请报告、环境影响评价有关文件等。

（5）项目有关技术文件和工作文件。

2 基本情况

基本要求：应赴项目现场进行勘察、调查和测试，全面收集与节能评估工作密切相关的信息，如项目周边情况、所在地有关情况等，并尽可能收集定量数据和图表。

2.1 建设单位基本情况

介绍建设单位名称、所属行业类型、地址、法人代表、现有规模、发展规划、生产经营情况等。

2.2 项目简况

主要包括项目名称、立项情况、建设地点、项目性质、投资规模、建设内容简况、主要产品方案，以及进度计划和实际进展情况等。改扩建项目应说明改扩建前基本情况等。

2.3 项目所需能源概况

介绍项目拟使用能源的成分构成、特性及热值分析等，有支持性文件的应在附件中列出。

能源生产类项目应分析输出能源的需求及落实情况，如是否纳入有关规划或已获得有关批复等。

2.4 项目所在地有关情况

介绍项目周边情况，如是否有可利用的余热、余能，或热力需求等。分析项目所在区域近期及远期余热余压、热力需求等能源信息。评估项目能否充分利用周边区域的基础设施及余热余压等资源。

介绍项目所在地的气候、地域区属及其主要特征，如年平均气温（最冷月和最热月）、制冷度日数、采暖度日数、极端气温与月平均气温、日照率、海拔等。

介绍项目所在地的经济、社会发展和能源、水资源概况，以及环保要求等，如项目所在地经济发展现状、节能目标、能源消费总量控制目标，能源供应、消费现状及运输条件、影响能效指标的主要污染物排放浓度要求，水资源情况等。

3 建设方案节能评估

基本要求：应按以下步骤进行评估，首先介绍节能评估前的方案；其次对原方案进行深入剖析和评估，查找节能方面存在的问题；然后结合能评阶段所提意见和建议，提出应采用的节能措施，确定评估推荐的方案；最后计算有关指标或进行评价。

3.1 工艺方案节能评估[1]

（1）介绍项目推荐选择的工艺方案，采用标准对照法、专家判断法等方法，分析评价该工艺方案是否符合行业规划、准入条件、节能设计规范、环保等相关要求。

（2）从节能角度，分析该工艺方案与项目申请报告推荐的其他建设方案的优劣，并与当前行业内先进的工艺方案进行对比分析，提出完善工艺方案的建议。

对于建筑、交通等难以单纯用能效指标衡量能源利用水平的项目，应重点对项目工艺方案进行节能评估。建筑类项目主要对建筑的本体结构、建材、暖通、空调、给排水、电气、照明等的设计方案是否符合节能相关要求进行把关。铁路、轨道交通等项目主要对其选线设计、车辆选型、供电系统、运输组织、辅助设施等的设计方案进行节能方面的评估；机场、港口、公路等类项目各结合其不同特点，针对能源使用的主要环节、主要耗能设备等方案，开展节能评估工作。

3.2 项目总平面布置节能评估

结合节能设计标准等有关标准、规范，分析项目总平面布置对厂区内能源输送、储存、分配、消费等环节的影响，判断平面布置是否有利于过程节能、方便作业、提高生产效率、减少工序和产品单耗等，提出节能措施建议。

3.3 主要用能工艺、设备节能评估（工业类项目为例，建筑类可参考）

建议按照用能工艺（生产工序）分节进行分析和评估，主要包括以下内容：

---

[1] 工艺流程、技术方案等较为简单的项目可将工艺方案节能评估和用能工艺、设备节能评估部分的内容合并编制。

（1）介绍项目各主要用能工艺（生产工序）及其主要用能设备等。具体分析各用能工序（环节）的工艺方案、用能设备，以及能源品种等的选择是否科学合理，提出节能措施建议。主要包括：各用能工序（环节）选择的能源品种是否科学；工艺方案、工艺参数等是否先进；主要用能设备的选型是否合理。评估应根据项目工艺要求和基本参数等，定量计算设备容量（额定功率）等参数，评估裕度等主要参数的合理性。

（2）分析项目使用热、电等能源是否做到整体统筹、充分利用。如热系统设置方案是否合理，避免反复加热或将高品质热能降质使用；供配电及用电系统配置是否科学；余热余能是否得到充分利用，能否结合外部条件提高能源利用效率、减少能源浪费等。

（3）计算工序能耗及主要用能设备能效要求等指标，判断项目工序、设备能耗指标是否满足相关能效限额及有关标准、规范的要求，是否达到同行业先进水平等。计算过程复杂的，应附计算书。

（4）列出各用能工序（环节）主要用能设备的选型、参数、数量及能效要求、对比指标及来源等，判断项目是否采用国家明令禁止和淘汰的用能产品和设备，是否采用节能产品推荐目录中的产品和设备，是否满足相关能效限额及有关标准、规范的要求，是否达到同行业先进水平等。

（5）列出风机、水泵、变压器、空压机等通用设备的型号、参数和数量等，计算能效水平（要求），并与国家发布的有关标准进行对比，判断能效水平。高耗能项目的用能设备应达到一级能效水平。

（6）对于改、扩建项目，应分析原项目用能情况及存在的问题，利用旧有设施和设备等的可行性等，避免重复建设。

3.4 辅助生产和附属生产设施节能评估

分别对为项目配套的供配电设施、控制系统、建筑、给排水、照明及其他辅助生产和附属生产设施进行分析和评估，并提出节能措施。要求与3.3相关要求相同。

列表汇总辅助生产和附属生产设施各系统配置的主要设备清单，注明设备名称、容量、数量、用能类型、能效要求、采取的节能措施等信息。

部分设施的评估要求如下：

（1）建筑：按照有关建筑节能设计规范，对项目配套的厂房、办公楼、食堂等建筑的设计方案进行评估，计算建筑物（可比）单位面积综合能耗、建筑物（可比）单位面积电耗等综合能耗指标并进行对比分析。

（2）分析辅助生产和附属生产设施中的通用设备，提出能效要求等，列出汇总表。

3.5 能源计量器具配备方案节能评估

按照《用能单位能源计量器具配备与管理通则》（GB 17167）等，结合行业特点和要求，编制项目能源计量器具配备方案，列出能源计量器具一览表等。能源计量器具一览表应按能源分类列出计量器具的名称、规格、准确度等级、用途、安装使用地点、数量等，主要次级用能单位和主要用能设备建立独立的能源计量器具一览表分表。

年综合能源消费量在10000吨标准煤（等价值）以上的项目，应考虑在线监测要求，配置能源计量器具。

3.6 本章评估小结

结合1.2小节所列评估依据，与项目建设方案有关内容一一对比，并给出评价结论，建议列表表述。

4 节能措施评估

基本要求：节能措施评估应突出重点，根据建设内容及其特征，具体分析和说明能评阶段提出的节能措施建议。节能效果的测算应科学、合理。

4.1 能评前节能技术措施综述

（1）对能评前已采用的节能技术措施进行全面梳理，并提供一览表。

（2）评价能评前节能技术措施的合理性和可行性等。

4.2 能评阶段节能措施评估

针对项目在节能方面存在的问题、可以继续提高的环节等，汇总能评阶段所提出的节能措施、建设方案调整意见、设备选型建议等。

4.3 节能措施效果评估

逐条分析计算能评阶段节能措施的节能效果等，列出能评阶段节能措施的节能效果汇总表。格式内容可参考附件3。

4.4 节能管理方案评估

提出项目能源管理体系建设方案，能源管理中心建设以及能源统计、监测等节能管理方面的措施、要求等。

4.5 本章评估小结

5 能源利用状况核算及能效水平评估

基本要求：计算方法、计算过程应清晰、准确，计算中所引用的基础数据应有明确来源或核算过程，基础数据、基本参数的选择、核算过程应清晰。数据计算较为复杂，影响报告正文结构时，应另附计算书。

5.1 能评前能源利用情况

复核项目年综合能源消费量、年综合能源消耗量和主要能效指标等的测算过程及数据结果。

5.2 能评后能源利用情况

（1）论述项目基础数据、基本参数的选择或核算情况，基础数据应有详细的基本参数支撑和明确的计算过程。

（2）计算综合能源消费量

依据采取能评阶段节能措施后的项目用能情况，测算项目年综合能源消费量。项目年综合能源消费量应分别测算当量值和等价值两个数值。用能单位外购的能源和耗能工质，其能源折算系数可参照国家统计局有关数据；用能单位自产的能源和耗能工质所消耗的能源，其能源折算系数根据实际投入产出自行计算。

（3）计算主要能效指标

采用综合分析法，依据项目基础数据、基本参数等，按照《综合能耗计算通则》（GB/T 2589）等标准，核算（测算）各环节能源消耗量，计算项目主要能效指标。

对项目达产之后的增加值及增加值能耗进行测算。增加值的计算应有详细的计算过程及数据来源说明。

在计算能效指标时，应注意与相关标准、规范等所采用的电力折标系数一致，便于对比分析。

（4）分析各环节能量使用情况

使用能量平衡法分析项目各环节能量使用情况，计算能量利用率等指标。

能源消费量较大、生产环节较多的工业项目，推荐使用或参考《企业能量平衡表编制方法》和《企业能量平衡网络图绘制方法》进行分析计算；不适宜编制能量平衡表、网络图的项目，建议依照所属行业规定或惯例计算或核算能量使用分配或平衡情况。

5.3 能效水平评估

采用标准比照法、类比分析法等方法对项目主要能效指标的能效水平进行分析评估，评价设计指标是否达到同行业国内领先，或国内先进，或国际先进水平。指标主要包括单位产品（量）综合能耗、可比能耗，主要工序（艺）单耗，单位增加值能耗等。

对于项目能效指标未达到现有同行业、同类项目领先（先进）水平的，报告应客观、细致地分析原因。

5.4 本章评估小结

6 能源消费影响评估

基本要求：根据项目所在地的区域特点、经济、社会和能源发展情况、面临的节能形势，以及项目选用能源的特性等，合理分析和判断项目对所在地能源消费的影响。对于预计下一个规划期投产的项目，暂参照当期项目所在地有关情况进行评估。

6.1 对所在地能源消费增量的影响评估

根据项目所在地能源消费总量控制目标，或根据节能目标、能源消费水平、国民经济发展预测（GDP 增速预测值）等推算项目所在地能源消费增量控制数。

对于新建项目，其年能源消费增量为项目年综合能源消费量；对于改、扩建项目，年能源消费增量应为项目年综合能源消费量与其申报年度所处五年规划期上一年度的综合能源消费量的差。

将测算得出的项目年能源消费增量与所在地能源消费增量控制数进行对

比，分析判断项目新增能源消费对所在地能源消费的影响。

目前，统计部门在统计地区能源消费总量、万元单位 GDP 能耗等数据时采用等价值。因此，除另有要求外，在分析宏观节能指标，如项目对所在地能源消费增量和节能目标的影响时，电力折算标准煤系数应采用等价值计算项目年综合能源消费量、增加值能耗等数据。

涉及煤炭或能耗等量（减量）置换的项目，应对置换方案和落实情况进行详细论证说明。

6.2 对所在地完成节能目标的影响评估

计算项目单位工业增加值能耗指标。

根据项目所在地节能目标要求，确定项目达产期所处的五年规划期末节能目标（万元单位 GDP 能耗）。

分析项目年综合能源消费量、增加值和单位增加值能耗等指标对所在地完成万元单位 GDP 能耗下降目标等节能目标的影响。建成达产后年综合能源消费量（等价值）超过（含）10000 吨标准煤的项目，应定量分析项目能源消费对所在地完成节能目标的影响。

6.3 本章评估小结

7 结论

基本要求：评估结论应客观、全面，从节能角度对项目是否可行作出评估结论。

评估结论一般应包括下列内容：

（1）项目是否符合相关法律法规、政策和标准、规范等的要求。

（2）项目能源消费总量、结构，以及对所在地总量控制及节能目标等的影响。

（3）项目能效指标是否满足限额标准要求，是否达到国内（国际）领先或先进水平。

（4）项目用能设备有无采用国家明令禁止和淘汰的落后工艺及设备，设备能耗指标是否达到先进能效水平。

（5）能评阶段提出的节能措施及效果。

8 附录、附件内容

8.1 附录

主要包括以下内容：

（1）主要用能设备一览表

（2）能源计量器具一览表

（3）项目能源消费、能量平衡及能耗计算相关图、表等

（4）计算书（包括基础数据核算、设备所需额定功率计算、设备能效指标计算、项目各工序能耗计算、节能效果计算、主要能效指标计算、增加值能耗计算等）

8.2 附件

（1）环评批复（如有）、水资源论证报告（如有）、地区环保要求等支持性文件

（2）项目拟选用能源的成分、热值等的分析报告

（3）厂（场）区总平面图、车间工艺平面布置图等

（4）其他必要的支持性文件

（5）项目现场情况、工程进展情况照片等

    附件：1. 指标优化对比表

          2. 建设方案对比表

          3. 节能措施效果表

附件1

指标优化对比表（样表）

类型	序号	名称	指标		变化情况
			能评前	能评后	
主要能效指标					
主要经济技术指标					
	增加值能耗				
能源消费情况		年综合能源消费量（当量值）			
		年综合能源消费量（等价值）			
		一次能源消耗量			
		煤*			

*说明：此处按照项目消耗的能源种类依次填写。

附件2

建设方案对比表（样表）

类型	序号	方案名称	能评前方案概要	能评后方案概要
用能工艺				
用能设备				

说明：1. 建议按照工序（系统）分类填写用能工艺、用能设备栏有关内容。

　　　2. 用能设备栏应在能评前（后）方案概要中填写设备参数、数量、能效要求、能效水平等。

附件3

节能措施效果表（样表）

阶段	序号	用能系统（设备）	节能措施名称	实施方案概要	节能效果
能评前					
能评阶段					

（二）规范性图表格式：格式体例要求、规范图表

1. 格式要求

节能评估报告表和节能登记表应按照《能评办法》附件 2、附件 3 格式要求编制或填写。

节能评估报告书具体格式要求如下：

（1）页面设置。

基本页面为 A4 纸，纵向，页边距为默认值，即上下均为 2.54cm，左右均为 3.17cm；如遇特殊图表可设页面为 A4 横向。

（2）正文。

正文内容采用四号宋体 1.5 倍行距；文中单位应采用国家法定单位表示；文中数字能使用阿拉伯数字的地方均应使用阿拉伯数字，阿拉伯数字均采用 Times New Roman 字体。

（3）图表。

文中图表及插图置于文中段落处，图表随文走，标明表序、表题，图序、图题。

表格标题使用四号宋体，居中，表格部分为小四或五号楷体，表头使用 1.5 倍行距，表格内容使用单倍行距；表格标题与表格，表格与段落之间均采用 0.5 倍行距；表格注释采用五号或小五宋体；表格引用数据需注明引用年份；表中参数应标明量和单位的符号。

（4）打印。

文件应采取双面打印方式。

项目可行性研究报告中已有的附件内容，原则上在节能评估文件的附件中只列出目录清单即可。

2. 体例样式

评估项目名称（二号宋体加粗）

节能评估报告（一号黑体加粗）

建设单位名称：（二号宋体加粗）

评估单位名称：（二号宋体加粗）

（建设单位和评估单位盖章）

评价报告完成日期（三号宋体加粗）

图1　封面式样

委托单位名称（三号宋体加粗）

评估项目名称（三号宋体加粗）

节能评估报告（二号宋体加粗）

法定代表人：（四号宋体）

技术负责人：（四号宋体）

评估项目负责人：（四号宋体）

评估报告完成日期（小四号宋体加粗）

图2　著录项首页样张

评 估 人 员 （三号宋体加粗）

	姓　名	专　业	职　称	签　字
项目负责人				
项目组成员				
报告编制人				
报告审核人				

（此表应根据具体项目实际参与人数编制）

技术专家

姓名　　　　　　　　签字

（列出各类技术专家名单）

（以上全部用小四号宋体）

图3　著录项次页样张

项目摘要表（样表）

<table>
<tr><td rowspan="8">项目概况</td><td>项目名称</td><td colspan="4"></td></tr>
<tr><td>项目建设单位</td><td colspan="2"></td><td>联系人/电话</td><td></td></tr>
<tr><td>节能评估单位</td><td colspan="2"></td><td>联系人/电话</td><td></td></tr>
<tr><td>项目建设地点</td><td colspan="2"></td><td>所属行业</td><td></td></tr>
<tr><td>项目性质</td><td colspan="2">□新建　□改建　□扩建</td><td>拟投产时间</td><td></td></tr>
<tr><td>项目总投资</td><td colspan="2" align="right">万元</td><td>增加值</td><td>万元</td></tr>
<tr><td>投资管理类别</td><td colspan="4">□审批　　　□核准　　　□备案</td></tr>
<tr><td colspan="5">建设规模和主要内容</td></tr>
<tr><td rowspan="5">项目主要耗能品种</td><td>主要能源种类</td><td>计量单位</td><td>年需要实物量</td><td>折标系数</td><td>折标煤量（tce）</td></tr>
<tr><td rowspan="2">电</td><td></td><td></td><td>（当量值）</td><td></td></tr>
<tr><td></td><td></td><td>（等价值）</td><td></td></tr>
<tr><td>煤</td><td></td><td></td><td></td><td></td></tr>
<tr><td>……</td><td></td><td></td><td></td><td></td></tr>
<tr><td rowspan="2">项目产出能源品种</td><td>……</td><td></td><td></td><td></td><td></td></tr>
<tr><td>……</td><td></td><td></td><td></td><td></td></tr>
<tr><td colspan="4" align="center">项目年综合能源消费量（tce）</td><td>当量值</td><td></td></tr>
<tr><td colspan="4"></td><td>等价值</td><td></td></tr>
<tr><td rowspan="4">项目能效指标</td><td>指标名称</td><td>项目指标值</td><td>新建准入值</td><td>国内先进水平</td><td>国际先进水平</td><td>对比结果（国内落后、一般、先进、领先，国际先进）</td></tr>
<tr><td>单位产品能耗</td><td></td><td></td><td></td><td></td><td></td></tr>
<tr><td>工序能耗</td><td></td><td></td><td></td><td></td><td></td></tr>
<tr><td>……</td><td></td><td></td><td></td><td></td><td></td></tr>
<tr><td rowspan="2">对所在地能源消费影响</td><td>对所在地能源消费增量的影响</td><td colspan="5"></td></tr>
<tr><td>对所在地完成节能目标的影响</td><td colspan="5"></td></tr>
</table>

附件 1

主要用能设备一览表

序号	设备名称	选型	参数	数量	能效要求	能效水平

附件 2

能源计量器具一览表（样表）

计量范围：□进出用能单位　□主要次级用能单位　□主要用能设备

序号	名称	规格	准确度等级	用途	安装使用地点	数量

说明：1. 按照能源种类依次填写。

2. 主要次级用能单位、主要用能设备可分次级用能单位或用能设备分表填写。

附件3

项目年能源消费统计表（样表）

项目名称：

能源名称	计量单位	代码	项目能源消费量	加工转换投入合计	火力发电	供热	原煤入洗	炼焦	炼油	制气	天然气液化	加工煤制品	能源加工转换产出	回收利用	采用折标系数	参考折标系数
原煤	吨	01									—		—			0.7143
洗精煤	吨	02					—									0.9
其他洗煤	吨	03					—									0.2~0.7
煤制品	吨	04					—									0.5~0.7
型煤	吨	05					—									0.5~0.7
水煤浆	吨	06					—									0.714
煤粉	吨	07					—									0.7143
焦炭	吨	08					—									0.9714
其他焦化产品	吨	09					—									1.1~1.5
焦炉煤气	万立方米	10					—	—		—		—				5.714~6.143
高炉煤气	万立方米	11					—									1.286
其他煤气	万立方米	12					—									1.7~12.1
天然气	万立方米	13					—	—	—	—		—	—			11~13.3
液化天然气	吨	14														1.7572
原油	吨	15					—					—		—			1.4286
汽油	吨	16					—									1.4714
煤油	吨	17					—									1.4714
柴油	吨	18					—									1.4571
燃料油	吨	19					—									1.4286
液化石油气	吨	20					—									1.7143
炼厂干气	吨	21					—									1.5714
其他石油制品	吨	22					—					—					1~1.4

续表

能源名称	计量单位	代码	项目能源消费量	加工转换投入合计	火力发电	供热	原煤入洗	炼焦	炼油	制气	天然气液化	加工煤制品	能源加工转换产出	回收利用	采用折标系数	参考折标系数
热力	百万千焦	23					—	—	—	—	—	—	—			0.0341
电力 当量值	万千瓦时	24		—	—	—	—	—	—	—	—	—	—		1.229	1.229
电力 等价值	万千瓦时															
其他燃料	吨标准煤	25					—					—			1	1
煤矸石	吨	26					—					—				0.1786
生物质能	吨标准煤	27					—					—			1	1
工业废料	吨标准煤	28					—					—			1	1
城市固体垃圾	吨标准煤	29					—					—			1	1
能源合计 当量值	吨标准煤	30													—	—
能源合计 等价值	吨标准煤														—	—

合计：综合能源消费量（当量值）____吨标准煤；

综合能源消费量（等价值）____吨标准煤。

说明：1. 项目未使用的能源可不在表中反映。

2. 综合能源消费量的计算方法：非能源加工转换企业，综合能源消费量＝项目能源消费量合计；能源加工转换企业，综合能源消费量＝项目能源消费量合计－能源加工转换产出合计。

3. 主要逻辑审核关系：加工转换投入合计＝火力发电投入＋供热投入＋原煤入洗投入＋炼焦投入＋炼油投入＋制气投入＋液化投入＋加工煤制品投入。

附件4

通用（用能）设备能效评价计算书（例）

1. 水泵

（1）评价对象

某单极单吸清水离心泵，规定点性能：流量 $2432m^3/h$、扬程 $320m$、转速 $1480r/min$，泵效率$\geqslant 82.5\%$。

（2）计算过程

a. 计算比转速 n_s

由设计流量 2432m³/h、扬程 320m、转速 1480r/min，所以其比转速为：

$$n_s = \frac{3.65n\sqrt{Q}}{H^{\frac{3}{4}}} = \frac{3.65 \times 1480 \times \sqrt{2432/3600}}{320^{\frac{3}{4}}} = \frac{4440.21926}{75.65932872} \approx 58.7$$

b. 查取未修正效率 η

查《清水离心泵能效限定值及节能评价值》（GB 19762—2007），当设计流量为 2432m³/h 时，未修正效率 $\eta = 87.6\%$。

c. 确定效率修正值 $\Delta\eta$

查《清水离心泵能效限定值及节能评价值》（GB 19762—2007），当比转速 $n_s = 58.7$ 时，$\Delta\eta = 7.9\%$。

d. 计算泵规定点效率值 η_0

泵规定点效率值（η_0）= 未修正效率值（η）- 效率修正值（$\Delta\eta$）

$$\eta_0 = 87.6\% - 7.9\% = 79.7\%$$

e. 计算能效限定值 η_1

泵规能效限定值（η_1）= 泵规定点效率值（η_0）- 4%

$$\eta_1 = 79.7\% - 4\% = 75.7\%$$

f. 计算节能评价值 η_3

泵节能评价值（η_3）= 泵规定点效率值（η_0）+ 1%

$$\eta_3 = 79.7\% + 1\% = 80.7\%$$

（3）能效评价

该水泵规定点泵效率 ≥82.5%，能效水平高于节能评价值 80.7%。

2. 变压器

（1）评价对象

某三相 10kV 电压等级、无励磁调压、额定容量 2000kV·A 的干式电工钢带配电变压器，空载损耗 2250/W，负载损耗为 12550/W（100℃）、13350/W（120℃）、14400/W（145℃）。

（2）计算过程

查《三相配电变压器能效限定值及能效等级》（GB 20052—2013），额定容量为 2000kV·A 的干式配电变压器（电工钢带），其能效等级如下：

1）1 级能效水平：空载损耗/W：2195，负载损耗/W：B（100℃）12240、F（120℃）13005、H（145℃）14005；

2）2 级能效水平：空载损耗/W：2440，负载损耗/W：B（100℃）13600、F（120℃）14450、H（145℃）15560；

3）3 级能效水平：空载损耗/W：3050，负载损耗/W：B（100℃）13600、F（120℃）14450、H（145℃）15560；

（3）能效评价

该变压器的空载损耗、负载损耗优于 2 级能效指标，未达到 1 级能效指标。由此，该变压器的能效等级为 2 级。

第三节　节能评审

一、评审原则

节能评审工作应遵循公正、高效、全面和保密原则。

（一）公正

评审机构受节能审查机关委托，使用财政经费，应独立组织开展评审活动，不给项目建设单位及评估单位增加负担，不得组织或参加与所评审项目相关的评估、论证等活动，不得承担与其利益关联的单位所编制的节能评估文件的评审。

评审中应规范使用评价指标、对比参数，统一衡量项目能效水平及对所在地影响程度等的标准和尺度。

（二）高效

接受节能审查机关委托后，评审机构应严格遵循工作程序，抓紧开展评审相关工作，在规定时限内提交评审意见。

（三）全面

根据项目建设内容及其特征，对建设方案、能效水平、节能措施以及对所在地的影响等进行全面、系统、科学的评价，突出节能评审工作重点。

（四）保密

评审专家及评审人员在对节能评估文件的评审过程中，根据有关保密规定，对于尚未公布、公告的节能评估文件有关内容，以及其他不适宜公开的信息负有保密责任。

二、评审程序及要求

（一）评审程序

评审机构一般承担以下两个阶段工作：

第一阶段为符合性审查阶段。节能审查机关收到项目申报单位报送的节能评估材料后，组织评审机构进行预审，对节能评估材料进行符合性审查，判断节能评估材料是否满足节能审查受理要求。

第二阶段为评审阶段，主要工作是组织专家评审、现场核查、根据专家组意见和修改后的节能评估文件，提出节能评审意见，以及统计分析项目能评有关信息等。

地方评审工作根据当地有关规定执行。

（二）符合性审查

1. 组建符合性审查专家组

收到节能审查机关转来的节能评估文件后，节能评审机构应根据项目类型、所属行业及专业领域，选择2~3名相关行业的专家，组建符合性审查专家组。符合性审查专家应具有相关专业高级以上专业技术职称，精通专业知识，熟悉节能有关法律、法规和政策，熟悉能评具体工作要求等。

2. 开展符合性审查工作

符合性审查一般采取打分方式，主要采取专家集中打分或函审打分两种方式。

评审专家依据节能评估文件和符合性审查打分表进行打分，并提出评估文件存在的主要问题。

节能评审机构收集专家打分情况，计算平均分，梳理评估文件存在的主要问题，形成符合性审查意见，并及时向节能审查机关反馈。节能审查机关根据符合性审查意见出具是否受理意见。

（三）评审

1. 研究确定评审组织方式

评审组织方式主要包括：会议评审、专家函审、现场核查等。节能评审机构应根据项目节能评估材料符合性审查情况，进一步了解项目有关建设情况，相应选取评审组织方式。具体要求如下：

（1）工艺方案、用能工艺等可能受所在地有关条件制约的项目，或需现场核查煤炭替代、能耗置换方案的项目，或有必要进行现场核实的项目，应组织现场核查，召开现场评审会等。

（2）上述类型以外的项目，采取会议评审方式进行节能评审。

（3）评审机构可根据当地有关要求，对节能评估报告表或用能工艺简单的项目，通过专家函审方式进行节能评审。

2. 组建评审专家组

节能评审机构应根据项目所属行业及专业领域，选取相关行业专家，组建专家组，具体要求如下：

（1）评审专家应具有相关专业高级以上专业技术职称，精通专业知识、熟悉节能有关法律、法规和政策等。其中，技术专家应熟悉产业政策、行业生产工艺和技术规范，了解本领域国内外情况和前沿动态，能测算项目能效指标、能源消费总量及节能措施效果等；经济专家应熟悉本行业情况，能测算项目增加值等。

（2）评审专家人数一般为单数。

（3）根据项目年综合能源消费量、工艺流程复杂程度等，选取一定数量的专家组成专家组。

（4）评审专家应明确各自分工，并设专家组组长 1 名。

3. 确定评审依据

节能评审机构应收集和确定项目评审依据。评审依据的选取应充分涵盖项目各用能环节，并结合行业及项目所在地的特殊要求等进行适用性分析。

一般从以下几方面选取适用的评审依据：

（1）相关法律、法规、规划等。

（2）行业准入条件和产业政策，项目所在地有关政策要求等。

（3）相关标准和规范，包括设计及管理方面的标准和规范、产品能耗限额标准、设备（产品）能效标准等（国家标准、地方标准或相关行业标准均适用时，应执行较严格的标准）。

（4）体现同行业国内外先进水平的有关资料。

（5）国家或地区节能技术、产品推荐目录。

（6）国家明令禁止和淘汰的用能产品、设备、生产工艺等目录。

（7）《固定资产投资项目节能评估和审查工作指南》。

（8）其他相关文件。

4. 会议评审

节能评审机构应尽快组织召开评审会。评审会主要工作包括专家初审、质询答疑、提出专家组评审意见等。节能评审机构应在评审会前将节能评估文件发至专家，要求专家提前研读节能评估文件，提出初步评审意见，并在此基础上组织召开评审会。评审会结束后，节能评审机构应于当日将专家组评审意见发送项目建设单位，并要求在规定时间内完成修订工作，重新提交。

收到重新提交的节能评估文件后，节能评审机构应尽快组织专家复审。节能评审机构应组织认真审阅节能评估文件，汇总形成专家组复审意见，并要求建设单位在规定时间内完成修订工作，再次提交。

5. 现场核查

需现场评审的项目，节能评审机构应组织评审专家赴项目现场进行评审及相关核查工作。主要工作内容如下：

（1）实地了解项目现场情况，工艺、设备等有关材料；

（2）核查改扩建项目实际情况，利用旧有设施和设备等的可行性等；

（3）现场评审总平面布置方案是否有利于节能；

（4）结合项目周边实际情况，如余热、余能及热力需求等，评估是否能够提出更有针对性的节能措施，或结合外部条件提高能源利用效率、减少能源浪费等；

（5）对于重点区域的高耗能项目，核实其煤炭或能耗等量（减量）置换等方案落实情况。

6. 形成评审意见

专家评审环节结束后，节能评审机构应根据专家组评审意见和修改后的节能评估文件，研究提出节能评审意见。

评审机构对评审意见的内容和结论负责。

7. 归档和总结

（1）归档。

节能评审机构应对节能评估文件（第一版和终版），以及节能评审工作中产生的专家打分表、专家意见（个人和专家组）、项目评审意见等相关文件和资料（含电子版）进行归档。

（2）总结。

节能评审机构向节能审查机关提交评审意见后，应及时对项目能源消费的种类、数量，以及能效指标等有关信息进行统计分析。

三、评审要点

（一）项目评审要点

1. 综合能源消费增量及影响

年综合能源消费量超过 1 万吨标准煤的项目，应对项目对所在地能源消费总量和完成节能目标的影响进行分析。涉及煤炭或能耗等量（减量）置换的项目，应对其方案合理性及落实情况等进行评审。主要包括以下方面：

（1）根据项目所在地能源消费总量控制目标，或根据节能目标、能源消费及经济发展水平推算的项目投产期所处的五年规划期末当地能源消费增量，确定项目所在地能源消费增量控制数。

（2）核对项目能量平衡有关图、表，以及项目年能源消费统计表等，校验项目能源购入储存、加工转换、输送分配及最终使用情况的测算是否正确，复核项目建成达产后的年综合能源消费量及结构等。

（3）对比分析项目综合能源消费增量与地方能源消费增量控制数，说明项目带来的影响（应考虑交通、民用等领域能源消费的刚性增长，以及能评项目新增能源消费量等情况）。

（4）复核项目达产后的单位增加值能耗等节能评价指标，并与所在省、市的节能目标值对比分析，说明影响。

（5）评审煤炭或能耗等量（减量）置换方案的合理性，核实方案落实情况。

2. 项目能效水平

项目能效水平应从以下方面进行评审：

（1）判断节能评估选取的主要能效指标是否合理，能否客观反映项目能效水平。

（2）项目能效指标是否符合相关能耗限额标准或相关产业政策、准入条件的要求。

（3）同行业国内外先进水平、标准先进指标的选取是否准确；项目能效水平是否达到同行业国内外先进水平或标准中的先进指标。

3. 项目建设方案

项目建设方案节能评估情况应从以下方面进行评审：

（1）项目工艺方案是否符合行业规划、准入条件、节能设计规范、环保等相关要求，是否从节能角度对各备选方案做出对比分析。

（2）项目总平面布置是否科学，是否有利于过程节能、方便作业、提高生产效率、减少工序和产品单耗等。

（3）主要用能工艺（生产工序）及其主要用能设备的分析是否充分、具体。能源品种、用能工艺、用能设备的选择是否科学合理。项目使用热、电等能源是否做到整体统筹、充分利用。

项目工序能耗指标、主要用能设备及通用设备的能效水平（要求）等是否满足相关能效限额及有关标准、规范的要求，是否有国家明令禁止和淘汰的落后设备，是否达到同行业先进水平等。

对于改、扩建项目，研究分析是否能充分利用旧有设施和设备等，避免重复建设。

（4）项目配套的控制系统、建筑、给排水、照明及其他辅助生产和附属生产设施等是否科学、合理。相关设施的能效水平是否符合强制性节能标准、规范的要求，是否达到先进水平。

（5）能源计量器具配备方案是否满足《用能单位能源计量器具配备与管理通则》（GB 17167—2006）及行业有关要求，能源计量器具一览表是否完整等。

（6）提出有关节能措施建议。

4. 节能措施情况

节能措施评估情况应从以下几个方面进行评审：

（1）节能技术措施。是否汇总了能评前项目计划采纳的节能技术措施，是否在能评阶段有针对性地提出了具体、可操作的节能技术措施建议。

（2）节能管理方案。是否按照《能源管理体系要求》（GB/T 23331）、《工业企业能源管理导则》（GB/T 15587）等有关要求，提出能源管理体系建设方案，能源管理中心建设以及能源统计、监控等节能管理方面的措施、要求等。

（3）节能措施效果。是否对能评阶段节能措施的节能效果等进行了定量分析测算，节能措施效果表是否全面、准确。

（4）提出项目节能措施方面的意见和建议。

5. 数据计算情况

（1）项目基础数据是否有详细的基本参数支撑，基础数据、基本参数的选择是否真实、合理，是否附有明确的计算过程。

（2）项目能源消费总量、主要能效指标、工序能耗指标等的计算边界是否适当，计算过程是否清晰，计算结果是否准确。

（3）主要耗能设备、通用设备的参数确定是否科学、合理，能效要求

（水平）计算过程是否清晰。

（4）能评阶段节能措施的节能效果等的测算依据是否科学，测算方法是否适用，测算结果是否准确。

（5）提出对节能评估文件计算方面的意见和建议。

（二） 专家评审要点

符合性审查阶段：收到节能评估文件后，专家应根据打分表，从文件格式体例、建设方案、节能措施、指标计算等方面，对节能评估文件的内容、深度等进行客观评价，并在要求时限内反馈打分结果。专家符合性审查打分表见本节附件2。

评审阶段：主要参照"项目评审要点"开展工作。其中，"综合能源消费增量及影响"环节，应核算项目年综合能源消费量。"项目能效水平"、"项目建设方案"、"节能措施情况"、"数据计算情况"环节，应核算具体指标，评审节能评估提出的方案、措施，并提出修改意见及建议等。专家评审意见表见本节附件4。

（三） 评审机构评审要点

评审机构主要依据专家评审意见和节能评估文件，复核项目年综合能源消费量，定量测算项目对所在地能源消费增量、节能目标等的影响，评审项目主要能效指标、主要用能设备、通用设备等的能效水平，指出节能评估文件存在的问题，核验有关"等量置换"、"淘汰落后"、"节能改造"等方案的落实情况，提出补充建议及修改意见等。

评审机构评审意见及内容框架见本节附件5。

四、评审工作规范

（一） 评审流程图 （图 1 - 4）

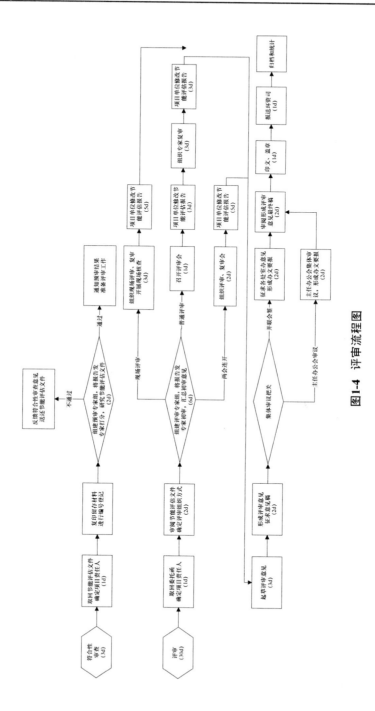

图1-4 评审流程图

（二）专家符合性审查打分表 （表1-5）

表1-5 固定资产投资项目节能评估文件评审打分表

项目名称：

评审指标	序号	评审内容	分值	评分标准	评分说明	打分
格式体例（20分）	1	文件格式	5	参照《指南》编制的，得5分；摘要表不完善的，扣1~2分；部分章节或内容缺失的，每项扣1~3分；未参照《指南》编制的，本项不得分。本项最低0分。		
	2	内容、数据一致性	5	评估内容和数据等清晰准确、前后一致的，得5分；出现内容、数据、单位等错误的，每1次扣2分；出现前后不一致或矛盾的，每1次扣3分。扣至0分后，计倒扣分，最多可倒扣10分。本项最低-10分。		
	3	评估依据	5	评估依据齐全、准确、适用的，得5分。每缺少1项关系工艺方案选择或能效要求等的关键依据的，扣2分；每1项依据出现名称或版本错误的，扣1分。本项最低0分。		
	4	附录、附件	5	附录、附件齐全、准确的，得5分。每缺少1份必要的附件，扣2分；每份附件存在错误或与实际不符的，扣1分。本项最低0分。		
建设方案（45分）	5	总平面布置	5	从节能角度对项目总平面布置进行深入的分析评估，并提出了合理优化建议的，得5分；评估深度不足的，扣1~5分。缺少总平面布置图的，扣3分；每缺少1部分生产流程或工序的布置方案评估的，扣2分；缺少从节能角度进行分析评估的，本项不得分。本项最低0分。		
	6	用能工艺	10	用能工艺评估全面，工艺方案评估科学，生产工序、用能系统分类准确、评估深入，能从节能角度开展评估工作的，得10分；评估深度不足的，扣1~10分。未对项目总体工艺方案进行比选评估的，扣4分；生产工序、用能系统分类不合理的，扣2~4分；评估范围有缺失的，每项工艺系统扣2~5分。扣至0分后，计倒扣分，最多可倒扣10分。本项最低-10分。		

建设方案（45分）	7	设备选型	10	通过科学的核算过程，对主要用能设备的选型和技术参数进行分析评估，并提出了优化建议的，得10分；评估深度不足的，扣1~10分。未明确设备选型的，或缺少裕度或裕量核算过程的，本项不得分。每缺少1个设备相关评估过程的，扣1~2分。本项最低0分。	
	8	设备能效	10	通过科学的核算过程，对通用设备能效水平进行了分析评估；通过科学合理的对比指标，对非通用设备的能效水平进行了合理的评价；对设备能效提出了先进性要求，得10分；评估深度不足的，扣1~10分。未提供通用设备能效等级判定计算过程的，扣5分；非通用设备的对标对象或对标指标不合理的，扣5分；未提出能效先进性要求的，扣5分；每缺少1个设备的，扣1分。采用国家明令禁止或淘汰的落后设备的，本项不得分，并倒扣10分。本项最低-10分。	
	9	辅助、附属生产设施	5	辅助、附属生产设备齐全、从节能角度进行了深入细致的评估工作，得5分；评估深度不足的，扣1~5分。分析评估不全面或不完善的，每类生产设施扣3分；未从节能角度进行分析评估的，本项不得分。扣至0分后，计倒扣分，最多可倒扣5分。本项最低-5分。	
	10	能源计量器具配备	5	按有关规定编制配备方案，列出完善能源计量器具一览表的，得5分；评估深度不足的，扣1~5分。一览表缺项或不完善的，本项不得分；缺少能源计量器具的，一级计量器具每个扣2分，二级每个扣1分。本项最低0分。	

续表

节能措施（15分）	11	节能措施的可行性和实操性	10	节能措施全面、合理、有针对性、符合实操性原则的，得10分；评估深度不足，或节能措施不全面的，扣1~10分。每1条措施不清晰，或过于原则，或没有实操性的，或不合理的，扣2分。节能管理机制不健全的，扣1~3分。本项最低0分。	
	12	节能效果的合理性	5	节能措施建议的节能效果测算过程科学，结果合理的，得5分；评估深度不足的，扣1~5分。未提供测算过程的，本项不得分；计算过程不科学、结果不合理的，每条措施扣1分。本项最低0分。	
节能措施（15分）	13	基础数据和基本参数的科学性	5	基础数据设置合理、全面，基本参数齐全、真实、合理的，得5分。未明确基础数据，或未明确基本参数的，本项不得分；基础数据数量不足，或不合理的，每个扣2分；基本参数数量不足，或不科学的，每个扣1分。本项最低0分。	
	14	基础数据的真实性	10	各基础数据均有真实、合理的基本参数支撑，提供了明确、科学的推算过程，得10分。缺少推算过程，本项不得分；每缺少1项扣3分。本项最低0分。	
	15	能效数据	5	主要能效指标计算边界适当、计算过程科学、计算过程准确的，得5分。主要能效指标选择错误，或未提供主要能效指标计算过程，或计算方法不正确，或计算结果错误的，本项不得分；每缺少1项指标的，扣3分；每项指标存在上述问题的，扣1~2分。本项最低0分。	
合计					

专家签名：　　　　　　　　　　　　　　　　　　日期：

注：1. 请参照评分标准，对节能评估文件进行客观评分。

　　2. 请认真填写"评分说明"，详细列明扣分原因。

（三）专家组成员组成及主要分工表 （表1-6）

表1-6　　　　　　　　专家组成员组成及主要分工表

专家组	专业	分工	人数
组长	行业相关专业	整体把握	1
成员	行业相关专业	建设方案评估，核算和判断项目能效水平等	1~5
	热能/电气	用能工艺、设备评估	1~3
	热能或电气/行业相关专业	辅助、附属生产设施评估	1~3
	能源经济	核算项目增加值等	1

注：根据项目用能品种、综合能源消费量，确定专家人数及专业；如果项目综合能源消费量较小，评审用能工艺及设备与辅助、附属生产设施评估两项任务合并。

（四）专家评审意见表 （表1-7）

表1-7　　　　　　　　专家评审意见表（评审侧重点）

项目名称	
评审专家	职称/职务
专家意见	1. 节能评估文件格式、体例、文字等方面存在问题及修改建议。 2. 项目建设方案（主要工艺方案、总平面布置、用能工艺和设备、辅助和附属生产设施、能源计量等）、节能措施等方面存在问题及修改建议等。 3. 项目主要用能设备、通用设备等的能效水平、能效要求等是否满足要求。核实项目是否采用了国家明令禁止和淘汰的落后设备等。 4. 项目基础数据、基本参数，综合能源消费量、主要能效指标，主要用能工序、设备能效指标等数据计算方面存在问题及修改建议。 5. 项目能效水平对标分析等方面存在问题及修改建议。专家对项目能效水平的评价。 6. 项目节能或提高能效的其他建议。 专家签字： 　　　　　　　　　　年　月　日

附：

专家评审要点

一、格式、体例

1. 项目摘要表数据是否完整、准确，与节能评估文件内容是否一致。

2. 内容、深度、体例是否符合《能评办法》，《固定资产投资项目节能评估工作指南》有关要求。需要修改或补充哪些内容等。

3. 评估范围是否准确、合理。

4. 评估依据是否准确、适用。需要补充完善哪些法规政策或技术规范等。

5. 必要的附录、附件等是否齐全、准确，有无问题。

6. 是否存在前后不一致的内容、数据。

二、建设方案、节能措施

1. 项目建设方案（工艺方案、总平面布置、用能工艺和设备、辅助和附属生产设施、能源计量等）的介绍和分析是否全面、专业，能否满足评审要求。是否从节能角度进行了分析评价。是否提出了合理的评估意见和建议等。

2. 节能技术措施综述是否全面。能评阶段节能措施是否合理、有针对性的，符合实操性原则。节能效果的测算是否合理。节能管理机制是否健全。

3. 对建设方案、节能措施等是否有补充意见和建议。

三、用能设备

1. 主要用能设备的能效指标是否达到先进水平。

2. 通用设备的能效要求是否达到先进水平。

3. 项目有无采用国家明令禁止和淘汰的落后设备。

四、数据计算

1. 基础数据是否有详细的基本参数支撑，基础数据、基本参数的选择是否真实、合理，是否附有明确的计算过程。

2. 主要能效指标、工序能耗指标等的计算过程是否清晰，计算结果是否准确。

3. 主要耗能设备、通用设备的参数确定是否科学、合理，能效要求（水平）计算过程是否清晰。

4. 综合能源消费量的计算过程和结果是否正确，对所在地影响的评价是否合理。

五、能效水平

1. 能效水平对标分析是否客观，对比数据是否真实、合理、可靠。

2. 对项目能效水平进行评价。

六、其他意见和建议

针对该项目有何节能或提高能效的其他建议。

（五）评审意见范例

评审意见格式（示例）

1 评审过程

2 项目基本情况

2.1 建设单位概况

2.2 主要建设内容

2.3 项目实际进展

3 项目综合能源消费增量及其影响

3.1 项目所在地能源消费增量及节能控制目标

3.2 项目能源消费增量及其影响

3.3 项目对所在地完成节能目标的影响

4 项目能效水平评价

5 项目建设方案评价

5.1 工艺方案

5.2 总平面布置方案

5.3 主要用能工艺、设备

5.4 辅助及附属生产设施

5.5 能源计量器具配备

6 主要节能措施

6.1 能评前节能技术措施汇总

6.2 能评阶段节能措施及效果

6.3 节能管理方案

7 评审结论及建议附录：

一、专家组名单

二、专家组评审意见

第四节　事中事后监管

在固定资产投资项目设计、施工及投入使用过程中，节能审查机关负责对节能评估文件及其节能审查意见、节能登记表及其登记备案意见的落实情况进行监督检查。受节能审查机关委托，各级节能中心发挥自身技术优势，具体承担监督检查相关工作，成为能评领域事中事后监管的重要力量。

一、监管依据

（1）《中华人民共和国节约能源法》，第十五条关于实行固定资产投资项目节能评估和审查制度的规定；第六十八条关于建设单位开工建设不符合强制性节能标准项目或者将该项目投入生产、使用等情况的处罚规定。

（2）《固定资产投资项目节能评估和审查暂行办法》（国家发展改革委令第6号），关于实施能评监督检查的规定及相关罚则。

（3）《政府核准投资项目管理办法》，关于核准有关程序的规定。

（4）《国务院关于印发2015年推进简政放权放管结合转变政府职能工作方案的通知》（国发〔2015〕29号）。

（5）项目相关单位产品能耗限额标准及有关政策、标准、规范等。

（6）高耗能落后机电设备（产品）淘汰目录。

（7）项目节能评估文件、节能审查意见等。

（8）其他与项目用能相关的政策、规范，以及项目有关文件等。

二、监管原则

（一）依法原则

实施节能监督检查的依据、主体和程序必须严格遵守法律规定，即必须在法律、法规、规章等规范性文件规定的范围或权限内开展工作。

（二）客观独立原则

检查机构及工作组成员应独立开展监督检查及现场实测活动，保证检查工作的客观性。检查工作中要尊重客观事实，不带主观随意性，讲求科学性，并保持廉洁自律。

（三）公正原则

检查机构应保证监督检查工作的公正性，对于与本单位或本人存在利益关系的项目，应提出回避。检查机构工作人员应独立公正地发表意见，其他单位和个人不得对其施加任何影响。检查机构工作人员应严格按照规范的程序实施监督检查，平等对待被检查单位，按照同一标准和尺度做出符合客观实际的判断或处理。

（四）保密原则

检查机构在项目现场监督检查工作中，应遵守有关保密规定，对现场检查过程、结果、项目信息等不宜公开的信息负有保密责任。

（五）责任原则

检查机构对所负责地区的监督检查和现场实测结果负责，并承担相应责任。

三、监管要点

1. 建设方案落实情况

主要包括总平面布置、主要工艺路线、各工序（系统）用能工艺、辅助及附属生产设施、用能设备选型等是否按照能评所提要求进行建设，是否满足节能相关标准、规范等。

2. 节能技术措施落实情况

主要包括是否完全采用了能评前及能评阶段各项节能技术措施，各项技术措施是否按照能评所提要求进行建设等。

3. 节能管理措施落实情况

主要包括能源管理机制是否健全，节能管理制度是否完善、能源计量器具配备是否满足相关要求等。

4. 能效水平落实情况

主要包括项目主要能效指标的验收（考核）数据或统计数据或运行数据等是否达到能评所提要求等。

5. 设备能效落实情况

主要包括通用设备能效水平是否满足一级能效要求，主要用能设备能效是否达到国内先进水平，项目是否采用了淘汰或落后的工艺设备等。

6. 能源消费总量落实情况

主要包括项目年综合能源消费量统计数据或预测数据是否满足能评所提要求等。

另外，现场实测应关注项目主要能效指标的能效水平、用能设备的能效水平、有无采用淘汰落后设备、年综合能源消费量预测情况等。

四、监管程序

（一）前期准备

检查机构应根据有关要求提前选定项目，并联系相关地区提前准备项目材料，主要包括：

（1）主要设计及施工技术文件；

（2）主要耗能设备技术协议、招投标文件、供货合同等资料；

（3）竣工验收资料；

（4）能源消费统计及相关财务台账；

（5）节能管理文件，能源计量器具配备一览表；

（6）能评自查报告；

（7）节能评估文件及节能审查意见。

（二）现场检查

本阶段工作应至少包括以下内容：

（1）听取项目单位对节能审查意见及能评报告落实情况的报告；

（2）查阅项目竣工材料、设备供货合同和技术协议等有关材料；

（3）查阅能源消费统计及相关财务台账，核算项目主要能效指标、年综合能源消费量等；

（4）查阅节能管理制度及能源计量器具配备一览表；

（5）现场检查建设方案（工艺、设备）、节能措施落实情况，项目有无采用落后工艺、设备等。

（6）梳理总结项目存在的问题，与项目单位初步交流核证，研究提出整改建议和意见。

必要时应针对项目实际情况，具体开展相关检测工作。

（三）工作总结

主要包括两部分内容：

（1）项目总结。各项目检查结束后，检查机构应按照附件内容及格式要求，编制项目监督检查工作报告。

（2）工作总结。现场检查工作结束后，检查机构应编制总体工作报告，介绍开展的工作，说明发现的问题，总结的经验及下阶段工作建议等。

（四）发布公告

根据现场监督检查情况，节能审查机关发布相关公告，对检查结果进行公示。公告内容应主要包括：检查结果、存在的主要问题、处理意见等。

五、监管案例分析

（一）国家 2014 年监督检查

受国家发展改革委委托，国家节能中心负责 2014 年度固定资产投资项目节能审查意见落实情况监督检查工作。

1. 前期工作

（1）抽选地区。

结合各省区市节能目标完成情况、能源消费增长情况等，研究选取 10 个上年度节能目标考核未完成或基本完成、"十二五"节能目标完成难度较大的地区以及能源消费增长较快的地区，作为 2014 年度能评监督检查备查地区。

（2）下发通知。

国家发展改革委向上述地区能评主管部门下发通知，明确监督检查工作安排和具体要求。

（3）组织自查。

地方能评主管部门组织本区域能评项目自查，统计项目建设进展情况，并分别撰写自查报告，汇总后报送。

（4）抽选项目。

根据项目建设进展情况、自查报告等，在 10 个省区市中各选择 2 个已建成投产的高耗能项目，作为监督检查对象。

（5）建立工作组。

本次共分为 4 个工作组，明确统一的工作要求和时间进度，其中 2 个组探索开展设备能效实地检测工作。各组按规定联系专家、确定行程，筹备现场有关工作。

2. 现场检查

工作组主要采取听取汇报、现场核查、资料检验与设备能效实测相结合的方式进行监督检查。现场重点核查了项目竣工材料、设备供货合同和技术协议、能源消费统计及相关财务台账，核算项目主要能效指标、年综合能源消费量、节能管理制度及能源计量器具配备一览表等，并赴项目现场核查建设方案、节能措施落实情况，检查有无采用落后工艺、设备等。

梳理总结项目存在问题后，工作组与项目单位初步交流核证，研究提出了整改建议。

3. 工作汇总

根据检查情况，各工作组汇总形成分组报告和各项目监督检查报告。报告内容主要包括：项目概况、监督检查工作组发现的问题及原因分析、意见及建议等。

收到上述报告后，中心对 20 个项目监督检查情况进行了梳理汇总，形成工作总报告，报国家发展改革委。

4. 发布公告

国家发展改革委针对监督检查情况、检查结果、存在的主要问题、处理意见等内容发布了委公告（2015 第 4 号）。此次现场检查的 20 个项目中，落实能评要求较好的项目有 10 个，与能评要求存在差距的项目有 10 个，各占50%。其中，通报批评的项目有 4 个。

5. 项目整改及反馈

与能评要求存在差距的项目，根据公告及整改意见进行整改，并按要求反馈整改情况。下阶段，国家发展改革委将择机组织检查。

6. 工作文书

（1）项目自查报告。

固定资产投资项目能评自查报告纲要

1. 项目建设单位概况

项目建设单位名称、法定代表人、项目联系人及联系方式。

项目建设单位总体情况介绍。

2. 项目概况

项目名称，建设地点，项目性质，建设规模及内容。

项目开工、竣工等工程进展情况；现阶段生产负荷或产能产量情况；项目年综合能源消费量等。

3. 项目建设方案

以节能评估文件及节能审查意见确定的总平面布置、工艺技术和建设方案（包括主装置、辅助和附属设施）为依据，对照项目设计、施工和竣工技术等资料，明确落实情况。

项目建设方案对比表

序号	内 容	能评方案	项目实施情况	落实情况
1				
2				
3				
4				
...				

4. 主要耗能设备及其能效水平

以能评阶段确定的设备型式、效率、能效等级等为依据，要对照实际采用耗能设备的技术协议、供货合同、设备铭牌等资料，明确耗能设备实际能效水平。

主要耗能设备能效水平对比表

设备	能评提出的能效水平要求			项目实施能效水平			落实情况
	型式	能效要求值	能效等级	型号及型式	技术协议值/实测值	能效等级	
...							

5. 节能措施

以能评阶段提出的节能措施和建议为依据，对照项目设计、施工和竣工技术资料，明确各项节能措施落实情况。

节能措施落实情况对比表

内容	序号	能评确定节能措施	项目实际实施方案	落实情况
节能技术措施	1			
	2			
	3			
	…			
节能管理措施	1			
	2			
	3			
	…			
节能计量器具配置	1			
	2			
	3			
	…			

6. 项目总体能效、工序能效水平

以节能评估和审查环节确定的总体能效、主要工序（装置）能效为依据，对照项目性能试验或额定工况运行数据和国家/行业能效标准，明确落实情况。

项目能效指标对比表

内容	单位	审查意见批复值	性能试验值/运行值	标准先进值

8. 项目年综合能源消费量

根据能评阶段确定项目综合能源消费量和项目实际年综合能源消费量填写（建成未满一年或未达产可根据能效指标和产能折算至一年达产状态）。

名称	能源消费种类	计量单位	能评			实际消费		
			实物量	折标系数	折标准煤	实物量	折标系数	折标准煤
输入								
	...							
输出								
	...							
综合能源消费量	—		当量值			当量值		
			等价值			等价值		

项目建设单位（盖章）：

日期：

（2）项目工作报告。

固定资产投资项目节能评估和审查
监督检查工作报告

项　目　名　称：＿＿＿＿＿＿＿＿＿＿＿

项目建设单位：＿＿＿＿＿＿＿＿＿＿＿

项目评估单位：＿＿＿＿＿＿＿＿＿＿＿

国家节能中心制
年　月

一、项目概况

主要包括以下内容：

（一）项目建设单位概况。

（二）项目主要建设内容。

（三）项目节能审查批复时间、核准时间、实际开工时间和投产时间。

（四）现场监督检查工作简况（主要包括检查时间、工作分组、实际工作情况等）。

示例：

（一）项目建设单位概况：

（二）项目主要建设内容：

（三）主要时间节点：该项目节能审查批复时间为 年 月 日；获得国家发展和改革委员会核准时间为 年 月 日；实际开工时间为 年 月 日；建成投产时间为 年 月 日。

（四）现场监督检查工作简况：

二、监督检查工作组发现的问题及原因分析

主要包括以下内容：

（一）总体评价（项目总体落实情况，与相关政策的符合性，能效水平等）；

（二）各环节存在问题及原因分析

1. 项目建设方案落实情况，存在问题及原因分析（应先评价落实情况，如良好、合格、较差等，然后再具体介绍存在的问题及原因，后面各点与本条相同）；

2. 节能措施落实情况，存在问题及原因分析；

3. 节能管理机制落实情况，存在问题及原因分析；

4. 能效水平落实情况，存在问题及原因分析；

5. 设备能效落实情况，存在问题及原因分析；

6. 能源消费总量落实情况，存在问题及原因分析。

示例：

（一）总体评价

监督检查认为，项目落实节能审查意见、节能评估文件要求等存在一定问题，需要提供书面回复/整改。主要工艺技术方案基本相符，多数通用耗能设备达到一级能效水平，但未达到《节能评估报告》提出的能效指标数据，节能技术措施落实情况较差。

（二）各环节存在问题及原因分析

1. 建设方案落实情况：

2. 节能措施落实情况：

······

三、意见及建议

该部分主要为针对上述问题提出有针对性的意见和建议。要从技术角度、管理角度、行政角度等方面提出可操作性建议。

示例：

经实地检查，检查机构提出以下建议：

（一）节能技术措施建议

（二）节能管理措施建议

（三）提请委里关注的事项

建议要求项目单位针对 xxx 问题提供书面答复/建议项目单位对 xxx 问题进行整改，整改结束后提交整改报告/建议针对本项目存在的 xxx 问题进行通报批评。

（二）北京市开展的节能评估后评价

目前，北京节能环保中心正在负责起草《北京市固定资产投资项目节能评估后评价技术规范》工作（已报批待审）。节能评估后评价的实施将有效促进项目形成闭环管理，有效促进项目源头控制、过程管理、结果验证的良性循环。

节能评估后评价，是对已完成节能评估和审查的固定资产投资项目，在通过竣工验收后正常运营或达产满一定时期，运用科学、系统、客观的评价方法，对项目开展的节能专项完成度评价，是项目后期节能监管的重要内容。

《北京市固定资产投资项目节能评估后评价技术规范》具体内容介绍如下：

1. 评价依据

（1）法律法规依据。

1）《中华人民共和国建筑法》；

2）《中华人民共和国节约能源法》；

3）《中华人民共和国电力法》；

4）《中华人民共和国可再生能源法》；

5）《国务院关于加强节能工作的决定》（国务院令 28 号）；

6）《节能中长期专项规划》（国家发改委发改环资〔2004〕2505 号）；

7）《民用建筑节能管理规定》（建设部令第 143 号）；

8）《固定资产投资项目节能评估和审查暂行办法》（中华人民共和国国家发展和改革委员会令第 6 号）；

9）《北京市贯彻落实〈国务院关于加强节能工作的决定〉若干意见》；

10）《北京市实施〈中华人民共和国节约能源法〉办法》；

11）《北京市民用建筑节能管理规定》；

12）《北京市节能监察办法》（市政府第 174 号令）；

13）《关于发布北京市固定资产投资项目节能评估和审查管理办法（试行）的通知》（京发改〔2007〕286 号）。

（2）国家和行业标准依据。

1）《综合能耗计算通则》（GB/T 2589）；

2）《工业企业能源管理导则》（GB/T 15587）；

3）《用能单位能源计量器具配备和管理通则》（GB 17167）；

4）《采暖通风与空气调节设计规范》（GB 50736）；

5）《建筑照明设计标准》（GB 50034）；

6）《建筑采光设计标准》（GB/T 50033）；

7）《建筑给水排水设计规范》（GB 50015）；

8）《民用建筑节水设计规范》（GB 50555）；

9）《建筑中水设计规范》（GB 50336）；

10）《室外给水设计规范》（GB 50013）；

11）《室外排水设计规范》（GB 50014）；

12）《城镇燃气设计规范》（GB 50028）；

13）《城镇供热管网设计规范》（CJJ 34）；

14）《民用建筑电气设计规范》（JGJ 16－2008）；

15）《公共建筑节能设计标准》（DB 11/ 687—2009）；

16）《居住建筑节能设计标准》（DBJ 11/891—2012）

17）《固定资产投资项目节能评估文件编制技术规范》（DB11/T 974－2013）。

2. 评价原则

（1）科学性原则。

节能评估后评价文件应依据相关技术标准和规范，根据项目地域和功能特点，核查工艺和各专业节能方案，分析差异原因及合理性，提出科学、适宜、可操作的节能建议和整改措施。

（2）全面性原则。

节能评估后评价通过对项目实施过程、结果及其影响进行调查研究和全面系统回顾，与项目决策时确定的节能目标进行对比。后评价文件应涵盖建设方案、能源利用状况、主要耗能设备、年能源消费总量及碳排放量、节能低碳措施落实、运营管理情况等，评价项目能源利用情况、能效水平及节能低碳措施效果等的差别和变化。

（3）独立性原则。

节能评估后评价工作应独立进行分析研究，不受外界的干扰，对项目提供客观独立、公平公正、实事求是的意见和建议。

（4）反馈性原则。

节能评估后评价工作着重总结经验、汲取教训，提出对策建议，通过信息反馈，达到提高投资效益和节能水平的目的。

3. 开展条件

固定资产投资项目进行节能评估后评价时需满足以下条件：

（1）建设完成并通过竣工验收；

（2）民用建筑项目达到预期使用功能条件，设备正常运行一定时期以上，且项目运营应包括一个完整的供暖季和供冷季；

（3）工业、基础设施项目基本达到预期生产能力，设备正常运行一定时期以上，且项目运营应满一年。

4. 评价内容

（1）项目建设方案评价；

（2）项目能源利用方案及能源加工转换评价；

（3）项目节能低碳措施评价；

（4）项目运行管理评价；

（5）项目能效、碳排放水平评价。

5. 评价指标

节能评估后评价指标体系由备查资料落实情况评价、建设方案落实情况评价、节能技术措施落实情况评价、节能管理措施落实情况评价、能效水平落实情况评价、设备能效落实情况评价、能源消费总量落实情况评价七类指标组成。

（1）备查资料落实情况评价。

备查资料准备工作是否能够按照后评价工作组规定的时间节点完成；备查资料是否按照备查资料清单逐项准备；备查资料的可靠性，对于备查资料清单中设计、购买等文件能否提供原版；备查资料的严谨性和真实性，后评价工作组对于备查资料严谨性和真实性的判断。

（2）建设方案落实情况评价。

总平面布置是否按照能评所提要求进行建设，是否满足节能相关标准、规范等；主要工艺路线是否按照能评所提要求进行建设，是否满足节能相关标准、规范等；各工序（系统）用能工艺是否按照能评所提要求进行建设，是否满足节能相关标准、规范等；辅助及附属生产设施是否按照能评所提要求进行建设，是否满足节能相关标准、规范等；辅助及附属生产设施、用能设备选型等是否按照能评所提要求进行建设，是否满足节能相关标准、规范等。

（3）节能技术措施落实情况评价。

能评前各项节能技术措施采用情况；能评阶段各项节能技术措施采用情况；各项节能技术措施是否按照能评所提要求进行建设。

（4）节能管理措施落实情况评价。

能源管理机制是否健全。节能管理制度是否完善。能源计量器具配备是否满足相关要求。

（5）项目能效水平落实情况评价。

1）民用建筑项目根据实际能耗指标，分析不同能源品种和不同分项单位建筑面积耗能指标与节能评估文件中数据的差别。

2）工业、基础设施项目根据项目产品（可比）单位综合能耗、产品（可比）单位电耗、单位工序能耗、单位工业产值能耗、单位工业增加值能耗等单位能效指标与实际能耗指标，分析各类指标与节能评估文件的差别。

根据实际计量的数据，与同类项目能耗水平进行比较，评价其能耗水平。

（6）设备能效落实情况评价。

设计、能评、投产阶段项目主要/通用/关键耗能设备统计表是否齐全、准确、完整。项目主要/通用/关键耗能设备能效水平是否满足一级能效要求。项目关键耗能设备能效是否达到国内先进水平。项目是否采用了淘汰或落后的工艺设备。

（7）能源消费总量落实情况评价。

设计、能评、投产阶段项目年综合能源消耗量、消费量计算表数据是否齐全、准确、完整。项目主要能效指标的验收（考核）数据或统计数据或运行数据等是否达到能评所提要求。项目年综合能源消费量统计数据或预测数据是否满足能评所提要求。

6. 评价方法

主要方法包括差异分析法、标准对照法、专家判断法等。评价中应采用定量和定性分析相结合的方法，对设计、施工和运营阶段全过程进行回顾，并对实际运行情况进行现场考评。

7. 评价程序

（1）达到节能评估后评价条件的固定资产投资项目，建设单位应对项目的实施和运行情况提出节能专项总结报告。节能专项总结报告应以项目立项阶段的节能评估文件为基础，运用差异分析等方法评价项目实际运行过程中对节能评估文件的响应和落实情况；

（2）节能评估后评价实施人员应根据建设单位提供的节能专项总结报告，通过对项目实施过程、运行及其效果进行资料验证和现场考评，与节能评估时确定的节能目标、效果、方案、设备选型、能耗及碳排放指标、节能低碳措施等进行对比复核，找出差别和变化，分析原因，编制后评价总结报告，并反馈各相关单位。

8. 评价总结报告目录示例

前言

1　节能评估后评价依据

　　1.1　内容及要求

　　1.2　后评价条件

　　1.3　后评价依据

2　项目概况

　　2.1　项目基本情况

　　2.2　项目设计方案与建成情况

3　后评价工作过程

4　后评价内容

　　4.1　建设方案评价

　　4.2　能源利用方案及能源加工转换评价

　　4.3　节能低碳措施评价

　　4.4　运行管理评价

　　4.5　能效及碳排放水平评价

5　完成情况分析

6　存在问题及建议

（三）宁波市工业固定资产投资项目能评全过程工作

宁波市把对工业固定资产投资项目实施严格的能评，作为强化工业领域节能的重点工作，建立完善能评管理机制、严格能评项目审查把关、加强事中事后监管等。截至 2014 年，宁波市对 137 个工业项目进行了节能审查，这些项目投产后，年综合能源消费量约 567 万吨标准煤，平均万元工业增加值能耗 0.68 吨标准煤，能评核减不合理能源消费约 15 万吨标准煤。

1. 宁波市市级工业能评工作的业务流程（具体流程如图 1-5 所示）

按照提升工作质量的要求并结合宁波市能评工作实际，瞄准制约监管提升的能评工作实施方案控制环节，采取"6+1"模式，从项目能评评审、竣工验收、能效监察、中介考核、诚信档案（实施中）和宣教培训（实施中）等 6 个子系统加以规范和强化，并编制完成 1 本《宁波市工业固定资产投资节能评估指南》（在编）。

（1）项目受理。项目建设单位通过所在县市区节能主管部门提出节能审查申请，经初审同意后报送至市经信委行政服务审批窗口。市经信委于 3 个工作日内一次性告知受理情况。

（2）项目评审。项目评审受理后，由市经信委委托市节能监察中心在 10 个工作日组织专家评审，项目建设单位待文本修改完善后报至节能监察中心，由中心出具评审报告经行政审批窗口转报至市经信委。

（3）项目审查。项目经行政审批窗口报批受理后，由市经信委在 7 个工作日内出具节能批复。

（4）项目验收。项目在通过节能评估和审查并投入试生产 6 个月后，申请节能竣工验收，由市经信委、节能监察中心负责专项验收。

（5）能效监察。市节能监察中心在项目节能竣工验收工作完成后的下一个正常生产经营年度，对该项目进行能效监察。

2. 宁波市能评竣工验收工作的基本情况

（1）发展历程。

政策孵化阶段：2013 年，宁波市经信委便着手筹备能评竣工验收工作，通过企业实地调研、座谈、研讨会等形式，针对持续出现的新情况对能评竣工验收办法作出相应的调整。2013 年，宁波市共组织 2 批次 60 家重点用能企业及单位的节能竣工验收调研工作、十余次专家座谈，定期进行内部讨论研究，相继修订了《宁波市节能竣工验收工作征求意见稿》、《宁波市节能竣工验收办法初稿》，为能评竣工验收办法的出台奠定了基础。

宁波市工业固定资产投资项目节能评估全过程监管体系图

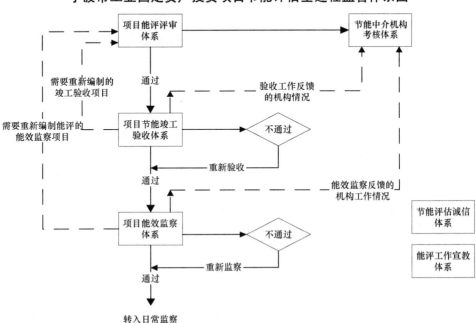

图1-5 宁波市市级工业能评工作的业务流程

政策实施阶段：2013年，宁波市经信委出台《宁波市工业固定资产投资项目节能竣工验收管理办法》，正式确立了能评竣工验收工作机制，从分级管理、验收条件、内容、程序等方面明确了工作基本要求，形成了一套成熟可靠的政策机制。

（2）开展方式。

能评竣工验收工作由市经信委统一牵头，由委节能与综合利用处、节能监察中心具体实施，一是围绕验收工作目标，组织专业力量对能评项目进行现场实地勘验；二是联系项目特点及实际情况，针对不同情况考虑核查重点，并采取针对性措施；三是尝试项目变化申报，根据企业在项目建设中发生的变化情况作综合考虑。

（3）项目情况统计。

宁波市现已完成 2 批能评竣工验收工作，宁波市已组织完成了工业固定资产投资项目节能竣工验收 90 项，其中通过验收 74 项，查处问题项目 16 项，责令整改 10 项，重新进行节能评估 2 项，验收合格率82%。项目行业覆盖化工、机械加工制造、电子设备制造、金属冶炼、纺织、建材等 8 个大项，32 个小项。项目总投资达 270 亿元，涉及能耗总量 192 万吨标准煤（等价值，当量值 126 万吨标准煤），涉及用能设备 1174 台套。

3. 验收依据

（1）《中华人民共和国节约能源法》；

（2）《浙江省实施〈中华人民共和国节约能源法〉》；

（3）《浙江省节能监察办法》；

（4）《宁波市固定资产投资项目节能评估和审查管理办法》；

（5）《宁波市固定资产投资项目节能评估和审查实施细则的通知》；

（6）《宁波市工业固定资产投资项目节能竣工验收管理办法》。

4. 验收原则

一是性质界定原则，节能竣工项目应是在建成后 6 个月内完全投入试生产的生产项目，该市根据建设形式不同将验收工作分为新建、改扩建、迁建三类，新建项目指从无到有，新开始建设的项目，改扩建类项目指原有企业进行扩建或者技术改造的项目，迁建项目是指固定资产异地转移的项目，根据项目性质的不同，节能验收工作的侧重点也不同。

二是分级管理原则，节能竣工验收工作按照项目节能审查管理权限实行项目分级管理，采取"谁审查、谁验收"的原则。下级节能主管部门接受上级节能主管部门的委托，对受委托的项目进行节能竣工验收。

三是界限划定原则，首先是界定项目的"空间"范围，尤其是明确改扩建项目的始终，从设备、数据、工艺等几方面确定验收工作的范围；其次是界定项目的"时间"范围，项目验收必须在验收规定的时间节点内；最后是项目的"活跃"程度界定，验收工作并非只是设备简单的安装到位或者调试生产，而是需要进行较长时间正常且全面的试生产。

四是结果认定原则，根据结果的不同，可分为准予通过、原则准予通过、不予通过、暂缓验收及取消。对于节能竣工验收工作相符性较好的项目准予通过；对于建设情况较批复有较小变化或由于政策强制执行发生改变的，要求其上交整改计划或申报变化情况备案原则准予通过；对建设内容发生重大变化的项目不予通过，情节严重的要求其重新进行节能评估并追究其相关法律责任，并计入节能工作诚信档案；对于仅部分建设、开工不足及仅处于调试阶段的项目暂缓验收。对于能评审查后 2 年未开工的项目进行取消，不出具节能竣工验收意见。

5. 验收内容与重点

2013 年实施项目竣工验收工作以来，宁波市节能竣工验收工作重视"软硬件"结合，综合考虑企业节能工作配合工作，着力于下阶段能评项目能效监察资格预评价机制，并兼顾建立项目退出机制。

软件方面，重点核查项目生产建设情况，行业现行环境，并评估节能管理、节能措施有效性，核查能源管理负责人、能管员的配置，监督能源统计信息数据报送工作，预估满负荷基础节能量等。

硬件方面，该市节能竣工验收工作需重点考虑项目工艺路线和主要用能设备的核对，另外还要考虑项目主要用能品种、用能规模、产品规模、产值及节能量等经济、能耗数据的初步核实，并固化上述内容，作为下一步项目能效监察重要依据。

另外，宁波市能评竣工验收工作还全面评估项目建设单位节能工作，从单位参与政府节能工作积极性、验收工作、节能监察、节能统计等几方面工作的配合度进行综合考虑；在验收的同时，通过能耗、产量、价格、生产阶段测算，评价项目能效监察条件符合性，逐步建立起项目能效监察资格预评估机制；探索项目退出机制，2013 年以来，共有 10 个项目由于项目取消或未实施等情况，基本程序是企业提交申报材料，并对项目能评批复作废并退出。

6. 验收程序

从项目竣工验收工作全过程考虑，工作程序主要为：项目业主单位在建成一段时期内，组织自查并向当地节能主管部门提交验收申请；当地组织验收，或由上级节能主管部门组织实施；出具节能竣工验收意见。

在现场验收程序方面，可分为询问、勘察、记录、确认等四个过程，具体流程见图1-6。

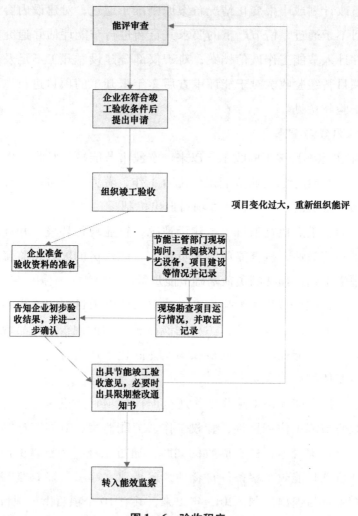

图1-6 验收程序

7. 典型案例

基于结果认定不同，分别选取准予通过、原则准予通过、不予通过、暂缓验收四种情况案例，见附件1、附件2、附件3、附件4。

附件1 准予通过案例

宁波×××项目于2012年10月份通过节能审查，2013年4月项目开工并于2014年6月正式投产，主要产品为合金真空速凝甩带片。项目由包钢稀土高科技有限公司等4家企业合资组建，在慈溪市新兴产业集群区新建××××，计划变压器为5000KVA（2台S11-2500/10KVA），用能品种主要为电力、水，主要用能设备基本符合计划配置，准予通过。

宁波市工业固定资产投资项目节能竣工验收意见表

企业名称				
项目名称				
项目建设地址	慈溪新兴产业集群区		所属行业	稀土金属冶金
法人代表		联系人	联系电话	

该项目能评审查批复文号为"甬经信法规〔2012〕343号"，项目能评由慈溪高新节能服务中心编制。经核查，项目开工日期为2013年4月，于2014年6月建成投入试生产，计划总投资21720万元，实际总投资12125万元，计划主要能耗品种为电力和水，年新增综合能耗4916tce（等价值，当量值为1882tce），主要生产产品及规模为年产5000吨合金真空速凝甩带，主要生产工序为组织原材料、配料、装炉、抽真空、真空加温、熔炼、甩带、冷都、出炉等工艺技术。

通过现场检查组核查，项目实际投资、建设规模、主要工艺设备，用能结构、节能措施等与计划建设内容基本符合，企业需加强内部能源管理体系建设。

该项目实际建设内容与计划建设内容基本符合，准予通过节能竣工验收。

宁波市经济和信息化委员会
2015年1月26日

附件2　原则准予通过案例

宁波××××项目于2012年11月通过能评审查，并于2014年7月投入生产，计划变压器为10000KVA，用能品种主要为电力、天然气、水，主要用能设备小型搅拌分散机新增3台，空压机减少1台，通过下达整改通知书，并要求企业说明原因，原则准予通过。

责令限期整改通知书

甬能监责改字〔2015〕第17号

××××××公司：

根据《浙江省实施〈中华人民共和国节约能源法〉办法》第十四条和《宁波市固定资产投资项目节能评估和审查管理办法》（甬政发〔2010〕125号）》第十五条等有关规定，在节能竣工验收过程中，我中心发现你单位在项目实际建设过程中，存在以下问题：

1. 原计划配置6台φ1800型钟罩炉、5台Zwick－25KN型拉力机，实际未实施；

2. 原计划配置3台S11－800/10型、3台S11－1000/10型、1台S11－1600/10型、3台HSG－1000/10型变压器（总容量10000kVA），现改为2台S11－800/10型、4台S11－1000型与1台S11－1600型变压器（总容量7200kVA）。

你单位未按项目能评批复（甬经信法规〔2012〕376号）要求将此情况上报节能主管部门，该行为致使本项目用能设备、用能结构等与批复计划值产生较大差异。

　　现责令你单位：

　　1. 在收到本通知书起 15 个工作日内，将钟罩炉、拉力机及变压器配置型号、数量的变化原因等以书面形式（加盖单位公章）上报我中心。

　　2. 若你单位不能按照整改通知书的要求如期整改，应根据《浙江省节能监察办法》第二十一条规定，在期限届满前 15 个工作日内向我中心提出书面延期申请。

　　3. 无正当理由拒不进行整改或者经延期整改后仍未达到要求，我中心将依据相关法律法规规定依法予以行政处罚。

　　联系人：　　　　　　　××× 　　　　　　　　　　　　

　　电　话：　　　　　　　87313933 　　　　　　　　　　　

　　地　　址：　宁波市国家高新区研发园 C5 号楼　　　　

宁波市节能监察中心

二〇一五年一月二十一日

宁波市工业固定资产投资项目节能竣工验收意见表

企业名称				
项目名称				
项目建设地址	宁波杭州湾新区		所属行业	有色金属加工
法人代表		联系人	联系电话	

　　该项目能评审查批复文号为"甬经信法规〔2012〕376号",项目能评由宁波弘正工程咨询有限公司编制。经核查,项目开工日期为2012年6月,于2014年7月建成投入试生产,计划总投资15265万元,实际总投资7013万元,计划主要能耗品种为电力、天然气和水,年新增综合能耗4931tce(等价值,当量值为2236tce),主要生产产品及规模为年产3万吨高性能钢镍、铜铁合金带坯,主要生产工序为配料,熔炼、保温、连续铸造、锯切、热轧、铣面、开坯轧制、热处理、粗轧、切边等。

　　通过现场检查组核查,项目实际投资、建设规模、主要工艺设备、用能结构、节能措施等与计划建设内容基本符合。

　　该项目实际建设内容与计划建设内容基本符合,准予通过节能竣工验收。

宁波市经济和信息化委员会

2015年1月26日

附件3　不予通过案例

　　×××项目于2013年7月通过节能审查,并于2013年8月投产,计划变压器为3600KVA(1台S13-1600/10KVA,1台S13-2000/10KVA),用能品种主要为电力、水、蒸汽、柴油,实际变压器配置为S9-2000与S9-1600两台,型号变化较大,且新变压器型号较落后,下达整改通知书,并重新进行评审，待评审通过后重新进行节能验收。

责令限期整改通知书

甬能监责改字〔2015〕第 16 号

××××××公司：

根据《浙江省实施〈中华人民共和国节约能源法〉办法》第十四条和《宁波市固定资产投资项目节能评估和审查管理办法》（甬政发〔2010〕125号）第十五条等有关规定，在进行节能竣工验收过程中，我中心发现你单位在项目实际建设过程中，存在以下问题：

1. 原计划配置 1 台 S13－2000/10 型、1 台 S13－1600/10 型变压器（总容量 3600kVA），现改为 1 台 S9－2000/10 型、1 台 S9－1600/10 型变压器（总容量 3600kVA）。

你单位未按项目能评批复（甬经信法规〔2013〕179 号）要求将此情况上报节能主管部门。

现责令你单位：

1. 在收到本通知书起 15 个工作日内，将变压器配置型号、数量的变化原因等以书面形式（加盖单位公章）上报我中心。

2. 立即重新编制本项目固定资产投资项目节能评估报告并在 2015 年 3 月 31 日前向政府节能主管部门提交项目节能审查申请。

3. 若你单位不能按照整改通知书的要求如期整改，应根据《浙江省节能监察办法》第二十一条规定，在期限届满前 15 个工作日内向我中心提出书面延期申请。

4. 无正当理由拒不进行整改或者经延期整改后仍未达到要求，我中心将依据相关法律法规规定依法予以行政处罚。

联系人： _____×××_____

电　话： _____87313933_____

地　址： _____宁波市国家高新区研发园 C5 号楼____

宁波市节能监察中心

二〇一五年一月二十一日

附件4　暂缓验收案例

　　×××××年产22万吨再生铜材生产线技术改造项目于 2013 年通过节能审查，并于 2014 年 4 月投入生产，项目为在原有产能 8 万吨基础上新增产能 14 万吨，达到 22 万吨的建设规模，原计划配置 2 台 S13 - M - 2000/10、2 台 S13 - M - 1600/10 型变压器。经现场核查，发现存在问题：（1）批复要求淘汰的 8 台上引法分体炉仍在厂区，已拆除水电，主体未进行淘汰。（2）现场未发现能评中安装的 3300kW 的 3 台 M85 型尼霍夫大拉机，与原计划不符。项目由浙江省经信委组织审查，委托宁波市经信委组织验收，通过下达整改通知书，企业上报整改计划，综合考虑企业节能工作配合度等，暂缓验收。

责令限期整改通知书

甬能监责改字〔2015〕第 15 号

××××××公司：

根据《浙江省实施〈中华人民共和国节约能源法〉办法》第十四条和《宁波市固定资产投资项目节能评估和审查管理办法》（甬政发〔2010〕125号）第十五条等有关规定，在节能竣工验收过程中，我中心发现你单位在项目实际建设过程中，存在以下问题：

1. 未按项目能评批复要求对项目原有 8 台 JZ－500/2 上引法分体炉（包括熔化炉和保温炉）进行淘汰。

2. 原计划配置 3 台 M85 型尼霍夫大拉机，现改为 1 台 MSM85 型尼霍夫大拉机。

你单位未按项目能评批复（浙经信资源〔2014〕91 号）要求将此情况上报节能主管部门，该行为致使本项目用能设备、用能结构等与批复计划值产生较大差异。

现责令你单位：

1. 在收到本通知书起 15 个工作日内，将 8 台 JZ－500/2 上引法分体炉的淘汰计划和尼霍夫大拉机型号、数量的变化原因等以书面形式（加盖单位公章）上报我中心。

2. 若你单位不能按照整改通知书的要求如期整改，应根据《浙江省节能监察办法》第二十一条规定，在期限届满前 15 个工作日内向我中心提出书面延期申请。

3. 无正当理由拒不进行整改或者经延期整改后仍未达到要求，我中心将依据相关法律法规规定依法予以行政处罚。

联系人：　　　×××
电　话：　　　87313933
地　址：　　　宁波市国家高新区研发园 C5 号楼

宁波市节能监察中心
二〇一五年一月二十一日

宁波市工业固定资产投资项目节能竣工验收意见表

企业名称			
项目名称			
项目建设地址	余姚市滨海产业园区	所属行业	铜压延加工
法人代表		联系人	联系电话

　　该项目能评审查批复文号为"浙经信资源〔2014〕91 号"，项目能评由浙江经茂节能技术有限公司编制。经核查，项目开工日期为 2013 年 8 月，于 2014 年 7 月建成投入试生产，计划总投资 19000 万元，实际总投资 19000 万元，计划主要能耗品种为电力、天然气、蒸汽、柴油、压缩空气和水，年新增综合能耗 10460tce（等价值。当量值为 10939tce），主要生产产品及规模为年产 22 万吨再生铜材，主要生产工序竖炉熔化、连铸、粗轧粗轧等工艺技术。

　　通过现场检查组核查。项目未按批复要求淘汰 8 台上引法分体炉，3 台 M85 型尼霍夫大拉机与能评计划不符，变压器增容、选型与能评批复不符，项目建设规模、主要工艺设备、用能结构均未达到计划建设内容。

　　该项目目前尚不满足实施节能竣工验收条件，待项目建设完成后应重新申请节能竣工验收。

宁波市经济和信息化委员会
2015 年 1 月 26 日

第五节 统计分析

一、分析目的

国家实行固定资产投资项目节能评估和审查制度，客观上为掌握新上项目能源利用信息创造了有利条件。无论是国家层面还是地方层面开展能评相关工作，都应当对这些信息和数据进行有效的统计分析，实现微观为宏观服务。

"十二五"以来，国家出台的一系列节能相关政策中多次明确提出，能评应当对完成节能目标和控制能源消费总量发挥作用。如《"十二五"节能减排综合性工作方案》提出，将固定资产投资项目节能评估审查作为控制地区能源消费增量和总量的重要措施。《2014—2015年节能减排低碳发展行动方案》要求，新建两高项目能效水平必须达到国内先进水平，对一些高耗能行业新增产能实行能耗等量或减量置换，对于未完成节能减排目标的地区，暂停该地区新建高耗能项目能评审查。

目前看来，单个项目能源消费量相对较小，对区域能源消费的影响不够明显，但是如果对一定时期内通过能评的项目能源消费情况进行累计分析，就会发现这些项目积少成多，对区域能源消费的影响显著。加强对项目能评统计分析，预测累计新上项目对区域能源消费的影响，建立新上项目对完成"双控"目标的监测、预警机制，有利于切实发挥能评促进完成"双控"目标的关键作用。

二、分析方法

（一）指标体系

1. 构建原则

（1）与完成能源"双控"任务挂钩。指标设置要能够与区域能源消费总量、增量以及单位 GDP 能耗等指标衔接，能够为完成"双控"目标预测、预警提供数据基础。

（2）体现能评工作成效。指标设置要能够体现能评工作在减少能源使用、优化调整能源消费结构和产业结构、提升能效水平、产生节能效益等方面的成效，推动能评广泛深入开展。

（3）反映能源安全问题。指标设置要能够反映能源生产情况，为我国能源安全保障提供有效的数据支撑。

2. 体系框架

指标体系框架包含五类、三级指标。其中，五类指标包括基础指标、能源消费、能效水平、节能效果，及能源生产指标。一级指标是对主要指标进行分类，二级指标是指某一层级或某一地区管辖范围内的统计指标，三级指标是指对单个项目的统计指标。

基础类指标，为统计、计算其他各类指标设置的基础指标。包括项目数量、所在地、所属行业、拟投产时间、项目规模等。

能源消费类指标，反映固定资产投资项目能源消费情况，体现能源消费总量、增量及结构问题，包括综合能源消费总量、新增综合能源消费量、一次能源消费量、二次能源消费量等。

能效水平类指标，反映新上项目能源利用效率情况，设置能源利用效率、单位增加值（产值）能耗等指标，既体现行业新增项目能效水平，又与区域单位 GDP 能耗相衔接。

节能效果类指标，反映固定资产投资项目通过能评产生的节能量等指标。

能源生产类指标，反映新上能源生产类项目所能达到的能源保障程度，选择一次能源生产量、发电量和石油加工量等指标。

具体指标框架如表 1-8 所示：

表1-8　　　　　固定资产投资项目能评统计指标体系框架表

一级指标	二级指标（统计指标）	三级指标（项目指标）
1. 基础指标		
项目数量	统计期内分地区、分行业项目数量	
项目所在地	/	省市
项目所属行业	/	行业名称、行业代码（4位）（根据 GB/4754—2011《国民经济行业分类与代码》）
项目拟投产时间	/	拟投产年份、拟投产统计期（十二五、十三五等）
项目规模	/	产品产量、建筑面积等 投资额 增加值
2. 能源消费		
综合能源消费量	统计期内分地区、分行业累计综合能源消费量	项目综合能源消费量
新增综合能源消费量	统计期内分地区、分行业累计新增综合能源消费量	项目新增综合能源消费量
一次能源消费量	统计期内各一次能源品种累计消费量	煤炭、石油、天然气等消费量
二次能源消费量	统计期内累计电力消费量	电力消费量
3. 能效水平		
能源利用效率	统计期内分行业能效水平	项目能效指标
增加值能耗	统计期内分地区、分行业增加值能耗	项目增加值能耗
4. 节能效果		
节能量	统计期内分地区、分行业累计节能量	项目节能量
5. 能源产出		
能源产出量	累计煤炭、石油、天然气开采量，或累计发电量，或累计石油加工量	项目煤炭、石油、天然气开采量，或发电量，或石油加工量

（二）统计分析方法

1. 新上项目对完成节能目标影响分析和预警方法

节能目标是指统计期内单位 GDP 能耗下降率。新建项目与地区节能指标相对应的指标，可选择单位增加值能耗。通过测算项目平均增加值能耗，将其与项目投产年当地单位 GDP 能耗目标值进行对比，判断相关影响。如果项目平均增加值能耗低于当地单位 GDP 能耗规划期节能目标值，则判断这段时期内的项目对于当地完成规划期节能目标有促进作用。反之，则有阻碍作用。

此外，还可以定量判断一定时期内项目上马后对所在地当年单位 GDP 能耗下降的拉动作用。假设项目按照建设方案在 2015 年建成投运，将项目累计产生的增加值和能源消费量相应计入该区域 2015 年相关指标，通过有无分析，计算影响因子，来判断这些项目上马后的影响。对影响因子进行分级设置，形成项目对完成节能目标影响的预警机制。

2. 新上项目对能源消费总量控制影响分析和预警方法

控制能源消费总量的手段主要有：通过能评控制新增产能、淘汰落后产能、实施节能技改减少能源使用等。近年来，我国通过淘汰落后产能，实施重点节能工程，对减少能源使用发挥了重要作用，但随着产业结构调整和节能工作的深入推进，存量的调整空间逐渐缩小。相比而言，控制新增产能对于控制能源消费总量尤显重要。

要对控制能源消费总量进行预警，首先要明确能源消费总量的控制线。将项目年综合能源消费量（电力折算标准煤系数采用等价值）与控制线进行比较，分析其占比大小，以判断影响程度。通过设定影响因子的等级分布，建立能源消费总量控制的预警机制。

3. 能评工作的成效分析方法

（1）结构优化调整分析。

结构优化调整分析包含能源消费结构分析和产业结构分析。

能源消费结构分析选用化石能源与非化石能源消费的比例以及煤炭在能源消费中的占比等。通过统计能源消费总量，煤炭、石油、天然气等能源消费量以及非化石能源消费量等指标，计算相关比例或占比指标。按照时间维度，分析这些比例或占比指标的变化情况，显示新上项目能源消费结构的优化趋势。能源消费结构分析指标选用化石能源与非化石能源消费的比例以及煤炭在能源消费中的占比等。通过统计能源消费总量，煤炭、石油、天然气等能源消费量以及非化石能源消费量等指标，计算相关比例或占比指标。按照时间维度，分析这些比例或占比指标的变化情况，显示新上项目能源消费结构的优化趋势。

产业结构分析选用新上第二产业类项目工业增加值与分析期区域 GDP 的比值。按照时间维度，分析比值的变化情况，显示新上项目产业结构调整的趋势。

通过能评，控制高耗能项目盲目上马，采用新能源、可再生能源等，对优化产业结构和能源消费结构都有一定促进作用。这里分析的结构，是指一定时期内通过能评的项目结构情况。经过一段时间这些项目建成投产后，带动区域内存量的结构优化。

（2）能效水平提升分析。

通过能评，要求选用先进的生产工艺、节能高效的用能装置或设备，采用一系列节能技术，提升项目能效水平。能效水平指标涵盖单位产品能耗、单位面积能耗以及单位工业增加值（产值）能耗、单位投资能耗等能源利用效率指标。在每个行业选择一到两个代表性指标作为该行业的能源利用效率指标。如炼油行业，可选择单位能量因数能耗作为该行业的能源利用效率指标。通过在计算分析期内新上项目平均能效指标值，按照时间维度，显示行业能效水平的提升趋势。

（3）节能效益分析。

通过能评，要求采取一系列措施，减少能源使用量，降低运行成本，提升企业竞争力。统计分析期内新上项目能评产生的节能量，结合相关价格因素，计算能耗成本降低量；计算节能量与能源消费总量的比值，进而计算节能率。选择时间维度，显示节能量、节能率以及能耗成本降低量的变化趋势。

（三）分析手段

随着我国经济发展进入新常态，信息化也进入不断深化发展的新阶段，党中央、国务院对推进"互联网＋"行动作出重要部署，制定了《关于积极推进"互联网＋"行动的指导意见》，其中提出，通过互联网促进能源系统扁平化，推进能源生产与消费模式革命，提高能源利用效率，推动节能减排。

"能源消费总量控制"和"互联网＋"应当充分融合、联动，形成推动能源生产和消费革命的强劲引擎。建立能评项目信息系统，利用能评大数据，充分发挥互联网优势，对全国新上项目能源生产和消费情况进行统计分析，就是一项行之有效的工作手段。

1. 国家能评信息管理系统

搜集汇总、分析全国新上项目的能评信息，需要建立全国范围内统一的固定资产投资项目能评信息管理系统，以及能评数据的报送机制。

（1）建立能评信息管理系统。

功能要求：能评信息管理系统要能够实现项目能评流程管理、信息录入，数据报送、统计分析以及预测预警功能。通过信息系统，各地审批、核准及备案的固定资产投资项目能评（能源消费）信息数据定期逐级报送至国家。国家有关机构定期汇总各地能评数据，并分析一定时期内新上项目能源消费情况，对完成"双控"目标进行预测预警。

建设模式：信息管理系统可安装在各地节能审查机关、主要节能评审机构等，通过外网系统平台实现信息录入、流程管理，能评信息统计分析和预测预警功能设置在国家层面内网。项目类别涵盖审批、核准和备案类项目。

（2）建立能评数据报送机制。

为保障能评信息报送的真实性、及时性和完整性，国家能评主管部门制定办法或下发通知，建立能评数据的报送机制。

（3）国家能评系统展示（图1-7）。

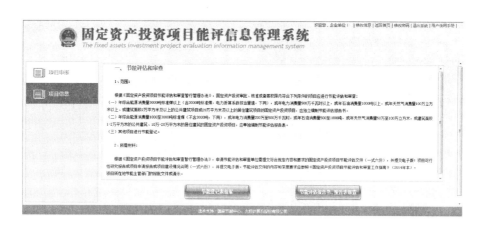

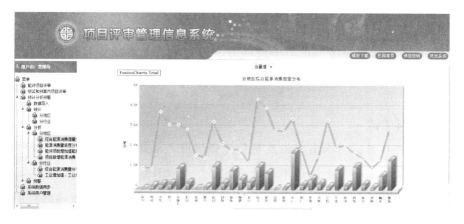

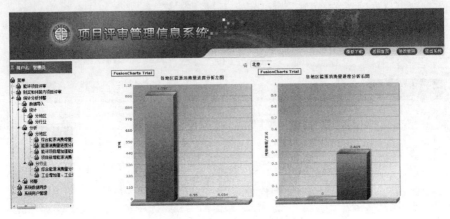

图 1-7 国家能评系统

2. 地方能评信息管理系统

由于各地能评、统计分析、系统建设等情况均不同，可按以下两种模式开展工作。

（1）按统一标准上报统计数据。

已经建立全省固定资产投资项目能评信息管理系统的，由省区市节能主管部门按照统一的工作规范和要求统计上报数据，定期登录全国能评项目信息系统进行填报。

（2）按统一标准建设地方系统自动上传统计数据。

没有建立地方固定资产投资项目能评信息管理系统的，由省区市节能主管部门负责按照统一标准建立地方能评系统，通过系统对本地区能评信息进行统计分析，并按照统一规范生成地方上报数据，定期自动上传到全国能评项目信息系统。

---

*地方先行先试

2013 年 6 月，河南省节能监察局开始试用太极公司开发的省级能评信息管理系统，经过一年半的试用和修改完善，于 2014 年 12 月正式投入运行。此后，上海市、安徽省、内蒙古自治区等陆续进行了能评信息系统的调试安装。

（3）地方能评系统展示（图1-8）。

图1-8　河南省能评系统

3. 统计工作规范

为科学、准确地对全国能评项目信息进行统计分析，各地应当按照统一的标准规范进行信息数据的统计和报送（见表1-9）。

表1-9
_____省

序号	拟投产时间	项目总数	综合能源消费量		节能效果	主要能源品种消费量			
			当量值	等价值		煤	油	气	电
		（个）	（万吨标准煤）		（万吨标准煤）	（万吨标准煤）			（万千瓦时）
1	十二五								
	十三五								
	十四五								

第六节 案例解析

一、燃煤发电项目案例解析

下面以燃煤火力发电项目为例，对节能评估的重点内容进行分析。节能评估的内容涉及项目的各专业方案和数据，以下仅对燃煤火电项目的关键内容进行分析评价，供参考。

1. 项目用能系统

（1）建设内容。

燃煤发电建设项目，建设 1×1000MW 超超临界湿冷机组及配套辅机，同步建设脱硫、脱硝等设施。

表 1-10　　　　　　　　　主要经济技术指标

序号	项目	单位	数值
1	年供电量	亿 kW·h	52.28
2	发电设备年利用小时数	h	5500
3	厂区用地面积	hm²	29.82
4	全厂热效率	%	45.20
5	设计发/供电标准煤耗	gce/kW·h	271.51/285.65
6	百万千瓦耗水指标	夏季：m³/（s·GW）	0.502
		全年平均 m³/（s·GW）	0.453
7	发电厂用电率	%	4.95
8	工业增加值	万元/年	68000

建设内容包括锅炉系统、汽机系统、电气系统等主要工艺系统，以及补给水系统、除灰渣系统、脱硫脱硝系统、化学水处理系统、输煤系统和热工控制等各种辅助系统和附属生产工程。

（2）能源利用方案。

1）项目用能方案。

将原煤磨成煤粉后送入锅炉，燃料在锅炉中燃烧并放出热量，加热给水，形成具有一定温度和压力的过热蒸汽，过热蒸汽经过蒸汽管道进入汽轮机膨胀做功，带动发电机转子旋转发电，电能经输电系统送至电网；其中在汽轮机高压缸做过功的蒸汽会重新进入锅炉再热，提高温度后再返回汽轮机中压缸、低压缸继续做功。汽轮发电机发出的电能部分用于生产厂用电，少量非生产用电，大部分经过主变升压供电网。

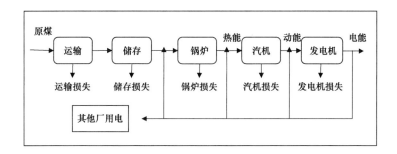

图 1-9　燃煤电厂能量流动示意图

2）能源使用分布情况

根据项目建设方案及工艺特点，项目用能品种及分布情况如表 1-11 所示：

表 1-11　　　　　　　　能源消费品种及使用分布情况

序号	名称	分类		主要使用部位	获得方式
		按形成条件	按利用程度		
1	原煤	一次能源	常规能源	锅炉燃料	外购
2	柴油	一次能源	常规能源	助燃及运输	外购
3	电力	二次能源	常规能源	厂内设备驱动	自产自用
4	蒸汽	二次能源	常规能源	厂内设备驱动、厂区采暖	自产自用

（3）主要系统及设备。

1）汽水系统。

由锅炉、汽轮机、凝汽器和给水泵等组成，它包括汽水循环、化学水处理和冷却水系统。主要用能设备为锅炉、汽轮机、给水泵、凝结水泵等。

2）燃烧系统。

由锅炉的输煤部分、燃烧部分和除灰部分组成，主要用能设备为磨煤机、送风机、引风机等。

3）电气系统。

发电机将机械能转变为电能发电，电厂发出的电，除电厂消耗外，一般均经变压器升高电压后通过高压配电装置和输电线路向外送出。电厂厂用电由厂用变压器降低电压后通过厂用配电装置和电缆供厂内各种辅机设备和照明用电。主要用能设备为发电机、变压器等。

4）主机设备。

燃煤火力发电厂主机设备包括锅炉、汽轮机及发电机。

① 锅炉。

锅炉出口蒸汽参数暂按 26.25MPa（绝对压力）/605/603℃，锅炉的最大连续蒸发量（B－MCR 工况）3035t/h。锅炉热效率：≥93.8%。

② 汽轮机。

超超临界、一次中间再热、四缸四排汽、单轴、双背压、凝汽式、八级回热抽汽，主汽门前蒸汽参数 26.25MPa（绝对压力）/600℃。TRL 工况功率（额定功率）1000MW，热耗值（THA 工况）：7380kJ/kW·h。

③ 发电机。

三相同步汽轮发电机，额定输出功率 1000MW，效率（保证值）：≥99%。

2. 评估主要依据

（1）国家法律、法规、规章和规范性文件。

《中华人民共和国节约能源法》、《中华人民共和国循环经济促进法》、《中华人民共和国电力法》等法律法规；《国务院关于加强节能工作的决定》、

《国家鼓励发展的资源节约综合利用和环境保护技术》（国家发改委第 65 号公告）、《中国节能技术政策大纲（2006 年)》、《关于燃煤电站项目规划和建设有关要求的通知》（国家发改委发改能源〔2004〕864 号）、《产业结构调整指导目录（2011 年本)》（国家发改委 9 号令）、《国务院关于印发"十二五"节能减排综合性工作方案的通知》等政策及规范性文件。

（2）基础技术规范和标准。

《综合能耗计算通则》（GB/T 2589）、《工业企业能源管理导则》（GB/T 15587）、《用能单位能源计量器具配备与管理导则》（GB/T 17167）、《企业能量平衡通则》（GB/T 3484）、《能源管理体系要求》（GB/T 23331）、《评价企业合理用电技术导则》（GB/T 3485）、《火力发电企业能源计量器具配备和管理要求》（GB/T 21369）等。

（3）行业标准及规范。

《常规燃煤发电机组单位产品能耗限额》（GB 21258）、《火力发电厂可行性研究报告内容深度规定》（DL/T 5375）、《火力发电厂燃料平衡导则》（DL/T 606.2）、《电力技术监督导则》（DL/T 1051）、《火力发电厂能量平衡导则总则》（DL/T 606.1）、《火力发电厂能量平衡导则第 3 部分：热平衡》（DL/T 606.3）、《火力发电厂电能平衡导则》（DL/T 606.4）、《火力发电厂技术经济指标计算方法》（DL/T 904）、《火力发电厂设计技术规程》（DL/T 5000）、《火力发电厂和变电所照明设计技术规定》（DL/T 5390）、《火力发电厂节水导则》（DL/T 783）等。

（4）通用设备能效标准。

《清水离心泵能效限定值及节能评价值》（GB 19762）、《中小型三相异步电动机能效限定值及能效等级》（GB 18613）、《三相配电变压器能效限定值及能效等级》（GB 20052）、《通风机能效限定值及能效等级》（GB 19761）等。

（5）建筑类相关标准和规范。

《公共建筑节能设计标准》（GB 50189）、《建筑照明设计标准》（GB 50034）、《建筑采光设计标准》（GB/T 50033）等。

（6）其他。

《管形荧光灯镇流器能效限定值及能效等级》（GB 17896）等相关终端用能产品能效标准；《项目可行性研究报告》及相关设计资料；项目已取得的批复文件；供用能协议等。

3. 政策标准符合性评价

火力发电项目为影响重大的基础设施项目，不仅自身消耗能源数量较大，同时提供大量能源供社会使用。国家和地方多项规划政策及标准规范对项目的建设规模及内容、服务范围及标准等进行约束和规范，项目对于政策规划的符合性分析非常重要。

从国家节能减排规划、能源及节能主管部门政策、行业主管部门具体规定等方面分析项目的符合性。

4. 节能措施及效果

（1）能评前节能措施及效果。

1）节能技术措施。

工艺方案选择上，采用超超临界参数机组，将初参数提高到超超临界状态（25MPa/600℃/600℃），可以提高可用能的品位，使热能转换效率提高。采用八级回热抽汽系统，有效提高机组热效率，降低发电煤耗；发电机的最大连续出力与汽轮机、锅炉相匹配，避免因发电机功率不足限制汽机的功率。

燃烧系统配置上，选择了密封效果好和寿命长的锅炉空气预热器，合理安排送引风机及其他风机的烟风道的位置、距离、通径、转弯半径等，优化燃料输送及存储方案，优化脱硫装置设计等措施。

热力系统设计中，合理选用保温材料品种和确定保温结构，采用双背压凝汽器，凝汽器补水系统设置喷雾装置，提高凝汽器的换热效果；采用2×50%容量汽动给水泵及1台30%备用电动给水泵的方案有效降低厂用电率等节能措施。

建筑节能，进行合理的规划设计；合理确定围护结构热工参数；采用节能环保的建筑材料；优化建筑采暖、空调等系统设计；采用绿色照明技术，选择高效照明灯具；尽量利用自然光、自然通风等节能措施。

其他系统和设备也均选择了适用可行的节能措施。

2）节能管理措施。

建立节能管理制度和能源管理体系，对项目设计、建设、运营等各阶段进行能源节约使用的管理。进行职责分工，各负其责。

3）能源计量管理。

根据《用能单位能源计量器具配备与管理通则》（GB 17167—2006）等标准要求，在能源计量制度建设、计量机构设置、能源统计及监测、计量器具配备、专业人员配置等方面开展了相应的工作，为机组投产后能源计量管理做好充分准备。

（2）能评阶段节能措施及效果。

在节能评估过程中，通过分析论证，针对火力发电过程中能量损失的关键环节，建议项目增加下列节能措施：

1）提高主机参数。

主机选用27MPa/600℃/600℃参数，汽机热耗由能评前7380 kJ/kW·h可降至7329kJ/kW·h；锅炉选用塔式炉，其效率可提高至94.2%。与能评前主机选型比较，降低发电标准煤耗3g/kW·h，年节约标煤1.65万 tce/a标煤。

2）优化辅机配置。

引风机采用小汽机驱动，降低厂用电率达1.15%，但增加汽机热耗至7410kJ/kW·h；由于此方案增加了用汽量，发电标准煤耗增加3.5 gce/kW·h，厂用电率降低至3.8%，相当于每年增加对外供电量6325万 kW·h。

除尘器进、出口增设低温省煤器，可进一步降低发电煤耗0.5 gce/kW·h，年节约标煤2750吨标准煤。

采取以上措施后，本工程的发电标准煤耗为271.45 gce/kW·h，与评估前差距不大；但是厂用电率降低为3.8%，较评估前降低比例为23%；供电标准煤耗282.18gce/kW·h，较评估前降低3.32 gce/kW·h，降低比例为1.2%。

5. 能源利用状况核算

（1）能评前指标计算。

项目的能源投入为原煤和柴油，电力和蒸汽由原煤加工转化后产生，自产自用。已经计入了燃煤消耗，因此不再重复计算电力和蒸汽的能耗。

1）燃煤消耗量。

根据《火力发电厂燃烧系统设计计算技术规程》，计算耗煤量。

按照燃煤低位发热量 $Q_r = 21570\text{kJ/kg}$、锅炉效率 $\eta_{gl} = 93.8\%$ 及各项设计参数计算，锅炉燃料消耗量（B－MCR）398t/h；燃料消耗量（THA）368.44 t/h。

项目发电年利用小时数按 5500 小时计算；发电日利用小时数按 20 小时计算；小时燃煤量按与汽轮机 THA 工况出力下匹配的锅炉蒸发量计算，计算项目年耗煤量。

锅炉年耗煤量（实物量）计算：

$$Bsw = B \times h = 368.44 \times 5500 = 2026420 \text{（t）}$$

按照低位发热量折算标准煤：

$$Ba = Bsw \times 21.57/29.271 = 1493283 \text{（tce）}$$

根据《火力发电厂技术经济指标计算方法》（DL/T 904）关于煤场存损率的规定，项目煤炭存损率量按不大于每月的日平均存煤量的 0.5%，本项目采取一定的措施后，使存损率降低到 0.2%。计算原煤年损失量，即：

$$B_{cs} = 0.2 \times \frac{Bsw}{100 - 0.2} = 0.2 \times \frac{2026420}{99.8} = 4061 \text{（t）}$$

年存储损失 4061 吨原煤，折合 2993 吨标准煤。

项目原煤年投入量：

$$Bym = Bsw + Bcs = 2026420 + 4061 = 2030481 \text{（t）}$$

式中：

Bcs——煤炭购入存储损失量，t/a。

Bsw——锅炉耗煤量，t/a。

Bym——原煤购入量，t/a。

2）耗油量。

项目年消费柴油 380 吨，用于厂内运输及助燃。

3）年能耗总量。

项目年消费原煤 2030481 吨，柴油 380 吨，合计为 1496829 吨标准煤。详见表 1－12。

表 1－12   项目年能耗量汇总表

序号	能源品种	实物量		折标系数	折标准煤（吨标准煤）
		单位	数量		
1	煤炭	吨	2030481	0.7369 吨标准煤/吨	1496275
2	柴油	吨	380	1.4571 吨标准煤/吨	554
3	合计	/	/	/	1496829

关于煤炭折标系数：根据《火力发电厂燃烧系统设计计算技术规程》（DL/T 5240—2010），煤炭的热值由卡换算成焦时，是用 20℃ 卡，其换算关系是 $|\text{cal}|_{20} = 4.1816\text{J}$，而不是国际蒸汽表卡 $|\text{cal}|_{IT} = 4.1868\text{J}$，所以标煤发热量 7000 kcal/kg 应转换为 29271 kJ/kg。项目设计煤种低位发热量 21570 kJ/kg，折标系数为 0.7369。

4）综合能源消费量。

项目年发电 5.5×10^9 kW·h，厂用电率 4.95%，则年供电量：

$$P_g = P_a \times (1 - \zeta)$$

$$= 5.5 \times 10^9 \times (1 - 4.95\%) = 5.228 \times 10^9 \ (\text{kW·h})$$

单位发电量标准煤耗：

$$b_f = Bb \times 10^6 / P_a$$

$$= 1493283 \times 10^6 / (5.5 \times 10^9) = 271.51 \ (\text{gce/kW·h})$$

单位供电量标准煤耗：

$$B_g = B_b \times 10^6 / P_g$$

$$= 1493283 \times 10^6 / (5.228 \times 10^9) = 285.65 \ (\text{gce/kW·h})$$

年供电 5.228×10^9 kW·h，按照当量折标：

$$B_{gd} = 5.228 \times 10^9 \text{kW·h} \times 1.229 \times 10^{-4} \text{tce/kW·h} = 642521 \ (\text{tce})$$

项目年综合能耗（当量值）：

$$Z_{dl} = B_{tr} - B_{gd}$$

$$= 1496829 - 642521 = 854308 \ （tce）$$

项目年综合能耗（等价值）：

$$Z_{dj} = B_{tr} - b_f \times Pg \times 10^{-6}$$

$$= 1496829 - 271.51 \times 5.228 \times 10^9 \times 10^{-6} = 77391 \ （tce）$$

上式中：

P_a——年发电量，kW·h；

P_g——年供电量，kW·h；

b_f——单位发电量标准煤耗，gce/ kW·h；

b_g——单位供电量标准煤耗，gce/ kW·h；

B_b——年耗用标准煤量，tce；

B_{gd}——供电量折合标准煤（当量值），tce；

Z_{dl}——项目年综合能耗（当量值），tce；

Z_{dj}——项目年综合能耗（等价值），tce。

项目年能源消费量 1496829 吨标准煤。按照当量折标计算，项目年综合能源消费量 854308 吨标准煤；按照等价折标计算（等价折标系数采用本项目发电煤耗 271.51gce/kW·h），项目年综合能源消费量 77391 吨标准煤。

5）全厂热效率。

$$全厂热效率 = 123/271.51 \times 100\%$$

$$= 45.30\%$$

123 为效率转换系数，1 gce 热量为 29.271 kJ，1kW·h 热量为 3600 kJ，3600/29.271 = 123。

6）能源消费情况。

按照国家统计报表能源购进、消费表（P201 - 1 表），省略掉本项目不涉及的行和列，计算的各项数据如表 1 - 13 所示：

表 1-13 节能评估前能源投入与消费情况（按 P201-1 表）

能源名称		计量单位	代码	工业生产消费量	加工转换投入合计	火力发电	能源加工转换产出
甲		乙	丙	1	2	3	11
原煤		吨	1	2030481	2026420	2026420	——
柴油		吨	18	380	380	380	——
电力	当量值	万千瓦时	24		——		642521
	等价值	万千瓦时					1422800
能源合计	当量值	吨标准煤	30	1496829	1493836	1493836	642521
	等价值	吨标准煤		1496829	1493836	1493836	1419438

合计：综合能源消费量（当量值）= 1496829 - 642521 = 854308（吨标准煤）；综合能源消费量（等价值）= 1496829 - 1419438 = 77391（吨标准煤）。

7）能量平衡表。（见表 1-14）

表 1-14 节能评估前能量平衡表 单位：tce

能源名称		购入存储			加工转换	输送分配
		实物量		折标量	电力	电力
供入能量	原煤	吨	2030481	1496275	1493283	
	柴油	吨	380	554	554	
	合计1			1496829	1493836	
有效能量	原煤			1493283		
	柴油			554		
	电力				675950	642521
	合计2			1493837	675950	642521
损失能量				2993	817886	
合计3				1496829	1493836	
能量利用率（%）				99.80	45.25	100
全厂能源利用率（%）				45.16		

（2）能评后能耗情况。

1）燃煤消耗量。

锅炉热效率 $\eta_{gl}=94.2\%$，计算锅炉燃料消耗量（B-MCR）398t/h；燃料消耗量（THA）368.35 t/h。

锅炉年耗煤量（实物量）计算：

$$B_{sw}=B\times h=368.35t/h\times5500h=2025925（t）$$

按照低位发热量折算标准煤：

$$B_{a}=B_{sw}\times21.57/29.271=1492918（tce）$$

根据《火力发电厂技术经济指标计算方法》（DL/T 904）关于煤场存损率的规定，项目煤炭存损率量按不大于每月的日平均存煤量的0.5%，本项目采取一定的措施后，使存损率降低到0.2%。计算原煤年损失量，即：

$$B_{cs}=0.2\times\frac{B_{sw}}{100-0.2}=0.2\times\frac{2025925}{99.8}=4061（t）$$

年存储损失4061吨原煤，折2993吨标准煤。

项目原煤年投入量：

$$B_{ym}=B_{sw}+B_{cs}=2025925+4061=2029986（t）$$

式中：

B_{cs}——煤炭购入存储损失量，t/a。

B_{sw}——锅炉耗煤量，t/a。

B_{ym}——原煤购入量，t/a。

2）耗油量。

项目年消费柴油380吨，用于厂内运输及助燃。

3）年能耗总量。

项目年消费原煤2029986吨，柴油380吨，合计为1496464吨标准煤。详见表1-15：

表 1 – 15　　　　　　　　　　项目年能源消费量汇总表

序号	能源品种	实物量		折标系数	折标准煤
		单位	数量		吨标准煤
1	煤炭	吨	2029986	0.7369	1495910
2	柴油	吨	380	1.4571	554
	合计				1496464

4）综合能源消费量。

项目年发电 5.5×10^9 kW·h，厂用电率 3.8%，则年供电量：

$$P_g = P_a \times （1 - \zeta）$$

$$= 5.5 \times 10^9 \times （1 - 3.8\%） = 5.291 \times 10^9 （kW·h）$$

单位发电量标准煤耗：

$$b_f = B_b \times 10^6 / P_a$$

$$= 1492918 \times 10^6 / （5.5 \times 10^9） = 271.45 （gce/kW·h）$$

单位供电量标准煤耗：

$$B_g = B_b \times 10^6 / P_g$$

$$= 1492918 \times 10^6 / （5.291 \times 10^9） = 282.18 （gce/kW·h）$$

年供电 5.291×10^9 kW·h，按照当量折标：

$$B_{gd} = 5.291 \times 10^9 kW·h \times 1.229 \times 10^{-4} tce/kW·h = 650264 （tce）$$

项目年综合能耗（当量值）：

$$Z_{dl} = B_{tr} - B_{gd}$$

$$= 1496464 - 650264 = 846200 （tce）$$

项目年综合能耗（等价值）：

$$Z_{dj} = B_{tr} - b_f \times P_g \times 10^{-6}$$

$$= 1496464 - 271.45 \times 5.291 \times 10^9 \times 10^{-6} = 60206 （tce）$$

项目年能源消费量 1496464 吨标准煤。按照当量折标计算，项目年综合能源消费量 846200 吨标准煤；按照等价折标计算（等价折标系数采用本项目发电煤耗 271.45gce/kW·h)，项目年综合能源消费量 60206 吨标准煤。

5) 全厂热效率。

$$全厂热效率 = 123/271.45 \times 100\%$$
$$= 45.31\%$$

6) 能源消费情况。

按照国家统计报表能源购进、消费表（P201－1 表），省略掉本项目不涉及的行和列，统计各项数据如表 1－16 所示：

表 1－16　　　　　节能评估后能源投入与消费情况（按 P201－1 表）

能源名称		计量单位	代码	工业生产消费量	加工转换投入合计	火力发电	能源加工转换产出
甲		乙	丙	1	2	3	11
原煤		吨	1	2029986	2025925	2025925	
柴油		吨	18	380	380	380	
电力	当量值	万千瓦时	24	——	——	——	650264
	等价值	万千瓦时		——	——	——	1436258
能源合计	当量值	吨标准煤	30	1496464	1493471	1493471	650264
	等价值	吨标准煤		1496464	1493471	1493471	1436258

合计：综合能源消费量（当量值）= 1496464 － 650264 = 846200（吨标准煤）；综合能源消费量（等价值）= 1496464 － 1436258 = 60206（吨标准煤）。

7) 能量平衡表。（见表 1－17）

表 1－17　　　　　　　　　节能评估后能量平衡表　　　　　　　　单位：tce

能源名称			购入存储		加工转换	输送分配
			实物量	折标量	电力	电力
供入能量	原煤	吨	2029986	1495910	1495910	
	柴油	吨	380	554	554	
	合计 1			1496464	1496464	

续表

能源名称		购入存储		加工转换	输送分配
		实物量	折标量	电力	电力
有效能量	原煤		1492917		
	柴油		554		
	电力			675950	650264
	合计2		1493471	675950	650264
损失能量			2993	817521	
合计3			1496464	1493471	
能量利用率（%）			99.80	45.26	100
全厂能源利用率（%）			45.17		

（3）能评前后数据对比分析。

根据上面的计算，能评前后各项数据对比如表1-18所示：

表1-18

项　　目	单位	能评后数据	能评前数据	前后对比
发电设备利用小时数 H	h	5500	5500	
额定发电功率 P_H	×定发³kW	1000	1000	
年发电量 P_a	×a电⁹kW电量	5.5	5.5	
锅炉效率 η 炉效	%	94.2	93.8	0.4
汽轮机热耗率 Q_o	kJ/kW/热	7410	7380	30
管道效率（考虑厂内损失）η 道效	%	99	99	0
发电标准煤耗 b_f	gce/kWh	271.45	271.51	-0.05
厂用电率 ζ	%	3.8	4.95	-1.15
供电标准煤耗 b_g	gce/kWh	282.18	285.65	-3.47
全厂热效率 η	%	45.31	45.30	0.01
锅炉小时耗煤实物量 B	t	368.35	368.44	-0.09
原煤低位发热量 Q_{DW}	kJ/kg	21570	21570	
锅炉年耗煤量（实物）B_{SW}	t	2025925	2026420	-495

续表

项　目	单位	能评后数据	能评前数据	前后对比
原煤存储损失率 L_{cs}	%	0.2	0.2	
原煤仓储损失量 B_{cs}	t	4061	4061	0.00
锅炉年耗标准煤量 B_a	tce	1492918	1493283	-364.77
年供电量 P_g	$×10^9$ kWh	5.291	5.228	0.06
年原煤投入量 B_{ym}	t	2029986	2030481	-495.00
年能源消费总量	tce	1496464	1496829	-365.50

通过上表数据看出，能评增加节能措施后，项目发电标准煤耗为 271.45 gce/kW·h，供电标准煤耗 282.18 gce/kW·h。在能源投入量基本相当的情况下，向外供电每年增加 6000 多万千瓦时。

6. 能效对标分析

根据前面的计算数据，本项目主要能耗指标发电标准煤耗为 271.45 gce/kW·h，供电标准煤耗 282.18 gce/kW·h。假定项目的能耗指标的各修正系数为 1，与有关标准及行业发展水平对比分析如下：

（1）常规燃煤发电机组单位产品能源消耗限额（GB 21258—2013）。

表 1-19　　　　机组单位产品能耗限额限定值的基础值

压力参数	容量级别 MW	供电煤耗 gce/（kW·h）
超超临界	1000	≤288
	600	≤297
超临界	600	≤306
	300	≤319
亚临界	600	≤320
	300	≤331
超高压	200，125	≤360
高压	100	≤375

表中未列出的机组容量级别，按低一档标准考核；对于原苏联东欧机组，按低一档标准考核

新建机组的供电煤耗应不高于机组单位产品能耗准入值298gce/（kW·h）。

将本项目指标与 GB 21258—2013 的数据进行对比，项目的供电煤耗符合"新建机组单位产品能耗准入值"要求，供电煤耗小于同级别标准基础值。

（2）"发改能源〔2004〕864 号"文件。

文件要求：除西藏、新疆、海南等地区外，其他地区应规划建设高参数、大容量、高效率、节水环保型燃煤电站项目，所选机组单机容量原则上应为60 万千瓦及以上，机组发电煤耗要控制在286 克标准煤/千瓦时以下。需要远距离运输燃煤的电厂，原则上规划建设超临界、超超临界机组。在缺乏煤炭资源的东部沿海地区，优先规划建设发电煤耗不高于275 克标准煤/千瓦时的燃煤电站。在煤炭资源丰富的地区，规划建设煤矿坑口或矿区电站项目，机组发电煤耗要控制在295 克标准煤/千瓦时以下（空冷机组发电煤耗要控制在305 克标准煤/千瓦时以下）。

本项目为百万千瓦级水冷机组，建设在东部沿海地区，发电煤耗低于275 克标准煤/千瓦时，符合该文件要求。

（3）与同类机组比较。

供电煤耗与中电联上一年度大机组竞赛同类机组数据，以及评审机构掌握的同类机组设计值等有关数据进行对比，综合判断项目的能效水平。一般认为，处于前 5% 为国内领先水平，处于前 20% 为国内先进水平，处于前50% 为国内一般水平；其他为国内落后水平。

本项目供电煤耗处于前 20%，但未达到 5%，处于国内先进水平。

7. 宏观影响指标

计算项目新增能源消费量占所在地（省、市）能源消费控制数的比例，判断项目对所在地能源消费的影响程度。计算项目增加值能耗影响所在地（省、市）GDP 能耗的比例，判断项目对所在地完成节能目标的影响程度。

需要注意的是，万元 GDP 能耗的统计基准是综合能源消费量（等价值），对比口径应一致。

8. 评估结论

根据节能评估的评价指标，对该燃煤火电项目节能评估情况进行汇总。

（1）项目符合相关法律法规、政策和标准、规范等的要求；

（2）项目综合能源消费量为 846200 吨标准煤（当量值），60206 吨标准（等价值），对所在地总量控制和完成节能目标的影响较小；

（3）项目供电煤耗处于国内先进水平；

（4）项目未采用国家明令禁止和淘汰的落后工艺及设备，设备能效指标达到一级能效水平；

（5）能评阶段提出的节能措施为：提高主机参数至 27MPa/600℃/600℃；锅炉选用塔式炉；优化辅机配置，引风机采用小汽机驱动；除尘器进、出口增设低温省煤器。采用以上措施后，供电煤耗降低了 3.32 gce/kW·h。

二、民用建筑项目案例解析

1. 项目情况

（1）建设规模及内容。

高校行政办公楼、教学楼工程，项目总建筑规模 49980 平方米，其中地上建筑面积 39990 平方米，地下建筑面积 9990 平方米。地上部分包括：行政办公楼 9992 平方米（11 层）、一号教学楼 15182 平方米（9 层）、二号教学楼 14816 平方米（9 层）；行政办公楼为地下二层，一号教学楼和二号教学楼为地下一层，建筑物地下室整体联通。建筑使用功能包括教室、校行政用房、系行政用房、实验室、实习场所及附属用房、人防用房、车库等。

（2）主要供用能系统。

1）采暖系统。

校区采用市政热力采暖，本建筑热源接自校区换热站，采暖供回水温度为 95℃/70℃。在市政热力入口处设置一级热计量仪表，在本建筑的热力入口处设置二级热计量仪表，并设静态平衡阀。采暖末端为散热器，采用上供下回异程式双管系统，散热器接管形式为同侧上供下回式。室外采暖管道及设置于非采暖房间的管道设外保温。

2）空调系统。

夏季采用变冷媒流量多联机（VRV）空调系统，每个房间设 VRV 末端。VRV 室外机放置办公楼屋面。VRV 末端采用天花板内藏风管式（超薄型）风机盘管。变冷媒流量的空调系统 IPLV 满足《多联式空调（热泵）机组能效限定值及能源效率等级》（GB 21454）中的限值要求。

档案室及计算机房设置风冷式恒温恒湿机房专用空调系统，保证机房内温湿度达到服务器等信息设备的工作要求，室外机置于屋顶。

3）通风系统。

实验室设置机械排风，按 6 次/小时通风换气计算；地下车库采用机械送、排风，按 6 次/小时通风换气计算；公共卫生间采用吊顶式排风扇进行通风换气，按 10 次/小时通风换气计算；设备机房采用机械通风，按 6 次/小时通风换气计算。

4）给排水系统。

校区水源为市政自来水，分别由校区西侧和校区东侧引入两路给水干管与校园给水管网相连。本项目供水管接自校区给水管网，校园管网供水压力为 0.25MPa。给水系统纵向分为两个区，地上三层及其以下为低区，由校园供水管网直接供水，充分利用校园管网供水压力。四层至顶层为高区，由变频给水设备供水。给水泵房设在行政楼地下二层给水泵房内。项目中水由中水处理站供应。排水采用污废合流方式，屋面雨水采用内排水系统，室外雨水与生活污水分流，经管道收集后排入校内雨水干管中。

5）电气系统。

建筑内的消防设备用电、走廊照明、设备机房照明、计算机房服务器用电、安防系统用电、电子信息设备机房用电、电梯、给、排水泵等为一级用电负荷；直接影响计算机房运行的机房空调为二级负荷；其他为三级用电负荷。

本工程电源由校园总变电站引来两路 10kV 电源至行政办公楼地下一层变配电室，供本工程用电，两路电源同时供电互为备用。每路电源均能承担全部一、二级负荷。应急电源，应急疏散照明配备集中电池（EPS），消防报警控制器、安防系统主机、计算机机房服务器等弱电机房配备 UPS 不间断电源。

变配电所内设有 2 台 SCB11 型，容量为 2000kVA 的干式变压器。

选用绿色照明光源及灯具。采用楼宇自动化管理系统，通过对空调系统、制冷系统、公共照明、变配电系统及给水、排水系统、电梯等实施监控管理。

（3）能耗情况。

项目总建筑面积为 49980 平方米，年消费电力 492 万千瓦时，年消费热力 13846 百万千焦，总能耗折合标准煤为 1077 吨标准煤（电力按照当量值折算）。

初步测算，项目单位建筑面积年能耗 21.5 kgce/m^2。

2. 评估主要依据

（1）国家法律、法规、规章和规范性文件。

《中华人民共和国节约能源法》、《中华人民共和国循环经济促进法》等法律法规；《国务院关于加强节能工作的决定》、《国家鼓励发展的资源节约综合利用和环境保护技术》（国家发改委第 65 号公告）、《中国节能技术政策大纲（2006 年）》、《国务院关于印发"十二五"节能减排综合性工作方案的通知》等政策及规范性文件。

（2）基础技术规范和标准。

《用能单位能源计量器具配备和管理通则》（GB 17167）、《用水单位水计量器具配备和管理通则》（GB 24789）、《评价企业合理用电技术导则》（GB/T 3485）、《设备及管道保温保冷技术通则》（GB/T 11790）、《设备及管道保温保冷设计导则》（GB/T 15586）、《综合能耗计算通则》（GB/T 2589）等。

（3）建筑类相关标准和规范。

《公共建筑节能设计标准》（GB 50189）、《办公建筑设计规范》（JGJ 67）、《屋面工程技术设计规范》（GB 50345）、《外墙外保温工程技术规范》（GBJ 144）、《节能建筑评价标准》（GB/T 50668）、《绿色建筑评价标准》DB11/T 825）、《电子信息系统机房设计规范》（GB 50174）、《民用建筑供暖通风与空气调节设计规范》（GB 50736）、《空调通风系统运行管理规范》（GB

50365)、《城镇供热管网设计规范》（CJJ 34）、《建筑照明设计标准》（GB 50034)、《10KV 及以下变电所设计规范》（GB 50053）、《供配电系统设计规范》（GB 50052）、《低压配电设计规范》（GB 50054）、《民用建筑电气设计规范》（JGJ 16）、《建筑采光设计标准》（GB/T 50033）、《锅炉房设计规范》（GB 50041）、《建筑给水排水设计规范》（GB 50015）、《民用建筑节水设计标准》（GB 50555）、《公共建筑节能设计标准》（DB 11/687）等。

（4）通用设备能效标准。

《管形荧光灯镇流器能效限定值及节能评价值》（GB 17896）、《普通照明用双端荧光灯能效限定值及能效等级》（GB 19043）、《普通照明用自镇流荧光灯能效限定值及能效等级》（GB 19044）、《单端荧光灯能效限定值及节能评价值》（GB 19415）、《单元式空气调节机能效限定值及能源效率等级》（GB 19576）、《通风机能效限定值及能效等级》（GB19761）、《冷水机组能效限定值及能源效率等级》（GB19577）、《工业锅炉能效限定值及能效等级》（GB24500）、《清水离心泵能效限定值及节能评价值》（GB19762）、《电力变压器能效限定值及能效等级》（GB24790）、《三相配电变压器能效限定值及节能评价值》（GB20052）等。

（5）其他。

《项目可行性研究报告》及相关设计资料；项目已取得的批复文件。

3. 建设方案节能评估

（1）平面布置及建筑方案。

1）方案分析。

分析评价项目的总体布局及平面布置情况，是否遵循功能与流线合理、交通便捷、功能协调的原则。

行政办公楼、教学楼地上三层及以下部分相连通，按照一栋建筑考虑。建筑面积大于20000 平方米，并全面设置空气调节系统，因此判定为甲类公共建筑。体形系数0.38，窗墙比均小于0.4。拟建建筑外围护结构热工性能与标准要求对比如表1－20所示：

表1-20　　　　　　拟建建筑围护结构热工性能与标准对照表

围护结构部位	标准要求		设计建筑	
	传热系数限值 [W/（m²·K）]	遮阳系数	传热系数 [W/（m²·K）]	遮阳系数
屋顶非透明部分 M≤0.2	≤0.60	—	0.50	—
屋顶透明部分 M≤0.2	≤2.70	≤0.50	2.40	0.50
外墙（包括非透明幕墙）	≤0.80	—	0.57	—
非采暖空调房间与采暖空调房间的隔墙	≤1.50	—	1.50	—
接触室外空气的架空或外挑楼板	≤0.50	—	0.50	—
东向外窗 0.30＜窗墙面积比≤0.40	≤2.70	≤0.65	2.50	0.60
西向外窗 0.30＜窗墙面积比≤0.40	≤2.70	≤0.65	2.50	0.60
南向外窗 0.30＜窗墙面积比≤0.40	≤2.70	≤0.65	2.50	0.60
北向外窗 0.30＜窗墙面积比≤0.40	≤2.70	不限制	2.50	—

2）评估结论。

项目利用现有用地建设，充分考虑用地特点及功能需求，建筑设计方案各功能区域、房间布置合理节能，尽量使用了自然通风和自然采光，各围护结构均按国家有关规定进行了保温，窗墙比、体形系数在满足节能设计标准要求的基础上进行了优化；建筑围护结构的传热系数和其他热工性能满足节能设计标准要求。合理确定了结构类型、使用年限、建筑结构安全等级、建筑抗震设防类别等。

（2）工艺流程及技术方案。

对主要用能系统工艺流程及技术方案进行分析，判断与相关法规、标准规范的符合性以及能源利用的效率性。

1）系统分析。

① 采暖系统。

采用市政热力作为采暖热源；办公室、会议室、实验室等室内采暖设计计算温度 18℃，档案室室内采暖设计计算温度 14℃；采用散热器采暖，每组散热器设置散热器恒温阀；符合节能相关法规及设计标准规范要求。

② 空调系统。

夏季采用电动变冷媒流量的空调系统，每个房间设 VRV 末端。

变冷媒流量的空调系统 IPLV 满足《多联式空调（热泵）机组能效限定值及能源效率等级》（GB 21454）中的限值要求。档案室及计算机房，设置风冷式恒温恒湿机房专用空调系统，保证机房内温湿度达到服务器等信息设备的工作要求，室外机置于屋顶。

③ 通风系统。

实验室设置机械排风，按 6 次/小时通风换气计算；地下车库采用机械送、排风，按 6 次/小时通风换气计算；公共卫生间采用吊顶式排风扇进行通风换气，按 10 次/小时通风换气计算；设备机房采用机械通风，按 6 次/小时通风换气设计。

④ 给排水系统。

低区采用校园管网直接供水，充分利用校园管网的压力，高区采用变频泵供水，水泵在高效区运行，节省能源。采用内壁光滑且不易锈蚀的管材，同时采用低阻力阀门及管件，减少沿程阻力损失，从而减少水泵扬程，以利节能。

⑤ 电气系统。

经过负荷计算合理确定变配电设备容量，本阶段采用单位面积指标法进行用电负荷计算，在施工图设计时，根据设计内容的使用功能，详细计算实际的用电负荷，合理选择线路路径，供电半径小于 150 米，降低线路损耗，合理选用配电形式，减少配电环节。力求使变压器的实际负荷接近设计的最佳负荷，减少设备本身的能源消耗，提高系统整体效率。变电所加强通风降温条件，以控制变压器的工作温度，减少变压器损耗。

选用绿色照明光源及灯具，灯具具有高效、长寿、美观和具有防眩光功能，光源具有发光强度高，良好的显色性和适宜的色温，各功能用房的照度标准均应符合现行国家标准《建筑照明设计标准》（GB 50034）。

2）评估结论。

根据项目所在地能源供应条件，选择市政热力为项目提供采暖热源，符合国家及地方的法规政策要求；选择电动变制冷剂流量多联空调机组提供建筑夏季空调制冷冷源，符合项目的使用特点；通风系统方案设计满足各功能区的环境需求。

给排水系统充分利用供水压力，采用变频给水系统，在保证安全可靠供水的基础上，降低输送能耗，方案合理可行。

根据不同功能分区特点进行变配电方案及系统设计，优化变压器的经济运行方式，采用有效的功率因数补偿措施，控制供电半径，大容量电动机采用变频调速控制等，可以提高供电质量、有效降低系统损耗（包括线路损耗和变压器损耗）；照明系统合理选择照度标准，选用合适的光源及照明灯具，满足相关标准规范的要求。

（3）主要供用能设备。

本项目供用能设备为变制冷剂流量多联空调机组、变压器、通风设备、给排水设备、电梯及电器设备等。根据设备容量，以多联空调机组（VRV）、变压器为例对供用能设备进行分析评价。

1）多联空调机组。（见表 1 – 21）

表 1 – 21 多联空调机组设备情况表

设备名称	制冷量 kW	输入功率 kW	单位	数量	服务区域
VRV 室外机组	130.0	38.2	台	9	一号教学楼
	123.5	35.4	台	10	二号教学楼
	123.5	35.4	台	7	行政办公楼
	106.5	30.6	台	1	地下部分区域
VRV 室内机组	2.8	0.062	台	1184	

① 选型分析。

根据项目所在地的气候条件及建筑节能设计原则，各功能区间的计算参数选择合理；通过夏季空调负荷计算，计算冷负荷为 3476kW（见表 1 – 22），考虑同时使用率（需用系数）后，初步选择空调制冷设备总制冷量为3376kW，规模容量基本合理。

表 1-22　　　　　　　　　空调冷负荷计算表

功能分区		单位面积冷负荷指标（W/m²）	空调面积（m²）	计算负荷（kW）
一号教学楼	教室	110	4527.00	497.97
	办公	80	3168.00	253.44
	实验室	90	4847.00	436.23
	计算机房	110	976.00	107.36
	小计		13518.00	1295.00
二号教学楼	教室	110	5907.00	649.77
	办公	80	952.00	76.16
	实验室	90	3094.00	278.46
	研究室	80	3091.00	247.28
	小计		13044.00	1251.67
行政办公楼	办公	80	8388.00	671.04
	校史馆	110	792.00	87.12
	会议室	100	590.00	59.00
	小计		9770.00	758.16
地下部分	档案室	70	989.00	69.23
	实验室	80	1275.00	102.00
	小计		2264.00	171.23
合计			38596.00	3476.06

② 能效分析。

制冷设备采用变制冷剂流量多联式空调机组，IPLV 值大于 3.30。

根据《多联式空调（热泵）机组能效限定值及能源效率等级》（GB 21454）表 2（见表 1-23），项目所选设备名义制冷量 CC＞84000，能源效率等级为 2 级，符合节能评价值要求。

表1-23 能源效率等级对应的制冷综合性能系数指标

名义制冷量 CC/（W）	能效等级				
	5	4	3	2	1
CC≤28000	2.80	3.00	3.20	3.40	3.60
28000 < CC≤84000	2.75	2.95	3.15	3.35	3.55
CC > 84000	2.70	2.90	3.10	3.30	3.50

2）变压器。

选用 2 台容量为 2000kVA、SCB11 型节能低损耗低噪音高效率环氧树脂浇铸型干式配电变压器。

① 选型分析。

根据不同区域的功能特点，进行变压器容量估算。本阶段一般住宅、公建等民用建筑项目适用单位指标法，工业项目一般适用需要系数法。采用单位面积指标法估算变压器容量，符合此类项目类型及所处阶段的特点；装置指标选择合理，计算过程正确；根据变压器计算容量选择设备配置，方案合理。

表1-24 变压器安装容量估算表

功能分区	建筑面积（m²）	装置指标（VA/m²）	安装容量（kVA）
行政办公楼	9995	100	1000
一号教学楼	15182	80	1215
二号教学楼	14813	80	1185
地下部分	9990	60	599
合计	49980	/	3999

基本计算公式：$S_{30} = K \cdot N/1000$

式中：S_{30}——计算的视在功率，KV·A；

K——单位指标，V·A/m²；

N——建筑面积，m²。

② 能效分析。

选用 SCB11 型节能低损耗低噪音高效率环氧树脂浇铸型干式配电变压器，短路阻抗 6%，空载损耗 2950W，负载损耗 B（100℃）12950W，F（120℃）13800W，H（145℃）15130W。

变压器的能效等级在《三相配电变压器能效限定值及能效等级》（GB 20052）中有明确规定。采用能效等级更高的变压器供电，可以降低变电损耗，有利于建筑节能。

4. 节能措施

根据项目特点，选择适用可行的节能措施。主要节能措施（有代表性的部分内容）如下：

（1）总图及平面设计。

由于用地较为紧张，故利用校园现有条件，总体布局遵循功能与流线合理、尽最大可能保留绿树、延续校园文脉、创造宜人的校园空间的原则。校园内的树木、植被，可有效阻挡风沙，净化空气，同时起到遮阳、降噪的效果。

（2）建筑热工。

本项目为甲类公共建筑，体形系数 0.38，窗墙比小于 0.4。

外墙：采用 300mm 厚加气混凝土砌块，平均传热系数 $K = 0.57W/（m^2 \cdot K）$。

外窗：采用 LOW – E 中空玻璃塑钢窗，内为 12mm 空气间隔层，外窗平均传热系数热工参数 $K = 2.50W/（m^2 \cdot K）$，外墙玻璃的可见光透射比 ≥ 0.40，遮阳系数为 0.44。外窗气密性等级不低于《建筑外门窗气密、水密、抗风压性能分级及检测方法》（GB/T 7106）规定的 6 级水平。

屋顶：采用 160mm 厚现浇钢筋混凝土屋面板和 80mm 无机发泡保温板，耐火等级为 A 级，平均传热系数 $K = 0.50W/（m^2 \cdot K）$

底面接触室外空气的架空或外挑楼板：外墙出挑构件及附墙部件均贴 100mm 厚复合岩棉板隔热桥，传热系数 $K = 0.5W/（m^2 \cdot K）$。

非采暖空调房间与采暖空调房间的隔墙：200mm 厚加气混凝土砌块，传

133

热系数 K≤1.5［W／（m² · K）］。不采暖空调间与采暖空调间的楼板：在首层楼板下采用轻钢龙骨石膏板吊顶，上铺 30mm 厚岩棉板保温，传热系数 K≤1.5W／（m² · K）。

墙身细部女儿墙、檐口、挑板、线脚、勒脚等均采取断桥保温措施。均贴 60mm 厚复合岩棉板隔热桥，传热系数 K＝0.46W／（m² · K）。

建筑方案及做法等均满足《公共建筑节能设计标准》（DB 11／687）的要求，严格执行。

（3）给排水。

低区采用校园管网直接供水，充分利用校园管网的压力，高区采用变频泵供水，水泵在高效区运行，通过水力计算选择水泵，使水泵运行在高效区。采用内壁光滑且不易锈蚀的管材，同时采用低阻力阀门及管件，减少沿程阻力损失，从而减少水泵扬程，以利节能。

（4）采暖通风。

采暖和空调负荷计算根据规范要求，采用合理的计算方法；二次循环水泵根据供回水压差和回水温度进行变频控制；采暖系统设温控阀，精度控制在 ±2℃；采暖系统供水支管设流量调节阀，回水支管设平衡阀，不平衡率降至 10% 以下；换热站设置气候补偿装置，可根据室外温度调节供水温度，节约能源；室外采暖供回水管道按照相关规定进行外保温；市政热力进入换热站处设置一级热计量仪表，各建筑的热力入口处设置二级热计量仪表；管井、非供暖房间内的管道，均采取保温保护措施，以减少热量损失。

空调系统采用变制冷剂流量多联机系统，变制冷剂流量多联机组选择变频压缩机组，根据负荷变化进行自动控制，满足不同负荷下的调节要求；每个空调房间内单独设置控制面板，可根据实际需求独立调节空调室内机的工作模式和起停；风机盘管配带三速开关及温度控制器，以独立调节控制各房间室温；风机的选型在满足使用参数的条件下，保证工作点位于风机的稳定工况区，且在高效率区域内，风机的单位风量耗功率 Ws≤0.32W／（m³／h）。

（5）电气专业。

1）供配电系统。

通过负荷计算选用正确的装机容量，合理选择变压器的容量和台数，力求使变压器的实际负荷接近设计的最佳负荷，减少设备本身的能源消耗，提高系统整体效率。变电所加强通风降温条件，以控制变压器的工作温度，减少变压器损耗。

变压器选用 SCB11 型节能低损耗低噪音高效率环氧树脂浇铸型干式电力变压器。变压器经常性负载率控制在 70% 左右。变电站深入负荷中心，采用大干线配电的方式，减少线损。大容量电动机采用变频调速控制。合理选择线路路径，供电半径小于 150 米，降低线路损耗，合理选用配电形式，减少配电环节。

功率因数补偿措施采用集中补偿和分散就地补偿相结合的方式，变电所低压侧集中补偿，低压侧功率因数不小于 0.95。采用合理的功率因数补偿及谐波抑制方式减少 UPS 电源、EPS 电源及变频器等电子设备对低压配电系统造成的谐波污染，提高电网质量，降低对自身及上级电网的影响，同时降低自身损耗。

2）照明节能。

选择高效节能型照明产品，降低建筑照明用电量。根据国家现行标准、规范要求，满足不同场所的照度、照明功率密度、视觉要求等规定，在满足照明质量的前提下，选择高光效光源。除适合其使用场所要求的外，选择高效型灯具，其效率不低于 70%，并且灯具反射罩具有较高的反射比。根据不同场所选择合适的照明光源，照明光源除满足特殊使用环境及特殊功能环境要求外，以气体（弧光）放电灯为主。根据不同的应用环境选用稀土三基色高光效的双端（直管型）荧光灯（如 T5 系列）、单端（如：双管、四管、多管、环形、双 D 形）荧光灯、自镇流（紧凑型）荧光灯；金属卤化物灯；显色改进型钠灯。荧光灯采用电子镇流器，使其补偿后的功率因数不小于 0.9。

根据建筑物使用功能及设计标准等具体情况，合理选择照明控制方式，充分利用自然采光，对照明系统进行分散、集中、手动、自动、经济实用、合理有效的控制。

3）电梯。

优化运行模式，采用分时间段控制。当电梯轿厢一段时间内没有接收到任何指令时，关闭轿厢内的照明灯具和风扇。

（6）能源计量。

在项目采暖管线室外接入处设置热计量表，每栋单体建筑热力入口处分别设置热计量表。每路高压电源分别设计量柜，计量柜位于 10kV 变电所。装设有功电度表、无功电度表、峰谷表；低压系统安装动力子表；对有独立计费要求的配电回路，在低压馈电柜的馈出回路设置相应配套的电流互感器、电度表及变送器，并利用集中远传的计算机计费。主要用电设备区域（制冷机房、电梯机房等）设电度计量表计。按照《国家机关办公建筑和大型公共建筑能耗监测系统建设相关技术导则》（建科〔2008〕114）的要求，在适当位置安装计量装置，以加强能源使用管理。选用计量检定机构认可的用电计量装置。所有计量表计的计量范围、参数内容、计量精度等满足规定要求。

（7）运行管理。

制定能源管理制度，落实用能管理责任。对能源主管人员、运行管理及操作人员进行专业节能培训，使之掌握正确的节能理念和实用的节能技术。

5. 能源利用状况核算

对项目中主要用能部位能耗进行核算。包括采暖、空调、照明及用电设备等。

（1）采暖耗热量。

对采暖耗热量进行核算如下：

节能评估核算后，项目年采暖耗热量 16592GJ（见表 1－25），折合 566 吨标准煤。较评估前 13846GJ 增加 2746GJ。能耗增加的主要原因是保证使用功能，优化采暖运行模式，考虑项目特点，假期期间应保证师生活动区域的室内温度，配合以相应的调控措施。

表 1－25 采暖（热力采暖）耗热量核算表

序号	建筑分类		采暖建筑面积 N_i （m^2）	单位面积热负荷 q_h （W/m^2）	设计热负荷 $q_h \cdot N_i$ （kW）	运行天数 A_i （d）	每天小时 T_i （h）	室内计算温度 t_i （℃）	负荷率 $(t_i - t_a)/(t_i - t_{oa})$	年耗热量 Q_h （GJ）
1	教室、办公室	白天	26623	70	1864	125	10	18	0.726	6965
2		夜间	26623	36	958	125	14	8	0.565	3901
3	地上实验室	白天	7941	90	715	125	10	18	0.726	2671
4		夜间	7941	50	397	125	14	8	0.565	1616
5	地下实验室	白天	1275	70	89	125	10	18	0.726	334
6		夜间	1275	40	51	125	14	8	0.565	208
7	楼梯间、卫生间		3436	30	103	125	24	16	0.704	897
	合计		39275		3934					16592

计算公式：$Q_h = 0.0036 \sum q_h \cdot T_i \cdot N_i \cdot A_i \cdot \Psi_i / \eta_1 \eta_2$

η_1——管网效率，取 92%；

η_2——换热效率，取 95%；

Ψ_i——负荷调节系数，$\Psi_i = (t_i - t_a) / (t_i - t_{oa})$；$t_a = -1.6℃$；$t_{oa} = -9℃$；

t_{0a}——室外采暖计算温度；

t_a——采暖期室外平均温度。

项目采暖设计参数按照 GB 50019－2003 选取。

（2）空调耗电量。

对空调制冷耗电量核算如表 1－26 所示：

表 1－26 空调耗电量核算表

序号	设备名称	设备功率 W_{ci} （kW）	使用天数 N_i （d）	使用时间 T_i （h）	负荷系数 ξ_i	年耗电量 Q_c （$10^4 kW \cdot h$）
1	VRV 室外机	343.80	75	10	0.7	18.05
2	VRV 室外机	601.80	75	10	0.7	31.59
3	VRV 室外机	30.60	75	10	0.7	1.61
4	VRV 室内机	73.41	75	10	0.7	3.85

续表

序号	设备名称	设备功率 W_{ci} (kW)	使用天数 N_i (d)	使用时间 T_i (h)	负荷系数 ξ_i	年耗电量 Q_c (10^4kW·h)
5	恒温恒湿室外机	54.00	365	24	0.7	33.11
6	恒温恒湿室外机	32.00	365	24	0.7	19.62
7	恒温恒湿室内机	69.00	365	24	0.7	42.31
	合计	–	–	–	–	150.15

计算公式：$Q_c = \sum W_{ci} \cdot T_i \cdot N_i \cdot \xi_i$

Q_c——项目空调耗电量（kW·h）；

T_i——项目内不同建筑（部位）空调期空调装置每日平均运行小时数（h）；

N_i——项目内不同建筑（部位）空调期天数；

W_{ci}——项目内不同建筑（部位）空调设备功率（kW）；

ξ_i——项目内不同建筑（部位）考虑运行时间的修正系数（负荷系数）。

（3）电气能耗。

1）照明。（见表1-27）

表1-27　　　　　　　　　照明耗电量核算表

区域		功率密度 （W/m²）	面积 （m²）	设备容量 （kW）	运行天数 （d）	每天小时 （h）	需要系数	年平均有功负荷系数	年用电量 （10^4kW·h）
地上	教室及办公室	11	26623	293	251	10	0.6	0.75	33.08
	实验室	11	7941	87	251	10	0.6	0.75	9.87
	电梯间、卫生间	5	3436	17	365	16	0.4	0.75	3.01
	档案室	8	1765	14	251	10	0.7	0.75	1.86
	设备间	7	225	2	365	24	0.5	0.75	0.52
	小计		39990	413					48.33

续表

区域		功率密度（W/m²）	面积（m²）	设备容量（kW）	运行天数（d）	每天小时（h）	需要系数	年平均有功负荷系数	年用电量（10⁴kW·h）
地下	档案室	8	985	8	251	10	0.8	0.75	1.19
	实验室	11	1275	14	251	10	0.8	0.75	2.11
	地下车库	5	5000	25	365	24	0.5	0.75	8.21
	地下设备机房	7	2730	19	365	24	0.6	0.75	7.53
	小计		9990	66					19.04
	合计								67.38

2）其他。

按照能耗计算方法，核算其他能耗。办公等设备年耗电 169 万千瓦时，采暖系统年耗电 4 万千瓦时，通风设备年耗电 82 万千瓦时（其中实验室通风耗电 31 万千瓦时），电梯、电热水器、给水排水年耗电 35 万千瓦时。上述用电设备核算后合计年耗电 290 万千瓦时。

（4）年能源消费量。

6. 能源消费和能效水平

本项目所有设计方案等（包括各专业内容）均满足《公共建筑节能设计标准》（DB 11/687）的要求，并严格执行了标准的强制性条文所规定的数值指标以及其他强制性条文，项目的大部分性能指标优于标准要求，可直接判定为节能公共建筑设计。在按照公建达到 50% 的节能设计标准的基础上，采取各项节能技术措施及管理措施后，可再节约能耗 3%～5%。

项目能耗总量及能耗指标见表 1-28、表 1-29：

表 1-28 项目年能耗情况汇总表

用能种类	用能环节	年能耗实物量		年能耗标煤量（tce）	单位面积年能耗实物量		单位面积年能耗标煤量（kgce/m²）
		单位	数量		单位	数量	
电力	空调制冷	104kW·h	150.15	184.53	kW·h/m²	30.04	3.69
	采暖通风		86.00	105.69		17.21	2.11
	给排水、电梯等		35.00	43.02		7.00	0.86
	办公设备等（插座）		169.00	207.70		33.81	4.16
	照明部分		67.38	82.81		13.48	1.66
	小计		507.53	623.75		101.55	12.48
热力	市政热力	GJ	16592.00	565.79	GJ/m²	0.33	11.32
	小计		16592.00	565.79		0.33	11.32
合计				1189.54			23.80

注：1. 电力按照当量折标计算；

2. 本项目变压器损耗占比较小，忽略不计。

表 1-29 项目能耗指标表

能源消费种类	年实物能耗量		年耗标准煤（tce）	单位面积实物能耗		单位面积年耗标准煤（kgce/m²）
	单位	数量		单位	数量	
电力	10⁴kW·h	508	624	kW·h/m²	98.4	12.48
市政热力	GJ	16592	566	GJ/m²	0.28	11.32
总计	-		1190	-		23.80

项目单位建筑面积年能耗 23.80kgce/m²，当地的同类项目年能耗一般在 25 kgce/m²，在采取了各项节能措施后，项目能耗低于同类项目能耗。单位面积采暖能耗 11.32kgce/m²，占单位面积总能耗的 47.6%，符合此类公共建筑项目的能耗特点。

根据国家"十二五"节能减排规划，公共机构 2010 年单位面积平均能耗 23.9kgce/m^2，2015 年下降到 21kgce/m^2。

本项目中设置了实验室，实验室环境质量要求高于其他区域，其能耗影响项目的整体能效水平；如扣除实验室能耗，则项目单位建筑面积能耗低于 21kgce/m^2。

7. 评估结论

（1）项目符合相关法律法规、政策和标准、规范等的要求；

（2）项目单位建筑面积能耗为 23.80kgce/m^2，低于同类项目能耗；

（3）项目未采用国家明令禁止和淘汰的落后设备，部分设备能效指标达到二级能效水平；

（4）能评阶段未提出相关节能措施。

第二章　节能监察

　　《节能法》于1998年1月1日实施，当年，全国首家节能监察机构——上海市节能监察中心挂牌成立。"十一五"期间，国家把节能工作提高到战略高度，节能目标成为约束性指标，各地为加强节能监察工作，经地方人大法规授权或地方节能主管部门委托，省市级节能监察机构基本建立。"十二五"以来，为加强节能监察机构能力建设，国家累计投入中央预算内专项资金13亿元，带动地方配套资金5亿元，用于购置节能监察仪器设备，机构数量特别是县级节能监察机构得以迅速增加，省、市、县级节能监察体系逐步形成。截至2014年底，全国31个省（自治区、直辖市）均成立了节能监察机构，省级覆盖率100%，市级覆盖率达到90%左右，县级覆盖率接近45%，队伍人数达16000余人。

　　近年来，节能监察机构在贯彻节能法律法规、落实节能措施、提供节能技术服务等方面发挥了重要的支撑作用。但由于缺少明确的法律依据，节能监察机构只能通过地方性法规授权，或接受有关节能管理部门委托开展执法活动，执法职能未能充分发挥。为此，国家发展改革委于2016年1月发布了《节能监察办法》（以下简称《办法》），首次明确了节能监察机构的职责，监察内容、实施和法律责任等。

　　本章根据《办法》，参照浙江、山东、河北等省开展节能监察工作的实践经验，就节能监察的原则、机构和人员要求、工作内容、执法程序、结果处理和文书编制等进行了介绍和讲解，以期规范节能监察工作。

第一节　节能监察相关概念

一、节能监察的定义

节能监察是指依法开展节能监察的机构（以下简称节能监察机构）对能源生产、经营、使用单位和其他相关单位（以下简称被监察单位）执行节能法律、法规、规章和强制性节能标准的情况进行监督检查，对违法违规用能行为予以处理，并提出依法用能、合理用能建议的行为。

节能监察是节能管理的重要组成部分，是保障节能法律、法规和节能标准贯彻落实的重要手段。

二、节能监察的原则

节能监察执法活动应遵循合法、公开、公正、公平的原则。

（1）合法。实施节能监察的依据、主体和程序必须严格遵守法律规定，即节能监察必须在法律、法规、规章等规范性文件规定的范围或权限内，依照行政执法有关程序开展工作。

（2）公开。节能监察应公开以下两类内容：一是节能监察实施机构及其权限、监察内容、依据、方式等，未经公布的不得作为监察依据；二是节能监察的工作程序和监察结果。

（3）公正。节能监察机构及其工作人员应严格按照规范的程序实施节能监察工作，平等对待被监察单位，按照同一标准和尺度做出符合客观实际的判断或处理。

（4）公平。节能监察机构应当本着公平的原则实施节能监察，工作中兼顾被监察单位的权益和社会公共利益，出具处罚决定时应当在依法的同时做到公平合理，避免歧视对待。

三、节能监察的特点

（1）法定性。节能监察的依据、主体和程序是法定的，即节能监察必须在法律、法规、规章及规范性文件规定的范围或权限内开展节能监察工作，查处违法用能行为。

（2）强制性。为了保障节能法律、法规和标准的贯彻实施，被处罚的当事人不主动履行法律责任的情况下，强制执行的措施，即节能监察机构申请法院强制执行。

（3）专业性。节能监察具有较强的专业技术性，要求节能监察人员不仅要熟悉、掌握国家节能法律、法规和节能标准，还应具备所需要的节能管理知识和专业技术能力。

（4）技术性。节能监察的技术性是指依据对被监察单位的工艺和生产设备用能状况、产品能耗指标等监测结果进行分析和评价，找出能源浪费原因，挖掘节能潜力，提出整改措施，为节能监察工作提供准确可靠的依据。

（5）规范性。节能监察执法活动必须依据有关节能法律、法规和节能标准进行，遵守规范的工作程序；对违法用能行为的处理，必须在法律界定的权限内进行。

第二节　节能监察机构和人员

一、节能监察机构

（一）节能监察机构的基本要求

1. 设立要求

节能监察机构应由县级以上人民政府设立。

2. 权限要求

节能监察机构在本行政区域内，按照各自职责范围实施节能监察工作。

3. 经费要求

节能监察活动不得收取任何费用，所需工作经费由同级财政予以保障。

4. 能力要求

节能监察机构应当配备必要的取证仪器和装备，具有从事节能监察所需现场检测取证和合理用能评估等能力。节能监察机构的执法车辆应当喷涂全国统一的节能监察执法标识。

5. 保密要求

节能监察机构应当建立健全相关保密制度，保守被监察单位的技术和商业秘密。

6. 体系要求

国家建立省、市、县三级节能监察体系，上一级节能监察机构应当对下一级节能监察机构的业务进行指导。

（二）　节能监察机构的职责

（1）监督检查被监察单位执行节能法律、法规、规章和强制性节能标准的情况，督促被监察单位依法用能、合理用能，依法处理违法违规行为。

（2）受理对违法违规用能行为的举报和投诉，办理其他行政执法单位移送或者政府有关部门交办的违法违规用能案件。

（3）协助政府节能主管部门和有关部门开展其他节能监督管理工作。

（4）节能法律、法规、规章和其他规范性文件规定的其他工作。

（三）　节能监察机构的权限来源

目前，节能监察机构的执法权限来源主要分为两类：一是通过地方性法规授权执法，二是接受节能主管部门或有关部门委托执法。

1. 授权执法

授权执法是指具有法律、法规授权的管理公共事务职能的组织可以在法定授权范围内实施行政处罚。

目前，部分节能监察机构经授权开展节能监察活动，在授权范围内具有执法主体资格，可依法享有行政权，以自己的名义实施行政行为，并独立承担行政执法行为的法律后果。

2. 委托执法

委托执法是指行政机关在其法定权限内委托符合条件的组织实施行政处罚的行为。委托行政机关对受委托的组织实施行政处罚的行为后果承担法律责任。受委托组织在委托范围内，以委托行政机关名义实施行政处罚；不得再委托其他任何组织或者个人实施行政处罚。受委托组织必须符合以下条件：一是依法成立的管理公共事务的事业组织；二是具有熟悉有关法律、法规、规章和业务的工作人员；三是对违法行为需要进行技术检查或者技术鉴定的，应当有条件组织进行相应的技术检查或者技术鉴定。

目前，部分节能监察机构接受节能主管部门或有关部门的委托，以委托行政机关的名义开展节能监察活动，实施行政处罚。受委托的节能监察机构不能以自己的名义实施处罚，不能承担执法行为的法律后果。

二、节能监察人员

（一）节能监察人员的基本要求

（1）具有较高的思想政治觉悟和良好的道德素养。

（2）熟悉节能法律、法规、规章和标准，了解掌握国家和地方节能方针、政策，并依法取得行政执法资格。

（3）具备满足开展节能监察工作需要的专业素质和业务能力。

（4）定期参加节能监察人员的业务培训。

（二）节能监察人员的权利

1. 履行职务权

节能监察人员有权获得履行节能监察职责的权力和工作条件，如：实施节能监察时，有权进入被监察单位进行检查、现场取证；查阅或复制与监察事项有关的文件、资料、财务账目及其他有关材料；要求被监察单位在规定期限内，就监察人员询问的有关问题如实做出书面答复等。

2. 职务和身份保障权

非因法定事由和非经法定程序，节能监察人员不应被免职、降职、辞退，或者处分。

3. 经济保障权

节能监察人员在物质生活待遇方面享有获得劳动报酬权、享受福利保险权、享受法定休假权、素质发展权，以及宪法和法律规定的其他权益。

4. 申诉权

节能监察人员对节能监察机构和有关政府部门做出的处理不服，或其合法权益受到侵害时，可以依法向有关部门申诉理由，请求重新做出处理。

（三） 节能监察人员的义务

1. 依法履行职务的义务

节能监察人员应依据法律赋予的职责权限和程序开展节能监察工作。

2. 服从命令的义务

节能监察人员应忠于职守、勤勉尽责，服从和执行上级依法做出的决定和命令。

3. 保守秘密的义务

节能监察人员应保守国家秘密和当事人的技术秘密、商业秘密。

4. 遵守社会公德和执行纪律的义务

节能监察人员应遵守社会公德，恪守职业道德，严格执行工作纪律，坚持清正廉洁，遵守法律、法规规定的其他义务。

（四） 节能监察人员的法律责任

节能监察人员滥用职权、玩忽职守、徇私舞弊，有下列情形之一的，由有管理权限的机构依法给予处分；构成犯罪的，依法追究刑事责任。

（1）泄露被监察单位的技术秘密和商业秘密的；

（2）利用职务之便非法谋取利益的；

（3）实施节能监察时向被监察单位收费或者变相收费的；

（4）有其他违法违规行为并造成较为严重后果的。

第三节　节能监察内容及重点

一、节能监察内容

节能监察机构依照授权或者委托，具体实施节能监察工作。节能监察应当包括下列内容：

（一）建立落实节能目标责任制、节能计划、节能管理和技术措施等情况；

（二）落实固定资产投资项目节能评估和审查制度的情况，包括节能评估和审查实施情况、节能审查意见落实情况等；

（三）执行用能设备和生产工艺淘汰制度的情况；

（四）执行强制性节能标准的情况；

（五）执行能源统计、能源利用状况分析和报告制度的情况；

（六）执行设立能源管理岗位、聘任能源管理负责人等有关制度的情况；

（七）执行用能产品能源效率标识制度的情况；

（八）公共机构采购和使用节能产品、设备以及开展能源审计的情况；

（九）从事节能咨询、设计、评估、检测、审计、认证等服务的机构贯彻节能要求、提供信息真实性等情况；

（十）节能法律、法规、规章规定的其他应当实施节能监察的事项。

二、节能监察方式

节能监察分为书面监察和现场监察两种方式。

1. 书面监察

书面监察是指节能监察机构对被监察单位上报或提供的书面或电子文档等有关材料，进行汇总、审查、分析和判断的行为。书面监察程序简明，易于组织，执法成本低，多适用于节能监察的初始阶段和一般资料性监察。

2. 现场监察

现场监察是指节能监察机构根据监察任务需要，前往被监察单位现场查阅材料、查验现场、制作现场监察笔录和调查笔录等核查取证的行为。现场监察是节能监察的主要方式，也是获取现场第一手证明材料，为依法处理违法用能行为提供有力可靠证据的主渠道。大量的监察事实、有效数据和各种笔录的制作均通过这一环节来实现。

三、节能监察重点

（一）用能单位节能监察

1. 固定资产投资项目能评实施和落实情况监察

（1）能评制度实施情况监察。

节能监察机构应对新建、改建、扩建固定资产投资项目的建设单位，是否按照国家规定进行节能评估，并按项目管理权限报节能主管部门审查情况进行监察，到项目建设单位实地核查项目节能评估和审查的相关材料，如达不到相关要求的，应依法责令改正。

（2）节能评估文件和节能审查意见落实情况监察。

节能监察机构可对项目建设单位落实节能评估文件和节能审查意见的情况进行监察，检查是否落实了节能评估文件和节能审查意见中的节能措施，查看相关运行数据，审核项目能源消费量及能耗指标等。节能评估文件和审查意见中如建设项目、建设规模等是否相符，各项节能措施、节能设备是否落实到位，主要生产工艺是否有重大变更，综合能源消费量、能效指标等是否满足能评要求，核验有关"等量置换"、"淘汰落后"、"节能改造"等方案的落实情况等。

对建设单位擅自变更项目建设内容，项目能源消耗总量及能耗指标不符合原设计，产能、工艺、设备不符合审查意见情况，项目严重背离节能评估文件和审查意见的，由相关部门依法予以处理。

固定资产投资项目建设单位开工建设不符合强制性节能标准的项目或者将该项目投入生产，使用的，由节能主管部门责令停止建设或者停止生产、使用，限期改造；不能改造或者逾期不改造的生产性项目，由节能主管部门报请本级人民政府按照国务院规定的权限责令关闭。

2. 落后的高耗能用能产品、设备及生产工艺执行淘汰制度情况监察

（1）企业仍在使用国家和地方明令淘汰的、落后的用能设备和生产工艺的情况。

（2）用能单位落实淘汰和改造计划的情况。

节能监察机构可要求用能单位对本企业贯彻执行淘汰制度情况进行自查自报。根据用能单位自查自报情况，对列入国家和地方淘汰目录的用能产品、设备和生产工艺进行监察。

节能监察机构也可以在日常监察中，对用能单位在用的用能设备、生产工艺等情况实施监察，通过查阅设备台账、现场核查，对使用国家、地方明令淘汰的用能设备或者生产工艺的责令停止使用，由节能主管部门没收明令淘汰的用能设备；情节严重的，可以由节能主管部门提出意见，报请本级人民政府按照国务院规定的权限责令停业整顿或者关闭。

对于企业在用设备，台账中没有记录、设备铭牌不清（残缺、不存在）等情况，先进行拍照、录像等取证程序，同时确定该设备安装地点、生产线等情况，可根据实际情况确定淘汰落后设备。

使用国外进口设备，其型号（规格）在国家目录中没有列为淘汰设备的，可根据设备使用状况及时间长短，慎重淘汰。

3. 建立和执行用能单位节能管理制度情况监察

（1）加强节能管理，建立节能目标责任制，并制订实施节能计划和节能技术措施的情况。

（2）开展节能教育和岗位节能培训的情况。

（3）落实节能奖惩制度的情况。

节能监察机构可采用现场监察的方式，将监察内容分解细化，逐项逐条对用能单位是否贯彻执行国家节能法律、法规、政策、标准，加强节能管理制度建设，将能耗控制纳入管理体系，监控各项能源消耗流程；是否明确节能工作各个环节、岗位目标责任，并根据各个岗位所分解的目标责任进行严

格考核；是否将节能教育和岗位节能培训制度化、经常化；是否制定节能计划和节能技术措施，并予以实施；是否将节能目标的完成情况，纳入各级员工的业绩考核范畴，并安排一定的节能奖励资金，对节能发明创造、节能挖潜革新、节能管理等工作中取得成绩的集体和个人给予奖励等情况实施监察。节能监察机构在监察过程中，应对用能单位上述内容的相关管理文件、工作记录（包括会议纪要）和实施情况，进行现场核查和资料收集。

对不符合《节能法》和有关法律法规、规章制度规定的用能单位，应依法予以纠正。

4. 主要用能设备运行情况监察

（1）用能单位主要用热（供热）设备运行情况，如锅炉、窑炉等。

（2）用能单位主要用电（供电）设备运行的情况，如电机、风机、水泵、空压机、变压器等。

（3）其他用能设备运行的情况，如煤气发生炉、汽轮机等设备。

节能监察机构应对企业主要用能设备台账、运行记录、维护保养记录、是否属淘汰落后高能耗设备等进行监察。同时，可按照国家和省相关节能监测标准，对被监察单位主要用热、用电等用能设备运行情况进行现场监测。根据监测的有关数据，评价用能单位的能源利用状况。

对发现的问题，应要求被监察单位制定整改计划，并进行跟踪检查落实。也可以委托有资质的社会中介机构对用能单位用能设备进行检测或进行能源审计，再结合能源检测、审计情况对用能单位的用能设备运行情况进行判断。

5. 执行单位产品能耗限额及其他强制性节能标准的情况监察

（1）用能单位执行单位产品能耗限额及其他强制性节能标准的情况。

（2）超能耗限额和不符合其他强制性节能标准的用能单位落实整改计划的情况。

节能监察机构应对重点用能单位执行单位产品能耗限额及其他强制性节能标准的情况进行监察，核查能源消耗及合格产品产量，依据标准对相关数据进行现场监测，计算出单位产品能耗值，判断是否超出能耗限额标准。

1）确定适用标准。根据我国标准制定原则，地方标准要严于国家标准，一般执行地方标准。若国家标准颁布晚于地方标准且严于地方标准，要执行国家标准。

2）确定标准边界。一般能耗限额标准都明确了标准的边界，但用能单位的实际情况有较大的差异，如造纸行业，有的用能单位没有自备锅炉，采用外部集中供热、环保设施由工业园区集中处理；而有的企业用锅炉自产蒸汽，自备环保处理设施，这些对用能单位的用能量有较大的差异，得出的单耗数据难以反映用能单位的实际运行状况，应按标准规定的用能边界计算，才能得出符合实际的结论。

3）初步判断企业主要生产工艺、设备情况。一般能耗限额标准的符合率在70%～80%之间，如确定生产工艺、设备、节能措施、用能系统达到同行业平均水平以上，在企业生产正常情况下，可初步判断企业单位产品能耗不会超标。根据用能单位所提供相关数据，计算出企业的单位产品能耗，通常能够达到能耗限额的要求。

4）如果被监察单位主要生产工艺、设备、节能措施、用能系统达不到行业平均水平，通常情况下单位产品能耗有可能超标，这时应对用能单位所提供的用能数据、产品销售、库存等进行严格核查、计算，必要时可对用能单位主要用能设备进行测试，计算出合理的用能量；还可以采用对企业财务状况、用工工资情况等进行复核等方法，计算出企业实际用能量及产品产量。监察过程中的原始数据、计算过程等材料都要用能单位法定代表人或受委托的能源管理负责人签字并有用能单位盖章确认。

5）用能单位超能耗限额的由节能监察机构下达责令改正通知书，责令其改正。整改到期后，节能监察机构进行复查确定是否整改且是否达到能耗限额标准。逾期不整改或没有达到整改要求，情节严重的，可由节能主管部门提出意见，报请本级人民政府按照国务院规定的权限责令停业整顿或者关闭。

6）对企业产品规格、档次有异议的，如造纸企业生产的是特种纸还是普通纸、普通箱板纸是A级还是B级；平板玻璃制造企业生产的是超白玻璃还是普通白玻璃等，可由双方商定交由有相关资质的第三方机构进行确认。

7）对超出能耗限额标准的，除督促企业在规定期限内采取措施，降低能耗外，各省有不同的规定；如《浙江省超能耗限额管理办法》规定，能耗限额超标在100%以内的，按其同期、同类产品的用电量，每千瓦时增收0.1元惩罚性电价，超出能耗限额100%以上部分，每千瓦时增收0.3元惩罚性电价。由省经信委、物价局、电监会联合发文，并在相关网站进行公示，如有异议可向有关部门提出，如没有异议，则委托电网公司代收。

6. 执行能源计量、能源消费统计制度情况监察

（1）用能单位建立落实能源计量管理责任制的情况。

（2）用能单位按国家和地方能源计量标准配置计量器具的情况。

（3）用能单位建立落实能源计量、统计和能源利用状况分析制度的情况。

节能监察机构依据国家相关法规、规章和强制性标准〔如《用能单位能源计量器具配备和管理通则》（GB 17167—2006）〕的要求，对能源计量管理人员责任制及能源计量、统计和分析等制度建设情况；对能源计量器具配备和运行情况进行现场监察。重点是监察进出用能单位、进出主要次级用能单位和主要用能设备的能源计量器具配备、运行状况、现场记录、定期检定情况。对不符合国家和地方标准要求的，应提出整改意见及措施。

被监察单位未按规定配备能源计量器具、配备的计量器具不合格或使用过程达不到要求的，应将监察情况及相关文书移交产品质量监督部门处理，逾期不改正的，处1万元以上5万元以下罚款；被监察单位瞒报、伪造、篡改能源统计资料或编造虚假能源统计数据的，应将监察情况及相关文书移交统计部门依照《中华人民共和国统计法》的规定处理。

7. 能源消费包费制和能源生产经营单位向本单位职工无偿提供情况监察

节能监察机构应对用能单位是否向本单位职工无偿提供能源和是否实行能源消费包费制的情况进行书面和现场监察，对违反规定的，依法予以处理。

通常这些行为都为集中在发电（热电、水电）等能源生产及加工转换

行业的部分企业；还有部分企业集体宿舍、企业内部公寓也有类似情况发生。

无偿向本单位职工提供能源或者对能源消费实行包费制的，由节能主管部门责令限期改正；逾期不改正的，处5万元以上20万元以下罚款。

8. 电力生产和电网企业实施热电联产、利用余热余压发电及并网运行情况监察

（1）电网企业按照国家规定，安排清洁、高效和符合规定的热电联产、利用余热余压发电的机组以及其他符合资源综合利用规定的发电机组与电网并网运行的情况。

（2）执行峰谷分时电价、季节性电价、可中断负荷电价和差别电价政策的情况。

节能监察机构应对上述情况进行书面或现场监察，或根据举报投诉，对企业上网电力结算单据、电力调度指令等相关资料进行收集、汇总并提出监察意见。

对电网企业未按照相关法律、法规要求安排符合规定的热电联产和利用余热余压发电的机组与电网并网运行，或者未执行国家有关上网电价规定的，由国家电力监管机构责令改正；造成发电企业经济损失的，依法承担赔偿责任。

（二）重点用能单位监察

1. 重点用能单位能源利用状况报告制度监察

（1）重点用能单位按时报送能源利用状况报告的情况。

（2）重点用能单位按规定内容填报能源利用状况报告的情况。

节能监察机构可依法对辖区内重点用能单位是否按规定时间报送能源利用状况报告及报告内容的完整性和数据信息的真实性等进行监察，对用能单位总体工艺、主要用能设备状况与能源消耗状况的匹配性进行分析，如企业变压器总容量与用电设备、总用电量之间匹配是否合理、企业锅炉容量与消耗煤炭量的匹配情况等。如发现用能单位综合能耗超出合理用能量，可能出现相关用能设备漏报（瞒报）现象，或产品有漏报等情况；若用能单位综合

能耗小于合理用能量，应考虑企业是否存在用能漏报（瞒报），或产值、销售额等数据错误现象。

对发现的用能单位存在能源管理制度不健全、节能措施不落实、能源利用效率低等现象，节能监察机构应当对存在的问题开展现场监察，组织对重点工序（装备）能耗指标、用能设备能源效率实施现场监测等，核查、验证、分析能源消耗各项指标的统计及核算情况，并下达《责令改正通知书》，责令改正。逾期不改正的或整改没有达到要求的依法予以处理。

2. 重点用能单位执行能源管理岗位设立和能源管理负责人聘任制度情况监察。

（1）重点用能单位设立能源管理岗位，聘任能源管理负责人，并报节能主管部门和有关部门备案的情况。

（2）重点用能单位能源管理负责人履行职责和接受节能培训的情况。

节能监察机构应对重点用能单位设立能源管理岗位情况，对相关人员参加培训并获得证书情况进行现场监察。对聘任的能源管理负责人的发文、备案登记、相关资格、接受节能培训的证明材料及履行职责情况进行现场监察。

重点用能单位未按照《节能法》规定设立能源管理岗位，聘任能源管理负责人，并报节能主管部门和有关部门备案的，由节能主管部门责令改正；拒不改正的，处1万元以上3万元以下罚款。

（三）公共机构及建筑节能监察

1. 公共机构年度节能目标和实施方案制定、落实情况监察

（1）公共机构制定年度节能目标和实施方案的情况。

（2）公共机构完成年度节能目标的情况。

（3）公共机构落实节能改造措施的情况。

节能监察机构可以单独或会同同级机关事务管理局对公共机构进行节能监察，通过查看公共机构的年度节能目标和实施方案，检查其是否结合本单位用能特点和上一年度用能状况，制定年度节能目标和实施方案；是否按规定将年度节能目标和实施方案报本级人民政府管理机关事务工作的机构

备案；是否有针对性地采取节能管理或者节能改造措施，确保节能目标的完成。

　　未制定年度节能目标和实施方案，或者未按照规定将年度节能目标和实施方案备案的，由本级人民政府管理机关事务工作的机构会同有关部门责令限期改正；逾期不改正的，予以通报，并由有关机关对公共机构负责人依法给予处分。

　　2. 公共机构能源消费状况报告报送情况及能源消费计量和监测管理监察

　　（1）公共机构制定年度节能目标和实施方案，加强能源消费计量和监测管理，向本级人民政府管理机关事务工作的机构报送上年度的能源消费状况报告。

　　（2）公共机构应当于每年3月31日前，向本级人民政府管理机关事务工作的机构报送上一年度能源消费状况报告。

　　（3）公共机构应当实行能源消费计量制度，区分用能种类、用能系统实行能源消费分户、分类、分项计量，并对能源消耗状况进行实时监测，及时发现、纠正用能浪费现象。

　　（4）公共机构应当指定专人负责能源消费统计，如实记录能源消费计量原始数据，建立统计台账。

　　节能监察机构可单独或会同同级机关事务管理局依法对辖区内公共机构是否按规定时间报送能源消费状况报告、报告内容的完整性和真实性及节能措施的实施情况等进行节能监察。

　　按照《用能单位能源计量器具配备和管理通则》（GB 17167—2006）的要求，对公共机构应当实行能源消费计量制度，区分不同用能种类、用能系统实行能源消费分户、分类、分项计量进行现场监察，并对能源消耗状况进行实时监测，重点是监察进出用能原始记录及数据、现场记录、定期检定情况。对不符合国家和地方标准要求的，应提出整改意见及措施。

　　公共机构未实行能源消费计量制度，或者未区分用能种类、用能系统实行能源消费分户、分类、分项计量，并对能源消耗状况进行实时监测的；未指定专人负责能源消费统计，或者未如实记录能源消费计量原始数据，建立统计台账的；未按照要求报送上一年度能源消费状况报告的，由本级人民政府管理机关事务工作的机构会同有关部门责令限期改正；逾期不改正的，予以通报，并由有关机关对公共机构负责人依法给予处分。

3. 公共机构用能系统管理情况监察

（1）建立节能运行管理制度和用能系统操作规程的情况。

（2）能源管理岗位设置以及能源管理岗位责任制落实情况。

（3）用能系统、设备节能运行情况。

（4）开展能源审计情况。

节能监察机构可单独或会同同级机关事务管理局，采用书面和现场监察的方式，查阅相关材料，查看公共机构是否建立健全本单位节能运行管理制度和用能系统操作规程；是否设置能源管理岗位，实行能源管理岗位责任制，重点用能系统、设备的操作岗位是否配备专业技术人员；对公共机构提供的能源审计报告内容是否全面真实，是否根据审计结果采取了提高能源利用效率措施等情况进行核查。是否加强用能系统和设备运行调节、维护保养、巡视检查，是否推行低成本、无成本节能措施等。

在现场监察中，还应对公共机构以下情况进行检查。

1）是否减少空调、计算机、复印机等用电设备的待机能耗，及时关闭用电设备。

2）是否对电梯系统实行智能化控制，合理设置电梯开启数量和时间，加强运行调节和维护保养。

3）是否充分利用自然采光，使用高效节能照明灯具，优化照明系统设计，改进电路控制方式，推广应用智能调控装置，严格控制建筑物外部泛光照明以及外部装饰用照明。

4）是否对网络机房、食堂、开水间、锅炉房等部位的用能情况实行重点监测，采取有效措施降低能耗。

5）是否优先选用低能耗、低污染、使用清洁能源的车辆，并严格执行车辆报废制度；是否按照编制和标准配备车辆；是否制定节能驾驶规范，推行单车能耗核算制度；是否按规定用途使用公务车辆。

公共机构违反规定用能造成浪费的，未设立能源管理岗位，或者未在重点用能系统、设备操作岗位配备专业技术人员的，由本级人民政府管理机关事务工作的机构会同有关部门责令限期改正；逾期不改正的，予以通报，并由有关机关对公共机构负责人依法给予处分。

4. 公共建筑室内温度控制监察

（1）是否建立了有关空调室内温度控制的有关制度。

（2）是否严格执行国家有关空调室内温度控制的规定，即"公共建筑夏季室内温度不得低于26℃，冬季室内温度不得高于20℃"，充分利用自然通风，改进空调运行管理。

节能监察机构在监察过程中，应把机关办公楼、宾馆、写字楼、商场、超市等空调使用大户作为监察重点，查阅相关制度文件，查看是否设立专职人员，负责建筑能源管理，包括室内温度监测及空调系统节能运行管理；是否建立完善的室温监控及空调系统节能运行管理制度，对室内温度、空调系统运行的各项参数、空调系统的能耗进行日常监测记录。并依据相关检测标准，对公共建筑室内温度进行现场检测，不符合要求的，责令其改正。

室内温度现场监察应按《公共建筑室内温度控制管理办法》（建科〔2008〕115号）进行，监察合格按建设部"建筑物室内平均温度现场检测和合格判定方法"进行判断。

5. 建筑工程建设、设计、施工和监理单位遵守建筑节能标准情况监察

（1）对建设单位遵守建筑节能标准情况的监察。节能监察机构可采用现场监察的方式，通过现场查阅建设施工合同及相关文件，询问设计单位、施工单位相关人员；查阅竣工验收合格报告，并可要求提供对竣工验收的民用建筑是否符合民用建筑节能强制性标准所涉及的基础资料或报告。

1）查看建设单位是否在建筑活动中使用列入禁止使用目录的技术、工艺、材料和设备。

2）是否按照合同约定采购符合施工图设计文件要求的墙体材料、保温材料、门窗、采暖制冷系统和照明设备的。

3）建设单位是否有明示或者暗示设计单位、施工单位违反民用建设节能强制性标准进行设计、施工。

4）是否有明示或者暗示施工单位使用不符合施工图设计文件要求的墙体材料、保温材料、门窗、采暖制冷系统和照明设备。

5）具备可再生能源利用条件的新建建筑，建设单位是否执行选择合适的可再生能源，用于采暖、制冷、照明和热水供应的情况。

（2）对设计单位遵守建筑节能标准情况的监察。节能监察机构通过对设计院开展现场监察。

1）设计单位是否按照民用建筑节能强制性标准和项目所处气候条件居住建筑节能设计标准进行设计。

2）设计单位是否按照有关可再生能源利用标准进行设计。

3）是否在设计中使用列入禁止使用目录的技术、工艺、材料和设备。

（3）对施工单位遵守建筑节能标准情况的监察。节能监察机构应采用现场监察的方式，在施工现场核查：

1）施工单位是否按照民用建筑节能强制性标准进行施工。

2）对进入施工现场的墙体材料、保温材料、门窗、采暖制冷系统和照明设备进行查验，是否符合施工图设计文件要求。

（4）对工程监理单位遵守建筑节能标准情况的监察。节能监察机构应采用现场监察的方式，在施工现场核查：

1）工程监理单位是否按照民用建筑节能强制性标准进行监理。

2）墙体、屋面的保温工程施工时，监理工程师是否按照工程监理规范的要求，采取旁站、巡视和平行检验等形式实施监理。

建设单位违反建筑节能标准的，由建设主管部门责令改正，处二十万以上五十万以下罚款。

设计、施工、监理单位违反建筑节能标准的，由建设主管部门责令改正，处十万以上五十万以下罚款；情节严重的，由颁发资质证书的部门降低资质等级或吊销资质证书；造成损失的，依法承担赔偿责任。

6. 房地产开发企业履行销售时有关建筑节能信息说明义务情况监察

（1）所售房屋的节能措施、保温工程保修期等信息的明示情况。

（2）所售房屋的节能措施、保温工程保修期等信息的真实性和准确性情况。

节能监察机构通过查验房地产开发企业的商品房买卖合同、住宅质量保证书、住宅使用说明书，确认其是否向购买人明示所售商品房的能源消耗指标、节能措施和保护要求、保温工程保修期等信息的情况，并对其真实性、准确性进行核实。

房地产开发企业在销售房屋时未向购买人明示所售房屋的节能措施、保温工程保修期等信息的，由建设主管部门责令改正，逾期不改正的，处 3 万以上 5 万以下罚款；对以上信息作虚假宣传的，由建设主管部门责令改正，处 5 万以上 20 万以下罚款。

7. 政府采购用能产品、设备的监察

节能监察机构可采用书面和现场监察的方式，查阅公共机构的产品、设备台账，检查是否按照国家有关强制采购或者优先采购的规定，采购列入节能产品、设备政府采购名录和环境标志产品政府采购名录中的产品、设备，并现场查验产品、设备与采购目录是否符合；是否采购国家明令淘汰的用能产品、设备。

公共机构采购用能产品、设备，未优先采购列入节能产品、设备政府采购名录中的产品、设备，或者采购国家明令淘汰的用能产品、设备的，由政府采购监督管理部门给予警告，可以并处罚款；对直接负责的主管人员和其他直接责任人员依法给予处分，并予通报。

（四） 交通运输节能监察

1. 执行老旧交通运输工具报废、更新制度情况监察

（1）交通运输营运单位执行老旧交通运输工具报废、更新制度和国家强制性标准的情况。

（2）清洁燃料、石油替代燃料推广应用的情况。

节能监察机构应对交通运输营运单位执行老旧交通运输工具报废、更新

制度的制定情况进行书面监察，并对实际执行情况进行现场监察。检查是否制定了老旧交通运输工具报废、更新制度，开展老旧车辆提前退出运输市场情况；实际执行中是否按照制度的要求，进行老旧交通运输工具报废和更新。检查工作记录及拆解报废现场等情况；检查清洁燃料、石油替代燃料推广应用的情况，查看工作记录，收集相关资料。

2. 交通运输营运企业执行车船燃料消耗量限值标准情况监察

（1）车船燃料消耗量限值标准的执行情况。

（2）对交通运输营运车船燃料消耗检测和监管情况。

（3）交通运输营运车辆燃料消耗准入检测和监管情况。

节能监察机构应对公路、船舶和轨道等交通运输营运单位执行车船燃料消耗量限值标准的情况进行现场监察，通过现场检测的方式，抽查运营车船的燃料消耗及监管情况，营运车船燃料消耗量准入与退出情况。查看运行状况、现场记录及定期检定报告情况等。

3. 公路建设和运营节能技术推广情况监察

节能监察机构对相关单位改善车船运力和工程机械装备结构，交通运输装备的大型化、专业化和标准化进行监察；对相关单位营运货车平均吨位、营运船舶平均净载重量及推广车船驾驶培训模拟装置进行监察；对相关单位推广应用混合动力、纯电动等节能与新能源车辆、天然气车辆、不停车收费（ETC）、智能交通系统（ITS）、客运车辆等级评定和内河船型标准化工作等进行监察。

对不符合《节约能源法》和地方法规规定及超过国家、行业强制性标准的交通运输营运单位，应依法予以纠正及整改。

（五）用能产品、设备生产和流通过程监察

1. 生产、进口、销售用能产品、设备是否属国家明令淘汰或者符合强制性能源效率标准情况监察

节能监察机构可对用能产品、设备生产经营单位进行书面监察，必要时进行现场监察。通过对照国家淘汰产品、设备目录，对用能产品、设备进行核实。发现应淘汰的或不符合节能标准等违法事实的，移送产品质量监督部

门或工商行政管理部门处理。

2. 生产者和进口商对列入国家能源效率标识管理产品目录的用能产品标注能源效率标识的情况监察

节能监察机构应掌握能效标识的备案信息，对列入国家能源效率管理产品目录的用能产品的生产、销售单位标注能效标识情况进行现场监察。现场监察可通过查看能源效率检测报告、设备型号规格、能耗数据、使用日期、是否与标识相符合等内容确定其是否违法，对违法行为处罚如下：

（1）生产者或进口商应当标注统一的能源效率标识而未标注的，由节能管理部门或者产品质量监督部门责令限期改正，逾期未改正的予以通报。

（2）未办理能源效率标识备案的，或者应当办理变更手续而未办理的；使用的能源效率标识的样式和规格不符合规定要求的，由节能管理部门或者产品质量监督部门责令限期改正和停止使用能源效率标识；情节严重的，由产品质量监督部门处1万元以下罚款。

（3）伪造、冒用、隐匿能源效率标识以及利用能源效率标识做虚假宣传、误导消费者的，由产品质量监督部门依照《中华人民共和国节约能源法》和《中华人民共和国产品质量法》以及其他法律法规的规定予以处罚。

（4）生产、进口、销售不符合强制性能源效率标准的用能产品、设备的，由产品质量监督部门责令停止生产、进口、销售，没收违法生产、进口、销售的用能产品、设备和违法所得，并处违法所得1倍以上5倍以下罚款；情节严重的，由工商行政管理部门吊销营业执照。

3. 用能产品使用节能产品认证标志情况监察

节能监察机构应掌握公示的节能产品认证信息，对用能产品或者包装物使用节能产品认证标志情况进行现场监察，尤其是产品的型号、规格是否与认证证书一致。

伪造或者冒用节能产品认证标志的，由产品质量监督部门责令改正，没收违法生产、销售的产品，并处违法生产、销售产品货值金额等值以下的罚款；有违法所得的，并处没收违法所得；情节严重的，吊销营业执照。

产品质量检验机构、认证机构伪造检验结果或者出具虚假证明的，责令改正，对单位处 5 万元以上 10 万元以下的罚款，对直接负责的主管人员和其他直接责任人员处 1 万元以上 5 万元以下的罚款；有违法所得的，并处没收违法所得；情节严重的，取消其检验资格、认证资格；构成犯罪的，依法追究刑事责任。

（六） 节能服务机构节能监察

对节能服务机构节能监察关键在于监察节能咨询、设计、评估、检测、审计、认证等服务的机构所提供信息的真实性和准确性。节能监察机构对咨询、设计、评估、检测、审计报告的监察，可以通过查阅节能服务机构有关项目清单和业务记录，抽查节能服务机构制作的项目可行性研究报告、方案设计、节能评估报告、检验测试报告、鉴定结论、审计报告、证明文件及其依据的基础信息等资料，检查节能服务机构是否存在伪造数据，是否按国家或地方有关技术标准和规定进行检测、计算处理所采集的数据；是否隐瞒真实结果和重大遗漏的，出具虚假检验测试报告、鉴定结论、评估报告或证明文件的行为。

从事节能咨询、设计、评估、检测、审计、认证等服务的机构提供虚假信息的，由节能主管部门责令改正，没收违法所得，并处 5 万元以上 10 万元以下罚款。

第四节　节能监察执法程序

节能监察执法程序是节能监察的实际操作阶段，也是体现节能监察质量和效果的关键阶段。本章重点介绍节能监察任务来源、节能监察准备和节能监察实施等。

一、节能监察任务来源

节能监察任务主要来源于监察计划、上级交办、投诉举报和接受移送等渠道。

（1）监察计划。节能监察计划是节能监察任务的主要来源。节能监察机构应根据国家节能法律、法规、规章及标准的要求，并结合本地实际情况，编制节能监察计划并组织实施。节能监察计划及实施情况应当报同级节能主管部门审核，并报上一级节能监察机构备案。

（2）上级交办。节能主管部门和上级节能监察机构交办的监察任务，是节能监察机构开展节能监察工作的重要来源。节能监察机构应根据节能主管部门和上级节能监察机构交办的监察任务和具体要求，研究制定监察方案并组织实施。监察结束后，节能监察机构应及时将监察情况上报交办部门或机构。

（3）投诉举报。单位或个人对违反节能法律、法规、规章和标准的行为向节能监察机构进行的投诉举报，是监察任务来源的重要组成部分。节能监察机构接到投诉举报后，应按投诉举报案件办理程序，填写《投诉举报登记表》，并对投诉举报情况进行调查、核实。属于职权范围内的，应予受理并进行监察，并将监察结果向投诉举报单位或个人反馈；不属于职权范围内的，应向投诉举报单位或个人告知不受理的理由。

（4）接收移送。节能监察机构对其他执法单位移送的违法用能事件，应当审查其是否属于受理范围。如果属于，应当办理接收手续，并将处理结果函告移送单位。不予接收移送的，应书面通知移送单位并说明理由，连同案件材料一并退回移送单位。

二、节能监察准备阶段

（一）制定实施方案

节能监察机构根据节能监察任务来源，依据相关节能法律、法规、规章和标准等规定，结合实际情况，制定节能监察实施方案。实施方案应明确监察的目的、对象、方式、内容、时间和工作要求以及特殊情况的处理。实施方案应详细具体，具有可操作性，便于组织实施和落实。

一是节能监察任务总体实施方案，如2015年监察主要方向（5000吨以上的、有限额的、万家企业节能低碳实施方案所涉及企业、锅炉生产制造和使用等），对这些企业的时间安排、具体内容、需要准备的资料等；二是对具体企业的工作方案，如了解是什么类型的企业（如果是化工，是否有易燃易爆场所，要进行安全准备，同时针对检查是否有YB系列的电动机），什么时间建厂的，这样对设备的基本情况有大概的了解，如果是2003年之后建厂或者改造的，使用明令淘汰设备的就会很少，反之就应进行重点监察。如果是20世纪80年代建厂的，使用明令淘汰的变压器和电动机都有可能，特别是机械厂机床内电动机要特别注意；是否涉及能耗限额超标，如果有涉及安排的时间就要长一点，计算过程可能会长一些；如果有锅炉和其他供热系统，应注意锅炉的能耗、管道的保温等，特别是锅炉的辅机（如上水泵是否GC泵）等。

（二）组成监察小组

实施节能监察前，应明确相关监察人员，组成不少于两人的监察小组，且必须持有效行政执法证件。如需要进行采样或现场检测，监察人员可以会同法定检验测试或评价机构的人员共同进行，也可以邀请有关技术人员参加。

节能监察实行组长负责制，组长对节能监察全过程负责。节能监察组长一般由节能监察机构指定，组长与成员名单，应与监察其他事项一并载明于《节能监察通知书》。聘请社会中介机构及其他单位工作人员作为专家协助实施节能监察的，应由节能监察机构的节能监察人员担任负责人。

（三）填写监察申请

节能监察人员实施监察前，应事先填报《节能监察登记表》，然后由监察人员所在部门负责人审核和节能监察机构负责人批准。节能监察人员名单，应与节能监察其他事项一并载明于《节能监察登记表》。

对影响面较大的监察行动，由节能监察部门拟定计划，明确目的、对象、时间、地点、出动人次、人员分工、协同单位及人员、采取的方法等，报节能监察机构负责人批准后组织实施。

（四） 制作送达通知

为了提高监察效率，除应急性执法监察外，一般提前5个工作日，以《节能监察通知书》形式，将节能监察的时间、内容、方式和要求被监察单位配合的事项，书面通知被监察单位。

《节能监察通知书》可以传真、电子邮件、邮寄或直接送达等方式送达被监察单位，节能监察人员在传真、电子邮件或邮寄送达后，可以通过电话方式与被监察单位予以确认。

（五） 进行监察准备

（1）召开预备会议。研究熟悉有关资料，如节能监察实施方案、领导批示、上级文件、投诉或举报材料以及相关单位移送的资料等；明确节能监察的目的、依据、程序、范围及监察工作纪律和要求。

（2）熟悉法规、标准。熟悉相关法律、法规、规章和规范性文件，查阅相关技术标准，明确监察的主要内容。

（3）准备执法文书。要提前准备好《节能监察通知书》、《节能监察现场告知书》、《送达回证》、《现场监察笔录》、《调查（询问）笔录》等常用执法文书（包括电子版）。

（4）仪器设备携带。现场监察时应根据需要携带笔记本电脑、便携式打印机、照相机、录像机和录音笔等现场取证设备以及针对不同监察内容所必备的技术检测设备。

三、节能监察实施阶段

节能监察主要有书面监察、现场监察等方式，对被监察单位依法实施监察，并对书面材料、现场实际状况、有关的技术数据和能耗指标进行查验。在实施节能监察过程中，根据不同的监察对象和监察内容，可以采取不同的监察方式，也可以几种监察方式并用。

（一）书面监察

1. 程序要求

（1）通知。实施书面监察，应当将实施监察的依据、内容、时间和要求书面通知被监察单位，要求被监察单位如实提供相关的书面或电子文档资料并加盖公章。

（2）审查。收到被监察单位报送的材料后，节能监察机构应当在20个工作日内对被监察单位报送材料的完整性、真实性，以及符合节能法律、法规、规章和强制性节能标准等的情况进行审查。

（3）补充完善。被监察单位所报材料信息不完整的，节能监察机构要求被监察单位在5个工作日内补充完善，有关法律、法规和规章另有规定的除外。

（4）处理。发现被监察单位可能存在违法违规或者不合理用能行为的，或涉嫌隐瞒事实真相及伪造、隐匿、篡改有关资料的，应按照法律程序实施现场监察。

2. 被监察单位的义务和权利

（1）义务。被监察单位应当配合节能监察人员依法实施节能监察，按照节能监察机构书面通知要求如实报送材料，所报材料信息不完整的，应按照节能监察机构要求补充完善。

（2）权利。节能监察机构实施节能监察有违法违规行为的，被监察单位有权拒绝，并可以向本级人民政府管理节能监察机构的部门或者上一级节能监察机构投诉。

（二）现场监察

1. 需实施现场监察的情形

节能监察机构遇到下列情形时应实施现场监察：

（1）节能监察计划规定应当进行现场监察的；

（2）书面监察发现涉嫌违法违规的；

（3）需要对被监察单位的能源利用状况进行现场监测的；

（4）需要现场确认被监察单位落实责令改正通知书要求的；

（5）被监察单位主要耗能设备、生产工艺或者能源利用状况发生重大变化影响节能的；

（6）对举报、投诉内容需要现场核实的；

（7）应当实施现场节能监察的其他情形。

2．程序要求

现场监察一般分为以下步骤：

（1）提前通知被监察单位。

实施现场监察，应当于实施监察的五日前将监察的依据、内容、时间和要求书面通知被监察单位。办理涉嫌违法违规案件、举报投诉和应当以抽查方式实施的节能监察除外。

（2）召开首次会议。

首次会议由节能监察组长主持，指定一名监察人员负责记录。要求被监察单位参加会议的人员通常有：单位负责人或其委托的人员、能源管理负责人及其他有关人员。

现场节能监察当有两名以上节能监察人员，并出示有效的行政执法证件，表明身份。节能监察组长应重申此次节能监察工作的任务、依据、目的、内容、方式及被监察单位需配合的事项等。

节能监察人员应向被监察单位宣读《节能监察现场告知书》，做出公开承诺，接受被监察单位的监督。内容主要包括：公正执法，确保各项证据客观公正、真实有效；节能监察不收取费用；回避要求；监察人员自律要求；保守被监察单位技术秘密和商业秘密。

被监察单位围绕监察内容简要介绍情况，并提供监察所需的相关材料。

（3）查阅有关材料。

节能监察人员根据监察任务要求查阅或复制被监察单位与监察事项有关的文件、资料、设备台账、财务账目及其他有关的材料，在查阅过程中，被监察单位相关人员应做好配合，并对监察人员提出的问题如实做出口头或书面答复。发现问题应进行核实并记录，必要时进行现场查验。

（4）进行现场查验。

节能监察人员查阅相关资料后，应当进行现场查验，对被监察单位提供的材料与现场实际情况进行确认核准。查验现场时，可要求被监察单位有关人员做好配合工作。如发现涉嫌违反有关节能法律法规、规章和标准的事实，应当采用调查询问、照相、录像、录音等手段进行现场资料收集。现场资料收集时要做到认真、细致、全面。收集资料应合法、客观、全面。与监察内容有关的汇报材料、工艺设备台账、视听资料、被调查人陈述、检验（检定）或鉴定结果等材料，均应收集。现场收集的资料应妥善保管，对于不易携带的资料等可以复印，复印件要有提供者的签字或押印，注明其与原件相符。对不采取保全措施，事后可能灭失的资料，应实施登记保存或封存。

（5）制作《现场监察笔录》。

《现场监察笔录》是节能监察机构用于记载现场监察情况的重要文书。监察笔录和询问笔录应当如实记录实施节能监察的时间、地点、内容、参加人员、现场监察和询问的实际情况，并由节能监察人员和被监察单位的法定代表人或者其委托人、被询问人确认并签名；拒绝签名的，应当由两名以上节能监察人员在监察笔录或者询问笔录中如实注明，不影响监察结果的认定。

（6）制作《调查（询问）笔录》。

现场监察中，如发现被监察单位存在明显的节能违法行为和事实以及其他需要核实的情况，节能监察人员应在做好《现场监察笔录》的同时，采用一问一答的形式，专门对被监察单位有关人员展开调查和询问，并制作《调查（询问）笔录》。现场调查时应有两名以上节能监察人员实施，应主动向被调查人出示有效的行政执法证，实施告知，并记入《调查（询问）笔录》。调查询问时被监察单位人员应密切配合，需对多人进行调查询问时应分别进行。必要时，可对当事人或有关人员进行多次调查询问。笔录必须有被调查（询问）人的阅后意见，并签名或盖章。

（7）召开末次会议。

节能监察组长主持召开末次会议，通报监察情况，经被监察单位确认后，双方有关人员在《现场监察笔录》上签字，由节能监察人员带回，现场监察结束。

3. 被监察单位的义务和权利

（1）义务。被监察单位应当配合节能监察人员依法实施节能监察，配合现场监察工作。收到责令改正通知书后，应当按照要求进行整改。

（2）权利。节能监察机构实施节能监察有违法违规行为的，被监察单位有权拒绝，并可以向本级人民政府管理节能监察机构的部门或者上一级节能监察机构投诉。

（三）现场检测的实施

现场检测是现场监察的技术表现形式。

现场检测是指节能监察机构依据国家、省有关节能标准、检测方法和评价指标，结合监察内容的需要，利用仪器设备，采用技术手段，对被监察单位的工艺装备、用能设备和能源消耗指标等，进行现场测试、计算和分析判断，获取有关技术数据的行为。

现场监察中发现主要用能设备和工艺管理制度不落实、设备状况差而且浪费能源，需要实施检测的，节能监察机构应依据标准规定的检测方法，对用能产品、设备和工艺的能源消耗指标实施检测、评价。

实施现场检测一般分为前期准备、测点布置、数据测试和编制报告四个步骤。

前期准备。现场检测前，应依据检测项目，熟悉有关检测标准；根据检测项目制定检测方案，准备所需的仪器和设备；通知被检测单位，做好检测的配合和准备工作等。

测点布置。进入被检测单位后，根据检测项目和有关标准要求，选择仪器的安装位置；按照仪器的使用要求，安装仪器，并保证其正常工作。

数据测试。在正常生产工况下，按照检测标准要求，做好数据记录和保存，检测人员在原始记录上签字。燃料理化分析项目完成现场采样缩制后，应流转到实验室内完成。

编制报告。根据现场测取的检测数据，按照数据处理的规定和要求，对相关的指标进行计算、核对，编制检测报告。经审核签字后，与其他监察资料一并存档。

必须注意的是，进行现场测试时，测试人员必须是经过培训、持证上岗的人员，仪器设备必须使用经有计量鉴（检）定资质单位鉴（检）定并在有效期内的计量检测器具。

拥有现场检测能力的节能监察机构可以依据国家、地方有关节能标准、检测方法和评价指标直接进行现场检测。节能监察机构也可以委托有资质的检验测试机构实施现场检测，委托时必须核查测试人员的上岗证书，实施检验测试机构资质证书及计量认证合格证书等相关材料。

被监察单位对节能监察机构进行现场检测（评价）结论有异议的，可向同级节能主管部门或上级节能监察机构申请鉴定或确认；被监察单位对有资质的检验测试机构的检测（评价）结论有异议的，可向委托检测的节能监察机构申请鉴定或确认。对被监察单位提出的异议，受理机构一般采取组织专家对异议进行鉴定或确认。认为需要重新检测的，一般不委托原检验测试机构检测。应与被监察单位约定，经重新鉴定、确认未改变原检测（评价）结论的，发生的鉴定、确认费用由被监察单位承担。现场检测项目及标准如表2-1所示：

表2-1　　　　　　　　　　现场检测项目及标准一览表

序号	项目名称	标准号	标准名称
1	煤炭		
（1）	全水分	GB/T 211—2007	煤中全水分的测定方法
（2）	水分	GB/T 212—2008 GB/T 30732—2014	煤的工业分析方法 煤的工业分析方法（仪器法）
（3）	灰分	GB/T 212—2008 GB/T 30732—2014	煤的工业分析方法 煤的工业分析方法（仪器法）
（4）	挥发分	GB/T 212—2008 GB/T 30732—2014	煤的工业分析方法 煤的工业分析方法（仪器法）
（5）	固定碳	GB/T 212—2008 GB/T 30732—2014	煤的工业分析方法 煤的工业分析方法（仪器法）

续表

序号	项目名称	标准号	标准名称
（6）	碳	GB/T 476—2008	煤中碳和氢的测定方法
		GB/T 30733—2014	煤中碳氢氮的测定（仪器法）
（7）	氢	GB/T 476—2008	煤中碳和氢的测定方法
		GB/T 30733—2014	煤中碳氢氮的测定（仪器法）
（8）	氮	GB/T 19227—2008	煤中氮的测定方法
		GB/T 30733—2014	煤中碳氢氮的测定（仪器法）
（9）	发热量	GB/T 213—2008	煤的发热量测定方法
（10）	全硫	GB/T 214—2007	煤中全硫的测定方法
		GB/T 25214—2010	煤中全硫测定（红外光谱法）
（11）	烟煤粘结指数	GB/T 5447—2014	烟煤粘结指数测定方法
（12）	采取	GB 475—2008	商品煤样人工采取方法
（13）	制备	GB 474—2008	煤样的制备方法
2	企业能量平衡		
（1）	热平衡	GB/T 3486—1993	评价企业合理用热技术导则
		GB/T 3484—2009	企业能量平衡通则
		GB/T 2587—2009	用热设备能量平衡通则
		GB/T 2588—2000	设备热效率计算通则
		GB/T 2589—2008	综合能耗计算通则
（2）	电平衡	GB/T 3484—2009	企业能量平衡通则
		GB/T 2589—2008	综合能耗计算通则
		GB/T 8222—2008	用电设备电能平衡通则
		GB/T 3485—1998	评价企业合理用电技术导则
（3）	水平衡	GB/T 7119—2006	节水型企业评价导则
		GB/T 2589—2008	综合能耗计算通则
		GB/T 12452—2008	企业水平衡测试通则

续表

序号	项目名称	标准号	标准名称
3		通用电器设备	
（1）	企业日负荷率	GB/T 15316—2009	节能监测技术通则
		GB/T 3485—1998	评价企业合理用电技术导则
		GB/T 16664—1996	企业供配电系统节能监测方法
（2）	企业用电系统功率因数	GB/T 16664—1996	企业供配电系统节能监测方法
（3）	企业线损率	GB/T 16664—1996	企业供配电系统节能监测方法
（4）	变压器负载率	GB/T 13462—2008	电力变压器经济运行
（5）	变压器运行效率	GB/T 13462—2008	电力变压器经济运行
（6）	设备功率因数	GB/T 16664—1996	企业供配电系统节能监测方法
（7）	整流装置效率	GB/T 3485—1998	评价企业合理用电技术导则
（8）	电动机负载率	GB/T 12497—2006	三相异步电动机经济运行
（9）	电动机综合运行效率	GB/T 12497—2006	三相异步电动机经济运行
（10）	照明	GB/T 18204.2—2000	公共场所照度测定方法
4		风机机组	
（1）	风机机组运行效率	GB/T 15913—2009	风机机组与管网系统节能监测方法
（2）	风机机组电能利用率	GB/T 13466—2006 GB/T 13467—2013 GB/T 3485—1998	交流电气传动风机（泵类、空气压缩机）系统经济运行通则通风机系统电能平衡测试与计算方法评价企业合理用电技术导则
5		泵机组	
（1）	泵机组运行效率	GB/T 3485—1998	评价企业合理用电技术导则
（2）	泵机组电能利用率	GB/T 13468—2013	泵类液体输送系统电能平衡测试与计算
（3）	泵机组液体输送系统效率	GB/T 13469—2008 GB/T 16666—2012	离心泵混流泵轴流泵与旋涡泵系统经济运行泵类液体输送系统节能监测

续表

序号	项目名称	标准号	标准名称
6	工业电热设备		
(1)	空载升温时间	GB/T 10066—20041	电热设备的试验方法
(2)	表面温升	GB/T 15911—1995	工业电热设备节能监测方法
(3)	空载损耗	GB/T 3485—1998	评价企业合理用电技术导则
(4)	电能利用率	GB/T 15318—2010	热处理电炉节能监测
(5)	生产率（熔化率）	GB/T 10201—2008	热处理合理用电导则
(6)	积蓄热	GB/T 10201—2008	热处理合理用电导则
7	电站锅炉		
(1)	热效率	GB/T 15316—2009	节能监测技术通则
(2)	负荷率	GB/T 3486—1993	评价企业合理用热技术导则
(3)	空气过剩系数	GB/T 10184—1998	电站锅炉性能试验规程
8	工业锅炉		
(1)	正、反平衡热效率	GB/T 3486—1993	评价企业合理用热技术导则
(2)	负荷率	GB/T 10180—2003	工业锅炉热工性能试验规程
(3)	排烟温度	GB/T 15316—2009	节能监测技术通则
(4)	排烟处空气过剩系数	GB/T 15317—2009	燃煤锅炉节能监测
(5)	灰渣可燃物含量	GB/T 17954—2007	工业锅炉经济运行
(6)	炉体外表面温度		
(7)	排污率		
(8)	冷凝水回收率		
(9)	蒸汽湿度		
9	生活锅炉		
(1)	正、反平衡热效率	GB/T 3486—1993	评价企业合理用热技术导则
(2)	排烟温度	GB/T 10820—2011	生活锅炉热效率及热工试验方法
(3)	排烟处空气过剩系数	GB/T 18292—2009	生活锅炉经济运行
(4)	灰渣可燃物含量		

续表

序号	项目名称	标准号	标准名称
（5）	炉体外表面温度		
10	水泥立窑		
（1）	热效率	GB/T 3486—1993	评价企业合理用热技术导则
（2）	排烟温度	GB/T 15316—2009	节能监测技术通则
（3）	空气过剩系数	JC/T 731—2009	机械化水泥立窑热工测量方法
（4）	炉体外表面温度		
（5）	生产率	JC/T 732—2009	机械化水泥立窑热工计算
（6）	余热回收率		
11	水泥回转窑		
（1）	热效率	GB/T 3486—1993	评价企业合理用热技术导则
（2）	排烟温度	GB/T 15316—2009	节能监测技术通则
（3）	空气过剩系数	JC/T 793—2007	隧道式干燥室—轮窑体系热效率、单位热耗、单位耗煤计算方法
（4）	炉体外表面温度		
（5）	生产率		
（6）	余热回收率		
12	玻璃熔窑		
（1）	热效率	GB/T 3486—1993	评价企业合理用热技术导则
（2）	排烟温度	GB/T 15316—2009	节能监测技术通则
（3）	空气过剩系数	GB/T 15319—1994	火焰加热炉节能监测方法
（4）	炉体外表面温度	JC/T 488—1992	玻璃池窑热平衡测定与计算方法
（5）	余热回收率		
（6）	生产率		
（7）	可比单耗		
13	隧道窑		
（1）	热效率	GB/T 3486—1993	评价企业合理用热技术导则

续表

序号	项目名称	标准号	标准名称
（2）	排烟温度	GB/T 15316—2009	节能监测技术通则
（3）	空气过剩系数	JC/T 793—2007	隧道式干燥室—轮窑体系热效率、单位热耗、单位耗煤计算方法
（4）	炉体外表面温度		
（5）	生产率		
（6）	余热回收率		
（7）	可比单耗		
14	加热炉		
（1）	热效率	GB/T 3486—1993	评价企业合理用热技术导则
（2）	排烟温度	GB/T 15316—2009	节能监测技术通则
（3）	空气过剩系数	GB/T 13338—1991	工业燃料炉热平衡测定与计算基本规则
（4）	炉体外表面温度		
（5）	生产率	GB/T 15319—1994	火焰加热炉节能监测方法
（6）	余热回收率		
（7）	可比单耗		
15	用汽设备		
（1）	设备热效率	GB/T 2587—2009	用能设备能量平衡通则
（2）	表面温度	GB/T 2588—2000	设备热效率计算通则
（3）	表面散热损失	GB/T 15914—1995	蒸汽加热设备节能监测方法
（4）	疏水温度	GB/T 4272—2008	设备及管道绝热技术通则
（5）	乏汽温度		
（6）	溢流水温度		
（7）	回流比偏差		
（8）	排汽温度		
（9）	传热系数		

（四）　联合执法的实施

《中华人民共和国节约能源法》第十条第二款规定：县级以上地方各级人民政府节能主管部门，负责本行政区域内的节能监督管理工作。县级以上地方各级人民政府有关部门在各自的职责范围内负责节能监督管理工作，并接受同级节能主管部门的指导。

为了推动节能法律、法规的贯彻实施，提高执法效能，形成执法合力，作为节能主管部门直属的节能监察机构，可以依法会同同级住建、交通运输、质监、机关事务管理等有关部门的执法机构，就节能法规专门条款开展联合执法。

联合执法可以以双方（或双方以上单位）共同的名义实施，需要进一步实施行政处罚的，应由具有行政处罚主体资格的机构实施，避免对同一违法事实分别做出重复的行政行为。

第五节　节能监察结果处理

节能监察结果处理是节能监察过程中的重要环节，是节能监察机构根据现场监察的情况和相关检测结果，分析判定被监察单位是否存在不合理或违法用能行为，并做出相应处理的一系列执法活动。本节重点介绍责令改正、行政处罚、行政复议与行政诉讼以及节能监察案卷归档等内容。

一、责令改正

（一）　责令改正情形

节能监察机构在监察过程中发现被监察单位有违法违规或者不合理用能行为的，依法应当责令被监察单位限期改正的，应下达《责令改正通知书》。该执法文书内容应包括被监察单位的全称、联系地址、法定代表人信息、违法用能行为、违法依据、整改期限；节能监察机构的联系地址、联系方式、单位公章及签发日期等。

被监察单位有不合理用能行为,但尚未违法违规的,应当下达《节能监察建议书》,提出节能建议或节能措施,要求被监察单位进行改进,并进行跟踪检查并督促落实。

被监察单位的整改期限一般不超过 6 个月。对被监察单位的违法违规行为,节能监察机构无处罚权限的,应当依法移交有处罚权限的部门。

(二) 责令改正程序

节能监察机构根据《节能监察报告》等相关资料,对违法或不合理用能行为的,制作《责令改正通知书》或《节能监察建议书》,经审核批准后,于节能监察活动结束后 15 日内送达被监察单位,并准确填写《送达回证》,办理送达手续。

被监察单位对责令改正通知书有异议的,可以在收到上述法律文书之日起 15 日内,以书面形式向本级人民政府管理节能监察机构的部门或者上一级节能监察机构申请复核,对复核结论仍有异议的,可依法申请行政复议或者提起行政诉讼(是否不经复核直接行政复议或诉讼)。

节能监察机构应对被监察单位整改落实情况进行复查达到整改要求的,监察人员填写《结案审批表》,经批准后,予以结案,监察人员整理执法文书和相关资料进行案卷归档。被监察单位未按期整改或者未达到整改要求,仍存在违法用能行为的,进入行政处罚程序。

如确需延长整改期限的,被监察单位应当在期限届满 15 日前以书面形式向实施节能监察的机构提出延期申请,延期不得超过 3 个月。节能监察机构应当自收到申请之日起 5 个工作日内做出决定。

二、节能行政处罚

节能行政处罚是指节能主管部门或节能监察机构依照法定权限和程序对违反节能法律、法规、规章和强制性标准的,给予行政制裁的具体行政行为。在节能行政处罚中,应坚持教育与处罚相结合的原则,对严重违反节能法律、法规,又拒不整改的单位,应依法实施行政处罚。

（一） 节能行政处罚原则

1. 处罚法定原则

（1）节能行政处罚的依据法定化。被监察单位的行为只有在节能法律、法规或规章明确规定是违法行为并需要给予相应处罚时，才可以予以行政处罚。

（2）节能行政处罚的实施主体法定化。节能行政处罚的实施主体是由法律规定，或者依法授权的，其他组织或个人均不具备这种资格。

（3）节能行政处罚的程序法定化。《行政处罚法》着重强调程序公正优先，应牢固树立程序违法处罚无效的意识。

2. 公正、公开原则

（1）节能行政处罚规定必须公开，未公开的规定，不得作为处罚的依据。

（2）做到过罚相当，实施的行政处罚必须与违法行为的事实、性质、情节及危害程度大体相当。

3. 处罚与教育相结合的原则

节能行政处罚所追求的不仅是"惩"已然违法行为，还要"戒"未然违法行为。通过对违法单位的行政处罚达到宣传教育的目的，使其自觉遵守节能法律、法规及相关规定。

4. 保护当事人的合法权益原则

为保障当事人合法权益不受行政机关肆意侵犯，行政处罚法赋予当事人在行政处罚中享有以下权利：

（1）申辩、质证和听证权；

（2）申请行政复议和提出行政诉讼的权利；

（3）要求赔偿的权利。

（二） 节能行政处罚种类

（1）警告。

（2）罚款。

（3）没收违法所得、非法财物。

（4）责令停产整顿或关闭。

（5）节能法律、法规规定的其他行政处罚。

（三） 节能行政处罚程序

1. 立案

立案是指节能监察机构对决定进行行政处罚的被监察单位，依法交付调查处理的内部执法程序。立案查处的案件，必须具备以下四个条件：

（1）有明确的当事人；

（2）有明确的违反节能法律、法规和规章的事实；

（3）依照有关法律、法规和规章的规定，可以进行处理的；

（4）属于本部门管辖的。

一般情况下，节能监察机构应在整改期限届满或决定直接进入行政处罚程序后 7 日内给予立案。监察人员填写《立案审批表》，经批准后立案。

2. 调查取证

调查取证是指节能监察机构为了查明违法事实，获取证据而依法进行的活动。对节能监察中发现的违法用能行为，《现场监察笔录》、《调查（询问）笔录》以及《责令改正通知书》等查实被监察单位违法事实确凿、证据充分的，可直接作为处罚证据，不需重新取证。对于需要进一步取证的，办案人员应当依法调查取证。

（1）基本要求。

1）收集证据应合法。办案人员必须在职权范围内按法定程序收集证据，严禁采用威胁、引诱、欺骗等非法方式。

2）收集证据要客观。应以客观存在的事实为依据，不能以办案人员想象、推测、推理作定论，严禁伪造证据。

3）收集证据要全面。对涉及案情的书证、物证、视听资料、证人证言、调查询问笔录、检验（检定）或鉴定结果等材料，均应收集。

（2）取证方式。

1）现场检查。立案后，办案人员应及时进行调查、收集证据，并依照法律、法规规定进行检查，形成书面材料。材料必须有充分证据证明违法事实，不能单凭笔录，有时被监察单位会推翻之前所作的笔录，或者歪曲了事实，导致笔录与客观事实不符，使处罚工作陷入被动，必须重新调查，增加了工作难度。因此，调查过程中应使用拍照、摄像、收集资料等多种手段佐证事实。例如设备型号，有了照片和分析报告才能有力证明事实。

2）现场询问。办案人员可以询问被监察单位有关负责人。询问应当个别进行，制作《调查（询问）笔录》。询问笔录采取一问一答形式，应记录当事人对调查过程中认定的违法行为的解释、陈述，以佐证事实；笔录制作完毕，应交被询问人核对，对阅读有困难的，应当向其宣读；笔录如有差错、遗漏，应当允许其更正或者补充。涂改部分应当由被询问人签名、盖章或者以其他方式确认。经核对无误后，由被询问人在笔录上逐页签名、盖章或其他方式确认。办案人员亦当在笔录上签名。

（3）证据种类。

1）物证、书证。物证及书证是指涉嫌违法产品和设备，以及与之相关的台账等实物和书面材料。监察过程中制作的《现场监察笔录》、《调查笔录》、《节能监察报告》等都是处罚程序中的有力证据。所有物证及书证，应尽可能由提供人签署姓名或押印认可，并注明提供日期。凡获取的物证及书证应妥善保管，能附卷的均应附卷，不易携带的应用拍照等形式将证据保存。

2）视听材料。视听材料是指利用录音、录像、照相等方法记录的各种资料。在取证过程中，应充分利用录音、录像、照相等相关手段记录违法行为，印证《现场监察笔录》。视听材料要尽可能完整、细致地反映违法事实。

① 录像范围：违法行为现场及相关场所，违法行为过程、人员、工具、设备、厂房、仓库、产品等。

② 照相范围：对生产、销售违法产品的重要场所，违法产品，产品标识，生产违法产品的工具、设备，违法物品的封存状态等，均应尽可能通过照相记录作为证据。

③ 录音范围：对电话举报、电话调查及不便及时书面记录的询问调查，

应利用录音记录作为证据。

④ 视听材料的取得要符合法律程序。

（4）证据保全。

办案人员在收集证据时，应当采取符合程序规范的妥善措施和科学方法，将一切能够证明案件真实情况的证据固定下来。如接受举报时，应要求投诉人作书面陈述并提供相应的证据；询问被调查人和证人，要做好笔录（同时录音）；现场检查要做好笔录（同时录音）并由提供人签字；对涉嫌违反有关法律、法规和相关产品技术标准的产品及其有关证据（如台账、设备等），不采取保全措施，事后可能灭失的，可按《登记保存（封存）物品证据及解除登记保存（封存）证据操作程序》实施登记保存（封存），填写《先行登记保存证据通知书》，依法应当予以解除的，办案人员应填写《解除登记保存证据通知书》。

此外，对于复印证据必须注意：应注明系由原件复印；保持复印件的原始状态，不得随意涂改；应有提供人签字并注明出处，以便确定其证据效力。

（5）调查终结。

调查终结或者调查机构认为应终止调查的，应根据调查的事实做相应处理。

3. 承办部门提出处理意见

案件调查取证结束后，承办人员应将调查结果和有关证据材料加以整理，制作《调查终结审批表》，提出处理意见，提交部门负责人。部门负责人应组织本部门集体讨论，提出初步处理意见。对疑难的、有争议的案件应及时向主管领导汇报，由主管领导视需要提请监察机构案件审理委员会（以下简称"案审委"）讨论，讨论时应制作《案件讨论记录》。

4. 法制监督部门审核

承办部门形成初步处理意见后，应在 3 日内将所有案卷材料送交法制监督部门进行法律审核。

法制监督部门应在 3 日内对承办部门移送的案卷材料进行审核，审查所有证据是否齐全、客观，能否如实地反映案件的全部情形；对需要核实、补证的，应请承办人员核实、补证；审查承办人员办理案件是否符合法定程序，若程序上有疏漏，但不影响当事人合法权益的，则请承办人补证；若影响当事人合法权益的，应退回承办部门重新办理。

5. 案审委审议

法制监督部门审核后，认为事实清楚、证据确凿、符合法定程序的，承办部门所提出处理意见和适用法律、法规、规章准确的，则可提交案审委进行集体审议。

案审委对法制监督部门提交的案件进行全面审议，对给予当事人较重行政处罚、属于听证范围的案件，应当有案审委2/3以上委员参加集体审议；对其他立案查处的案件，可以有3名以上委员参加集体审议。

案审委主要从以下几个方面予以审议：

（1）执法程序是否合法；

（2）拟做出行政处罚案件事实是否清楚，证据是否确凿；

（3）判定被监察单位违法、违规行为的依据是否准确；

（4）拟做出行政处罚所依据的法律、法规条文是否准确，处罚是否适当；

（5）拟做出行政处罚中有罚款内容的是否属于重复罚款；

（6）拟做出的行政处罚是否属于听证受理范围。

审议结束后，提出具体的行政处罚意见。

6. 行政处罚事先准备

根据案审会的处罚意见，起草《行政处罚事先告知书》或《行政处罚听证告知书》，符合听证条件的，按程序报批签发，并加盖公章，由节能监察机构送达拟被处罚单位，并准确填写《送达回证》，办理送达手续。《行政处罚事先告知书》应包括拟处罚的事实、依据、处罚内容以及被处罚单位依法享有的陈述、申辩权。《行政处罚听证告知书》包括拟处罚的事实、依据、处罚内容以及被处罚单位要求听证的权利。

拟被处罚单位提出陈述、申辩或听证要求的，节能主管部门应及时予以受理、审查，节能监察机构应积极配合。拟被处罚单位提出陈述、申辩的，节能主管部门应制作《陈述申辩笔录》。

7. 节能行政处罚听证

符合听证条件的拟被处罚单位，在规定时间内提出听证申请的，由节能主管部门按照听证程序组织听证，节能监察机构予以配合。

（1）听证条件。

1）责令整顿或关闭、停止建设或运行；

2）吊销许可证或者营业执照；

3）对法人或者其他组织处以 20000 元以上罚款。

（2）听证程序。

1）当事人要求听证的，应当在行政机关告知后 3 日内提出；

2）行政机关应当在听证的 7 日前，通知当事人举行听证的时间、地点；

3）除涉及国家秘密、商业秘密或者个人隐私外，听证应公开举行；

4）听证由行政机关指定的非本案调查人员主持；当事人认为主持人与本案有直接利害关系的，有权申请回避；

5）当事人可以亲自参加听证，也可以委托一至二人代理，应填写《行政处罚听证委托书》；

6）举行听证时，调查人员提出当事人违法的事实、证据和行政处罚建议，当事人进行申辩和质证；

7）听证应当制作《听证笔录》，《听证笔录》应当交当事人审核无误后签字或者盖章。听证结束后，听证主持人应当依据听证情况，制作听证报告书，连同听证笔录报节能主管部门负责人。听证报告书应当载明听证的时间、地点、参加人、记录人、主持人；当事人与调查人员对违法的事实、证据的认定和对处罚建议的主要分歧；主持人的意见和建议。对当事人在听证中提出的新的事实、理由和证据，听证主持人应限期由调查人员进行复核，一并报节能主管部门负责人。

8. 节能行政处罚决定

拟被处罚单位在法定期限内未提出陈述、申辩、听证要求或陈述、申辩理由、事实、证据不成立、听证申请不符合条件的，节能主管部门应制作《行政处罚决定书》，由节能监察机构在 7 个工作日内送达被处罚单位，并办理送达手续。

经过陈述、申辩、听证，拟被处罚单位提出的事实、理由、证据成立的，节能主管部门应会同节能监察机构对原行政处罚方案提出相应的调整意见。调整后仍需进行行政处罚的，应重新起草《行政处罚事先告知书》或《行政处罚听证告知书》。《行政处罚决定书》应包括：

（1）被处罚单位名称、地址；

（2）违反法律、法规或规章的事实和判定依据；

（3）行政处罚的种类和依据；

（4）行政处罚履行方式和期限；

（5）责令改正的履行方式和期限；

（6）不服行政处罚决定，申请行政复议或提起行政诉讼的途径和期限；

（7）节能主管部门名称和作出决定的日期。

对被处罚单位在规定时间内履行《行政处罚决定书》要求的，监察人员填写《结案审批表》，经批准后予以结案。监察人员应整理执法文书和相关资料进行案卷归档。

如果被处罚单位在规定时间内未履行《行政处罚决定书》的，进入申请强制执行程序。

（四）　节能法律文书送达

节能监察结果处理过程中所用的法律文书如《行政处罚决定书》、《节能监察建议书》和《责令改正通知书》等，均属于重要行政执法文书，对行政执法双方当事人的权利义务有明确规定，一旦签署和送达后，即具有法律效力。因此，在送达此类文书时，要严格按照法律规定形式和要求，制作《送达回证》，根据具体案件情形，采取以下几种方式送达：

（1）直接送达。节能监察机构将法律文书直接送交被监察单位，由被监察单位在《送达回证》上签收。

（2）留置送达。在直接送达的方式下，被监察单位拒绝签收的，送达人应邀请所在地节能主管部门或相关见证人到场，说明情况，在送达回证上记明拒收事由和日期，由送达人、见证人签名或者盖章。把执法文书留在被监察单位，视为送达。

（3）委托送达。直接送达有困难的，可以委托其他机关或组织代为送达，代为转交的机关或者组织必须立即送交被监察单位签收，以在送达回证上的签收日期为送达日期。

（4）邮寄送达。直接送达有困难的，可以采用特快专递或挂号信方式送达，以被监察单位在挂号回执上注明的收件日期为送达日期。

（5）公告送达。采用以上方式都无法送达的，可以采用登报等方式将处理决定公开告知被监察单位。自公告之日起 60 日后，即视为送达。

三、行政复议与行政诉讼

被处罚单位对处罚决定不服的，可提出行政复议，对行政复议决定仍不服的，可提起行政诉讼；也可以不经行政复议直接提起行政诉讼；对于直接提起行政诉讼的，被处罚单位不可再提起行政复议。

被处罚单位对行政处罚决定不服，申请行政复议或提请行政诉讼的，行政处罚不停止执行，法律另有规定的除外。

行政复议、行政诉讼案件应诉工作由节能主管部门牵头办理，节能监察机构积极配合；被处罚单位不履行行政处罚决定，须依法申请人民法院强制执行的，由节能监察机构组织牵头，管理节能工作部门的法规处室配合办理。

（一）行政复议案件的应诉

一般来说，对节能监察执法中，行政复议或行政诉讼的应诉主体有以下三种情况：

（1）如果责令改正通知或行政处罚决定是由节能监察机构以自己名义做出的，节能监察机构即为应诉主体。

（2）如果责令改正通知或行政处罚决定是以节能主管部门名义作出的，节能主管部门是应诉主体。

（3）如果节能监察机构或节能主管部门接受其他行政部门的委托，以其他行政部门的名义做出责令改正通知或行政处罚决定的，其他行政部门是应诉主体。

节能监察机构或节能主管部门在正式接到行政复议机关受理行政复议通知后，应在 3 日内整理出案卷，并写出答辩状。答辩材料应针对被处罚单位的行政复议理由书写，除简要叙述办案过程外，重点答辩以下几点：

（1）违法事实是否客观存在；

（2）取得的证据是否合法、有效；

（3）办案程序是否合法；

（4）适用法律、法规是否正确。

经批准后，在规定期限内随同案卷一起送受理行政复议机关。被处罚单位不服复议决定，向人民法院提起诉讼的，做好应诉准备。

（二）行政诉讼案件的应诉

（1）委托代理。在正式接到人民法院受理行政案件通知书（含原告诉状）后，节能监察机构或节能主管部门法定代表人决定委托他人出庭应诉的，3 日内根据法定代表人的意见聘请诉讼代理人，起草授权委托书。委托的诉讼代理人应当持有律师执业证书。法定代表人或其委托的诉讼代理人出庭应诉的，应向法院提交《法定代表人证明书》。

（2）材料准备。办案人员或者诉讼代理人应在 3 日内写出答辩状并经讨论后报批。答辩状应围绕被处罚单位起诉状提出的诉讼理由进行陈述，文字应简明扼要，在规定期限内随同案卷一起送人民法院。同时，节能监察机构或节能主管部门《法定代表人身份证明书》、《授权委托书》一并提交受诉人民法院。

（3）管辖异议。对法院管辖权有异议的，节能监察机构或节能主管部门在接到人民法院应诉通知书之日起 10 日内以书面形式提出。

（4）一审、二审应诉。节能监察机构或节能主管部门法定代表人或者诉讼代理人及相关人员按照受诉人民法院规定的开庭时间准时到庭，因特殊情况不能到庭的，应当提前告知人民法院并说明理由。

开庭预备阶段：应当接受书记员核对身份，根据审判长的询问及时提出可能影响公正审判的有关人员的回避申请；回避申请未予批准的，可向法院提出复议申请。

陈述行政争议阶段：根据审判长的要求，宣读行政处罚决定书或者行政复议决定书、答辩状，回答审判长对双方争议概括的询问。

查证辩论阶段：根据审判长对每一个审理重点的提示进行必要的举证、辩驳、质证，提出申请和要求。

法庭查证辩论结束：根据审判长的询问陈述意见或者补充意见；在一审法院宣判时，签收判决书或者裁定书。被处罚单位不服，提起上诉的，监察人员要协助诉讼代理人做二审答辩，根据法院的要求提供有关材料或出庭参加诉讼，答辩状按材料准备中的相关要求起草。

（5）上诉。人民法院一审判决节能主管部门败诉，需上诉的，在收到人民法院一审判决或者裁定书后（判决 15 日、裁定 10 日内）向原审人民法院或者上一级人民法院递交上诉状及其副本。办案人员协助诉讼代理人写出上诉状草案报批。上诉状主要包括下列内容：

1）查处理由；

2）被处罚单位违法事实和主要证据；

3）处罚适用法律、法规的理由；

4）不服一审判决的理由；

5）二审诉讼请求。

（6）提起申诉。判决、裁定发生法律效力后 2 年内，节能监察机构或节能主管部门认为人民法院判决或者裁定确有错误，其法定代表人或聘请的诉讼代理人可以依法提出申诉或者依法申请人民检察院抗诉。再审时，节能监察机构或节能主管部门法定代表人或者再审诉讼代理人应当根据再审人民法院的要求参加再审程序。

（三）行政复议和行政诉讼案件的应诉要求

（1）在行政复议和行政诉讼期间，监察人员要如实向诉讼代理人提供有关资料，并参加旁听。

（2）法院或行政复议机关认为需要补充调查取证的，办案人员应当及时调查、收集证据。

（3）行政复议和行政诉讼结束后，监察人员要按规定取回案卷，加上行政复议和行政诉讼期间形成的材料一起归档；由节能主管部门召集有关人员进行小结，总结经验教训，形成书面材料。

（四）　节能行政处罚的执行

节能行政处罚执行是处罚决定的实现阶段。节能主管部门的处罚决定一经做出，即发生法律效力，被处罚单位应在限期内自觉履行，以保证决定做出机关社会管理职能的实现。

（1）直接执行。被处罚单位在期限内主动履行处罚决定。监察人员填写《行政处罚决定执行笔录》，做好行政处罚决定执行情况的笔录工作。该项工作结束后，监察人员填写《结案审批表》报批后，应予以结案，监察人员应整理执法文书和相关资料进行案卷归档。

（2）申请强制执行。对拒不履行判决决定的，办案人员填写《强制执行申请书》报批。经研究确定申请强制执行的案件，连同案卷一并送节能主管部门审批。《强制执行申请书》经签发加盖公章后，提交人民法院。在强制执行期间，办案人员应加强与人民法院的联系，及时了解法院对案卷的意见及转达被处罚单位意见，配合法院做好工作。强制执行结束的案件，监察人员填写《结案审批表》报批后，应当予以结案，监察人员应整理执法文书和相关资料进行案卷归档。

（五）　节能行政处罚的错案追究

行政执法人员在执行公务中违反工作纪律，损害被监察单位合法权益造成损失的，按照行政执法错案追究制度进行处理。

（六）　节能行政处罚案件的结案

有下列情况之一的，应予以结案：

（1）行政处罚决定执行完毕的；

（2）经人民法院判决或者裁定执行完毕的；

（3）免于行政处罚或者不予行政处罚的；

（4）经人民法院裁定已破产的；

（5）经工商行政管理部门证明企业已注销的；

（6）被处罚单位虽未全部执行行政处罚决定书的处罚条款，但确无力继续执行，经节能主管部门批准结案的。

对于结案案件，节能监察人员应整理执法文书和相关资料进行案卷归档。

四、其他程序规定

（一）举报投诉案件的处理程序

依据节能法规规定，任何单位和个人都应当履行节能义务，有权检举浪费能源的行为。节能监察机构应向社会公布本机构接待举报投诉的部门、电话及联系信息，按以下程序受理由公民、法人或其他组织举报投诉的节能违法案件。

（1）节能监察机构的举报投诉接待部门负责接受公民、法人或其他组织以来电、来函、来访形式的举报投诉，并负责填写《举报投诉案件记录表》（以下简称《记录表》）。

（2）对事实清楚，明显不属于本机构职权范围的信访事项，应当告知信访人向有权的机构提出。

（3）对于来电、来访的举报投诉人，接待人员应仔细询问并记录举报投诉人所的情况（举报人姓名、联系方式；被举报人姓名或单位名称、地址、举提供报事由等），承诺对举报投诉人保密。

（4）接待人员接到举报投诉后，应在当日内及时将情况向机构负责人汇报，并将《记录表》按程序报阅、处理。机构负责人应在《记录表》的签发处理意见。接待人员按照处理意见，将《记录表》送相关责任部门进行查处。

（5）案件核查按照节能现场监察的程序进行，由两名以上节能监察人员参加。根据具体情况，经批准可以会同其他有关执法部门共同进行。核查中，按规定制作相应的执法文书。如记载现场检查情况的，制作《现场监察笔录》；记录被调查人陈述的，制作《调查（询问）笔录》。

（6）核查结束后，承办人应在3日内将案由、核查结果及拟处理意见写成书面汇报报经部门负责人阅处后，送法制监督部门审核，审核无误的，报机构负责人审批。

（7）《记录表》及有关核查材料原件由节能监察机构留存归档。办理案件移送时，应将上述材料的复印件加盖机构公章后，与《移送书》等相应的法律文书一并移送有关部门。

（8）移送的举报投诉案件在移送之日起 7 日内，承办人应与受移送的部门联系、了解移送案件的处理情况，并将情况记入《记录表》。必要时可要求其书面反馈移送处理情况。

（9）举报投诉案件，经初步核查，认为应依法追究法律责任的，承办人员应按行政处罚办案程序进行立案查处。

（10）举报投诉案件的记录、核查、调查及处理等法律文书和材料，由承办人在案件办理结束交法制监督部门审核后，统一归档。

（二）案件移送程序规定

经调查或审理，发现不属于本机构管辖和主管范围，或因某种原因本机构不能管辖的行政案件，按照以下程序向有管辖权的行政管理机关、行政执法部门、司法机关移送处理。

（1）承办人员在调查、审理中发现属于上列情形的，应先向部门负责人报告，经其确认，机构主管领导同意后，由承办人员整理案件的全部材料，并填写《案件移送书》，交部门负责人审查后报机构负责人审批。

（2）经监察机构负责人批准同意移送的案件，由办公室登记、盖章，复制全套案卷材料，正本送本章第一条所述有关部门，副本由法制监督部门暂存。

（3）承接移送案件的部门办完该案，法制监督部门接到结案报告后，应将该案卷副本及结案报告一并归档。

五、节能监察案卷整理、移交

节能监察案卷是节能监察活动中直接形成的各种文字、图表、声像等不同形式和载体的历史记录。节能监察结案后，监察人员应认真做好案卷整理和案卷移交工作。

（一）案卷整理

案件结案后，监察人员要根据监察过程中执法文书和相关资料顺序，对执法文书和相关资料进行整理汇总，认真填写案卷封面、目录，编写案卷页码，装订封底，形成完整的监察案卷。监察人员应完成以下整理工作：

1. 填写案卷封面

（1）在括号内填写监察任务来源；

（2）简明扼要填写案由和处理结果；

（3）填写监察编号、办案日期、本卷执法文书和相关资料的件数和页数、移交人姓名。

2. 填写案卷目录

填写顺序号、监察编号、名称、备注。如有需要说明的事项，在备注一栏填写，附证明材料的也应说明。

3. 整理案卷内容

案卷内容包括以下文书和材料：

（1）举报投诉记录表；

（2）案件移送书；

（3）节能监察通知书、节能监察现场告知书及送达回证；

（4）现场监察笔录；

（5）调查（询问）笔录；

（6）先行登记保存证据通知书；

（7）解除登记保存证据通知书；

（8）节能监察报告；

（9）案件讨论记录；

（10）责令改正通知书、节能监察建议书及送达回证；

（11）结案审批表；

（12）立案审批表；

（13）案件讨论记录；

（14）行政处罚事先告知书、送达回证；

（15）陈述申辩笔录；

（16）行政处罚听证告知书、行政处罚听证通知书、送达回证、听证笔录、听证报告书；

（17）行政处罚决定书（副本）、送达回证；

（18）法院受理行政案件通知书（含原告诉状）；

（19）法人代表证明书；

（20）行政处罚听证委托书；

（21）法院判决书；

（22）行政复议决定书；

（23）强制执行申请书（副本）；

（24）行政处罚决定执行笔录；

（25）罚款收据（复印件）；

（26）其他相关材料。

（二）案卷移交

监察人员将整理好的案卷移交档案管理人员，并办理移交手续。档案管理人员根据档案管理要求进行归档。

第六节　节能监察执法文书制作

行政执法文书是行政执法机关按照法定的执法程序，在执法过程中所制作、发布的反映执法活动每个环节的有法律效力或者有法律意义的规范性文件。有的具有明显的法律效力和处置性，如行政处罚决定书；有的虽没有直接的法律效力和处置性，但也是执法活动的如实记录，也有明显的法律意义。特别是在诉讼过程中其法律性表现得更为突出，如《调查（询问）笔录》、《现场监察笔录》等。因此，每一个执法人员必须掌握文书的制作要求，以保证办案质量。本节主要介绍常用节能监察行政执法文书制作的基本要求、主要内容与文书样表。

一、执法文书制作的基本要求

执法文书制作有着严格的规范，必须遵守以下要求：

（一） 文书必须齐备

案件归档时，除案卷、卷内目录外，缺少任何一种必须使用的文书，都属于文书不齐备。根据具体案情应该具备的文书，对于该案也是必备文书。只有文书齐备，才能保证办案程序合法。

（二） 使用必须正确

每个文书制作都有明确的目的，如：《现场监察笔录》是要把节能监察人员监察中发现的情况作如实记录；《调查（询问）笔录》就是要把当事人和其他有关人员提供的情况如实记录下来，使之成为认定事实和进行处理的依据；《行政处罚决定书》就是要向当事人表明对其处罚的理由、依据及内容。其中《调查（询问）笔录》和《现场监察笔录》不应该混用，因为两者的作用不同。

（三） 书写必须规范

文书的书写应当使用蓝黑色或黑色钢笔或水笔填写，也可以现场打印。必须做到字迹清楚、工整，符号正确。禁止使用非法定计量单位；禁止使用不规范的简体字；禁止出现错别字。

（四） 表达必须准确

应当做到用词准确，文字简练。禁止使用模糊含义的词语；禁止随意简化单位名称和物品名称。

（五） 事实必须清楚

叙述事实必须做到事实清楚、因果明确、详略得当、重点突出。要保证事实的绝对真实性，事实要素的完整性（包括主体、时间、地点、标的物等），特别是关键情节要交代清楚，叙述要具体。禁止在叙述事实时任意推断臆测、扩大事实、牵强附会。

（六） 理由必须充分

阐述理由必须有证据、有法律依据、有说服力；要保证事实、理由、结论的一致性。运用法律必须正确、准确、明确、完整。

（七）笔录必须完整

作为主要证据使用的笔录，必须交由当事人亲阅并签署意见，涂改处必须有当事人押印或签名。多页笔录，每页都须有当事人签名或盖章。

要求签名的文书，必须签署完整的姓名，不能只签姓，不签名。

如是一式三联的文书，副本可以用正本复印件代替。

二、执法文书制作的主要内容

（一）节能监察登记表

节能监察登记表是节能监察机构安排节能监察工作，由承办人制作申请的内部文书。制作要求和注意事项如下：

（1）要如实、完整、准确填写拟监察单位和联系人的相关信息。

（2）节能监察人员是指计划参加此次执法，包括承办人在内的节能监察人员姓名。

（3）根据行政执法过错责任追究的相关规定，承办人、审核人和审批人都是行政执法过错责任的承担主体。因此在制作节能监察登记表时，节能监察计划必须得到监察部门负责人的审核同意和分管领导的审批同意。

（二）节能监察任务书

节能监察任务书是节能监察登记表和节能监察计划得到批准后，向执行监察任务的部门下达监察任务的内部文书。制作内容如下：

（1）承担监察任务部门名称。

（2）被监察单位名称。

（3）完成监察任务时限。

（4）监察内容。

（5）综合业务部门负责人签字。

（6）单位领导签字盖章。

（三）节能监察通知书

节能监察通知书是节能监察机构在对被监察单位实施节能监察前，由承办人制作的预先告知对方监察时间和内容并要求其配合的文书。制作要求和注意事项如下：

（1）写明被监察单位全称，明确实施监察的依据和时间。依据要明确到法律或法规的具体条款，如果地方法规有直接授权，则直接引用地方法规条款，无需再引用《节约能源法》条款作为执法依据。

（2）明确监察的具体内容和项目。内容按照法律、法规、规章及其他规范性文件的表述准确填写。

（3）需当事人提供材料，既包括当事人身份证明材料，如授权委托书等；也包括监察过程中需对方提供的相关材料，如电费账单、能源台账等。

（4）通知书由承办人完整填写相关信息后并打印，加盖节能监察机构公章后可用挂号邮寄、传真或直接送达的方式送达被监察单位。如用挂号邮寄方式，要保留挂号凭证备查；如传真送达，无须一式两份，打印一份在确认对方收到后存档即可。

（四） 节能监察现场告知书

节能监察现场告知书是节能监察人员在实施节能监察前，向当事人出示行政执法证，表明执法身份，告知执法依据、执法纪律和违纪投诉途径的文书。制作要求和注意事项如下：

（1）实施节能监察应当2人以上，需在现场监察通知书中如实登记实施监察的人员姓名与行政执法证编号。

（2）现场告知时可由节能监察人员口头宣读或者由当事人书面阅读。

（3）现场告知书需节能监察人员和当事人签名确认后，留存归档。

（五） 现场监察笔录

现场监察笔录是节能监察机构依法在监察过程中用于记录现场检查情况的重要文书。制作要求和注意事项如下：

（1）《现场监察笔录》必须在现场监察时制作。监察人员不少于2人，并向当事人或者有关人员出示执法证。

（2）如实、详细填写当事人基本情况。当事人是单位的，应当写明单位全称。根据接待人的职务在"法定代表人"和"能源管理负责人"中择一后再填写其信息。如当事人不是法人的，可将"法定代表人"改为"负责人"后再填写。

（3）监察场所要写明具体的监察地点。

（4）监察时间要写明监察起止时间，要具体到时、分。

（5）必须按照监察过程记录监察的形式、内容、方法和结果。要求用客观的语言记录当事人贯彻执行法律、法规、规章及规范性文件和节能标准的情况。如存在违法现象，则需将现场上所有与违法事实有关的情况记录在案，与违法事实无关的无须记录。记录必须事实准确、逻辑严密，检查的手续完备，做到"实、简、准、严、全"，禁止使用模糊概念的文字记录。结束时，要注明"以下空白"或"笔录完毕"。

（6）列明所有当事人提供的文字、音像、图片以及实物等证明材料，并加盖公章确认。

（7）笔录制作完成后应当交给当事人阅读或向其宣读，经当事人核对无误后，需注明其对笔录真实性意见并逐页签名或盖章。当事人拒绝签名或不能签名的应当注明原因。对法人或者其他组织进行现场监察时，应由法定代表人或其授权委托人签名，并注明真实性意见，同时在案卷中附上法定代表人身份证明书。由法定代表人授权委托人签名的，应注明其身份，并附法定代表人身份证明和授权委托书。

为了顺利开展节能监察，应在签发《节能监察通知书》时告知当事人事前准备法定代表人身份证明书和授权委托书。实施未事先通知的监察事项可在现场告知。节能监察机构可提供格式文本，由当事人按要求填写。

（8）所有参加监察人员均应签名，拒签应说明情况。有见证人的，见证人也应签名或盖章。如邀请有关专业技术人员参加监察，应在笔录中写明参加人员姓名、单位和职务。

（9）必要时，可以对违法现场进行多次监察。

（六）节能监察建议书

节能监察建议书是节能监察机构监察人员现场监察完毕后，对被监察单位存在的明显的不合理用能行为提出改正建议的文书。制作要求和注意事项如下：

（1）节能监察建议书必须是针对不合理用能行为，即虽未构成违反节能法律法规、规章及规范性文件和节能标准的要件，但对能源的使用不合理，已构成浪费，具有节能潜力，可通过加强管理或节能技改等加以改进的事实。

（2）所提建议，应具有经济和技术可行性，优先提出低成本或无成本的节能管理和技改措施。

（3）建议书针对的不合理用能行为，在立法上是没有对应罚则的。因此，建议书是没有法律强制力的文书。

（七）举报投诉记录表

举报投诉记录表是节能监察机构记录公民或单位举报节能违法行为或投诉节能监察人员违纪行为的文书。制作要求和注意事项如下：

（1）按记录表要求详细记录举报投诉人和被举报投诉人（单位）基本情况以便日后落实和回复。举报投诉人不愿留下姓名或要求保密以及声明其举报材料的可靠程度等内容应在举报投诉记录表中反映出来。

（2）举报投诉事由：按照举报投诉人的陈述，详细填写包括被举报投诉行为发生的时间、地点、情节和举报投诉人的要求等。

（3）节能监察机构处理举报投诉部门根据举报投诉事由和监察部门职能，指定监察部门进行查处。

（4）若案情复杂，应请举报投诉人递交书面举报材料。

（八）立案审批表

立案审批表是对已具备立案条件的，拟作出立案决定的案件呈请领导审批时使用的一种内部必用文书。制作要求和注意事项如下：

（1）立案条件：发现当事人一定的违法事实，认为需要经过调查取证才能作出行政处罚的，应当首先立案。在实践中，对于一般性的案件，只要简要地填写立案审批表即可，对于重大、复杂的案件，可较详细地附上案情报告。

（2）案件来源：案件来源主要是节能监察、举报投诉、上级交办和其他部门移送等。

（3）案发时间：如果是节能监察发现的违法案件，应以监察时间为案发时间；如果是举报投诉案件，应以举报投诉时间为案发时间；如果是上级交办或其他部门移送案件，如果有具体的案发时间的，以具体的案发时间为准，如果没有具体的案发时间的，以交办时间和移送时间为案发时间。在填写这一栏时，如有举报投诉材料的，可作说明并附在此表后面。

（4）当事人：填写当事人的基本情况。

（5）违法事实：简要地叙述初步掌握的违法事实。因为处在立案阶段，对当事人的违法事实尚需经过调查认定程序，此时不可能很详细。违法事实包括监察发现的违法事实和举报投诉、交办、移送中陈述的违法事实，包括违法行为发生的时间、地点和情况等。

（6）法律依据：是指该行为违反了哪项法律法规、规章及规范性文件的规定，可能受到何种行政处罚。

（7）承办部门意见：要求承办人写明对案情的分析和申请立案理由，然后由承办人和承办部门负责人共同签名。案情分析不是对违法事实的重复陈述，而是要根据违法事实，分析其违法程度、违法性质，从而做出判断，提出立案理由。在立案审批过程中，监察部门意见不能写明处罚意见。

（8）法制监督部门意见：对承办人提出的申请立案意见进行合法性审查，要求写明是否同意立案或不同意立案的理由，由法制监督部门负责人填写。

（9）领导审批意见：要求写明是否同意立案及不同意立案的理由，由分管领导和节能监察机构负责人填写。

（九）　调查　（询问）　笔录

调查（询问）笔录是节能监察人员针对涉嫌节能违法事实或其他需要了解核实的情况，对当事人、证人及其他有关人员进行调查和询问时记录被调查人（被询问人）陈述的必用文书。调查（询问）笔录既可以用于未立案的涉嫌违法的调查（询问），也可以用于立案后的违法案件事实的进一步调查（询问）。制作要求和注意事项如下：

（1）调查（询问）应当单独进行，需要调查（询问）多个当事人、证人的，应分别制作调查（询问）笔录，即一份笔录只能针对一个被调查（询问）人。被调查（询问）人要求自行书写陈述内容时，应当允许，但不能代替调查（询问）笔录。

（2）时间：要求写明进行调查（询问）的起止时间，进行两次以上调查（询问）的，第二次以后的调查（询问）笔录应当注明"第×次调查（询问）"。

（3）地点：要求写明调查（询问）具体地点，可以是节能监察机构所在地、当事人住所或者违法行为发生地。

（4）被调查（询问）人：要求写明被调查（询问）人的基本情况。

（5）调查（询问）笔录：在开展调查（询问）前，必须要进行执法告知。然后用一问一答的形式围绕违法行为的事实过程进行调查（询问）。重点侧重在违法行为的时间、地点、构成违法事实的要点、违法行为的主观恶意、和涉及违法标的物数量以及违法行为后果等方面。此文书应当具备7个基本要素，即时间、地点、相对人基本概况、事件、事实过程、对现场监察笔录中实质内容的印证内容、结果。为此，调查（询问）时应言之有据；言之有理；言之有礼。

（6）完成的笔录要交给被调查（询问）人阅读或向其宣读，经核对无误后，需注明其对笔录真实性的意见并逐页签章。被调查（询问）人拒绝签名或不能签名的应当注明原因。如果笔录中有差错、遗漏之处，调查（询问）人应当根据被调查（询问）人的意见修改或补充，并由当事人在修改处签名或押印。

（7）调查（询问）人和记录人应当分别在每页文书尾部签名。

（8）空白部分应注明"以下空白"或"笔录完毕"。

（9）必要时，可以对当事人、证人及其他有关人员进行多次调查。

（十）调查终结审批表

调查终结审批表是节能监察机构节能监察人员对案情较复杂的案件，认为案件事实已经基本查清，由承办人递交案件相关情况和处理意见的内部审批的专用文书。制作要求和注意事项如下：

（1）案由：要求写明违法行为主体和违法行为。

（2）当事人：如实记录当事人的相关信息。

（3）案情简介：具体写明当事人违法行为发生的时间、地点、动机、经过、手段、结果和有关证据。

（4）案件焦点：针对立案后仍然存疑的地方和仍需进一步调查的事实或环节。

（5）调查结果：经调查后的事实真相。应以说明的表达方式概括地交代调查经过，包括节能监察人员的组成，调查时间、范围、方法、步骤和主要问题及结果等。不论是合法的还是非法的，都应如实全部写上。

（6）证据：在调查过程中新发现的可以支撑违法事实的证据。

（7）承办人意见：由承办人针对当事人意见，依据调查后的真相回答调查前的焦点问题，并陈述案件相关问题，得出是否需要进行行政处罚的意见。

（8）监察部门、法制监督部门、节能监察机构分管领导、节能监察机构负责人分别签署意见。

（十一）　先行登记保存证据通知书

先行登记保存通知书是在处理行政违法案件过程中，为了便于查清案件的事实或者避免违法行为继续造成危害，对违法标的物采取的强制措施和保全措施时使用的执法文书，是择用文书。制作要求和注意事项如下：

（1）单位名称：要求写明被先行登记保存单位或者物品所有（持有）单位的全称。

（2）先行登记保存的理由和根据。先行登记保存的理由主要有两种：依法行使强制措施；保全证据。

先行登记保存的法定根据主要有：《中华人民共和国行政处罚法》；节能法律、法规。

（3）先行登记保存期限。要求写明先行登记保存的具体起止时间，应当在七日内或者尽可能短的期限内。

（4）先行登记保存地点。要求写明被先行登记保存物品所在地。

（5）先行登记保存物品清单。要求按产品分类逐项填写，清单格数不够时可以增加附页。

（6）节能监察机构盖章后并送达当事人签收。

（十二）　解除登记保存证据通知书

解除登记保存通知书是节能监察机构对已经先行登记保存的标的物，需要解除登记保存时使用的择用文书。制作要求和注意事项如下：

（1）单位名称：要求写明与先行登记保存证据通知书中名称一致的被先行登记保存单位。

（2）处理结果：已排除涉嫌，予以解除登记保存。

（3）解除登记保存物品清单。按产品分类逐项填写。

（4）解除登记保存证据通知书主要适用于不予行政处罚或违法情节轻微、无须予以没收的情况。对于认定行为违法并应当给予没收的无须使用此文书，以《行政处罚决定书》做出相应的处理。

（十三）　案件讨论记录

案件讨论记录是用于节能监察机构对案件进行集体讨论时，记录案件讨论情况，并形成处理意见的必用文书。制作要求和注意事项如下：

（1）案由。要求简要写明违法行为主体及违法行为。

（2）写明讨论时间。

（3）写明讨论地点。

（4）记明主持人和记录人。

（5）记明出席人和列席人姓名和职务。

（6）讨论记录。案件讨论的一般程序是：

1）案件承办人对案件基本情况进行介绍，主要是案件来源、违法事实、调查取证情况等。

2）法制监督部门对案件的初步审查情况进行及案件焦点进行评析。

3）参加讨论的人员分别发言。

4）节能监察机构负责人总结发言。

5）对以上发言，应当如实记录。

（7）处理意见。要求写明处理决定的具体内容和法律依据。案件涉及的重大问题，均应通过此文书反映出审理的意见，如对当事人实施减免行政处罚等。

（8）案件讨论是案件集体审理制度的体现，通过讨论形成处理意见时，应遵循少数服从多数的原则，不同意见允许保留并加以记录。

（9）参加人签名。要求每个出席人和列席人均应签字。

（十四） 责令改正通知书

责令改正通知书是节能监察机构要求当事人停止并改正违法行为时使用的文书。责令改正通知书从原则上讲可以适用于所有的违法行为。但是，在实践中，由于有的违法行为需要施以处罚，有的违法行为不需要施以处罚，对前者的责令改正可以合并在处罚决定书中下达，因此就不再需要制作单独的责令改正通知书，这样，可以减少不必要的文书，提高行政执法的效率。制作要求和注意事项如下：

（1）写明当事人的相关信息，不得空项。

（2）写明监察日期和违法事实。

（3）写明违反的法律、法规、规章及规范性文件和强制性节能标准名称和具体条款内容。

（4）写明责令改正所依据的法律、法规、规章及规范性文件名称和具体条款内容。

（5）写明责令改正的具体期限。

（6）填明签发日期并加盖节能监察机构公章。

（7）此文书一式两份，一份送达当事人，一份存档。

（8）此文书在法律、法规或规章的法律责任中明确规定有"责令改正"内容时使用。

（十五） 行政处罚事先告知书

行政处罚事先告知书是节能监察机构决定实施行政处罚前，依法告知当事人给予行政处罚决定的事实、理由及依据和享有的陈述权、申辩权所制作的通知性文书。制作要求和注意事项如下：

（1）单位名称：要求写明拟被处罚单位的全称。

（2）违法事实：要求写明违法时间、地点、标的物数额、违法行为及性质等，叙述违法事实完整，定性要准确。

（3）违法依据：要求写明违反法律、法规或规章的名称及具体条款，一般是禁止性或义务性条款。没有禁止性或义务性条款的，应当写明违反法律的有关规定。

（4）处罚依据：要求写明处罚依据的法律、法规或规章的名称及具体条款，一般是法律责任条款。没有相应法律责任条款的，不得处罚。

（5）处罚内容：要求分项写明处罚方式、幅度和数额。罚没款数额应当用中文大写表达。

（6）陈述申辩的时限：确定在当事人收到本告知书的 7 日内，逾期视为放弃陈述申辩权。

（7）联系人相关信息。

（8）填明签发日期并加盖节能监察机构公章。

（十六） 陈述申辩笔录

陈述申辩笔录是节能监察机构做出行政处罚决定前履行法定的告知义务后，记录当事人行使陈述申辩权利的内容的文书，是必用文书。制作要求和注意事项如下：

（1）写明陈述申辩时间、地点、陈述申辩人基本情况。

（2）记录对陈述申辩人告知的事项。包括违法事实、违法依据、拟处罚依据的法律条款和拟处罚内容。同时告知其陈述申辩权利。

（3）记录陈述申辩人陈述申辩的主要内容。重点记录其提出的事实、理由和提交的有关证据。

（4）笔录写好后要交给陈述申辩人阅读或向其宣读，经核对无误后，需注明其对笔录真实性的意见并逐页签章。

（5）笔录涂改处应有陈述申辩人签名或押印。

（6）空白部分应注明"以下空白"或"笔录完毕"。

（7）告知人、见证人、记录人分别签名或盖章。

（8）对陈述申辩人提出的事实、理由和证据，承办机构应当进行复核；对陈述申辩人提出的事实、理由和证据成立的，应当采纳。不得因陈述申辩人申辩而加重处罚。

（9）不告知给予行政处罚的事实、理由和依据，或者拒绝听取陈述申辩人陈述、申辩的、行政处罚决定无效。

（十七）　行政处罚听证告知书

行政处罚听证告知书是节能监察机构拟做出责令停产停业、吊销许可证或者执照、较大数额罚款等行政处罚决定之前，告知当事人拟处罚的决定以及有要求举行听证的权利时用的文书。制作要求和注意事项如下：

（1）单位全称：写明被告知单位全称。

（2）违法事实、违法依据、处罚依据、处罚内容参照《行政处罚事先告知书》制作要求中的相关内容。

（3）填明签发日期并加盖节能监察机构公章。

（十八）　行政处罚听证通知书

行政处罚听证通知书是节能监察机构拟作出责令停产停业、吊销许可证或者执照、较大数额罚款等行政处罚决定之前，当事人提出听证要求后，节能监察机构依法告知当事人举行听证的时间、地点及相关事项的书面文书。为举行听证发出的通知，是择用文书。制作要求和注意事项如下：

（1）单位全称：写明当事人的单位全称。

（2）写明举行听证的时间、地点。

（3）听证会主题。简要点明违法单位、违法事实及拟给予的行政处罚。

（4）听证主持人。写明由节能监察机构指定的非本案节能监察人员的主持人。

（5）联系人相关信息。

（6）填明签发日期并加盖公章后送达当事人，注意要保证听证会举行前7天将通知送达。

（十九） 听证笔录

听证笔录是用于节能监察机构组织听证会时，记录当事人、案件承办人以及其他有关人员的陈述和质证情况的文书。制作要求和注意事项如下：

（1）听证之前要作好准备工作。要认真阅读案卷，熟悉案情，掌握案情的重点和关键。

（2）记录案由、听证时间、地点、主持人、记录人、当事人和委托代理人的相关情况。

（3）笔录要清楚明白，尽量体现出听证按程序、分阶段进行的特征，即在笔录正文栏可以按听证进展过程分几个分栏记录：

1）听证主持人宣布听证开始的情况，包括对当事人权利的告知和当事人申请主持人回避权的使用情况。

2）案件调查人员关于当事人违法的事实、证据、依据以及处罚建议的陈述。

3）当事人及其代理人的陈述和申辩。

4）第三人及其代理人的陈述。

5）相互的质证和辩论。

6）第三人、案件调查人员、当事人的最后意见，即最后陈述。

7）出现听证延期、中止、放弃情况的，该情况产生的原由、过程及相关决定。

8）记录要如实记录，其要求就是要从始至终忠实记录听证的组织、进展过程、情况，以及有关各方的发言。要突出重点，对各方存在争议的地方及围绕争议所展开的质证和辩论，应详细记录。

（4）笔录写好后要交给当事人阅读或向其宣读，经核对无误后，需注明其对笔录真实性的意见并逐页签章。

（5）笔录涂改处应有当事人签名或押印。

（6）空白部分应注明"以下空白"或"笔录完毕"。

（7）其他听证会参加人均应在笔录末逐页签名或盖章。听证参加人包括听证主持人、案件承办人、证人、鉴定人、翻译人员等。

（二十）　行政处罚决定书

行政处罚决定书是节能监察机构针对具体违法行为制作的记载处罚事实、理由、依据和决定等事项的具有法律强制力的文书。制作要求和注意事项如下：

（1）机构代码。标明统一编制的行政机构代码。

（2）文书编号。根据罚缴分离制度的文书制作要求，以上海为例，文书编号共 10 位数字：

1）左起第一位数字只设定为"1"、"2"、"3"三个数字，其分别表示罚缴分离法律文书的种类，即"1"代表《当场处罚决定书》；"2"代表《行政处罚决定书》；"3"代表《延期（分期）缴纳罚款批准书》。

2）左起第二位数字表示行政机关内部专业的类别，由行政机关自行设定。

3）左起第三、四、五、六位数字表示年份号，如2010 年即设定为"2010"。

4）左起第七、八、九、十位数字表示行政机构签发的法律文书的顺序编号。

（3）当事人：要求写明被处罚单位的全称。

（4）地址：要求写明被处罚单位的注册地址。

（5）违法事实：要求写明违法时间、地点、违法标的物数额及违法行为性质等。要求完整叙述违法事实，不能过于简单；定性要正确。

（6）违法依据：要求写明违反法律、法规和规章的名称及具体条款，一般是禁止性或义务性条款。没有相应的禁止性或义务性条款的，应当写明违反法律的有关规定。

（7）处罚依据：要求写明处罚依据的法律、法规和规章的名称及具体条款，一般是法律责任条款。没有相应法律责任条款的不得处罚。

（8）处罚内容：要求分项写明处罚方式、幅度和数额。罚没款数额应当用中文大写表述。

（9）行政处罚的履行方式和时间。

处罚方式可以是罚款及其他处罚，可以给予一种处罚，也可以并处。

确定给予处罚，必须在该处罚项前的"□"内填上"√"，不予处罚的必须在该项前的"□"内填上"×"。

罚款项中填写的日期是最后缴款日期，日期数字必须大写。确定最后缴款日期时，必须考虑送达方式和送达日期（如节假日）的影响，可适当放宽期限，以确保送达时有 15 天的法定缴罚款期限。

（10）告知当事人提起复议部门或提起诉讼法院名称。

（11）填明行政处罚决定书签发日期并加盖公章后送达。

（12）对当事人实施行政处罚，应当责令其改正或者限期改正。

（13）经过听证的，还应写明经过听证，可在叙述违法事实部分开始处写。行政处罚决定书一经送达即发生法律效力，行政执法部门不能以任何理由变更处罚决定内容，即不能减免罚款和没收违法所得的数额，当事人拒不执行的，申请法院强制执行。法院强制执行不到位的，在结案审查表中记明情况。

（14）一般情况下，此文书一式 3 份，一份交当事人留存，一份由当事人交银行作缴罚款的凭据，一份由签发单位存档。

（二十一） 不予听证通知书

不予听证通知书是对当事人提出听证要求超过规定期限，或者不符合听证条件，向当事人发出通知的文书。制作要求和注意事项如下：

（1）应写明被通知人（单位）的全称。

（2）案由要素齐全、简明扼要（收到听证要求之日起 3 日内告知当事人不予听）。

（3）不予听证的理由应准确。

（4）要求加盖行政机关印章。

（二十二） 行政处罚决定执行笔录

行政处罚决定执行笔录是节能监察机构用于记载行政处罚决定执行情况的文书。制作要求和注意事项如下：

（1）记录执行时间、地点、被执行单位相关信息。

（2）记录执行人和记录人。

（3）记录执行方式、内容及执行结果。

（4）笔录写好后要交给当事人阅读或向其宣读，经核对无误后，需注明其对笔录真实性的意见并逐页签章。

（5）笔录涂改处应有当事人签名或押印。

（6）空白部分应注明"以下空白"或"笔录完毕"。

（7）要求执行人、记录人、在场人员分别逐页签名或盖章。

（8）此文书适用于对违法产品做出监督销毁或做必要的技术处理决定的执行笔录。如果没有这方面的行政处罚内容，无须使用此文件。

（二十三）　结案审批表

结案审批表是行政案件办理完毕，履行结案手续使用的必用文书。制作要求和注意事项如下：

（1）案由：要求写明违法行为主体和违法行为。

（2）记录立案时间、承办人、当事人。

（3）查处经过：记录案件立案、调查到行政处罚的过程，要明确各时间节点。

（4）处罚决定：写明行政处罚决定。

（5）执行情况：写明执行方式和结果。

（6）结案理由：由承办人填写结案理由。

（7）分别由监察部门、法制监督部门、分管领导和机构负责人签署意见：写明同意或不同意。

（二十四）　案件移送书

案件移送书是节能监察机构对已经受理的案件，经过初步审查后，发现超出地域、管辖级别、管辖范围规定或主管范围，移送其他行政部门或者司法机关处理时使用的一种文书。制作要求和注意事项如下：

（1）主送单位：要求写明移送的部门全称。

（2）案由：要求写明违法主体和违法行为。

（3）原因：要求写明移送的具体原因。

发生移送的原因主要有以下几种：

1）违法行为发生地不在本行政区域内。

2）该违法行为属于其他违法行为，应当由其他行政部门处理。

3）该违法行为已构成犯罪，应当追究刑事责任。

（4）移送依据。法律法规中明确规定应当办理移交手续的，以相应的法律、法规为依据。

（5）附件。要求将该案的有关材料原件一并移送。必要时，可以将复印件留存备查。

（二十五） 法律文书送达回证

法律文书送达回证是节能监察机构用于执法文书送达的凭证和回执，记载送达文书名称、送达情况和送达结果的文书，是必用文书。制作要求和注意事项如下：

（1）送达文书名称、文号及页数。送达的文书包括通知、《先行登记保存证据通知书》、《解除登记保存证据通知书》、《责令改正通知书》、《行政处罚事先告知书》、《行政处罚听证告知书》、《行政处罚听证通知书》、《行政处罚决定书》等。向有关机关或个人递交一般公文函件时，不得使用送达回证。

（2）受送达人：要求写明当事人全称。

（3）记录送达时间、地点、送达方式。送达的方式包括直接送达、邮寄送达、留置送达等。

（4）受送达单位（人）签名或盖章，且填写签收时间。

（5）见证人、送达人签名或盖章。

（6）备注。一般在受送达人拒收的情况下，注明留置的原因及证人情况。如采用邮寄送达方式，可在备注栏内写明"请受送达人及时将本回证送回本单位，并留下联系地址"。如果受送达人当场口头表态要求陈述申辩或举行听证，也可将此情况记录在备注内，并让受送达人在情况下签名。

三、执法文书样表

执法文书是节能监察机构在实施具体的节能监察执法活动中必不可少的法律文书。执法文书的格式有严格的要求，正确、规范地使用执法文书，也是节能监察人员的一项基本功。

执法文书参照样表见附件 1。

附件1

节能监察行政执法文书

（样表）

目 录

文书1

监察编号

节 能 监 察 机 构
节能监察登记表

拟监察单位					
单位地址					
联系人		联系电话		传真	
拟监察日期	年 月 日 午		申请用车时间	时 分	
节能监察人员					
承办人					
拟监察内容					
审核意见	审核人签字 年 月 日				
审批意见	审批人签字 年 月 日				

文书2

监察编号

节 能 监 察 机 构
节能监察任务书

承担监察部门名称	
被监察单位名称	
完成监察任务时限	
主要监察内容	

单位领导：

文书 3

监察编号

节 能 监 察 机 构

节能监察通知书

_____ :

　　根据《　　　　　　　》第　　条等相关规定，××节能监察机构定于
____年__月__日__午__时，对你单位进行节能监察。届时请你单位负责人
或能源管理负责人及与监察相关的人员到场配合监察。

监察内容	
被监察单位需提供材料	（对所提供的材料请予以盖章确认，确保真实无误。）

联系地址		
联系人		联系电话	
传　　真		邮　　编	

×××（公章）
年　月　日

注：1. 接到本通知书后请及时与联系人联系；

　　2. 本通知书一式两份，一份送达被监察单位，一份存档。

文书4

监察编号

节 能 监 察 机 构
节能监察现场告知书

我们是××节能监察机构节能监察人员＿＿＿＿＿＿，行政执法证编号为＿＿＿＿＿＿。我们依据《＿＿＿＿＿＿》第＿条等相关规定实施此次监察，现向你（单位）告知如下：

一、节能监察人员实施节能监察时应当两人以上，并向当事人或者有关人员出示《行政执法证》。

二、节能监察人员在执法中不准接受礼品、礼金、礼券；不准参加有碍正常执行公务活动的宴请或营业性娱乐；不准利用工作之便私人中介项目、参与营销活动。节能监察人员对被监察单位合法的技术及经营管理情况有保密义务。

三、你（单位）有权对节能监察过程进行监督，对节能监察人员的违法违纪行为，可向＿＿＿＿＿＿举报投诉，地址：＿＿＿＿＿＿，举报电话：＿＿＿＿＿＿，邮编：＿＿＿＿＿＿。

四、你（单位）应协助执法，无正当理由拒绝、阻碍节能监察人员依法执行职务的，依据《＿＿＿＿＿＿＿＿＿＿》的相关规定处理。

告知人（签名）：＿＿＿＿年＿＿月＿＿日

当事人（签名）：＿＿＿＿年＿＿月＿＿日

文书5

监察编号

节 能 监 察 机 构
现场监察笔录

共 页第 页

被监察单位	名称					
	地址					
在场配合人员		职务		电话		
监查场所		监查时间	时 分至 时 分			

现场监查情况：

监查人员签字： 记录人签字：

　　年 月 日

被监察单位意见：

（签名或盖章）

（续页）

共　　页第　　页

监察人员签字：　　　　　　　　记录人签字：

年　月　日

被监察单位提供材料明细：

1.＿＿＿＿＿＿＿＿＿＿＿＿＿＿＿＿＿＿＿＿＿＿＿＿＿＿＿＿＿＿

2.＿＿＿＿＿＿＿＿＿＿＿＿＿＿＿＿＿＿＿＿＿＿＿＿＿＿＿＿＿＿

3.＿＿＿＿＿＿＿＿＿＿＿＿＿＿＿＿＿＿＿＿＿＿＿＿＿＿＿＿＿＿

被监察单位意义：

（签字或者盖章）　　　　　　　　　　　　　年　月　日

文书 6

监察编号

节 能 监 察 机 构

节能监察建议书

××节监建字（　　）第　号

共　页第　页

被监察单位			
单位地址		邮编	
法定代表人		电话	

　　本机构已于　年　月　日对你单位进行了节能监察，根据现场监查情况，对你单位尚存在的明显的不合理用能行为，提出如下监察建议：

1.

2.

3.

4.

　　上述建议，希望你单位尽快采取措施予以改进，并在十日内以书面形式反馈至本机构。

联系地址			
联 系 人		联系电话	
传　　真		邮　　编	

（公章）

年　月　日

　　注：本建议书一式两份，一份送达被监察单位，一份存档。

文书7

监察编号

节 能 监 察 机 构
举报投诉记录表

共 页第 页

时 间	年 月 日 时 分		
举报投诉方式	1. 上级交办 2. 来电 （ ） 3. 来访 （ ） 4. 来信 （ ） 来函 （ ） 电子邮件 （ ） 5. 其他 （ ）		
举报投诉人 （单位）	姓名		单位	
	性别		地址	
	电话		邮编	
被举报投 诉人（单位）	姓名		单位	
	电话		地址	
举报投诉事由	记录人签字： 年 月 日		
拟办意见	签字： 年 月 日		
阅处意见	签字： 年 月 日		

文书8

监察编号

节 能 监 察 机 构

立案审批表

××节监立字（ ）第 号

共 页第 页

案由				
案件来源	日常监察（ ） 举报投诉（ ） 上级交办（ ） 有关部门移送（ ） 其他（ ）			
发现案件时间	年 月 日			
当事人	单位名称			
	营业执照证号			
	地址		邮编	
	法定代表人		职务	
	身份证件号		电话	
	能源管理负责人		职务	
	身份证件号		电话	
违法事实				
法律依据				

（续页）

共　　页第　　页

承办部门意见	经初步审查，上述行为符合下列条件： （一）明确的违法嫌疑人； （二）客观的违法事实； （三）有违法规定的嫌疑，属于本部门监督管理行政处罚的范围。 建议立案调查。 　　　　　　　　　签字：　　　　　　年　　月　　日
法制监督 部门意见	 　　　　　　　　　签字：　　　　　　年　　月　　日
审核意见	 　　　　　　　　　签字：　　　　　　年　　月　　日
审批意见	 　　　　　　　　　签字：　　　　　　年　　月　　日

文书9

监察编号

节 能 监 察 机 构

调查（询问）笔录

共 页第 页

时　间	年　月　日　午　时　分至　时　分		
地　点			
被调查（询问）人	姓名		工作单位	
	性别		地址	
	职务		联系电话	
	邮编		身份证号	

　　我们是××节能监察机构节能监察人员＿＿＿＿＿＿＿，已向你出示了执法证件，证件编号为＿＿＿＿＿＿＿，现依法对＿＿＿＿＿＿＿一事作调查（询问）。请你配合我们，如实提供有关资料，回答询问，不得做虚假陈述或拒绝、阻挠调查。你是否听清楚了？

　　答：

　　问：＿＿＿＿＿＿＿＿＿＿＿＿＿＿＿＿＿＿＿＿＿＿＿＿＿＿＿＿＿＿＿

　　答：＿＿＿＿＿＿＿＿＿＿＿＿＿＿＿＿＿＿＿＿＿＿＿＿＿＿＿＿＿＿＿

被调查（询问）人阅后签字：　　　　　调查（询问）人签字：

见证人签字：　　　　　　　　　　　　记录人签字：

＿＿＿＿＿年＿＿＿月＿＿＿日　　　　　＿＿＿＿＿年＿＿＿月＿＿＿日

文书9

监察编号

节 能 监 察 机 构

调查（询问）笔录续页

共 页第 页

（以下空白或笔录完毕）＿＿＿＿＿＿＿＿＿＿＿＿＿＿＿＿

被调查（询问）人阅后签字：　　　　调查（询问）人签字：

见证人签字：　　　　　　　　　　　记录人签字：

＿＿＿年＿＿月＿＿日　　　　　　　＿＿＿年＿＿月＿＿日

文书 10

监察编号

节 能 监 察 机 构
调查终结审批表

共　页第　页

案　由				
当事人	姓　名		身份证号	
	单位名称			
	法定代表人		电话	
	地址（邮编）			
案情简介				
案件焦点				
调查结果				

（续页）

共 页第 页

证 据	
承办人意见	签字：　　　　　　　年　月　日
监察部门意见	签字：　　　　　　　年　月　日
法制监督部门意见	签字：　　　　　　　年　月　日
审核意见	签字：　　　　　　　年　月　日
审批意见	签字：　　　　　　　年　月　日

文书11

监察编号

节 能 监 察 机 构

先行登记保存证据通知书

节监存字（　　　）第　　号

（单位名称）_____：

　　为调查你单位涉嫌_____一案，根据《中华人民共和国行政处罚法》第三十七条第二款规定，本机构决定自____年__月__日起至____年__月__日止对你单位下列有关物品予以先行登记保存。有关物品存放在_____。

　　登记保存期间，任何单位或者个人都不得销毁或者转移下列物品。

　　本机构将在七日内对先行登记保存的物品依法作出处理决定。逾期未作出处理决定的，先行登记保存措施自动解除。

序号	名称	规格	数量	备注

　　如对上述保存行为不服，可以在六十日内向　　　　委员会申请复议，也可以在三个月内直接向_____人民法院提起申诉。

（公章）

年　月　日

　　注：本通知书一式两份，一份送达当事人，一份存档。

文书 12

监察编号

节能监察机构

解除登记保存证据通知书

节监解字（　　　）第　　号

（单位名称）_____：

　　本机构于____年__月__日以××监存字（　　　）第　　　号《先行登记保存证据通知书》对你单位有关物品予以登记保存，现已排除涉嫌，予以解除登记保存。解除登记保存物品如下：

序号	名称	规格	数量	备注

（公章）

年　月　日

注：本通知书一式两份，一份送达当事人，一份存档。

文书 13

监察编号

节 能 监 察 机 构
案件讨论记录

共 页第 页

案 由					
讨论地点					
讨论时间	年 月 日 午 时 分至 午 时 分				
主 持 人		记录人			
出 席 人	姓名				
	职务				
列 席 人	姓名				
	职务				
讨论记录					
参加人 签字					

（续页）

共　页第　页

讨论记录	
案件处理意见	

参加人签字						

文书 14

监察编号

节 能 监 察 机 构

责令改正通知书

××节监改字（　　　）第　号

共　页第　页

当事人				
联系地址			邮编	
法定代表人		职务	电话	

你单位于＿＿＿年＿＿月＿＿日在接受本机构节能监察执法中，因存在下述违规行为：＿＿＿＿＿＿＿＿＿＿＿＿＿＿＿＿＿＿＿＿＿＿

＿＿＿＿＿＿＿＿＿＿＿＿＿＿＿＿＿＿＿＿＿＿＿＿＿＿＿＿＿＿＿＿

＿＿＿＿＿＿＿＿＿＿＿＿＿＿＿＿＿＿＿＿＿＿＿＿＿＿＿＿＿＿＿＿

＿＿＿＿＿＿＿＿＿＿＿＿＿＿＿＿＿＿＿＿＿＿＿＿＿＿＿＿＿＿＿＿

上述行为违反了＿＿＿＿＿＿＿＿＿＿＿的第＿＿＿＿条第＿＿＿＿款规定，现依据＿＿＿＿＿＿第＿＿＿＿条第＿＿＿＿款的规定，责令你单位于＿＿＿年＿＿月＿＿日前改正上述行为。并将改正结果同时书面回复本中心。

如你单位不服本决定，可以在收到本通知之日起六十日内向＿＿＿申请行政复议；也可以在三个月内直接向＿＿＿人民法院起诉。行政复议和行政诉讼期间，本通知不停止执行。

（公章）

年　　月　　日

注：本通知书一式两份，一份送达当事人，一份存档。

文书 15

节 能 监 察 机 构

行政处罚事先告知书

××节监罚告字（　　　）第　　号

（单位名称）＿＿＿＿＿＿＿＿＿＿＿＿＿＿＿＿＿＿＿：

　　你单位于＿＿＿＿＿＿＿＿＿＿＿至＿＿＿＿＿＿＿＿＿＿＿＿期间，

在＿＿＿＿＿＿＿＿＿因＿＿＿＿＿＿＿＿＿＿＿＿＿＿＿的行为，违反了

＿＿＿＿＿＿＿＿＿＿＿＿＿＿＿＿＿＿＿的规定，以上事实有（现

场监查笔录、调查笔录）等为证，证据确凿。依据＿＿＿＿＿＿＿＿＿＿＿

＿＿＿＿＿＿＿＿＿＿＿＿＿＿＿的规定，本机构拟对你单位作出＿＿＿

＿＿＿＿＿＿＿＿＿＿＿的行政处罚。

　　如你单位对上述行政处罚建议有异议，根据《中华人民共和国行政处罚
法》相关规定，可在　　年　月　日　时前到节能监察机构进行陈述和申辩。
逾期视为放弃陈述和申辩的权利。

　　联系人：　　　　　　　　　　　联系电话：

　　地址：

　　　　　　　　　　　　　　　　　　　　　（公章）

　　　　　　　　　　　　　　　　　　年　　月　　日

　　注：本通知书一式两份，一份送达当事人，一份存档。

文书16

监察编号

节 能 监 察 机 构

陈述申辩笔录

共　页第　页

时间	年　月　日　午　时　分至　时　分		
地点			
陈述申辩人	姓名		工作单位	
	性别		地址	
	职务		联系电话	
	邮编		身份证号	

告知内容：我受节能监察机构的委托，特告知你以下事项：

1. 违法事实：＿＿＿＿＿＿＿

2. 以上事实已违反《＿＿＿＿＿＿＿》第__条第__款第__项，依据《＿＿＿＿＿＿＿》第__条第__款第__项的规定，将给予以下行政处罚：

＿＿＿＿＿＿＿＿＿＿＿＿＿＿＿＿＿＿＿＿＿＿＿＿＿＿＿＿

＿＿＿＿＿＿＿＿＿＿＿＿＿＿＿＿＿＿＿＿＿＿＿＿＿＿＿＿

陈述申辩人阅后签字：　　　　　告知人签字：

见证人签字：　　　　　　　　　记录人签字：

　　　年　　月　　日　　　　　　　年　　月　　日

（续页）

共　　页第　　页

3. 对认定的违法事实和实施处罚的依据，你如有不同意见，可依法行使陈述申辩的权利。

陈述申辩主要内容：

（以下空白）

陈述申辩人阅后签字：　　　　　　　　　　告知人签字：

见证人签字：　　　　　　　　　　　　　　记录人签字：

　　　年　　月　　日　　　　　　　　　　　年　　月　　日

文书 17

监察编号

节 能 监 察 机 构
行政处罚听证告知书
××节监听告字（   ）第   号

（单位全称）_____：

你单位于_____至_____期间，

在_____因_____的行为，违

反了_____的规定，以上事实有

（现场检查笔录、调查笔录）等为证，证据确凿。依据_____

_____的规定，本机构拟对你单位作出__

_____

_____的行政处罚。

依据《中华人民共和国行政处罚法》第四十二条规定，你单位有权要求
举行听证。如你单位要求听证，可以在本告知书的送达回证上提出举行听证
的要求，也可以自收到本告知书之日后三日内以书面或者口头形式提出举行
听证的要求。逾期未提出的，视为放弃此权利。

（公章）
年   月   日

注：本告知书一式两份，一份送达当事人，一份归档。

文书18

监察编号

节 能 监 察 机 构

行政处罚听证通知书

××节听通字（　　　）第　号

（单位全称）_____：

根据你单位要求，现决定于_____年___月___日___午___时，在_____就_____一案举行听证。经我机构负责人指定，本次听证由_____担任主持人。请你单位届时凭本通知书准时参加。无正当理由不出席的，视为放弃听证。参加听证前，请你单位作好以下准备：

1. 可以委托一至两人代理听证；

2. 携带有关证据材料；

3. 通知有关证人出席作证；

4. 如申请回避，请及时告知本××（节能监察机构名称）；

5. 出席听证，请携带身份证、法定代表人证明、委托书。

联系人：　　　　　　　　　　联系电话：

（公章）

年　月　日

注：本通知书一式两份，一份送达当事人，一份存档。

文书19

监察编号

节 能 监 察 机 构

听证笔录

共 页第 页

案由									
听证时间	年 月 日 午 时 分至 时 分								
听证地点									
主持人		记录人							
当事人	姓名		工作单位						
	性别		地址						
	职务		联系电话						
	邮编		身份证号						
委托代理人	姓名		工作单位						
	职务		身份证号						
	姓名		工作单位						
	职务		身份证号						

听证过程

记录员：现在宣布听证纪律：

（一）全体参加听证会人员要服从听证主持人的指挥，未经听证主持人允许，不得发言、提问；

……

当事人（签字或盖章）＿＿＿＿＿＿＿＿＿＿＿＿＿＿＿年＿月＿日

听证主持人（签字或者盖章）：＿＿＿＿＿＿＿＿＿＿＿＿年＿月＿日

听证参加人（签字或者盖章）：＿＿＿＿＿＿＿＿＿＿＿＿年＿月＿日

（续页）

共　页第　页

　　（二）未经听证主持人允许不得录音、录像和摄影；

　　（三）听证参加人未经听证主持人允许不得退场；

　　（四）旁听人员不得大声喧哗，不得鼓掌哄闹或者进行其他妨碍听证秩序的活动。报告听证主持人，听证准备就绪。

　　听证主持人：当事人（委托代理人）和案件调查人员均已到场。现在宣布听证会开始进行。

　　我们今天组织的这次听证会是因＿＿＿＿＿＿＿＿＿＿＿申请而举行的。本次听证主持人是＿＿＿＿＿＿，（翻译人员是＿＿＿＿＿＿，）记录员是＿＿＿＿＿＿＿。

　　当事人（委托代理人）请注意，当事人在听证过程中享有以下权利：

　　第一，有权放弃听证；

　　第二，有权申请听证主持人、记录员、翻译人员回避；

　　第三，有权当场提出证明自己主张的证据；

　　第四，有权进行陈述和申辩；

　　第五，经听证主持人允许，可以对相关证据进行质证；

　　当事人（委托代理人）：＿＿＿＿＿＿＿＿＿＿＿＿年＿月＿日

　　听证主持人（签字或者盖章）：＿＿＿＿＿＿＿＿＿年＿月＿日

　　听证参加人（签字或者盖章）：＿＿＿＿＿＿＿＿＿年＿月＿日

(续页)

共　　页第　　页

第六，经听证主持人允许，可以向到场的证人、鉴定人、勘验人发问；

第七，有权对听证笔录进行审核，认为无误后签名或者盖章。

当事人（委托代理人）在听证中的主要义务是：

第一，遵守听证纪律；

第二，如实回答听证主持人的询问；

第三，在审核无误的听证笔录上签名或者盖章。

当事人申请听证主持人、记录员、翻译人员回避的条件是：（一）本案当事人或者当事人的近亲属；（二）与本案有利害关系；（三）与本案当事人有其他关系，可能影响对本案的公正听证的。根据这些条件，请问当事人（委托代理人）申请回避吗？

当事人（委托代理人）：

当事人（委托代理人）：＿＿＿＿＿＿＿＿＿＿＿＿＿＿＿年＿月＿日

听证主持人（签字或者盖章）：＿＿＿＿＿＿＿＿＿＿＿年＿月＿日

听证参加人（签字或者盖章）：＿＿＿＿＿＿＿＿＿＿＿年　月　日

（续页）

共　页第　页

本听证笔录已经本人审核、补正，无误。

当事人（委托代理人）：_____年__月__日

听证主持人（签字或者盖章）：_____年__月__日

听证参加人（签字或者盖章）：_____年__月__日

文书 20

监察编号

节 能 监 察 机 构

行政处罚不予听证通知书

×××听通不字 ［ 　 ］ 第 　 号

（单位全称）＿＿＿＿＿＿＿＿＿＿＿＿：

　　根据《中华人民共和国行政处罚法》第四十二条的有关规定，你单位就＿＿＿＿＿＿＿＿＿＿＿＿＿＿＿＿＿＿一案提出的听证要求，因超法定期限／不符合听证条件，本机构决定不予举行听证。

　　特此通知。

（公章）

年　月　日

文书 21

监察编号

节 能 监 察 机 构
行政处罚决定书
××节监罚字（   ）第   号

共   页第   页

（被处罚单位全称）＿＿＿＿＿＿＿＿＿＿＿＿＿＿＿：地址：＿＿＿＿＿＿＿＿＿＿＿

法定代表人：＿＿＿＿＿＿＿职务：＿＿＿＿＿

你单位于＿＿＿＿＿至＿＿＿＿＿期间，在＿＿＿＿＿，从事＿＿＿＿＿＿＿＿＿

的行为（上述事实有以下证据证明：＿＿＿＿＿＿＿＿＿＿＿＿＿＿＿＿＿＿＿＿）。

以上事实已违反＿＿＿＿＿＿＿＿＿＿＿＿的规定，依据＿＿＿＿＿＿＿＿＿＿＿的

规定，决定给予下列行政处罚：

1、＿＿＿＿＿＿＿＿＿＿＿＿＿＿＿＿＿＿＿＿＿＿＿＿＿＿＿＿＿＿＿＿＿

2、＿＿＿＿＿＿＿＿＿＿＿＿＿＿＿＿＿＿＿＿＿（罚款数额大写）。

自即日起十五日内携带本决定书，将罚款缴纳至专用账户：＊＊银行
（代收机构），账号＿＿＿＿＿＿＿＿，逾期缴纳罚款的，依据《行政处罚法》第
五十一条第（一）项的规定，每日按罚款数额的3%加处罚款。加处的罚款
由代收机构直接收缴。

＿＿＿＿＿（被处罚单位全称）应于＿＿＿年＿月＿日前履行的处罚。

（续页）

共 页第 页

　　你单位不服以上行政处罚决定，可以在接到本决定书之日起六十日内，向＿＿＿＿＿申请行政复议；也可以在三个月内直接向＿＿＿＿＿人民法院提出行政诉讼。但期间行政处罚不停止执行。逾期不申请复议、不向法院提出行政诉讼又不履行处罚决定的，我单位将申请人民法院强制执行。

（公章）
年　月　日

　　注：本文书一式三份，一份交当事人，一份由当事人交代收银行，一份存档。

文书 22

监察编号

节 能 监 察 机 构
行政处罚决定执行笔录

共 页第 页

时 间	年 月 日 时 分至 时 分					
地 点						
被执行人						
单位地址						
法定代表人	姓名		性别		职务	
	民族		年龄		电话	
执行人			记录人			

执行笔录：

被执行人签字并盖章：_____年__月__日

执行人签字：_____记录人签字：_____年__月__日

在场人员签字：_____ ___年__月__日

（续页）

共　页第　页

被执行人阅后意见：_____

签字并盖章：_____ 年__月__日

执行人签字：_____ 记录人签字：_____ 年__月__日

在场人员签字：_____ ____年__月__日

文书 23

监察编号

节能监察机构
结案审批表
节监结审字（ ）第 号

案　由	
立案时间	承办人
查处经过	年 月 日，立案； 年 月 日，完成案件调查终结报告； 年 月 日，事先告知书送达； 年 月 日，行政处罚决定书送达。
处罚决定	
执行情况	于 年 月 日完全履行。
结案理由	建议结案。 承办人签字： 年 月 日
监察部门意见	签字： 年 月 日
法制监督部门意见	签字： 年 月 日
审核意见	签字： 年 月 日
审批意见	签字： 年 月 日

文书 24

监察编号

节 能 监 察 机 构

案件移送书

节监移送字〔　　　〕第　号

（单位名称）：

　　本机构于＿＿＿年＿月＿日对＿＿＿＿＿＿＿＿＿＿＿＿一事调查中发现，＿＿

＿＿＿＿＿＿＿＿＿＿＿＿＿＿＿＿＿＿＿＿不属于本机构管辖，根据＿＿＿＿＿＿＿

＿＿＿＿＿＿＿＿＿＿规定，现将该案移送你单位处理。

　　附：案件有关材料　　份共　　　页。

　　联系人：＿＿＿＿＿＿＿＿＿联系电话：＿＿＿＿＿＿＿＿＿＿

（公章）

年　月　日

　　注：本移送书一式两份，一份送达被移送单位，一份存档。

文书 25

监察编号

节 能 监 察 机 构
法律文书送达回证

节监回字 （   ） 第   号

送达文书名称、文号及页数	
受送达人	
送达时间	＿＿年＿月＿日＿午＿时＿分
送达地点	
送达方式	□直接送达　　□邮寄送达　　□留置送达
收件人签章及收件时间	本文书于＿＿年＿月＿日＿时＿分收到。 □是□否陈述申辩 □是□否要求听证 　　　　　收件人签字或盖章：
见证人签字	见证人签字或盖章： 　　　　　年　月　日　时　分
送达人	送达人签字或盖章： 　　　　　年　月　日　时　分
备注	邮寄送达的，请被监察单位签收后＿＿日内将此回证寄回： 地址：　　　　　　　　邮编： 收件人（联系人）：

附件 2

浙江省能源监察总队文件

浙能监〔2013〕41 号

关于对浙江××纺织印染有限公司等 7 家单位
2012 年用能执行惩罚性电价加价的报告

省经信委：

根据省经信委《关于下达 2013 年全省节能监察计划的通知》（浙经信资源〔2013〕85 号）要求，各地能源监察机构开展了节能专项监察。现将省能源监察总队、杭州市能源监察中心、瑞安市能源监察大队查出的 2012 年用能超我省能耗限额标准的 7 家单位情况报告如下：

省能源监察总队查出浙江××纺织印染有限公司、绍兴市××纺织厂有限公司、浙江××控股集团有限公司等 3 家企业，杭州市能源监察中心查出杭州×××氨纶有限公司、富阳市××纸业有限公司、杭州××纺织有限公司等 3 家企业，瑞安市能源监察大队查出瑞安市××大酒店有限公司 1 家酒店，共 7 家单位 2012 年用能超我省能耗限额标准。建议按《浙江省超限额标准用能电价加价管理办法》（浙政发〔2010〕39 号），对该 7 家单位 2012 年用能实施惩罚性电价加价措施。具体加价方案详见：浙江××纺织印染有限公司等 7 家超标用能单位情况表。

浙江××纺织印染有限公司等7家超标用能单位情况表

序号	企业名称	监察项目（单位）	2012年单耗	省标限额值	2012年产量或营业面积	加价金额（单位：元）
1	浙江××纺织印染有限公司	产品可比单位电耗（棉布，kWh/hm）	21.24	18	752053（hm）	243665.00
2	绍兴市××纺织厂有限公司	产品可比单位电耗（涤纶布，kWh/hm）	19.00	18	1649050（hm）	164905.00
3	浙江××控股集团有限公司	产品可比单位电耗（全棉布，kWh/hm）	18.1	18	1364634（hm）	13646.00
4	杭州×××氨纶有限公司	产品可比单位电耗（kWh/t）	9569.5	6770	1704.36（t）	477100.00
5	富阳市××纸业有限公司	瓦楞原纸单位综合能耗（kgce/t）	257.27	220	25782（t）	781800.00
6	杭州××纺织有限公司	产品可比单位电耗（kWh/hm）	30.71	18	647975（hm）	823570.00
7	瑞安市××大酒店有限公司	饭店单位面积电耗（kWh/m²）	102.66	95	15334.9（m²）	11746.00
合计						2516432.00

特此报告。

附：1.《杭州市能源监察中心关于上报4家企业单位产品能耗超限额标准核查结果的报告》（杭能监〔2013〕21号）

2.《瑞安市经信局关于开展我市部分重点用能单位能耗限额标准执行情况监察的报告》（瑞经信〔2013〕119号）

浙江省能源监察总队

2013年12月18日

主题词：惩罚性电价 加价 报告

抄送：省经信委××副主任	
浙江省能源监察总队	2013年12月18日印发

附件3

杭州市能源监察中心文件

杭能监〔201×〕××号

关于上报 4 家企业单位产品能耗
超限额标准核查结果的报告

市经信委：

根据市经信委《关于开展能耗限额标准执行情况现场核查工作的通知》的要求，近日，杭州市能源监察中心联合区、县（市）能源监察机构对涉嫌 201× 年单位产品能耗超过浙江省能耗限额标准的 25 家重点用能单位开展了现场核查。现对发现的 4 家企业单位产品能耗超限额标准情况报告如下：

经现场核查，对照浙江省相关能耗限额标准，确定有杭州×××有限公司、桐庐×××热电有限公司、富阳市××××有限公司、杭州××纺织有限公司 4 家企业 201× 年的单位产品能耗超过浙江省能耗限额标准值。其中，依据《浙江省超限额标准用能电价加价管理办法》规定，杭州××××有限公司、富阳市×××有限公司、杭州××纺织有限公司经超耗测算，电费加价收费金额为 208.25 万元。由于桐庐×××热电有限公司属于能源生产性企业，无法直接适用《浙江省超限额标准用能电价加价管理办法》，中心将对该企业限期整改，整改达不到要求的，按《浙江省节能监察办法》规定再实施 1 万~5 万元的行政处罚。4 家企业的超耗汇总结果和具体情况见附件。

因此，依据《浙江省实施〈中华人民共和国节约能源法〉办法》和《浙江省超限额标准用能电价加价管理办法》规定，我中心建议对杭州××××有限公司、富阳市×××有限公司和杭州××纺织有限公司 3 家企业实施惩罚性电费加价政策。

　　特此报告。

　　附件：（1）201×年单位产品能耗限额超标企业汇总表

　　　　　（2）201×年单位产品能耗限额超标企业情况及核查人员

杭州市能源监察中心

201×年×月×日

附件（1）

201×年单位产品能耗限额超标企业汇总表

序号	企业名称	核查情况	浙江省标准限额值	加价额（万元）	区域	备注
1	杭州××××有限公司	单位产品可比电耗 9569.5kWh/t，单位产品可比综合能耗 1853.4kgce/t，合格产品产量 1704.365t	单位产品可比电耗 6770kWh/t，单位产品可比综合能耗 2400kgce/t	47.71	经开区	单位产品可比电耗超限额。企业主要工艺工均为电加热。
2	富阳市×××有限公司	瓦楞原质纸单位综合能耗 257.27kce/t，合格产品产量 25782t。	瓦楞原纸单位综合能耗 220 kce/t	78.18	富阳市	企业 2013 年 9 月被兼并，2013 年上半年产品能耗达到限额标准要求
3	杭州××纺织有限公司	坯布单位产品电耗 30.71kwh/hm，坯布单位产品综合能耗 3.77kgce/hm，坯布可比产量 647975hm	单位产品可比电耗 18kWh/hm，单位产品可比综合能耗 19kgce/hm	82.36	经开区	单位产品可比电耗超限额。喷气织机机电耗较高。
			合计加价金额：208.25 万元			
4	桐庐×××热电有限公司	供电标煤耗 484.67gce/kWh，标煤耗 41.2kgce/GJ。上网电量 3656.04 万 kWh，供热 1129551.3GJ	供电标煤 357gce/kWh，供热标煤耗 42.5kgce/GJ。	－	桐庐县	热用户偏少，热负荷不均匀，昼夜负荷差别大。

备注：对桐庐×××热电有限公司，由市能源监察中心实施责令限期整改，到期不改，实施行政处罚。

附件（2）

201×年单位产品能耗限额超标企业情况及核查人员

1. 杭州××氨纶有限公司

201×年，合格产品产量为1704.365吨，单位产品可比电耗9569.5kWh/t，单位产品可比综合能耗1853.4kgce/t（单位产品可比电耗限额值6770kWh/t，单位产品可比综合能耗限额值2400kgce/t），超能耗限额41.35%，超限额的用能量477.14万千瓦时，加价金额为47.71万元。

核查人员：×××、×××（杭州市能源监察中心），×××（经开区经信局）

2. 富阳市××纸业有限公司

201×年，企业瓦楞原纸生产电力消耗697.14万kWh，热力消耗169389.3GJ，企业瓦楞原纸合格品产量25782t，瓦楞原纸单位综合能耗257.27kgce/t。根据浙江省《机制纸板和卷烟纸能耗限额与计算方法》（DB 33/686—2008），单位产品综合能耗限额为220 kgce/t，企业单位产品综合能耗超限额16.94%，超限额的用能量960.90吨标煤，折算电量为781.85万千瓦时，加价金额为78.18万元。

核查人员：×××、××（杭州市能源监察中心），×××（富阳市能源监察大队）

3. 杭州××纺织有限公司

201×年，胚布可比合格产品产量为647975hm，单位产品可比电耗30.71kWh/hm，单位产品可比综合能耗3.77kgce/hm（单位产品可比电耗限额值18kWh/hm，单位产品可比综合能耗限额值19kgce/hm），超能耗限额70.6%，超限额的用能量823.58万千瓦时，加价金额为82.36万元。

核查人员：×××、×××（杭州市能源监察中心）

4、桐庐×××热电有限公司

201×年企业上网电量3656.04万kWh，供热1129551.3GJ，供电标煤耗484.67gce/kWh，供热标煤耗41.2kgce/GJ。浙江省限额标准：供电标煤耗

357gce/kWh，供热标煤耗 42.5kgce/GJ。供电标煤耗超标准 35.7%。

　　核查人员：×××、×××（杭州市能源监察中心），×××（桐庐县能源监察中心）

　　（以下无正文）

附件4

杭州×××有限公司
节能监察报告

杭能监报〔201×〕第××号

杭州市能源监察中心

二〇一×年×月

杭州市能源监察中心节能监察报告责任表

监察日期	201×年 ×月 ×日
监察人员	×××
	××
报告编制人	×××
审 核 人	×××
签 发 人	×××

单位地址：杭州市××××××

邮 编：××××

电话：××××　　　　　　　　传真：××××

目　　录

前　言

节能监察是执法行为，是督促企业依法用能、提高能源利用效率的重要手段。杭州市能源监察中心依据《中华人民共和国节约能源法》等相关法律法规、规章、标准和政策性文件，于201×年×月××日对杭州×××有限公司进行了现场节能监察。

一、监察依据

1. 《中华人民共和国节约能源法》；

2. 《浙江省实施〈中华人民共和国节约能源法〉办法》；

3. 《浙江省节能监察办法》；

4. 《重点用能单位节能管理办法》及相关配套规定；

5. 国家、行业和省级相关能源标准以及各级政府有关节能政策规定；

6. 浙江省经济和信息化委员会《浙江省经济和信息化委员会关于下达2013年全省节能监察计划的通知》（浙经信资源〔2013〕85号）；

7. 杭州市经济和信息化委员会《关于下达二○一三年全市能源监察计划的通知》（杭经信资源〔2013〕124号）；

8. 杭州市能源监察中心《关于开展二○一三年全市节能监察工作的通知》（杭能监〔2013〕11号）。

二、主要监察内容

1. 节能目标责任制度、管理制度和相关措施的制定和落实情况；

2. 用能单位建立能源消费统计制度和能源利用状况报告制度，设立能源管理岗位，聘任能源管理人员，培训主要耗能设备操作人员等情况；

3. 用能单位能源计量管理和能源计量器具配备执行相关规定、标准情况；

4. 年综合能耗1000吨标准煤以上的固定资产投资项目节能评估审查及落实情况；

5. 应当淘汰或者限制使用的用能产品以及生产设备、设施、工艺和材料的生产、销售、使用、转让等情况；

6. 能源消费数据、单位产品和产值能耗，能源成本费用开支情况；

7. 综合能耗、单位产品能耗和主要用能设备能耗等限额规定的执行情况，用能产品执行能效限额标准和有关能效标识、标志的情况；

8. 节能法律法规、规章、相关标准以及国家、省、市人民政府有关节能规定的其他情况。

第一章 企业基本信息

一、企业简况

企业 2012 年度基本情况如下表所示：

企业简况	企业名称	杭州×××有限公司		
	企业地址	杭州经济技术开发区××大街		
	企业法定代表人	×××	联系电话	
	行业分类	棉、化纤纺织及印染加工		
	占地面积（亩）	200	年末职工人数	1000
生产经营情况	主要产品	胚布	年设计生产能力	2788
		印染布	（万米）	3000
	工业总产值（万元）	36913.9	工业增加值（万元）	5794.4
	总能源费用（万元）	7714	利税总额（万元）	—
企业用能规模	☑≥10000tce　□5000－10000tce　□3000－5000tce			
	□1000－3000tce　□<1000tce			
能源管理人员基本信息	企业能源管理负责人	×××	联系电话	
	企业能源管理人员	×××	联系电话	
	能源利用状况表填报人	×××	联系电话	

二、企业生产工艺概况

主要产品规格	长纤成品布，产能 1500 万米/年；短纤成品布，产能 1500 万米/年
生产线现状	长纤织布： 1 个捻纱准备车间；2 个织布车间
	短纤织布： 1 个整经浆纱车间；1 个染纱车间；2 个织布车间
	染整： 2 个染整车间
主要工艺过程	长纤产品：先织布后染色 短纤产品：先染色后织布

主要生产工艺流程概况如下图所示：

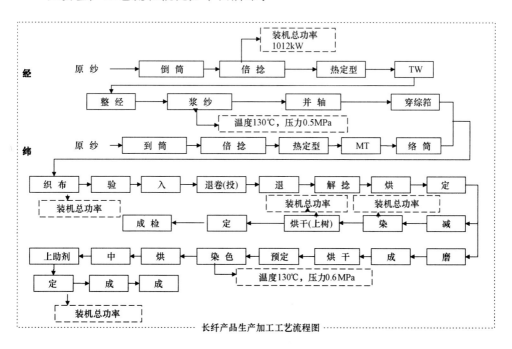

长纤产品生产加工工艺流程图

长纤产品生产加工工艺流程图

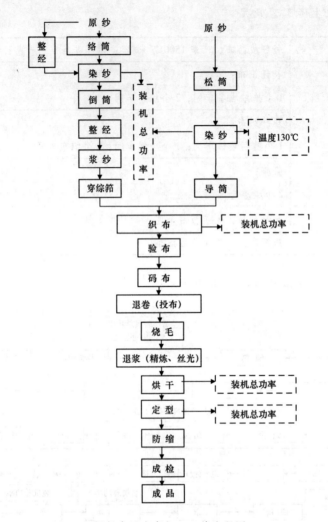

短纤产品生产加工工艺流程图

三、企业重点用能设备概况

1. 变压器

型号	容量（kVA）	数量（台）	投运年月	状态
S9-M-1600/10	1600	7	1998 年 6 月	在役
S9-M-1000/11	1000	1	2003 年 12 月	在役
SCB10-1250/10	1250	1	2006 年 6 月	在役

2. 主要用电设备

名称	设备型号	配套电机型号	数量（台）	单台容量（kW）	节电措施	状态
鼓风机	LT-250	FBFC-250S	3	75	-	在役
离心空压机	220DA3 60m³	ASCA-TH01	5	337	-	在役
离心空压机	180DA3 42.5m³	-	1	315	-	在役
离心空压机	220DA3 62m³	ASFA-TH001	1	370	-	在役
离心空压机	220DA3 58m³	ASCD-TKA02	1	337	-	在役
冷水机	PEH-87-400RT	-	4	352	-	在役
冷水机	PEH-87-400RT	-	1	360	-	在役
射频烘干机	SP01-85	-	2	85	-	在役
染纱机	TGCH-800	Y2-315L1-6	2	110	变频	在役
染纱机	TGCH-300	Y2-250M-4	6	55	变频	在役
烘干机	CD820001-10-1900	-	2	181	变频	在役
烘干机	CD62000HO-1900	-	1	164	变频	在役
烘干机	CF82000NG	-	1	190	变频	在役
烘干机	TGCD-300	-	1	110	-	在役
定型机	SEA2000HO-2000	-	3	185	变频	在役
定型机	STA2000NG	-	1	204	变频	在役
宽幅磨毛机	SF-SD12/3500	-	1	77	变频	在役

名称	设备型号	配套电机型号	数量（台）	单台容量（kW）	节电措施	状态
喷气电子多臂织布机	JA610	–	144	3.5	变频	在役
喷气电子多臂织布机	JA610	–	48	4	变频	在役
喷气宽幅织布机	JAT710	–	29	5	–	在役
喷气宽幅织布机	ZAX9100	–	1	5	–	在役
喷气凸轮织布机	JA610	–	48	3	变频	在役
喷水宽幅织布机	–	–	15	7.5	–	在役
喷水织布机	ZW405 – 210CCRDP	–	20	4	–	在役
喷水织布机	ZW405 – 210CCFDP	–	20	4	–	在役
喷水织布机	ZW405 – 2303CFDP	–	40	4	–	在役
喷水织布机	ZW405 – 210CCFDP	–	65	3	–	在役
喷水织布机	ZW405 – 210CCRDP	–	60	3	–	在役
喷水织布机	ZW408 – 210 – 2CFDP	–	55	4	–	在役

3. 主要用热（燃料）设备

设备名称	用热设备规格型号	数量	设计（热）效率/指标（%）
导热油锅炉	3500MJ	2	88
短纤浆纱机	丰田 98 – 08	2	–
短纤浆纱机	郑州 GA308	1	–
长纤浆纱机	KSH – 500	3	–
烘干机	TGCD – 300	2	–
染色机	TCH – 300	7	–
染色机	TCH – 250	4	–
染色机	TCH – 200	3	–
染色机	TCH – 150	2	–

设备名称	用热设备规格型号	数量	设计（热）效率/指标（%）
染色机	HJ – DHL – 300	4	–
染色机	HJ – DHL – 600	4	–
染色机	KN – QE – FN – 2L	10	–
染色机	KN – QE – FN – 1L	4	–
染色机	KN – FN – A400	4	–
精炼退浆机	SPS – 2300	1	–
八室瓦斯烘干机	CDB2000NG – 1850	1	–
烘焙机	TF – RG – 2000 – 3RX2RA	1	–
宽幅烘干定型机	D8C300CHO	1	–

四、企业能源计量管理及计量器具配备率

1. 能源计量组织及制度

能源计量器具管理部门	公用处工务课
能源计量管理制度	☐无 ☑简单制定 ☐较完善 ☐完善
主要能源计量器具类型	☑电能表 ☑流量计 ☑水表 ☐衡器 ☐计量罐

2. 能源计量器具配备率

根据《用能单位能源计量器具配备和管理通则》（GB 17167—2006）和《用能单位能源计量管理要求》（DB 33/656—2007）的要求，企业能源计量器具配备率情况如下：

层级	能源品种	配备率	标准要求	是否符合规定
进出用能单位	电力	100%	100%	☑是 ☐否
	天然气	100%	100%	☑是 ☐否
	蒸汽	100%	100%	☑是 ☐否
	水	100%	100%	☑是 ☐否

续表

层级	能源品种	配备率	标准要求	是否符合规定
进出主要	电力	100%	100%	☑是 □否
次级用能	天然气	100%	100%	☑是 □否
单位	蒸汽	100%	80%	☑是 □否
进出主要用能设备	电力	100%	100%（70kW）	☑是 □否

第二章　企业能源利用状况

一、企业能源消费概况

		2011 年	2012 年	同比	2013 年 1—6 月	备注
能源消费量	电力（万 kWh）	5049	3968	−21.41%	2012	−
	蒸汽（GJ）	315650	256494	−18.74%	140924	折标系数 0.03412
	天然气（万 Nm^3）	224.6	187.9	−16.34%	93.29	折标系数 12.143
等价值标准量（tce）		31169	24921	−20.05%	12983	−
当量值标准量（tce）		19703	15910	−19.25%	8414	−
工业总产值（万元）		51501.6	36913.9	−28.32%	15779.8	
工业增加值（万元）		9041.5	5794.4	−35.91%	1902.5	
单位产值能耗（tce/万元）		0.61	0.68	11.48%	0.82	
单位增加值能耗（tce 万元）		3.45	4.30	24.64%	6.82	

注：单位产值能耗、单位增加值能耗用等价值计算。电力当量值折标系数 1.229 tce/万 kWh，电力等价值折标系数 3.5 tce/万 kWh。

二、企业单位产品能耗情况

统计期		2011 年	2012 年	同比	2013 年 1—6 月
胚布	可比产量（hm）	744643	647975	−12.98%	353295
	产品电耗（万 kWh）	2487	1990	−19.98%	1012
	产品综合能耗（tce）	3057	2446	−19.99%	1244
	单位产品电耗（kWh/hm）	33.40	30.71	−8.05%	28.64
	单位产品综合能耗（kgce/hm）	4.11	3.77	−8.27%	3.52
印染布	可比产量（hm）	401752	292702	−27.14%	139601
	产品电耗（万 kWh）	1003	832.0	−17.05%	431.9
	产品蒸汽消耗（GJ）	206753	156580	−24.27%	77190
	产品天然气消耗（万 Nm³）	224.6	187.9	−16.34%	93.29
	产品综合能耗（tce）	11014	8647	−21.49%	4297
	单位产品综合能耗（kgce/hm）	27.41	29.54	7.77%	30.78

注：产品单耗用当量值计算。

三、企业能源消费、能源消耗流向

企业 2012 年能源消费构成：

	电能（万 kWh）	蒸汽（GJ）	天然气（万 Nm³）	综合能耗（tce）
实物量	3968	256494	187.9	
标准量（tce）	4876.7	8751.6	2281.7	15910
占总综合能耗的比重（%）	30.7	55.0	14.3	

注：电能折标系数 1.229tce/万 kWh，蒸汽折标系数 0.03412tce/GJ。

企业主要能源消耗流向：

电力	来源	智格 变电所 得纺 8205 线	
		智格 变电所 力织 8207 线	
	用途	☑电力拖动	主要为空压机、纺织印染设备电机
		☑电加热	包装机 1 台、射频烘干机 2 台
		☑其他	厂房照明
蒸汽	来源	杭州××××有限公司	
	参数	280 ℃、 1.1 MPa	
	用途	染纱、染色加热及前后整理设备加热和烘干	
天然气	用途	2 台 300 万 （大卡） 导热油 锅炉	
水	种类	□地表水 ☑自来水 □深井水	
	重复利用率	—	

四、企业节能技改情况

		项目名称（内容）	实施情况	节能效果
2012 年节能技改项目	1	定型机余热回收。	12 月已实施	—
	2	宽幅烘干定型机改天然气直燃。二期染整宽幅烘干定型机，由原先的导热油锅炉供热，改为瓦斯燃烧机直燃直供，以节约能源。	1 月已实施	年可节约能源费用约 48 万元
2013 年节能技改项目	1	烘干定型机改天然气直燃。在对宽幅烘干定型机改天然气直燃成功经验的基础上，计划对染整车间 4 台定型机和 3 台烘干机继续进行改造，由原先的导热油锅炉供热，改为瓦斯燃烧机直燃直供，以节约能源。	计划 11 月实施	年可节约能源费用约 171 万元

五、企业节能潜力分析

序号	节能潜力分析	节能量预测
1	企业 2012 年能源消费构成中，蒸汽消耗占总能耗的 55%。蒸汽是主要能耗，企业应重视节约蒸汽技术。可在工艺允许情况下，对蒸汽流量进行监测，实现按需分配的精细化自动控制，以节约蒸汽。	—
2	企业所用空压机功率较大，应重视空压机的节电技术措施，以节约用电。	—

第三章　企业履法情况

一、节能管理及考核

项目	检查内容	检查结果	备注
节能组织	能源管理组织机构	☐ 未　建　立 ☑ 基本建立 ☐ 较为完善 ☐ 完　　善	—
	能源管理负责人聘用	☑ 聘　　用 ☐ 持证上岗	×××
	能管员设定、持证上岗	☑ 已　设　定 ☑ 持证上岗	×××证号：××× ×××，未持证

续表

项目	检查内容	检查结果	备注
节能制度	能源消费统计制度	☐ 未 建 立 ☑ 基本建立 ☐ 较为完善 ☐ 完 善	企业实际已统计但未形成制度性文件
	能源利用状况报告制度及按期上报	☐ 未 上 报 ☐ 上报国家网 ☑ 上报省网 ☐ 上报市网 ☐ 伪造、瞒报等	—
节能考核	企业产品能耗定额	☐ 未制定 ☐ 部分制定 ☑ 制定	—
	企业产品能耗定额考核及奖励情况	☐ 未 考 核 ☑ 车间、部门 ☐ 班 级 ☐ 岗 位	—
	节能目标责任制	☑ 未 建 立 ☐ 已 建 立	没有形成制度文件
节能培训	主要耗能设备操作人员	☐ 已 培 训	—
节能宣传	开展节能宣传及成效	☐ 已 开 展	—

二、企业重点用能设备及生产工艺监察结果

淘汰设备	☐ 有	☑ 无
落后工艺（生产线）	☐ 有	☑ 无
本次现场能源监察未发现企业使用国家明令淘汰的用能设备。		

三、2012 年与当地政府签订的节能目标完成情况

节能目标 责任书	签订情况	☑已签订　　□未签订			
	内容	2012 年企业与杭州经济技术开发区经济发展局签订万元工业增加值电耗下降 4.9% 以上的节能目标责任书			
万元工业 产值电耗 指标（kWh /万元）	2011 年万元工业产值电耗	980.4	万元工业增加值电耗指标（kWh/万元）	2011 年万元工业增加值电耗	5584
	2012 年万元工业产值电耗	1075		2012 年万元工业增加值电耗	6848
	同比	9.65%		同比	22.64%
	节能目标值	—		节能目标值	−4.9%
节能目标 完成情况	□完成　　☑未完成				

四、企业产品能耗限额标准执行情况

企业产品	胚布	☑有能耗限额标准　　□无能耗限额标准				
	印染布	☑有能耗限额标准　　□无能耗限额标准				
能耗限额执行标准	DB 33/757—2009 DB 33/685—2012					
	能耗限额项目	能耗限额值	企业实际值		是否超标	超出标准值
胚布	可比单位 产品电耗 （kWh/hm）	≤18	2012 年	30.71	☑是　□否	70.6%
			2013 年 1—6 月	28.64	☑是　□否	59.1%
	可比单位产 品综合能耗 （kgce /hm）	≤19	2012 年	3.77	☑是　□否	—
			2013 年 1—6 月	3.52	☑是　□否	—
印染布	可比单位产 品综合能耗 （kgce /hm）	≤30	2012 年	29.54	☑是　□否	—
			2013 年 1—6 月	30.78	☑是　□否	2.6%
情况说明	胚布执行能耗限额标准《棉布单位产品可比电耗、综合能耗限额及计算方法》（DB 33/757—2009）；印染布执行能耗限额标准《印染布可比单位综合能耗限额及计算方法》（DB 33/685—2012）。					

五、固定资产投资项目节能评估审查及执行情况

2011 年以来企业无年能耗超 1000 吨标准煤的固定资产投资项目。

第四章　重点耗能设备节能监测情况

供配电系统节能监测：

被监测单位	杭州×××有限公司	监测通知号	—
被监测系统	供配电系统	监测日期	201×年×月××日
监测依据	企业供配电系统节能监测方法（GB/T 16664—1996） 评价企业合理用电技术导则（GB/T 3485—1998）		

监测结果	监测项目	实测数据	合格指标
	1. 日负荷率（%）	72.2	≥60（二班制）
	2. 变压器负载系数 （S9－M－1600/10）	0.296	$1 > β ≥ 0.114$
	3. 线损率（%）	—	<3.5
	4. 功率因数	0.95	≥0.9

评价结论、处理意见及建议：

本次企业供配电系统节能监测合格。

监测人：×××　××

杭州市能源监察中心

二〇一×年×月×××日

272

第五章　监察结论及整改意见、建议

一、结论

企业比较重视节能管理工作，积极配合节能监察工作。经过对企业原始数据的分析，现场的调查测试，形成监察结论如下：

1. 企业能源管理工作基本符合国家及省节能法律、法规的要求；能源管理组织机构已建立。

2. 企业属浙江省重点用能企业，已聘任能源管理负责人并设立能源管理员岗位，能源管理员已参加节能主管部门组织的相关培训，取得能源管理岗位上岗证。主要用能设备的操作人员已进行上岗前的节能专业培训。

3. 企业能源计量仪表的配备达到国家能源计量管理要求。

4. 企业未建立节能目标责任制。

5. 企业已基本建立能源消费统计和能源利用状况分析制度，企业能源利用状况按时上报浙江省能源管理信息系统。

6. 企业 2012 年胚布可比单位产品电耗 30.71kWh/hm，2013 年 1—6 月份胚布可比单位产品电耗 28.64kWh/hm，均超出了浙江省单位产品能耗限额标准（DB 33/757—2009）要求的指标值；企业 2013 年 1—6 月份印染布可比单位产品综合能耗 30.78kgce/hm，超出了浙江省单位产品能耗限额标准（DB 33/685—2012）要求的指标值。

7. 企业 2011 年以来无年能耗超 1000 吨标准煤的固定资产投资项目。

8. 企业 2012 年万元工业增加值电耗同比上升了 22.64%，未完成签订的下降 4.9% 以上的节能目标。

二、整改意见

1. 企业 2012 年胚布可比单位产品电耗，2013 年 1—6 月份胚布可比单位产品电耗和印染布可比单位产品综合能耗，均超出了浙江省单位产品能耗限额标准要求的指标值，企业应认真查找原因，及时整改。

2. 进一步加强节能工作的领导和管理，健全能源管理网络体系。

3. 建立、健全包括能源消费统计、能源计量管理等各项能源管理制度，并做好制度性文件的归档工作。

4. 企业应根据节能目标和生产工艺实际，制定合理的节能目标责任制，并把节能目标分解落实到各车间、班组。

5. 完善企业能源利用状况报告的报告和分析制度，重视单位产品能耗的统计和分析，完善统计台账，提高分析能力。

6. 企业目前具体的能管员工作由×××负责，但其尚未参加过能管员培训，建议其参加能管员培训，取得能管员上岗证。

7. 企业未完成 2012 年和杭州经济技术开发区经济发展局签订的节能目标，应认真查找原因，制定节能计划，落实节能措施。

企业按要求在三个月内完成整改工作。

（以下空白）

附件 5

关于对浙江××纺织印染有限公司等 7 家单位
2012 年用能执行惩罚性电价加价的公示

根据《浙江省实施〈中华人民共和国节约能源法〉办法》和《浙江省超限额标准用能电价加价管理办法》（浙政发〔2010〕39 号）的有关规定，拟对浙江××纺织印染有限公司、绍兴市××纺织厂有限公司、浙江××控股集团有限公司、杭州×××氨纶有限公司、富阳市××纸业有限公司、杭州××纺织有限公司、瑞安市××大酒店有限公司等 7 家单位 2012 年用能实施惩罚性电价加价措施，现予以公示：

序号	企业名称	监察项目（单位）	2012 年单耗	省标限额值	2012 年产量或营业面积	加价金额（单位：元）
1	浙江××纺织印染有限公司	产品可比单位电耗（棉布，kWh/hm）	21.24	18	752053（hm）	243665.00
2	绍兴市××纺织厂有限公司	产品可比单位电耗（涤纶布，kWh/hm）	19.00	18	1649050（hm）	164905.00
3	浙江××控股集团有限公司	产品可比单位电耗（全棉布，kWh/hm）	18.1	18	1364634（hm）	13646.00
4	杭州×××氨纶有限公司	产品可比单位电耗（kWh/t）	9569.5	6770	1704.36（t）	477100.00
5	富阳市××纸业有限公司	瓦楞原纸单位综合能耗（kgce/t）	257.27	220	25782（t）	781800.00
6	杭州××纺织有限公司	产品可比单位电耗（kWh/百米）	30.71	18	647975（hm）	823570.00
7	瑞安市××大酒店有限公司	饭店单位面积电耗（kWh/m²）	102.66	95	15334.9（m²）	11746.00

公示时间：201×年12月25日至12月31日，共7天。如有异议，请在公示时间内与我委联系。

电　话：　　　　　传　真：

电子邮箱：

省经信委

201×年×月×日

附件6

浙江省经济和信息化委员会

浙 江 省 物 价 局

国家能源局浙江监管办公室

关于对浙江××纺织印染有限公司等6家

2012年超能耗限额标准单位落实惩罚性电价的通知

杭州市经信委、物价局，绍兴市经信委、物价局，温州市经信委、物价局，省电力公司：

根据《浙江省超限额标准用能电价加价管理办法》（浙政发〔2010〕39号）和《关于超能耗产品惩罚性电价加价标准的通知》（浙价资〔2010〕275号）的有关规定，决定对浙江××纺织印染有限公司等6家2012年能耗情况超省能耗限额标准的单位，实行超限额标准用能电价加价（加价情况详见附件）。

省电力公司负责执收超限额标准用能单位和产品电价加价费，全额上缴省级财政非税收入账户。执收时不得擅自减免，也不得擅自对其他单位和产品加价。超限额标准用能电价加价费将按规定全额返还给相关的市、县财政，用于节能降耗工作。

超限额标准用能电价加价政策，是我省加快淘汰落后产能，促进节约能源和降低消耗，推进产业结构调整优化的强有力手段。各有关部门要高度重视，严格按照相关规定落实好惩罚性电价政策，督促超限额标准用能单位提出切实整改措施并落实到位，确保单位综合能耗、电耗不超出标准限额值。

附件：浙江××纺织印染有限公司等6家2012年超能耗限额标准单位加

价情况表

省经信委　　　　　省物价局　　　　　浙江能源监管办

　　　　　　　　　　　　　　　　　　　201×年×月×日

抄送：省政府办公厅，省财政厅，各超限额标准用能单位附件：

浙江××纺织印染有限公司等6家超标用能单位
惩罚性电价加价复核情况表

序号	企业名称	监察项目（单位）	2012年单耗	省标限额值	2012年产量或营业面积	加价金额（单位：元）
1	浙江××纺织印染有限公司	产品可比单位电耗（棉布，kWh/百米）	21.24	18	752053（百米）	243665.00
2	绍兴市××纺织厂有限公司	产品可比单位电耗（涤纶布，kWh/百米）	19.00	18	1649050（百米）	164905.00
3	浙江××控股有限公司	产品可比单位电耗（全棉布，kWh/百米）	18.1	18	1364634（百米）	13646.00
4	杭州×××氨纶有限公司	产品可比单位电耗（kWh/t）	9569.5	6770	1704.36（t）	477100.00
5	杭州××纺织有限公司	产品可比单位电耗（kWh/百米）	27.40	18	726380（百米）	682797.00
6	瑞安市××大酒店有限公司	饭店单位面积电耗（kWh/m²）	102.66	95	15334.9（m²）	11746.00

第三章　节能监测

节能监测工作起源于 1990 年，当时国家计委根据《节约能源管理暂行条例》的有关规定，发布了《节约能源监测管理暂行规定》，明确提出了节能监测的概念。

据此，节能监测是政府推动能源合理利用的一项重要手段。节能监测通过设备测试、能质检验等技术手段，对用能单位的能源利用状况进行定量分析和评价，并对浪费能源的行为提出处理意见。

本章主要介绍六种通用设备的节能监测方法和目前国家节能监测标准的评价指标。

第一节　节能监测简介

一、节能监测的定义

节能监测是指依据国家有关节约能源的法规（或行业、地方规定）和标准，对用能单位的能源利用状况进行的监督、检查、测试和评价。

节能监测包括综合监测和单项监测两类。综合节能监测是指对用能单位整体的能源利用状况进行的监测。对重点用能单位定期进行综合节能监测；单项节能监测是指对用能单位能源利用状况中的部分项目进行的监测，如对工业锅炉、热力输送系统、企业供配电系统、三相异步电动机等单项监测。对一般企业、事业和其他用能单位可进行单项节能监测。

二、节能监测的原则

节能监测的主要原则：依法依规、公平公正、科学准确、可测可评。

（一）　依法依规

依据《中华人民共和国节约能源法》及其他有关法律、法规和技术标准等开展节能监测工作，加强节能管理，提高用能水平，推动合理用能和节约用能。

（二）　公平公正

节能监测机构及其工作人员应当本着公平公正的原则，严格按照监测技术标准和规范实施监测，对待被监测单位，按照同一标准和尺度进行监测并做好各项监测数据的原始记录。

（三）　科学准确

监测所用仪表、器具，测试条件，测试和计算方法应符合有关规定，监测所用的仪表、器具必须完好，并应在检定周期之内，其准确度应保证所测结果准确可靠，测试误差应在被监测项目的相关标准所规定的允许范围之内，能全面、准确、有效地反映被监测对象的实际运行情况和能源利用状况。

（四）　可测可评

优先选用简便易测、有针对性和代表性的参数，能反应被监测对象的实际运行情况和能源利用状况，采用便携式或现场合格仪表、器具进行监测，同时应考虑取样分析方便，以实现迅速准确监测的要求。可评价就是根据对用能设备的节能要求，依据节能技术标准，制订出合理的测试考核方案，以便对被测对象的用能状况做出评价。

三、节能监测的目的

（一）　判断是否符合节能法规的基础

节能监测的一项重要任务是贯彻节能法律、法规、规章和标准，通过加强节能监测，促使落后生产能力、落后工艺装备、落后产品的淘汰工作落到实处。

（二）　为节能主管部门管理提供技术监测手段

节能监测是一种技术监督手段，科学地反映主要用能设备的装备水平和用能水平，节能监测机构定期向节能主管部门和上级节能监测机构报告监测情况，提出合理化建议和用能单位能源利用状况的分析报告。为节能主管部门深层次地部署、协调、服务、监督节能工作提供科学依据。

（三）为用能单位能源管理提供科学依据

节能监测通过对用能单位的能源利用状况的定量分析，对浪费能源的原因和技改提出分析意见，为用能单位提出节能潜力和措施及改进能源管理和开展节能技术改造提供科学依据，提高用能单位的节能自觉性，促进其节能技术改造。

四、节能监测的重点

（一）对用能设备的节能监测

通用用能设备应采用节能型、效率高、能耗低的产品，已明令禁止使用和能耗高、效率低的设备应限期淘汰更新，用能设备或系统的实际运行效率、主要用能参数应符合经济运行的要求。

用能设备包括用能单位各种能源转换设备和终端用能设备。能源转换设备在用能单位中都存在有"通用"性质。如工业锅炉、空气压缩机、电力变压器、整流器等都是为满足生产工艺对能源品种或参数上的要求而进行能源转换加工的设备；终端用能设备是指用能单位生产过程中完成某一特定工艺任务的专用设备。如熔炼炉、加热炉、热处理炉、煅烧窑、干燥设备、蒸馏设备、冷却设备、运输设备、机械加工设备以及能源生产企业的供热、发电、制气、炼焦设备。

（二）对用能工艺的能效评价

对用能工艺的能效评价首先是对产品生产工艺中用能方案的合理、先进性和实际状况包括工艺能耗与工序能耗进行分析评价；其次是对影响用能工艺的各个因素（用能设备及与能耗相关的生产工艺参数）进行监测和综合评价。

对用能工艺的分析评价涉及较多方面，如：生产规模的大型化；生产过程的自动化、连续化；工序的省略与融合；余能利用以及生产条件、经济条件、技术条件等。

对用能工艺的能效评价内容主要包括：

（1）检测、评价合理使用热、电、油及主要载能工质状况；

（2）对供能质量等情况进行监督、检测；

（3）对用能产品的能耗指标监测、评价；

（4）对用能产品、工序的能耗检测、评价；

（5）对用能工艺、设备、网络的技术性能检测、评价；

（6）检查用能单位及内部供用能单位的节能管理现状；

（7）对新建、改建、扩建、节能技术改造工程（项目）的能源合理利用评价；

（8）对新建、改建、扩建、节能技术改造工程（项目）的节能效果检测、评价；

（9）对用能单位能源计量完善程度和能源统计数据的准确性、可靠性进行检查；

（10）对企业的综合监测。

五、节能监测的资质要求

现阶段要求节能监测机构具备计量认证或实验室认可资质方能开展节能监测工作。

（一）计量认证

1. 概述

为社会提供公证数据的产品质量检测机构，必须经省级以上人民政府计量行政部门对其计量检定，测试的能力和可靠性考核合格。计量认证（China Metrology Accreditation，简称 CMA）是第三方检测机构进入市场的准入证。只有取得计量认证合格证书的第三方检测机构，才允许在检验报告上使用 CMA 章。盖有 CMA 章的检验报告可用于产品质量评价、成果及司法鉴定，具有法律效力。

计量认证分为"国家级"和"省级"两级。计量认证资质由国家、省两级计量行政部门分别监督管理。

2. 认证流程

依据《实验室资质认定评审准则》，计量认证具体流程如下：

（1）意向申请。监测机构向计量行政部门提出申请并提交有关材料。

（2）初次审核。按评审准则要求进行预审，查找不符合项并要求整改。

（3）正式评审。计量行政部门组成评审组对申请认证的机构进行评审。

（4）上报、审核、发证。对考核合格的监测机构由计量行政部门审查、批准、颁发计量认证证书，并同意其使用统一的计量认证标志。

（5）复审。监测机构每3年进行复查，监测机构应提前半年向原发证部门提出申请。

（6）飞行检查。计量行政部门对已取得计量认证合格证书的单位，在3年有效期内安排监督抽查。

（二）实验室认可

1. 概述

实验室认可是指由中国合格评定国家认可委员会（China National Accreditation Service for Conformity Assessment，简称 CNAS）对检测/校准实验室和检查机构有能力完成特定任务做出正式承认的程序，属于自愿性认证体系。通过认可的实验室出具的检测报告可以加盖 CNAS 的印章，所出具的数据国际互认。

2. 认可流程

实验室认可依据 CNAS CL01—2006、《检测和校准实验室能力的通用要求》（ISO/IEC 17025—2005），具体流程如下：

（1）意向申请。申请人向 CNAS 表示认可意向，CNAS 向申请人提供最新版本的认可规则和其他有关文件。

（2）正式申请。申请人按 CNAS 的要求提供申请资料，CNAS 审查申请资料，体系正式运行超过6个月，且进行了完整的内审和管理评审，则可予以正式受理，并在3个月内安排现场评审。

（3）评审准备。CNAS 指定评审组，评审组审查申请人提交的相关文件和资料，评审组确认资料合格后，进行现场评审。

（4）现场评审。评审组依据 CNAS 的认可准则、规则和要求及有关技术标准进行现场评审。

（5）认可评定。CNAS 将评审资料及所有相关信息提交评定委员会，评定委员会对申请人与认可要求的符合性进行评价并做出决定。

（6）批准发证。CNAS 向获准认可机构颁发有 CNAS 授权人签章的认可证书，以及认可决定通知书和认可标识章，阐明批准的认可范围和授权签字人。认可证书有效期为 3 年。

第二节　通用设备现场节能监测方法

一、燃煤工业锅炉节能监测方法

监测的目的是判定被监测的锅炉热效率、排烟温度、排烟处空气系数（以下简称空气系数）、炉渣含碳量和炉体表面温度是否符合标准规定的评价指标。节能监测严格按照《燃煤工业锅炉节能监测》（GB/T 15317—2009）进行。

（一）适用范围和引用标准

1. 适用范围

适用于额定热功率（额定蒸发量）大于 0.7MW（1t/h）、小于等于 24.5MW（35t/h）的工业蒸汽锅炉和额定供热量小于等于 2.5GJ/h 的工业热水锅炉。

2. 引用标准

《工业锅炉热工性能试验规程》（GB/T 10180—2003）、《工业锅炉经济运行》（GB/T 17954—2007）、《工业锅炉水质》（GB/T 1576—2008）。

（二）节能监测项目

工业锅炉节能监测项目包括节能监测检查项目和节能监测测试项目。

1. 检查项目

（1）是否为列入国家淘汰目录；锅炉如果属于增容范围，应有主管机构批准手续，其技术经济指标应符合 GB/T 17954 一级炉要求。

（2）锅炉主要操作人员应持有培训合格证与上岗资格证。

（3）锅炉的给水、锅炉的水质应有定期分析记录并符合 GB/T 1576 的要求。

（4）应有 3 年内热效率测试报告，锅炉在新安装、大修、技术改造后应进行热效率测试，热效率测试专业单位按 GB/T 10180 进行。

（5）锅炉运行负荷，除短时间的负荷外，一般不应低于额定蒸发量或额定供热量的 70%。

2. 测试项目

（1）锅炉排烟温度。

（2）空气系数。

（3）炉渣含碳量。

（4）炉体表面温度。

（三） 节能监测方法

1. 测试工况

测试应在正常生产运行工况下进行。

2. 测试时间

从热工况达到稳定状态开始，测试时间应不少于 1h；除去需要化验分析的项目以外，测试项目参数每隔 15min 记录一次，取算术平均值作为测试结果。

3. 测试方法

（1）排烟温度的测试——在锅炉最后一级尾部受热面出口 1m 以内的平直烟道上进行，测温元件应插入烟道中心处并保持热电偶插入处的密封。

（2）空气系数的测试——烟气取样点应在锅炉最后一级尾部受热面出口 1m 以内的烟道中心位置，烟气取样应与烟温测量同步进行。空气系数采用奥氏分析仪或燃烧效率测试仪，测出烟气含氧量 φ（O_2）、一氧化碳含量 φ

（CO）及三原子气体含量 φ（RO_2）按下式计算空气系数：

$$\alpha = \frac{21}{21 - 79 \times \dfrac{\varphi(O_2) - 0.5\varphi(CO)}{100 - \varphi(O_2) - \varphi(CO) - \varphi(RO_2)}}$$

式中：

α——空气系数；

φ（O_2）、φ（CO）、φ（RO_2）——干燃烧产物的体积分数。

（3）炉渣含碳量的测试——装有机械除渣设备的锅炉可在出灰口处定期取样（一般15min～20min取样一次），取样应注意样本的均匀性和样品的代表性。

（4）炉体表面温度的测试——炉体表面温度的测试测点的选择应具有代表性，炉体表面温度的测点应均匀布置在锅炉外壁的各个侧面，对于额定蒸发量≤1.4MW（2t/h）的锅炉，每侧墙不得少于8个点，其余锅炉侧墙不得少于12个点，窥探孔和观火门300毫米的范围内不能布置测点。一般每1平方米面积取一个测点，每个测点每隔15min记录一次，以其算术平均值作为测试结果。

（四）测量仪器

测量仪器的误差应符合表3-1的要求。

表3-1

序号	主要测试仪器	测试参数	精度及误差要求
1	超声波流量计	锅炉给水流量	不低于2.0级
2	燃烧效率分析仪	SO_2、O_2、CO、CO_2 等烟气成分	$\varphi(O_2) \leqslant \pm 0.2\%$ $\varphi(CO) \leqslant \pm 5\%$ $\varphi(RO_2) \leqslant \pm 0.3\%$
3	温度计	排烟温度、炉体表面温度	表面温度≤±1℃ 排烟温度≤±3%
4	测厚仪	管壁厚度	不低于2.0级

辅助设备：卷尺、记号笔（用于标记测试开始时入炉原煤在煤仓中高度位置）、内径卡钳、锉刀、插线板。

（五） 锅炉热效率测试注意事项

锅炉的热效率测试依据 GB/T 10180 进行。该标准规定了正平衡测量法和反平衡测量法，锅炉效率取正平衡测量法与反平衡测量法测得的平均值。当锅炉额定蒸发量（额定热功率）≥20 t/h（14MW），用正平衡法测定有困难时，可采用反平衡法测定锅炉效率。手烧锅炉允许只用正平衡法测定锅炉效率。锅炉热效率测试时应注意以下事项：

（1）锅炉测试开始、结束时，要保证汽包液位处于同一位置。

（2）锅炉测试期间，锅炉负荷保持在额定蒸发量（额定供热量）的70%左右。

（3）锅炉测试开始时，应关闭所有排污阀门，测试期间不得冲洗液位计。

（4）烟气取样点应在锅炉最后一级尾部受热面出口1m以内的烟道中心位置，烟气取样应与排烟温度测量同步进行。

（5）锅炉给水流量测点理想位置为上升管段，超声波流量计探头所使用耦合剂应选用高温耦合剂。

二、热力输送系统节能监测方法

监测的目的是评价被监测的热力输送系统的管道、阀门、疏水阀等部件是否存在跑冒滴漏现象，管道外表面温度是否达到监测合格标准，并以此评价，对监测不合格的单位应做出能源浪费程度的评价报告和提出整改意见。节能监测严格按照《热力输送系统节能监测》（GB/T 15910—2009）进行。

（一） 适用范围和引用标准

1. 适用范围

适用于供热、用热单位的蒸汽和热水输送系统。

2. 引用标准

《设备及管道绝热技术通则》（GB/T 4272—2008）。

（二） 节能监测项目

热力输送系统节能监测项目包括节能监测检查项目和节能监测测试项目。

1. 检查项目

（1）供热管网和用热设备及附件不得有可见的漏水或漏汽现象。

（2）热力管道及附件的保温应符合下列要求：

1）外表面温度大于或等于 50 摄氏度的管段及公称直径 D_g≥80 毫米的阀门、法兰等附件，除工艺生产上不宜或不需要保温的部分外，均应进行保温；

2）保温材料的选用应符合 GB/T 4272 规定；

3）保温结构不应有严重破损、脱落等缺陷；

4）室外热力管道保温结构应有防雨、防湿及不易燃烧的保护层；

5）地沟内敷设的热力管道不得受积水浸泡。

（3）系统主要设备、管道等应采用固定式保温结构，法兰、阀门等应采用可拆式保温结构。

（4）热力输送系统中产生凝结水处应安装疏水阀，并保持完好；不得用淘汰产品，也不得用阀门代替疏水阀。

2. 测试项目

（1）保温结构表面温升，包含对如下参数的测定：

1）保温结构的外表面温度；

2）测点周围的环境温度；

3）测点周围的风速。

（2）疏水阀漏汽率。

（三）节能监测方法

1. 测试工况

测试应在热力输送系统正常运行工况下进行。

2. 监测时间

监测时间从热工况达到稳定状态开始，监测时间应不少于 1 小时；除去需要化验分析的项目以外，测试项目参数每隔15分钟记录一次，取算术平均值作为测试结果。

3. 保温结构表面温升的测试

（1）保温结构表面温升测试参数包括：保温结构外表面温度、测点周围的环境温度和测点周围的风速。

（2）测试应在供热管网和用热设备正常运行工况下进行。

（3）测试应在供热管道和用热设备投入运行不少于 8 小时后，且供热管道和用热设备内介质参数基本保持稳定 1 小时后开始。

（4）室外测试应避免在雨、雪天气下进行，应避免日光直接照射或周围其他热源的辐射影响，否则应加遮阳装置，且稳定 1 小时后再测试。

（5）测试时测点周围风速不应大于 3.0 米/秒。

（6）在热力主干管道上选择具有代表性的管段作为测试区，每个测试区段其长度不得少于 20 米，沿测试区长度均匀布置 5 个测试截面，其中 1 个测试截面应布置在弯头处，否则应增加 1 个弯头测试截面；每个测试截面沿管道外表周长均匀布置 4 个温度测点，取其算术平均值。

（7）环境温度测点布置：架空管道测试应在距离测试截面保温结构外表面 1 米处；敷设在地沟中的管道测试应在测试截面的管道与沟壁之间中心处。

（8）风速测点位置与环境温度测点相同。

4. 疏水阀漏汽率的测试

（1）把通过疏水阀的凝结水和泄漏蒸汽的混合物排入盛冷水的计量桶中，测出混合物的焓值，用热平衡法计算疏水阀漏汽率，公式如下：

$$\Delta I = \frac{D_q}{D_s} = \frac{i - i_s}{i_{bq} - i} \times 100$$

式中：

ΔI——疏水阀漏汽率，用百分数表示（%）；

D_q——疏水阀在测试期内的漏汽量，单位为千克每秒（kg/s）；

D_s——疏水阀在测试期内的排水量，单位为千克每秒（kg/s）；

i——汽水混合物的焓值，单位为千焦每千克（kJ/kg）；

i_{bq}——疏水阀前压力下饱和蒸汽的焓值，单位为千焦每千克（kJ/kg）；

i_s——疏水阀内凝结水的焓值，单位为千焦每千克（kJ/kg），由阀前蒸汽压力和凝结水的温度确定。

（2）测试用温度计的最小刻度应为 0.5 摄氏度，测试压力表的准确度应为1.5级。

（四） 测试仪表

表3-2

序号	主要测试仪器	测试参数	精度要求
1	温度计、红外测温仪、热像仪	外表面温度、环境温度	不低于2.0级
2	风速仪	环境风速	不低于2.0级

辅助设备：卷尺、内径卡钳

（五） 测试注意事项

采用热像仪测试时，应注意热像仪调焦。

三、企业供配电系统节能监测方法

监测的目的是评价在供配电系统中重要的电气设备，监测企业的日负荷率、线损率、用电体系功率因数和变压器负载系数，分析变压器运行情况，如何减少其损耗，优化其经济运行指标，提高企业电能利用率，节能监测严格按照《企业供配电系统节能监测方法》（GB/T 16664—1996）进行。

（一） 适用范围和引用标准

1. 适用范围

适用于企业、事业等用电单位供配电系统。

2. 引用标准

《评价企业合理用电技术导则》（GB/T 3485—1998）；

《电力变压器经济运行》（GB/T 13462—2008）；

《节能监测技术通则》（GB/T 15316—2009）。

（二） 节能监测项目

（1）日负荷率；

（2）变压器负载系数；

（3）线损率；

（4）企业用电体系功率因数。

（三）节能监测方法

监测应在用电体系处于正常生产实际运行工况下进行，测试期为一个代表日（24 h）。

1. 日负荷率的测试与计算

（1）用电体系日平均负荷与日最大负荷的数值之比的百分数，即日负荷率 K_f（%）。

（2）在测试期内，测算以下参数：

1）日平均负荷：用电体系在测试期内实际用电的平均有功负荷 P_p，kW，其数值等于实际用电量 除以用电小时数。

2）日最大负荷：用电体系在测试期出现的最大小时平均有功负荷 P_{max}，kW。

（3）用电体系在测试期的日负荷率 K_f（%）按下式计算：

$$K_f = \frac{P_p}{P_{max}} \times 100$$

2. 变压器负载系数的测试与计算

（1）电力变压器运行期间平均输出视在功率与其额定容量之比，即变压器负载系数 β，又称变压器平均负载系数。

（2）在测试期内，分别测算每台变压器的下列参数：

1）运行时间：变压器投入运行的时间 t，h；

2）有功电量：运行期间变压器负载侧的有功电量 E_p，kW·h；

3）无功电量：运行期间变压器负载侧的无功电量 E_q，kvar·h；

4）额定容量：变压器额定容量 S_e，kVA。

（3）测试期的变压器负载系数按下式计算：

$$\beta = \frac{S}{S_e}$$

式中：S——变压器平均输出视在功率，kVA，按下式计算：

$$S = \frac{\sqrt{E_p^2 + E_q^2}}{t}$$

（4）变压器负载系数也可以用以下方法测算其近似值：

1）分别测算每台变压器运行时负载侧的均方根电流 I_2，A；

2）记录每台变压器负载侧额定电流 I_{2e}，A；

3）变压器负载系数 β 按下式计算：

$$\beta \approx \frac{I_2}{I_{2e}}$$

（5）变压器综合功率损耗率最低时，其输出视在功率与额定容量之比，即变压器综合功率经济负载系数 β_z，按下式计算：

$$\beta_z = \sqrt{\frac{P_0 + K_Q Q_0}{P_K + K_Q Q_K}}$$

式中：

β_z——变压器综合功率经济负载系数；

P_0——变压器空载损耗，kW；

Q_0——变压器励磁功率，kvar；

P_k——变压器额定负载损耗，kW；

Q_k——变压器额定负载漏磁功率，kvar；

K_Q——无功经济当量，kW/kvar。

变压器励磁功率：

$$Q_0 \approx I_0' \times S_e$$

式中：

I_0'——变压器空载电流百分数，% 。$I_0' = (I_0 / I_e) \times 100$；

I_0——变压器空载电流，A；

I_e——变压器额定电流，A；

S_e——变压器额定容量，kVA。

变压器额定负载漏磁功率：

$$Q_k \approx U_k' \times S_e$$

式中：

U_k'——变压器短路电压百分数，% 。$U_k' = (U_k / U_e) \times 100$；

U_k——变压器短路电压，V；

Ue——变压器额定电压，V。

变压器特性参数 P_u，P_k，I_0（%），U_k（%）由设备档案、铭牌或产品手册中查得。

3. 线损率的测试与计算

（1）供给用电体系的电量由体系受电端经变电站（所）至低压供配电线路末端所损耗的电量之和占体系总供给电量的百分数，即线损率 α（%）。

（2）在测试期内，测算以下参数：

1）用电体系实际总供给电量 E_r，kW·h；

2）每台变压器的损耗 ΔE_s，kW·h，计算方法见式（B1）；

3）每条线路的损耗 ΔE_{sx}，kW·h；

4）电气仪表元件的损耗 ΔE_y，kW·h。

ΔE_y 在现场监测时，允许忽略不计。

（3）测试期的线损率 α（%）按下式计算：

$$\alpha = \frac{\sum\limits_{1}^{n_1} \Delta E_s + \sum\limits_{1}^{n_2} \Delta E_{sx}}{E_r}$$

式中：

n_1——变压器台数；

n_2——线路条数。

1）每台变压器的有功损耗 ΔE_s 按式（3-1）计算：

$$\Delta E_s = \Delta E_0 + \Delta E_K \tag{3-1}$$

式中：

ΔE_s——变压器损耗，kW·h；

ΔE_0——变压器空载损耗有功电量，kW·h，按式（3-2）或（3-3）计算；

ΔE_K——变压器负载损耗有功电量，kW·h，按式（3-4）计算。

变压器空载损耗有功电量为：

$$\Delta E_0 = P_0\left(\frac{U_1}{U_e}\right)^2 t \qquad (3-2)$$

或
$$\Delta E_0 = P_0 t \qquad (3-3)$$

式中：

P_0——变压器空载损耗，kW；

U_1——变压器运行电压（平均值），V；

U_e——变压器额定电压，V；

t——变压器投入运行时间，h。

变压器负载损耗有功电量为：
$$\Delta E_k = K_T P_k \beta^2 t \qquad (3-4)$$

式中：

P_k——变压器额定负载损耗，kW；

β——变压器负载系数；

K_T——负载波动损耗系数。

2）每条线路的损耗 ΔE_{sx} 按公式（3-5）计算：
$$\Delta E_{sx} = m I_i^2 R t_i \times 10^{-3} \qquad (3-5)$$

式中：

ΔE_{sx}——每条线路的损耗，kW·h；

m——相数系数，单相 m=2，三相3线 m=3，三相4线 m=3.5；

I_i——线路中电流的均方根值，A；

R——每相导线的电阻，Ω，按式（3-6）计算；

t_i——线路运行时间，h。
$$R = R_{20} L (1 + \gamma_1 + \gamma_2) \qquad (3-6)$$

式中：

R_{20}——在温度20℃时每千米导线的电阻值，Ω/km，由线缆手册查取；

L——线路导线长度，km；

γ_1——环境温度对电阻值的修正系数，按式（3-7）计算；

γ_2——导线负荷电流引起的温升对电阻值的修正系数，按式（3-8）或

（3 - 9）计算。

修正系数 γ_1 为：

$$\gamma_1 = 0.004\ (T-20) \tag{3-7}$$

式中：T——测试期 t_i 内的平均环境温度，℃。

修正系数 γ_2 为：

$$\gamma_2 = 0.004\ (T_x-20)\left(\frac{I_i}{KI_x}\right) \tag{3-8}$$

或：

$$\gamma_2 \approx 0.2\left(\frac{I_i}{1.05I_x}\right)^2 \tag{3-9}$$

式中：

T_x——导线最高允许温度，℃；裸导线 $T_x = 70$℃，绝缘导线 $T_x = 65$℃，1 ~ 3kV 电缆 $T_x = 80$℃，6kV 电缆 $T_x = 65$℃，10kV 电缆 $T_x = 60$℃；

I_x——环境温度为25℃时，导线的允许载流量，A，由线缆手册查取；

K——温度换算系数，可按式（3 - 10）计算，一般取 $K \approx 1.05$。

$$K = \sqrt{\frac{(T_x-20)}{(T_x-25)}} \tag{3-10}$$

4. 企业用电体系功率因数的测试与计算

（1）用电体系有功功率与视在功率之比，即功率因数；以用电体系有功电量与无功电量为参数计算而得的功率因数，即企业用电体系功率因数 $\cos\varphi$ 又称企业用电体系加权平均功率因数。

（2）在测试期内，测算以下参数：

1）供给用电体系的总有功电量 E_{rp}，kW·h；

2）供给用电体系的总无功电量 E_{rq}，kvar·h。

（3）测试期的企业用电体系功率因数 $\cos\varphi$ 按下式计算：

$$\cos\varphi = \frac{E_{rp}}{\sqrt{(E_{rp})^2 + (E_{rq})^2}}$$

（4）当备有功率因数表时，可直接读取功率因数 $\cos\varphi$ 的值。

（四） 测试注意事项

（1）计算日损耗电量时，优先选择日平均视在功率法，日平均均方根电流法适用于现场未配备无功电表的情况。

（2）如需采用电力质量分析仪直接测试，建议在变压器电流、电压互感器二次侧进行，但应注意倍率的设定。

四、泵类液体输送系统节能监测方法

监测的目的是评价被监测的泵类液体输送系统中的电动机、水泵、阀门是否属于国家明令淘汰的设备，监测泵类液体输送系统的机组效率，分析能源利用状况，并对照标准确认其利用水平，查找存在的问题和漏洞，分析对比并挖掘节能潜力，提出切实可行的节能措施和建议，帮助、督促企业提高能源管理水平。节能监测严格按照《泵类液体输送系统节能监测方法》（GB/T 16666—2012）进行。

（一） 适用范围和引用标准

1. 适用范围

适用于 5kW 及以上电动机拖动的泵类液体输送系统。

2. 引用标准

《离心泵、混流泵、轴流泵和旋涡泵系统经济运行》（GB/T 13469—2008）；

《三相异步电动机经济运行》（GB/T 12497—2006）；

《三相异步电动机实验方法》（GB/T 1032—2012）；

《水泵流量的测定方法》（GB/T 3214—2007）。

（二） 节能监测项目

泵类液体输送系统节能监测项目包括节能监测检查项目和节能监测测试项目。

1. 检查项目

（1）泵与电动机是否属于国家明令的淘汰产品。机组运行状态应正常。

（2）泵及电动机铭牌，进口压力表、出口压力表应齐全、完好；额定功率≥45kW 的电动机应单独配置电流表、电压表、电能表等。

（3）泵的运行工况点应符合 GB/T 13469—2008 4.2.1 款中 a）的要求。

（4）运行时泵的轴密封正常。

（5）输送管道不应有泄漏，并应符合 GB/T 13469—2008 中 4.4.5 款要求。

（6）被测泵类及液体输送系统应有完整、准确的使用说明、运行台账、性能曲线、改造记录等技术档案。

2. 测试项目

（1）泵运行效率；

（2）电动机运行效率；

（3）吨·百米耗电量。

（三）节能监测要求

（1）节能监测周期。

当拖动电动机额定功率 > 100kW 的泵类液体输送系统每年应监测一次。拖动电动机额定功率在 5kW ~ 100kW 的泵类液体输送系统应每两年监测一次。

（2）节能监测应在节能检查项目通过后，泵类液体输送系统在正常生产的工况下进行。

（3）监测所用的仪器、仪表应在检定周期内，准确度满足以下要求：

1）流量仪表应不低于 1.5 级；

2）压力仪表应不低于 0.5 级；

3）泵扬程≥100m 时，温度差测试误差应 ≤ ±0.005℃，泵扬程 < 100m 时，温度差测试误差应 ≤ ±0.002℃；

4）温度仪表应不低于 1.5 级；

5）电流、电压仪表应不低于 0.5 级；

6）交流功率仪表应不低于 1.0 级；

7）转速仪表应不低于 0.25 级；

8）被测数值宜在仪器量程的 1/3 ~ 2/3 之间。

（4）应通过阀门调节，在 50% 额定流量到工况点流量范围内进行至少 4 个测点的测试，并绘制出泵类及液体输送系统的实际性能曲线。实际性能曲线至少应包括流量与泵运行效率、流量与扬程、流量与轴功率、流量与吨·百米耗电量的关系曲线。

（5）每个测点的数据采集时间不少于 5 分钟。

（四） 测试仪器

表 3-3

序号	主要测试仪器	测试参数
1	超声波流量计	液体流量
2	电力质量分析仪	电流、电压、有功电量、无功电量和功率因数等
3	温度计	液体温度
4	测厚仪	管壁厚度

辅助设备：卷尺、内径卡钳、锉刀、插线板

（五） 节能监测方法

1. 水力学监测方法

（1）用电能质量分析仪测量电机的有功功率、无功功率、功率因数。对于不宜直接测试的高压电动机，可利用现场的电流互感器和电压互感器进行电动机参数的测量、换算。

（2）采用超声波流量计在适宜管段（上游直管段必须要大于 10D，下游直管段大于 5D），进行测试。

（3）测试时间不少于半小时，每隔 10 分钟记录一组数据，取算术平均值。

（4）水泵扬程计算。

很多情况下泵吸水口处未装压力表，此时吸水口压力 P_1 可通过测出吸入水面到泵水平中心线的垂直距离 h（m），按下式计算：

$$P_1 = 9.8 \times 10^{-3} \times h \times \frac{\gamma}{1000}$$

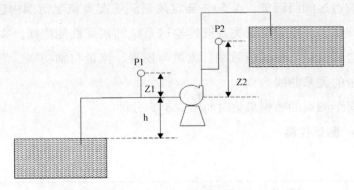

图 3-1　吸入式水泵系统

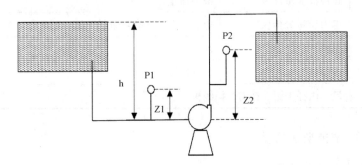

图 3-2　压入式水泵系统

$$H = 1.02 \times 10^5 \times \frac{P_2 - P_1}{\gamma} + (Z_2 - Z_1) + \frac{V_2^2 - V_1^2}{2g}$$

式中：

H——泵的扬程，单位为米（m）；

P_1——泵进口压力值，单位为兆帕（MPa）；

P_2——泵出口压力值，单位为兆帕（MPa）；

ρ——液体的密度，单位为千克每立方米（kg/m³），其他介质查表参照执行；

g——重力加速度，单位为米每秒方（m/s²），取 9.807；

Z_1——泵进口测压点到泵水平中心线的垂直距离，单位为米（m）；

Z_2——泵出口测压点到泵水平中心线的垂直距离，单位为米（m）；

V_1——泵进口法兰截面处液体平均流速，单位为米每秒（m/s）；

V_2——泵出口法兰截面处液体平均流速，单位为米每秒（m/s）。

注：计算 H 时，还应注意区别 P_1 的正负。如吸入式水泵系统，h 为负值，P_1 也为负值；当压入式水泵系统，h 为正值，P_1 也为正值。计算 H 时，P_1 应连同 +、- 号代入上式。

$$V_1 = \frac{Q}{900 \times \pi \times D_1^2}$$

式中：

D_1——泵进口法兰处管道内径，单位为米（m）；

Q——泵的流量，单位为立方米每小时（m³/h）。

泵进、出口法兰截面处液体平均流速应按下式计算：

$$V_2 = \frac{Q}{900 \times \pi \times D_2^2}$$

式中：

D_2——泵出口法兰处管道内径，单位为米（m）。

（5）泵轴功率计算。

1）泵与拖动电动机采用联轴器直接连接时，可视为泵轴功率近似等于电动机的输出功率。

2）泵与拖动电动机采用其他传动方式时，可按下式计算。

$$N_2 = N_1 \eta_d \eta_c$$

式中：

N_2——泵轴功率，单位为千瓦（kW）；

N_1——电动机输入功率，单位为千瓦（kW）；

η_d——电动机运行效率；

η_c——传动效率或变频装置效率，联轴器传动时取 $\eta_c = 1$；采用变频时，η_c 取值由所采用的变频装置而定。

（6）泵运行效率。

泵运行效率应按下式计算：

$$\eta_b = \frac{\rho \times g \times Q \times H}{3.6 \times 10^6 \times N_2} \times 100\%$$

式中：

η_b——泵运行效率；

ρ——液体的密度，单位为千克每立方米（kg/m³），水的密度由附录表 D 表 D.2 查取，其他液体的密度从相关技术资料查取；

g——重力加速度，单位为米每秒方（m/s²），取 9.807；

Q——泵的流量，单位为立方米每小时（m³/h）；

H——泵的扬程，单位为米（m）；

N_2——泵轴功率，单位为千瓦（kW）。

2. 热力学监测方法

（1）适用于流量无法测试或精度不易控制，且泵扬程≥20m 的液体输送系统。

（2）泵运行效率。

$$\eta_b = \frac{10^{-3} \times \rho \times \Delta p + (z_2 + z_1) + \left(\frac{v_2'^2}{2 \times g} - \frac{v_1'^2}{2 \times g}\right)}{k_2 \times \Delta p + (z_2 - z_1) + \left(\frac{v_2'^2}{2g} - \frac{v_1'^2}{2g}\right) + \frac{\overline{C}_p \times \Delta t}{g} + E_m + E}$$

$$\Delta p = \frac{10^6 \times (p_2 - p_1)}{\rho \times g}$$

$$E_m = \pm \frac{\sigma}{Q_e} \times W \times A \times (t_w - t_a)$$

式中：

Δp——泵静压差，单位为米（m）；

Δt——泵进、出口间温度差，单位为摄氏度（℃）；

k_2——液体的等温系数，水的等温系数按 GB/T 16666—2012 附表 C.3 取值，其他介质查表参照执行；

$\overline{C}_p$——液体的平均定压比热，水的平均定压比热按 GB/T 16666—2012 附录表 C.4 取值，其他介质查表参照执行；

Q_e——泵的额定流量，单位为立方米每小时（m³/h）；

V'_1—— 用被测泵额定流量近似计算的泵进口法兰截面处液体平均流速，单位为米每秒（m/s）；

V'_1按下式计算：

$$v'_1 = \frac{Q_e}{900 \times \pi \times D_t^2}$$

V'_2—— 用被测泵额定流量近似计算的泵出口法兰截面处液体平均流速，单位为米每秒（m/s）。

V'_2按下式计算：

$$V'_2 = = \frac{Q_e}{900 \times \pi \times D_2^2}$$

E_m——泵体与环境的热交换，单位为米（m），可用被测泵的额定流量近似计算；

当被测泵 $\Delta p \geqslant 100\text{m}$ 且 $t_a - t_w \leqslant 30℃$ ，E_m 可以忽略，

当被测泵 $\Delta p < 100\text{m}$ 且 $t_a - t_w \leqslant 10℃$ ，E_m 可以忽略；

W——热交换系数，单位为瓦每平方米（W/m²），取 W = 10；

σ——液体的比容，单位为立方米每千克（m³/kg）；

t_a——泵站（房）内的环境温度，单位为摄氏度（℃）；

t_w——泵中液体的平均温度，单位为摄氏度（℃）；

A——泵的热交换表面面积，单位为平方米（m²）；

E——密封及轴承摩擦损失的和，单位为米（m）。

当泵密封及轴承运行正常时，E 可按图 3-3 或图 3-4 取值：

（3）扬程按第一条确定。

（4）电动机输入功率、电动机效率、泵轴功率按上述相关公式确定。

（5）流量的计算。

$$Q = \frac{3.6 \times 10^6 \times N_2 \times \eta_b}{\rho \times g \times H}$$

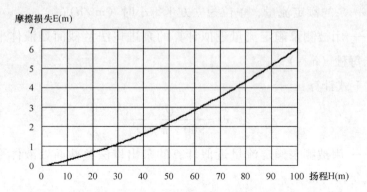

图 3 – 3　扬程≤100m 摩擦损失的数值图

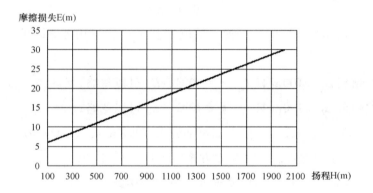

图 3 – 4　扬程≥100m 摩擦损失的数值图

（6）输送效率。

输送高度确定的系统：

$$\eta_g = \theta \times \frac{H_g}{H} \times 100\%$$

式中：

η_g——输送效率；

H_g——液体输送实际垂直高度，单位为米（m）；

θ——倾斜管路的折算系数，取值见 GB/T 16666—2012 附录 C.1，与地面垂直管路 θ = 1。

输送压力确定的系统：

$$\eta_g = \frac{p_g}{p_2} \times 100\%$$

式中：

p_g——工序所需的压力，单位为兆帕（MPa）；

p_2—— 泵出口压力，单位为兆帕（MPa）。

（7）循环系统的输送效率。

$$\eta_g = \frac{p_2 - p_c}{p_2} \times 100\%$$

式中：

P_c——系统回水末端或出口的剩余压力，单位为兆帕（MPa）。

3. 吨·百米耗电量的计算

$$e = \frac{0.27233}{\eta}$$

式中：

e——输送系统吨·百米能耗（kWh/ t·hm）；

η——输送系统总效率，$\eta = \eta_b \times \eta_d \times \eta_g \times \eta_c$。

（六）测试注意事项

（1）采用水力学方法时，超声波流量计安装位置对测试结果影响很大，建议直管段越长越好，避免测点附近有阀门或弯头；

（2）应注意一般管道内水的流速在 10m/s 以下，经常所接触到的大约 2~5m/s，如超出 10m/s 就需仔细核实现场情况及安装位置。

五、风机机组与管网系统的节能监测方法

监测的目的是评价被监测的风机机组以及管网系统中的电动机、风机是否属于国家明令淘汰的设备，监测风机机组的动静压、流量、流速、电动机负载率、机组效率、风机机组电能利用率，分析能源利用状况，并对照标准确认其利用水平，查找存在的问题和漏洞，分析对比并挖掘节能潜力，提出切实可行的节能措施和建议，帮助、督促企业提高能源管理水平。节能监测严格按照《风机机组与管网系统节能监测》（GB/T 15913—2009）进行。

（一）适用范围和引用标准

1. 适用范围

适用于11kW以上的由电动机驱动离心式、轴流式通风机及鼓风机机组与管网系统，不适用输送物料的风机机组及系统。

2. 引用标准

《用能单位能源计量器具配备和管理通则》（GB 17167—2006）。

（二）节能监测项目

风机机组与管网系统节能监测项目包括节能监测检查项目和节能监测测试项目。

1. 检查项目

（1）风机机组运行状态正常，系统配置合理，检查项目如下：

1）查看风机本体、驱动电动机、连接器等是否完好、清洁；是否属于国家明令的淘汰产品；

2）支承部分润滑脂是否正常，各部位轴承温度是否符合温升标准；

3）平皮带与三角带松紧度是否符合要求；平皮带压轮压力是否符合要求；三角带是否配齐，是否全部工作正常。

（2）管网布置和走向合理。应符合流体力学基本原理，减少阻力损失。

（3）系统连接部位无明泄漏，送、排风系统设计漏损率不超过10%，除尘系统不超过15%。对管网系统应做如下检查：

1）通过听声、手感、涂肥皂水等办法，判断漏风位置和漏风程度；

2）自身循环的空气调节系统，要检查是否在设计条件下运行。

（4）功率为50 kW及以上的电动机应配备电流表、电压表和功率表，并应在安全允许条件下，采取就地无功补偿等节电措施；控制装置完好无损。

（5）流量经常变化的风机应采取调速运行。

2. 测试项目

（1）电动机负载率；

（2）风机机组电能利用率。

（三） 节能监测方法

（1）测试应在风机机组正常运行状态下进行。正常运行状态指生产工艺流程的实际运行工况。风机长期在稳定的负荷下运行，则将该工况视为正常运行状态；风机负荷在一定范围内变化，应将最经常出现的负荷工况视为正常运行状态。

（2）每次监测连续测试时间不少于30分钟，每一被测参数的测量次数应不少于3次，静压以各组读数的算术平均值作为计算值，动压以各组读数的均方根平均值作为计算值。

（3）测量截面应分别选在距风机进口不少于5倍、出口不少于10倍管径（当量管径）的直管段上，矩形管道以截面长边的倍数计算。如风机无进口管路，出口管道又没有平直长管段时，可在风机进口安装一段直管进行测量。

（4）若动压测量截面与静压测量截面不在同一截面时，动压测量值应按静压测量截面的条件进行折算。

（5）通风管道测量截面测点应按照标准的规定进行布置。

1）对于矩形管道，将测量截面划分为若干相等的小截面，在每个小截面的中心测量，每个小截面的面积不得大于0.05m²，每个测量截面所划分的小截面部得少于9个，见图3-5。

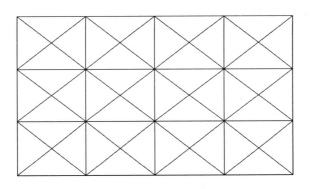

图3-5

（2）对于圆形管道，在管道截面上划分若干同心圆，分别在圆心和同心圆与管道水平轴、垂直轴的交点上测量，见图 3 – 6。

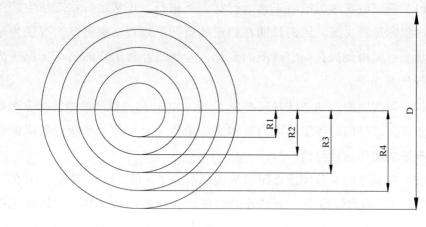

图 3 – 6

同心圆与圆心的距离（R_i）按下式计算：

$$R_i = R \sqrt{\frac{2i-1}{2n}}$$

式中：

R——管道半径，单位为毫米（mm）；

i——同心圆序数；

n——根据管道直径，由表 3 – 4 确定同心圆数。

表 3 – 4

管道直径 D/mm	300	400	600	800	1000	1200	1400	1600	1800
同心圆数 n	3	4	5	6	7	8	9	10	11

（6）毕托管的使用。

1）要正确选择测量点断面，确保测点在气流流动平稳的直管段。

2）测量时应当将全压孔对准气流方向，以指向杆指示。测量点插入孔应避免漏风，可防止该断面上气流干扰。

3）测取静压时，直接将静压出气口连接微压计到即可。测取动压时，需将全压出气口和静压出气口同时连接到微压计。

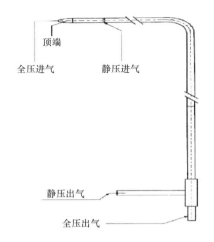

图 3-7　毕托管示意图

（7）风机动、静压测试。

风机全压的测量，用毕托管和微压计测量各测点的静压和动压。

1）测量截面的平均静压计算；

$$P_j = \frac{1}{m} \sum_{i=1}^{m} P_{ji}$$

式中：

P_j——测量截面的平均静压，单位为帕斯卡（Pa）；

P_{ji}——测量截面上各测点的静压，单位为帕斯卡（Pa）；

m——测量截面上的测点数目。

2）测量截面的平均动压计算：

$$P_d = \sqrt{\frac{1}{m} \sum_{i=1}^{m} (P_{di})^2}$$

式中：

P_d——测量截面的平均动压，单位为帕斯卡（Pa）；

P_{di}——测量截面上各测点的动压，单位为帕斯卡（Pa）；

m——测量截面上的测点数目。

3）风机全压计算：

$$P = (P_{j2} + P_{d2}) - (P_{j1} + P_{d1})$$

式中：

P——风机的全压，单位为帕斯卡（Pa）；

P_{j2}——风机出口测量截面的平均静压，单位为帕斯卡（Pa）；

P_{d2}——风机出口测量截面的平均动压，单位为帕斯卡（Pa）；

P_{j1}——风机入口测量截面的平均静压，单位为帕斯卡（Pa）；

P_{d1}——风机入口测量截面的平均动压，单位为帕斯卡（Pa）。

（8）流量测试点处气体密度（ρ）的测量。

用大气压表和温度计测出大气压力和气体温度，按下式计算气体密度：

$$\rho = \rho_0 \frac{273}{273 + t} \times \frac{P_h + P_j}{101325}$$

式中：

ρ_0——标准状态下的气体密度，单位为千克每立方米（kg/m³）（空气取1.293；烟气取1.30）；

t——测点截面处气体温度，单位为摄氏度（℃）；

P_h——测量时当地大气压，单位为帕斯卡（Pa）；

P_j——流量测点处的平均静压，单位为帕斯卡（Pa）。

（9）风机流量测算。

风机流量（Q）计算：

$$Q = \mu F \sqrt{\frac{2P_d}{\rho}}$$

式中：

Q——风机实际流量，单位为立方米每秒（m³/s）；

μ——毕托管测压修正值，标准毕托管 $\mu = 1$；

F——流量测点处测量的截面面积，单位为平方米（m²）；

P_d——流量测点处的平均动压，单位为帕斯卡（Pa）；

ρ——流量测点处气体密度，单位为千克每立方米（kg/m³）。

（10）电动机负载率测算。

电动机负载率（β）按下式计算：

$$\beta = \frac{P_2}{P_n}$$

式中：

P_2——电动机输出功率，单位为千瓦（kW）；

P_n——电动机额定功率，单位为千瓦（kW）。

（11）风机机组电能利用率测算。

风机机组电能利用率（H_j）按下式计算。

$$H_j = \frac{P_{yP}}{P_1} \times 100$$

式中：

H_j——风机机组电能利用率，以百分数表示%；

P_{yP}——风机机组有效输出功率，单位为千瓦（kW）；$P_{yP} = Q \times P/1000$

P_1——电动机输入功率，单位为千瓦（kW）。

（四）　测试仪器要求

测试所用的仪器仪表应能满足测试项目的要求，仪器、仪表应完好，在检定周期内并应符合以下准确度要求：

注：GB/T 15913—2009 所要求值为 10Pa，测静压时此要求值可能会偏大。

表 3−5

序号	主要测试仪器	测试参数
1	微压计	气体动、静压
2	电力质量分析仪	电流、电压、有功电量、无功电量和功率因数等
3	温度计	气体温度
4	测厚仪	管壁厚度

辅助设备：卷尺、内径卡钳、锉刀

（1）交流功率表准确度不应低于 1.5 级；

（2）（测高压电动机时）电能表准确度不应低于2.0级；

（3）微压计量小刻度应为1Pa，精密度为1.0级；

（4）大气压力表度盘最小分度值不应低于1hPa；

（5）温度表分辨率不应低于1℃。

（五） 测试注意事项

（1）静压计算时，采用算术平均；动压计算时，采用均方根平均；

（2）风机进出口直管段差异较大时，选取直管段较长的进行动、静压测试，直管段较短的只进行静压测试，计算时通过换算得到动压值。

六、空气压缩机组及供气系统节能监测方法

监测的目的是评价被监测的空气压缩机组以及供气系统中的电动机是否属于国家明令淘汰的设备，监测压缩机组的动静压、流量、流速、电动机负载率、机组效率、压缩机排气温度、冷却水进出水温度，分析能源利用状况，并对照标准确认其利用水平，查找存在的问题和漏洞，分析对比并挖掘节能潜力，提出切实可行的节能措施和建议，帮助、督促企业提高能源管理水平。节能监测严格按照《空气压缩机组及供气系统节能监测方法》 （GB/T 16665—1996）进行。

（一） 适用范围和引用标准

1. 适用范围

适用于额定排气压力不超过1.25兆帕、公称容积流量不小于$6m^3/min$空气压缩机组及供气系统。

2. 引用标准

《容积式压缩机验收试验》（GB/T 3853—1998）；

《用电设备电能平衡通则》（GB/T 8222—2008）；

《三相异步电动机经济运行》（GB/T 12497—2006）；

《节能监测技术通则》（GB/T 15316—2009）。

注：以上四个标准已更新。

（二） 节能监测项目

空气压缩机组及供气系统节能监测项目包括节能监测检查项目和节能监测测试项目。

1. 检查项目

（1）空气压缩机组不得使用国家公布的淘汰产品。

（2）检测仪表配备齐全。供气系统布置合理，不得有明显破损和泄漏。压缩机吸气口应安装在背阳、无热源的场所。

（3）空气压缩机组应有设备运行记录、检修记录；大修以后必须按 GB/T 8222 进行测试，并有测试报告。

（4）供气系统和用气设备必须运行正常和使用合理。

2. 测试项目

（1）压缩机排气温度；

（2）压缩机冷却水进水温度；

（3）压缩机冷却水进出水温度差；

（4）空气压缩机组用电单耗。

（三） 节能监测的方法和要求

（1）监测必须在空气压缩机组及供气系统正常工况下进行，且该工况应具有统计值的代表性。

（2）对稳定负荷的空气压缩机组，以 2 小时为一个监测周期，对不稳定负荷的空气压缩机组，以一个或几个负荷变化周期为一个监测周期。

（3）监测周期内，同一工况下的各被测参数应同时进行采样，被测参数应重复采样三次以上；采样间隔时间为 10 ~ 20 分钟；以各组读数值的算数平均值作为计算值。

（4）容积流量监测用流量计法或按 GB 3853 规定。对水冷式中间冷却器的空压机组亦可按有关规定的热平衡法监测。

（5）监测参数和测点布置：

1）环境温度 t_{nj}、大气压力 P_K，在离压缩机吸气口 1 米处；

2）电动机输入功率（包括电控或调速装置）N_r，在电动机配电装置的进线处；

3）压缩机吸气温度 T_x，在压缩机标准吸气位置（距吸气法兰前的距离为两倍管直径）处；

4）压缩机排气温度 T_p，在压缩机标准排气位置（距排气法兰前的距离为两倍管直径）处；

5）压缩机吸气压力 P_x，在压缩机标准吸气位置（距吸气法兰的距离为一个管直径）处；

6）压缩机排气压力 P_p，在压缩机标准排气位置（距排气法兰的距离为一个管直径）处；

7）压缩机冷却水进水温度 t_1，在压缩机冷却水进口处；

8）空气压缩机排气端气量 G_p，在空气压缩机储气罐后第一个切断阀门出口位置（距法兰后距离为两倍管直径）处。

（四） 测量仪器

电量、温度、压力和流量测量应在仪表规定的使用范围内。测量仪器（含在线工作仪表）的准确度应不低于表 3－6 规定。仪表应在检定的有效期内。

表 3－6

序号	仪 表 名 称	测量参数	精度要求
1	温度计	环境温度、气体温度	1.0 级
2	流量计	冷却水流量	2.0 级
3	大气压力表	大气压力	2.0 级
4	微压计	进气动、静压	1.0 级
5	计时表		0.5 级
6	电力质量分析仪	电流、电压、有功电量、无功电量和功率因数等	2.5 级

辅助仪器：卷尺、内径卡钳、锉刀、插线板

（五） 空气压缩机组用电单耗计算方法

空气压缩机组用电单耗（D）按下式计算：

$$D = \frac{W}{G_X} \times K_1 \times K_2$$

式中：

W——空气压缩机组输入电能，$kW \cdot h$，按该式计算：$W = N_r \cdot t$；

G_x——空气压缩机进气端气量，m^3，按该式计算：

$$G_x = G_p \frac{T_x \cdot p_p}{T_p \cdot p_x}$$

D——空气压缩机组用电单耗，$kW \cdot h / m^3$；

N_r——空气压缩机组输入电功率，kW；

G_p——空气压缩机排气端气量，m^3；

t——检测时间，h；

T_x——压缩机吸气温度，K；

T_p——压缩机排气温度，K；

P_x——压缩机吸气压力（绝对），MPa；

P_p——压缩机排气压力（绝对），MPa；

K_1——冷却水修正系数，水冷 $K_1 = 1.00$，内冷 $K_1 = 0.88$；

K_2——压力修正系数，空气压缩机组在排气压力为0.7MPa（表压）下工作时，$K_2 = 1$。对于其他工作压力和冷却方式不同的机组，K_2 分别按下式进行计算：

单级：

$$K_2 = \frac{0.8114}{(P_p / P_x)^{0.2857} - 1}$$

双级：

$$K_2 = \frac{0.3459}{(P_p / P_x)^{0.1429} - 1}$$

（六）测试注意事项

双回路进线空压机在运行平稳时，可用电力质量分析仪分别测试每一路线路用电参数，计算用电量时可两路累加。

本节主要介绍了应用广泛的燃煤工业锅炉、热力输送系统、企业供配电系统、泵类及液体输送系统、风机机组与管网系统和空气压缩机组及供气系统节能监测方法。其他系统节能监测标准与方法由于实际工作中应用较少不再逐一介绍，其评价指标见下节。

第三节　节能监测评价指标

一、燃煤工业锅炉节能监测评价

（一）评价依据

《燃煤工业锅炉节能监测》（GB/T 15317—2009）。

（二）评价指标

1. 热效率

表 3 - 7

额定热功率 Q（MW）［或蒸发量 D（GJ/h）］	热效率 η（%）
0.7≤Q<1.4（2.5≤D<5）	≥65
1.4≤Q<2.8（5≤D<10）	≥68
2.8≤Q<4.2（10≤D<15）	≥70
4.2≤Q<7（15≤D<25）	≥73
7≤Q<14（25≤D<50）	≥76
Q≥14（D≥50）	≥78

2. 排烟温度

表 3 - 8

额定热功率 Q/MW ［或蒸发量 D/（GJ/h）］	0.7≤Q<1.4 (2.5≤D<5)	1.4≤Q<2.8 (5≤D<10)	2.8≤Q<4.2 (10≤D<15)	4.2≤Q<7 (15≤D<25)	Q≥14 (D≥50)
排烟温度（℃）	≤230	≤200	≤180	≤170	≤150

3. 空气系数

表 3 - 9

额定热功率 Q/MW ［或蒸发量 D/（GJ/h）］	0.7≤Q<1.4 (2.5≤D<5)	1.4≤Q<2.8 (5≤D<10)	2.8≤Q<4.2 (10≤D<15)	4.2≤Q<7 (15≤D<25)	Q≥14 (D≥50)
排烟处空气系数	≤2.2	≤2.2	≤2.2	≤2.0	≤2.0

4. 炉渣含碳量

表 3 - 10

额定热功率 Q/MW ［或蒸发量 D/（GJ/h）］	0.7≤Q<1.4 (2.5≤D<5)	1.4≤Q<2.8 (5≤D<10)	2.8≤Q<4.2 (10≤D<15)	4.2≤Q<7 (15≤D<25)	Q≥14 (D≥50)
允许炉渣含碳量（/%）	≤15	≤15	≤15	≤12	≤12

注：燃用无烟煤时，可放宽到 20%。

5. 锅炉炉体表面温度

锅炉炉体外表面侧面温度应不大于 50℃，锅炉炉顶表面温度应不大于 70℃。

6. 循环流化床工业锅炉

表 3 - 11

热效率（%）	排烟温度（℃）	空气系数	飞灰可燃物含（%）	炉体表面温度（℃）
≥86	≤140	≤1.4	≤10	≤50

二、热力输送系统节能监测评价

（一）评价依据

《热力输送系统节能监测》（GB/T 15910—2009）。

（二）评价指标

1. 常年运行的热力输送系统的保温结构表面温升的最大允许值

表 3-12

测点附近风速（m/s）	管内介质温度（℃）						
	50	100	150	200	250	300	350
≤0.5	8.3	13.3	16.6	20.1	23.4	26.7	30.0
>5~1.0	6.1	9.8	12.3	14.8	17.3	19.7	22.1
>1.0~1.5	5.5	8.9	11.1	13.4	15.6	17.8	20.0
>1.5~2.0	5.2	8.3	10.3	12.4	14.5	16.5	18.6
>2.0~3.0	4.9	7.8	9.7	11.8	13.7	15.6	17.5

注：在不能准确确定测试区管内介质温度时，管内介质温度可采用系统进口介质温度。

2. 季节运行的热力输送系统保温结构表面温升最大允许值

表 3-13

测点附近风速（m/s）	管内介质温度（℃）					
	50	100	150	200	250	300
≤0.5	16.6	23.4	29.1	35.0	40.0	44.1
>5~1.0	12.3	17.3	21.5	25.8	29.5	32.6
>1.0~1.5	11.1	15.6	19.4	23.3	26.7	29.4
>1.5~2.0	10.3	14.5	18.0	21.7	24.8	27.4
>2.0~3.0	9.7	13.7	17.0	20.5	23.4	25.9

注：保温结构允许最大表面温升，根据管内介质温度和测试环境下的风速范围用表中数值线性内插确定。

3. 疏水阀漏汽率应小于3%

三、企业供配电系统节能监测评价

（一） 评价依据

《企业供配电系统节能监测方法》（GB/T 16664—1996）。

（二） 评价指标

1. 日负荷率

（1）对于连续性生产的企业，$K_f \geqslant 90\%$；

（2）对于三班制生产的企业，$K_f \geqslant 80\%$；

（3）对于二班制生产的企业，$K_f \geqslant 55\%$；

（4）对于一班制生产的企业，$K_f \geqslant 30\%$。

2. 变压器负载系数

（1）对于变压器单台运行时，$\beta_z^2 \leqslant \beta \leqslant 1$；

（2）对于有两台或两台以上变压器并列运行时，应按设计的经济运行方式运行。

3. 线损率

（1）对于一次变压，$\alpha < 3.5\%$；

（2）对于二次变压，$\alpha < 5.5\%$；

（3）对于三次变压，$\alpha < 7\%$；

（4）用电体系中单条线路的损耗电量应小于该线路首端输送的有功电量的5%。

4. 企业用电体系功率因数

$\cos \varphi \geqslant 0.9$。

四、泵类液体输送系统节能监测评价

（一） 评价依据

《泵类液体输送系统节能监测》（GB/T 16666—2012）。

（二） 评价指标

表 3－14

项　目	合格指标
泵运行效率（％）	≥85%×a
电动机运行效率（％）	≥85%×b
吨·百米耗电量［kW·h/（t·hm）］	<0.50×α×β

注：a——泵额定效率；

b——电动机额定效率；

α——泵型能耗指标修正系数，见表 3－15 和表 3－16；

β——电动机能耗指标修正系数，见表 3－17。

（三） 泵类液体输送系统节能监测评价指标的修正系数

1. 单级泵泵型能耗指标修正系数 α

表 3－15

额定流量 Q_e（m³/h）	$Q_e \leqslant 5$	$5 < Q_e \leqslant 20$	$20 < Q_e \leqslant 60$	$60 < Q_e \leqslant 200$	$200 < Q_e \leqslant 800$	$Q_e > 800$
系数 α	1.446	1.246	1.157	1.080	1.000	0.953

2. 多级泵泵型能耗指标修正系数 α

表 3－16

额定流量 Q_e（m³/h）	$Q_e \leqslant 15$	$15 < Q_e \leqslant 80$	$80 < Q_e \leqslant 200$	$200 < Q_e \leqslant 500$	$Q_e > 500$
系数 α	1.400	1.185	1.100	1.000	0.939

3. 电动机能耗指标修正系数 β

表 3－17

额定功率 Pe（kW）	$5 \leqslant Pe \leqslant 11$	$11 < Pe \leqslant 55$	$55 < Pe \leqslant 315$	$Pe > 315$
系数 β	1.106	1.044	1.000	0.979

五、风机机组与管网系统节能监测评价

（一）评价依据

《风机机组与管网系统节能监测》（GB/T 15913—2009）。

（二）评价指标

（1）电动机负载率：应不小于45%。

（2）电机容量在45kW以下的风机机组电能利用率应不小于55%；电机容量在45kW及以上的风机机组电能利用率应不小于65%。

六、空气压缩机组及供气系统节能监测评价

（一）评价依据

《空气压缩机组及供气系统节能监测方法》（GB/T 16665—1996）。

（二）评价指标

表 3-18

序号	监　测　项　目	评　价　指　标
1	压缩机排气温度	风冷≤180℃ 水冷≤160℃
2	压缩机冷却水进水温度	≤35℃
3	压缩机冷却水进出水温差	按产品规定
4	空气压缩机组用电单耗 ＊电动机容量：≤45kW 55～160kW ≥200kW	0.129kW·h/m³ 0.115kW·h/m³ 0.112kW·h/m³

注：电动机容量不在表列数据范围内时，评价指标用内插法确定。

七、火焰加热炉节能监测评价

（一）评价依据

《火焰加热炉节能监测方法》（GB/T 15319—1994）。

（二）评价指标

1. 排烟温度

表 3-19

烟气出炉温度（℃）		≤500	≤600	≤700	≤800	≤900	≤1000	>1000
排烟温度	使用低发热量燃料时（℃）	≤350	≤400	≤460	≤530	≤580	≤670	710~470
	使用高发热量燃料时（℃）	≤340	≤380	≤440	≤510	≤560	≤650	670~400

注：低发热量燃料是指高炉煤气、发生炉煤气及发热量低于 $3360kJ/Nm^3$ 的混合煤气；高发热量燃料是指天然气、焦炉煤气、煤、重油等。

2. 火焰加热炉空气系数

表 3-20

燃料种类	燃烧方式	空气系数
固体燃料		≤2.0
液体燃料	高压喷嘴	≤1.25
	低压喷嘴	≤1.20
气体燃料	有焰燃烧	≤1.25
	无焰燃烧	≤1.05

3. 炉体外表面最高温度

表 3-21

炉内温度（℃）	侧墙温度（℃）	炉顶温度（℃）
700	≤50	≤90
900	≤70	≤105
1100	≤85	≤125
1300	≤100	≤140
1500	≤115	≤160

4. 火焰加热炉炉渣含碳量

表 3－22

煤　种	烟煤贫煤褐煤 I 类无烟煤	其他煤种
炉渣含碳量（%）	≤20	≤25

5. 可比单耗。

（1）锻造加热炉可比单耗。

表 3－23

锻件种类	可比单耗（千克标煤/吨）
水压机锻件自由锻件	≤700
模锻件	≤650

注：锻造加热炉可比单耗的计算方法参见 ZB J01 003。

（2）轧钢加热炉可比单耗。

表 3－24

加热炉类型	加热炉可比单耗〔千克标煤/吨（坯）锭〕	备　注
≥700 大型	≤110	不包括均热炉
430 ~ 650 开坯	≤100	
400 ~ 650 中型材	≤107	
400 以下小型材及窄带	≤100	坯料 ≥ 75 × 75mm^2，Ki = 1.05，不适用于连轧，半连轧
线材	≤90	同上
中厚板及 1200 ~ 1700 连轧	≤140	
无缝加热炉	≤180	只考核环形炉和斜底炉
薄板—火成材	≤150	如多火成材，只考核第一火次

注：轧钢加热炉可比单耗的计算方法参见冶金部（88）冶能字第 083 号"轧钢加热炉可比单耗等级标准"。

（3）其他类型火焰加热炉的可比单耗评价指标可参照有关行业的能耗分等标准中的三等炉下限指标。

八、干燥窑与烘烤炉节能监测评价

（一）评价依据

《干燥窑与烘烤炉节能监测》（GB/T 24561—2009）。

（二）评价指标

表 3 – 25

项　目		考核指标
排烟温度（℃）	燃煤	≤160
	燃气	≤140
空气系数	燃煤	≤1.6
	燃气	≤1.15
燃煤灰渣含碳量（%）		≤16
表面温升（℃）	窑炉顶	≤30
	侧墙	≤20

九、燃料热处理炉节能监测评价

（一）评价依据

《燃料热处理炉节能监测》（GB/T 24562—2009）。

（二）评价指标

1. 排烟温度

表 3 – 26

炉膛出口温度（℃）	评价指标	
	低发热量燃料排烟温度（℃）	高发热量燃料排烟温度（℃）
≤500	≤350	≤340
≤600	≤400	≤380
≤700	≤460	≤440
≤800	≤530	≤510
≤900	≤580	≤560
≤1000	≤670	≤650
>1000	≤710	≤670

注：低发热量燃料是指高炉煤气、发生炉煤气及发热量低于 $8360kJ/Nm^3$（标准状态）的混合煤气；高发热量燃料是指天然气、焦炉煤气、煤炭、重油等。

2. 空气系数

表 3 – 27

序号	燃料种类	燃烧方式	空气系数
1	煤	机械化加煤、人工加煤	1.40 ~ 1.60
2	燃油	自动调节	1.15 ~ 1.20
		人工调节	1.20 ~ 1.30
3	气体燃料	自动调节	1.05 ~ 1.20
		人工调节	1.15 ~ 1.25
		喷射式调节	1.05 ~ 1.15

3. 炉体表面温升

表 3 – 28

序号	炉内温度（℃）	评价指标	
		侧墙温升（℃）	炉顶温升（℃）
1	≤700	≤50	≤60
2	≤900	≤60	≤70
3	≤1000	≤70	≤80
4	≤1100	≤80	≤90
5	>1100	≤90	≤110

4. 炉渣含碳量

烟煤≤15%，无烟煤≤20%。

十、煤气发生炉节能监测评价

（一）评价依据

《煤气发生炉节能监测》（GB/T 24563—2009）。

（二）评价指标

1. 煤气发生炉气化强度

表 3 – 29

项目	评价指标	
	炉膛直径 φ≤2.4m	炉膛直径 φ>2.4 m
气化强度（kg/m² · h）	≥240	≥300

2. 灰渣含碳量、煤气中 CO_2 含量

表 3 - 30

项目	考核指标			
	混合煤气		水煤气	
	一段式	两段式	一段式	两段式
灰渣含碳量（％）	≤15	≤10	≤15	≤10
煤气中 CO_2 含量（％）	≤6	≤4.5	≤8	≤6

十一、高炉热风炉节能监测评价

（一）评价依据

《高炉热风炉节能监测》（GB/T 24564—2009）。

（二）评价指标

表 3 - 31

项目	评价指标	
	大型高炉热风炉	中、小型高炉热风炉
热风温度（℃）	≥1100	≥1000
排烟温度（℃）	≤400	≤450
高炉热风炉热效率（％）	≥70	≥65

续表

项目		评价指标	
		大型高炉热风炉	中、小型高炉热风炉
炉体外表面温升（℃）	本体	≤80	
	管道	≤100	

注：大型高炉热风炉指容积≥1000m³ 高炉配用的热风炉。

十二、隧道窑节能监测评价

（一）评价依据

《隧道窑节能监测》（GB/T 24565—2009）。

（二）评价指标

1. 排烟温度

表 3 – 32

项　目	评价指标
排烟温度℃	≤180

2. 空气系数

表 3 – 33

项目		评价指标
空气系数	燃煤	1.40 ~ 1.60
	燃气	1.05 ~ 1.15
	燃油	1.15 ~ 1.25

3. 排烟气体中可燃物成分

表 3 – 34

项目		评价指标		
		一氧化碳（CO）	氢气（H_2）	甲烷（CH_4）
排烟气体中可燃物成分（%）	燃煤	≤0.15	—	—
	燃气	≤0.10	≤0.05	≤0.05
	燃油	≤0.15	—	—

4. 窑体表面温升

表 3－35

项目	评价指标	
	侧　墙	窑　顶
窑体表面温升（℃）	≤70	≤100

5. 燃煤灰渣含碳量

表 3－36

项　目	评价指标
燃煤灰渣含碳量（％）	≤25

十三、蒸汽加热设备节能监测评价

（一） 评价依据

《蒸汽加热设备节能监测方法》（GB/T 15914—1995）。

（二） 评价指标

1. 蒸汽加热设备热效率

表 3－37

用汽设备名称	加热方式	热效率（％）
蒸煮设备	直接加热	30.0
	间接加热	25.0
蒸发设备	二效	50.0
	三效及以上	60.0
蒸馏设备	精馏	55.0
	蒸馏	60.0

续表

用汽设备名称	加热方式	热效率（%）
干燥设备	排列管式	15.0
	滚筒式	20.0
	喷雾式	30.0
	旋风闪急式	50.0
综合用汽设备	蒸、煮、洗、干燥	25.0

2. 蒸汽加热设备监测项目

表 3-38

考核项目 设备名称	疏 水温 度 Tss（℃）	乏 汽温 度 Tfq（℃）	溢流水温 度 Ty1（℃）	回流比偏 差 σ（%）	排 气温 度 Tpq（℃）	外表面温 度 Tbm（℃）
蒸煮设备	间接加热<100	≤100	≤45	/	/	≤50
蒸发设备	<100	≤100	/	/	/	≤50
蒸馏设备	<100	/	/	≤20.0	/	≤50
干燥设备	<100	/	/	/	≤75	≤50
综合用汽设备	<100	≤100	≤45	/	≤75	≤50

十四、玻璃窑炉节能监测评价

（一）评价依据

《玻璃窑炉节能监测》（GB/T 25328—2010）。

（二）评价指标

1. 排烟温度

表 3-39

监测项目	考核指标（℃）
排烟温度	≤380

注：设计窑龄（年）2/3 以后，实测平均值乘以 1.1 作为参考指标。

2. 空气系数

表 3 – 40

监测项目	考核指标		
	燃煤	燃油	燃气
空气系数	1.35 ~ 1.55	1.10 ~ 1.25	1.02 ~ 1.15

注：设计窑龄（年）2/3 以后，实测平均值乘以 1.1 作为参考指标。

3. 窑体表面温升

表 3 – 41

监测项目	监测部位		考核指标（℃）
表面温升	熔化部	窑顶	≤160
		胸墙	≤100
		池墙	≤100（160）
		窑底	≤140
		流液洞	≤220
	小炉	窑顶	≤140
		侧墙	≤120
	蓄热室（换热器）	侧墙	≤100
	工作部	窑顶	≤160
		侧墙	≤120（160）

注：1. 以上指标适用于强制冷却的窑炉，不进行强制冷却的窑炉按括号内指标进行考核。

　　2. 设计窑龄（年）2/3 以后，实测平均值乘以 1.1 作为参考指标。

4. 排烟气体中可燃物成分 CO、H_2、CH_4

表 3 – 42

监测项目	考核指标（%）	
	燃煤、燃油	燃气
CO	≤0.10	≤0.10
H_2	–	≤0.05
CH_4	–	≤0.05

注：设计窑龄（年）2/3 以后，实测平均值乘以 1.1 作为参考指标。

十五、工业电热设备节能监测评价

（一）评价依据

《工业电热设备节能监测方法》（GB/T 15911—1995）。

（二）评价指标

1. 电能利用率

（1）间歇生产的电热设备电能利用率不得低于 30%；

（2）连续生产的电热设备电能利用率不得低于 40%。

2. 空载升温时间

表 3 – 43

工作温度（℃）	≤200	≤300	≤400	≤500	≤600
升温时间（min）	< 60	< 90	<120	< 140	< 160

3. 表面温升

表 3 – 44

额定温度（℃）	200	300	500	600
表面升温（℃）	≤30	≤35	≤45	≤50

十六、热处理电炉节能监测评价

（一）评价依据

《热处理电炉节能监测》（GB/T 15318—2010）。

（二）评价指标

1. 产品可比用电单耗

常规热处理炉型产品可比用电单耗：

表 3 - 45

炉　型	B_k（kW·h/kg）
密封箱式多用炉	≤0.660
真空淬火炉	≤0.850
流态炉	≤0.900
盐浴炉	≤1.100
常规连续式炉	≤0.500
可控气氛连续式炉	≤0.600

2. 炉体表面温升

表 3 - 46

炉　型	额定温度（℃）	表面温升（℃）	
		炉壳	炉门或炉盖
箱式炉	750	≤40	≤50
	950	≤50	≤70
	1200	≤60	≤80
台车炉	750	≤40	≤60
	950	≤50	≤80
	1200	≤60	≤90

续表

炉 型	额定温度（℃）	表面温升（℃）	
		炉壳	炉门或炉盖
井式炉	750	≤40	≤60
	950	≤50	≤80
	1200	≤60	≤90
盐浴炉	850	≤60	—
	1300	≤90	—
密封箱式多用炉、底装料立式多用炉	950	≤50	≤65
	1200	≤60	≤75
连续式热处理炉	750	≤40	≤50
	950	≤40	≤55

3. 空炉升温时间

表 3 – 47

炉型	额定温度（℃）	工作容积（m³）	升温时间（h）
箱式炉	950	≤0.2	≤0.5
		0.2 ~ 1.0	≤1.0
		1.0 ~ 2.5	≤1.5
箱式炉	1200	≤0.2	≤1.5
		0.2 ~ 1.0	≤2.0
		1.0 ~ 2.5	≤2.5
台车炉	950	≤0.75	≤1.2
		0.75 ~ 1.50	≤1.5
		1.50 ~ 3.00	≤2.0

炉型	额定温度（℃）	工作容积（m³）	升温时间（h）
井式炉	750	≤0.3	≤0.5
		0.3~1.0	≤1.0
		1.0~2.5	≤1.5
井式炉	950	≤0.2	≤1.0
		0.2~1.0	≤1.0
		1.0~2.5	≤2.0

注：热处理炉容积较大时，空炉升温时间应考虑工艺要求、处理能力和电力负荷等因素，由供需双方商定。

4. 空炉损耗功率比

表 3-48

炉型	额定功率（kW）	空炉损耗功率比（%）	
		一等	二等
箱式炉	≤15	≤32	≤36
	15~75	≤30	≤35
	≥75	≤27	≤33
台车炉	≥65	≤18	≤23
井式炉	≤25	≤27	≤33
	25~50	≤22	≤27
	≥50	≤18	≤23
盐浴炉	≥20	—	≤40
密封箱式多用炉、底装料立式多用炉	≥90	≤27	≤33
网带式炉	≥60	≤35	≤40

炉型	额定功率 kW	空炉损耗功率比（%）	
		一等	二等
推杆式炉	≥120	≤35	≤40
真空炉	≥40	≤25	≤30

注：对特大型炉或有特殊要求的设备，由供需双方自行商定。

十七、整流设备节能监测评价

（一） 评价依据

《整流设备节能监测》（GB/T 24566—2009）。

（二） 评价指标

表 3 - 49

考核项目	考核指标	
	输入功率≥1000kW	输入功率＜1000kW
电能利用率（%）	≥90	≥85

十八、电解、电镀设备节能监测评价

（一） 评价依据

《电解、电镀设备节能监测》（GB/T 24560—2009）。

（二） 评价指标

1. 电解设备电流效率

表 3 - 50

序号	设备名称	电流效率考核指标（%）
1	电解铜	97
2	电解铝	88

续表

序号	设备名称	电流效率考核指标（％）
3	电解镍	97
4	电解氯化钠	95
5	电解水	98
6	电解钴	95
7	电解铅	93
8	电解锰	70
9	电解锌	90

2. 电解设备平均槽电压

表 3－51

序号	设备名称		平均槽电压考核指标（V）
1	电解铜		0.3
2	电解铝	自焙阳极槽	4.3
		预焙阳极槽	4.1
3	电解镍		2.0

3. 电镀设备电流效率

表 3－52

序号	设备名称	电流效率考核指标（％）
1	酸性镀铜	99
2	焦磷酸盐镀铜	98
3	氰化镀铜	65
4	电镀镍	95
5	电镀铬	14
6	酸性镀锌	95
7	碱性镀锌	75

4. 电镀设备平均槽电压

表 3 – 53

序号	设备名称	平均槽电压考核指标（V）
1	酸性镀铜	3.0
2	碱性镀铜	4.0
3	电镀镍	5.0
4	电镀铬	7.0
5	酸性镀锌	3.0
6	碱性镀锌	5.0

十九、电焊设备节能监测评价

（一）评价依据

《电焊设备节能监测方法》（GB/T 16667—1996）。

（二）评价指标

表 3 – 54　　　　　　　电焊设备电能利用率合格指标

	手工电弧焊	气体保护焊	埋弧焊
交流弧焊机	≥45	—	≥55
直流弧焊机	≥50	≥55	≥55

第四节　通用设备节能监测结果

一、监测报告要求

监测工作完成后，监测机构应在 15 个工作日内做出监测结果评价结论，写出监测报告交有关节能主管部门和被监测单位。节能监测结论和评价，包括节能监测合格与不合格的结论、相应的评价文字说明。

节能监测检查项目合格指标和节能监测测试项目合格指标是节能监测合格的最低标准。

节能监测检查项目和测试项目均合格方可认为节能监测结果合格。节能监测检查项目和测试项目其中一项或多项不合格则视为节能监测结果不合格。

对监测不合格者，节能监测机构应做出能源浪费程度的评价报告和提出改进建议。

二、监测报告分类

监测报告分为两类：单项节能监测报告和综合节能监测报告。

单项节能监测报告应包括：监测依据（进行监测的文件编号）、被检测单位的名称、被监测系统（设备）名称、被监测项目及内容（包括测试数据、分析判断依据等）、评价结论和处理意见的建议。单项节能监测报告的格式由单项节能监测标准规定。

综合节能监测报告应包括：监测依据（进行监测的文件编号）、被监测单位名称、综合节能监测项目及内容、评价结论和处理意见的建议。综合节能监测报告格式由行业和地方节能主管部门根据能源科学管理实际需要统一拟定、印制。

三、通用设备节能监测报告介绍

（一）单项节能监测报告

1. 燃煤工业锅炉节能监测结果

GB/T 15317—2009

附　录　A

（规范性附录）

燃煤工业锅炉节能监测结果

表 A.1　燃煤工业锅炉节能监测结果　　　　　　　节监字第　　号

单位名称		监测日期		环境温度	
设备名称		设备编号			
规格型号		监测标准			

监测检查项目	检查结果	结果评价
是否为列入国家淘汰目录的锅炉；锅炉如果属于增容范围，应有主管机构批准手续，其技术经济指标应符合 GB/T 17954 一级炉要求		
锅炉主要操作人员应持有培训合格证与上岗资格证明		
锅炉的给水、锅水的水质应有定期分析记录并符合 GB/T 1576 的要求		
应有 3 年内热效率测试报告，锅炉在新安装、大修、技术改造后应进行热效率测试，热效率测试应由专业单位按 GB/T 10180 进行		
锅炉运行负荷，除短时间的负荷外，一般不应低于额定蒸发量或额定供热量的 70%		

监测测试项目	测试结果	考核指标	结果评价
锅炉排烟温度/℃			
排烟处空气系数			
炉渣含碳量/%			
炉体表面温度/℃			

监测结果评价：

单位名称(节能监测专用章)

年　　月　　日

编制：	审核：	批准：

2. 热力输送系统节能监测结果

GB/T 15910—2009

附 录 A

（规范性附录）

热力输送系统节能监测结果

表 A.1 热力输送系统节能监测结果　　　　节监字第＿＿＿号

单位名称		监测日期		环境温度	
设备名称		设备编号			
规格型号		监测标准			

监测检查项目	检查结果	结果评价
供热管网和用热设备及附件不得有可见的漏水或漏汽现象		
热力管道及附件的保温情况		
系统主要设备、管道等应采用固定式保温结构,法兰、阀门、人孔等应采用可拆式保温结构		
热力输送系统中产生凝结水处应安装疏水阀,并保持完好;不得用淘汰产品,也不得用阀门代替疏水阀		

监测测试项目	测试结果	考核指标	结果评价
保温结构表面温升/℃			
疏水阀漏汽率/%			

监测结果评价:

单位名称(节能监测专用章)

年　　月　　日

编制:	审核:	批准:

4

3. 企业供配电系统节能监测结果

GB/T 16664—1996

附　录　C
企业供配电系统节能监测报告
（补充件）

编号：

被监测单位		监测通知号	
被监测系统		监测日期	
监测依据			
监测结果	监测项目	监测数据	合格指标
	1. 日负荷率 2. 变压器负载系数 3. 线损率 4. 企业用电体系功率因数		

评价结论、处理意见及建议：

监测负责人：　　（签字）　　　　　　　　　　　　　　　监测单位：(盖章)

审核人：　　（签字）

技术负责人：　　（签字）

年　月　日

6

4. 泵类液体输送系统节能监测结果

GB/T 16666—2012

附 录 C
（规范性附录）
泵类液体输送系统节能监测结果判定表样式

表 C.1 泵类液体输送系统节能监测结果判定表

被监测单位			时 间		
地 点			机组号		
泵型号		泵额定流量	m³/h	泵额定扬程	m
泵额定效率	%	泵额定转速	r/min	电机额定功率因数	
电机型号		电机额定功率	kW	电机额定电流	A
电机额定效率	%				

监测检查项目	检查结果	结果评价
泵与电动机不应是国家明令淘汰的产品；测试时系统应在正常状态下运行		
泵进口压力表、泵出口压力表及泵和电动机铭牌应齐全、完好；额定功率≥45 kW的电动机应单独配置电流表、电压表、电能表等		
泵的运行工况点应符合 GB/T 13469 的要求		
运行时泵的轴密封正常		
输送管道应符合 GB/T 13469 的要求		
泵类液体输送系统应有完整的运行台账、性能曲线、改造记录等技术档案		
采用"热力学方法"时，受检单位应在泵进口和出口管路上安装测温套管		

监测测试项目	测试结果	考核指标	结果评价
泵运行效率/%			
电动机运行效率/%			
吨·百米耗电量/[kW·h/(t·hm)]			

监测结果评价：

单位名称（节能监测专用章）
年　月　日

监　测：　　　　　审　核：　　　　　批　准：

14

5. 风机机组与管网系统的节能监测结果（2009）

GB/T 15913—1995

附 录 A
风机机组与管网系统节能监测报告
（补充件）

编号：

被监测单位		监测通知号	
被监测机组		监测日期	

监测依据

监测结果	监测项目	监测数据	合格指标
	电能利用率，%		
	电动机负载率，%		

评价结论、处理意见及建议：

监测负责人：（签章）

监测单位：（盖章）

年　月　日

附加说明：
本标准由国家经济贸易委员会资源节约综合利用司和国家技术监督局标准化司提出。
本标准由全国能源基础与管理标准化技术委员会能源管理分会归口。
本标准由哈尔滨市经委节能技术服务中心等负责起草。
本标准起草人陈丕来、何晓明、叶元煦、任何、韩丽洁等。

5

6. 空气压缩机组及供气系统节能监测结果

附 录 C

空气压缩机组及供气系统节能监测报告

编号：

被监测单位		监测通知号	
设备名称与规格型号		监测日期	
设备编号		设备用途	
监测依据			

	监测项目	监测依据	合格指标
监测结果	1. 压缩机排气温度		
	2. 压缩机冷却水进水温度		
	3. 压缩机冷却水进出水温差		
	4. 空气压缩机组用电单耗		

评价结论、处理意见及建议：

监测负责人：（签字）

审 核 人：（签字）

技术负责人：（签字）

监测单位：（盖章）

年　　月　　日

（二） 综合节能监测报告

综合节能监测报告应包括以下主要内容：

（1）企业简介。

表 3 – 55　　　　　　　　　　企业基本情况表

企业名称		法人代表	
地址		邮政编码	
联系人		电话	
传真		电子信箱	
隶属关系			
所属行业		最早开工生产年份	
固定资产原值（万元）		固定资产净值（万元）	
主要产品名称			
设计生产能力			
生产工艺			
年份			
产量			
综合能耗（tce）			
产值（万元）			
职工人数（人）			

（2）企业能源管理组织结构。

（3）测试设备选择依据。

（4）测试设备汇总表。

（5）主要问题。

（6）总体评价及建议。

（7）设备节能监测报告。

第五节　常用节能监测仪器介绍

本节针对十种常用节能监测仪器举例介绍如下：

一、数字温湿度计（TESTO625）

（一）应用范围

测量空气湿度和温度。

（二）组成

主机、温湿度探头。

（三）操作

① 探头插口；

② 显示屏；

③ 控制按钮；

④ 背面：电池盒；

⑤ 背面：无线电模块维护室。

图 3－8

表 3－56　　　　　　　　　　按钮功能

按钮	功能
⏻	打开仪器； 关闭仪器（按下并保持）
☀	打开/关闭显示灯
Hold / Max / Min	保持读数，显示最大/最小值
↵	打开/关闭配置模式（按下并保持）； 在配置模式下： 确认输入
△	在配置模式下：增加值、选择选项

按钮	功能
▽	在配置模式下：降低值、选择选项
🖱	在显示相对湿度、露点和湿球温度之间切换
🖱	在显示接线探头和无线电探头（📡亮起）之间切换

表 3–57　　　　　　　　　　　显示含意

显示	含意
🔋	电池容量（在显示屏的右下角）： 电池符号 4 段亮：仪器电池完全充满 电池符号 4 段都不亮：电池差不多用完
📡	测量通道：无线电探头（"无线电波"的格数表示信号的强弱）
▭	无线电探头的电池容量（在无线电探头图标上方）；电池几乎用尽

二、表面温度计（APEX564）

（一）应用范围

墙体、管壁，以及其他含温物质表面温度的测量。

（二）组成

主机、表面温度探头（见图 3–9）。

① LCD 视窗；

② 功能键；

③ 热电偶输入插座；

④ 电池盖；

⑤ PC 输入插座；

⑥ SHIFT 键；

⑦ 电源键。

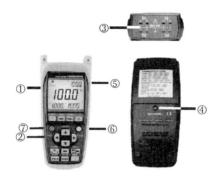

图 3 - 9

（三） 操作

使用绿色键进行开关机操作；

上下左右键切换选项；

PC 键用于连接电脑读取数据；

REC 用于记录数据；

CALL 键用于调取记录；

背光键用于打开背光；

温度切换摄氏度、华氏度、绝对温度；

MAX、MIN、AVG 显示最大、最小、平均值；

T3 - T4 显示第三个探头和第四个探头差值；

T1 - T2 显示第一和第二个探头差值；

插入探头后开机即可测量，测量中可使用 T3 - T4，T1 - T2 键切换不同探头间差值显示，使用温度切换键切换当前显示单位。

三、红外测温仪 （TESTO845）

（一） 应用

仪器结合近焦测量及远焦非接触式温度测量。

（二） 组成

主机、仪器箱、软件（见图 3 - 10）。

① 红外传感器；

② 湿度模块（包含于 0563 8451 套装）；

③ 测量扳手；

④ 电池盒；

⑤ 红外二极管，用于红外打印；

⑥ 显示屏；

⑦ 滑动开关；

⑧ 操作按钮探头插口；

⑨ USB 接口；

⑩ K 型热电偶插口。

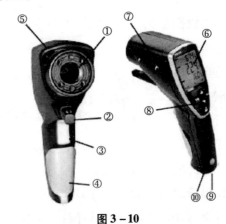

图 3 – 10

（三）　操作

表 3 – 58

功能	
Mode	更改仪器配置
🖶	红外打印机，打印测量值
💾	保存测量报告 测量和仪器配置：数值应用和切换至下一设置菜单
▲	切换显示画面
▼	测量和仪器配置菜单：更改设置数值

四、热像仪（TESTO885）

（一） 应用范围

物体表面热像图与物体表面的热分布场。

（二） 组成

主机、镜头、存储卡、仪器箱（见图3-11）。

图 3-11

① 数码相机镜头：拍摄可见光图像；2 个强劲 LED：用于暗处照明。

② 红外镜头：拍摄红外图片。

③ 镜头释放按钮：释放镜头锁定。

④ 螺纹（1/4" －20 UNC）：用于固定三脚架（仪器底部）。切勿使用桌面三脚架，有倾倒危险。

⑤ 激光瞄准器（部分国家不可用）：用于瞄准被测物体。

⑥ 对焦环：用于手动调焦。可能导致仪器自动机械装置损坏。仅在手动调焦模式（自动对焦关闭）时可转动对焦环。

⑦ 可旋转手柄，带可调节手带和镜头盖扣环。

⑧ 电池仓（仪器底部）。

⑨ 操作按钮（仪器背部及顶部）：

表 3 – 59

按钮	功能
[⏻]	热成像仪开关。
[●]（5 向操纵杆）	按 [●]：打开菜单，激活选择/设定。 移动 [●] 上/下/右/左：选择功能，导航。
[Esc]	退出。
[A]，[B]	快捷键，激活常用功能。当前快捷键显示在左上角。
[快门按钮] （圆形未标注按钮）	按下按钮（仅在自动对焦模式激活时）：图片自动对焦。 按下按钮：记录图像（保持/保存）。

⑩ 背带用挂钩孔，2 个

⑪ 接口端子：

表 3 – 60

端子	功能
顶部	电源插口，耳机槽，电池状态 LED 指示灯。电池状态 LED 指示灯（热像仪开启时）： • 指示灯灭（未插入电池）。 • 指示灯闪烁（已连接电源，电池正在充电）。 • 指示灯亮（已连接电源，电池已充满）。
底部	USB 接口，内存卡插槽。

⑫ 显示屏：可 90°折叠，270°旋转。

热像仪开机后，显示屏即使未翻开，也会保持开启状态。推荐使用节电模式，延长电池使用时间。

（三） 操作

显示界面（见图 3 – 12）：

① 图片显示：红外图像或可见光图像。

② 温标栏显示：

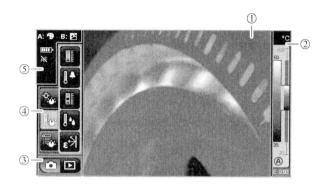

图 3 – 12

表 3 – 61

显示	描述
0	保护镜功能激活。未激活时无此符号。
℃, **℉或%**	选择单位。
	左边：图像的温度量程，显示最小/最大测量值（带自动标度调整）或所设定的最小/最大显示值（带手动标度调整）。 右侧：图像的温度限值设定量程，据设定的温度 量程，显示测量范围限值。
Ⓐ or Ⓜ	自动或手动标度调整。
▲	直方图调整。
E	设置发射率。

③ **热成像仪模式选择：**

📷拍摄模式按钮，▶播放模式按钮。

④ **菜单栏：**菜单栏由 3 个选项卡组成，包含不同功能选择的按钮。

⑤ **状态显示：**

353

表 3 – 62

显示	描述
A:, **B:**	可选的快捷键功能 （配置按键）： 🖼：图片类型； 🏃：发射率； 🎨：调色板； 🌡：温度刻度； 💡：LED 灯。
	🔄：调整； 🔍：放大； 🔍：缩小； 🌡：湿度； ☀：太阳能； 🖼：图片拼接； 📷：测量地址自动识别。 在图片库中以单张图像视图查看自己保存的图片时，功能按钮的功能固定如下： **A:◀**：显示前一张图片。 🖼：显示后一张图片。

表 3 - 63

显示	描述
![电源图标], ![电源图标]	电源/电池电量： ![图标]：电源操作，电池完全充满。 ![图标]：电源操作，未插入电池。 ![图标]：电池操作，电量 70% ~ 100%。 ![图标]：电池操作，电量 5% ~ 75%。
	![图标]：电池操作，电量 25% ~ 50%。 ![图标]：电池操作，电量 10% ~ 5%。 ![图标]：电池操作，电量 0% ~ 10%。 ![图标] - ![图标] - ![图标] - ![图标] - ![图标]：电池正在充电。
AF or ![图标]	激活或取消自动对焦。
![图标]	仅 testo 885 - 2：耳机已连接。
![图标]	USB 已连接。

更换镜头：

每台红外热成像仪只能使用与之相应调整过的镜头。镜头上的序列号要与热成像仪上的序列号相符。

＞将热成像仪平稳放置。

移除镜头（见图 3 - 13）：

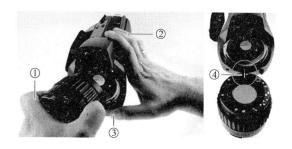

图 3 - 13

（1）左手拿镜头①，右手握住热成像仪②并按下［镜头释放按钮］③。

（2）逆时针拧动镜头并取下。镜头不使用时，请放在镜头盒中（可更换镜头交货时标配了镜头盒）。

安装新镜头：

（1）左手拿镜头①，右手握住热成像仪②。

（2）将镜头和仪器上的标记对齐，并将镜头放到镜头卡口上。

（3）将镜头推入卡口，顺时针转动直至旋紧。

五、数字微压计（ZEPHYR Ⅱ ＋）

（一）应用

适用于风机机组压力测量；烟道排烟流量测量；新风机组给风量及风压测量；空调系统风量测量。

（二）组成

主机、皮托管、硅胶软管、携带包或仪器箱。

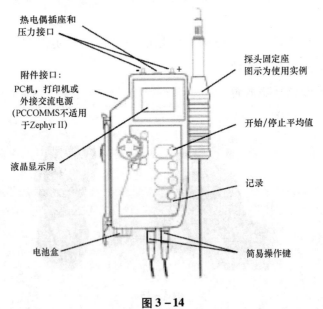

图 3 - 14

（三）操作

仪表的操作由方便操作的功能键及四个方向的箭头键控制，功能键介绍如图 3 - 15 所示：

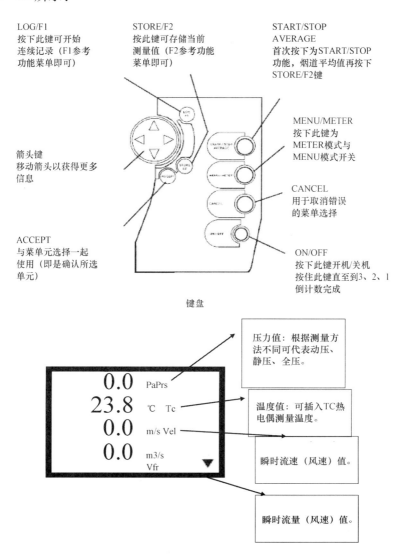

LOG/F1
按下此键可开始
连续记录（F1参考
功能菜单即可）

STORE/F2
按此键可存储当前
测量值（F2参考功能
菜单即可）

START/STOP
AVERAGE
首次按下为START/STOP
功能，烟道平均值再按下
STORE/F2键

MENU/METER
按下此键为
METER模式与
MENU模式开关

箭头键
移动箭头以获得更多
信息

CANCEL
用于取消错误
的菜单选择

ACCEPT
与菜单元选择一起
使用（即是确认所选
单元）

ON/OFF
按下此键开机/关机
按住此键直至到3、2、1
倒计数完成

键盘

0.0   PaPrs
23.8   ℃ Tc
0.0   m/s Vel
0.0   m3/s
       Vfr

压力值：根据测量方
法不同可代表动压、
静压、全压。

温度值：可插入TC热
电偶测量温度。

瞬时流速（风速）值。

瞬时流量（风速）值。

图 3 - 15

（四） 应用注意事项

（1）皮托管在测量灰尘较大的烟道后要定期吹洗，保持通畅。

（2）测量前要等待压力传感器归零后再进行。

（3）测量较高温度如 300 度~400 度风速时，应尽量选用长皮托管 1 米或 1.5 米，以免烫伤。

（4）仪器使用干电池供电，长期不适用请取出。

（5）探头是全压测量探头，按照图 3 – 16 正确使用。

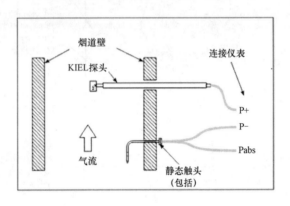

图 3 – 16

六、热球风速仪

（一） 应用

适用于风速、风温的测量。

（二） 组成

主机、热球探头、仪器箱（见图 3 – 17）。

（三） 操作

（1）使用前观察电表的指针是否指于零点，如有移偏可轻轻调整电表上的机械调零螺丝，使指针回到零点。

（2）"校正开关"置于"断"的位置，"电源选择"开关置于所选用电源处。如用外接电源，"电源选择"开关拨至"外接位置"，将两组直流电源

图 3 - 17

（1 组 1.5V，1 组 4.5V）分别接在"外接电源"接线柱上，极性勿接错。如用仪器内部电源，"电源选择"开关拨至"通"的位置。将四节一号电池按正确位置装在仪器底部电池盒内，极性勿接错。

将测杆插在插座上，测杆垂直向上放置，螺塞压紧，使探头密闭。"校正开关"置于"满度"位置，慢慢调整"满度粗调"和"满度细调"两个旋钮，使电表指在满刻度的位置。

"校正开关"置于"低度"位置，慢慢调整"零位粗调"和"零位细调"两个旋钮，使电表指在零点的位置。

（3）经以上步骤后，轻轻拉动螺塞，使测杆探头露出（长短可根据需要选择）即可进行 0.055 米/秒风速的测定，测量时探头上的红点面对风向，从电表上读出风速的大小，根据电表上的读数，查阅所供应的校正曲线，查出被测风速。

（4）如果要测量 5 ~ 30 米/秒的风速，在完成以上（3）、（4）步骤后只要将"校正开关"置于"高速"位置，不需要再进行任何调整，即可对风速进行测定，测量时探头上的红点面对风向，从电表上读出风速的大小，根据电表的读数查阅所供应的高速校正曲线。

（5）如果用干电池供电，在测量若干分钟后（一般10分钟）必须重复以上（3）、（4）步骤一次，以保证测量的准确性。

（6）测量完毕后，"校正开关"置于"断"的位置。

七、超声波流量计（PF600）

（一）应用范围

适用于非接触式测量管道内液体流量。

（二）组成

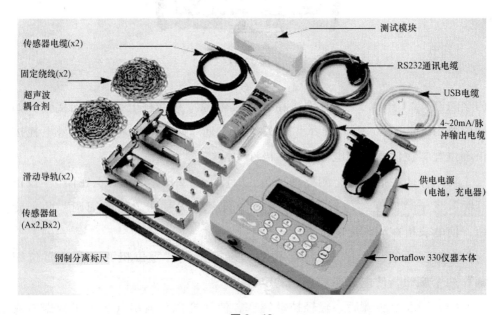

图 3－18

（三）操作

1. 测量原理

超声波流量计借助夹钳式传感器能够精确测量密闭管道内的液体流量，无须向管道中插入任何机械部件或侵入到液体系统中。能够测量几乎所有管

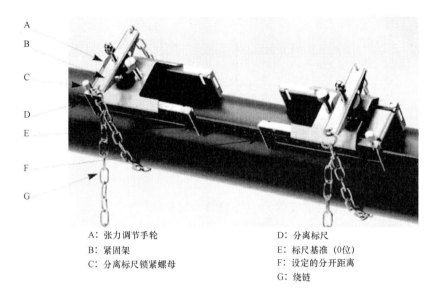

A: 张力调节手轮   D: 分离标尺
B: 紧固架   E: 标尺基准（0位）
C: 分离标尺锁紧螺母   F: 设定的分开距离
                        G: 绕链

图 3 - 19

道材质及管径范围在 13 ~ 2000mm 的管道流量，对液体的使用温度也提供了一个很宽的测量范围。

当超声波在液体中传输的方向与液体流动的方向相同，其声波传播速度会被液体轻微地加速。反之会被轻微地降低。因此传输相同的距离而方向不同时，其所用的时间也不相同。两方向时间的差值正比于管道中液体的流速。

超声波流量计借助两只安装在液体管道上的传感器，获取并比较声波双向传输时间之差。如果知道了液体的声波传输性能，流量计的微处理器基于计算的传输时间之差可以计算出液体的流速，那么在知道了管道的外径后（即确定了管道的截面积）就很容易计算出管道中的体积流量。

2. 操作模式

（1）反射模式。（见图 3 - 20）

这是最常用的模式。两只传感器（U & D）安装在管道上，呈同侧性线排列。信号从一只传感器穿入管道，经液体遇对侧管道壁反射至另一只传感器。基于连接的管道、液体的特性等输入参数，仪器计算出两只传感器应该保持的分开距离。

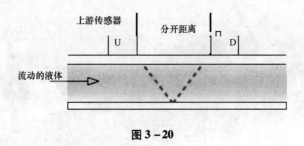

图 3 – 20

（2）反射模式（双重反射）。（见图 3 – 21）

在此模式下，按仪器计算出的分开距离会产生信号双跳跃反射现象。这最有可能是发生在较小管径的情况下，计算出的间隙距离对使用的传感器是不切实际的。

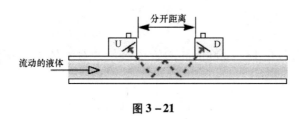

图 3 – 21

（3）反射模式（三重反射）。（见图 3 – 22）

此三跳跃反射模式是在双跳跃基础上的进一步发展。对应传感器应用范围，其实际测试的管径范围更小。

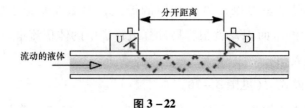

图 3 – 22

（4）对角模式。（见图3－23）

在测试较大的管径场合，仪器会选择此模式。在此模式下，传感器分别装在管道的两侧。为获得正确的信号，仍需保持正确的传感器间隙距离，这是实际应用中极为重要的。此模式下，标准的'A'组＆'B'组传感器还会用到。但是针对非常大的管径站点，应选择'D'组传感器（可选件）。

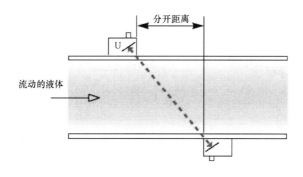

图 3－23

八、多普勒流量计（APEX681）

（一）应用范围

适用于各种杂质液体的便携式测量。可用于工业企业、供排水污水、工业废水、矿浆液等的测量。

（二）组成

主机、传感器、耦合剂、绑定带、仪器包。（见图3－24）

（三）操作

1. 测量原理

多普勒流量计是靠发射和接收液体中的超声波信号来工作的。多普勒流量计配有夹装在充满液体的管道两侧的两个传感器，每个传感器含有压电晶体，如图所示，传感器发射一个超声波信号，该信号穿过管壁进入液体介质，一部分信号被液体中的悬浮固体颗粒、气泡或流体扰动界面所反射，到达另一个传感器后，信号处理单元电路对超声波发射频率与接收到的超声波信号

图 3 – 24

频率进行比较，两者之差，即多普勒频移，正比于流体流速，即多普勒原理。如果液体没有流动，也即零流动状态，发射和接收信号是等同的，没有多普勒频移。

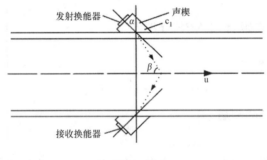

图 3 – 25

2. 测量特点

（1）极好的低流速测量能力，可低至 0.05m/s；

（2）极宽的流量测量范围，高流速可达 12m/s；

（3）自适应信号增益调节；

（4）可以在线安装；

（5）操作简单，只需输入内径即可实现流量测量；

（6）瞬时流量和累积流量及流量报警；

（7）规格齐全，可以提供各种应用方案；

（8）非常适合大管径污水测量。

3. 操作介绍

图 3－26 是多普勒流量计的四键界面。

图 3－26

测试安装演示（见图 3－27）：

液体中的颗粒必须足够大（大于 100um）或含有气泡，以引起声波的纵向反射 。

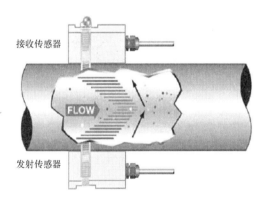

图 3－27

- 流体温度：标准： －40 ~ ＋121℃；

- 管径大小：标准外夹式 DN40 ~ 4000，

- 管道流体必须是满管（非满管有时可显示流速）。

- 找到参考安装位置 3 和 9 点钟位置（180°对称），如图 3－28 所示：

- 两个传感器称为 A 和 B 传感器，A 是发射传感器，B 是接收传感器，

365

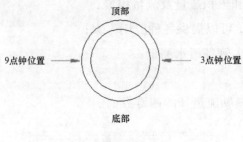

图 3 -28

它们安装时必须 180°；

- 对称，以便有更精确的测量。

（1）菜单操作程序。

1）按 MENU 键，进入设置翻看修改内容。

2）按向下箭头键，选择所需要的选项。

3）按 ENT 键，查看当前选项。

4）按 ENT 键确认选择，继续按 ENT 键确认数值。

5）如需要改变当前项，按箭头键选中，按 ENT 键选中，再按 ENT 键进入设置数值。

6）返回/推出设置模式时使用 MENU 键，显示将会变为运行模式。

（2）参数输入。

1）测量单位选项：ID UNIT 是管道内径的测量单位。INCH 英寸（英制）；MM 毫米（公制）。

2）管道内径：PIPE ID 是管道内径输入。根据 ID UNIT 中的选择，显示 ID INCH 或 ID MM，按 ENT 键输入管道内径的英制尺寸或者公制尺寸。

3）流量显示模式：DISPLAY 是流量显示模式选择。RATE 是瞬时流量显示，TOTAL 是累积流量显示，BOTH 是交替显示瞬时流量和累积流量。

4）瞬时流量单位：RATE UNIT 是瞬时流量单位，默认为 m^3。

5）流量时间单位：RATE INT 是瞬时流量的时间单位，默认为 h。

6）累积流量单位：TOTALUNT 是累积流量单位，默认为 m^3。

7）累积流量指数单位：TOTALMUL 是累积流量倍率 $0.01 \sim 10^6$。使用 TOTALMUL 设置累积流量倍率，这个选项用于调节非常大的累积流量，指数是一个 $a \times 10^n$ 乘数。

九、电动机经济运行测试仪（HSDZC）

（一）应用

工频各线制高低压电路不断电测试；10 项常规电量测量参数，14 项电动机经济运行测试参数；高压电路、高压电动机测试功能（需配置 CT 装置）。

（二）组成

主机、打印机、电源转换器、仪器箱。（见图 3 – 29）

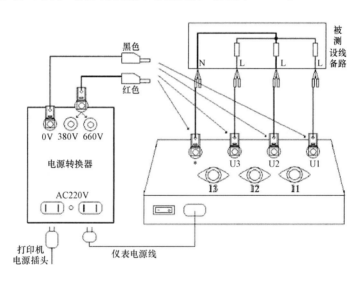

图 3 – 29

（三）测量参数

交流电压 U、交流电流 I、视在功率 S、有功功率 P、无功功率 Q、功率因数 COSΦ、负载率 β、效率 η、有功电能 kW · h、无功电能 kvar · h、电网频率 f、输入功率 P_1、输出功率 P_2、综合效率 η_c、电流电压谐波分量。

（四）接线操作

1. 接线前注意事项

（1）电压和电流相位要对应，即电压 A 相对应电流 A 相，接错将会造成有功、无功、功率因数错误，另外二相以此类推。

（2）电流钳按照钳口上的箭头方向夹在被测导线上，电流钳方向不能搞反，电流方向电源端流向负载端，反了将会造成有功功率变成负数。

2. 接线图例

（1）单相接线。（见图 3－30）

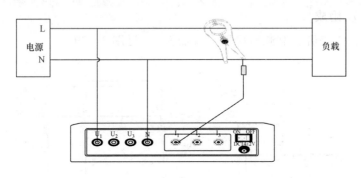

图 3－30

（2）三相三线接线（没零线）。（见图 3－31）

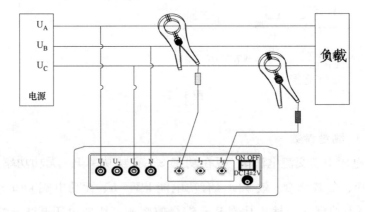

图 3－31

（3）三相四线接线（有零线）。（见图 3 - 32）

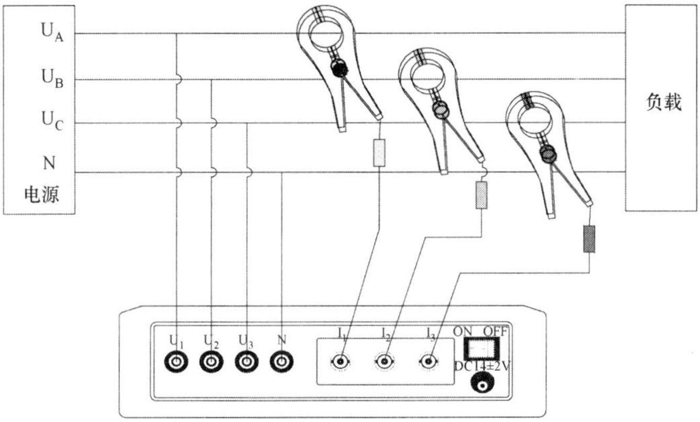

图 3 - 32

（五）　测量注意事项

（1）测量前要了解设备电压等级后方能测量。

（2）测量时缺功率、功率因数等项目，查看电流钳是否接实。

（3）测量前需得到电动机编号，否则无法判定是否经济运行。

（4）测量时电动机编号选择正确，测试参数正常，接线正常，仪器出现"判定错误"，则检查电流钳接入方向。

十、烟气分析仪（TESTO350）

（一）　应用范围

适用于工业锅炉、燃烧器、电厂等烟气成分分析。

（二）　组成

主机与探头。

（三）　操作

TESTO350 - 烟气分析仪（见图 3 - 33）：

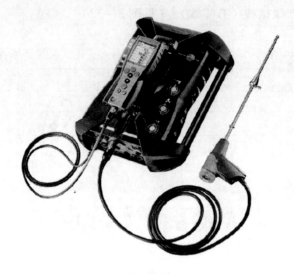

图 3 - 33

（1）操作和显示器；

（2）所有设置都可通过光标键操作；

（3）全新的彩色图形显示屏用于显示测量值；

（4）通过蓝牙或 USB 接口可连接至 PC 机；

（5）可通过 Testo 数据总线电缆或蓝牙连接到分析箱；

（6）内置存储功能（250000 个测量值）。

TESTO350 - 手操器（见图 3 - 34）：

① 红外接口。

② 开关。

③ 磁性固定架（背面）。注意强磁性，可能损伤其他
设备。与可能被磁性损坏的产品（例如显示器、电脑、起
搏器、信用卡 等）保持安全距离。

④ 显示器。

⑤ 键盘。

⑥ 与分析箱接触棒（用于通信）（背面）。

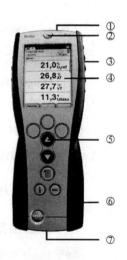

图 3 - 34

⑦ 接口：USB 2.0、充电器接口、德图数据总线接口。

连接 / 接口（见图 3 – 35）：

图 3 – 35

① USB 2.0；

② 德图数据总线；

③ 电源 0554 1096 连接插槽；

④ 与分析箱锁紧用卡槽。

分析箱：包含所有传感器和测量技术等：

气体传感器；

可选帕尔帖气体预处理器；

气泵和清洗泵。

冷凝槽：

通过手操器或 PC/手提电脑进行操作；

内置存储功能（250000 个测量值）；

① 冷凝槽；

② 手操器锁紧/解锁按钮；

③ 烟气过滤器 ；

④ 新鲜空气过滤器［选配：新风阀/量程扩充全套装（5x）］；

⑤ 与手操器通信用的接触棒；

⑥ 用于锁紧手操器的卡销；

⑦ 单槽稀释气体过滤器；

⑧ 状态显示。

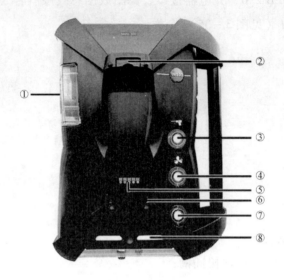

图 3-36

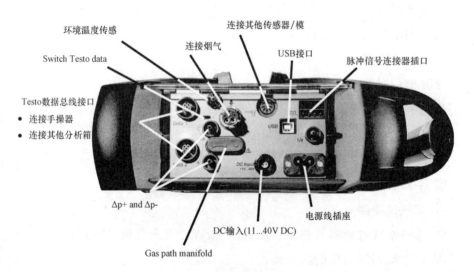

图 3-37

testo 350 – 十个数字气体传感器中的选择：

- CO　　　　　 – H_2S
- CO_{low}　　　 – CxHy
- NO　　　　　 – CO_2 – IR
- NO_{low}　　　 – O_2（标准）
- SO_2
- NO_2

好处：

灵活应对测量要求的变更；

精确的 NOx 测量（如 O_2 + CO + NO + NO_2）；

插槽选择具有很高的灵活性；

数字传感器信号直接来自于传感器线路板；

在信号传输到主板期间有效地降低可能的干扰。

testo 350 – 专用菜单导航（见图 3 – 38）：

图 3 – 38

燃烧器应用的专用预设置（见图 3 – 39）：

即便没有配置 NO_2 传感器，仪器也会在显示屏上自动显示 NO_2 过剩系数。

只有特定燃料用于所选应用时才是预设定的。

图 3 - 39

testo 350 - 压力传感器自动归零：

压力传感器每隔 10 秒自动归零，预防压力传感器因环境条件变化而出现的典型零漂 。

此选项使得无须长时间监管即可实现流量和流速的测量，并且和排放测量同时进行。

附录　常规测量项目

（一）　温度测量

1. 温标

用来量度温度高低的尺度称为温度标尺，简称温标。法定计量单位是开尔文（K）。

目前有热力学温标、摄氏温标和华氏温标。热力学温标也叫绝对温标。热力学温标规定纯水的三相点温度为 273.16K。绝对温标 T 与摄氏温标 t 的关系为：

$$T = t + 273.16$$

华氏温标 F 和摄氏温标 t 换算关系为：

$$F = 9t/5 + 32$$

2. 温度计分类

温度计可分为接触式和非接触式两大类。接触式温度计又可分为膨胀式、电阻式和热电耦式。非接触式温度计则是利用物体产生辐射能量的大小来测量温度。

（1）膨胀式温度计：物质的体积随温度升高而膨胀的特性制作的温度计，称为膨胀式温度计。主要有玻璃管液体温度计、双金属温度计和压力式温度计。

（2）热电阻温度计：利用导体或半导体的电阻值随温度而变化的特性所制成的测温仪表。热电阻温度计是由热电阻、变送器、连接导线和显示仪表等几部分组成。其测量精度较高，响应速度快，并在整个测量范围内呈线性关系，可以实现远距离测量显示和自动记录。

常用热电阻材料有铂电阻、铜电阻、镍电阻和半导体热敏电阻。电阻温度计的显示仪表主要采用动圈式比率计和自动平衡电桥两种。

（3）热电耦温度计：将两种不同的导体 A、B 组成闭合回路，若两连接点的温度不同，则在回路中将产生热电动势，形成电流，这一现象称为热电效应。热电耦是利用热电效应制成的一种测温元件。

（4）非接触式温度计：利用测定物体辐射能的方法测定温度。由于它不与被测介质接触，不会破坏被测介质的温度场，动态响应好，因此可用于测量非稳态热力过程的温度值。此外，它的测量上限不受材料性质的影响，测温范围大，特别适用于高温测量。

（二）压力测量

1. 压力

流体对单位面积上的垂直作用力，也就是物理学中所说的压强。法定计量单位是帕斯卡（Pa）。

常用压力有绝对压力（p）、表压力（p_e）和真空度（p_v）。绝对压力是指以绝对真空为基准来表示的压力；表压力和真空度是绝对压力与环境介质（一般指大气）的压力之差；大气压力是指包围在地球表面一层很厚的大气层对地球表面或表面物体所造成的压力。各种压力表示方法之间的关系为：

$$p = p_{b} + p_{e}$$

或

$$p = p_{b} - p_{v}$$

式中，p_b 为大气压力。

工程上，较大的压力用千帕（kPa）或兆帕（MPa）表示。工程上常用的压力单位还有标准大气压（atm）、巴（bar）、工程大气压（at）、毫米汞柱（mmHg）和毫米水柱（mmH$_2$O），它们之间的换算关系如表 3 – 64 所示：

表 3 – 64

	Pa	bar	atm	at	mmHg	mmH$_2$O
Pa	1	1×10^{-5}	$0.986\ 923 \times 10^{-5}$	$0.101\ 972 \times 10^{-4}$	$7.500\ 62 \times 10^{-2}$	$0.101\ 971\ 2$
bar	1×10^{-5}	1	$0.986\ 923$	$1.019\ 72$	750.062	$1\ 019\ 7.2$
atm	$101\ 325$	$1.013\ 25$	1	$1.033\ 23$	760	$10\ 332.3$
at	$98\ 066.5$	$0.980\ 665$	$0.967\ 841$	1	735.599	1×10^{-4}
mmHg	$133.322\ 4$	133.322×10^{-5}	$1.315\ 79 \times 10^{-3}$	$1.359\ 51 \times 10^{-3}$	1	$13.595\ 1$
mmH$_2$O	$9.806\ 65$	$9.806\ 65 \times 10^{-5}$	$9.078\ 41 \times 10^{-5}$	1×10^{-4}	735.559×10^{-4}	1

2. 压力表分类

测压仪表按作用原理的不同可为电测式和弹性式等。

电测式是指采用压力传感器作为感压元件测量压力。常用的有压阻式、压电式和电容式差压传感器以及电阻应变式、电感式和霍尔压力式等。电测式压力表信号便于远传，适于自动测量和控制系统。

弹性式是利用各种不同形状弹性感压元件在被测压力的作用下，产生弹性变形制成的测压仪表。常用的有膜片（盒）式、波纹管式和弹簧管式。弹性压力表结构简单，牢固可靠，测压范围广，使用方便，造价低廉，有足够的精度，可远传。

（三）流速测量

常用的流速测量方法有动压法（皮托管测速）、散热法（热线流速仪测速）、机械法和超声波等测量法。下面简要介绍动压法和机械法的基本原理及其技术特点，超声波测量法将在下一部分中介绍。

1. 动压法（皮托管测速技术）

皮托管测量的是流场空间某点的平均速度。由于是接触式测量，因而探头的头部尺寸决定了皮托管测速的空间分辨率。

图 3－40（a）、图 3－40（b）是直角形（L形）皮托管的结构简图。根据不可压缩流体的伯努利方程，流体参数在同一流线上有着如下关系：

$$p + \frac{1}{2}\rho v^2 = p_0$$

式中，p_0、p 分别为流体的总压和静压；ρ 为流体密度；v 为流体流速。

由上可得：

$$v = \sqrt{\frac{2\,(p_0 - p)}{\rho}}$$

只要测得流体的总压和静压，或它们之差，即可按上式计算流体的流速，这就是皮托管测速的基本原理。

考虑到总压和静压的测量误差，利用它们的测量读数进行流速计算时，应做适当的修正。为此，引入皮托管的校准系数 ζ，将上式改写为：

$$v = \zeta \sqrt{\frac{2\,(p_0 - p)}{\rho}}$$

合理地调整皮托管各部分的几何尺寸，可以使得总压、静压的测量误差接近于零。

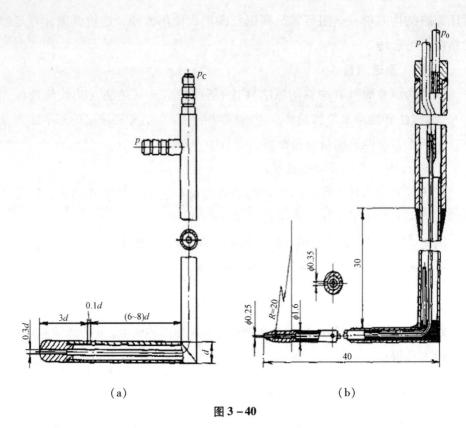

（a）　　　　　　　　　　　　　　（b）

图 3 - 40

2. 机械法（机械风速仪）

机械风速仪的敏感元件是一个轻型叶轮，带有径向装置的叶轮分为翼形和杯型两类。机械式风速仪均适用于测定 15m/s ~ 20m/s 以内的气流速度。

3. 测量注意事项

（1）采用皮托管测量气流流速时，由于皮托管插入气流中，对流体存在一定扰动，会带来测量误差。因此在机械强度满足测量要求的前提下，尽量选择直径较小的皮托管，以减少对气流的扰动。同时，测压管应尽可能与气流方向一致，与气流方向夹角应尽量小，最多不超过 6 ~ 8 度，以减少测量误差。

（2）采用机械式风速仪测量时，应保证风速仪叶轮全部放置于气流的流束中。每次测量的时间应延续在 0.5 ~ 1 分钟范围内，所测得的流速应是该时间段的平均值。另外应使叶轮的旋转平面与流动气流方向垂直，偏差应小于10 度，否则会产生较大误差。

（四）流量测量

1. 流量

流量通常是指单位时间内通过某有效流通截面的流体数量，又称瞬时流量。可用质量单位表示，也可用体积单位表示，分别称为质量流量 q_m（kg/s）和 q_v 体积流量（m³/s）。质量流量与体积流量之间的换算关系为：

$$q_m = \rho q_v$$

式中，ρ 为流体密度（kg/m³）。

在工程实际中，有时需要知道某一段时间间隔内通过某流通截面的流体总量，这就是累计流量。累计流量除以相应的时间间隔，则为该段时间内的平均流量。为了便于比较流量的大小，还常常将体积流量换算成某统一约定状态下的值，如标准状态（20℃，101325Pa）下的标准体积流量。

2. 流量计类型

测量流体流量的仪表统称为流量计或流量表，目前所使用的流量计可归纳为三类：

（1）容积型流量计。

容积型流量计的测量依据是，单位时间内被测流体充满（或排出）某一定容容器的次数，即：

$$q_v = nV$$

式中，V 为定容容器的容积；n 为单位时间内被测流体充满（或排出）定容容器的次数。

容积型流量计的工作原理比较简单，适合于测量高粘度、低雷诺数的流体。其特点是流动状态对测量结果的影响较小，精确度较高，但不宜用于高温、高压和脏污介质的流量测量。

此种类型的流量计有：椭圆齿轮流量计、腰轮（罗茨）流量计、刮板式流量计、伺服式容积流量计、皮膜式流量计和转筒流量计等。

（2）速度型流量计。

速度型流量计以流体一元流动的连续方程为理论依据，即当流通截面确定时，流体的体积流量与截面上的平均流速成正比。因此，通过测量流通截面上的流体流速或与流速有关的各种物理量，就可以计算出流量。这类流量计有着良好的使用性能，可用于高温、高压流体测量，且精确度较高。但是，由于它们以平均流速为测量依据，因此测量结果受流动条件（如雷诺数、涡流以及截面上流速的分布等）的影响很大，这给精确测量带来困难。

此种类型的流量计很多，如差压式流量计、转子流量计、涡轮流量计、电磁流量计和超声波流量计等。其中超声波流量计是节能监测中最常用的便携式测量仪器。

（3）超声波流量计。

与常规流量计相比，超声波流量计具有以下特点：

1）非接触测量，不扰动流体的流动状态，不产生压力损失。

2）不受被测介质物理、化学特性（如粘度、导电性等）的影响。

3）输出特性呈线性。

其测量原理是基于超声波在介质中的传播速度与该介质的流动速度有关这一现象。图 3-41 所示为超声波在流动介质的顺流和逆流中的传播情况。因此，超声波在顺流和逆流中的传播速度差与介质的流动速度 v 有关，测出这一传播速度差就可求得流速，进而换算为流量。测量超声波传播速度差的

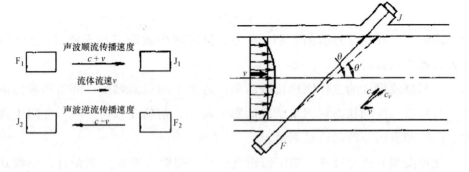

图 3-41

方法很多，常用的有时间差法、相位差法和频率差法，因此形成了所谓的时间差法超声波流量计、相位差法超声波流量计和频率差法超声波流量计等。

图中：v 为流动介质的流速，c 为静止介质中的声速，F 为超声波发射换能器，J 为超声波接收换能器。超声波在顺流中的传播速度为 $c+v$，逆流中的速度为 $c-v$。

（五）电流测量

1. 电流

在三相正弦交流电路中，电流有相电流和线电流之分。相电流为流过每相负载的电流，用 I_{ab}、I_{bc}、I_{ac} 表示；线电流为每根导线中的电流，用 I_A、I_B、I_C 表示。法定计量单位为安培（A）。

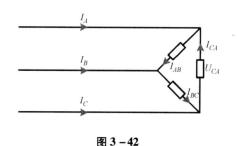

图 3 - 42

当负载是三角形接法时，$I_{线} = \sqrt{3} I_{相}$；当负载是星形接法时，$I_{线} = I_{相}$。

2. 测量电流的基本方法

（1）低压电流的测量。

钳形电流表是由电流互感器和电流表组合而成，其工作原理与电流互感器测电流是一样的。钳形表电流互感器的铁心像一把钳子，可以张开，在测量时将待测的导线夹在钳口内，穿过铁心的被测电路导线就成为电流互感器的一次线圈，其中通过电流便在二次线圈中感应出电流。当电流流过时，由于磁场的作用在二次线圈中就会感应出电流来，这样就可以在不切断导线的情况下进行测量了。钳形表操作简便，量程较大，故在实际监测中主要采用此种方法。

（2）高压电流的测量。

为了保证人员和设备的安全，测试高压电流时需要使用电流互感器，俗称 CT，将高压和低压隔离开，在低压大电流中能将大电流变成小电流来测量。电流互感器的构造、工作原理与变压器相似。一次侧电流和二次侧电流之间的比例称为电流互感器的变比。通过电流互感器测电流，实际电流值应为读数与电流变比的乘积。

（六）电压测量

1. 电压

在三相正弦交流电路中，电压有线电压和相电压之分。线电压为 A、B、C 三相引出线相互之间的电压，用 U_{AB}、U_{BC}、U_{CA} 表示；相电压就是任一相线与零线之间的电压，用 U_A、U_B、U_C 表示。法定计量单位为伏特（V）。

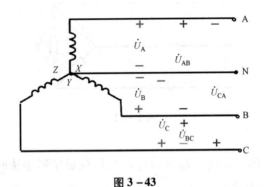

图 3 − 43

当三相电源为三角形接法时，$U_{线} = U_{相}$；当三相电源是星形接法时，$U_{线} = \sqrt{3}U_{相}$。

电压等级是电力系统及电力设备的额定电压级别系列。目前我国常用的电压等级有：380/220V、6kV、10kV、35kV、110kV、220kV、330kV、500kV。通常将 35kV 及 35kV 以上的电压线路称为送电线路，10kV 及其以下的电压线路称为配电线路。将额定 1kV 以上电压称为高电压，额定电压在 1kV 以下电压称为低电压。

2. 测量电压的基本方法

（1）低压电压的测量。

在低压线路中，欲测某两点间的电压，只要把电压表的两端直接接到被测的两点即可，这种方法叫并联法。即电压表是并联在线路中。

（2）高压电压的测量。

高压电压的测量必须使用专门设备来进行，这种设备叫电压互感器，或称仪用互感器，俗称 PT。它的构造、工作原理与变压器一样，一次侧电压和二次侧电压之间的比例称为电压互感器的变比。经过电压互感器测电压，实际电压值应为读数与电压比的乘积。

（七）电功率测量

1. 电功率

在单位时间内电流所做的功叫作电功率。电功率用 P 表示，法定计量单位为千瓦（kW）。

2. 测量电功率的基本方法

电功率包括直流功率、交流有功功率和交流无功功率。按测量对象，电功率测量分为单相功率测量、三相系统功率测量和无功功率测量。

（1）单相功率测量。

对于单相正弦交流电路，功率 $P = UI\cos\varphi$，U、I 分别为交流电压、电流的有效值，φ 是电压和电流相量间的夹角。此功率反映单位时间消耗的能量，所以又称有功功率。单相功率常采用功率表直接测量。

（2）三相功率测量。

目前使用的电动机经济运行仪、电力质量分析仪等仪器仪表均可测量，其测量方法可概括为二瓦特表法测三相三线负载的有功功率、三瓦特表法测三相四线负载的有功功率。

1）二瓦特表法测三相三线负载的有功功率。

对于三相三线制电路，不论负载是否对称，也不论负载是星形连接还是三角形连接，都能用两表法来测量三相负载的有功功率。

如图 3-44 所示，负载总有功功率为两个瓦特表功率的代数和，即 $P =$

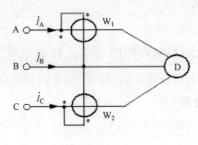

图 3 – 44

$P_1 + P_2$。仅适用于三线制，即不能有中线，负载可以对称和不对称。

两个瓦特表法接线规：两支功率表的电流线圈分别串联在任意两相线上，使通过线圈的电流为线电流，电流线圈的发电机端必须接到电源一侧；两支功率表电压线圈的发电机端应分别接到该表电流线圈所在的相线上，另一端则共同接到没有接功率表电流线圈的第三相上。

2）三瓦特表法测三相四线负载的有功功率。

如图 3 – 45 所示，每个瓦特表测得一相负载的有功功率功率，负载总有功功率为 $P = P_1 + P_2 + P_3$。当三相对称时，三个表的读数相等，只需一个瓦特表。

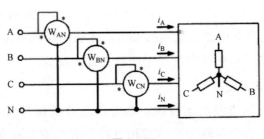

图 3 – 45

（3）无功功率测算。

单相正弦交流电路中，无功功率 $Q = UI \sin \Phi$。通过单相功率表可测得有功功率 P，通过电流表和电压表可测得电流 I 和电压 U，可计算得出视在功率 $S = UI$。则无功功率 $Q = \sqrt{S^2 - P^2}$。

对于三相系统，无功功率也可通过以下公式进行计算 $Q = \sqrt{3}\,UI\sin\Phi = \sqrt{S^2 - P^2}$。通过电动机经济运行仪、电力质量分析仪等仪器仪表也可以很容易的测量出电路的无功功率。

（八）功率因数测量

1. 功率因数

在三相正弦交流电路中，电压与电流之间的相位差（Φ）的余弦叫做功率因数，用 $\cos\Phi$ 表示，在数值上，功率因数是有功功率和视在功率的比值，即 $\cos\Phi = P/S$。

2. 测量功率因数的基本方法

（1）功率因数表法：用功率因数表直接测试即可，这样测量得到瞬时功率因数值。除功率因数表外，常用的电力质量分析仪等仪器也可直接测得电路的功率因数。

（2）功率法：测量负载的有功功率和无功功率（也可测视在功率），再用勾股定理或三角函数计算出功率因数，这是依据功率因数的定义得出的测量方法。所得数据也是瞬时功率因数值。

（3）电量法：根据测试期用电的有功电量和无功电量数据，用三角函数计算出功率因数值，得到的是平均功率因数值。常用的多功能电度表以及电力测量仪器均可直接测得平均功率因数。

（九）电能测量

1. 电能

指以各种形式做功（即产生能量）的能力。电能单位是千瓦时（kW·h）。物理学常用的能量单位是焦耳（J）。它们之间的关系是：$1\text{kW}\cdot\text{h} = 3.6 \times 10^6\text{J}$。

电能公式：

$$W = UIt = Pt$$

根据欧姆定律（$I = U/R$），推出：

$$W = I^2Rt = \frac{U^2}{R}t$$

2. 测量电能的基本方法

测量电能的基本方法有瓦秒表法和电能表法。

（1）瓦秒表法：用一个功率表和一个秒表测量电能。若在各时间段 T_1、T_2、$\cdots$、T_n 内功率各自维持恒定，其值分别为 P_1、P_2、$\cdots$、P_n，则在总时间 $T = T_1 + T_2 + \cdots + T_n$ 内的总电能为各段时间内电能之和，这种方法也用于校验其他测量电能的仪表。

（2）电能表法：是用电能表测量电能。由于实际电路或系统的负载是不断变化的，电能表能实现电能的自动积累，并不断记录电能。单相电能表在电路中的接线方式与功率表相同。

在实际操作中常通过电力质量分析仪等仪表测量得到，或利用测试电路的在线电能表直接读取。通过在线电能表读取的数据应乘上电流互感器变比和电压互感器（高压线路使用）变比，才能得到实际的电能数据。

参考标准如下：

《工业锅炉热工性能试验规程》（GB/T 10180—2003）；

《工业锅炉经济运行》（GB/T 17954—2007）；

《工业锅炉水质》（GB/T 1576—2008）；

《设备及管道绝热技术通则》（GB/T 4272—2008）；

《评价企业合理用电技术导则》（GB/T 3485—1998）；

《电力变压器经济运行》（GB/T 13462—2008）；

《节能监测技术通则》（GB/T 15316—2009）；

《离心泵、混流泵、轴流泵和旋涡泵系统经济运行》（GB/T 13469—2008）；

《三相异步电动机经济运行》（GB/T 12497—2006）；

《三相异步电动机实验方法》（GB/T 1032—2012）；

《水泵流量的测定方法》（GB/T 3214—2007）；

《容积式压缩机验收试验》（GB/T 3853—1998）；

《热力输送系统节能监测》（GB/T 15910—2009）；

《企业供配电系统节能监测方法》（GB/T 16664—1996）；

《泵类液体输送系统节能监测》（GB/T 16666—2012）；

《风机机组与管网系统节能监测》（GB/T 15913—2009）；

《空气压缩机组及供气系统节能监测方法》（GB/T 16665—1996）；

《火焰加热炉节能监测方法》（GB/T 15319—1994）；

《干燥窑与烘烤炉节能监测》（GB/T 24561—2009）；

《燃料热处理炉节能监测》（GB/T 24562—2009）；

《煤气发生炉节能监测》（GB/T 24563—2009）；

《高炉热风炉节能监测》（GB/T 24564—2009）；

《隧道窑节能监测》（GB/T 24565—2009）；

《蒸汽加热设备节能监测方法》（GB/T 15914—1995）；

《玻璃窑炉节能监测》（GB/T 25328—2010）；

《玻璃窑炉节能监测》（GB/T 25328—2010）；

《工业电热设备节能监测方法》（GB/T 15911—1995）；

《热处理电炉节能监测》（GB/T 15318—2010）；

《整流设备节能监测》（GB/T 24566—2009）；

《电解、电镀设备节能监测》（GB/T 24560—2009）；

《电焊设备节能监测方法》（GB/T 16667—1996）。

第四章 节能量计算与审核

节能量是指在满足相等需要或达到相同目的的条件下，使能源消费量减少的数量。

节能量按实现手段可分为直接节能量和间接节能量。直接节能量又称技术节能量，是指在能源系统流程各环节中，加强经济管理和科学管理，减少跑、冒、滴、漏，改造低效率的生产工艺，采用新工艺、新设备、新技术、新材料和综合利用等方法，提高能源利用率，从而降低单位产品（工作量）的能源消费量所实现的节能量。间接节能量又称结构节能量，是指通过合理调整、优化经济结构、产业结构和产品结构，提高产品质量，节约使用各种物资等途径而实现的节能量。

节能量按实现范围可分为社会节能量、工业节能量、企业节能量和项目节能量等。社会节能量是指全国或地区一定时期节能总量，包括工业、建筑业、交通运输业、其他行业以及生活等所节约的全部能源数量，它从宏观上综合反映全国或地区的能源利用状况，是检查全国或地区节能计划完成情况的依据。工业节能量是指全国或地区的工业在一定时期实际节约的能源数量，它从宏观上综合反映了工业领域在能源消费过程中的经济效益状况。企业节能量是指在一定时期内，通过采用加强生产经营管理、提高生产技术水平、调整生产结构、进行节能技术改造等措施，所节约的能源数量，它综合反映企业直接节能和间接节能的总成果，是考核企业节能工作的重要指标。项目节能量是指企业在生产同样数量和质量的产品或提供同样的工作量的条件下，采用某项节能技术措施后所减少的能源消费量，它是评价技术、描述项目节能效果的指标。

本章主要介绍企业节能量和项目节能量的计算和审核。

第一节 企业节能量及计算方法

一、基础知识

（一）企业节能量的概念

企业节能量是指企业统计报告期内实际能源消耗量与按比较基准计算的能源消耗量之差。主要有按产品（或服务）综合能耗计算的节能量和按产值综合能耗计算的节能量。

目前企业节能量审核及计算主要应用在企业节能目标考核等工作中，用于计算企业年度节能量。

（二）主要分类

企业节能量一般分为产品节能量、产值节能量、技术措施节能量、产品结构节能量和单项能源节能量 5 大类。

1. 产品节能量

用统计报告期产品单位产量能源消耗量与基期产品单位产量能源消耗量的差值和报告期产品产量计算的节能量。

2. 产值节能量

用统计报告期单位产值能源消耗量与基期单位产值能源消耗量的差值和报告期产值计算的节能量。

3. 技术措施节能量

企业实施技术措施前后能源消耗变化量。

4. 产品结构节能量

企业统计报告期内，由于产品结构发生变化而产生能源消耗变化量。

5. 单项能源节能量

企业统计报告期内，按能源品种计算的能源消耗变化量。

6. 节 能 率

统计报告期比基期的单位能耗降低率，用百分数表示。

（三） 计算原则

（1）计算所用的基期能源消耗量数据与报告期能源消耗量数据应为实际能源消耗量。

（2）各年度计算方法应保持一致。

（3）计算采用的数据要保持连续性。

（4）根据不同的目的和要求，采取相对应的比较基准。

（5）当采用一个考察期间能源消耗量数据推算统计报告期能源消耗量时，应说明理由和推算的合理性。

（6）用报告期数值与基期数值之差计算节能量时，计算值为负时表示节能。

（四） 审核流程

审核流程主要是对企业的能源消费报表、产品生产报表等资料文件进行审核，并测算节能量。可采用以下程序：

（1）召开首次会议，要求企业提供能源消费及产品生产相关资料；

（2）进行相关资料的审阅及整理；

（3）现场进行节能量测算；

（4）召开末次会议，通报审核结果。

二、计算方法

（一） 计算依据

企业节能量计算可依据《企业节能量计算方法》（GB/T 13234—2009）中推荐的方法。该标准适用于企业节能量和节能率的计算，其他用能单位、行业（部门）、地区、国家宏观节能量的计算可参照。

（二） 计算方法

1. 产品节能量

（1）单一产品节能量。

生产单一产品（或服务）的企业，产品节能量按式（4-1）计算：

$$\Delta E_c = (e_b - e_j) \times M_b \qquad (4-1)$$

式中：

ΔE_c——企业产品节能量，单位为吨标准煤（tce）；

e_b——统计报告期内的单位产品综合能耗，单位为吨标准煤每产品单位（tce/产品单位）；

e_j——基期的单位产品综合能耗，单位为吨标准煤每产品单位（tce/产品单位）；

M_b——统计报告期产出的合格产品数量，单位为产品单位。

（2）多种产品节能量。

生产多种产品的企业，产品节能量按式（4-2）计算：

$$\Delta E_c = \sum_{i=1}^{n} (e_{bi} - e_{ji}) \times M_{bi} \qquad (4-2)$$

式中：

e_{bi}——统计报告期第 i 种产品的单位产品综合能耗，单位为吨标准煤（tce）；

e_{ji}——基期或比较基准的第 i 种产品的单位产品综合能耗，单位为吨标准煤（tce）；

M_{bi}——统计报告期产出的第 i 种合格产品数量；

n——统计报告期内企业生产的产品种类数。

（3）计算注意要点。

1）生产产品的数量是指合格产品的数量。

2）产品节能量是用于评价企业实现节能效果的指标。一般应以上年同期实际单位产品能耗为基数计算节能量，低于上年同期实际消耗为节约，高于上年同期实际消耗的为浪费。万家企业的节能目标考核采用的是环比法，因此基期是统计报告期的前一年，如：2011 年的基期是 2010 年，2012 年的基期是 2011 年。

3）对于生产多种产品的企业，各种产品的单位能耗不同，而且产量又是变化的，所以企业产品节能量要分别计算各种产品的节能量，然后求和。

例 4 - 1：某企业基期合格产品产量为 24 万吨，综合能耗为 16 万吨标准煤，报告期合格产品产量为 36 万吨，综合能耗为 24 万吨标准煤，产品节能量为：

$$\Delta E_c = \sum_{i=1}^{n} (e_{bi} - e_{ji}) \times M_{bi} = (24/36 - 16/24) \times 36 = (0.660 - 0.665) \times$$

$$36 = -0.18 \times 10^4 \, tce$$

2. 产值节能量

（1）产值节能量。

产值节能量是指企业单位产值能耗下降实现的节能量，按式（4 - 3）计算：

$$\Delta E_g = (e_{bg} - e_{jg}) \times G_b \qquad (4-3)$$

式中：

ΔE_g——企业产值（或增加值）总节能量，单位为吨标准煤（tce）；

e_{bg}——统计报告期企业单位产值（或增加值）综合能耗，单位为吨标准煤每万元（tce/万元）；

e_{jg}——基期企业单位产值（或增加值）综合能耗，单位为吨标准煤每万元（tce/万元）；

G_b——统计报告期企业的产值（或增加值，可比价），单位为万元。

（2）计算注意要点。

产值节能量计算采用的是"统算法"，包括所有经济的、管理的与技术的因素。计算时应当将各种产品能耗相加，再除以各种产品产值的总和。

用此方法计算节能量应注意两点：一是要保证统计报告期和基期选择的产值属性是相同的。二是产值和增加值均为可比价，扣除了价格变动因素，一般是按基期的价格水平计算。

例 4 - 2：某企业基期工业总产值 100 000 万元，总能耗 160 000 吨，报告期工业总产值 180 000 万元，总能耗 240 000 吨，产值节能量为：

$$\Delta E_g = (e_{bg} - e_{jg}) \times G_b = (240\,000/180\,000 - 160\,000/100\,000) \times 180\,000$$

$$= (1.33 - 1.60) \times 180\,000 = -48\,600 \; (tce)$$

3. 技术措施节能量

（1）单项技术措施节能量。

单项技术措施节能量按式（4-4）计算：

$$\Delta E_{th} = （e_{th} - e_{tq}）\times P_{th} \qquad\qquad (4-4)$$

式中：

ΔE_{th}——某项技术措施节能量，单位为吨标准煤（tce）；

e_{th}——某种工艺或设备实施某项技术措施后其产品的单位产品能源消耗量，单位为吨标准煤（tce）；

e_{tq}——某种工艺或设备实施某项技术措施前其产品的单位产品能源消耗量，单位为吨标准煤（tce）；

P_{th}——某种工艺或设备实施某项技术措施后其产品产量。

（2）多项技术措施节能量。

多项技术措施节能量按式（4-5）计算：

$$\Delta E_t = \sum_{i=1}^{m} \Delta E_{ti} \qquad\qquad (4-5)$$

式中：

ΔE_t——多项技术措施节能量，单位为吨标准煤（tce）；

m——企业技术措施项目数。

（3）计算注意要点。

1）技术措施节能量是通过设备更新、技术改造和采用新工艺等方式实现的，技术措施可通过产品单耗的降低反映节能效果，技术措施不降低单耗说明技术改造不成功。在产品产量或能源服务功能不发生变化，技术措施节能量也可按技术措施实施前后，能源消耗量的变化直接计算技术措施节能量，这是项目可研报告的通行做法。

2）如果某项技术措施对多种能源、多个产品同时产生节能效果，应累计计算该项措施的节能量。

3）部分技术措施节能量计算范围没有必要回到最终产品或企业。

例4-3：某热电有限公司3×75t/h燃煤锅炉节能技术改造项目，主要改造内容：对 3 台 75t/h 循环流化床锅炉的旋风分离器系统、锅炉布风板、风帽系统、锅炉炉膛内部易磨损部位和空气预热器进行改造，提高锅炉的热效率。

改前，3 台锅炉耗标煤量：171 826 tce（2011 年热电厂统计报表）；

锅炉产汽量：1 308 306t（2011 年热电厂统计报表）；

蒸汽折算热量：4 446 304GJ（2011 年产汽温度压力折算）；

蒸汽标煤耗：0.038 6tce/GJ。

改后，3 台锅炉耗标煤量：162 300tce（2012、2013 年热电厂统计报表）；

锅炉产汽量：1 437 286t（2012、2013 年热电厂统计报表）；

蒸汽折算热量：4 875 849GJ（2012、2013 年产汽温度压力折算）；

蒸汽标煤耗：0.033 3tce/GJ。

项目年节能量 $\Delta E = (E_1/M_1 - E_0/M_0) \times M_1$

$$= (0.033\ 3 - 0.038\ 6) \times 4\ 875\ 849 = -25\ 841\ (\text{tce})$$

4. 产品结构节能量

（1）产品结构节能量。

产品结构节能量按式（4-6）计算：

$$\Delta E_{cj} = G_z \times \sum_{i=1}^{m} (K_{bi} - K_{ji}) \times e_{jci} \qquad (4-6)$$

式中：

ΔE_{cj}——产品结构节能量，单位为吨标准煤（tce）；

G_z——统计报告期总产值（总增加值，可比价格），单位为万元；

K_{bi}——统计报告期替代第 i 种产品产值占总产值（或总增加值）的比重,%；

K_{ji}——基期第 i 种产品产值占总产值（或总增加值）的比重,%；

e_{jci}——基期第 i 种产品的单位产值（或增加值）能耗，单位为吨标准煤每万元（tce/万元）；

n——产品种类数。

公式中使用报告期产值，是要实现的目标，使用基期的产值单耗，是排除单耗影响，即用基期的结构与产值单耗实现报告期的产值需要消耗的能源，减去用调整后的结构与不变的单耗实现报告期产值所消耗的能源。

对于不同产品 $K_{bi} - K_{ji}$ 有正有负，但是结构正向调整时 $\sum (K_{bi} - K_{ji})$ 总是正值。

例 4 - 4：某企业进行产品结构的调整，基期第 i 种产品产值占总产值的比重为 20%，基期第 i 种产品的单位产值能耗为 0.5 tce/万元，调整后替代第 i 种产品产值占总产值的比重为 40%，调整后统计报告期总产值为 5000 万元（可比价），产品结构节能量计算如下：

产品结构节能量：$\Delta E = \sum\limits_{i=1}^{n} E_i + \sum\limits_{j=1}^{n} E_j = 5000 \times (0.4 - 0.2) \times 0.5 = 500 (\text{tce})$

（2）产品结构节能量说明。

1）企业产品结构变化带来的节能效果，在多种产品时，有些产品附加价值高，有些产品附加价值较低，有些产品能耗较高，有些产品能耗较低。当我们在满足社会需求的前提下，多生产那些高附加价值、低能耗的产品实现的能源节约称为"结构节能"，它不包括单位产品产量工艺能耗下降的节能。多数情况是附加价值与能耗优点不能同时兼得。

2）结构节能的效果来自产品结构调整，但是却反映在产品的价值量上，由于各种产品可能有不同的计量单位，可能有不同的使用价值衡量指标，不便于用"结构"表示指标。所以结构节能总是用产品的货币价值量指标衡量，如总产值、增加值等。我们所说的结构是指每一种产品的产值在总产值中的比例，而且全部产品产值的比例相加等于 100%。

3）产值计算时应当保持"结构调整"前后产值属性（总产值、增加值）与价格的相同。

5. 单项能源节能量

产品单项能源节能量按式（4-7）计算：

$$\Delta E_{cn} = \sum\limits_{i=1}^{n} (e_{bci} - e_{jci}) \times M_{bi} \qquad (4-7)$$

式中：

ΔE_{cn}——产品某单项能源节能量，单位为吨（t）、千瓦时（kW·h）等；

e_{bci}——统计报告期第 i 种产品单位产量的某种能源消耗量，单位为吨

（t）、千瓦时（kW·h）等；

e_{jci}——基期或基准的第 i 种产品单位产量的某种能源消耗量，单位为吨（t）、千瓦时（kW·h）等；

M_{bi}——统计报告期产出的第 i 种合格产品数量；

n——统计报告期企业生产的产品种类数。

（2）产值单项能源节能量。

产值单项能源节能量按式（4-8）计算：

$$\Delta E_{gn} = \sum_{i=1}^{n} (e_{bgi} - e_{jgi}) G_{bi} \tag{4-8}$$

式中：

ΔE_{gn}——产品某单项能源品种能源节能量，单位为吨（t）、千瓦时（kW·h）等；

e_{bgi}——统计报告期第 i 种产品单位产值的某种能源消耗量，单位为吨每万元（t/万元）、千瓦时每万元（kW·h/万元）等；

e_{jgi}——基期第 i 种产品单位产值单项品种能源消耗量，单位为吨每万元（t/万元）、千瓦时每万元（kW·h/万元）等；

G_{bi}——统计报告期产出的第 i 种产品产值（或增加值，可比价），单位为万元；

n——统计报告期企业生产的产品种类数。

6. 节能量计算要点

（1）节能量是一个相对比较量，计算时首先要确定基准。

（2）计算时要分清所计算节能量的属性，是产值的还是产品的、是某个年度的还是多年累计的。不同属性的节能量不可比、不能相加。

（3）节能量计算值为负时表示节能。

（4）节能量计算所用的基期能耗与报告期能耗是指实际能耗，如果用一个考察期间能耗（一个月、三个月或半年）推算一年能耗，必须说明这种推算的合理性。

（5）节能量与节能能力是不相同的。在技术措施节能量计算时，技术措施产生的效果与运行时间、运转率都有很大关系。

7. 节能率的计算

节能量是绝对量，而节能率是相对量，是指单位能耗的降低率，也称单耗变化率。

（1）产品节能率。

产品节能率按式（4-9）计算：

$$\xi_c = \left(\frac{e_{bc} - e_{jc}}{e_{jc}}\right) \times 100\% \qquad (4-9)$$

式中：

ξ_c——产品节能率，%。

e_{bc}——统计报告期内单位产品能耗，单位为吨标准煤（tce）。

e_{jc}——基期单位产品能耗，或单位产品能耗限额单位为吨标准煤（tce）。

（2）产值节能率。

产值节能率是指单位产值能耗降低率，按式（4-10）计算：

$$\xi_g = \left(\frac{e_{bg} - e_{jg}}{e_{jg}}\right) \times 100\% = \frac{\Delta e_g}{e_{jg}} \times 100\% \qquad (4-10)$$

式中：

ξ_g——产值节能率，%；

e_{bg}——统计报告期单位产值能耗；单位为吨标准煤每万元（tce/万元）；

e_{jg}——基期单位产值能耗，单位为吨标准煤每万元（tce/万元）。

（3）累计节能率。

累计节能率是包含若干计算年度的一个时间区段的节能率。累计节能率分为定比节能率和环比节能率。在最初年与最末年数据相同时两者数值相同，但中间各年不同。

1）定比节能率：一个时间区段最末年与最初年的单耗水平比较，计算公式与年度节能率计算相同。定比节能率按式（4-9）或式（4-10）计算。

2）环比节能率。

环比节能率按式（4-11）计算：

$$\xi_h = \left(\sqrt[n]{\frac{e_b}{e_j}} - 1 \right) \times 100\% \qquad\qquad (4-11)$$

式中：

ξ_h——环比节能率，%；

e_b——统计报告期单位产品能耗或单位产值能耗，单位为吨标准煤（tce）或吨标准煤每万元（tce/万元）；

e_j——基期单位产品能耗或单位产值能耗，单位为吨标准煤（tce）或吨标准煤每万元（tce/万元）；

n——统计期的年份个数。

例4-5：某企业2005年产值能耗为1.221 9tce/万元，2010年产值能耗为0.976tce/万元，5年单耗下降目标是20%，则：

定比节能率：按式（4-10）计算，结果为20.1%。其含义是：5年来的定比节能率是20.1%，就是把2010年的单耗数据与2005年的单耗数据进行比较，而与5年的中间过程无关，即没有考虑5年间历年的单耗是增加还是减少。此种方法只用于统计所考察时间区段能源利用水平的差别，不用于具体能源诊断和分析。

环比节能率：按式（4-11）计算，结果为4.36%。其含义是：累计节能率20%是5年内需要下降的目标，而每年必须比上年单耗下降4.36%（或以上）才算完成当年任务，每年都完成后才算完成20%的5年总目标，这是一个年度平均值。此种方法一般用于制定规划和目标考核中，用于具体分析时间区段任务的完成情况。

（4）计算注意要点。

1）一般节能率计算多以一年为计算年度，所以统计报告期是指当年，很少计算几个月或一年半，所以基期指上一年。

2）对用能设备而言，节能技术改造措施的节能率是指在采取节能措施之后节约能源的数量，与未采取节能措施之前能源消费量的比值，它表示所采取的节能措施对能源消费的节约程度。

3）对使用能源生产产品（进行能源服务）的用能单元或能源经济系统，

其节能率为单位能耗的降低率，代表能源利用水平提高的幅度。

4）节能率的计算与节能量计算一样，可以按统计报告期与基期的不同分为当年节能率和累计节能率。

（三）　注意事项

（1）节能量是节能效果的主要量化表示方法与指标。

（2）单位产出能耗降低是节能的根本，也是计算节能量根本。考虑节能首先要看单位产品产量或服务量的能耗是否降低，如单位产品能耗、单位产值能耗。

（3）能源应用领域很广，不同场合都有节能问题，节能量计算必须首先清楚所计算节能量的属性，是产值的或产品的，是某个地区或企业，某个年度或多年累计。不同属性的节能量不可比、不能相加。

（4）节能量是一个相对比较量，它的计算必须符合技术经济比较基本原则，满足技术经济可比条件，实现需求功能、时间区段、计算范围、价格体系等可比，因此确定计算范围与基准是节能量计算的前提。

（5）节能量计算所用的基期能耗与报告期能耗是指考察整个期间的实际能耗，如果用一个考察期间能耗（一个月、三个月或半年）推算一年能耗，必须说明这种推算的合理性，如世界银行"中国节能促进项目"节能最佳实践案例制作中要求使用CUSUM节能量计算方法。

（6）如果采用标准能源消耗定额做比较基准，定额由节能主管部门制定。

（7）目前，节能量核查工作中不承认因扩大产能而带来的节能效果。

（四）　常见问题

（1）以设计值代替实际数值。设计时可研报告对与项目实施有关外部条件考虑不合实际，以额定能力代表实际效果。

（2）计算时不考虑项目寿命周期、投资回收期。

（3）用短时间的节能效果推算全年的节能效果，未说明推算过程的依据。

（4）节能量与节能能力是不相同的。在节能技术改进项目节能量计算时，项目产生的效果与运行时间、运转率都有很大关系。

第二节 项目节能量及计算方法

一、基础知识

（一）背景

"十一五"至"十二五"期间，国家先后出台了《节能技术改造财政奖励资金管理暂行办法》、《合同能源管理项目财政奖励资金管理暂行办法》、《节能技术改造财政奖励资金管理办法》等政策文件，采取"以奖代补"方式，对节能技术改造项目和合同能源管理项目给予一定支持和奖励，奖励金额的依据是第三方审核机构出具的节能量审核报告。上述文件于 2015 年 5 月 12 日废止，以《节能减排补助资金管理暂行办法》文件进行了替代。

"十二五"期间节能技术改造中央财政奖励政策见表 4 - 1、合同能源管理项目财政奖励政策见表 4 - 2。

表 4 - 1　　　　　"十二五"期间节能技术改造中央财政奖励政策

起止时间	2011—2015 年
奖励对象	燃煤锅炉（窑炉）改造、余热余压利用、节约和替代石油（仅包括节约石油改造项目）、电机系统节能、能量系统优化等节能技术改造项目。项目承担企业具备完善的能源计量、统计和管理体系。项目符合国家产业政策，实施后年可实现节能量在 5 000 吨标准煤（含）以上。项目申报单位在国家公布的万家企业名单之内。
奖励条件	按照有关规定完成审批、核准或备案；改造主体符合国家产业政策，且运行时间 3 年以上；节能量在 5 000 吨（含）标准煤以上；项目单位改造前年综合能源消费量在 2 万吨标准煤以上；项目单位具有完善的能源计量、统计和管理措施，项目形成的节能量可监测、可核实。

续表

起止时间	2011—2015 年
奖励方式	奖励金额按项目实际节能量与规定的奖励标准确定。对符合奖励条件的节能技术改造项目，按企业报告的节能量先预拨 60% 的奖励资金，等项目完成后，再根据审核的节能量进行清算。
奖励标准	东部地区节能技术改造项目根据节能量按 240 元/吨标准煤奖励，中西部地区按 300 元/吨标准煤奖励。
奖励程序	企业将节能财政奖励资金申请报告报所在地节能主管部门和财政部门；省级（计划单列市）节能主管部门会同财政部门对企业节能资金申请报告进行初审，报国家发展改革委和财政部；国家发展改革委会同财政部组织专家进行评审，下达节能技术改造项目实施计划；财政部按照奖励金额的 60% 下达预算；节能技术改造项目实施；财政部会同国家发展改革委委托节能量审核机构对项目实际节能量进行审核；财政部根据节能量审核机构出具的节能量审核报告与省级（计划单列市）财政部门进行清算，由省级（计划单列市）财政部门负责下达或扣回奖励资金。

表 4 – 2 　　　　　　　　　　合同能源管理项目财政奖励政策

实施时间	2010—2015 年
奖励对象	实施节能效益分享型合同能源管理项目的节能服务公司
奖励条件	项目条件：节能服务公司投资 70% 以上，并在合同中约定节能效益分享方式；单个项目年节能量（指节能能力）在 10 000 吨标准煤以下、100 吨标准煤以上（含），其中工业项目年节能量在 500 吨标准煤以上（含）；用能计量装置齐备，具备完善的能源统计和管理制度，节能量可计量、可监测、可核查节能服务公司条件：具有独立法人资格，以节能诊断、设计、改造、运营等节能服务为主营业务，并通过国家发展改革委、财政部审核备案；注册资金 500 万元以上（含），具有较强的融资能力；经营状况和信用记录良好，财务管理制度健全；拥有匹配的专职技术人员和合同能源管理人才，具有保障项目顺利实施和稳定运行的能力。

续表

实施时间	2010—2015 年
奖励方式	财政对合同能源管理项目按年节能量和规定标准给予一次性奖励。
奖励标准	奖励资金由中央财政和省级（计划单列市）财政共同负担，其中：中央财政奖励标准为 240 元/吨标准煤，省级（计划单列市）财政奖励标准不低于 60 元/吨标准煤。有条件的地方，可视情况适当提高奖励标准。
奖励程序	合同能源管理项目完工后，节能服务公司向项目所在地省级（计划单列市）财政部门、节能主管部门提出财政奖励资金申请；省级（计划单列市）节能主管部门会同财政部门组织对申报项目和合同进行审核，并确认项目年节能量；省级（计划单列市）财政部门根据审核结果，据实将中央财政奖励资金和省级（计划单列市）财政配套奖励资金拨付给节能服务公司；国家发展改革委会同财政部组织对合同能源管理项目实施情况、节能效果以及合同执行情况等进行检查。

（二）基本概念

1. 项目节能量

项目节能量等于项目范围内各产品（工序）实现的节能量之和扣除能耗泄露。

2. 能源泄漏量

综合考虑项目边界外其他因素对项目节能量的影响，或项目实施后对项目边界外的影响，估算出影响效果，在项目节能量中予以增加或扣减。如某燃气锅炉余热回收项目，利用烟气余热加热锅炉给水，提高给水温度，降低排烟温度，提高锅炉效率 4%，但由于在锅炉尾部加装烟气换热器，增加了烟道阻力，使锅炉引风机电耗增加 15%。

3. 项目的范围、边界

实施节能项目所影响的用能单位、设备、系统的范围和地理位置界限。

4. 基期

用以比较和确定项目节能量的，节能措施实施前的时间段。

5. 统计报告期

用以比较和确定项目节能量的，节能措施实施后的时间段。

6. 校正能耗

统计报告期内，根据基期能源消耗状况及统计报告期条件推算得到的，项目边界内用能单位、设备、系统不采用该节能措施时的能源消耗量。

（三）　计算原则

1. 项目节能量不包括扩大生产能力、调整产品结构等途径产生的节能效果。若无特殊约定，比较期为一年。

2. 节能量确定过程中应考虑节能措施对项目范围以外能耗产生的正面或负面影响，必要时还应考虑技术以外影响能耗的因素，并对节能量加以修正。

3. 项目实际使用能源应以受审核方实际购入能源的热值测试数据为依据折算为标准煤，不能实测的可参考附表中推荐的折标系数进行折算。

4. 对利用废弃能源资源的节能项目（工程）（如余热余压利用项目等）的节能量计算，应根据最终转化形成的可用能源量确定。

二、计算方法

（一）　计算依据

项目节能量计算依据《节能项目节能量审核指南》（发改环资〔2008〕704 号）中推荐的方法。该标准适用于项目节能量的计算和监测，规范了项目节能量的审核方法、审核程序和审核行为。

（二）　计算方法

项目节能量等于项目范围内各产品（工序）实现的节能量之和扣除能耗泄漏。单个产品（工序）的节能量可通过计量监测直接获得，不能直接获得时，可以通过单位产量能耗的变化进行计算确定，步骤如下：

1. 确定单个产品（工序）节能量计算的范围和边界

与此产品（工序）直接相关联的所有用能环节，即是单个产品（工序）节能量计算的范围和边界。项目边界的划分是项目节能量计算的关键，确定项目边界的原则是：

（1）单台设备、工序进行节能技改，能源消耗没有传递，项目边界就是该设备、工序；

（2）单台设备、工序进行节能技改，能源消耗有传递，项目边界就是该设备、工序和能源消耗所涉及的其他设备、工序；

（3）多台设备、工序进行节能技改，项目边界就是改造涉及的设备、工序和能源消耗所涉及的其他设备、工序；

（4）当能源系统不够清晰、能耗计量存在困难时，项目边界包括节能技改涉及的设备、工序，并适当扩大至节能技改没有涉及的设备、工序，但扩大的项目边界涉及的设备、工序在项目改造前后设备状况和运行状况应基本相同。

2. 确定单个产品（工序）的基期综合能耗

项目实施前一年单个产品（工序）范围内的所有用能环节消耗的各种能源的总和（按规定方法折算为标准煤），即为此产品（工序）的基期综合能耗。如果前一年能耗不能准确反映该产品（工序）的正常能耗状况，则采用前三年的算术平均值。

3. 确定单个产品（工序）的基期产量

项目实施前一年内，单个产品（工序）范围内相关生产系统产出产品数量为此产品（工序）的基期产量。全部制成品、半成品和在制品均应依据国家统计局（行业）规定的产品产量统计计算方法，进行分类汇总。如果前一年产量不能准确反映该产品（工序）的正常产量，则采用前三年的算术平均值。

4. 计算单个产品（工序）的基期单耗

用项目实施前单个产品（工序）的基准综合能耗除以基准产量，计算出基准单耗。

5. 确定项目完成后单个产品（工序）的综合能耗、产量和单耗

按照相同方法，统计计算出项目完成后一年的单个产品（工序）的综合能耗、产量和单耗。

6. 计算单个产品（工序）节能量

项目实施前后单个产品（工序）单耗的差值与基准产量的乘积，为单个产品（工序）节能量。

7. 估算能耗泄漏

综合考虑其他因素对项目能源消耗的影响及项目实施对项目范围以外的影响，估算出能耗泄漏（扣减或增加）。

8. 确定项目节能量

项目范围内各产品（工序）的节能量之和扣除能耗泄漏，得到项目所实现的节能量。

（三）　监测方法

受审核方应建立与项目相适应的节能量监测体系、监测方法和计量统计的档案管理制度，以确保项目实施过程前和建成后，可以持续性地获取所有必要数据，且相关的数据计量统计能够被核查。

其中监测方法应符合《节能监测技术通则》（GB/T 15316—2009）的要求，计量器具应符合《用能单位能源计量器具配备和管理通则》（GB 17167—2006）的要求。

三、测量与验证

（一）　相关标准

（1）《节能量测量和验证技术通则》（GB/T 28750—2012）；

（2）《节能量测量和验证技术通则泵类液体输送系统》（GB/T 30256—2013）；

（3）《节能量测量和验证技术要求水泥余热发电项目》（GB/T 31346—2014）；

（4）《节能量测量和验证技术要求通信机房项目》（GB/T 31347—2014）；

（5）《节能量测量和验证技术要求照明系统》（GB/T 31348—2014）；

（6）《节能量测量和验证技术要求中央空调系统》（GB/T 31349—2014）；

（7）《节能量测量和验证技术要求通风机系统》（GB/T 30257—2013）；

（8）《节能量测量和验证技术要求居住建筑供暖项目》（GB/T 31345—2014）；

（9）《节能量测量和验证技术要求板坯加热炉系统》（GB/T 31344—2014）。

（二）主要内容

（1）划定项目边界及条件。项目边界应包括所有影响项目能源消耗状况的设备和设施（包括附属设备、设施）。

（2）确定基期及统计报告期时间。项目基期、统计报告期应覆盖项目的各种典型工况，统计报告期单元长度应与基期对应。

（3）选择测量和验证方法。

（4）制定测量和验证方案。测试方案要根据现场实际情况指定，具有较强的可操作性。

（5）根据测量和验证方案，设计、安装、调试测试设备。

（6）收集、测量基期能耗、运行状况等数据，并加以记录分析，合理确定进行节能技术改造前的平均能耗水平。

（7）收集、测量统计报告期能耗、运行状况等数据，并加以记录分析。

（8）根据测量和验证方案计算和验证节能量，分析节能量的不确定性，必要时对项目的能耗基准进行调整。

（9）编写节能量评测报告，最终确认节能量。

（三）主要方法

1. "基期能耗 – 影响因素"模型法

（1）"基期能耗 – 影响因素"模型的建立。

通过回归分析等方法建立基期能耗与其影响因素的相关性模型如式（4 – 12）所示，所建立模型应具有良好的相关性。

$$E_b = f\ (x_1,\ x_2,\ \cdots,\ x_i) \qquad (4-12)$$

式中：

E_b——基期能耗；

x_i——基期能耗影响因素的值；

注：常见的重要影响因素包括自然因素（如室内外气温）和运行因素（如产量、开工率、客房占用率）等。

（2）校准能耗的计算。

校准能耗：统计报告期内，根据基期能源消耗状况及统计报告期条件推算得到的，项目边界内用能单位、设备系统未采用该节能措施时的能源消耗量。

校准能耗按式（4－13）计算：

$$E_a = f\ (x'_1,\ x'_2\cdots,\ x'_i,)\ +\ A_m \qquad (4-13)$$

式中：

x'_i——式（4－12）中影响因素在统计报告内的值；

A_m——校准能耗调整值；

其中，x'_i 可由以下方式获得：

1）测量全部影响因素；

2）测量部分影响因素，其他影响因素约定。

某个因素是进行测量还是约定应根据其对节能量的影响程度决定。影响显著的因素应进行测量。

（3）校准能耗调整值。

仅当原本假定不变的影响因素（如设施规模、设备的设计条件、开工率等）发生影响统计报告期能耗的重大偶然性变化时，可通过合理的设定 A_m 值得到校准能耗。设定 A_m 时用到的影响因素应与式（4－12）中用到的影响因素相互独立。

注：A_m 通常为 0。

（4）节能量计算。

报告期节能量 E_s 按式（4－14）计算：

$$E_s =\ E_r - E_a \qquad (4-14)$$

式中：

E_s——节能量；

E_r——统计报告期能耗；

E_a——校准能耗。

式（4-14）中的 E_a 和 E_r 可以是项目边界内的能耗，也可以是所在用能单位（如建筑整体、车间、工厂）的整体能耗，计算时应保持范围相对应。

注1：采用用能单位整体能耗适用于节能量显著，同时采取多个节能措施且节能措施之间或节能措施与其他用能系统之间的影响难以区分的情况。

注2：如考虑企业整体能耗，基期能耗仅与合格产品产量相关且成比例关系，且 $A_m = 0$，则式（4-13）与《企业节能量计算方法》（GB/T 13234—2009）的式（4）等同。

节能量 E_s、基期能耗 E_b、统计报告期能耗 E_r 和校准能耗 E_a 的关系如图4-1所示：

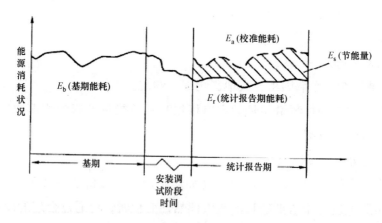

图 4-1

2. 直接比较法

当节能措施可关闭且不影响项目运行时，可通过以下方式测量和验证节能量：

（1）在统计报告期内，节能措施开启时，测量各典型工况下项目边界内的实际能源消耗量（$E_{on,i}$）；

（2）在统计报告期内，节能措施关闭时，测量各典型工况下项目边界内的实际能源消耗量（$E_{off,i}$）；

（3）将各典型工况下的 $E_{on,i}$ 和 $E_{off,i}$ 作为输入数据，根据测量和验证方案中约定的计算方法分别确定 E_r 和 E_a；

（4）由式（4 - 14）计算 E_s。

3. 模拟软件法

当改造前计量措施不完整，无法得知改造前能耗实际情况时，可采用模拟软件计算 E_a 及 E_r，并由式（4 - 14）计算 E_s。

如果项目所属类型在市场上有成熟的模拟软件，则可以直接引用，取得模拟数据计算节能量；如果项目所属类型在市场上没有成熟的模拟软件，则应根据项目情况设计模拟程序，通过程序模拟被改造生产线或设备用能情况，并证明模拟数据的可靠性，通过模拟改造前的数据与改造后的实际数据进行比较，可以得出项目节能量。

当没有实际的基期能耗和统计报告期能耗数据时，用于计算 E_a 的 $A_m = 0$。如果有实际的基期能耗或统计报告期能耗数据时，可根据约定条件采用模拟软件计算 A_m。

（四） 典型节能技改项目测量验证方法

1. 测量方法

由于节能项目种类较多，不同类型的节能项目节能量测量方法差异较多，即使同一类型的项目，在具体项目上的测量方法也有不同，故针对不同的项目，应制定行之有效的测量方法，便于节能量的最终测量验证。

（1）锅炉（窑炉）改造项目。

该类型项目主要可分为锅炉改造、供热管网改造、窑炉改造三类，这三类项目由于其特点的不同需设定不同的测试方法。

1）锅炉改造类。

该类项目涉及的改造主体主要有电站锅炉和工业锅炉，这类项目改造前后应进行锅炉效率及相关热平衡指标的测试。

该类项目适用的测试标准主要有：《燃煤工业锅炉节能监测》（GB/T 15317—2009）、《工业锅炉热工性能试验规范》（GB/T 10180—2003）、《电站锅炉性能试验规程》（GB/T 10184—1988）等。

测试方法可按照相关标准进行，为保证测试结果准确，锅炉改造前后进行对比测试时，应选择相同或相似工况，锅炉负荷偏差应控制在10%以内。

2）供热管网改造类。

该类项目应对管网内介质（蒸汽、热水）进行测试，测试参数主要有温度、压力、流量等。

该类项目适用的测试标准主要有：《热力输送系统节能监测》（GB/T 15910—2009）、《设备及管道绝热效果的测试与评价》（GB/T 8174—2008）、《设备及管道绝热技术通则》（GB/T 4272—2008）等。

测试方法可按照相关标准进行，由于该类项目一般会有能耗泄漏发生，故还应对供热管网相关的循环水泵、热水泵等设备进行测试，确保与节能量计算相关的所有参数被检测。

3）窑炉改造类。

由于行业不同，该类项目包括的改造方式较多，故测试方法也有较大的差异。

该类项目适用的测试标准主要有：《陶瓷工业窑炉热平衡、热效率测定与计算方法》（GB/T 23459—2009）、《玻璃纤维单元窑热平衡测定与计算方法》（GB/T 25039—2010）、《水泥回转窑热平衡、热效率、综合能耗计算方法》（GB/T 26281—2010）、《水泥回转窑热平衡测定方法》（GB/T 26282—2010）、《砖瓦工业隧道窑热平衡、热效率测定与计算方法》（JC/T 428—2007）、《玻璃池窑热平衡测定与计算方法》（JC/T 488—1992）、《陶瓷工业隧道窑热平衡热效率测定与计算方法》（JC/T 760—2005）、《隧道式砖瓦干燥室热平衡、热效率测定与计算方法》（JC/T 792—2007）、《彩色涂层钢带生产线焚烧炉和固化炉热平衡测定与计算》（YB/T 4210—2010）等数十个国家、行业标准。

测试方法可按照相关标准进行，为保证测试结果准确，窑炉改造前后进行对比测试时，应选择相同或相似工况，生产的产品应相同或相似，否则不具可比性。

（2）余热余压利用项目。

该类项目主要分为：一是利用可燃气体的项目，如钢铁行业利用高炉煤气、工业生产有机废弃物沼气利用等；二是利用中高温烟气的项目，如有色行业烟气废热发电等；三是利用液体余热的项目，如供热管道冷凝水回收等。

该类项目适用的测试标准主要有：《用能设备能量测试导则》（GB/T 6422—2009）、《工业锅炉及火焰加热炉烟气余热资源量计算方法与利用导则》（GB/T 17719—2009）、《工业余热术语，分类，等级及余热资源量计算方法》（GB/T 1028—2000）、《烟道式余热锅炉热工试验方法》（GB/T 10863—2011）、《生活垃圾焚烧炉及余热锅炉》（GB/T 18750—2008）等。

该类项目的测试方法相对简单，一般只需对余热余压利用的最终结果进行测试，有以下几种测试方法：

1）如果项目最终结果是发电的，则测试其供电量，即可得到节能量。

2）如果项目最终结果是产生热水（蒸汽）的，则测试其温度、压力、流量，以这些参数计算最终节能量。

3）如果项目利用的热量最终用于其他用途的，则应根据实际情况，测试相应的参数，具体可按相关标准执行。

（3）电机系统节能项目。

该类项目主要分为：一是调速节电项目，如变频调速、永磁调速等；二是高效替代低效项目，如高效节能电机、风机、水泵、变压器等更新淘汰低效落后耗电设备；三是系统优化项目，如输配电设备、无功补偿等。

1）调速节电项目：该类项目测试较简单，测试时，通过控制相应转速，测试其在不同转速时的电流、电压、功率因素、功率、电量等，得出节电量。

2）高效替代低效项目：该类项目可通过单耗法计算节电量，故可测试用电量、水量（风量、气量等）等参数。

该类项目适用的测试标准主要有：《风机机组与管网系统节能监测》（GB/T 15913—2009）、《泵机组液体输送系统节能监测方法》（GB/T 16666—2012）、《三相异步电动机经济运行》（GB/T 12497—2006）等。

3）系统优化项目：该类项目主要是对整体或局部供配电系统进行优化

改造。

该类项目适用的测试标准主要有：《企业供配电系统节能监测方法》（GB/T 16664—1996）等。

（4）能量系统优化项目。

该类项目涉及面很广，归入这类的项目主要有两类：一种是企业项目较多，涉及好几种类型，只能打包纳入能量系统优化项目；另一种是项目比较特殊，不易归入前几种类型。

正因为本类项目的特殊性，故该类项目涉及的测试方法是前几类方法的汇总，可参照前几类的方法进行测试。

（5）建筑节能改造项目。

该类项目涉及现有建筑的方方面面，主要有采暖、空调、热水供应、电气、炊事等方面的改造。针对不同方面的改造，应制定不同的测试方法。

1）暖通类项目，应对风机、水泵、冷却塔、室内环境等进行测试。

适用的测试标准主要有：《风机机组与管网系统节能监测》（GB/T 15913—2009）、《泵机组液体输送系统节能监测方法》（GB/T 16666—2012）、《玻璃纤维增强塑料冷却塔第 1 部分：中小型玻璃纤维增强塑料冷却塔》（GB/T 7190.1—2008）等，测试按相关标准进行。

2）电气类项目，应对相关设备的电气参数、设备状况进行测量，对比改造前后的情况，测试节电量。

3）炊事类项目，主要是节约燃料如天然气、煤气等，主要对天然气、煤气量、燃料热值进行测试，计算节能量。

（6）绿色照明改造项目。

该类项目主要在政府机关、学校、宾馆饭店、商厦超市、大型工矿企业、医院、铁路车站、城市景观照明及城市居民小区等重点领域进行 LED 灯、无极灯等高效照明改造。测试主要是现场照度和电力参数，个别场所还会对亮度、色温、显色指数等指标有所要求。

该类项目适用的测试标准主要有：《照明测量方法》（GB/T 5700—2008）、《港口装卸区域照明照度及测量方法》（JT 1557—2004）等。

2. 验证步骤

（1）对照资金申请报告、可行性研究报告上企业申报改造的项目清单（包含各个子项），现场核实项目生产、能耗情况，并分析改造后能源泄漏量情况。

（2）查阅拟改造的设备能源消耗统计表、原始运行记录，核实改造前年耗能量折成标准煤，确定基准数据。

（3）通过财务资料中能源购物发票、付款凭证，验证用能单位提供的报表和原始记录数据的真实性。

（4）改造后数据可引用改造用的节能技术或产品生产厂家提供的说明书、设计院出具的设计图纸及说明中的数据。

（5）审核人员对数据进行核算，确认其合理性。

第三节　项目节能量的审核、核查

本节主要对节能技术改造财政奖励项目节能量审核和合同能源管理项目节能量核查工作的依据、原则、流程与要点进行介绍，提供参考。

一、政策依据

（一）节能技术改造财政奖励项目

（1）《财政部、国家发展改革委关于印发〈节能技术改造财政奖励资金管理办法〉的通知》；

（2）国家发展改革委、财政部发布的《节能项目节能量审核指南》；

（3）国家发展改革委、财政部印发的年度申报节能技术改造财政奖励备选项目的通知（审核涉及的年度文件）。

（二）合同能源管理项目

（1）《国务院办公厅转发发展改革委等部门关于加快推行合同能源管理促进节能服务产业发展意见的通知》；

（2）《合同能源管理财政奖励资金管理暂行办法》；

（3）《关于合同能源管理财政奖励资金需求及节能服务公司审核备案有关事项的通知》；

（4）《关于财政奖励合同能源管理项目有关事项的补充通知》；

（5）《关于进一步加强合同能源管理项目监督检查工作的通知》；

（6）国家发展改革委、财政部节能服务公司备案名单公告；

（7）国家节能中心制定的《财政奖励合同能源管理项目评审和现场核查工作指南》。

二、审核及核查原则

节能量审核和现场核查是指组织备案的第三方审核机构到现场对项目真实性、符合性和准确性进行审核和核查，并现场测算节能量。应秉承以下原则：

（一）客观独立原则

1. 客观性原则

客观性原则是指核算应当以实际发生的事项为依据。项目核查的客观性包括真实性和可靠性。真实性要求核算的结果应当与企业实际的财务状况和经营成果相一致；可靠性是指对于经济业务的记录和报告，应当做到不偏不倚，以客观的事实为依据，不受核查人员主观意志的左右，避免错误并减少偏差。被核查单位提供信息的目的是满足核查信息使用者的决策需要，因此，必须做到内容真实、数字准确和资料可靠。

2. 独立性原则

独立性原则是指核查人员不受那些削弱或纵是有合理的估计仍会削弱核查人员做出无偏核查决策能力的压力及其他因素的影响，其对核查工作来讲至关重要。

基于以上原则，这就要求第三方审核机构受评审机构委托，应独立开展现场核查活动，保证现场核查工作的客观性。现场核查中要尊重客观事实，不带主观随意性，讲求科学性，并保持廉洁自律。

（二）公正原则

公正原则是指审核机构必须平等地、无偏私地行使核查权力，包括实体公正和程序公正两方面。

1. 实体公正

实体公正是指公正地分配审核机构与被审核企业的权利和义务。审核机构在核查活动中处于管理者的地位，是代表国家行使核查权力的，是核查权力的支配者，容易侵犯被审核企业合法权益；而被审核企业则处于被管理者的地位，是核查权力的受支配者，容易受到侵犯。为防止审核机构对被审核企业行使不公正的权力，首先应对双方的权利和义务的分配量予以有差别、不相同的设定，使被审核企业一方具有更多的保障自身利益不受审核机构非法侵犯的权利，而对审核机构则应赋予更多的为企业服务的义务，从而体现一种有差别的、但却是平等公正的正义分配。

2. 程序公正

程序公正是核查结果公正的必要前提和保证，它要求审核机构行使核查权力或做出核查行为，在过程上必须依照法定程序进行，即审核机构实施任何行政行为都必须采取一定的方式，具有一定的形式，履行一定的手续，遵循一定的步骤和在一定的时限内完成。主要内容包括：

（1）在处理与自己或自己近亲属有利害关系的事务时应予回避，不得参与与其利益关联的单位的项目申报、自评等活动。对于与本单位或本人存在利益关系的项目，第三方审核机构应提出回避。

（2）第三方审核机构工作人员应独立公正地发表意见，其他单位和个人不得对其施加任何影响。

公平原则不承认任何人有法律之外或法律之上的特权，即项目核查时，不应考虑被审核企业所有人的地位高低、权势大小、"关系"深浅、"反弹力"强弱等，而应对一切相同的情况和对象采取同样的、平等的对待和处理；对一切不相同的情况和对象采取不相同的对待和处理。

（三）保密原则

保密原则是指第三方审核机构的全体工作人员，对其在核查活动中所接触到的国家秘密或当事人的秘密，负有保守秘密的义务。

保密原则要求第三方审核机构在项目现场核查中，应该遵守有关的保密规定，不得有下列行为：

（1）未经评审机构授权或法律法规允许，向第三方披露其所获知的涉密信息；

（2）利用所获知的涉密信息为自己或第三方谋取利益。评审机构人员应当警惕无意泄密的可能性，特别是向主要近亲属和其他近亲属以及关系密切人员的无意泄密的可能性。应当严格保守受审核方的商业秘密，不得影响受审核方的正常生产经营活动。

（四）真实原则

真实原则是指核查中应当以实际发生的事件或实际测量的结果为依据。第三方审核机构必须以项目实际情况为依据，通过核查原始材料、实地查看项目现场等方式，核实项目的真实性，并测算项目的真实节能能力（节能量），保证所提供的核查信息内容完整、真实可靠。

（五）规范原则

第三方审核机构应依据相关法规政策和标准，以及相应的工作指南规定的程序、要点、要求等开展工作，做到现场核查的制度化和规范化。

（六）责任原则

责任原则包括过错责任原则和无过错责任原则。

1. 过错责任原则

过错责任原则是指第三方审核机构由于过错侵害国家、集体财产，侵害他人财产，应当承担侵权责任。

2. 无过错责任原则

无过错责任原则是指第三方审核机构无过错的损害了国家、企业和个人的利益，不论其主观上有无过错，均应承担侵权责任的归责原则。

这就要求第三方审核机构应对评审和现场核查结果负责，并承担相应责任。

三、节能技改项目节能量审核的内容及流程

（一）定义及目的

1. 定义

对用能单位采取某些具体节能改造措施之后产生的节能效果的核查，核心内容是确定节能量。

2. 目的

对受审核方的节能技改项目、能源计量监测体系以及通过节能技术改造实现的节能量进行深入调查，以确定受审核方所申报的节能量是否真实有效。

（二）审核内容

审核机构应围绕项目预计的节能量和项目完成后实际节能量进行审查与核实，主要审核内容包括项目基准能耗状况、项目实施后能耗状况、能源管理和计量体系、能耗泄漏四个方面。

1. 项目基期能耗状况

项目基期能耗状况指项目实施前规定时间段内，项目范围内所有用能环节的各种能源消耗情况。主要审核内容包括：

（1）项目工艺流程图。

（2）项目范围内各产品（工序）的产量统计记录（制成品、在制品、半成品等根据行业规定的折算方法确定）。

（3）项目能源消耗平衡表和能流图。

（4）项目范围内重点用能设备的运行记录（如动力车间抄表卡、记录簿、各车间用电及各种能源的记录簿等）。

（5）耗能工质消耗情况。

（6）项目能源输入输出和消耗台账，能源统计报表、财务账表以及各种原始凭证。

2. 项目实施后能耗状况

项目实施后能耗状况指项目完成并稳定运行后规定时间段内，项目范围内所有用能环节的各种能源消耗情况。主要审核内容包括：

（1）项目完成情况。

（2）其他审核内容参照项目基准能耗状况审核内容。

3. 能源管理和计量体系

能源管理和计量体系主要审核内容包括：

（1）受审核方能源管理组织结构、人员和制度。

（2）项目能源计量设备的配备率、完好率和周检率。

（3）能源输入输出的监测检验报告和主要用能设备的运行效率检测报告。

4. 能耗泄漏

能耗泄漏指节能措施对项目范围以外能耗产生的正面或负面影响，必要时还应考虑技术以外影响能耗的因素。主要审核内容包括：

（1）相关工序的基准能耗状况。

（2）项目实施后相关工序能耗状况变化。

（三）审核程序

接受审核委托后，审核机构应按照一定的程序进行审核，主要步骤为审核准备、文件审查、基准能耗状况现场审核以及实际节能量现场审核。审核机构可以根据项目的实际情况对审核程序进行适当的调整。

1. 审核准备

根据节能量审核委托要求，组建审核组，并与受审核方就审核事宜建立初步联系。

2. 文件审查

对节能项目相关材料进行评审，分析受审核方采取的节能措施是否合理可行，并对受审核方预计的节能量进行初步校验，提出需要现场审核验证的问题。

3. 基准能耗状况现场审核

（1）现场审核准备。

1）编制审核计划，应包括审核目的、审核范围、现场审核的时间和地点、审核组成人员等内容。

2）审核组工作分工，根据审核员的专业背景、实践经验等，进行具体审核工作分配。

3）准备工作文件，包括检查表、证据记录信息表格、会议记录等。

（2）现场审核实施。

1）宣布审核计划，向受审核方的有关人员介绍审核的目的和方式，明确审核范围和受审核方参加人员。

2）收集和验证信息，收集与节能项目相关的信息并加以验证，并完整记录作为审核发现。对不符合内容，请受审核方做出解释。

3）形成审核结论，审核人员就审核发现以及在审核过程中所收集的其他信息进行讨论，直至达成一致。

4. 实际节能量现场审核

项目完成且运行稳定后，受审核方提出审核申请，审核机构进行实际节能量现场审核，审核程序与基准能耗状况现场审核相同，将两次审核结果相比较，计算得出项目实际节能量。

5. 审核质量保证

为提高审核发现与结论的可靠性，审核人员在证据收集过程中，应遵循以下原则：

（1）多角度取证原则。对任何可能影响审核结论的证据，可采取数据追溯或计算检验等方法，从多个角度予以验证。

（2）交叉验证原则。如果存在多种确定节能量的方法，应进行交叉验证，提高审核发现和审核结论的可信度。

（3）外部评价原则。在无法进行实际观测或判断的情况下，可以借助客观第三方的评价，如相关检测机构出具的检测报告等。

6. 审核报告

（1）审核报告分为基准能耗审核报告和实际节能量审核报告。基准能耗审核报告主要是对项目实施前能耗状况、计量管理体系的真实有效性进行报告；实际节能量审核报告是对项目完成后实际节能量审核情况的报告。

（2）审核报告按统一要求和格式编写。

（3）审核机构应按照节能量审核委托方的要求，按时提交审核报告，并报送有关部门。

（4）审核机构对审核报告的真实性负责，承担相应法律责任。

7. 审核报告模板（见附件一）

四、合同能源管理项目节能量核查要点

评审机构受有关部门委托，在项目评审结束后组织现场核查工作。

（一）现场核查要点

为了能够有效地实施现场核查，核查过程中必须明确核查的要点。核查要点主要包括：

1. 项目真实性

（1）现场核实项目是否真实存在。通过查看改造前、后的现场或资料，确定改造的实际内容与申报材料是否一致。

（2）用能单位提供的合同原件应与申报材料的合同一致，且真实有效、双方印章齐全。

（3）核实项目是否完工。对改造主体建成时间与改造开工时间间隔较短的项目，核实改造前主体是否已正常运行较长时间。

（4）节能改造的内容应与合同约定的内容一致。

（5）通过用能单位与节能服务公司提供相关票据和证明，核实项目节能效益分享方式与分期支付情况。

2. 政策符合性

（1）确定项目属于节能技术改造项目。核查项目节能技术原理，判断其是否为管理节能等非技术改造途径的项目；核查设备改造前运行记录、主体设备发票等，判断其是否为新建、异地迁建项目。

（2）确定合同真实、有效。核查合同能源管理项目合同原件，注意合同内容、签字、盖章与申报材料是否一致。对于合同签订前已开工的项目，须进一步核实是否合理。

（3）确定项目投资。用能单位与节能服务公司提供项目财务票据，对于采购设备无法提供采购合同或发票原件，或自产设备无法提供生产成本证明原件的项目，应仅计算能提供相关票据或证明的部分。

（4）现场核实节能改造内容应属于财政奖励资金支持范围。

3. 准确性

（1）用能计量装置满足项目节能量核查要求。需提供现场用能计量装置统计表，包括型号、规格、数量，在现场察看时注意核实；根据改造内容，确定这些计量器具是否满足本项目计量要求。

（2）根据用能单位相关生产报表和用能数据，现场测算节能量。在竣工验收后仍进一步施工的项目，若未列入项目合同，扩建部分产生的节能量应核减；对于停工周期的节能量应核减，不计入全年节能量。

（3）与项目申报节能量对比，节能量核增或核减超过100吨标准煤的项目要在现场核查情况记录中列出详细的理由。对于分享的节能量为约定值而非实测值的项目，应取实测节能量。

（4）重要现场应拍照留证，重要证据材料应复印留存。

4. 合理性

（1）项目技术经济指标是否合理。

（2）项目技术工艺是否先进，投资指标是否合理。

合同能源管理项目现场核查可采用如下表格，见表4-3至表4-5。

表4-3　　　　　　　　合同能源管理项目现场核查材料清单

序号	材料清单
1	节能服务公司资质证明原件（营业执照等）；
2	项目合同原件；
3	项目工程开工证明和竣工验收材料原件（包括施工合同，如有）；
4	改造项目的技术原理、技术介绍、项目相关工艺流程、相关图纸；
5	项目设备清单、购买合同、发票原件等项目投资证明；
6	项目改造前、后，相关设备的用能量记录、运行记录、现场照片等原始证明材料；
7	项目改造前、后，购买能源的发票及付款凭证原件；
8	项目改造后，用能单位向节能服务公司支付分享效益的证明材料（汇款、转账凭证、发票等）。

表 4－4   合同能源管理项目专家评审表及填写说明

项目名称：   项目评审号：

一、评审内容

	评审要点	是否符合	结果说明
二、符合性	1. 节能服务公司是否备案		
	2. 申报材料是否齐备，表格是否填写完整		
	3. 单个项目年节能量是否符合要求		
	4. 项目是否在实施地申报		
	5. 节能服务公司对项目投资比例是否达到70%（含）以上		
	6. 合同签订时间是否在合理时间范围内		
	7. 合同格式是否按（GB/T 24915—2010）中标准合同格式，合同是否为节能效益分享型合同		
	8. 改造内容是否属于财政奖励资金支持的项目范围		
	9. 是否享受国家其他奖励或补助		
	10. 是否正常运行一定时间，满足节能量审核的条件		
	11. 用能计量装置是否齐备		
	12. 项目改造前是否申报地方备案，改造后实收组织验收		
	13. 申报材料中的项目信息是否符合一致性和逻辑性		
	14. 地方配套资金是否及时落实到位		
三、真实性	1. 项目合同是否真实可行		
	2. 项目是否真实存在		
四、合理性	1. 项目技术经济指标是否合理		
	2. 项目技术工艺是否先进，投资指标知否合理		
五、准确定	1. 节能量计算是否准确		
	2. 节电量、节油量、节气量、节煤量等折标是否准确		

续表

注：1. 请在右侧相应空格内打√或×，若打×，请在结果说明中注明不符合的详细原因；重新核算节能量的项目要另附节能量的详细计算方法。

2. 如评审要点中任何一项不合格，评审结论为"不合格"。

二、评审结论

□合格	□不合格
组长签字	组员签字

年　　月　　日

表 4-5　　　　　　　　　合同能源管理项目现场核查情况表

节能服务公司名称					
用能单位名称					
项目申报基本情况	项目名称				
	项目总投资（万元）		节能服务公司投资（万元）		
			用能单位投资（万元）		
	合同签订日期		项目开工日期	项目完工日期	
	项目改造内容				
	项目年综合节能量（吨标准煤/年）				
	节电（万千瓦时/年）		节油（吨标油/年）		/
	节煤（吨标准煤/年）		其他		/

申报的财政奖励情况	财政奖励金额（万元）		中央奖励金额（万元）	
			地方奖励金额（万元）	
	每吨标准煤节能量奖励金额（元/吨标准煤）		中央（元/吨标准煤）	
			地方（元/吨标准煤）	
项目现场核查情况	第三方审核机构名称		现场核查日期	
	现场核查负责人姓名	手机	座机	
	现场核查人员名单			
	现场核查情况记录：			
	项目现场核查结论：			
	节能服务公司意见			
	用能单位意见			
	地方节能主管部门意见			
	年 月 日			

（二）核查注意事项

（1）项目节能量计算不正确，部分项目节能量明显偏大，个别项目节能量严重失实。

（2）改造内容不属于财政奖励支持范围的。

（3）项目未在项目实施地申报，而是在节能服务公司所在地申报。

（4）财政奖励资金占项目总投资的比例偏高，部分项目财政奖励资金甚至高于项目总投资。

（5）项目技术经济指标明显不合理。个别项目每节约一吨标准煤投资达3.5万元，有的甚至达6万元，与一般节能改造2000～5000元/吨标准煤的投资强度相比，明显偏高，节能服务公司根本无法收回投资。

（6）项目信息不全，有的项目没有填报项目名称、改造内容、节能量等。

（7）项目与其他财政奖励项目重复。

第四节 典型案例

一、锅炉改造节能量计算及案例

（一）主要改造内容

（1）更新、替代低效燃煤工业锅炉项目

1）循环流化床锅炉或其他高效锅炉替代传统链条炉；

2）一台较大容量锅炉替代多台小容量锅炉；

3）三废炉替代燃煤锅炉；

4）供热管网改造（不含新建管网）。

（2）改造现有锅炉房系统，提高锅炉房整体运行效率项目采用炉拱改造、分层给煤、复合燃烧等技术。

（二）节能量计算方法

锅炉节能量计算主要采用以下三种方法：

1. **按照锅炉效率及耗电量计算节能量**

该节能量计算考虑两方面内容：一是通过锅炉改造后热效率的提高而实现的节能量，二是通过对锅炉附属系统的节电改造而实现的折算节能量。计算中应注意：

（1）审核锅炉改造前后热效率测试数据的真实性、检测单位的合法性、检测条件是否符合规范要求等，最后确定改造前后锅炉热效率的可信性。

（2）查阅企业改造前的能源消耗统计报表、台账、原始记录以及煤质分析报告等资料，核实改造前锅炉年耗能量及耗电量等数据。

在对外供热量不变的条件下，节能量按式（4-15）计算：

$$\Delta E = n \times \Delta E_n = n \times \left[\left(1 - \frac{\eta_0}{\eta_1} \right) \times E_0 + \left(\varepsilon_0 - \varepsilon_1 \right) \times b_{gd} \times 10^{-3} \right] \quad (4-15)$$

式中：

ΔE ——锅炉改造的总节能量，单位为吨标准煤（tce）；

ΔE_n ——单台锅炉改造的节能量，单位为吨标准煤（tce）；

n ——改造锅炉数量；

η_0 ——改造前单台锅炉平均热效率（%）；

η_1 ——改造后单台锅炉平均热效率（%）；

ε_0 ——改造前锅炉房用电量，单位为千瓦时（kW·h）；

ε_1 ——改造后锅炉房用电量，单位为千瓦时（kW·h）；

b_{gd} ——全国火电平均供电标煤耗，单位为克标准煤每千瓦时（gce/kW·h）；

E_0 ——改造前单台锅炉年耗标准煤量，单位为吨标准煤（tce）。

值得指出，式（4-15）中的电力折标系数有两种方法。一种采用全国火电平均供电标煤耗，是等价值法，即火电厂每供应 1kW·h 电力所消耗的标准煤量，涉及能源转换效率的因素，因此该系数是随着发电技术水平的提升而降低的，并不是一个定值。如 2006 年的电力折标系数为 366gce/kW·h，而 2014 年降低至 330gce/kW·h。此外，另一种采用电力自身所含能量，是当量值法，即 1kW·h 电力自身所含有的热值，折标系数是 0.1229kgce/kW·h，是恒定不变的。这两种折算方法在我国目前的能源统计体系中都在使用，进行节能量计算时应明确采用何种方式。

对于"以大代小"项目，即原小锅炉已经拆除、原能源消耗量无法准确核实的情况下，可以通过理论计算核实企业改造前的能源消耗量是否在合理范围之内，采用理论方法计算。年能源消耗量理论值按式（4-16）计算：

$$E_0 = b_{gr} \times Q_y \times 10^{-3} \qquad (4-16)$$

式中：

E_0 ——改造前锅炉年能源消耗量，单位为吨标准煤（tce）；

b_{gr} ——单位供热标准煤耗率，单位为千克标准煤每吉焦（kgce/GJ）；

Q_y ——年供热量，单位为吉焦（GJ）。

对于采暖供热量计算，可根据各地区的不同设计热指标，按实际供热面积估算企业的年供热量 Q_y：

$$Q_y = Q_{AV} \times T = Q_{di} \times \frac{t_B - t_{AV}}{t_B - t_{OU}} \times T \times 3.6 \times 10^{-6}$$

$$= \sum_{i=1}^{n} q \times F \times \frac{t_B - t_{AV}}{t_B - t_{OU}} \times T \times 3.6 \times 10^{-6} \qquad (4-17)$$

式中：

Q_{AV}——采暖期的平均供热负荷，单位为吉焦每小时（GJ/h）；

T——当地的年采暖小时数，单位为小时（h）；

Q_{di}——设计供热负荷，单位为瓦（W）；

t_B——室内设计温度，单位为摄氏度（℃）；

t_{AV}——采暖期室外平均温度，单位为摄氏度（℃）；

t_{OU}——采暖期室外计算温度，单位为摄氏度（℃）；

q——不同建筑物的设计热指标，单位为瓦每平方米（W/m²）；

F——不同建筑的建筑面积，单位为平方米（m²）。

单位供热标煤耗率 b_{gr} 通过下式计算：

$$b_{gr} = \frac{34.12}{\eta_{gl} \times \eta_{gd}} + b_{gd} \times \varepsilon \qquad (4-18)$$

式中：

η_{gl}——锅炉热效率（%）；

η_{gd}——管道热效率，取值98%；

ε——单位供热用电量，目前可按 $5.73 \sim 7.5$kW·h/GJ 的范围计算；

b_{gd}——全国火电平均供电标煤耗，单位为克标准煤每千瓦时（gce/kW·h）。

2. 采用热水（蒸汽）单耗计算节能量

当锅炉改造前后的效率难以得知或者锅炉掺烧其他废弃物时，则根据企业提供的能源计量数据，利用热水（蒸汽）单耗来计算节能量。通过查阅锅炉的能源消耗统计报表、台账和原始记录表，核实改造前后锅炉年耗能量和产生的热水（蒸汽）量，并将能耗量都折算成标准煤。必须指出，若改造后热水（蒸汽）品质发生明显变化，则应通过查阅水及蒸汽热物性表，查出改造前后热水（蒸汽）各自的焓值，通过焓值的比例将改造后的实际热水（蒸汽）量折算为与改造前相同品质的热水（蒸汽）量。节能量按式（4－19）计算：

$$\Delta E = \left(\frac{E_0}{G_0} - \frac{E_1}{G_1} \right) \times G_0 \qquad (4-19)$$

式中：

ΔE ——改造锅炉的总节能量，单位为吨标准煤（tce）；

E_0 ——改造前锅炉年耗煤量，单位为吨标准煤（tce）；

E_1 ——改造后锅炉年耗煤量，单位为吨标准煤（tce）；

G_0 ——改造前所有锅炉年热水（蒸汽）产量，单位为吨（t）；

G_1 ——改造后所有锅炉年热水（蒸汽）产量，单位为吨（t）。

显然当蒸汽或热水品质发生明显变化时，式中的 G_1 为折算产量。如果企业的热水（蒸汽）计量存在较大误差、对于企业实际的供热量无法准确核实的情况下，可以通过理论计算核实企业改造前的热水（蒸汽）供应量是否在合理范围之内。对于供热企业，理论计算方法可参考上述方法进行，对于工业用热水（蒸汽），可以参考企业产品的单位产品耗汽量指标进行核实。

3. 采用供电煤耗和供热煤耗计算节能量

热电联产项目进行节能技术改造时，应根据企业提供的计量数据，采用供电煤耗和供热煤耗结合的方式计算节能量。通过查阅改造前锅炉的能源消耗统计报表、台账和原始记录表，确定热电联产项目的年均供热效率以及年平均机组综合供电效率，确定企业的热电比是否在合理范围之内，通过预计改造后的年供热、发电标煤量计算企业的节能量。节能量按式（4－20）计算：

$$\Delta E = E_0 - E_1 = (E_{c0} + E_{d0}) - (E_{c1} + E_{d1}) \qquad (4-20)$$

$$E_c = \frac{Q_c}{\eta_{cr} \times Q_{dw}} \times 100\% \qquad (4-21)$$

$$E_d = \frac{W \times 3.6}{\eta_{td} \times Q_{dw}} \qquad (4-22)$$

式中：

ΔE ——改造锅炉的总节能量，单位为吨标准煤（tce）；

η_{cr}——年平均供热效率（%）；

η_{td}——年平均机组综合供电效率（%）；

E_c——年供热耗标煤量，单位为吨标准煤每年（tce/a）；

E_d——年发电耗标煤量，单位为吨标准煤每年（tce/a）；

Q_{dw}——标准煤低位热值，单位为千焦每千克（kJ/kg）；

W——年供电量，单位为千瓦时每年（kW·h/a）；

Q_c——年供热量，单位为吉焦每年（GJ/a）；

E——年耗标准煤量，单位为吨标准煤每年（tce/a）。

（三）节能量计算步骤

1. 节能量计算步骤

（1）项目边界划分。

根据项目改造内容来确定项目的边界和范围。下面通过实例说明锅炉改造项目边界划分的方式。

例 4-6：锅炉尾部设置分体式热管换热器改造项目。

该项目关注的焦点是：分体式热管换热器回收的锅炉烟气余热量，考虑到烟气回收余热未对锅炉系统热效率产生显著影响，该项目节能量即为设备自身回收的热量。因此确定分体式热管换热器本体及其相关联的除盐水管道作为项目边界。具体情况见图 4-2。

（2）计量器具配备。

计量器具的配备对于节能量审核和计算非常重要，直接影响节能量计算方法的选择和计算数据的准确性。当企业相关配套计量器具不完善时，可能需要用估算的方法得到节能量，不确定性较大。因此，在开展节能量计算工作之前核实企业的计量器具配备情况是非常必要的。

对于锅炉系统，常用的计量器具包括：

煤耗——皮带秤、电子汽车衡、轨道衡、称重传感器等；

油耗——流量计等；

电耗——电度表等；

水耗——水表等；

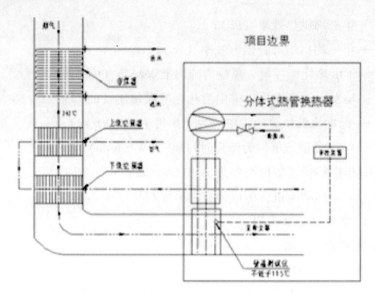

图 4-2　分体式热管换热器改造项目边界

蒸汽量——流量计等；

温度——温度计、温度传感器等；

压力——压力表、压力传感器等；

热量——超声波热量计等。

2. 节能量计算案例

例 4-7：锅炉系统改造项目——按效率变化计算

（1）项目介绍。

×××公司对蒸汽锅炉进行节能改造，该项目改造内容为：对现有 2 台 75t/h 锅炉进行炉拱、分层给煤、复合燃烧等技术的改造，提高锅炉效率。通过查阅有关资料，已知锅炉改造前后的能耗和锅炉效率。

（2）项目解析。

1）项目边界图。（见图 4-3）

① 改造前系统边界图

430

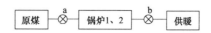

② 改造后系统边界图

注：a：地磅和煤质分析仪 b：蒸汽流量计

图 4-3　项目边界图

2）项目能耗核实情况。

项目改造前后能耗情况见表 4-6。

表 4-6　　　　　　　　　　项目改造前、后能耗指标情况

	时间	2011 年 1 月至 2011 年 12 月			
项目实施前	75t/h 锅炉 1	原煤 t	79 953.7	效率	68%
	75t/h 锅炉 2	原煤 t	80 532.9	效率	70%
	时间	2013 年 1 月至 2013 年 12 月			
项目实施后	75t/h 锅炉 1	原煤 t	68 976.2	效率	85%
	75t/h 锅炉 2	原煤 t	70 128.4	效率	84%

注：改造前后原煤折标系数采用 0.7143tce/t。

3）项目节能量计算步骤及结果。

改造后，每台锅炉节能量分别为：

75t/h 锅炉 1：$\Delta E_1 = (1 - \eta_{01}/\eta_{11}) \times E_{01}$

$= (1 - 68\%/85\%) \times 79\,953.7 \times 0.714\,3 = 11\,422.2$（tce）

75t/h 锅炉 2：$\Delta E_2 = (1 - \eta_{02}/\eta_{12}) \times E_{02}$

$= (1 - 70\%/84\%) \times 80\,532.9 \times 0.714\,3 = 9\,587.5$（tce）

则项目节能量为：$\Delta E = \Delta E_1 + \Delta E_2$

$= 11\,422.2 + 9\,587.5 = 21\,010$（tce）

例 4-8：循环流化床锅炉替代链条炉项目——按热水（蒸汽）单耗计算

（1）项目介绍。

×××公司对燃煤锅炉进行节能改造，该项目改造内容为：新建 2 台

35t/h循环流化床锅炉，替代现有2台35t/h链条锅炉，并配套建设相关辅助设施。

项目审核时改造已完成，改造前的锅炉能耗等数据不完整，无法得知其锅炉运行效率。通过查阅企业的能耗统计报表和台账，可得知锅炉的耗煤、耗电量和产生的蒸汽量，改造前后锅炉产出的蒸汽温度、压力不变，由煤质化验得知改造前后煤的平均热值，计算出煤的折标系数为0.654 7tce/t和0.774 5tce/t。

（2）项目解析。

1）项目边界图。（见图4-4）

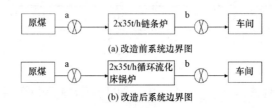

(a) 改造前系统边界图

(b) 改造后系统边界图

注：a：地磅和煤质分析仪 b：蒸汽流量计

图4-4 项目边界图

2）项目能耗核实情况。

项目改造前后能耗情况见表4-7。

表4-7 项目改造前、后能耗指标情况

	时间	2010年1月至2010年12月	
项目实施前	原有2台链条炉	原煤 t	95 844.8
		电 kW·h×10⁴	646.086
		产蒸汽量 t	271 067.7
	时间	2011年3月至2011年2月	
项目实施后	现有2台流化床锅炉	无烟煤 t	51 113.1
		电 kW·h×10⁴	791.0
		产蒸汽量 t	269 237.5

3) 项目节能量计算步骤及结果。

改造前，年耗标煤量：

$$E_0 = 95\ 844.8 \times 0.654\ 7 + 646.086 \times 3.5 = 65\ 010.9 \ (\text{tce})$$

年蒸汽产量：$G_0 = 271\ 067.7$ （t）

改造后，年耗标煤量：$E_1 = 51\ 113.1 \times 0.774\ 5 + 791.0 \times 3.5 = 42\ 355.6$ （tce）

年蒸汽产量：$G_1 = 269\ 237.5$ （t）

则项目节能量为：

$$\Delta E = \left(\frac{E_0}{G_0} - \frac{E_1}{G_1}\right) \times G_1 = \left(\frac{65\ 010.9}{271\ 067.7} - \frac{42\ 355.6}{269\ 237.5}\right) \times 271\ 067.7 = 22\ 367.4 \ (\text{tce})$$

例 4 – 9：燃煤锅炉改造项目——按热水（蒸汽）单耗计算

（1）项目介绍。

某单位负责××××开发区生产用蒸汽、生活用热水的生产、供应、服务。目前建有区域供热站六座，安装蒸汽锅炉 17 台（套），热水锅炉 5 台（套），装机容量 459 蒸吨/小时。为提高供热效率，该单位采用新型高科技复合多功能耐火砖及其相应配套材料，对锅炉炉膛进行改造。

（2）项目解析。

1) 项目原理图。（见图 4 – 5）

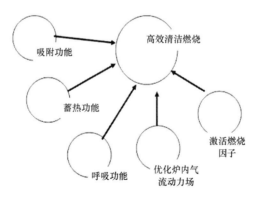

图 4 – 5　助燃的基本机理

2）项目主要工艺流程图。（见图4-6、图4-7）

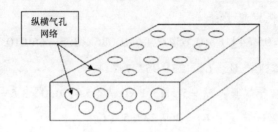

图4-6 多功能耐火砖

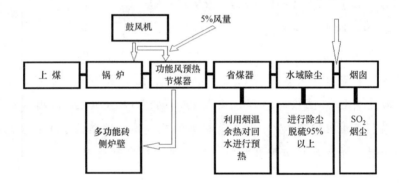

图4-7 项目主要工艺流程图

3）项目边界图。（见图4-8）

项目改造后，用新型高科技复合多功能耐火钻及相应配套材料替代原来锅炉炉膛普通保温墙。改造后项目边界只包括锅炉及其相连系统。

4）项目能耗核实情况。

该项目为燃煤工业锅炉节能技术改造项目。2008—2009年预计共改造20台，目前已改造12台，其余8台均在实施中。项目改造前指标以供热二站6台锅炉（均于2008年改造完毕）为计算基准，核实情况见表4-8。

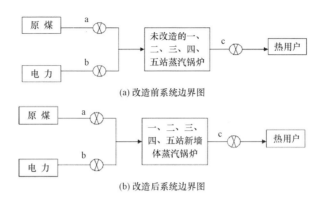

(a) 改造前系统边界图

(b) 改造后系统边界图

注：a：地磅和煤质分析仪 b：电表 c：蒸汽流量计

图 4－8　项目边界图

表 4 －8

	2007 年	
项目实施前	原煤量 t	50 486
	燃煤平均低位发热量 kJ/kg	24 583
	产汽量 GJ	558 622.81
	产汽单耗 tce/GJ	0.075 81
	20 台锅炉统计产汽量 GJ	1 591 025.4
	2008 年	
项目实施后	原煤量 t	57 845
	燃煤平均低位发热量 kJ/kg	23 982
	产汽量 GJ	699 715.8
	产汽单耗 tce/GJ	0.067 65

5）项目节能量计算步骤及结果。

改造前，年耗标煤量：$E_0 = 50\ 486 \times 0.838\ 8 = 42\ 347.66$（tce）

年蒸汽产量：$G_0 = 558\ 622.81$（GJ）

改造后，年耗标煤量：$E_1 = 57\ 845 \times 0.818\ 3 = 47\ 334.56$（tce）

年蒸汽产量：$G_1 = 699\,715.8$（t）

项目基准产汽量 $G = 1\,591\,025.4\text{GJ}$（2007 年 20 台锅炉统计产汽量），则项目节能量：

$$\Delta E = \left(\frac{E_0}{G_0} - \frac{E_1}{G_1} \right) \times G_1 = \left(\frac{42\,347.66}{558\,622.81} - \frac{47\,334.56}{699\,715.8} \right) \times 1\,591\,025.4 = 12\,982.77 \text{（tce）}$$

例 4 - 10： 三废混燃锅炉改造项目——按锅炉掺烧其他废弃物计算

（1）项目介绍。

某化工厂建设安装一台 55t/h 三废混燃锅炉，利用合成氨造气炉渣、飞灰、煤矸石、吹风气等三废资源，并掺烧部分燃煤和消耗少量电力来产生蒸汽，替代原来一台 20t/h 和两台 15t/h 的锅炉。通过查阅企业的能耗统计报表和台账可得知锅炉的耗煤、耗电和产生蒸汽量，得知改造前过热蒸汽温度为 220℃、压力为 2MPa，改造后饱和蒸汽温度为 300℃、压力为 2MPa，由煤质化验得知改造前后煤的平均热值，计算出煤的折标系数为 0.7143tce/t。

（2）项目解析。

1）项目边界图。（见图 4 - 9）

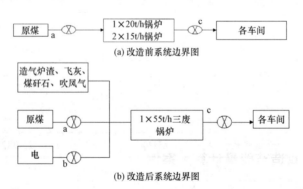

(a) 改造前系统边界图

(b) 改造后系统边界图

注：a：地磅和煤质分析仪 b：电表 c：蒸汽流量计

图 4 - 9　项目边界图

2）项目能耗核实情况。（见表 4 - 9）

表 4 - 9　　　　　　　项目改造前、后能耗指标情况

项目实施前	时间		2006 年 6 月至 2007 年 5 月
	原有 3 台锅炉总计	原煤 t	54 954.6
		产蒸汽量 t	257 650.3
		单位蒸汽焓值（kJ/kg）	2 820.8
项目实施后	时间		2007 年 9 月至 2008 年 8 月
	"三废"锅炉	原煤 t	30 357.4
		电力 kW·h×10⁴	1 291.5
		产蒸汽量 t	299 355
		单位蒸汽焓值（kJ/kg）	3 022.6

3）项目节能量计算步骤及结果。

改造前，年耗标煤量：$E_0 = 54\,954.6 \times 0.714\,3 = 39\,254.1$（tce）

年蒸汽产量：$G_0 = 257\,650.3$（t）

改造后，年耗标煤量：$E_1 = 30\,357.4 \times 0.714\,3 + 1\,291.5 \times 3.5 = 26\,204.5$（tce）

年蒸汽产量：$G_1 = 299\,355 \times \dfrac{3\,022.6}{2\,820.8} = 320\,770$（t）

则项目节能量：

$$\Delta E = \left(\frac{E_0}{G_0} - \frac{E_1}{G_1}\right) \times G_0 = \left(\frac{39\,254.1}{257\,650.3} - \frac{26\,204.5}{320\,770}\right) \times 257\,650.3 = 18\,190.1\ (\text{tce})$$

二、窑炉改造节能量计算及案例

（一）主要改造内容

（1）燃烧系统改造；

（2）窑炉结构改造；

（3）窑炉保温改造；

（4）窑炉烟气余热利用；

（5）窑炉密封改造；

（6）控制系统改造。

（二） 节能量计算方法

对于窑炉的改造可利用单位产品能耗的降低来计算节能量。通过查阅项目实施前一年企业能源消耗统计报表和生产统计报表，核实改造前耗能量和产品年产量，计算改造前单位产品能耗。根据企业上报的可研报告或设计数据，预计项目改造完成后的产品产量以及能源消耗量，计算出理论的单位产品能耗，通过改造前后单位产品能耗的下降得出节能量。节能量按式（4-23）计算：

$$\Delta E = （E_{u0} - E_{u1}） M_0 = \left(\frac{E_0}{M_0} - \frac{E_1}{M_1} \right) \times M_0 \qquad （4-23）$$

式中：

ΔE ——节能量，单位为吨标准煤（tce）；

E_{u0}——改造前单位产品能耗，单位为吨标准煤每吨（tce/t）；

E_0——改造前年耗标煤量，单位为吨标准煤（tce）；

E_1——改造后年耗标煤量，单位为吨标准煤（tce）；

E_{u1}——改造后单位产品能耗，单位为吨标准煤每吨（tce/t）；

M_0——改造前产品折为标准产品产量，单位为吨（t）；

M_1——改造后产品折为标准产品产量，单位为吨（t）。

该计算需关注以下要点：

（1）如窑炉改造前能耗统计不全，可参考国家、地方标准中规定的相关产品限额指标；

（2）对初审项目，如不易预测改造后单耗指标，可参考国家、地方标准中规定的国际、国内先进值指标；

（3）对于无国家、地方标准中规定的产品，可参考同行业或同地区内该产品单耗。

（三） 节能量计算步骤及案例

1. 节能量计算步骤

（1）项目边界划分。

　　根据项目改造内容来确定项目的边界和范围。下面通过窑炉蓄热燃烧改造项目说明窑炉改造项目边界划分的方式。

　　例 4 – 11：燃烧器是窑炉的核心装备，直接影响整个窑炉系统的热效率，因此确定窑炉本身及其附属系统为项目边界，具体情况见图 4 – 10。其中 $Q_入$、$Q_出$ 分别为物料带入和带出的能量，$Q_供$、$Q_排$ 分别为供给和排出体系的能量。以 1t 入窑成品的热量消耗为计算依据，以车间环境温度为基准温度，隧道窑采用在热稳定情况下进行测定计算，梭式窑则将一个周期划分为若干阶段分别测定，取其平均值计算。

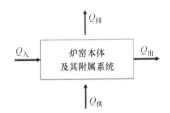

图 4 – 10　窑炉蓄热燃烧改造项目边界

　　（2）计量器具配备。

　　计量器具的配备对于节能审核和计算非常重要，直接影响节能量计算方法的选择和计算数据的准确性。当企业相关配套计量器具不完善时，可能需要用估算的方法得到节能量，不确定性较大。因此，在开展详细的节能量计算工作之前核实企业的计量器具配备情况是非常必要的。

　　对于窑炉系统，主要计量器具为：

　　煤耗——皮带秤、电子汽车衡、轨道衡、称重传感器等；

　　油耗——流量计等；

　　电耗——电度表等；

　　温度——温度计、温度传感器等；

　　产品产量——按图纸或称重。

　　（3）测试方法及测试参数的确定。

　　拟定测试方案需要考察在项目边界内影响设备或系统节能量的主要参数，

并针对相应的参数选择测试方法，测试的实施步骤可参考有关热平衡效率测定与计算标准。

以窑炉燃烧系统改造项目为例说明测试方案的确定步骤：

1）确定影响项目节能量的关键参数和次要参数。

影响项目节能量的关键参数为窑炉的热效率，具体包含燃料消耗量、燃料低位热值、坯体水分蒸发和加热水蒸气耗热、坯体烧成过程分解为粘土耗热、隧道窑冷却带抽出热风带出显热。次要参数为窑体表面散热量，由于其数值在技术改造前后变化很小，可忽略不计。

2）节能量计算思路。

在窑炉实施燃烧技术改造前后分别进行两次窑炉效率试验，然后测试报告期内燃料的消耗总量，最后采用倒推方法，即假设在改造前生产和报告期内相同的产品数量和质量，按照改造前的窑炉效率，计算应该消耗的燃料量，对比报告期实际消耗燃料量，通过两者之差计算节能量。

3）窑炉测试参数及测试方法。

① 燃料：测定内容和测定方法按表 4-10 进行。

表 4-10 燃料测定内容及测定方法

测定内容	测定时间	测定位置	测定方法
组成（%）	在测定周期内择时取样	入窑前利用旁路管道取样	液体燃烧作元素分析，气体燃料用气体分析仪或其他仪器作全分析
低位发热量（kJ/kg 或 kJ/m³）	在测定周期内择时取样		按 GB/T 384 和 GB/T 12206 或其他方法实测
温度（℃）	油、气燃料全周期记录	入窑前管道上测定	用玻璃温度计、电阻温度计或其他仪器测量，取平均值
燃料消耗量（kg/h 或 m³/h）	全测定周期	入窑前管道上测定	油用流量计或液位计测量，燃气用流量计测量，煤气也可通过对煤气发生炉作物料衡算求得，瓶装气用磅秤称量

② 助燃空气、冷却空气及烟气：测定内容和测定方法按表 4 - 11 进行，流量也可用其他方法直接测定。

表 4 -11　　　　助燃空气、冷却空气及烟气测定内容及测定方法

测定内容		测定时间	测定位置	测定方法
助燃及冷却空气	动压（Pa）	隧道窑每隔 2h～4h 测一次；梭式窑分阶段测定	总管道直管部位（>3D）按附录 C 确定测点数	用毕托管、微压计或用其他仪器测定
	温度（℃）	隧道窑每隔 2h～4h 测一次；梭式窑分阶段测定	离窑 1～2m 处管道截面中心点	用热电偶或 0℃～300℃水银温度计或其他仪器测定
烟气	动压（Pa）	隧道窑每隔 2h～4h 测一次；梭式窑分阶段测定	在汇总烟道直管部位（>3D）可按附录 C 确定测点数	用毕托管、微压计或用其他仪器测定
	组成（%）	隧道窑每隔 2h～4h 测一次；梭式窑分阶段测定	测动压的截面中心	用气体分析仪或其他仪器测量
	温度（℃）	隧道窑每隔 2h～4h 测一次；梭式窑分阶段测定	测动压的截面中心	用热电偶或 0℃～300℃水银温度计或其他仪器测定
	湿度（%）	隧道窑每隔 2h～4h 测一次；梭式窑分阶段测定	测动压的截面中心	用湿含量测定仪测定

③ 生坯（半成品）、成品：测定内容和测定方法按表 4 - 12 进行。

表 4 – 12　　　　　　生坯（半成品）、成品测定内容及测定方法

	测定内容	测定时间	测定位置	测定方法
生坯（半成品）	粘土含量（%）			由配方得到
	质量：隧道窑（kg/h） 梭式窑（kg）	隧道窑：全周期 梭式窑：装窑时		隧道窑：根据各品种的单坯质量、数量抽取称量，按入（窑）车速度计算得出； 梭式窑：按各种品种的质量、数量抽取称量并计算
	入窑温度（℃）	隧道窑每隔 2h～4h 测一次；梭式窑：装窑时	窑车最上层和中部或辊道左、中、右处的坯体	用表面温度计或点温度计测定
	吸附水分（%）	隧道窑每隔 2h～4h 测一次；梭式窑：装窑时		用精度为 0.01g 的天平测定坯体并计算
	结晶水分（%）	隧道窑每隔 2h～4h 测一次；梭式窑：装窑时		用化学分析测取
成品	出窑产品质量（t/h）	隧道窑每隔 2h～4h 测一次；梭式窑：装窑时	各类型成品各取 3 件（片）	隧道窑：分品种称，取平均值后再按总数和进车速度计算； 梭式窑：分品种按总数计算
	隧道窑出窑产品温度（℃）	窑车出窑 5min 内测定	窑车前、后、左、右及中部或辊道左、中、右处的成品	用表面温度计或点温度计测定

注：采用标准《陶瓷工业隧道窑热平衡效率测定与计算方法》（GB/T 23459—2009）。

④ 按照产品单耗（窑炉）计算节能量如表 4 – 13 所示。

表 4 - 13 　　　　　　　　　　1t 产品基准的窑炉节能量计算表格

分类	参数	单位	符号	计算公式（测量）
改造前	燃料燃烧热	kJ	Q_1	测试值
	坯体水分蒸发和加热水蒸气耗热	kJ	Q_2	测试值
	坯体烧成过程分解粘土耗热	kJ	Q_3	测试值
	隧道窑冷却带抽出热风带出显热	kJ	Q_4	测试值
	烧成产品的窑炉热效率	%	η_1	$\eta_1 = \dfrac{Q_2 + Q_3 + Q_4}{Q_1}$
改造后	燃料燃烧热	kJ	Q_1'	测试值
	坯体水分蒸发和加热水蒸气耗热	kJ	Q_2'	测试值
	坯体烧成过程分解粘土耗热	kJ	Q_3'	测试值
	隧道窑冷却带抽出热风带出显热	kJ	Q_4'	测试值
	烧成产品的窑炉热效率	%	η_2	$\eta_2 = \dfrac{Q_2' + Q_3' + Q_4'}{Q_1'}$
其他参数	改造后燃气流量	Nm³/a	Q	统计值
初步节能量		tce/a	E_0	$E_0 = Q \times \left(\dfrac{\eta_2}{\eta_1} - 1 \right)$ $\times 1.33 \times 10^{-3}$
修正节能量		tce/a	ΔE	无
最终节能量		tce/a	E	$E = E_0 - \Delta E$

注：此处计算的节能量 E_0 与式 (4.9) 中的 ΔE 相差一个产品产量（M_0）的系数。

⑤ 对于蓄热燃烧的改造项目，各项热量的测试及节能量计算如表 4 - 14 所示。

表 4 –14 窑炉蓄热式燃烧项目节能量计算表格

分类	参数	单位	符号	计算公式（测量）
基期	燃料燃烧热	kJ	Q_1	$Q_1 = m_r \times Q_{DW}^y$
	坯体水分蒸发和加热水蒸气耗热	kJ	Q_2	$Q_2 = (m_x + m_j) \times \left[2490 + 1.93 \times (t_y - t)\right]$
	坯体烧成过程分解粘土耗热	kJ	Q_3	$Q_3 = m_i \times m_j$
	隧道窑冷却带抽出热风带出显热	kJ	Q_4	$Q_4 = V_c \times c_{cr} \times (t_{cr} - t)$
	烧成产品的窑炉热效率	%	η_1	$\eta_1 = \dfrac{Q_2 + Q_3 + Q_4}{Q_1}$
改造后	燃料燃烧热	kJ	Q_1'	同上
	坯体水分蒸发和加热水蒸气耗热	kJ	Q_2'	
	坯体烧成过程分解粘土耗热	kJ	Q_3'	
	隧道窑冷却带抽出热风带出显热	kJ	Q_4'	
	烧成产品的窑炉热效率	%	η_2	$\eta_2 = \dfrac{Q_2' + Q_3' + Q_4'}{Q_1'}$
其他参数	报告期燃气流量	Nm³/a	Q	
初步节能量		Nm³/a	E_0	$E_0 = Q \times \left(\dfrac{\eta_2}{\eta_1} - 1\right)^{-3}$
修正节能量		Nm³/a	ΔE	
最终节能量		Nm³/a	E	$E = E_0 - \Delta E$

注：m_r——1t 成品的燃料消耗量，kg 或 m³；

Q_{DW}^y——应用基时燃料的低位发热量，kJ/kg 或 kJ/m³；

m_x——1t 成品入窑坯体中所含吸附水量，kg；

m_j——1t 成品入窑坯体中所含结晶水量，kg；

t_y——离窑烟气的温度，℃；

m_i——1t 成品生坯中的黏土量，kg；

q_j——分解 1kg 黏土所需热，为 1088kJ/kg；

E_c——1t 成品的抽出热风量，m³；

c_{cr}——t_{cr} 下热风的比热容，kJ/（m³·℃）；

t_{cr}——抽出热风温度，℃。

对于窑炉余热利用节能改造项目，可参照"第一节 锅炉改造节能量计算及案例"中的"项目边界划分"提到的"分体式热管换热器回收烟气余热的节能改造项目"内容计算节能量。

2. 节能量计算案例

例 4 - 12：某钢管企业燃煤窑炉改造项目——按窑炉产品单耗计算

（1）项目介绍。

某大型无缝钢管制造企业产品为无缝钢管，现对 10 台热处理炉、6 台斜底炉进行节能技术改造，项目主要内容：更换炉膛内部结构，更换烧嘴，更换炉壁保温材料，更换热交换器设备。通过改造使产品单耗下降，由此达到节能效果。审核时项目还未完成，通过查阅企业的能耗统计报表、台账和可研报告得知原 10 台热处理炉和 6 台斜底炉的能耗及产品产量，预计改造后窑炉的能耗和产品产量，企业原煤的折标系数为 0.714 3tce/t，重油折标系数为 1.45tce/t。

（2）项目解析。

1）项目边界图。（见图 4 - 11）

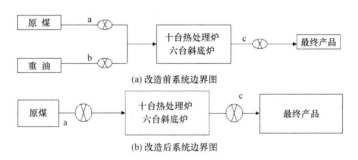

(a) 改造前系统边界图

(b) 改造后系统边界图

图 4 - 11 项目边界图

2）项目能耗核实情况。（见表 4 - 15）

表 4 – 15　　　　　　　　　项目改造前、后能耗指标情况

项目实施前	时间		2010 年
	10 台热处理炉、6 台斜底炉	原煤 t	155 444
		重油 t	16 289
		产品产量 t	419 477
项目实施后	时间		2011 年（预计）
	10 台热处理炉、6 台斜底炉	原煤 t	156 673
		产品产量 t	423 180

3）项目节能量计算步骤及结果。

改造前，年耗标煤量：

$$E_0 = 155\,444 \times 0.714\,3 + 16\,289 \times 1.45 = 134\,652.7 \ （tce）$$

单位产品能耗：$E_{u0} = E_0/M_0 = 134\,652.7/419\,477 = 0.32$（tce）

改造后，年耗标煤量：$E_1 = 156\,673 \times 0.714\,3 = 111\,911.5$（tce）

单位产品能耗：$E_{u1} = E_1/M_1 = 111\,911.5/423\,180 = 0.26$（tce）

则项目节能量：

$$\Delta E = （E_{u0} - E_{u1}）M_0 = （0.32 - 0.26）\times 419\,477 = =25\,168.62 \ （tce）$$

三、余热（余压）利用项目节能量计算及案例

（一）主要改造内容

（1）余热、余压发电项目。

1）钢铁行业采用干法熄焦、高炉炉顶压差发电、烧结机余热发电、燃气 – 蒸汽联合循环发电技术改造；

2）有色行业采用烟气废热发电、窑炉烟气辐射预热器和废气热交换器改造等技术；

3）煤炭行业采用瓦斯抽采利用技术实现热电联产或热电冷联供；

4）建材行业采用余热发电、富氧（全氧）燃烧改造，综合低能耗熟料烧成等技术；

5）化工行业采用余热（尾气）利用、密闭式电石炉、硫酸余热发电等技术；

6）纺织、轻工及其他行业实施供热管道冷凝水回收、供热锅炉压差发电等节能改造等。

（2）余热、可燃副产品用于发电之外的生产工序。

（3）利用废弃物生成二次能源。

（二） 节能量计算方法

对于余热余压利用项目而言可分为以下四种类型：

1. 已建成投产的余热余压发电项目

节能量为项目实施后余热余压装置的发电量减去自用电量，按电力等价值折算成标准煤的数量，再减去基准能耗。按式（4－24）计算：

$$E_s = k \ (P_l - P_s) \ - E_0 \qquad\qquad (4-24)$$

式中：

E_s——项目节能量，单位为吨标准煤（tce）；

k ——电力折标系数等价值，单位为吨标煤/万千瓦时（tce/10^4kW·h）；

P_l——项目实施后余热余压电站年发电量，单位为万千瓦时（10^4kW·h）；

P_s——项目实施后余热余压电站年自用电量，单位为万千瓦时（10^4kW·h）；

E_0——项目基准能耗，单位为吨标准煤（tce）。

2. 未建成投产的余热余压发电项目

采用装机容量进行预计节能量的计算，按式（4－25）计算：

$$E_s = \frac{M}{10} \times T \times k \ (1-P) \ - E_0 \qquad\qquad (4-25)$$

式中：

E_s——项目节能量，单位为吨标准煤（tce）；

M ——装机容量，单位为兆瓦（MW）；

T ——全年运行小时数，行业平均值为每年运行 310d，每天 24h，共 7440h；

k——电力折标系数等价值，单位为吨标准煤/万千瓦时［tce/（10^4kW·h）］；

P——电站自用电率，若不能提供涉及厂用电率，则可按行业内的估计值8%取值；

E_0——项目基准能耗，单位为吨标准煤（tce）。

3. 余热、可燃副产品用于发电之外的生产工序

（1）按改造前后能耗变化计算节能量。

若余热余压改造使原工序中某个耗能设备完全被取代或者能耗大大降低，而耗能设备改造前后耗能可知，且企业产品产量变化不大，则按式（4-26）计算：

$$E_s = E_0 - E_1 \qquad\qquad (4-26)$$

式中：

E_s——项目节能量，单位为吨标准煤（tce）；

E_0——设备改造前的耗能量，单位为吨标准煤（tce）；

E_1——设备改造后的耗能量，单位为吨标准煤（tce）。

（2）按改造前后产品单耗变化计算节能量。

若余热余压或可燃副产品利用的改造，使原工序中总体能耗下降，只知道改造前后的总体能耗和产品产量，但是具体的设备能耗改变未知，可采用此法计算。

通过查阅项目实施前一年余热利用工序的能耗（载能工质）统计报表和生产统计报表，核实改造前耗能量和产品年产量，单耗按式（4-27）计算：

$$\Delta E_{u0} = \frac{E_0}{M_0} \qquad\qquad (4-27)$$

式中：

ΔE_{u0}——改造前单位产品能耗量，单位为吨标准煤/吨（tce/t）；

M_0——改造前产品产量，单位为吨（t）；

E_0——改造前总年耗能量，单位为吨标准煤（tce）。

项目改造完成正常运行后，采取与改造前相同的方法核实改造后的单位产品能耗。通过改造前后的单耗得出节能量，按式（4-28）计算：

$$E_s = (E_{u0} - E_{u1}) \times M_0 \qquad (4-28)$$

$$E_{u0} = \frac{E_0}{M_0} \qquad (4-29)$$

$$E_{u1} = \frac{E_1}{M_1} \qquad (4-30)$$

式中：

E_{u0}——改造前单位产品能耗量，单位为吨标准煤/吨（tce/t）；

E_{u1}——改造后单位产品能耗量，单位为吨标准煤/吨（tce/t）；

M_0——改造前产品产量，单位为吨，应折为标准产品产量（t）；

M_1——改造后产品产量，单位为吨，应折为标准产品产量（t）。

4. 利用废弃物生成二次能源

节能量等于生成的二次能源的折标煤量减去利用废气消耗能源的折标煤量。

（三） 节能量计算步骤及案例

1. 节能量计算步骤

（1）项目边界划分。

项目边界应该包含所有改造前后的系统变化的信息，如改造前后增减的设备、余热利用对象的变化和相应的测量仪器。

（2）计量器具配备。

计量器具的配备对于节能审核和计算非常重要，直接影响节能量计算方法的选择和计算数据的准确性。当企业相关配套计量器具不完善时，可能需要用估算的方法得到节能量，不确定性较大。因此，在开展详细的节能量计算工作之前核实企业的计量器具配备情况是非常必要的。

（3）测试方法及测试参数的确定。

在余热利用项目中，可以通过安装电表和余热流量计等测试设备对相关参数进行测量。对于余热在改造前是全部直接排放到大气中的，须采用相应的设计数据并通过现场实际测量获得，并从理论上进行核算。节能量应根据最终转化形成的可用能源量确定。

2. 节能量计算案例

例4-13：水泥纯低温余热发电项目——已建成

（1）项目介绍。

×××公司有一条3 200t/d新型干法水泥熟料生产线，于2003年1月正式投产。年生产水泥能力150万吨。2008年消耗原煤161 261吨，电12 735.4×10⁴kW·h，生产水泥熟料895 500.82吨。为利用余热，该公司利用新型干法水泥窑尾预热器和窑头熟料冷却机排出的高温余热废气，通过余热锅炉生产蒸汽，推动汽轮机带动6MW发电机发电。审核时该项目已完成，通过审核得知，改造后2009年2月至7月发电量为20 773 164.05kW·h，电厂自用电量为1 236 462.64kW·h，运行时间3 560.05h，平均发电功率为5 835kW，厂用电率为6%。

该项目建设内容为：利用水泥生产线窑头冷却机及窑尾预热器余热，安装窑头AQC余热锅炉及窑尾SP余热锅炉，安装6MW凝汽式汽轮机发电机组，建设6MW低温余热电站。

（2）项目解析。

1）项目工艺流程图。（见图4-12）

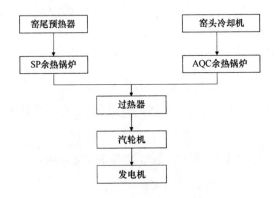

图4-12 项目主要工艺流程图

2）项目边界图。（见图4-13）

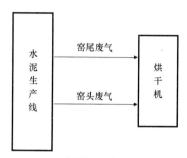

(a) 改造前系统边界图

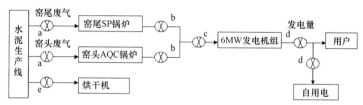

(b) 改造后系统边界图

注：a：流量计　b：低压蒸汽流量计　c：高压蒸汽流量计　d.：电表　e：磅秤

图4-13　项目边界图

3）项目能耗核实情况。

表4-16　　　　　　　　　项目改造前、后能耗指标情况

	时间	2008年1月至2008年12月		
项目实施前	原煤（t）	161 261	折标煤 tce	115 188.73
	电（10^4kW·h）	12 735.4	折标煤 tce	44 573.9
	合计		折标煤 tce	159 762.63
项目实施后	时间	2009年1月至2009年7月		
	原煤（t）	101 250.7	折标煤 tce	72 323.38
	电（10^4kW·h）	6 293.69	折标煤 tce	22 027.92
	合计	折标煤 tce	94 351.30	

4）项目节能量计算步骤及结果。

2009年2—7月机组运行时间：$t_1 = 3\,560.05$h

2007 年回转窑生产运行时间 $t_2 = 7\,888.57h$（由于 2008 年奥运会停产 2 个月，所以采用 2007 年运行数据）；

电力折标系数：$k = 3.5\mathrm{tce}/10^4\mathrm{kW \cdot h}$

改造前基准能耗：$E_0 = 2\,097$ 吨标煤

改造后：平均发电功率为 5 835kW，厂用电率为 6%

企业发电量：$P_t = 5\,835 \times 7\,888.57 = 4\,602.980\,6 \times 10^4$（$\mathrm{kW \cdot h}$）

电厂自用电量：$P_s = 4\,602.980\,6 \times 6\% = 276.178\,8 \times 10^4$（$\mathrm{kW \cdot h}$）

则项目节能量：

$$\Delta E = k \ (P_t - P_s) \ - E_0 = 3.5 \times \ (4\,602.980\,6 - 276.178\,8) \ - 2\,097 = 13\,047 \ (\mathrm{tce})$$

例 4 - 14：硫磺制酸装置余热发电——未建成

（1）项目介绍。

某公司依托现有 33 万吨/年硫磺制酸装置余热资源，新上 40t/h 中温中压火管式锅炉，配套建设 1 套装机容量为 6MW 的余热发电机组及辅助设施，在此之前企业余热未被利用。审核时，项目还未完成，所以按照电站年运行 7 440 小时，自用电率 8% 计算节能量。

（2）项目解析。

1）项目边界图。（见图 4 - 14）

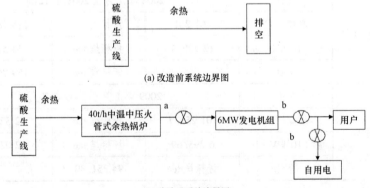

(a) 改造前系统边界图

(b) 改造后系统边界图

注：a：流量计 b：电表

图 4 - 14 项目边界图

2）项目能耗核实情况。

装机容量：$W = 6\text{MW}$

全年运行小时数：$T = 24\text{h/d} \times 310\text{d} = 7\,440\text{h}$

电力折标系数：$k = 3.5\text{tce}/10^4\text{kW} \cdot \text{h}$

发电机组自用电率：$P = 8\%$

3）项目节能量计算结果。

$$E_s = \frac{W}{10} \times T \times k\,(1-P)\;-E_0 = \frac{6}{10} \times 7\,440 \times 3.5 \times (1-0.08)\;-0 = 14\,374.1\;(\text{tce})$$

例 4 – 15： 合成氨企业余热利用项目

（1）项目介绍。

某化肥公司生产磷酸一铵、系列复合肥、复混肥料和工业硫酸等产品。该公司利用硫酸生产过程中的余热，建造余热锅炉及配套设备，替代原配套的 1.5t/h 燃煤锅炉。审核时项目未完成，查阅能耗统计台账得知，1.5t/h 燃煤锅炉年耗煤 18 998.6t。改造完成后，原有余热锅炉完全取代 1.5t/h 燃煤锅炉，并且不会影响产品产量。公司原煤折标系数取 0.714 3tce/t。

（2）项目解析。

1）项目边界图。（见图 4 – 15）

2）项目能耗核实情况。

设备改造前的耗能量：$E_0 = 18\,998.6 \times 0.714\,3 = 13\,570.7\;(\text{tce})$

设备改造后的耗能量，$E_1 = 0$

锅炉辅机耗电量较小，节能量计算时忽略不计。

3）项目节能量计算步骤及结果。

$$E_s = E_0 - E_1 = 13\,570.7\;(\text{吨标煤})$$

例 4 – 16： 利用高炉煤气燃烧锅炉替代原锅炉项目

（1）项目介绍。

某钢厂原有 4 台 130t/h 锅炉，燃煤 90%，燃高炉煤气 10%，部分高炉煤气未充分利用。现拆除原有 4 台锅炉，新建 2 台 220t/h 掺烧 30% 高炉煤气锅炉。审核时，项目已完成一半，通过查阅企业能源统计报表、台账得知企业

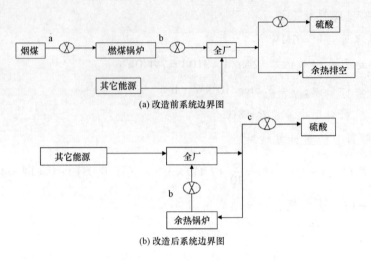

注：a：地磅和煤质分析仪 b：蒸汽流量表 c：硫酸流量计

图 4 – 15　项目边界图

改造前后锅炉耗煤量、蒸汽产量。

（2）项目解析。

1）项目边界图。（见图 4 – 16）

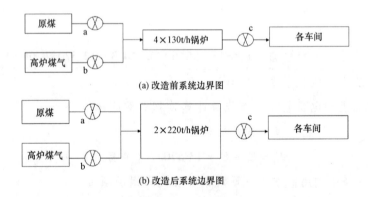

注：a：地磅和煤质分析仪 b：气体流量表 c：蒸汽流量计

图 4 – 16　项目边界图

2）项目能耗核实情况。（见表 4 – 17）

表 4 – 17		项目改造前、后能耗指标情况				
项目实施前	时间	2008 年 6 月至 2009 年 5 月				
	4 台锅炉总计	原煤（t）	521 151.4	折标系数	0.689 6	
		高炉煤气（km³）	334 713	折标系数	0.128 6	
		蒸汽产量（t）	3 147 652			
项目实施后	时间	2009 年 9 月至 2010 年 8 月				
	2 台锅炉总计	原煤（t）	384 872.9	折标系数	0.689 6	
		高炉煤气（km³）	884 498	折标系数	0.128 6	
		蒸汽产量（t）	3 147 700			

3）项目节能量计算步骤及结果。

对于高炉煤气的消耗，由于是废气利用，不算作项目能耗。

改造前，年耗煤量：$E_0 = 521\ 151.4 \times 0.689\ 6 = 359\ 386.0$（tce）

蒸汽产量：$G_0 = 3\ 147\ 652$（t）

改造后，年耗煤量：$E_1 = 384\ 872.9 \times 0.689\ 6 = 265\ 408.3$（tce）

蒸汽产量：$G_1 = 3\ 147\ 700$（t）

则项目节能量：

$$\Delta E = \left(\frac{E_0}{G_0} - \frac{E_1}{G_1}\right) \times G_0 = \left(\frac{359\ 386.0}{3\ 147\ 652} - \frac{265\ 408.3}{3\ 147\ 700}\right) \times 3\ 147\ 652 = 94\ 429.6 \text{（tce）}$$

例 4 – 17：焦炉煤气制甲醇项目

（1）项目介绍。

焦炉气中含有甲烷等其他多烃成分，某煤焦化公司采用先进工艺技术，回收焦炉煤气生成甲醇，并产生其他弛放气进行燃烧利用。审核时项目尚未完成，现通过可研报告得知企业生产甲醇的能耗、甲醇及其副产物的产量。

（2）项目解析。

1）项目边界图。（见图 4 – 17）

2）项目能耗核实情况。（见表 4 – 18）

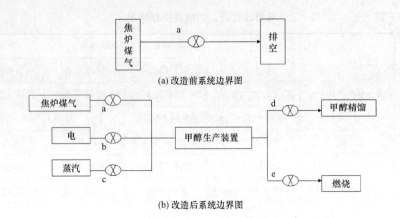

(a) 改造前系统边界图

(b) 改造后系统边界图

注：a：焦炉煤气流量表 b：电表 c：蒸汽流量计 d：甲醇计量表 e：松弛气体计量表

图 4 – 17　项目边界图

表 4 – 18　　　　　　　　　　项目能耗核实情况

能源名称	数量	折标系数
甲醇（kg）	– 1 000	0.787kgce/kg
焦炉煤气（m³）	2 257.281	0.583kgce/m³
电（kW·h）	575.32	0.35kgce/kW·h
蒸汽（t）	2.34	107.18kgce/t
回收驰放气（m³）	– 837.2	0.314 2kgce/m³

3）项目节能量计算步骤及结果。

由于废气回收利用生成新能源项目，其节能量等于生成的新能源的折标煤量减去利用废气消耗能源的折标煤量。由于焦炉煤气原先当废气排放，所以不列入生成甲醇的能源消耗，驰放气一部分用作转化装置预热炉作燃料气，剩余部分送出界区作燃料气，所以认为是生成的新能源。

生成一吨甲醇产生的能量折标煤为：

$$E_{生成} = （1\,000 \times 0.787 + 837.2 \times 0.314\,2）/1\,000 = 1.05（tce）$$

生成一吨甲醇消耗的能量折标煤为：

$$E_{消耗} = （575.32 \times 0.35 + 2.34 \times 107.18）/1\ 000 = 0.452\ （tce）$$

则年生成 8 万吨甲醇生产线的预计节能量为：

$$\Delta E = （1.05 - 0.452）\times 80\ 000 = 47\ 840\ （tce）$$

四、电机系统节能量计算

（一）主要改造内容

目前电机系统节能改造主要集中于以下几个方面：

1. 更新淘汰低效电动机及高耗电设备

推广应用高效节能电动机、稀土永磁电动机，高效风机、泵、压缩机，高效传动系统等，更新淘汰低效电动机及高耗电设备，采用高效节能电动机及系统相关节电设备，逐步限制并禁止落后低效产品的生产、销售和使用。对老旧设备更新改造，重点是高耗能中小型电机及风机、泵类系统的更新改造及定流量系统的合理匹配。

2. 提高电机系统效率

推广变频调速、永磁调速等先进电机调速技术，改善风机、泵类电机系统调节方式，逐步淘汰闸板、阀门等机械节流调节方式。重点对大中型变工况电机系统进行调速改造，合理匹配电机系统，消除"大马拉小车"现象。

3. 被拖动装置控制和设备改造

以先进的电力电子技术传动方式改造传统的机械传动方式，逐步采用交流调速取代直流调速。采用高新技术改造拖动装置，重点是大型水利排灌设备、电机总容量 10 万千瓦以上大型企业的示范改造等。

4. 优化电机系统的运行和控制

推广软启动装置、无功补偿装置、计算机自动控制系统等，通过过程控制合理配置能量，实现系统经济运行。

针对电机节能的重点改造领域包括电力、冶金、有色、煤炭、石油、机电、轻工等领域。

（二）节能量计算方法

可以根据不同的场合，选择不同的指标参数进行节能量计算。

1. 采用单耗计算节能量

主要适用于涉及数量多、范围广的全局节能技改项目，或者只涉及企业某一子系统（分厂或车间等），且电机数量多，用电计量不完善。节能量按式（4-31）计算：

$$E_s = (E_{u0} - E_{u1}) \times M_0 \qquad (4-31)$$

$$E_{u0} = \frac{E_0}{M_0} \qquad (4-32)$$

$$E_{u1} = \frac{E_1}{M_1} \qquad (4-33)$$

式中：

E_{u0}——改造前单位产品能耗量，单位为吨标准煤/吨（tce/t）；

E_{u1}——改造后单位产品能耗量，单位为吨标准煤/吨（tce/t）；

M_0——改造前标准产品产量，单位为吨（t）；

M_1——改造后标准产品产量，单位为吨（t）；

E_0——改造前的耗能量，单位为吨标准煤/吨（tce/t）；

E_1——改造后的能耗量，单位为吨标准煤/吨（tce/t）。

2. 采用电机节电率计算节能量

该方法主要适用于采用变频调速方法的电机改造项目，根据节电率和实际的用电量计算出节能量，节能量按式（4-34）计算：

$$E_s = (E_1 + E_0) \times 节电率 \qquad (4-34)$$

式中：

E_1——可测量电机的耗电量；

E_0——不可测量电机的耗电量。

（三）节能量计算步骤及案例

1. 节能量计算步骤

（1）项目边界划分。

项目边界划分应该包括从用电开始到负载（全场）以及相应的测试仪表组成。常见的电机系统项目边界如图4-18所示。

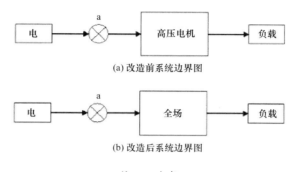

(a) 改造前系统边界图

(b) 改造后系统边界图

注：a：电表

图 4 – 18 电机进行改造项目边界图

（2）计量器具配备。

计量器具的配备对于节能审核和计算非常重要，直接影响节能量计算方法的选择和计算数据的准确性。当企业相关配套计量器具不完善时，可能需要用估算的方法得到节能量，不确定性较大。因此，在开展详细的节能量计算工作之前核实企业的计量器具配备情况是非常必要的。

（3）测试方法及测试参数的确定。

电机系统需要测试的参数主要有年平均运行时间、电机平均负载率、电机平均运转率、年耗电量等，可以通过加装电表等仪器进行测试。

2. 节能量计算

下面以典型的某电机改造项目为例进行分析。

本项目是采用变频调速方法进行的电机改造项目，根据节电率和实际的用电量计算出节能量来评估该系统较为合理，也更直观，节电量按式（4 – 34）计算。

（1）节电率计算。

首先根据改造设备适当分类（如泵类、风机类、压缩机类等），并在每类设备中选择典型设备进行变频效果测试，以确定项目节电率，按式（4 – 35）计算：

$$N = 100 - P \qquad (4 - 35)$$

其次，当节电率测试较困难或者项目未完成时，可用估算法。如各种风机、泵类的功率 P 正比于年工作平均转速 n^3 时，按式（4-36）计算：

$$P = S^3 \times 100 \qquad (4-36)$$

式中：

P ——实际消耗功率的百分值（%）；

N ——节电率（%）；

S ——实际转速与额定转速的比值。

（2）可测量节电量计算。

对于耗电量可测量的电机：

$$E_s = E_1 \times 节电率 \qquad (4-37)$$

式中，E_1 为实测电机耗电量，单位为千瓦时（kW·h）。

或直接用电机功率计算：

$$E_s = t \times (P_{x0} - P_{x1}) \qquad (4-38)$$

式中，t 为设备年运行的小时数，P_{x0}、P_{x1} 为循环水泵功率，单位为千瓦（kW）。

（3）不可测量节电量计算。

对于耗电量不可测量的电机：

$$E_s = E_0 \times 节电率 \qquad (4-39)$$

其中，

$$E_0 = P \times Y \times t \times \eta \qquad (4-40)$$

式中：

E_0 ——电能，单位为千瓦时（kW·h）；

P ——总功率，单位为千瓦（kW）；

Y ——平均负载率；

t ——运行时间，单位为小时（h）；

η ——运转率。

（4）最后根据式（4-34）计算总节电量。

为配合项目改造，企业按变频控制系统投运、不投运分别控制，进行对比实验，经过多次测试，详细测试数据以及计算过程详见表 4 – 19。

表 4 – 19　　　　　　　　　　　　电机变频改造节能量计算

分类	参数	单位	符号	计算公式（测量）
改造前	泵类设备功率	kW	P_{01}	计算值
	风机类设备功率	kW	P_{02}	计算值
	压缩机设备功率	kW	P_{03}	计算值
	设备的电压	V	U_0	测试值
设备的电流	A	I	测试值	
改造后	泵类设备功率	kW	P_{11}	计算值
	泵类设备功率	kW	P_{12}	计算值
	压缩机设备功率	kW	P_{13}	计算值
	设备的电流	A	I_1	测试值
	设备的电压	V	U_1	测试值
其他参数	运转率		η	测试值
	平均负载率		Y	测试值
设备年运行小时数	H	t	记录值	

3. 节能量计算案例

例 4 – 18：电机系统节能项目——单耗计算节能量

（1）项目介绍。

某化工企业对电机系统进行改造，其改造内容如下：

1）一车间电机改造 5000 台；

2）二车间电机改造 4000 台；

3）三车间电机改造 4000 台。

审核时项目已经完成一年，通过对企业能源统计表和企业台账的审查，得知企业全厂的电耗和产品产量。

（2）项目解析。

1）项目边界图。（见图 4 – 19）

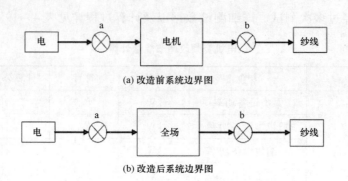

(a) 改造前系统边界图

(b) 改造后系统边界图

注：a：电表b：纱线计量器：（全场：新电机＋旧电机）

图 4-19　项目边界图

2）项目能耗核实情况。（见表 4-20）

项目能耗核实情况如表 4-20 所示：

表 4-20　　　　　　　　项目改造前、后能耗指标情况

项目实施前	时间	2007.1—2007.12
	耗电量 10^4kW·h	4 000
	全厂产纱量 t	26 500
项目实施后	时间	2009.8—2010.7
	耗电量 10^4kW·h	3 000
	全厂产纱量 t	27 500

3）项目节能量计算步骤及结果。

改造前电机年耗电量：$E_0 = 4\,000 \times 10^4$（kW·h）

改造后电机年耗电量：$E_1 = 3\,000 \times 10^4$（kW·h）

改造前全厂产纱量：$M_0 = 26\,500$（t）

改造后全厂产纱量：$M_1 = 27\,500$（t）

改造后节能量为：

$$\Delta E = \left(\frac{E_0}{M_0} - \frac{E_1}{M_1}\right) \times M_1 \times k = \left(\frac{4\,000}{26\,500} - \frac{3\,000}{27\,500}\right) \times 26\,500 \times 3.5 = 3\,896\ (\text{tce})$$

例 4-19：电机系统节能——利用节电率计算节能量

（1）项目介绍。

某公司共有 5 个分厂，共有空压机、制冷机等高压电机 30 台，改造前未采取节能措施，由于电机所在系统工况变化幅度较大，节能空间较大。公司决定对这些电机进行改造，根据各类电机设备使用工况的不同，对这些高压电机加装变频智能控制系统，实现节电。

（2）项目解析。

1）项目边界图。（见图 4-20）

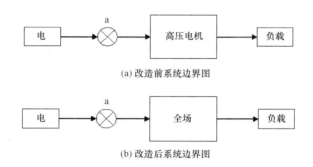

(a) 改造前系统边界图

(b) 改造后系统边界图

注：a：电表；（全场：高压电机加装变频智能控制系统）

图 4-20　项目边界图

2）项目能耗核实情况。

经核查设备台账，项目改造前：30 台电机总装机功率为 30 000kW，年平均运行时间 8 000 小时，电机平均负载率为 90%，电机平均运转率为 90%，则 30 台电机年耗电量为：

$E_0 = $ 总功率 × 平均运行时间 × 平均负载率 × 平均运转率

$\quad = 30\ 000 \times 8\ 000 \times 90\% \times 90\% = 19\ 440 \times 10^4$（kW·h）

折标煤 $= 19\ 440 \times 10^4 \times 3.5 = 68\ 040$（tce）

项目改造后：

为配合项目改造，企业按变频控制系统投运、不投运分别控制，进行对比实验，经多次测试，测试结果如表 4-21 所示。

表 4 – 21　　　　　　　　　　项目改造前后节电量变化

序号	测试时间	不投运 （kW·h）	投运 （kW·h）	节电量 （kW·h）	节电率 （%）
1	2009.06.10 – 06.17	115 334	88 350	26 984	23.40
2	2009.06.20 – 06.27	115 136	88 688	26 448	22.97
3	2009.07.01 – 07.07	115 670	87 026	28 644	24.76
合计		346 140	264 064	82 076	23.71

经测试，改造后的平均节电率为 23.71%。

3）项目节能量计算步骤及结果。

节能量为：ΔE = 改造实施前电机年耗电量 × 节电率 × k

$$= 19\ 440 \times 0.237\ 1 \times 3.5 = 16\ 132 \quad (\text{tce})$$

4）节能量经验值。

一般情况下，电机节能改造可实现的节电率在 25% 左右，电机变频改造的节能效果主要与电机实际负载率有关。

例 4 – 20：转炉除尘风机变频改造

（1）项目介绍。

该项目拟采用高压变频装置对炼钢转炉的两台除尘风机电动机进行改造，在不吹氧的情况下降低风机的转速，以减少风机的电耗。

原系统设备及耗能情况：一次除尘风机铭牌及运行参数如表 4 – 22 所示，二次除尘风机铭牌及运行参数如表 4 – 23 所示。

表 4 – 22　　　　　　　　　一次除尘风机铭牌及运行参数

电机功率	800kW	额定电压	10kV
额定电流	51.9A	功率因数	0.87
接线方式	Y	调节方式	恒速
电机型号	YKK500 – 2	实际工作电流	30 ~ 32A
额定转速	2 985rpm		

风机型号	D1000 - 12（G）	进口压力	79.4kPa
出口压力	27.41kPa	进口流量	1 000 m³/min
进口介质比重	1.16kg/m³	调节方式	恒速
输入轴功率	800kW	进口温度	50℃
蝶阀开度	100%	额定转速	2 985r/m

表4-23　　　　　　　　　二次除尘风机铭牌及运行参数

电机功率	630kW	额定电压	10kV
额定电流	45.2A	功率因数	0.856
接线方式	Y	调节方式	恒速
电机型号	YKK500 - 6	实际工作电流	40 ~ 45A
额定转速	994rpm		
风机型号	D1000 - 12（G）		
全压	4 500Pa	进口流量	380 000 m³/h
输入轴功率	630kW	进口温度	80℃
蝶阀开度	100%	额定转速	994r/m

年耗电量：设备运行小时数为 7 500h，一次风机的耗电量约为 $320 \times 10^4 kW \cdot h$，二次风机的耗电量约为 $312 \times 10^4 kW \cdot h$，两台风机共耗电 $632 \times 10^4 kW \cdot h$。

在原先两台除尘风机的高压开关柜与软启动装置的旁边，并联增设高压变频设备，如表4-24所示。

表4-24　　　　　　　　　改造除尘风机铭牌及参数

对应设备名称	变频器型号	单位	数量	适配电机
一次风机	SH - HVF - Y10K/900	套	1	800kW
二次风机	SH - HVF - Y10K/700	套	1	630kW

根据转炉的工作周期，以及风机在高低负荷间的大致工作点范围，若全年的运行时间仍以 7500h 为基准，预计改造后的一次风机耗电量是 $210 \times 10^4 kW \cdot h$，二次风机的总耗电量是 $110 \times 10^4 kW \cdot h$，两台风机共耗电 $330 \times 10^4 kW \cdot h$。

（2）项目能耗影响因素分析。

在该项目中可能影响项目实施后的节能效果的主要因素有：吹氧时间、风机工作点估算的准确性、变频装置的性能等。

在转炉的一个工作周期内，如果吹氧时间比预计的长，耗能增加，反之则减少。这种随机的偏差会随着转炉无数次的操作循环，对能耗的最终影响趋于零。

如果对风机工作点计算与实际工作点有偏差，会在变频器的输出转速上有所体现。若实际的转速高于计算转速则耗电量增加，反之则耗电量减少。

如果变频器因为故障经常地退出运行，则节电量会比预计的要少。

（3）项目范围及技术改造内容。

项目改造内容：加装两套变频装置，对风机的控制系统稍做改动，详见图 4 - 21 所示。

（4）能耗计量仪表与测量。

项目实施前，两台风机仅在高压开关柜上装有电流、电压表，用于指示电动机的工作状态。因此，电动机改造前的运行功率只是理论的推导计算，实际中没有重新进行测定。

项目实施后，实际测量风机的运行功率与功率因数，具体为：风机的电流、电压、有功功率、耗电量、功率因数。

在本项目中所选用的计量与测量仪表设备有电压表、电流表、有功功率表、功率因数表等，精度等级为 0.5。

（5）节能量检测与确认。

对于变频改造项目，节能量检测与确认按下式计算：

节能量 = （改造前风机用电量 - 改造后风机用电量）×电力折标系数

项目预计节能量：

$$\Delta E = （632 \times 10^4 kW \cdot h - 330 \times 10^4 kW \cdot h）\times 3.5 = 1057 （tce）$$

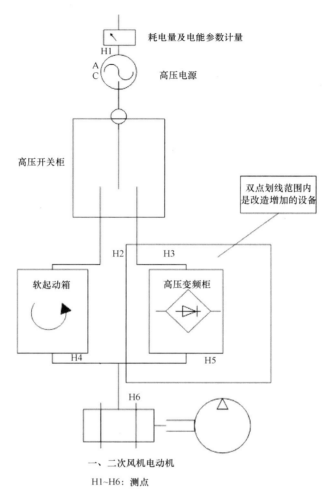

耗电量及电能参数计量

高压电源

高压开关柜

双点划线范围内
是改造增加的设备

软起动箱

高压变频柜

一、二次风机电动机

H1~H6：测点

图 4 –21　某公司转炉除尘风机变频改造示意图

（6）说明。

对于风机、水泵的变频改造，要注意在统计负荷期限内，其平均负荷不能超过额定负荷的70%，否则采用变频调速取得的节能效果不理想。

五、能量系统优化项目节能量计算

（一）主要改造内容

（1）钢铁、有色、合成氨、炼油、乙烯、化工等行业企业的生产工艺系统优化、能量梯级利用及高效换热、优化蒸汽、热水等载能介质的管网配置、能源系统整合改造；

（2）发电机组通流改造；

（3）新型阴极结构铝电解槽改造；

（4）高效节能水动风机（水轮机）冷却塔技术、循环水系统优化技术等对冷却塔循环水系统进行节能改造等。

（二）节能量计算方法

能量系统优化节能量计算方法主要有生产工艺系统优化、能量梯级利用、发电机组通流改造、循环水供热等项目。

1. 生产工艺系统优化

$$\Delta E = \sum_{i=1}^{n} E_i + \sum_{j=1}^{n} E_j \qquad (4-41)$$

式中：

ΔE——项目节能量，单位为吨标准煤（tce）；

E_i——各子项目节能量，单位为吨标准煤（tce）；

E_j——各子项目的能源泄漏量，可正可负，单位为吨标准煤（tce）。

计算需关注以下要点：

（1）本计算方法适用的行业、改造内容较多，如子项目与前四节项目近似，可按前四节方法计算；

（2）计算各子项目节能量时，在可行的前提下，优先推荐单耗法。

2. 能量梯级利用

计算方法与"生产工艺系统优化"类似。

3. 发电机组通流改造项目

（1）只供电不供热的机组。

1）供电煤耗法。

$$\Delta E = (b_{gp0} - b_{gp1}) \times P \qquad (4-42)$$

式中：

b_{gp0}、b_{gp1}——汽轮机通流改造前、后的供电煤耗，gce/kW·h；

P——改造前汽轮机的供电量，MW·h。

2）热耗率法。

$$\Delta E = (q_0 - q_1) \times P \div 29\,307 \qquad (4-43)$$

式中：

q_0、q_1——汽轮机通流改造前、后的热耗率，kJ/kW·h；

P——改造前汽轮机的供电量，MW·h。

计算需关注以下要点：

① 本计算方法更多是体现瞬时状态，不能完全反应设备全年运行工况。审核时，应尽可能选择与全年运行工况相符的时段选取数值；

② 采用测试报告中出现的热耗率数值时，应审核测试机构资质及测试工况等相关信息。

（2）热电联供机组。

1）供电、供热煤耗法。

$$\Delta E = (b_{gp0} - b_{gp1}) \times P + (b_{rp0} - b_{rp1}) \times Q \times 10^{-3} \qquad (4-44)$$

式中：

b_{gp0}、b_{gp1}——汽轮机通流改造前、后的供电煤耗，gce/kW·h；

P——改造前汽轮机的供电量，MW·h；

b_{rp0}、b_{rp1}——汽轮机在通流改造前、后的供热标准煤耗，kgce/GJ；

Q——改造前汽轮机的供热量，GJ。

2）热工实验法。

$$\Delta E = (b_{gp0} - b_{gp1}) \times P \qquad (4-45)$$

式中：

b_{gp0}、b_{gp1}——汽轮机通流改造前、后的热工实验得出的供电煤耗，gce/kW·h；

P——改造前汽轮机的供电量，MW·h。

3）汽轮机抽凝机组改背压机组。

供电、供热煤耗法：

$$\Delta E = (b_{gp0} - b_{gp1}) \times P + (b_{rp0} - b_{rp1}) \times Q \times 10^{-3} \qquad (4-46)$$

式中：

b_{gp0}、b_{gp1}——汽轮机改造前、后的供电煤耗，gce/kW·h；

b_{rp0}、b_{rp1}——汽轮机改造前、后的供热标准煤耗，kgce/GJ；

P——改造前汽轮机的供电量，MW·h；

Q——改造前汽轮机的供热量，GJ。

4. 循环水供热项目

$$\Delta E = [Q/29\,307 - (d_2 - d_1) \times (h_{zq} - h_{gs}) \times W/\eta/29\,307/1\,000] \times T - E_1 - E_2$$

$$(4-47)$$

式中：

Q——机组低真空供热量，MJ；

d_1、d_2——改造前后汽耗率，kg/kW·h；

h_{zq}——主蒸汽焓，kJ/kg；

h_{gs}——给水焓，kJ/kg；

W——发电负荷，kW；

η——锅炉效率，%；

T——运行小时数，h；

E_1——改造后循环水泵多耗能，tce；

E_2——改造后补水泵多耗能，tce。

计算需关注以下要点：

（1）本计算方法多个数据只能选取瞬时状态值，不能完全反映全年运行工况。审核时，应尽可能选择代表全年平均运行工况的数值；

（2）E_1、E_2 两项数据切勿漏减，这是典型的能耗泄漏情况。

在能量系统优化项目中，往往需要确定系统中关键对象（产品等），采用单位对象节能量开展节能计算较为合适。常用的计算方法是：

$$E_{Sd} = E_S / X$$

$$(4-48)$$

式中：

E_{sd}——单位对象节能量，单位为吨标准煤每年每单位对象（tce/a/x）；

E_s——节能量，单位为吨标准煤每年（tce/a）；

X——单位对象量，单位因对象不同而不同（x）。

节能量可根据电耗、煤耗、汽耗等折算为吨标准煤计算。单位对象因项目不同而不同，如汽轮机低真空循环水采暖系统中对象为采暖量，合成氨系统中氨产量为对象等。

（三） 节能量计算步骤及案例

1. 节能量计算步骤

下面以汽轮机低真空循环水采暖系统为例详细说明，合成氨系统具有类似性，可参照解决。

（1）项目边界划分。

由于汽轮机低真空循环水采暖技术改造涉及吸收循环水供热量和汽轮机真空下降导致汽轮机热耗上升等问题，因此，项目的考察边界主要包含汽轮机热力系统、循环水系统。项目边界图如图4－22所示。

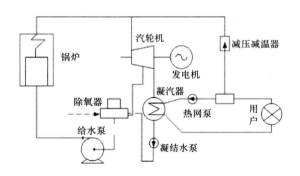

图4－22 项目边界图

（2）计量器具配备。

主要的计量器具有孔板流量计、热电阻温度计、真空表、电能表等。

（3）数据收集。

测试主要参数包含：循环水流量，循环水进、出口温度，凝汽器真空度。循环水流量由设置在循环水出口管道上的孔板流量计测量，循环水进出口温度由设置在循环水进出口管道上的热电阻温度计测量。凝汽器真空由设在排汽缸喉部的真空表测试。汽轮机汽耗增加量根据改造前后平均真空查汽轮机性能参数计算汽轮机热耗增加量，再折算为发电标准煤耗值。

测试次要参数是改造前后循环水泵的电耗，采用电能表分别测试改造前后其典型工况下的平均有功功率。

（4）制定节能量修正方案。

循环水采暖改造后，其循环水平均温度大幅度升高，导致凝汽器真空大幅度下降，汽轮机热耗随之上升，这是项目给原有系统带来的不利因素。因此，计算项目节能量时必须减去这部分能耗增加量。

技术改造后，由于循环水系统不经过冷却塔，其系统阻力可能下降，导致循环水泵电耗下降。该部分节电量应折算为标准煤计入节能量中。

（5）节能量计算。

下面以典型的汽轮机低真空循环水采暖系统能量优化系统进行分析。

由于本项目主要考虑汽轮机低真空循环水采暖，所以用户获得的采暖量是该项目的对象。因此，采用单位采暖量的节能量来评估该系统较为合理，也更直观。

1）初步节能量：

$$E_0 = \frac{Q \times 4.18 \times (T_1 - T_0)}{7\,000 \times 4.18 \times 1\,000} \times HR \qquad (4-49)$$

式中：

E_0——初步节能量，单位为吨标准煤每年（tce/a）；

HR——设备年运行小时数。

其中，水流量 Q 通过孔板流量计测量获得，T_1 和 T_0 通过热电阻温度计测量。

2）修正节能量：$\Delta E_0 = G_s - G_b$，单位为吨标准煤每年（tce/a）。

其中：① 发电煤耗增加量：

$$G_s = EE \times (m_0 - m_1) / 10^6 \qquad (4-50)$$

式中：

G_s——发电煤耗增加量，单位为吨标准煤每年（tce/a）；

EE——发电量，单位为千瓦时每年（kW·h/a）；

m_0，m_1——改造前、后发电标煤耗，单位为 gce/kW·h

② 循环水泵节电折标煤：

$$G_b = \frac{0.335 \times P}{1\,000} \tag{4-51}$$

式中，G_b 为循环水泵节电折标煤，单位为吨标准煤每年（tce/a）。

循环水泵节电量 P：

$$P = HR \times (Px_0 - Px_1) \tag{4-52}$$

式中：

P——循环水泵节电量折标煤，单位为吨标准煤每年（tce/a）；

P_{x0}、P_{x1}——改造前后循环水泵功率，单位为千瓦（kW）。

3）最终节能量为：

$$E_s = E_0 - \Delta E \tag{4-53}$$

详细测试数据以及计算过程详见表 4-25。

表 4-25　　　　　　　　　　能源系统节能量计算

项目节能量计算表格

分类	参数	单位	符号	计算公式（测量）
基期	循环水泵功率	kW	Px_0	计算值
	发电标煤耗	g/kW·h	m_0	计算值
改造后	循环水进口温度	℃	t_0	测试值
	发电标煤耗	g/kW·h	m_1	计算值
	循环水泵功率	kW	Px_1	计算值
	循环水出口温度	℃	t_1	测试值
	循环水流量	kg/h	Q	测试值
其他参数	年发电量	kW·h	EE	记录值
	设备年运行小时数	h	HR	记录值

2. 计算案例

例 4 - 21：化工企业能量系统优化改造项目

(1) 项目介绍。

1) 采用节能型离心式冷水机组代替原有低效的溴化锂制冷机组，能源种类由蒸汽、电两种变为电一种；动力消耗由原来的蒸汽 5.398kg/t 冷水、电 0.018 23kW·h/t 冷水，变为电 0.810 8kW·h/t 冷水，以制水量 158 万吨/月计算，年可节约 393 万元。

2) 变频改造项目：209 动力车间循环水泵、凉水塔水泵、风机进行变频改造，节电率 25%。

3) 三效蒸发器改造：蒸发器改造后，能源种类以蒸汽为主变为以电为主。改造后的能源消耗，电 505kW·h/h，蒸汽 88kg/h。

4) 发酵消毒尾气余热利用项目：热水型溴化锂制冷机组是利用工业生产中的低品位废热制取 9℃ 低温水。经热力计算，每天 240t 的消毒尾汽夏季可以提供 15.77GJ/h 的持续冷量，冬季可以提供 22.52GJ/h 的持续热量。

5) 甲醇回收：项目实施后每年可从废气和湿品物料中回收甲醇 8580 吨。

(2) 项目解析。

1) 项目边界图。

① 溴化锂制冷机组改造系统边界图。(见图 4 - 23)

(a) 改造前系统边界图

(b) 改造后系统边界图

图 4 - 23

② 尾气余热利用改造系统边界图。（见图 4 – 24）

（a）改造前系统边界图

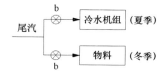

（b）改造后系统边界图

图 4 – 24 项目边界图

2）项目能耗核实情况。

项目改造前基准能耗情况：该公司申报项目较多，核查组对每一个项目改造前基准能耗均进行了核查，所有数据均有据可查。

项目改造后能耗情况：因该公司多数项目尚未完工，故多数项目改造后能耗情况为预估数值，预估值尽量采用设备设计参数、通用计算方法进行计算，尽可能与真实数值接近。审核组已要求企业完善计量器具的配备，在项目最终审核时达到节能量审核中对能源计量和监测的要求，确保在项目终审时能从运行记录中得到所有真实的数据来源。

3）项目节能量计算步骤及结果。

该公司五个项目，分布于不同车间，故分别计算节能量。

企业外购蒸汽为 240℃，0.6MPa，查表得蒸汽焓为 2 933kJ/kg，折标系数为 0.100 2tce/t。本项目为 2009 年第一批项目，故电力折标系数采用 0.349kgce/kW·h。甲醇折标系数采用 0.787tce/t。设备运行小时按全年运行 11 个月计算，与制冷机相关的项目按全年运行 5 个月计算。

① 采用节能型离心式冷水机组代替原有低效的溴化锂制冷机组项目。

采用 2008 年夏季运行记录作为基准数据，低温水输出量为 11 087 120t，动力消耗为蒸汽 5.398kg/t 冷水，电 0.018 23kW·h/t 冷水，产品综合能耗为 0.547kgce/t。

2009 年 7 月改造后，新型离心式冷水机组总耗电量为 1 554 033.8kW·h，低温水输出量为 1 916 664t，动力消耗电为 0.810 8 kW·h/t 冷水，产品综合能耗为 0.283 kgce/t。

则项目节能量：

$$\Delta E_1 = （0.283 - 0.547）\times 11\ 087\ 120 \times 10^{-3} = 2\ 927（tce）$$

② 大功率传动设备变频改造项目。

加装变频器的大功率传动设备总装机功率为 4580kW，按平均负载率 90%、同时系数 90%、节电率 25% 计算，则项目节能量：

$$\Delta E_2 = 4\ 580 \times 0.9 \times 0.9 \times 7\ 920 \times 25\% \times 0.349 \times 10^{-3} = 2\ 563（tce）$$

③ 201 车间三效蒸发器改造项目。

改造前情况：蒸汽耗用量为 5.5t/h，冷却水泵功率 22kW，年生产运行时间为 7 920h，则：

年耗蒸汽：$5.5 \times 7\ 920 = 43\ 560（t）$

年耗电：$22 \times 7\ 920 = 174\ 240（kW·h）$

改造后情况：装机容量 505kW，蒸汽耗用量为 88kg/h，则：

年耗蒸汽：$0.088 \times 7\ 920 = 696.96（t）$

年耗电：$505 \times 7\ 920 = 3\ 999\ 600（kW·h）$

则项目节能量：

$$\Delta E_3 = （43\ 560 \times 0.100\ 2 + 174\ 240 \times 0.349 \times 10^{-3}）-（696.96 \times 0.100\ 2 + 3\ 999\ 600 \times 0.349 \times 10^{-3}）= 2\ 960（tce）$$

④ 发酵消毒尾气余热利用。

发酵消毒尾气回收利用，夏季用于制冷机组（5 个月），制冷机组效率按 70% 计算，其他季节用于加热物料（6 个月）。根据车间运行记录，每天回收尾气可按 240 吨计算，120℃ 饱和蒸汽汽化潜热 2 202.68kJ/kg，则：

每天汽化放热量 $= 2\ 202.68 \times 240\ 000 = 528\ 642\ 115（kJ/d）$

120℃ 热水放热至 95℃ 热水放出热量 $= 1.005 \times 240\ 000 \times（120 - 95）\times 4.186\ 8 = 2\ 524\ 640（kJ/d）$

合计放热量：531 166 755kJ/d，折标准煤 18.12tce/d，则节能量：

$$\Delta E_4 = 18.12 \times 0.7 \times 5 \times 30 + 18.12 \times 6 \times 30 = 5\ 164\ (\text{tce})$$

⑤ 甲醇回收项目。

甲醇回收项目实施后，每年可以从尾气、物料中回收甲醇 8 580 吨，同时预估回收项目会增加电机功率 200kW，则节能量：

$$\Delta E_5 = 8\ 580 \times 0.787 - 200 \times 0.9 \times 0.9 \times 7\ 920 \times 0.349 \times 10^{-3} = 6\ 304\ (\text{tce})$$

综上所述，该公司项目总节能量：

$$\Delta E = 2\ 927 + 2\ 563 + 2\ 960 + 5\ 164 + 6\ 304 = 19\ 918\ (\text{tce})$$

例 4 - 22：化肥企业能量系统优化改造项目

（1）项目介绍。

某化肥生产企业进行能量系统优化项目节能改造，其技改措施如下：

1）改造原料气净化工艺，即采用醇烃化工艺，取代传统的铜洗工艺，该工艺联产甲醇，醇氨比可调节。铜洗停止运行后，减少电机装机容量 852kW。

2）改造三废混燃炉，充分回收废气、废渣。造气吹风气、合成工段驰放气用作"三废混燃炉"燃料，造气炉产生的废渣及渣末等作为锅炉燃料，产生蒸汽供生产系统使用。

3）电机变频调速、溴化锂制冷、脱碳闪蒸气变压吸附技术回收氨氮气，以及污水终端处理技术等。

4）工业汽轮机替代电机拖动风机、泵设备。审核时项目已完成，通过查阅企业能源统计报表和生产台账，得到全厂的能源消耗量和产品产量。

（2）项目解析。

1）项目边界图。（见图 4 - 25）

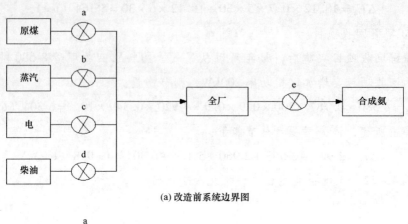

(a) 改造前系统边界图

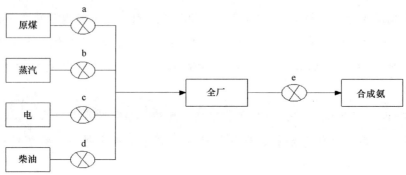

(b) 改造后系统边界图

图 4 - 25　项目边界图

2）项目能耗核实情况。（见表 4 - 26）

表 4 - 26　　　　　　　　项目实施前、后能源消耗情况

	时间	2007 年 1 月至 2007 年 12 月			
项目实施前	全厂总能耗	原煤（t）	300 000	折标系数	0.80
		外购蒸汽（t）	80 000	折标系数	0.128 6
		电（10^4kW·h）	40 000	折标系数	3.5
		柴油（t）	100	折标系数	1.457 1
	产品产量	合成氨（t）	200 000		

	时间	2010 年 1 月至 2010 年 12 月			
项目实施后	全厂总能耗	原煤（t）	400 000	折标系数	0.85
		外购蒸汽（t）	30 000	折标系数	0.128 6
		电（10^4 kW·h）	40 000	折标系数	3.5
		柴油（t）	100	折标系数	1.457 1
	产品产量	合成氨（t）	300 000		

3）项目节能量计算步骤及结果。

改造前全厂年总能耗：

$E_0 = 300\ 000 \times 0.80 + 80\ 000 \times 0.1286 + 40\ 000 \times 3.5 + 100 \times 1.457\ 1 = 390\ 433.7$（tce）

改造前合成氨产量：$M_0 = 200\ 000$（t）

改造后全厂年总能耗：

$E_1 = 400\ 000 \times 0.85 + 30\ 000 \times 0.128\ 6 + 40\ 000 \times 3.5 + 100 \times 1.457\ 1 = 484\ 003.7$（tce）

改造后合成氨产量：$M_1 = 300\ 000$（t）

项目节能量：

$$\Delta E = \left(\frac{E_0}{M_0} - \frac{E_1}{M_1} \right) \times M_0 = \left(\frac{390\ 433.7}{200\ 000} - \frac{484\ 003.7}{300\ 000} \right) \times 200\ 000 = 67\ 800\ (\text{tce})$$

六、绿色照明项目节能量计算

（一）主要改造内容

项目主要在政府机关、学校、宾馆饭店、商厦超市、大型工矿企业、医院、铁路车站、城市景观照明及城市居民小区等重点领域进行 LED 灯、无极灯等高效照明改造。

（二）节能量计算方法

绿色照明的计算方法主要有功率法、直接计量法、节电率法。

1. 功率法

$$\Delta E = \sum \left[(P_1 - P_2) \times T \right] \times k/10000 \qquad (4-54)$$

式中：

ΔE——项目节能量，单位为吨标准煤（tce）；

P_1——改造前照明设备功率，单位为千瓦（kW）；

P_2——改造后照明设备功率，单位为千瓦（kW）；

T——年使用时间；

k——电力折标系数等价值，单位为吨标准煤/万千瓦时（tce/10^4kW·h）。

计算需关注以下要点：

（1）改造后，照明灯具的照度应符合使用要求；

（2）应根据各种照明灯具的特点、用途及使用情况，分类统计、核实各种照明灯具的使用时间。

2. 直接计量法

$$\Delta E = \sum (E_1 - E_2) \times k/10000 \qquad (4-55)$$

式中：

ΔE——项目节能量，单位为吨标准煤（tce）；

E_1——改造前照明设备全年用电量，单位为千瓦时（kW·h）；

E_2——改造后照明设备全年用电量，单位为千瓦时（kW·h）；

k——电力折标系数等价值，单位为吨标准煤/万千瓦时（tce/10^4kW·h）。

计算需关注以下要点：

（1）改造前后有完整计量设备的项目适用本方法；

（2）如计量期不足一年，可相应折算至全年。

3. 节电率法

$$\Delta E = \sum P_1 \times \eta \times T \times k/10\,000 \qquad (4-56)$$

其中：ΔE——项目节能量，单位为吨标准煤（tce）；

P_1——改造前照明设备功率，单位为千瓦（kW）；

η——改造后照明设备节电率；

T——年使用时间；

k——电力折标系数等价值，单位为吨标准煤/万千瓦时（tce/10^4kW·h）。

计算需关注以下要点：

（1）照明设备节电率的来源有两个，一是有资质的第三方出具的测试报告，二是合同能源管理双方共同认可的测试结果（包括测试原始记录）；

（2）如改造涉及数种照明设备，应分别出具节电率测试报告。

（三） 节能量计算步骤及案例

1. 节能量计算步骤

（1）项目边界划分。

项目边界应包括所有改造的位置、数量和型号。

（2）计量器具配备。

根据项目节能量核算需要查验计量器具。

（3）核实节能量计算的主要内容：

1）掌握灯具改造前后功率的测试数据，通过现场以及资料确认实际照度前后的变化不大；

2）查阅企业改造前的能源消耗统计报表、台账以及原始记录等资料，核实改造前的灯具数量、年耗能量等数据。

3）基期数据核实方法与按改造前后设备功率的变化计算节能量的核实方法相同。需要知道改造前后的设备功率和设备数量，这些可以通过现场测量或者根据产品额定功率计算。

（4）计算参数的确定。

照明节能量计算中主要需要知道设备的数量和功率，还需要核实基期能耗情况。对于只考虑电力消耗的节能量项目，一般企业的电力消耗数据相对准确；但重点需要确认改造项目的边界，确定属于改造范围内的电力消耗数据。可以通过理论计算的方式核实基期能耗情况，理论计算方法如式

（4 - 57）：

年能源消耗量理论计算值：

$$E = n \times P_0 \times h \times b_{gd} \times 10^{-3} \qquad (4-57)$$

式中：

E——年能源消耗量，单位为吨标准煤（tce）；

n——改造设备数量；

P_0——改造前设备功率，单位为千瓦（kW）；

h——年使用小时数，单位为小时（h）；

b_{gd}——电力折标系数等价值，单位为吨标准煤/万千瓦时（tce/10^4kW·h）。

通过理论计算，核实企业改造边界内的能源消耗量与实际统计数据之间的合理关系，从而保证企业统计数据的真实性。

（5）节能量计算。

2. 节能量计算案例

例 4 - 23：绿色照明改造项目——功率替代法

（1）项目介绍。

某电子科技有限公司为实现节能减排，对其照明系统进行改造。在不改变灯具照度的前提下，以 LED 荧光灯代替原有普通荧光灯。

（2）项目解析。

1）项目边界图。

改造前项目边界图（见图 4 - 26）：

改造后项目边界图（见图 4 - 27）：

本项目边界为 5 535 盏灯具组成的照明系统，能源为系统内照明使用的所有电力。

2）项目能耗实施情况。

项目改造前：

经现场测试，普通荧光灯（1 200mm）共 5 003 支平均输入功率为 41. 72W，普通荧光灯（600mm）共 293 支平均输入功率为 23. 56W，紧凑型

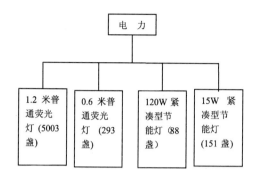

图 4－26 发行前项目边界图

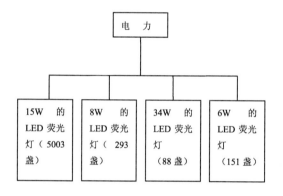

图 4－27 改造后项目边界图

节能灯（额定功率 120W）共 88 支平均输入功率为 118.29W，紧凑型节能灯（额定功率 15W）共 151 支平均输入功率为 13.13W。其中，普通荧光灯（1200mm）共 4883 支、普通荧光灯（600mm）共 293 支、紧凑型节能灯（额定功率 120W）共 88 支位于生产车间，其余灯具位于办公室、走道、食堂等非生产区域。

项目改造后：

经现场测试，LED 荧光灯（1 200mm）共 5003 支平均输入功率为 14.74W，LED 荧光灯（600mm）共 293 支平均输入功率为 8.54W，LED 荧光灯（额定功率 34W）共 88 支平均输入功率为 33.40W，LED 荧光灯（额定功率 6W）共 151 支平均输入功率为 6.02W。其中，LED 荧光灯（1200mm）共 4883 支、LED 荧光灯（600mm）共 293 支、LED 荧光灯（额定功率 34W）共 88 支位于生产车间，其余灯具位于办公室、走道、食堂等非生产区域。

灯具使用时间：生产车间为每天 24h，非生产区域为每天 12h，全年工作时间为 350d。

表 4 – 27　　　　　　　　　　项目实施前、后能源消耗情况

	项目实施前	项目实施后
年耗	$188.60 \times 10^4 kW \cdot h$	$66.15 \times 10^4 kW \cdot h$

3）项目节能量计算步骤及结果。

根据项目改造前、后各种灯具的运行输入功率及运行时间，计算其年耗电量。

改造前年耗电量：

$E_1 = （41.72 \times 4\,883 \times 24 + 41.72 \times 120 \times 12 + 23.56 \times 293 \times 24 + 118.29 \times 88 \times 24 + 13.13 \times 151 \times 12）\times 350 = 188.60 \times 10^4 （kW \cdot h）$

改造后年耗电量：

$E_2 = （14.74 \times 4\,883 \times 24 + 14.74 \times 120 \times 12 + 8.54 \times 293 \times 24 + 33.40 \times 88 \times 24 + 6.02 \times 151 \times 12）\times 350 = 66.15 \times 10^4 （kW \cdot h）$

则项目节能量：

$\Delta E = （E_1 - E_2）\times k = （188.60 - 66.15）\times 3.5 = 428 （tce）$

例 4 – 24： 照明系统节能改造——节电率计算法

（1）项目介绍。

某家纺有限公司本生产各种高档仿真丝时装面料。现对公司车间的照明系统进行节能改造，项目现场核实改造内容：14 086 盏 T5 型 25W 支架管更换原车间用 T8 型 40W 日光灯，运行天数取用 360 天。

（2）项目解析。

1）项目边界图。（见图 4 – 28）

2）项目能耗实施情况。

图 4 - 28 项目边界图

改造前：用能单位与服务公司对 171 盏 T8 型 40W 日光灯进行了 401.5 小时的测试，测试累计耗电量为 2785.9kW·h，平均单盏功率为 40.58W。

改造后：用能单位与服务公司对 171 盏 T5 型 28W 日光灯进行了 403.2 小时的测试，测试累计耗电量为 1706.85kW·h，平均单盏功率为 24.76W。

3）项目节能量计算步骤及结果。

根据用能单位与服务公司改造前后的测试对比，平均每盏灯的节电率为：

$$节电率 = [1 - (24.76 \div 40.58)] \times 100\% = 39\%$$

根据用能单位提供的产量报表，以及 2011 年全年的电费发票可以看出，该用能单位为全年运行单位，运行天数取用 360 天，则年节电量为：

年节电量 = 14 086 × 40 × 0.39 × 24 × 360 ÷ 1 000 = 18 998 567.424（kW·h）

则项目年节能量为：

$$\Delta E = P \times k \div 1 000 = 18\ 998\ 567.424 \times 0.35 \div 1 000 = 664（tce）$$

七、建筑节能项目节能量计算

（一）主要改造内容

我国建筑节能改造涉及北方采暖地区既有居住建筑节能改造、夏热冬冷地区既有居住建筑节能改造、公共建筑节能改造和公共机构办公建筑节能改造。

国家鼓励发展下列建筑节能技术和产品：

新型节能墙体和屋面的保温、隔热技术与材料；

节能门窗的保温隔热和密闭技术；

集中供热和热、电、冷联产联供技术；

供热采暖系统温度调控和分户热量计量技术与装置；

太阳能、地热等可再生能源应用技术及设备；

建筑照明节能技术与产品；

空调制冷节能技术与产品；

其他技术成熟、效果显著的节能技术和节能管理技术。

（二） 节能量计算方法

针对围护结构、空调、暖通供热系统、照明四个主要系统，分别计算各个系统的节能量，然后求和获得总的节能量。

考虑围护结构、空调、暖通供热系统、照明四个主要建筑节能对象，节能量以年总节能量计算，

$$E_s = E_{s1} + E_{s2} + E_{s3} + E_{s4} \qquad (4-58)$$

式中：

E_s——年总节能量，单位为吨标准煤每年（tce/a）；

E_{s1}——围护结构节能量，单位为吨标准煤每年（tce/a）；

E_{s2}——空调节能量，单位为吨标准煤每年（tce/a）；

E_{s3}——暖通节能量，单位为吨标准煤每年（tce/a）；

E_{s4}——照明节能量，单位为吨标准煤每年（tce/a）。

1. 围护结构节能量计算

建筑围护结构类节能改造项目一般可按照表4-28计算其节能量。

表4-28　　　　　　　　　　　建筑围护结构节能量计算

建筑围护结构节能量计算表格

分类	参数	单位	符号	计算公式（测量）	备注
改造前	冬季典型日，围护结构两面的温差	℃		由温度传感器测试	
	热流计的厚度	m		根据具体围护结构测定工况获得	
	热流计的导热系数	W/m℃		热流计给定便已知	
改造后	冬季典型日，围护结构两面的温差	℃		由温度传感器测试	
	热流计的厚度	m		根据具体围护结构测定工况获得	
	热流计的导热系数	W/m℃		热流计给定便已知	

建筑围护结构节能量计算表格

分类	参数	单位	符号	计算公式（测量）	备注
其他参数	当地采暖时间	h/a		统计	
	围护结构面积	m2		由围护结构尺寸确定	
初步节能量		tce/a		$E_0 = \dfrac{\left[\dfrac{\Delta T}{\delta/\lambda} - \dfrac{\Delta T}{\delta/\lambda} \times 3.6 \times H \times F\right]}{29260 \times 1000}$	
修正量		tce/a		无	
最终节能量		tce/a		$E_{s1} = E_0 - \Delta E$	

由上表可知，围护结构的节能量为：

$$E_{s1} = \frac{\left[\dfrac{\Delta T}{\delta/\lambda} - \dfrac{\Delta T'}{\delta'/\lambda'}\right] \times 3.6 \times H \times F}{29260 \times 1000} \qquad (4-59)$$

式中，E_{s1} 单位为吨标准煤每年。

2. 空调水系统节能量计算

（1）冷水泵定水量运行时，全年水泵运行电耗（kW·h/a）为：

$$P = 2N_0\phi T_1 + N_0\phi T_2 \qquad (4-60)$$

式中：

N_0——水泵电动机功率，单位为千瓦（kW）；

ϕ——容量系数，取 $\phi = 0.8$；

T_1——2 台水泵同时工作时间，单位为小时（h）；

T_2——1 台水泵单独工作时间，单位为小时（h）。

（2）水泵变流量运行时，全年水泵运行电耗（kW·h/a）为：

$$P' = N_0\varphi \sum T_i\left(\frac{n_i}{n_0}\right)^3 \qquad (4-61)$$

式中：

N_0——水泵电动机功率，单位为千瓦（kW）；

n_i——在某一工况下水泵转速，单位为转每分钟（r/min）；

n_0——水泵额定转速，单位为转每分钟（r/min）；

T_i——在某一转速下水泵运行时数，单位为小时（h）。

空调水系统变流量调节项目一般可按照表4-29计算其节能量。

表4-29　　　　　　　　空调水系统变流量调节项目节能量计算

空调水系统变流量调节项目节能量计算表格

分类	参数	单位	符号	计算公式（测量）	备注
基期	冷冻水流量	m³/h			测试值
	两台水泵同时运行时间	h			测试值
	一台水泵单独运行时间	h			测试值
	冷冻水供回水温差	℃			测试值
报告期	冷冻水流量	m³/h			测试值
	冷冻水供回水温差	℃			测试值
分类	参数	单位	符号	计算公式（测量）	备注
	在某一工况下水泵转速	r/min			测试值
	水泵额定转速	r/min			已知
	在某一转速下水泵运行时数	h			测试值
	水的定压比热	kJ/kg℃			已知
	水的密度	kg/m³			已知
	水泵电动机功率	kW			已知
	容量系数				已知
修正参数					
初步节能量	节电量： 节约冷量：				
修正量					
最终节能量	节电量： 节约冷量：				

依据上表，将节能量转化为标准煤为：

$$节电量：E_{s21} = P \times 0.35/1\,000$$

式中，电力折标系数取 0.35kgce/kW·h；

$$节约冷量：E_{s22} = Q \times \alpha \times 0.35/1\,000$$

式中：

Q——冷冻水全年的流量，单位为 m^3/a；

α——冷量转化为电量的因子，依据冷量与电量计算关系确定。

因此，空调系统节能量为：$E_{s2} = E_{s21} + E_{s22}$

3. 暖通节能量计算（略）

4. 照明节能量计算

对建筑物人工照明设计和计算常用的方法有平均照度计算法和点照度计算法。普遍采用的是平均照度法，计算如式（4-62）：

$$N = \frac{E_{av} \cdot A}{\phi_L \cdot UF \cdot LLF} \qquad (4-62)$$

式中：

N——灯具数；

E_{av}——照明标准规定的平均照度值，lx；

A——工作面面积，m^2；

ϕ_L——一个灯具内灯的总额定光通量，lm；

UF——利用系数；

LLF——减光系数。

照明装置的利用系数 UF 是指工作面上的有效光通量与全部灯的额定光通量之比，它是正确求出照明灯具数量的关键。UF 与以下因素有关：照明灯具的光分布、灯具效率、房间几何比例、房间表面反射比。其中房间几何比例常用室空间比（RCR）计算：

$$RCR = \frac{5h_{cr}\,(l+w)}{l \cdot w} \qquad (4-63)$$

式中：

h_{cr}——灯具至工作面的高度，m；

l、w——房间的长和宽，m。

照明装置的减光系数 LLF 是由使用中的光衰减、灯具污染及房间表面的积灰造成的。因此减光系数取定于灯和灯具的类型，使用环境的洁净程度及照明设备的清洗与维护周期。

计算照明能耗建议利用以上室内照度的预测方法，利用软件预先计算出室内各处的照度，然后计算出采用不同照明控制的功率（P_0 和 P_1），得到节能量：

$$E_{s4} = n \times (P_0 - P_1) \times H \times 0.35 \times 10^{-3} \qquad (4-64)$$

式中：

E_{s4}——照明产品节电总量，即所有在用高效照明产品带来的节电量，单位为吨标准煤每年（tce/a）；

n——改造设备数量；

P_0——改造前设备功率，单位为千瓦（kW）；

P_1——改造后设备功率，单位为千瓦（kW）；

H——年使用小时数，单位为小时每年（h/a）。

常见办公室建筑的照度见表 4-30。

表 4-30　　　　　常见办公室建筑的照度与功率

房间或场所	照度值/lx	照明功率密度/W·m²	
		现行值	目标值
普通办公室	300	11	9
高档办公室、设计室	500	18	15
会议室	300	11	9
营业厅	300	13	11
文件整理、复印、发行室	300	11	9
档案室	200	8	7

（三）节能量计算案例

1. 项目介绍

这是一个合同能源管理项目。利用地表水（河水）中蕴藏的能量实现区域供冷供热服务，系统由取还水、蓄能装置、输送管网、自动控制、能效监测五部分组成。

（1）河水输送系统。

该项目热能站设于地下二层，水源为某小区西侧藻江河，河水经约 500 米埋深、0.8 米的 PE 塑料管压力自流至热能站，换热后的河水经 PE 管压力流回送至藻江河取水口下游。

（2）河水预处理系统。

一级水处理器——旋转除砂器。

在热能站集中设置旋转除砂器，可以有效去除水中的砂子等颗粒，保护前置壳管式换热器的安全运行。

二级水处理器——自动清洗过滤器。

在一级水处理器后，加装二级压滤器，集中设置在热能站内，过滤器为全自动运行，过滤等级为 80 目/英寸，可以有效彻底去除水中的截留的杂质，保护换热器的安全运行。

（3）能源站系统。

1）夏季白天供冷方案。

选用大型 R22 离心热泵机组为基础负荷热能转换设备，提供空调系统的冷源。

离心热泵冷凝器进入温度 32.8℃ 的中介水为冷却水。蒸发器出水作为空调循环水，供回水温度为 7/12℃。夏季平均 COP 可达 5.1 以上。

2）夏季夜间蓄冷方案。

充分利用夜间低谷时段低廉电价，离心热泵冷凝器进入温度 <32.8℃ 的中介水为冷却水，蒸发器出水进入蓄能水池，8 小时内制备冷水，储存到蓄能水池中，水池蓄冷温度为 2℃，供次日峰电时段空调使用。

3）冬季白天采暖方案。

冬季中介水温度不低于 9℃，作为水源离心热泵蒸发器的低段热源；离心热泵冷凝器出水作为空调循环水，供回温度为 45/40℃。冬季平均 COP 达 4.5 以上。

4）冬季夜间蓄热方案。

充分利用夜间低谷时段低廉电价，离心热泵冷凝器进入温度不低于9℃的中介水为冷却水，蒸发器出水进入蓄能水池，8小时内制备55℃热水，储存到蓄能水池中，水池蓄热温度为55℃，供次日峰电时段采暖使用。

5）夏季白天热回收制备热水方案。

利用全热回收螺杆热泵机组供应高温热媒水，蒸发器侧与空调系统离心机组蒸发器并网运行供应空调冷水。

在制冷季节利用水源热泵机组余热回收制备生活热水，在满足使用的前提下，运行电费几乎为零。

6）非空调季节制备热水方案。

利用全热回收专用制生活热水螺杆热泵机组供应高温热媒水，蒸发器侧空调冷水供应部分特需或商业用户。

7）冬季夜间制备热水方案。

利用全热回收专用制生活热水螺杆热泵机组供应高温热媒水，蒸发器侧从中介水中吸取热能。

（4）水蓄能。

根据末端负荷变化特点，在保证末端供冷及除湿效果的前提下，充分利用系统控制灵活可靠性，制定科学合理的节能运行方案。

表4-31 项目增加的主要设备

设备名称	数量	规格型号	金额（万元）	供应商
螺旋杆水源全热回收热泵机组	1	WCFXHP57TRNN	65.2	烟台顿汉布什
水泵	15	瓦诺	25	常州凯和机电
自动反冲洗过滤	1	ZZLD350/0.6-0.3-300A	4.9	启东旺达
换热器	1	GX-145*417	26.5	传特板式换热器
格兰富水泵	20	UPBASIC15-6 3/4"	1.2	江苏苏州工业设备安装

设备名称	数量	规格型号	金额（万元）	供应商
定压装置	1	DIGIMAT1－2/140＋VG200	5.8	合肥盈顺机电
控制柜	2		13	常州瓦良格电器
热泵机组	1		55	麦克维尔空调制冷有限公司
自动反冲洗过滤器	1		4.7	启东市旺达工程技术研究所
自控设备	1		24.5	合肥中科大兰德自动化有限公司

2. 项目核实情况

某花园总冷负荷 5MW，热负荷 3.6MW。水源热泵夏季能效对比 4.5，冬季能效对比 4.0；传统的冷水机组＋冷却塔空调系统夏季能效对比 3.5，冬季采用燃气锅炉供热，供热效率为 90%。夏季供冷 120d，冬季供热 90d，每天工作 10h。

3. 项目节能量计算

（1）耗能量计算。

采用新能源系统的年耗电量 W_1 为：

$$W_1 = \frac{5\,000 \times 120 \times 10}{4.5} + \frac{3\,600 \times 90 \times 10}{4.0} = 2.14 \times 10^6 \ (\mathrm{kW \cdot h})$$

采用传统能源系统的年耗电量 W_2 为：

$$W_2 = \frac{5\,000 \times 120 \times 10}{3.5} + \frac{3\,600 \times 90 \times 10 \times 10}{0.9 \times 8 \times 1.163} = 5.58 \times 10^6 \ (\mathrm{kW \cdot h})$$

年节电量计算：

$$\Delta W_{年} = W_2 - W_1 = 5.58 \times 10^6 - 2.14 \times 10^6 = 3.44 \times 10^6 \ (\mathrm{kW \cdot h})$$

项目节能量：电力折标系数取 350g/kW·h，则项目节能量为：

$$\Delta W_{年} = 3.44 \times 10^6 \times 350 = 1204 \ (\mathrm{tce})$$

附录1 节能技改项目节能量审核报告模板

编号：_____

××××单位

××项目节能量审核报告

审核机构：_____（盖章）

负 责 人：_____

编制日期：_____年____月____日

审核项目	名称			所属单位	
	地址			电话	
审核组组成	组长		所在机构		
	成员		所在机构		
	成员		所在机构		
审核日期	年　月　日				
审核目的	A. 评价项目实施前能源利用情况和预期节能量。 B. 评价项目实施后实际节能量。				

审核技术指标	名　称	项目实施前	项目实施后
	综合能耗		
	产品产量		
	单位产品能耗		
	项目年节能量		

审核结论	受审核方提出的项目实施前（后）的能源消耗为_____吨标准煤，预期（实际）节能量为_____吨标准煤。 经审核，××××项目实施前（后）的能源消耗为_____吨标准煤，预期（实际）节能量为_____吨标准煤。 项目预期目标与实际效果之间产生差距的原因是： 受审核方项目负责人：_____ 受审核方公章：_____ 审核组长：_____ 审核员：_____
审核报告发放范围	

注：受审核方不接受审核结论时，应出具由受审核方的法人代表签字的书面意见。

一、受审核方及项目简介

1. 受审核方基本情况（性质、主要产品、生产流程、产值、总体用能情况等）。

2. 受审核项目的工艺流程及其重点耗能设备在生产中的作用。

3. 受审核项目拟投资情况。

二、审核过程描述

1. 审核的部门及活动。

2. 审核的时间安排。

3. 审核实施。

三、项目实施前（后）的能源利用情况

1. 项目实施前（后）的生产情况。

2. 项目实施前（后）的能源消费情况。（附表）

3. 重点用能工艺设备情况。

4. 项目实施前（后）能量平衡表。

四、节能技术措施描述

1. 技术原理或工艺特点。

2. 技术指标。

3. 节能效果。

五、项目节能量监测

1. 能源计量器具配备与管理。

2. 能源统计与上报制度。

3. 重点用能工艺设备运行监测。

六、预期（实际）节能量

1. 确定方法选用。
2. 节能量确定。

七、报告附件

1. 项目节能量审核委托材料。
2. 项目节能量审核人员名单。
3. 项目投资的证据资料。
4. 能耗量、节能量的关键证据资料。

附件2　合同能源管理项目现场核查报告提纲

财政奖励合同能源管理项目现场核查报告

一、节能服务公司基本情况

二、项目用能单位及项目简介

三、现场核查过程描述

1. 现场核查机构及人员。
2. 现场核查的时间安排。
3. 现场核查过程。

四、现场核查内容（参考方案中的现场要点）

五、项目采用的节能技术及产品

1. 技术原理或工艺特点。
2. 技术经济指标（每节约 1 吨标准煤的投资）。

六、项目节能量计算

1. 项目边界描述。
2. 项目改造前基准能耗指标核实情况。
3. 项目改造后能耗指标核实情况。
4. 项目节能量计算方法及结果。

七、项目现场核查结论

八、报告附件

第五章　节能形势分析

节能形势分析是节能管理的重要基础性工作和有效抓手，是政府和节能主管部门实施宏观决策的重要依据。做好节能形势分析工作，对于准确把握未来节能趋势、有效控制能源消费总量、处理好经济增长和能源消费的关系、推进节能减排和应对气候变化工作具有重要意义。

"十一五"期间，全国单位 GDP 能耗降低 19.1%，基本完成了预期的节能目标。但是，由于疏于对节能形势的分析预测和预警调控机制的不完善，出现了完成节能目标前松后紧的被动局面，给"十一五"最后一年陡增了巨大压力。为了持续均衡地做好"十二五"节能工作，国家节能中心于 2011 年 10 月启动节能形势分析工作。通过收集相关信息，定期组织地区和行业节能形势会商研讨，梳理各地区节能目标完成情况和节能工作亮点，研判节能形势，提出有针对性的对策建议，为国家节能主管部门有效实施节能调控提供依据。

2014 年 6 月以来，国家节能中心按照国家发展改革委提出的关于深化节能形势分析，增强时效性和前瞻性，努力实现与宏观经济形势分析同步的要求，对节能形势分析工作做出了重大调整：一是调整分析思路，由季度分析变成月度预判，由事后分析变为提前预测；二是拓展数据渠道，打通与国家统计局、中电联、国家电网、南方电网的数据通道，为分析预测提供可靠的数据支撑；三是加强定量分析，建立定量预测模型，逐月跟踪研判，及时修订完善预测模型；四是强化行业和地方支撑，制定印发《关于组织全国节能中心系统做好节能形势分析工作的指导意见》，每月收集汇总行业和地方材料，每季度召开形势分析座谈会，与部分行业协会、各地中心建立了常态化的联系机制，按月督促指导。

2015 年 4 月，国家节能中心对做好新常态下的节能形势分析工作做了深入思考和探索，把节能放到更广阔的经济运行大背景下进行分析研判，对原有的节能形势分析进行了拓展和丰富。目前初步形成了以能源供需和经济运行态势的监测分析为突破口、以风险因素研判和重大问题应对为抓手的节能形势分析新思路。

本章以国家节能中心开展节能形势分析工作的实践经验为基础，重点介绍节能形势分析工作的基本概念、统计指标、研究方法与模型和报告撰写，供各地方中心学习参考。

第一节　概述

一、基本定义

本章所指的节能形势分析，主要是指围绕节能目标，跟踪监测影响其变化的主要因素，包括经济发展状况、能源消费趋势和各地区相关政策实施情况等，分析现状与问题，预判未来走势，提出建议和措施等分析预测活动的总称。

二、重要意义

（一）有利于正确处理经济增长与结构调整的关系，提升经济发展的质量和效益

改革开放以来，我国经济持续较快发展，综合国力大幅提升。但是经济发展不平衡，发展方式相对粗放，产业结构不合理等问题依然突出。受长期发展理念、发展方式制约和影响，相当一部分地区稳增长、保增长的主要手段就是上项目，鼓励高耗能企业大干快上，使得稳增长和调结构出现了比较尖锐的矛盾冲突。

当前，我国经济正处于"三期叠加"阶段，经济增长由高速向中高速换挡，产业结构由中低端向中高端迈进。为适应经济发展新常态，需要进一步

优化产业结构，促进转型提质升级。节能形势分析就是要对经济运行、能源消费指标进行跟踪监测，综合分析，厘清关系，找到在稳增长中推进结构优化、在调结构中实现经济增长的平衡点，使之并行不悖、相互促进。只有协调好两者之间的关系，找到两者之间的平衡点，才能指导我们找准经济工作切入点和着力点，抓住"牛鼻子"，准确把握稳增长的步伐和方向，合理确定调结构的内容和方法，使调控措施更加精准、更加有效。

（二）有利于控制能源消费总量，推动实现节能减排目标

我国已成为全球最大的能源生产国和消费国。2013年，我国电力装机达到12.5亿千瓦，装机容量和发电量均居世界第一；能源消费总量37.5亿吨标准煤，占全球总消费量的22.4%。当前，我国正处于加快推进工业化、城镇化、全面建成小康社会的关键阶段，能耗还会保持增长，经济发展面临着前所未有的能源资源和生态环境压力和挑战。

党中央、国务院高度重视节能减排工作，将资源节约和环境保护列入我国的基本国策，做出一系列重要部署。习近平总书记在中央财经领导小组第六次会议上，提出要推动能源生产和消费革命的长期战略，坚决控制能源消费总量，有效落实节能优先方针，把节能贯穿于经济社会发展全过程和各领域。2014年，国务院印发的《能源发展战略行动计划（2014—2020）》提出，到2020年，我国一次能源消费总量控制在48亿吨标准煤左右，煤炭消费总量控制在42亿吨标准煤左右，单位国内生产总值能耗比2005年下降42%以上。

要实现到2020年能源消费总量控制目标，破解资源环境约束问题，实现可持续发展，必须研究制定更加强有力的政策措施。节能形势分析，正是全面摸清能源消费家底、把握经济和能耗走势的重要手段，是研究制定宏观调控政策措施的重要基础。只有全面掌握本地区经济和能源消费数据，才能摸清经济运行、能耗变化的规律和特征；只有及时跟踪数据变化，才能对未来能耗增长空间和速度做出准确的预判，为控制能源消费总量提供基础依据。从这个意义上说，准确分析判断节能形势，是推动实现节能减排目标不可或缺的重要基础性工作。

（三） 有利于形成有效工作抓手， 完善节能减排机制

"十一五"以来，我国大力推进节能减排工作，初步建立起包括强化目标责任、调整经济结构、实施重点工程、推动技术进步、完善法规标准、加强监督检查等工作机制，能耗快速增长的势头得到了基本遏制。但是，当前我国节能减排工作仍然面临多重困境。一方面，全国能源消费强度和二氧化碳排放强度持续降低，但消耗和排放总量还在增长，非但没有出现群众所期望的碧水蓝天，反而是雾霾围城、水质污染等事件频繁发生。另一方面，国家和地方完成进度出现巨大差距，出现了"地方任务完成了、国家任务完不成"的尴尬局面，国家面临的节能压力没有有效地传导至地方。

分析造成上述局面的原因，纵然有国统、地统数据不衔接等问题，但也暴露出节能工作机制存在弊端。多年来，节能工作在统筹全局、整体推进上下得功夫比较多，在分地区、分行业实施差别化管理、局部推进上研究得比较少。进入"十三五"，节能工作的重点应该是找准制约节能的"症结"所在，细化政策措施，完善工作机制，形成有效抓手。节能形势分析的内容不仅包括总体趋势分析，也包括结构变化分析；不仅包括形势变化的方向判断，也包括形势变化原因剖析。通过开展节能形势分析，挖掘和分析各地区、各行业经济运行和能源消费变化规律，找出、找准导致节能形势恶化的"病因"。针对不同行业和地区"对症下药"，制定和采取差别化政策，提高节能工作效率。

（四） 有利于提升节能中心系统的地位和作用， 增强影响力

随着国家对节能工作的日益重视，在国家财政资金的支持下，近年来全国节能中心系统迅速壮大。新形势下需要充分发挥这支队伍的优势，增强系统影响力。做好节能形势分析工作，对于更好地履行职责、提高其地位和作用具有非常重要的意义。

对于以节能监测、节能服务为主的中心来说，科学分析和把握当前节能形势，就能掌握宏观走势，深入理解影响节能工作各项因素之间的内在联系，研究制定的战略规划和提供的政策技术咨询才会有的放矢。对于中心开展的其他点阵式工作，如能耗限额标准检查、能源审计等，则更要依托节能形势分析来发挥统领作用。只有将中心的工作，放在节能形势大局中去考虑和谋划，才能在推动完成节能目标的事业中找到发挥中心作用的宽阔舞台。

对于以节能监察业务为主的中心来说，做好节能形势分析，有助于适应形势变化，更加全面系统、科学合理地制定和调整节能监察计划，机动灵活地选择节能监察对象和重点。否则，如果只是简单地按照年初的计划行事，就会在一定程度上造成节能监察与变化的节能形势相脱节，使节能监察工作不能更加及时有效地反映和体现节能工作现实需求，陷于滞后、盲目和被动，影响监察作用的充分发挥。

三、基本原则

在进行节能形势分析的过程中，需要把握以下几个原则。

1. 短期与中长期结合

中长期是短期发展的未来，对未来的判断会影响现在的选择。因此，主动提前衔接两者有助于避免不必要的弯路。一方面，要基于对现状的分析研判，把握较近时期如下一个月或季度的变化趋势，进而对全年乃至未来更长时期的变化趋势形成初步判断。另一方面，通过跟踪较长周期的历史数据，了解到短期变化的必然性和偶然性，识别出周期性和非周期性原因，更精准地做出判断。因此，既要通过短期变化对中长期走势做出判断，也要在中长期中观察短期走势，对短期变化做出合理解释。

2. 增量与存量结合

存量是指某一指定的时点时所保有的数量。在这里主要是指产生能耗的资产、产品等的总称，如已经建成的钢铁产能、水泥产能、玻璃产能等。增量是指某一段时间内系统中保有数量的变化。在这里主要包括在批、在建、投产、达产的高耗能项目等。在进行节能形势分析的过程中，我们需要关注已经建成的这些产能项目，特别是高耗能项目或落后产能项目，同时还需要关注新增产能能耗，最终看"腾笼换鸟"能够腾出多少用能空间。

3. 总体与结构结合

经济发展与能源消费既有总体趋势，也有结构变化。总体趋势是对全国或一个地区整体经济总量和用能情况的把握，重点分析国内（地区）生产总值、能源消费总量和单位国内（地区）生产总值能耗的变化情况，以此判断未来发展趋势。结构分析是对一定区域经济构成和节能内部要素的深入剖析，分别从更小的区域、更具体的行业进行分析。通过结构分析，可以丰富和深化对总体趋势的判断，识别出导致总体趋势发生变化的关键地区或行业，发现深层次矛盾和问题，从而确定重点地区或行业，做到区别对待、分类指导，提高调控的针对性和有效性，实现"定向调控"、"精准发力"。

4. 宏观与微观结合

宏观分析是把全国（省区市）的经济形势和节能形势作为一个整体来考察，判断整体形势是趋于好转、严峻，还是保持基本平稳。微观分析则是考察生产经营主体和用能主体的行为，观察其生产经营状况、能源消耗情况，发现影响企业生产经营和用能行为的因素和问题。宏观分析是正确认识和把握全局，辨别全国、本地区总体发展态势的基础，是指导我们"解剖麻雀"的总体指引；微观分析则有助于见微知著，丰富和深化对宏观走势的认识，及时发现苗头性、倾向性问题。两者视角不同，但相互补充、相互佐证，可以有效提高经济形势和节能形势分析的综合效果。

5. 定性与定量结合

定性分析，主要是对经济和节能的基本态势或总体走势进行判断，通过对现实表象的观察，运用理论知识、经验积累，进行逻辑分析和历史比较，做出主观判断。定量分析，主要是运用数据、模型和方法，预测得出定量化的指标值，对定性结果进行验证，综合形成比较准确的结论，有助于对定性分析所揭示的趋势变化的"度"的把握。定性分析和定量分析各有特色，应该相互补充、相得益彰。

第二节 指标解读

一、经济指标

(一) 国内 (地区) 生产总值

1. 定义

国内 (地区) 生产总值 (Gross Domestic Products, 简称 GDP) 是一个国家或者地区的所有常住单位在一定时期内生产的全部最终产品的价值总和,是反映经济总体状况最重要的指标。

公布机构:国家统计局、各地区统计局;

公布渠道:国家统计局网站、各地区统计局网站、国家统计局季度或年度国民经济运行情况新闻发布会、《中国经济景气月报》、《中国信息报》;

统计频率:季度、年度;

公布时间:季度数据于季后月份中旬公布;年度数据于次年 1 月 20 日左右公布。

对 GDP 的理解,应注意如下几方面:

首先,GDP 是一个"市场价值"的概念。各种不同的货物与服务千差万别,无法直接相加,如一台电视机和一辆小汽车,一次理发服务和一次法律咨询服务。因此,这些不同的产品和服务首先必须以市场价值的形式表示,然后加总为一个衡量整个经济活动成果的指标——GDP。

其次,GDP 是由"常住单位"生产的。常住单位是指在一国经济领土内具有经济利益中心的经济单位,即在一国经济领土内拥有一定的活动场所,从事一定规模的经济活动,并超过一定时期的单位。根据这个概念,在中国的外企属于中国的常住单位,它提供的产品和服务应包括在中国的 GDP 中。但是,并不是所有在中国领土上的单位都属于中国的常住单位。如各国驻华使馆,由于它们不在中国经济领土范围内,不是中国的常住单位。

最后，GDP衡量的是"最终的"产品和服务。所谓最终产品是指那些不再被用于生产过程，或虽被用于生产过程，但不会被一次性消耗或一次性转移到新产品中去的产品。如一个汽车制造厂在利用购进的各种零配件组装汽车时，各种零配件一次性转移到新产品中去，所用的电也被一次性消耗掉，它们被称为中间产品，只有组装完的成品汽车才是最终产品。GDP中之所以不包括上述各种零配件和电等中间产品的价值，是因为作为最终产品的汽车的价值已经包括了它们的价值，如果把这些中间产品的价值与最终产品的价值相加，就会导致重复计算。

2. 作用

第一，GDP可以反映一个国家或地区的经济发展规模，判断其经济总体实力和经济发展的快慢。如2014年，中国国内生产总值达到了636 462.7亿元，总量上仅落后于美国，为全球的第二大经济体。对GDP衡量经济状况的作用，曾经有人给出了这样的评价，说GDP是二十世纪世界上最伟大的发明之一。

第二，GDP可用来进行经济结构分析，是宏观经济决策的重要依据。从生产角度看，GDP能够反映一个国家的产业结构，即第一、二、三产业在国民经济中的所占比重；从使用角度看，GDP能够反映一个国家的需求结构，即最终消费支出、资本形成和货物与服务净出口及其具体构成项目在总需求中所占的比重；从地区角度看，GDP能够反映地区总体分布状况、地区产业状况、地区需求状况。通过这些产业结构分析、需求结构分析和地区结构分析，可以了解一个国家的经济结构现状及其发展变化规律，对制定产业发展政策，制定消费、投资和进出口政策，制定地区经济协调发展政策等，都具有十分重要的作用。

第三，GDP可与相关指标结合，计算出具有重要意义的其他指标。如，GDP与人口指标相结合，可以计算人均GDP，它是衡量一个国家或地区经济发展水平和富裕程度的重要指标，如果把各国的人均GDP转换成美元，则可进行国际比较。又如，GDP与能源消费量相结合，可以计算GDP能耗指标，它衡量的是经济增长与能源消耗的比例关系，是反映GDP增长质量的重要指标。另外，通过现价 GDP 和不变价 GDP 能够计算 GDP 缩减指数，它通常被视为一个口径更全的通货膨胀率，反映一个国家价格总水平的变动情况。

第四，GDP 能够影响一国的经济利益和政治利益。它在一定程度上决定该国在国际舞台上的话语权，决定了该国所承担的国际义务和享受的优惠待遇，决定了该国在国际社会所能发挥的作用。

3. 核算方法

国内生产总值反映的是最终的生产成果，是最终的产品和服务，它有三种不同的表现形态：价值形态、收入形态和产品形态。从价值形态看，GDP 是所有常住单位在一定时期内生产的全部产品和服务的价值中减去同期所投入的全部产品和服务后的差额，即所有常住单位的增加值之和；从收入形态看，GDP 是所有常住单位在一定时期内的生产活动所形成的原始收入之和，包括常住单位因从事生产活动而对劳动要素的支付、对政府的支付、对固定资产的价值补偿，以及获得的盈余；从产品形态看，GDP 是所有最终使用的产品和服务减去进口的产品和服务的价值总和。相应地，GDP 有三种核算公式。

生产法核算公式为：增加值 = 总产出 – 中间投入。其中，总产出是指常住单位在一定时期内生产的所有产品和服务的价值，中间投入是指在生产过程中消耗和使用的非固定资产产品和服务的价值。

收入法核算公式为：增加值 = 劳动者报酬 + 生产税净额 + 固定资产折旧 + 营业盈余。其中，劳动者报酬是劳动者提供劳动而获得的工资及其他各种形式的报酬，固定资产折旧是生产中使用的房屋和机器设备等固定资产在核算期内磨损的价值，生产税净额是企业向政府支付的税金与政府对企业的补贴的差额，营业盈余主要是企业从事经营活动获得的利润。

支出法核算公式为：增加值 = 最终消费支出 + 资本形成总额 + 货物与服务净出口。其中，最终消费支出是指常住单位从本国经济领土和国外购买的货物和服务的消费支出，包括政府消费支出和居民消费支出；资本形成总额是指常住单位在一定时期内新形成的固定资产和增加的库存货物的价值，包括固定资本形成总额和存货增加；货物和服务净出口是指出口与进口的差额。

上述三种方法核算的国内生产总值，从理论上讲应该是一致的，但在实际核算操作过程中，由于方法和资料来源的不同，核算结果可能会有一定的差异，这种差异为统计误差，统计误差在可接受范围内是允许存在的。目前，中国对外公布的 GDP 数据是按生产法和收入法混合计算的结果，一般称为生产法 GDP 或 GDP，而按支出法计算的结果与上述结果不同，两者的差额就是统计误差。

中国 GDP 核算目前采取国家和地区分级核算制度，即在统一的核算方法和核算原则框架下，国家统计局负责核算全国 GDP，各省级统计局负责核算各地区的 GDP。由于地区核算使用的基础资料与国家并不完全相同，各地区 GDP 加总可能与全国 GDP 之间存在差异。

4. 注意要点

（1）区别现价和不变价。

一般而言，国家统计局公布的 GDP 绝对量是以当年价格计算的，即现价 GDP，而公布的增长速度是以不变价计算的。不变价数据采用固定价格基期方法计算，且每 5 年更换一次基期。如，2011 年不变价 GDP 是以 2010 年价格计算的，而基年（2010 年）的不变价 GDP 则有两个，一个以 2005 年价格计算，另一个是其现价 GDP 本身。年度的不变价 GDP 绝对量公布在隔年的《中国统计年鉴》上，但季度不变价 GDP 绝对量未对外公布。

（2）数据的计算方法和版本。

一是要注意数据计算方法不同。生产法 GDP 与支出法 GDP 是从不同角度衡量生产成果，由于计算方法不同，结果存在一定的差距。二是要注意 GDP 数据的版本。如前所述，根据国家统计局的核算制度，GDP 核算数据出来之后，从初步核算、初步核实到最终核实，会经历数次修订，若遇到经济普查，也会对相关年份的数据做一定的修订。因此，要使用及时更新的 GDP 数据，以保证其准确性。

（二）工业生产增长速度

1. 定义

工业生产增长速度也称为工业增加值增长速度，它是以工业增加值作为总量指标计算出来的，反映一定时期全国或某一地区工业生产增减变动的相对数，通常以百分数表示。如 2012 年 12 月份，全国规模以上工业增加值同比增长 10.3%。

由于工业统计调查的范围和频率不同，工业增长速度又分为全部工业增长速度和规模以上工业增长速度。全部工业增长速度，其统计范围为全部工业，按季度和年度统计、计算和公布。规模以上工业增长速度，其统计范围为规模以上工业，按月度统计、计算和公布。2010 年及以前，规模以上工业是指年主营业务收入在 500 万元及以上的工业企业，2009 年末，约有 43.4 万家，其工业增加值总量占全部工业增加值总量的 80% 以上。从 2011 年开始，规模以上工业是指主营业务收入在 2 000 万元及以上的工业企业，其工业增加值总量占全部工业增加值总量的 80% 以上。由于规模以上工业对监测短期工业经济的运行变化具有足够的代表性，而且调查频率高、时效性强，因此，我们在进行经济形势和节能形势的分析预测中，主要使用该指标，本节也着重介绍其计算方法。

公布机构：国家统计局、各地方统计局；

公布渠道：国家统计局网站、各地方统计局网站、国家统计局季度或年度国民经济运行情况新闻发布会、《中国经济景气月报》；

统计频率：月度、季度、年度；

公布时间：次月 9 日（遇法定节假日顺延，季度数据发布除外）。

2. 作用

第一，工业生产增长速度是反映工业经济的运行走势，特别是短期工业经济的运行状况，判断经济景气程度的重要指标。

第二，工业生产增长速度是制定经济政策，实施宏观调控的依据。国家进行宏观调控，制定和调整各项经济政策，离不开信息的支持，工业生产增长速度是反映短期经济运行的最敏感、及时的信息之一，在宏观调控中具有重要作用。

第三，工业生产增长速度是研究经济周期运行的重要依据，受到社会上的广泛关注。将各个时期的工业生产增长速度编制成时间数列，可以研究经济运行的周期性规律和发展趋势，为制定促进经济健康良好的发展政策提供依据。

3. 核算方法

现行工业生产增长速度的计算方法称为价格指数缩减法。其基本原理是：工业增长速度旨在反映工业生产的物量动态变化。按现行价格计算的工业增加值的变化既包括物量因素，也包括价格（工业品出厂价格及消耗的原材料等价格）因素。为了真实地反映工业生产的变动情况，必须消除价格变动因素的影响，计算出可比价格工业增加值，然后计算实际工业增长速度。

4. 注意要点

一是月度增长速度是规模以上工业企业增长速度，不是全部工业企业增长速度，一定程度上能反映变化，但是两者在统计口径、范围上是有差异的。

二是月度累计数是规模以上工业企业增长速度，季度 GDP 中工业累计数是全部工业企业增长速度。

三是目前公布的工业增长速度既有同比增速，也有环比增速，使用时要注意两者对比基期的不同。

四是正确理解工业生产增长速度与 GDP 增长率关系。

（1）涵盖内容与统计口径。

GDP 增长率是国内生产总值相对于去年同期水平的增长速度，是一个反映总体经济状况的指标；而工业生产增长速度是规模以上工业增加值相对于去年同期水平的增长速度，是一个反映工业经济景气状况的指标。

GDP 增长率在公布的时候，也会同时公布第一、第二、第三产业的增长率，其中第二产业增长率与工业生产增长速度的统计口径也不一样。为了及时性与敏感性的需要，工业生产增长速度的统计口径是规模以上工业企业。而为了全面性和标准性的需要，第二产业增长率的统计口径不仅包括全部工业（规模以上工业和规模以下工业），还包括建筑业。

（2）公布频率与公布方式。

工业生产增长速度公布的频率更高。工业生产增长速度每月度公布一次，GDP 增长率每季度公布一次。月度公布的工业生产增长速度除了统计分月速度和累计速度之外，还包括按工业大类行业分组（《国民经济行业分类》划分的 41 个大类行业）和按地区分组（31 个省、直辖市、自治区）的分月速度和累计速度。

（3）对经济周期及经济波动的反映。

图 5－1 是 1999 年至 2008 年各季度累计的 GDP 增长率和工业生产增长速度。通过观察可以发现，在对经济周期及经济波动的反映上，工业生产增长速度有以下特点：

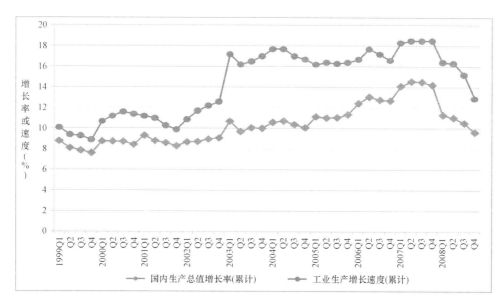

图 5－1　GDP 增长率（累计）与工业生产增长速度（累计）

第一，工业生产增长速度与 GDP 增长率同趋势变动。图 5－1 中可以看出，GDP 增长率曲线与工业生产增长速度曲线两者变化趋势基本相同。在经济处于上升通道时，两者均呈上升趋势；在经济处于下行通道时，两者均呈下降趋势。这是因为工业生产与总体经济之间有着非常密切的关系。一是中国尚处于生产制造型经济形态，工业是国民经济的支柱产业，GDP 中工业占40%左右。二是工业部门为其他经济部门输送重要的能源、原材料和设备，与各经济部门均有紧密的联系。

第二，工业生产增长速度比 GDP 增长率更为敏感。经济处于上升通道时（如 2002 年），工业生产增长速度比 GDP 增长率上升幅度更大；经济处于下行通道时（如 2008 年），工业生产增长速度比 GDP 增长率下降幅度更大。这是因为相对于农业部门、服务业部门而言，工业生产活动对经济景气程度、社会总需求状况、利率和汇率等因素的变化都高度敏感，工业企业的经营者会因为这些因素的变化做出判断，决定何时生产、生产什么、生产多少。因而，工业生产活动与总体经济紧密相连，是经济周期与经济波动中相对活跃的一部分。

因此，工业生产增长速度不仅能够反映工业部门的变动趋势，对于总体经济的周期与波动也是一个敏感的指示性指标。实际上，在发达国家，工业生产指标由于具有"领先周期性"的特点，常被当作比 GDP 季度报告更及时的经济指针来参考使用。

（三）全社会固定资产投资

1. 定义

全社会固定资产投资也称全社会固定资产投资完成额，是指以货币形式表现的在一定时期内全社会建造和购置固定资产的工作量和与此有关的费用的总称。该指标是反映全国固定资产规模、结构和发展速度的综合性指标，也是观察工程进度和考核投资效果的重要依据。要准确理解全社会固定资产投资，需要了解以下基本概念。

一是固定资产。固定资产是指企业为生产产品、提供劳务、出租或者经营管理而持有的、使用期限在一年以上，价值达到一定标准的非货币性资产，包括房屋、建筑物、机器、机械、运输工具以及其他与生产经营活动有关的设备、器具、工具等。固定资产作为劳动资料或劳动手段，有些是直接参加生产过程的，起着把劳动者的劳动传导到劳动对象上去的作用，如机器设备和生产用工具等；有些在生产过程中起着辅助的作用，如运输工具等；有些则作为进行生产的必要条件而存在，如房屋、建筑物、道路、桥梁等。

二是固定资产投资。固定资产投资是指建造和购置固定资产的活动，它是社会增加固定资产、扩大生产规模、发展国民经济的重要手段，也是提高人民物质文化生活水平的条件。从事固定资产活动的主体包括各级政府和各有关部门、企业事业单位、个人以及境外国家和地区的投资者等。

三是固定资产投资额。固定资产投资额又称固定资产投资完成额，是以货币形式表现的在一定时期内建造和购置固定资产的工作量以及与此有关的费用的总称。它反映的是运用各种资金完成的用价值体现的实物工作量。

公布机构：国家统计局、各地区统计局；

公布渠道：国家统计局网站、各地区统计局网站、《国民经济和社会发展统计公报》、《中国统计年鉴》、《中国固定资产投资年鉴》、《中国经济景气月报》、《中国信息报》；

统计频率：月度、季度、年度；

公布时间：月度数据于次月 9 日公布；季度数据于次月 15 日公布（遇法定节假日顺延）。

2. 作用

固定资产投资在经济社会发展中具有十分重要的作用。固定资产投资，是经济发展的基本推动力之一，是提升国民经济物质基础，实现经济社会快速发展，加快实现工业化、城市化的重要途径；投资也是改善经济结构，提高技术水平，提高全社会劳动生产率和国家竞争力的重要手段；投资还是改善民生的重要手段，增加投资可以促进就业增长，促进消费水平的提高，投资中的住房投资与提高城乡居民居住水平有直接的关系。全社会固定资产投资作为反映全国固定资产规模、结构和发展速度的综合性指标，在经济社会生活中具有十分重要的作用。

（1）全社会固定资产投资是判断经济发展形势的重要依据。

投资既构成当期需求，拉动当期经济的发展，同时，投资又形成未来的供给能力，对未来的经济增长和经济结构产生影响。因此，投资是影响经济增长的重要因素，是引起经济波动的主要原因。全社会固定资产投资有关数据是判断经济发展周期的重要依据，为国家宏观调控提供重要信息支撑，为社会公众开展科学研究和进行扩大再生产决策提供了重要参考。

（2）全社会固定资产投资是进行国民经济核算的重要基础。

在国民经济核算中，固定资本形成是支出法 GDP 的重要内容。全社会固定资产投资的有关数据，为开展固定资本形成核算提供重要基础资料。

3. 核算方法

根据统计范围，全社会固定资产投资可划分为固定资产投资（不含农户）和农村住户固定资产投资两部分。下面分别介绍这两部分固定资产投资的统计方法。

（1）固定资产投资（不含农户）的统计方法。

对于 500 万元及以上建设项目，采取按月全面调查的方法，按项目逐一进行统计。

对于房地产开发投资，亦采取按月全面调查的方法，按企业对全部房地产开发企业投资情况逐一进行统计。

（2）农村住户固定资产投资的统计方法。

对于农村住户固定资产投资，采取按抽样调查的方法，对全国 16 万户居民家庭价值 1 000 元及以上、使用年限 2 年及以上的房屋、建筑物、机器设备、器具、工具、役畜、产品畜等固定资产进行调查。调查网点在一体化住户调查网点进行。

4. 注意要点

（1）固定资产投资价格因素。

固定资产投资增长速度有名义增长和实际增长，实际增长是指名义增长扣除固定投资价格因素之后的实际增长速度。当前国家统计局发布的固定资产投资增长速度一般都是名义增长，主要原因是由于受统计力量不足的限制，目前固定资产投资价格的编制和发布还不能与固定资产投资统计同步进行。如，目前城镇固定资产投资统计是按月统计，而固定资产投资价格指数是按季编制，从历史数据来看，固定资产投资统计数据可以追溯到 1952 年，而固定资产投资价格指数是从 1991 年开始编制。由于其他经济指标如 GDP、工业增加值等一般都使用扣除价格因素后的实际增长速度，因此，在使用和研究固定资产投资统计数据与其他经济指标关系时，要注意考虑固定资产投资价格因素的影响。

（2）区分固定资产投资和固定资本形成。

目前，经济上和统计上经常使用的有关固定资产投资统计指标有三个，固定资产投资、资本形成和固定资本形成。固定资产投资是投资统计指标，而资本形成和固定资本形成则是国民经济核算中使用的指标。这三个指标既互相联系，又相互区别。从相互联系上讲，固定资产投资是计算资本形成和固定资本形成的基础性资料来源，但固定资产投资不完全等同于资本形成和固定资本形成。固定资产投资和资本形成的区别，主要是后者包括固定资本形成和存货；固定资产投资与固定资本形成的区别，详见本章"国内（地区）生产总值"部分的相关内容。由于固定资产投资与资本形成和固定资本形成有以上的联系和区别，在使用数据时要注意指标的应用范围。一般情况下，在分析投资和消费关系、投资对 GDP 的贡献率或拉动情况时，要使用资本形成或固定资本形成数据。

（3）统计方法问题。

在目前固定资产投资月（季）度统计中，存在着两种统计方法，一种是累计统计方法，是统计从年初开始到当月累计完成的投资，并与上年同月累计投资相比，计算出累计投资同比增长速度；另一种方法是当月（季）统计方法，只统计当月完成投资，并与上年同月投资相比，计算出当月同比增长速度。由于投资经济活动的波动性和季节性较强，为提高统计数据的可比性，当前，国家统计局发布的月（季）度固定资产投资数量和增长速度一般均为累计完成投资和累计同比增长速度。

（四）社会消费品零售总额

1. 定义

社会消费品零售总额（Total Retail Sales of Consumer Goods）是指企业（单位、个体户）通过交易直接售给个人、社会集团非生产、非经营用的实物商品金额，以及提供餐饮服务所取得的收入金额。该指标所涉及的商品包括售给个人用于生活消费的商品，也包括售给社会集团用于非生产、非经营的商品。其中，个人包括城乡居民和入境人员，社会集团包括机关、社会团体、部队、学校、企事业单位、居委会或村委会等。

需要特别注意的是，社会消费品零售总额中不包括企业和个体经营户用于生产经营和固定资产投资所使用的原材料、燃料和其他消耗品的价值量，也不包括居民用于购买商品房的支出和农民用于购买农业生产资料的支出费用。由于餐饮服务属于一种特殊的商品销售形式，因此，提供餐饮服务取得的收入也被统计在社会消费品零售总额中。

公布机构：国家统计局、各地区统计局；

公布渠道：国家统计局网站、各地区统计局网站、国家统计局季度或年度国民经济运行情况新闻发布会、《中国统计年鉴》、《中国经济景气月报》、《中国信息报》、《中国统计摘要》、《中国贸易经济统计年鉴》；

统计频率：月度、季度、年度；

公布时间：月度数据于次月 9 日公布（遇法定节假日顺延）。

2．作用

社会消费品零售总额是反映宏观经济运行状况的重要经济统计指标，主要是用于反映全社会实物商品的非生产方面消费情况，即从商品流通环节入手，观察进入城乡居民生活消费和社会集团公共消费的商品变化情况。其基本用途主要有以下几个方面：

一是反映国内消费品市场的总规模和地域分布情况，为分析判断国内消费品市场运行总体状况、地域特点、商品类别供给及未来市场走势提供依据，为国家调控市场提供参考。

二是反映城乡居民和社会集团对实物商品消费需求的总量和变化趋势，分析判断消费需求对经济运行的影响程度。城乡居民对实物商品的消费需求占城乡居民消费需求的 60% 左右，是社会消费品零售总额的重要组成部分，在一定程度上反映社会最终消费需求的变化。

三是反映经济景气状况，作为判断经济运行情况的重要参考。零售是商品流通的最终环节，也最直接、最灵敏地反映经济运行的变化。经济发达国家把零售市场的统计指标作为判断经济运行情况的晴雨表来使用，社会消费品零售总额的变动也在一定程度上说明中国经济运行的景气状况，在一定程度上可以反映国家扩大内需、拉动消费的政策效应。

3. 核算方法

社会消费品零售总额数据的计算，采用超级汇总与抽样推算相结合的方法。对于限额以上单位数据，国家统计局直接根据分企业数据进行超级汇总，得到限额以上单位数据；对于限额以下单位数据，国家统计局按照抽样调查方案规定，直接根据抽样单位原始数据进行汇总推算，得到限额以下零售额数据。

4. 注意要点

在利用社会消费品零售总额指标分析和观察国内消费品市场和消费需求的变化时，一定要了解社会消费品零售总额的内涵及与相关指标的关系，正确运用该指标，以免产生质疑或发生误解，得出不同的结论。这既要了解指标反映最终消费的局限性，也要知悉在指标运用时应注意的一些问题。

（1）社会消费品零售总额只大体反映实物商品消费，不反映全部消费。

在实际使用中，一些人往往把社会消费品零售总额反映的消费当作全部消费来看待。实际上该指标反映的是报告期个人和社会集团通过各种流通渠道和环节购买的主要用于消费的实物商品总量，不反映未经交易取得商品的消费行为，不反映居民和社会集团用于教育、医疗、文化、艺术、娱乐等方面的服务性消费支出，也不反映与生产、建设紧密相连的生产资料市场的变化情况。

（2）社会消费品零售总额与相关统计指标应结合起来观察。

社会消费品零售总额与城乡居民收入、城乡居民消费支出、主要消费品的生产速度以及一些行业的税务指标有较强的相关性。虽然城乡居民收入与社会消费存在时间上的差异性，城乡居民消费支出与社会消费品零售总额的内涵、范围也不尽相同，但从较长时期来看，城乡居民收入与社会消费品零售总额有较强的正相关性，城乡居民消费支出与社会消费品零售总额的趋势应该大体一致。生产和消费是社会再生产过程中循环进行的两个重要环节，生产决定消费，消费带动生产。生产的增长必然影响着消费的增长，消费的增长也必然促进生产的增长。因此，社会消费品零售总额的变化与消费品的生产速度具有较强的相关性。从税收的角度看，流通和消费过程中产生的税收变化，也可以从一个侧面反映商品流通和社会消费状况的变化趋势。

（3）社会消费品零售总额的增长变化具有相对的稳定性，与生产、建设统计指标的变动相比在时间上具有一定的滞后性。

由于社会消费品零售总额受人口增长、个人基本生活消费和社会集团基本公共消费需求等基础性（刚性）因素影响较大，因此，其增长变化具有相对的稳定性；又由于经济的波动往往先从生产、建设领域开始，进而才能影响到消费领域，所以，社会消费品零售总额指标的变动往往发生在生产、建设统计指标变动之后。与生产、建设统计指标的变化相比，社会消费品零售总额指标变动的迟滞性正是消费具有相对稳定性的表现。这一点不难从历史数据的分析中找到答案。

（4）扣除价格因素的零售额增长不能完全准确地反映消费品零售的实际增长情况。

在分析社会消费品零售总额实物消费增长时需要注意，在计算社会消费品零售总额实际增长时，一般用商品零售价格总指数来扣减。当商品销售结构变化时，或由于某些特定商品（粮食、石油等）价格快速变动时期，用总指数扣除价格因素的零售额增长就不能准确反映零售额的实际增长情况。

（五）消费者价格指数

1. 定义

居民消费价格指数（Consumer Price Index），简称 CPI，是度量消费商品及服务项目价格水平随着时间变动的相对数，总和反映居民消费商品和服务价格水平的变动趋势和变动程度。

公布机构：国家统计局、各地区统计局；

公布渠道：国家统计局网站、各地区统计局网站、《中国统计年鉴》、《中国价格统计年鉴》、《中国经济景气月报》、《中国信息报》；

统计频率：月度、季度、年度；

公布时间：次月 9 日公布（遇法定节假日顺延）。

2. 作用

居民消费价格指数是中国价格统计指标体系的重要组成部分，是宏观经济分析和决策、价格总水平监测和调控以及国民经济核算需要的重要指标。其按年度计算的变动率通常被用作反映通货膨胀（通货紧缩）的程度。概括而言，居民消费价格指数在经济社会生活中有以下基本用途：

一是反映通货膨胀（通货紧缩）的程度。按年度计算的 CPI 变动率通常被用来反映通货膨胀（通货紧缩）的程度，是宏观调控的重要参考指标。

二是用于国民经济核算。在 GDP 核算中，为剔除价格因素的影响，通常用居民消费价格指数对现价指数进行缩减。

三是用于计算货币购买力。CPI 倒数通常被视为货币购买力指数。在社会经济生活中，人们往往参考 CPI 来调整补偿、救助和补贴标准，消除货币购买力下降的影响。

3. 核算方法

中国居民消费价格指数编制工作由国家统计局组织实施。国家统计局制定《流通和消费价格统计调查制度》，对居民消费价格指数的统计范围、计算方法、统计口径和填报目录等做出统一规定，组织国家统计局直属调查队和部分地方调查队开展基础价格数据收集工作，编制和公布全国居民消费价格指数。经国家统计局授权，各省、自治区、直辖市居民消费价格指数由国家统计局派驻当地的调查总队编制和公布。目前，为编制全国和各省、自治区、直辖市居民消费价格指数，全国调查市、县样本单位总数约 500 个，采价调查网点 5 万余个。

居民消费价格指数编制的主要工作流程是：在抽选的调查市县中先选定商场、超市等调查网点，根据全国统一的居民消费价格调查项目及分类目录，确定当地居民消费商品和服务项目价格调查的代表规格品，然后收集消费价格基础数据，最后根据当地居民消费的各种商品和服务项目权重与价格数据，计算居民消费价格总指数及分类指数。

4. 注意要点

（1）正确理解内涵。

在使用价格指数时，一定要全面了解指数口径、内涵等，以免发生误解误用。CPI 反映的是与居民生活有关的商品及服务项目价格水平的变动情况，并不包括投资品的价格水平变动，也不包括工厂出售的产品的价格变动。

（2）准确把握适用范围。

CPI 是一个综合反映消费商品和服务价格变动情况的平均数，不针对具体的商品或者服务。使用价格指数要对号入座，要了解某种具体商品或服务价格变动情况，就要研究具体分类指数。如，关心自来水的价格涨了多少，就要看水价指数。

（3）正确看待 CPI 与个体感受不完全一致的问题。

第一，个别和整体的差别。CPI 是一个加权计算后的综合平均数，其中既包含有上涨的品种，也包括了下跌的品种，如果用上涨的具体商品或服务价格变动幅度与公布的居民消费价格总水平相比，就会觉得 CPI 被低估了。

第二，对比基期的差异。CPI 主要公布的同比、环比指数，对比基期分别为上年同月、上月。普通居民感受价格变化，对比的基期可能是三五年前，甚至十年前。如果把居民消费价格放在比较长的时间内观察，涨幅是比较明显的。

第三，个人承受能力的差异。低收入家庭消费支出的大部分集中在食品和水电气等生活必需品上，而当食品类、居住类价格涨幅较高时，低收入家庭会感到物价高涨，生活压力增加。对高收入人群来说，食品支出占总消费支出的比重小，而他们购买的轿车、手机、电脑、液晶电视等商品价格又多为下降趋势，因而对价格上涨就没有那么敏感，承受能力也更强。

第四，绝对价格与价格指数的差异。价格指数是反映价格变动的相对数，指数涨幅高并不意味着绝对价格也高。如，成都的猪肉价格由每千克 10 元涨至 20 元，涨幅是 100%；北京的猪肉价格由每千克 15 元涨至 20 元，涨幅是 33.3%。虽然成都的猪肉价格涨幅远高于北京，但绝对价格是一样的。

（4）正确认识翘尾和新涨价因素。

翘尾影响，也称滞后影响，即上年价格变动对本年价格指数的影响部分，它是同比价格指数中特有的。与此相对应的是新涨价影响，它是同比价格中扣除滞后影响后的剩余部分，即本年新涨价。

在对同比价格指数进行因素分析时，一般滞后影响部分称作滞后影响因素，即翘尾因素；将新涨价部分称作新涨价因素，用百分比来表示。

通常情况下，人们用 CPI 的同比指数反映年度价格总水平的变动速度，它是"翘尾因素"和"新涨价因素"两个因素共同作用的结果。如，在 2013年 2 月份 3.2% 的 CPI 同比涨幅中，2012 年价格上涨的翘尾因素约为 1.1 个百分点，比 1 月份的翘尾因素增加约 0.1 个百分点；新涨价因素约为 2.1 个百分点，比 1 月份的新涨价因素增加约 1.1 个百分点。两者合计增加约 1.2 个百分点。因此，2 月份的 CPI 同比涨幅比 1 月份的 2.0% 扩大 1.2 个百分点，新涨价因素增加的影响占 91.7%。

二、能源指标

（一）能源生产

能源生产总量指一定时期内，全国一次能源生产量的总和。该指标是观察全国能源生产水平、规模、构成和发展速度的总量指标。一次能源生产量包括原煤、原油、天然气、水电、核能及其他动力能（如风能、地热能等）发电量，不包括低热值燃料生产量、生物质能、太阳能等的利用和由一次能源加工转换而成的二次能源产量。

公布机构：国家统计局、各地区统计局；

公布渠道：国家统计局网站、各地区统计局网站、《中国经济景气月报》；

数据发布：每月 13 日左右发布。

（二）能源消费

1. 能源消费总量

能源消费总量指一定时期内，全国各行业和居民生活消费的各种能源的总和。该指标是观察能源消费水平、构成和增长速度的总量指标。能源消费总量包括原煤和原油及其制品、天然气、电力，不包括低热值燃料、生物质能和太阳能等的利用。

能源消费总量是通过能源综合平衡统计核算，编制能源平衡表的方法取得。能源综合平衡统计是国民经济综合平衡统计的重要组成部分，是一项综合性很强的系统工程。它全面系统地反映了一定时期内能源的生产、加工转换、输送、分配、储备、使用的整个能源系统流程的全貌，反映了能源系统内各运行环节的特征以及相互之间的联系和能源经济运行中所形成的总量、速度、比例、效益之间的制约和平衡状况。它是国家制定能源和国民经济及社会发展政策、编制能源规划、加强能源科学管理、分析能源供需状况、建立能源投入产出模型、进行能源生产和需求预测等工作的重要基础和依据之一。

能源消费总量分为终端能源消费量、能源加工转换损失量和能源损失量三部分。

终端能源消费量：指一定时期内，全国生产和生活消费的各种能源在扣除了用于加工转换二次能源消费量和损失量以后的数量。

能源加工转换损失量：指一定时期内，全国投入加工转换的各种能源数量之和与产出各种能源产品之和的差额。该指标是观察能源在加工转换过程中损失量变化的指标。

能源损失量：指一定时期内，能源在输送、分配、储存过程中发生的损失和由客观原因造成的各种损失量，不包括各种气体能源放空、放散量。

2. 工业综合能源消费量

工业综合能源消费量指报告期内工业企业在工业生产活动中实际消费的各种能源的总和。计算工业综合能源消费量时，需要先将使用的各种能源折算成标准燃料后再进行计算。根据生产活动的性质，工业综合能源消费量在不同的企业有不同的计算方法。

非能源加工转换企业综合能源消费量，就是企业工业生产消费的各种一次能源和二次能源的总和，即：工业综合能源消费量 = 工业生产消费的能源合计。

能源加工转换企业综合能源消费量，是企业工业生产消费的各种一次能源和二次能源扣除加工转换产出的二次能源后的实际能源消费量。计算公式为：工业综合能源消费量 = 工业生产消费的能源合计 − 能源加工转换产出合计。

按上述公式计算时分别折标准煤计算。

公布机构：国家统计局、各地区统计局；

公布渠道：国家统计局网站、各地区统计局网站、《中国统计年鉴》、《中国能源统计年鉴》、各地区统计年鉴；

数据公布：次年 6 月底。

（三） 能源弹性系数

1. 能源生产弹性系数

能源生产弹性系数是研究能源生产增长速度与国民经济增长速度之间关系的指标。计算公式为：

能源生产弹性系数 = 能源生产总量年平均增长速度/国民经济年平均增长速度

国民经济年平均增长速度，可根据不同的目的或需要，用国民生产总值、国内生产总值等指标来计算，年鉴中是采用国内生产总值指标计算的。

2. 电力生产弹性系数

电力生产弹性系数是研究电力生产增长速度与国民经济增长速度之间关系的指标。一般来说，电力的发展应当快于国民经济的发展，也就是说电力应超前发展。计算公式为：

电力生产弹性系数 = 电力生产量年平均增长速度/国民经济年平均增长速度

3. 能源消费弹性系数

能源消费弹性系数是反映能源消费增长速度与国民经济增长速度之间比例关系的指标。计算公式为：

能源消费弹性系数 = 能源消费量年平均增长速度/国民经济年平均增长速度

4. 电力消费弹性系数

电力消费弹性系数反映电力消费增长速度与国民经济增长速度之间比例关系的指标。计算公式为：

电力消费弹性系数 = 电力消费量年平均增长速度/国民经济年平均增长

速度

公布机构：国家统计局、各地区统计局；

公布渠道：国家统计局网站、各地区统计局网站、《中国统计年鉴》、《中国能源统计年鉴》、各地区统计年鉴；

数据公布：次年 6 月底。

三、核心指标

（一） 单位国内 （地区） 生产总值能耗

1. 定义

单位国内 （地区） 生产总值能耗 （Energy Consumption per Unit of GDP，简称单位 GDP 能耗） 是指一定时期内一个国家 （地区） 每生产一个单位的国内 （地区） 生产总值所消耗的能源。当国内 （地区） 生产总值单位为万元时，即为万元国内 （地区） 生产总值能耗。

单位 GDP 能耗影响因素众多，主要有以下几个方面：

一是能源消费构成。由于各种能源自然禀赋有所不同，同等量的不同品种能源的热值和利用程度是不同的。生产同样单位的 GDP，如果使用的能源品种不同，则消耗的能源量也会不同。

二是经济增长方式。粗放型经济增长方式主要依靠增加生产要素投入来扩大生产规模，实现经济增长。集约型经济增长方式则是主要依靠科技进步和提高劳动者的素质等来增加产品的数量和提高产品的质量，推动经济增长。以粗放型经济增长方式实现的经济增长，相比于集约型经济增长方式，能源消耗较高，单位 GDP 能耗相对较大。

三是自然条件、地域产业分工等原因形成的产业结构或行业结构。一般来说，在国民经济各产业中，第一产业、第三产业单位增加值能耗较第二产业小得多。在国民经济各行业中，工业单位增加值能耗相比于其他行业大得多，其中，重工业又较轻工业大得多，重工业中的六大高耗能行业为各行业单位增加值能耗最大的。因此，第三产业增加值占 GDP 比重较高的，单位 GDP 能耗较小；主要以重工业甚至是高耗能行业拉动经济增长的，单位 GDP

能耗也必然较大。

四是设备技术装备水平、能源利用技术水平和能源生产、消费的管理水平。设备技术装备水平、能源利用技术水平和能源生产、消费的管理水平越高，所消耗的能源量则越少，单位 GDP 能耗也必然越小。

五是自然条件。自然条件，如自然资源分布、气候、地理环境等对能源消费结构、产业结构等产生一定影响，也间接地影响了单位 GDP 能耗的大小。

公布机构：国家统计局、各地区统计局；

公布渠道：国家统计局网站、各地区统计局网站、各地区单位 GDP 能耗等指标公报、《中国统计年鉴》、《中国能源统计年鉴》、各地区统计年鉴；

公布时间：次年 6 月底。

2. 作用

一是直接反映经济发展对能源的依赖程度。单位 GDP 能耗是将能源消耗除以 GDP，反映了一个国家（地区）经济发展与能源消费之间的强度关系，即每创造一个单位的社会财富需要消耗的能源数量。单位 GDP 能耗越大，则说明经济发展对能源的依赖程度越高。

二是间接反映产业结构状况、设备技术装备水平、能源消费构成和利用效率等多方面内容。从影响单位 GDP 能耗的因素可以看到，单位 GDP 能耗的大小也或多或少地间接反映了这些方面的内容。

三是间接计算出社会节能量或能源超耗量。将上年单位 GDP 能耗与本年单位 GDP 能耗的差与本年 GDP（可比价）相乘，即可以算出本年的社会节能量或能源超耗量。当结果为正数时，表示本年比上年节能，当结果为负数时，表示本年比上年多用了能源。

四是间接反映各项节能政策措施所取得的效果，起到检验节能降耗成效的作用。将本年单位 GDP 能耗与上年单位 GDP 能耗相比，即为单位 GDP 能耗降低率，可以间接反映本年度各项节能政策措施的效果，起到检验节能降耗成效的作用。

3. 核算方法

单位 GDP 能耗由能源消费总量和国内（地区）生产总值这两个指标计算而得。计算公式为：

单位 GDP 能耗（吨标准煤/万元）＝能源消费总量（吨标煤）/国内（地区）生产总值（万元）

其中，能源消费总量是指一个国家（地区）国民经济各行业和居民生活在一定时间内消费的各种能源的总和。这里所说的能源，是狭义上能源的概念，即从自然界能够直接取得或通过加工、转换取得有用能的各种资源，包括：原煤、原油、天然气、水能、核能、风能、太阳能、地热能、生物质能等一次能源；一次能源通过加工、转换产生的洗煤、焦炭、煤气、电力、热力、成品油等二次能源和同时产生的其他产品；其他化石能源、可再生能源和新能源。其中，水能、风能、太阳能、地热能、生物质能等可再生能源，是仅包括人们通过一定技术手段获得的，并作为商品能源使用的部分，不包括居民自采自用的薪柴、秸秆、沼气等非商品能源；核能仅包括作为能源使用的部分。

在计算单位 GDP 能耗时，要使用不变价计算的 GDP。

4. 注意要点

（1）正确理解指标内涵。

单位 GDP 能耗是一个强度指标，因能源消费构成、产业、行业结构等不同，会导致不同国家、不同地区在不同的发展阶段有一定差异。不能单纯看该项指标的高低、大小，要客观地分析其指标含义及影响其变化的因素。当一个国家（地区）经济处于快速发展时期，基础建设投资对高耗能产品的需求旺盛，会表现出单位 GDP 能耗较高。当一个国家（地区）完成了工业化和城镇化进程，经济增长主要靠高新技术产业和服务业的拉动，单位 GDP 能耗则处于较低水平。现阶段，中国正处于工业化、城镇化加快发展的进程中，能源需求相对旺盛，单位 GDP 能耗相比发达国家明显偏高。尤其是在现有粗放型经济增长方式和不合理产业结构的背景下，固定资产投资特别是工业投资的高速增长，必然带来能耗的高速增长。此外，一些地区在能源供需矛盾有所缓解的情况下，为追求 GDP 增长，盲目发展高耗能产业，成为推动能耗上升的主力军，及时通过新工艺或技术改进降低单位产品能耗，单位 GDP 能耗也会呈上升态势。

（2）正确理解与相关指标之间的关系。

在国家统计局每年发布的单位 GDP 能耗等指标公报中，单位 GDP 能耗与单位工业增加值能耗、单位 GDP 电耗等指标同时公布，这三个指标之间有着密切联系。

单位工业增加值能耗是工业能源消费量除以工业增加值，因为工业能源消费量和工业增加值在全部能源消费量和 GDP 中所占比重很大，所以单位工业增加值能耗的变化趋势基本应与单位 GDP 能耗一致。但因为在单位 GDP 能耗指标中还包括了农业、建筑业、第三产业能源消耗，这些产业相对工业单位产出能耗较低，还有居民生活这个不创造 GDP 的耗能部分，所以，单位 GDP 能耗下降率一般小于单位工业增加值能耗下降率。

单位 GDP 电耗是全社会用电量除以 GDP，它与单位 GDP 能耗的分母相同，且用电量与能源消费总量的变化情况基本一致（全国全社会用电量占全社会能源消费总量的比重在 40% 以上），所以，与单位工业增加值能耗指标一样，单位 GDP 电耗的变化趋势与单位 GDP 能耗相似。该指标与单位 GDP 能耗变动幅度之间的差距随着用电量所占能源消费比重的变化而变化。当用电量所占比重上升时，单位 GDP 电耗降幅会小于单位 GDP 能耗降幅，用电量所占比重下降时，单位 GDP 电耗降幅会大于单位 GDP 能耗降幅。

（二）单位 GDP 能耗降低率

单位 GDP 能耗降低率计算公式为：

单位 GDP 能耗降低率 = ［（当年能源消费总量/当年 GDP）/（上年能源消费总量/上年 GDP）－1］×100%

其中，GDP 采用 2005 年为基准价进行核算。对以上公式进行变形后，可得另一计算公式，即：

单位 GDP 能耗降低率 = ［（能源消费增长指数/GDP 增长指数）－1］×100%

其中，能源消费增长指数 = 1 + 能源消费增长率

GDP 增长指数 = 1 + GDP 增速

如，2012 年单位 GDP 能耗 0.722 2 吨标准煤/万元，上年为 0.753 5 吨标准煤/万元。2012 年，GDP 增长 12.1%，能源消费增长 7.45%。则：

单位 GDP 能耗降低率（%）=（0.722 2/0.753 5 - 1）× 100% = - 4.15%

或者

单位 GDP 能耗降低率（%）=（1.074 5/1.121 - 1）× 100% = - 4.15%

两种公式计算出来的结果完全一致的。不过，在实际运用过程中，由于国家统计局发布的 GDP 多以现价进行核算，而 GDP 的增速则采用不变价核算，因此，变形后的计算公式的运用更为便捷和广泛。

以 2003—2011 年单位 GDP 能耗数据为例（如图 5 - 2 所示）。2003—2005 年，中国经历了能源消费的高速增长阶段，2003、2004 年全国单位 GDP 能耗上升。2006 年以来，随着节能降耗目标任务的分解落实，节能力度不断加大，单位 GDP 能耗逐年降低，从而产生极为明显的节能效果。2006—2010 年，单位 GDP 能耗 5 年累计降低 19.1%，基本实现了"十一五"降低 20%

图 5 - 2　2003—2011 年万元国内生产总值能耗降低率

注：国内生产总值按 2000 年可比价格计算。

左右的规划目标任务。2011 年，随着国家和各地区"十二五"节能降耗目标的落实，各地区、各部门继"十一五"之后，进一步采取措施，单位 GDP 能耗全年降低 2.01%。从而反映了这期间中国产业结构、行业结构逐步调整和优化，技术、管理水平不断进步等一些经济运行特点。

以 2011 年各地区单位 GDP 能耗绝对值和降低率数据为例（如表 5 - 1 所示）。不难发现，全国数不是分地区数据的加总。

表 5 - 1　　　2011 年全国及各地区单位 GDP 能耗绝对值和降低率

地区	单位 GDP 能耗	
	绝对值（吨标准煤/万元）	上升或降低率（±%）
全　国	0.793	- 2.01
北　京	0.459	- 6.94
天　津	0.708	- 4.28
河　北	1.3	- 3.69
山　西	1.762	- 3.55
内蒙古	1.405	- 2.51
辽　宁	1.096	- 3.4
吉　林	0.923	- 3.59
黑龙江	1.042	- 3.5
上　海	0.618	- 5.32
江　苏	0.6	- 3.52
浙　江	0.59	- 3.07
安　徽	0.754	- 4.06
福　建	0.644	- 3.29
江　西	0.651	- 3.08
山　东	0.855	- 3.77
河　南	0.895	- 3.57
湖　北	0.912	- 3.79

地区	单位 GDP 能耗	
	绝对值（吨标准煤/万元）	上升或降低率（±%）
湖　南	0.894	−3.68
广　东	0.563	−3.78
广　西	0.8	−3.36
海　南	0.692	5.23
重　庆	0.953	−3.81
四　川	0.997	−4.23
贵　州	1.714	−3.51
云　南	1.162	−3.22
陕　西	0.846	−3.56
甘　肃	1.402	−2.51
青　海	2.081	9.44
宁　夏	2.279	4.6
新　疆	1.631	6.96

注：由于国家统计局不再对外公布各地区 2011 年之后的单位 GDP 能耗数据，故本案例相关数据截止到 2011 年。

分地区看，全国各地区单位 GDP 能耗存在较大差异。北京、天津、上海、江苏、浙江、广东等经济发达、产业结构较为轻型化的地区，单位 GDP 能耗较小。河北、山西、内蒙古、辽宁、贵州、甘肃、青海、宁夏、新疆等重化工业占比较高的地区，单位 GDP 能耗相对较大。影响各地区单位 GDP 能耗差异的主要因素有能源消费结构、产业结构、地域环境、经济社会发展水平等。所以，应客观看待各地区节能降耗效果的差异，不可盲目攀比。

从单位 GDP 能耗降低率来看，2011 年绝大多数地区节能成效都比较明显。一方面，近年来，各地区、各部门深入贯彻落实科学发展观，狠抓节能政策措施的落实，节能力度不断加大；另一方面，2011 年各地区、各部门继续采取有力措施，积极推动节能减排工作，有效抑制了高耗能行业过快增长的势头。

（三） 单位 GDP 能耗年均降低率

单位 GDP 能耗年均降低率计算公式为：$(1 - \sqrt[n]{1-X})$。其中，n 为年数，X 为 n 年总的单位 GDP 能耗降低率。

如"十二五"单位 GDP 能耗下降 16%，则年均降低率为：

$$(1 - \sqrt[5]{1-0.16}) \times 100\% = 3.43\%$$

再如"十一五"某省单位 GDP 能耗 5 年计划降低 17%，前三年单位 GDP 能耗情况如下：2006 年单位 GDP 能耗同比上升 1.51%；2007 年单位 GDP 能耗同比下降 2.20%；2008 年单位 GDP 能耗同比下降 4.18%；则前三年单位 GDP 年均降低率和后两年年均降低率为：

$$[1 - \sqrt[3]{(1+1.51\%)(1-2.20\%)(1-4.18\%)}] \times 100\% = 1.65\%$$

后两年单位 GDP 年均降低率为：

$$\left[1 - \sqrt{\frac{1-17\%}{(1+1.51\%)(1-2.20\%)(1-4.18\%)}}\right] \times 100\% = 6.59\%$$

（四） 单位 GDP 能耗完成进度

单位 GDP 能耗完成进度计算步骤：

首先，计算单位 GDP 年均降低率；

其次，计算已完成的任务相当于平均计划目标的年数；

最后，计算单位 GDP 能耗完成进度。

如"十一五"某省单位 GDP 能耗 5 年计划降低 17%，前三年单位 GDP 能耗情况如下：2006 年单位 GDP 能耗同比上升 1.51%；2007 年单位 GDP 能耗同比下降 2.20%；2008 年单位 GDP 能耗同比下降 4.18%；则前三年单位 GDP 能耗完成进度计算步骤如下：

首先，年均降低率为：$[1 - \sqrt[5]{1-0.17}] \times 100\% = 3.66\%$；

其次，已完成的任务相当于平均计划目标的年数为：

$$\frac{\ln(1+1.51\%)(1-2.20\%)(1-4.18\%)}{\ln(1-3.66\%)} = 1.3398；$$

最后，前三年单位 GDP 能耗完成进度为：$\frac{1.3398}{5} \times 100\% = 26.8\%$。

（五） 单位国内生产总值电耗

单位国内生产总值电耗简称单位 GDP 电耗，指一定时期内，一个国家或地区每生产一个单位的国内生产总值所消耗的电力。计算公式为：

单位国内生产总值电耗 = 全社会用电量/国内生产总值

单位 GDP 电耗增长率 = （当年全社会电力消费增长指数/当年 GDP 增长指数 − 1） × 100%

其中，全社会电力消费增长指数 = 1 + 全社会电力消费增长率

GDP 增长指数 = 1 + GDP 增长率

公布机构：国家统计局、各地区统计局；

公布渠道：国家统计局网站、各地区统计局网站、各地区单位 GDP 能耗等指标公报、《中国统计年鉴》、《中国能源统计年鉴》、各地区统计年鉴；

公布时间：次年 6 月底。

（六） 单位工业增加值能耗

单位工业增加值能耗是指每产生一万元的工业增加值，规模以上工业企业所需要消耗的能源数量。计算公式为：

单位工业增加值能耗 = 工业能源消费量/工业增加值

单位工业增加值能耗增长率 = （当年工业能源消费增长指数/当年工业增加值增长指数 − 1） × 100%

其中，当年工业能源消费增长指数 = 1 + 当年工业能源消费增长率

当年工业增加值增长指数 = 1 + 当年工业增加值增长率

公布机构：国家统计局、各地区统计局；

公布渠道：国家统计局网站、各地区统计局网站、各地区单位 GDP 能耗等指标公报、《中国统计年鉴》、《中国能源统计年鉴》、各地区统计年鉴；

公布时间：次年 6 月底。

第三节　工作流程

一、分析思路

将能源和节能形势放在经济发展大背景下进行分析，通过跟踪监测能源供给、消费和经济运行情况，采用定性和定量相结合的方法，分析预判宏观经济发展态势下的节能形势，发现苗头性、趋势性问题，并提出针对性建议，为政府部门研究制定经济及节能领域的政策措施提供决策参考。分析内容主要包含三部分：第一部分对能源供需形势、宏观经济形势和节能形势进行分析研判，第二部分着力发现经济发展及节能领域的苗头性、趋势性问题，第三部分提出有针对性的政策建议。

（一）研判能源供需形势和宏观经济发展趋势

通过分析能源供给、消费走势和能源与经济之间的关系，研判宏观经济发展趋势和节能目标完成情况。

1. 能源供给形势分析研判

跟踪监测煤炭、成品油、天然气的产量和进口量，以及全国发电量和发电结构数据，建立定量模型，预测能源生产的整体情况，据此判断能源供给形势宽松还是紧张。

参考数据如表5-2所示，主要来源为国家发展改革委运行局、海关总署、中电联等机构的网站公开数据，以及部分单位的内部资料。

2. 能源消费形势分析研判

从总体趋势和结构分析两个维度展开。总体趋势分析是对全国或一个地区整体用能情况进行把握；结构分析是对一定区域能源消费的内部要素进行深入剖析，分别从更小的区域、更具体的行业角度进行分析。

表 5－2 　　　　　　　　　能源供给主要指标及数据发布信息

分类	主要指标	单位	数据来源	发布时间
煤炭	全国煤炭产量及其增速	万吨	运行局	每月 20 日左右
	煤及褐煤进口量及其增速	万吨	海关总署	每月 10 日左右
成品油	成品加工量及其增速	万吨	运行局	每月 20 日左右
	成品油进口量及其增速	万吨	海关总署	每月 10 日左右
天然气	天然气产量及其增速	亿立方米	国家统计局	每月 15 日左右
	天然气进口量及其增速	亿立方米	运行局	每月 20 日左右
电力	全国发电量及其增速	亿千瓦时	国家统计局	每月 15 日左右
	电力结构	%	中电联	每月 15 日左右
辅助指标				
价格	煤炭价格指数	—	煤炭协会网站	即时
	国际原油价格（布伦特）	桶/美元	国际石油网	即时

（1）能源消费总量研判。

从两个维度进行研判：一是考虑到全社会用电量可以稳定且快速获取，通过全社会用电量占整个能源消费总量的比例，定量推估能源消费总量走势，定量模型详见本章第二节；二是跟踪监测煤炭、成品油、天然气的消费量、出口量和库存变化情况，据此辅助修正能源消费总量变化趋势。

参考数据如表 5－3 所示，主要来源为国家发展改革委运行局、海关总署、中电联等机构的网站公开数据，以及部分单位的内部资料。

（2）分行业能源消费情况。

分产业和行业打开结构，跟踪监测各个行业的用电量增速，分析各行业的能源消费走势，为下一步分析经济结构情况做准备。

根据分行业能源消费量、分行业电力消费量等历史数据，建立模型，结合中电联分行业用电量数据，预测行业能源消费量数据。根据预测出的分行业能源消费增速，与上年同期数据、当年上期数据分别进行同比、环比分析；识别出影响本月（本季度）能耗变化的关键行业，并测算出关键行业对能耗增长的贡献率。

表 5 − 3   能源消费主要指标及数据发布信息

分类	主要指标	单位	数据来源	发布时间
煤炭	全国煤炭消费量及其增速	万吨	运行局	每月 20 日左右
	煤炭库存（港口、企业、电厂）	万吨	运行局	每月 20 日左右
	煤及褐煤出口量及其增速	万吨	海关总署	每月 10 日左右
成品油	成品油表观消费量及其增速	万吨	运行局	每月 20 日左右
	成品油库存	万吨	运行局	每月 20 日左右
	成品油出口量及其增速	万吨	海关总署	每月 10 日左右
天然气	天然气表观消费量及其增速	亿立方米	国家统计局	每月 15 日左右
电力	全社会用电量及其增速	亿千瓦时	中电联	每月 15 日左右

根据各地区电力消费量、能源消费总量等历史数据，建立模型，结合重点用能单位用电量数据，预测各地区能源消费量数据。根据预测出的分地区能源消费增速，与上年同期数据、当年上期数据分别进行同比、环比分析；识别出影响本月（本季度）能耗变化的关键地区。

3. 宏观经济走势研判

（1）经济整体走势研判。

用统计局每季度公布的能耗强度下降率推算季度能源消费弹性系数，结合上述能源消费总量及其增速，推估 GDP 增速，同时，用工业增加值增速推估经济增速做印证。

（2）分行业经济运行情况。

分产业和行业打开结构，重点跟踪监测各个行业的工业增加值增速、投资增速等数据，结合上一节的用电数据，同时辅以制造业 PMI、社会商品零售总额、非制造业 PMI 和进出口总额等指标，从工业、消费、第三产业和国际贸易等角度分析产业结构和分行业的经济运行情况的变化趋势。

4. 节能目标完成情况预判

根据上述对能源消费和宏观经济走势的判断，定量计算出能源消费总量和能耗强度变化情况，结合召开形势分析座谈会，预测高耗能行业和各地区的能耗强度目标完成情况。

（二）找出值得关注的重大问题

按照"稳增长、调结构、促节能"的原则，根据上述分析研判，结合地方节能中心和行业座谈会了解到的"活情况"，找出经济发展和节能工作面临的困难和挑战，以及值得关注的突出矛盾和苗头性问题。

经济运行方面的重大问题，主要通过打开经济运行的结构，分析相关数据来得出结论。如，2015年经济下行压力较大，国家一直将"稳增长"作为第一要务，而"稳增长"的重要手段之一就是"稳投资"。但是从2015年上半年的固定资产投资数据来看，同比名义增长仅为11.4%，增速较去年同期回落了5.9个百分点，较一季度回落2.1个百分点。房地产开发和制造业投资增速继续回落，同比增长4.3%和9.7%，较1—5月份分别回落1和0.3个百分点，而基础设施投资（不含电力）同比增长19.1%，较1—5月提高1个百分点。此数据反映出，目前稳增长、下投资的重点主要集中在基础设施建设领域，确实起到了积极的拉动作用，但也存在投资领域较为单一、未形成"多点开花"的效果，这也是固定资产投资增长乏力的原因之一。

又如，从国家统计局和央行公布的相关数据看，国家降息、降准等政策尚未明显缓解工业企业资金紧张问题。一是工业企业利润持续负增长。2015年1—5月，全国规模以上工业企业实现利润总额22 547.6亿元，同比下降0.8%。二是工业企业库存与应收账款压力上升。5月末，工业企业产成品存货周转天数为15.3天，同比增加1.1天，应收账款平均回收期也增加为36.8天。三是企业资金周转与销货款回笼状况恶化。央行二季度的企业家问卷调查结果显示，资金周转指数和销货款回笼指数已连续5个季度回落，二季度较去年同期分别下降2.6和2.5个百分点，较一季度分别下降0.8和1.7个百分点。由此可以看出，工业企业资金紧张矛盾加剧。

节能方面的问题同经济运行的类似，主要也是打开能耗的结构，包括行业或地区来分析。如今年以来由于经济下行，节能形势良好，基本可以顺利完成"十二五"的能耗强度目标，但从能源消耗总量来看，形势并不乐观。

根据《2014—2015 年节能减排低碳发展行动方案》及 2014 年各地区能耗实际增量数据测算，福建、新疆和重庆 3 个地区今年的能源消费增量分别为 331、335 和 320 万吨标准煤，这 3 个省份 2015 年应分别减少能源消费总量，预计很难完成控制目标；江西和陕西两省 2015 年剩余增量分别为 34 和 190 万吨标准煤，上半年也已用完并且超出；宁夏和山东两地已接近增量控制目标，预计 7 月份也将用完。

（三）研究提出针对性对策建议

针对一定时期经济发展和节能工作面临的突出问题，提出针对性措施和对策建议，供政府部门决策参考。

以上述 3 个问题为例，针对投资乏力问题，建议加快推动节能环保产业发展，使其尽快成长为经济增长的支柱产业。目前，由于房地产市场正在调整，制造业领域生产能力过剩，均不宜过多投资。从中长期看，应该向既有利于稳增长、又有利于调结构的领域进行投资。建议将节能环保产业作为重点考虑对象，国家层面应深入研究如何促进节能环保产业快速发展，并将发展节能环保产业作为编制相关规划的重要内容，制定出台有力的综合性支持政策，使节能环保产业在"十三五"期间能够更快、更好地发展，并尽快成长为国民经济支柱产业。

针对工业企业资金紧张问题，建议银行等金融机构应区别对待，加大金融支持力度。对符合国家产业政策的企业应给予足额贷款支持，并进一步降低贷款利率；对节能减排效果好、环保指标符合国家标准、加快产品结构调整和产业布局转型升级的企业，给予金融政策倾斜，解决企业融资需求。

针对节能目标完成进度滞后的地区，建议在下半年，组织开展节能监察专项行动，督促相关地区和重点用能单位采取切实有效的措施，确保完成"十二五"节能目标，并争取多完成任务。

二、预测模型

在节能形势分析方法的第一部分中，大量采用了定量预测模型，对整个分析判断形成基础支撑，主要包括对能源消费总量增速、GDP 增速进行了定量预测，并由此推算出单位 GDP 能耗下降率的数据。本节重点介绍能源消费总量增速和 GDP 增速的定量预测方法。

（一） 能源消费总量预测模型

目前能源消费总量的预测方法主要有回归分析（一元或者多元回归）模型、指数平滑模型、ARIMA 模型等。

1. 回归分析

回归分析（regression analysis）是确定两种或两种以上变量间相互依赖的定量关系的一种统计分析方法。运用十分广泛，回归分析按照涉及的自变量的多少，分为回归和多重回归分析；按照因变量的多少，可分为一元回归分析和多元回归分析；按照自变量和因变量之间的关系类型，可分为线性回归分析和非线性回归分析。

（1） 基本程序。

1） 从一组数据出发，确定某些变量之间的定量关系式，即建立数学模型并估计其中的未知参数。估计参数的常用方法是最小二乘法。

2） 对这些关系式的可信程度进行检验。

3） 在许多自变量共同影响着一个因变量的关系中，判断哪个（或哪些）自变量的影响是显著的，哪些自变量的影响是不显著的，将影响显著的自变量入模型中，而剔除影响不显著的变量，通常用逐步回归、向前回归和向后回归等方法。

4） 利用所求的关系式对某一生产过程进行预测或控制。

（2） 常见的模型构建思路。

1） 将年份 t 作为自变量，能源消费总量作为因变量，建立一元回归模型，结合拟合度、平均误差等评价指标，对能耗数据进行预测。

2） 通过对所研究地区能源消费构成进行分析，确定线性回归模型。如，将能源消费总量作为因变量，煤炭、石油、电力等能源品种占能耗数据的百分比为自变量，构建回归模型，对能耗数据进行预测。

3） 通过对所研究地区能源消费主要影响因素进行分析，确定线性回归模型。如，以综合经济水平、人口总量变化、产业结构变化等主要影响指标，构建模型预测。

2. 指数平滑模型

指数平滑又称指数修匀，是一种重要的预测方法。此法可以消除时间序列的偶然变动，提高近期数据在预测中的重要程度。它的基本思想是先对原始数据进行处理，处理后的数据成为平滑值，然后用平滑值构造预测模型，用于计算未来预测值。具有计算简单、样本需求量较少、适应性强、结果稳定等特点。

（1）基本程序。

初始值的确定，即第一期的预测值。一般原数列的项数较多时（大于 15 项），可以选用第一期的观察值或选用比第一期前一期的观察值作为初始值。如果原数列的项数较少时（小于 15 项），可以选取最初几期（一般为前三期）的平均数作为初始值。指数平滑方法的选用，一般可根据原数列散点图呈现的趋势来确定。如呈现直线趋势，选用二次指数平滑法；如呈现抛物线趋势，选用三次指数平滑法。或者，当时间序列的数据经二次指数平滑处理后，仍有曲率时，应用三次指数平滑法。

（2）常见的模型构建思路。

在进行能源消费总量预测时，将历年的能源消费数据进行处理，处理后成为平滑值，构建模型，选取误差最小的平滑系数，对能耗数据进行预测。

3. ARIMA 模型

ARIMA 模型，全称为自回归积分滑动平均模型（Autoregressive Integrated Moving Average Model，简记 ARIMA），其中 ARIMA（p，d，q）称为差分自回归移动平均模型，AR 是自回归，p 为自回归项；MA 为移动平均，q 为移动平均项数，d 为时间序列成为平稳时所做的差分次数。所谓 ARIMA 模型，是指将非平稳时间序列转化为平稳时间序列，然后将因变量仅对它的滞后值以及随机误差项的现值和滞后值进行回归所建立的模型。ARIMA 模型根据原序列是否平稳以及回归中所含部分的不同，包括移动平均过程（MA）、自回归过程（AR）、自回归移动平均过程（ARMA）以及 ARIMA 过程。

（1）基本程序。

1）根据时间序列的散点图、自相关函数和偏自相关函数图以 ADF 单位根检验其方差、趋势及其季节性变化规律，对序列的平稳性进行识别。一般来讲，经济运行的时间序列都不是平稳序列。

2）对非平稳序列进行平稳化处理。如果数据序列是非平稳的，并存在一定的增长或下降趋势，则需要对数据进行差分处理，如果数据存在异方差，则需对数据进行技术处理，直到处理后的数据的自相关函数值和偏相关函数值无显著地异于零。

3）根据时间序列模型的识别规则，建立相应的模型。若平稳序列的偏相关函数是截尾[1]的，而自相关函数是拖尾[2]的，可断定序列适合 AR 模型；若平稳序列的偏相关函数是拖尾的，而自相关函数是截尾的，则可断定序列适合 MA 模型；若平稳序列的偏相关函数和自相关函数均是拖尾的，则序列适合 ARMA 模型。

4）进行参数估计，检验是否具有统计意义。

5）进行假设检验，诊断残差序列是否为白噪声。

6）利用已通过检验的模型进行预测分析。

（2）常见的模型构建思路。

在进行能源消费总量预测时，将历年的能源消费总量作为时间序列，根据过去的数据得出其变化规律，建立预测模型，ARIMA（p，d，q）模型的识别与定阶可以通过样本的自相关与偏自相关函数的观察获得。

以上三种模型在地方节能形势分析中均有应用，鉴于相关数据的可获取性和规律性，国家层面采取对数回归分析模型。

（二）国内（地区）生产总值预测模型

目前，GDP 的预测方法主要有回归分析模型、曲线模型（二次函数模型、指数平滑模型等）、ARIMA 模型、灰色模型等，也有学者通过组合预测的方法将误差小的预测模型赋予较大的权重，进行组合预测。

1. 回归分析模型

在利用回归分析方法进行 GDP 预测时，常见的构建思路有：

---

[1] 截尾是指时间序列的自相关函数或偏自相关函数在某阶后均为 0 的性质。

[2] 拖尾是指时间序列的自相关函数或偏自相关函数并不在某阶后均为 0 的性质。

（1）一般来说，国内生产总值（地区生产总值）共有四个不同的组成部分，其中包括消费、私人投资、政府支出和净出口额。用公式表示为：GDP = CA + I + CB + X。式中：CA 为消费，I 为私人投资，CB 为政府支出，X 为净出口额。根据公式和数据的可获得性，可以考虑搭建线性回归模型，对 GDP 进行预测；

（2）根据 GDP 收入法核算公式，以劳动者报酬、生产税净额、固定资产折旧、营业盈余指标构建线性回归模型，对 GDP 进行预测；

（3）以时间 t、工业生产增长速度以及其他宏观统计指标为自变量，GDP 为因变量建立线性回归模型。

2. 曲线模型

将年份 t 作为自变量，分别搭建二次函数、指数平滑等模型，对历年的 GDP 进行预测，结合拟合度、平均误差等评价指标，确定较好模型。

3. ARIMA 时间序列模型

将历年的 GDP 作为时间序列，根据过去的数据得出其变化规律，建立预测模型，ARIMA（p，d，q）模型的识别与定阶可以通过样本的自相关与偏自相关函数的观察获得。

4. 灰色模型

灰色模型是根据过去和现在已有的信息建立一个从过去延伸到未来的模型，此模型具有应用范围广、操作简单等优点，可以在信息不完整、统计数据少的情况下进行分析预测。作为应用最广的灰色预测模型，GM（1，1）具有建模所需样本少，只需 4 个以上的数据即可，而且不要求数据有典型的分布规律，计算简便、易于掌握，模型的拟合精度较高等特点。

如，GDP 与全社会固定资产投资总额、进出口总额有比较稳定的关系，因此将全社会固定资产投资总额、进出口总额作为预测 GDP 的影响因素，采用 GM（1，1）模型，分别两个指标进行预测，而后建立多元灰色模型，对 GDP 进行预测。

（三）　单位 GDP 能耗预测模型

由于统计数据的滞后性，季度数据已无法满足全国及各地区节能进度的监测，如何构建时效性强、反应迅速、灵活的月度单位 GDP 能耗监测显得尤为重要。

根据中国统计年鉴及中电联公布数据分析，1996—2012 年，全社会用电量呈逐年上升趋势。2012 年，全社会用电量 4 9591 亿千瓦时，折合 16.7 亿吨标准煤（按等价值折算），占全国能源消费总量的 46.1%。其中工业用电量为 36 061 亿千瓦时，折合标准煤 12.1 亿吨标准煤，占全国能源消费总量的 33.5%。全社会用电量和工业用电量公布频率为月度，及时性强，所以考虑以用电量数据为基础数据源测算月度能源消费量。

月度单位 GDP 能耗的推算过程，主要有三个步骤：

首先，利用 2009 年以来全社会或工业用电量月度累计值等指标建立模型，对全国能源消费总量进行测算。

在 95% 的置信水平下，模型误差控制在 5% 以下，模型顺利通过检验，且拟合优度较高，所以决定利用工业用电量的原始数据建立对数线性模型。

根据公布数据的规律性，进行一定的计算和修正，测算出能源消费总量及累计增长率，最终结果与公布数据对比情况如图 5 - 3 所示。

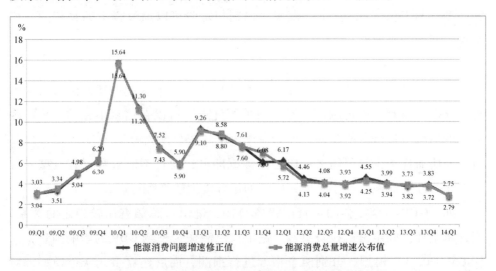

图 5 - 3　能源消费累计增速预测数据与公布数据对比图

其次，利用工业增加值累计增长率测算 GDP 累计增长率。图 5 - 4 为用工业增加值累计增长率测算 GDP 累计增长率的情况。

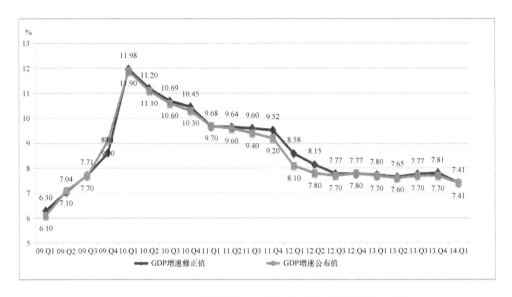

图 5 – 4　GDP 累计增长率预测修正数据与公布数据对比图

最后，利用计算公式：单位 GDP 能耗降低率 = ［（1 + 能源消费增长率）／（1 + GDP 增长率）– 1］×100% ，得到单位 GDP 能耗的降低率。

（四）预测模型应用实例

以 2014 年 1—4 月份工业增加值增速、工业用电量及增速数据为基础，建立模型，分析 1—5 月份节能形势。

1. 能源消费形势预判

（1）能源消费总量预测。

第一步，利用工业用电量历史数据，建立时间序列模型，推估预测 5 月当月用电量为 1 427.02 亿千瓦时，1—5 月份工业用电量累计值为 15 598.98 亿千瓦时，见图 5 – 5。

第二步，利用已公布的季度能耗数据与工业用电量数据，建立对数线性模型：

Ln（能源消费总量累计值）= 1.007 × Ln（工业用电量累计值）+ 2.378

将 2014 年 1—5 月份工业用电量预测数据代入模型，测算 1—5 月份能源消费总量，并根据已公布的季度能源消费数据的规律性，对预测数据乘以适

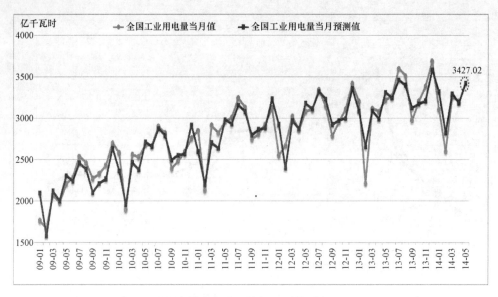

图 5 – 5　全国工业用电量当月实际值与预测值对比图（1999—2014 年）

当的系数进行修正（备注：相关系数根据公布的季度数据不断进行调整），测算出 1—5 月份能源消费累计增长率为 2.98%。具体过程如表 5 – 4 所示。

表 5 – 4　　　　　　　　　　　能源消费总量预测过程

时间	工业用电量累计值（亿千瓦时）	能源消费量预测值（万吨标准煤）	能源消费总量累计增长率（%）_已公布	修正后能源消费量（万吨标准煤）	修正后能源消费量增长率（%）
13 年 1—3 月	8537.99	98090.60	4.25	93087.98	4.55
13 年 1—4 月	11618.31	133767.73		121795.52	3.91
13 年 1—5 月	14839.36	171146.26		155828.67	3.87
13 年 1—6 月	18108.09	209136.59	3.94	190418.86	3.99
13 年 1—9 月	28197.86	326677.98	3.82	286496.59	3.73
13 年 1—12 月	38471.49	446670.51	3.72	375426.57	3.83
14 年 1—3 月	8968.00	103066.34	2.78	95645.56	2.75
14 年 1—4 月	12171.96	140187.79		125327.89	2.90
14 年 1—5 月	15558.98	179505.26	3.09	160477.70	2.98

（2）分行业能源消费情况。

中国统计年鉴数据显示，2012 年，石油、化工、建材、钢铁、有色、电力等行业能源消费量，约占全社会能源消费总量的 50.5% ，从而将其确定为六大高耗能行业。在进行节能形势结构分析中，将对这六大行业重点分析研判。

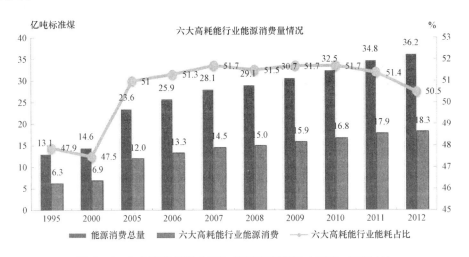

图 5 - 6　六大高耗能行业历年能源消费情况（1995—2012 年）

第一步，利用六大高耗能行业用电量历史数据，建立时间序列模型，推估预测 1—5 月份各行业用电量数据，见图 5 - 7。

第二步，以中国统计年鉴公布的 2012 年高耗能行业电力消费占能源消费总量的年度比例，近似为六大高耗能行业的月度比例，推算高耗能行业综合能源消费量。

由表 5 - 5 可以看出，由电力消费推算综合能源消费量的结论与能源统计白皮书中公布的规模以上工业能耗增速的结论一致。

第三步，根据测算出的六大高耗能行业能源消费增量，计算各行业对综合能源消费量的贡献率及拉动情况，识别出影响 1—5 月份能耗变化的关键行业，见表 5 - 6。

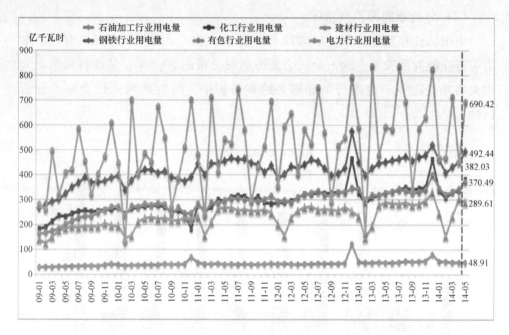

图 5 - 7　六大高耗能行业历年用电量情况（1999—2014 年）

表 5 - 5　　　　　　　　高耗能行业综合能源消费量推算过程

分类	电力消费占各行业能源消费总量比例（%）	2014 年 1—5 月电力消费（亿千瓦时）	2014 年 1—5 月能源消费总量预测值（万吨标准煤）	2014 年 1—5 月能源消费总量修正值（万吨标准煤）	能源消费同比增速（%）	规模以上工业能源消费量同比增速（%）
石油加工	11.03	250.64	7 631.98	6 808.49	2.27	2.05
化工	35.75	1 670.65	15 702.33	14 008.04	4.35	6.37
建材	33.73	1 251.88	12 471.44	11 125.78	7.48	4.51
钢铁	29.40	2 211.53	25 276.71	22 549.35	-0.26	-1.15
有色	86.53	1 679.20	6 520.12	5 816.59	2.52	12.12
电力	92.67	2 694.93	9 771.29	8 716.96	-0.51	1.49

表 5 - 6　　　　　　六大高耗能行业对综合能源消费量的贡献率及拉动情况

分类	能源消费增量（万吨标准煤）	能源消费贡献率（%）	能耗增速拉动（%）
石油加工	150.96	3.25	0.1
化工	584.13	12.56	0.59
建材	774.47	8.66	0.11
钢铁	-59.16	-1.27	-0.04
有色	142.77	10.07	0.29
电力	-45.09	-0.97	-0.03

分行业研判：2014 年 1—5 月份，化工、有色等行业能源消费增速较快。化工、有色行业对能源消费总量的贡献率为 22.6%，对能源消费 3.0% 的增速的拉动达 0.9 个百分点，应引起高度关注。

2. 宏观经济走势预判

第一步，利用工业增加值增速历史数据，建立时间序列模型，推估预测 1—5 月份工业增加值累计增速为 8.7%，见图 5 - 8。

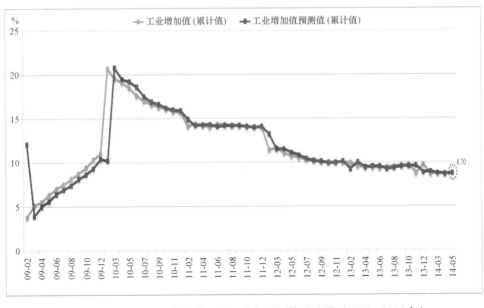

图 5 - 8　全国工业用电量当月实际值与预测值对比图（1999—2014 年）

第二步，利用月度工业增加值累计增速以及 GDP 累计增速的历史数据，构建对数回归分析模型：

GDP 累计增长率 = 0.399 × 月度工业增加值累计增长率 + 3.983

将工业增加值增速预测值代入模型，测算 1—5 月份 GDP 累计增速为7.4%，见表 5 – 7。

表 5 –7   GDP 累计增速预测过程

时间	工业增加值（%）	GDP 累计增长率预测值	GDP 累计增长率（%）_ 已公布
13 年 1—3 月	9.5	7.7	7.7
13 年 1—4 月	9.4	7.7	
13 年 1—5 月	9.4	7.7	
13 年 1—6 月	9.3	7.6	7.6
13 年 1—9 月	9.6	7.8	7.7
13 年 1—12 月	9.7	7.8	7.7
14 年 1—3 月	8.7	7.4	7.4
14 年 1—4 月	8.7	7.4	
14 年 1—5 月	8.7	7.4	

3. 节能形势分析研判

（1）全国节能目标完成情况预判。

利用单位 GDP 能耗计算公式，测算出 2014 年 1—5 月份全国单位 GDP 能耗降低率约为 4.1%，见表 5 – 8。

总体研判：2014 年 1—5 月份，全国能源消费增速为 3.0%，国内生产总值增速为 7.4%，全国单位国内生产总值能耗降低率为 4.1%，降幅较一季度收窄 0.2 个百分点，但仍保持在降低 3.9% 的年度目标之上，维持在合理区间，节能形势总体平稳。

表 5 - 8 　　　　　　　　　　　　**单位 GDP 能耗测算过程**

时间	单位 GDP 能耗累计增长率% _ 预测	单位工业增加值能耗累计增长率% _ 预测	单位 GDP 能耗增速与单位工业增加值能耗增速 差值	单位 GDP 能耗累计增长率（%）_ 已公布
13 年 1—3 月	-2.9	-4.5	1.6	-3.2
13 年 1—4 月	-3.5	-5.0	1.5	
13 年 1—5 月	-3.5	-5.1	1.5	
13 年 1—6 月	-3.4	-4.9	1.5	-3.4
13 年 1—9 月	-3.8	-5.4	1.6	-3.6
13 年 1—12 月	-3.7	-5.4	1.7	-3.7
14 年 1—3 月	-4.3	-5.5	1.1	-4.3
14 年 1—4 月	-4.2	-5.3	1.1	
14 年 1—5 月	-4.1	-5.3	1.1	

（2）各地区节能目标完成情况预判。

第一步，利用各省用电量历史数据，建立时间序列模型，推估预测 1—5 月份各省用电量数据；

第二步，利用各省已公布的季度能耗数据与用电量历史数据，建立回归分析模型，结合重点用能单位用电量数据，推估预测 1—5 月份各省能源消费数据；

第三步，结合各地区"十二五"节能目标以及 2014—2015 年节能减排低碳发展行动方案，识别出"十二五"后两年能耗总量控制目标难度较大的关键地区。

分地区研判：根据模型预测，2014 年 1—5 月份，新疆、福建、重庆、湖北、安徽、贵州、陕西、海南综合能源消费增速分别为 18.4%、9.1%、7.2%、6.0%、6.1%、6.2%、5.8%、7.3%，分别低于 2014—2015 年节能减排低碳发展行动方案本地区目标 15.0、6.7、4.0、3.4、3.4、2.8、2.1、1.3 个百分点；福建、海南、陕西、宁夏、新疆单位 GDP 能耗预计同比降低

0.3%、0.2%、3.1%、2.6%和7.3%，分别低于本地区全年节能目标1.9、1.8、0.2、2.4和9.4个百分点，应引起高度关注。如不及时调控，这些地区完成"十二五"控制目标难度较大。

三、报告撰写

国家节能中心的分析报告主要按照上述分析思路起草，本节以2015年7月的形势分析报告为例进行阐述。

经济运行缓中趋稳 节能形势持续向好
——2015年1-7月经济和节能形势分析研判报告

1—7月，全国能源供需形势保持宽松，能源消费总量保持低位增长，部分经济指标持续回暖，经济形势出现企稳迹象，经济结构调整和基础设施投资的成效继续积累。建议加快项目落地实施、加快发展节能环保产业，切实解决工业企业资金紧张、中小企业融资难等问题，为巩固经济企稳态势形成有力支撑。

一、1—7月能源供给形势持续宽松，能源消费总量保持低位增长，经济形势趋稳，积极因素继续积累

（一）预计1—7月能源供给形势依然呈宽松态势

上半年，原煤产量17.9亿吨，同比下降5.8%，降幅较1—5月收窄0.2个百分点；进口煤炭9 987万吨，同比下降37.5%，降幅较1—5月收窄0.7个百分点。全国发电量同比增长0.6%，较1—5月提高0.4个百分点。原油加工量2.6亿吨，同比增长4.8%，增幅较1—5月收窄0.6个百分点；成品油进口1 579万吨，同比增长3.3%，增幅由负转正。天然气产量630亿立方米，同比增长2.5%，较1—5月提高0.4个百分点。据此推测，1—7月主要能源产品产量仍会保持低速增长，能源供给形势呈现宽松态势。

（二）预计1—7月能源消费总量增速同比增长0.8%，较一季度继续回落

1—6月，全国煤炭消费量19.0亿吨，同比下降2.1%；全社会存煤连续42个月超过3亿吨。全社会用电量2.66万亿千瓦时，同比增长1.3%，增幅较1—5月扩大0.2个百分点，但仍处于低位。全国成品油表观消费量1.4亿吨，同比增长3.2%；成品油库存1609万吨，环比回升11万吨，处于较高水平。天然气消费量906亿立方米，同比增长2.1%。据此测算，1—7月能源消费总量同比增长0.8%，比一季度回落0.2个百分点，继续保持低位增长。

分产业和行业看，上半年，第二产业用电量同比下降0.5%，降幅较1—5月收窄0.3个百分点，但依然是拉低全社会用电量增速的主要原因。多数行业用电量增速较去年同期放缓，钢铁、建材和采矿业用电增速分别为－6.5%、－6.4%和－7.5%。上半年，第三产业用电量同比增长8.1%，继续拉动全社会用电增长，特别是信息传输、计算机服务和软件业用电同比增长16.5%。

（三）预计1—7月GDP同比增速保持在7%左右，积极因素继续积累

1—6月，规模以上工业增加值同比增长6.3%，较1—5月提高0.1个百分点。预计1—7月，规模以上工业增加值将同比增长6.4%，增幅会继续扩大0.1个百分点。结合能源消费情况测算，预计1—7月GDP增速为7%左右，与上半年持平。从地方了解到的情况看，山西、内蒙古、东北三省等地区经济增长依然乏力。

目前经济下行压力仍然较大，但积极因素在不断积累：一是部分经济指标持续回暖。6月份，规模以上工业增加值同比增长6.8%，较5月份加快0.7个百分点，连续三个月小幅回升，其中制造业同比增长7.7%，继续加快1个百分点。社会消费品零售总额同比增长10.6%，较5月份提高0.5个百分点。上半年全国居民人均可支配收入同比实际增长7.6%。29个工业大类行业中，有19个行业的用电量增速较1—5月提高或降幅收窄。二是结构调整效果进一步巩固。上半年，第三产业增加值占GDP的比重为49.5%，比去年同期提高2.1个百分点。高技术产业继续保持较快增长。计算机及其他电子设备制造业、医药制造业和运输设备制造业工业增加值增长依然强劲，同

比增长 10.8%、10.1% 和 9.8%。计算机等电子设备制造业投资同比增长 20.8%，比全部制造业投资增速高 11.1 个百分点。三是基础设施建设投资仍在加速。1—6 月，基础设施投资同比增长 19.1%，较 1—5 月加快 1 个百分点，其中公共设施管理业和道路运输业投资分别增长 19.1% 和 22.2%，增速较 1—5 月分别提高 3.1 和 0.6 个百分点。

（四）预计 1—7 月全国单位 GDP 能耗同比下降 5.8% 左右，高于全年目标 2.7 个百分点，"十二五"能耗强度目标能够完成

根据能源消费总量和 GDP 增速测算，1—7 月全国单位 GDP 能耗降低率为 5.8% 左右，高于 3.1% 的年度能耗强度目标。虽然下半年部分省份可能会有所反弹，但估计反弹幅度不大，基本不会影响完成年度及"十二五"能耗强度下降目标。

分地区看，新疆、宁夏、海南等 3 个能耗强度目标完成进度滞后的省份依然是"困难户"，经测算上半年完成"十二五"能耗强度目标的进度分别为 -167.1%、58.5% 和 91.5%，节能形势十分严峻。

分高耗能行业看，情况整体向好。石油和化工行业 1—5 月单位工业增加值能耗下降 3.4%，降幅较一季度扩大 1.4 个百分点，有望完成全年下降 4.5% 的目标，但依然无法完成"十二五"整体下降 18% ~ 20% 的目标。钢铁行业节能减排形势出现有利变化，5 月吨钢综合能耗大幅下降，已提前完成"十二五"能耗强度目标（580 千克标准煤），但由于受到月度产量波动影响，剩余几个月仍可能存在反复。电力行业上半年火电供电煤耗 314 克/千瓦时，较一季度（309 克/千瓦时）有所反弹，但仍低于"十二五"目标（325 克/千瓦时）。

二、值得关注的几个问题

（一）固定资产投资增长依然乏力

上半年，全国固定资产投资（不含农户）同比名义增长 11.4%，增速较去年同期回落 5.9 个百分点，较一季度回落 2.1 个百分点，与 1—5 月持平。房地产开发和制造业投资增速继续回落，同比增长 4.3% 和 9.7%，较 1—5 月分别回落 1 和 0.3 个百分点，而基础设施投资（不含电力）同比增长

19.1%，较1—5月提高1个百分点。此数据反映出，目前稳增长、下投资的重点主要集中在基础设施建设领域，确实起到了积极的拉动作用，但也存在投资领域较为单一、未形成"多点开花"效果，这也是固定资产投资增长乏力的原因之一。

（二）部分"稳增长"项目进展缓慢

6月28日，国家审计署公布了《2015年5月稳增长促改革调结构惠民生政策措施贯彻落实跟踪审计结果》，由于地方政府工作缓慢、财政资金申报使用不规范、政策措施落实不到位等问题，有24个项目推进缓慢。从固定资产到位资金、施工和新开工项目计划总投资等数据看，增速也呈显著下滑态势，上半年仅同比增长6.3%、3.7%和1.6%，分别低于去年同期6.9、10.8和12个百分点。特别是国内贷款资金负增长，同比减少4.8%，自筹资金同比仅增长8.6%，较去年同期减少8.1个百分点。在与行业协会座谈中了解到，受当前市场低迷影响，有部分企业趁稳增长措施出台之机，先拿到项目"路条"，但并未打算马上开工建设。

（三）工业企业资金紧张矛盾加剧

国家降息、降准政策尚未明显缓解工业企业资金紧张问题。一是工业企业利润持续负增长。1—5月，全国规模以上工业企业实现利润总额22 547.6亿元，同比下降0.8%。二是工业企业库存与应收账款压力上升。5月末，工业企业产成品存货周转天数为15.3天，同比增加1.1天，应收账款平均回收期也增加为36.8天。三是企业资金周转与销货款回笼状况恶化。央行二季度的企业家问卷调查结果显示，资金周转指数和销货款回笼指数已连续5个季度回落，二季度较去年同期分别下降2.6和2.5个百分点，较一季度分别下降0.8和1.7个百分点。

（四）中小企业融资渠道不畅问题未有明显改善

由于中小企业自身存在可供担保抵押的资产较少、管理能力不强、信用水平低下等问题，很难从传统高门槛、低成本的银行渠道获得贷款。而且目前市场上的融资渠道较为单一，产业基金、互联网金融、融资租赁等新兴融资模式仍在探索阶段，总体规模尚小，不能满足需求。融资难问题延缓了新兴产业的发展和新经济增长点的培育，也阻碍了国家近期大力倡导鼓励的大众创业、万众创新。

（五）福建、新疆、重庆、江西、陕西、宁夏和山东等7个地区完成能源消费增量控制目标有难度

根据《2014—2015年节能减排低碳发展行动方案》及2014年各地区能耗实际增量数据测算，多数地区能够完成能源消费增量控制目标，但也有部分地区存在难度。福建、新疆和重庆等3个地区的能源消费增量今年上半年共增加331、335和320万吨标准煤，这3个省份2015年应减少能源消费总量，预计很难完成控制目标；江西和陕西两省2015年剩余增量上半年也已用完并且超出；宁夏和山东两地已接近增量控制目标，预计7月份也将用完。

三、相关政策措施建议

（一）加快推动节能环保产业发展，使其尽快成长为经济增长的支柱产业

目前，由于房地产市场正在调整，制造业领域生产能力过剩，均不宜过多投资。从中长期看，应该向既有利于稳增长、又有利于调结构的领域进行投资。建议将节能环保产业作为重点考虑对象，国家层面应深入研究如何促进节能环保产业快速发展，并将发展节能环保产业作为编制相关规划的重要内容，制定出台有力的综合性支持政策，使节能环保产业在"十三五"期间能够更快、更好地发展，并尽快成长为国民经济支柱产业。

（二）加大服务和督导力度，加快稳增长项目落地开工建设

一是加强对地方政府的督导，切实为企业做好服务，优化审批流程，规范审批行为；二是创新政银企合作模式，解决好资金到位问题，特别是地方配套资金和企业自筹资金；三是加强对项目单位的督促检查，特别是对那些已通过审核但久不开工的项目，要制定相关约束政策，督促协调项目单位尽快开工建设。

（三）加强对工业企业的金融支持力度

针对工业企业普遍面临的资金短缺等问题，银行等金融机构应区别对待，加大金融支持力度。对符合国家产业政策的企业应给予足额贷款支持，并进一步降低贷款利率；对节能减排效果好、环保指标符合国家标准、加快产品

结构调整和产业布局转型升级的企业，给予金融政策倾斜，解决企业融资需求。

（四）落实国家有关政策，切实解决中小企业融资难问题

目前，中小企业总量已经占全国企业总数的 99% 以上，分别贡献了 GDP 和就业的 60% 和 80% 以上。虽然目前国务院和中国人民银行已经出台多项举措促进中小企业发展，但落实情况不尽如人意。建议：一是加快建立健全企业信用体系，使中小企业依靠信用获得贷款成为现实；二是加快推进银行贷款之外的融资手段，实现融资社会化，解决中小企业融资难这一"瓶颈"问题，推动创业创新，促进新兴产业发展。

（五）针对节能目标完成进度滞后的地区，组织开展节能监察专项行动

建议在下半年，对新疆、青海、宁夏、海南、福建、江西、重庆、陕西、山东等能耗强度和总量目标完成进度滞后的地区，组织开展节能监察专项行动，督促相关地区和重点用能单位采取切实有效的措施，确保完成"十二五"节能目标，并争取多完成任务。

为了统一分析方法和指标口径，各地区节能形势分析报告需要按照统一的分析报告模板撰写。分析报告主要采用定性、定量相结合的方式进行。定性分析，主要是对节能的基本态势或总体走势进行判断，通过对现实表象的观察理解，运用理论知识、经验积累和长期观察、历史比较，做出主观判断。定期组织地方节能主管部门、统计部门、行业协会和重点用能单位共同研判节能形势，并进一步分析存在问题，提出针对性建议。定量分析主要是通过持续跟踪、获取并积累本地区经济运行、能耗情况和数据，以及新投产达产项目、淘汰落后产能情况，运用模型和方法，预测得出宏观经济增速、工业增加值增速、能耗增速等定量化的指标值，对定性结果进行验证，综合形成比较准确的结论。地方节能形势分析模板如下所示：

节能形势分析模板

（以 2015 年 1 – 9 月为例）

一、节能形势分析研判

1. 1—7 月经济运行及能耗数据情况

	去年	今年		
	1—7 月	1—3 月	1—6 月	1—7 月
全省（市、区）工业增加值增速				
分行业				
石油加工				
化工				
建材				
钢铁				
有色				
电力				
全省（市、区）用电量增速				
全省（市、区）工业用电量增速				
分行业				
石油加工				
化工				
建材				
钢铁				
有色				
电力				

2. 1—9 月新投产、达产项目新增能耗情况

序号	企业名称	项目名称	预计能耗量 （万吨标准煤）	备注
1				
2				
3				
……	……	……	……	……
合计	—	—		

3. 1—9 月淘汰落后产能情况

序号	企业名称	淘汰内容	能耗量 （万吨标准煤）	备注
1				
2				
……	……	……	……	……
合计	—	—		

4. 前三季度节能目标完成情况预判

	2015 年全年 （目标值）	2015 年 1—3 月 （实际数）	2015 年 1—6 月 （实际数）
GDP 增速			
单位 GDP 能耗降低率			
2015 年 1—9 月 节能目标完成 情况预测	□高于全年目标值	□高于 1—3 月实际 降低值	□高于 1—6 月实际 降低值
	□持平	□持平	□持平
	□低于全年目标值	□低于 1—3 月实际 降低值	□低于 1—6 月实际 降低值

5. 结论

本地区前三季度经济形势：□平稳/□趋好/□恶化

本地区前三季度节能形势：□平稳/□趋好/□恶化

本地区完成全年目标预判：□能够完成/□有望完成，存在一定难度/□完成难度较大/□无法完成

二、问题和挑战

根据数据情况，结合地区实际，重点分析导致本地区前三季度经济形势和节能形势发生变化的突出问题、呈现的苗头性问题，以及面临的困难和挑战。

三、相关建议

针对本地区经济形势和节能形势，以及存在的问题提出相关建议。

下面以上海市节能监察中心 2014 年 1—7 月节能形势分析报告为例，供地方撰写节能形势分析报告参考。

上海市 1—7 月节能形势分析

一、节能形势分析研判

全市："十二五"期间本市节能目标为单位 GDP 能耗下降 18%。2011 至 2013 年完成进度较好，分别下降 5.32%、6.18%、4.32%，完成进度目标的 83.4%，后两年需年均下降 1.78%。2014 年全市节能目标为单位 GDP 能耗下降 3.0%，力争下降 3.5%。1—5 月，全市单位 GDP 能耗实际下降 6.48%。

工业，"十二五"期间工业节能目标为规模以上工业单位工业增加值能耗下降 22%。2011 至 2013 年分别下降 7.33%、5.87%、3.99%，完成进度目标的 73.9%，后两年需年均下降 3.49%。2014 年工业节能目标为单位增加值能耗下降 3.6%，能耗增量控制在 90 万吨标准煤。1—5 月，单位工业增加

值能耗实际同比下降 9.02%，高于下降 3.6% 的年度目标。

　　今年以来，面对错综复杂的外部经济环境，上海坚持稳中求进、改革创新，全面落实国家稳增长、促改革、调结构、惠民生的各项政策措施。上半年全市经济总体保持平稳运行，结构调整进一步推进，能源结构进一步优化，节能指标进一步下降。

　　（一）1—5 月经济运行及能耗数据情况

　　1—5 月，上海工业生产基本保持稳定。5 月份，全市工业总产值（规模以上口径）为 2 682.36 亿元，比去年同月增长 4.8%，增幅与上月持平。1—5 月，全市工业总产值为 13 058.83 亿元，比去年同期增长 4.3%，增幅比 1—4 月提高 0.1 个百分点。六个重点行业总产值 8 801.76 亿元，增长 4.2%。其中，汽车制造业和生物医药制造业分别增长 13.7% 和 13.5%（见表 1）。

表 1　　　　　　　　　　　　重点行业工业总产值表

指标	绝对值	比去年同期增长（%）	比 1—4 月提高百分点
规模以上工业总产值	13 058.83	4.3	0.1
六个重点行业工业总产值	8 801.76	4.2	0.2
电子信息产品制造业	2 445.60	0.4	0.4
汽车制造业	2 280.31	13.7	0.0
石油化工及精细化工制造业	1 583.80	−6.1	0.2
精品钢材制造业	636.63	6.3	0.3
成套设备制造业	1 491.77	6.8	0.1
生物医药制造业	363.67	13.5	−0.1

　　1—6 月，上海重点耗能行业耗能依然低迷。规模以上工业用能同比下降 2.92%，其中五大重点耗能行业用能同比下降 3.62%，石油加工、炼焦及核燃料加工业，化学原料及化学制品制造业，非金属矿物制品业，电力、热力的生产和供应业用能同比分别下降 9.79%、6.12%、10.83%、4.69%，只有

黑色金属冶炼及压延加工业用能同比上升4.41%（见表2）。

表2 2014年1—6月重点耗能行业产值能耗情况

指标	能耗（万吨标准煤）	增长（%）	现价产值能耗（吨标准煤/万元）	增长%（可比价）
规模以上工业合计（当量）	2 730.06	−4.44	0.173	−8.51
规模以上工业合计（等价）	2 608.02	−2.92	0.165	−7.06
五大重点耗能行业合计	2 055.32	−3.62	0.565	−3.37
石油加工、炼焦及核燃料加工业	483.38	−9.79	0.627	1.18
化学原料及化学制品制造业	657.55	−6.12	0.513	−7.36
非金属矿物制品业	47.3	−10.83	0.176	−16.19
黑色金属冶炼及压延加工业	727.33	4.41	0.931	−2.67
电力、热力的生产和供应业	139.76	−4.69	0.261	−4.34

表3 工业行业增加值增速和用电量增速表

	去年1—5月	今年1—3月	今年1—5月
全市工业增加值增速	4.5	4.6	7.6
全市用电量增速	−0.33	1.75	1.68
全市工业用电量增速	−0.84	1.21	0.49
石油加工	6.26	−3.07	−5.28
化工	3.63	1.22	−3.81
钢铁	1.38	1.42	3.3
有色	2.57	−2.73	0.21
电力	−8.83	−3.50	−3.55

能耗同比减少原因：一是石化企业年初大修，能耗减量影响全年，如赛科石化，3月10日至4月21日全厂停车进行4年一次大检修，3—4月份原料石脑油消耗量大幅减少，能耗同比减少55.2万吨标准煤左右。二是部分行业形势不佳，多低负荷开工，如宝钢化工，今年生产负荷低，产量同比降低

7.2%，能源消耗同比下降 6.3 万吨标准煤。

（二）1—7 月新投产、达产项目新增能耗情况

迫于外部经济环境压力，今年上海新投产项目有限，而且从掌握的企业情况来看，项目投产出现不同程度的延迟。超过 1 万吨标准煤以上工业项目总能耗增量预计不超过 80 万吨标准煤（见表 4）。

表 4   1—7 月新投产、达产项目表

序号	企业名称	项目名称	预计能耗量（万吨标准煤）	备注
1	宝钢股份有限公司	四烧结装置	40	
2	宝闵气体有限公司	压缩气体装置	6	
3	中石化三井化工	25 万吨苯酚、15 万吨丙酮	8.1	
4	赢创德固赛	异氟尔酮	1.8	
5	拜耳材料科技	MDI35 万吨扩产至 50 万吨	5.44	
6	赛科石化	9 万吨丁二烯	2.64	
7	中石化三井弹性体	7.5 万吨三元乙丙胶项目	5.57	
8	上海纳克公司	合成基础油及润滑油项目	1.27	
9	大众汽车	长沙工厂	3	
10	通用公司	武汉工厂、金桥新工厂	3（分别 2 和 1）	
合计	—	—	76.82	

（三）1—7 月淘汰落后产能能耗情况

按照今年实施产业结构调整项目 500 项以上的目标，截至 6 月底，已启动实施产业结构调整项目 267 项，其中，92% 以上项目为"三高一低"行业，主要分布在金属加工制品和四大工艺（锻造、铸造、电镀、热处理）、传统机械、化学原料和制品、纺织和印染、家具和木材加工、橡胶和塑料制品、

纸品印刷等行业,主要淘汰的落后产能见表5:

表5 淘汰落后产能情况表

序号	企业名称	能耗量（万吨标准煤）
1	中国石化上海石油化工股份有限公司（1号乙烯装置）	142 508
2	上海联吉合纤有限公司	32 442
3	上海三爱富新材料股份有限公司（聚四氟乙烯装置）	23 375
4	中国石化上海石油化工股份有限公司（1号汽油加氢装置）	19 512
5	上海重型机器厂有限公司（上重公司自制发生炉煤气产能关闭项目）	14 170
6	上海万象木业有限公司	10 344
7	上海申金水泥有限公司（一台水泥粉磨机）	9 187
8	上海海螺水泥有限责任公司	7 000
9	上海邦泰铝业有限公司	6 385
10	上海中西三维药业有限公司	6 210
11	上海东海啤酒有限公司	4 783
12	上海升星印染有限公司	4 408
13	上海三合纸业有限公司	4 200
	合计	280 324

（四）1—7月节能目标完成情况预判

上半年重点用能企业检修相对集中,能耗总量处于较低水平。1—6月能耗减少78.44万吨标准煤,同比下降2.92%,增加值能耗同比下降9%左右。按照目前企业用能趋势分析,预计1—7月用能同比减少70万吨标煤左右,能耗增速下降2.2%左右,单位工业增加值能耗预计可下降7.5%左右。从全年来看,用能很可能出现负增长,预计工业能耗降幅约为0.5%,如果工业增加值增速达到3.2%,有望完成"万元增加值能耗下降3.6%"的指标。总体看,本市1—7月节能形势平稳,预计今年将超额完成当年度节能目标。

二、问题和挑战

根据日常监察及能耗数据统计分析，从数据层面看，今年1—7月节能形势比较乐观，预计超额完成今年节能指标；从企业层面看，外部经济压力并未明显好转，企业生存压力依然巨大，总体为经济复苏迟缓，行业需求增量乏力。

上半年，我国宏观经济依旧低迷，从各项指标看，影响经济增长的环境因素仍不稳固，经济整体复苏迟缓。下半年，行业将有改善，由于目前宏观经济处于转型时期，预计下半年发展放缓的大环境难以改变，工业生产难以出现突破式增长。

石化行业，需求持续低迷，石化产品价格疲软，如金山石化主要产品PX、丁二烯、乙二醇、苯等价格有较大幅度下跌。上半年原油加工量因市场等原因较上年同期相比有所下降。

化工行业，市场整体表现依然平淡，因行业产能过剩、企业开工率低、行业需求不振等原因，行业整体低迷，能耗降低，而且目前化工行业产能过剩局面难以改变。

钢铁行业，仍旧延续着2013年下半年的低迷态势，国内经济增速出现放缓，特别是房地产市场进入调整阶段，加大经济下行风险，直接或间接影响相关产业。

汽车行业，继续保持稳步增长，上半年我国汽车产销分别比上年同期分别增长9.6%和8.4%，新能源汽车成为新增长点，比上年同期分别增长2.3倍和2.2倍，汽车行业保持增长带动相关配套产业稳步发展。

三、相关建议

2014年上海市节能工作虽然取得一定成绩，但在"创新驱动发展、经济转型升级"总体部署要求下，仍有改进空间。工业节能减排方面，更偏重企业内部工序、设备、生产线的节能改造，以降低产品单耗、产值能耗、增加值能耗为目标，以污染末端治理为主要手段。推动方式更多的是"自上而下"而非"自下而上"，主动推进实施的项目比例偏少。这就要求我们，必须创新调整方式，综合采取经济、法规标准、行政等多种手段推进调整，发挥区县和企业节能减排的主动性和积极性，建议如下：

（一）加快重点区域、重点企业转型发展

以"产能过剩、大气治理、能效落后、水污染治理"为基本原则，推进重点区域内高能耗、高污染、高风险企业完成关停，如宝山南大环境综合整治，编制吴淞工业区转型发展方案和体制机制研究。

（二）推进实施约束性负面清单

根据已出台的《上海产业结构调整负面清单及能效指南》（收录涉及化工、钢铁、有色等12个行业、386项淘汰限制类生产工艺、装备、产品指导目录等），建议落实与"负面清单"相对应的调整措施，将进一步限制高能耗、高污染产业发展空间。

（三）全面推进执行差别性电价

依据《上海市促进产业结构调整差别电价实施管理办法》，利用价格杠杆（淘汰类装置用电量每千瓦时加价0.40元，限制类装置用电量每千瓦时加价0.15元），淘汰落后产能、落后工艺、落后产品、落后装备设备等，引导高耗能产业合理布局，抑制高耗能产业盲目发展，推进产业结构优化升级，推进实施落后企业的差别电价工作。

（四）创建"上海能效之星"活动

为进一步调动企业的节能积极性、主动性，建议结合上海节能工作实际特点，实施推进以能效对标达标为核心的"上海能效之星"创建活动，引进先进的能效对标管理理念，引导企业与国际、国内同行业先进能效指标进行对比分析，通过管理和技术措施，在生产、技术、管理等方面的不断改进，缩小差距，达到标杆或更高能效水平实践活动。

（五）加强执法机制能力建设

继续完善节能法律法规及行业标准，目前对企业培训多对自己培训少，节能执法多为技术与管理相结合的复合型公务人员。希望国家能够统筹资源，加强节能执法人员的能力建设。节能工作任重道远，需要进一步完善法律体系，提高标准要求，既要提高能效，也要兼顾行业和企业的健康发展。

第四节　经验做法

为做好节能形势分析工作，国家节能中心和各地方节能中心积极探索，大胆实践，主动采取了很多方法和手段，努力提高节能形势分析质量。本节简单介绍一下国家节能中心和部分地方节能中心的做法。

一、国家节能中心的做法

（一）健全工作机制

中心内部建立了处室负责、专人承担、集体研讨的工作模式。每天关注收集经济运行和节能方面的信息数据；每周会商研讨经济和节能领域的热点问题；每月参加国家发改委运行局的月度经济运行分析会，组织高耗能行业协会专家召开行业形势分析会；每季度组织地方中心专职人员研讨各地区节能形势。同时，加强对地方中心节能形势分析工作的具体指导，制定印发了《关于组织全国节能中心系统做好节能形势分析工作的指导意见》，开发了节能形势分析模版，编印了节能形势分析工作系列问答，统一规范地方节能形势分析工作。

（二）拓展数据渠道

通过国家统计局、国家发展改革委、国家能源局、海关总署等部门的官方网站，获取经济运行方面的数据。主动协调中电联、国网公司、南网公司、有关行业协会等，获取能源生产和消费方面的数据。积极组织地方节能中心系统获取地区经济和节能方面的相关信息。

（三）运用模型预测

在专业机构的支撑下，开发建立定量模型，对能源生产总量及增速、能源消费总量及增速、GDP 增速、单位 GDP 能耗降低率进行预测，为综合分析提供科学依据和有力支撑。

（四） 撰写月度报告

在综合地方、行业、部分重点用能单位情况的基础上，结合模型预测结果，形成节能形势分析报告，每月报送国家节能主管部门。国家发展改革委领导多次对报告作出肯定和批示，批转相关司局参考。

二、部分地方节能中心的做法

目前，虽然节能中心系统的节能形势分析尚处于起步阶段，但部分省市在建立工作机制和拓展数据渠道等方面进行了有益的探索。本节选取上海市节能监察中心、山西省节能监察总队和宁夏自治区节能监察中心 3 家单位，介绍其亮点做法，供各地方中心学习借鉴。

（一） 上海市节能监察中心

上海市工业节能形势分析始于 2007 年，当时主要以重点用能单位的专项监察为基础，根据节能主管部门的要求，不定期地对一些重点耗能行业的能效水平和节能动态进行汇总分析，为制定节能相关政策提供依据和支撑。"十二五"以来，上海市节能监察中心的节能形势分析工作不断深入，建立工作协调机制，拓宽数据来源渠道，强化动态监控分析，有力促进了本市节能工作的推进。

1. 建立工作协调机制

上海市节能监察中心专门成立了能效监控科，主要负责工业重点用能单位能源利用状况和月度能效指标数据的采集、汇总和分析，对工业能源消费运行情况进行分析监控和预测预警。将全市 17 个区县、23 个工业控股集团及 500 多家工业重点企业全部落实到对口监察人员，实现重点用能单位全覆盖。同时制订了两项制度，一是节能月报制度，由对口联系人负责与区县、集团及工业重点用能单位的日常沟通，及时掌握相关单位能源消费变化情况和原因，于每月 10 日前指导督促对口重点用能单位及时上报节能月报（包括节能指标情况和节能措施），并进行数据审核。二是工业节能简报制度，每月 15 日前，以工业节能月报为基础，完成工业节能指标分析监控报告，分析区县、集团能耗变化情况及原因，重点企业能源消费量等能效指标变动情况及原因，预测预警变化趋势，并及时将重点用能单位能源消费量情况报告相关部门，确保政府部门能够动态掌握能耗总量控制形势。

2. 拓宽数据来源渠道

一是利用年度报告、月度报表、定期或不定期报告、各专项监察报表或报告等，建立"重点用能单位基础能效数据库"，涵盖总能耗、产值、产品能耗、节能指标以及与能源有关的其他各类信息，及时反映企业能源消费现状和全市工业企业在能源管理和利用方面的总体情况。对这些信息进行归类分析处理，纳入能效数据库，不断积累节能形势分析的基础数据。

二是加强与有关部门的协调配合。通过市经信委每月从统计局获得全市、区县、集团及行业的节能宏观指标数据，使节能形势分析做到"点面结合"；加强与市产业结构调整办的合作，定期从产调办获取本市市级和区级产调项目的动态信息，并对这些项目进行归类，分析能耗减量原因以及能效水平变化原因；加强与产业投资部门的合作，获取新增项目信息，掌握能耗增量，为总量控制预测预警提供依据。

3. 强化动态监控分析

第一，充分利用信息化手段。2010 年开始，积极推进重点用能单位能源管理平台建设，平台用户包含节能主管部门、各区县部门以及全市重点用能单位，实现了能耗信息互通，提高了工作效率。该平台主要具备以下功能：一是数据采集，通过月报、年报以及各类报表或报告进行数据采集和分析，及时掌握能耗波动来源，聚焦问题；二是查询汇总功能，可提供重点用能单位历史用能情况、动态能效指标变化情况以及能效水平和节能情况查询，并对相关数据进行汇总；三是预警功能，可对能耗异常变动以及指标变化较大的企业进行提醒，对原因进行深入分析。

第二，针对各区县、五大重点集团以及年耗能 5 万吨标准煤以上的重点用能企业，建立阶梯式监控模式。年耗能 5 万吨标准煤以上的近 60 家企业，能源消费量占全市能源消费总量的 70% 以上，关注这些企业的能耗波动并控制在合理区间，可以有效抑制全市能耗波动。对于其他中小型工业企业，注重能耗指标突变情况，掌握企业产品结构变化、大修及产业调整等重大情况，有针对性地进行监控。

（二） 山西省节能监察总队

山西省节能监察总队重点把数据收集作为节能形势分析工作的核心和基础，建立与相关政府部门的协调机制，动员市县节能监察机构力量获取一线情况，科学估算淘汰落后产能，使节能形势分析工作逐渐步入正轨。

1. 建立数据保障机制

为建立常态化工作机制，省总队提请省经信委分管领导，在经信委系统内部建立了节能处、产业处、运行局、电力处、省节能监察总队等相关处室和部门指定专人组成的节能形势分析工作联络小组。同时，协调省统计部门，建立了相应的数据保障机制，每月通过统计公报或快报获取工业增加值增速等经济先行数据，以此推算地区生产总值增速。对山西省来讲，工业经济运行和能耗情况基本能够反映全省的经济运行和能耗状况。为此，省节能监察总队充分发挥经信系统主管工业、掌握工业运行情况的优势，每月从省经信委电力处获得全省用电量、工业用电量和分行业用电量数据，以此推算能源消费总量增速，为计算能耗强度下降率提供支撑。

2. 建立省、市、县三级联动机制

为掌握新投产、达产项目的新增能耗情况，山西省节能监察总队决定借助市县力量，组织各市县节能监察机构参与节能形势分析工作，发挥其贴近一线、了解情况及时的优势，把节能形势分析触角延伸到基层。目前，已初步建立了省、市、县三级节能监察机构联动的节能形势分析工作机制，各市均设有负责人和专职人员承担此项工作，通过辖区内的县级机构汇总相关情况和数据，按月上报省总队。这种方式刚开始存在一些困难，部分市县能够及时上报，部分不能及时上报，导致掌握的数据不全。但通过多次强调、催促，目前全省 11 个市有 9 个市基本能够按时上报。为促进此项工作，总队还将企业上报节能形势分析相关数据情况作为加分项纳入今年节能目标责任考核，进一步督促企业报送有关情况和数据。

3. 科学估算淘汰落后产能所减少的能耗

淘汰落后产能情况同样主要来自各市、县上报，并根据省经信委产业处提供的年初淘汰落后产能计划和每年9月份淘汰落后产能核查结果进行综合确定。结合国家节能中心印发的节能形势分析系列问答中提供的方法，山西省节能监察总队摸索出了一套适合本省实际情况的淘汰落后产能能耗估算方法。即把纳入"省千家企业节能低碳行动实施方案"的企业，根据该生产线2010—2013年全省节能目标责任考核或日常监察结果，用单耗乘以相应生产线的产能得出能耗；未纳入"省千家企业节能低碳行动实施方案"的企业，有产品能耗限额标准的，单耗按照能耗限额标准的限额值进行计算，没有产品能耗限额标准的，参考工艺规模相同或相似的企业单耗指标，乘以相应产能得出能耗。这一方法基本能够掌握全省淘汰落后产能所对应的能耗情况，在实际工作中产生了较好效果。

（三）宁夏自治区节能监察中心

宁夏自治区节能监察中心面对全区严峻的"十二五"节能形势，在做好日常节能监察工作的同时，充分利用中心组织开发的节能信息系统，加强节能形势分析研判，为地方和国家节能主管部门掌握动态情况、推动完成"十二五"节能目标提供支撑。

1. 多方协调，积极拓宽数据来源渠道

宁夏中心开展节能形势分析的数据主要有四个来源：一是建设宁夏节能信息管理系统，集数据填报、数据审核、用能单位管理、能源利用状况汇总、统计分析、行业参数管理、网络催报和能源知识查询于一体，覆盖区、市、县三级；二是协调自治区经信委向统计局致函，与其建立常态化机制，每月向节能监察中心提供相关能耗数据，并通过"常联系，勤走动"的方式巩固关系；三是发挥经信委各处室的作用，从电力处获取电力消费情况，从原材料处获取淘汰落后产能情况，从运行处获取经济运行情况，从技改处获取新投产、达产项目情况，从节能处获取节能目标完成情况等，为开展综合分析研判提供了有力支撑；四是要求市、县节能监察中心定期提供辖区企业新投产、达产项目和淘汰落后产能、企业的生产经营情况等信息。

2. 去伪存真，保证数据真实有效

由于数据来源渠道较多，难免出现一些数据不吻合甚至矛盾的现象。为

使选用的数据准确合理，确保分析质量，宁夏中心采取了多种措施。首先，保证数据的权威性。统计局提供的数据具有法律效力，中心在选用数据时，一般将统计局提供的数据作为第一选择。其次，尊重数据的真实性。针对有些企业报给统计局的数据可能会与实际情况有出入的情况，宁夏中心将统计局的数据和节能信息管理系统的数据进行对比，对数据偏差较大的企业，列入下季度调研名单，深入企业一线摸清真相。如果真实数据与统计局数据出入较大，则以企业的真实数据为准。再次，重视数据的时效性。经信委各处室掌握的一些数据，比如淘汰落后产能、新投产达产项目等情况，很多是年初计划值或一个阶段的进展值。鉴于此，宁夏中心及时与市县节能监察中心联系，对相关数据进行修正完善，确保掌握企业和地区的最新情况。

3. 深入分析，运用分析结果进行通报预警

宁夏中心充分利用相关数据，在进行对比分析和趋势研判的基础上，分地区、园区、行业进行分析，绘制直观图形反映变化趋势；对能耗增速过快和能耗增速与产值增速不匹配的行业、产品、地区和企业重点关注，深入查找原因和问题；对能耗增速前30位的用能单位进行通报，对能耗增长较快的行业和地区实施预警。通过这些措施，为各地市和相关部门提供决策参考，也提醒和督促相关行业、地区和企业积极主动地做好节能工作。

附录1 关于组织全国节能中心系统做好节能形势分析工作的指导意见

节能形势分析是国家节能减排和应对气候变化工作的重要组成部分。为加强节能中心系统对节能形势分析工作的支撑，进一步增强前瞻性、预判性，更好地服务于政府对节能工作的综合研判与决策，更好地服务于中心系统自身工作，特制定意见如下：

一、总体要求

（一）基本任务。对经济运行和能源消费有关情况进行分析，对节能目标完成情况进行预测，对能耗变动趋势进行研判，为中央、各级政府和相关部门研究制定针对性政策措施提供参考。

（二）基本原则。节能形势分析坚持真实性、及时性、准确性和科学性原则，充分发挥地方节能中心熟悉一线情况的优势。

（三）工作主体。国家节能中心会同各省级节能监察中心（总队、大队、局）、节能中心、节能监测（技术服务）中心（以下简称"各中心"）共同做好节能形势分析工作。

（四）提高思想认识。把节能形势分析作为一项基础性、常态化工作，列入重要工作日程，统筹安排、常抓不懈，保持节能形势分析的连续性。

（五）配合开展工作。积极配合国家节能中心组织开展的节能形势分析工作，按月提交高质量的书面分析材料，按季度派员参加节能形势分析座谈会，并确保数据准确及时、信息完整无误。

二、基本方法

（六）预判节能目标。采取定量与定性相结合的方式，建立常态化数据来源渠道，收集、整理相关情况和信息，预测研判节能目标完成情况。

（七）研判节能形势。召开节能形势分析座谈会，了解地区和行业节能工作进展、存在的问题，研判地区及行业节能形势。

（八）撰写分析报告。撰写节能形势分析报告，研究提出相关建议。明确可能影响节能目标完成的重点地区和行业，提交节能主管部门参考，必要时提请采取针对性举措。

三、组织实施

（九）密切跟踪数据。持续跟踪、获取并积累本地区经济运行、能耗情况和数据，以及新投产达产项目、淘汰落后产能情况，作为节能形势分析的基础和素材。

（十）拓宽数据来源。加强与地方统计部门、节能主管部门、行业主管部门、行业协会、重点用能单位的沟通联系，并结合节能监察监测、能源利用状况报告、在线监测等工作，拓展数据来源渠道，强化工作抓手和依托。

（十一）定期开展分析。定期组织开展本地区节能形势分析，会同地方节能主管部门、统计部门、行业协会和重点用能单位共同研判节能形势，分析存在问题，提出下一步工作建议。

（十二）统一方法口径。按照节能形势分析模板（见附件），采用统一的分析方法和指标口径，深入研判本地区节能形势，识别影响节能形势变化的关键因素，形成书面材料并报国家节能中心。

四、保障措施

（十三）强化组织领导。各中心应指定一名负责同志督促指导节能形势分析工作。

（十四）安排专人承担。各中心应安排至少1名熟悉相关业务的专职人员（同时担任联络员）承担节能形势分析工作，且保持人员相对固定。

（十五）主动参加培训。为不断提高全国节能中心系统的节能形势分析工作水平，国家节能中心每年组织专题培训，各中心节能形势分析工作负责人和专职人员参加。

（十六）定期总结评价。国家节能中心定期对各中心开展节能形势分析工作情况进行总结评价，评选出先进单位和个人，定期通报表扬，并给予相关人员一定形式的奖励。

（十七）建立双向机制。国家节能中心与各中心建立双向服务机制，适时将节能形势分析报告提供给按要求报送节能形势分析材料并参加座谈会的中心。

（十八）本意见由国家节能中心负责解释，根据实施情况进行动态调整，自印发之日起施行。

附录2 节能形势分析工作问答（一）

一、问：《指导意见》第五条中提到"按月提交高质量的书面分析材料"，请问每个月什么时候提交？以什么方式提交？

答：每月提交的节能形势分析材料分月度和季度两类。月度分析材料请于每年1月、2月、4月、5月、7月、8月、10月、11月10日之前报送至国家节能中心；季度分析材料请于每年3月、6月、9月、12月1日之前完成并报送至国家节能中心。每年3月的季度报告除了对新一年的节能形势进行分析研判之外，请一并提供去年本地区的节能工作亮点及典型经验，供互相之间学习交流。

材料以电子邮件方式提交，提交时请注明单位名称，并于截止日期之前发送至国家节能中心综合业务处邮箱：zhywc@chinanecc.cn。

二、问：《指导意见》第六条中提到"采取定量与定性相结合的方式"，请问定量方式和定性方式分别是指什么？

答：定量方式主要是指持续跟踪、获取并积累本地区的经济运行、能耗情况、新投产达产项目、淘汰落后产能情况等相关数据，并根据这些数据建立定量预测模型，通过对数据和模型结果的分析，形成对未来本地区节能形势的预判。

定性方式主要是指通过与行业主管部门、行业协会、重点用能单位的沟通联系，开展节能监察检测、能源审计、在线监测等节能工作，掌握分行业、分地区的活情况，起到对定量的分析结果进行补充、修正和完善的作用。

两种方式应该相辅相成，通过定量分析发现重点行业、重点地区和重点问题，通过定性方式掌握情况，做及时调整。

三、问：《指导意见》第十二条中提到"统一方法口径"，请问具体的统计口径是怎样的？

答：若需自行计算的部分数据，如单位 GDP 能耗降低率等，请按照国家统计局的相关规范和标准进行计算，具体指标的计算方法可参考国家统计局能源司编制的《能源统计工作手册》。

四、问：《指导意见》第十七条中提出"评选出先进单位和个人，定期通报表扬，并给予相关人员一定形式的鼓励"。请问具体的评价依据和鼓励措施有哪些？

答：评选先进单位和个人主要依据每月各地方中心上报材料是否及时，内容是否完整，节能形势分析工作开展情况等方面进行综合评价。对于工作态度认真，材料上报及时，内容完整且质量较高的单位或个人，国家节能中心将在全中心系统内进行表彰，并给予更多的工作指导与支持、交流学习、出国培训机会等。中心在安排节能量审核、现场核查等相关工作时，将统筹考虑各地方中心对节能形势分析等工作的支撑情况。

五、问：《指导意见》第十八条中提到建立"双向机制"。请问"双向机制"是指什么？

答：所谓"双向机制"是指，一方面，各地方中心按照《指导意见》要求向国家节能中心提交节能形势分析材料，积极参加座谈会；另一方面，国家节能中心也会定期向各地方中心反馈国家层面的分析材料，提供专题培训机会，进行工作指导等。

六、问：能否考虑就节能形势分析工作，建立国家节能中心与各方中心的沟通渠道？

答：目前，国家节能中心正在收集整理各地方反馈的负责同志和专职人员的信息，印制通讯录，方便大家沟通交流，互相学习。

七、问：模板中需要统计经济运行以及分行业的能耗数据，请问统计这些数据的用途是什么？

答：统计经济运行数据的原因主要有两个方面。第一，节能形势与经济形势密不可分，因此，在做节能形势分析工作时，不能脱离经济运行大环境。

第二，通过收集能耗和经济两方面数据，可以分析出影响节能形势变化的主要原因是经济发展、结构变化还是通过技术改造、淘汰落后产能等途径产生的节能实际效果。统计分行业的能耗数据主要是协助分析发现影响经济运行和节能降耗的重点行业，尤其是产生突变的行业，这样有利于开展有针对性的节能工作。

此外，模板中需要统计上一年同期的累计值、今年各季度和月度的累计值，统计这些数据的原因有两点，第一是通过同比分析，排除一定的季节性因素，关注同期的数值变化情况；第二是通过环比分析，跟踪趋势，从而对后面几个月的节能工作及时进行调整。

八、问：模板中需要统计分行业的相关数据，但是模板中都用的简称，如"石油加工"，请问其对应的统计局行业分类名称分别是什么？

答：模板中涉及的六大行业的名称分别为：

"石油加工"是指"石油加工、炼焦及核燃料加工业"；

"化工"是指"化学原料及化学制品制造业"；

"建材"是指"非金属矿物制品业"；

"钢铁"是指"黑色金属冶炼及压延加工业"；

"有色"是指"有色金属冶炼及压延加工业"；

"电力"是指"电力、热力的生产和供应业"。

九、问：模板中需要统计分行业增加值增速和用电量增速的数据，请问如何获取？

答：各地方中心应积极主动地拓展数据渠道，与发展改革部门、统计部门、节能主管部门等有关机构建立良好关系和常态化机制，不能等着公布数据。还可通过与地方行业主管部门、行业协会、重点用能单位建立工作联系来获取数据。此外，还可结合节能监察监测、能源利用状况报告、在线监测等工作，拓展数据来源渠道。

十、问：用电量增速和行业增加值增速的数据如何计算？

答：用电量增速的计算方法：

$$\alpha_t = \frac{E_t - E_0}{E_0}$$

其中，α_t 为报告期 1—×月的用电量增速；

E_t 为报告期 1—×月累计用电量；

E_0 为基期 1—×月的累计用电量。

行业增加值增速的计算方法同理。

十一、问：模板中需要统计新增产、达产项目的预计能耗和淘汰落后产能项目的实际能耗数据，请问如何获取？

答：各地方中心可以通过发展改革部门等政府机构获取产能的相关数据，还可依靠市县级机构对各项目开展的监察管理工作，掌握新增产、达产项目和淘汰落后产能项目的产能情况，以此为依据计算能耗数据。

十二、问：新增产、达产项目的预计能耗和淘汰落后产能项目的实际能耗如何计算？

答：新增产、达产项目的预计能耗计算方法为：根据不同项目所属行业的单位产品能耗数据和各地区平均开工率进行计算。例如，6 月建成投产产能为 600 万吨/年的煤制油项目（直接液化），生产 1 吨产品所消耗的标煤吨数为 3.8，以开工率为 70% 计算，该项目的预计能耗为 $600 \times 3.8 \times 0.7/12 = 133$ 万吨标煤/月。

淘汰落后产能项目的能耗计算方法为：淘汰落后产能应计算累计实际淘汰的产量所发生的能耗值，计算方法可参考新增产、达产项目预计能耗的计算方法。例如，某产能为 600 万吨/年的煤制油项目，今年 7 月关停了部分机组，该部分机组产能为 200 万吨/年，在计算 7 月淘汰落后产能项目的能耗时，应计算 200 万吨/年这部分产能所对应的能耗值，该能耗值可考虑按照该机组前三年的平均能耗计算。

附录3　节能形势分析工作问答（二）

一、问：国家节能中心是如何安排节能形势分析座谈会的时间节点的？以三季度节能形势分析为例，若在9月份召开三季度座谈会，很难获取1—9月的数据，可否放在10月中旬召开？

答：节能形势分析工作的意义就在于超前和预判，通过掌握趋势安排部署下一步工作。国家节能中心自2014年6月起，调整了节能形势分析工作思路，由以往统计数据公布后进行分析，改变为带有前瞻性质的预测预判，即选取合适的时间节点，利用此时间节点能够掌握的数据，提前预测当月、当季甚至当年的节能形势。以三季度节能形势分析为例，9月中旬，我们利用有关方面公布的1—8月工业增加值和用电量数据，预测前三季度和全年的节能目标完成情况，而不是等到三季度数据公布之后再做分析。而向各地方下发的节能形势分析模板中，经济运行和能耗数据基本留有2个月的滞后期，就是已经考虑到了地方中心获取数据的滞后性。

二、问：能否统筹安排月度和季度报送内容，比如月度重数据、季度重分析？

答：考虑到节能形势分析工作特点，我们将对节能形势分析模板进行适当调整，体现月度分析和季度分析的不同侧重点。但是，即便是月度分析材料以数据为主，也要对数据进行适当的分析，发现一些苗头性问题和趋势，否则就数据说数据，就失去分析的意义了。

另外，为强化专职人员对这项工作的日常关注，拟建立节能形势分析"五条线"工作机制。即从2014年10月起，请大家按月积累本地区规上工业增加值增速、全社会用电量增速，按季度积累地区生产总值增速、能源消费量增速、单位地区生产总值能耗增速等5个数据，绘制时间序列图，积累一段时间后，一定能够反映出一些趋势。数据基础较好的单位要把过去几年的历史数据用起来，从现在开始进行能耗变化的趋势分析。

三、问：本地区的主要高耗能行业与国家层面的六大高耗能行业有差别，能否对模板进行调整？

答：目前我国仍处于工业化快速发展阶段，就全国而言，高耗能行业主要还是统计局口径的电力、钢铁、化工、建材、石油加工、有色等六大高耗能行业（上述简称对应的统计局口径下的行业分类已在《节能形势分析工作问答（一）》作出解答），我们的分析模板也是按此设计。但对于各地区而言，每个地区所处的发展阶段不同，产业结构也不同，相应的高耗能行业与国家层面可能不完全相同。各地区可以结合本地实际，在保证上述六大高耗能行业数据的基础上，调整现有模板，统计本地区的主要高耗能行业数据，但统计口径应与统计局的保持一致，为本地区节能工作提供参考。

四、问：模板中填写的数据用绝对值还是相对值？哪种更有利于分析研判？

答：绝对值和相对值在进行节能形势分析时，各有作用，两者是相互补充的。绝对值的积累，可以掌握本地区能源消费总量，以及在全国所处的水平，各行业能耗的绝对值也有利于分析重点耗能行业有哪些，为下一步开展总量控制等工作奠定基础。相对值的积累，可以反映变化趋势，并通过趋势变化进行形势预判，而且可以掌握增幅结构，即某一行业或地区对整体能耗变化的贡献度。按照节能工作对总量和强度进行"双控"的发展趋势，节能形势分析也将扩展到能源消费总量方面。据此，我们将适时对模板进行扩充，增加绝对值数据的填报，为控制能源消费总量工作提供支撑。

五、问：模板要求每月统计淘汰落后产能和能耗情况，考虑到淘汰落后工作的阶段性，能否改为每年填报一次？

答：开展节能形势分析，需要掌握实际淘汰的落后产能数据，这样才能知道腾出多少用能空间。建议各地方中心根据有关部门年初下达的淘汰落后计划，有针对性地调查落后产能实际淘汰情况。如向有关政府部门咨询了解，发挥市、县级节能监察机构，或借助书面监察、现场监察，或电话直接询问企业等方式，多渠道地掌握相关情况和数据。关于如何根据淘汰落后产能数据计算能耗数据，我们已在《节能形势分析工作问答（一）》作出解答。

六、问：模板中能否增加地方中心数据模块，将各地方中心在节能监察和节能服务等工作中收集到的数据用于节能形势分析？

答：鉴于数据收集方面存在的现实困难，建议各地方中心采取"两条腿"走路的方式，一方面借鉴部分地区做法，由节能主管部门出面协调内部其他处室或其他部门建立数据获取长效机制；另一方面，立足自身优势，结合节能监察、"万家企业"能源利用状况报告催报等日常工作，定期收集纳入节能监察范围的重点用能企业能耗数据。我们将在模板中增加相应内容。该部分数据虽不全面，但能在一定程度上显示出趋势，也可以验证从其他渠道获取的数据的可靠性。

七、问：对于统计局未公布的部分数据，例如单位地区生产总值能耗实际降低率，能否通过自行计算获得？

答：对于未公布的数据，各地方中心可以自行计算，但要与国家和地区的统计口径、计算方法一致，相关内容请参考国家统计局能源司编辑出版的《能源统计工作手册》。自行计算的指标和数据，请在材料中注明数据出处和计算方法。

八、问：作为原材料的能源消耗是否纳入综合能耗的计算中？

答：根据《综合能耗计算通则》（GB－T2589—2008），综合能耗计算范围指用能单位生产活动过程中实际消耗的各种能源。对企业，包括主要生产系统、辅助生产系统和附属生产系统用能以及用作原料的能源。能源及能耗工质在用能单位内部储存、转换及分配供应（包括外销）中的损耗，也应计入综合能耗。从事能源产品生产或加工转换的企业存在此类问题，经向国家统计局了解，目前在进行统计时，有如下规定：若企业的最终产品为能源产品，在计算综合能耗时可将用作原材料的能源进行核减；若企业的最终产品为非能源产品（如乙烯、甲醇等化工产品），在计算综合能耗时需要将用作原材料的能源计算在内。具体请以国家统计局的相关规定及文件为准。

九、问：对于存在多家节能中心的省份，能否由国家节能中心统一协调，明确由一家机构承担节能形势分析工作？

答：原则上，我们鼓励各地方中心均承担节能形势分析工作，为节能监察、节能服务等工作提供支撑。存在多家节能中心的地区如果认为有必要，可参考内蒙古自治区的做法，几家节能中心主动协商达成一致，由一家牵头，其他单位积极配合，共同做好节能形势分析工作。如有此种情况，请及时告知我们。

十、问：国家节能中心能否在节能形势分析工作队伍建设方面给予一定支持？

答：节能形势分析工作需要长期积累数据、经常关注经济与能耗信息，请各单位保持专职人员相对稳定，尽量做到专人专职。我们正在研究制定系统培训规划，节能形势分析作为其中一项重要内容，将建立长效培训机制。同时，考虑到不同专职人员的不同专业背景和基础能力，按照就低不就高的原则，拟从"零"起步，先扫盲、再提高，从能源统计基础知识的培训入手，逐步过渡到分析方法、建立模型等，不断提高培训的针对性和实效性。

十一、问：能否介绍一下国家节能中心进行节能形势分析的预测模型内容？

答：我们开展节能形势分析的思路是"总体预判＋结构分析"。"总体预判"主要是围绕单位 GDP 能耗降低率进行预判。我们与有关机构合作，开发了定量预测模型，基本思路是"用工业增加值推估 GDP，用电耗推估整体能耗"。目前采用两种方法进行建模，一是线性回归模型，二是 ARIMA 模型，单位 GDP 能耗降低率为被解释变量，工业增加值增速和用电量增速为解释变量。模型所用数据为"十一五"以来的 8 年月度数据，用统计局每月公布的实际数据作为修正系数进行微调。"结构分析"主要从行业和地区两个维度对变化趋势进行分析，主要通过召开高耗能行业协会专家座谈会和地方中心座谈会来获取和掌握各行业、各地区的"活"情况，用来佐证或修正总体预判结果。上述方法仅供各地方中心参考，由于各地区情况与全国情况不完全相同，请各地方中心认真研究本地区特点，建立适合本地区的预测模型。我们将根据大家需要，适时对建立模型工作给予具体指导。

附录4 节能形势分析工作问答（三）

一、问：计算国内（地区）生产总值增速应注意什么？

答： 根据国家统计局官方网站的指标解释，在计算国内（地区）生产总值增速时，不能简单地使用两期总值的现价数据作差相除进行计算，而是需要注意价格的可比性，一般以不变价（可比价）进行计算。主要是因为按现价计算的指标，在不同期之间的变动包含价格变动和物量变动的因素，必须消除价格变动的因素后才能真实反映经济发展情况。

二、问：单位地区生产总值能耗下降率怎样计算？

答： 目前，我国衡量节能降耗工作的主要指标是单位 GDP 能耗下降率，在地区层面即为单位地区生产总值能耗下降率。根据国家统计局能源统计司编印的《能源统计工作手册》中"节能评价指标及其计算"一章的内容（问题三至五同），单位地区生产总值能耗下降率的计算公式为：

$$单位地区生产总值能耗下降率$$

$$= \left(1 - \frac{当年单位地区生产总值能耗}{上年单位地区生产总值能耗}\right) \times 100\%$$

$$= \left(1 - \frac{当年能源消费总量／当年地区生产总值}{上年能源消费总量／上年地区生产总值}\right) \times 100\%$$

上述公式变形后，可以得到

$$单位地区生产总值能耗下降率 = \left(1 - \frac{能源消费增长指数}{地区生产总值增长指数}\right) \times 100\%$$

$$= \left(1 - \frac{1 + 当年能源消费总量增长速度}{1 + 当年地区生产总值增长速度}\right) \times 100\%$$

应当注意，在单位地区生产总值能耗下降率的计算中，单位地区生产总值能耗或地区生产总值增长速度应按照可比价进行计算。如果计算结果为正数，表示节能的比率；结果为负数，表示超耗的比率。

三、问：单位地区生产总值能耗累计下降率怎样计算？

答：单位地区生产总值能耗累计下降率的计算公式为

单位地区生产总值能耗累计下降率

$$= \left(1 - \frac{报告期单位地区生产总值能耗}{基期单位地区生产总值能耗}\right) \times 100\%$$

$$= [1 - (1 - 第1年单位地区生产总值能耗降低率) \times \cdots$$

$$\times (1 - 第\,i\,年单位地区生产总值能耗降低率)] \times 100\%$$

同样，单位地区生产总值能耗下降率也应按可比价计算。在已知条件不同的情况下，可以选择上述两种方法之一计算单位地区生产总值能耗累计下降率。

例如：按照可比价计算，某地区 2008 年万元地区生产总值能耗下降率为 3%，2009 年为 5%，2010 年为 4%，则该地区 2008—2010 年万元地区生产总值能耗累计下降率为：

单位地区生产总值能耗累计下降率

$$= [1 - (1 - 3\%) \times (1 - 5\%) \times (1 - 4\%)] \times 100\% = 11.54\%$$

四、问：单位地区生产总值能耗年均下降率怎样计算？

答：单位地区生产总值能耗年均下降率的计算公式为

单位地区生产总值能耗年均下降率 $= (1 - \sqrt[n]{1 - 累计下降率}) \times 100\%$

其中，n 为年数。

一般来讲，要计算单位地区生产总值能耗年均下降率，需要知道累计下降率，或者通过已知条件计算出累计下降率。

例如：5 年期间，单位地区生产总值能耗累计下降目标为 20%，前两年分别降低了 5% 和 3%，则后 3 年需要年均下降多少才能完成目标？

$$后\,3\,年年均下降率 = \left(1 - \sqrt[3]{\frac{1 - 20\%}{(1 - 5\%)(1 - 3\%)}}\right) \times 100\% = 4.6\%$$

五、问：单位地区生产总值能耗目标完成进度怎样计算？

答：假设：已经过去的几年完成的节能目标任务相当于平均计划目标值的 y 年，则有

$$(1 - 年计划平均降低率)^y$$

= （1 - 第 1 年单位地区生产总值能耗降低率）× ⋯

× （1 - 第 i 年单位地区生产总值能耗降低率）

公式两边同时取对数，可以推导出

$$y = \frac{\lg（1 - 第 1 年单位地区生产总值能耗降低率）× ⋯ × （1 - 第 i 年单位地区生产总值能耗降低率）}{\lg（1 - 年计划平均降低率）}$$

平均完成目标进度的计算公式为：

$$平均完成目标进度（\%）= \frac{y}{n} \times 100\%$$

其中，n 为目标完成总年数。

还以问题五的情况为例，即 5 年期间，单位地区生产总值能耗累计下降目标为 20%，前两年分别降低了 5% 和 3%，则已完成多少目标进度？

首先，计算年计划平均降低率：

单位地区生产总值能耗年均下降率 = （1 - $\sqrt[5]{1 - 20\%}$）× 100% = 4.36%

其次，按照上述公式计算 y 值：

$$y = \frac{\log（1 - 5\%）× （1 - 3\%）}{\log（1 - 4.36\%）} = 1.834$$

最后，计算平均完成目标进度：

$$平均完成目标进度（\%）= \frac{1.834}{5} \times 100\% = 36.68\%$$

六、问："五条线"工作机制中的数据是用当期值还是累计值？

答："五条线"工作机制，主要是指按月积累本地区规上工业增加值增速、全社会用电量增速，按季度积累地区生产总值增速、能源消费量增速、单位地区生产总值能耗增速等 5 个数据。建立"五条线"工作机制，旨在帮助各地积累数据，通过绘制折线图，观察和分析数据走势，为预测预判奠定基础。由于受到统计数据的制约，本地区规上工业增加值增速和全社会用电量增速的数据，采用当期值（如附图 1）；地区生产总值增速、能源消费量增速、单位地区生产总值能耗增速的数据则采用累计值（如附图 2）。另外，规上工业增加值增速和全社会用电量增速一般是按月测算，而地区生产总值增速、能源消费量增速、单位地区生产总值能耗增速一般是按季度测算，故将前二者绘制在一个图中，将后三者绘制在一个图中。

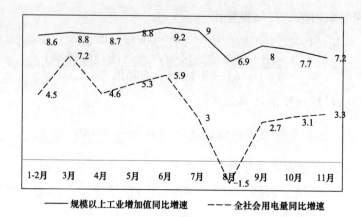

附图1　规模上工业增加值和全社会用电量同比增速（当期值，单位:%）

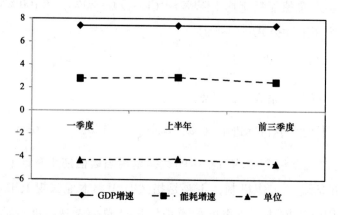

附图2　GDP、能源消费量和单位GDP能耗同比增速（累计值，单位:%）

七、问：国家节能中心近期是否有开展节能形势分析培训的计划？

答： 太原座谈会上，各地普遍反映需要进一步提高节能形势分析专职人员的分析能力，希望国家节能中心开展相关培训。我们初步考虑，对不同基础的地方中心进行分类培训和指导。拟在2015年上半年，举办第二期节能形势分析培训班，分两班授课，一班针对数据基础较好的地区，给予建立模型的指导；另一班针对刚起步的地区，给予能源统计基础知识方面的指导。对于各地区的分类，拟采用"自愿报名＋统筹调剂"的方式进行，各地区可根据自身情况报名参加相应主题的培训，若出现人数过于集中的情况，我们将在沟通的基础上统筹调剂。

八、问：能否总结一些地方节能形势分析工作的亮点做法供参考学习？

答：目前，绝大多数地区都能够以积极作为的态度开展节能形势分析工作，也涌现出一些好的做法。近期，我们将通过《节能工作动态》，总结这些亮点做法和经验，供各地学习参考。另外，我们也将适时组织一些交流研讨会或现场会，切实帮助大家提高分析能力和水平。